늅비부터
실무까지

자바

유인태 저

DIGITAL BOOKS since 1999
www.digitalbooks.co.kr

뉴비부터 실무까지 자바

| 만든 사람들 |

기획 IT · CG기획부 | **진행** 유명한, 양종엽 | **집필** 유인태 | **편집 디자인** 디자인 숲 • 이기숙 | **표지 디자인** 김진

| 책 내용 문의 |

도서 내용에 대해 궁금한 사항이 있으시면
저자의 홈페이지나 디지털북스 홈페이지의 게시판을 통해서 해결하실 수 있습니다.
디지털북스 홈페이지 www.digitalbooks.co.kr
디지털북스 페이스북 www.facebook.com/ithinkbook
디지털북스 카페 cafe.naver.com/digitalbooks1999
디지털북스 이메일 digital@digitalbooks.co.kr
저자 Q&A www.paladintech.co.kr

| 각종 문의 |

영업관련 hi@digitalbooks.co.kr
기획관련 digital@digitalbooks.co.kr
전화번호 (02) 447-3157~8

Prologue 머리말

요즘은 글로벌 시대라고 합니다. 지구 반대편에서 벌어진 일을 2~3시간이면 뉴스로 접할 수 있습니다. 또 한국 사람도 세계 각국에 나가 살고 있지만, 한국에도 세계 각국의 사람들이 들어와 살고 있다는 것을 느낄 정도로 외국 사람들이 주변에 많이 있는 것도 현실입니다. 유럽의 어느 가족 모두가 몇 년동안 세계 여행을 하고 있는 기사를 인터넷에서 읽은 적이 있습니다. 아이들 학교도 안 보내고, 부모가 체험 학습으로 아이들을 지도하고 있었습니다. 여행할 돈은 어디에서 조달하는지 그것이 조금 궁금한데, 그건 정확히 안 나와 있었습니다.

독자 여러분 중에 캐나다 밴프 다녀간 분 계십니까? 죽기전에 꼭 가보아야 할 세계의 10가지 비경 중에 하나가 있는 곳입니다. 필자가 밴프를 사진으로 찍어 자바 프로그램 연습문제의 일부로 사용했습니다. 즉 유명산 이름의 버튼을 누르면 유명산을 화살표로 표시해주고 강 이름 버튼을 클릭하면 해당되는 강에 화살표를 표시해주는 프로그램입니다. 밴프에 여행온 사람은 편리하게 위치를 알아 낼 수 있는 프로그램입니다.

이와 같이 이 책의 구성은 우리 주변에 일어나는 일을 소재로 예제와 연습 문제를 만들었습니다. 자바의 이론을 익힌 후 어디에 어떻게 적용하는지 방법론까지 제시하고 있습니다.

자바의 세계를 여행하듯이 읽을 수 있도록 구성했습니다. 새롭고 신비로운 자바 명령을 여행사 가이드가 설명하듯 프로그램과 출력 결과를 먼저 보여주고 이해하기 쉽도록 각각의 줄번호와 함께 명령의 설명을 했습니다.

이 책을 읽는 독자의 논리적인 사고를 키울 수 있도록 문제를 선정했습니다. 단계별로 난이도가 있는 문제까지 흥미를 이끌어 내도록 만들었습니다.

"한송이 국화꽃을 피우기 위해 봄부터 소쩍새는 그렇게 울었나보다" 라는 서정주의 시가 생각납니다. 필자기 집필한 이 책이 세상에 나오기 위해 많은 사람들이 애써 주심에 감사하지 않을 수가 없습니다.

이 책의 원고를 읽으면서 재미있다고 하신 장철훈님, 연습문제가 일상생활에 접할 수 있는 문제로 구성되어 자연스럽게 여러 개념을 이해하게 되는 소중한 경험을 했다는 박승철님, 아이들 재워놓고 연습 문제 푸느라 밤늦게까지 시간 가는줄 몰랐다는 주부 허민정님, 어려운 연습 문제 푸시고 스스로 자랑스러워 하신 서병희 누님, 볼품없는 원고를 예쁘게 꾸며주신 편집자 유명한님, 그 밖에 유재영님, 변상호님, …, 처음부터 끝까지 인터넷에서 자료찾아주고, 그림 그려준 아내 최경숙.

이 책이 독자 여러분의 재미있는 자바 여행에 길잡이가 되기를 바라며, …

눈덮힌 록키산 자락에서   유인태

Contents 목차

Contents

01

자바의 기초

자바의 기초

01

1.1 Java download,설치 및 실행

1.1.1 Java JDK download

아래 인터넷 화면은 Oracle회사에서 제공하는 Java SE을 다운로드 하기 위한 화면입니다. Oracle회사의 사이트 개편에 따라 아래 화면은 달라질 수 있으니 착오 없으시기 바랍니다.

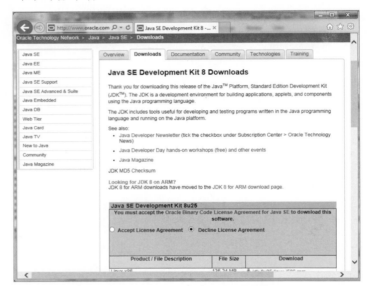

위 화면에서 스크롤바를 내리면 아래 화면이 나옵니다.

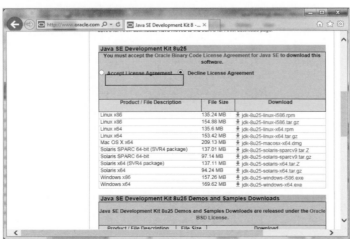

위 화면에서 "Accept License Agreement" 버튼을 클릭하면 아래와 같은 화면으로 바뀌게 됩니다.

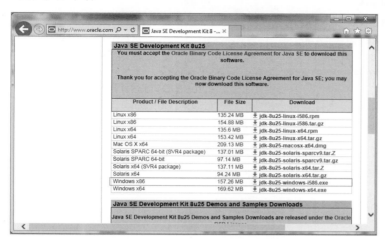

위 화면에서 Windows x86(32bit)용 jdk-8u25-windows-i586.exe를 download 하시기 바랍니다. 위 화면은 java version 8u25을 나타낸 것이므로 여러분이 윗 site 를 방문했을 경우는 최소한 8u25이거나 그 상위 version이 있을 것입니다.

만약 현재 사용하는 컴퓨터 hard disk의 JavaSW라는 폴더에 다운로드하였다면 다음과 같은 파일이 존재합니다.

위와 같은 파일이 존재한다면 download는 이상없이 완료된 것 입니다. 단 java 버전은 계속 새로운 버전이 나오므로 파일 이름은 조금 다를 수 있습니다. 위 화면에서는 아래와 같은 2개의 버전을 다운로드된 파일을 보여주고 있는데 이번에 최신으로 받은 파일은 jdk-8u25-windows-i586.exe입니다.

jdk-8u11-windows-i586.exe
jdk-8u25-windows-i586.exe

1.1.2 Java JDK(jdk-8u25-windows-i586.exe) 설치

jdk-8u25-windows-i586.exe을 더블 클릭하여 설치를 시작하면 최초 화면으로 아래와 같은 화면이 나옵니다.

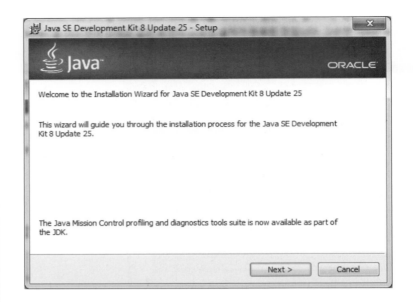

위 화면부터 일반적인 설치하는 방법에 따라 "Yes", 혹은 "OK", 혹은 "Next" 버튼을 클릭하여 아래와 같은 화면이 나오면 설치가 완료된 것입니다. 그러면 "Close" 버튼을 누르면 됩니다.

1.1.3 환경 변수 설정(path 설정)

초보자에게는 환경 변수 설정이 어려울 수 있습니다. 잘 따 해 주시기 바랍니다.
우선 자바가 설치된 폴더 이름을 알아야 합니다. Java를 특별히 다른 폴더에 설치하지 않았다면 자바는 아래 폴더에 만들어져 있을 것입니다.

C:\Program Files(x86)\Java\jdk1.8.0_25\bin

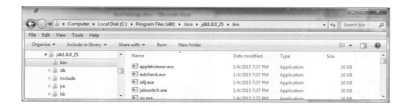

윗 화면의 폴더 주소 부분을 클릭하면 아래와 같이 됩니다. 이때 "ctrl" key와 "c" key 를 동시에 눌러 copy를 합니다. 여기서 copy의 의미는 컴퓨터 내에 있는 memory 속 으로 아래 폴더주소(C:\Program Files (x86)\Java\jdk1.8.0_25\bin)가 copy되는 것으로 화면상에는 달라지는 것은 없습니다.

다음은 환경 변수 설정을 위한 화면으로 이동하는 방법으로 Microsoft의 windows 라 하더라도 windows의 종류에 따라 조금 다를 수 있습니다. 여기에서는 Windows7 Home Premium Version을 예로 설명하고 있으니 착오 없으시기 바랍니다.
아래 탐색기(Windows explorer)화면에서 컴퓨터를 선택한 후 오른쪽 마우스를 클 릭합니다.

오른쪽 마우스를 클릭하면 아래와 같은 화면이 나옵니다.

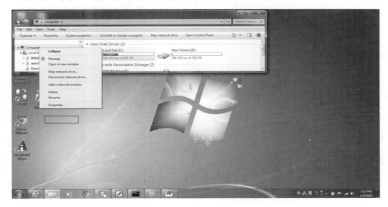

위 화면에서 Properties(속성)을 선택합니다.

위 화면에서 Advanced system settings를 클릭합니다.

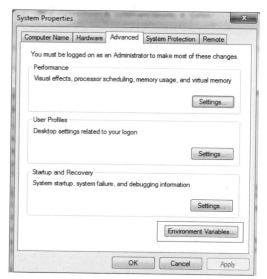

위 화면에서 "Advanced" 탭에 "Environment Variables…" 버튼을 클릭합니다.

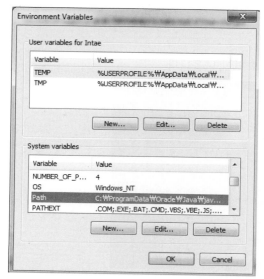

위 화면에서 "Path"를 선택하고 "Edit…" 버튼을 클릭합니다.

위 variable value에 있는 내용은 컴퓨터마다 다를 수 있습니다.

우선 기존에 있는 path의 "Variable value"는 그대로 유지해야 합니다. 이번에 하는 작업은 현재 path에 방금 copy한 java가 설치된 주소를 "Variable value"에 추가하는 것입니다. 그러므로

① 커서를 "Variable value" field의 제일 마지막에 위치 시킵니다.

② "Variable value" field의 제일 마직막에 semicolon(;)을 추가하고, 즉 type 해서 입력합니다.

③ 자바가 설치된 folder를 memory내에 copy한 것을 "ctrl" key와 "v" key를 동시에 눌러 붙여넣기 합니다.

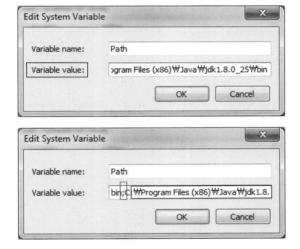

마지막 확인을 위해 커서를 앞으로 이동하면 위 화면처럼 방금 추가 한 주소 "C:\ Program Files (x86)\Java\jkd1.8.0_25\bin" 앞에 세미콜론(;)이 있으면 정상적으로 추가 된 것입니다.

이제 자바 software가 설치된 path(주소)도 추가 했으므로 3개의 창에 있는 "OK" 버튼을 각각 클릭하여 path 설정을 완료합니다.

이제는 path가 제대로 설정되었는지 확인하는 절차가 남았습니다. 아래와 같이 왼쪽 하단에 있는 window 버튼 → All program(모든 프로그램) → Accessorie(보조 프로그램) → Command Prompt(명령 프롬프트)를 클릭하여 dos 창을 띄웁니다.

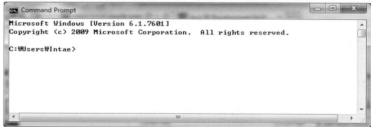

위 DOS 창에서 path를 입력합니다.

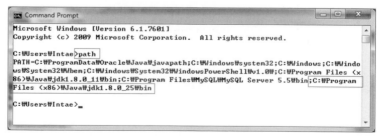

위 화면에서 자바가 설치된 folder가 path에 제대로 추가된 것을 확인할 수 있습니다.

다음은 최종적으로 java프로그램이 제대로 작동하는지 확인하는 절차입니다. 아래와 같이 javac-version이라고 입력한 후 해당 java software의 version이 출력되면 java설치와 path 설정 두 가지 모두 완료되었음을 확인 할 수 있습니다.

```
C:\Users\Intae>javac -version
javac 1.8.0_25

C:\Users\Intae>_
```
▲ 〈 한글 DOS 〉

```
C:\Users\Intae>javac -version
javac 1.8.0_25

C:\Users\Intae>
```
▲ 〈 영문 DOS〉

위 출력결과 화면은 한글DOS와 영문DOS의 출력 화면으로 역 slash(\)가 한글DOS에서는 ₩로 표시 됩니다.

앞으로 나오는 예시의 '₩'는 역 slash(\)와 같다고 보시면 됩니다.

1.1.4 Java Source Program File(Ex00101.java) 작성

프로그램 작성은 text editor의 기능을 하는 프로그램이 있어야 합니다. 모든 Windows 컴퓨터에는 Notepad라는 프로그램이 설치되어 있으니 이것을 우선 이용해 보겠습니다.

아래와 같이 왼쪽 하단에 있는 Window Button → All program(모든 프로그램) → Accessories(보조 프로그램) → Notepad(메모장)을 클릭하여 Notepad 창을 띄웁니다.

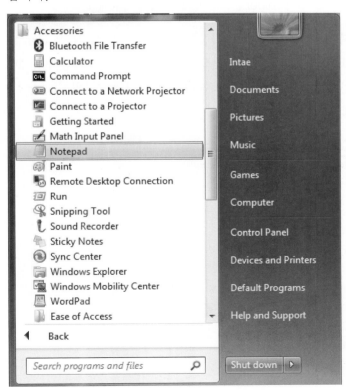

Notepad 창이 나타나면 아래 프로그램을 글자 하나 틀리지 않도록 프로그램을 아래와 같이 입력합니다.

```java
class Ex00101 {
    public static void main(String[] args) {
        System.out.println("Hello, Java...");
    }
}
```

다음은 아래와 같이 위 프로그램을 저장할 Folder를 지정하여 프로그램을 저장합니다. 여기에서는 C:\IntaeJava\Ex001 folder에 저장하겠습니다. 이 책을 읽는 독자는 각각 본인의 이름이나 적당한 folder이름을 만들어 저장하기 바랍니다. Folder를 새롭게 만드는 방법은 Windows의 folder만드는 방법을 참고해주세요.

위 프로그램의 파일 이름은 Ex00101.java로 저장해야 합니다. 파일 이름은 class이름(위 예제에서 Ex00101)과 동일해야 하므로 반드시 Ex00101.java로 저장해야 제대로 작동합니다. class에 대한 자세한 내용은 1.2 절 Java 프로그램 구조와 Chapter 3 class와 object에서 자세히 설명됩니다.

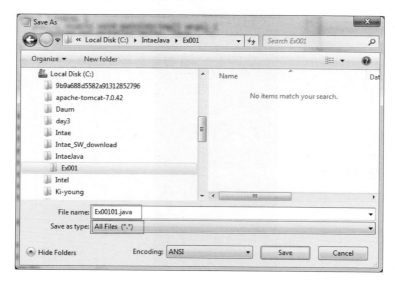

위 화면에서 File name과 Save as type 은 위와 동일해야 합니다.

다음은 저장이 정상적으로 되어 있음을 확인하는 절차입니다.

방금전에 사용했던 DOS 창에서 아래와 같이 방금 저장한 folder 이름으로 이동합니다. 혹, D:드라이브에 저장되어 있는 경우, DOS창에서 D: 를 입력하여 하드디스크 위치를 바꾼 후, folder path를 입력해야 합니다

```
C:\Users\Intae>cd c:\IntaeJava\Ex001

c:\IntaeJava\Ex001>_
```

위 DOS 창에서는 DOS 명령어가 작동합니다. 많이 사용하는 DOS 명령어는 아래 예제를 통해 연습해주세요.

■ DOS 명령어 연습 ■

- cd:change directory명령으로 현 folder의 위치를 다른 폴더 이름으로 이동하고자 할 때 사용됩니다.

예 1) cd \:현재의 폴더가 어디에 있든지 현재 hard driver의 제일 상위 폴더(최상위 폴더)로 이동

```
c:\IntaeJava\Ex001>cd \

c:\>
```

한글 DOS에서 ₩는 역slash(\)로 간주하는 것을 다시 한번 설명합니다.

예 2) cd folder 이름:현 폴더 보다 하위에 있는 해당 폴더로 이동

```
c:\>cd users

c:\Users>_
```

예 3) cd ..:현재의 폴더에서 상위 폴더로 이동

```
C:\Users\Intae>cd ..

C:\Users>_
```

- hard disk명을 바꾸는 명령 – D: 혹은 C:

예 Hard disk c:drive에서 d:drive로 바꾸는 명령입니다.

```
C:\>d:

D:\>_
```

- dir:현재의 폴더에 있는 파일 이름을 출력해줍니다.
- Type file 이름:파일 속의 내용을 화면에 출력해줍니다.

DOS 명령을 어느 정도 익혔으니 이제 cd 명령을 이용하여 현재 폴더가 어디든 Ex00101. java가 저장된 c:\IntaeJava\Ex001 폴더로 이동합니다.

```
C:\Users\Intae>cd c:\IntaeJava\Ex001

c:\IntaeJava\Ex001>_
```

다음은 위 DOS 명령 중 dir명령을 이용하여 Ex00101.java로 저장한 파일이 제대로 저장되었는지 확인합니다.

```
c:\IntaeJava\Ex001>dir
 Volume in drive C has no label.
 Volume Serial Number is 2C93-7E90

 Directory of c:\IntaeJava\Ex001

01/04/2015  08:40 PM    <DIR>          .
01/04/2015  08:40 PM    <DIR>          ..
01/04/2015  08:40 PM               114 Ex00101.java
               1 File(s)            114 bytes
               2 Dir(s)  155,016,298,496 bytes free

c:\IntaeJava\Ex001>_
```

다음은 위 DOS 명령 중 type명령을 이용하여 파일 속의 내용이 제대로 저장되었는지 확인하는 내용입니다.

```
c:\IntaeJava\Ex001>type Ex00101.java
class Ex00101 {
    public static void main(String[] args) {
        System.out.println("Hello, Java...");
    }
}
c:\IntaeJava\Ex001>_
```

위와 같이 Notepad에서 입력한 사항이 동일하게 출력되면 프로그램 저장은 이상없이 완료 된 것입니다.

■ 도움이 되는 Text Editor ■

● Internet에서 Text Editor을 찾아보면 Notepad보다 훨씬 편리한 Text Editor를 무료로 다운로드해서 사용할 수 있습니다. 필자가 찾아본 바로는 EditPlus, UltraEdit, AcroEdit이 추천할만 합니다.

● Java 프로그램 개발자들이 eclipse를 많이 사용하고 있는데, eclipse가 자동으로 해 주는 부분이 많아 편리한 면도 있지만, 초보자에게는 자바의 개념을 이해하는데 는 위에서 추천한 일반 text editor가 더 효과적입니다.

● 아래 Text Editor는 필자가 사용하는 AcroEdit입니다.

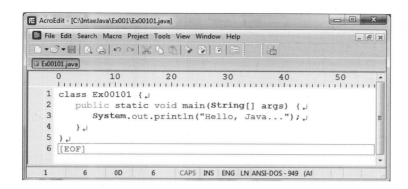

1.1.5 Java Program file(Ex00101.java) compile

Compile은 컴퓨터 프로그램에 사용되는 용어입니다. 현재까지 작성한 Ex00101.java 프로그램은 컴퓨터에서 바로 실행시킬 수 있는 명령어가 아닙니다. 자바 프로그램은 단지 컴퓨터의 사고방식에 맞춰진, 사람이 알아 볼 수 있는 형식의 명령입니다. 따라서 사람의 명령을 컴퓨터가 알아들을 수 있는 명령으로 변환해 주기 위해서는 일종의 번역기가 필요합니다. 이런 번역기 역할을 하는 것을 **compiler**라고 하고, 사람이 알아 볼 수 있는 명령(자바 프로그램)을 컴퓨터가 실행할 수 있는 명령(실행 프로그램)으로 변환하는 작업을 '**compile한다**'라고 합니다.

Compile은 아래 명령어처럼 javac 다음에 자바 프로그램 파일명을 dos 명령 입력 방식과 같은 방법으로 입력해줍니다.

C:\IntaeJava\Ex001〉 javac Ex00101.java

```
C:\IntaeJava\Ex001>javac Ex00101.java

C:\IntaeJava\Ex001>_
```

만약 에러가 있다면 에러 메세지가 출력됩니다. 메세지를 보면 에러의 위치가 나오는데, 초보자는 에러의 위치를 정확히 찾는데 어려움이 있을 수 있습니다. 프로그램이 길지 않으니 글자(대문자, 소문자까지 동일해야함)가 한 글자라도 틀리지 않았나 잘 확인해보시기 바랍니다. 에러가 있다면 1.5.1 compile error(Syntax)를 먼저 읽어 보세요. 에러가 없다면 위와 같이 출력되는 내용은 없습니다. 이는 Compile이 이상없이 완료 되었다는 의미이며 새로운 파일 Ex00101.class를 만들어 졌음을 의미합니다. Ex00101.class가 정말로 만들어져 있는지 dos 명령 dir을 사용하여 확인해 보겠습니다.

```
C:\IntaeJava\Ex001>dir
 Volume in drive C has no label.
 Volume Serial Number is 2C93-7E90

 Directory of C:\IntaeJava\Ex001

01/04/2015  09:22 PM    <DIR>          .
01/04/2015  09:22 PM    <DIR>          ..
01/04/2015  09:22 PM               422 Ex00101.class
01/04/2015  09:20 PM               116 Ex00101.java
               2 File(s)            538 bytes
               2 Dir(s)  154,841,808,896 bytes free

C:\IntaeJava\Ex001>
```

위와 같이 화면에 나타났다면 이상없이 compile이 완료되어 Ex00101.class파일이 만들어 졌음을 알 수 있습니다.

1.1.6 Java Program 수행

이제 컴퓨터가 실행할 수 있는 파일을 사용하여 자바 프로그램을 실행해 보겠습니다. 자바 실행 파일을 실행할 경우에는 파일 이름을 전부 입력하는 것이 아니라 아래와 같이 java 다음에 파일 type이 없는 이름만 입력합니다.

C:\IntaeJava\Ex001〉 Java Ex00101

```
C:\IntaeJava\Ex001>java Ex00101
Hello, Java...

C:\IntaeJava\Ex001>
```

위와 같이 출력되면 이상없이 자바 프로그램이 수행된 것입니다. 자바 프로그램이 수행되었다는 것은 첫째 자바 software설치도 이상없이 완료된 것이고, 둘째 환경 변수 path도 이상없이 설정된 것입니다. 마지막으로 자바 프로그램도 철자 하나 틀림없이 작성되었으므로 이상없이 compile이 되어 실행 파일이 만들어진 것을 의미합니다. 초보자가 여기까지 오는데는 많은 어려움이 있을 수 있습니다. 위 세가지 중 하나라도 잘못되어 있으면 자바 프로그램은 실행되지 않습니다.

이제 프로그램이 이상없이 작동되었으니 프로그램 설명을 해보겠습니다. 프로그래밍 명령은 크게 두 가지 부류 중의 하나에 속합니다.

■ 프로그램 명령의 분류 ■

● 하나는 덧셈, 뺄셈 등 계산을 한다든가, 계산된 결과 값을 memory의 어딘가에 저장한다든가, 화면에 저장된 어떤 값을 출력한다든가 하는 행동(Action)을 하는 명령

● 두 번째는 행동하는 명령을 도와주는 명령으로, 즉 행동하는 명령이 순차적으로 또는 합리적으로 이루어질 수 있도록 도와주는 명령입니다. 예를 들면, '지금부터 실행하는 프로그램 이름은 무엇이다'라고 알려 주는 명령, 즉 어떤 행동을 하는 것이 아니라 행동할 수 있도록 도와주는 명령입니다.

아래 프로그램도 1,2,4,5번째 줄은 도와주는 명령이고, 실제 행동하는 명령은 3번째

줄 뿐입니다.

```
1: class Ex00101 {
2:   public static void main(String[] args) {
3:       System.out.println("Hello, Java...");
4:   }
5: }
```

- 1번째 줄:모든 프로그램은 class로부터 시작합니다. 즉 모든 프로그램은 class라는 단어(java에서는 key word라고 부름)와 className(일종의 프로그램 이름, 여기에서는 Ex00101)을 가지고 있습니다. 그리고 여는 중괄호, "{"와 닫는 중괄호, "}"(닫는 중괄호는 5번째 줄)로 이루어져 있습니다.

- 2번째 줄:"public static void main(String[] args) {"는 프로그램이 실제 작동하는 시작점, 즉 컴퓨터의 작동 명령(=행동 명령)이 시작을 나타내는 부분입니다. 두 번째 줄 다음 줄부터 행동하는 명령이 올 것이라고 알려주는 역할을 합니다.

- 3번째 줄:System.out.println("Hello, Java...");는 큰따옴표 안에 있는 내용을 컴퓨터 화면에 출력하라는 행동 명령입니다.

- 4번째 줄:첫 번째 닫는 중괄호, "}"는 2번째 줄에서 실제 작동이 시작된다면 4번째 줄에서 모든 작동명령이 끝남을 나타냅니다.

- 5번째 줄:두 번째 닫는 중괄호, "}"는 1번째 줄에서 프로그램 시작을 알렸다면, 5번째 줄에서는 프로그램의 마감을 알리는 역할을 합니다.

Ex00101 프로그램은 첫 번째 프로그램이므로, 모든 내용을 전부 이해하기란 쉽지 않습니다. Ex00101 프로그램에서는 Ex00101은 프로그램 이름이니까 두 번째 프로그램 이름은 이름 부분을 바꿀 수 있다는 것과, 3번째 줄에서 큰따옴표 안에 입력한 것은 화면에 출력된다고 이해하면 됩니다. 나머지는 현재 있는 부분을 그대로 써야 프로그램을 할 수 있다고만 알고 다음으로 넘어 가겠습니다.

- 초보자로서 여기까지 이상없이 따라 왔다면 초반전 어려운 부분은 넘은 것 입니다. 하지만 지금까지 설명한 사항이 명확하게 이해되었다기 보다는 질문사항이 더 많이 있을 수 있다고 생각합니다. 현재로서는 한 번에 모든 설명을 다 할 수가 없습니다. 혹시 있을 질문사항은 뒤에 있는 단원에서 하나하나 설명하겠습니다.

1.2 Java 프로그램 구조

모든 컴퓨터 프로그램 언어가 그렇듯이 자바 프로그램도 일정한 규칙에 따라 프로그램을 작성해야 합니다. 자바 프로그램은 class로 이루어져 있고 하나의 class는 attribute (field, member변수, 혹은 instance변수 라고도 함)와 method(한국말로는 함수라고도 함)로 이루어져 있습니다. 하나의 class에는 attribute가 하나도 없을 수도 있고 여러 개가 있을 수도 있으며, method도 하나도 없을 수 있고, 여러 개가 있을 수도 있습니다.

아래 프로그램은 Ex00101.java 프로그램에 몇 가지를 추가한 프로그램으로, 위에서 설명한 class의 구조로 보면 method 1개로만 이루어진 프로그램입니다.

예제 | Ex00102

Ex00101.java를 작성했던 방법으로 아래 프로그램을 Ex00102.java라는 파일로 저장하세요. 프로그램 앞에 기록된 line 번호는 프로그램 설명을 위해 붙인 것이니 실제 프로그램 작성할 때는 line 번호는 있으면 안 됩니다.

```
 1: class Ex00102 {
 2:     // attribute 작성
 3:     // method 작성
 4:     public static void main(String[] args) {
 5:         /*
 6:             지역변수(Local variable) 선언
 7:             Java 명령어 작성
 8:         */
 9:         System.out.println("Hello, Java...1 ");
10:         System.out.println("Hello, Java...2 ");
11:         /* 프로그램은 순서가 중요 */
12:     }
13: }
```

위 프로그램을 작성해서 Ex00102.java로 저장했다면 Ex00101.java를 compile한 방법과 동일하게 Ex00102.java도 compile을 해야 실행시킬 수 있습니다.

```
C:\IntaeJava\Ex001>javac Ex00102.java

C:\IntaeJava\Ex001>java Ex00102
Hello, Java...1
Hello, Java...2

C:\IntaeJava\Ex001>
```

프로그램 설명

▶ 1번째 줄:모든 프로그램은 class로부터 시작합니다. 즉 모든 프로그램은 class라는 단어와 className (여기에서는 Ex00102)을 가지고 있습니다. 그리고 여는 중괄호 "{"와 닫는 중괄호 "}" (닫는 중괄호는 13번째 줄에)로 이루어져 있습니다. Ex00101.java에서 설명한 것을 다시 반복해서 설명하고 있습니다.

▶ 2,3번째 줄:"//"부호는 comment라는 명령어로 "//"뒤에 기록된 글자는 무시됩니다. 즉 2,3번째 줄은 없는 것과 같습니다.

▶ 4번째 줄:"public static void main(String[] args) { "는 프로그램이 실제 작동하는 시작점, 즉 컴퓨터의 작동 명령이 시작을 나타내는 부분입니다.

▶ 5~8번째 줄:"/*"부호는 "*/"부호와 짝이 되어 작동하는 comment 명령으로 "/*" 부호와 "*/"부호 사이에 기록된 모든 글자는 무시됩니다. 즉 5~8번째 줄은 없는 것과 같습니다. "//"는 해당되는 줄만 무시되지만 "/*"와 "*/"는 여러 줄에 걸쳐서 글자를 무시합니다.

▶ 9번째 줄:"System.out.println("Hello, Java...1");"는 큰따옴표 안에 있는 내용을 컴퓨터 화면에 출력하라는 명령입니다.

▶ 10번째 줄:System.out.println("Hello, Java...2");는 큰따옴표 안에 있는 내용을 컴퓨터 화면에 출력 하라는 명령입니다.

▶ 11번째 줄:"/*"와 "*/"는 같은 줄에 사용해도 됩니다.

▶ 12번째 줄:첫 번째 닫는 중괄호 "}"는 4번째 줄에서 실제 작동이 시작된다면 12번째 줄에서 모든 작동 명령이 끝남을 나타냅니다.

▶ 13번째 줄:두 번째 닫는 중괄호 "}"는 1번째 줄에서 프로그램 시작을 알렸다면, 13번째 줄에서는 프로그램의 마감을 알리는 역할을 합니다.

■ **프로그램에서 comment의 의미** ■

실무 프로그램 내에는 많은 comment들이 존재합니다. 컴퓨터 명령의 실행에서는 무시되는 comment들을 왜 삽입할까요? 컴퓨터는 필요없지만 이 프로그램을 작성하는 프로그래머는 시간이 어느 정도 지난 후에, 혹은 다른 프로그래머가 이 프로그램을 읽을 경우 이해가 쉽도록 comment를 작성하여 삽입합니다. 위 프로그램에서도 2,3번째 줄에 attribute와 method가 나중에 삽입될 것을 미리 알려주기 위해 넣은 comment입니다. 5~8번째 줄도 자바 명령어들이 삽입될 것이라는 것을 미리 알려주기 위해 넣은 comment입니다. 11번째 줄은 9번째 줄에 입력된 명령이 먼저 수행되고 10번째 줄에 입력된 명령이 다음에 수행됨의 중요성을 알려주기 위해 넣은 comment 입니다. 위 프로그램은 간단한 프로그램으로 당연히 순서대로 실행되는 것은 상식으로 알겠지만, 프로그램이 길고 복잡해지면 많은 프로그래머가 어느 명령이 먼저 오고 어느 명령이 나중에 올지 몰라 에러를 범하는 일이 많으므로 미리 그 중요성을 강조하기 위해 삽입했습니다.

■ 자바프로그램을 구성하는 요소.

자바프로그램을 구성하는 요소는 자바 key word (자바 명령어로서 예약된 단어), Identifier (식별자, 명칭, 이름 등으로 불림), 연산자 (operator), 구분자 (delimiter, 앞 명령과 뒤 명령을 구별해주는 부호), literal (상수)로 구성됩니다.

① Key word:class, public, void
② Name:Ex01002, args, main
③ 연산자:+, −, *, /, .
④ 구분자(delimiter):{, }, (,), [,]
⑤ Literal:1, 2, 3, "Hello, Java…1"

아직은 위에 적힌 단어들이 구체적으로 무슨 의미인지 이해하기에 어려움이 있을지 모릅니다. 현재로서는 Ex00101.java나 Ex00102.java에서 나온 것들이 어떤 목적에 따라 구분이 된단 정도만 이해하고 다음으로 넘어갑니다.

1.3 Java Source Program 작성 형식

자바는 특별히 형식을 맞출 필요는 없습니다. 아래 3가지만 기억하면 프로그램 작성 하는데 어려움은 없을 것입니다.
① 자바는 프로그램 작성 시 줄 바꿈에 제한을 받지 않습니다. 즉 여러 줄을 한 줄로 작성해도 에러없이 compile할 수 있고, 한 줄을 여러 줄로 작성해도 에러없이 compile할 수 있습니다.
아래 프로그램은 한 줄에 모든 것을 작성한 예입니다. Ex00103.java으로 파일을 만들어 저장하고 compile하고 수행시키면 다음과 같이 출력됩니다.

예제 | Ex00103

```
class Ex00103 { public static void main(String[] args) { System.out.
println("Java Format Test..."); } }
```

```
C:\IntaeJava\Ex001>javac Ex00103.java

C:\IntaeJava\Ex001>java Ex00103
Java Format Test...

C:\IntaeJava\Ex001>
```

프로그램 설명

▶ Java는 한 줄에 모든 명령문을 사용해도 되고, 하나의 명령문을 여러 줄에 나누어 쓸 수도 있습니다. 즉 줄 바꿈에 제한을 받지 않습니다. 단 // comment 명령은 해당되는 줄 끝까지만 comment 처리되므로 //comment 명령만은 줄 바꿈에 제한을 받는다고 생각하면 됩니다.

▶ 자바의 명령 끝에는 세미콜론 (;)
자바에서 하나의 명령의 끝을 알리는 기호는 세미콜론 (;)입니다. 그러므로 모든 명령뒤에는 세미콜론이 와야 됩니다. Ex00102.java 프로그램의 9번째 줄 끝에도 세미콜론 (;)이 있고, 10번째 줄 끝에도 세미콜론 (;)이 있습니다. Ex00103.java 프로그램에도 비록 한 줄에 모든 것이 작성되었지만 System.out.println("Java Format Test..."); 명령뒤에 세미콜론(;)이 있습니다.

▶ Case sensitive (대소문자 구분)
자바는 같은 단어라도 대소문자를 구별하므로 대소문자를 정확히 작성해야 합니다. 즉 프로그램 내에 class를 Class라고 "C"를 대문자로 쓰면 에러가 발생해서 compile 을 완료하지 못합니다. 즉 소문자 class와 대문자 Class는 다른 단어입니다.

1.4 들여쓰기 규칙(Indentation)

들여쓰기 규칙은 자바 프로그램을 알아 보기 좋도록 같은 부류의 명령은 같은 앞줄에 맞추어 같은 간격으로 들여쓰기하여 coding하는 것으로, 자바의 실제 실행에는 영향을 주지 않는 규칙입니다.
들여쓰기 규칙은 자바의 규칙이 아닙니다. 들여쓰기 규칙을 안 지켜도 프로그램 실행에는 아무 문제가 없습니다. 하지만 자바 개발자뿐만이 아니라 거의 모든 프로그램 개발자들이 잘 지키고 있는 규칙입니다.

예제 | Ex00104

아래 프로그램은 동일한 프로그램을 하나는 들여쓰기 규칙을 안 지킨 것이고, 다른 하나는 잘 지킨 프로그램입니다.

```
C:\IntaeJava\Ex001>javac Ex00104.java

C:\IntaeJava\Ex001>java Ex00104
No indentation...1
No indentation...2

C:\IntaeJava\Ex001>
```

들여쓰기 규칙을 안 지킨 프로그램	들여쓰기 규칙을 지킨 프로그램
```class Ex00104 {```	```class Ex00104 {```

```
class Ex00104 {
// attribute 작성
// method 작성
public static void main(String[] args) {
/*
지역변수(Local variable) 선언
Java 명령어 작성
*/
System.out.println("No indentation...1 ");
System.out.println("No indentation...2 ");
/* 프로그램은 순서가 중요 */
}
}
```

```
class Ex00104 {
   // attribute 작성
   // method 작성
   public static void main(String[] args) {
      /*                                           ,
      지역변수(Local variable) 선언
      Java 명령어 작성
      */
      System.out.println("No indentation...1 ");
      System.out.println("No indentation...2 ");
      /* 프로그램은 순서가 중요 */
   }
}
```

프로그램 설명

위 프로그램을 compile하여 실행시키면, 들여쓰기 규칙을 안 지킨 프로그램이나 들여쓰기 규칙을 지킨 프로그램이나 동일한 결과가 나옵니다. 프로그램에 경험이 없는 초보자일 경우에는 큰 차이는 못 느낍니다. 하지만 프로그램이 100줄, 200줄, 300줄을 넘어가다 보면 들여쓰기 규칙을 안 지킨 프로그램은 본인이 만든 프로그램도 본인이 읽을 수가 없는 경우가 종종 생깁니다. 그리고 필자가 자바 강의를 할 때 에러를 찾아 달라는 질문을 많이 받는데, 들여쓰기가 안 된 프로그램의 경우 에러를 찾기에 앞서 들여쓰기부터 하기를 권합니다. 얼마간의 시간을 주고, 다시 가서 확인해 보면 일반적으로 그 중에 50퍼센트 이상은 스스로 에러를 발견하고 프로그램을 수정해 놓은 것을 경험했습니다. 즉 들여쓰기 규칙만 잘 지켜도 50퍼센트 이상의 에러는 발생시키지 않을 수 있다는 것을 명심해 주세요.

지금까지 프로그램을 많이 소개하지 않았으므로 들여쓰기 규칙의 구체적인 사항을 언급하기에는 어려움이 있습니다. 그리고 각 개발하는 회사에 따라 혹은 개인의 선호도에 따라 조금씩 다를 수 있습니다. 현재까지 나온 사항과 필자의 경험을 토대로 들여쓰기 규칙을 언급한다면 아래와 같습니다.

① class 안에 있는 모든 명령은 3개의 space를 띄웁니다. 즉 4번째 자릿수부터 시작합니다.

② "public static void main(String[] args) {" 안에 있는 모든 명령은 다시 3개의 space를 띄웁니다. 즉 7번째 자릿수부터 시작합니다.

③ 앞으로 나올 모든 예제에는 들여쓰기 규칙을 적용하였으니 참고하여 활용하기 바랍니다.

1.5 Java Error

컴퓨터 프로그램을 개발하다보면 에러는 수시로 접하게 됩니다. 10년,20년 개발 경력을 가지고 있는 사람도 에러는 언제나 접하게 됩니다. 문제는 에러를 접하면 시간을 허비하지 않고, 에러의 위치를 정확히 찾아서 정확히 수정할 수 있는 능력을 갖추는 것입니다.

우선 에러의 종류와 어떻게 에러를 찾아 올바르게 수정할 것인지에 대한 일반적인 사항을 소개합니다. 에러의 종류에는 **Compile error**(syntax error), **Run time error** (Exception), **Logic Error** 이렇게 3가지가 있습니다.

1.5.1 Compile error (syntax error)

compile 에러는 compile할 때 발생하는 에러로, 자바 파일(.java)을 class 파일(.class)로 만드는 과정에서 현재 작성된 프로그램 code가 무슨 말인지 몰라 compile할 수 없을 때 나타나는 에러입니다. compile 에러는 프로그램 code가 무슨 말인지 모르는 부분을 compiler가 정확히 알려 주는 메세지입니다. 즉 '몇 번째 줄에 무슨 단어를 모르겠다'라는 식으로 알려 줍니다.

예제 | Ex00105

아래 프로그램을 compile하면 아래와 같은 에러 메세지가 나타납니다.

```
class Ex00105 {
    public static void main(string[] args) {
        System.out.println("Error Test 1");
    }
}
```

```
C:\IntaeJava\Ex001>javac Ex00105.java
Ex00105.java:2: error: cannot find symbol
   public static void main(string[] args) {
                          ^
  symbol:   class string
  location: class Ex00105
1 error

C:\IntaeJava\Ex001>
```

위 에러 메세지를 잘 보면 에러는 Ex00105.java파일의 2번째 줄에 있고, "string"이라는 symbol이 무슨 말인지 모르겠다라는 것입니다. 즉 "string"이 잘못된 것으로 "String"으로 수정해야 합니다. 즉 1.3절 'Java Source Program 작성형식'에서 Case Sensitive(대소문자 구분) 하므로 'string'과 'String'은 다른 단어입니다.

예제 | Ex00105A

```
class Ex00105A {
    public static void main(String[] args) {
        System.out.println("Error Test 2");
    }
}
```

```
C:\IntaeJava\Ex001>javac Ex00105A.java
Ex00105A.java:3: error: cannot find symbol
        System.out.printl("Error Test 2");
                  ^
  symbol:   method printl(String)
  location: variable out of type PrintStream
1 error

C:\IntaeJava\Ex001>
```

위 에러 message을 잘 보면 에러는 Ex00105A.java 파일의 3번째 줄에 있고, "printl"
이라는 symbol이 무슨 말인지 모르겠다라는 것입니다. 즉 "printl"이 잘못된 것으로
"println"으로 수정해야 합니다.

위 에러처럼 잘못된 곳을 정확히 알려주는 에러도 있지만 초보자에게는 찾기 어려운
에러도 있습니다. 예를 들면 컴퓨터가 알려주는 곳은 분명히 맞는 coding인데, 에러
가 나는 경우 입니다. 이런 경우는 에러나는 부분과 관련이 있는 다른 부분을 찾아보
아야 합니다. 에러 찾는 과정은 정확한 문법에 대한 지식과 경험을 통해 익숙해 져야
합니다.

1.5.2 Run time error (Exception)

run time error는 어떤 프로그램이 compile은 에러없이 완료되어 class 파일은 만들어
져서 수행은 되지만, 그 프로그램 실행 중에 error가 발생하여 프로그램이 중단되는 경
우를 말합니다. 대표적인 run Time Error의 예로 어떤 수를 0으로 나누었을 때 발생하
는 에러입니다. 즉 "a라는 수를 b라는 수로 나누어라"라고 명령이 되어 있다면 자바 문
법적으로는 아무 문제가 없으므로 compile이 되지만 실행하는 과정에서 a는 6, b는 0
이면 6를 0으로 나눌 수가 없기 때문에 Run Time Error가 발생하게 됩니다.

예제 | Ex00106

```
1: class Ex00106 {
2:    public static void main(String[] args) {
3:        System.out.println( 6/2 );
4:        System.out.println( 6/0 );
5:    }
6: }
```

```
C:\IntaeJava\Ex001>javac Ex00106.java

C:\IntaeJava\Ex001>java Ex00106
3
Exception in thread "main" java.lang.ArithmeticException: / by zero
        at Ex00106.main(Ex00106.java:4)

C:\IntaeJava\Ex001>
```

프로그램 설명

- 3번째 줄:6/2=3이므로 3이 출력되었습니다.
- 4번째 줄:6/0은 계산할수 없으므로 에러 처리되었습니다. 자바에서는 Run Time Error가 발생하면 Exception이라는 메세지가 출력됩니다.

1.5.3 Logic Error

logic Error는 컴퓨터의 입장에서 보면 Error가 아닙니다. logic Error의 하나의 예를 들면 이자 계산을 하는데, 원금에 2%의 이자를 계산해야 되는데 프로그래머가 착각해서 원금에 0.2%의 이자를 계산 했다면 이자계산이 적게 된 것입니다. 컴퓨터 입장에서는 0.2%로 계산하라는 명령이 있으니 0.2%로 계산했으므로 에러는 아니지만 실업무에서는 잘못된 보고서가 만들어질 수 있습니다. 이러한 logic Error를 찾는 방법으로는 sample data를 만들어 미리 수작업으로 계산을 해 놓은 후 컴퓨터에서 나온 출력 값과 비교해서 결과 값이 같은지를 알아보는 방법으로 logic Error를 찾아낼 수 있습니다.

■ 디버깅이란 ? ■

에러를 찾는 과정을 디버깅이라고 합니다. 버그(bug)는 영어로 "벌래"라는 뜻이고, 디버그(debug)는 "벌래를 잡다"라는 뜻입니다. 디버깅(debugging)은 "벌래잡기"의 뜻으로 에러가 일종의 프로그램 속에 있는 버그라고 생각하는 개념으로 시작한 말입니다. 그런데 compile 에러 수정하는 것은 디버깅이라고 하지 않습니다. runtime 에러나 logic 에러에 비해 상대적으로 상당히 쉬운면도 있지만, compiler가 에러있는 곳을 정확히 알려주기 때문에 에러는 compiler가 잡은거나 마찬가지이기 때문에 compile 에러 수정하는 것은 디버깅한다라고 하지 않습니다.

■ 이 책의 예제 프로그램 폴더 ■

Chapter 2부터는 이 책의 예제 프로그램을 다음과 같이 D:drive의 D:\IntaeJava 폴더에서 예제 프로그램을 수행합니다. 여러분들은 각자 자신이 만든 폴더에서 실습해 주기 바랍니다.

```
C:\IntaeJava\Ex001>d:

D:\>cd IntaeJava

D:\IntaeJava>
```

Memo

Data Type

우리가 일상생활에서 사용하는 모든 정보는 컴퓨터에서는 data라고 부릅니다. 예를 들면 1,2,3 과 같은 숫자도 data이고, 홍길동, 김삿갓, 임꺽정과 같은 이름도 data이고, 빨강,노랑,파랑과 같은 색깔도 data입니다. 이런 data를 컴퓨터에 어떻게 저장하고 활용하는지에 대해 알아 봅니다.

Data Type ②②

2.1 Data type의 종류

Data Type(자료형)은 컴퓨터에 보관되는 data의 형태를 말하는 것으로, 크게는 숫자, 문자로 구분되지만, 숫자에도 정수, 소수점이 있는 수 등으로 구분됩니다. 색깔, 소리, 동영상도 data의 형태이지만 이번 Chapter에서는 아주 기본이 되는 data의 형태(primitive data type)에 대해서만 분류해 보겠습니다.

> int, short, byte, long, float, double, boolean, char (8가지)

위에서 언급한 8개 data type에 대해서는 2.6절 8개 data type의 크기에서 자세히 설명하므로 여기에서는 int(정수) type에 대해서만 간단히 설명하겠습니다.

int는 정수형으로 0, 1, 2, 3, ….등의 소숫점 없는 숫자를 말하며 음수, 즉 −1, −2, −3, ….도 정수에 해당됩니다.

2.2 변수 선언

변수는 컴퓨터 memory 내에 프로그램 수행 중 발생하는 data를 일시적으로 보관하기 위해 확보해 놓은 기억장소의 이름입니다. 이런 변수를 컴퓨터 내에 만드는 과정을 변수를 선언한다고 합니다.

> 변수 선언 형식 : dataType variableName; (ex: int a)

위 예 "int a"에서 int는 dataType이고, a는 variableName(변수이름)입니다. 즉 int a라고 하면 정수를 기억할 수 있는 기억장소를 memory 내에 확보하고, 그 이름을 a라고 컴퓨터는 기억합니다. 컴퓨터가 어떻게 기억장소를 만들고, 어떻게 그 기억장소 이름을 a라고 알고 있는지는 다른 분야이므로 이 책에서는 다루지 않습니다. 단지 "int a"라고 프로그램 내에 코딩해 놓으면 이 프로그램을 실행할 때 컴퓨터는 memory내 어딘가에 정수 숫자를 기억할 수 있는 공간을 확보해 놓고, 그 기억장소의 이름이 a라고 알고 있습니다.
변수이름은 어떻게 정할까요? 아이가 태어나면 부모가 아기의 이름을 정하듯이 변수의 이름은 프로그램을 작성하는 사람이 변수의 이름을 정합니다. 단 변수 이름 붙이는 규칙(뒤에 나오는 2.11절 명칭규칙 참조)에 따라야 합니다.

예제 | Ex00201

아래 프로그램은 변수들이 프로그램 내에서 어떻게 활용되는지 이해할 수 있도록 만
든 프로그램입니다.

```
 1: class Ex00201 {
 2:     public static void main(String[] args) {
 3:         int a;
 4:         int b = 2;
 5:         int c;
 6:         a = 3;
 7:         c = a + b;
 8:         System.out.println("a + b = "+c);
 9:         System.out.println(a+" + "+b+" = "+c);
10:     }
11: }
```

프로그램 코딩이 완료되면 아래와 같이 compile을 합니다.

```
D:\IntaeJava>javac Ex00201.java

D:\IntaeJava>
```

앞으로 위와 같이 compile하는 과정을 보여주는 것은 생략하겠습니다. 항상 프로그
램이 완료되면 위와 같은 방식으로 compile을 한 후 프로그램을 실행시키세요. 만약
compile을 안 하고 실행시키면 아래와 같은 에러 메세지가 나옵니다.

```
D:\IntaeJava>java Ex00201
Error: Could not find or load main class Ex00201

D:\IntaeJava>
```

■ compile이 이상없이 되었는지 확인 하는 방법 ■

아래와 같이 dir Ex00201.* 라고 입력한 후 class 파일이 만들어져 있으면 compile
이 이상없이 수행된 것입니다.

```
D:\IntaeJava>dir Ex00201.*
 Volume in drive D is New Volume
 Volume Serial Number is 88B3-AF8C

 Directory of D:\IntaeJava

01/04/2015  09:49 PM             699 Ex00201.class
04/18/2014  11:56 AM             236 Ex00201.java
               2 File(s)            935 bytes
               0 Dir(s)  412,806,479,872 bytes free

D:\IntaeJava>
```

class파일이 이상없이 만들어 졌다면, 프로그램 실행은 아래와 같이 합니다.

```
D:\IntaeJava>java Ex00201
a + b = 5
3 + 2 = 5

D:\IntaeJava>_
```

프로그램 설명

▶ 3번째 줄:int a;라고 하면, 컴퓨터 memory 내에 기억장소를 하나 만들고, 그 이름을 a 라고 부여 합니다.

▶ 4번째 줄:int b = 2;라고 하면 컴퓨터 memory 내에 기억장소를 하나 만들고, 그 이름을 b라고 부여하고 , 숫자2를 기억장소 b에 저장합니다. 4번째 줄은 2가지 명령이 한 줄에 선언된 것이라 할 수 있습니다.

▶ 5번째 줄:int c;라고 하면, 컴퓨터 memory 내에 기억장소를 하나 만들고, 그 이름을 c 라고 부여 합니다.

▶ 6번째 줄:a = 3;이라고 하면 숫자 3을 이미 만들어 놓은 기억장소 a에 저장합니다.

▶ 7번째 줄:c = a + b;라고 하면 기억장소 a의 값과, 기억장소 b의 값을 더해서 기억장소 c에 저장합니다. 기억장소 a에는 3이 들어 있고, 기억장소 b에는 2가 들어 있으므로 2+3, 즉 5가 기억장소 c에 저장 됩니다.

▶ 8번째 줄:"System.out.println("a + b = "+c);"라고 하면 괄호() 속에 있는 내용을 컴퓨터 screen에 출력하는 명령입니다. 큰따옴표 안에 있는 것은 그대로 출력되고, 큰따옴표 밖에 있는 기억장소 c는 저장되어 있는 값을 출력합니다. 그런데 인용부호와 기억장소 c사이에 + 부호의 역할은 인용부호 안에 있는 내용과 기억장소 c에 저장된 값을 서로 붙여서 출력합니다.

▶ 9번째 줄:System.out.println(a+" + "+b+" = "+c);도 8번째 줄과 같이 괄호 속의 내용, a, " + ", b, " = ", c가 출력되는데, a값은 3, b값은 2, c값은 5이므로 "3 + 2 = 5"가 출력됩니다. 큰따옴표 안에 있는 내용은 그대로 출력됨을 기억해야 합니다.

주의 | 큰따옴표는 2개가 반드시 짝을 이루어야 합니다. 큰따옴표안에 있는 space는 space그대로 출력되고 있는 것도 기억해야 합니다.

▶ 3번째 줄(int a;)과 6번째 줄(a=3)을 하나로 묶어서 3번째 줄에 int a=3;이라고 정의 해도 됩니다. 3번째 줄과 6번째 줄로 분리해서 coding한 이유는 4번째 줄처럼 하나로 묶어서 정의 해도 되고, 3번째와 6번째 줄과 같이 분리해서 coding해도 되는 것을 보여주기 위함입니다.

■ coding이란? ■

coding이란 프로그램을 작성하는 일을 말합니다.

위 프로그램이 7번째 줄의 명령을 완료한 상태의 컴퓨터 memory 상태를 표시하면 아래와 같습니다.

기억장소 a

3

기억장소 b

2

기억장소 c

5

위 기억장소들이 memory 내에 구체적으로 어디에 어떻게 만들어져 있는지는 프로그래머는 알 필요가 없습니다. 단지 memory 내 어딘가에 이름이 있는 기억장소들이 있고 각각의 기억장소에는 위 프로그램에서 지정한 값들이 저장되어 있다고 알고 있으면 됩니다.

■ "=" 연산자 이해하기 ■

수학의 "="는 왼쪽의 값과 오른쪽의 값은 같다라는 의미이지만 대부분의 컴퓨터 language에서 "=" 연산자의 의미는 오른쪽 결과 값을 왼쪽의 기억장소에 저장하라는 명령입니다. 그러므로 오른쪽에는 수나 수식(수나 기억장소로 구성된 수식)이 와야 하고, 왼쪽에는 반드시 기억장소의 이름이 와야 합니다. 그래야 오른쪽의 값 혹은 수식의 결과를 왼쪽의 기억장소에 저장할 수 있습니다.

기억장소 이름 = 수, 혹은 수식

■ compile error 찾기 ■

예제 | Ex00201A

다음 프로그램을 compile하면 다음과 같은 에러가 나타납니다. 아래 설명을 보지 마시고, 어느 부분이 잘못 되었는지 수정해 보세요.

```
1: class Ex00201A {
2:    public static void main(String[] args) {
3:        int a;
4:        int d = 2;
5:        int c;
6:        a = 3;
7:        c = a + b;
```

```
 8:        System.out.println("a + b = "+c);
 9:        System.out.println(a+" + "+b+" = "+c);
10:     }
11: }
```

```
D:₩IntaeJava>javac Ex00201A.java
Ex00201A.java:7: error: cannot find symbol
      c = a + b;
              ^
  symbol:   variable b
  location: class Ex00201A
Ex00201A.java:9: error: cannot find symbol
      System.out.println(a+" + "+b+" = "+c);
                                 ^
  symbol:   variable b
  location: class Ex00201A
2 errors

D:₩IntaeJava>
```

위 에러는 7,9번째 줄에서 b가 잘 못되었다는 에러 메세지입니다. 하지만 이것은 4번째 줄에 기억장소 b가 d로 잘못 입력된 것으로 원래 의도는 기억장소 b로 한다는 것이 잘못 coding되어 d로 coding된 것입니다. 컴퓨터 입장에서 보면 b라는 기억장소가 선언되어 있지 않은데 7,9번째 줄에서 b를 참조하라 라고하니 선언되지 않은 b를 찾을 수 없기 때문에 에러라고 밖에 할 수 없는 것입니다. 이와 같이 에러가 난 줄이 맞았다면, 그와 관련된 다른 줄에서 해당 기억장소가 제대로 선언되었는지 확인하면 compile에러는 쉽게 찾아낼 수 있습니다.

■ java file 이름과 class file 이름의 관계 ■

Java file 이름과 class 이름은 동일하게 만드는 것이 일반적인 규칙입니다. 하지만 때로는 실수로 혹은 의도적으로 java 파일 이름과 class 이름이 다른 경우가 생깁니다.

예제 | Ex00201B

아래 프로그램의 파일 이름은 Ex00201B.java이고 class 이름은 Ex00201Z입니다. compile과 실행은 어떻게 할까요?

```
// 파일 이름 Ex00201B.java
class Ex00201Z {
   public static void main(String[] args) {
      int a = 7;
      int b = 2;
      int c = a * b;
      System.out.println("a * b = "+c);
      System.out.println(a+" * "+b+" = "+c);
   }
}
```

① compile은 자바 파일 이름으로 합니다.

```
D:\IntaeJava>javac Ex00201B.java

D:\IntaeJava>java Ex00201B
Error: Could not find or load main class Ex00201B

D:\IntaeJava>_
```

위와 같이 java 파일 이름(위 예에서는 Ex00201B.java)의 파일 type를 뺀 이름(예 Ex00201B)으로 실행을 하면 에러가 발생합니다. 왜냐하면 compiler가 프로그램을 compile을 한 후 자바 파일을 class 파일로 저장할 때 자바 파일 내에 있는 class 이름(위 예에서는 Ex00201Z)으로 class 파일을 만들기 때문입니다.

② 프로그램 실행은 class 파일 이름으로 합니다.

```
D:\IntaeJava>java Ex00201Z
a * b = 14
7 * 2 = 14

D:\IntaeJava>
```

위와 같이 java파일 이름과 프로그램 속의 class 이름을 다르게 하는 개발자는 아무도 없을 것입니다. 자바파일 이름과 class 이름은 항상 같게 하는 것을 원칙으로 해 주세요. 간혹 기존 프로그램을 copy해서 새로운 프로그램을 작성하는 경우에 class 이름 바꾸는 것을 깜박 잊는 경우가 있습니다. 그때 class를 찾을 수 없다는 에러가 나오므로 에러 찾는데 참고 하시기 바랍니다.

■ compile이란? ■

만약 우주 반대편에서 외계인(여기서 외계인은 컴퓨터를 말함)이 지구로 왔다고 합시다. 한국어로 외계인과 대화를 하기 위해서는 한국어 compiler(번역기 혹은 통역관)가 있어야 하고, 영어로 외계인과 대화을 하려고 하면 영어 compiler가 있어야 합니다. 즉 각각의 언어마다 compiler가 있어서 외계인이 알아 들을 수 있는 말로 바꾸어 주어야 합니다. 즉 compile한다는 것은 외계인이 알아 볼 수 있는 언어로 바꾸는 작업입니다.

● 자바는 java compiler가 있는데, javac에서 "c"라는 글자가 compiler의 약자입니다. 그러므로 javac Ex00201.java라고 하면 Ex00201.java 프로그램을 compiler를 통해서 compile하는 것이고, compile했다는 것은 java파일을 class file로 이상없이 바꿨다는 것입니다. 이 변환하는 과정에서 무슨 말인지 몰라서 못 바꾸는 부분이 compile 에러입니다.

● compile 에러가 있으면 class 파일로 못 바꾸었다는 뜻입니다. 그렇기 때문에 class 파일도 만들어 지지 않습니다. 만약 이상없이 compile이 완료 되면 Ex00201.class 라는 class file(실행 파일)이 만들어집니다.

● Ex00201.class를 실행시키는 방법은 java Ex00201이라고 하면, 컴퓨터는 Ex00201

뒤에 .class를 붙여서 Ex00201.class 파일을 찾아 실행시키게 됩니다.

■ compiler방식과 interpreter방식 ■

어떤 프로그래밍 언어를 컴퓨터가 알 수 있도록 바꾸는 방법에는 compiler방식과 interpreter방식 두가지가 있습니다.

- **compiler방식은** 모든 명령을 컴퓨터가 알아들을수 있는 명령어로 바꾼 후 새로운 파일로 다시 저장합니다. 즉 자바 파일(source 파일이라고도함, compile전 파일)과 실행 파일(compile 후 파일)이 존재합니다. 프로그램을 실행시킨다는 것은 실행파일을 컴퓨터에 주고 실행 파일에 기록된 명령대로 실행하라고 하는 것입니다. 그러므로 자바 파일을 수정한 후에는 반드시 compile을 해서 실행 파일을 다시 만들어야 수정된 사항이 반영되어 실행됨을 꼭 기억해야 합니다. 자바는 compiler방식을 사용합니다.

- **interpreter방식은** 명령 한 줄 한 줄을 바로바로 컴퓨터에게 넘겨서 컴퓨터가 알 수 있는 명령으로 바꾸고, 명령에 에러가 없으면 바로 실행하는 방식입니다. 단점으로는 어떤 일을 처리하는데, 매 명령마다 컴퓨터가 알 수 있는 언어로 바꾸어야 하기 때문에 시간이 더 걸립니다. 또한 프로그램 수행 도중 컴퓨터가 알 수 있는 명령으로 바꿀수 없는 경우가 생기면 프로그램이 중간에 중지해 버리는 경우가 생깁니다. Interpreter 방식은 프로그램 source 파일 없이 바로 컴퓨터에 명령을 한 줄 한 줄 입력하는 방법과, source 파일(일명 batch 파일)을 만들어 한 번에 실행시킬 수 있으나 실행전에 매 줄마다 컴퓨터가 알 수 있는 명령으로 번역 후 실행하는 형태 두가지가 있습니다. 후자의 경우 한번 실행이 완료되었다 하더라도 다시 실행시킬 때는 실행전에 매 줄마다 컴퓨터가 알 수 있는 명령으로 다시 번역 후 실행합니다. 왜냐하면 번역된 파일(실행 파일)이 없기 때문입니다.

■ 띄어 쓰기 규칙 ■

1.3절 'Java Source Program작성 형식'에서 설명했듯이 자바는 형식 몇 가지만 지키면 거의 자유 형식입니다. 띄어쓰기 규칙도 간단한 몇 가지만 소개합니다.

① 단어와 단어는 반드시 띄어 써야 두 단어로서의 역할을 합니다.

② 띄어쓰기가 필요할 때는 한 글자 이상 띄우면 됩니다. 즉 한 글자만 띄워도 되고, 두 글자, 세 글자 띄워도 됩니다.

③ 특수문자 심볼(덧셈, 뺄셈과 같은 부호 등)은 띄어쓰기에 제한을 받지 않습니다. 즉 띄어쓰기 해도 되고 안 해도 됩니다.

예제 | Ex00201C

아래 프로그램은 최대한 띄어쓰기를 안한 프로그램입니다.

```
 1: class Ex00201C{
 2:    public static void main(String[]args){
 3:       int a;
 4:       int b=2;
 5:       int c;
 6:       a=3;
 7:       c=a+b;
 8:       System.out.println("a+b="+c);
 9:       System.out.println(a+"+"+b+"="+c);
10:    }
11: }
```

```
D:\IntaeJava>java Ex00201C
a+b=5
3+2=5

D:\IntaeJava>
```

프로그램 설명

▶ 1번째 줄:'class' 한 단어이므로 띄어쓰기 해야 됩니다.(띄어쓰기 규칙①), class이름 'Ex00201C' 와 class의 body의 시작을 알리는 '{'는 띄어 쓰지 않아도 됩니다. (띄어쓰기 규칙③)

▶ 2번째 줄:'public' 한 단어, 'static' 한 단어, 'void' 한 단어이므로 모두 띄어쓰기 해야 됩니다.(띄어쓰기 규칙①), main 단어 부터 '{'까지는 띄어 쓰지 않아도 됩니다.(띄어쓰기 규칙③)

▶ 3번째 줄:a;에서 a와 ;는 띄어 쓰지 않아도 됩니다.(띄어쓰기 규칙③)

▶ 4번째 줄:b=2;는 띄어 쓰지 않아도 됩니다.(띄어쓰기 규칙③)

▶ 7번째 줄:c=a+b;는 띄어 쓰지 않아도 됩니다.(띄어쓰기 규칙③)

예제 | Ex00201D

아래 프로그램은 가능한 곳은 모두 띄어쓰기를 한 프로그램입니다.

```
 1: class Ex00201D  {
 2:    public static void main ( String [ ] args ) {
 3:       int a ;
 4:       int b = 2 ;
 5:       int c ;
 6:       a = 3 ;
 7:       c = a + b ;
 8:       System . out . println ( " a + b = " + c ) ;
 9:       System . out . println ( a + " + " + b + " = " + c ) ;
10:    }
```

```
11: }
```

```
D:\IntaeJava>java Ex00201D
  a  +  b  =  5
3  +  2  =  5

D:\IntaeJava>
```

띄어쓰기는 프로그램을 읽을 때 누가 읽더라도 보기 좋을 정도로 띄어 쓰면 됩니다. 앞으로 나오는 예제 프로그램에서 띄어쓰기하는 대로 띄어쓰기 할 것을 필자는 추천합니다.

2.3 상수와 변수

2.3.1 상수(constant)

8개의 data type 중의 하나로 만들어진 값으로 고정된 값입니다.

예 5 – int 형 상수

　1.2 – double 형 상수

　'A' – char형 상수

　true – boolean형 상수

2.3.2 변수(variable)

상수를 저장하는 기억장소로 8개의 데이터 형(data type) 중 하나의 형을 가지고 있습니다. 변수에 저장되는 값은 언제든지 변경될 수 있습니다.

예제 | Ex00202

아래 프로그램에서 1, 2, 3, 5는 int형 상수이고, a, b는 int형 변수입니다.

```
1: class Ex00202 {
2:    public static void main(String[] args) {
3:       int a = 1;
4:       int b = 5 - 3;
5:       System.out.println("a = "+a+", b="+b);
6:       a = a + 2;
7:       b = b * a;
8:       System.out.println("a = "+a+", b="+b);
9:    }
10: }
```

```
D:\IntaeJava>java Ex00202
a = 1, b=2
a = 3, b=6

D:\IntaeJava>
```

프로그램 설명

▶ 3번째 줄:int형 기억장소 a를 만들고 1을 a에 저장합니다.

▶ 4번째 줄:int형 기억장소 b를 만들고 5 − 3를 계산한 후 그 결과 값 2을 b에 저장
합니다.

▶ 5번째 줄:System.out.println()의 괄호 속의 내용을 출력합니다. 괄호 속의 내용
은 "a = ", a, ", b=", b이고 a값은 1, b값은 2이므로 "a = 1, b=2"가 출력됩니다.

▶ 6번째 줄:a = a + 2에서 "="는 수학의 등호, 즉 왼쪽의 값(a의 값)과 오른쪽의 값
(a +2의 값)은 같다가 아닙니다. "="연산자는 오른쪽의 값 혹은 계산 결과 값을 왼
쪽의 기억장소에 저장하라는 명령이므로 현재 a값은 1이므로 1 + 2의 계산 결과
값 3을 a에 저장합니다. 기존에 저장된 1은 없어지고 최종적으로 3이 저장됩니다.
그러므로 6번째 줄의 명령 수행 전에는 a값은 1이고 명령 수행 후에는 3이 저장됩
니다. 변수는 이와 같이 기억장소 속에 저장되는 값이 명령에 따라 언제든지 변하
므로 변수라고 합니다.

▶ 7번째 줄:b = b * a;에서도 6번째 줄과 같은 개념으로 계산하면, b값은 2이고, a
값은 3이므로 2 * 3의 계산 결과 값은 6이되어 다시 b에 저장됩니다. 7번째 줄명
령 실행 전의 b값은 2이고, 명령 실행 후에는 6이 됩니다.

▶ 8번째 줄:System.out.println()의 괄호 속의 내용을 출력합니다. 괄호 속의 내용
은 5번째 줄의 내용과 동일합니다. 하지만 a와 b속에 저장된 값은 다르므로 "a =
3, b=6"이 출력됩니다.

■ 변수 다중 선언 ■

예제 | Ex00202A

변수를 선언할 때 하나의 data형에 여러 개의 변수를 콤마(,)로 구분하여 선언 할 수
있습니다.

```
1: class Ex00202A {
2:     public static void main(String[] args) {
3:         int a1 = 1;
4:         int b1 = 2;
5:         int c1;
6:         int d1;
7:         c1 = a1 + b1;
8:         d1 = a1 - b1;
9:          System.out.println("a1 = "+a1+", b1="+b1+", c1 = "+c1+", d1 =
"+d1);
10:
11:        int a2 = 1, b2 = 2;
```

```
12:      int c2, d2;
13:      c2 = a2 + b2;
14:      d2 = a2 - b2;
15:       System.out.println("a2 = "+a2+", b2="+b2+", c2 = "+c2+", d2 =
"+d2);
16:    }
17: }
```

```
D:\IntaeJava>java Ex00202A
a1 = 1, b1=2, c1 = 3, d1 = -1
a2 = 1, b2=2, c2 = 3, d2 = -1

D:\IntaeJava>
```

프로그램 설명
▶ 11번째 줄:3,4번째 줄의 변수 선언과 11번째 줄의 변수 선언은 동일한 방법입니다.
▶ 12번째 줄:5,6번째 줄의 변수 선언과 12번째 줄의 변수 선언은 동일한 방법입니다.

2.4 문자열과 "+" 연산자

문자열은 System.out.println("Hello, Java")명령에서 "Hello, Java"처럼 인용부호 안에 있는 내용물을 문자열이라고 부릅니다.

"+"연산자는 숫자의 경우에는 덧셈을 하는 연산자이지만 문자열을 만나면 두 문자열을 서로 연결 시키는, 즉 붙이는 역할도 합니다. 그러므로 "+"연산자는 2가지 기능을 가지고 있습니다. 그러면 문자열과 숫자, 혹은 숫자와 문자열을 "+"로 연산하면 어떻게 될까요? 문자열과 숫자, 혹은 숫자와 문자열을 "+"로 연산하면 숫자는 문자화되어 다른 한쪽의 문자열과 연결되어 최종 결과는 문자열이 됩니다. 예를 들면 "AB" + 12 는 "AB12"로 문자열이 됩니다.

예제 | Ex00203

아래 예제는 "+"연산자의 2가지 역할에 대해 보여 주고 있습니다.

```
1: class Ex00203 {
2:    public static void main(String[] args) {
3:        System.out.println(12 + 34);
4:        System.out.println("Hello, " + "Java");
5:        System.out.println("12" + "34");
6:        System.out.println("AB" + 34);
7:        int x = 3;
8:        int y = 5;
```

```
 9:        System.out.println("x + y = " + (x + y) );
10:        System.out.println("x + y = " + x + y);
11:        System.out.println("x * y = " + (x * y) );
12:        System.out.println("x * y = " + x * y);
13:    }
14: }
```

```
D:\IntaeJava>java Ex00203
46
Hello, Java
1234
AB34
x + y = 8
x + y = 35
x * y = 15
x * y = 15

D:\IntaeJava>
```

프로그램 설명

▶ 3번째 줄:12 + 34는 두 값이 모두 숫자이므로 덧셈연산을 해서 출력되는 값은 46 이 됩니다.

▶ 4번째 줄:"Hello, "문자열과 "Java"문자열이 합해져서 "Hello, Java"문자열을 출력합니다.

▶ 5번째 줄:"12"문자열과 "34"문자열이 합해져서 "1234"문자열을 출력합니다. 여기에서 "12"와 "34"는 숫자가 아니라 숫자 문자로 이루어진 문자열임에 주의해야 합니다. 즉 숫자 12와 문자열 "12"는 다르다는 것에 주의해야 합니다.

▶ 6번째 줄:"AB"문자열과 숫자34는 문자와 되어 "34"가 되고 "AB"와 연결되어 "AB34"라는 문자열이 됩니다.

▶ 7번째 줄:기억장소 x를 만들고 3을 저장합니다. 그러므로 기억장소 x에는 숫자 3 이 저장되어 있음을 기억하세요.

▶ 8번째 줄:기억장소 y를 만들고 5를 저장합니다. 그러므로 기억장소 y에는 숫자 5 가 저장되어 있음을 기억하세요.

▶ 9번째 줄:문자열 "x + y = "와 (x + y)를 계산한 숫자 8 (3 + 5)을 연결하여 "x + y = 8"문자열을 출력합니다. 여기에서 "x + y = "문자열과 연결하기 전에 괄호 속 (3 + 5)를 먼저 계산함에 주의해야 합니다.

▶ 10번째 줄:괄호가 없는 "+"연산은 왼쪽부터 나온 순서대로 연산합니다. 즉 "x + y = "와 x가 먼저 "+"연산을 합니다. 그러므로 "x + y ="와 x의 값 3이 연결되어 문자열 "x + y = 3"이되고 다음에 y값 5가 연결되어 최종적인 문자열 "x + y = 35"가 됩니다.

▶ 11번째 줄:문자열 "x * y = "와 (x * y)를 계산한 숫자 15 (3 * 5)을 연결하여 "x * y = 15"문자열을 출력합니다. 여기에서 "x * y = "문자열과 연결하기 전에 괄호 속

(3 * 5)를 먼저 계산함에 주의해야 합니다.

▶ 12번째 줄 : 문자열 "x * y = " + x * y의 계산은 "+" 연산보다 "*" 연산을 먼저 수행하므로 3 * 5의 계산 결과 15을 산출한 후 "x * y = "문자열과 연결되어 최종 문자열 "x * y = 15"가 됩니다.

위 프로그램에서 보듯이 연산자에는 우선순위가 있어서 우선순위에 따라 먼저 계산되는 것이 있음에 주의해야 합니다.

연산자 우선순위 표

순위	연산자	동격인 경우 순서
1	괄호()	왼쪽 괄호부터 먼저 계산
2	*(곱셈), /(나눗셈), %(나머지셈)	왼쪽 연산자부터 먼저 계산
3	+(덧셈), -(뺄셈)	왼쪽 연산자부터 먼저 계산

추가 되는 연산자에대한 우선순위는 뒤에 다시 나옴

주의 | %(나머지셈)연산자는 a를 b로 나누었을때 나머지 값을 결과 값으로 나타내주는 연산자 입니다.

예 a = 7 % 4에서 a에 저장되는 값은 3이 됩니다. 7 나누기 4하면 몫은 1이지만 % 연산은 몫은 관심의 대상이 아니고, 오직 나머지만이 관심 대상일 경우 컴퓨터 프로그래밍에서 종종 사용합니다.

2.5 변수의 초기화

자바프로그램에서 변수를 선언한다는 것은 변수에 어떤 값을 저장하기 위하여 변수를 선언하는 것입니다. 변수만 선언하고, 어떤 값도 저장하지 않은 상태에서 변수에 저장된 값을 출력을 한다든가, 혹은 이 변수의 값을 이용하여 어떤 계산을 할 경우에는 프로그램 compile할 때 초기 값이 정의되어 있지 않았다는 에러 메세지가 나타납니다. 이는 변수에 초기 값이 설정되지 않았다는 뜻으로, 변수의 초기 값을 설정해주는 것을 '변수의 초기화'라고 합니다.

예제 | Ex00204

아래 예제는 초기화가 안 된 변수를 사용하는 예제입니다.

```
class Ex00204 {
    public static void main(String[] args) {
        int x;
```

```
        int y = x + 5;
        System.out.println("y = " + y );
    }
}
```

```
D:\IntaeJava>type Ex00204.java
class Ex00204 {
   public static void main(String[] args) {
      int x;
      int y = x + 5;
      System.out.println("y = " + y );
   }
}

D:\IntaeJava>javac Ex00204.java
Ex00204.java:4: error: variable x might not have been initialized
      int y = x + 5;
              ^
1 error

D:\IntaeJava>
```

위 예제처럼 int x 라고 선언만 하고 초깃값을 주지 않으면 y = x + 5;명령을 수행할 때 x값이 무엇인지 모르기 때문에 계산할 수가 없습니다. 그래서 컴퓨터는 compile 할때 에러를 미리 알려주고 있습니다.

에러의 내용은 Ex00204.java 프로그램의 4번째 줄에 x기억장소가 초기화가 안되어 있다는 메시지입니다. 에러의 정확한 위치와 이유를 알려주므로 메세지를 보고 에러를 고쳐주어야 합니다.

위 프로그램에서 에러를 없애기 위해서는 아래와 같이 초깃값을 0이라도 입력해 주면 됩니다.

```
class Ex00204 {
    public static void main(String[] args) {
        int x = 0;
        int y = x + 5;
        System.out.println("y = " + y );
    }
}
```

2.6 Data type의 크기

자바에서는 8가지 data의 종류가 있는데 그 8가지를 비슷한 유형끼리 묶어보면 정수형, 실수형, 문자형, 불형의 4가지로 다시 묶을 수 있습니다. 정수형은 소수점이 없는 수, 실수형은 소수점이 있는 수, 문자형은 문자 한 글자(예:'A', '1', '#', '가' 등), 불형은 true(참)와 false(거짓) 2가지가 있습니다.

구분	Data Type	크기:값
정수형	byte	1 byte : -128(-2^7) 부터 127(2^7-1)
	short	2 byte : -32768(-2^{15}) 부터 32767(2^{15}-1)
	int	4 byte : -2147483648(-2^{31}) 부터 2147483647(2^{31}-1)
	long	8 byte : -9223372036854775808(-2^{63})부터 9223372036854775807(2^{63} -1)
실수형	float	4 byte : $\pm 3.40282347E\pm 38F$: 6-7 significant decimal digit
	double	8 byte : $\pm 1.797693\cdots\cdots E\pm 308$: 15 significant decimal digit
문자형	char	2 byte : 'A', 'B', 'a', 'b', '1', '2', '@', '#', '가', '나' 등
불형	boolean	true, false

예제 | Ex00205

아래 프로그램은 8가지 data type에 대한 사용 예를 보여주고 있습니다.

```
 1: class Ex00205 {
 2:    public static void main(String[] args) {
 3:        byte a1 = 1;
 4:        short b1 = 2;
 5:        int c1 = 3;
 6:        long d1 = 4;
 7:        System.out.println("byte a1="+a1+", short b1="+b1+", int c1="+c1+",
long d1="+d1 );
 8:        //byte a2 = a1 + 2;  // possible loss of precision
 9:        //short b2 = b1 + 3; // possible loss of precision
10:        int c2 = c1 + 4;
11:        long d2 = d1 + 5;
12:        System.out.println("int c2="+c2+", long d2="+d2 );
13:        float x1 = 1.1f;
14:        double y1 = 1.2d;
15:        System.out.println("float : x1="+x1+", double y1="+y1 );
16:        float x2 = x1 + 1.5f;
17:        double y2 = y1 + 1.5d;
18:        System.out.println("float : x2="+x2+", double y2="+y2 );
19:        char ch1 = 'A';
20:        char ch2 = '가';
21:        System.out.println("char : ch1 = " + ch1 + ", ch2 = " + ch2 );
22:        boolean bo1 = true;
23:        boolean bo2 = false;
24:        System.out.println("boolean : bo1 = " + bo1 + ", bo2 = " + bo2 );
25:    }
26: }
```

```
D:\IntaeJava>java Ex00205
byte a1=1, short b1=2, int c1=3, long d1=4
int c2=7, long d2=9
float : x1=1.1, double y1=1.2
float : x2=2.6, double y2=2.7
char : ch1 = A, ch2 = 가
boolean : bo1 = true, bo2 = false

D:\IntaeJava>
```

프로그램 설명

▶ 3번째 줄:byte 기억장소 a1을 만들고 1을 저장합니다. 만약 byte 기억장소 a1에 128 이상의 1byte용량을 초과하는 수를 저장하면 "error:possible loss of precision" 이라는 에러 메세지가 나와 compile이 되지 않습니다.

▶ 4번째 줄:short 기억장소 b1을 만들고 2를 저장합니다. 만약 short 기억장소 b1에 $32768(2^{15})$이상의 2byte 용량을 초과하는 수를 저장하면 "error:possible loss of precision"이라는 에러 메세지가 나와 compile이 되지 않습니다.

▶ 5번째 줄:int 기억장소 c1을 만들고 3을 저장합니다. 만약 int 기억장소 c1에 $2147483648(2^{31})$이상의 4byte용량을 초과하는 수를 저장하면 "error:integer number too large"이라는 에러 메세지가 나와 compile이 되지 않습니다.

▶ 6번째 줄:long 기억장소 d1을 만들고 4를 저장합니다. 1,2,3,4처럼 작은 값의 수 는 byte, short, int, long 중 어느 형에 저장해도 됩니다. data량이 너무 많아서 memory사용을 꼭 줄여야 하는 경우가 아니면 int형 기억장소를 일반적으로 사용 합니다.

▶ 7번째 줄:byte, short, int, long형 기억장소에 있는 값을 화면에 출력하고 있습니 다. 출력되는 값이 1, 2, 3, 4처럼 작은 값은 출력된 상태만 보면, 어느 data형의 기억장소에서 나온 값인지 구별하지 못합니다.

▶ 8,9번째 줄://로 comment처리되어 수행되지 않습니다. //를 없애고 compile하 면 에러가 발생하여 compile도 되지 않습니다. 왜냐하면 요즘의 컴퓨터는 일반적 으로 4byte가 연산의 기본단위입니다. 그러므로 a2 = a1 + 2;는 a1의 값 1과 2를 덧셈 연산한 결과 값은 3이지만 4byte 의 int형 data가 되어 1byte 기억장소 a2에 저장할 수 없는 상황이 벌어지기 때문에 compile 에러가 발생하게 되는 것입니다. (이해가 안되면 뒤에 설명된 '컴퓨터 연산'을 참조하세요.)

▶ 10번째 줄:c2 = c1 + 4;에서 int형 4byte 기억장소 c1에는 3이 저장되어 있고, 3 + 4덧셈 연산을 하면 4byte int형 값 7이 나옵니다. 이것을 int형 4byte 기억장소 c2에 저장은 아무 문제 없이 저장됩니다.

▶ 11번째 줄:d2 = d1 + 5;에서 long형 8byte 기억장소 d1에는 4가 저장되어 있고, 4 + 5 덧셈 연산을 하면 8byte long형 값 9이 나옵니다. 이것을 long형 8byte 기 억장소 d2에 저장은 아무 문제 없이 저장됩니다. 하지만 만약 d2가 4byte int형

기억장소라면 결과 값 9는 작은 수 이지만 8byte long형에 저장되어 있기 때문에 4byte int형에 저장하려고 하면 "error:possible loss of precision"라는 에러 메세지가 나와 compile 안 됩니다. 결론적으로 long형의 기억장소에 저장되어 있는 data와의 연산의 결과는 long형 기억장소에 저장해야 합니다. (좀 더 자세한 사항은 2.10절 Casting의 두 값의 연산 후 결과 값의 형을 참조하시기 바랍니다.)

▶ 12번째 줄:int, long형 기억장소에 있는 값을 화면에 출력하는 것은 7번째 줄과 같이 data형에 별 차이없이 출력됩니다.

▶ 13번째 줄:float 기억장소 x1을 만들고 1.1f을 저장합니다. 1.1f에서 "f"의 의미는 float의 의미로서 4byte 소수점이 있는 실수를 의미합니다. 1.1f와 1.1F는 같은 의미이며 소문자 f나 대문자 F 어느 것을 사용해도 동일한 4byte 소수점이 있는 실수가 됩니다.

▶ 14번째 줄:double 기억장소 y1을 만들고 1.2d을 저장합니다. 1.2d에서 "d"의 의미는 double의 의미로서 8byte 소수점이 있는 실수를 의미합니다. 1.2d와 1.2D는 같은 의미이며 소문자 d나 대문자 D 어느 것을 사용해도 동일한 8byte 소수점이 있는 실수가 됩니다. 한가지 기억할 것은 double형 data 1.2d에서 d는 생략해도 됩니다. 즉 1.2라고만 하면 컴퓨터는 double형으로 간주합니다. 일반적으로 소수점이 없는 정수는 int type을 사용하고, 소수점이 있는 실수는 double형 실수를 사용합니다. 1.1f에서 'f'를 생략하면 1.1 double형으로 되므로 float형 상수는 'f'를 생략하지 못합니다.

▶ 15번째 줄:float, double형 기억장소에 있는 값을 화면에 출력하는 것도 data형에 별 차이없이 출력됩니다. 또한 float형 수를 출력할 때 f글자, double형 수를 출력할 때 d는 출력되지 않음을 기억하세요.

▶ 16,17,18번째 줄:4byte float형 연산의 결과는 float, 8byte double형 연산의 결과는 double형으로 나오므로 저장되는 결과 값도 같은 형에 저장해야 합니다. (좀 더 자세한 사항은 2.10.3 '두 값의 연산 후 결과 값의 data형'을 참조하시기 바랍니다.)

▶ 19,20,21번째 줄:문자 한 글자는 쌍으로된 작은따옴표(')의 사이에 문자를 coding함으로 표시할 수 있습니다. 영문자, 숫자, 특수문자, 한글, 한자 등 모든 문자를 표시할 수 있으면 화면에 출력도 정수, 실수처럼 동일한 방법으로 출력 할 수 있습니다.

▶ 22,23,24 번째 줄:불형의 값은 true와 false 두 가지 밖에 없습니다. 그러므로 불형의 기억장소에 저장할 수 있는 값도 true와 false 두 가지 중 하나가 저장됩니다.

■ 컴퓨터 연산 ■

컴퓨터는 아래와 같이 5대 장치로 크게 분류합니다.

① 제어장치 (Control Unit):컴퓨터 프로그램의 명령을 해석하고 해독된 명령에 따라 각 장치에 임무를 할당합니다.

② 연산장치 (Arithmetic Unit):제어장치의 명령에 따라 연산을 합니다.

③ 기억장치 (Memory Unit):제어장치의 명령에 따라 data를 외부로부터 혹은 연산장치로부터 받아 memory에 저장하기도 하고, 저장된 data를 연산장치 또는 외부로 보내주기도 합니다.

④ 입력장치 (Input Unit):제어장치의 명령에 따라 외부로부터 data를 받아 들이는 장치로 받아들인 data는 기억장치로 보내집니다. 예) 키보드, 하드디스크

⑤ 출력장치 (Output Unit):제어장치의 명령에 따라 외부로 data를 출력하는 장치로 메모리에 있는 data를 외부로 출력합니다. 예) 컴퓨터 스크린, 프린터, 하드디스크

- 컴퓨터의 연산장치에도 약간의 data을 저장할 수 있는 임시 저장 기억장소(보통 Register라고 부릅니다)가 있습니다. 연산을 하기 위해서는 일단 memory로부터 data를 받아 Register에 저장하고, 연산은 이 Register에 있는 숫자를 가지고 연산해서 다시 Register에 저장합니다. 연산이 완료된 후 Register에 저장된 data는 제어장치의 명령에 따라 지정된 memory 내의 기억장소에 저장합니다. 연산장치는 연산만 하기 때문에 Register의 기억장소는 새로운 연산을 할 때마다 그 연산을 위한 새로운 값으로 변경됩니다.

- memory에 있는 기억장소는 한 번 저장되면 특별히 변경하라는 명령이 없는한 data를 유지합니다.

- 우리가 현재까지 배운 기억장소는 memory에 있는 기억장소를 의미합니다.

- 요즘 나온 컴퓨터는 연산장치에 있는 임시 기억장치는 보통 4byte 이상입니다.

- Ex00205 프로그램의 8번째 줄의 컴퓨터 연산을 생각해 보면 memory의 1byte 기억장소 a1과 값2는 연산을 하기 위해서는 연산장치의 4byte register 2곳으로 각각 복사됩니다. 연산된 결과도 4byte register에 저장되었다가 다시 1byte 기억장소 a2에 저장하라고 하니, 4byte가 1byte로 되는 형국이 되어 possible loss of precision이 되는 것입니다. Ex00205 프로그램의 8번째 줄의 연산에서 4byte Register를 다 사용한 큰 수의 경우도, 1byte의 memory에 저장해야 하는 경우와 동일한 경우로 취급되기 때문에 Ex00205 프로그램의 8번째 줄은 possible loss of precision의 compile 에러가 발생하는 것입니다.

문제 | Ex00205A

아래와 같은 조건의 삼각형과 원의 면적을 계산하여 아래와 같은 출력되도록 프로그램을 작성하세요.

- 밑변이 5M이고 높이가 6M인 삼각형:삼각형 면적 = 밑변 * 높이 / 2

- 반지름이 1.4M인 원(여기서 원주율 π는 3.14로 한다):원면적 = 3.14 * 반지름 * 반지름

```
D:\IntaeJava>java Ex00205A
triangle base=5, height=6, area=15
circle radius=1.4, area=6.1544

D:\IntaeJava>
```

소수점이 없는 정수형 숫자와 불형의 true와 false는 위에서 표기한 방법만 표기 되지만 float, double형 실수와, 문자는 위에서 표기한 방법외에 아래와 같은 방법으로도 표기 가능합니다.

■ 실수형 data의 표현방법 2 ■

float, double형 실수 표기

소수부E지수부

예 -3.127E-2f, -3.127E-2d

- 실수 상수 값 −3.127E−2 는 −3.127 * 10^{-2}, 즉 −0.03127을 의미합니다.
- 실수 상수 값 3.127E2는 3.127 * 10^2, 즉 312.7을 의미합니다.
- 실수 상수 값 −3.127E−201은 −3.127 * 10^{-201} = −0.000000…(0이 200개)..000003127 (작은수)을 의미합니다.
- 실수 상수 값 3.127E203은 3.127 * 10^{203} = 3127000000…(0이 200개)..00000(큰수)을 의미합니다.

위에서 표기된 수 뒤에 float형인 경우에는 f, double형인 경우에는 d를 붙여야 됩니다. −3.127E−201와 3.127E203는 수 자체가 float형이 기억하는 크기를 초과했습니다. 따라서 float형은 될 수 없으므로 double형인 d만 붙일 수 있습니다.

■ 문자(char)형 data의 표현 방법 2 ■

Unicode표기

'\uFFFF'

여기에서 F는 16진수로 표기되는 글자 한 자를 의미합니다.

예 '\u0041', '\u03C0', '\u2122'

'\u0041'는 문자 'A'를 의미합니다.

'\u03C0'는 문자 'π'를 의미합니다.

'\u2122'는 문자 'TM'를 의미합니다.

Unicode의 자세한 사항은 2.8.3절에서 다시 설명합니다. 여기에서는 문자는 문자를 직접 표기하는 방법과, Unicode로 문자를 표기하는 방법 두 가지가 있다고만 기억하세요.

예제 | Ex00206

아래 프로그램은 실수의 지수승 표기와 문자의 Unicode표기의 예를 보여주는 프로그램입니다.

```
1: class Ex00206 {
2:    public static void main(String[] args) {
3:        float f1 = -3.127E-2f;
4:        float f2 = 4.11E3F;
5:        System.out.println("float : f1 = " + f1 + ", f2 = " + f2 );
6:        double d1 = -3.127E-201;
7:        double d2 = 4.11E201;
8:        double d3 = d1 * d2;
9:         System.out.println("double : d1 = " + d1 + ", d2 = " + d2  + ", d3 = " + d3 );
10:        char c1 = 'A';
11:        char c2 = '\u0041';
12:        char c3 = '\u03C0';
13:        char c4 = '\u2122';
14:        System.out.println("char : c1 = " + c1 + ", c2 = " + c2 + ", c3 = " + c3 + ", TRADEMARK" + c4 );
15:    }
16: }
```

```
D:\IntaeJava>java Ex00206
float : f1 = -0.03127, f2 = 4110.0
double : d1 = -3.127E-201, d2 = 4.11E201, d3 = -12.85197
char : c1 = A, c2 = A, c3 = π, TRADEMARK™

D:\IntaeJava>
```

프로그램 설명

▶ 3번째 줄:-3.127E-2f는 $-3.127 * 10^{-2} = -0.03127$로 float형 실수입니다. $-3.127E-2f$, $-0.03127f$, $-3.127E-2F$, $-0.03127F$는 동일한 수를 나타내는 다른 표기 방법들입니다.

▶ 4번째 줄:4.11E3F는 $4.11 * 10^3 = 4110.0$으로 float형 실수입니다.

▶ 5번째 줄:float형 실수 f1, f2의 값을 화면에 출력합니다. 여기서 f1, f2에 저장은 지수형 실수로 저장했지만 출력은 지수형이 아닌 소수점만으로 된 실수로 출력합니다. 컴퓨터는 실수를 출력할 때 될 수 있으면 소수점만으로 된 수로 출력합니다. 또한

float형을 표시하는 'f' 혹은 'F'는 출력하지 않습니다. 'f' 혹은 'F'는 프로그램 coding 할 때만 컴퓨터에 float형 수임을 알려주기 위해 사용되는 부호입니다.

▶ 6번째 줄:−3.127E−201은 −3.127 * 10^{-201}으로 double형 실수입니다. double형 을 표시하는 symbol 'd' 혹은 'D'는 생략할 수 있으며 생략하면 double형입니다.

▶ 7번째 줄:4.11E201은 4.11 * 10^{201}으로 double형 실수입니다. 여기에서도 'd' 혹은 'D'가 생략된 것이고 생략하면 double형입니다.

▶ 8번째 줄:d1 * d2 = −3.127 * 10^{-201}(작은수) * 4.11 * 10^{201}(큰수)을 계산하면 수 학에서 10^{-201} 와 10^{201}는 서로 상쇄되므로 d1 * d2 = −3.127 * 4.11가 되어 결과가 같은 −12.85197이 됩니다.

▶ 9번째 줄:double형 실수 d1, d2의 값을 화면에 출력합니다. 여기서 d1, d2에 저장 된 값은 소수점만으로 표기는 자리수가 너무 많아 표기하기 어려움이 있으므로 지 수형으로 출력합니다.

▶ 10번째 줄:문자 'A'를 문자 기억장소 c1에 저장합니다.

▶ 11번째 줄:문자 'A'를 Unicode 표기법 '\u0041'로 기억장소 c2에 저장합니다. 그 러므로 c1과 c2에는 표기하는 방법만 다를 뿐 동일한 문자 'A'를 저장하게 됩니다.

▶ 12번째 줄:문자 'π'를 Unicode 표기법 '\u03C0'로 기억장소 c3에 저장합니다.

▶ 13번째 줄:문자 'TM'를 Unicode 표기법 '\u2122'로 기억장소 c4에 저장합니다.

▶ 14번째 줄:c1, c2, c3, c4에 저장된 문자를 화면에 출력합니다. Unicode로 저장된 문자는 모두 실제 문자로 출력됩니다.

예제 | Ex00206A

다음 프로그램은 int 기억장소와 double 기억장소의 크기를 초과하는 숫자를 입력했 을 경우 발생하는 compile 에러 메세지입니다.

```
1: class Ex00206A {
2:    public static void main(String[] args) {
3:        int iNumber = 2147483648;
4:        double dNumber = 1.14E309;
5:        System.out.println("iNumber="+iNumber+", dNumber="+dNumber);
6:    }
7: }
```

```
D:₩IntaeJava>javac Ex00206A.java
Ex00206A.java:3: error: integer number too large: 2147483648
        int iNumber = 2147483648;
                      ^
Ex00206A.java:4: error: floating point number too large
        double dNumber = 1.14E309;
                         ^
2 errors

D:₩IntaeJava>
```

> **문제 | Ex00206B**

우주선이 지구로부터 출발해서 명왕성(Pluto)까지 일정속도를 날아 갔을 때 몇 일이
걸리는지 아래와 같이 출력이 되도록 프로그램을 작성하세요.

- 지구부터 명왕성까지의 거리:$4.29 * 10^9$ Km
- 우주선 속도:84000 Km/hour
- 사용되는 공식:시간 = 거리 / 속도, 비행일 수 = 시간 / 24

```
D:\IntaeJava>java Ex00206B
distance=4.29E9, speed=84000, day=2127.9761904761904

D:\IntaeJava>
```

2.7 2진수, 4진수, 8진수, 16진수

컴퓨터에 기억되는 모든 data(숫자, 문자, 그림, 사진, 동영상, 소리, 등등)는 2진수
로 표기합니다. 컴퓨터에 기억된 2진수를 컴퓨터 화면이나 print로 인쇄할 경우에는
2진수를 10진수로, 또는 문자, 색깔 등으로 출력합니다. 그래서 프로그래머가 2진수
의 개념을 알고 있으면 프로그래밍하는데 많은 도움이 됩니다.

진수에대한 개념을 살펴보겠습니다.
- 2진수는 0과 1로 두가지 문자로 표기하는 수를 말한다.
- 4진수는 0,1,2,3으로 4가지 문자로 표기되는 수를 말한다.
- 8진수는 0,1,2,3,4,5,6,7로 8가지 문자로 표기되는 수를 말한다.
- 10진수는 0,1,2,3,4,5,6,7,8,9로 10가지 문자로 표기되는 수를 말한다.
- 16진수는 0,1,2,3,4,5,6,7,8,9,A,B,C,D,E,F로 16가지 문자로 표기되는 수를 말한다.

2진수에서 0 다음의 숫자는 1입니다. 1 다음의 숫자는 2가 아니라 10(숫자 십을 의미
하는 것이 아닌 1과 0을 뜻함)입니다. 왜냐하면 2진수에는 0과 1 두 가지 숫자 밖에 없
기 때문에 2의 값을 표기하기 위해서는 1 다음에 숫자를 표기하기 위해 한 자리를 올
려서 10으로 표기합니다. 10 다음의 숫자는 11이고, 11 다음의 숫자는 100입니다. 그
러므로 이진수 10은 10진수 2가 되고, 2진수 11은 10진수 3이되고, 이진수 100은 10
진수 4가 됩니다. 진수에 대해 더 알기를 원하면 인터넷을 통해 검색해보기 바랍니다.

프로그래밍을 할 때 컴퓨터의 data값을 컴퓨터 memory의 기억상태 그대로 나타낼
경우가 있는데, 그 때 2진수와 16진수로 주로 표기합니다. 2진수로 표기하면 자리수
가 너무 많으므로 2진수 4자리를 하나로 묶어서 16진수 한 자리로 표기하는 경우가 많
습니다. 아래 표는 2진수를 10진수, 16진수로 변환하는 table입니다.

2진수	10진수	16진수	2진수	10진수	16진수
0	0	0	10000	16	10
1	1	1	10001	17	11
10	2	2	10010	18	12
11	3	3	10011	19	13
100	4	4	10100	20	14
101	5	5	10101	21	15
110	6	6	10110	22	16
111	7	7	10111	23	17
1000	8	8	11000	24	18
1001	9	9	11001	25	19
1010	10	A	11010	26	1A
1011	11	B	11011	27	1B
1100	12	C	11100	28	1C
1101	13	D	11101	29	1D
1110	14	E	11110	30	1E
1111	15	F	11111	31	1F

위 표에서 왼쪽 표의 2진수와 오른쪽 표의 2진수를 살펴보면 같은 행에 있는 오른쪽 표의 2진수에 앞자리 1이 추가된 것 이외에는 뒷자리 숫자는 동일합니다. 또한 대응되는 16진수에도 동일한 규칙이 적용되고 있음을 알 수 있습니다. 즉 2진수 4자리를 하나로 묶으면 16진수 하나로 대응되는 규칙이 있습니다. 그러면 2진수에서 10진수로의 변환은 어떤 규칙이 있을까요? 몇 자리씩 묶어서 변환하는 규직은 없고, 아래와 같은 계산 규칙으로 변환 가능합니다.

11011의 예를 들어 보겠습니다.

$$11011 = 1 * 2^4 + 1 * 2^3 + 0 * 2^2 + 1 * 2^1 + 1 * 2^0$$
$$= 1 * 16 + 1 * 8 + 0 * 4 + 1 * 2 + 1 * 1$$
$$= 16 + 8 + 2 + 1$$
$$= 27$$

11011은 위 표에서도 27을 나타내고 있으므로 맞는 계산이 되겠습니다.

2.8 Bit, Byte, ASCII code, Unicode

2.8.1 Bit와 Byte

Bit는 컴퓨터가 data를 기억하는 최소단위이며, 0 혹은 1로 표시 합니다.

Byte는 8개의 bit를 모아 하나의 정보(영문자, 숫자, 특수문자 등)를 나타내는 단위입니다. 일반인이 생각하기에는 1byte는 10개의 bit를 묶으면 더 나을 것 같은데 컴퓨터는 왜 8개의 bit를 묶어서 하나의 byte로 했을까요? 왜냐하면 10은 컴퓨터가 편리하게 다루는 숫자가 아닙니다. 컴퓨터는 2진수로 되어 있으므로 2의 배수가 컴퓨터가 다루기 편리한 숫자입니다. 즉 8, 16, 32, 64 등과 같은 숫자는 컴퓨터가 다루기 편리한 숫자입니다. 32 bit 컴퓨터, 64bit 컴퓨터는 있어도 30bit 컴퓨터, 50bit 컴퓨터, 60bit 컴퓨터는 없는 이유가 여기에 있습니다.

2.6절 'data type의 크기'에서 byte 기억장소가 −128 부터 127까지 기억하는 이유가 아래 표를 보면 이해할수 있습니다.

아래 표는 1byte를 가지고 나타낼 수 있는 수를 표시한 예입니다.

Positive Number(양수)		Negative Number(음수)	
2진수 8bit	10 진수	2진수 8bit	10진수
0000 0000	0	1111 1111	-1
0000 0001	1	1111 1110	-2
0000 0010	2	1111 1101	-3
0000 0011	3	1111 1100	-4
…. ….	..	…. ….	..
0111 1110	126	1000 0001	-127
0111 1111	127	1000 0000	-128

(음수 표기의 자세한 사항은 2.9 숫자와 문자표기를 참조)

여기에서는 첫 번째 bit가 0이면 양수, 1이면 음수라는 것만 기억하고 갑시다.

　　2byte Number(short data type)

아래 표는 2byte를 가지고 나타낼 수 있는 수를 표시한 예입니다.

2byte 2진수(16bit)	10진수
0000 0000 0000 0000	0
0111 1111 1111 1111	32767
1111 1111 1111 1111	-1
1000 0000 0000 0000	-32768

(음수 표기의 자세한 사항은 2.9 숫자와 문자 표기를 참조)

여기에서도 첫 번째 bit가 0이면 양수, 1이면 음수라는 것만 기억하고 갑시다.

4byte Number(int data type)

아래 표는 4byte를 가지고 나타낼 수 있는 수를 표시한 예입니다.

4byte 2진수(32bit)	10진수
0000 0000 0000 0000 0000 0000 0000 0000	0
0111 1111 1111 1111 1111 1111 1111 1111	2147483647
1111 1111 1111 1111 1111 1111 1111 1111	-1
1000 0000 0000 0000 0000 0000 0000 0000	-2147483648

(음수 표기의 자세한 사항은 2.9 숫자와 문자표기를 참조)

여기에서도 첫 번째 bit가 0이면 양수, 1이면 음수라는 것만 기억하고 갑시다.

8 byte Number(long data type)도 같은 byte, short, int type과 같은 개념으로 생각하면 쉽게 이해가 될 것입니다.

2.8.2 ASCII code(1 byte)

숫자는 위에서 설명한대로 표기된다면 문자는 컴퓨터내에서 어떻게 표기 할까요? 컴퓨터는 2진수밖에 표현이 안 되므로 문자도 2진수로 표기 될 수 밖에 없습니다. 그러면 컴퓨터는 숫자와 문자를 어떻게 구분할까요? 컴퓨터는 숫자가 기억되어 있는 곳은 숫자가 기억되어 있다고 표시를 하고, 문자가 기억되어 있는 곳은 문자가 있다고 내부적으로 표시를 해 놓습니다. 예를 들어 1byte에 0100 0001이라고 저장되어 있다면 그 곳을 숫자로 표시를 한곳이라면 65로 읽고, 문자로 표시를 한곳 이라면 'A'라고 읽습니다. 따라서 1byte에 들어 있는 동일한 bit 상태를 문자로 읽을 것인지, 숫자로 읽을 것인지는 그 곳을 어떻게 표시를 했는지, 즉 변수를 어떻게 선언했는지에 따라 숫자도 되고 문자도 될수 있습니다. 예를 들면

```
short  s1 = 65;
char c1 = 'A';
```

위와 같이 선언하면 컴퓨터내에 선언된 변수의 bit 상태는 동일하자만 변수 s1에는 65가 저장되어 있고, 변수 c1에는 'A'가 저장되어 있는 상태가 됩니다.

1 byte는 숫자는 −128부터 127까지 숫자를 표현하며 숫자의 가지수는 총 256가지(음수 128가지, 양수 127가지, 0〈zero〉)가 됩니다. 같은 개념으로 문자도 256개의 문자를 각각의 bit 상태에 따라 대응되도록 만들었습니다. 숫자는 크기가 있어서 크기대로 순차적으로 bit를 표현하지만 문자는 크기가 없습니다. 그래서 최초의 누군가가 각각의 bit상태를 문자 하나하나가 대응되도록 정했으며, 그 정한 방법이 컴퓨터 만드는 회사마다 나름대로 다르게 정했지만, 현재는 ASCII code가 제일 널리 사용되는 code가 되었습니다. 이렇게 정해진 규칙에 의해 대응되는 bit에 따라 문자도 서로 순서가 결정되게 되었습니다. 즉 문자'A'는 문자'B'보다 먼저 나오도록 bit상태를 대응시켜 놓았습니다.

ASCII(American Standard Code for Information Interchange)는 1byte의 각기 다른 bit 상태를 각각의 영문자 숫자문자, 특수문자(!,@,#,$,%,등등)에 대응되도록 만든 code로, Bell Data Services라는 회사에서 최초로 사용하였습니다. 참고로 IBM 회사에서 최초로 사용한 EBCDIC(Extended Binary Coded Decimal Interchange Code)가 있는데 요즘은 거의 사용되고 있지 않습니다.

아래 표는 ASCII code의 각각의 문자를 bit 상태로 표기한 것입니다.

1byte 2진수	문자	16진수	10진수	1byte 2진수	문자	16진수	10진수
0000 0000	Null 문자	00	0	0100 0000	'@'	40	64
0000 0001	특수용도문자	01	1	0100 0001	'A'	41	65
…. ….	….	..	..	0100 0010	'B'	42	66
0000 0111	Bell소리	07	7	0100 0011	'C'	43	67
…. ….	….	..	..	0100 0100	'D'	44	68
0010 0000	space	20	32	0100 0101	'E'	45	69
0010 0001	'!'	21	33	0100 0110	'F'	46	70
0010 0010	"(큰따옴표)	22	34	…. ….	….	..	..
0010 0011	'#'	23	35	0101 1010	'Z'	5A	90
…. ….	….	..	..	0101 1011	'['	5B	91
0011 0000	'0'	30	48	…. ….	….	..	..

1byte 2진수	문자	16진수	10진수	1byte 2진수	문자	16진수	10진수
0011 0001	'1'	31	49	0110 0001	'a'	61	97
0011 0010	'2'	32	50	0110 0010	'b'	62	98
0011 0011	'3'	33	51	0110 0011	'c'	63	99
…. ….	….	..	..	…. ….	….	..	..

위 표에서 …. ….로 빠진 부분은 인터넷을 통해 찾아보시기 바랍니다.

위 표에서 보는것과 같이 ASCII code에서는 문자 '1'이 문자 'A'보다 먼저 나오고, 문자 'A'는 문자 'a'보다 먼저 나오는 것을 기억해야 합니다. 또한 특수문자들도 서로 순서가 있으니 필요에 따라 언제든 ASCII표를 참조하여 순서를 확인하기 바랍니다.

2.8.3 Unicode

Unicode는 ASCII Code 를 포함하고, 또한 ASCII Code로는 표시 할 수 없는 로마문자, 일본문자, 한자,한글 등 전세계 글자를 표기하기 위해 2byte를 사용하여 2byte bit 각각의 상태가 각각의 문자에 대응되도록 만든 code입니다. Unicode는 ASCII Code를 포함하므로 ASCII code를 Unicode로 바꾸기 위해서는 ASCII code 앞에 00을 더 붙여주어야 합니다. 즉 1byte ASCII 'A'(41)를 Unicode 2byte로 표시하면 추가되는 앞자리는 모두 0으로 채우므로 0041로 표시되어야 합니다. 문자 'A'는ASCII code로는 41(16진수)로 표시하고 Unicode로는 0041(16진수)로 표시 합니다. 자바에서는 문자를 표현하기위해 Unicode만 사용하므로 ASCII code는 참고로만 알고 있기 바랍니다.

아래 표는 Unicode와 ASCII code의 비교표중 일부입니다.

문자	Unicode 16진수	Unicode 2진수	ASCII 16진수
'0'	0030	0000 0000 0011 0000	30
'1'	0031	0000 0000 0011 0001	31
….	….	….	….
'A'	0041	0000 0000 0100 0001	41
'B'	0042	0000 0000 0100 0010	42
….	….	….	….

Unicode에서도 ASCII code와 마찬가지로 문자 '1'이 문자 'A'보다 먼저 나오고, 문자 'A'는 문자 'a'보다 먼저 나오는 것을 기억해야 합니다. 또한 특수문자들도 서로 순서가 있는 것은 ASCII code와 동일합니다. 프로그래머는 중요한 Unicode 문자 순서를 잘 기억해야 합니다. 왜냐하면 문자 data를 순서적으로 sorting하는 경우가 많이 있는데 이때 sorting되는 순서가 Unicode순서 기준이기 때문입니다.

각각의 문자를 Unicode에 대응시킨 표는 인터넷에서 아래와 같이 찾을 수 있습니다.
아래에 특정 문자를 Unicode Table에서 찾아서 Unicode 값이 얼마인지를 예시해 놓
았습니다.

예 1) 문자 'A'는 Unicode 0041에 해당합니다.

예 2) 문자 'k'는 Unicode 006B에 해당합니다.

◀ Figure 2.8.3–1

예 3) 문자 'π'는 Unicode 03C0에 해당합니다.

◀ Figure 2.8.3–2

예 4) 예제4) 문자 'TM'는 Unicode 2122에 해당합니다.

◀ Figure 2.8.3–3

예 5) 문자 '가'는 Unicode AC00에 해당합니다.

예 6) 문자 '각'는 Unicode AC01에 해당합니다.

예 7) 문자 '갂'는 Unicode AC02에 해당합니다.

예 8) 문자 '갃'는 Unicode AC03에 해당합니다.

예 9) 문자 '간'는 Unicode AC04에 해당합니다.

◀ Figure 2.8.3–4

Unicode를 사용하며 문자를 java의 char 기억장소에 저장하기 위해서는 Unicode

앞에 '\u' 붙여 '\u' 뒤에 오는 문자는 unicode를 표기하는 문자라는 것을 컴퓨터에 알려 줍니다. 여기에서 u는 소문자입니다.

예제 | Ex00207

아래 프로그램은 키보드의 문자, Unicode 표기에 의한 문자, 한글문자, 한글의 Unicode 표기에 의한 문자를 출력하는 프로그램입니다.

```
 1: class Ex00207 {
 2:    public static void main(String[] args) {
 3:        char c01 = '1';
 4:        char c02 = '2';
 5:        char c03 = 'A';
 6:        char c04 = 'B';
 7:        System.out.println("char : c01 = " + c01 + ", c02 = " + c02 + ",
c03 = " + c03 + ", c04 = " + c04 );
 8:        char c11 = '\u0031';
 9:        char c12 = '\u0032';
10:        char c13 = '\u0041';
11:        char c14 = '\u0042';
12:        System.out.println("char : c11 = " + c11 + ", c12 = " + c12 + ",
c13 = " + c13 + ", c14 = " + c14 );
13:        char c21 = '가';
14:        char c22 = '각';
15:        char c23 = '갂';
16:        char c24 = '갃';
17:        System.out.println("char : c21 = " + c21 + ", c22 = " + c22 + ",
c23 = " + c23 + ", c24 = " + c24 );
18:        char c31 = '\uAC00';
19:        char c32 = '\uAC01';
20:        char c33 = '\uAC02';
21:        char c34 = '\uAC03';
22:        System.out.println("char : c31 = " + c31 + ", c32 = " + c32 + ",
c33 = " + c33 + ", c34 = " + c34 );
23:    }
24: }
```

```
D:\IntaeJava>java Ex00207
char : c01 = 1, c02 = 2, c03 = A, c04 = B
char : c11 = 1, c12 = 2, c13 = A, c14 = B
char : c21 = 가, c22 = 각, c23 = 갂, c24 = 갃
char : c31 = 가, c32 = 각, c33 = 갂, c34 = 갃

D:\IntaeJava>
```

프로그램 설명

▶ 문자 기억장소에는 작은따옴표(')를 사용하여 문자를 저장합니다. 키보드 입력에 의해 문자를 직접 타이핑하여 input 할 수도 있고, Unicode를 사용하여 input할 수도 있습니다. 위 프로그램은 문자로 직접 저장한 것과 Unicode로 저장한 문자가

동일하게 출력되는 것을 보여주고 있습니다.

문제 | Ex00207A

그리스 알파벳의 두 번째 글자 베타(Beta)와 열한 번째 글자 람다(Lambda)를 아래
와 같이 출력하는 프로그램을 작성하세요.(힌트:Figure 2.8.3-2 Unicode를 사용하
세요)

```
D:₩IntaeJava>java Ex00207A
char : c1 =  β , c2 = λ

D:₩IntaeJava>
```

2.9 숫자와 문자 표기

자바에서 문자는 2byte Unicode로 표기합니다. 숫자는 2.7장에서처럼 Positive
Number(양수)와 Negative(음수)로 표기합니다. 즉 숫자 1과 문자 '1'은 컴퓨터내부
에서는 Bit 상태가 다르게 표기됨을 알 수 있습니다.
숫자 1(2byte) bit 상태:0000 0000 0000 0001
문자 '1'(2byte) bit 상태:0000 0000 0011 0001

■ 음수 표기법 ■

그러면 음수(Negative Number) −1은 어떻게 표기할까요? 우선 1 byte로 숫자를 표
기한다면, 제일 첫 번째 bit 는 sign(부호) bit로 사용됩니다. 즉 0000 0001 은 양수
1이고, 1000 0001은 음수 입니다. 하지만 1000 0001 은 음수 −1이 아닙니다. 음수는
2의 보수를 취해야 합니다. 보수에는 2가지가 있는데 **1의 보수(one's complement)**와
2의 보수(two's complement)가 있습니다.

- **1의 보수(one's complement)**:일반적으로 보수라고 하면 1의 보수를 의미하는데,
  2의 보수와 구별하기 위해 1의 보수라고도 합니다. 1의 보수라는 것은 0은 1로 1은
  0으로 뒤집은 숫자를 보수라고 합니다. 즉 0000 0001 의 보수는 1111 1110입니다.
  (컴퓨터 연산에는 1의 보수는 사용하지 않습니다.)
- **2의 보수(two's complement)**:2의 보수는 1의 보수를 만든 후 그 값에 1을 더하면 2
  의 보수가 됩니다. 그러므로 음수 −1은 양수 1을 보수로 취하면 1111 1110이 되고
  여기에 1을 더하면 1111 1111 이 됩니다. 그러므로 1111 1111 은 음수 −1입니다. (컴
  퓨터 연산에는 2의 보수를 사용합니다.)

1111 1110은 1111 1111보다 1이 작은 값이므로 −2입니다.

그러면 0은 2의 보수를 취하면 어떻게 될까요? 0은 0000 0000이므로 보수를 취하면 1111 1111이 되고 여기에 1을 더하면 1 0000 0000이 됩니다. 하지만 1byte는 8bit만 기억 하므로 최종적으로는 0000 0000이 됩니다. 즉 0은 보수를 취해도 0입니다. 즉 양수 0이나 음수 0이나 같은 숫자가 되므로 0이 두 가지로 표시되는 모순이 없어집니다.

숫자와 문자를 정리하면 숫자를 표기 방법과 문자를 표기 하는 방법은 다르므로 2.5장(8개의 data type의 크기)에서 배운 data type을 사용하여 문자인지 숫자인지를 컴퓨터는 구별합니다.

short a = 1; 이라고 하면 a는 0000 0000 0000 0001 이라고 입력됩니다.

char b = '1'; 이라고 하면 b는 0000 0000 0011 0001 이라고 입력됩니다.

여기서 숫자 1은 1byte에 표시하면 0000 0001이고, short는 2byte 기억장소이므로 앞 부분 byte는 0으로 채워집니다. 또한 char도 2byte 기억장소이고 Unicode를 사용하므로, '1'은 ASCII code로는 0011 0001이고 Unicode는 앞 byte에 0으로 채워지므로 0000 0000 0011 0001이 됩니다.

2.10 Casting(형 변환)

컴퓨터가 data를 저장할 때 8개의 data type으로 저장한다고 배웠습니다. 그러면 int 값 5를 double 기억장소에 저장한다면 어떻게 될까요? 일반적으로 5는 5.0과 같으므로 저장 가능합니다. 반대의 경우로 소수점이 있는 값, 즉 5.2를 int 기억장소에 저장한다면 어떻게 될까요? 원칙적으로는 안됩니다. 왜냐하면 소수점 0.2를 int에서는 저장할 수 없기 때문입니다. 하지만 경우에 따라서 5.2중에서 0.2를 무시하고라도 5만이라도 int에 저장할 경우가 있습니다. 위와 같이 data를 잃지 않고 자연스럽게 저장 가능한 경우를 묵시적 casting이라하고, 부분적 data를 잃는 한이 있어도 저장하게 하는 경우를 강제 casting이라고 합니다.

Casting(형변환)은 Type Conversion이라고도 부르므로 다른 서적을 읽을 때 참고하시기 바랍니다.

2.10.1 강제 casting

강제 casting인 경우에는 컴퓨터에게 강제적으로 casting하는 것을 알려 주어야 하므로 아래와 같은 형식으로 coding해 줍니다.

강제 casting형식

형 변경 후 기억장소 = (강제 casting하는 data형)형 변경 전 기억장소

예 int i1 = 7;

short s1 = (short)i1;

예제 | Ex00208

아래 프로그램은 정수(byte, short,int, long)간의 강제 형 변화를 설명하는 프로그램입니다.

```
1: class Ex00208 {
2:    public static void main(String[] args) {
3:        short s1 = 7;
4:        byte b1 = (byte)s1;
5:        System.out.println("short s1 = " + s1 + ", byte b1 = " + b1 );
6:        short s2 = 128;
7:        byte b2 = (byte)s2;
8:        System.out.println("short s2 = " + s2 + ", byte b2 = " + b2 );
9:        short s3 = 257;
10:       byte b3 = (byte)s3;
11:       System.out.println("short s3 = " + s3 + ", byte b3 = " + b3 );
12:    }
13: }
```

```
D:\IntaeJava>java Ex00208
short s1 = 7, byte b1 = 7
short s2 = 128, byte b2 = -128
short s3 = 257, byte b3 = 1

D:\IntaeJava>
```

프로그램 설명

▶ 3번째 줄:short 기억장소 s1에 7을 저장합니다. 숫자 7의 1byte bit상태는 "0000 0111"입니다.(2.7절 2진수, 4진수, 8진수, 16진수 참조)

▶ 4번째 줄:short 기억장소 s1을 byte 기억장소 b1에 저장하기 위해 강제 casting을 사용했습니다. s1에 저장된 7을 b1에 충분히 저장 가능하기 때문에 강제 casting 이 필요 없을 것 같습니다. 하지만, 컴퓨터의 입장에서 보면 s1에 얼마의 숫자가 있 는지 점검한 후 casting을 하는 것이 아니기 때문에 2byte를 1byte 기억장소에 저 장할 경우에는 반드시 강제 casting을 해야 합니다. 아래 그림은 2byte short 기 억장소의 값 중 뒤에 있는 1byte의 내용을 1byte 기억장소 b1에 저장하는 예를 보 이고 있습니다.

s1 =7

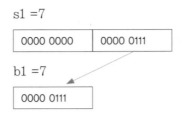

b1 =7

▶ 5번째 줄: short 기억장소 s1과 byte 기억장소 b1의 값인 7을 출력합니다. 숫자 7
은 short 기억장소나 byte 기억장소에 충분히 저장될 수 있는 작은 값입니다. 그
러므로 short기억장소에서 byte 기억장소로 강제 casting을 해도 값에는 변화가
없음을 알 수 있습니다.

▶ 6번째 줄:short 기억장소 s2에 128을 저장합니다. 숫자 128의 1 byte에 저장 가능
하지만 bit상태는 "1000 0000"임으로 byte로 강제 casting을 하게되면 첫 자리가
sign(부호) bit가 되어 음수가 됩니다.(2.7절 2진수, 4진수, 8진수, 16진수 참조)

▶ 7번째 줄:short 기억장소 s2을 byte 기억장소 b2에 저장하기 위해 강제 casting
을 사용했습니다. S2에 저장된 128을 b2에 강제 casting을 하면 byte 기억장소의
첫 bit가 1이 되므로 부호가 음수가 됩니다. S2의 첫 bit는 0으로 양수이지만, b2의
첫bit는 1로 강제 casting하고 난 결과는 양수가 음수로 변하게 됩니다. 아래 그림
은 2 byte short 기억장소의 값 중 뒤에 있는 1byte의 내용을 1byte 기억장소 b1
에 저장하는 예를 보이고 있습니다.

s2 =128

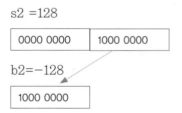

b2=-128

1 byte "1000 0000"이 왜 음수 −128이 되는지는 2.9절 숫자와 문자 표기를 참
조하세요.

▶ 8번째 줄:short 기억장소 s2의 값 128과 byte 기억장소 b2의 값 −128을 출력합니
다. short 기억장소에서 128을 강제 casting하여 byte 기억장소에 저장하면 −128
로 변화가 있음을 알 수 있습니다.

▶ 9번째 줄:short 기억장소 s3에 257을 저장합니다. 숫자 257은 2byte에 저장 가능
하며 bit상태는 "0000 0001 0000 0001"임으로 byte로 강제 casting을 하게되면
첫 번째 byte에 들어 있는 모든 수는 잘려져서 없어집니다.

▶ 10번째 줄:short 기억장소 s3을 byte 기억장소 b3에 저장하기 위해 강제 casting
을 사용했습니다. S3에 저장된 257을 b3에 강제 casting을 하면 첫 byte에 기억된 내용은 잘려 나가므로 2번째 byte에 기억된 1만 남게 됩니다. 아래 그림은 2byte short 기억장소의 값 중 뒤에 있는 1byte의 내용을 1byte 기억장소 b3에 저장하는 예를 보이고 있습니다.

s3 = 257

0000 0001	0000 0001

b3 = 1

0000 0001

▶ 11번째 줄: short 기억장소 s3의 값 257과 byte 기억장소 b3의 값 1을 출력합니다. short 기억장소에서 257을 강제 casting하여 byte 기억장소에 저장하면 1로 변화됨을 알 수 있습니다.

정수(byte, short,int, long)는 기억장소간의 강제 casting한 결과로 생긴 저장된 값의 변화가 무시할 수 있는 작은 값이 아닙니다. 그러므로 어떤 분명한 목적으로 값의 일부를 잘라낼 필요가 있을 때만 사용합니다.

예제 | Ex00209

아래 프로그램은 실수를 정수(byte, short,int, long)로의 강제 형변화를 설명하는 프로그램입니다.

```
1: class Ex00209 {
2:    public static void main(String[] args) {
3:        double d1 = 7.2;
4:        int i1 = (int)d1;
5:        System.out.println("double d1 = " + d1 + ", int i1 = " + i1 );
6:        double d2 = 1.28E100;
7:        int i2 = (int)d2;
8:        System.out.println("double d2 = " + d2 + ", int i2 = " + i2 );
9:        double d3 = 1.28E-100;
10:        int i3 = (int)d3;
11:        System.out.println("double d3 = " + d3 + ", int i3 = " + i3 );
12:    }
13: }
```

```
D:\IntaeJava>java Ex00209
double d1 = 7.2, int i1 = 7
double d2 = 1.28E100, int i2 = 2147483647
double d3 = 1.28E-100, int i3 = 0

D:\IntaeJava>
```

프로그램 설명

▶ 3번째 줄:실수 7.2를 double 기억장소 d1에 저장합니다.

▶ 4번째 줄:d1에 저장된 실수 7.2를 (int)로 강제 casting하여 int 기억장소 i1에 저장합니다. 이때 소수점 이하의 수는 잘려 나가고 7만 기억됩니다.

▶ 5번째 줄:d1과 i1을 출력합니다. 실수 7.2가 정수 7이 됨을 알 수 있습니다.

▶ 6번째 줄:실수 1.28E100(=1.28 * 10^{100})을 실수 기억장소 d2에 저장합니다.

▶ 7번째 줄:d2에 저장된 실수 1.28E100(=1.28 * 10^{100})를 (int)로 강제 casting하여 int 기억장소 i2에 저장합니다. 이때 1.28 * 10^{100}숫자는 소수점 이하는 없으며 상당히 큰 숫자를 저장하기 위해 지수표기법으로 사용한 것입니다. int 기억장소로는 기억할 수 없는 큰 숫자를 int로 강제 casting을 하면 int에서 기억할 수 있는 최대 숫자 2147483647로 저장됩니다. 음수의 경우도 마찬가지입니다. −1.28 * 10^{100} 숫자를 int로 강제 casting하면 −2147483648로 음수로 기억할 수 있는 최대 숫자로 저장됩니다.

▶ 8번째 줄:d2와 i2을 출력합니다. 실수 1.28E100(=1.28 * 10^{100})가 정수의 최대 숫자 2147483647 로 변형 됨을 알 수 있습니다.

▶ 9번째 줄:실수 1.28E−100(=1.28 * 10^{-100})을 실수 기억장소 d3에 저장합니다.

▶ 10번째 줄:d3에 저장된 실수 1.28E−100(=1.28 * 10^{-100})를 (int)로 강제 casting하여 int 기억장소 i3에 저장합니다. 이때 1.28 * 10^{-100} 숫자는 상당히 작은 숫자로 거의 영(0)과 같습니다. 거의 0에 가까운 숫자를 int로 강제 casting하면 0으로 저장됩니다. 음수의 경우도 마찬가지입니다. −1.28 * 10^{-100} 숫자를 int로 강제casting하면 음수이긴 하지만 거의 0에 가까우므로 0으로 저장됩니다.

▶ 11번째 줄:d3와 i3을 출력합니다. 실수 1.28E−100(=1.28 * 10^{-100})가 정수 0이 됨을 알 수 있습니다.

예제 | Ex002010

아래 프로그램은 byte형간, short형간 계산된 결과들의 강제 Cating에 대해 설명하는 프로그램입니다.

```
1: class Ex00210 {
2:    public static void main(String[] args) {
3:        byte b1 = 1;
4:        byte b2 = 2;
5:        byte b3 = (byte)(b1 + b2); // byte b3 = b1 + b2; possible loss
of precision
6:        System.out.println("byte  b1 = " + b1 + ", byte  b2 = " + b2 + ",
byte  b3 = " + b3 );
7:        short s1 = 3;
```

```
 8:        short s2 = 4;
 9:         short s3 = (short)(s1 + s2);   // short s3 = s1 + s2; possible
loss of precision
10:        System.out.println("short s1 = " + s1 + ", short s2 = " + s2 + ",
short s3 = " + s3 );
11:        int i1 = 5;
12:        int i2 = 6;
13:        int i3 = i1 + i2;
14:        System.out.println("int   i1 = " + i1 + ", int   i2 = " + i2 + ",
int   i3 = " + i3 );
15:        long l1 = 7;
16:        long l2 = 8;
17:         int i4 = (int)(l1 + l2);   // int i4 = (l1 + l2); possible loss
of precision
18:        System.out.println("long  l1 = " + l1 + ", long  l2 = " + l2 + ",
int   i4 = " + i4 );
19:     }
20: }
```

```
D:\IntaeJava>java Ex00210
byte  b1 = 1, byte  b2 = 2, byte  b3 = 3
short s1 = 3, short s2 = 4, short s3 = 7
int   i1 = 5, int   i2 = 6, int   i3 = 11
long  l1 = 7, long  l2 = 8, int   i4 = 15

D:\IntaeJava>
```

프로그램 설명

▶ 3,4번째 줄:byte 기억장소 b1, b2에 각각 1과 2을 저장합니다.

▶ 5번째 줄:컴퓨터의 연산장치에서 byte와 byte의 연산의 결과 값은 int로 나옵니다.
즉 b1과 b2의 값은 연산장치로 옮겨지고 연산장치에서 덧셈연산을 한 후 결과 값을
b3에 저장합니다. 그러므로 연산 결과로 얻은 3은 byte 장소에 충분히 저장 가능하
지만 연산결과가 int형으로 나오므로, int형을 byte형에 저장하기 위해서는 (byte)
로 강제 casting을 해야 합니다. 요즘의 컴퓨터는 기본적으로 4byte을 연산의 기본
크기로 사용합니다. 그러므로 대용량의 data를 사용하지 않는다면 int 기억장소를
사용하는 것이 편리합니다.

▶ 6번째 줄:byte형 기억장소 b1, b2, b3를 출력합니다.

▶ 7,8번째 줄:short 기억장소 s1, s2에 각각 3과 4를 저장합니다.

▶ 9번째 줄:short 와 short의 연산의 결과 값도 연산장치에서 int로 나옵니다. 그러
므로 연산결과로 얻은 7은 short 장소에 충분히 저장 가능하지만 연산 결과가 int
형으로 나오므로 int형을 short형에 저장하기 위해서는 (short)로 강제 casting
을 해야 합니다.

▶ 10번째 줄:short형 기억장소 s1, s2, s3를 출력합니다.

▶ 11,12번째 줄:int 기억장소 i1, i2에 각각 5과 6을 저장합니다.

▶ 13번째 줄:int 와 int의 연산의 결과 값도 연산장치에서 int로 나옵니다. 그러므로 연산 결과로 얻은 11은 int 장소에 문제없이 기억 가능합니다.

▶ 14번째 줄:int형 기억장소 i1, i2, i3를 출력합니다.

▶ 15,16번째 줄:long 기억장소 l1, l2에 각각 7과 8을 저장합니다.

▶ 17번째 줄:long 와 long의 연산의 결과 값은 long로 나옵니다. long형 data도 컴퓨터의 연산 연산장치에서 연산을 합니다. long형은 8 byte 연산이므로 연산결과가 int에 충분히 저장 가능하더라도 연산결과는 8 byte로 나옵니다. 그러므로 long형을 int형에 저장하기 위해서는 (int)로 강제 casting을 해야 합니다.

▶ 18번째 줄:long형 기억장소 l1, l2, int형 i4를 출력합니다.

예제 | Ex00211

아래 프로그램은 정수형(short형) data를 char로 강제 casting하는 예와 문자형 (char형) data를 short로 강제 casting하는 예를 보여주는 프로그램입니다.

```
 1: class Ex00211 {
 2:    public static void main(String[] args) {
 3:        short sa = 65;
 4:        char ca = (char)sa;
 5:        System.out.println("short sa = " + sa + ", char ca = " + ca );
 6:        char cb = '#';
 7:        short sb = (short)cb;
 8:        System.out.println("char cb = " + cb + ", short sb = " + sb );
 9:    }
10: }
```

```
D:\IntaeJava>java Ex00211
short sa = 65, char ca = A
char cb = #, short sb = 35

D:\IntaeJava>
```

프로그램 설명

▶ 3번째 줄:숫자 65를 short 기억장소에 저장합니다.

▶ 4번째 줄:숫자 65를 ASCII code에 대응되는 문자 'A'로 변환합니다. 즉 2 byte bit상태는 동일하지만 저장된 기억장소를 숫자 기억장소에서 문자 기억장소로 옮긴 것입니다.

▶ 5번째 줄:숫자 65와 문자 'A'가 3,4번째 줄에서 설명한대로 출력되고 있습니다.

▶ 6번째 줄:특수문자 '#'을 문자 기억장소 cb에 저장합니다.

▶ 7번째 줄:특수문자 '#'을 ASCII code에 대응되는 숫자 35로 변환합니다. 즉 2 byte bit상태는 동일하지만 저장된 기억장소를 문자 기억장소에서 숫자 기억장소로 옮

긴 것입니다.

▶ 8번째 줄:특수문자 '#'와 숫자 35가 6,7번째 줄에서 설명한대로 출력되고 있습니다.

sa = 65 (숫자 기억장소) = $1*2^6 + 0*2^5 + 0*2^4 + 0*2^3 + 0*2^2 + 0*2^1 + 1*2^0$
= 64 +1

0000 0000	0100 0001

ca = 'A' (문자 기억장소):ASCII code표 참조

0000 0000	0100 0001

cb = '#' (문자 기억장소):ASCII code표 참조

0000 0000	0010 0011

sb = 35 (숫자 기억장소) = $1*2^5 + 0*2^4 + 0*2^3 + 0*2^2 + 1*2^1 + 1*2^0$
= 32 + 2 + 1

0000 0000	0010 0011

boolean형은 true 혹은 false 하나의 값만 저장할 수 있으며, true혹은 false를 다른 data형으로 바꿀 수 없습니다. 즉 boolean 상수 true와 false는 어느 data형으로도 변환할 수 없습니다.

문제 | Ex002011A

10진수 37을 형변환(casting)하여 문자형으로 바꾼 후 출력하고, 소문자 'a'를 형변환하여 10진 숫자로 출력하는 프로그램을 작성하세요.

```
D:\IntaeJava>java Ex00211A
short sa = 37, char ca = %
char cb = a, short sb = 97

D:\IntaeJava>
```

2.10.2 묵시적 casting

묵시적 casting은 직접적으로 형변환을 시키지 않아도 java가 자동으로 형변환을 시켜주는 것을 말합니다. 예를 들면 크기가 작은 기억장소의 data는 크기가 큰 기억장소로 묵시적 Casting이되고(예:short는 int로), 정수형 기억장소의 data는 실수형 기억장소로(예:long은 float로) 묵시적 Casting이 됩니다.
아래 그림은 왼쪽에서 오른쪽으로의 형변형은 묵시적 casting이 가능하며, 오른쪽에서 왼쪽으로의 변형은 강제 casting을 해야 합니다.

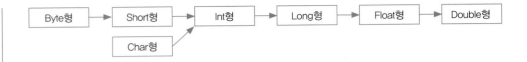

아래 프로그램은 묵시적 Casting의 예를 보여주는 프로그램입니다.

```
1: class Ex00212 {
2:    public static void main(String[] args) {
3:        byte b1 = 3;
4:        short s1 = 5;
5:        int i1 = 7;
6:        short s2 = b1;
7:        int i2 = s1;
8:        long l2 = i1;
9:        System.out.println("byte  b1 = " + b1 + ", short s1 = " + s1 + ",
int  i1 = " + i1 );
10:       System.out.println("short s2 = " + s2 + ", int   i2 = " + i2 + ",
long l2 = " + l2 );
11:       long l1 = 9;
12:       float f1 = 1.5f;
13:       float f2 = l1;
14:       double d2 = f1;
15:       System.out.println("long  l1 = " + l1 + ",   float  f1 = " + f1 );
16:       System.out.println("float f2 = " + f2 + ", double d2 = " + d2 );
17:       float f3 = 1.3f;
18:       double d3 = f3;
19:       System.out.println("float f3 = " + f3 + ", double d3 = " + d3 );
20:       char ch3 = 'A';
21:       int i3 = ch3;
22:       System.out.println("char ch3 = " + ch3 + ", int i3 = " + i3 );
23:    }
24: }
```

```
D:\IntaeJava>java Ex00212
byte  b1 = 3, short s1 = 5, int  i1 = 7
short s2 = 3, int   i2 = 5, long l2 = 7
long  l1 = 9,    float  f1 = 1.5
float f2 = 9.0, double d2 = 1.5
float f3 = 1.3, double d3 = 1.2999999523162842
char ch3 = A, int i3 = 65

D:\IntaeJava>
```

프로그램 설명

▶ 3,4,5번째 줄:byte, short, int 기억장소 b1, s1, i1에 각각 3, 5, 7을 저장합니다.

▶ 6,7,8번째 줄:byte 기억장소 b1은 short 기억장소 s2로, short 기억장소 s1은 int
   기억장소 i2로, int 기억장소 i1은 long 기억장소 l2로 묵시적 casting이 되어 data

가 저장됩니다.

▶ 9,10번째 줄:묵시적 casting이 되기 전과 묵시적 casting이 된 후의 data의 값은 같습니다. 9번째 줄의 묵시적 casting이 되기 전의 값이 10번째 줄에서 묵시적 casting이 되어 출력되고 있음을 알 수 있습니다.

▶ 11,12번째 줄:long 기억장소 l1에 9를, float 기억장소 f1에 1.5를 각각 저장합니다.

▶ 13,14번째 줄:long 기억장소 l1이 float 기억장소 f2에 묵시적 casting이 되고, float 기억장소 f1이 double 기억장소 d2에 묵시적 casting이 되고 있음을 알 수 있습니다.

▶ 15,16번째 줄:묵시적 casting이 되기 전과 묵시적 casting이 된 후의 data의 값은 같습니다. 15번째 줄의 묵시적 casting이 되기 전의 값이 16번째 줄에서 묵시적 casting이 되어 출력되고 있음을 알 수 있습니다.

▶ 17,18,19번째 줄:float형의 data가 double형의 기억장소로 묵시적 casting이 될 경우는 기억되는 bit의 표현에 따른 차이 때문에 약간의 오차가 발생할 수 있음을 보여주고 있습니다.

▶ 20,21,22번째 줄:char 형 기억장소 값(문자)는 int형으로 묵시적 casting이 되고 있음을 보여주고 있습니다.

2.10.3 두 값의 연산 후 결과 값의 data형

두 값의 연산 후 결과 값의 형은 다음과 같습니다.

a. byte형과 byte형 연산 후 결과 값은 int형 입니다

b. short형와 short형 혹은 byte형 연산 후 결과 값은 int형 입니다.

c. int형과 int형, short형 혹은 byte형 연산 후 결과 값은 int형입니다.

d. long형과 long형, int형, short형 혹은 byte형의 연산 후 결과 값은 long형 입니다.

e. float형과 float형, long형, int형, short형 혹은 byte형의 연산 후 결과 값은 float형입니다. float형는 4byte, long형은 8byte이지만 기억할 수 있는 숫자는 float가 더 큽니다. (2.6 data type의 크기 참조) 단 8byte의 long형 숫자가 float형 기억장소에 저장될 때는 정밀도는 떨어집니다.

f. double형과 double형, float형, long형, int형, short형 혹은 byte형과 연산 후 결과 값은 double형입니다.

예제 | Ex00213

```
1: class Ex00213 {
2:    public static void main(String[] args) {
```

```
 3:        int i1 = 9;
 4:        int i2 = i1 / 4 * 4;
 5:        System.out.println("int i1 = " + i1 + ", int i2 = " + i2 );
 6:        float f1 = 1.2f;
 7:        //i2 = i1 * f1;       error : possible loss of precision
 8:        float f2 = i1 * f1;
 9:        System.out.println("float f1 = " + f1 + ", float f2 = " + f2 );
10:        double d1 = 2.0;
11:        //f2 = f1 * d1;       error : possible loss of precision
12:        double d2 = f1 * d1;
13:        System.out.println("double d1 = " + d1 + ", double d2 = " + d2 );
14:    }
15: }
```

```
D:\IntaeJava>javac Ex00213.java

D:\IntaeJava>java Ex00213
int i1 = 9, int i2 = 8
float f1 = 1.2, float f2 = 10.8
double d1 = 2.0, double d2 = 2.4000000953674316

D:\IntaeJava>
```

프로그램 설명

▶ 3,4,5번째 줄:위 예제에서 i1 / 4 * 4 의 결과 같이 8이 되는 이유는 다음과 같습니다. I1은 9이므로 9 나누기 4의 결과 값은 2 (나머지가 1 이 있지만 int 나누기 int 는 int 이므로 몫은 2가됨) 2 곱하기 4는 8이 되므로 i2에는 8 이라는 값이 저장됩니다. 이 기법은 프로그램할 때 많이 사용하는 기법으로, 뒤 chapter에서 자주 응용됩니다. 즉 어떤 정수 기억장소에 저장된 값이 어떤 수의 배수인지를 알아볼 때 많이 사용하므로 꼭 기억해 두세요.

▶ 6~9번째 줄:float형과 int형이 연산을 하면 결과는 float형이 나오므로 int형에 저장할 경우는 강제 casting을 해야 합니다.

▶ 10~13번째 줄:float형과 double형이 연산을 하면 결과는 double형이 나오므로 float형에 저장할 경우는 강제 casting을 해야 합니다.

■ overflow란 ■

컴퓨터 용어 중에 overflow라는 용어가 있습니다. 말 그대로 "넘쳤다"라는 뜻으로 저장해야할 data의 크기를 넘었을 때 발생하는 현상입니다. underflow라는 용어는 overflow의 반대의 용어로 data의 최소치보다 더 작은 수를 저장할 때 발생하는 현상입니다. 우리가 data 의 크기를 알아야 하는 이유가 여기에 있습니다.

예제 | Ex00214

다음 프로그램은 int 기억장소 값의 최대치 2147483647에 1을 더한 경우와 최소치 −2147483648에서 1을 뺐을 때 발생하는 현상을 출력하는 프로그램입니다.

```
1: class Ex00214 {
2:    public static void main(String[] args) {
3:        int x = 2147483647;
4:        System.out.println("before x = x + 1 int x = " + x );
5:        x = x + 1;
6:        System.out.println("after  x = x + 1 int x = " + x );
7:        int y = -2147483648;
8:        System.out.println("before y = y - 1 int y = " + y );
9:        y = y - 1;
10:       System.out.println("after  y = y - 1 int y = " + y );
11:   }
12: }
```

```
D:\IntaeJava>java Ex00214
before x = x + 1 int x = 2147483647
after  x = x + 1 int x = -2147483648
before y = y - 1 int y = -2147483648
after  y = y - 1 int y = 2147483647

D:\IntaeJava>
```

프로그램 설명

▶ 3번째 줄:int x에 int 값이 최댓값 2147483647을 저장합니다.

▶ 5번째 줄:int 최댓값이 저장된 x에 1을 더합니다. 그러면 over flow가 발생하여 −2147483648가 됩니다. 계산 결과를 bit 연산으로 나타내면 아래와 같습니다.

```
 2147483647( = 0111  1111  1111  1111  1111  1111  1111  1111)
        + 1( = 0000  0000  0000  0000  0000  0000  0000  0001)
-2147483648( = 1000  0000  0000  0000  0000  0000  0000  0000)
```

2.9절 '숫자와 문자 표기'에서 설명했듯이 첫 bit는 부호 bit입니다. 2147483647 + 1의 계산은 저장할 수 있는 크기를 넘어 부호bit를 변화시키므로 overflow라 합니다.

▶ 7번째 줄:int y에 int 값이 최솟값 −2147483648을 저장합니다.

▶ 9번째 줄:int 최솟값이 저장된 y에 1을 뺍니다. 그러면 under flow가 발생하여 2147483647가 됩니다. 계산 결과를 bit 연산으로 나타내면 아래와 같습니다.

```
-2147483648( = 1000  0000  0000  0000  0000  0000  0000  0000)
        - 1( = 0000  0000  0000  0000  0000  0000  0000  0001)
 2147483647( = 0111  1111  1111  1111  1111  1111  1111  1111)
```

Underflow도 overflow와 같은 개념입니다. −2147483648 −1의 계산은 저장할

수 있는 최솟값보다 1이 작아 한 자리를 위 bit에서 빌려옵니다. 그 bit가 부호bit이고, 그 부호bit가 1에서 0으로 변화되므로 underflow가 발생합니다.

▶ 위와 같은 현상을 방지 하기 위해서는 chapter 2, 3장에서 배울 exception으로 처리하여 해결합니다.

2.11 명칭(Identifier) 규칙

명칭(Identifier)은 변수(variable) 이름, class 이름, method 이름 등을 식별하기 위해 붙이는 이름으로 프로그래머가 프로그램을 작성할 때 임의로 부여하는 이름입니다. 현재까지 사용한 명칭을 살펴보면, 기억장소 이름 즉 변수 이름으로 b1, b2, s1, s2, i1, i2, ….등이 있고, class이름은 Ex00101, Ex00201, ….등이 있습니다. method 이름은 다음 chapter에서 설명될 예정입니다.

■ 명칭을 정하는 규칙 1 ■

① 첫 문자는 반드시 문자(영문자, 한글, '_','$'의 특수문자 2개만 포함)로 시작하며
② 첫 문자 이후에는 문자나 숫자들이 올 수 있습니다.
③ 단, java의 key word(class, public, 등)는 명칭으로 사용할 수 없습니다.(아래 key word list 참조)
④ 또한 영문자의 대소문자를 구별하므로 a와 A는 다른 명칭입니다.
⑤ 명칭의 글자수의 길이는 제한이 없습니다.
⑥ '_','$'를 제외한 다른 특수문자는 사용할 수 없습니다.(#, !, @, 등)

■ 아래 list는 oracle site에서 소개하고 있는 key word입니다.

abstract	continue	for	new	switch
assert[***]	default	goto[*]	package	synchronized
boolean	do	if	private	this
break	double	implements	protected	throw
byte	else	import	public	throws
case	enum[****]	instanceof	return	transient
catch	extends	int	short	try
char	final	interface	static	void
class	finally	long	strictfp[**]	volatile
const[*]	float	native	super	while

* compile시 key word로 error를 발생시키지만 java에서는 아무 기능도 하지 않는, 즉 사용하지 않는 key word
** Java 1.2에서 추가된 key word
*** Java 1.4에서 추가된 key word
**** Java 5.0에서 추가된 key word

■ **명칭을 정하는 규칙 2** ■

명칭을 정하는 규칙 1은 java의 문법적 규칙으로 규칙을 지키지 않으면 compile error를 발생하여 실행 파일을 만들지 못하므로 꼭 지켜야 하는 규칙입니다. 하지만 명칭을 정하는 규칙 2는 규칙을 지키지 않아도 프로그램을 수행시킬 수 있습니다. 그러면 왜 명칭을 정하는 규칙2가 있어야 할까요?

규칙 2는 1.4절 들여쓰기(Indentation) 규칙처럼 자바 프로그램을 알아 보기 좋도록 명칭을 정하는데 몇 가지 규칙을 만들어 놓은 것입니다. 명칭에 대한 규칙도 자바 개발자 뿐만 아니라 모든 다른 언어 개발자들도 지키는 규칙입니다. 물론 컴퓨터 언어마다 혹은 개발 회사마다, 혹은 개인 선호도에 따라 조금씩 달라 질 수는 있습니다.

아래 명칭을 정하는 규칙은 자바에서 추천하는 규칙으로 거의 모든 자바 개발자들이 지키는 규칙입니다. 앞으로 나올 모든 예제도 아래 규칙을 따르므로 잘 파악하여 활용하시기 바랍니다.

① class 이름의 첫 문자는 영문 대문자로하고 나머지는 소문자를 사용합니다.

② Attribute나 method 이름은 소문자로 시작합니다.(attribute와 method는 chapter 3에서 소개됩니다.)

③ final로 선언된 상수는 모두 대문자를 사용합니다.(final key word는 chapter 14 장에서 소개 됩니다.)

④ class 이름이나 attribute, method 이름에 두 개 이상의 단어를 사용할 경우에는 두 번째 단어의 첫 글자는 대문자를 사용합니다. 예) toLowerCase(), setName()-method이름, AbstractButton, GregorianCalendar – class이름

2.12 변수의 활용

■ **swap이란?** ■

지금까지 배운 자바지식도 활용하고, 컴퓨터 용어도 하나 설명해 보겠습니다.

Swap은 두 개의 기억장소에 저장된 값을 서로 맞 바꾸는 작업을 나타내는 컴퓨터 용어입니다. 두 기억장소의 값을 서로 맞바꾼다는 것은 쉬운 프로그램입니다. 하지만 초보자의 경우 아무 힌트없이 이 문제를 풀 수 있는 사람은 그리 많지 않습니다.

예제 | Ex00215

일반적으로 많은 초보자가 아래같은 오류를 범합니다.

```
1: class Ex00215 {
2:    public static void main(String[] args) {
```

```
 3:        int x = 5;
 4:        int y = 7;
 5:      System.out.println("before swap int x = " + x + ", int y = " + y );
 6:        x = y;
 7:        y = x;
 8:      System.out.println("after  swap int x = " + x + ", int y = " + y );
 9:    }
10: }
```

```
D:\IntaeJava>java Ex00215
before swap int x = 5, int y = 7
after  swap int x = 7, int y = 7

D:\IntaeJava>
```

프로그램 설명

▶ 3,4,5번째 줄:x에는 5, y에는 7을 저장하고, 5번째 줄에서 swap전에 저장된 x, y 값을 출력합니다.

▶ 6번째 줄:x에 y에 저장된 값을 저장합니다.

▶ 7번째 줄:y에 x에 저장된 값을 저장합니다.

▶ 8번째 줄:x, y에 저장된 값을 출력합니다. 그런데 출력 결과를 보면 x도 7, y도 7 이 되어 있습니다.

▶ 문제는 6번째 줄부터 시작합니다. 5가 저장된 x에 7이 저장된 y를 저장합니다. 그 러면 x에 저장된 5는 7로 대체되고, 기존에 저장되어 있던 5는 없어 집니다. 그리 고 7번째 줄에서 5가 아닌 7이 저장된 x값을 y에 저장하면, 기존의 y값이었던 7이 다시 y에 y값으로 저장되게 됩니다. 그러므로 y는 변화없이 그대로 7로 남습니다.

예제 | Ex00215A

위 문제점을 해결한 프로그램은 아래와 같습니다.

```
 1: class Ex00215A {
 2:    public static void main(String[] args) {
 3:        int x = 5;
 4:        int y = 7;
 5:      System.out.println("before swap int x = " + x + ", int y = " + y );
 6:        int temp = x;
 7:        x = y;
 8:        y = temp;
 9:      System.out.println("after  swap int x = " + x + ", int y = " + y );
10:    }
11: }
```

```
D:\IntaeJava>java Ex00215A
before swap int x = 5, int y = 7
after  swap int x = 7, int y = 5

D:\IntaeJava>
```

프로그램 설명

▶ 6번째 줄:7번째 줄 x에 y값을 저장하기 전에, 즉 x의 값 5가 사라지기 전에 temp라는 일시적으로 사용할 새로운 기억장소를 만들고 x의 5를 저장하는 것입니다.

▶ 8번째 줄:6번째 줄에서 x의 값을 저장한 temp값을 y에 저장합니다.

▶ 위 프로그램에서 보듯이 자바 명령을 알고 있는 것과 알고 있는 명령으로 원하는 결과가 나오도록 프로그램을 만드는 것은 다를 수 있습니다. 컴퓨터 프로그램 명령을 배우는 것은 최종적으로 원하는 결과를 나오게 하는 것입니다. 앞으로 나올 예제를 통해 프로그램 명령을 어떤 방식으로 나열하는지 잘 이해하고 있다가 유사한 문제가 발생하면 원하는 결과가 나오도록 프로그램 로직을 생각해낼 수 있는 능력을 키우시기 바랍니다.

Memo

Object와 Class

class 와 Object는 OOP(Object Oriented Programming)의 기본이 되는 개념이므로 반드시 이해하고 넘어가야 합니다. 초보자는 한번에 이해하려 하지 말고, 이해가 안되더라도 chapter 3을 끝까지 마치고, 다시 chapter 3을 처음부터 복습하면서 이해가 안되었던 부분을 예제를 통해 이해하도록 하세요. 초보자는 chapter 3을 최소한 2번은 반복할 것을 추천합니다.

Object와 Class

OOP(Object Oriented Programming:객체 지향 프로그래밍)는 오브젝트(Object)를 중심에 두고 프로그래밍을 한다라는 의미로 기존의 순차적 프로그래밍 기법보다 한 단계 발전된 프로그래밍 기법입니다. Object는 한국말로 번역하면 객체라고 번역되어 있지만, 필자의 생각으로는 객체보다 물체라고 번역하는 편이 이해가 쉬울 것 같습니다.

● 순차적 프로그래밍은 프로그램이 시작하면 끝날 때까지 미리 작성된 프로그램 명령에 따라 순서대로 처리해서 마침내 프로그램이 종료하게 됩니다.

● 객체 지향 프로그래밍(OOP)은 여러 개의 Object로 구성되고, 하나의 Object는 data와 행동(프로그램)으로 구성되어 있습니다. 하나의 object 내에 있는 프로그램(행동)은 순차적 프로그래밍처럼 미리 작성된 프로그램 명령에 의해 순서대로 처리하여 종료됩니다. 하지만 여러 개의 object가 있다라고 하면, 어느 object의 프로그래밍(행동)을 먼저 할지 정할 수 없습니다. 즉 window 화면에 word 작업도 하고, 인터넷 작업도 하고, game도 하고, 3가지를 동시에 한다고 보면, 어느 프로그램이 먼저 완료될지는 사용자의 마음에 따라 달라지는 개념과 같은 개념입니다.

3.1 Object와 class 이해하기

Object(객체)는 OOP언어에서 문제를 풀기 위해서 컴퓨터 과학에서 선택한 개념적 단어입니다. 즉 어떤 문제를 이런 개념을 도입하면 문제를 쉽게 풀 수 있겠다라는 관점에서 출발한 것입니다. 순차적 프로그래밍에서 프로그램은 시작해서 끝날 때까지 정해진 한 가지 일만 처리 가능합니다. OOP에서는 여러 가지 할 수 있는 일(프로그램)을 준비해 놓고 기다리다가 사용자가 요청하면 그 일을 처리해 주고 다시 기다리는 방식입니다. 어떤 일을 먼저 할지는 전적으로 사용자에게 달려 있습니다. 이때 어떤 일을 처리하는 방식 또는 어떤 일 자체를 이름을 붙여야 겠는데 마땅한 단어가 object이었던 것입니다. 필자의 생각으로도 object라는 단어를 잘 선정했다는 생각이 듭니다. object를 한국어로 번역하면 객체라고 번역했는데, 이 또한 잘 선정한 단어라고 생각합니다. 객체는 일상 생활에 잘 사용하지 않는 단어다 보니 처음 접하는 초보자는 물체라는 단어가 더 이해가 쉬울 것라는 것입니다. 하지만 물체보다는 뭔가가 더 있기 때문에 객체라는 단어가 컴퓨터 용어 object에 더 어울린다고 생각합니다.

그러면 object는 어떻게 구성된 것일 까요? object는 ①data와 ②행동(프로그램)으로 이루어져 있습니다. 이해를 돕기 위해 우리 생활 주변에서 볼수 있는 쉬운 예를 들겠습니다. 인터넷 쇼핑몰에 보면 여러 상품이 그림과 함께 화면에 나타납니다. 상품 하나 하나가 object입니다. 상품 하나에는 ①data로 그림이 있고, 가격(정가와 판매가)이 있고, 이 상품을 구입하면 적립되는 포인트도 있습니다. 또 상품 하나에는 ②행동으로 '장바구니'을 클릭하면 장바구니에 담겨지고, 상품 정보를 누르면 상세한 상품 정보를 보여주는 행동을 합니다. 즉 ①data는 눈으로 볼 수 있는 정적인 값(그림포함)이지만, ②행동은 마우스를 클릭하면 그때서야 어떤 준비된 명령에 의해 변화를 가져오는 동적인 과정입니다.

그러면 class는 무엇인가요? 상품은 여러 개가 있고, 각각의 상품은 다른 data(다른 그림, 가격, 적립 포인트 등)를 가지고 있습니다. 각각의 상품(Object)을 잘 관찰을 해 보면 상품 그림, 가격, 적립 포인트는 각각 다르지만 모든 상품이 상품 그림, 가격, 포인트라는 동일한 항목이 준비되어 있는 것을 발견하게 됩니다. 또 모든 상품에서 '장바구니'를 클릭했을 때 행동은 일반적으로 장바구니에 담는 동일한 행동을 합니다. 이와 같이 각각의 상품은 다르지만, 즉 각각의 object는 다른 object이지만 뭔가의 동일한 기준으로부터 나왔다라는 것을 알 수 있습니다. 위에서 말하는 뭔가의 기준이 바로 class입니다.

object와 class는 OOP에서 중요한 개념이므로 다른 각도에서 다시 한 번 설명합니다. class는 집을 짓거나 자동차를 만들 때 blueprint(설계도면)과 같은 개념입니다. object는 blueprint(설계도면)에 의해서 만들어지는 실제 집이나, 자동차와 같은 개념입니다. 즉 한 개의 blueprint(설계도면)으로 동일한 모양의 집이나 자동차를 수십 개, 혹은 수백 개 만들 수 있습니다. 즉 하나의 class에서 정의된 대로 여러 개의 object를 만들 수 있습니다.

집 class를 정의하고 집 object를 여러 개 만들 수 있습니다. 자동차 class를 정의하고 자동차 object를 여러 개 만들 수 있습니다. 즉 집 object는 집 class에서 정의한 대로(집class에서 프로그램되어 있는 대로) 만들어집니다.

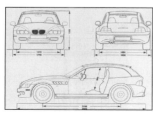

▲ class

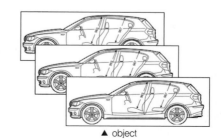

▲ object

Object가 ①data와 ②행동으로 구성되어 있다면, class는 object에서 data를 보관할 수 있도록 ①기억장소를 선언해주고, object가 행동을 할 수 있도록 ②프로그램으로 정의해 놓습니다. Class를 다시 정리하면 class는 data를 저장할 수 있는 ①기억장소 attribute와 행동을 할 수 있도록 해주는 ② method로 구성되어 있습니다, method 는 일종의 작은 단위의 프로그램입니다.

여기까지 읽어도 object와 class가 무엇인지 명확히 이해가 안 될 것입니다. 앞으로 나오는 설명을 차근 차근 읽어 가면서 조금씩 이해해 갑시다. 반드시 object와 class, attribute와 method가 무엇인지 정확히 이해해야 합니다.

3.2 Attribute 이해하기

Object가 data와 행동(프로그램)으로 구성되어 있다면, Attribute는 class에서 data 를 저장하는 기억장소를 선언해 주는 부분입니다. 하나의 object가 여러 개의 data를 가지고 있다면 class에서는 여러 data를 기억할 여러 개의 기억장소를 선언해 주어야 합니다. 왜냐하면 object는 class를 기준으로 만들어 지기 때문입니다.
우리 주변에 흔히 볼 수 있는 자동차 예를 들어 보겠습니다. 자동차 Object는 data 로서 차량번호, 연료 탱크의 연료량, 자동차의 현재 속도, 자동차 외장색 등과 같은 data를 가질 수 있습니다. 이런 data는 자동차의 어딘가에 저장되어 있습니다. 차량 번호는 번호판에 연료 탱크의 연료량은 연료계에 자동차의 속도는 속도계에 저장되어 있습니다. 마지막으로 외장색은 차량 차체에 페인트로 칠해져서 저장되어 있습니다. 그러면 위에서 언급한 자동차의 attribute을 class 내에 어떻게 프로그램으로 정의하는지 실제 프로그램을 만들어 보겠습니다. 아래 프로그램은 전체 프로그램의 일부이며, class를 정의하는 부분입니다. 그러므로 아래 프로그램 단독으로는 수행할 수 없는 프로그램입니다.

```
class Car {
    int licenseNo;
    int fuelTank;
    int speedMeter;
    char color;
}
```

위 예에서 보는 바와 같이 Car class는 4개의 기억장소, 즉 4개의 attribue로 이루어 져 있습니다. 이 4개의 기억장소는 하나의 class로 묶여져 있어 별도로 분리될 수 없습니다. 즉 하나의 자동차 object를 만들면 4개의 기억장소가 하나의 묶음으로 만들어 집니다.

attribute는 class가 쓰여지는 개념에 따라 member변수, instance변수, field라고도 불려지니 꼭 기억해 두기 바랍니다.

3.3 class 정의하기

class는 attribute와 method로 구성되어 있습니다. class는 attribute만 있어도 되고, method만 있어도 되지만, 일반적으로는 두 가지 모두 있는 것이 보통입니다. method는 나중에 다시 설명이 있으므로 여기에서는 바로 앞에서 설명한 attribute만 가지고 class를 정의해 보도록 하겠습니다.

예제 | Ex00301

아래 프로그램은 Car class만 선언한 프로그램입니다.

```
class Ex00301 {
    public static void main(String[] args) {
        System.out.println("Car class defined.") ;
    }
}
class Car {
    int licenseNo;
    int fuelTank;
    int speedMeter;
    char color;
}
```

```
D:\IntaeJava>javac Ex00301.java

D:\IntaeJava>java Ex00301
Car class defined.

D:\IntaeJava>
```

위 예제에서 Car class는 정의만 되어 있을뿐, object를 만들거나, 출력과는 아무런 연관이 없습니다. 즉 blueprint(설계도면)만 만들었지 실제 자동차는 만들지 않은 것이나 같은 개념입니다. 위와 같이 class를 정의하면 이상없이 compile되고 실행할 수 있음을 보여주고 있습니다.

■ main method가 있는 class와 object를 생성하는 class와의 관계 ■

위 프로그램 Ex00301에서는 class가 두 개가 있습니다. 하나는 Ex00301 이라는 class와 Car라는 class가 있는데, ①Ex00301 class는 지금까지 프로그램을 수행하기 위해 필수적으로 꼭 있어야 하는 class이며, 프로그램이 시작되는 class입니다. 지금까지 설명한 Object나 attribute와는 아무 관계도 없습니다. ②Car class는 기억장소를 memory내에 할당하여 여러 계산을 하기 위한 class입니다. 앞으로 main method에서 Car class를 이용하여 기억장소를 만들 것입니다. 그러므로 Ex00301 class와 Car class는 아무 연관 관계가 없습니다. 굳이 연관 관계를 말한다면 자동차 설계도면이 스스로 자동차를 만들 수 없으므로, Car class자체로는 Car object를 만들 수 없습니다. 자동자 공장(Ex00301)에서 설계 도면(Car class)대로 자동차를 만들듯 Ex00301 class에서는 Car class을 기준으로 Car object를 만드는 역할을 하는 관계라고 할 수 있습니다.

3.4 Object 생성하기

자바에서 object를 생성하기 위해서는 new라는 key word를 사용하여 object를 생성합니다. 또 object를 생성하기 위해서는 class가 정의되어 있어야 합니다. 즉 이미 정의된 class(blueprint)로부터 new key word를 사용하여 object(물체:예〈자동차〉)를 생성합니다. 여기서 object는 기억장소의 집합으로 class에 attribute로 정의된 기억장소가 실제 기억장소로 memory 내에 확보되는 것을 말합니다.

■ object생성 ■

new className()

예 new Car( )

■ Car object의 memory상태

licenseNo 기억장소
fuelTank 기억장소
speedMeter 기억장소
color 기억장소
기타 object가 필요로 하는 기억장소

예제 | Ex00302

아래 프로그램은 오직 Car object만 만드는 프로그램입니다.

```
1: class Ex00302 {
2:    public static void main(String[] args) {
3:       new Car();
4:       System.out.println("Car object created.");
5:    }
6: }
7: class Car {
8:    int licenseNo;
9:    int fuelTank;
10:    int speedMeter;
11:    char color;
12: }
```

```
D:\IntaeJava>java Ex00302
Car object created.

D:\IntaeJava>
```

프로그램 설명

▶ 3번째 줄:new Car()명령에 의해 Car object가 생성됩니다. Car object는 7,8, 9~12번째 줄에 정의된 대로 생성됩니다. 즉 4개의 기억장소가 하나의 묶음으로 된 기억장소의 집합을 object라고 합니다. 3번째 줄에서 만든 object는 컴퓨터 memory 내에 확보된 기억장소이므로 화면에 출력되는 내용은 없습니다. chapter 2의 예제 프로그램 중 Ex00213에서 int i1 = 9; 라고 하면 i1이라는 기억장소가 memory 내에 확보되듯이 4개의 기억장소의 묶음으로된 object만 memory 내에 확보된 상태로 프로그램이 종료되었습니다.

예제 | Ex00303

아래 프로그램은 2개의 Car object를 생성하는 프로그램입니다.

```
1: class Ex00303 {
2:    public static void main(String[] args) {
3:       new Car();
4:       new Car();
5:       System.out.println("Two Car objects created.");
6:    }
7: }
8: class Car {
9:    int licenseNo;
10:    int fuelTank;
```

```
11:     int speedMeter;
12:     char color;
13: }
```

```
D:\IntaeJava>java Ex00303
Two Car objects created.

D:\IntaeJava>_
```

프로그램 설명

▶ 위 프로그램은 2개의 Car object를 생성합니다. 즉 하나의 class로부터 2개의
object를 3번째 줄에서 1개, 4번째 줄에서 1개를 만들고 있습니다. 이 프로그램도
memory 내에 기억장소 4개의 묶음으로된 2개의 object가 저장된 memory만 확
보한 상태로 프로그램은 종료됩니다.

class로부터 object를 생성하는 과정을 class를 인스턴스화(instantiate)한다라고 하
며 class로부터 만들어진 object를 인스턴스(instance)라고 부르기도 합니다. 영어
의 "for instance"가 "예를 들면"의 뜻이 있고 이때 instance가 실예(example)에 해
당되며, 자바에서의 인스턴스(instance)는 어떤 class의 실예(instance)가 되는 것
입니다.

3.5 object변수 선언

Ex00303에서 생성한 2개의 object에는 licenseNo라는 기억장소가 각각의 object 내
에 들어 있습니다. 처음 만든 object의 licenseNo에 1001이라는 data를 저장하고, 두
번째만든 object에 1002를 저장하기 위해서는 각각의 object의 이름이 있어야 합니
다. 따라서 object의 이름을 부여하는 변수를 object와는 별개로 하나 더 만들어야 합
니다. 정확히 말하면 object변수에는 object의 주소, 즉 memory 내에서 object가 차
지하고 있는 주소를 object변수에 저장합니다.

■ **Object변수 선언 방법:object의 주소를 저장할 변수 선언** ■

className objectVariable

예 Car c1:여기서 c1은 objectVariable 이고 objectVariable은 2.11절 명칭규칙에서
명칭(identifier) 만드는 법으로 정의합니다.

지금까지 object를 생성하는 방법, object의 주소를 기억하는 object변수를 만드는

방법을 설명했습니다. 이번에는 object변수에 어떻게 object의 주소를 저장하는지 알아 보겠습니다.

■ object변수에 Object 주소 저장 방법 ■

```
objectVariable = new className()
```

예 c1 = new Car():여기에서 object variable c1은 이 명령전에 이미 선언되어 있어야 합니다.

■ object변수 선언과 동시에 Object 주소 저장 방법 ■

```
className objectVariable = new className()
```

예 Car c1 = new Car():objectVariable을 선언하면서 Object를 생성 후 object의 주소를 objectVaraible c1에 저장합니다.

예제 | Ex00304

아래 프로그램은 object를 생성하고, object변수를 선언한 후 object의 주소를 어떻게 object변수에 저장하는지를 보여주는 프로그램입니다.

```
 1: class Ex00304 {
 2:    public static void main(String[] args) {
 3:        Car c1 = new Car();
 4:        Car c2;
 5:        c2 = new Car();
 6:            System.out.println("Two Car objects created and two object variables are declared.");
 7:    }
 8: }
 9: class Car {
10:    int licenseNo;
11:    int fuelTank;
12:    int speedMeter;
13:    char color;
14: }
```

프로그램 설명

▶ 3번째 줄:①new Car()명령에 의해 Car Object를 만들고 ②Car c1에 의해 Car object변수 c1도 만들고 ③"=" 연산자에 의해 ①에서 만든 Car object의 주소를 c1에 저장합니다. 즉 3가지 명령을 한 줄로 한 것입니다.

▶ 4번째 줄: ②Car c2는 Car object변수만을 선언 합니다.

▶ 5번째 줄:①new Car()명령에 의해 두 번째 Car object가 만들어지고, ③"="연산 자에 의해 방금 만들어진 object의 주소가 c2에 저장됩니다.

▶ 6번째 줄:object와 아무 상관이 없는 단순한 message로 3,4,5번째 줄이 이상없이 수행되었기 때문에 6번째 줄의 메세지가 출력되고 있음을 나타냅니다.

■ object변수의 필요성 1 ■

아무도 살지 않는 허허벌판에 동일한 모양의 집을 두 채 지었다고 합시다. 그 집에는 각각 안방, 다락방, 사랑방, 문간방의 4개의 방이 있습니다. 그 두 집 중 하나는 A라 는 사람이 소유하고 다른 하나는 B라는 사람이 소유자입니다. A라는 사람이 본인 집 의 안방에 새로운 장농을 사서 배달시키려고 합니다. 장농을 본인의 집에 배달시키기 위해서는 A라는 집의 주소를 종이에 적어 장농을 배달하는 사람에게 주어야 정확한 배달이 이루어 질 수 있습니다.

여기서 Ex00304 프로그램과 A라는 사람의 집과 관련하여 서로 대조를 해보면 A의 집은 Ex00304의 3번째 줄에서 생성한 object가 되고 안방은 licenseNo에 해당합니 다. 그 다음 A라는 사람의 집 주소는 c1에 해당합니다. B의 집은 5번째 줄에서 생성 한 object가 되고, 안방은 licenseNo에 해당합니다. A집의 안방과 B집의 안방 이름 은 안방으로 같지만 서로 다른 집의 안방입니다. 그 다음 B라는 사람의 집 주소는 c2 에 해당합니다.

■ object변수의 필요성 2 ■

Ex00304 프로그램에서 3번째 줄 new Car()로 Car object를 만든다는 것은 4개의 묶음 기억 장소를 만든다는 것입니다. 5번째 줄 new Car()로 Car object를 만든다 는 것도 4개의 묶음 기억 장소를 만든다는 것입니다. 3번째 줄에서 만든 object에는 licenseNo라는 기억장소가 있고, 5번째 줄에서 만든 object에도 licenseNo라는 기 억장소가 있습니다. 같은 이름의 기억장소가 두 개가 있으면 licenseNo만으로는 차 량번호 1001을 처음 만든 object의 licenseNo에 저장할 수 없습니다. 그래서 각각의 object마다 object변수가 필요한 것입니다. 한국에는 광주라는 도시가 두개 있습니 다. 전라도 광주와 경기도 광주, 혼동을 피하고자 반드시 도를 앞에 붙이고 도시를 붙 이면 중복되는 일이 없는 것과 같은 개념입니다.

위 프로그램에서 3번째 줄은 4,5번째 줄처럼 분리해서 coding하여도 동일한 역할을 합니다. 마치 아래 int기억장소의 예와 비슷합니다.

int i1 = 7;	Car c1 = new Car();
int i2;	Car c2;
i2 = 9;	c2 = new Car();

- int i1 = 7; 명령은 int 기억장소 i1을 만들고, 7을 i1에 저장합니다.
- int i2; 명령은 int기억장소 i2를 만들기만 합니다.
- i2 = 9; 명령은 i2 기억장소에 9를 저장합니다.
- Car c1 = new Car()에서 new Car()명령은 4개의 기억장소의 묶음을 만드는 것입니다. 묶여진 기억장소만 만들고 끝나는 것이 아닙니다. 묶여진 기억장소를 만들고 만들어진 기억장소의 주소를 알아 내어 주솟값을 c1에 저장합니다.
- Car c2명령은 Car objet의 주소를 기억할 기억장소 c2를 만들기만 합니다. 이때 Car object가 만들어져 있을 수도 있고 아닐 수도 있습니다. 즉 c2는 앞으로 Car object의 주소를 저장할 기억장소라고 선언해주는 것입니다.
- c2 = new Car() 명령은 Car object를 만들고 그 주소를 이미 만들어진 c2 기억장소에 저장하라는 명령입니다.

3.6 Attribute접근

Attribute접근(Access)은 object변수에 저장된 주소를 이용하여 object내의 특정 기억장소에 값을 저장하거나 읽어오는 것을 말합니다. object변수를 사용하여 object내의 attribute를 지칭하는 법은 dot(.)연산자를 사용하여 지칭합니다.

■ **특정 object의 특정 attribute 지정법** ■

```
objectVariable.attribute
```

예 c1.licenseNo

위 예에서 c1.licenseNo는 int 기억장소로 기억장소에 저장되는 값만 생각한다면 int a; 라고 정의한 기억장소 a와 동일합니다. 즉 c1.licenseNo = 5;라고 하는 것이나 a = 5라고 하는 것이나 똑같이 5라는 값을 c1.licenseNo 기억 장소와 a 기억장소에 각각 저장하라는 명령입니다. 단지 다른 점은 a는 단독 기억장소이고, c1.licenseNo는 c1 object의 부분으로 서로 연관성있는 data들이 모여 있을 필요가 있을 때 사용합니다. 즉 c1.licenseNo, c1.fuelTank, c1.speedMeter, c1.color가 하나의 같은 자동차에 있는 값들임을 알 수 있습니다.

예제 | Ex00305

아래 프로그램은 Ex00302에서 정의한 Car class를 이용하여 컴퓨터 memory 내에 4개의 기억장소의 묶음, 즉 Car object를 만들어서 data를 저장하는 것을 보이고 있습니다.

```
 1: class Ex00305 {
 2:    public static void main(String[] args) {
 3:        Car c1;
 4:        c1 = new Car();
 5:        System.out.println("Car object c1 created.");
 6:        c1.licenseNo = 1001;
 7:        c1.fuelTank = 70000;
 8:        c1.color = 'R'; // R = Red, Y = Yellow, G = Green, B = Blue
 9:              System.out.println("Car  c1.licenseNo="+c1.licenseNo+",
c1.fuelTank="+c1.fuelTank+", c1.color="+c1.color);
10:        Car c2 = new Car();
11:        System.out.println("Car object c2 created.");
12:        c2.licenseNo = 1002;
13:        c2.fuelTank = 65000;
14:        c2.color = 'Y'; // R = Red, Y = Yellow, G = Green, B = Blue
15:              System.out.println("Car  c2.licenseNo="+c2.licenseNo+",
c2.fuelTank="+c2.fuelTank+", c2.color="+c2.color);
16:    }
17: }
18: class Car {
19:    int licenseNo;
20:    int fuelTank;
21:    int speedMeter;
22:    char color;
23: }
```

```
D:\IntaeJava>java Ex00305
Car object c1 created.
Car c1.licenseNo=1001, c1.fuelTank=70000, c1.color=R
Car object c2 created.
Car c2.licenseNo=1002, c2.fuelTank=65000, c2.color=Y

D:\IntaeJava>
```

프로그램 설명

▶ 3,4번째 줄:Car object 기억장소 c1을 선언(Car c1;)하고, Car object를 만든(new Car()) 후 그 주소를 c1에 저장해야 합니다. 즉 c1 = new Car()라고 하면 Car object가 만들어지고, 4개의 기억장소가 하나의 집합으로 memory에 확보되고 그 주소가 c1에 저장됩니다.

▶ 10번째 줄:Car object 기억장소를 만들고 바로 Object를 만들어 Car Object변수 c2에 주소를 저장할 수 있습니다.(Car c2 = new Car())

위에서 만든 Car Object는 하나의 Car class로부터 만들어진 2개의 Object입니다. 각각의 object의 주소는 c1 과 c2 기억 장소에 저장되어 있습니다.

각각의 Car object에는 licenseNo, fuelTank, speedMeter, color라는 instance기

억장소(attribute)가 있고 그 속에 어떤 값을 저장할 수 있습니다.

Object 기억장소에 어떤 값을 저장하기 위해 그 object의 주소를 사용해서 값을 저장할 수 있습니다. 즉 c1 object의 licenseNo에 1001의 값을 저장하기 위해서는 c1.licenseNo = 1001이라고 해야 합니다. 즉 c1 속의 licenseNo기억장소라는 의미로 dot(.) 연산자를 사용합니다.

위 프로그램이 완료되기 직전 memory상태를 그림으로 나타내면 다음과 같습니다.

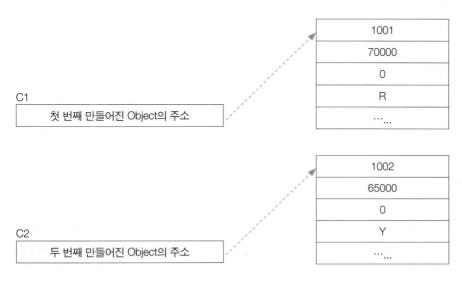

예제 | Ex00305A

■ **Elephant class 정의 및 Object 만들기** ■

- Elephant attribute:char name, int age, int weight, int height
- Elephant object 3마리 만들 것

  첫 번째:'A', 2살, 120Kg, 150cm

  두 번째:'B', 3살, 170Kg, 180cm

  세 번째:'C', 5살, 210Kg, 190cm

- Elephant object 3마리의 상태를 출력하세요

```
D:\IntaeJava>java Ex00305B
Triangle object t1 created.
Triangle t1.name=A, t1.width=20, t1.height=50
Triangle object t2 created.
Triangle t2.name=B, t2.width=60, t2.height=40

D:\IntaeJava>
```

문제 | Ex00305B

■ **Triangle class 정의 및 Object 만들기** ■

- Triange attribute:char name, int width, int height
- Triangle object 2개 만들것

  첫 번째:'A', 밑변 20cm, 높이 50cm

  두 번째:'B', 밑변 60cm, 높이 40cm
- Triangle object 2개의 상태를 출력하세요

```
D:\IntaeJava>java Ex00305B
Triangle object t1 created.
Triangle t1.name=A, t1.width=20, t1.height=50
Triangle object t2 created.
Triangle t2.name=B, t2.width=60, t2.height=40

D:\IntaeJava>
```

3.7 method 이해하기

Attribute는 Object가 가지고 있는 구성요소, 즉 자동차의 경우 연료Tank, 차량 번호, 자동차 외장색 등이라면 method는 Object의 행동, 즉 "시동을 걸다", "속도를 증가시키다", "브레이크를 밟아 속도를 줄이다" 등을 예로 들 수 있습니다.

그런한 행동(method)을 자바에서 구현하는 방법은 여러 개의 자바명령을 사용하여 원하고자 하는 목적의 값이 나오도록 하는 것입니다. 예를 들면 "시동을 걸다"는 엔진 회전 속도를 0에서 1000으로 만든다든지, "속도를 증가시키다"는 현재의 속도에서 10만큼 더한다든지 등으로 구현될 수 있습니다.

메소드를 만들기 위해서는 우선 method 이름이 있어야 하고, 그 이름하에 수행되는 자바 명령들이 있어야 됩니다.

3.7.1 method 구조

Method의 구조는 return type, method이름, 소괄호, 중괄호와 중괄호 속의 자바 명령어로 이루어져 있고, 일반적인 형태는 아래와 같습니다.

```
returnType methodName() {
    // Java 명령어
}
```

여기에서 returnType은 여러 가지가 올 수 있지만 현재로서는 return 되는 data가 없는 method에서는 void라는 key word를 붙인다고만 알고 넘어갑니다.

예

```
void speedUp() {
    speedMeter = speedMeter + 10;
}
```

method에서는 괄호()가 method이름 뒤에 있어야 합니다. 현재는 괄호안에 아무것도 없지만, 필요에 따라 괄호 안에 무언가 들어갈수 있습니다.

■ method에서 return되는 data란? ■

Method를 수행시킨다는 것은 무언가 행동을 시키는 것입니다. 그러므로 method 안에는 자바 명령이 나열되어 있습니다. 즉 method를 수행시킨다는 것은 컴퓨터에게 method안에 있는 자바 명령대로 하라고 지시하는 것입니다. 그러면 자바 명령대로 다하고 난 후의 상황을 봅시다. A라는 사람에게 어디가서 무엇무엇을 하고 돌아오라라고 하는 경우가 있고, 어디가서 무엇무엇을 하고 그 결과로 돈을 받아서 가지고 오라고 하는 경우가 있습니다. 이때 전자는 명령을 이상없이 수행하고 그냥 돌아오면(return data없이 return하면) 되지만, 후자는 돈이라는 data를 가지고 와서 돈(return data)을 명령을 내린 사람에게 건네 주어야 합니다. 즉 method를 수행하고 나면 산출되는 값이 없는 method와 method가 수행되고 나서 산출되는 값이 있는 method가 있습니다. 또한 산출되는 값이 없는 method는 return data type이 void가 되는 것입니다. 산출되는 값이 있는 경우는 3.10절 'method에서 return값(결과 값) 전달받기'에서 설명합니다.

■ main() method와 speedUp method비교 ■

main method가 public static이 더 붙어 있기는 하지만 main method도 method의 일종이므로 기본 구조는 동일 합니다.

즉 main() method와 위에서 정의한 speedup()는 void, method 이름, 괄호가 있다라는 점에서는 공통점이 있습니다.

			return type	method이름	여는괄호	parameter	닫는괄호
main method	public	static	void	main	(	String[] arg	)
speedUp method	없음	없음	void	speedUp	(		)

현재로서는 main method를 충분히 설명할 수 없습니다. 여기에서는 단지 main method도 method의 일종이다라고 알고 넘어 갑니다.

3.7.2 method 호출하는 법

method 호출은 object의 attribute 를 사용하는 방법과 동일합니다. 단 method에는 괄호가 있으므로 괄호도 함께 써주어야 합니다.   일반적인 형태는 아래와 같습니다.

```
objectVariableName.methodName( )
```

예 c1 이 object변수 이름이라면

   c1.speedUp();

주의 | attribute와 method를 구별하는 방법으로 괄호가 없으면 attribute이고, 괄호가 있으면 method입니다. Attribute는 object 내에 있는 기억장소이고, method는 object 내에 있는 작은 프로그램이다 라고 생각하면 됩니다.

■ **class 내에서 정의된 method 안에서 object instance 변수 사용법** ■

main() method 안에서는 object instance 변수(attribute)를 사용할때 objectName.instanceVariableName으로 사용했으나 Car object의 method 내에서는 objectVariableName 없이 바로 instanceVariableName만 사용합니다. 이유는 object밖에서는 어느 object인지 지칭해 주어야 하지만, Car object 내에서는 object 변수가 없으면 같은 object 내의 instance변수로 인식하기 때문입니다. 마치 같은 회사 내에서 "홍길동이 어디 갔냐?", "총무과에 갔다" 라고 하면 같은 회사의 총무과를 이야기 하는것이지 다른 회사의 총무과를 이야기하는 것이 아닌 개념입니다.

● main method 안에서

   예 c1.speedMeter = c1.speedMeter + 10;

● speedUp() method 안에서

   예 speedMeter = speedMeter + 10;

예제 | Ex00306

아래 프로그램은 object의 method을 사용하지 않고 자동차의 속도를 증가시키는 예와 method을 사용하여 자동차의 속도를 증가시키는 예를 보여주고 있습니다.

```
1: class Ex00306 {
2:    public static void main(String[] args) {
3:       Car c1 = new Car();
4:       c1.licenseNo = 1001;
5:       c1.fuelTank = 70000;
6:       c1.color = 'R'; // R = Red, Y = Yellow, G = Green, B = Blue
 7:          System.out.println("Car c1.licenseNo=" + c1.licenseNo + ",
c1.fuelTank="+c1.fuelTank  +  ",  c1.speedMeter="  +  c1.speedMeter+",
c1.color="+c1.color );
 8:       c1.speedMeter = c1.speedMeter + 10;
```

```
 9:          c1.speedMeter = c1.speedMeter + 10;
10:          c1.speedMeter = c1.speedMeter + 10;
11:            System.out.println("Car c1.licenseNo=" + c1.licenseNo + ",
c1.fuelTank=" + c1.fuelTank + ", c1.speedMeter=" + c1.speedMeter+",
c1.color="+c1.color );
12:          Car c2 = new Car();
13:          c2.licenseNo = 1002;
14:          c2.fuelTank = 65000;
15:          c2.color = 'Y'; // R = Red, Y = Yellow, G = Green, B = Blue
16:            System.out.println("Car c2.licenseNo=" + c2.licenseNo + ",
c2.fuelTank=" + c2.fuelTank + ", c2.speedMeter=" + c2.speedMeter +",
c2.color="+c2.color);
17:          c2.speedUp();
18:          c2.speedUp();
19:            System.out.println("Car c2.licenseNo=" + c2.licenseNo + ",
c2.fuelTank=" + c2.fuelTank + ", c2.speedMeter=" + c2.speedMeter+",
c2.color="+c2.color );
20:      }
21: }
22: class Car {
23:     int licenseNo;
24:     int fuelTank;
25:     int speedMeter;
26:     char color;
27:     void speedUp() {
28:         speedMeter = speedMeter + 10;
29:     }
30: }
```

```
D:\IntaeJava>java Ex00306
Car c1.licenseNo=1001, c1.fuelTank=70000, c1.speedMeter=0, c1.color=R
Car c1.licenseNo=1001, c1.fuelTank=70000, c1.speedMeter=30, c1.color=R
Car c2.licenseNo=1002, c2.fuelTank=65000, c2.speedMeter=0, c2.color=Y
Car c2.licenseNo=1002, c2.fuelTank=65000, c2.speedMeter=20, c2.color=Y

D:\IntaeJava>
```

프로그램 설명

▶ 위 예제에서 c1 object의 속도를 올리기 위해 speedMeter를 10씩 증가하는 명령
  을 speedMeter변수에 직접 더해서 증가시킨 반면, c2 object의 경우는 speedUp()
  method를 호출해서 speedMeter 값을 증가시킨 것을 알 수 있습니다.

▶ instance변수(attribute)의 사용 예에 대해 위 프로그램을 통해 다시 한번 설명합
  니다. 8,9,10번째 줄에 speedMeter는 c1 object의 instance변수 speedMeter라
  고 분명히 가리키고 있습니다. 즉 c1 object의 speedMeter를 3줄(8,9,10번째 줄)
  에 걸쳐 10씩 증가시키고 있습니다.

▶ 8번째 줄의 "="의 오른쪽 c1.speedMeter는 초깃값을 설정하지 않은 상태에서 바
  로 사용했습니다. Instance 변수에 초깃값이 설정되지 않을 경우 default 값(초

깃값)은 0입니다.(4.2.5절 'Instance변수와 Local변수'에서 자세히 설명합니다.)

▶ 28번째 줄의 speedMeter는 어느 object의 speedMeter인지 알 수 없습니다. 28번째 줄만을 보고는 어느 object의 instance변수인지 알 수 없습니다. 반드시 어딘가에서 호출되어야 합니다. 즉 28번째 줄은 17,18번째 줄에서 호출한 것이므로 28번째 줄의 speedMeter는 17,18번째 줄에서 호출되었을 때는 c2의 speedMeter가 됩니다. 위 프로그램에서는 c1에서 28번째 줄(정확히 speedup() method)을 호출하는 곳은 없습니다. 하지만 c1에서도 28번째 줄을 호출할 수 있습니다. 만약 28번째 줄을 c1에서 호출했다면 그 때 speedMeter는 c1의 speedMeter임을 알아야 합니다.

프로그램은 실행되는 순서가 중요합니다. 위 프로그램(Ex00306)의 실행되는 순서는 다음과 같습니다.

● 위 프로그램은 3번째 줄부터 시작합니다. 3번째 줄에서 Car object를 만들고 그 object의 주소를 c1에 저장하면 3번째 줄은 완료되고 4번째 줄 명령을 합니다.

● 4번째 줄에서 3번째 줄에서 만든 Car object의 licenseNo 기억장소에 1001을 기억시키면 4번째 줄은 완료되고 5번째 줄 명령을 합니다.

● 위와 같은 방법으로 5번째 줄부터 순서적으로 실행하여 16번째 줄까지 합니다.

● 16번째 줄 실행이 완료되면 17번째 줄 c2.speedUp()을 실행합니다. C2.speedUp()을 수행한다라는 것은 27번째 줄부터 29번째 줄의 수행함을 의미합니다. 여기서 27번째 줄은 method의 이름으로 method의 시작을 알리는 명령입니다. 즉 speedup() method의 시작을 알려주는 심볼에 불과합니다. 29번째 줄도 method의 끝을 알리는 부호에 불과합니다. 그러므로 오직 28번째 줄만이 실행하는 명령입니다. 28번째 줄의 실행이 끝나면 다시 speedup() method를 호출했던 17번째 줄로 되돌아 갑니다. 그 결과 17번째 줄은 완료되고 18번째 줄 명령을 합니다.

● 18번째 줄 명령은 17번째 줄 명령과 동일한 과정을 수행합니다. 즉 18번째 줄을 완료하기 위해서는 28번째 줄 명령을 완료해야 합니다. 그러면 18번째 줄은 완료되고, 19번째 줄 명령을 합니다.

● 19번째 줄 명령을 완료하면 Ex00306프로그램은 완료됩니다.

● 20번째 줄은 main() method의 마지막임을 알리는 부호이므로 수행되는 명령이 아닙니다.

예제 | Ex00307

위 프로그램에서 속도를 10 증가할 때 연료를 1 소모하는 것으로 하고 showStatus()라는 반복되는 내용의 출력을 수행하는 method를 하나 더 사용하여 개선하면 아래와 같습니다.

```
 1: class Ex00307 {
 2:    public static void main(String[] args) {
 3:       Car c1 = new Car();
 4:       c1.licenseNo = 1001;
 5:       c1.fuelTank = 70000;
 6:       c1.color = 'R'; // R = Red, Y = Yellow, G = Green, B = Blue
 7:          //System.out.println("Car c1.licenseNo=" + c1.licenseNo +
", c1.fuelTank=" + c1.fuelTank + ", c1.speedMeter=" + c1.speedMeter+",
c1.color="+c1.color);
 8:       c1.showStatus();
 9:
10:       c1.speedMeter = c1.speedMeter + 10;
11:       c1.fuelTank = c1.fuelTank - 1;
12:       c1.speedMeter = c1.speedMeter + 10;
13:       c1.fuelTank = c1.fuelTank - 1;
14:       c1.speedMeter = c1.speedMeter + 10;
15:       c1.fuelTank = c1.fuelTank - 1;
16:          //System.out.println("Car c1.licenseNo=" + c1.licenseNo +
", c1.fuelTank=" + c1.fuelTank + ", c1.speedMeter=" + c1.speedMeter+",
c1.color="+c1.color);
17:       c1.showStatus();
18:
19:       Car c2 = new Car();
20:       c2.licenseNo = 1002;
21:       c2.fuelTank = 65000;
22:       c2.color = 'Y'; // R = Red, Y = Yellow, G = Green, B = Blue
23:          //System.out.println("Car c2.licenseNo="+c2.licenseNo+",
c2.fuelTank="+c2.fuelTank+", c2.speedMeter=" + c2.speedMeter+",
c2.color="+c2.color);
24:       c2.showStatus();
25:
26:       c2.speedUp();
27:       c2.speedUp();
28:          //System.out.println("Car c2.licenseNo="+c2.licenseNo+",
c2.fuelTank="+c2.fuelTank+", c2.speedMeter=" + c2.speedMeter+",
c2.color="+c2.color);
29:       c2.showStatus();
30:    }
31: }
32: class Car {
33:    int licenseNo;
34:    int fuelTank;
35:    int speedMeter;
36:    char color;
37:
38:    void speedUp() {
39:       speedMeter = speedMeter + 10;
40:       fuelTank = fuelTank - 1;
41:    }
```

```
42:     void showStatus() {
43:                  System.out.println("Car   licenseNo="+licenseNo+",
fuelTank="+fuelTank+", speedMeter="+speedMeter+", color=" + color);
44:     }
45: }
```

```
D:\IntaeJava>java Ex00307
Car licenseNo=1001, fuelTank=70000, speedMeter=0, color=R
Car licenseNo=1001, fuelTank=69997, speedMeter=30, color=R
Car licenseNo=1002, fuelTank=65000, speedMeter=0, color=Y
Car licenseNo=1002, fuelTank=64998, speedMeter=20, color=Y

D:\IntaeJava>
```

프로그램 설명

▶ 위 예제에서 c1 object의 속도를 10 증가하는 동시에 연료는 1을 감소시키는 프로그램을 작성한 것입니다. 10부터 15번째 줄에서 speedMeter변수와 fuelTank변수에 직접 더하거나 빼는 반면, c2 object의 경우는 26,27번째 줄에서 speedup() method를 호출해서 speedMeter 값을 증가시키고, fuelTank 값을 감소시킨 것입니다. 전자 보다는 후자가 훨씬 효율적인 프로그램 작성이라 할 수 있습니다.

▶ 7,16,23,28줄에서 각각의 object의 내용을 출력하는 명령을 반복적으로 하는 것보다 42,43,44째 줄에서showStatus() method를 정의하고 8,17,24,29째 줄에서showStatus() method를 호출하는 것이 더 효율적인 프로그램 작성이라 할 수 있습니다.

■ method를 사용하는 장점 ■

위 프로그램 Ex00307에서 보듯이 method를 사용하면 프로그램 작성하는 coding 량도 줄일수 있지만, 프로그램 수정 시 각각의 object마다 수정해 주어야 합니다. 혹 실수로 수정하는 것을 누락하면 잘못된 프로그램이 될 수 있는 것을 방지합니다. 예를 들어 속도를 10증가할 때 연료를 1 소모하는 것이 아니라 2를 소모한다고 하면 11,13,15째 줄의 1을 2로 바꾸어 주어야 합니다. 하지만 실수로 11,13번째 줄만 수정하고 15번째 줄은 수정을 누락하면 전체 프로그램은 잘못된 프로그램이 됩니다. 하지만 method를 사용하면 40번째 줄의 1을 2로 한 곳만 수정하면 어디에서 speedUp method를 호출하던간에 올바로 수정된 값을 가질 수 있습니다.

문제 | Ex00307A

■ Elephant class 정의 및 Object 만들기 ■

- Elephant attribute:char name, int age, int weight, int height
- Elephant object 3마리 만들 것

첫 번째:'A', 2살, 120Kg, 150cm

두 번째: 'B', 3살, 170Kg, 180cm

세 번째:'C', 5살, 210Kg, 190cm

- eatBanana() method 만들것

  eatBanana() method를 한 번 호출하면 weight가 2Kg이 증가하고, height는 1cm 자랍니다.

- 첫 번째 object는eatBanana()를 두 번, 두 번째 object는eatBanana()를 세 번, 세 번째 object는eatBanana()를 한 번 수행시킵니다.

- showStatus() method를 만들어 모든 attribute 값을 eatBanana() method를 수행하기 전과 후에 출력시킵니다.

```
D:\IntaeJava>java Ex00307A
Elephant object e1 created.
Elephant name=A, age=2, weight=120, height=150
Elephant name=A, age=2, weight=124, height=152
Elephant object e2 created.
Elephant name=B, age=3, weight=170, height=180
Elephant name=B, age=3, weight=176, height=183
Elephant object e3 created.
Elephant name=C, age=5, weight=210, height=190
Elephant name=C, age=5, weight=212, height=191

D:\IntaeJava>
```

문제 | Ex00307B

■ Triangle class 정의 및 Object 만들기 ■

- Triange attribute:char name, int width, int height
- Triangle object 2개 만들 것

  첫 번째:'A', 밑변 20cm, 높이 50cm

  두 번째:'B', 밑변 60cm, 높이 40cm

- showArea() method를 만들어 Triangle object 2개의 상태를 아래와 같이 출력하세요

```
D:\IntaeJava>java Ex00307B
Triangle object t1 created.
Triangle name=A, width=20, height=50, area=500
Triangle object t2 created.
Triangle name=B, width=60, height=40, area=1200

D:\IntaeJava>
```

■ attribute와 method의 위치 ■

Class는 attribute와 method로 구성된다고 했습니다. 그러면 attribute와 method는 class 내에서 어디에 위치 할까요?

아래 예제는 전형적인 attribute와 method의 배치 위치입니다.

```
class className {
    // attribute 1
    // attribute 2
    // attribute 3
    // method() 1
    // method() 2
    // method() 3
    // method() 4
}
```

Attribute와 method는 서로 동등한 구성요소로 class의 member라고도 합니다. 즉 attribute도 member이고, method도 member입니다 그러므로 attribute와 method의 위치는 어느 것이 먼저 와도 상관이 없습니다. 그렇지만 프로그램을 작성하는 프로그래머 입장에서는 우선 변수(attribute)가 먼저 오고, 그 변수를 이용한 프로그램(method)이 뒤에 오는 것이 프로그램 읽어 내려가는데 좋습니다.

또한 Attribute는 class의 member이므로 member변수라고도 합니다. 따라서 attribute는 상황에 따라 instance변수, member변수라고 불리니 잘 기억해 두세요.

■ java 파일을 compile하면 class마다 class 파일이 생성됩니다. ■

하나의 java 파일에 여러 개의 class가 선언되어 있는 java 파일을 compile하면 선언된 class마다 class 파일을 생성해줍니다. 즉 Ex00307 프로그램에는 Ex00307 class와 Car class가 있는데, Ex00307.java를 compile하면 Ex00307.class 파일과 Car.class의 두 개의 파일이 생성됩니다.

아래는 다른 class 파일과 혼동되지 않게 하기 위해 현재 folder에 있는 모든 class를 삭제하고, Ex00307.java파일을 compile한 후 어떤 class파일이 생성되었는지 확인하는 예입니다.

```
D:\IntaeJava>del *.class

D:\IntaeJava>dir *.class
 Volume in drive D is New Volume
 Volume Serial Number is 88B3-AF8C

 Directory of D:\IntaeJava

File Not Found

D:\IntaeJava>javac Ex00307.java

D:\IntaeJava>dir *.class
 Volume in drive D is New Volume
 Volume Serial Number is 88B3-AF8C

 Directory of D:\IntaeJava

01/04/2015  10:40 PM               934 Car.class
01/04/2015  10:40 PM               639 Ex00307.class
               2 File(s)          1,573 bytes
               0 Dir(s)  412,805,156,864 bytes free

D:\IntaeJava>_
```

위 예에서 보듯이 Ex00307.java 파일을 compile하면 Ex00307.java파일 속에 있는 두개의 class가 별도의 class 파일로 만들어진 것을 알 수 있습니다.

▦ 실무에서의 프로그램 파일 작성(중요 사항) ▦

프로그램을 개발하는 실무에서는 특별한 이유가 없는 한 모든 class는 class 이름으로 된 별도의 파일로 저장합니다. 즉 Ex00307.java 파일 속에는 Ex00307 class와 Car class 두 개가 있습니다. 그러면 Ex00307.java와 Car.java 두 개의 파일로 저장합니다. 이 책에서는 Ex00307 프로그램을 Ex00307.java와 Car.java의 두 개의 파일로 저장 할수 없는 이유가 있습니다. 왜냐하면 Ex00306 프로그램에도 Ex00306 class가 있고, Car class가 있는데, Ex00306 class는 Ex00306.java로 저장하는 것은 중복되지 않아 문제가 없습니다. 하지만, Car class는 Car.java로 저장하면 Ex00307 프로그램의 Car class와 중복이 되어 Car.java 파일은 Ex00306 프로그램의 Car class인지, Ex00307 프로그램의 Car class인지 알 수가 없습니다.

Ex00306 프로그램의 Car class나 Ex00307 프로그램의 Car class나 내용이 동일하다면 문제가 없지만(실무에서는 내용이 동일합니다. 실무에서 Car class를 정의하고, A라는 프로그램에서도 불러다 쓰고, B라는 프로그램에서도 불러다 사용합니다. 즉 같은 이름의 class가 내용이 다르다는 것은 있을 수 없습니다.) 책으로 단계별로 설명하는 Car class는 앞 프로그램의 Car class와 뒤 프로그램의 Car class는 내용이 다릅니다. 그러다 보니 Ex00306.java 파일에도 Car class를 넣고 Ex00307.java 파일에 Car class를 넣은 것입니다.

Ex00307.java 프로그램을 compile하면 Car.class 파일이 생성되고, Ex00306.java 프로그램을 compile해도 Car.class 파일이 생성됩니다. 그러면 Car.class 파일은 최종적으로 compile한 프로그램의 Car class입니다.

그러므로 문제는 Ex00307.java 프로그램을 compile한 후 Ex00307 프로그램을 수행하는 것은 문제 없습니다. 하지만 Ex00306.java를 compile한 후 Ex00306 프로그램을 수행하고, Ex00307.java 프로그램을 다시 compile하지 않고 Ex00307 프로그램을 수행하면 아래와 같은 프로그램 에러가 발생합니다.

```
D:\IntaeJava>javac Ex00307.java

D:\IntaeJava>java Ex00307
Car licenseNo=1001, fuelTank=70000, speedMeter=0, color=R
Car licenseNo=1001, fuelTank=69997, speedMeter=30, color=R
Car licenseNo=1002, fuelTank=65000, speedMeter=0, color=Y
Car licenseNo=1002, fuelTank=64998, speedMeter=20, color=Y

D:\IntaeJava>javac Ex00306.java

D:\IntaeJava>java Ex00306
Car c1.licenseNo=1001, c1.fuelTank=70000, c1.speedMeter=0, c1.color=R
Car c1.licenseNo=1001, c1.fuelTank=70000, c1.speedMeter=30, c1.color=R
Car c2.licenseNo=1002, c2.fuelTank=65000, c2.speedMeter=0, c2.color=Y
Car c2.licenseNo=1002, c2.fuelTank=65000, c2.speedMeter=20, c2.color=Y

D:\IntaeJava>java Ex00307
Exception in thread "main" java.lang.NoSuchMethodError: Car.showStatus()V
        at Ex00307.main(Ex00307.java:8)

D:\IntaeJava>
```

그러므로 Car.class 파일이 Ex00307용 Car.class이라고 확신이 서지 않으면 Ex00307. java 파일을 다시 한 번 compile한 후 Ex00307 프로그램을 수행시켜 주세요.

3.8 Method에 argument(인수) 전달하기

3.7.2 절에서는 method를 호출할 때 method에 전달되는 data는 없었기 때문에 괄호속에 아무것도 없었습니다. 하지만 method를 호출할 때 data도 같이 넘겨주는 경우도 있는데, 그런 경우에는 method에서도 data를 받을 수 있도록 method가 정의되어야 합니다. 즉 method 를 호출할 때 인수를 함께 전달하는 방법은 다음과 같은 규칙을 따릅니다.

① Method를 호출하는 쪽과 호출당하는 쪽의 data의 개수와 data type이 선언된 순서에 맞게 일치해야 합니다.
② Method를 호출하는 쪽은 어떤 임의의 값을 전달하기 위한 것이므로 변수나 상수를 써서 전달합니다.

> 호출하는 형식 : objectVariableName.methodName(arg1, arg2, arg3, ….)

③ Method를 호출당하는 쪽은 임의의 값을 전달 값으로 받는 것이므로 반드시 변수를 사용해서 받아야 합니다.

> 호출받는 형식 : void methodName(type1 para1, type2 para2, type3 para3, …..)

Mathod를 호출하는 쪽은 변수나 상수 어느 것을 사용해도 되나, method를 호출당하는 쪽은 변수를 사용하여 호출한 쪽에서 보낸 값을 저장합니다. 즉 새로운 변수를 매체로 값을 전달받기 때문에 매개변수(parameter)라고 부릅니다.

■ argument(인수)와 parameter(매개변수)의 구별 ■

프로그램 경험이 많은 프로그래머도 argument와 parameter를 혼동해서, 혹은 같은 의미로 사용하는 경우가 많이 있습니다. 정확히 구별을 안 하고 사용해도 method를 호출하는 쪽은 argument이고, 호출당하는 쪽은 parameter이므로 용어을 뒤꾸거나 같은 용어를 사용해도 argument를 말하는지 parameter를 말하는지 금방 알 수 있습니다. 그러나 chapter 22의 'generic 프로그래밍'에서처럼 점점 복잡하고 다양해지는 프로그래밍 기법을 습득하기 위해서는 분명한 용어 정의를 알고 넘어가는 것이 시간과 노력을 절약하는 길입니다.

● argument(인수)는 method를 호출하는 쪽의 data 값을 의미합니다.
● parameter(매개변수)는 method 호출당하는 쪽에서 data 값을 받아들이기 위한

변수를 의미합니다.

예제 | Ex00308

아래 프로그램은 Ex00307 프로그램에서 속도를 높이기 위해 여러 번 speedup()
method를 호출한 것을 인수(argument)와 매개변수(parameter)를 사용하여 개선
한 프로그램입니다.

```
 1: class Ex00308 {
 2:     public static void main(String[] args) {
 3:         Car c1 = new Car();
 4:         c1.licenseNo = 1001;
 5:         c1.fuelTank = 70000;
 6:         c1.color = 'R'; // R = Red, Y = Yellow, G = Green, B = Blue
 7:         c1.showStatus();
 8:
 9:         c1.speedUp(30);
10:         c1.showStatus();
11:
12:         Car c2 = new Car();
13:         c2.licenseNo = 1002;
14:         c2.fuelTank = 65000;
15:         c2.color = 'Y'; // R = Red, Y = Yellow, G = Green, B = Blue
16:         c2.showStatus();
17:
18:         c2.speedUp(40);
19:         c2.showStatus();
20:     }
21: }
22: class Car {
23:     int licenseNo;
24:     int fuelTank;
25:     int speedMeter;
26:     char color;
27:     void speedUp(int pedalPushPower) {
28:         speedMeter = speedMeter + pedalPushPower;
29:         fuelTank = fuelTank - pedalPushPower/10;
30:     }
31:     void showStatus() {
32:                  System.out.println("Car    licenseNo="+licenseNo+",
fuelTank="+fuelTank+", speedMeter="+speedMeter+", colr="+color);
33:     }
34: }
```

```
D:\IntaeJava>java Ex00308
Car licenseNo=1001, fuelTank=70000, speedMeter=0, colr=R
Car licenseNo=1001, fuelTank=69997, speedMeter=30, colr=R
Car licenseNo=1002, fuelTank=65000, speedMeter=0, colr=Y
Car licenseNo=1002, fuelTank=64996, speedMeter=40, colr=Y

D:\IntaeJava>_
```

프로그램 설명

▶ 9번째 줄:c1 object의 speedup(30)을 호출한 것으로 이 명령을 수행한다는 것은 27~30번째 줄을 수행하는 것입니다. 27번째 줄에서 int pedalPushPower의 값은 9번째 줄에서 전달한 인수 값 30이 되고 28번째 줄 speedMeter는 초기상태 0과 pedalPushPower 값 30이 더해져서 speedMeter는 30이 됩니다. 또한 29번째 줄 fuelTank는 c1 object의 fuelTank이므로 값은 7000이고 7000 − 30/10을 계산한 결과 값 69997이 c1 object의 fuelTank에 저장됩니다.

▶ 18번째 줄:c2 object의 speedup(40)을 호출한 것으로 이 명령을 수행한다는 것은 마찬가지로 27~30번째 줄을 수행하는 것입니다. 27번째 줄에서 int pedalPushPower의 값은 18번째에서 전달한 인수 값 40이 되고 28번째 줄 speedMeter는 초기 상태 0과 pedalPushPower 값 40이 더해져서 speedMeter는 40이 됩니다. 또한 29번째 줄 fuelTank는 c2 object의 fuelTank이므로 값은 6500이고 6500 − 40/10을 계산한 결과 값 64996이 c2 object의 fuelTank에 저장됩니다.

▶ 27번째 줄:9번째 줄에서 speedup(30)라고 호출하면 "void speedUp(int pedal Push Power)" method를 수행합니다. 이때 pedalPushPowerr 기억장소에는 speedup (30)에서 보내준 30을 받아서 기억합니다. 18번째 줄에서 speedup(40)라고 호출하면 "void speedUp(int pedalPushPower)" method를 수행합니다. 이때 pedalPushPowerr 기억장소에는 speedup(40)에서 보내준 40을 받아서 기억합니다.

문제 | Ex00308A

■ Elephant class 정의 및 Object 만들기 ■

- Elephant attribute:char name, int age, int weight, int height
- Elephant object 3마리 만들 것

　첫 번째:'A', 2살, 120Kg, 150cm

　두 번째:'B', 3살, 170Kg, 180cm

　세 번째:'C', 5살, 210Kg, 190cm

- eatBanana(int bananaQty) method 만들 것

　eatBanana(int bananaQty) method에서 bananaQty 1개당 weight가 2Kg 씩 증가하고, height는 1cm씩 자랄 수 있도록 method 작성.

- 다음과 같이 각각의 Elephant는 banana를 먹는다.

첫 번째 Elephant:banana 3개를 먹는다

두 번째 Elephant:banana 5개를 먹는다

세 번째 Elephant:banana 6개를 먹는다

```
D:\IntaeJava>java Ex00308A
Elephant object e1 created.
Elephant name=A, age=2, weight=120, height=150
Elephant name=A, age=2, weight=126, height=153
Elephant object e2 created.
Elephant name=B, age=3, weight=170, height=180
Elephant name=B, age=3, weight=180, height=185
Elephant object e3 created.
Elephant name=C, age=5, weight=210, height=190
Elephant name=C, age=5, weight=222, height=196

D:\IntaeJava>
```

문제 | Ex00308B

■ Triangle class 정의 및 Object 만들기 ■

- Triange attribute:char name, int width, int height
- Triangle object 2개 만들것

  첫 번째:'A', 밑변 20cm, 높이 50cm

  두 번째:'B', 밑변 60cm, 높이 40cm

- showArea() method를 만들어 Triangle object 의 밑변, 높이, 삼각형의 면적을 출력할 수 있도록 합니다.
- addHeight(int h) method를 만들어 height를 증가시킬 수 있도록 합니다.
- 삼각형A는 높이를 2를 증가시키고, 삼각형B는 높이 3을 증가시킵니다.
- 삼각형의 높이를 증가시킨 후로 showArea() method를 호출하여 다시 한 번 밑변, 높이, 삼각형의 면적을 출력합니다.

```
D:\IntaeJava>java Ex00308B
Triangle object t1 created.
Triangle name=A, width=20, height=50, area=500
Triangle name=A, width=20, height=52, area=520
Triangle object t2 created.
Triangle name=B, width=60, height=40, area=1200
Triangle name=B, width=60, height=43, area=1290

D:\IntaeJava>
```

3.9 method 오버로딩(overloading)

method 오버로딩은 같은 class 내에 method 이름은 같고, 전달인수의 형이나 개수가 다른 메소드가 2개 이상 존재하는 경우를 말합니다. 즉 자바에서는 class 내에 method이름은 같고, 전달인수의 형이나 개수가 다른 메소드를 정의할 수 있습니다. 그러므로 자바는 method를 호출할 때 method 이름만 가지고 호출하는 것이 아니라 전달인수의 형과 개수를 모두 확인한 후 일치하는 method를 호출합니다. 만약

method의 이름은 같으나 전달인수의 형과 개수가 일치하는 method가 없을 경우에는 compile 시 일치하는 형과 개수가 없다라는 error message가 나타납니다.

예제 | Ex00309

아래 프로그램은 method 오버로딩한 예를 나타내는 프로그램입니다.

```
 1: class Ex00309 {
 2:    public static void main(String[] args) {
 3:       Car c1 = new Car();
 4:       c1.licenseNo = 1001;
 5:       c1.fuelTank = 70000;
 6:       c1.color = 'R'; // R = Red, Y = Yellow, G = Green, B = Blue
 7:       c1.showStatus();
 8:       c1.speedUp();
 9:       c1.showStatus();
10:       c1.speedUp();
11:       c1.showStatus();
12:       Car c2 = new Car();
13:       c2.licenseNo = 1002;
14:       c2.fuelTank = 65000;
15:       c2.color = 'Y'; // R = Red, Y = Yellow, G = Green, B = Blue
16:       c2.showStatus();
17:       c2.speedUp(40);
18:       c2.showStatus();
19:    }
20: }
21: class Car {
22:    int licenseNo;
23:    int fuelTank;
24:    int speedMeter;
25:    char color;
26:    void speedUp() {
27:       speedMeter = speedMeter + 10;
28:       fuelTank = fuelTank - 1;
29:    }
30:    void speedUp(int pedalPushPower) {
31:       speedMeter = speedMeter + pedalPushPower;
32:       fuelTank = fuelTank - pedalPushPower/10;
33:    }
34:    void showStatus() {
35:                 System.out.println("Car   licenseNo="+licenseNo+",
fuelTank="+fuelTank+", speedMeter="+speedMeter+", colr="+color);
36:    }
37: }
```

```
D:\IntaeJava>java Ex00309
Car licenseNo=1001, fuelTank=70000, speedMeter=0, colr=R
Car licenseNo=1001, fuelTank=69999, speedMeter=10, colr=R
Car licenseNo=1001, fuelTank=69998, speedMeter=20, colr=R
Car licenseNo=1002, fuelTank=65000, speedMeter=0, colr=Y
Car licenseNo=1002, fuelTank=64996, speedMeter=40, colr=Y

D:\IntaeJava>
```

프로그램 설명

▶ 8,10번째 줄:c1.speedup() method호출은 전달인수가 없으므로 26번째 줄의 speedUp() method를 호출합니다.

▶ 17번째 줄:c2.speedUp(40) method 호출은 전달인수가 한 개이며 int type이므로 30번째 줄의 speedUp(int pedalPushPower) method를 호출합니다.

아래 compile error message는 Ex00309 프로그램에서 speedUp() method는 있으나 speedUp(int pedalPushPower) method를 정의하지 않은 상태, 즉 30~33번째 줄을 //로 comment 처리한 상태에서 compile했을 때의 error message입니다.

```
D:\IntaeJava>javac Ex00309.java
Ex00309.java:17: error: method speedUp in class Car cannot be applied to given t
ypes;
        c2.speedUp(40);
          ^
  required: no arguments
  found: int
  reason: actual and formal argument lists differ in length
1 error

D:\IntaeJava>
```

위 에러 메세지를 잘 기억하고 있다가 위와 같은 메세지가 나오면 method 이름은 맞으나 전달인수의 개수나 형이 호출하는 부분과 정의되어 있는 부분이 서로 일치하지 않고 있다라는 것을 빨리 알아차려야 합니다.

■ method signature 1 ■

Method signature는 method 선언부의 일부로 method 이름과 parameter list (전달인수 리스트)만을 말합니다. Method signature라는 용어를 사용하는 이유는 같은 이름의 method가 overloading이 되는 기준이 method signature가 다른 경우에만 overloading되기 때문입니다. Ex00309 프로그램의 speedUp() method의 signature부분은 다음과 같습니다.

Method 선언부	Method signature 부문
void speedUp()	speedUp()
void speedUp(int pedalPushPower)	speedUp(int)

3.10 Method에서 return 값(결과 값) 전달받기

Method는 object 혹은 class 내에서 정의된 프로그램 명령들의 집합으로 method내의 명령들을 수행하면 그 결과로 object의 attribute값을 변경하거나, 화면에 attribute 값을 출력하는 등 여러 가지 결과물이 있게 됩니다. 그 중 하나로 method를 수행 후 나온 결과 값을 자신을 호출한 프로그램에게 돌려주는 기능을 할 경우도 있습니다. 이 기능을 사용할 때는 return이라는 key word를 사용하며 결과 값을 return 뒤에 놓습니다.

● 결과 값이 있는 method 구조

```
returnDataType methodName() {
    // Java 명령어
    Return returnData; // 여기서 returnData는 상수또는 변수가 됩니다.
}
```

예

```
Int getPossibleDistance() {
        int pd = fuelTank * 5;
        return pd;
}
```

● 결과 값이 없는 method 구조

```
void methodName() {
    // Java 명령어
    return; // 여기서 key word return은 생략될수 있습니다.
}
```

예

```
void speedUp() {
    speedMeter = speedMeter + 10;
    fuelTank = fuelTank - 1;
    return;
}
```

● Method의 결과 값을 받는 부분의 표현

Method의 결과 값을 받는 부분의 표현은 method를 호출하는 표현과 동일합니다. 단지 결과 값이 있으므로 그 결과 값으로 어떻게 할지를 결정해야 합니다.

예 int possibleDistance = c1.getPossibleDistance();

위 예에서는 c1.getPossibleDistance()의 결과 값을 기억장소 possibleDistance

에 저장합니다.

예 if (c1.getPossibleDistance() < 1000) {

위 예에서는 if문에서 사용한 예로 c1.getPossibleDistance()가 1000보다 작으면 연료를 추가한다던지 하는 if문의 일부로 사용할 수 있습니다.(if문은 chapter 4 조건문을 참고하세요)

결론적으로 설명하면 결과 값이 있는 method는 어떤 값이 저장되어 있는 하나의 기억장소로 그 기억장소에 어떤 값을 저장할 수는 없고, 읽어 올 수만 있는 기억장소라고 생각하면 됩니다.

Method 에서 결과 값을 전달받는 방법은 다음과 같은 규칙을 따릅니다.

① Method를 정의 할 때 void 대신 결과 값의 data type을 선언해야 합니다.

　위 예에서 결과 값은 integer(정수)이므로 data type은 int 입니다.

　현재까지 사용했던 key word void는 return 되는 결과 값이 없음을 나타냅니다.

② 결과 값은 return 다음에 정의함으로서 호출한 프로그램에 결과 값을 전달합니다.

　위 '결과 값이 있는 method구조'의 예에서는 "return pd" 입니다.

③ 결과 값은 반듯이 한개만 전달할 수 있습니다. 두 개 이상 정의하면 error 입니다.

④ Return 되는 결과 값이 없는 method에도 결과 값이 없는 return key word를 사용할 수 있습니다.

예제 | Ex00310

아래 프로그램은 결과 값이 있는 method의 사용 예와 그 method를 호출한 곳에서는 어떻게 결과 값을 받는지에 대해 이해되도록 만든 프로그램입니다.

```
1: class Ex00310 {
2:    public static void main(String[] args) {
3:        Car c1 = new Car();
4:        c1.licenseNo = 1001;
5:        c1.fuelTank = 70000;
6:        c1.color = 'R'; // R = Red, Y = Yellow, G = Green, B = Blue
7:        c1.speedUp(30);
8:        c1.showStatus();
9:        int possibleDistance = c1.getPossibleDistance();
10:         System.out.println("c1 car : the distance with current fuel = "+possibleDistance+" Meter");
11:        Car c2 = new Car();
12:        c2.licenseNo = 1002;
13:        c2.fuelTank = 65000;
14:        c2.color = 'Y'; // R = Red, Y = Yellow, G = Green, B = Blue
15:        c2.speedUp(40);
16:        c2.showStatus();
```

```
17:        possibleDistance = c2.getPossibleDistance();
18:         System.out.println("c2 car : the distance with current fuel =
"+possibleDistance+" Meter");
19:     }
20: }
21: class Car {
22:     int licenseNo;
23:     int fuelTank;
24:     int speedMeter;
25:     char color;
26:     void speedUp(int pedalPushPower) {
27:         speedMeter = speedMeter + pedalPushPower;
28:         fuelTank = fuelTank - pedalPushPower/10;
29:         return;
30:     }
31:     int getPossibleDistance() {
32:         int pd = fuelTank * 5;
33:         return pd;
34:     }
35:     void showStatus() {
36:                   System.out.println("Car    licenseNo="+licenseNo+",
fuelTank="+fuelTank+", speedMeter="+speedMeter+", colr="+color);
37:     }
38: }
```

```
D:\IntaeJava>java Ex00310
Car licenseNo=1001, fuelTank=69997, speedMeter=30, colr=R
c1 car : the distance with current fuel = 349985 Meter
Car licenseNo=1002, fuelTank=64996, speedMeter=40, colr=Y
c2 car : the distance with current fuel = 324980 Meter

D:\IntaeJava>
```

프로그램 설명

▶ 7번째 줄:c1 object의 speedUp(30)을 호출하면 26부터 30번째 줄을 실행하는데, 29번째 줄 return을 만나면 다시 7번째 줄로 돌아오고, 7번째 줄 명령은 완료됩니다. 여기에서 29번째 줄 return key word는 생략될 수 있습니다. 왜냐하면 30번째 줄의 "}"기호는 method의 끝을 알리는 부호이므로 return key word를 생략해도 그 method는 종료되기 때문입니다.

▶ 8번째 줄:c1 object의 showStatus()를 호출하면 35,36,37째 줄을 수행하고, 8번째 줄로 돌아와 8번째 줄 명령을 완료합니다. showStatus()에는 return key word가 없어도 37번째 줄의 "}"기호를 만나 showStatus()를 종료합니다.

▶ 9번째 줄:c1 obect의 getPossibleDistance()을 호출하면 31~34번째 줄을 수행합니다. 33번째 줄에서 return pd;를 수행하면 pd 값을 가지고 9번째 줄로 돌아와서 c1.getPossibleDistance()가 있는 자리에 pd 값으로 치환하게 됩니다. 따라서 pd의 값이 기억장소 possibleDistance에 저장됩니다.

▶ 15,16,17번째 줄:7,8,9번째 줄과 동일한 처리과정을 거치나 단지 c1 object가 아니고 c2 object인 것만 다릅니다.

▶ 17번째 줄:기억장소 possibleDistance는 9번째 줄에서 선언한 기억장소이기 때문에 int를 다시 붙일 필요가 없습니다. 즉 9번째 줄에서 선언한 possibleDistance 기억장소는 Car c1이 얼마나 더 운행할 거리가 남았는지를 받아서 저장하고 화면에 출력함으로서 임무가 끝났으므로, Car c2을 위해 재사용하고 있는 것입니다. 만약에 int를 붙인다면 동일한 기억장소를 두 번 만드는 경우가 되므로 compile error가 발생합니다.

필자가 위 예제(Ex00310)를 가지고 교육 중 많이 받는 질문에 대한 답변입니다.

• 질문:왜 getPossibleDistance() method를 사용하여 남아있는 운행거리를 계산한 후, return 값으로 반환받은 다음에 10,18번째 줄에서 출력합니까? 즉 getPossibleDistance() method 내에서 return 값을 반환하지 않고 바로 출력하면 한 줄만 사용하므로 더 효율적이지 않은가요?

• 답변:예, 맞습니다. getPossibleDistance() method에서 return 값을 반환하지 않고 바로 출력하면 한 줄만 사용하므로 더 효율적입니다. 그런데 이번 절은 'method에서 return 값(결과 값) 전달받기'이므로 의도적으로 getPossibleDistance() method에서 결과 값을 전달받아 출력한 것입니다. 예를 들어 chapter 4에서 설명할 조건문으로 "남아 있는 운행거리가 10km 이하라면 연료를 넣어라" 라는 명령을 할 경우에는, 남아있는 운행거리를 받아야 조건에 맞는지 안 맞는지 가릴 수 있기 때문에 그런 경우에는 return값을 반환하는 method를 사용해야 합니다.

문제 | Ex00310A

■ Elephant class 정의 및 Object 만들기 ■

• Elephant attribute:char name, int age, int weight, int height
• Elephant object 3마리 만들 것
  첫 번째:'A', 2살, 120Kg, 150cm
  두 번째:'B', 3살, 170Kg, 180cm
  세 번째:'C', 5살, 210Kg, 190cm
• getLifeRemainder() method 만들 것
  getLifeRemainder() method에서 Elephant가 60년을 산다고 했을 때, 몇 년을 더 살 수 있는지 그 값을 결과 값으로 return합니다.
• 3마리의 elephant는 각각 몇 년을 더 사는지를 display 시켜줍니다.

```
D:\IntaeJava>java Ex00310A
Elephant object e1 created.
Elephant name=A, age=2, weight=120, height=150
e1 Elephant : the life remainder = 58 Year
Elephant object e2 created.
Elephant name=B, age=3, weight=170, height=180
e2 Elephant : the life remainder = 57 Year
Elephant object e3 created.
Elephant name=C, age=5, weight=210, height=190
e3 Elephant : the life remainder = 55 Year

D:\IntaeJava>
```

■ method signature 2 ■

● Method signature는 method의 이름과 parameter list로만 이루어져 있으므로 return type은 method signature에 속하지 않습니다.

● Ex00310 프로그램에서 int getPossibleDistance() method가 있는 곳에 void getPossibleDistance()라는 method를 추가 삽입할 경우 method signature가 getPossibleDistance()로 같기 때문에 compile error가 발생합니다. 즉 method 이름과 parameter list가 같으면 다른 return type의 method를 추가할 수 없습니다.

● Ex00310 프로그램에서 void speedUp(int pedalPushPower) method가 있는 곳에 void speedUp(int pedalPressure)라는 method를 추가 삽입할 경우 method signature가 speedup(int)로 같기 때문에 compile error가 발생합니다. 즉 parameter list의 local 기억장소 이름은 method signature에 포함되지 않습니다.

예제 | Ex00310B

Ex00310B 프로그램은 Ex00310 프로그램에 위 설명에서 추가한 void getPossible Distance() method와 void speedUp(int pedalPressure) method를 삽입한 프로그램으로 method signature가 같은 method을 작성하면 다음과 같은 에러 메세지가 나오는 것을 보여주고 있습니다.

```
 1: class Ex00310B {
 2:    public static void main(String[] args) {
 3:        Car c1 = new Car();
 4:        c1.licenseNo = 1001;
 5:        c1.fuelTank = 70000;
 6:        c1.color = 'R'; // R = Red, Y = Yellow, G = Green, B = Blue
 7:
 8:        c1.speedUp(30);
 9:        c1.showStatus();
10:        int possibleDistance = c1.getPossibleDistance();
11:         System.out.println("c1 car : the distance with current fuel = "+possibleDistance+" Meter");
12:
```

```
13:         Car c2 = new Car();
14:         c2.licenseNo = 1002;
15:         c2.fuelTank = 65000;
16:         c2.color = 'Y'; // R = Red, Y = Yellow, G = Green, B = Blue
17:
18:         c2.speedUp(40);
19:         c2.showStatus();
20:         possibleDistance = c2.getPossibleDistance();
21:          System.out.println("c2 car : the distance with current fuel =
"+possibleDistance+" Meter");
22:      }
23: }
24: class Car {
25:      int licenseNo;
26:      int fuelTank;
27:      int speedMeter;
28:      char color;
29:
30:      void speedUp(int pedalPushPower) {
31:          speedMeter = speedMeter + pedalPushPower;
32:          fuelTank = fuelTank - pedalPushPower/10;
33:          return;
34:      }
35:      int getPossibleDistance() {
36:          int pd = fuelTank * 5;
37:          return pd;
38:      }
39:      void showStatus() {
40:                      System.out.println("Car   licenseNo="+licenseNo+",
fuelTank="+fuelTank+", speedMeter="+speedMeter+", colr="+color);
41:      }
42:      // this method is same method signature with 'void speedUp(int
pedalPushPower)'.
43:      void speedUp(int pedalPressure) {
44:          speedMeter = speedMeter + pedalPressure;
45:          fuelTank = fuelTank - pedalPressure/10;
```

```
D:\IntaeJava>javac Ex00310B.java
Ex00310B.java:43: error: method speedUp(int) is already defined in class Car
   void speedUp(int pedalPressure) {
        ^
Ex00310B.java:49: error: method getPossibleDistance() is already defined in clas
s Car
   void getPossibleDistance() {
        ^
2 errors

D:\IntaeJava>
```

문제 | Ex00310C

■ Triangle class 정의 및 Object 만들기 ■

• Triange attribute:char name, int width, int height

- Triangle object 2개 만들 것

  첫 번째:'A', 밑변 20cm, 높이 50cm

  두 번째:'B', 밑변 60cm, 높이 40cm

- showArea() method를 만들어 Triangle object 의 밑변, 높이, 삼각형의 면적을 출력할 수 있도록 합니다.

- addHeight(int h) method를 만들어 height를 증가시킬 수 있도록 합니다.

- 삼각형A는 높이를 2를 증가시키고, 삼각형B는 높이를 3을 증가시킵니다.

- 삼각형의 높이를 증가시키기 전후로 showArea() method를 호출하여 밑변, 높이, 삼각형의 면적을 출력합니다.

- getArea() method를 만들어 삼각형의 면적을 알아낸 후 두 삼각형의 면적의 합을 높이를 증가시키기 전후로 출력합니다.

- main() method부분은 아래와 같이 만들었으니 나머지 부분만 완성하세요.

```
 1: class Ex00310C {
 2:   public static void main(String[] args) {
 3:       Triangle t1 = new Triangle();
 4:       t1.name = 'A';
 5:       t1.width = 20;
 6:       t1.height = 50;
 7:       t1.showArea();
 8:
 9:       Triangle t2 = new Triangle();
10:       t2.name = 'B';
11:       t2.width = 60;
12:       t2.height = 40;
13:       t2.showArea();
14:
15:       int triangleAreaTotal = t1.getArea() + t2.getArea();
16:          System.out.println("Total area of Triange A and B = "+
triangleAreaTotal);
17:
18:       t1.addHeight(2);
19:       t1.showArea();
20:       t2.addHeight(3);
21:       t2.showArea();
22:       triangleAreaTotal = t1.getArea() + t2.getArea();
23:          System.out.println("Total area of Triange A and B = "+
triangleAreaTotal);
24:   }
25: }
26: class Triangle {
       // 여기에 프로그램작성하세요.
00: }
```

```
D:\IntaeJava>java Ex00310C
Triangle name=A, width=20, height=50, area=500
Triangle name=B, width=60, height=40, area=1200
Total area of Triange A and B = 1700
Triangle name=A, width=20, height=52, area=520
Triangle name=B, width=60, height=43, area=1290
Total area of Triange A and B = 1810

D:\IntaeJava>_
```

3.11 생성자(Constructor)

생성자는 object가 만들어질 때 딱 한번 수행되는 특수한 method의 일종이라고 생각하는 것이 이해가 쉽습니다. 따라서 생성자는 new key word로 object를 만들 때 수행됩니다. 생성자는 object가 생성될 때 수행되므로 만들어지는 object의 초깃값을 설정할 때 사용합니다.

생성자(Constructor)를 만드는 규칙은 다음과 같습니다.

① 생성자는 Method를 만드는 법과 동일하나 method 이름은 반드시 class 이름과 동일해야 합니다.

② 생성자는 return 값을 정의하지 않습니다. 그러므로 return type도 정의하지 않습니다. 즉 void도 정의하지 않습니다.

③ 생성자는 Object가 만들어질 때 자동으로 호출되는 method입니다. 그러므로 생성자를 프로그램내에서 호출할 수 없습니다.

④ 생성자 정의는 new key word로 object를 생성할 때의 parameter의 개수와 type이 생성자의 parameter의 개수와 type는 일치해야 합니다.

예제 | Ex00311

아래 프로그램은 두 개의 Car object를 생성하면서 각각 다른 생성자 method를 사용하고 있는 프로그램입니다.

```
 1: class Ex00311 {
 2:    public static void main(String[] args) {
 3:        Car c1 = new Car();
 4:        c1.licenseNo = 1001;
 5:        c1.fuelTank = 70000;
 6:        c1.showStatus();
 7:        Car c2 = new Car(1002, 6500, 'Y');
 8:        c2.showStatus();
 9:    }
10: }
11: class Car {
```

```
12:     int licenseNo;
13:     int fuelTank;
14:     int speedMeter;
15:     char color;
16:     Car() {
17:        color = 'W'; // W = white
18:     }
19:     Car(int ln, int ft, char c) {
20:        licenseNo = ln;
21:        fuelTank = ft;
22:        color = c;
23:     }
24:     void showStatus() {
25:                   System.out.println("Car   licenseNo="+licenseNo+",
fuelTank="+fuelTank+", speedMeter="+speedMeter+", color="+color);
26:     }
27: }
```

```
D:\IntaeJava>java Ex00311
Car licenseNo=1001, fuelTank=70000, speedMeter=0, color=W
Car licenseNo=1002, fuelTank=6500, speedMeter=0, color=Y

D:\IntaeJava>
```

프로그램 설명

▶ 3번째 줄:Car object를 생성합니다. 그런데 이번 프로그램에는 16,17,18번째 줄에 생성자를 정의하고 삽입해 놓았습니다. 즉 new Car()에서 Car()과 동일한 생성자 method가 16번째 줄에 있습니다. 그러므로 3번째 줄의 실행을 완료하기 위해서는 16,17,18번째 줄을 실행해야 합니다. 16번째 줄은 시작을 나타내고, 18번째 줄은 끝을 나타내는 부호이므로 실제적으로는 17번째 줄 명령만 하게 됩니다. 즉 color = 'W';를 실행하게 되어 기억장소 color에 'W'라는 문자가 저장되고, 이 object의 주소가 c1 기억장소에 저장되면서 3번째 줄은 실행이 완료됩니다.

▶ 7번째 줄:이번에 new해서 object를 만들 때 단순한 Car()가 아니라 Car(1002, 6500, 'Y') 생성자를 사용했습니다. 생성자도 일반적인 method와 동일하게 인수를 생성자에 전달할 수 있기 때문입니다. New Car(1002, 6500, 'Y')하여 object를 만들 때 일치하는 생성자는 19번째 줄에 있는 생성자와 일치하므로 19~22번째 줄을 실행하게 됩니다. 따라서 이번에 만들어진 object 편의상 c2 object, licenseNo에는 1002가, fuelTank에는 6500이 color에는 'Y'가 저장되고, 이 object의 주소는 c2기억장소에 저장되면서 7번째 줄은 실행이 완료됩니다.

▶ 8번째 줄:c2의 showStatus() method를 실행시켜보면 출력된 값이 7번째 줄에서 초깃값으로 넣어준 값들이 19~23문장을 통해 object의 instance변수에 저장되었음을 알 수 있습니다.

문제 | Ex00311A

■ **Elephant class 정의 및 Object 만들기** ■

- Elephant attribute:char name, int age, int weight, int height
- Elephant object 3마리를 생성자를 사용하여 만들 것

  첫 번째:'A', 2살, 120Kg, 150cm

  두 번째:'B', 3살, 170Kg, 180cm

  세 번째:'C', 5살, 210Kg, 190cm
- showStatus() method 를 만들어 모든 attribute 값을 display 합니다.
- 주의 사항:생성자의 parameter 변수 이름은 attribute 이름과 다르게 써야됩니다. 같게 쓰면 compile 에러는 안 나는데, attribute에 parameter변수로 받은 값을 저장할 방법이 없습니다.(3.12절에서 parameter 변수와 attribute 이름이 같아도 parameter 변수를 attribute에 저장할 수 있는 방법(this key word)을 소개합니다.)

```
D:\IntaeJava>java Ex00311A
Elephant object e1 created.
Elephant name=A, age=2, weight=120, height=150
Elephant object e2 created.
Elephant name=B, age=3, weight=170, height=180
Elephant object e3 created.
Elephant name=C, age=5, weight=210, height=190

D:\IntaeJava>
```

■ **생성자 정의 시 주의 사항** ■

우선 용어 정의부터 하고 주의 사항 설명합니다.

- default 생성자:parameter가 하나도 없는 생성자(Ex00311 프로그램에서 16번째 줄의 생성자)를 말합니다.

Ex00311이전의 프로그램은 class를 정의할 때 생성자를 정의하지 않았습니다. 즉 생성자는 하나도 정의하지 않아도 됩니다. 즉 default 생성자도 생략 가능합니다. 하지만 Ex00311에서처럼 다른 생성자(Ex00311 프로그램에서 19번째 줄의 생성자)가 있을 때는 default 생성자를 생략할 수 있는 경우와 생략할 수 없는 경우가 생깁니다. Ex00311의 3번째 줄Car c1 = new Car();와같이 default 생성자를 호출하는 명령이 있을 경우, 다른 생성자가 하나라도 정의되어 있으면 defualt생 성자도 정의해 주어야 합니다. default 생성자에서 어떤 일을 수행할 명령이 없어도 default 생성자를 정의해 주어야 합니다.

예제 | Ex00312

아래 예제는 default생성자의 필요성에 대해 설명하는 프로그램입니다.

```
 1: class Ex00312 {
 2:    public static void main(String[] args) {
 3:        Car c1 = new Car();
 4:        c1.licenseNo = 1001;
 5:        c1.fuelTank = 70000;
 6:        c1.showStatus();
 7:        Car c2 = new Car(1002, 6500, 'Y');
 8:        c2.showStatus();
 9:    }
10: }
11: class Car {
12:    int licenseNo;
13:    int fuelTank;
14:    int speedMeter;
15:    char color;
16:    //Car() { }
17:    Car(int ln, int ft, char c) {
18:        licenseNo = ln;
19:        fuelTank = ft;
20:        color = c;
21:    }
22:    void showStatus() {
23:                  System.out.println("Car    licenseNo="+licenseNo+",
fuelTank="+fuelTank+", speedMeter="+speedMeter+", color="+color);
24:    }
25: }
```

16번째 줄을 //로 commant처리하고 compile하면 아래와 같은 error 메세지가 나옵니다. 16번째 줄의 default 생성자를 정의해주지 않았기 때문입니다. 그러므로 16번째 줄의 empty 생성자를 반드시 삽입해야 합니다. 왜냐하면 7번째 줄에서 17번째 줄의 생성자를 호출하므로 3번째 줄의 default 생성자 호출도 정의되어야 합니다. 만약 7번째 줄과 17번째 줄의 생성자가 없다면 16번째 줄의 default 생성자도 생략 가능합니다. 즉 default 생성자 이외의 다른 생성자가 정의되었다면 그리고 default 생성자를 호출하는 new 명령이 있다면 default 생성자도 정의되어야 합니다.

```
D:\IntaeJava>javac Ex00312.java
Ex00312.java:3: error: constructor Car in class Car cannot be applied to given t
ypes;
        Car c1 = new Car();
                     ^
  required: int,int,char
  found: no arguments
  reason: actual and formal argument lists differ in length
1 error

D:\IntaeJava>
```

위의 에러 메세지는, Car(int, int, char)의 생성자는 정의되어 있는데 Car() 생성자는 정의되어 있지 않다라는 메세지입니다. Car() 생성자를 정의해 줌으로서 에러를 없앨 수 있습니다. 초보자는 관련 지식이 없으므로 에러 잡기가 어려운 부분이 있으니 잘 기억해 두시기 바랍니다.

위 프로그램의 16번째 줄의 //를 제거하고 compile해서 실행하면 아래와 같이 출력 됩니다.

```
D:\IntaeJava>java Ex00312
Car licenseNo=1001, fuelTank=70000, speedMeter=0, color=
Car licenseNo=1002, fuelTank=6500, speedMeter=0, color=Y

D:\IntaeJava>
```

3.12 this key word

우리 말에 '나 자신'이라는 말이 있습니다. 각자는 이름이 있는데, 나 이외의 사람은 이름을 사용하지만, 본인 자신을 부를 때 본인의 이름을 부르는 것은 좀 우스운 것 같습니다. 자바에서도 각각의 object는 object변수라는 이름이 있습니다. 하지만 object 내에서 해당 object를 지칭할 때는 this라는 key word를 사용합니다.

다음과 같은 경우에 this key word를 사용합니다.

사용 규칙① 생성자 method안에서 다른 생성자를 호출할 때 (this key word 생략할 수 없음)

사용 규칙② method 내에서 해당 object의 다른 method를 호출할 때 (this key word 생략할 수 있음)

사용 규칙③ method 내에서 해당 object의 instance변수(attribute)를 지칭할 때 (this key word 생략할 수 있음), 단 instance변수와 method 내에 사용하는 지역 (local)변수가 동일한 이름이 없을 때 생략할 수 있습니다, 하지만 지역(local) 변수가 instance변수와 같은 이름을 사용할 경우에는 this key가 없으면 지역(local)변수로 간주하므로 instance변수를 지칭할 때는 this key word를 꼭 붙여야 합니다.

■ **지역(local)변수란? 1** ■

지역(local)변수는 말그대로 변수가 선언된 method 내에서만 유효한 변수입니다. Main method 내에서 선언된 변수는 main method안에서만, 생성자 method 내에서 선언된 변수는 생성자 method안에서만, 일반 method 내에서 선언된 변수는 선언된 일반 method안에서만 해당 변수에 값을 저장하거나 읽어 올 수 있습니다. Method의 선언부에 있는 매개변수(parameter)도 지역변수로, 선언된 method 내에서만 유효합니다.

예제 | Ex00313

아래 프로그램은 위에서 설명한 this key word의 3가지 사용 용법에 대해 예를 통해 보여주고 있습니다.

```
 1: class Ex00313 {
 2:    public static void main(String[] args) {
 3:       Car c1 = new Car(1001, 70000);
 4:       Car c2 = new Car(1002, 6500, 'Y');
 5:    }
 6: }
 7: class Car {
 8:    int licenseNo;          // instance variable
 9:    int fuelTank;             // instance variable
10:    int speedMeter;  // instance variable
11:    char color;               // instance variable
12:    Car(int licenseNo, int fuelTank) {  // local variable
13:       this.licenseNo = licenseNo;
14:       this.fuelTank = fuelTank;
15:       color = 'W';
16:       showStatus();
17:    }
18:    Car(int licenseNo, int fuelTank, char color) {
19:       this(licenseNo, fuelTank);
20:       this.color = color;
21:       this.showStatus();
22:    }
23:    void showStatus() {
24:                      System.out.println("Car    licenseNo="+licenseNo+",
fuelTank="+fuelTank+", speedMeter="+speedMeter+", color="+color);
25:    }
26: }
```

```
D:\IntaeJava>java Ex00313
Car licenseNo=1001, fuelTank=70000, speedMeter=0, color=W
Car licenseNo=1002, fuelTank=6500, speedMeter=0, color=W
Car licenseNo=1002, fuelTank=6500, speedMeter=0, color=Y

D:\IntaeJava>
```

프로그램 설명

▶ 3번째 줄:2개의 인수(argument, 혹은 parameter)로 Car object를 만드므로 12번째 줄에 있는 생성자가 호출됩니다. Car(int licenseNo, int fuelTank) 생성자의 argument로 지역변수(local variable) licenseNo, fuelTank가 사용되고 있습니다. 이 변수이름이 Car class 이름의 instance variable인 licenseNo, fuelTank 이름과 동일합니다. 지역변수의 이름과 instance variable의 이름이 동일할 경우에는 지역변수가 우선합니다. 그러므로 instance 변수는 접근(Access, 변수에 data를 저장 혹은 변수에서 data를 가져옴)할 수 없습니다. 이때 instance변수를

access를 하기 위해서는 this. licenseNo, this.fuelTank 사용하면 access가능합니다.

▶ 4번째 줄:3개의 argument로 Car object를 만드므로 18번째 줄에 있는 생성자가 호출됩니다. Car(int licenseNo, int fuelTank, char color)생성자에 지역변수 licenseNo, fuelTank를 instance변수 licenseNo, fuelTank에 저장하는 것은 Car(int licenseNo, int fuelTank) 생성자의 역할과 동일합니다. 따라서 this(licenseNo, fuelTank)을 사용하여 Car(int licenseNo, int fuelTank) 생성자를 호출합니다. 이때 this(licenseNo, fuelTank) 대신에 Car(licenseNo, fuelTank)라고 호출하면 compile error가 발생합니다. 즉 생성자에서 다른 생성자를 호출할 때는 this() 에 해당되는 argument의 수와 type을 일치시켜 호출합니다.

▶ 13,14번째 줄:this key word를 사용하여 local 기억장소의 값을 instance변수에 저장합니다. this key word (사용 규칙③)

▶ 119번째 줄:this key word를 사용하여 12번째 줄의 생성자를 호출하고 있습니다. this key word(사용 규칙①)

▶ 120번째 줄:this key word를 사용하여 local 기억장소의 값을 instance변수에 저장합니다. this key word(사용 규칙③)

▶ 121번째 줄:해당 class 내에 있는 method 호출도 this.showStatus()로 명확히 해서 호출할 수 있습니다. 21번째 줄의 this key word는 16번째 줄에서 this key word를 생략한 것과 같이 생략해도 됩니다. this key word(사용 규칙②)

▶ 첫 번째 출력 결과를 보면 Car c2 object는 두 번 출력되었습니다. 왜 그럴까요 ?

• 19번째 줄에서 12번째 줄의 생성자를 호출했으므로 16번째 줄의 showStatus() method를 수행하고, 21번째 줄의 showStatus() method 수행했기 때문입니다.

3.13 object 초기화 block

Object 초기화(initialization) block은 object가 만들어질 때 수행되는 블록 프로그램으로 constructor가 수행되기 전에 먼저 수행되며 object attribute의 초깃값을 할당할 때 활용합니다. Object initialization block은 7.4 static block에서 다시 한번 static block과 비교 설명합니다.

형식

```
{
    // java 명령어
}
```

Object 초기화(initialization) block은 이름이 없습니다. 오직 "{"와 "}", 그사이에 자바 명령어로 구성되어 있습니다.

예

```
{
    color = 'W';
    System.out.println("Car object initialization Block");
}
```

예제 | Ex00314

```
 1: class Ex00314 {
 2:    public static void main(String[] args) {
 3:        Car c1 = new Car(1001, 70000);
 4:        Car c2 = new Car(1002, 6500, 'Y');
 5:    }
 6: }
 7: class Car {
 8:    int licenseNo;
 9:    int fuelTank;
10:    int speedMeter;
11:    char color;
12:    {
13:        color = 'W';
14:        System.out.println("Car object initialization Block");
15:    }
16:    Car(int licenseNo, int fuelTank) {
17:        this.licenseNo = licenseNo;
18:        this.fuelTank = fuelTank;
19:        showStatus();
20:    }
21:    Car(int licenseNo, int fuelTank, char color) {
22:        this(licenseNo, fuelTank);
23:        this.color = color;
24:        this.showStatus();
25:    }
26:    void showStatus() {
```

```
27:                          System.out.println("Car    licenseNo="+licenseNo+",
fuelTank="+fuelTank+", speedMeter="+speedMeter+", color="+color);
28:    }
29: }
```

```
D:\IntaeJava>java Ex00314
Car object initialization Block
Car licenseNo=1001, fuelTank=70000, speedMeter=0, color=W
Car object initialization Block
Car licenseNo=1002, fuelTank=6500, speedMeter=0, color=W
Car licenseNo=1002, fuelTank=6500, speedMeter=0, color=Y

D:\IntaeJava>
```

프로그램 설명

▶ 이 프로그램은 Ex00313 프로그램에 initializatiob block만 추가한 프로그램입니다.

▶ 3번째 줄의 c1 object를 만들기 위해 16~20번째 줄이 수행되기 전에 12~15번째 줄이 먼저 수행됩니다.

▶ 4번째 줄의 c2 object를 만들기 위해 21~25번째 줄이 수행되기 전에 12~15번째 줄이 먼저 수행됩니다. 즉 어떤 constructor가 수행되기 전에 항상 object initialization block은 수행됩니다.

■ Object의 초깃값 설정 ■

class에서 attribute를 선언하면서 동시에 초깃값을 아래와 같이 설정할 수도 있습니다.

```
int speedMeter = 0;

char color = 'W';
```

예제 | Ex00314A

아래 프로그램은 attribute에 초깃값을 설정하는 예를 보여주는 프로그램입니다.

```
1: class Ex00314A {
2:    public static void main(String[] args) {
3:        Car c1 = new Car(1001, 70000);
4:        Car c2 = new Car(1002, 6500, 'Y');
5:    }
6: }
7: class Car {
8:    int licenseNo;
9:    int fuelTank;
10:   int speedMeter = 0;
11:   char color = 'W';
12:   //{
13:   //   color = 'W';
14:   //   speedMeter = 0;
```

```
15:     //}
16:     Car(int licenseNo, int fuelTank) {
17:         this.licenseNo = licenseNo;
18:         this.fuelTank = fuelTank;
19:         showStatus();
20:     }
21:     Car(int licenseNo, int fuelTank, char color) {
22:         this(licenseNo, fuelTank);
23:         this.color = color;
24:         this.showStatus();
25:     }
26:     void showStatus() {
27:                     System.out.println("Car   licenseNo="+licenseNo+",
fuelTank="+fuelTank+", speedMeter="+speedMeter+", color="+color);
28:     }
29: }
```

```
D:\IntaeJava>java Ex00314A
Car licenseNo=1001, fuelTank=70000, speedMeter=0, color=W
Car licenseNo=1002, fuelTank=6500, speedMeter=0, color=W
Car licenseNo=1002, fuelTank=6500, speedMeter=0, color=Y

D:\IntaeJava>
```

프로그램 설명

▶ 10,11번째 줄:speedMeter에 초깃값으로 0을 color에 초깃값으로 'W'를 설정합니다. 초깃값은 object가 생성되고 instance변수에 초깃값을 설정해줍니다.

■ Object 초기화 block과 object 초깃값 설정의 비교 ■

Ex00314 프로그램의 Object 초기화 block과 Ex00314A 프로그램의 object 초깃값 설정은 object에 초깃값이 설정된 결과를 보면 동일합니다. object 초깃값 설정은 한가지의 값을 해당되는 attribute에 설정하는 것 이외에는 하는 것이 없습니다. 하지만 Object 초기화 block은 일종의 단위 프로그램으로 여러 가지 명령을 수행할 수 있으므로 object에 초깃값 설정이외의 다른 기능도 프로그램을 어떻게 하느냐에 따라 많이 달라질 수 있습니다. 한 예로 Ex00314 프로그램의 14번째 줄에서는 콘솔창에 출력하는 명령을 작성해 삽입할 수 있지만 Object 초깃값 설정은 단순히 초깃값만 설정합니다.

3.14 object와 object변수

Object는 new className()이라고 할 때 생성되는 기억장소들의 집합체입니다. 즉 class에서 정의된 attribute들이 각각의 기억장소를 memory에 확보하며, class에서 정의한 method도 같이 함께 memory를 차지합니다.

object변수는 object가 메모리에서 일정한 크기를 차지하고 있으므로 그 object의 메모리의 시작 주소를 가지고 있는 변수 입니다. object변수의 크기는 Java VM에 따라 4 bye, 혹은 8byte가 됩니다.

▧ Java Virtual Machine ▧

Java Virtual Machine(JVM)은 java의 class파일을 실행시키는 process virtual machine입니다. 컴퓨터 명령을 한 명령 한 명령 수행시켜주는 것을 processor라고 합니다. processor는 2.6절 'data type의 크기'에서 컴퓨터 연산을 언급할 때 컴퓨터의 5대 장치에서 제어장치에 해당합니다. 제어장치를 관장하는 software는 OS(Operating System)입니다. OS는 우리가 만든 java가 아니 다른 언어로 만든 프로그램의 컴퓨터 명령을 받아 procesor에 전달해줘서 프로그램을 수행시키게 합니다. 그런데 java로 만든 컴퓨터 명령은 OS가 직접 받아 processor에 실행시킬 수가 없는 명령입니다. Java로 만든 컴퓨터 명령과 OS사이에 JVM이 중간에 있어서 자바로 만든 컴퓨터 명령을 OS가 알 수 있는 명령으로 바꾸어주는 역할을 해야 합니다. 이것을 그림으로 표시하면 다음과 같습니다.

자바 프로그램 A		자바 프로그램 A
자바 VM (Windows용)		자바 VM (유닉스용)
Windows OS		유닉스 OS
Processor		Processor
▲ OS가 Windows인 경우		▲ OS가 유닉스인 경우

실행 프로그램 B		실행 프로그램 C
Windows OS		유닉스 OS
Processor		Processor
▲ OS가 Windows인 경우		▲ OS가 유닉스인 경우

일반 프로그램 언어(예:C나 C++)로 작성하여 해당되는 OS에서 compile하여 만든 실행 파일은 해당 OS에서만 수행할 수 있지, 다른 OS에서는 수행할 수 없습니다. 즉 같은 언어(예:C나 C++)로 만든 프로그램은 프로그램 source는 동일하다 하더라도 compile을 하고 나면 해당 OS에 맞는 실행 파일이기 때문에 다른 OS에서는 실행할 수 없습니다. 그러나 자바는 운영체제가 다르더라도 자바 명령어가 수행될 수 있도록 자바 VM이 중간에서 해당되는 운영체제의 명령어로 바꾸어 줍니다. 위 그림에서 자바프로그램 A는 엄밀히 말하면 실행 가능한 명령어(기계어)가 아닙니다. 그러므로 Windows나 유

닉스에서 직접 수행할 수 없습니다. 그러므로 자바 VM이 중간에서 자바프로그램 A를 실행가능한 명령어(기계어)로 바꾸어 주는 역할을 하는 것입니다. 일반적인 프로그램은 기계어로 전부 바꾼 응용프로그램을 수행시키지만 자바는 자바프로그램을 수행 시킨다는 것은 행당 OS의 기계어로 바꾼 후 실행시킬 수 있습니다. 여기서 자바의 장점과 단점이 있습니다. 단점은 자바VM이 중간에 꼭 있어서 매번 자바 class파일을 해당 OS의 실행 명령으로 바꾸는 작업을 해주어야 한다는 것입니다. 장점은 class파일을 한 번 만들면 어느 OS에 관계없이 실행 가능합니다. 이것이 자바의 장점 중의 하나인 Write once, Run anywhere.(한번 작성하면, 어디에서나 실행한다)입니다. OS에 관계있는 것은 자바 VM으로 Windows에는 Windows용 자바 VM을 설치해야 되고, 유닉스에서는 유닉스용 자바 VM을 설치해야 됩니다. 이제 결론을 내릴 단계입니다. 자바 VM은 운영체제(OS)에 따라 여러 종류의 자바 VM이 있을 수 있습니다. object변수의 크기는 자바 VM에 따라 4byte일수도 있고, 8byte가 될 수도 있습니다. 우리가 chapter 1에서 자바를 다운로드할 때 jdk-8u20-windows-i586.exe를 설치했다면 object 변수의 크기는 4byte입니다. 여기까지 설명이 어려우신 분은 그냥 넘어가도 자바 프로그램 작성하는데 아무 영향을 미치지 않습니다. 단지 자바에 관련된 주변 지식을 모를 따름입니다.

예제 | Ex00315

아래 프로그램은 Ex00311의 main method 부분만 변경한 프로그램으로 object변수의 내용(값), 즉 object의 주소를 출력하는 프로그램입니다.

```
1: class Ex00315 {
2:    public static void main(String[] args) {
3:       Car c1 = new Car(1001, 7700, 'R');
4:       c1.showStatus();
5:       System.out.println("Car Object variable c1="+c1);
6:
7:       Car c2 = new Car(1002, 6500, 'Y');
8:       c2.showStatus();
9:       System.out.println("Car Object variable c2="+c2);
10:       Car c3 = new Car(2001, 5400, 'B');
11:       c3.showStatus();
12:       System.out.println("Car Object variable c3="+c3);
13:
14:       System.out.println();
15:       c1 = c3;
16:       c1.showStatus();
17:       System.out.println("Car Object variable c1="+c1);
18:    }
19: }
20: class Car {
21:    int licenseNo;
```

```
22:     int fuelTank;
23:     int speedMeter;
24:     char color;
25:
26:     Car() {
27:         color = 'W'; // W = white
28:     }
29:
30:     Car(int ln, int ft, char c) {
31:         licenseNo = ln;
32:         fuelTank = ft;
33:         color = c;
34:     }
35:
36:     void showStatus() {
37:                     System.out.println("Car    licenseNo="+licenseNo+",
fuelTank="+fuelTank+", speedMeter="+speedMeter+", color="+color);
38:     }
39: }
```

```
D:\IntaeJava>java Ex00315
Car licenseNo=1001, fuelTank=7700, speedMeter=0, color=R
Car Object variable c1=Car@1db9742
Car licenseNo=1002, fuelTank=6500, speedMeter=0, color=Y
Car Object variable c2=Car@106d69c
Car licenseNo=2001, fuelTank=5400, speedMeter=0, color=B
Car Object variable c3=Car@52e922

Car licenseNo=2001, fuelTank=5400, speedMeter=0, color=B
Car Object variable c1=Car@52e922

D:\IntaeJava>
```

프로그램 설명

▶ 3번째 줄:"new Car(1001, 7700, 'R')"라는 명령에 의해 기억장소의 집합체(int 기억장소 3개〈int attribute 3개이므로〉, char 기억장소 1개, method 1개)인 Car object가 만들어집니다. "Car c1"라는 명령에 의해 Car object의 주소를 기억할 수 있는 기억장소(4 byte, 또는 8byte)가 만들어진 후, "="라는 명령에 의해 방금 전에 만든 Car object의 주소가 기억장소 c1에 저장됩니다. 즉 c1 이라는 주소 기억장소와, Car object가 만들어 집니다. c1 이라는 주소 기억장소와 Car라는 object는 같은 것이 아니라 주소로서 연결된 서로 다른 object 주소 기억장소(기억장소 이름은 c1)와 기억장소의 집합체(Car Object)입니다.

▶ 3번째 줄의 실행을 완료하기 위해서는 30~34줄의 실행도 완료해야 합니다. 즉 3번째 줄의 1001, 7700, 'R' 이라는 data는 31번째 줄의 ln, ft, c로 전달되어서, licenseNo는 1001이 되고, fuelTank는 7700이되고, color는 'R'이 됩니다.

▶ 4번째 줄:c1이라는 주소 기억장소에 저장되어 있는 object(편의상 A object)의 showStatus() method를 수행하라는 명령입니다. 그러므로 그 주소에 있는 기억장

소 하나하나의 값을 출력하는 것입니다.

▶ 4번째 줄이 완료하기 위해서는 36, 37, 38 줄의 실행도 완료되어야 합니다. 그러므로 출력 화면에 "Car licenseNo = 1001, fuelTank=7700, speedMeter=0, color=R" 이 출력된 것입니다.

▶ 5번째 줄:c1의 주솟값을 출력하라고 하니, 컴퓨터는 c1에는 Car라는 object의 주소가 저장되어 있으므로 그 주소(1db9742)를 출력하고, 그 주소에 Car object가 있다라는 정보도 같이 출력해줍니다. 여기에서 프로그래머는 주솟값이 어떤 의미인지 알 필요가 없습니다. Java VM에 따라 동일한 위 프로그램을 수행하면 주솟값은 달라질 수 있습니다. 그러므로 메모리의 어느 부분에 Car object가 저장되어 있구나 정도만 알면 되겠습니다.

▶ 7번째 줄:3번째 줄에서 설명한 것과 마찬가지 방법으로, 하지만 새로운 object(편의상 B object)를 만들고, 주소 기억장소 c2도 만들고, 방금 만든 Car object의 주소를 c2라는 기억장소에 저장합니다.

▶ 7번째 줄의 실행을 완료하기 위해서는 30~34 줄의 실행도 3번째 줄과 같은 방법으로 완료해야 합니다.

▶ 8번째 줄:4번째 줄에서 설명한 것과 마찬가지로 c2에 저장되어 있는 주소의 object 의 showStatus() method를 수행하므로, 4번째 줄과 동일한 명령입니다. 하지만, 주소가 c2로 다른 주소를 가지고 있으므로 이번에는 다른 값, 즉 두 번째 object가 저장하고 있는 값을 출력합니다.

▶ 8번째 줄이 완료하기 위해서는 36, 37, 38 줄의 실행도 4번째 줄과 같은 방법으로 완료되어야 합니다.

▶ 9번째 줄:5번째 줄에서 설명한 것과 마찬가지로, c2에 저장되어있는 B object의 주소를 출력하라고 하니 이번에는 그 주소(106d69c)를 출력합니다. 주소가 어떤 방법으로 생성되는지 프로그래머는 알 필요가 없지만, A object의 주소와 B object의 주소가 다르다는 것은 알고 있어야 합니다. 즉 2개의 다른 object는 다른 곳에 각가 저장되어 있습니다.

▶ 10,11,12 번째 줄:위에 설명한 것과 같이, 이번에는 3번째 object(편의상 C object)가 만들어 지고, 그 주소가 c3에 저장됩니다.

▶ 14번째 줄:다음 명령(15번째 줄)이 중요한 개념이라서 한 줄을 띄워 주솟값을 비교하려고 줄띄움 명령을 삽입했습니다.

▶ 15번째 줄:c3의 주솟값을 c1에 저장하라는 명령입니다. 그러므로 이 명령이 완료된 후에는 c1 주솟값이나 c3 주소 값은 같은 주솟값입니다. 이 명령의 수행 후에도 object A, object B, object C는 그대로 해당주소에 존재합니다. 주소 기억 장소 c1, c2, c3도 그대로 존재 합니다. 단지 c1 주솟값과, c3 주솟값만 같은 것이며, 그 값은

Object C의 주소 값입니다.

▶ 16번째 줄:4번째 줄에서 설명한 것과 마찬가지로, c1에 저장되어 있는 주소의 object 의 showStatus() method를 수행합니다. 하지만 c1에 저장된 주솟값은 A object 주 솟값이 아니라 C object 주솟값이므로 C object가 저장하고 있는 값을 출력합니다. 그러므로 11번째 줄에서 출력한 값이나 16번째 줄에서 출력한 값은 같습니다.

▶ 17번째 줄:5번째 줄에서 설명한 것과 마찬가지로, c1에 저장되어있는 C object의 주 소를 출력하라고 하니 이번에는 그 주소(52e922)를 출력합니다. 즉 C object의 주소 를 출력했음을 알 수 있습니다.

아래 그림은 위 설명을 알기 쉽게 그림으로 나타내었습니다.

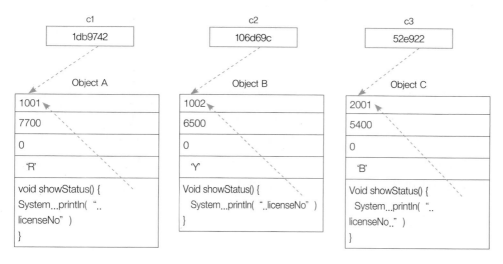

11번째 줄까지 실행된 후 memory 상태

위 프로그램에서 37번째 줄에서 licenseNo를 출력하라고 하면, showStatus() method 가 어디에서 호출 되었는지에 따라 출력되는 값이 다릅니다. 즉 4번째 중에서 호출되었 다면 1001을 출력, 8번째 줄에서 출력되었다면 1002를 출력, 12번째 줄에서 호출되었다 면 2001을 출력합니다. 해당 object의 licenseNo을 출력하고 있음에 주의해야 합니다.

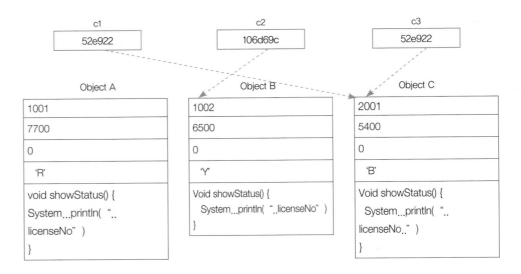

16번째 줄까지 실행된 후 memory 상태

위 그림에서 16번째 줄까지 수행된 후 object A에 있는 값들은 찾아갈 수 있는 주소를 가지고 있는 기억장소가 없으므로 다시는 그 값들을 출력 할수 없습니다. 이와 같이 찾아갈 수 있는 주소를 가지고 있는 기억장소를 가지고 있지 않은 object들을 java에서는 garbage object라고 합니다. 왜냐하면 object는 있으되, 그 내용을 이용할 수 있는 방법이 없어져 버려서 더 이상은 이용할 수 없기 때문입니다.

조건문

조건문은 주어진 조건식에 따라 수행할 명령어가 달라지는 문장으로 if문, if else문, switch문이 있습니다.

조건문 04

4.1 if문과 if else문

if문과 if else문은 if 다음에 오는 조건식에 따라 수행할 명령어가 달라집니다. If문과 if else 문의 형식은 아래와 같습니다. 아래 if문과 if else문에서 조건식은 반드시 괄호안에 있어야 합니다.

> if (조건식) 자바 명령문;

예 `if ( deg < 10 ) coat = 1;`

위 if문 형식에서 if문의 조건식이 맞으면 조건식 옆의 자바 명령을 수행하지만, 조건식에 맞지 않으면 자바 명령문은 수행하지 않습니다.

if문에 대한 명령문 수행 순서를 flow chart로 나타내면 아래와 같습니다.

> if (조건식) 자바 명령문1;
>
> else 자바 명령문2;

예 `if ( time < 11 ) price = 10000;`
`    else price = 13000;`

위 if else문 형식에서 if문의 조건식이 맞으면 조건식 옆의 자바 명령문1을 수행하지만, 조건식에 맞지 않으면 자바 명령문2을 수행합니다.

If else문에 대한 명령문 수행 순서를 flow chart로 타나내면 아래와 같습니다.

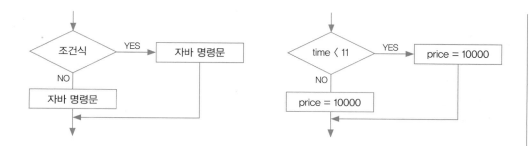

예제 | Ex00401

if문의 예로서 일기예보에 오늘 기온이 영상 10도 이하이면 외투를 준비하라거나, 혹은 나이가 65세 이상이면 무료 승차권을 지급한다는 식의 일을 java 프로그램으로 나타내면 아래와 같이 나타낼 수 있습니다.

```
 1: class Ex00401 {
 2:    public static void main(String[] args) {
 3:       int coat = 0;
 4:       int deg = 12;
 5:       if ( deg < 10 ) coat = 1;
 6:       int freeTicket = 0;
 7:       int age = 71;
 8:       if ( age > 65 ) freeTicket = 1;
 9:       System.out.println("deg = "+deg+", coat = "+coat);
10:        System.out.println("age = "+age+", freeTicket = "+freeTicket);
11:    }
12: }
```

```
D:\IntaeJava>java Ex00401
deg = 12, coat = 0
age = 71, freeTicket = 1

D:\IntaeJava>
```

프로그램 설명

▶ 5번째 줄:온도(deg)가 12도이므로 조건식 (deg 〈 10) 에서 온도가 10도보다 크므로 즉, 작지 않으므로 coat = 1 명령은 수행되지 않습니다. 그러므로 coat에 저장된 값은 3번째 줄에서 정의한 0이 그대로 저장되어 있습니다.

▶ 8번째 줄: 나이(age)가 71세로 조건식 (age 〉 65)에 부합하므로, 곧 나이가 65세보다 크므로, freeTicket = 1 명령이 수행되어 freeTicket 값은 1이 됩니다.

예제 | Ex00401A

아래 프로그램은 If else문의 예로서 영화관에서 아침 11시 이전에 입장하면 가격을 10000원, 11시 이후는 13000원을 받는 사례나, 혹은 월급이 500,000원 이상이면

20%의 세금을 내고, 그 이하이면 10%의 세금을 내는 식의 일을 java 프로그램으로 나타내면 아래와 같이 나타낼 수 있습니다.

```java
1: class Ex00401A {
2:   public static void main(String[] args) {
3:       int price = 0;
4:       int time = 10;
5:       if ( time < 11 ) price = 10000;
6:       else price = 13000;
7:       int salary = 300000;
8:       int tax = 0;
9:       if ( salary > 500000 ) tax = salary * 20 / 100;
10:      else tax = salary * 10 / 100;
11:      System.out.println("time = "+time+", price = "+price);
12:      System.out.println("salary = "+salary+", tax = "+tax);
13:   }
14: }
```

```
D:\IntaeJava>java Ex00401A
time = 10, price = 10000
salary = 300000, tax = 30000

D:\IntaeJava>
```

프로그램 설명

▶ 5,6번째 줄 : 시간(time)이 10시이므로 조건식(time < 11)에서 시간이 11시보다 작으므로, price = 10000 명령이 수행되어 price에 저장되는 값은 10000이 됩니다. 6번째 줄은 time이 11보다 크거나 같은 경우만 수행되므로 time이 10즉 11보다 작으므로 수행되지 않습니다.

▶ 9,10번째 줄 : 급여(salary)가 300,000원이므로 조건식(salary > 500000) 에서 급여가 500,000보다 크지 않으므로 tax = salgary * 20 /100 명령을 수행하지 않고, 10번째 줄의 tax = salary * 10 / 100 명령이 수행되어 tax 값은 30000 이 됩니다.

위 예제 Ex00401과 Ex00402에서 if keyword 바로 다음에 오는 조건식의 자세한 사항은 4.2절 에서 나오므로 여기에서는 (deg < 10), (age > 65)에 대한 관계 연산자(부등호 연산자)의 의미만 간단히 알고 갑시다.

● (deg < 10) : deg가 10보다 작으면 괄호 속 값은 true(참)이 됩니다. 작지 않으면, 즉 크거나 같으면, false(거짓)이 됩니다.

● (age > 65) : age가 65보다 크면 괄호 속 값은 true(참)이 됩니다. 크지 않으면, 즉 작거나 크면, false(거짓)이 됩니다.

● (deg <= 10) : deg가 10보다 작거나 같으면 괄호 속 값은 true(참)이 됩니다. 작거

나 같지 않으면, 즉 크면, false(거짓)이 됩니다.

- (age >= 65):age가 65보다 크거나 같으면 괄호 속 값은 true(참)이 됩니다. 크거나 같지 않으면, 즉 작으면, false(거짓)이 됩니다.
- (deg == 10):deg가 10과 같으면 괄호 속 값은 true(참)이 됩니다. 같지 않으면, 즉 크거나 작으면, false(거짓)이 됩니다. 여기에서 같으면의 기호는 ==로 =기호가 두 개임에 주의해야 합니다.
- (deg != 10):deg가 10과 같지 않으면, 즉 10보다 크거나 작으면, 괄호 속 값은 true(참)이 됩니다. 같으면 false(거짓)이 됩니다.

예제 | Ex00402

다음은 chapter 3에서 배운 class와 object의 개념을 if문과 함께 숙달해 보는 프로그램으로 Student class정의 및 object 만들기입니다.

- Student attribute:char name, int score, char grade
- Student object 4명 만들기

  첫 번째:'A', 65

  첫 번째:'B', 71

  첫 번째:'C', 95

  첫 번째:'D', 88
- grade는 점수(score)를 가지고 다음과 같이 산출하여 grade에 저장합니다.

  점수가 90점 이상이면 'A'

  점수가 90점 미만이고 80점 이상이면 'B'

  점수가 80점 미만이고 70점 이상이면 'C'

  점수가 70점 미만이고 60점 이상이면 'D'

  점수가 60점 미만이면 'F'입니다.
- showStatus() method를 만들어 모든 attribute 값을 display합니다.

```
 1: class Ex00402 {
 2:    public static void main(String[] args) {
 3:        Student s1 = new Student('A', 71);
 4:        Student s2 = new Student('B', 65);
 5:        Student s3 = new Student('C', 95);
 6:        Student s4 = new Student('D', 88);
 7:        s1.showStatus();
 8:        s2.showStatus();
 9:        s3.showStatus();
10:        s4.showStatus();
11:    }
```

```
12: }
13: class Student {
14:     char name;
15:     int score;
16:     char grade;
17:     Student(char n, int s) {
18:         name = n;
19:         score = s;
20:         //grade = calculateGrade(s);
21:         char g = 'F';
22:         if ( s >= 60 ) g = 'D';
23:         if ( s >= 70 ) g = 'C';
24:         if ( s >= 80 ) g = 'B';
25:         if ( s >= 90 ) g = 'A';
26:         grade = g;
27:     }
28:     char calculateGrade(int s) {
29:         char g = 'F';
30:         if ( s >= 60 ) g = 'D';
31:         if ( s >= 70 ) g = 'C';
32:         if ( s >= 80 ) g = 'B';
33:         if ( s >= 90 ) g = 'A';
34:         return g;
35:     }
36:     void showStatus() {
37:         System.out.println("Student name="+name+", score="+score+" :
" +grade);
38:     }
39: }
```

```
D:\IntaeJava>java Ex00402
Student name=A, score=71 : C
Student name=B, score=65 : D
Student name=C, score=95 : A
Student name=D, score=88 : B

D:\IntaeJava>_
```

프로그램 설명

▶ 3번째 줄:초깃값 'A'와 71를 가지고 17번째 줄에 있는 Student생성자를 호출하여 Student object를 만든 후 Student object 기억장소 s1에 저장합니다. 17번째 줄에 있는 Student생성자를 호출한다는 것은 17번째 줄부터 27번째 줄까지 수행하는 것을 의미합니다.

▶ 20번째 줄://기호는 comment 기호로 //기호 뒤에 있는 자바 명령은 수행하지 않습니다. 그러므로 calculateGrade(s) method는 수행하지 않으므로 28번째 줄부터 35번째 줄까지는 프로그램에는 삽입이 되어 있으나, 호출하는 부분이 없으므로 없는 것과 마찬가지 입니다.

▶ 20번째 줄에서 //로 comment처리를 하지 않았다면 20번째 줄은 28부터 35번째 줄을 호출하는 명령으로 21번째 줄부터 26번째 줄까지의 명령과 동일한 기능을 합니다.

▶ 지금까지는 생성자에는 오직 instance변수에 parameter(local 변수)의 값을 저장하는 일만 했지만, 생성자도 일종의 method이므로 다른 기능도 생성자안에 추가 할 수 있습니다. 즉 21번째부터 26번째 줄에서처럼 입력된 점수 s를 가지고 학점 g까지 구한 후 instance변수 grade에 학점 g를 저장하는 일까지 생성자에서 처리 가능합니다.

▶ 21번째 줄:char 형 기억장소 g를 만들고 거기에 'F'를 저장합니다.

▶ 22번째 줄:s 값이 60보다 크거나 같으면(>=) 학점 기억장소 g에 'D'를 저장합니다. Student의 첫 번째 object일 경우 s는 71이므로 g에는 'D'가 저장됩니다.

▶ 23번째 줄:s 값이 70보다 크거나 같으면(>=) 학점 기억장소 g에 'C'를 저장합니다. Student의 첫 번째 object일 경우 s는 71이므로 g에는 'C'가 저장됩니다.

▶ 24번째 줄:s 값이 80보다 크거나 같으면(>=) 학점 기억장소 g에 'B'를 저장합니다. Student의 첫 번째 object일 경우 s는 71이므로 g= 'B'명령은 수행하지 않으므로 g에는 23번째에서 저장한 값 'C'가 그대로 있습니다.

▶ 25번째 줄:s 값이 90보다 크거나 같으면(>=) 학점 기억장소 g에 'A'를 저장합니다. Student의 첫 번째 object일 경우 s는 71이므로 g= 'A'명령은 수행하지 않으므로 g에는 23번째에서 저장한 값 'C'가 그대로 있습니다.

▶ 26번째 줄:60점이 안되면, 21번째 줄에서 g = 'F'로 저장한 값이 그대로 26번째 줄까지 내려옵니다. 아무튼 g에 저장된 값이 instance변수 grade에 저장됩니다.

Ex00402 프로그램에서 학점(grade)를 찾아내는 방법은 2가지 방법을 생각해 낼 수 있는데, 첫 번째 것은 생성자 내에 프로그램을 삽입하는 방법(21번째 줄 부터 26번째 줄까지)과, 별도의 method(28번째 줄부터 35번째 줄까지)를 만들어 그 method를 호출하는 방법(20번째 줄)이 있습니다. 위 프로그램에서는 어느 쪽을 사용해도 장단점의 관점에서 보면 거의 동일하게 느껴집니다. 하지만 다음 프로그램의 예를 보면 두 번째 방법(method를 만들어서 호출하는 방법)이 전체 프로그램을 훨씬 간편하게 만들 수 있습니다.

문제 | Ex00402A

100미터 달리기 선수가 아래와 같은 기록을 가지고 있습니다. 아래와 같은 출력 결과가 나오도록 프로그램을 작성하세요.
100미터 달린 기록에 대한 등급은 아래와 같이 계산합니다.
10.0초 미만은 1등급

10.0초 이상 11.0초 미만은 2등급

11.0초 이상 12.0초 미만은 3등급

12.0초 이상 4등급

Player class를 아래 attribute를 사용하여 만들고, 4명의 선수를 만들어 각각을 기록과 등급을 출력하세요.

- char name;
- double time;
- char grade;

첫 번째 선수:'A', 11.6초

두 번째 선수:'B', 10.1초

세 번째 선수:'C', 9.2초

네 번째 선수:'D', 13.9초

```
D:\IntaeJava>java Ex00402A
Student name=A, time=11.6 : 3
Student name=B, time=10.1 : 2
Student name=C, time=9.2 : 1
Student name=D, time=13.9 : 4

D:\IntaeJava>
```

예제 | Ex00403

다음 프로그램은 Ex00402 프로그램에 점수 2개를 더 추가한 영어, 수학, 과학 3가지 점수에 대한 각각의 grade을 산출하는 프로그램입니다.

```
 1: class Ex00403 {
 2:    public static void main(String[] args) {
 3:        Student s1 = new Student('A', 65, 81, 99);
 4:        Student s2 = new Student('B', 71, 77, 82);
 5:        Student s3 = new Student('C', 95, 55, 76);
 6:        Student s4 = new Student('D', 88, 79, 94);
 7:
 8:        s1.showStatus();
 9:        s2.showStatus();
10:        s3.showStatus();
11:        s4.showStatus();
12:    }
13: }
14: class Student {
15:    char name;
16:    int engScore;
17:    int matScore;
```

```
18:     int sciScore;
19:     char engGrade;
20:     char matGrade;
21:     char sciGrade;
22:
23:     Student(char n, int es, int ms, int ss) {
24:         name = n;
25:         engScore = es;
26:         matScore = ms;
27:         sciScore = ss;
28:         engGrade = calculateGrade(es);
29:         matGrade = calculateGrade(ms);
30:         sciGrade = calculateGrade(ss);
31:     }
32:
33:     char calculateGrade(int s) {
34:         char g = 'F';
35:         if ( s >= 60 ) g = 'D';
36:         if ( s >= 70 ) g = 'C';
37:         if ( s >= 80 ) g = 'B';
38:         if ( s >= 90 ) g = 'A';
39:         return g;
40:     }
41:
42:     void showStatus() {
43:         System.out.println("Student name="+name+", eng="+engScore+" :
" +engGrade+", mat="+matScore+" : " + matGrade+", sci="+sciScore+" : "
+sciGrade);
44:     }
45: }
```

```
D:\IntaeJava>java Ex00403
Student name=A, eng=65 : D, mat=81 : B, sci=99 : A
Student name=B, eng=71 : C, mat=77 : C, sci=82 : B
Student name=C, eng=95 : A, mat=55 : F, sci=76 : C
Student name=D, eng=88 : B, mat=79 : C, sci=94 : A

D:\IntaeJava>_
```

프로그램 설명

▶ 28,29,30번째 줄:Ex00402 프로그램에서는 점수가 하나밖에 없었기 때문에 생
  성자안에서 점수를 가지고 if문을 사용하여 학점을 산출했습니다. 이번 프로그램
  (Ex00403)처럼 점수가 3개일 경우는 영어, 수학, 과학의 학점을 찾아 내기 위해
  Ex00403 예제의 21부터 26까지 4개의 if문을 3번(총 12개의 if문)을 사용하여 학
  점을 구하면 동일한 방법을 3번 반복해야 하는 번거로움이 있습니다. 프로그램 작
  성을 효율적으로 하기위해 새로운 method calculateGrade(int s)를 만들어 각각
  의 점수에 대해 1번씩 총 3번 호출함으로서 프로그램을 간결하게 만들었습니다.

문제 | Ex00403A

다음 프로그램은 Ex00402A 프로그램에 기록 2개를 더 추가하여 1차 기록, 2차 기록, 3차 기록 3가지 기록에 대한 각각의 grade을 산출하는 프로그램을 작성하세요. Player class를 아래 attribute를 사용하여 만들고, 4명의 선수를 만들어 각각을 기록과 등급을 출력하세요

- double time1;
- double time2;
- double time3;
- char grade1;
- char grade2;
- char grade3;

첫 번째 선수:'A', 11.6초, 10.9초, 11.2초
두 번째 선수:'B', 10.1초, 9.9초, 10.2초
세 번째 선수:'C', 9.2초, 9.8초, 9.5초
네 번째 선수:'D', 13.9초, 12.1초, 12.8초

```
D:\IntaeJava>java Ex00403A
Student name=A, time1=11.6 : 3, time2=10.9 : 2, time3=11.2 : 3
Student name=B, time1=10.1 : 2, time2=9.9 : 1, time3=10.2 : 2
Student name=C, time1=9.2 : 1, time2=9.8 : 1, time3=9.5 : 1
Student name=D, time1=13.9 : 4, time2=12.1 : 4, time3=12.8 : 4

D:\IntaeJava>
```

다음은 다중 if else문의 예제입니다. 다중 if else문은 if else문을 반복적으로 계속해서 사용했다는 것 이외에는 if else문과 동일합니다. 다중 if else문의 형식은 아래와 같습니다.

if (조건식1) 자바 명령문1; else if (조건식2) 자바 명령문2; else if (조건식3) 자바 명령문3; …….. else if (조건식n) 자바 명령문n; else 자바 명령문n+1;	예 if (s < 60) g = 'F'; 　else if (s < 70) g = 'D'; 　else if (s < 80) g = 'C'; 　else if (s < 90) g = 'B'; 　else　g = 'A';

위 다중 if else문 형식에서 제일 마지막 줄에 있는 "else 자바 명령문 n+1"은 생략 가능합니다.

다중 if else문에 대한 명령문 수행 순서를 flow chart로 나타내면 다음과 같습니다.

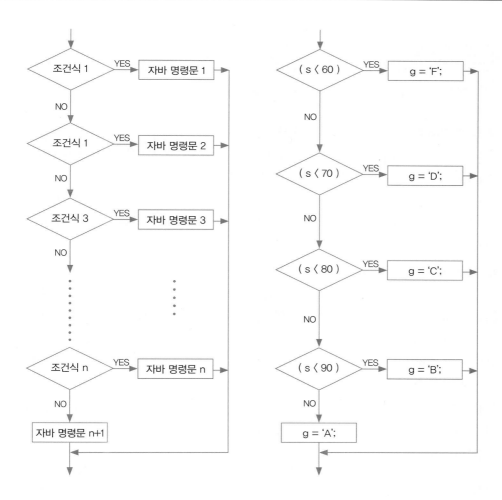

예제 | Ex00403B

다음은 다중 if else문을 사용하여 동일한 결과가 나오는 프로그램입니다. 모든 것
은 Ex00403와 동일하나 calculateGrade(int s) method만 새롭게 변경하였다.

```
char calculateGrade(int s) {
    char g;
    if ( s < 60 ) g = 'F';
    else if ( s < 70 ) g = 'D';
    else if ( s < 80 ) g = 'C';
    else if ( s < 90 ) g = 'B';
    else g = 'A';
    return g;
}
```

```
D:\IntaeJava>java Ex00403B
Student name=A, eng=65 : D, mat=81 : B, sci=99 : A
Student name=B, eng=71 : C, mat=77 : C, sci=82 : B
Student name=C, eng=95 : A, mat=55 : F, sci=76 : C
Student name=D, eng=88 : B, mat=79 : C, sci=94 : A

D:\IntaeJava>_
```

■ **Ex00403 프로그램과 Ex00403B 프로그램의 차이점** ■

Ex00403 프로그램:calculateGrade(int s) method가 한 번 시작되면 calculate Grade(int s) method 내에있는 모두 if 문장이 수행됩니다.

Ex00403B 프로그램:calculateGrade(int s) method가 한 번 시작되면 첫 번째 if 의 결과에 따라 다음 else if가 실행될지 안될지가 결정됩니다. 아래 예를 가지고 구체적으로 설명합니다.

예 1) s 값이 59 라면 첫 번째 if 문장(if (s<60) g='F';)을 실행하고 조건식이 참이므로 기억장소 g 에 'F' 를 저장하고 40번째 줄의 retun g; 문장으로 이동합니다.

예 2) s 값이 73 이라면 ① 35번째 줄의 첫 번째 if 문(if(s < 60) g = 'F';)을 수행하고 조건식이 거짓이므로 36번째 줄의 else if문(else if(s < 70) g = 'D';)으로 이동합니다. ② 36번째 줄의 if 문장(else if (s < 70) g = 'D';)을 실행하고 36번째 줄의 조건식도 거짓이므로 37번째 줄의 else if 문장(else if (s < 80) g = 'C';)으로 이동합니다. ③ 37번째 줄의 else if 문장(else if (s < 80) g = 'C';)을 실행하고 37번째 줄의 조건식은 참이므로 기억장소 g 에 'C'를 저장하고 40번째 줄의 return g; 문장으로 이동합니다.

현재까지 설명한 if문, if else문, 다중 if else문은 조건식이 참이거나 거짓일 경우 올 수 있는 자바 명령문은 한 개만, 즉 단문만 올 수 있었습니다. 하지만 어떤 조건에만 맞으면 여러 명령을 수행하는 경우도 있습니다. 이때는 복문을 사용해야 하며, 복문을 사용하기 위해서는 block({})을 사용합니다. Block에 대한 자세한 설명은 4.2.3절에 다시 언급합니다.

다음은 if문, if else문, 다중 if else문의 복문에 대한 형식은 아래와 같습니다.

1) If문 복문

```
If (조건식) {
    문장-1
    문장-2
    ........
    문장-n
}
```

2) If/else 복문

```
If (조건식) {
    문장-11
    문장-12
    ……..
    문장-1n
} else {
    문장-21
    문장-22
    ……..
    문장-2n
}
```

3) 다중 if else문 복문

```
If (조건식1) {
    문장-11
    문장-12
    ……..
    문장-1n
} else if (조건식2) {
    문장-21
    문장-22
    ……..
    문장-2n
} else if (조건식3) {
    문장-31
    문장-32
    ……..
    문장-3n
……..
} else if (조건식n) {
    문장-n1
    문장-n2
    ……..
    문장-nn
} else {
    문장-(n+1)1
    문장-(n+1)2
    ……..
    문장-(n+1)n
```

4.2 조건식

조건식은 if 문에서 if로 질문을 하기 위한 조건이 참인지 거짓인지를 나타내는 식을 말하며 위 예제 프로그램에서 if 다음에 오는 괄호 속의 식을 말한다. 즉 if (s >= 60) g='D';에서 s >= 60이 조건식에 해당합니다.

조건식을 만들기 위해서는 두 값의 관계가 어떻게 되는지를 확인하는 관계 연산자와 관계연산자로 연산한 결과 값을 서로 논리 연산하는 논리연산자가 있습니다.

4.2.1 관계연산자

관계연산자는 두 개의 값 중 어느값이 크거나, 작거나, 같거나, 다르거나를 비교하기 위해 사용되며, 관계연산자로 조건식을 만들기 위해서는 상수, 변수, 산술식이 관계연산자의 앞뒤에 놓여야 됩니다.

관계연산자	사용예	의미
>	a > b	a가 b 보다 큰가 ?
>=	a >= b	a가 b 보다 크거나 같은가 ?
<	a < b	a가 b 보다 작은가 ?
<=	a <= b	a 가 b 보다 작거나 같은가 ?
==	a == b	a 와 b는 같은가 ?
!=	a != b	a 와 b는 다른가 ?

다음은 숫자 상수를 사용한 관계연산식과 결과 값을 나타낸 것입니다.

```
관계식           :   결과 값
1) ( 2 == 3 )  :   false
2) ( 2 < 3 )   :   true
3) ( -1 >= 4 ) :   false
4) ( -1 != 4 ) :   true
```

4.2.2 논리(불)연산자

부울 값간의 논리를 연산하기 위한 연산자로는 &&, &, ||, |, ! ^이 있습니다, 이러한 부울식을 위해 사용되는 피연산자는 부울상수(true, false), 부울변수, 부울식 등이 사용될 수 있다.

논리연산자	사용예	의미
&&	a && b	a,b가 모두 true인 경우에만 true, 그렇치 않은 경우는 (a 가 false이면 b는 계산하지 않는다) 모두 false(AND연산)

논리연산자	사용예	의미
&	a & b	a,b가 모두 true 인 경우에만 true, 그렇치 않은 경우는 모두 false(AND연산)(a가 false라 하더라도 a, b를 모두 계산한 후 & 연산을 한다)
‖	a ‖ b	a,b중 하나만 true이면 결과 값은 true, 둘다 false인 경우는 false(OR연산)(a가 true이면 b는 계산하지 않는다)
		a	b	a,b중 하나만 true이면 결과 값은 true, 둘다 false인 경우는 false(OR연산) (a가 true라 하더라도 a, b를 모두 계산한 후 | 연산을 한다)
!	!a	a가 true 이면 false, false이면 true (NOT 연산)
^	a ^ b	a, b 가 서로 다르면 true, 같으면 false(XOR연산) (true^true=false, false^false=false, true^false=true)

다음은 불상수를 이용한 부울식과 결과 값을 나타낸 것이다.

```
      부울식                결과
1) true && true          true
2) true && false         false
3) false | true          true
4) false | false         false
5) !false                true
6) true ^ false          true
```

다음 예에서 n=7일 경우 부울식을 관계연산자와 논리연산자로 표현하고, 그 결과를 나타낸 것이다.

```
      관계부울식           중간결과              최종결과
1) n > 0 && n < 10      true && true         true
2) n > 0 & n < 10       true & true          true
3) n < 3 && n > 5       false && ….          false
4) n < 3 & n > 5        false & true         false
5) n > 2 || n < 6       true || ….           true
6) n > 2 | n < 6        true | false         true
```

위 중간 결과에서 ….의 의미는 계산을 하지 않음을 나타냅니다.

예제 | Ex00404

아래 프로그램은 Ex00403 프로그램을 관계연산자와 논리연산자를 사용하였으며 error data를 처리하는 부분을 추가하였다.

```
1: class Ex00404 {
2:    public static void main(String[] args) {
3:        Student s1 = new Student('A', -65, 81, 99); // -65 error data
4:        Student s2 = new Student('B', 71, 77, 82);
```

```
 5:        Student s3 = new Student('C', 95, 55, 76);
 6:        Student s4 = new Student('D', 88, 79, 105); // 105 error data
 7:
 8:        s1.showStatus();
 9:        s2.showStatus();
10:        s3.showStatus();
11:        s4.showStatus();
12:    }
13: }
14: class Student {
15:    char name;
16:    int engScore;
17:    int matScore;
18:    int sciScore;
19:    char engGrade;
20:    char matGrade;
21:    char sciGrade;
22:
23:    Student(char n, int es, int ms, int ss) {
24:       name = n;
25:       engScore = es;
26:       matScore = ms;
27:       sciScore = ss;
28:       engGrade = calculateGrade(es);
29:       matGrade = calculateGrade(ms);
30:       sciGrade = calculateGrade(ss);
31:    }
32:
33:    char calculateGrade(int s) {
34:       char g = 'Z';
35:        if ( 90 <= s && s <= 100 ) g = 'A'; // if ( 90 <= s <= 100 ) :
error 문장임
36:       if ( 80 <= s && s < 90 ) g = 'B';
37:       if ( 70 <= s && s < 80 ) g = 'C';
38:       if ( 60 <= s && s < 70 ) g = 'D';
39:       if ( 0 <= s && s < 60 ) g = 'F';
40:       if ( s < 0 || 100 < s) g = 'X'; // X 학점은 Data Error을 의미함
41:       return g;
42:    }
43:
44:    void showStatus() {
45:        System.out.println("Student name="+name+", eng="+engScore+" :
" +engGrade+", mat="+matScore+" : " + matGrade+", sci="+sciScore+" : "
+sciGrade);
46:    }
47: }
```

```
D:\IntaeJava>java Ex00404
Student name=A, eng=-65 : X, mat=81 : B, sci=99 : A
Student name=B, eng=71 : C, mat=77 : C, sci=82 : B
Student name=C, eng=95 : A, mat=55 : F, sci=76 : C
Student name=D, eng=88 : B, mat=79 : C, sci=105 : X

D:\IntaeJava>_
```

프로그램 설명

만약 점수가 83점 일때, Ex00403A 프로그램에서는

```
        if ( s >= 60 ) g = 'D';
        if ( s >= 70 ) g = 'C';
        if ( s >= 80 ) g = 'B';
        if ( s >= 90 ) g = 'A';
```

첫 번째 명령어에서 s값이 60보다 같거나 크기 때문에 g 값은 'D'가 됩니다.

두 번째 명령어에서 s값이 70보다 같거나 크기 때문에 g 값은 다시 'C'로 변경됩니다.

세 번째 명령어에서 s값이 80보다 크거나 같기 때문에 g값은 다시 'B'로 변경됩니다.

즉 필요 없는 'D', 'C'값을 저장한 후 최종적으로 'B' 값을 저장합니다.

하지만 위 프로그램에서는

```
        if ( 90 <= s && s <= 100 ) g = 'A';    // if ( 90 <= s <= 100 )
: error 문장임
        if ( 80 <= s && s < 90 ) g = 'B';
        if ( 70 <= s && s < 80 ) g = 'C';
        if ( 60 <= s && s < 70 ) g = 'D';
        if ( 0 <= s && s < 60 ) g = 'F';
        if ( s < 0 || 100 < s) g = 'X'; // X 학점은 Data Error을 의미함
```

s 값이 80보다 크거나 같고, 90보다 작은 경우에만 g 값은 'B'가 되므로 g에는 필요 없는 값을 저장하는 일이 없습니다.

또한 s 값이 0보다 작거나 100보다 큰 경우에는 잘못된 data로, error처리하는 부분을 삽입했습니다.

문제 | Ex00404A

100미터 달리기 선수가 아래와 같이 1차 기록, 2차 기록, 3차 기록이 있습니다.

100미터 달린 기록에 대한 등급은 아래와 같이 계산합니다.

5.0초 이상 10.0초 미만은 1등급

10.0초 이상 11.0초 미만은 2등급

11.0초 이상 12.0초 미만은 3등급

12.0초 이상 20.0초 미만은 4등급

5.0초 미만 혹은 20.0초 이상은 무언가 잘못으로 보고 에러 처리,즉 X 등급으로 처리

Player class를 아래 attribute를 사용하여 만들고, 4명의 선수를 만들어 각각을 기록과 등급을 출력하세요.

```
D:₩IntaeJava>java Ex00404A
Student name=A, time1=8.6 : 1, time2=9.1 : 1, time3=29.9 : X
Student name=B, time1=10.1 : 2, time2=11.2 : 3, time3=12.4 : 4
Student name=C, time1=9.2 : 1, time2=8.9 : 1, time3=9.6 : 1
Student name=D, time1=-8.8 : X, time2=7.9 : 1, time3=10.5 : 2

D:₩IntaeJava>
```

4.2.3 Block

Block은 여는 중괄호({)와 닫는 중괄호(})사이에 자바명령어로 작성된 일종의 단위 프로그램으로 지금까지 이미 여러 번 사용해 왔습니다. 아래 세가지 사항을 잘 비교해 보세요.

1) class의 body 부분을 정의할 때, 여는 중괄호 '{'와 닫는 중괄호 '}'로 아래와 같이 둘러싸게 했습니다.(배운 사항입니다.)

```
class className {
    // class body
}
```

2) method의 body 부분을 정의할 때, 여는 중괄호 '{'와 닫는 중괄호 '}'로 아래와 같이 둘러싸게 했습니다. 물론 method는 class의 body를 이루는 일부분이 될 수 있습니다.(배운 사항입니다.)

```
return-Type methodName() {
    // method body
}
```

3) method body내에 여러 명령문을 하나의 block으로 묶어, 하나의 명령집합으로 구분하는데 사용합니다. 즉 명령집합으로된 block은 method body를 이루는 일부분이 될 수 있습니다.(이번에 새롭게 배우는 사항입니다.)

```
return-Type methodName() {
    // 아래 부분이 전부 method body임
    Int a = 1;
    Int b = 2;
    {  //  이줄 부터 명령집합으로 구분되는 block 시작
```

```
        Int I = 3;
        Int j = a + 2;
        Int b = 4; // b 기억 장소를 다시 정의 할 수 없습니다. C++언어에서는 가
능하지만 java에서는 안됨
        } // 이 줄까지 명령집합으로 구분되는 block 끝
        Int x = I + 1; // 이 명령은 compile error임, 여기에서 I는 더는 사용할
수 없습니다.
        Int y = a + 2; // 여기에서 a는 사용할 수 있습니다.
    }
```

위 프로그램 조각에서 block 안에서 정의한 기억 장소 I, j는 block 안에서만 사용할 수 있지 block 밖에서는 사용할 수 없음에 주의해야 합니다. 명령집합으로서의 block은 위 프로그램 조각에서처럼 단독으로 사용하는 일은 실무에서 거의 없고, if 문이나 나중에 배울 for문, while문과 함께 유용하게 사용됩니다.

문제 | Ex00405

다음 프로그램은 Ex04004.java 프로그램 중 calculateGrade(int s) method를 Block({ })을 사용하여 작성한 프로그램입니다. 그리고 Ex00404 프로그램을 아래와 같이 개선했습니다.

1) 각 점수의 학점은 언제든지 계산만 하면 나오는 것이기 때문에 attribue로 선언하지 않고, 출력전에 계산해서 출력했습니다.
2) 영어, 수학, 과학 점수의 평균을 계산하여 출력했습니다.
3) 점수에 에러가 있으면 평균을 계산하는 것이 의미가 없기 때문에 평균대신 "Data Error"라는 message를 출력했습니다.

```
 1: class Ex00405 {
 2:    public static void main(String[] args) {
 3:        Student s1 = new Student('A', -65, 81, 99); // -65 error data
 4:        Student s2 = new Student('B', 71, 77, 82);
 5:        Student s3 = new Student('C', 95, 55, 76);
 6:        Student s4 = new Student('D', 88, 79, 105); // 105 error data
 7:
 8:        s1.showStatus();
 9:        s2.showStatus();
10:        s3.showStatus();
11:        s4.showStatus();
12:
13:    }
14: }
15: class Student {
```

```
16:    char name;
17:    int engScore;
18:    int matScore;
19:    int sciScore;
20:    //char engGrade;
21:    //char matGrade;
22:    //char sciGrade;
23:
24:    Student(char n, int es, int ms, int ss) {
25:        name = n;
26:        engScore = es;
27:        matScore = ms;
28:        sciScore = ss;
29:        //engGrade = calculateGrade(es);
30:        //matGrade = calculateGrade(ms);
31:        //sciGrade = calculateGrade(ss);
32:    }
33:
34:    char calculateGrade(int s) {
35:        char g = 'Z';
36:        if ( 90 <= s && s <= 100 ) { g = 'A'; } // if ( 90 <= s <= 100 )
: error 문장임
37:        if ( 80 <= s && s < 90 ) { g = 'B'; }
38:        if ( 70 <= s && s < 80 ) { g = 'C'; }
39:        if ( 60 <= s && s < 70 ) { g = 'D'; }
40:        if ( 0 <= s && s < 60 ) { g = 'F'; }
41:        if ( s < 0 || 100 < s) {
42:            g = 'X'; // X 학점은 Data Error을 의미함
43:            System.out.println("Error score s = "+s);
44:        }
45:        return g;
46:    }
48:
49:    void showStatus() {
50:        char engGrade = calculateGrade(engScore);
51:        char matGrade = calculateGrade(matScore);
52:        char sciGrade = calculateGrade(sciScore);
53:        if ( engGrade == 'X' || matGrade == 'X' || sciGrade == 'X' ) {
54:            System.out.println("Student name="+name+", eng="+engScore+" : " +engGrade+", mat="+matScore+" : " + matGrade+", sci="+sciScore+" : " +sciGrade+", Data Error");
55:        } else {
56:            int average = (engScore + matScore + sciScore)/3;
57:            System.out.println("Student name="+name+", eng="+engScore+" : " +engGrade+", mat="+matScore+" : " + matGrade+", sci="+sciScore+" : " +sciGrade+", average="+average);
58:        }
59:    }
60: }
```

```
D:\IntaeJava>java Ex00405
Error score s = -65
Student name=A, eng=-65 : X, mat=81 : B, sci=99 : A, Data Error
Student name=B, eng=71 : C, mat=77 : C, sci=82 : B, average=76
Student name=C, eng=95 : A, mat=55 : F, sci=76 : C, average=75
Error score s = 105
Student name=D, eng=88 : B, mat=79 : C, sci=105 : X, Data Error

D:\IntaeJava>
```

프로그램 설명

▶ 위 프로그램은 if문 복문을 사용한 것으로 하나의 if문이 true인 경우 여러 명령을 사용하기 위에 block 을 사용한 예입니다. Block을 사용할 경우 조건식이 true이면 2개 이상의 명령문을 작성할 수 있습니다.

▶ 36~40번째 줄:단문이기 때문에 block를 사용해도 되고 안 해도 됩니다.

▶ 41~44번째 줄:복문이기 때문에 block를 사용해야 합니다. 즉 점수가 음수이거나 101점 이상이면 학점은 'X'로 저장하고, 점수가 에러라는 메세지를 출력하는 두 개의 명령을 수행합니다.

예제 | Ex00405A

Ex00404A 프로그램을 아래와 같이 개선하세요.

1) 각 기록의 등급은 언제든지 계산만 하면 나오는 것이기때문에 attribue로 선언하지 않고, 출력전에 계산해서 출력합니다.

2) 1차 기록, 2차 기록, 3차 기록의 평균을 계산하여 출력합니다.

3) 기록에 에러가 있으면 평균을 계산하는 것이 의미가 없기 때문에 평균대신 "Data Error"라는 message를 출력합니다.

```
D:\IntaeJava>java Ex00405A
Player name=A, time1=8.6 : 1, time2=9.1 : 1, time3=29.9 : X, Data Error
Player name=B, time1=10.1 : 2, time2=11.2 : 3, time3=12.4 : 4, average=11.233333
333333333
Player name=C, time1=9.2 : 1, time2=8.9 : 1, time3=9.6 : 1, average=9.2333333333
33334
Player name=D, time1=-8.8 : X, time2=7.9 : 1, time3=10.5 : 2, Data Error

D:\IntaeJava>
```

■ Formatting 출력 ■

위 프로그램에서 Player B의 평균기록이 11.233333333333333로 출력되는 것을 11.23로 반올림하여 출력하고자 합니다. 그러기 위해서는 formatting출력을 알아야 합니다.

1) Formatting 출력명령은 System.out.println()이 아니라 System.out.printf()를 사용합니다.

2) System.out.printf()에 대한 변환 문자 c(char 글자), d(int 정수), f(고정 소주점 수), s(String 문자열)가 있으며 "%"와 같이 사용해야 합니다.

예 %c:글자 한 글자를 출력

- %3d:숫자를 세 자릿수 출력, 기억장소의 숫자가 3자리 수보다 작으면 앞자리
  는 blank로 출력됩니다. 3자리보다 크면 큰 자리만큼 출력 즉 5자리 숫자이면
  5자리로 출력, %와 d 사이에 숫자는 생략 될 수 있습니다. 생략되면 출력되는
  숫자는 기억장소가 가지고 있는 값의 자릿수만큼 출력됩니다. 즉 a = 3 가 있
  으면 한자리만 출력, a = 1256이 있으면 4자리 출력.

- %7.2f:소숫점이 있는 숫자 즉 float나 double에 기억된 값을 출력할 때 사용
  하며, %7.2f는 전체 자릿수 7자리 중 2자리가 소숫점 이하 자릿수를 나타냅
  니다.

- %5s:5자리의 String 문자열을 출력합니다.(예제는 뒤 chapter 9.2.5절 Ex00917D
  을 참고하세요)

3) System.out.printf()는 System.out.print()와 같이 줄 바꿈을 하지 않습니다.
  줄바꿈을 하기 위해서는 System.out.println()을 추가해 주어야 합니다.

예제 | Ex00405B

Formatting 사용 방법은 아래 프로그램 Ex00405B를 참조바랍니다.

```
1: class Ex00405B {
2:    public static void main(String[] args) {
3:        double d1 = 10.0 / 3.0;
4:        System.out.println("double 10.0/3.0 = "+d1);
5:        System.out.printf("double 10.0/3.0 = %7.2f",d1);
6:        System.out.println();
7:        char name = 'A';
8:        int i1 = 123;
9:        System.out.printf("name = %c, i1 = %d",name,i1);
10:   }
11: }
```

```
D:\IntaeJava>java Ex00405B
double 10.0/3.0 = 3.3333333333333335
double 10.0/3.0 =    3.33
name = A, i1 = 123
D:\IntaeJava>
```

프로그램 설명

▶ 4번째 줄:"%7.2f"와 d1이 하나의 쌍을 이룹니다. 즉 d1은 "%7.2f"에 formatting
된 대로 출력됩니다.

▶ 9번째 줄:"%c1"와 name이 하나의 쌍을 이루고, "%d"와 i1이 쌍을 이룹니다. 즉
name은 "%c1"에 formatting된 대로 출력되고, i1은 "%d"에 formatting된 대
로 출력됩니다.

■ **System.out.printf( ) 사용법** ■

System.out.printf()의 괄호 속에는 "%"가 포함된 문자열이 먼저오고, 그 뒤에 콤마로 이루어지는 변수명이 옵니다. "%"의 개수만큼, 변수명도 같이 와야 서로 쌍을 이루어 출력됩니다.

문제 | Ex00405C

Ex00405A 프로그램을 formatting 변환 character를 사용하여 출력하는 프로그램을 작성하세요.

```
D:\IntaeJava>java Ex00405C
Player name=A, time1=8.6 : 1, time2=9.1 : 1, time3=29.9 : X, Data Error
Player name=B, time1=10.1 : 2, time2=11.2 : 3, time3=12.4 : 4, average=  11.23
Player name=C, time1=9.2 : 1, time2=8.9 : 1, time3=9.6 : 1, average=   9.23
Player name=D, time1=-8.8 : X, time2=7.9 : 1, time3=10.5 : 2, Data Error

D:\IntaeJava>
```

4.2.4 불 상수와 불 변수

1) 불 상수:불 상수는 true와 false 두 가지 값만이 존재합니다. 불상수 true는 문자 "true"가 아닙니다. 숫자 1과 문자 '1'이 다르듯이 불 상수 true와 문자 "true"가 다르다는 것을 이해해야 합니다.

2) 불 변수:불 변수는 불 상수를 기억하는 기억장소입니다. 불 변수 선언은 다음과 같이 선언합니다.

> boolean variableName

Int 기억장소를 int x 라고 선언하듯이 불변수는 boolean b라고 선언합니다.
Int x = 5; 라고 초깃값을 선언하든 boolean = true; 와 같이 초깃값을 선언합니다.

예제 | Ex00406

아래 프로그램은 Ex00405 프로그램에 아래 사항을 더 추가한 프로그램입니다.

1) 영어 경시에 출전할 자격유무를 나타내는 attribute(boolean engContest) 추가
2) 수학 경시에 출전할 자격유무를 나타내는 attribute(boolean matContest) 추가
3) 과학 경시에 출전할 자격유무를 나타내는 attribute(boolean sciContest) 추가
4) 성적 부진으로 별도의 개별지도를 받아야 하는지 아니지를 나타내는
   attribute(boolean privateClass) 추가
5) 성적 우수 학생으로 장학생 신청 자격이 있는지 없는지를 나타내는
   attribute(boolean scholarship) 추가
6) 자격여부를 check하는 method decideContestQualification() 추가
   a) 모든 점수가 70점 이상이고 영어가 90점 이상이면 영어 경시에 출전 가능

b) 모든 점수가 70점 이상이고 수학이 90점 이상이면 수학 경시에 출전 가능

c) 모든 점수가 70점 이상이고 과학이 90점 이상이면 과학 경시에 출전 가능

d) 어느 한 점수가 60점 미만이면 개별지도 수업가능

e) 모든 점수가 80점 이상이고 한 과목 이상이 90점 이상이면 장학금 신청 가능

```
1: class Ex00406 {
2:     public static void main(String[] args) {
3:         Student s1 = new Student('A', -65, 81, 99); // -65 error data
4:         Student s2 = new Student('B', 91, 87, 82);
5:         Student s3 = new Student('C', 95, 55, 76);
6:         Student s4 = new Student('D', 88, 79, 105); // 105 error data
7:
8:         s1.showStatus();
9:         s2.showStatus();
10:        s3.showStatus();
11:        s4.showStatus();
12:    }
13: }
14: class Student {
15:     char name;
16:     int engScore;
17:     int matScore;
18:     int sciScore;
19:     char engGrade;
20:     char matGrade;
21:     char sciGrade;
22:     boolean engContest;
23:     boolean matContest;
24:     boolean sciContest;
25:     boolean privateClass;
26:     boolean scholarship;
27:
28:     Student(char n, int es, int ms, int ss) {
29:         name = n;
30:         engScore = es;
31:         matScore = ms;
32:         sciScore = ss;
33:         engGrade = calculateGrade(es);
34:         matGrade = calculateGrade(ms);
35:         sciGrade = calculateGrade(ss);
36:         decideContestQualification();
37:     }
38:
39:     char calculateGrade(int s) {
40:         char g = 'Z';
41:         if ( 90 <= s && s <= 100 ) { g = 'A'; } // if ( 90 <= s <= 100 )
: error 문장임
42:         if ( 80 <= s && s < 90 ) { g = 'B'; }
```

```
43:        if ( 70 <= s && s < 80 ) { g = 'C'; }
44:        if ( 60 <= s && s < 70 ) { g = 'D'; }
45:        if ( 0 <= s && s < 60 ) { g = 'F'; }
46:        if ( s < 0 || 100 < s) {
47:            g = 'X'; // X 학점은 Data Error을 의미함
48:            System.out.println("Error score s = "+s);
49:        }
50:        return g;
51:    }
52:    void decideContestQualification() {
53:        if ( engScore >= 90 && matScore >= 70 && sciScore >= 70 ) {
54:            engContest = true;
55:        }
56:        if ( engScore >= 70 && matScore >= 90 && sciScore >= 70 ) {
57:            matContest = true;
58:        }
59:        if ( engScore >= 70 &&  matScore >= 70 && sciScore >= 90 ) {
60:            sciContest = true;
61:        }
62:        if ( engScore < 60 || matScore < 60 || sciScore < 60 ) {
63:            privateClass = true;
64:        }
65:         if ( ( engScore >= 90 || matScore >= 90 || sciScore >= 90) &&
(engScore >= 80 && matScore >= 80 && sciScore >= 80 ) ) {
66:            scholarship = true;
67:        }
68:    }
69:
70:    void showStatus() {
71:        System.out.println("Student name="+name+", eng="+engScore+" :
" +engGrade+", mat="+matScore+" : " + matGrade+", sci="+sciScore+" : "
+sciGrade);
72:        System.out.println("                    engC="+engContest+",
matC=" +matContest+", sciC="+sciContest+", pClass=" + privateClass+",
sShip="+scholarship);
73:    }
74: }
```

```
D:\IntaeJava>java Ex00406
Error score s = -65
Error score s = 105
Student name=A, eng=-65 : X, mat=81 : B, sci=99 : A
            engC=false, matC=false, sciC=false, pClass=true, sShip=false
Student name=B, eng=91 : A, mat=87 : B, sci=82 : B
            engC=true, matC=false, sciC=false, pClass=false, sShip=true
Student name=C, eng=95 : A, mat=55 : F, sci=76 : C
            engC=false, matC=false, sciC=false, pClass=true, sShip=false
Student name=D, eng=88 : B, mat=79 : C, sci=105 : X
            engC=false, matC=false, sciC=true, pClass=false, sShip=false

D:\IntaeJava>
```

프로그램 설명

▶ 22~26번째 줄:경시 대회 출전 가능 여부, 개별지도 수업 가능 여부, 장학금 신청 가능여부 true 혹은 flase를 기억할 instance변수를 선언합니다.

▶ 53~67번째 줄: 경시 대회 출전 가능 여부, 개별지도 수업 가능 여부, 장학금 신청 가능 여부를 주어진 data로 계산하여 true혹은 flase를 instance변수에 저장합니다.

문제 | Ex00406A

아래 프로그램은 Ex00404A 프로그램에 아래사항을 더 추가한 프로그램입니다.

1) 에러처리된 등급X이면 다시 기록 측정할 수 있는지를 나타내는 attribute(boolean retryFlag) 추가

2) 에러등급이 없고 모든 등급이 1등급이면 국가경기 출전할 자격이 있는지 없는지를 나타내는 attribute(boolean nationContest) 추가

3) 에러등급이 없고 모든 등급이 1등급이 아니고 기록의 평균이 11.0보다 많으면 선수 자격을 박달하는지 아닌지를 나타내는 attribute(boolean dismissFlag) 추가

4) 위 사항을 check하는 method decidePlayerQualification() 추가

- 기록이 하나라도 에러가 있으면 retryFlag에 true set함
- 기록이 에러가 없고, 모두 1등급이면 국가경기에 출전 가능
- 기록이 에러가 없고, 모두 1등급도 아니면 기록 평균을 구해서, 기록 평균이 11.0보다 많으면 선수로서의 적성이 없는 것으로 보고 dismissFlag에 true를 set함.

```
D:\IntaeJava>java Ex00406A
Player name=A, time1=8.6 : 1, time2=9.1 : 1, time3=29.9 : X
               retry=true, nation contest=false, dismiss=false
Player name=B, time1=10.1 : 2, time2=11.2 : 3, time3=12.4 : 4
               retry=false, nation contest=false, dismiss=true
Player name=C, time1=9.2 : 1, time2=8.9 : 1, time3=9.6 : 1
               retry=false, nation contest=true, dismiss=false
Player name=D, time1=-8.8 : X, time2=7.9 : 1, time3=10.5 : 2
               retry=true, nation contest=false, dismiss=false

D:\IntaeJava>
```

4.2.5 instance변수와 local변수

변수를 분류하는 방법에는 2가지가 있습니다. 하나는 data 형에 대한 분류와 변수가 사용되는 위치에 의한 분류가 있습니다.

■ 변수의 분류 1 ■

① Data 형에 대한 분류

- primitive type변수:8개 primitive type으로 선언된 변수. Ex) char name, int engScore, int matScore, int sciScore, char n, int es, int ms, int ss 등

- Object reference변수:object의 주소를 저장하는 변수. Ex) Student s1, Student s2, Student s3

② 위치에 의한 분류

- instance변수:class에 attribute로 선언된 변수. Ex) char name, int engScore, int matScore, int sciScore, char engGrade
- local변수:main method나 class의 method 내에 선언된 변수. Ex) Student s1, Student s2, Student s3, int es, int ma, int ss

■ Instance 변수의 초깃값 ■

local 변수는 초깃값을 부여하지 않고 사용하면 error 처리 되지만(2.4장 "변수의 초기 값"에서 error난 예 참조), instance 변수는 초깃값을 부여하지 않으면 기본 값(default value)이 자동으로 주어집니다. 위 Ex00406 프로그램에서 scholarship 기억장소에는 어떤 Student도 해당 사항이 없어 아무 것도 입력되어 있지 않은데 결과 값은 false로 나옵니다. 즉 기본 값은 false가 됩니다. 이와 같이 instance변수에 초깃값을 입력하지 않으면 자동으로 주어지는 기본 값(default value)는 다음과 같습니다.

- byte, short, int, long:0
- float, double:0.0
- char:null (null은 2 byte의 bit 상태가 모두 0으로 상수입니다.)
- boolean:false

【 문제 | Ex00406B 】

■ Person class 정의 및 Object 만들기 ■

- Person attribute:char name, int gross, double tax, double net
- Person object 4명을 생성자를 사용하여 만들 것

  첫 번째:'A', $ 1200

  두 번째:'B', $ 2300

  세 번째:'C', $ 5400

  네 번째:'D', $ 9300

- calculateTax() method를 만들어 아래와 같은 계산식으로 세금을 계산한다.

  Gross가 $ 2,000 보다 같거나 적으면 gross의 10% 세금

  Gross가 $ 5,000 보다 같거나 적으면 $ 2,000 초과분에 대해서만 20% 세금, $ 2000까지는 10%

Gross가 $ 10,000 보다 같거나 적으면 $ 5,000 초과분에 대해서만 30% 세금, $ 5000까지는 20%, $ 2000까지는 10%

Gross가 $ 10,000보다 크면 $ 10,000 초과분에 대해서만 40% 세금, $ 10,000 까지는 30%, $ 5000까지는 20%, $ 2000까지는10%

● 세금 계산 후 gross - tax 식으로 계산해서 net를 산출한다.

● showStatus() method를 만들어 모든 attribute 값을 display합니다.

```
D:\IntaeJava>java Ex00406B
Person name=A, gross=1200, tax=120.0, net=1080.0
Person name=B, gross=2300, tax=260.0, net=2040.0
Person name=C, gross=5400, tax=920.0, net=4480.0
Person name=D, gross=9300, tax=2090.0, net=7210.0

D:\IntaeJava>
```

4.3 switch문

switch문은 여러 개의 if/else문을 하나의 switch문으로 사용할 수 있습니다. switch문 사용형식은 아래와 같습니다.

```
switch (n) {
    case 상수1: java 명령어1
    case 상수2: java 명령어2
    case 상수3: java 명령어3
    ...
    Default: java 명령어n
}
```

● 위 switch형식에서 n은 변수명 혹은 계산식이 올 수 있습니다.

● n과상수1, 상수2, 상수3,…은 data형은 byte, short, int, char가 올 수 있습니다. 또는 wrapper class인 Byte, Short, Integer, Character가 올 수 있습니다. Java SE 7부터는 String literal도 올 수 있습니다.(wrapper class는 chapter 10, String은 chapter 6에서 소개 되므로 현재로서는 byte, short, int, char가 오는 것만 기억하세요.)

● switch문의 수행은

• n 값이 상수1과 같으면 java 명령1을 수행하고, java 명령2도 수행하고, java 명령3도, java 명령 n까지 수행합니다.

• n 값이 상수2와 같으면 java 명령2도 수행하고, java 명령3도, java 명령 n까지 수행합니다.

• n 값이 상수3과 같으면 java 명령3도, java 명령 n까지 수행합니다.

• n 값이 상수1,2,3, …n-1까지 같은 것이 없으면 java 명령 n을 수행합니다.

● switch문의 수행에서 n 값이 상수1과 같으면 java 명령1부터 n까지 수행하므로 java 명령1만 수행하기를 원할 때는 java 명령1의 제일 마지막 명령으로 break 명령을 사용하면 switch문을 완전히 벗어나 switch 다음 명령을 수행합니다.

예제 | Ex00421

아래 프로그램은 1,2,12월은 겨울, 3,4,5월은 봄, 6,7,8월은 여름, 9,10,11월은 가을을 출력하는 프로그램으로 if/else문과 switch문을 동시에 사용하여 비교할 수 있도록 만든 프로그램입니다.

```
1: class Ex00421 {
2:    public static void main(String[] args) {
3:        int month = 7;
4:        if ( month == 1 || month == 2 || month == 12 ) {
5:           System.out.println("From if/else : Winter");
6:        } else if ( month == 3 || month == 4 || month == 5 ) {
7:           System.out.println("From if/else : Spring");
8:        } else if ( month == 6 || month == 7 || month == 8 ) {
9:           System.out.println("From if/else : Summer");
10:       } else if ( month == 9 || month == 10 || month == 11 ) {
11:          System.out.println("From if/else : Autumn");
12:       } else {
13:          System.out.println("From if/else : Month Error : "+month);
14:       }
15:
16:       switch (month) {
17:          case 1:
18:          case 2:  System.out.println("From switch : Winter");
19:                   break;
20:          case 3:
21:          case 4:
22:          case 5:  System.out.println("From switch : Spring");
23:                   break;
24:          case 6:
25:          case 7:
26:          case 8:  System.out.println("From switch : Summer");
27:                   break;
28:          case 9:
29:          case 10:
30:          case 11: System.out.println("From switch : Autumn");
31:                   break;
32:          case 12: System.out.println("From switch : Winter");
33:                   break;
34:            default: System.out.println("From switch : Month Error : "+month);
35:                   break;
```

```
36:        }
37:      }
38: }
```

```
D:\IntaeJava>javac Ex00421.java

D:\IntaeJava>java Ex00421
From if/else : Summer
From switch : Summer

D:\IntaeJava>
```

위 프로그램에서 보듯이 if/else문 보다는 switch문이 프로그램 읽기가 훨씬 쉽습니다.

switch문은 switch key word 바로 다음에 오는 variable의 값이 case 다음에 오는 상숫값과 일치하면 일치되는 case label의 옆에 정의한 명령문을 수행하여 switch문에서 나열한 모든 명령문, 즉 마지막 default label에 선언한 명령문까지 수행합니다. 하지만 중간에 break문이 있을 경우에는 break문에 의해 switch문을 완료 하므로 break문 뒤의 명령문들은 수행하지 않습니다. Variable의 값이 case 다음에 오는 상수 값과 일치하는 case가 없을 경우에는 default label의 옆에 정의된 명령문을 수행합니다. 위 프로그램을 flowchart로 그리면 다음과 같습니다.

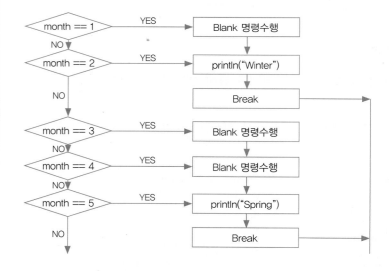

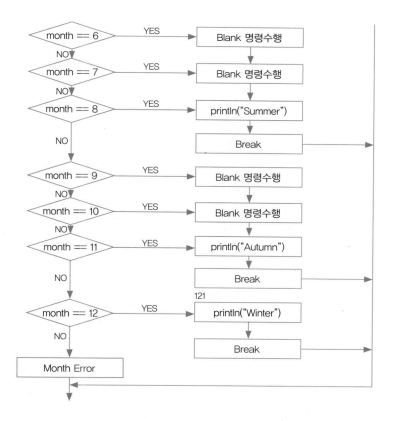

문제 | Ex00421A

int week 기억장소가 다음과 같은 조건으로 요일을 출력하는 프로그램을 작성하세요.

- Week == 0 이면 Sunday 출력
- Week == 1 이면 Monday 출력
- Week == 2 이면 Tuesday 출력
- Week == 3 이면 Wednesday 출력
- Week == 4 이면 Thursday 출력
- Week == 5 이면 Friday 출력
- Week == 6 이면 Saturday 출력
- 그외의 것은 Week Error 과 week 기억장소에 있는 값을 출력
- Week = 3의 값으로 아래와 같은 결과가 나오도록 프로그램을 작성하세요.

```
D:\IntaeJava>java Ex00421A
From if/else : Wednesday
From switch : Wednesday

D:\IntaeJava>
```

예제 | Ex00422

아래 프로그램은 switch 명령의 계산식 부분에 문자변수가 올 때 사용하는 방법을
나타낸 프로그램입니다.

```
1: class Ex00422 {
2:    public static void main(String[] args) {
3:       char grade = 'B';
4:       switch (grade) {
5:          case 'A':  System.out.println("A : from 90 to 100");
6:                  break;
7:          case 'B':  System.out.println("B : from 80 to 89");
8:                  break;
9:          case 'C':  System.out.println("C : from 70 to 79");
10:                  break;
11:          case 'D':  System.out.println("D : from 60 to 69");
12:                  break;
13:          case 'F':  System.out.println("F : from 0 to 59");
14:                  break;
15:          default: System.out.println("grade Error : "+grade);
16:                  break;
17:       }
18:    }
19: }
```

```
D:\IntaeJava>java Ex00422
B : from 80 to 89

D:\IntaeJava>
```

프로그램 설명

▶ 4번째 줄:switch 명령의 계산식 부분에 문자변수 grade는 올 수 있습니다. Switch
   의 () 속에 올 수 있는 primitive data type은 char, byte, short, 혹은 int 형의
   variable만 올 수 있다. long, double, float, boolean은 올 수 없습니다.

4.4 삼항(?:)연산자

'?:'연산자는 If/else문을 좀더 간편하게 사용할수있는 연산자입니다. 사용 형식은
아래와 같습니다.

조건식 ? 계산식1 : 계산식2

● "조건식"의 결과를 검사해서 true이면 "계산식1"의 결과 값을 return하고, false

면 "계산식2"의 결과 값을 return합니다.

● 사용예:

  Int a = 2;

  Int b = a > 10 ? a - 5 : a + 5;

예에서 a는 10보다 작으므로 false가 되어 a + 5한 값, 즉 7이 b에 저장됩니다.

예제 | Ex00431

아래 프로그램은 if/else문과 삼항(?:) 연산자의 사용 예를 비교하여 보여주고 있습니다.

```
 1: class Ex00431 {
 2:    public static void main(String[] args) {
 3:        int a = 1;
 4:        int b = 2;
 5:        int max = 0;
 6:        if ( a > b ) {
 7:           max = a;
 8:        } else {
 9:           max = b;
10:        }
11:        System.out.println("if/else    : max = "+max);
12:
13:        max = ( a > b ) ? a : b;
14:        System.out.println("? operator : max = "+max);
15:
16:        int year = 2014;
17:        int day = ( year / 4 * 4 == year && ! (year/100*100 == year) ||
year/400*400 == year ) ? 29 : 28;
18:        System.out.println("year = "+year+", day = "+day);
19:        year = 2016;
20:        day = ( year / 4 * 4 == year && ! (year/100*100 == year) ||
year/400*400 == year ) ? 29 : 28;
21:        System.out.println("year = "+year+", day = "+day);
22:        year = 2100;
23:        day = ( year / 4 * 4 == year && ! (year/100*100 == year) ||
year/400*400 == year ) ? 29 : 28;
24:        System.out.println("year = "+year+", day = "+day);
25:        year = 2400;
26:        day = ( year / 4 * 4 == year && ! (year/100*100 == year) ||
year/400*400 == year ) ? 29 : 28;
27:        System.out.println("year = "+year+", day = "+day);
28:    }
29: }
```

```
D:\IntaeJava>java Ex00431
if/else    : max = 2
? operator : max = 2
year = 2014, day = 28
year = 2016, day = 29
year = 2100, day = 28
year = 2400, day = 29

D:\IntaeJava>_
```

프로그램 설명

▶ 13번째 줄: ? 연산자 앞에 오는 () 속의 조건식이 true이면 max는 a 값이 되고, false이면 b 값이 됩니다.

▶ 16~27번째 줄:다음은 윤년을 계산하는 방법으로 year가 4의 배수이면 윤년, 4 의 배수이지만 100의 배수이면 윤년에서 제외, 100의 배수이지만 400의 배수가 되면 다시 윤년에 포함시킵니다.

그것을 java 명령으로 표현하면 (year / 4 * 4 == year && ! (year/100*100 == year) || year/400*400 == year)라는 조건식을 만들어 냅니다. 여기에서 year가 2014라면 결과 값은 다음과 같습니다.

• year / 4 * 4 == year:2014 / 4 = 503(실제 수학적인 결과 값은 503.5 이지 만, int 나누기 int의 결과 값은 int가 됩니다.) 503 * 4 = 2012이므로 연산 결 과 값인 2012는 2014와 같지 않으므로 조건식은 false가 됩니다.

• ! (year/100*100 == year):2014 / 100 = 20이 되고, 20 * 100=2000이 되므 로 조건식은 false의 !(not) 이므로 true가 됩니다.

• year/400*400 == year:2014 / 400 = 5이 되고, 5 * 400=200이 되므로 조 건식은 false가 됩니다.

• 최종적인 전체 조건식은 (false && true || false)가 되고, 연산 우선 순위에의 해 &&부터 계산되므로 (false || false)가 되어 최종 조건식의 결과 값은 false 가 됩니다. 그러므로 day에 저장되는 값은 삼항 연산자의 조건식이 false이므 로 28이 됩니다.

• Y=2016년의 경우 위와 같이 다시 계산하면 최종적인 전체 조건식은 (true && true || false)가 되어 true가 되므로 29가 나옵니다.

• Y=2100년의 경우 위와 같이 다시 계산하면 최종적인 전체 조건식은 (true && false || false)가 되어 false가 되므로 28이 나옵니다.

• Y=2400년의 경우 위와 같이 다시 계산하면 최종적인 전체 조건식은 (true && false || true)가 되어 true가 되므로 29가 나옵니다.

05

Bit 연산

bit연산은 통신, 로보트, 공장 자동화, 컴퓨터 하드웨어 등에서 자주 사용하며, 일반 업무 등에서는 자주 사용하지 않으므로 앞으로의 업무에 관련이 없는 분은 이번 chapter를 skip해도 다음 장 공부하는데 특별히 지장을 초래하지 않습니다.

Bit 연산 05

5.1 bit 연산자

bit 연산자는 수학적인 연산자와 좀 다르게 연산합니다. True 와 false를 가지고 연산하듯이 1과 0의 bit를 가지고 4.2.2절 논리연산자 단원에서 설명한 것과 같은 방식으로 연산합니다. 4.2.2절에서는 boolean 상수 true와 false로 &&, ||, !연산자로 연산을 했다면, bit 연산에서는 1과 0을 가지고, &, |, ^, ~연산자를 가지고 연산합니다. 각 bit연산자에 의해 연산된 후의 결과는 아래 표를 참고하세요.

&("and") 연산	|("or") 연산	^("xor") 연산	~("not") 연산
1 & 1 = 1	1 | 1 = 1	1 · 1 = 0	~1 = 0
1 & 0 = 0	1 | 0 = 1	1 · 0 = 1	~0 = 1
0 & 1 = 0	0 | 1 = 1	0 · 1 = 1	
0 & 0 = 0	0 | 0 = 0	0 · 0 = 0	

bit 연산에서 알아야 할 것은 하나의 bit만을 연산하는 방법은 없습니다. 가장 작은 기억장소 byte형도 8bit를 가지고 있으므로 8bit를 동시에 연산을 해야 합니다. 4byte 기억장소 int 형 기억장소를 사용한다면 32bit를 동시에 연산을 해야 합니다.

예제 | Ex00501

아래 프로그램은 int형 기억장소를 사용하여 bit 연산을 한 예를 나타내고 있습니다.

```
1: class Ex00501 {
2:    public static void main(String[] args) {
3:       byte x = 1; byte y = 1;
4:         System.out.println(x+" & "+y+" = "+(x&y)+"      "+x+" | "+y+" = "+(x|y)+"      "+x+" ^ "+y+" = "+(x^y)+"      "+"~"+x+" = "+(~x));
5:       x = 1; y = 0;
6:         System.out.println(x+" & "+y+" = "+(x&y)+"      "+x+" | "+y+" = "+(x|y)+"      "+x+" ^ "+y+" = "+(x^y));
7:       x = 0; y = 1;
8:         System.out.println(x+" & "+y+" = "+(x&y)+"      "+x+" | "+y+" = "+(x|y)+"      "+x+" ^ "+y+" = "+(x^y)+"      "+"~"+x+" = "+(~x));
9:       x = 0; y = 0;
10:        System.out.println(x+" & "+y+" = "+(x&y)+"      "+x+" | "+y+" = "+(x|y)+"      "+x+" ^ "+y+" = "+(x^y));
```

```
11:     }
12: }
```

```
D:\IntaeJava>java Ex00501
1 & 1 = 1    1 ¦ 1 = 1    1 ^ 1 = 0    ~1 = -2
1 & 0 = 0    1 ¦ 0 = 1    1 ^ 0 = 1
0 & 1 = 0    0 ¦ 1 = 1    0 ^ 1 = 1    ~0 = -1
0 & 0 = 0    0 ¦ 0 = 0    0 ^ 0 = 0

D:\IntaeJava>
```

프로그램 설명

▶ 3번째 줄:x와 y를 각각 1로 저장합니다. 1를 bit로 바꾸어 표현하면 0000 0001
  이 됩니다.

▶ 4번째 줄:&, |, ^, ~ 연산에 대한 결과는 아래 표와 같습니다.

	&("and") 연산	|("or") 연산	^("xor") 연산	~("not") 연산
x = 1일 때	0000 0001	0000 0001	0000 0001	0000 0001
y = 1일 때	0000 0001	0000 0001	0000 0001	
연산결과 bit 표현	0000 0001	0000 0001	0000 0000	1111 1110
연산 결과 숫자 표현	1	1	0	-2

&, |, ^ 연산자는 예상했던대로 결과 값이 나오는데, ~연산자는 왜 결과 값이 예상
하지 않은 숫자가 나올까요 ? 즉 ~1 은 0 으로 나와야 하는데, 왜 −2가 나온 걸까요 ?
x 값 1byte를 보면 "0000 0001"이 됩니다. 여기서 ~("not") 연산을 하면 "1111
1110"이 됩니다. "1111 1110"은 integer 값 −2가 됩니다.(이해가 안되면 2.9장 "숫
자와 문자표기"의 음수 표기법을 참조하세요.) 즉 bit 연산한 결과는 컴퓨터 내부의
일시적인 byte 기억장소에 저장되고(정확히는 int 기억장소에 저장됩니다) byte 기
억장소에 위와 같이 1111 1110으로 된 bit는 −2로 출력됩니다.

▶ 6번째 줄:x=1, y=0일 때의 &, |, ^연산에 대한 결과는 아래 표와 같습니다.

	&("and") 연산	|("or") 연산	^("xor") 연산
x = 1일 때	0000 0001	0000 0001	0000 0001
y = 0일 때	0000 0000	0000 0000	0000 0000
연산 결과 bit 표현	0000 0000	0000 0001	0000 0000
연산 결과 숫자 표현	0	1	1

▶ 8번째 줄:x=1, y=0일 때의 &, |, ^, ~ 연산에 대한 결과는 아래 표와 같습니다.

	&("and") 연산	|("or") 연산	^("xor") 연산	~("not") 연산
x = 0일 때	0000 0000	0000 0000	0000 0000	0000 0000
y = 1일 때	0000 0001	0000 0001	0000 0001	
연산 결과 bit 표현	0000 0000	0000 0001	0000 0001	1111 1111
연산 결과 숫자 표현	0	1	1	-1

▶ 10번째 줄:x=0, y=0일 때의 &, |, ^연산에 대한 결과는 아래 표와 같습니다.

	&("and") 연산	|("or") 연산	^("xor") 연산
x = 0일 때	0000 0000	0000 0000	0000 0000
y = 0일 때	0000 0000	0000 0000	0000 0000
연산 결과 bit 표현	0000 0000	0000 0000	0000 0000
연산 결과 숫자 표현	0	0	0

예제 | Ex00501A

아래 프로그램은 '&' 연산을 이용하여 x 기억장소에 있는 bit 상태를 확인하는 프로그램으로 프로그램만 보고 출력 결과를 예측해보세요.

```
1: class Ex00501A {
2:    public static void main(String[] args) {
3:       byte x = 11; byte y = 8;
4:       System.out.println(x+" & "+y+" = "+(x&y)+" <== 4th bit status
from right");
5:       y = 4;
6:       System.out.println(x+" & "+y+" = "+(x&y)+" <== 3rd bit status
from right");
7:       y = 2;
8:       System.out.println(x+" & "+y+" = "+(x&y)+" <== 2nd bit status
from right");
9:       y = 1;
10:       System.out.println(x+" & "+y+" = "+(x&y)+" <== 1st bit status
from right");
11:    }
12: }
```

```
D:\IntaeJava>java Ex00501A
11 & 8 = 8 <== 4th bit status from right
11 & 4 = 0 <== 3rd bit status from right
11 & 2 = 2 <== 2nd bit status from right
11 & 1 = 1 <== 1st bit status from right

D:\IntaeJava>
```

프로그램 설명

▶ x=11이고, y=8, 4, 2, 1일때의 & 연산에 대한 결과는 아래 표와 같습니다.

	y=8	y=4	y=2	y=1
x = 11일 때	0000 1011	0000 1011	0000 1011	0000 1011
y bit 표현	0000 1000	0000 0100	0000 0010	0000 0001
&연산 결과 bit 표현	0000 1000	0000 0000	0000 0010	0000 0001
연산 결과 숫자 표현	8	0	2	1

▶ 위 결과에서 보듯이 & 연산으로 x에 저장된 bit 상태를 y=8일 때는 4번째 bit만
1로 됩니다. 나머지는 0, y=4일 때 3번째 bit만 1로 되고 나머지는 0, y=2일 때 2
번째 bit만 1로 되고 나머지는 0, y=1일 때 1번째 bit만 1로 되고 나머지는0 이므
로 x와 y를 & 연산하면 x의 몇 번째 bit가 1로 되어 있는지 알아 낼 수 있습니다.

▶ 또 한 위 결과에서 보듯이 bit 한 자리 한 자리를 출력할 수 있는 방법이 없으므로
bit연산 후 출력 값은 숫자로 표기됩니다. 이 숫자를 가지고 몇 번 bit가 set되었
는지 역으로 알아내야 합니다.

• 숫자가 1이면 1번 bit만 set
• 숫자가 2이면 2번 bit만 set
• 숫자가 3이면 1번과, 2번 bit만 set
• 숫자가 4이면 3번 bit만 set
• 숫자가 8이면 4번 bit만 set

위와 같은 방법으로 출력된 숫자를 가지고 모든 bit를 알아낼 수 있습니다.

예제 | Ex00501B

아래 프로그램은 '|' 연산을 이용하여 x 기억장소에 있는 bit를 set시켜주는 프로그
램으로 프로그램만 보고 출력 결과를 예측해 보세요.

```
1: class Ex00501B {
2:    public static void main(String[] args) {
3:        int x = 0; int y = 8;
4:        int z = x | y;
5:        System.out.println(x+" | "+y+" = "+z+" <== set 4th bit 1 from
right");
6:        x = z;
7:        y = 4;
8:        z = x | y;
9:        System.out.println(x+" | "+y+" = "+z+" <== set 3rd bit 1 from
right");
10:       x = z;
```

```
11:        y = 2;
12:        z = x | y;
13:        System.out.println(x+"  |  "+y+"  =  "+z+" <== set 2nd bit 1 from
right");
14:        x = z;
15:        y = 1;
16:        z = x | y;
17:        System.out.println(x+"  |  "+y+"  =  "+z+" <== set 1st bit 1 from
right");
18:    }
19: }
```

```
D:\IntaeJava>java Ex00501B
0 | 8 = 8 <== set 4th bit 1 from right
8 | 4 = 12 <== set 3rd bit 1 from right
12 | 2 = 14 <== set 2nd bit 1 from right
14 | 1 = 15 <== set 1st bit 1 from right

D:\IntaeJava>
```

프로그램 설명

x=0일때, y=8, 4, 2, 1을 각각의 연산을 한 결과 값에 계속 |연산을 한 결과는 아래 표와 같습니다.

	X=0, y=8	X=8, y=4	X=12, y=2	X=14, y=1
x = 0,8,12,14일 때	0000 0000	0000 1000	0000 1100	0000 1110
y = 8,4,2,1일 때	0000 1000	0000 0100	0000 0010	0000 0001
｜연산 결과 bit 표현	0000 1000	0000 1100	0000 1110	0000 1111
연산 결과 숫자 표현	8	12	14	15

위 결과에서 보듯이 '|' 연산으로 x의 bit 상태를 y=8일 때 4번째 bit, y=4일 때 3번째 bit, y=2일 때 2번째 bit, y=1일 때 1번째 bit를 1로 set시키고 있습니다.

예제 | Ex00502

다음은 숫자 기억장소에 저장된 값과 문자 기억장소에 저장된 값을 서로 bit연산한후 그 결과를 문자 기억장소에 저장하는 프로그램으로 숫자의 bit 상태와 문자의 bit 상태를 알고 있으면, 언제든지 bit 연산을 통해 제 3의 문자를 만들어낼 수 있다라는 것을 보여주는 프로그램입니다.

```
1: class Ex00502 {
2:    public static void main(String[] args) {
3:        short x = 2;
4:        char c01 = '\u0030'; // \u0030 = character '0'
5:        char c02 = '\u0041'; // \u0041 = character 'A'
```

```
 6:        char c11 = (char)(x | c01);
 7:        char c12 = (char)(x | c02);
 8:        System.out.println("x = "+x+", c01 = "+ c01 +", x | c01 = c11 =
" +c11);
 9:        System.out.println("x = "+x+", c02 = "+ c02 +", x | c01 = c12 =
" +c12);
10:        x = 4;
11:        c11 = (char)(x | c01);
12:        c12 = (char)(x | c02);
13:        System.out.println("x = "+x+", c01 = "+ c01 +", x | c01 = c11 =
" +c11);
14:        System.out.println("x = "+x+", c02 = "+ c02 +", x | c01 = c12 =
" +c12);
15:    }
16: }
```

```
D:\IntaeJava>java Ex00502
x = 2, c01 = 0, x | c01 = c11 = 2
x = 2, c02 = A, x | c01 = c12 = C
x = 4, c01 = 0, x | c01 = c11 = 4
x = 4, c02 = A, x | c01 = c12 = E

D:\IntaeJava>
```

프로그램 설명

▶ 4,5번째 줄:Unicode '\u0030'은 문자 '0'을 나타내고, Unicode '\u0041'은 문자 'A'를 나타냅니다.(2.8.3 절 Unicode 참조)

▶ 6,7번째 줄:문자 '0'와 문자 'A'를 숫자 2와 숫자 4로 '|'(or) bit연산을 한 결과는 아래 표와 같습니다. short형 기억장소와 char형 기억장소는 2byte이나 상위 8bit는 모두 0이므로 아래 표는 편의상 하위 8bit만 표시 했습니다.

	x=2, c01='0'	x=2, c02='A'	x=4, c01='0'	x=4, c02='A'
x = 2, 4일 때	0000 0010	0000 0010	0000 0100	0000 0100
c01 = '0', c02='A' 일 때	0011 0000	0100 0001	0011 0000	0100 0001
| 연산 결과 bit 표현	0011 0010	0100 0011	0011 0100	0100 0101
연산 결과 문자 표현	'2'	'C'	'4'	'E'

위 결과에서 보듯이 |(or) 연산으로 특정 bit를 1로 set시켜 제 3의 문자를 만들어 낼 수 있습니다.

• short 기억장소 x와 char 기억장소 c01 혹은 c02와 bit 연산 후 결과 값의 형은 int이므로 문자 기억장소 c11 혹은 c12에 저장하기 위해서는 (char)로 casting 해야 합니다.

문제 | Ex00502A

숫자1, 2, 3으로부터 bit 연산을 하여 알파벳 대문자 'A', 'B', 'C'와 소문자 'a', 'b', 'c'로 출력하는 프로그램을 작성하세요.

```
D:\IntaeJava>java Ex00502A
x = 1, c1 = A, c2 = a
x = 2, c1 = B, c2 = b
x = 3, c1 = C, c2 = c

D:\IntaeJava>
```

예제 | Ex00503

아래 프로그램은 short형 2byte 숫자 5, 15, 125를 문자로 바꾸는 프로그램입니다.

```
 1: class Ex00503 {
 2:    public static void main(String[] args) {
 3:        short n = 5;
 4:        char d0 = (char)( n | '\u0030' ) ;   // if n is only one digit
number;
 5:        System.out.println("n = "+n+", char number= " +d0);
 6:        n = 15; // if n is two digit number;
 7:        int n0 = n % 10;
 8:        int n1 = n / 10 % 10;
 9:        d0 = (char)( n0 | '\u0030' ) ;
10:        char d1 = (char)( n1 | '\u0030' ) ;
11:        System.out.println("n = "+n+", char number= "+d1+" "+d0);
12:        n = 125; // if n is three digit number;
13:        n0 = n % 10;
14:        n1 = n / 10 % 10;
15:        int n2 = n / 100 % 10;
16:        d0 = (char)( n0 | '\u0030' ) ;
17:        d1 = (char)( n1 | '\u0030' ) ;
18:        char d2 = (char)( n2 | '\u0030' ) ;
19:        System.out.println("n = "+n+", char number= "+d2+" "+d1+" "+d0);
20:    }
21: }
```

```
D:\IntaeJava>java Ex00503
n = 5, char number= 5
n = 15, char number= 1 5
n = 125, char number= 1 2 5

D:\IntaeJava>
```

프로그램 설명

▶ 4번째 줄:n = 5이므로 한 자리 숫자 5를 문자로 바꾸는 것은 Ex00502 프로그램에서 바꾼 것처럼 '\u0030'과 |(or)연산을 하여 문자로 변환 합니다.

▶ 6~10번째 줄:n = 15이므로 두 자리 숫자를 문자로 바꾸기 위해서는 한 자리씩 별도의 기억장소에 저장한 후 변환해야 합니다. 즉 15는 1과 5로 별도의 기억장소 n1과 n0에 각 1과 5를 저장합니다.

- 7번째 줄에서 n=15이므로 15 % 10은 15를 10으로 나누어 나머지를 구하는 것이 므로 n0에는 5가 되고,

- 8번째 줄에서 15 / 10은 1.5이나 컴퓨터(자바)에서 int 나누기 int는 int이므로 1 이 됩니다. (2.10.3 '두 값의 연산 후 결과 값의 data형' 참조) 그리고 15 / 10해 서 나온 결과 1을 1 % 10하면 1이므로 2자리 숫자를 문자로 바꾸기 위해서는 n / 10만으로도 두 자리 숫자를 문자로 바꾸는 것은 충분합니다. 하지만 두 자리 이 상의 숫자를 대비하여 "%10"을 더 추가한 것입니다.

▶ 12~18번째 줄:n = 125이므로 세 자리 숫자를 문자로 바꾸기 위해서는 한 자리씩 별도의 기억장소에 저장한 후 변환해야 합니다. 즉 125는 1,2,5로 별도의 기억장 소 n2, n1, n0에 각 1, 2, 5를 저장합니다.

- 13번째 줄에서 125 % 10은 125를 10으로 나누어 나머지를 구하는 것이므로 n0 에는 5가 되고,

- 14번째 줄에서 125 / 10은 12.5이나 int 나누기 int는 int이므로 12이 됩니다. 그 리고 12 % 10은 2가 되어 두 번째 숫자를 n1에 저장합니다.

- 15번째 줄에서 마지막 3번째 자리는 125 / 100은 1.25이나 int 나누기 int는 int 이므로 1이 됩니다. 그리고 1 % 10은 1이 되어 n2에 저장합니다.

문제 | Ex00503A

2byte 10진 숫자를 16진수로 표기하기 위한 프로그램으로 10진수 15(=16진수 F), 10진수 127(=16진수 7F), 10진수 1023(=16진수 3FF)을 16진수로 표시하는 프로그 램을 작성하시오.

```
D:\IntaeJava>java Ex00503A
n = 15, Hex number= F
n = 127, Hex number= 7F
n = 1023, Hex number= 3FF

D:\IntaeJava>
```

5.2 shift 연산자

기억장소에 기억되어 있는 전체 bit를 왼쪽으로 혹은 오른쪽으로 옮기는 연산자로 shift 연산자에는 아래와 같이 3가지 연산자가 있습니다.

연산자 종류	연산자 설명	예제
〉〉 연산자	오른쪽으로 bit를 shift하는 연산자 연산 후 왼쪽 자리의 bit는 연산전의 첫 bit 로 채워진다, 즉 연산 후 새로 채워지는 bit 는 첫 bit가 1이면1, 0이면 0로 채워진다	0011 1000 〉〉 2 : 연산 후 bit 상태 0000 1110 1011 1000 〉〉 2 : 연산 후 bit 상태 1110 1110

연산자 종류	연산자 설명	예제
〈〈 연산자	왼쪽으로 bit를 shift하는 연산자 연산 후 오른쪽 자리의 bit는 항상 0으로 채워진다.	0011 1000 〈〈 1 : 연산 후 bit상태 0111 0000 0011 1001 〈〈 1 : 연산 후 bit상태 0111 0010
〉〉〉 연산자	오른쪽으로 bit를 shift하는 연산자 연산 후 왼쪽 자리의 bit는 항상 0으로 채워진다.	0000 1100 〉〉〉 2 연산 후 bit상태 0000 0011 1000 1100 〉〉〉 2 연산 후 bit상태 0010 0011

- '〉〉〉' 연산자 와 '〉〉' 연산자는 왼쪽 bit가 0이면 동일하게 작동하지만 왼쪽 첫 번째 자리에 1이 있으면 '〉〉〉' 연산자는 0이 '〉〉' 연산자는 1이 채워진다.
- 부호가 있는 숫자 기억장소의 shift연산은 '〉〉'을 사용하면 편리합니다.
- '〈〈〈' 연산자는 없습니다.

■ 〈〈 연산자의 곱셈 능력 ■

정수 값 n을 왼쪽으로 a만큼 shift(n〈〈a)하면 아래 표에서와 같이 $n * 2a$ 과 동등한 곱셈이 됩니다.

	1 byte bit 표현	10진수 값
정수 1	0000 0001	$1 = 2^0$
1 〈〈 1의 결과 값	0000 0010	$2 = 2^1$
1 〈〈 2의 결과 값	0000 0100	$4 = 2^2$
1 〈〈 3의 결과 값	0000 1000	$8 = 2^3$

- '〉〉〉' 연산자와 '〉〉' 연산자는 왼쪽 bit가 0이면 동일하게 작동하지만 왼쪽 첫 번째 자리에 1이 있으면 '〉〉〉' 연산자는 0이 '〉〉' 연산자는 1이 채워진다.
- 부호가 있는 숫자 기억장소의 shift 연산은 '〉〉'을 사용하면 편리합니다.
- '〈〈〈' 연산자는 없습니다.

■ '〉〉' 연산자의 나누셈 능력 ■

정수 값 n을 오른쪽으로 a만큼 shift(n〉〉a)하면 아래 표에서와 같이 $n / 2a$과 동등한 나누셈이 됩니다.

	1byte bit 표현	10진수 값
정수 8	0000 1000	$8 = 2^3$
8 〉〉 1의 결과 값	0000 0100	$4 = 2^2$
8 〈〈 2의 결과 값	0000 0010	$2 = 2^1$
8 〈〈 3의 결과 값	0000 0001	$1 = 2^0$

예제 | Ex00504

아래 프로그램은 shift연산자의 사용 예로 숫자 기억장소에서는 '〉〉' 연산자는 나눗셈의 역할을 하고, '〈〈' 연산자는 곱셈의 역할을 하고, '〉〉〉' 연산자는 기억장소의 값이 음수일 경우 부호가 바뀌어 양수가 된다는 것에 주목해 주기 바랍니다.

```
1: class Ex00504 {
2:    public static void main(String[] args) {
3:       int x = 4;        // bit status of number 4 = 0000 0100
4:       int y = x >> 2;   // result = 0000 0001, number 1
5:       System.out.println("x = "+x+", >> 2, y = " +y);
6:       x =3;             // bit status of number 3 = 0000 0011
7:       y = x << 1;       // result = 0000 0110, number 6
8:       System.out.println("x = "+x+", << 1, y = " +y);
9:       x = -2;           // bit status of number -2 = 1111 1110
10:      y = x >> 1;       // result = 1111 1111, number -1
11:      System.out.println("x = "+x+", >> 1, y = " +y);
12:      x = -2;           // bit status of number -2 = 1111 1111 1111 1111 1111 1111 1111 1110
13:      y = x >>> 1;      // result = 0111 1111 1111 1111 1111 1111 1111 1111, number 2147483647
14:      System.out.println("x = "+x+", >>> 1, y = " +y+", byte y="+(byte)y);
15:      long w = -1;      // bit status of number -1 = 1111 1111 1111 1111 1111 1111 1111 1111 1111 1111 1111 1111 1111 1111 1111 1111
16:      long z = w >>> 1; // result = 0111 1111 1111 1111 1111 1111 1111 1111 1111 1111 1111 1111 1111 1111 1111 1111, number 9223372036854775807
17:      System.out.println("w = "+w+", >>> 1, z = " +z);
18:   }
19: }
```

```
D:\IntaeJava>java Ex00504
x = 4, >> 2, y = 1
x = 3, << 1, y = 6
x = -2, >> 1, y = -1
x = -2, >>> 1, y = 2147483647, byte y=-1
w = -1, >>> 1, z = 9223372036854775807

D:\IntaeJava>
```

프로그램 설명

▶ 4번째 줄:4 〉〉 1은 나누기 2(=21)의 역할을, 4 〉〉 2는 나누기 4(=22)의 역할을 합니다. 즉 4는 bit로 표시하면 0000 0100이 되고 오른쪽으로 2bit shift하면 0000 0001이되므로 1이 됩니다.

▶ 7번째 줄:3 〈〈 1은 곱하기 2의 역할을 합니다. 즉 3은 bit로 표시하면 0000 0011이 되고 왼쪽으로 1 bit shift하면 0000 0110이 되므로 6이 됩니다.

▶ 10번째 줄:-2 〉〉 1은 나누기 2의 역할을 합니다. 즉 -2는 bit로 표시하면 1111

1110이 되고 오른쪽으로 2bit shift하면 1111 1111이되므로 −1이 됩니다. (int 는 32 bit이나 1byte인 8bit로 표기해도 동일한 값이므로 8bit로만 표기합니다.)

▶ 13번째 줄:−2 〉〉〉 1는 피연산자가 음수인 경우 부호 bit자리가 0으로 채워지므로 결과 값은 완전히 다른 숫자가 나옵니다. 즉 −2는 1byte bit로 표시하면 1111 1110이 되고 오른쪽으로 1bit shift하면 0111 1111이되므로 127이 됩니다. 이것을 4byte int형으로 전환하면 2147483647이 됩니다. 그러므로 '〉〉〉' 연산자는 부호가 있는 기억장소, 특히 음수의 경우에는 주의가 필요합니다.

▶ 14번째 줄:(byte)y의 값이 −1이 출력되고 있는데, 그 이유는 int 기억장소 y의 오른쪽 1byte만 보면 1111 1111이 되고 이 bit상태를 byte로 해석하면 첫 bit가 1로 음수가 되므로 −1이 됩니다.

▶ 16번째 줄:−1 〉〉〉 1은 피연산자가 음수인 경우 부호 bit자리가 0으로 채워지므로 결과 값은 완전히 다른 숫자가 나옵니다. 즉 −1는 1byte bit로 표시하면 1111 1111이 되고 오른쪽으로 1bit shift하면 0111 1111이 되므로 127이 됩니다. 이것을 8 byte int형으로 전환하면 9223372036854775807이 됩니다. 그러므로 '〉〉〉' 연산자는 부호가 있는 기억장소, 특히 음수의 경우에는 주의가 필요합니다.

예제 | Ex00505

아래 프로그램은 shift 연산자를 이용하여 숫자 또는 문자의 bit 상태를 출력하는 프로그램이다.

```
1: class Ex00505 {
2:   public static void main(String[] args) {
3:       short n = 15;        // bit status of number 15 = 0000 0000 0000 1111
4:       char b0 = (char)(n & '\u0001' | '\u0030') ;
5:       char b1 = (char)( (n & '\u0002') >> 1 | '\u0030' );
6:       char b2 = (char)( (n & '\u0004') >> 2 | '\u0030' );
7:       char b3 = (char)( (n & '\u0008') >> 3 | '\u0030' );
8:       char b4 = (char)( (n & '\u0010') >> 4 | '\u0030' );
9:       char b5 = (char)( (n & '\u0020') >> 5 | '\u0030' );
10:       char b6 = (char)( (n & '\u0040') >> 6 | '\u0030' );
11:       char b7 = (char)( (n & '\u0080') >> 7 | '\u0030' );
12:       System.out.println("n = "+n+", bit = " +b7+" "+b6+" "+b5+" "+b4+"   "+b3+" "+b2+" "+b1+" "+b0);
13:       char x = 'A';        // bit status of character 'A' = 0000 0000 0100 0001
14:       b0 = (char)(x & '\u0001' | '\u0030') ;
15:       b1 = (char)( (x & '\u0002') >> 1 | '\u0030' );
16:       b2 = (char)( (x & '\u0004') >> 2 | '\u0030' );
17:       b3 = (char)( (x & '\u0008') >> 3 | '\u0030' );
18:       b4 = (char)( (x & '\u0010') >> 4 | '\u0030' );
```

```
19:        b5 = (char)( (x & '\u0020') >> 5 | '\u0030' );
20:        b6 = (char)( (x & '\u0040') >> 6 | '\u0030' );
21:        b7 = (char)( (x & '\u0080') >> 7 | '\u0030' );
22:        System.out.println("x = "+x+",  bit = " +b7+" "+b6+" "+b5+"
"+b4+"    "+b3+" "+b2+" "+b1+" "+b0);
23:    }
24: }
```

```
D:\IntaeJava>java Ex00505
n = 15, bit = 0 0 0 0   1 1 1 1
x = A,  bit = 0 1 0 0   0 0 0 1

D:\IntaeJava>
```

프로그램 설명

▶ 3번째 줄:n = 15에서 15의 bit 상태는 0000 0000 0000 1111 입니다.

▶ 4번째 줄:(n & '\u0001' | '\u0030')의 연산에서 n & '\u0001'연산이 우선하므로 연산을 하면 아래와 같습니다.

0000 0000 0000 1111 – 숫자 15

0000 0000 0000 0001 – '\u0001' bit 상태(오른쪽에서 첫 번째 bit는 그대로 두고 모든 bit는 0을 set하기 위해)

0000 0000 0000 0001 –숫자 15와 '\u0001'을 &(and) 연산을 한 결과

0000 0000 0011 0000 – '\u0030' bit 상태

0000 0000 0011 0001 – & 연산을 한 결과와 '\u0030'을 |(or) 연산을 한 결과 = 문자 '1'

그러므로 오른쪽 첫 번째 bit b0 값은 문자 '1'이 됩니다.

▶ 5번째 줄:((n & '\u0002') >> 1 | '\u0030')의 연산은 '&', '|', >> 연산에서 '>>', '&', '|' 순으로 연산하므로 (n & '\u0002')연산을 먼저하기 위해서는 괄호를 삽입하여 연산을 먼저 하도록 했으며, 모든 연산의 순서와 결과는 아래와 같습니다.

0000 0000 0000 1111 – 숫자 15

0000 0000 0000 0010 – '\u0002' bit 상태(오른쪽에서 두 번째 bit는 그대로 두고 모든 bit는 0을 set하기 위해)

0000 0000 0000 0010 – 숫자 15와 '\u0002'을 &(and) 연산을 한 결과

0000 0000 0000 0001 – 0000 0000 0000 0010 >> 1 연산한 결과

0000 0000 0011 0000 – '\u0030' bit 상태

0000 0000 0011 0001 – >> 연산을 한 결과와 '\u0030'을 |(or) 연산을 한 결과 = 문자 '1'

그러므로 오른쪽 두 번째 bit b1값은 문자 '1'이 됩니다.

▶ 6~11번째 줄:〉〉(shift)연산에서 자릿수를 2,3,4,5,6,7 자리를 오른쪽으로 옮기는 것을 제외하고는 5번째 줄과 동일한 연산을 합니다.

▶ 13번째 줄:x = 'A'에서 'A'의 bit 상태는 0000 0000 0100 0001 입니다.

▶ 15~21번째 줄:피연산가 x = 'A'인 것을 제외하면 5~11번째 줄과 동일한 연산을 합니다.

예제 | Ex00506

아래 프로그램은 임의의 수를 2를 곱한 결과 값과 3을 곱한 결과 값을 곱셈(*)부호를 사용하지 않고 '〈〈'와 +(덧셈)기호만 사용하여 출력하는 프로그램이다.

```
 1: class Ex00506 {
 2:    public static void main(String[] args) {
 3:       short x = 15;        // bit status of number 15 = 0000 0000 0000
1111
 4:       short y = (short)(x << 1); // y = 0000 0000 0001 1110 = 15 * 2
= 30
 5:       System.out.println("x = "+x+", y = x<<1 = x*2 = " + y);
 6:       x = 15;          // bit status of number 15 = 0000 0000 0000 1111
 7:       y = (short)((x << 1) + x); // y = 30 + 15
 8:       System.out.println("x = "+x+", y = (x<<1)+x = x*3 = " + y);
 9:    }
10: }
```

```
D:\IntaeJava>java Ex00506
x = 15, y = x<<1 = x*2 = 30
x = 15, y = (x<<1)+x = x*3 = 45

D:\IntaeJava>
```

프로그램 설명

실제 컴퓨터에서는 Ex00506처럼 곱셈은 shift 연산과 덧셈만으로 곱셈을 합니다. 2.9절 숫자와 문자 표기에서 설명했듯이 뺄셈은 2의 보수를 취해서 덧셈을 합니다. 즉 컴퓨터에는 덧셈기만 있고, 뺄셈, 곱셈은 덧셈기를 이용하여 뺄셈, 곱셈을 하고 있습니다. 컴퓨터 상식으로 기억해 두시기 바랍니다.

문제 | Ex00506A

임의의 숫자(예:15)를 1과 15사이의 임의의 수(예:5)를 곱한 결과 값을 곱셈(*)부호를 사용하지 않고 '〈〈'와 +(덧셈)기호만 사용하여 출력하는 프로그램을 작성하세요.

```
D:\IntaeJava>java Ex00506A
x = 15, y = 5, z(=15*5) = 75

D:\IntaeJava>
```

예제 | Ex00507

도전해 보세요 아래 프로그램은 문자로 표현된 두 자리 16진수 값(예:7F)을 int형 10 진수 값으로 변환하는 프로그램으로 곱셈에 의한 방법과 shift 연산을 이용한 방법 2가지를 모두 보여주고 있습니다.

```
1: class Ex00507 {
2:    public static void main(String[] args) {
3:        char c0 = 'F';
4:        char c1 = '7';
5:        int i0 = 0;
6:        int i1 = 0;
7:        if ( '0' <= c0 && c0 <= '9' ) {
8:            i0 = c0 & '\u000F';
9:        } else if ( 'A' <= c0 && c0 <= 'F' ) {
10:           i0 = (c0 & '\u000F') + 9;
11:        } else {
12:            System.out.println("Error : char c0 = "+c0+", c0 is not hex.
decmal number. ");
13:        }
14:        if ( '0' <= c1 && c1 <= '9' ) {
15:            i1 = (c1 & '\u000F') * 16;
16:        } else if ( 'A' <= c1 && c1 <= 'F' ) {
17:            i1 = ((c1 & '\u000F') + 9) * 16;
18:        } else {
19:            System.out.println("Error : char c1 = "+c1+", c1 is not hex.
decmal number. ");
20:        }
21:        System.out.println("Hex.decimal "+c1+c0+" = "+(i1+i0)+" by
multification 16");
22:        i1 = 0;
23:        if ( '0' <= c1 && c1 <= '9' ) {
24:            i1 = (c1 & '\u000F') << 4;
25:        } else if ( 'A' <= c1 && c1 <= 'F' ) {
26:            i1 = ((c1 & '\u000F') + 9) << 4;
27:        } else {
28:            System.out.println("Error : char c1 = "+c1+", c1 is not hex.
decmal number. ");
29:        }
30:        System.out.println("Hex.decimal "+c1+c0+" = "+(i1+i0) + " by
shift 4");
31:    }
32: }
```

```
D:\IntaeJava>java Ex00607
Intae Ryu is startsWith Intae.
Jason Ryu is endsWith Ryu.

D:\IntaeJava>
```

프로그램 설명

▶ 3,4번째 줄:문자로 표현된 2자리 16진수 '7'과 'F'를 char 기억장소 c1과 c0에 저장합니다.

▶ 5,6번째 줄:c1, c0에 있는 16진수를 10진수로 변환 후 저장하기 위해 i1, i0기억장소를 선언합니다.

▶ 7~13번째 줄:c0에 있는 16진수를 10진수로 변환하여 i0에 저장합니다. c0에 있는 문자를 숫자로 변화하기 위해 우선 문자가 숫자문자인지, 영문자인지, 아니면 16진수 문자가 아닌 error data인지를 조사한 후 숫자로 변환합니다.

• 7번째 줄에서 c0에 있는 문자가 '0'과 '9'사이의 문자인지를 조사하고, 맞으면 8번째 줄에서 숫자로 변환합니다. c0 문자가 'F'이지만 만약 숫자문자 '3'이라면 아래와 같이 bit 연산하여 숫자 3이 i0에 저장됩니다.

c0 = '3'	0000 0000 0011 0011
Unicode \000F	0000 0000 0000 1111
c0 & \000F = 3	0000 0000 0000 0011

• 9번째 줄에서 c0에 있는 문자가 'A'과 'F' 사이의 문자인지를 조사하고, 맞으면 10번째 줄에서 숫자로 변환합니다. 10번째 줄에서의 숫자 변환은 16진수 문자 'A'는 10진수 숫자 10이므로 문자 'A'를 bit로 표현하면 0100 0001이 되고 여기에 '\u000F'를 &(and)연산하면 0000 0001, 즉 숫자 1이 나오므로 9를 더해 주어야 10이 됩니다.

c0문자가 'F'이므로 아래와 같이 bit 연산하여 숫자 6이 되고 6과 9가 더한 15가 i0에 저장됩니다.

c0 = 'F	0000 0000 0100 0110
Unicode \000F	0000 0000 0000 1111
c0 & \000F = 6	0000 0000 0000 0110

▶ 14~20번째 줄:c1에 있는 16진수를 10진수로 변환하여 i1에 저장합니다. 7~ 13번째 줄에서 계산하는 방식과 동일하나, 두 번째 자리이므로 나온결과 값에 16을 더 곱해주는 것만 다릅니다.

C1문자가 '7'이므로 아래와 같이 bit 연산하여 숫자 7이 나오고, 7*16을 하면 112가 되고 112가 i1에 저장됩니다.

C1 = '7	0000 0000 0011 0111
Unicode \000F	0000 0000 0000 1111
c0 & \000F = 7	0000 0000 0000 0111

▶ 21번째 줄:(i1+i0)는 (112+15) = 127이므로 출력 화면과 같이 127을 출력합니다.

▶ 22번째 줄:두 번째 방식으로 c1에 있는 16진수를 10진수로 변환 후 저장하기 위해 i1 기억장소를 0으로 만듭니다.

▶ 23~29번째 줄:c1에 있는 16진수를 10진수로 변환하여 i1에 저장합니다. 14~20번째 줄에서 계산하는 방식과 동일하나 16을 곱해주는 방법대신 4자리를 왼쪽으로 shift하는 것만 다릅니다.

i1의 값이 7이므로 아래와 같이 4자리를 왼쪽으로 shift하면, 7 * 16의 계산 값과 같은 112가 됩니다.

I1 = 7	0000 0000 0000 0111
I1 〈〈 4 = 112	0000 0000 1111 0000

▶ 30번째 줄:(i1+i0)는 (112+15) = 127이므로 출력 화면과 같이 127을 출력합니다.

문제 | Ex00507A

도전해 보세요 세자리 16진수 값(3FF)을 10진수 값으로 변환하는 프로그램을 작성하세요.

```
D:\IntaeJava>java Ex00507A
Hex.decimal 3FF = 1023 by multification 16,16*16
Hex.decimal 3FF = 1023 by shift 4,8

D:\IntaeJava>
```

5.3 연산자 우선순위

지금까지 배운 연산자의 우선순위를 표로 나타내면 아래와 같습니다.

순위	연산자	동격인 경우 순서
1	괄호()	왼쪽 괄호부터 먼저 계산
2	.(dot, access object member)	왼쪽 연산자부터 먼저 계산
3	!(logical not), ~(bitwise not)	오른쪽 연산자부터 먼저 계산
4	(cast) 연산자, ex:(int)	오른쪽 연산자부터 먼저 계산
5	*(곱셈), /(나눗셈), %(나머지셈)	왼쪽 연산자부터 먼저 계산
6	+(덧셈), -(뺄셈)	왼쪽 연산자부터 먼저 계산
7	〈〈, 〉〉, 〉〉〉	왼쪽 연산자부터 먼저 계산

순위	연산자	동격인 경우 순서
8	⟨, ⟩, ⟨=, ⟩=	왼쪽 연산자부터 먼저 계산
9	==, !=	왼쪽 연산자부터 먼저 계산
10	&(bitwise AND)	왼쪽 연산자부터 먼저 계산
11	·(bitwise XOR)	왼쪽 연산자부터 먼저 계산
12	l(bitwise OR)	왼쪽 연산자부터 먼저 계산
13	&&(logical AND)	왼쪽 연산자부터 먼저 계산
14	ll(logical OR)	왼쪽 연산자부터 먼저 계산
15	?:(conditional)	오른쪽 연산자부터 먼저 계산
16	=	오른쪽 연산자부터 먼저 계산

추가 되는 연산자에 대한 우선순위는 8.2절 '연산자 정복하기'에 다시 나옴

문자열
String class

문자열은 거의 모든 프로그램에서 나오는 사항으로 String class로부터 만들어진 String object 입니다. 실무에서 문자열의 여러 가지 유용한 기능을 사용하여 원하고자 하는 프로그램을 쉽게 작성할 수 있습니다.

문자열 String class

자바는 프로그램언어로서 크게 두가지 역할을 합니다. 첫 번째 역할은 컴퓨터에게 여러 가지 종류의 명령을 수행시키는 역할입니다. 즉 덧셈, 뺄셈등 연산도 할 수 있습니다. if문/switch문 등의 조건문으로 조건에 따라 처리하는 명령의 순서도 제어하게 할 수 있습니다. class를 선언하고, class로 부터 object를 생성하여 여러 가지 data를 생성합니다. 그 data를 활용하여 원하는 결과도 나올 수 있도록 하는 프로그램언어로서 역할을 수행하고 있습니다.

두 번째 역할은 프로그램을 개발하다보면 프로그램마다 많이 사용하는 로직의 프로그램이 필요합니다. 예를 들면 공학용 프로그램에서 수학의 sin()함수, cos()함수, tan()함수를 많이 사용하는데, 프로그램 개발자마다 이 프로그램을 개발하는 것 보다는 언어에서 이러한 프로그램을 함께 공급해 준다면 프로그램 개발자는 본연의 프로그램 개발에만 시간을 집중할 수 있습니다.

자바에서도 이와같이 프로그램에서 유용하게 사용될만한 프로그램을 class로 만들어 함께 공급합니다. 그 중 하나가 바로 String class입니다. 자바를 배운다는 것은 자바에서 공급되는 class를 배운다고 해도 과언이 아닐 정도로 유용한 class가 무수히 많이 있습니다. 이 무수한 class를 모두 알 수는 없지만 많이 알면 알수록 여러분의 프로그램 개발은 더욱 쉬워지고 더 많은 기능의 프로그램을 만들 수 있습니다. 또한 무수한 프로그램을 다 알 수 없으므로 어떻게 빨리 무수한 프로그램 중에서 본인이 필요로 하는 편리한 기능을 빨리 찾을 수 있는지도 프로그램 개발시간 단축과 좋은 프로그램 만드는데 중요한 요소가 됩니다.

앞으로 기본이 되는 class는 여러 장에 걸쳐서 소개합니다. 또한 자바의 class를 쉽게 찾아볼 수 있는 방법도 소개합니다.

6.1 문자열

지금까지 문자열에 대하여 특별히 언급하지 않았지만, 최초의 프로그램(Ex00101. java)의 System.out.println("Hello, Java…"); 명령문에서 "Hello, Java…"이 문자열에 해당합니다.

문자열은 String class로부터 만들어지므로 문자열을 저장하기 위해서는 기본 data 유형과 같은 형식으로 기억장소를 선언해주어야 합니다.

String class는 chapter 3에서 배운 class와 object로서의 모든 기능을 합니다. 즉 new key word로 object도 생성하고, 생성자도 있고, method도 있고, method를 호출하면 method에 따라 return되는 값이 없는 method도 있고, return되는 값이 있는 method도 있습니다. chapter 3을 상기하면서 아래 사항을 비교해보기 바랍니다.

■ String object변수 선언 ■

```
String variableName;
```

예 String name1;

여기에서 variableName은 identifier로 2.11절 "명칭(Identifier)규칙"을 참조 하세요.

■ String object생성 ■

| 방법1: variableName = "문자열"; |
| 방법2: variableName = new String("문자열"); |

방법1 **예**:name1 = "James";
방법2 **예**:name1 = new String("James");

■ String class의 method ■

- length() mehod:문자열의 길이, 즉 몇 개의 문자를 가지고 있는지 문자수를 return 합니다.
- equals() mehod:두 String object가 가지고 있는 문자열이 같은지 비교해서 같으면 true, 다르면 false를 return합니다.

예제 | Ex00601

아래 프로그램은 위에서 설명한 String object생성 방법 1과 방법 2의 차이점과 String object의 특성을 보여주는 프로그램입니다.

```
1: class Ex00601 {
2:    public static void main(String[] args) {
3:        String s1 = "Hello, Java...";
4:        System.out.println(s1);
5:        System.out.println();
6:
```

```
 7:        String name1 = "James";
 8:        String name2 = new String("Bond");
 9:        String name3 = name2 + ", " + name1;
10:
11:          System.out.println("Family name = "+name2 + ", given name =
"+name1);
12:        System.out.println("Full name = "+name3);
13:        System.out.println();
14:
15:        System.out.println("Given name total length = "+name1.length());
16:        System.out.println("Family name total length = "+name2.length());
17:        System.out.println("Full name total length = "+name3.length());
18:        System.out.println();
19:
20:        String name4 = "James";
21:        String name5 = new String("Bond");
22:        String name6 = name5 + ", " + name4;
23:
24:        if ( name1 == name4 ) {
25:             System.out.println("name1 object is the same object with
name4");
26:        } else {
27:           System.out.println("name1 object is not the same object with
name4");
28:        }
29:        if ( name2 == name5 ) {
30:             System.out.println("name2 object is the same object with
name5");
31:        } else {
32:           System.out.println("name2 object is not the same object with
name5");
33:        }
34:        if ( name3 == name6 ) {
35:             System.out.println("name3 object is the same object with
name6");
36:        } else {
37:           System.out.println("name3 object is not the same object with
name6");
38:        }
39:        System.out.println();
40:
41:        if ( name1.equals(name4) ) {
42:           System.out.println("name1 object is the same character String
with name4");
43:        } else {
44:            System.out.println("name1 object is not the same character
String with name4");
45:        }
46:        if ( name2.equals(name5) ) {
```

```
47:          System.out.println("name2 object is the same character String
with name5");
48:        } else {
49:          System.out.println("name2 object is not the same character
String with name5");
50:        }
51:      if ( name3.equals(name6) ) {
52:          System.out.println("name3 object is the same character String
with name6");
53:        } else {
54:          System.out.println("name3 object is not the same character
String with name6");
55:        }
56:    }
57: }
```

```
D:\IntaeJava>java Ex00601
Hello, Java...

Family name = Bond, given name = James
Full name = Bond, James

Given name total length = 5
Family name total length = 4
Full name total length = 11

name1 object is the same object with name4
name2 object is not the same object with name5
name3 object is not the same object with name6

name1 object is the same character String with name4
name2 object is the same character String with name5
name3 object is the same character String with name6

D:\IntaeJava>
```

프로그램 설명

▶ 3번째 줄:"Hello, Java..."라는 문자열은 String 기억장소 s1 속에 저장됩니다. (정확히 말하면 문자열이 저장된 컴퓨터 memory의 주소가 s1에 저장됩니다.)

▶ 4번째 줄:System.out.println()의 괄호 속에 문자열이 저장되어 있는 s1 기억장소가 있으면 s1의 문자열이 출력됩니다.

▶ 5번째 줄:System.out.println()이라고 ()괄호 속에 아무것도 없으면 한 줄을 띄우는 효과가 있습니다.

▶ 8번째 줄:문자열 object name2는 문자열 object name1처럼 선언하지 않고 new 연산자를 사용하여 String object를 만들었습니다. String object라는 점에서는 name1과 name2는 동일합니다.

▶ 9번째 줄: System.out.println()의 괄호 속에서 문자열을 서로 연결하듯이, 문자열을 서로 연결하여 새로운 object를 만들어서 name3이라는 기억장소에 저장하라는 명령문입니다. 9번째 줄까지 만들어지고 String object는 총 4개(s1, name1, name2, name3)가 됩니다.

▶ 11,12번째 줄:System.out.println()의 괄호 속에 문자열과 문자열 기억장소 (name1, name2, name3)를 연결하여 출력하는 명령문입니다.

▶ 15,16,17번째 줄:String class에는 String object가 가지고 있는 문자열이 몇 글자의 글자를 가지고 있는지를 알려주는 length()라는 method가 있습니다. Length() method를 호출하면 int 값으로 글자 수를 return해 줍니다. Name1. length()는 5, Name2.length()는 4, Name3.length()는 11이 됩니다.

▶ 20,21,22번째 줄:7,8,9번째 줄과 동일하게 새로운 object를 만들고, 그 object의 주소를 name4, name5, name6에 저장하라는 명령어입니다.

▶ 24번째 줄:"==" 연산자는 "=="연산자 좌우에 있는 값이 같은지를 알아보는 관계 연산자입니다. 즉 name1 object와 name4 object는 같은 것인가?, 정확히 말하면 같은 주소를 가지고 있는가?를 알아보는 연산자로, 결과 화면을 보면 두 object는 같은 object입니다.

▶ 29 번째 줄:결과을 보면 name2 object와 name5 object는 다른 object입니다. new 라는 키워드로 새로운 object를 만들었기 때문에 "Bond"라는 내용은 같지만 다른 주솟값을 가지는 서로 다른 object가 됩니다.

▶ 34번째 줄:결과를 보면 name3 object와 name6 object는 다른 object입니다. name2 object와 name5 object가 다르기 때문에 서로 다른 object를 연결해서 만든 name3 object와 name6 object도 서로 다른 object가 됩니다.

▶ 41,46,51번째 줄:equals() method는 method를 호출하는 object의 문자열 내용과, 인수로 equals() method로 전달되는 문자열 내용이 같으면 true, 다르면 false를 return 합니다. name1과 name4는 문자열 내용은 모두 "James"로 서로 같으므로 true가 되고, name2 과 name5도 "Bond"로 같으므로 true가 되고, name3 과 name6도 "Bond, James"로 같으므로 true가 됩니다.

예제 | Ex00602

다음은 예제 Ex00311 프로그램을 char color attribute를 String color attribue 로 변경한 예입니다. 문자 한글자만 사용하던 것보다는 String object를 사용하는 것이 편리한 것을 알 수 있습니다.

```
1: class Ex00602 {
2:    public static void main(String[] args) {
3:        Car c1 = new Car(1001, 70000, "White");
4:        c1.showStatus();
5:
6:        Car c2 = new Car(1002, 6500, "Yellow");
7:        c2.showStatus();
```

```
 8:    }
 9: }
10: class Car {
11:     int licenseNo;
12:     int fuelTank;
13:     int speedMeter;
14:     String color;
15:
16:     Car(int ln, int ft, String c) {
17:         licenseNo = ln;
18:         fuelTank = ft;
19:         color = c;
20:     }
21:
22:     void showStatus() {
23:                     System.out.println("Car   licenseNo="+licenseNo+",
fuelTank="+fuelTank+", speedMeter="+speedMeter+", color="+color);
24:     }
25: }
```

```
D:\IntaeJava>java Ex00602
Car licenseNo=1001, fuelTank=70000, speedMeter=0, color=White
Car licenseNo=1002, fuelTank=6500, speedMeter=0, color=Yellow

D:\IntaeJava>
```

프로그램 설명

▶ 3,6번째 줄:문자열 "White"와 "Yellow"를 생성자에 넘겨줍니다.

▶ 14번째 줄:Car class의 color attribute를 char 대신에 String object로 사용하는 것으로 선언했습니다.

▶ 16번째 줄:3,6번째 줄에서 문자열을 생성자에 넘겨주었으므로 생성자에서도 String으로 선언을 해야 합니다.

6.2 char 문자와 String object 문자열의 차이

char은 2 byte 기억장소로 2 byte 내에 문자 한 글자를 직접 저장 합니다. String object 문자열은 문자열의 크기가 일정하지 않으므로 정해진 크기의 기억장소에 저장할 수 없습니다. String object 문자열은 별도의 크기가 일정하지 않은 기억장소에 String class에서 정의한 방식에 따라 object 형식으로 만들어져서 저장하고, 그 주소가 String objectVariable 기억장소에 저장됩니다.

예제 | Ex00603

아래 프로그램의 int 기억장소와 int수, char 기억장소와 char문자, String object 문자열 기억장소와 문자열 object를 그림으로 표시하면 다음과 같습니다.

```
1: class Ex00603 {
2:     public static void main(String[] args) {
3:         int i1 = 5;
4:         char c1 = 'C';
5:         String s1 = "Hello, Intae";
6:         System.out.println("i1="+i1+", c1="+c1+", s1="+s1);
7:     }
8: }
```

```
D:\IntaeJava>java Ex00603
i1=5, c1=C, s1=Hello, Intae

D:\IntaeJava>
```

int 기억장소 i1	char 기억장소 c1	String object 주소 기억장소 s1	
5	C		Hello, Intae
			…..
			length()
			equals()
			…..

int 기억장소 i1와 char 기억장소 c는 data 값(여기에서 5, C)을 직접 가지고 있지만 String object 주소 기억장소 s1은 "Hello, Intae"라는 data를 가지고 있는 것이 아니라 위 그림처럼 "Hello, Intae"를 저장하고 있는 object의 주소를 가지고 있습니다. 출력하는 명령문 System.out.println()에서는 primitive type 기억장소인 i1과c1 을 출력할 때는 기억장소의 data 값을 출력하고, String object 주소 기억장소 s1을 출력할 때는 s1이 가지고 있는 obect의 주소에 있는 data를 출력합니다.

6.3 String object의 literal pool

예제 Ex00601에서 "James"라는 object와 "Bond"라는 object는 저장되는 영역이 다릅니다. "James"라는 object는 literal pool이라는 영역에 저장되고, "Bond"는 object들이 저장되는 영역 heap 메모리에 저장됩니다. Literal pool이라는 영역에는 같은 문자는 중복되어 저장하지 않습니다. 즉 Ex00601 예제의 7번째 줄과 20번째 줄에서 "James"는 literal pool에 저장된 하나의 object로 name1과 name4에는 같은 주소가 들어가 있습니다. 이것을 그림으로 표시하면 다음과 같습니다.

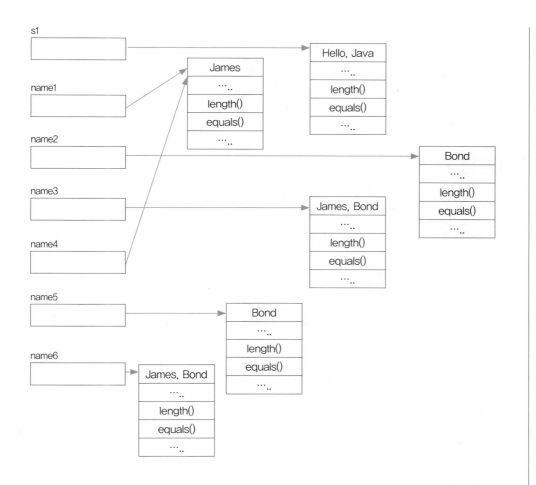

6.4 제어 문자

제어문자는 특수 용도의 문자입니다. 즉 enter key는 문자는 아니지만 하나의 문자와 같이 취급합니다. enter key를 치면 enter라는 unicode가 컴퓨터에 글자 'A'를 입력했을 때와 동일하게 입력됩니다.

또한 큰따옴표(")를 String object에 저장하고자 할 때 제어 문자를 사용하지 않고는 저장할 수 없습니다. 왜냐하면 문자열을 나타낼 때 사용하는 큰따옴표(")와 구별이 안되기 때문입니다.

제어문자	name	UniCode value
\b	backspace	\u0008
\t	tab	\u0009
\n	line feed	\u000a
\r	carage return	\u000d

제어문자	name	UniCode value
\"	double quote	\u0022
\'	single quote	\u0027
\\	backslash	\u005c

예제 | Ex00604

아래 프로그램은 제어문자를 사용한 예입니다.

```
 1: class Ex00604 {
 2:    public static void main(String[] args) {
 3:        String s1 = "He said \"Yes\"";
 4:        String s2 = "The file is in c:\\IntaeJava\\";
 5:        System.out.println("s1="+s1+"\ns2="+s2);
 6:        String s3 = "It's possible to store single quotation(') into
String object.";
 7:        char c1 = '\'';
 8:        String s4 = "It's not possible to store single quotation("+c1+")
into char variable without Escape sequence.";
 9:        System.out.println("s3="+s3+"\ns4="+s4);
10:    }
11: }
```

```
D:\IntaeJava>java Ex00604
s1=He said "Yes"
s2=The file is in c:\IntaeJava\
s3=It's possible to store single quotation(') into String object.
s4=It's not possible to store single quotation(') into char variable without Esc
ape sequence.

D:\IntaeJava>
```

프로그램 설명

▶ 3번째 줄에서 큰따옴표(")를 문자열의 일부로 저장하기 위해서는 제어문자(\")
를 사용했습니다.

▶ 4번째 줄에서 backslash(\)를 저장하기 위해 제어문자(\\)를 사용했습니다.

▶ 5번째 줄에서 제어문자(\n)은 줄을 한 줄 띄우는 제어문자(line feed)입니다.

▶ 6번째 줄에서 작은따옴표(')는 제어문자(\)없이 사용해도 됩니다.

▶ 7번째 줄에서 작은따옴표(')를 char 기억장소에 저장하기 위해서는 제어문자(\')
을 사용했습니다.

6.5 String class의 중요 method

String class는 거의 모든 프로그램에서 사용한다고 해도 과언이 아닙니다. 그래서 String class에서 자주 사용하는 중요한 method를 몇 가지 소개합니다. 6.1절 문자열에서 equals() method와 length() method는 이미 설명했습니다.

6.5.1 toUpperCase() method 와 toLowerCase() method

- toUpperCase()는 말 그대로 현재 String object가 대문자이면 그대로 대문자로 소문자이면 대문자로 바꾸어서 새로운 String object를 만듭니다.
- toLowerCase()는 말 그대로 현재 String object가 소문자이면 그대로 소문자로 대문자이면 소문자로 바꾸어서 새로운 String object를 만듭니다.
- toUpperCase()나 toLowerCase()도 본래 있던 String object를 변경시키지 않고, 새로운 object를 만들어서 return 값으로 넘겨 줍니다.

예제 | Ex00605

아래 프로그램은 제어문자를 사용한 예입니다

```
 1: class Ex00605 {
 2:    public static void main(String[] args) {
 3:        String s1 = "My name is Intae Ryu.";
 4:        String s1UpperCase = s1.toUpperCase();
 5:        String s1LowerCase = s1.toLowerCase();
 6:        System.out.println("s1="+s1);
 7:        System.out.println("s1 Upper Case="+s1UpperCase);
 8:        System.out.println("s1 Lower Case="+s1LowerCase);
 9:    }
10: }
```

```
D:\IntaeJava>java Ex00605
s1=My name is Intae Ryu.
s1 Upper Case=MY NAME IS INTAE RYU.
s1 Lower Case=my name is intae ryu.

D:\IntaeJava>
```

프로그램 설명

▶ 4번째 줄:s1.toUpperCase()는 String object s1의 모든 문자를 대문자로 바꾸어 줍니다.

▶ 5번째 줄:s1.toLowerCase()는 String object s1의 모든 문자를 소문자로 바꾸어 줍니다.

6.5.2 trim() method

trim()는 문자열의 앞과 뒤에 있는 공백문자를 잘라내는 method로 문자열의 중간에 있는 공백문자는 그대로 놔둔 상태로 앞,뒤 공백문자만 제거하여 새로운 String object를 만들어 return합니다.

예제 | Ex00606

```
1: class Ex00606 {
2:    public static void main(String[] args) {
3:       String s1 = "  My name is Intae Ryu.      ";
4:       String s2 = s1.trim();
5:       System.out.println("s1 before trim=:"+s1+":");
6:       System.out.println("s2 after  trim=:"+s2+":");
7:    }
8: }
```

프로그램 설명

▶ 4번째 줄:s1.trim()는 String object s1의 앞 뒤에 있는 공백문자를 모두 제거합니다.

▶ 5,6번째 줄:s1과 s2를 출력할 때 s1과 s2의 양단의 공백이 모두 제거 되었는지 확인하기 위해 s1과 s2의 양단에 ":"을 함께 출력하고 있습니다. s1은 공백이 그대로 있고, s2는 공백이 없어졌으므로 trim() method가 제대로 작동하고 있음을 알 수 있습니다.

6.5.3 startsWith() method와 endsWith() method

• startsWith(String suffix)는 현재 String object가 suffix에 저장된 글자로 시작하는지를 check하여 suffix에 저장된 글자로 시작되면 true, 아니면 false를 return합니다.

• endsWith(String suffix)는 현재 String object가 suffix에 저장된 글자로 끝나는지를 check하여 suffix에 저장된 글자로 끝나면 true, 아니면 false를 return합니다.

• startsWith(String suffix)나 startsWith(String suffix)는 주로 if문의 조건절에 많이 사용됩니다.

예제 | Ex00607

```
1: class Ex00607 {
```

```
 2:    public static void main(String[] args) {
 3:        String s1 = "Intae Ryu";
 4:        String s2 = "Jason Ryu";
 5:        if ( s1.startsWith("Intae") ) {
 6:           System.out.println(s1+" is startsWith Intae.");
 7:        } else {
 8:           System.out.println(s1+" is not startsWith Intae.");
 9:        }
10:        if ( s2.endsWith("Ryu") ) {
11:           System.out.println(s2+" is endsWith Ryu.");
12:        } else {
13:           System.out.println(s2+" is not endsWith Ryu.");
14:        }
15:    }
16: }
```

```
D:\IntaeJava>java Ex00607
Intae Ryu is startsWith Intae.
Jason Ryu is endsWith Ryu.

D:\IntaeJava>
```

프로그램 설명

▶ 5번째 줄:String object s1 즉 "Intae Ryu"문자열이 "Intae"로 시작하는지를 묻는 if문으로 맞으면 6번째 줄 틀리면 8번째 줄을 실행합니다. 문자열 "Intae Ryu"는 "Intae"로 시작하므로 if문의 조건문은 true가 되어 6번째 줄을 실행합니다.

▶ 10번째 줄:String object s1 즉 "Jason Ryu"문자열이 "Ryu"로 끝나는지를 묻는 if문으로 맞으면 11번째 줄 틀리면 13번째 줄을 실행합니다. 문자열 "Jason Ryu"는 "Ryu"로 끝나므로 if문의 조건문은 true가 되어 11번째 줄을 실행합니다.

예제 | Ex00607A

다음 프로그램은 startsWith() method를 사용하여 어느 운동경기의 선수 명단에서 한국 선수와 다른 나라 선수들이 몇 명인지를 계산하는 프로그램입니다.

```
1: class Ex00607A {
2:    public static void main(String[] args) {
3:        String s1 = "Korea, Intae Ryu";
4:        String s2 = "Canada, Jason Smith";
5:        String s3 = "USA, Peter Roger";
6:        String s4 = "Korea, Sean Kim";
7:        String s5 = "Canada, Brandon Bowman";
8:        System.out.println("s1 = "+s1);
9:        System.out.println("s2 = "+s2);
```

```
10:        System.out.println("s3 = "+s3);
11:        System.out.println("s4 = "+s4);
12:        System.out.println("s5 = "+s5);
13:        StringHandling sh = new StringHandling();
14:        sh.countPlayerByCountry(s1);
15:        sh.countPlayerByCountry(s2);
16:        sh.countPlayerByCountry(s3);
17:        sh.countPlayerByCountry(s4);
18:        sh.countPlayerByCountry(s5);
19:       System.out.println("korean = "+sh.korean+", others = "+sh.others);
20:    }
21: }
22: class StringHandling {
23:     int korean = 0;
24:     int others = 0;
25:     void countPlayerByCountry(String player) {
26:         if ( player.startsWith("Korea") ) {
27:             korean = korean + 1;
28:         } else {
29:             others = others + 1;
30:         }
31:     }
32:
```

```
D:\IntaeJava>java Ex00607A
s1 = Korea, Intae Ryu
s2 = Canada, Jason Smith
s3 = USA, Peter Roger
s4 = Korea, Sean Kim
s5 = Canada, Brandon Bowman
korean = 2, others = 3

D:\IntaeJava>
```

프로그램 설명

▶ 13번째 줄:StringHandling object를 생성하고 한국 선수와 외국 선수들의 인원
  수를 누적할 instance변수 korea와 others의 초깃값은 0으로 설정됩니다.

▶ 14~18번째 줄:각각의 선수 국가명과 이름이 있는 문자열로 countPlayerBy
  Country()을 호출하면, 25번째 줄의 countPlayerByCountry() method에서는
  선수가 한국인지 아닌지를 구분하여, 한국 선수이면 korea에 1을 더하고 아니면
  others에 1을 더합니다.

▶ 19번째 줄:18번째 줄을 완료하면 sh object의 korean에는 한국 선수의 인원수
  가, others에는 외국 선수의 인원수가 누적되어 있으므로 korean과 others를
  출력합니다.

▶ 22~32번째 줄:StringHandling class는 instance변수로 한국 선수의 인원을 누
  적할 korea와 외국 선수의 인원수를 누적할 others 2개입니다. method로는 국

가와 선수 이름으로된 문자열이 입력되면 입력된 문자열이 "Korea"로 시작되는 지 아닌지를 판단해서 "Korea"로 시작되면 instance변수에 1을 누적하고 아니면 others에 1을 누적하는 countPlayerByCountry() method을 가지고 있습니다.

■ **여기서 미래의 프로그래머가 기억해야 할 중요한 사항이 있습니다.** ■

위 프로그램 Ex00607A는 startsWith() method가 어떻게 작동되는지 알기위해 만든 예제 프로그램입니다. 하지만 더 중요한 것은 여러 명의 선수가 국가와 선수 이름의 문자열로 작성되어 있을 때, 어떻게 한국 선수와 외국 선수의 인원수를 셀 수 있는 class StringHandling를 만드느냐 하는 일입니다. 만약 프로그램 초보자에게 국가와 선수 이름의 문자열 s1부터 s5까지 5개 주고 s1, s2, s3, s4, s5속에 들어 있는 문자열을 가지고 한국 선수와 외국 선수의 인원수를 산출하는 프로그램을 작성하게 하면 if (s1.startsWith("Korea")) 와 같이 s2,s3,s4,s5를 위한 if 문을 사용할지 모릅니다. 이처럼 여러 번 반복되는 명령을 method를 하나 만들고, 이것을 호출하게 함으로써 보다 간편한 프로그램으로 만들 수 있습니다. 또 이렇게 만든 method에서 나온 값들을 어디에 저장해야 여러 번 반복해서 호출하고난 후에 그 값을 최종적으로 이용할 수 있느냐 하는 일입니다. 이런 일을 하자고 chapter 3에서 class를 정의하는일, 즉 instance변수(attribute)와 method를 배운 것입니다.

위와 같은 StringHandling class를 초보자가 만드는 일은 쉬운 일은 아니지만 위와 같이 만들어져 있는 class를 보고 다음 새로운 문제가 나왔을 때 위와 유사하게 만들 수 있다면 자바를 배우는 목적이 달성된다고 할 수 있습니다.

앞으로 위와 같은 예제가 계속 나오므로 새로운 method의 기능도 익히면서 어떤 방식으로 class를 정의하고, 최종적으로는 어떻게 프로그램을 작성하는지 익혀나가길 바랍니다.

문제 | Ex00607B

다음 프로그램은 어느 모임의 email list을 받아 email 회사별 몇 명씩 email을 가지고 있는지 계산하여 아래와 같이 출력되도록 프로그램을 작성하세요.

- Email list는 다음과 같습니다.

  String s1 = "gildon.hong@gmail.com";

  String s2 = "kim123@hotmail.com";

  String s3 = "jamesryu@naver.com";

  String s4 = "peterchoi@gmail.com";

  String s5 = "lina777@hotmail.com";

```
D:\IntaeJava>java Ex00607B
s1 = gildon.hong@gmail.com
s2 = kim123@hotmail.com
s3 = jamesryu@naver.com
s4 = peterchoi@gmail.com
s5 = lina777@hotmail.com
gmail = 2, hotmail = 2, others = 1

D:\IntaeJava>
```

6.5.4 equalsIgnoreCase() method

equalsIgnoreCase(String anotherString)는 equals() method와 대소문자 구별
하지 않고 두 문자를 비교해서 spelling이 같으면 true를 틀리면 false를 return합
니다.

```
 1: class Ex00608 {
 2:    public static void main(String[] args) {
 3:        String s1 = "Intae Ryu";
 4:        String s2 = "jason RYU";
 5:        if ( s1.equalsIgnoreCase("intae ryu") ) {
 6:          System.out.println(s1+" is equal to intae ryu if ignoreCase.");
 7:        } else {
 8:            System.out.println(s1+" is not equal to intae ryu even if
ignoreCase.");
 9:        }
10:        String s3 = "Jason Ryu";
11:        if ( s2.equalsIgnoreCase(s3) ) {
12:          System.out.println(s2+" is equal to "+s3+" if ignoreCase.");
13:        } else {
14:            System.out.println(s2+" is not equal to "+s3+" even if
ignoreCase.");
15:        }
16:    }
17: }
```

```
D:\IntaeJava>java Ex00608
Intae Ryu is equal to intae ryu if ignoreCase.
jason RYU is equal to Jason Ryu if ignoreCase.

D:\IntaeJava>
```

프로그램 설명

▶ 5번째 줄:String object s1 즉 "Intae Ryu"와 "intae ryu"는 대소문자를 무시하
고 비교하면 같은 spelling 이므로 6번째 줄을 실행합니다.

▶ 11번째 줄:String object s2 즉 "Jason RYU"와 String object s3, 즉 "Jason
Ryu"는 대소문자를 무시하고 비교하면 같은 spelling 이므로 12번째 줄을 실행
합니다. equalsIgnoreCase(String anotherString)의 anotherString자리에는

문자열이 직접 와도 되고, String object의 변수가 와도 됩니다.

6.5.5 replace() method

replace(String oldStr, String newStr)는 문자열 중 바꾸고자 하는 문자열 (oldStr)로 되어 있는 모든 문자열을 찾아 일치하면 새로운 문자열(newStr)로 바꾸어 놓은 후 바꾸어진 문자열을 return합니다. 이때 기존에 있던 원본 문자열은 변경되지 않습니다.

● 10.7절 '유용한 class 찾아보기'를 공부하게 되면 자바의 모든 class를 찾는 법을 알게 되는데, String class에서 replace() method를 찾아보면 replace(CharSquance oldStr, CharSquance newStr)로 되어 있습니다. 여기에서 CharSquance는 아직 초보자에게 설명이 어려우므로 String으로 바꾸어 표기했으며, String으로 사용해도 문제없이 작동됩니다.

예제 | Ex00609

```
1: class Ex00609 {
2:    public static void main(String[] args) {
3:        String s1 = "Intae Ryu, java man ???";
4:      String s2 = "Intae will start java study, and he will finish java.";
5:        String sr1 = s1.replace("?","!");
6:        String sr2 = s2.replace("will","has to");
7:        System.out.println("s1  = "+s1);
8:        System.out.println("sr1 = "+sr1);
9:        System.out.println("s2  = "+s2);
10:        System.out.println("sr2 = "+sr2);
11:    }
12: }
```

```
D:\IntaeJava>java Ex00609
s1  = Intae Ryu, java man ???
sr1 = Intae Ryu, java man !!!
s2  = Intae will start java study, and he will finish java.
sr2 = Intae has to start java study, and he has to finish java.

D:\IntaeJava>
```

프로그램 설명

▶ 5번째 줄:문자열 "Intae Ryu, java man ???"속에 있는 모든 "?"를 "!"로 바꾸어서 sr1에 저장합니다. 이때 s1의 내용은 변경되지 않습니다.

▶ 6번째 줄:문자열"Intae will start java study, and he will finish java."속에 있는 모든 "will"을 "has to"로 바꾸어서 sr2에 저장합니다. 이때 s2의 내용은 변경되지 않습니다.

6.5.6 substring() method

substring() method는 문자열의 일부분을 끊어서 return해주는 method로 다음과 같은 2가지 method가 있습니다.

● substring(int beginIndex):지정된 시작 위치의 자릿수부터 문자열의 제일 마지막까지 끊어서 return해줍니다.

● substring(int beginIndex, endIndex):지정된 시작 위치의 자릿수(beginIndex)부터 끝 위치(endIndex)전까지 끊어서 return해줍니다. 그러므로 총 return되는 문자열 글자수는 endIndex − beginIndex 값 만큼의 문자를 return해줍니다. 주의 사항으로 첫 번째 글자의 위치는 0부터 시작하며 공백(space)문자도 1자리로 계산됩니다.

예제 | Ex00610

```
 1: class Ex00610 {
 2:    public static void main(String[] args) {
 3:        String s1 = "Intae Ryu, java man !!!";
 4:        String ss1 = s1.substring(6,9);
 5:        String ss2 = s1.substring(11,15);
 6:        String ss3 = s1.substring(16);
 7:        System.out.println("s1  = "+s1);
 8:        System.out.println("ss1 = "+ss1);
 9:        System.out.println("ss2 = "+ss2);
10:        System.out.println("ss3 = "+ss3);
11:    }
12: }
```

```
D:\IntaeJava>java Ex00610
s1  = Intae Ryu, java man !!!
ss1 = Ryu
ss2 = java
ss3 = man !!!

D:\IntaeJava>
```

프로그램 설명

▶ 4번째 줄:문자열 "Intae Ryu, java man !!!"에서 6의 위치에 있는 글자부터 8(=9−1)위치에 있는 글자까지를 return해줍니다. 즉 6의 위치에 있는 글자부터 3(=9−6) 글자를 return해줍니다. 6의 위치에 있는 글자는 "R"입니다 왜냐하면 "I"는 0의 위치로 0부터 시작하기 때문입니다.

▶ 5번째 줄:문자열 "Intae Ryu, java man !!!"에서 11의 위치에 있는 글자부터 14(=15−1)위치에 있는 글자까지를 return해줍니다. 즉 11의 위치에 있는 글자부터 4(=15−11) 글자를 return해줍니다.

▶ 6번째 줄:문자열 "Intae Ryu, java man !!!"에서 16의 위치에 있는 글자부터 끝

글자까지를 return해줍니다.

예제 | Ex00610A

아래 프로그램은 지금까지 배운 사항을 적용한 프로그램으로 4사람의 이름 중에서 대소문자 구별하지 말고 "Chris"라는 사람을 찾는 프로그램입니다.(주의 사항:아래 String 문자열 중 givenName부분만 space 포함하여 10문자입니다.)

```
1: class Ex00610A {
2:    public static void main(String[] args) {
3:        String s1 = "Chris     Ryu";
4:        String s2 = "Tom       Choi";
5:        String s3 = "Intae     ryu";
6:        String s4 = "chris     Jung";
7:        StringHandling sh = new StringHandling();
8:        sh.checkName(s1);
9:        sh.checkName(s2);
10:       sh.checkName(s3);
11:       sh.checkName(s4);
12:    }
13: }
14: class StringHandling {
15:    void checkName(String name) {
16:        String givenName1 = name.substring(0,10);
17:        String givenName2 = givenName1.trim();
18:        if ( givenName2.equalsIgnoreCase("Chris") ) {
19:           System.out.println("optn1 name = "+name+", ==> Chris found");
20:        } else {
21:           System.out.println("optn1 name = "+name+", he is not Chris.");
22:        }
23:        if ( name.substring(0,10).trim().equalsIgnoreCase("Chris") ) {
24:           System.out.println("optn2 name = "+name+", ==> Chris found");
25:        } else {
26:           System.out.println("optn2 name = "+name+", he is not Chris.");
27:        }
28:    }
29: }
```

```
D:\IntaeJava>java Ex00610A
optn1 name = Chris     Ryu, ==> Chris found
optn2 name = Chris     Ryu, ==> Chris found
optn1 name = Tom       Choi, he is not Chris.
optn2 name = Tom       Choi, he is not Chris.
optn1 name = Intae     ryu, he is not Chris.
optn2 name = Intae     ryu, he is not Chris.
optn1 name = chris     Jung, ==> Chris found
optn2 name = chris     Jung, ==> Chris found

D:\IntaeJava>
```

프로그램 설명

▶ 3,4,5,6번째 줄:s1,s2,s3,s4는 이름과 성으로 이루어져 있는데, 이름은 반드시 space를 포함해서 10글자를 입력해야 합니다. 왜냐하면 16번째 줄에서 이름을 10자리까지 끊어서 이름으로 인식하도록 만들어져 있기 때문입니다.

▶ 7번째 줄:입력되는 문자열에서 "Chris"라는 이름을 찾는 method checkName (String name)을 가지고 있는 StringHandling object를 생성합니다. 이번 String Handling class는 mehod를 수행 후 data를 보관할 필요가 없습니다. 그러므로 instance변수도 필요 없습니다.

▶ 16,17,18번째 줄:23번째 줄과 정확히 똑같은 기능을 합니다. 23번째 줄과 같이 명령을 작성해도 되고 16,17,18번째 줄과 같이 3줄에 걸쳐서 명령을 작성해도 됩니다. 23번째 줄이 이해가 잘 안되면 16,17,18번째 줄과 하나하나 비교해가며 확인해 보세요.

▶ 23번째 줄:초보자가 처음으로 23번째 줄과 같이 method를 연속해서 작성된 것을 보면 어떤 식으로 작동하는지 잘 이해가 안가는 경우가 있어 설명합니다.

• 설명을 구체적으로 하기위해 문자열 "chris Jung"이 name에 저장되어 있다고 가정합시다.

• name.substring(0,10)는 문자열 "chris"를 의미하고, 문자열 "chris"의 blank를 잘라내기위해서는 trim() method를 붙여야 하므로 "chris".trim()이 됩니다. 그러므로 name.substring(0,10).trim()이나 "Chris".trim()은 같은 명령입니다.

• 또 "chris".trim()을 하고 나면 문자열 "chris"가 만들어지고, 다시 문자열 "chris"는 찾아야하는 이름"Chris"와 같은지를 비교하기 위해"chris".equalsIgnoreCase("Chris") 라고 하는 것이나 name.substring(0,10).trim().equalsIgnoreCase("Chris")라고 하는 것이나 같은 명령입니다.

• 그러면 name.substring(0,10).trim().equalsIgnoreCase("Chris").replace("s","t") 라고 하면 문법적으로 맞을까요? 틀릴까요? 정답은 틀리다 입니다. 언뜻 보면 method를 계속 이어나가므로 맞을 것 같지만, name.substring(0,10).trim().equals IgnoreCase("Chris")의 값은 true아니면 false입니다. 이번 data("chris Jung")에서는 true이므로 true.replace("s","t")라고 한 것으로, 즉 true라는 boolean 상수에 replace("s", "t")라는 method를 호출한 것이기 때문에 compile 에러가 발생합니다. 즉 true는 String 문자열이 아니라 boolean상수이기 때문에 replace() method를 적용시킬 수 없습니다.

• 결론적으로 method 뒤에 method를 계속 연결하는 것은 앞 method의 결과가 어떤 object로 return 되는지를 알아야 하고, return되는 해당 object에 적용되는 method 중 하나를 찾아서 적용시켜야 합니다.

6.5.7 indexOf()

indexOf(String str)는 주어진 String object의 문자열 속에 String str의 문자가 몇 번째에 저장되어 있는지를 확인해서 해당 번째를 int 값으로 return해줍니다. 그런데 자바는 0부터 시작합니다. 즉 0이면 첫 번째 글자부터 일치, 1이면 두 번째 글자부터 일치, 이런식으로 int 숫자가 return됩니다. 만약 주어진 문자열 object에 일치되는 str 문자열이 없을 경우에는 −1을 return해줍니다.

예제 | Ex00611

```
1: class Ex00611 {
2:    public static void main(String[] args) {
3:        String s1 = "Intae Ryu";
4:        String s2 = "ryu";
5:        int i1 = s1.indexOf("tae");
6:        int i2 = s1.indexOf(s2);
7:        System.out.println("'tae' in '"+s1+"' is placed after "+i1+"
character(s) from start.");
8:        if ( i2 == -1 ) {
9:          System.out.println("'"+s2+"' in '"+s1+"' is not placed, because
of i2 = "+i2);
10:        } else {
11:          System.out.println("'"+s2+"' in '"+s1+"' is placed after "+i2+"
character(s) from start.");
12:        }
13:    }
14: }
```

프로그램 설명

▶ 5번째 줄:s1 문자열 "Intae Ryu" 속에 "tae"는 3번째에 있으므로 2를 return해 줍니다.

▶ 6번째 줄:s1 문자열 "Intae Ryu"속에 "ryu"는 일치되는 문자가 없으므로 −1를 return해줍니다. 대소문자는 구별하므로 "Ryu"와 "ryu"는 다른 문자열입니다.

indexOf(String str, int fromIndex)는 주어진 String object의 문자열에서 fromIndex의 위치부터 찾기 시작해서 String str의 문자가 처음 문자부터 계산하여 몇 번째에 저장되어 있는지를 확인해서 해당 번째를 int 값으로 return해줍니다. 만약 주어진 문자열 object에서 fromIndex의 위치부터 일치되는 str 문자열이 없을 경우에는 −1을 return해줍니다.

예제 | Ex00611A

아래 프로그램은 indexOf(String str, int fromIndex)을 이용하여 "of"문자열을
찾는 프로그램입니다.

```
 1: class Ex00611A {
 2:    public static void main(String[] args) {
 3:        String statement = "Lincoln speech Regarding People : that
government of the people, by the people, for the people, shall not perish
from the earth.";
 4:        String givenString = "of";
 5:        int fromIndex = 7;
 6:        int foundIndex = statement.indexOf(givenString, fromIndex);
 7:        if ( foundIndex < 0 ) {
 8:          System.out.println("There is no word '"+givenString+"' in the
below statement after "+fromIndex+" characters.");
 9:        } else {
10:          System.out.println("There is word '"+givenString+"' at position
"+foundIndex+" in the below statement after "+fromIndex+" characters.");
11:        }
12:        System.out.println(statement);
13:    }
14: }
```

```
D:\IntaeJava>java Ex00611A
There is word 'of' at position 50 in the below statement after 7 characters.
Lincoln speech Regarding People : that government of the people, by the people,
for the people, shall not perish from the earth.

D:\IntaeJava>
```

프로그램 설명

▶ 6번째 줄:주어진 statement 문자열에서 givenString 문자열 "of"를 7글자 이후
  부터 찾기를 하라는 명령입니다.
  만약 찾으면 foundIndex에 찾은 문자의 시작 값을 return해줍니다. 못 찾으면
  −1을 return해줍니다.

예제 | Ex00611B

도전해 보세요   다음 프로그램은 indexOf() method를 이용하여 문장 속에 있는 특정
단어가 몇 번 나왔는지의 횟수를 세는 프로그램입니다. 아래 프로그램이 이해가 잘
안되면 바로 뒤따라 나오는 "순환 기능이란"을 먼저 학습해보세요.

```
 1: class Ex00611B {
 2:    public static void main(String[] args) {
 3:        String statement = "Lincoln speech Regarding People : that
```

```
government of the people, by the people, for the people, shall not perish
from the earth.";
 4:        String givenString = "people";
 5:        StringHandling sh = new StringHandling();
 6:        int count = sh.countGivenString(statement, givenString, 0, true);
 7:        System.out.println("There is word '" + givenString + "' " + count
+ " times in the below statement if case ignored.");
 8:        count = sh.countGivenString(statement, givenString, 0, false);
 9:        System.out.println("There is word '" + givenString + "' " + count
+ " times in the below statement if case not ignored.");
10:        System.out.println(statement);
11:    }
12: }
13: class StringHandling {
14:     int countGivenString(String stmt, String givenStr, int fromIndex,
boolean isCaseIgnore) {
15:        int count = 0;
16:        if ( stmt.length() == 0 ) return 0;
17:        int foundIndex;
18:        if ( isCaseIgnore ) {
19:            foundIndex = stmt.toLowerCase().indexOf(givenStr, fromIndex);
20:        } else {
21:            foundIndex = stmt.indexOf(givenStr, fromIndex);
22:        }
23:        if ( foundIndex < 0 ) return 0;
24:        count = countGivenString(stmt, givenStr, foundIndex+givenStr.
length(), isCaseIgnore) + 1;
25:        return count;
26:    }
27: }
```

```
D:\IntaeJava>java Ex00611B
There is word 'people' 4 times in the below statement if case ignored.
There is word 'people' 3 times in the below statement if case not ignored.
Lincoln speech Regarding People : that government of the people, by the people,
for the people, shall not perish from the earth.

D:\IntaeJava>
```

프로그램 설명

▶ 5번째 줄:입력되는 문자열에서 찾는 문자열이 몇 번 들어있는지를 세는 method
countGivenString()을 가지고 있는 StringHandling object를 생성합니다.
13~27번째 줄까지 정의된 StringHandling class는 mehod를 수행 후 data
를 보관할 필요가 없습니다. 즉 변수(attribute)가 필요 없는 class입니다. 단지
method 내에서 찾은 문자열이 몇 번 있었는지의 개수를 반환해주는 method 하
나로 구성된 class입니다.

▶ 6번째 줄:문자열 statement속에 찾는 문자열 givenStr이 몇 번이나 들어있는지를
찾는 method countGivenString()을 수행시키고 있습니다. 이때 isIgnoreCase

에 true가 전달되기 때문에 대소문자를 무시하고 같은 단어이면 count합니다.

▶ 8번째 줄:문자열 statement속에 찾는 문자열 givenStr이 몇 번이나 들어있는지를 찾아는 method countGivenString()을 수행시키고 있습니다. 이때 대소문자를 무시하지 않고 대소문자까지 같아야 같은 단어로 취급합니다.

▶ 19번째 줄:대소문자를 구별하지 않을 경우에는 문자열 stmt를 모두 소문자로 바꾸고, 주어진 찾는 문자로 indexOf() method를 적용시킵니다. 만약 주어진 찾는 문자가 대문자와 함께 있을 가능성이 있다면 givenStr도 givenStr. toLowerCase()로 바꾸어야 합니다.
foundIndex = stmt.toLowerCase().indexOf(givenStr.toLowerCase(), fromIndex);
와 같이 정의해야 합니다.

▶ 24번째 줄:이 프로그램은 순환(Recursion) method를 이용한 문제 푸는 방식으로 21번째 줄은 countGivenString() method 내에서 자기 자신의 method를 호출하는 상황입니다. 단 자기 자신의 method를 호출할 때 전달되는 data 중 찾기를 시작하는 fromIndex 값을 foundIndex+givenStr.length()로 바꾸어서 찾으므로 givenStr을 모두 찾을 때까지 순환하게 됩니다.

■ 순환(Recursion) 기능이란? ■

순환(Recursion,혹은 재귀호출)은 컴퓨터 과학의 용어로 어떤 문제를 풀기 위해 원래의 문제보다 작은 문제로 나누고, 나누어진 작은 문제를 풀은 후, 그 결과들을 합쳐서 원래 문제를 풀 수 있다는 원리입니다. 이 원리는 컴퓨터로 문제를 풀기위해 생각해낸 방법 중 하나입니다. 순환기능을 이용한 대표적인 것이 수학의 factorial을 구하는 문제를 푸는 방법입니다.

4! = 4 * 3 * 2 * 1 = 24인데 이것을 컴퓨터로 풀기 위해 순환 기능을 대입해 보면

4! = 4 * 3!
3! = 3 * 2!
2! = 2 * 1!
1! = 1 입니다.

위 계산식을 일반화된 식으로 표현하면 아래와 같이 표현할 수 있습니다.

n! = n * (n−1)!

사람은 4!을 풀기 위해 4 * 3 * 2 * 1 = 24라고 직접 계산하고, 사람은 6!을 풀기 위해 6 * 5 * 4 * 3 * 2 * 1 = 720이라고 직접 계산 하면 됩니다. 하지만, 컴퓨터 계산 명령을 작성하려면 숫자를 직접 프로그래밍에 coding하는, 4 혹은 6처럼 결정되어 있는 숫자는 되지만, 임의의 값이라고 하면 프로그램을 작성할 수 없습니다. 그

러므로 캄퓨터 계산 명령은 일반화된 식이 필요합니다.

예를 들어 임의의 수가 4!과 6!을 계산하는 프로그램을 만든다고 가정하면

```
Int k = 4;
Int value = calculateFactorial(k);
k = 6;
value = calculateFactorial(k);
```

위와 같이 calculateFactorial() 이라는 method를 정의한다면= calculateFactorial() method에서 임의의 수에 대한 factorial 값을 계산하게 될 것입니다.

다음은 calculateFactorial() method를 정의하는 것으로서 일반화된 식을 사용하면 아래와 같이 정의할 수 있습니다.

```
Int calculateFactorial(int n) {
    Int result = n * calculateFactorial(n-1);
    Return result;
}
```

다음 문제는 제일 작은수 1!일 경우입니다. 1!는 수학적인 정의에 의해 1이므로 calculateFactorial() method를 다음과 같이 개선합니다. 그리고 전달된 int n 값이 0이나 음수인 경우는 factorial을 계산할 수 없으므로 0을 return합니다.

```
int calculateFactorial(int n) {
    if ( n <= 0 ) return 0;
    if ( n == 1 ) return 1;
    int result = n * calculateFactorial(n-1);
    return result;
}
```

다시 임의의 수 n = 4일 경우 calculateFactorial() method 내부에 4를 대입해보면

Int result = 4 * calculateFactorial(3)

즉 calculateFactorial() method 내부에서 자기 자신 method인 calculateFactorial()를 호출하는 순환(Recursion) 기능을 하게 됩니다.

예제 | Ex00611C

아래 프로그램은 지금까지 설명한 사항을 coding한 프로그램입니다.

```
 1: class Ex00611C {
 2:    public static void main(String[] args) {
 3:       Calculation c = new Calculation();
 4:       int k = 4;
 5:       int value = c.calculateFactorial(k);
 6:       System.out.println(k+"! = "+value);
 7:       k = 6;
 8:       value = c.calculateFactorial(k);
 9:       System.out.println(k+"! = "+value);
10:    }
11: }
12: class Calculation {
13:    int calculateFactorial(int n) {
14:       if ( n <= 0 ) return 0;
15:       if ( n == 1 ) return 1;
16:       int result = n * calculateFactorial(n - 1);
17:       return result;
18:    }
19: }
```

```
D:\IntaeJava>java Ex00611C
4! = 24
6! = 720

D:\IntaeJava>
```

6.5.8 compareTo() 와 compareToIgnoreCase() method

compareTo(String anotherString) method는 두 문자열의 Unicode 값의 크기를
비교하여 주어진 문자열이 parameter로 들어오는 문자열(anotherString)보다 작
으면 음수, 같으면 0, 크면 양수 int 값을 return해줍니다. 2.8.3절 Unicode에서
설명한대로 숫자 문자는 영문자 대문자보다 작고, 영문자 대문자는 소문자 보다 작
습니다. 특수문자는 숫자 문자 보다 작은 것도 있고, 숫자 문자와 영문자 대문자 사
이에 오는 것도 있고 영문자 대문자와 소문자 사이에 오는 것도 있고, 소문자 보다
큰 것도 있으니 Unicode 표를 보아야 합니다.

예제 | Ex00612

아래 프로그램은 compareTo() method를 이용하여 Unicode의 순서를 확인해보
는 프로그램입니다.

```
 1: class Ex00612 {
 2:    public static void main(String[] args) {
 3:       String s1 = "Java";
 4:       String s2 = "java";
```

```
  5:          if ( s1.compareTo(s2) > 0 ) {
  6:              System.out.println("seq order s2="+s2 + " : s1="+ s1 + ",
s1.compareTo(s2)="+s1.compareTo(s2));
  7:          } else {
  8:              System.out.println("seq order s1="+s1 + " : s2="+ s2 + ",
s1.compareTo(s2)="+s1.compareTo(s2));
  9:          }
 10:         String t1 = "AAA";
 11:         String t2 = "111";
 12:         if ( t1.compareTo(t2) > 0 ) {
 13:              System.out.println("seq order t2="+t2 + " : t1="+ t1 + ",
t1.compareTo(t2)="+t1.compareTo(t2));
 14:          } else {
 15:              System.out.println("seq order t1="+t1 + " : t2="+ t2 + ",
t1.compareTo(t2)="+t1.compareTo(t2));
 16:          }
 17:         String u1 = "2 2";
 18:         String u2 = "222";
 19:         if ( u1.compareTo(u2) > 0 ) {
 20:              System.out.println("seq order u2="+u2 + " : u1="+ u1 + ",
u1.compareTo(u2)="+u1.compareTo(u2));
 21:          } else {
 22:              System.out.println("seq order u1="+u1 + " : u2="+ u2 + ",
u1.compareTo(u2)="+u1.compareTo(u2));
 23:          }
 24:         String v1 = "{{{";
 25:         String v2 = "xyz";
 26:         if ( v1.compareTo(v2) > 0 ) {
 27:              System.out.println("seq order v2="+v2 + " : v1="+ v1 + ",
v1.compareTo(v2)="+v1.compareTo(v2));
 28:          } else {
 29:              System.out.println("seq order v1="+v1 + " : v2="+ v2 + ",
v1.compareTo(v2)="+v1.compareTo(v2));
 30:          }
 31:      }
 32: }
```

```
D:\IntaeJava>java Ex00612
seq order s1=Java : s2=java, s1.compareTo(s2)=-32
seq order t2=111 : t1=AAA, t1.compareTo(t2)=16
seq order u1=2 2 : u2=222, u1.compareTo(u2)=-18
seq order v2=xyz : v1={{{, v1.compareTo(v2)=3

D:\IntaeJava>
```

프로그램 설명

▶ 5번째 줄:문자열 s1 대문자 "Java"와 문자열 s2 소문자 "java"는 대문자가 작음을 출력 결과를 보면 알 수 있습니다.

▶ 12번째 줄:문자열 t1 대문자 "AAA"와 문자열 t2 숫자문자 "111"는 숫자문자가 작음을 출력 결과를 보면 알 수 있습니다.

▶ 19번째 줄:문자열 u1 특수문자 space "2 2"와 문자열 u2 숫자문자 "222"는 특수
문자 space가 작음을 출력 결과를 보면 알 수 있습니다. 여기에서 첫 번째 문자
"2"는 서로 같으므로 두 번째 문자를 서로 비교하고 그 결과 값을 return합니다.

▶ 26번째 줄:문자열 v1 특수문자 "{{{"와 문자열 v2 소문자 "xyz"는 영문자 소문자
가 작음을 출력 결과를 보면 알 수 있습니다.

▶ return 되는 값은 문자를 비교한 후 Unicode 값의 차이를 int 값으로 return해
줍니다. 예를 들어 "A"는 Unicode 10진수 값 65, "1"은 Unicode 10진수 값 49
이므로 65 – 49 = 16으로 13번째 줄에서 16이 출력되었습니다.

예제 | Ex00612A

다음 프로그램은 실무에서 많이 활용하는 예로, 이름 순서대로 sorting하는 프로그
램의 일부를 가지고 만든 프로그램입니다.

```
 1: class Ex00612A {
 2:    public static void main(String[] args) {
 3:        String s1 = "Lina Choi";
 4:        String s2 = "Intae Ryu";
 5:        if ( s1.compareTo(s2) > 0 ) {
 6:           System.out.println("given  name seq order = "+s2 + " : "+ s1);
 7:        } else {
 8:           System.out.println("given  name seq order = "+s1 + " : "+ s2);
 9:        }
10:        StringHandling sh = new StringHandling();
11:        String fg1 = sh.putFamilyNameFirst(s1);
12:        String fg2 = sh.putFamilyNameFirst(s2);
13:        if ( fg1.compareTo(fg2) > 0 ) {
14:          System.out.println("family name seq order = "+fg2 + " : "+ fg1);
15:        } else {
16:          System.out.println("family name seq order = "+fg1 + " : "+ fg2);
17:        }
18:    }
19: }
20: class StringHandling {
21:    String putFamilyNameFirst(String givenNameFamilyName) {
22:        String familyNameGivenName;
23:        int n = givenNameFamilyName.indexOf(" ");
24:        if ( n > 0 ) {
25:            familyNameGivenName = givenNameFamilyName.substring(n+1)+",
"+givenNameFamilyName.substring(0,n);
26:        } else {
27:         familyNameGivenName="name format Error : " + givenNameFamilyName;
28:        }
29:        return familyNameGivenName;
30:    }
31: }
```

```
D:\IntaeJava>java Ex00612A
given  name seq order = Intae Ryu : Lina Choi
family name seq order = Choi, Lina : Ryu, Intae

D:\IntaeJava>
```

프로그램 설명

▶ 5번째 줄:문자열 s1 "Lina Choi"와 문자열 s2 "Intae Ryu"는 "Intae Ryu"가 작음으로 먼저 출력되고 있습니다.

▶ 11,12번째 줄:putFamilyNameFirst() method를 이용하여 이름+blank+성의 순서로 되어있는 문자열을 성+","+이름의 순서로 바꾸어 새로운 이름 문자열 fg1과 fg2를 만듭니다.

▶ 13번째 줄:문자열 fg1 "Choi, Lina"와 문자열 fg2 "Ryu, Intae"는 "Choi, Lina"가 작음으로 먼저 출력되고 있습니다.

▶ 21~30번째 줄:이름+blank+성의 순서로 되어있는 문자열을 indexOf() method를 사용하여 성과 이름의 중간에 있는 space문자의 위치를 찾아 substring() method를 이용하여 성과 이름을 문자열로부터 분리해낸 후 순서를 바꾸어 새로운 문자열 성+","+이름을 만들어 return해주는 method입니다. indexOf(), substring() method도 활용하고, 프로그램 기법도 익힐 수 있도록 선정한 프로그램 예입니다.

compareToIgnoreCase(String anotherString) method는 두 문자열을 영문자 대소문자를 무시하고 Unicode 값의 크기를 비교하여 주어진 문자열이 parameter로 들어오는 문자열(anotherString)보다 작으면 음수, 같으면 0, 크면 양수 int 값을 return해줍니다. 숫자문자, 특수문자에 대해서는 compareTo(String another String) method와 동일한 기능을 합니다

예제 | Ex00612B

```
1: class Ex00612B {
2:     public static void main(String[] args) {
3:         String s1 = "Java";
4:         String s2 = "java";
5:         if ( s1.compareTo(s2) > 0 ) {
6:             System.out.println("seq order = "+s2 + " : "+ s1 + ",
s1.compareTo(s2)="+s1.compareTo(s2));
7:         } else {
8:             System.out.println("seq order = "+s1 + " : "+ s2 + ",
s1.compareTo(s2)="+s1.compareTo(s2));
9:         }
10:        if ( s1.compareToIgnoreCase(s2) == 0 ) {
11:            System.out.println("s1 = s2 : "+s1 + " : "+ s2 + ",
```

```
   s1.compareToIgnoreCase(s2)="+s1.compareToIgnoreCase(s2));
12:        } else if ( s1.compareToIgnoreCase(s2) > 0 ) {
13:             System.out.println("seq order = "+s2 + " : "+ s1 + ",
   s1.compareToIgnoreCase(s2)="+s1.compareToIgnoreCase(s2));
14:        } else {
15:             System.out.println("seq order = "+s1 + " : "+ s2 + ",
   s1.compareToIgnoreCase(s2)="+s1.compareToIgnoreCase(s2));
16:        }
17:    }
18: }
```

```
D:\IntaeJava>java Ex00612B
seq order = Java : java, s1.compareTo(s2)=-32
s1 = s2 : Java : java, s1.compareToIgnoreCase(s2)=0

D:\IntaeJava>
```

프로그램 설명

▶ 10,11번째 줄:대문자 "Java"와 소문자 "java"가 compareToIgnoreCase() method
를 사용하면 대소문자를 구별하지 않음으로 그 차이는 0이 됩니다.

지금까지 배운 method를 정리해보면 다음과 같습니다. 많이 사용하는 method이
므로 기억하고 있으면 편리합니다.

String method	의미	참고
length()	문자열의 길이, 즉 몇개의 문자를 가지고 있는지 문자수를 return합니다.	6.1.1절
equals()	두 String object가 가지고 있는 문자열이 같으면 true, 다르면 false를 return	6.1.1절
toUpperCase() toLowerCase()	대/소문자 -> 대문자로 변환 대/소문자 -> 소문자로 변환	6.5.1절
trim()	문자열의 앞과 뒤에 있는 공백문자를 잘라내는 method	6.5.2절
startsWith() endsWith()	• String object가 ()에 저장된 글자로 시작하면 true, 아니면 false return • String object가 ()에 저장된 글자로 끝나면 true, 아니면 false return	6.5.3절
replace()	replace(String oldStr, String newStr)에서 바꾸고자 하는 문자열(oldStr)을 찾아 일치하면 새로운 문자열(newStr)로 대체, newStr 문자열 return	6.5.5절
substring()	• substring(int beginIndex) :시작 위치 자릿수 문자열부터 마지막까지 return • substring(int beginIndex, endIndex):시작 위치 ~ 끝 위치 전까지 끊어서 return	6.5.6절
indexOf()	주어진String object의 문자열 속에 String str의 문자가 몇 번째에 저장되어 있는지를 확인해서 해당 번째를 int 값으로 return	6.5.7절
compareTo() compare-ToIgnoreCase()	• 두 문자열을 비교, 주어진 문자열이 () 문자열보다 작으면 음수, 같으면 0, 크면 양수 int 값 return (작성형식:s1.compareTo(s2)) • 영문자 대소문자를 무시하고 두 문자열의 Unicode 값의 크기를 비교, 주어진 문자열이 () 문자열 보다 작으면 음수, 같으면 0, 크면 양수 int 값 return	6.5.8절

static key word

현재까지 배운 class와 object개념으로는 class 혹은 object에는 instance 변수와 method가 있고, instance변수에 어떤 값을 저장하거나, 읽어 올 경우, 혹은 method를 호출하고자 할 경우에는 object를 생성한 후 그 object의 instance변수나 method를 호출했습니다. 즉 object 생성없이 class 만으로는 아무 일도 할 수 없었습니다. 하지만 지금 설명하는 static key word를 사용하면 object 생성없이 class에서 정의한 변수나 method 를 사용하게 됩니다.

static key word ⑦⑦

7.1 static 변수

instance변수는 object를 생성할 때마다 해당 object에 각각 생기는 변수인 반면, static변수는 class 내에 같은 변수이름으로는 한개만 존재하는 변수입니다. 그래서 class 변수라고도 합니다.

Static 변수는 class로 부터 생성된 각각의 object에서 공통적으로 사용하기 위한 목적으로 선언합니다. 몇 개의 object가 생성되었는지의 값을 저장하는 변수가 될 수 있습니다.

예제 | Ex00701

아래 프로그램은 같은 성을 가진 한 가족 3명의 Person object를 만들어 static 변수가 어떤 역할을 하는지를 보여주는 프로그램입니다.

```
 1: class Ex00701 {
 2:    public static void main(String[] args) {
 3:        PersonA p1 = new PersonA("Tom");
 4:        p1.familyName = "Smith";
 5:        PersonA p2 = new PersonA("Chris");
 6:        PersonA p3 = new PersonA("Lina");
 7:        p1.showPersonA();
 8:        p2.showPersonA();
 9:        p3.showPersonA();
10:
11:        PersonA.familyName = "Kim";
12:        p1.showPersonA();
13:        p2.showPersonA();
14:        p3.showPersonA();
15:    }
16: }
17: class PersonA {
18:    static String familyName;
19:    String givenName;
20:    PersonA(String gName) {
21:        givenName = gName;
22:    }
23:    void showPersonA() {
24:        System.out.println("Family Name ="+familyName+", GivenName =
```

```
      "+givenName);
25:      }
26: }
```

```
D:\IntaeJava>java Ex00701
Family Name =Smith, GivenName = Tom
Family Name =Smith, GivenName = Chris
Family Name =Smith, GivenName = Lina
Family Name =Kim, GivenName = Tom
Family Name =Kim, GivenName = Chris
Family Name =Kim, GivenName = Lina

D:\IntaeJava>
```

프로그램 설명

▶ 18번째 줄:class PersonA에서 static familyName은 class PersonA에 하나만 존재하는 변수입니다.

▶ 4,11번째 줄:static familyName 변수는 object 변수를 가지고 access 할 수도 있고, class name을 가지고도 access 할 수 있습니다. 즉 위 예제에서 p1.familyName, p2.familyName, p3.familyName, PersonsA.familyName은 모두 같은 기억 장소를 의미합니다.

▶ static familyName 변수는 object가 만들어지기 이전에도 사용할수 있는 변수 입니다.

위프로그램에서 6번째 줄이 완료된 상태의 컴퓨터 memory상태를 그림으로 나타 내면 아래와 같습니다.

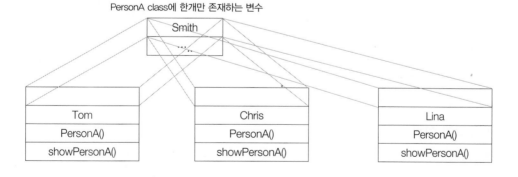

7,8,9번째 줄에서 p1,p2,p3 object의 showPersonA() method를 수행하면 family Name은 모든 object에 한 개만 존재하는 기억장소이므로 그 값은 모두 Smith가 되 어 어느 object의 familyName을 출력하더라도 Smith를 출력하게 됩니다.

예제 | Ex00702

다음 예제 프로그램은 static 변수의 활용 예로서 Car object가 만들어질 때마다 1

씩 증가 하므로 총 몇 개의 Car object가 만들어졌는지 알 수 있습니다.

```
 1: class Ex00702 {
 2:    public static void main(String[] args) {
 3:        System.out.println("No of Car = "+Car.noOfCar);
 4:
 5:        Car c1 = new Car(1001, 70000, "White");
 6:        c1.showStatus();
 7:
 8:        Car c2 = new Car(1002, 6500, "Yellow");
 9:        c2.showStatus();
10:
11:        Car c3 = new Car(2001, 6800, "Blue");
12:        c3.showStatus();
13:    }
14: }
15: class Car {
16:    int licenseNo;
17:    int fuelTank;
18:    String color;
19:    static int noOfCar;
20:
21:    Car(int ln, int ft, String c) {
22:        licenseNo = ln;
23:        fuelTank = ft;
24:        color = c;
25:
26:        noOfCar = noOfCar + 1;
27:    }
28:
29:    void showStatus() {
30:    System.out.println("No of Car ="+noOfCar + ", licenseNo="+licenseNo+",
fuelTank="+fuelTank+", color="+color);
31:    }
32: }
```

프로그램 설명

▶ 3번째 줄:static 변수인 noOfCar는 object가 생성되기 전에도 확보되어 있는 기억 장소입니다.

▶ 26번째 줄:static 변수 noOfCar에 5,8,11번째 줄에서 object가 생성될 때마다 1씩 증가하게 됩니다.

▶ 30번째 줄:static 변수 noOfCar는 6,9,12 번째 줄에서showStatus()를 호출할 때 그 때까지 생성된 모든 object을 개수를 출력해주고 있음을 알 수 있습니다.

7.2 static method

static method는 static variable과 마찬가지로 class에 붙어있는 method입니다. 3.2장에서 배운 method(static method와 구별하기 위해 instance method라고 부름)는 각각의 object에 붙어 있는 method인 반면, static method는 class에만 존재하는 method입니다. static method는 object 유무와 관계없이 언제든지 사용 가능한 method입니다. 즉 object 생성없이 static method호출이 가능합니다. 따라서 instance method를 호출하기 위해서는 object가 반드시 생성되어 있어야 하고, static method를 호출하기 위해서는 class 이름이 있어야 합니다. static method는 object변수 이름으로 호출해도 됩니다. 왜냐하면 object는 class의 정의로부터 생성된 것이므로 어떤 class인지를 알 수 있기 때문입니다.

결론적으로 static은 class에 같은 이름으로는 하나만 존재합니다. 즉 static변수는 class에 같은 이름으로는 하나의 변수만 존재합니다. static method도 같은 이름으로는 하나의 method만 존재합니다.

자바용어만 사용하여 설명하니 혼동의 여지가 있어 우리 주변에 벌어지는 실생활에서 예를 들어 static과 instance(또는 object)에 대해 설명합니다.

어느 회사에서 사내 운동회를 개최하기로 하고 우선 운동회 준비팀를 결성하기로 했습니다. 회사내에는 6개의 부서가 있어서 각각의 부서는 해당 부서내 운동회 준비팀1개를 만들어야 합니다. 그러므로 6개의 팀이 만들어져서 준비를 하게 됩니다. 그리고 회사 전체를 담당하는 준비위원, 진행위원 등을 선발해서 행사본부 인원으로 구성했습니다.

그럼 컴퓨터 용어와 사내 운동회의 용어와 일대일 대응시켜 보겠습니다.

- 사내운동회 준비팀은 운동회 준비팀 class입니다.
- 행사 본부 인원은 static변수입니다. 즉 사내 운동회의 준비 위원장은 1명뿐입니다. 운동기구 준비위원 1명, 운동 종목 규칙을 정하는 준비위원 1명, 운동 종목 진행 순서 담당 준비위원 1, 인원이 많아도 담당하는 것은 모두 1명씩이라고 가정합시다. 행사 본부 인원은 static변수가 됩니다.
- 각 부서의 팀은 object(또는 instance)입니다. A팀, B팀, …, J팀까지 10개 팀입니다. 각각의 팀에 팀장은 1명, 축구를 준비하는 인원 1명, 배구를 준비하는 인원 1명, 탁구를 준비하는 인원 1명, 운동 종목이 많아도 각 팀에서는 각 운동 종목별로 1명씩 담당한다고 가정합시다. 각 팀에 소속되어 있는 운동종목 담당자는 instance변수가 됩니다.
- 행사 본부에서 운동장 정리하기 method도 있고, 시상식 준비하기 method도 있고, 외부인사 안내하기 method도 있다고 한다면 이들은 모두 static method

가 됩니다.

- 각 팀에서는 축구 연습시키기 method, 배구 연습시키기 method 등이 있다고 하면, 이것은 instance method입니다.

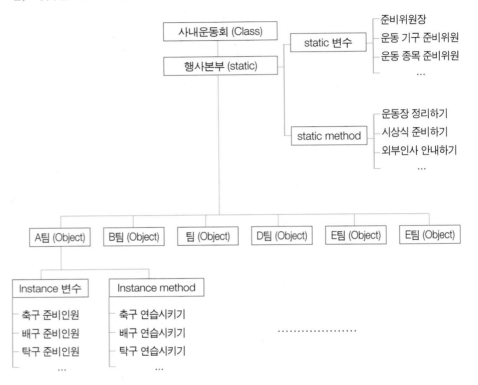

- 위 그림에서 class와 object를 구별해 봅시다. 운동회의 기획단계에서 만든 조직도가 class입니다. 그 조직도는 행사본부(static)조직도와 한 개팀(instance) 조직도로 구성됩니다. 기획단계를 지나 실시단계가 되면 조직도대로 인원선정을 합니다. 인원 선정은 행사본부(static)인원을 우선 선정합니다. 그 다음 A팀에게 한 개팀 조직도를 보여주고 조직도대로 준비팀을 구성하게 합니다. A팀 준비팀이 완료되면 그 다음은 B팀에게 준비팀을 구성하게 합니다.
- 위 설명에서 기획 단계는 class 프로그램을 작성하는 단계이고, 실시 단계는 프로그램을 수행하는 단계라고 생각하면 됩니다.

■ Object밖에서(주로 main method내에서) instance변수의 접근과 method 호출, static 변수의 접근과 method 호출를 비교하면 아래와 같습니다.(Object나 class밖에서 object memeber접근 및 호출 규칙:앞으로 "외부규칙"이라고 부르겠습니다)
- 회사내에 준비팀에 속하지 않은 일반 직원 입장에서 즉 준비팀 밖에서 각 부서 준비팀

의 인원(instace변수)부르기나 각 부서 준비팀의 축구 연습시키기 mehod(instance method), 행사 본부인원 (static변수)부르기, 운동장 정리 method(static method) 실행시키기 등을 비교해 보겠습니다.

① instance변수는 object변수로 access하고, instance method는 object변수로 호출합니다.

❶ 축구담당 준비위원 불러 올 경우는 A팀 축구담당인지, B팀 축구담당인지 앞에 어느 팀인지를 붙여야하고, 축구 연습시키는 것도 A팀 축구연습을 시킬 것인지, B팀의 축구연습 시킬 것인지 앞에 어느 팀인지 반드시 붙여야 해당되는 팀이 연습을 할 수 있습니다.

② static변수는 class이름으로 access하고, static method는 class이름으로 호출합니다.

❷ 사내에는 운동회 준비팀도 있지만 다른 업무의 준비팀(예:경영혁신 준비팀)도 있기 때문에 준비 위원장 하면 어느 준비위원장인지 모를수 있습니다. 그러므로 운동회 준비팀(class이름) 준비위원장(static변수)으로 운동회 준비팀(class이름)을 반듯시 붙여야 합니다. 점심식사 분배하기 method도 다른 준비팀의 점심식사 분배하기와 구별하기 위해 운동회 준비팀(class이름) 점심식사 준비하기 method(static method)라고 운동회 준비팀(class이름)을 반드시 붙여야 합니다.

③ static변수는 object 변수로도 access할 수 있고, static method는 object변수로도 호출할 수 있습니다.

❸ A팀(object)의 운동기구 준비위원(static변수)은 누구냐? B팀(object)의 운동기구 준비위원(static변수)은 누구냐?,라는 질문에 모두 행사본부에 있는 동일한 운동기구 준비위원(static변수)을 지칭합니다. 'A팀(object) 운동장 정리하라(static method)'라고 하는 것이나 'B팀(object) 운동장 정리하라'라고 하는 것이나 동일한 운동장이 정리되는 것(static method)이므로 운동회 준비팀(class이름) 운동장 정리하라(static method)라는 것과 동일한 명령입니다.

■ instance method와 static method 내에서 access할 수 있는 변수와 호출할 수 있는 method를 정리하면 아래와 같습니다.(method 내에서 변수 접근 및 method 호출 규칙:앞으로 "내부규칙"이라고 부르겠습니다.)

● 팀(instance) 내에서와 행사본부(static) 내에서 부를 수 있는 담당자와 할수 있는 행동(method)은 다음과 같습니다.

① instance method 내에서는 instance 변수를 object변수없이 access하고, 자신 instance method를 포함 다른 instance method도 호출 가능합니다. 왜냐하면 같은 object 내에 있기 때문에 instance변수 이름만 가지고도 어느 object의

instance변수인지 알 수 있고, 어느 object의 method인지 알 수 있기 때문입니다. 굳이 어느 object인지 명시할 경우에는 this key word를 instance변수 앞 혹은 method 앞에 붙이면 됩니다.

❶ 팀(instance, 혹은 object) 내에서 팀장이나 축구종목 담당자(instance변수)를 부를 때는 팀명없이 불러도 됩니다. 예를 들어 A팀 내에서 '팀장님 어디 가셨냐'에서 팀장님은 A팀 팀장을 의미합니다. 다른 팀장과 정확히 구별하기 위해 '우리 팀(this) 팀장님 어디가셨냐?'라고 할 수도 있습니다. 이때도 우리 팀장의 의미는 A팀 팀장을 의미합니다. 또 A팀 내에서 같은 팀원끼리 이야기 할 때 '축구 연습 하자'라는 의미는 A팀 선수들의 축구 연습하자는 의미이지 다른 축구 연습하는 것이 아닙니다. 정확히 하기위해 '우리 팀(this) 축구 연습하자'라고 말할 수 있습니다.

② instance method 내에서는 static 변수를 object변수나 class 이름 없이 access하고, static method도 호출 가능합니다. 왜냐하면 같은 class 내에 있기 때문에 static변수 이름만 가지고도 어느 변수인지 알 수 있고, method 이름만 static method인지 알 수 있기 때문입니다. 변수 이름이나 method를 명확히하기 위해 class이름이나 this key word를 붙일 수도 있습니다.

❷ A팀 축구 연습(instance method)하는 도중에 팀원들간의 대화에서 '팀장(instance변수)님 어디 가셨냐?'라고 하면 팀장은 A팀 팀장을 의미하는 것이고, 준비위원장(static 변수)님 어디가셨냐?'라고 하면 준비위원장은 A팀의 준비위원장은 없기 때문에 진행본부의 준비위원장(static변수)을 의미합니다.

③ static method 내에서는 static 변수를 class이름 없이 access하고, class이름 없이 static method를 호출합니다. 왜냐하면 같은 class내이기 때문에 어느 class의 static 변수인지 또는 method인지 알 수 있기 때문입니다. 명확히하기 위해 class이름은 붙일 수 있으나 this key word는 붙일 수 없습니다. This는 object를 나타내는 key word로 static method 내는 object 내의 method가 아니기 때문에 this key word는 사용할 수 없습니다.

❸ 시상식 준비(static method)하고 있는 행사 본부 사람들간 대화에서 준비위원장(static변수)님 어디 가셨냐라고 하면 준비위원장은 진행본부 준비위원장이고, 외부인사 안내도 해야한다(static method)라는 말도 운동회를 위한 외부인사라는 것을 알 수 있습니다. 명확히 하기 위해 운동회(class이름)의 외부인사 안내하기라고 해도 됩니다. 하지만 '우리팀(this key word) 외부인사 안내하자'라고는 할수 없습니다. 행사 본부 사람들간에는 우리팀(this key word)이라는 말은 어느 팀에도 속해있지 않기 때문에 존재할 수 없는 말입니다.

④ static method 내에서는 instance 변수를 object변수 없이 access할수 없고, instance method를 object변수 없이 호출할 수 없습니다. 왜냐하면 같은 class

내에서는 어느 object인지 알 수 없기 때문입니다.

❹ 시상식 준비(static method)하고 있는 행사 본부 사람들간 대화에서 팀장(instance 변수)을 A팀(object) 팀장, B팀(object) 팀장과 같이 팀 이름(object변수)없이 팀 장을 이야기 할 수 없습니다. 즉 '팀장(instance변수)은 친절하다'라고 한다면 듣 는 사람은 '어느 팀장을 말하는 것이냐?' 라고 바로 질문이 들어옵니다. '축구 연 습하더라(instance method)'라고 한다면 '어느 팀(어느 object)이 축구연습하는 거냐?'라고 바로 질문이 들어 오는 것과 마찬가지 개념입니다.

예제 | Ex00703

아래 프로그램은 static 변수인 noOfCar를 static method를 호출하여 출력하고 있 는 프로그램입니다.

```
 1: class Ex00703 {
 2:    public static void main(String[] args) {
 3:        Car.showNoOfCar();
 4:
 5:        Car c1 = new Car(1001, 70000, "White");
 6:        c1.showStatus();
 7:
 8:        Car c2 = new Car(2001, 6800, "Blue");
 9:        c2.showStatus();
10:
11:        c1.showNoOfCar();
12:    }
13: }
14: class Car {
15:    int licenseNo;
16:    int fuelTank;
17:    String color;
18:    static int noOfCar;
19:
20:    Car(int ln, int ft, String c) {
21:        licenseNo = ln;
22:        fuelTank = ft;
23:        color = c;
24:        noOfCar = noOfCar + 1;
25:    }
26:
27:    void showStatus() {
28:    System.out.println("No of Car = "+noOfCar + ", licenseNo="+licenseNo+",
fuelTank="+fuelTank+", color="+color);
29:    }
30:
```

```
31:    static void showNoOfCar() {
32:        System.out.println("The current no of Car = "+noOfCar);
33:        //System.out.println("licenseNo="+licenseNo); Error : licenseNo
cannot be used in static method
34:    }
35: }
```

```
D:\IntaeJava>java Ex00703B
Student name=A, eng=65 : D, mat=81 : B, sci=99 : A
Student name=B, eng=71 : C, mat=77 : C, sci=82 : B
Student name=C, eng=95 : A, mat=55 : F, sci=76 : C
Student name=D, eng=88 : B, mat=79 : C, sci=94 : A
Total           Eng=319,    Mat=292,    Sci=351
Average         Eng=79,     Mat=73,     Sci=87

D:\IntaeJava>
```

프로그램 설명

▶ 3번째 줄:31번째 줄의 static method showNoOfCar()는 Car object가 만들어
 지기 전에도 사용 가능합니다. 또한 static method는 class 이름인 Car로 호출
 하고 있습니다.(외부 규칙②)

▶ 6,9번째 줄:instance method인showStatus()를 호출하고 있습니다.(외부 규칙①)

▶ 11번째 줄:31번째 줄의 static method showNoOfCar()를 object 변수로 호출하
 고 있습니다.(외부 규칙③)

▶ 28번째 줄:static 변수인 noOfCar는 instance method인 showStatus()에서 사
 용 가능합니다.(내부 규칙②). instance 변수인 licenseNo, fuelTank, color는
 instance method인 showStatus()에서 사용 가능합니다.(내부 규칙①)

▶ 32번째 줄:static 변수인 noOfCar는 static method인 showNoOfCar()에서 사
 용 가능합니다.(내부 규칙③)

▶ 33번째 줄:instance 변수인 lincenseNo는 static method인 showNoOfCar()에
 서 사용할 수 없습니다.(내부 규칙④)

▶ 꼭 기억하세요. instance 변수는 static method 내에서는 사용할 수 없습니다.

예제 | Ex00703A

다음 프로그램은 Ex00703과 동일합니다. 단 instance 변수와 static 변수를 명확
히 하기 위해 this key word와 class 이름을 변수 앞에 붙였습니다.

```
1: class Ex00703A {
2:    public static void main(String[] args) {
3:        Car.showNoOfCar();
4:
5:        Car c1 = new Car(1001, 70000, "White");
```

```
 6:        c1.showStatus();
 7:
 8:        Car c2 = new Car(2001, 6800, "Blue");
 9:        c2.showStatus();
10:
11:        c1.showNoOfCar();
12:    }
13: }
14: class Car {
15:     int licenseNo;
16:     int fuelTank;
17:     String color;
18:     static int noOfCar;
19:
20:     Car(int ln, int ft, String c) {
21:         this.licenseNo = ln;
22:         this.fuelTank = ft;
23:         this.color = c;
24:         Car.noOfCar = Car.noOfCar + 1;
25:         //this.noOfCar = this.noOfCar + 1; // No error
26:     }
27:
28:     void showStatus() {
29:       System.out.println("No of Car = "+Car.noOfCar + ", licenseNo="+this.
licenseNo+", fuelTank="+this.fuelTank+", color="+this.color);
30:     }
31:
32:     static void showNoOfCar() {
33:         System.out.println("The current no of Car = "+Car.noOfCar);
34:          //System.out.println("The current car this.licenseNo = "+this.
licenseNo+", licenseNo=" +licenseNo ); // Yes Error
35:     }
36: }
```

```
D:\IntaeJava>java Ex00703A
The current no of Car = 0
No of Car = 1, licenseNo=1001, fuelTank=70000, color=White
No of Car = 2, licenseNo=2001, fuelTank=6800, color=Blue
The current no of Car = 2

D:\IntaeJava>
```

프로그램 설명

▶ 21,22,23번째 줄:instance 변수 앞에 this key word를 붙일 수 있습니다.(내부 규칙①)

▶ 24번째 줄:static 변수 앞에 class 이름을 붙일 수 있습니다.(내부 규칙②)

▶ 25번째 줄:static 변수 앞에 this key word를 붙일 수 있습니다.(내부 규칙②) 25번째 줄은 24번째 줄과 동일한 명령입니다. //를 한 이유는 24번째 줄에서 이미

object가 만들어지면 1이 증가 하는 계산을 했기 때문에 25번째 줄도 1을 증가하면 두 번 계산되기 때문에 //로 comment 처리한 것입니다.

▶ 29번째 줄:static 변수인 noOfCar 앞에 class 이름을 붙일 수 있습니다.(내부 규칙②). instance 변수인 licenseNo, fuelTank, color 앞에 this key word 붙일 수 있습니다.(내부 규칙①)

▶ 33번째 줄:static 변수인 noOfCar 앞에 class 이름 붙일 수 있습니다.(내부 규칙③)

▶ 34번째 줄:instance 변수인 lincenseNo는 static method인 showNoOfCar() 에서 사용 자체가 안 되므로 this key word붙이든 안 붙이든 compile 에러가 나옵니다.(내부 규칙④) 34번째 줄의 // comment를 없애고 compile하면 아래와 같은 두 가지 모두 에러가 있다는 메세지가 나옵니다.

```
D:\IntaeJava>javac Ex00703A.java
Ex00703A.java:34: error: non-static variable this cannot be referenced from a st
atic context
        System.out.println("The current car this.licenseNo = "+this.licenseNo+", l
icenseNo = "+licenseNo); // Yes Error
                                      ^
Ex00703A.java:34: error: non-static variable licenseNo cannot be referenced from
 a static context
        System.out.println("The current car this.licenseNo = "+this.licenseNo+", l
icenseNo = "+licenseNo); // Yes Error
                         ^
2 errors

D:\IntaeJava>
```

문제 | Ex00703B

다음 예제 프로그램은 Ex00403 프로그램에서 학생들의 과목 총점과 과목 평균을 산출하는 부분을 삽입한 프로그램으로 총점과 평균 계산을 위해 static method를 사용하여 아래와 같이 출력되도록 프로그램을 작성하세요.

힌트:학생 수, 영어 총점, 수학 총점, 과학 총점을 위해 누적하는 기억장소로 아래와 같이 static 변수를 사용하세요.

```
static int noOfStudent;
static int engTotal;
static int matTotal;
static int sciTotal;
```

```
D:\IntaeJava>java Ex00703B
Student name=A, eng=65 : D, mat=81 : B, sci=99 : A
Student name=B, eng=71 : C, mat=77 : C, sci=82 : B
Student name=C, eng=95 : A, mat=55 : F, sci=76 : C
Student name=D, eng=88 : B, mat=79 : C, sci=94 : A
Total           Eng=319,    Mat=292,    Sci=351
Average         Eng=79,     Mat=73,     Sci=87

D:\IntaeJava>
```

7.3 static 변수의 초깃값

static변수는 instance변수의 초깃값과 동일합니다. static변수에 초깃값을 선언하지 않으면 다음과 같은 값으로 채워집니다.

- byte, short, int, long:0
- float, double:0.0
- char:null (2 byte의 bit가 모두 0인 상수)
- boolean:false
- Object 변수:null (4byte의 bit가 모두 0인 상태로 어떤 object의 주소도 가지고 있지 않은 상태)

예제 | Ex00704

```
1: class Ex00704 {
2:    public static void main(String[] args) {
3:        PersonA p1 = new PersonA("James");
4:        PersonA p2 = new PersonA("Tom");
5:        PersonA p3 = new PersonA("Lina");
6:        p1.showPersonA();
7:        p2.showPersonA();
8:        p3.showPersonA();
9:
10:       PersonA.phoneNo = "403-663-1234";
11:       p1.showPersonA();
12:       p2.showPersonA();
13:       p3.showPersonA();
14:    }
15: }
16: class PersonA {
17:    static String familyName = "Johnson";
18:    String givenName;
19:    static String phoneNo;
20:    PersonA(String gn) {
21:        givenName = gn;
22:    }
23:    void showPersonA() {
24:            System.out.println("Family  Name  =  "+familyName + ",
givenName="+givenName+", phoneNo="+phoneNo);
25:    }
26: }
```

```
D:\IntaeJava>java Ex00704
Family Name = Johnson, givenName=James, phoneNo=null
Family Name = Johnson, givenName=Tom, phoneNo=null
Family Name = Johnson, givenName=Lina, phoneNo=null
Family Name = Johnson, givenName=James, phoneNo=403-663-1234
Family Name = Johnson, givenName=Tom, phoneNo=403-663-1234
Family Name = Johnson, givenName=Lina, phoneNo=403-663-1234

D:\IntaeJava>
```

프로그램 설명

6,7,8번째 줄:familyName과 phoneNo는 변수의 활용에 대한 분류로는 static 변수, 변수에 저장된 값에 따른 분류로는 object변수입니다. 17번째 줄에서 family Name에는 초깃값으로 "Johnson"이 저장되었지만 19번째 줄의 phoneNo는 아무 object의 주소도 저장되어 있지 않으므로 null로 표기됩니다.

▶ 10번째 줄:phoneNo에 "403-663-1234"을 저장합니다.

▶ 11,12,13번째 줄:phoneNo는 static 변수이므로 모든 p1, p2, p3의 Person object 의 phoneNo는 10번째 줄에서 저장한 "403-663-1234"가 출력되고 있음을 알 수 있습니다.

■ 변수의 분류 2 ■

변수의 분류를 체계적으로 잘 정리하여 기억해야 프로그램을 작성하여 compile할 때 에러를 찾아내는데 많은 도움이 됩니다.

① 변수에 저장되는 값에 따른 분류
- 기본 data 유형(primitive type)

  Byte, short, int, long, float, double, char, Boolean - 8가지
- 참조형 변수(reference type)

  Object 변수:object변수는 각각의 class마다 class에 맞는 object 변수를 사용합니다. 따라서 object의 변수의 종류는 class의 종류만큼 있다고 할 수 있습니다.

② 변수의 활용에 따른 분류(변수가 선언된 위치에 따른 분류)
- Local 변수 - method 내에 선언된 변수
- Instance 변수 - class의 attribute로 선언된 변수로 object 생성 시마다 생기는 변수, member 변수라고도 부름.
- static 변수 - class의 attribute선언하는 곳에서 변수형 앞에 static key word 를 붙이며, class에 하나만 생기는 변수, class 변수라고도 부름.

■ Local(지역) 변수란? 2 ■

Method 내에 선언된 변수로 지금까지 사용한 변수 중에 instance 변수와 static 변수를 제외한 모든 변수가 local 변수였습니다. local 변수는 변수 활용에 따른 변수이기 때문에, int형 변수가 local 변수가 될 수 있고, object변수가 local 변수가 될 수 있습니다. 또한 local 변수는 method내에 선언되는 변수이므로 method가 호출되어 실행할 때는 선언되었다가 method의 실행이 종료되면 모두 삭제됩니다. 그러므로 local 변수는 method가 호출될 때마다 생겼다가 없어지기를 반복합니다.

참고:3.12절 'this key word'에서 설명한 '지역변수란?1'과 함께 알고 있어야 합니다.

문제 | Ex00704A

■ Elephant class 정의 및 Object 만들기 ■

● Elephant attribute:

char name,

int age,

int weight,

static int totalWeight,

static int noOfElephant

● Elephant object 4마리를 생성자를 사용하여 만들 것

첫 번째:'A', 2살, 120Kg

두 번째:'B', 3살, 170Kg

세 번째:'C', 5살, 210Kg

네 번째:'D', 4살, 190Kg

● showStatus() method 를 만들어 모든 attribute 값을 display합니다.

● Elephant object가 만들어질 때마다 weight를 totalWeight에 누적하고 noOfElephant를 1씩 증가시킵니다.

● Static method getAverageWeight()를 호출하면 totalWeight를 noOfElephant로 나누어 평균 weight를 return합니다. 단 Elephant object가 하나도 만들어지지 않은 상태에서 getAverageWeight() method를 호출하면, "No Elephant object created"라는 message를 출력합니다.

● getAverageWeight() method는 첫 Elephant object 만들기 전에 호출해서 average weight를 출력하고, 4개의 object를 모두 만든 후 호출해서 average weight를 출력합니다.

```
D:\IntaeJava>java Ex00704A
No Elephant object created.
No of Elephant=0, Average Weight = 0.0
Elephant name=A, age=2, weight=120, total weight=120, No of Elephant=1
Elephant name=B, age=3, weight=170, total weight=290, No of Elephant=2
Elephant name=C, age=5, weight=210, total weight=500, No of Elephant=3
Elephant name=D, age=4, weight=190, total weight=690, No of Elephant=4
No of Elephant=4, Average Weight = 172.5

D:\IntaeJava>
```

문제 | Ex00704B

■ SalesPerson class 및 Object 만들기 ■

- SalesPerson class는 판매 사원 이름, A상품 판매량, B상품 판매량, 판매 경비를 저장하는 attribute와 총 판매 사원 인원수, A상품 단가, B상품 단가, 총 수익, 총 경비을 저장하는 static variable로 구성됩니다. A상품 단가는 250원, B상품 단가는 320원이고, 초깃값으로 설정합니다.
- SalesPerson attribute:

  Instance variable:String name, int qtyOfGoodsA, int qtyOfGoodsB, amountOfExpense

  static variable:int noOfSalesPerson, int unitPriceOfGoodsA, int unitPriceOfGoodsB, int totalRevenue, int totalExpense
- SalesPerson object 3명을 생성자를 사용하여 만들 것

  첫 번째:"Jason Kim", A상품 13개 판매, B상품 32개 판매, 경비 5200원 지출

  두 번째:"Chris Jung", A상품 19개 판매, B상품 28개 판매, 경비 4300원 지출

  세 번째:"Kevin Choi", A상품 29개 판매, B상품 34개 판매, 경비 5600원 지출

  생성자에서 판매 사원 인원수, 수익(A상품 판매 수량*단가+B상품 판매 수량*단가), 경비를 누적하여, 총 판매 사원 인원수, 총 수익, 총 경비를 계산한 값을 저장합니다.
- showStatus() method를 만들어 모든 판매 사원 이름과 A상품 판매개수, B상품 판매개수, 수익, 경비를 출력합니다.
- 판매 사원 한명의 수익을 계산하는 method getRevenue()을 만듭니다.

```
int getRevenue() {
    int revenue = unitPriceOfGoodsA * qtyOfGoodsA + unitPriceOfGoodsB
* qtyOfGoodsB;
        return revenue;
}
```

- 판매 사원 한 명의 이익을 계산하는 method getProfit()을 만듭니다.

```
int getProfit() {
        int profit = getRevenue() - amountOfExpense;
        return profit;
}
```

- 판매 사원 한 명 당 평균 이익을 계산하는 method getAverageProfit()을 만듭니다. 평균 이익은 소수점까지 출력되도록 하세요.

```
D:\IntaeJava>java Ex00704B
No SalesPerson object created.
No of SalesPerson=0, Average Profit = 0.0
name=Jason Kim, Qty A=13, Qty B=32, revenue=13490, Profit=8290
name=Chris Jung, Qty A=19, Qty B=28, revenue=13710, Profit=9410
name=Kevin Choi, Qty A=29, Qty B=34, revenue=18130, Profit=12530
No of SalesPerson=3, Average Profit = 10076.666666666666

D:\IntaeJava>
```

7.4 static block

Static block은 class가 만들어질 때 한 번만 수행되는 단위 프로그램으로 주로 static 변수의 초깃값을 할당하는데 사용합니다. Static block은 class의 몸체안에 정의 되고, static key word와 함께 시작하며, 사용 형식은 아래와 같습니다.

```
class className {

  // static variable here

  static { // <=== static block

    // any java command here

  }

  // instance variable here

  // method here

}
```

정의되는 순서는 필수 사항은 아니지만 위와 같은 순서대로 정의하는 것이 일반적인 관례입니다. 단 static block에서 static variable을 사용할 경우에는 사용되는 static varible은 static block이전에 정의되어 있어야 합니다.

■ static block과 Object 초기화 block의 비교 ■

static block이 class를 초기화하기 위한 단위 프로그램이라면 object 초기화 block은 각각의 object가 만들어질 때 object를 초기화하기 위한 단위 프로그램입니다.(3.13절 'Object 초기화 Block'참조) object 초기화 block은 Constructor가 수행되기 전에 수행됩니다. constructor는 new 명령에 따라 여러 가지 constructor 중에 하나가 수행되지만, object 초기화 block은 어느 constructor의 수행과 관계없이 항상 수행됩니다. object 초기화 block도 class의 내부에 정의되며, static block과 object 초기화 block이 정의되는 순서는 관계없지만 일반적으로 아래와 같은 순서로 정의합니다.

```
class className {
   // static variable here
   static { // static block
      // any java command here
   }
   // instance variable here
   { // <=== object initialization block
```

```
        // any java command here
    }
    // method here
}
```

예제 | Ex00705

아래 프로그램은 static block과, object initialization block의 예와 언제 static block이 수행되는지, 언제 object initialization block이 수행되는지를 설명하는 프로그램입니다.

```
 1: class Ex00705 {
 2:    public static void main(String[] args) {
 3:        System.out.println("Ex00705 start");
 4:        Car c1 = new Car();
 5:        Car c2 = new Car(70000,"Green");
 6:        c1.showStatus();
 7:        c2.showStatus();
 8:    }
 9: }
10: class Car {
11:    static int frontBulb = 5; // 5 watt
12:    static int backBulb = 3;  // 3 watt
13:    static int flashingBulb = 1; // 1 watt
14:    static int interiorBulb = 4; // 4 watt
15:    static int totalBulbWatt;
16:    static {
17:        totalBulbWatt = frontBulb * 2 + backBulb * 2 + flashingBulb * 4 + interiorBulb * 4;
18:        System.out.println("class static Block : Total Bulb Watt = "+totalBulbWatt);
19:    }
20:    static int nextLicenseNo = 1001;
21:    int licenseNo;
22:    int fuelTank;
23:    int speedMeter;
24:    String color;
25:    {
26:        licenseNo = nextLicenseNo;
27:        nextLicenseNo = nextLicenseNo + 1;
28:        System.out.println("Object initialization Block : nextLicenseNo = "+nextLicenseNo);
29:    }
30:    Car() {
31:        fuelTank = 5000;
32:        color = "White";
33:        System.out.println("Object constructor Car() ");
```

```
34:     }
35:     Car(int ft, String c) {
36:         fuelTank = ft;
37:         color = c;
38:         System.out.println("Object constructor Car(int ft, String c) ");
39:     }
40:     void showStatus() {
41:                     System.out.println("Car   licenseNo="+licenseNo+",
fuelTank="+fuelTank+", speedMeter="+speedMeter);
42:     }
43: }
```

```
D:\IntaeJava>java Ex00705
Ex00705 start
class static Block : Total Bulb Watt = 36
Object initialization Block : nextLicenseNo = 1002
Object constructor Car()
Object initialization Block : nextLicenseNo = 1003
Object constructor Car(int ft, String c)
Car licenseNo=1001, fuelTank=5000, speedMeter=0
Car licenseNo=1002, fuelTank=70000, speedMeter=0

D:\IntaeJava>
```

프로그램 설명

▶ 이 프로그램은 Ex00313B 프로그램과 거의 비슷합니다.

▶ 4번째 줄에서 Car class가 언급 되면 ① 컴퓨터는 Car class를 컴퓨터 memory 에 load합니다. 그리고 바로 ② Car class의 static 변수와 Car clas의 static block을 수행시킵니다. static 변수와 static block은 선언되어져 있는 순서대로 수행되므로 11~15번째 줄에 선언된 static 변수들이 static block인 16~19 번째 줄의 다음으로 가면 compile error가 발생합니다. 왜냐하면 11~15번째 줄에 선언된 static 변수들이 17번째 줄에서 사용되고 있기 때문입니다. 20번째 줄에 있는 static 변수는 17번째 줄에서 사용하지 않기 때문에 어느 줄에 와도 상관없습니다. static 변수와 static block 수행이 완료되면 ③ Car object를 만들고, ④ 25~29번째 줄의 object initialization block을 수행합니다. ⑤ 그 다음은 parameter가 없는 default생성자 Car()를 수행시킵니다. 즉 30~34번째 줄을 수행합니다. ⑥ 마지막으로 object 변수 c1을 만들고 방금 만든 Car object의 주소를 c1에 저장합니다.

▶ 5번째 줄에서는 이미 Car class는 load 되었고, static 변수와 static block도 수행되었으므로 ① Car object를 만들고, ② 25~29번째 줄의 object initialization block을 수행합니다. ③ 그 다음은 생성자 Car(int ft, String c)를 수행시킵니다. 즉 35~38번째 줄을 수행합니다. ④ 마지막으로 object 변수 c2을 만들고 방금 만든 Car object의 주소를 c2에 저장합니다.

■ static변수와 static block의 선언 순서 ■

Instance 변수, object 초기화 block, 생성자, 일반 method, static method는 선언된 순서가 어디에 와도 상관이 없습니다. static 변수와 static block도 선언된 순서가 어디에 와도 상관없으나, ① static block속에 static 변수를 사용하는 경우가 있을 때는 사용된 static 변수는 반드시 static block전에 와야 compile 에러가 나지 않습니다. ② instance 변수는 object 초기화 block, 생성자, 일반 method 내에 instance 변수를 사용한다 하더라도 instance 변수가 object 초기화 block, 생성자, 일반 method뒤에 와도 상관없습니다.

이유는 object가 생성되는 단계는 class가 memory에 모두 load된 상태, 즉 object를 위한 instance 변수, object 초기화 block, 생성자, 일반 method가 정의되어 있는 상태에서 obect를 생성합니다. 하지만 class의 static 변수의 초깃값 설정은 class가 memory에 load되면서 선언된 순서에 따라 만들어지기 때문에 static block 내에서 사용되는 static 변수가 static block의 뒤에 있을 경우에는 static block을 수행시킬 수 없으므로 compile이 발생하는 것입니다.

예제 | Ex00705A

아래 프로그램은 Ex00705 프로그램의 일반적인 선언 순서를 거꾸로 선언한 프로그램입니다.

```
1: class Ex00705A {
2:    public static void main(String[] args) {
3:        System.out.println("Ex00705A start");
4:        Car c1 = new Car();
5:        Car c2 = new Car(70000,"Green");
6:        c1.showStatus();
7:        c2.showStatus();
8:    }
9: }
10: class Car {
11:    void showStatus() {
12:                    System.out.println("Car     licenseNo="+licenseNo+",
fuelTank="+fuelTank+", speedMeter="+speedMeter);
13:    }
14:
15:    Car(int ft, String c) {
16:        fuelTank = ft;
17:        color = c;
18:        System.out.println("Object constructor Car(int ft, String c) ");
19:    }
20:
21:    Car() {
```

```
22:        fuelTank = 5000;
23:        color = "White";
24:        System.out.println("Object constructor Car() ");
25:      }
26:
27:      {
28:        licenseNo = nextLicenseNo;
29:        nextLicenseNo = nextLicenseNo + 1;
30:         System.out.println("Object initialization Block : nextLicenseNo
= "+nextLicenseNo);
31:      }
32:
33:      int licenseNo;
34:      int fuelTank;
35:      int speedMeter;
36:      String color;
37:
38:      static int frontBulb = 5; // 5 watt
39:      static int backBulb = 3;  // 3 watt
40:      static int flashingBulb = 1; // 1 watt
41:      static int interiorBulb = 4; // 4 watt
42:      static int totalBulbWatt;
43:      static {
44:         totalBulbWatt = frontBulb * 2 + backBulb * 2 + flashingBulb * 4
+ interiorBulb * 4;
45:          System.out.println("class static Block : Total Bulb Watt =
"+totalBulbWatt);
46:      }
47:      static int nextLicenseNo = 1001;
48: }
```

```
D:\IntaeJava>java Ex00705A
Ex00705A start
class static Block : Total Bulb Watt = 36
Object initialization Block : nextLicenseNo = 1002
Object constructor Car()
Object initialization Block : nextLicenseNo = 1003
Object constructor Car(int ft, String c)
Car licenseNo=1001, fuelTank=5000, speedMeter=0
Car licenseNo=1002, fuelTank=70000, speedMeter=0

D:\IntaeJava>
```

프로그램 설명

▶ Ex00705 프로그램을 static 변수, instance 변수, object 초기화 block, 생성자, 일반 method의 선언되는 위치의 순서는 바꾸었지만 결과는 동일하게 출력됩니다.

예제 | Ex00705B

아래 프로그램은 Ex00705A 프로그램에서 static 변수를 static block 뒤에 선언했을 경우 발생하는 compile 에러를 보여주고 있습니다.

```
 1: class Ex00705B {
 2:    public static void main(String[] args) {
       // Ex00705A프로그램의 3번부터 35번까지 내용이 동일합니다.
36:    String color;
37:
38:    static {
39:       totalBulbWatt = frontBulb * 2 + backBulb * 2 + flashingBulb * 4 +
interiorBulb * 4;
40:          System.out.println("class static Block : Total Bulb Watt =
"+totalBulbWatt);
41:    }
42:    static int nextLicenseNo = 1001;
43:
44:    static int frontBulb = 5; // 5 watt
45:    static int backBulb = 3;  // 3 watt
46:    static int flashingBulb = 1; // 1 watt
47:    static int interiorBulb = 4; // 4 watt
48:    static int totalBulbWatt;
49: }
```

```
D:₩IntaeJava>javac Ex00705B.java
Ex00705B.java:39: error: illegal forward reference
      totalBulbWatt = frontBulb * 2 + backBulb * 2 + flashingBulb * 4 + interior
Bulb * 4;
                      ^
Ex00705B.java:39: error: illegal forward reference
      totalBulbWatt = frontBulb * 2 + backBulb * 2 + flashingBulb * 4 + interior
Bulb * 4;
                                      ^
Ex00705B.java:39: error: illegal forward reference
      totalBulbWatt = frontBulb * 2 + backBulb * 2 + flashingBulb * 4 + interior
Bulb * 4;
                                                     ^
Ex00705B.java:39: error: illegal forward reference
      totalBulbWatt = frontBulb * 2 + backBulb * 2 + flashingBulb * 4 + interior
Bulb * 4;
                                                                       ^
Ex00705B.java:40: error: illegal forward reference
      System.out.println("class static Block : Total Bulb Watt = "+totalBulbWatt
);
                                                                    ^
5 errors

D:₩IntaeJava>
```

프로그램 설명

▶ 39번째 줄의 static 변수 frontBulb, backBulb, flashingBulb, interiorBulb가 모두 39번째 이후 줄에 선언되어 compile 에러를 발생시키고 있습니다.

반복 명령문

반복 명령문은 프로그램의 일정구간을 반복수행하는 명령문으로, for문, while문 등이 있습니다. 반복 명령어는 거의 모든 프로그램마다 사용하는 명령어 이므로 몸에 숙달되어야 합니다. 이 책에서도 sample 예제에 많이 사용하고 있으니 눈감고도 머리 속에서 coding이 가능하도록 숙달해야 합니다.

반복 명령문

08

8.1 for문

for 문은 초깃값 설정, 조건식 확인, 다음 반복을 위한 증감문, 몸체로 구성된 반복문의 일종입니다.

for 문의 형식

```
for ( 초기문 ; 조건식 ; 증감문 ) {
    몸체:자바 명령문(조건식이 참이면 반복 실행될 문장)
}
```

사용 예) `for ( int i = 1 ; i <= 10 ; i = i + 1 ) {`
`        System.out.print("  " + i);`
`    }`

● 초기문:for문 속에서 사용되는 변수를 초기화하며 for문이 수행되면 처음으로 수행되는 명령문으로 for문 수행 중 한 번만 수행되는 문장이다. 초깃값이 for문이 시작되기 전에 설정되어 있거나, 설정할 필요가 없을 때는 생략해도 됩니다.

● 조건식:초기문 수행이 끝나면 다음으로 수행되는 것은 조건식 수행입니다. 조건식 수행은 우선 조건식을 검사하고, 검사한 조건식이 참(true)이면 for문의 몸체 부분(여기서는 "몸체:자바 명령문"이라고 쓰여진 부분)을 수행시킵니다. 검사한 조건식이 거짓(false)이면 for문이 완료된 것으로 보고 for문 다음 문장을 수행합니다. 만약 조건식이 참인 경우를 다시 살펴보면 몸체 부분을 수행하고, 증감문을 수행한 후 다시 조건식을 검사하는 식으로 순환합니다. 즉, 조건식이 참이면 다시 몸체 수행, 거짓이면 for문을 종료합니다. 그러므로 조건식이 거짓이 나올 때까지 몸체 부분을 계속 수행하게 됩니다. 조건식은 초기문 수행 후 처음검사할 때 거짓(false)이 될 수 있으며, 처음 검사할 때 거짓이면 자바몸체 부분은 한 번도 수행하지 않게 됩니다. 또한 조건식도 생략할 수 있으며 조건식이 생략되면 조건식은 항상 참으로 인식되므로 몸체 부분에서 for문을 탈출하는 명령이 없으면 영원히 계속 수행됩니다. 만약 그런 사태가 발생하면 control + C를 눌러 프로그램을 강제 종료 시켜야 합니다.(예제 Ex00801A 다음에 나오는 주의 사항 참조)

- 증가문:for 문속에 사용되는 변수를 증가시킬 수 있는 문장으로 몸체 부분이 일정 횟수 반복되면 조건식이 거짓이 되도록 변경시키기 위해 사용되는 문장입니다. 증가문은 몸체 부분이 수행된 후 수행됩니다. 증가문도 생략될 수 있으며, 생략될 경우 몸체 부분에서 조건식이 거짓에 도달하도록 변수를 변경해야 합니다.
- 몸체:조건식이 참이면 수행되는 부분으로 단문일 경우, 즉 block이 없는 경우, 하나의 명령을 수행시킵니다. 복문일 경우는 반드시 block를 사용해야 두 문장 이상을 작성할 수 있습니다.

단문의 예) for (int i = 1 ; i <= 10 ; i = i + 1) System.out.print(" " + i);

for문이 수행되는 순서를 정리해보면 아래와 같이 도표로 나타낼 수 있습니다.

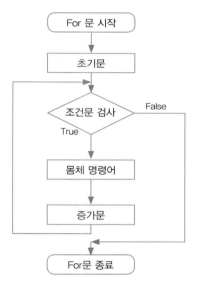

예제 | Ex00801

```
1: class Ex00801 {
2:    public static void main(String[] args) {
3:       for ( int i = 1 ; i <= 10 ; i = i + 1 ) {
4:          System.out.print(" " + i);
5:       }
6:    }
7: }
```

```
D:\IntaeJava>java Ex00801
 1  2  3  4  5  6  7  8  9  10
D:\IntaeJava>
```

프로그램 설명

▶ 위 프로그램은 int i의 초깃값 1을 시작으로 i 값이 10보다 같거나 작은 동안 수행

되며 한 번 수행된 후에는 i=i+1 명령을 수행하여 i를 1을 증가시키고 i ⟨= 10 이 참인지 거짓인지를 검사한 후 참이면 System.out.print(" " + i)을 수행합니다. System.out.print는 줄 바꿈없이 이어서 출력하라는 명령문입니다.

위 프로그램의 순서를 나열해 보면 아래와 같습니다.

▶ 초기문 int i = 1을 수행하여 변수 i를 만들고 i에 1을 저장합니다.

▶ i ⟨= 10이 참인지 거진인지 검사합니다. 즉 I는 1이므로 1 ⟨= 10은 참이됩니다.

▶ 조건문 I ⟨= 10이 참이므로 System.out.print(" "+i)를 수행하여 한 칸을 띄우가 i 값, 즉 1을 출력합니다.

▶ 몸체 문장이 완료 되었으니, 증가문(i=i+1)을 수행하여 i는 2가 됩니다.

▶ 다시 조건문 i ⟨= 10가 참인지 거짓인지 검사합니다. I는 2이므로 2 ⟨= 10은 참이 됩니다.

▶ 조건문 I ⟨= 10이 참이므로 System.out.print(" "+i)를 수행하여 한 칸을 띄우가 i 값, 즉 2를 출력합니다.

▶ 몸체 문장이 완료되었으니, 증가문(i=i+1)을 수행하여 i는 3가 됩니다.

▶ 이런식으로 계속 반복하여 i가 11이되면 11 ⟨= 10이므로, I ⟨= 10이 거짓이 되어 for 문장을 종료합니다.

예제 | Ex00801A

Ex00801 프로그램을 초기문과 증감문을 생략하여 다시 작성한 프로그램입니다.

```
1: class Ex00801A {
2:    public static void main(String[] args) {
3:       int i = 1;
4:       for ( ; i <= 10 ; ) {
5:          System.out.print("  " + i);
6:          i = i + 1;
7:       }
8:       System.out.println();
9:       System.out.print("The i value after for-loop is " + i);
10:   }
11: }
```

```
D:\IntaeJava>java Ex00801A
   1  2  3  4  5  6  7  8  9  10
The i value after for-loop is 11
D:\IntaeJava>
```

프로그램 설명

▶ 초깃값 i를 for 문 밖에서 선언하면 for문이 완료되어도 변수 i는 계속 유지되므로 i 값을 출력해보면 i가 10보다 큰 수임을 알 수 있습니다. 즉 Ex00801에서는

변수 i는 for문안에서만 유효하므로 for문 밖에서 사용하면 compile error가 발생하므로 변수 i 값이 11인 것은 이론으로는 알 수 있지만 출력은 할 수 없습니다.

■ **주의사항** ■

For loop문이나 while 문 등 반복문을 사용하여 프로그램을 작성하여 수행시킬 때에는 프로그램이 완벽하게 작성될 수도 있지만 error가 있어서 프로그램이 무한 loop로 되어 끝나지 않는 경우도 있습니다. 이때에는 control + C를 동시에 사용하여 프로그램을 강제 종료 시킬 수 있습니다.

예제 | Ex00801B

아래 프로그램은 조건식이 i가 0보다 크면 수행되고 i는 1부터 1씩 증가하므로 항상 0보다 크므로 무한 loop가 됩니다. 아래 프로그램은 반드시 control + C를 동시에 눌러 강제 종료시켜야 합니다.(정확히 말하면 2.6절 8개 data type의 크기에서 i 값의 최대 숫자 2147483647까지 수행하고 중지합니다.)

```
 1: class Ex00801B {
 2:    public static void main(String[] args) {
 3:       int i = 1;
 4:       for ( ; i > 0 ; ) {
 5:          System.out.print("  " + i);
 6:          i = i + 1;
 7:       }
 8:       System.out.println();
 9:       System.out.print("The i value after for-loop is " + i);
10:    }
11: }
```

```
1926663  41926664  41926665  41926666  41926667  41926668  41926669  41926670  4
1926671  41926672  41926673  41926674  41926675  41926676  41926677  41926678  4
1926679  41926680  41926681  41926682  41926683  41926684  41926685  41926686  4
1926687
D:\IntaeJava>
```

8.2 연산자 정복하기

8.2.1 증가(++)와 가감(--) 연산자

For loop 프로그램에서 함께 사용하는 연산자로 증감 연산자(++)와 가감 연산자(--)가 있습니다.

- 전위 증가 연산자(prefix increment operator):++variableName
- 전위 가감 연산자(prefix decrement operator):--variableName

- 후위 증가 연산자(postfix increment operator):variableName++
- 후위 가감 연산자(postfix decrement operator):variableName--

사용예)

- i++는 i=i+1과 동일한 명령입니다.
- i-는 i=i-1과 동일한 명령입니다.
- ++i는 i=i+1 과 동일한 명령이며, --i는 i=i-1과 동일한 명령입니다.
- i++와 ++i는 단독으로 사용할 경우에는 동일하나, 명령문 중에 사용할 때는 결과 값이 다릅니다.

a = 2 * i++:2 * i를 먼저 한 후 i 값을 1증가 시킵니다. i가 3이라면 a는 2*3=6이 됩니다. 그리고 i는 1이 증가하여 4가 됩니다.

a = 2 * ++i:i 값을 먼저 증가 시킨 후 2*i를 수행합니다. i가 3이라면 i가 1이 증가하여 4가 된 후, a는 2*4=8이 됩니다.

예제 | Ex00802

다음 프로그램은 i++연산자와 ++i연산자의 차이점을 보이는 프로그램입니다.

```
1: class Ex00802 {
2:    public static void main(String[] args) {
3:        int i = 5;
4:        int j = 5;
5:        int ai = 3 * i++;
6:        int aj = 3 * ++j;
7:        System.out.println("i = " + i + ", ai = " + ai );
8:        System.out.println("j = " + j + ", aj = " + aj );
9:
10:       int bi = 2 * i--;
11:       int bj = 2 * --j;
12:       System.out.println("i = " + i + ", bi = " + bi );
13:       System.out.println("j = " + j + ", bj = " + bj );
14:    }
15: }
```

```
D:\IntaeJava>java Ex00802
i = 6, ai = 15
j = 6, aj = 18
i = 5, bi = 12
j = 5, bj = 10

D:\IntaeJava>
```

프로그램 설명

▶ 5번째 줄:3와 i가 곱셈을 할 때 i는 5이므로 곱셈결과는 15이고, 곱셈을 하고나서 i++의 연산을 하므로 i는 6이 됩니다.

▶ 6번째 줄:3과 j가 곱셈을 하기 전에 ++j를 먼저 수행하므로 j 값은 1이 증가되어 6이 되고, 그 다음 3 * j를 하므로 3*6=18이 됩니다.

▶ 10,11번째 줄:2와 I,j가 곱셈을 할 때 i—와 −j는 I,j의 결과 값은 모두 6에서 1이 감소되어 5가 됩니다. 하지만 곱셈을 할 당시에는 값이 i는 6 그대로 곱해져서 bi값은 2*6=12가 되고, j는 1을 감소시켜 5가된 후 곱셈 계산을 하여 2*5=10이 됩니다.

예제 | Ex00802A

다음 예제 프로그램은 증감 연산자와 for loop을 이용하여 구구단 중 2단을 출력하는 프로그램입니다.

```
class Ex00802A {
  public static void main(String[] args) {
    int a = 2;
    for ( int i = 1 ; i <= 9 ; i++ ) {
      System.out.println(a+" * " + i + " = " + (a*i) );
    }
  }
}
```

```
D:\IntaeJava>java Ex00802A
2 * 1 = 2
2 * 2 = 4
2 * 3 = 6
2 * 4 = 8
2 * 5 = 10
2 * 6 = 12
2 * 7 = 14
2 * 8 = 16
2 * 9 = 18

D:\IntaeJava>
```

프로그램 설명

▶ 위 예제 프로그램에서 증감문으로 i++를 사용하였는데, i++는 i=i+1과 같은 i에 1을 증가시키라는 명령으로 for loop의 증감문에 사용하면 편리합니다.

예제 | Ex00802B

아래 프로그램은 한 개의 for-loop에서 2개의 첨자를 사용한 예를 보여주는 프로그램입니다.

```
1: class Ex00802B {
2:    public static void main(String[] args) {
3:       int i, j;
4:       for ( i = 1, j=20 ; i <= 10 && j >=10 ; i++, j=j-3 ) {
```

```
5:            System.out.println("i=" + i + ", j=" + j );
6:        }
7:        System.out.println("End of program : i=" + i + ", j=" + j );
8:    }
9: }
```

```
D:₩IntaeJava>java Ex00802B
i=1, j=20
i=2, j=17
i=3, j=14
i=4, j=11
End of program : i=5, j=8

D:₩IntaeJava>
```

프로그램 설명

위 예제는 for loop문의 초기문이나 증감문에 콤마(,)를 사용하여 두 개 이상의 변수를 사용하여 초깃값 및 증감문을 작성할 수 있는 예를 보여준 것입니다.

또한 for loop를 마치고 종료할 때는 마지막 증가문을 수행하고, 조건식을 비교해서 거짓으로 판명되면, 몸체 문장을 하지 않고 for문을 종료하고 for문의 다음 문장을 수행합니다. 위 프로그램의 for문이 종료된 상태에서 i와 j 값을 출력해보면 i=5, j=8인 것을 알 수 있으며, 이것을 조건식에 대입해 보면, I ⟨= 10 && j ⟩= 10, 즉 5 ⟨= 10 && 8 ⟩= 10이 거짓임을 알 수 있습니다. 즉 조건식이 거짓이었으므로 for문이 종료되었다는 것을 알 수 있습니다.

8.2.2 복합 대입 연산자

복합 대입 연산자(Compound Assignment Operator)는 대입 연산자('='연산자)와 산술 연산자, 비트 연산자 중의 하나와 결합된 연산자입니다. 즉 a 기억장소의 값에 b의 값을 연산(산술, 혹은 비트연산)하여 다시 a에 저장할 때 사용하는 연산자로 coding하는 양을 줄이기 위한 수단으로 사용합니다.

■ 연산자의 종류와 사용예 ■

복합 대입 연산자 사용예	동등한 대입 연산자 사용 예
a += 2	a = a + 2
a -= 2	a = a - 2
a *= 2	a = a * 2
a /= 2	a = a / 2
a %= 2	a = a % 2
a &= 2	a = a & 2
a l= 2	a = a l 2

복합 대입 연산자 사용 예	동등한 대입 연산자 사용 예
a ·= 2	a = a · 2
a ⟨⟨= 2	a = a ⟨⟨ 2
a ⟩⟩= 2	a = a ⟩⟩ 2
a ⟩⟩⟩= 2	a = a ⟩⟩⟩ 2

주의 사항1:복합 연산자는 중간에 space가 없습니다. (+=:맞음, + =:틀림)
주의 사항2:a *= b + 2는 a = a * (b + 2) 입니다.

예제 | Ex00803

아래 프로그램은 복합 대입 연산자를 사용한 예와 동일한 연산을 복합 대입 연산자
을 사용하지 않은 예를 비교한 프로그램입니다.

```
1: class Ex00803 {
2:    public static void main(String[] args) {
3:        int a = 7;
4:        int b = 7;
5:        System.out.println("a = " + a + ", b = "+ b);
6:        a += 2;
7:        b = b + 2;
8:        System.out.println("after a += 2 and b = b + 2 operation, a = "
+ a + ", b = " + b);
9:        a *= 2;
10:       b = b * 2;
11:       System.out.println("after a *= 2 and b = b * 2 operation, a = "
+ a + ", b = "+b);
12:       a &= 2;
13:       b = b & 2;
14:       System.out.println("after a &= 2 and b = b & 2 operation, a = "
+ a + ", b = "+b);
15:       a <<= 2;
16:       b = b << 2;
17:       System.out.println("after a <<= 2 and b = b << 2 operation, a =
" + a + ", b = "+b);
18:       a >>= 2;
19:       b = b >> 2;
20:       System.out.println("after a >>= 2 and b = b >> 2 operation, a =
" + a + ", b = "+b);
21:       a *= 3 + 2;
22:       b = b * ( 3 + 2 );
23:       System.out.println("after a *= 3 + 2 and b = b * ( 3 + 2 )
operation, a = " + a + ", b = "+b);
24:    }
25: }
```

```
D:₩IntaeJava>java Ex00803
a = 7, b = 7
after a += 2 and b = b + 2 operation , a = 9, b = 9
after a *= 2 and b = b * 2 operation , a = 18, b = 18
after a &= 2 and b = b & 2 operation , a = 2, b = 2
after a <<= 2 and b = b << 2 operation , a = 8, b = 8
after a >>= 2 and b = b >> 2 operation , a = 2, b = 2
after a *= 3 + 2 and b = b * ( 3 + 2 ) operation , a = 10, b = 10

D:₩IntaeJava>
```

프로그램 설명

▶ 21번째 줄:a *= 3 + 2는 "3 + 2"를 먼저 계산한 후 *= 연산을 하므로 a 값은 2 * (3 + 2)로 10이 되는 것입니다.

예제 | Ex00803A

다음 프로그램은 대입 연산자의 사용 예입니다.

```
1: class Ex00803A {
2:    public static void main(String[] args) {
3:       int a = 7;
4:       int b = 0;
5:       int c = 0;
6:       System.out.println("a = " + a + ", b = "+ b+ ", c = "+ c);
7:       c = b = a += 2;
8:       System.out.println("a = " + a + ", b = "+ b+ ", c = "+ c);
9:       if ( ( a = 3 + 2 ) < 10 ) {
10:          System.out.println("a = " + a + ", a < 10 ");
11:       } else {
12:          System.out.println("a = " + a + ", a >= 10 ");
13:       }
14:    }
15: }
```

```
D:₩IntaeJava>java Ex00803A
a = 7, b = 0, c = 0
a = 9, b = 9, c = 9
a = 5, a < 10

D:₩IntaeJava>
```

프로그램 설명

▶ 7번째 줄:대입 연산자 '='는 한 줄에 연속해서 사용 가능합니다. 대입 연산가 연산 되는 순서는 오른쪽에서 왼쪽으로 연산됩니다. 즉 a += 2가 먼저 연산되어 a에 9가 저장되고, b = a가 연산되어 b에 9가 저장되고, c = b가 되어 최종적으로 c에 9가 저장됩니다.

▶ 9번째 줄:if문의 조건절을 넣어주는 곳에도 대입문 사용은 가능합니다. 하지만 최종 결과는 true나 false가 나오는 조건절이어야 합니다. 즉 "a = 3 + 2"는 3 + 2 연산을 먼저 한 후 결과 값 5를 a에 저장합니다. 그 다음 a < 10의 조건절이 되어

최종적으로 true가 됩니다. 그래서 10번째 줄의 문장을 출력합니다.

예제 | Ex00803B

다음은 단항 연산자(+, −)에 대한 사용 예입니다.

- "+"는 숫자 앞에서 양수 상수를 나타냅니다. 없어도 양수입니다.
- "−"는 숫자 앞에서 음수 상수를 나타냅니다. 변수 앞에 사용하면 변수의 값의 부호를 바꾸어 주는 연산을 합니다.

```
1: class Ex00803B {
2:    public static void main(String[] args) {
3:        int a1 = 7;
4:        int a2 = -a1;
5:        System.out.println("a1=" + a1 + ", a2=" + a2 );
6:        int b1 = -5;
7:        int b2 = +b1;
8:        System.out.println("b1="+ b1+ ", b2="+ b2);
9:        int c1 = 3;
10:       int c2 = +3;
11:       System.out.println("c1="+ c1+ ", c2="+ c2);
12:    }
13: }
```

```
D:\IntaeJava>java Ex00803B
a1=7, a2=-7
b1=-5, b2=-5
c1=3, c2=3

D:\IntaeJava>
```

프로그램 설명

▶ 4번째 줄:a1의 값 7을 음수로 바꾸어 −7을 a2에 저장합니다.

▶ 7번째 줄:b1의 앞에 "+"를 사용하는 것은 의미 없는 일입니다. 단지 자바 문법에 "−"을 사용할 수 있기 때문에 "+"도 사용할 수 있도록 허락한 것 뿐입니다.

▶ 10번째 줄:수 앞에 "+"를 사용하는 것도 의미 없는 일입니다. 단지 자바 문법에 "−"을 사용할 수 있기 때문에 "+"도 사용할 수 있도록 허락한 것 뿐입니다.

8.2.3 연산자 우선 순위

현재까지 소개한 연산를 아래와 같이 우선 순위를 나열합니다. 같은 table에 들어 있는 연산자는 우선 순위가 같습니다. 같은 우선 순위의 연산자는 왼쪽에 있는 연산자가 먼저 연산을 하고 다음은 그 오른쪽 옆에 있는 연산자를 연산합니다.

하지만 Ex00803A 예제에서 보았듯이 대입 연산자와 같이 오른쪽 연산자를 먼저하고 왼쪽 연산자를 나중에 하는 연산자도 있으니 표를 참조 바랍니다.(아래 표에서 ←가 있는 연산자)

순위	연산자	동격인 경우 순서
1	괄호()	왼쪽 괄호부터 먼저 계산
2	.(dot, access object member)	왼쪽 연산자부터 먼저 계산
	post-increment(++), post-decrement(--)	
3	Pre-increment(++), pre-decrement(--)	오른쪽 연산자부터 먼저 계산 ◀
	Unary(단항) 연산자:+, -	
	!(logical not), ~(bitwise not)	
4	(cast) 연산자, ex:(int)	오른쪽 연산자부터 먼저 계산 ◀
	new (object생성 연산자)	
5	*(곱셈), /(나눗셈), %(나머지셈)	왼쪽 연산자부터 먼저 계산
6	+(덧셈), -(뺄셈)	왼쪽 연산자부터 먼저 계산
7	〈〈, 〉〉, 〉〉〉	왼쪽 연산자부터 먼저 계산
8	〈, 〉, 〈=, 〉=, instanceof	왼쪽 연산자부터 먼저 계산
9	==, !=	왼쪽 연산자부터 먼저 계산
10	&(bitwise AND)	왼쪽 연산자부터 먼저 계산
11	·(bitwise XOR)	왼쪽 연산자부터 먼저 계산
12	l(bitwise OR)	왼쪽 연산자부터 먼저 계산
13	&&(logical AND)	왼쪽 연산자부터 먼저 계산
14	ll(logical OR)	왼쪽 연산자부터 먼저 계산
15	?:(conditional)	오른쪽 연산자부터 먼저 계산 ◀
16	=, +=, -=, *=, /=, %=, &=, l=, ·=, 〈〈=, 〉〉=, 〉〉〉=	오른쪽 연산자부터 먼저 계산 ◀

연산자 우선순위는 특별히 어려울 것은 없지만 간혹 혼동되는 부분도 있으니 혼동되는 부분만 기억할 수 있도록 집중하시기 바랍니다. 또 혼동이될 경우나 우선순위를 명확히 해줄 필요가 있을 경우에는 괄호를 사용하면 쉽게 해결할 수 있습니다.

● instanceof 연산자는 11.4절에서 설명합니다.

아래의 프로그램들은 눈여겨 볼 가치가 있는 부분만 예제로 만들었습니다.

예제 | Ex00804

다음 프로그램은 연산자의 우선 순위 중 전위/후위 증감/가감 연산자가 어떻게 우선하는지를 덧셈 연산자를 넣어 비교한 예제 프로그램입니다.

```
1: class Ex00804 {
2:    public static void main(String[] args) {
3:       int i = 2;
4:       int a = i++ + i;
```

```
 5:         System.out.println("i=" + i +", a=" + a );
 6:         int j = 0;
 7:         int b = j + j++;
 8:         System.out.println("j="+ j + ", b=" + b);
 9:         i = 2;
10:         a = --i + i++;
11:         System.out.println("i=" + i +", a=" + a );
12:         j = 0;
13:         b = j++ + --j;
14:         System.out.println("j="+ j + ", b=" + b);
15:     }
16: }
```

```
D:\IntaeJava>java Ex00804
i=3, a=5
j=1, b=0
i=2, a=2
j=0, b=0

D:\IntaeJava>
```

프로그램 설명

▶ 4번째 줄:초깃값 i는 2입니다. i++ 연산은 후의 연산이므로 i++ 값은 2가 되고, 그 뒤의 i는 1이 증가된 3이 됩니다. 즉 i 값 2를 덧셈 준비 기억장소에 넣어주고 자신은 바로 3이 됩니다. 그러므로 다음의 + i에서 i는 3이 됩니다. 종합해보면 2 + 3이되어 최종 값은 5가 됩니다. 그래서 5가 a에 저장됩니다.

▶ 7번째 줄:초깃값 j는 0입니다. j값 0이 덧셈 준비 기억장소에 들어 갑니다. 다음의 j++에서 j는 0입니다. 0을 덧셈 준비 기억장소에 보내고, j는 바로 1이 됩니다. 종합해보면 0 + 0이 되어 최종 값은 0이 됩니다. 그래서 0이 b에 저장되고, j++연산을 마친 j 값은 0에서 1이 증가한 1이 됩니다.

▶ 10번째 줄:초깃값 i는 2입니다. --i 연산은 전위연산이므로, i는 2에서 1이 감소한 1이 됩니다. 그리고 1을 덧셈 준비 기억장소에 넣어줍니다. i 자신은 이미 1로 바뀐 상태입니다. 다음은 i++에서 i는 후의 연산이므로 i는 앞 계산에서 1로 바뀐 상태이므로 1을 덧셈 준비 기억장소에 보내고 자신은 바로 2가 됩니다. 종합해보면 1 + 1이 되어 최종 값은 2가 됩니다. 그래서 2가 a에 저장된 것입니다.

▶ 13번째 줄:초깃값 j는 0입니다. j 값 0을 덧셈 준비 기억장소에 넣어줍니다. 그리고 j++연산을 하고 나면 j는 1이됩니다. 다음의 --j에서 j는 다시 1에서 0으로 감소한 0이 됩니다. 그 0를 덧셈 준비 기억장소에 보냅니다. 종합해보면 0 + 0이 되어 최종 값은 0이 됩니다. 그래서 0이 b에 저장됩니다.

예제 | Ex00804A

연산자 우선 순위를 보면 post-increment(++), post-decrement(--)가 우선 순위가 2번이고, P(++), (--)이 3번으로 되어 있습니다. 언뜻 보기에는 우선 순위가 같거나 아니면 post-increment(++), (--)가 우선 순위가 3번이고, (++), (--)이 2번일 것 같은데, 하고 잘못되었다고 생각할지 모릅니다. 다음 프로그램은 보면 왜 (++), (--)가 우선 순위가 2번이고, (++), (--)이 3번인지 설명하고 있습니다.

```
 1: class Ex00804A {
 2:    public static void main(String[] args) {
 3:        Car c1 = new Car();
 4:        c1.licenseNo = 1001;
 5:        c1.fuelTank = 70000;
 6:        c1.color = 'R'; // R = Red, Y = Yellow, G = Green, B = Blue
 7:        int fuelTank1 = c1.fuelTank--;
 8:        System.out.println("fuelTank1 = "+fuelTank1);
 9:        System.out.println("c1.fuelTank = "+c1.fuelTank);
10:        int fuelTank2 = --c1.fuelTank;
11:        System.out.println("fuelTank2 = "+fuelTank2);
12:        c1.showStatus();
13:    }
14: }
15: class Car {
16:    int licenseNo;
17:    int fuelTank;
18:    int speedMeter;
19:    char color;
20:    void showStatus() {
21:                System.out.println("Car    licenseNo="+licenseNo+",
fuelTank="+fuelTank+", speedMeter="+speedMeter+", color="+color);
22:    }
23: }
```

```
D:\IntaeJava>java Ex00804A
fuelTank1 = 70000
c1.fuelTank = 69999
fuelTank2 = 69998
Car licenseNo=1001, fuelTank=69998, speedMeter=0, color=R

D:\IntaeJava>_
```

프로그램 설명

▶ 7번째 줄:c1.fuelTank--에서 연산자는 2개 즉 .(dot)연산자와 post-decrement 연산자(--)가 있습니다. 즉 .(dot)연산자와 post-decrement 연산자는 우선 순위 2번으로 동등하고 우선 순위가 동등할 경우 왼쪽에서 오른쪽으로 연산을 해나갑니다. 그러므로 .(dot)연산자부터 먼저 연산하여 c1.fuelTank라는 기억장소를 식별하고, 그 기억장소의 값을 fuelTank1에 저장합니다. 그 다음 post-decrement 연산자(−−)를 수행하여 c1.fuelTank 값을 1감소시킵니다. 그러면 fuelTank1에는 7000이 c1.fuelTank에는 69999이 저장됩니다.

▶ 10번째 줄:−−c1.fuelTank에서도 연산자는 2개 즉 pre−decrement 연산자(−−)와 .(dot)연산자가 있습니다. pre−decrement 연산자는 우선 순위 3번, .(dot)연산자는 우선 순위 2번으로 .(dot)연산자를 우선합니다. 그러므로 .(dot)연산자부터 먼저 연산하여 c1.fuelTank 라는 기억장소를 식별하고 그 기억장소의 값을 1을 감소한 후 fuelTank2에 저장합니다. 그러면 fuelTank2에는 69998이 되고 c1.fuelTank도 69998이 저장됩니다.

8.3 continue문과 break문

continue문이나 break문 모두 for loop문의 몸체 명령어를 수행 도중 더 이상 다음 명령을 수행하지 않는 것은 동일하지만

① continue문은 for loop의 몸체 부분에서 continue문을 만나면, 나머지 몸체 부분을 수행하지말고, 증감문(for문의 형식 참조)으로 jump하라는 명령입니다. 즉 for loop문이 완전히 종료된 것이 아니라 한 번의 for loop몸체 부분 수행이 완료 된 것으로 증감식을 수행한 후 조건식이 true이면 계속 for loop문을 수행합니다.

② break문은 for loop의 몸체 부분에서 break문을 만나면 조건식의 참, 거짓과 관계없이 for loop문을 중단하고 for loop의 다음 명령을 수행하라는 명령입니다. 즉 for loop문이 완전히 종료된 것을 나타냅니다.

break문은 4.3 장 "switch문"에서 소개한 break문과 같은 개념의 명령문입니다.

예제 | Ex00805

```
1: class Ex00805 {
2:    public static void main(String[] args) {
3:       int i = 0;
4:       for ( ; ; ) {
5:          i++; // i=i+1;
6:          if ( 3 <= i && i <= 5 ) {
7:             System.out.println("i = "+i+", 3 <= i <= 5, continue " );
8:             continue;
9:          }
10:         System.out.println("i = " + i );
11:         if ( i >= 7 ) {
12:            System.out.println("i >= 7, break " );
13:            break;
```

```
14:            }
15:        }
16:        System.out.println("*** End of Program ***" );
17:    }
18: }
```

```
D:\IntaeJava>java Ex00805
i = 1
i = 2
i = 3, 3 <= i <= 5, continue
i = 4, 3 <= i <= 5, continue
i = 5, 3 <= i <= 5, continue
i = 6
i = 7
i >= 7, break
*** End of Program ***

D:\IntaeJava>
```

프로그램 설명

▶ 우선 4번째 줄의 for (; ;)라는 의미가 무엇인지 알아야 합니다. 초기문, 조건식, 증감문이 모두 blank이면, 초깃값은 주어지지 않은 것이고, 조건식 자리에는 true 혹은 false만 오기 때문에 blank이면 true 값이 있는 것으로 간주합니다. 그러므로 증감문이 있든 없든 항상 true가 되므로 만약 for loop 몸체 부분에 탈출하라는 명령이 없다면, 이 for loop문은 영원히 수행됩니다. 마지막으로 증감문도 없으므로 몸체 부분을 완료한 후 증감문 수행 시 아무 값도 증감 시키지 않습니다. 그러므로 5~14번째 줄까지의 명령은 13번째 줄의 break문이 없다면 영원히 계속 됩니다.

▶ 6번째 줄의 if문에서 i 값이 3에서 5까지의 값이 들어 오면 continue문을 만나 if문 다음 명령인 10번째문을 수행하지 않고 4번째 줄의 증감문을 수행하나 증감문이 없으므로 5번째 줄을 다시 시작합니다.

▶ 11번째 줄에서 i 값이 7보다 크거나 같으면 13번째 줄의 break문을 만나 4번째 줄의 for loop문이 완전히 종료가 되고, for loop 다음 명령인 16번째 줄의 명령을 수행하게 됩니다.

8.4 다중 for문

다중 for문은 for문 속에 for문이 중첩해 있는 것을 말하는 것으로 특별히 다중 for문에 대한 사용법이 별도로 있는 것이 아닙니다. for문 속의 for문에 있는 몸체 부분이 기하급수적으로 반복 횟수가 증가하므로 각별한 주의가 요구됩니다.

예제 | Ex00806

다음은 다중 for문을 이용한 구구단을 출력하는 프로그램입니다. 초보자로서는 쉽지 않은 프로그램입니다.

```
 1: class Ex00806 {
 2:    public static void main(String[] args) {
 3:       System.out.println("              ***  Gugu-Dan  ***");
 4:       for ( int i = 1 ; i <= 9 ; i++ ) {
 5:          for ( int a = 2 ; a <= 9 ; a++ ) {
 6:             System.out.print(a+"*" + i + "=" + (a*i) + " ");
 7:          }
 8:          System.out.println();
 9:       }
10:    }
11: }
```

```
D:\IntaeJava>java Ex00806
            ***  Gugu-Dan  ***
2*1=2 3*1=3 4*1=4 5*1=5 6*1=6 7*1=7 8*1=8 9*1=9
2*2=4 3*2=6 4*2=8 5*2=10 6*2=12 7*2=14 8*2=16 9*2=18
2*3=6 3*3=9 4*3=12 5*3=15 6*3=18 7*3=21 8*3=24 9*3=27
2*4=8 3*4=12 4*4=16 5*4=20 6*4=24 7*4=28 8*4=32 9*4=36
2*5=10 3*5=15 4*5=20 5*5=25 6*5=30 7*5=35 8*5=40 9*5=45
2*6=12 3*6=18 4*6=24 5*6=30 6*6=36 7*6=42 8*6=48 9*6=54
2*7=14 3*7=21 4*7=28 5*7=35 6*7=42 7*7=49 8*7=56 9*7=63
2*8=16 3*8=24 4*8=32 5*8=40 6*8=48 7*8=56 8*8=64 9*8=72
2*9=18 3*9=27 4*9=36 5*9=45 6*9=54 7*9=63 8*9=72 9*9=81

D:\IntaeJava>
```

프로그램 설명

▶ 4번째 줄: i 값이 1일 때, i 값이 9이하(참, true)이므로 5번째 줄 몸체 명령문으로 이동합니다.

▶ 5~7번째 줄:두 번째 for문을 실행합니다. a가 2부터 9까지 a 값을 1씩 증가시켜 곱셈문을 반복 출력합니다. a 값이 9를 초과하면 false가 되어 다음줄의 명령문으로 이동합니다.

▶ 8번째 줄:줄바꿈을 하는 명령입니다. 그리고 다시 반복해서 4번째 줄의 for문으로 돌아가서 i 값이 1 증가한 값, 즉 i가 2로 다시 for문을 실행합니다. 이런 식으로 i가 9가 될 때까지 반복하고, i가 10이 되면 4번째 줄의 for문은 종료됩니다.

▶ 위 예제 프로그램에서 for·loop문 하나를 이해하는 것은 어렵지 않지만 for loop 문속에 for loop문의 관계를 이해하고, System.out.print() 명령문(다음 출력은 같은 줄에 출력되는 명령, 즉 출력을 하고 줄을 바꾸지 않은 상태로 유지), System.out.println() 명령문(다음 출력은 다음 줄에 출력되는 명령, 즉 출력을 하고 줄을 바꾸어 놓은 상태로 유지)을 for-loop문 속에서 적절히 순서 위치를 찾아내서 위와 같이 출력되게 하는 것은 쉬운일이 아닙니다.

위 예제가 이해가 되었다면 아래 문제처럼 결과가 나오도록 해보세요.

문제 | Ex00806A

위 예제와 차이점은 출력되는 결과 값에 관계없이 줄이 일정하게 맞아 위 예제보다 보기가 더 좋은 점입니다.

```
D:\IntaeJava>java Ex00806A
        ***  Gugu-Dan  ***
2*1= 2 3*1= 3 4*1= 4 5*1= 5 6*1= 6 7*1= 7 8*1= 8 9*1= 9
2*2= 4 3*2= 6 4*2= 8 5*2=10 6*2=12 7*2=14 8*2=16 9*2=18
2*3= 6 3*3= 9 4*3=12 5*3=15 6*3=18 7*3=21 8*3=24 9*3=27
2*4= 8 3*4=12 4*4=16 5*4=20 6*4=24 7*4=28 8*4=32 9*4=36
2*5=10 3*5=15 4*5=20 5*5=25 6*5=30 7*5=35 8*5=40 9*5=45
2*6=12 3*6=18 4*6=24 5*6=30 6*6=36 7*6=42 8*6=48 9*6=54
2*7=14 3*7=21 4*7=28 5*7=35 6*7=42 7*7=49 8*7=56 9*7=63
2*8=16 3*8=24 4*8=32 5*8=40 6*8=48 7*8=56 8*8=64 9*8=72
2*9=18 3*9=27 4*9=36 5*9=45 6*9=54 7*9=63 8*9=72 9*9=81

D:\IntaeJava>
```

8.5 for문의 활용

다음은 현재까지 배운 Java 명령문과 java개념을 사용하면 문제를 푸는 연습을 하도록 하겠 습니다.

예제 | Ex00807, Ex00808, Ex00809

1부터 100까지의 숫자를 출력하되, 1부터 20까지는 첫째 줄에, 21부터 40까지는 둘째 줄에, … 91부터 100까지는 5번째 줄에 인쇄하는 프로그램을 작성해보세요.

```
풀이1)
 1: class Ex00807 {
 2:   public static void main(String[] args) {
 3:     System.out.println("        ***  Number from 1 to 100 By one for-
loop ***");
 4:     for ( int i = 1 ; i <= 100 ; i++ ) {
 5:       System.out.printf("%3d",i);
 6:       if ( i/20*20 == i ) {
 7:         System.out.println();
 8:       }
 9:     }
10:   }
11: }
```

```
D:\IntaeJava>java Ex00807
      ***  Number from 1 to 100 By one for-loop ***
  1  2  3  4  5  6  7  8  9 10 11 12 13 14 15 16 17 18 19 20
 21 22 23 24 25 26 27 28 29 30 31 32 33 34 35 36 37 38 39 40
 41 42 43 44 45 46 47 48 49 50 51 52 53 54 55 56 57 58 59 60
 61 62 63 64 65 66 67 68 69 70 71 72 73 74 75 76 77 78 79 80
 81 82 83 84 85 86 87 88 89 90 91 92 93 94 95 96 97 98 99100

D:\IntaeJava>
```

프로그램 설명

하나의 for-loop을 사용하여 i를 1부터 100까지 변경하면서 i 값을 출력하되 i가 20의 배수이면 줄바꿈을 하는 System.out.println()을 수행합니다.

풀이 | Ex00807

```
풀이2)
 1: class Ex00808 {
 2:    public static void main(String[] args) {
 3:        System.out.println("   ***  Number from 1 to 100 By two for-loop
case 1 ***");
 4:        for ( int i = 1 ; i <= 5 ; i++ ) {
 5:           for ( int j = 1 ; j <= 20 ; j++ ) {
 6:               System.out.printf("%3d",(i-1)*20 + j);
 7:           }
 8:           System.out.println();
 9:       }
10:    }
11: }
```

```
D:\IntaeJava>java Ex00808
   ***  Number from 1 to 100 By two for-loop case 1 ***
  1  2  3  4  5  6  7  8  9 10 11 12 13 14 15 16 17 18 19 20
 21 22 23 24 25 26 27 28 29 30 31 32 33 34 35 36 37 38 39 40
 41 42 43 44 45 46 47 48 49 50 51 52 53 54 55 56 57 58 59 60
 61 62 63 64 65 66 67 68 69 70 71 72 73 74 75 76 77 78 79 80
 81 82 83 84 85 86 87 88 89 90 91 92 93 94 95 96 97 98 99100
D:\IntaeJava>
```

프로그램 설명

이중 for-loop을 사용하여 내부 for loop에서 j를 1부터 20까지 j 값을 출력하고 줄바꿈을 하는 System.out.println()을 수행합니다. 이것을 다시 5번 수행하도록 외부 for loop에서 i를 1부터 5까지 변경하면서 수행시키되 i가 2에서는 20을 더하고, 3이면 40을 더해야 하므로 실제 출력 값은 (i-1)*20 + j 값을 출력하게 해야 합니다.

풀이 | Ex00808

```
풀이3)
 1: class Ex00809 {
 2:    public static void main(String[] args) {
 3:        System.out.println("   ***  Number from 1 to 100 By two for-loop
case 2 ***");
 4:        int n = 0;
 5:        for ( int i = 1 ; i <= 5 ; i++ ) {
 6:           for ( int j = 1 ; j <= 20 ; j++ ) {
```

```
 7:              n = n + 1;
 8:              System.out.printf("%3d",n);
 9:          }
10:          System.out.println();
11:      }
12:  }
13: }
```

```
D:\IntaeJava>java Ex00809
   ***  Number from 1 to 100 By two for-loop case 2 ***
  1  2  3  4  5  6  7  8  9 10 11 12 13 14 15 16 17 18 19 20
 21 22 23 24 25 26 27 28 29 30 31 32 33 34 35 36 37 38 39 40
 41 42 43 44 45 46 47 48 49 50 51 52 53 54 55 56 57 58 59 60
 61 62 63 64 65 66 67 68 69 70 71 72 73 74 75 76 77 78 79 80
 81 82 83 84 85 86 87 88 89 90 91 92 93 94 95 96 97 98 99100

D:\IntaeJava>
```

프로그램 설명

풀이 | Ex00809

▶ 이중 for-loop을 사용하여 내부 for loop(6~9번째 줄)에서 j를 1부터 20까지 수행하여 n값을 1씩더한 후 출력합니다.

▶ 10번째 줄에서 줄바꿈을 하는 System.out.println()을 수행합니다.

▶ 이것(6~10번째 줄까지)을 다시 5번 수행하도록 외부 for loop(5~11번째 줄)에서 i를 1부터 5까지 변경하면서 수행시키는 것은 풀이2와 동일합니다.

▶ 풀이2에서는 i와 j로 계산하여 출력 값 1부터 100까지을 결정하지만, 풀이3에서는 n 값은 초기치 n=0에서 매번 출력하기 전에 n=n+1을 하여 출력하면 7번째 줄은 총 100번 수행되므로 1부터 100까지를 출력 가능합니다. 즉 풀이 2에서 사용한 첨자i,j에 의한 계산 값으로 출력하지 않고, 1씩 더한 n 값으로 출력하면 1부터 100까지 출력할 수 있습니다.

위 풀이 1,2,3에서 보았듯이 어떤 문제를 해결하는데 꼭 한가지 방법만 있는 것은 아닙니다. 어떤 방법이 좋은 방법인지는 각자의 판단에 따라 달라질 수 있습니다. 아래 문제들은 풀이 3번에서 이용한 방법으로 풀 수 있도록 만든 예제들입니다.

문제 | Ex00809A

1부터 55까지 출력하는 프로그램으로 아래와 같이 출력되도록 프로그램을 작성하세요.
아래 프로그램은 if문을 사용해도 되고, if문 없이 for문만으로도 프로그램을 만들 수 있습니다.

```
D:\IntaeJava>java Ex00809A
*** numbers with if statement ***
  1
  2  3
  4  5  6
  7  8  9 10
 11 12 13 14 15
 16 17 18 19 20 21
 22 23 24 25 26 27 28
 29 30 31 32 33 34 35 36
 37 38 39 40 41 42 43 44 45
 46 47 48 49 50 51 52 53 54 55

D:\IntaeJava>_
```

```
D:\IntaeJava>java Ex00809A1
* numbers without if statement *
  1
  2  3
  4  5  6
  7  8  9 10
 11 12 13 14 15
 16 17 18 19 20 21
 22 23 24 25 26 27 28
 29 30 31 32 33 34 35 36
 37 38 39 40 41 42 43 44 45
 46 47 48 49 50 51 52 53 54 55

D:\IntaeJava>
```

문제 | Ex00809B

1부터 55까지 출력하는 프로그램으로 아래와 같이 출력되도록 프로그램을 작성하세요.

아래 프로그램은 if문을 사용해도 되고, if문 없이 for문만으로도 프로그램을 만들수 있습니다.

```
D:\IntaeJava>java Ex00809B
*** numbers with if statement ***
  1  2  3  4  5  6  7  8  9 10
    11 12 13 14 15 16 17 18 19
       20 21 22 23 24 25 26 27
          28 29 30 31 32 33 34
             35 36 37 38 39 40
                41 42 43 44 45
                   46 47 48 49
                      50 51 52
                         53 54
                            55

D:\IntaeJava>
```

```
D:\IntaeJava>java Ex00809B1
* numbers without if statement *
  1  2  3  4  5  6  7  8  9 10
    11 12 13 14 15 16 17 18 19
       20 21 22 23 24 25 26 27
          28 29 30 31 32 33 34
             35 36 37 38 39 40
                41 42 43 44 45
                   46 47 48 49
                      50 51 52
                         53 54
                            55

D:\IntaeJava>
```

문제 | Ex00809C

1부터 55까지 출력하는 프로그램으로 아래와 같이 출력되도록 프로그램을 작성하세요.

아래 프로그램은 if문을 사용해도 되고, if문 없이 for문만으로도 프로그램을 만들수 있습니다.

```
D:\IntaeJava>java Ex00809C
*** numbers with if statement ***
                            1
                         2  3
                      4  5  6
                   7  8  9 10
             11 12 13 14 15
          16 17 18 19 20 21
       22 23 24 25 26 27 28
    29 30 31 32 33 34 35 36
 37 38 39 40 41 42 43 44 45
46 47 48 49 50 51 52 53 54 55

D:\IntaeJava>_
```

```
D:\IntaeJava>java Ex00809C1
* numbers without if statement *
                            1
                         2  3
                      4  5  6
                   7  8  9 10
             11 12 13 14 15
          16 17 18 19 20 21
       22 23 24 25 26 27 28
    29 30 31 32 33 34 35 36
 37 38 39 40 41 42 43 44 45
46 47 48 49 50 51 52 53 54 55

D:\IntaeJava>_
```

문제 | Ex00809D

1부터 55까지 출력하는 프로그램으로 아래와 같이 출력되도록 프로그램을 작성하세요.

아래 프로그램은 if문을 사용해도 되고, if문 없이 for문만으로도 프로그램을 만들
수 있습니다.

```
D:\IntaeJava>java Ex00809D
*** numbers with if statement ***
  1  2  3  4  5  6  7  8  9 10
 11 12 13 14 15 16 17 18 19
 20 21 22 23 24 25 26 27
 28 29 30 31 32 33 34
 35 36 37 38 39 40
 41 42 43 44 45
 46 47 48 49
 50 51 52
 53 54
 55

D:\IntaeJava>
```

```
D:\IntaeJava>java Ex00809D1
* numbers without if statement *
  1  2  3  4  5  6  7  8  9 10
 11 12 13 14 15 16 17 18 19
 20 21 22 23 24 25 26 27
 28 29 30 31 32 33 34
 35 36 37 38 39 40
 41 42 43 44 45
 46 47 48 49
 50 51 52
 53 54
 55

D:\IntaeJava>
```

문제 | Ex00809E

1부터 100까지 출력하는 프로그램으로 아래와 같이 출력되도록 프로그램을 작성하
세요.

```
D:\IntaeJava>java Ex00809E
*** Output number from 1 to 100 ***
  1 11 21 31 41 51 61 71 81 91
  2 12 22 32 42 52 62 72 82 92
  3 13 23 33 43 53 63 73 83 93
  4 14 24 34 44 54 64 74 84 94
  5 15 25 35 45 55 65 75 85 95
  6 16 26 36 46 56 66 76 86 96
  7 17 27 37 47 57 67 77 87 97
  8 18 28 38 48 58 68 78 88 98
  9 19 29 39 49 59 69 79 89 99
 10 20 30 40 50 60 70 80 90100

D:\IntaeJava>
```

문제 | Ex00809F

1부터 100까지 출력하는 프로그램을 작성하되 아래와 같이 대각선 위에 있는 수는
출력하지 마세요.

```
D:\IntaeJava>java Ex00809F
* numbers without if statement *
  1
  2 12
  3 13 23
  4 14 24 34
  5 15 25 35 45
  6 16 26 36 46 56
  7 17 27 37 47 57 67
  8 18 28 38 48 58 68 78
  9 19 29 39 49 59 69 79 89
 10 20 30 40 50 60 70 80 90100

D:\IntaeJava>
```

문제 | Ex00809G

도전해 보세요   1부터 60까지 출력하는 프로그램으로 아래와 같이 출력되도록 프로그
램을 작성하세요.

```
D:\IntaeJava>java Ex00809G
*** numbers with if statement ***
  1  2  3  4  5  6  7  8  9 10
    11 12 13 14 15 16 17 18
       19 20 21 22 23 24
          25 26 27 28
             29 30
             31 32
          33 34 35 36
       37 38 39 40 41 42
    43 44 45 46 47 48 49 50
 51 52 53 54 55 56 57 58 59 60

D:\IntaeJava>
```

```
D:\IntaeJava>java Ex00809G1
* numbers without if statement *
  1  2  3  4  5  6  7  8  9 10
    11 12 13 14 15 16 17 18
       19 20 21 22 23 24
          25 26 27 28
             29 30
             31 32
          33 34 35 36
       37 38 39 40 41 42
    43 44 45 46 47 48 49 50
 51 52 53 54 55 56 57 58 59 60

D:\IntaeJava>
```

문제 | Ex00809H

2014년 3월의 달력을 출력하는 프로그램으로 아래와 같이 출력되도록 프로그램을 작성하세요.

힌트 | 아래 프로그램을 참조하여 13번째부터 작성하세요. 13번째 줄의 day변수는 이 프로그램에서는 꼭 필요하지 않지만 Ex00809J 프로그램에서는 여러 달 출력을 위해서는 필요한 변수이므로 day변수 없이 프로그램을 작성했다면 day변수를 사용해서 다시 만들어 보세요.

```
 1: class Ex00809H {
 2:    public static void main(String[] args) {
 3:       int year = 2014;
 4:       String monthName = "MARCH";
 5:       System.out.println("   *** "+year + " " + monthName+"  ***");
 6:       System.out.println("SUN MON TUE WED THU FRI SAT");
 7:       int startDay = 7; // 시작되는 요일 : 1이면 일요일, 7일면 토요일
 8:       for ( int i = 1; i<startDay ; i++ ) {
 9:          System.out.print("  *  " );
10:       }
11:       int day = startDay - 1;
12:       for ( int i = 1 ; i <= 31 ; i++ ) {
           // 여기에 프로그램 작성
00:       }
00:    }
00: }
```

```
D:\IntaeJava>java Ex00809H
   *** 2014 MARCH ***
SUN MON TUE WED THU FRI SAT
  *   *   *   *   *   *   1
  2   3   4   5   6   7   8
  9  10  11  12  13  14  15
 16  17  18  19  20  21  22
 23  24  25  26  27  28  29
 30  31
D:\IntaeJava>
```

문제 | Ex00809G

도전해 보세요 2014년 1월, 2월,3월의 달력을 출력하는 프로그램으로 아래와 같이 출력 되도록 프로그램을 작성하세요.

```
Hint :
 1: class Ex00809J {
 2:    public static void main(String[] args) {
 3:        int year = 2014;
 4:        int maxDayOfMonth = 31;
 5:        int startDay = 4; // 시작되는 요일 : 1이면 일요일, 7이면 토요일
 6:        for ( int m=1 ; m <= 3 ; m++ ) {
 7:            String monthName = "JANUARY";
 8:            if ( m ==2 ) {
 9:                monthName = "FEBRUARY";
10:                //maxDayOfMonth = 28;
11:                 maxDayOfMonth = ( year/4*4 == year && ! (year/100*100 ==
year) || year/400*400 == year ) ? 29 : 28;
12:            }
13:            if ( m ==3 ) {
14:                monthName = "MARCH";
15:                maxDayOfMonth = 31;
16:            }
17:            System.out.println("   ***  "+year + " " + monthName+"  ***");
18:            System.out.println("SUN MON TUE WED THU FRI SAT");
19:            for ( int i = 1; i<startDay ; i++ ) {
20:                System.out.print("  *  " );
21:            }
22:            int day = startDay - 1;
23:            for ( int i = 1 ; i <= maxDayOfMonth; i++ ) {
                       // 여기에 프로그램 작성
00:            }
                   // 여기에 프로그램 작성
00:        }
00:    }
00: }
```

```
D:\IntaeJava>java Ex00809J
   ***  2014 JANUARY  ***
SUN MON TUE WED THU FRI SAT
 *   *   *   1   2   3   4
 5   6   7   8   9  10  11
12  13  14  15  16  17  18
19  20  21  22  23  24  25
26  27  28  29  30  31

   ***  2014 FEBRUARY  ***
SUN MON TUE WED THU FRI SAT
 *   *   *   *   *   *   1
 2   3   4   5   6   7   8
 9  10  11  12  13  14  15
16  17  18  19  20  21  22
23  24  25  26  27  28

   ***  2014 MARCH  ***
SUN MON TUE WED THU FRI SAT
 *   *   *   *   *   *   1
 2   3   4   5   6   7   8
 9  10  11  12  13  14  15
16  17  18  19  20  21  22
23  24  25  26  27  28  29
30  31


D:\IntaeJava>
```

8.6 while문

while문은 while문 속의 조건식이 만족하는 동안에 반복해서 실행되는 반복명령문입니다.

예제 | Ex00811

아래 예제는 for loop를 사용한 예제 Ex00801 프로그램을 while문으로 바꾼 프로그램입니다.

```
1: class Ex00811 {
2:    public static void main(String[] args) {
3:       int i = 1;
4:       while ( i <= 10 ) {
5:          System.out.print(" " + i);
6:          i++;
7:       }
8:    }
9: }
```

```
D:\IntaeJava>java Ex00811
 1  2  3  4  5  6  7  8  9  10
D:\IntaeJava>
```

위 예제에서 보듯이 모든 for loop문은 while문으로 바꿀 수 있습니다. 또한 모든 while문는 for loop문으로 바꿀 수 있습니다. 하지만 어느 것이 더 간편하고 프로그램이 이해하기 쉬운지는 그때 그때 주어진 조건에 따라 달라질 수 있습니다. 일반적으로는 몇 번의 loop가 반복되는지 사전에 알 수 있는 반복문은 for loop를, 사전에 알 수없는 경우는 while문을 사용합니다.

while문 사용형식:

```
while (조건식) {
   몸체:자바 명령문(조건식이 참이면 반복 실행될 문장)
}
```

while문의 수행되는 순서도를 보면 아래와 같습니다.

while문의 수행되는 순서도를 보면 아래와 같습니다.

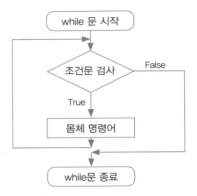

예제 | Ex00812

아래 예제는 다시 for loop문으로 작성한 Ex00806 프로그램을 while문으로 다시 고친 프로그램입니다.

```java
 1: class Ex00812 {
 2:   public static void main(String[] args) {
 3:     System.out.println("          ***  Gugu-Dan by while  ***");
 4:     int i = 1;
 5:     while ( i <= 9 ) {
 6:       int a = 2;
 7:       while ( a <= 9 ) {
 8:         System.out.printf(a+"*" + i + "=%2d ", (a*i));
 9:         a++;
10:       }
11:       System.out.println();
12:       i++;
13:     }
14:   }
15: }
```

```
D:\IntaeJava>java Ex00812
          ***  Gugu-Dan by while  ***
2*1= 2 3*1= 3 4*1= 4 5*1= 5 6*1= 6 7*1= 7 8*1= 8 9*1= 9
2*2= 4 3*2= 6 4*2= 8 5*2=10 6*2=12 7*2=14 8*2=16 9*2=18
2*3= 6 3*3= 9 4*3=12 5*3=15 6*3=18 7*3=21 8*3=24 9*3=27
2*4= 8 3*4=12 4*4=16 5*4=20 6*4=24 7*4=28 8*4=32 9*4=36
2*5=10 3*5=15 4*5=20 5*5=25 6*5=30 7*5=35 8*5=40 9*5=45
2*6=12 3*6=18 4*6=24 5*6=30 6*6=36 7*6=42 8*6=48 9*6=54
2*7=14 3*7=21 4*7=28 5*7=35 6*7=42 7*7=49 8*7=56 9*7=63
2*8=16 3*8=24 4*8=32 5*8=40 6*8=48 7*8=56 8*8=64 9*8=72
2*9=18 3*9=27 4*9=36 5*9=45 6*9=54 7*9=63 8*9=72 9*9=81

D:\IntaeJava>
```

문제 | Ex00812A

Ex00807 프로그램을 while문 한 개만 사용하여 아래와 같이 출력되도록 변경하세요.

```
D:\IntaeJava>java Ex00812A
    ***   Number from 1 to 100 By one while-loop ***
    1  2  3  4  5  6  7  8  9 10 11 12 13 14 15 16 17 18 19 20
21 22 23 24 25 26 27 28 29 30 31 32 33 34 35 36 37 38 39 40
41 42 43 44 45 46 47 48 49 50 51 52 53 54 55 56 57 58 59 60
61 62 63 64 65 66 67 68 69 70 71 72 73 74 75 76 77 78 79 80
81 82 83 84 85 86 87 88 89 90 91 92 93 94 95 96 97 98 99100

D:\IntaeJava>_
```

문제 | Ex00812B

Ex00808 프로그램을 while문 두 개 사용하여 아래와 같이 출력되도록 변경하세요.

```
D:\IntaeJava>java Ex00812B
 ***   Number from 1 to 100 By two while-loop case 1 ***
    1  2  3  4  5  6  7  8  9 10 11 12 13 14 15 16 17 18 19 20
21 22 23 24 25 26 27 28 29 30 31 32 33 34 35 36 37 38 39 40
41 42 43 44 45 46 47 48 49 50 51 52 53 54 55 56 57 58 59 60
61 62 63 64 65 66 67 68 69 70 71 72 73 74 75 76 77 78 79 80
81 82 83 84 85 86 87 88 89 90 91 92 93 94 95 96 97 98 99100

D:\IntaeJava>
```

문제 | Ex00812C

Ex00809 프로그램을 while문 두 개 사용하여 아래와 같이 출력되도록 변경하세요.

```
D:\IntaeJava>java Ex00812C
 ***   Number from 1 to 100 By two while-loop case 2 ***
    1  2  3  4  5  6  7  8  9 10 11 12 13 14 15 16 17 18 19 20
21 22 23 24 25 26 27 28 29 30 31 32 33 34 35 36 37 38 39 40
41 42 43 44 45 46 47 48 49 50 51 52 53 54 55 56 57 58 59 60
61 62 63 64 65 66 67 68 69 70 71 72 73 74 75 76 77 78 79 80
81 82 83 84 85 86 87 88 89 90 91 92 93 94 95 96 97 98 99100

D:\IntaeJava>
```

프로그래밍에서 for loop와 while loop는 기존의 프로그램을 보고 이해하는 것이 아니라 실제 활용하여 스스로 프로그램을 작성할 줄 아는 것이 중요합니다. Ex00813A부터 Ex00813J까지의 프로그램을 while문을 사용하여 출력하세요. 단 기존에 완성된 Ex00809A부터 Ex00809J까지의 프로그램은 될 수 있으면 보지 말고 다시 처음부터 머리 속으로 로직을 생각해 내시기 바랍니다.

문제 | Ex00813A

1부터 90까지 출력하는 프로그램으로 아래와 같이 출력되도록 while문을 사용하세요.

```
D:\IntaeJava>java Ex00813A
*** Output number from 1 to 90 ***
    1  2  3  4  5  6  7  8  9
10     11 12 13 14 15 16 17 18
19 20     21 22 23 24 25 26 27
28 29 30     31 32 33 34 35 36
37 38 39 40     41 42 43 44 45
46 47 48 49 50     51 52 53 54
55 56 57 58 59 60     61 62 63
64 65 66 67 68 69 70     71 72
73 74 75 76 77 78 79 80     81
82 83 84 85 86 87 88 89 90

D:\IntaeJava>
```

문제 | Ex00813B

1부터 80까지 출력하는 프로그램으로 아래와 같이 출력되도록 while문을 사용하세요.

```
D:\IntaeJava>java Ex00813B
*** Output number from 1 to 80 ***
    1  2  3  4  5  6  7  8
 9     10 11 12 13 14 15     16
17 18     19 20 21 22     23 24
25 26 27     28 29     30 31 32
33 34 35 36     37 38 39 40
41 42 43 44     45 46 47 48
49 50 51     52 53     54 55 56
57 58     59 60 61 62     63 64
65     66 67 68 69 70 71     72
    73 74 75 76 77 78 79 80

D:\IntaeJava>_
```

문제 | Ex00813C

1부터 10까지 출력하는 프로그램으로 아래와 같이 출력되도록 while문을 사용하세요.

```
D:\IntaeJava>java Ex00813C
*** Output number from 1 to 10 ***
1
  2
    3
      4
        5
          6
            7
              8
                9
                  10

D:\IntaeJava>
```

문제 | Ex00813D

1부터 20까지 출력하는 프로그램으로 아래와 같이 출력되도록 while문을 사용하세요

```
D:₩IntaeJava>java Ex00813D
*** Output number from 1 to 20 ***
  1                        2
    3                  4
     5              6
      7          8
        9 10
        11 12
      13      14
    15          16
  17              18
19                    20

D:₩IntaeJava>_
```

문제 | Ex00813E

1부터 100까지 출력하는 프로그램으로 Ex00809E을 참조하여 아래와 같이 출력되도록 while문을 사용하세요.

```
D:₩IntaeJava>java Ex00813E
*** Output number from 1 to 100 ***
 91 81 71 61 51 41 31 21 11   1
 92 82 72 62 52 42 32 22 12   2
 93 83 73 63 53 43 33 23 13   3
 94 84 74 64 54 44 34 24 14   4
 95 85 75 65 55 45 35 25 15   5
 96 86 76 66 56 46 36 26 16   6
 97 87 77 67 57 47 37 27 17   7
 98 88 78 68 58 48 38 28 18   8
 99 89 79 69 59 49 39 29 19   9
100 90 80 70 60 50 40 30 20 10

D:₩IntaeJava>_
```

문제 | Ex00813F

1부터 100까지 출력하는 프로그램으로 Ex00809F을 참조하여 아래와 같이 출력되도록 while문을 사용하세요.

```
D:₩IntaeJava>java Ex00813F
*** Output number from 1 to 100 ***
  1 11 21 31 41 51 61 71 81 91
    12 22 32 42 52 62 72 82 92
       23 33 43 53 63 73 83 93
          34 44 54 64 74 84 94
             45 55 65 75 85 95
                56 66 76 86 96
                   67 77 87 97
                      78 88 98
                         89 99
                            100

D:₩IntaeJava>_
```

문제 | Ex00813G

도전해 보세요 1부터 60까지 출력하는 프로그램으로 Ex00809G을 참조하여 아래와 같이 출력되도록 while문을 사용하여 풀어보세요.

주의사항 이중 while문 속에 if문을 사용하면 쉽게 할 수 있으며, continue문은 사용하지 마세요. 만약 continue문을 사용하게 되면 continue문 전에 증감문을 사용해야 합니다.

```
D:\IntaeJava>java Ex00813G
*** Output number from 1 to 60 ***
  1                                   2
  3  4                            5    6
  7  8  9                   10 11 12
 13 14 15 16              17 18 19 20
 21 22 23 24 25 26 27 28 29 30
 31 32 33 34 35 36 37 38 39 40
 41 42 43 44              45 46 47 48
 49 50 51                 52 53 54
 55 56                    57 58
 59                       60

D:\IntaeJava>_
```

문제 | Ex00813H

2014년 10월의 달력을 출력하는 프로그램으로 Ex00809H을 참조하여 아래와 같이
출력되도록 while문을 사용하여 풀어보세요.

```
D:\IntaeJava>java Ex00813H
    ***  2014 OCTOBER  ***
SUN MON TUE WED THU FRI SAT
 *   *   *   1   2   3   4
 5   6   7   8   9  10  11
12  13  14  15  16  17  18
19  20  21  22  23  24  25
26  27  28  29  30  31
D:\IntaeJava>_
```

문제 | Ex00813J

도전해 보세요   2014년 11,12월을 출력하는 프로그램으로 Ex00809J을 참조하여 아래
와 같이 출력되도록 while문을 사용하여 풀어세요.

```
D:\IntaeJava>java Ex00813J
   ***  2014 NOVEMBER  ***
SUN MON TUE WED THU FRI SAT
 *   *   *   *   *   *   1
 2   3   4   5   6   7   8
 9  10  11  12  13  14  15
16  17  18  19  20  21  22
23  24  25  26  27  28  29
30

   ***  2014 DECEMBER  ***
SUN MON TUE WED THU FRI SAT
 *   1   2   3   4   5   6
 7   8   9  10  11  12  13
14  15  16  17  18  19  20
21  22  23  24  25  26  27
28  29  30  31

D:\IntaeJava>
```

8.7 do while문

do while은 while문과 동일하나 조건식을 검사하는 while (조건식) 문장이 몸체 문
장 뒤에 오는 것이 다릅니다. 즉 while문은 몸체 문장을 하기전에 조건식을 검사하
지만 do while문은 몸체 문장을 수행하고 조건식을 검사합니다. 그러다 보니 while

문은 몸체문장을 한 번도 수행 안 하는 경우가 나올 수 있지만, do while문은 최소
한 한 번의 몸체문장은 수행합니다.

예제 | Ex00821

아래 예제는 Ex00801과 Ex00811 프로그램을 do while문으로 다시 바꾼 프로그
램입니다.

```
1: class Ex00821 {
 2:    public static void main(String[] args) {
 3:       int i = 1;
 4:       do {
 5:          System.out.print(" " + i);
 6:          i++;
 7:       } while ( i <= 10 );
 8:    }
 9: }
```

```
D:\IntaeJava>java Ex00821
 1  2  3  4  5  6  7  8  9  10
D:\IntaeJava>
```

위 예제처럼 for loop문, while문, do while문은 서로 다른 반복문으로 바꾸어 만
들 수 있습니다.

do while문 사용형식

```
do {
   자바 명령문(조건식이 참이면 반복 실행될 문장)
} while (조건식);
```

do while문이 수행되는 순서도를 보면 아래와 같습니다.

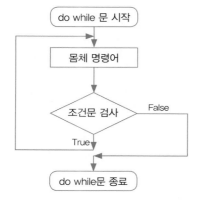

예제 | Ex00822

아래 예제는 1부터 10까지의 덧셈을 do while문을 이용하여 만든 프로그램입니다.

```
 1: class Ex00822 {
 2:    public static void main(String[] args) {
 3:       int i = 1;
 4:       int sum = 0;
 5:       do {
 6:          if ( i == 1 ) {
 7:             System.out.print("  " + i);
 8:          } else {
 9:             System.out.print(" + " + i);
10:          }
11:          sum = sum + i;
12:          i++;
13:       } while ( i <= 10 );
14:       System.out.print(" = " + sum);
15:    }
16: }
```

```
D:\IntaeJava>java Ex00822
  1 + 2 + 3 + 4 + 5 + 6 + 7 + 8 + 9 + 10 = 55
D:\IntaeJava>
```

예제 | Ex00823

아래 예제는 1부터 100까지 더하는 프로그램입니다. 단지 1부터 100까지를 화면에 한 줄로 출력하면 보기가 안 좋으므로 10개씩 한 줄로 출력하는 프로그램입니다.

```
 1: class Ex00823 {
 2:    public static void main(String[] args) {
 3:       int i = 1;
 4:       int sum = 0;
 5:       do {
 6:          if ( i == 1 ) {
 7:             System.out.print("     " + i);
 8:          } else {
 9:             System.out.printf(" + %3d", i);
10:          }
11:          sum = sum + i;
12:          if ( i / 10 * 10 == i ) {
13:             System.out.println();
14:          }
15:          i++;
16:       } while ( i <= 100 );
17:       System.out.print(" = " + sum);
18:    }
19: }
```

```
D:\IntaeJava>java Ex00823
    1 +   2 +   3 +   4 +   5 +   6 +   7 +   8 +   9 +  10
  + 11 +  12 +  13 +  14 +  15 +  16 +  17 +  18 +  19 +  20
  + 21 +  22 +  23 +  24 +  25 +  26 +  27 +  28 +  29 +  30
  + 31 +  32 +  33 +  34 +  35 +  36 +  37 +  38 +  39 +  40
  + 41 +  42 +  43 +  44 +  45 +  46 +  47 +  48 +  49 +  50
  + 51 +  52 +  53 +  54 +  55 +  56 +  57 +  58 +  59 +  60
  + 61 +  62 +  63 +  64 +  65 +  66 +  67 +  68 +  69 +  70
  + 71 +  72 +  73 +  74 +  75 +  76 +  77 +  78 +  79 +  80
  + 81 +  82 +  83 +  84 +  85 +  86 +  87 +  88 +  89 +  90
  + 91 +  92 +  93 +  94 +  95 +  96 +  97 +  98 +  99 + 100
= 5050
D:\IntaeJava>
```

문제 | Ex00823A

1부터 99까지 홀수만 출력하되 10개씩 한줄로 출력하는 프로그램을 작성하세요

```
D:\IntaeJava>java Ex00823A
    1 +   3 +   5 +   7 +   9 +  11 +  13 +  15 +  17 +  19
  + 21 +  23 +  25 +  27 +  29 +  31 +  33 +  35 +  37 +  39
  + 41 +  43 +  45 +  47 +  49 +  51 +  53 +  55 +  57 +  59
  + 61 +  63 +  65 +  67 +  69 +  71 +  73 +  75 +  77 +  79
  + 81 +  83 +  85 +  87 +  89 +  91 +  93 +  95 +  97 +  99
= 2500
D:\IntaeJava>
```

8.8 Label된 Loop

Label은 직접 무언가 행동을 하는 명령이 아니라 행동을 할 수 있도록 도와주는 명령입니다.(1.1.6절의 프로그램 명령의 분류 참조) Label은 행동을 하는 명령 앞에 붙이는 일종의 이름입니다.

Label된 loop는 중첩된 for loop나 while문에 적용됩니다. 단일 for loop문이나 단일 while문에서는 label이 있으나 없으나 동일한 효과를 나타내므로 lable된 loop는 사용하지 않습니다. 8.2에서 언급했듯이 break문이나 continue문은 Label이 없는 경우, 그리고 for문이나 while문의 loop가 하나인 경우에는 break문을 만나면 for문을 바로 빠져나오고, continue문을 만나면 for loop의 몸체부분 수행을 완료하고 증감문으로 이동합니다.

for문이나 while문의 loop가 두 개 이상 중첩된 경우 제일 안쪽의 for문이나 while문을 수행 중 break문을 만나면 모든 for문이나 while문을 빠져 나오는 것이 아니라 break문을 수행 중인 for 문이나 while문 하나만 빠져 나옵니다. 또 continue문도 두 개 이상 중첩된 경우 제일 안쪽의 for문이나 while문을 수행 중 continue문을 만나면 continue문을 수행 중인 for 문이나 while문 하나만 몸체를 빠져 나와 증감문으로 프로그램의 흐름을 옮겨 줍니다.

그러므로 중첩된 for loop문이나 while문에서 두 단계 이상의 for loop나 while문을 빠져나오기 위해서는 label을 사용해야 합니다.

예제 | Ex00831

다음 프로그램은 break나 continue가 없고, label도 없는 프로그램입니다.

```
 1: class Ex00831 {
 2:    public static void main(String[] args) {
 3:       System.out.println("                    ***  for i=3, j=5, k=6, total=90
***");
 4:       for ( int i = 1 ; i <= 3 ; i++ ) {
 5:          for ( int j = 1 ; j <= 5 ; j++ ) {
 6:             for ( int k = 1 ; k <= 6 ; k++ ) {
 7:                System.out.print("i="+i+",j="+j+",k="+k+" ");
 8:             }
 9:             System.out.println();
10:          }
11:          System.out.println();
12:       }
13:       System.out.println("*** end of program ***");
14:    }
15: }
```

```
                    ***  for i=3, j=5, k=6, total=90  ***
i=1,j=1,k=1 i=1,j=1,k=2 i=1,j=1,k=3 i=1,j=1,k=4 i=1,j=1,k=5 i=1,j=1,k=6
i=1,j=2,k=1 i=1,j=2,k=2 i=1,j=2,k=3 i=1,j=2,k=4 i=1,j=2,k=5 i=1,j=2,k=6
i=1,j=3,k=1 i=1,j=3,k=2 i=1,j=3,k=3 i=1,j=3,k=4 i=1,j=3,k=5 i=1,j=3,k=6
i=1,j=4,k=1 i=1,j=4,k=2 i=1,j=4,k=3 i=1,j=4,k=4 i=1,j=4,k=5 i=1,j=4,k=6
i=1,j=5,k=1 i=1,j=5,k=2 i=1,j=5,k=3 i=1,j=5,k=4 i=1,j=5,k=5 i=1,j=5,k=6

i=2,j=1,k=1 i=2,j=1,k=2 i=2,j=1,k=3 i=2,j=1,k=4 i=2,j=1,k=5 i=2,j=1,k=6
i=2,j=2,k=1 i=2,j=2,k=2 i=2,j=2,k=3 i=2,j=2,k=4 i=2,j=2,k=5 i=2,j=2,k=6
i=2,j=3,k=1 i=2,j=3,k=2 i=2,j=3,k=3 i=2,j=3,k=4 i=2,j=3,k=5 i=2,j=3,k=6
i=2,j=4,k=1 i=2,j=4,k=2 i=2,j=4,k=3 i=2,j=4,k=4 i=2,j=4,k=5 i=2,j=4,k=6
i=2,j=5,k=1 i=2,j=5,k=2 i=2,j=5,k=3 i=2,j=5,k=4 i=2,j=5,k=5 i=2,j=5,k=6

i=3,j=1,k=1 i=3,j=1,k=2 i=3,j=1,k=3 i=3,j=1,k=4 i=3,j=1,k=5 i=3,j=1,k=6
i=3,j=2,k=1 i=3,j=2,k=2 i=3,j=2,k=3 i=3,j=2,k=4 i=3,j=2,k=5 i=3,j=2,k=6
i=3,j=3,k=1 i=3,j=3,k=2 i=3,j=3,k=3 i=3,j=3,k=4 i=3,j=3,k=5 i=3,j=3,k=6
i=3,j=4,k=1 i=3,j=4,k=2 i=3,j=4,k=3 i=3,j=4,k=4 i=3,j=4,k=5 i=3,j=4,k=6
i=3,j=5,k=1 i=3,j=5,k=2 i=3,j=5,k=3 i=3,j=5,k=4 i=3,j=5,k=5 i=3,j=5,k=6

*** end of program ***

D:\IntaeJava>_
```

프로그램 설명

위 프로그램은 7번째 줄 명령을 90(=3*5*6)번 수행합니다. 위 프로그램은 아래 Ex00832와 Ex00833 프로그램을 비교하기 위해 만든 프로그램입니다.

예제 | Ex00832

다음은 위 프로그램(Ex00831)에서 label과 break를 삽입한 프로그램입니다.

```
 1: class Ex00832 {
 2:    public static void main(String[] args) {
 3:       System.out.println("                    ***  for i=3, j=5, k=6, total=90
***");
 4:       loop1:
```

```
 5:        for ( int i = 1 ; i <= 3 ; i++ ) {
 6:          loop2:
 7:          for ( int j = 1 ; j <= 5 ; j++ ) {
 8:            loop3:
 9:            for ( int k = 1 ; k <= 6 ; k++ ) {
10:                if ( i+j+k > 8 ) {
11:                    System.out.print("break loop3");
12:                    break loop3;
13:                }
14:                if ( j>=3 && k >= 3 ) {
15:                    System.out.println("break loop2");
16:                    break loop2;
17:                }
18:                if ( i>=3 && j>=3 && k >= 2 ) {
19:                    System.out.println("break loop1");
20:                    break loop1;
21:                }
22:                System.out.print("i="+i+",j="+j+",k="+k+" ");
23:            }
24:            System.out.println();
25:          }
26:          System.out.println();
27:        }
28:        System.out.println("*** end of program ***");
29:    }
30: }
```

```
D:\IntaeJava>java Ex00832
           *** for i=3, j=5, k=6, total=90 ***
i=1,j=1,k=1 i=1,j=1,k=2 i=1,j=1,k=3 i=1,j=1,k=4 i=1,j=1,k=5 i=1,j=1,k=6
i=1,j=2,k=1 i=1,j=2,k=2 i=1,j=2,k=3 i=1,j=2,k=4 i=1,j=2,k=5 break loop3
i=1,j=3,k=1 i=1,j=3,k=2 break loop2

i=2,j=1,k=1 i=2,j=1,k=2 i=2,j=1,k=3 i=2,j=1,k=4 i=2,j=1,k=5 break loop3
i=2,j=2,k=1 i=2,j=2,k=2 i=2,j=2,k=3 i=2,j=2,k=4 break loop3
i=2,j=3,k=1 break loop1
*** end of program ***

D:\IntaeJava>
```

프로그램 설명

▶ 10~13번째 줄:i+j+k 값이 8보다 큰 값이 되면 11,12번째 명령이 수행됩니다. 12 번째 줄 break loop3을 실행하면 프로그램의 흐름은 loop3의 for loop를 완전히 빠져나와 24번째 줄을 실행하게 됩니다.

▶ 14~17번째 줄:j가 3보다 크거나 같고, k가 3보다 크거나 같으면 15,16번째 명령이 실행됩니다. 16번째 줄 break loop2를 실행하게 되면 프로그램의 흐름은 loop2을 완전히 빠져나와 26번째 줄을 실행하게 됩니다.

▶ 18~21번째 줄:i가 2보다 크거나 같고 j가 3보다 크거나 같고 k가 2보다 크거나 같으면 19,20번째 명령이 실행됩니다. 20번째 줄 break loop1을 실행하게 되

면 프로그램의 흐름은 loop1을 완전히 빠져나와 28번째 줄을 실행하게 됩니다.

예제 | Ex00833

다음은 위 프로그램에서 label과 continue를 삽입한 프로그램입니다.

```
 1: class Ex00833 {
 2:    public static void main(String[] args) {
 3:       System.out.println("                 ***  for i=3, j=5, k=6, total=90
***");
 4:       loop1:
 5:       for ( int i = 1 ; i <= 3 ; i++ ) {
 6:          loop2:
 7:          for ( int j = 1 ; j <= 5 ; j++ ) {
 8:             loop3:
 9:             for ( int k = 1 ; k <= 6 ; k++ ) {
10:                if ( i+j+k > 8 ) {
11:                    System.out.print("cont. loop3 ");
12:                    continue loop3;
13:                }
14:                if ( j>=3 && k >= 3 ) {
15:                    System.out.println("cont. loop2");
16:                    continue loop2;
17:                }
18:                if ( i>=3 && j>=3 && k >= 2 ) {
19:                    System.out.println("cont. loop1");
20:                    continue loop1;
21:                }
22:                System.out.print("i="+i+",j="+j+",k="+k+" ");
23:             }
24:             System.out.println();
25:          }
26:          System.out.println();
27:       }
28:       System.out.println("*** end of program ***");
29:    }
30: }
```

```
D:\IntaeJava>java Ex00833
            ***  for i=3, j=5, k=6, total=90  ***
i=1,j=1,k=1 i=1,j=1,k=2 i=1,j=1,k=3 i=1,j=1,k=4 i=1,j=1,k=5 i=1,j=1,k=6
i=1,j=2,k=1 i=1,j=2,k=2 i=1,j=2,k=3 i=1,j=2,k=4 i=1,j=2,k=5 cont. loop3
i=1,j=3,k=1 i=1,j=3,k=2 cont. loop2
i=1,j=4,k=1 i=1,j=4,k=2 cont. loop2
i=1,j=5,k=1 i=1,j=5,k=2 cont. loop3 cont. loop3 cont. loop3 cont. loop3

i=2,j=1,k=1 i=2,j=1,k=2 i=2,j=1,k=3 i=2,j=1,k=4 i=2,j=1,k=5 cont. loop3
i=2,j=2,k=1 i=2,j=2,k=2 i=2,j=2,k=3 i=2,j=2,k=4 cont. loop3 cont. loop3
i=2,j=3,k=1 i=2,j=3,k=2 cont. loop2
i=2,j=4,k=1 i=2,j=4,k=2 cont. loop3 cont. loop3 cont. loop3 cont. loop3
i=2,j=5,k=1 cont. loop3 cont. loop3 cont. loop3 cont. loop3 cont. loop3

i=3,j=1,k=1 i=3,j=1,k=2 i=3,j=1,k=3 i=3,j=1,k=4 cont. loop3 cont. loop3
i=3,j=2,k=1 i=3,j=2,k=2 i=3,j=2,k=3 cont. loop3 cont. loop3 cont. loop3
i=3,j=3,k=1 cont. loop1
*** end of program ***

D:\IntaeJava>
```

프로그램 설명

▶ 10~13번째 줄:i+j+k 값이 8보다 큰 값이 되면 11,12번째 명령이 수행됩니다. 12번째 줄 continue loop3을 실행하면 프로그램의 흐름은 loop3의 for loop을 6번 반복 수행 중에 한 번 완료된 것으로 9번째 줄의 k++를 실행하여 1을 증가시키고 loop3의 몸체를 다시 실행하게 됩니다.

▶ 14~17번째 줄:j가 3보다 크거나 같고, k가 3보다 크거나 같으면 15,16번째 명령이 실행됩니다. 16번째 줄 continue loop2을 실행하게 되면 프로그램의 흐름은 for loop2의 몸체가 5번 반복 수행 중에 한 번 완료된 것으로(loop2의 몸체가 전부 끝난 것이 아님) 7번째 줄 j++을 실행하여 j을 1을 증가시키고 loop2의 몸체를 다시 실행하게 됩니다. 그러므로 loop2 몸체가 한 번 완료된 것이므로 loop3의 몸체는 완전히 빠져 나오는 결과가 됩니다.

▶ 18~21번째 줄:i가 3보다 크거나 같고,j가 3보다 크거나 같고, k가 2보다 크거나 같으면 19,20번째 명령이 실행됩니다. 20번째 줄 continue loop1을 실행하게 되면 프로그램의 흐름은 for loop1의 몸체가 3번 반복 수행 중에 한 번 완료된 것으로(loop1의 몸체가 전부 끝난 것이 아님) 5번째 줄 i++을 실행하여 i을 1을 증가시키고 loop1의 몸체를 다시 실행하게 됩니다. 그러므로 loop1의 몸체가 한 번 완료되었으니 loop3의 몸체는 물론 loop2의 몸체도 완전히 빠져나오는 결과가 됩니다.

다음은 label을 사용하기 위한 주의 사항입니다.

Label의 형식

labelName: (labelName 뒤에 반드시 colon(:) 을 붙임)

■ **Label을 사용한 break문과 continue문** ■

Break labelName; (colon(:)이 아니라 문장의 마지막을 나타내는 semicolon(;)으로 문장을 마감함)
Continue labelName; (colon(:)이 아니라 문장의 마지막을 나타내는 semicolon(;)으로 문장을 마감함)

■ **Label의 위치** ■

Label은 for나 while block {}은 물론 단순한 block{} 앞에도 올 수 있습니다

예제 | Ex00834

```
1: class Ex00834 {
2:    public static void main(String[] args) {
3:       System.out.println("***  Label Test  ***");
4:       block1: {
5:          int a = 1;
6:          System.out.println("** middle of block1 **");
7:          block2: {
8:             System.out.println("** middle of block2 **");
9:             if ( a == 1 ) {
10:                break block1;
11:             }
12:             System.out.println("** end of block2 **");
13:          }
14:          System.out.println("** end of block1 **");
15:       }
16:       System.out.println("*** end of program ***");
17:    }
18: }
```

```
D:\IntaeJava>java Ex00834
***  Label Test  ***
** middle of block1 **
** middle of block2 **
*** end of program ***

D:\IntaeJava>
```

프로그램 설명

▶ 위 프로그램에서 a는 1이므로 10번째 줄인 break block1이 실행되고, 프로그램
 의 흐름은 block1 block{}의 몸체를 빠져나와 16번째 줄을 실행합니다.

▶ Label된 block을 break나 continue문을 사용하여 jump하면 block밖으로 빠져
 나올 수 있지만, jump하여 block안으로 프로그램의 흐름을 바꾸어 들어가는 방
 법은 없습니다.

▶ 아래 프로그램은 캐나다의 한 지방에 발생한 재해에 대해 정부가 지원책의 일환으
 로 세금을 감면해주고, 재해지역의 모든 시민에게 보조금을 지급합니다. 또 재해
 의 피해를 줄이기 위해 공을 세운 시민을 위해 상금도 지급하는 프로그램입니다.

① 캐나다의 모든 시민은 수입의 25%를 세금으로 납부합니다.

② 재해를 입은 AB province에 있는 모든 시민은 직간접 피해를 입었으므로 수입
 의 9%만 세금으로 납부합니다.

③ AB province의 Calgary지역은 특히 재해의 정도가 심하므로 수입의 7%만 세
 금으로 납부합니다.

④ 재해지역의 정부 보조금으로 AB province의 모든 주민에게 $8,000을 지급하고,

특히 Calgary 주민에게는 $2,000을 추가 지급하여 총 $10,000을 지급합니다.

⑤ AB province의 주민 중 실질 수입(즉 Net수입= Gross - Tax)이 $40,000 보다
적으면 $5,000을 더 지급합니다. 실질 수입이 $100,000보다 적으면 $3,000을
추가 지급합니다. 실질 수입이 $100,000보다 많으면 보조금은 더 이상 추가 지
급하지 않습니다.

⑥ 재해기간 중 시민의 생명과 재산을 지킨 Calgary 시민에게는 모든 보조금을 포
함하여 $30,000의 상금을 지급합니다. 즉 위에서 언급한 Calgary 주민에게 주
는 $10,000과 실질 수입에 따른 보조금($5,000 혹은 $3,000)은 중복해서 지급
하지 않습니다.

⑦ 재해기간 중 시민의 생명과 재산을 지킨 Calgary 이외의 AB province 시민에
게는 $15,000의 상금을 지급합니다. AB province에 지급하는 $8,000은 중복
지급하지 않지만, 실질 수입에 따른 보조금($5,000 혹은 $3,000)은 추가적으로
지급합니다.

예제 | Ex00835

```
1: class Ex00835 {
2:    public static void main(String[] args) {
3:       Person p1 = new Person("Intae", "AB","Calgary",50000, false);
4:       p1.showStatus();
5:       Person p2 = new Person("Jason", "AB","Calgary",40000, true);
6:       p2.showStatus();
7:       Person p3 = new Person("Chris", "AB","Edmonton",40000, true);
8:       p3.showStatus();
9:    }
10: }
11: class Person {
12:    String name;
13:    String province;
14:    String region;
15:    int gross;
16:    int tax;
17:    int grant;
18:    boolean feat;
19:    Person(String n, String p, String r, int g, boolean f) {
20:       name = n;
21:       province = p;
22:       region = r;
23:       gross = g;
24:       feat = f;
25:       calculateTaxOrGrant();
26:    }
27:    void calculateTaxOrGrant() {
```

```
28:        block1:
29:        if ( province.equals("AB") ) {
30:           System.out.println("** middle of block1 **");
31:           block2:
32:           if ( region.equals("Calgary") ) {
33:              System.out.println("** middle of block2-1 **");
34:              tax = gross * 7 / 100;
35:              if ( feat ) {
36:                 grant = 30000;
37:                 break block1;
38:              }
39:
40:              grant = 10000;
41:              System.out.println("** end of block2-1 **");
42:           } else {
43:              System.out.println("** middle of block2-2 **");
44:              tax = gross * 9 / 100;
45:              if ( feat ) {
46:                 grant = 15000;
47:                 break block2;
48:              }
49:
50:              grant = 8000;
51:              System.out.println("** end of block2-2 **");
52:           }
53:           if ( ( gross - tax ) <  40000 ) {
54:              grant = grant + 5000;
55:           } else if ( ( gross - tax ) <  100000 ) {
56:              grant = grant + 3000;
57:           }
58:           System.out.println("** end of block1 **");
59:        } else {
60:           tax = gross * 25 / 100;
61:        }
62:        System.out.println("*** end of method ***");
63:     }
64:   void showStatus() {
65:     System.out.println("Name=" + name + ",Prov.=" + province + ",Reg.="
+ region + ",Feat=" + feat + ",Gross=" + gross + ",Tax=" + tax + ",Grant="
+ grant);
66:   }
67: }
```

```
D:\IntaeJava>java Ex00835
** middle of block1 **
** middle of block2-1 **
** end of block2-1 **
** end of block1 **
*** end of method ***
Name=Intae,Prov.=AB,Reg.=Calgary,Feat=false,Gross=50000,Tax=3500,Grant=13000
** middle of block1 **
** middle of block2-1 **
*** end of method ***
Name=Jason,Prov.=AB,Reg.=Calgary,Feat=true,Gross=40000,Tax=2800,Grant=30000
** middle of block1 **
** middle of block2-2 **
** end of block1 **
*** end of method ***
Name=Chris,Prov.=AB,Reg.=Edmonton,Feat=true,Gross=40000,Tax=3600,Grant=20000

D:\IntaeJava>
```

프로그램 설명

▶ 28번째 줄:37번째 줄에서 block1을 빠져 나와 62번째 줄로 나오기 위한 block1: 선언합니다.

▶ 29번째 줄:AB province와 AB province이외의 세금 계산을 별도로 하기 위한 if문입니다.

▶ 31번째 줄:47번째 줄에서 block2을 빠져 나와 53번째 줄로 나오기 위한 block2: 선언합니다.

8.9 for each문

For each문은 배열과 Vector class을 알아야 충분한 설명이 될 수 있습니다. chapter 9 '배열'과 chapter 22 'Collection'에서 Vector class공부하고 다시 복습할 것을 추천합니다.

For each 명령문은 for loop문의 첨자를 사용하지 않고 어떤 data의 집합(예:배열 또는 Vector object) 속에 있는 원소 하나하나를 끄집어낼 때 편리한 명령입니다. 그러므로 data의 집합이라는 것을 먼저 알아야 합니다.

▦ For each문의 형식 ▦

```
for ( variable : array ) statement
```

혹은

```
for ( variable : collection ) statement
```

● array는 chapter 9를 collection(예:Vector object)은 chapter 22를 참고 하세요.

- 위 for each문을 한국말로 풀어 다시 쓰면 arrary나 collection에 있는 첫 번째 원소를 꺼내어 variable에 저장한 후 statement를 수행합니다. 수행이 끝나면 다음 원소를 꺼내어 variable에 저장하고 다시 statement를 수행하고, 이런식으로 제일 마지막 원소까지 수행을 반복하라는 명령입니다. 그러므로 statement에서는 variable을 사용해서 뭔가를 하는 것이 일반적인 사용 예라고 할 수 있습니다.

예제 | Ex00841

아래 프로그램은 배열 data에 저장된 값들을 출력하는 프로그램입니다. 배열을 알고 있다는 전제하에 설명합니다.

```
1: class Ex00841 {
2:    public static void main(String[] args) {
3:       int[] data = { 2, 5, 7, 1, 6, 5, 3, 4 };
4:       System.out.print("for loop data = ");
5:       for ( int i=0 ; i < data.length ; i++ ) {
6:          System.out.print( data[i] + " ");
7:       }
8:       System.out.println();
9:
10:       System.out.print("for each data = ");
11:       for ( int k : data ) {
12:          System.out.print( k + " ");
13:       }
14:    }
15: }
```

```
D:\IntaeJava>java Ex00841
for loop data = 2 5 7 1 6 5 3 4
for each data = 2 5 7 1 6 5 3 4
D:\IntaeJava>
```

프로그램 설명

▶ 5,6,7번째 줄:배열의 모든 원소들을 배열 첨자 i를 사용하여 화면에 출력합니다.

▶ 11,12,13번째 줄:배열의 모든 원소들을 for each문을 사용하여 화면에 출력합니다. 출력되는 내용은 5,6,7번째 줄과 동일합니다. 즉 11번째 줄에서 k는 처음은 2가 되고, 12번째 줄에서 k인 2를 출력하면 첫 번째 원소는 완료되고 두 번째는 11번째 줄에서 k는 5가 되고, 12번째 줄에서 k인 5를 출력합니다. 이런 식으로 제일 마지막 원소인 4까지 출력하게 됩니다.

예제 | Ex00842

아래 프로그램은 Vector object에 저장된 값들을 출력하는 프로그램입니다. Vector class를 알고 있다는 전제하에 설명합니다.

```
 1: import java.util.Vector;
 2: class Ex00842 {
 3:    public static void main(String[] args) {
 4:       Vector vData = new Vector();
 5:       vData.add("Intae Ryu");
 6:       vData.add("Lina Choi");
 7:       vData.add("Rachel Kim");
 8:       System.out.println("*** for loop vData ***");
 9:       for ( int i = 0 ; i < vData.size() ; i++ ) {
10:          System.out.println( vData.elementAt(i) );
11:       }
12:
13:       System.out.println("*** for each vData ***");
14:       for ( Object obj : vData ) {
15:          System.out.println( obj );
16:       }
17:    }
18: }
```

```
D:\IntaeJava>javac Ex00842.java
Note: Ex00842.java uses unchecked or unsafe operations.
Note: Recompile with -Xlint:unchecked for details.

D:\IntaeJava>
```

● 위 프로그램을 compile하면 위와 같은 경고 메세지가 나옵니다. 이것은 chapter 21 Generic에서 소개될 내용이므로 여기에서는 경고를 무시하고 넘어갑니다.

```
D:\IntaeJava>java Ex00842
*** for loop vData ***
Intae Ryu
Lina Choi
Rachel Kim
*** for each vData ***
Intae Ryu
Lina Choi
Rachel Kim

D:\IntaeJava>
```

프로그램 설명

▶ 1번째 줄:Vector class를 사용하기 위해서는 java.util package에 있는 Vector class를 import해야 합니다.

▶ 4번째 줄:Vector object를 생성합니다.

▶ 5,6,7번째 줄:3개의 문자열을 Vector object에 저장합니다. 순서는 저장한 순서 대로 Vector object에 저장됩니다.

▶ 9,10,11번째 줄:Vector object에 저장된 문자열을 배열 첨자i를 사용하여 꺼내서 화면에 출력합니다.

▶ 14,15,16번째 줄:Vector object의 모든 원소들을 for each문을 사용하여 화면에

출력합니다. 출력되는 내용은 9,10,11번째 줄과 동일합니다. 즉 14번째 줄에서 obj는 처음은 "Intae Ryu"문자열이 되고, 15번째 줄에서 문자열 obj를 출력하면 첫 번째원소는 완료되고 두 번째는 14번째 줄에서 obj는 "Lina Choi"문자열이 되고, 15번째 줄에서 문자열 obj를 출력합니다. 이런 식으로 제일 마지막 원소인 "Rachel Kim"까지 출력하게 됩니다.

예제 | Ex00842A

아래 프로그램은 Ex00842를 개선한 것으로 경고 메세지를 나오지 않도록 개선했습니다. Vector class를 알고 있다는 전제하에 설명합니다.

```
1: import java.util.Vector;
2: class Ex00842A {
3:   public static void main(String[] args) {
4:     Vector<String> vData = new Vector<String>();
5:     vData.add("Intae Ryu");
6:     vData.add("Lina Choi");
7:     vData.add("Rachel Kim");
8:     System.out.println("*** for loop vData ***");
9:     for ( int i = 0 ; i < vData.size() ; i++ ) {
10:       System.out.println( vData.elementAt(i) );
11:     }
12:
13:     System.out.println("*** for each vData ***");
14:     for ( String str : vData ) {
15:       System.out.println( str );
16:     }
17:   }
18: }
```

```
D:\IntaeJava>javac Ex00842A.java

D:\IntaeJava>
```

● 위와 같이 개선하면 경고 메세지는 나오지 않습니다.

```
D:\IntaeJava>java Ex00842A
*** for loop vData ***
Intae Ryu
Lina Choi
Rachel Kim
*** for each vData ***
Intae Ryu
Lina Choi
Rachel Kim

D:\IntaeJava>
```

프로그램 설명

▶ 4번째 줄:Vector object를 만들면서 앞으로 사용할 Vector object는 String

object를 저장할 것이라고 미리 선언해줍니다.

▶ 5,6,7번째 줄:4번째 줄에서 String object를 저장할 것이라고 선언했으므로 String object 3개를 Vector object에 저장합니다. 순서는 저장한 순서대로 Vector object에 저장됩니다.

▶ 14번째 줄:Vector object 속에 String object가 있으므로 Vector object 속에서 꺼낸 object도 String object이므로 String object변수인 str로 받습니다.

■ for each 문의 장점과 단점 ■

● for each문의 장점:첨자를 사용하지 않기 때문에 for loop문보다 간편합니다.

● for each문의 단점:배열이나 Vector object로부터 data를 꺼내는 기능만 있지 배열이나 Vector object의 원소를 직접 access할 수 없기 때문에 data를 변경할 수는 없습니다. 또한 data를 순서대로 꺼내서 변수에 data를 저장하지만 index가 없기 때문에 저장된 data가 몇 번째 data인지 알 수가 없습니다.

예제 | Ex00843

아래 프로그램은 for-each문을 사용하면 왜 배열의 원소를 변경할 수 없는지를 설명하는 프로그램입니다.

```
 1: class Ex00843 {
 2:    public static void main(String[] args) {
 3:       int[] data = { 1, 3, 5, 7 };
 4:       System.out.print("array data 1              = ");
 5:       for ( int i=0 ; i < data.length ; i++ ) {
 6:          System.out.print( data[i] + " ");
 7:       }
 8:       System.out.println();
 9:
10:       System.out.print("added data using for-each = ");
11:       for ( int k : data ) {
12:          k = k + 1;
13:          System.out.print( k + " ");
14:       }
15:       System.out.println();
16:
17:       System.out.print("array data 2              = ");
18:       for ( int i=0 ; i < data.length ; i++ ) {
19:          System.out.print( data[i] + " ");
20:       }
21:       System.out.println();
22:
23:       System.out.print("added data using for-loop = ");
24:       for ( int i=0 ; i < data.length ; i++ ) {
```

```
25:          int k = data[i];
26:          k = k + 1;
27:          System.out.print( k + " " );
28:      }
29:      System.out.println();
30:
31:      System.out.print("array data 3              = ");
32:      for ( int i=0 ; i < data.length ; i++ ) {
33:          System.out.print( data[i] + " " );
34:      }
35:      System.out.println();
36:    }
37: }
```

```
D:\IntaeJava>java Ex00843
array data 1                 = 1 3 5 7
added data using for-each = 2 4 6 8
array data 2                 = 1 3 5 7
added data using for-loop = 2 4 6 8
array data 3                 = 1 3 5 7

D:\IntaeJava>_
```

프로그램 설명

▶ 11~14번째 줄:int k 속에는 배열 data의 원소 중 한 개를 복사해서 k에 저장합
니다. 그러므로 기억장소 k 값이 변경된다고 해서 배열 data에 있는 내용이 변
경되는 것이 아닙니다.

▶ 18,19,20번째 줄: 11~14번째 줄에서 배열 data의 값이 변경되지 않았기 때문에
5,6,7번째 줄에서 출력한 배열 data 값과 동일합니다.

▶ 24~27번째 줄: 11~14번째 줄의 for each문을 동등한 for loop문으로 변경한 명
령입니다. 11~14번째 줄의 for each문과 비교해보세요. 그러면 k의 값은 변경되
지만 왜 배열 data 값은 변경되지 않는지 이유를 알 수 있을 것입니다.

배열

배열은 하나의 기억장소 이름으로 된 여러 개의 기억장소를 말하며, 각각의 개별 기억장소는 첨자를 통해 access가 가능하도록 만들어져 있습니다. 또한 배열은 거의 모든 프로그램에서 for loop문과 함께 사용되며, for loop의 index 기억장소가 배열의 첨자로 사용되거나, 첨자의 값을 결정하는 인수로 사용하는 경우가 많습니다.

배열

9.1 1차원 배열

9.1.1 배열의 필요성

배열은 동일한 종류의 자료가 반복해서 메모리에 저장되어야 할 경우 사용하면 편리합니다. 예를 들어 어느 학교 한 학급 40명의 시험점수를 메모리에 저장하거나, 어느 상점의 특정제품의 한 달(30일)간 판매 수량을 일자별로 메모리에 저장하는 등, 우리 주변에서 동일한 종류의 반복되는 데이터를 많이 찾아 볼수 있습니다.

예제 | Ex00901

아래 프로그램은 배열을 사용하지 않은 것과 배열을 사용한 것을 비교하기 위한 프로그램입니다.

(문제) 아래 자료는 어느 식당에서 아르바이트로 일하는 학생의 근무시간을 일주일간 매일 기록한 작업시간입니다. 이 학생의 일주일 총 근무한 시간을 구하는 프로그램입니다.

월	화	수	목	금	토	일
4	3	4	5	4	8	7

```
1: class Ex00901 {
2:    public static void main(String[] args) {
3:        int mon = 4;
4:        int tue = 3;
5:        int wed = 4;
6:        int thu = 5;
7:        int fri = 4;
8:        int sat = 8;
9:        int sun = 7;
10:       int tot1 = mon + tue + wed + thu + fri + sat + sun;
11:        System.out.println("by individual variable, total working hours = "+tot1);
12:
13:       int[] week = {4, 3, 4, 5, 4, 8, 7};
14:        int tot2 = week[0] + week[1] + week[2] + week[3] + week[4] + week[5] + week[6];
15:        System.out.println("by array variable, total working hours(tot2) = "+tot2);
```

```
16:
17:        int tot3 = 0;
18:        tot3 = tot3 + week[0];
19:        tot3 = tot3 + week[1];
20:        tot3 = tot3 + week[2];
21:        tot3 = tot3 + week[3];
22:        tot3 = tot3 + week[4];
23:        tot3 = tot3 + week[5];
24:        tot3 = tot3 + week[6];
25:        System.out.println("by array variable, total working hours(tot3)
= "+tot3);
26:
27:        int tot4 = 0;
28:        for ( int i=0; i <= 6 ; i++ ) tot4 = tot4 + week[i];
29:        System.out.println("by array variable, total working hours(tot4)
= "+tot4);
30:    }
31: }
```

```
D:\IntaeJava>java Ex00901
by individual variable, total working hours = 35
by array variable, total working hours(tot2) = 35
by array variable, total working hours(tot3) = 35
by array variable, total working hours(tot4) = 35

D:\IntaeJava>
```

프로그램 설명

▶ 3~11번째 줄:각각의 요일별 7개의 int variableName을 만들고, 7일간의 각각의 시간을 각각의 요일에 맞는 기억장소에 저장한 후, 각각의 요일별 시간을 더해 출력한 프로그램으로 배열을 사용하지 않은 방법입니다.

▶ 13번째 줄:int 배열 week를 선언하고, 초깃값으로 일주일 간의 근무시간을 배열 week에 저장하는 명령입니다. 13번째 줄을 실행하면 메모리의 상태는 다음과 같습니다.

week[0]	week[1]	week[2]	week[3]	week[4]	week[5]	week[6]
4	3	4	5	4	8	7

▶ 위 메모리 상태를 설명하면 week라는 int 기억장소 7개로 이루어진 한 개의 배열이 생기고, 각각의 기억장소에는 근무시간이 초깃값으로 저장됩니다.
week 기억장소의 각각의 이름은 week[0], week[1], … week[6]으로 java에서는 배열은 0부터 생깁니다.

▶ 14번째 줄:일주일간의 근무시간을 10번째 줄에서 계산한 방법과 동일하게 7개의 기억장소를 더해 기억장소 tot2에 저장합니다. 이 방법은 배열을 사용하지 않았

을 때와 거의 동일한 방법이므로 좋은 방법이라고 할 수 없습니다.

▶ 17~24번째 줄:이 방법은 초보자에게 배열의 누적 덧셈(27,28번째 줄 방법)을 어떻게 하는지 보여주기 위한 중간 단계의 프로그램입니다. 반복적인 프로그램을 만들기 전 단계의 각각의 명령 나열하여 만든 프로그램입니다.

여기서 꼭 기억해야 할 명령은 17번째 줄의 tot3 = 0로 18번째 줄에서 tot3 = week[0] 라고 해도 되지만 18번째부터 24번째까지 배열 첨자만 다르고 동일한 명령을 사용하기 위해 18번째도 tot3 = tot3 + week[0]로 했습니다. 최초의 tot3 값은 0으로, 누적되는 기억장소는 초깃값은 0으로 설정해 주어야 한다는 것입니다.

▶ 27번째 줄:일주일간의 근무시간을 누적할 기억장소 tot4를 선언하고 초깃값으로 0을 저장합니다.

▶ 28번째 줄:for loop 명령을 사용하여 tot3 기억장소에 i 값이 0부터 6까지 증가하면서 week[0]부터 week[6]까지의 값을 차례로 더합니다. 프로그램 수행 중에는 i 값이 0부터 6까지 변하므로 아래와 같은 명령이 된다고 할 수 있습니다.

```
tot4 = tot4 + week[0]
tot4 = tot4 + week[1]
……..
tot4 = tot4 + week[6]
```

배열의 필요성은 위 예제처럼 1주일(7일)의 data 값에 합을 구하는데 편리하게 사용됩니다. 만약 1주일이 아니라 한 달(30일)이라 개별 기억장소를 사용할 경우 30개의 기억장소를 따로따로 선언해 주어야 합니다. 상당히 번거로운 작업이 될 것입니다. 같은 종류의 data가 1000개라면, 프로그램의 변수를 선언하는데 거의 모든 시간을 소비할 것입니다. 상상도 하기 싫은 일입니다. 배열을 사용한다면, 1,000개든 10,000개든 간단히 몇 줄에 해결할 수 있습니다. 이것이 우리가 배열을 알아야 하는 이유 중의 하나입니다.

■ 컴퓨터에서 0번째 배열원소란? ■

위 배열 week를 보면 첫 번째 배열원소는 week[0]이라고 하고 있습니다. 왜 배열의 첫 번째 원소를 week[1]이라고 하지 않고 week[0]이라고 할까요 ?

우리가 일상생활에 사용하는 숫자는 주의 깊게 살펴 보면 2가지 의미가 있는 것을 발견합니다. 하나는 크기를 나타냅니다. 즉 2000원은 1000원의 2배의 가치가 있습니다. 두 번째의 의미는 순서입니다. 은행의 대기자 번호표를 보면 그 날의 최초의 사람은 1번 다음 사람은 2번 입니다. 그렇지만 2번 번호표를 가진 사람이 1번 번호표를 가진 사람보다 돈을 2배 더 입금하거나 출금하는 의미가 있는 것은 아닙니다.

즉 2번 번호표는 1번 번호표의 다음 순서의 사람입니다. 컴퓨터에서도 이 개념이 적용됩니다. 배열은 처음 나오는 배열의 원소를 0번째부터 시작합니다. 은행에서도 처음 온 손님이 0번, 다음은 1번, 그 다음은 2번이라고 해도 되지만, 일상생활에 처음 숫자는 1번으로 고정관념이 있어서 1번부터 시작한 것이지 0번부터 시작해도 전혀 문제가 없습니다. 컴퓨터는 여러 가지 이유로 0부터 시작하는 것을 채택하고 있으니 앞으로 배열의 첫 원소는 0부터라는 것을 꼭 기억합시다. 배열뿐만이 아닙니다. chapter 6의 6.5.6절 substring() method, 6.5.7절 indexOf() method를 설명할때도 첫 번째 문자는 0번째부터 시작하는 것을 설명했습니다. 그러므로 순서를 나타내는 것은 모두 0번째부터 시작하는 것으로 꼭 기억하세요.

9.1.2 배열 object

자바에서 배열은 object입니다. chapter 3에서 class와 object에 대해 설명했습니다. 특히 3.14절에서 object와 object변수 설명 시 object가 어떻게 memory에 상주하는지 설명하였습니다. 또 chapter 6 string class에서도 string object에 대해 설명했습니다. 메모리에 상주하는 object를 다른 각도에서 설명하면 여러 기억장소가 하나의 object 이름으로 모여있는 기억장소의 집합체(때로는 프로그램도 포함됨)입니다. 예제 Ex00901에서 설명한 week라는 배열도 int 기억장소 7개와 기타 object와 관련있는 다른 기억장소도 함께 있는 기억장소의 집합체입니다.

예제 | Ex00902

아래 프로그램은 배열도 object임을 보여주기 위한 프로그램입니다.

```
1: class Ex00902 {
2:    public static void main(String[] args) {
3:       int[] week = {4, 3, 4, 5, 4, 8, 7};
4:       System.out.println("array week length = "+week.length);
5:       System.out.println("array week address = "+week);
6:    }
7: }
```

```
D:\IntaeJava>java Ex00902
array week length = 7
array week address = [I@1db9742

D:\IntaeJava>
```

프로그램 설명

▶ 4번째 줄 : 배열이 object이므로, 모든 배열은 length라는 attribute를 가지고 있습니다. 즉 배열의 원소의 개수가 배열이 생성될 때 length라는 attribue에 저장됩니다.

▶ 5번째 줄:배열이 object이므로 배열object의 주소를 기억하는 object 변수가 필요하고 week라는 변수는 object 변수가 되어 그 속에는 주소가 저장되어 있음을 알 수 있습니다. 여기에서 "["는 배열를 나타내며, "I"는 int type을 의미합니다. @1db9742는 자바가 내부적으로 만들어낸 주솟값인데, 컴퓨터마다 다를 수 있습니다.

아래 그림은 Car object, String Object, 배열 object를 함께 표시한 것으로 object라는 이름으로 볼 때 거의 비슷한 모양을 하고 있습니다.

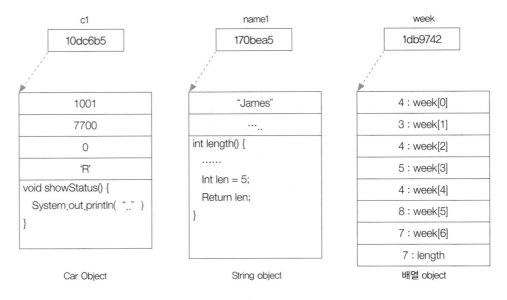

[Car object, String object, 배열 object의 비교]

9.1.3 배열 변수의 선언

예제 Ex00901에서 보았듯이 배열 변수는 "[ ]" 기호를 사용하여 다음과 같이 선언합니다.

■ 기본 data 유형(primitive type) 배열 ■

배열의 원소에 기본 data를 저장할수 있는 배열

Primitive-type[] 배열 변수명	혹은	primitive-type 배열 변수명[]

예
```
int[] a            int a[]
double[] b         double b[]
char[] c           char c[]
```

▓ Object 배열 ▓

Object의 주소를 저장할수 있는 배열

className[] 배열변수명 혹은 className 배열변수명[]

- 배열을 표기하는 기호 "[]"는 배열 변수명 앞에 올 수도 있고, 뒤에 올 수도 있습니다. 필자는 기호 "[]"를 배열 변수명 앞에 사용하도록 하겠습니다.
- 배열 변수명 선언 시에는 배열이 생성된 것이 아니기 때문에 배열 원소의 개수가 몇 개인지 알 수 없습니다. 단지 배열 object의 주소를 기억할 수 있는 주소 기억장소 한 개가 만들어질 뿐입니다.
- 지금까지의 예제 프로그램에서 main method가 "public static main(String[] args)"라고 사용해 왔는데, 여기서 "String[] args"는 배열 object의 주소를 기억할수 있는 주소 기억장소로 선언되어 있음을 알 수 있습니다.(자세한 사항은 나중에 나옵니다.)

9.1.4 배열의 생성

배열은 동일한 형의 기억장소의 집합이므로 여러 개의 기억장소가 하나의 object로서 컴퓨터 memory에 생깁니다. 그러므로 몇 개의 기억장소를 만들 것인지 배열을 생성할 때 정확한 숫자를 언급해야 합니다.

① 초깃값에 의한 배열 생성
- 기본 data 유형 배열

PrimitiveType[] 배열변수명 = { 상수1, 상수2, 상수3, …, 상수n };

위와 같이 선언하면, n개의 primitive type 배열이 만들어 지고, 그 배열은 상수1, 상수2,상수3, … 상수n으로 채워집니다. 그 배열 object에 대한 주솟값이 배열 변수명에 저장됩니다.

예 int[] a = { 3, 5, 1, 4, 9 };
a[0]부터 a[4] 까지 5개 기억장소의 배열 object가 만들어지고, 각각의 원소에는 차례로 3, 5, 1, 4, 9의 값으로 채워지며, 그 배열 object의 주솟값이 a에 저장됩니다.

- Object 배열

className[] 배열 변수명 = { object-1, object-2, object-3, …., object-n };

위와 같이 선언하면, n개의 object type 배열이 만들어지고, 그 배열은 object-1, object-2, object-3, … object-n으로 채워지며, 그 배열 object에 대한 주솟값이

배열 변수명에 저장됩니다.

예 1) `String s = { "Hello", "Java", "World" };`
S[0]에는 "Hello"가, s[1]에는 "Java"가, s[2]에는 "World"가 각각 저장된 배열 object가 만들어지고, 배열object의 주솟값이 배열 변수 s에 저장됩니다.

예 2) `Car[] c = { new Car(), new Car(), new Car() };`
Car object 3개가 만들어지고, 각각의 Car object는 c[0], c[1], c[2]에 각각 할당됩니다. 조금 어려운 내용이므로 나중에 다시 다루도록 하겠습니다.

② new 연산자에 의한 배열 생성
● 기본 data 유형 배열

> primitiveType[] 배열 변수명 = new primitiveType[배열 원소의 개수];

예 `int[] b = new int[5];`
b[0]부터 b[4]까지 5개의 기억장소로 이루어진 배열 object가 만들어지고, 그 배열 object 주소가 b에 저장됩니다. 방금 만들어진 5개의 기억장소에는 초깃값으로 모두 0으로 채워집니다.

● Object 배열

> className[] 배열변수명 = new className[배열원소의 개수];

예 `String[] t = new String[3];`
t[0]부터 t[2]까지 3개의 String object의 주소를 기억하는 배열 기억장소가 만들어지고, 그 배열 object의 주소가 t에 저장됩니다. 방금 만들어진 3개의 기억장소에는 null이라는 주솟값, 즉 어떤 주솟값도 저장되어 있지 않은 상태로 만들어집니다.

■ **주의 사항** ■
① 배열의 첫 번째 원소는 0번부터 시작합니다.
② int[] b = new int[5];는 int[] b; 와 b = new int[5];로 분리해서 coding할 수 있습니다.
　String[] t = new String[3];도 String[] t; 와 t = new String[3];으로 분리해서 coding할 수 있습니다.
③ 초기치에 의한 배열 생성 명령은 배열 변수명 선언 명령과 초기치 할당에 의한 배열 생성 명령, 이렇게 두 명령으로 분리할 수 없습니다. 즉 int[] a = { 3, 5, 1,

4, 9 }; 를 int[] a; 와 a = { 3, 5, 1, 4, 9 }; 로 분리할 수 없습니다.

④ 현재 존재하는 배열 기억장소 a에 초기치가 있는 배열을 생성하기 위해서는 a = new int[]{ 3, 5, 1, 4, 9 }; 와 같이 생성할 수 있습니다.

⑤ 배열 변수명은 2.11절 '명칭규칙'에 의해 이름을 부여합니다. 배열변수를 선언할 때 "int[] a"와 "int a[]" 두 가지로 선언할 수 있지만 배열 변수명은 두 가지 모두 "a"입니다. 따라서 배열 변수명에 배열 object를 저장할 때는 "a = new int[10]" 과 같이 해야됩니다. "a[] = new int[10]"이라고 하는 것은 "a"라는 type의 배열을 선언하는것으로 "a[]" 뒤에 와야 하는 것은 변수명이 와야 되는데 "=" 부호가 왔으니 compile 에러가 납니다. 즉 "int[] = new int[10]"이라고 선언한 것과 같은 종류의 선언입니다.

9.1.5 배열의 원소

배열은 object이나 특수한 형태의 object이므로 배열 원소의 접근은 index(첨자)에 의해서 접근합니다. 형식은 아래와 같습니다.

배열 변수명[index]

예 week[0] = 5;   // week배열의 첫 번째에 5를 저장합니다.

S[1] = "morning";   // s배열의 두 번째에 "morning"을 할당합니다. 정확히 말하면 "morning"도 String object이므로 "morning" object의 주소가 s[1]에 저장됩니다.

예제 | Ex00903

아래 프로그램은 지금까지 배운 배열 변수의 선언, 배열의 생성, 배열 원소의 접근에 대해 알기 쉽게하기 위해 만든 프로그램입니다.

```
 1: class Ex00903 {
 2:    public static void main(String[] args) {
 3:        int[] week1 = {4, 3, 4, 2, 4, 6, 5};
 4:        int[] week2;
 5:        week2 = new int[7];
 6:        week2[0] = 5;
 7:        week2[1] = 3;
 8:        week2[2] = 6;
 9:        week2[3] = 3;
10:        week2[4] = 2;
11:        week2[5] = 7;
12:        week2[6] = 4;
```

```
13:        int tot1 = 0;
14:        int tot2 = 0;
15:        for ( int i=0 ; i<7 ; i++ ) {
16:            tot1 = tot1 + week1[i];
17:            tot2 = tot2 + week2[i];
18:        }
19:         System.out.println("Array week1 total = "+tot1+", Array week2
total = "+tot2);
20:        String[] s1 = { "Hello", "Java", "World" };
21:        String[] s2 = new String[3];
22:        s2[0] = "Good";
23:        s2[1] = "morning";
24:        s2[2] = "Java";
25:        for ( int i=0 ; i<3 ; i++ ) {
26:            System.out.print(s1[i]+" ");
27:        }
28:        System.out.println();
29:        for ( int i=0 ; i<3 ; i++ ) {
30:            System.out.print(s2[i]+" ");
31:        }
32:        System.out.println();
33:    }
34: }
```

```
D:\IntaeJava>java Ex00903
Array week1 total = 28, Array week2 total = 30
Hello Java World
Good morning Java

D:\IntaeJava>
```

프로그램 설명

▶ 배열 변수명 week1은 첫 번째 주의 근무시간을 초깃값으로 선언하면서 배열을 생성한 예입니다. 배열변수명 week2는 두 번째 주의 근무시간을 배열 object를 생성한후, 각 요일별 근무시간을 배열요소에 저장한 예입니다. 초깃값으로 배열을 만들었든 new를 사용하여 배열 object를 만들었든, 배열은 동일한 종류의 배열입니다.

▶ String object 배열 s1 과 s2도 초깃값으로 배열을 생성했든, 배열 Object를 만들고 String object를 할당했든 동일한 종류의 배열임을 알 수 있습니다.

예제 | Ex00904

아래 프로그램은 10개의 원소를 가지고 있는 배열을 생성하고, 배열의 각 원소에 2부터 20까지 짝수(2,4,6,8,…,20)를 저장한 후 모든 원소의 값을 더하는 프로그램입니다.

```
1: class Ex00904 {
```

```
 2:    public static void main(String[] args) {
 3:        int[] myArray = new int[10];
 4:        for ( int i=0 ; i<myArray.length ; i++ ) {
 5:            myArray[i] = (i+1) * 2;
 6:        }
 7:
 8:        int tot = 0;
 9:        for ( int i=0 ; i<myArray.length ; i++ ) {
10:            tot = tot + myArray[i];
11:        }
12:        for ( int i=0 ; i<myArray.length ; i++ ) {
13:            System.out.println("myArray["+i+"]="+myArray[i]);
14:        }
15:        System.out.println("total = "+tot);
16:    }
17: }
```

```
D:\IntaeJava>java Ex00904
myArray[0]=2
myArray[1]=4
myArray[2]=6
myArray[3]=8
myArray[4]=10
myArray[5]=12
myArray[6]=14
myArray[7]=16
myArray[8]=18
myArray[9]=20
total = 110

D:\IntaeJava>
```

문제 | Ex00904A

10개의 원소를 가지고 있는 배열을 생성하고, 배열의 각 원소에 1부터 19까지 홀수 (1,3,5,7,...,19)를 저장한 후 모든 원소의 값을 더하는 프로그램을 작성하세요.

```
D:\IntaeJava>java Ex00904A
myArray[0]=1
myArray[1]=3
myArray[2]=5
myArray[3]=7
myArray[4]=9
myArray[5]=11
myArray[6]=13
myArray[7]=15
myArray[8]=17
myArray[9]=19
total = 100

D:\IntaeJava>
```

문제 | Ex00904B

10개의 원소를 가지고 있는 배열을 생성하고, 배열의 각 원소에 7의 배수(7, 14, 21, 28, ..., 70)를 저장한 후 모든 원소의 값을 더하는 프로그램을 작성하세요.

```
D:₩IntaeJava>java Ex00904B
myArray[0]=7
myArray[1]=14
myArray[2]=21
myArray[3]=28
myArray[4]=35
myArray[5]=42
myArray[6]=49
myArray[7]=56
myArray[8]=63
myArray[9]=70
total = 385

D:₩IntaeJava>
```

문제 | Ex00904C

10개의 원소를 가지고 있고 boolean형 배열을 생성하고, 배열의 짝수 원소에 true 를 홀수원소에 false를 저장한 후 아래와 같이 출력하는 프로그램을 작성하세요.

```
D:₩IntaeJava>java Ex00904C
myArray[0]=true myArray[1]=false myArray[2]=true myArray[3]=false
myArray[4]=true myArray[5]=false myArray[6]=true myArray[7]=false
myArray[8]=true myArray[9]=false
D:₩IntaeJava>
```

문제 | Ex00904D

10개의 원소를 가지고 있고 double형 배열을 생성하고, 각 배열의 원소에 1.00 부 터 0.01씩 증가한 수를 저장한 후 아래와 같이 출력하는 프로그램을 작성하세요.(출 력시 formatting은 %4.2f를 사용하세요.)

```
D:₩IntaeJava>java Ex00904D
myArray[0]=1.00 myArray[1]=1.01 myArray[2]=1.02 myArray[3]=1.03
myArray[4]=1.04 myArray[5]=1.05 myArray[6]=1.06 myArray[7]=1.07
myArray[8]=1.08 myArray[9]=1.09
D:₩IntaeJava>
```

문제 | Ex00904E

26개의 원소를 가지고 있는 char형 배열을 생성하고, 배열의 각원소에 'A'부터 'Z' 까지 for loop을 사용하여 숫자를 문자로 casting하는 방법으로 저장한 후 모든 원 소의 값을 아래와 같이 출력하는 프로그램을 작성하세요.(2.8절 bit, byte, ASCII code, Unicode를 참조)

힌트 | 5번째 줄의 n을 1씩 더한 후 문자로 casting하면 A부터 Z까지 만들어 낼 수 있습니다.

```
1: class Ex00904E {
2:    public static void main(String[] args) {
3:       char[] myArray = new char[26];
4:       char ch = 'A';
5:       int n = ch;
```

```
 6:        for ( int i=0 ; i<myArray.length ; i++ ) {
 7:          //여기에 프로그램 작성, 한줄만으로 작성가능
 8:        }
 9:        for ( int i=0 ; i<myArray.length ; i++ ) {
10:          System.out.print ("myArray["+i+"]="+myArray[i]+" ");
11:          if ( (i+1)/5*5 == (i+1) ) System.out.println();
12:        }
13:     }
14: }
```

```
D:\IntaeJava>java Ex00904E
myArray[0]=A myArray[1]=B myArray[2]=C myArray[3]=D myArray[4]=E
myArray[5]=F myArray[6]=G myArray[7]=H myArray[8]=I myArray[9]=J
myArray[10]=K myArray[11]=L myArray[12]=M myArray[13]=N myArray[14]=O
myArray[15]=P myArray[16]=Q myArray[17]=R myArray[18]=S myArray[19]=T
myArray[20]=U myArray[21]=V myArray[22]=W myArray[23]=X myArray[24]=Y
myArray[25]=Z
D:\IntaeJava>
```

9.2 2차원 배열

9.2.1 2차원 배열의 개념

앞 절 1차원 배열은 같은 종류의 기억장소가 한 줄로 만들어진다면, 2차원 배열은 table과 같이 행과 열로 나타내는 배열을 의미합니다. 1차원 배열에서 1차원 배열을 생성하기 위해 혹은 1차원 배열에 접근하기 위해 하나의 첨자를 사용했다면, 2차원 배열에서는 행과 열을 나타내는 2개의 첨자를 사용하여 배열을 생성하고, 행과 열을 나타내는 2개의 첨자를 사용하여 배열에 접근합니다.

예제 | Ex00911

아래 프로그램은 2차원 배열 7행 10열 총 70개의 원소를 가지고 있는 배열 myArray을 선언합니다. 각각의 원소에 1부터 70까지를 저장시킨 후 첫 번째 행에 있는 1부터 10까지를 첫 줄에 출력하고, 두 번째 행에 있는 11부터 20까지를 두 번째 줄에 출력합니다. 이런 식으로 7번째 행에 있는 61부터 70까지를 7번째 줄에 출력하는 프로그램입니다.

```
1: class Ex00911 {
2:    public static void main(String[] args) {
3:        int[][] myArray = new int[7][10];
4:        int n = 0;
5:        for ( int i=0 ; i<7 ; i++ ) {
6:          for ( int j=0 ; j<10 ; j++ ) {
7:             myArray[i][j] = ++n;
8:          }
```

```
 9:       }
10:
11:      for ( int i=0 ; i<7 ; i++ ) {
12:         for ( int j=0 ; j<10 ; j++ ) {
13:            System.out.printf("%3d",myArray[i][j]);
14:         }
15:         System.out.println();
16:      }
17:   }
18: }
```

```
D:\IntaeJava>java Ex00911
  1  2  3  4  5  6  7  8  9 10
 11 12 13 14 15 16 17 18 19 20
 21 22 23 24 25 26 27 28 29 30
 31 32 33 34 35 36 37 38 39 40
 41 42 43 44 45 46 47 48 49 50
 51 52 53 54 55 56 57 58 59 60
 61 62 63 64 65 66 67 68 69 70

D:\IntaeJava>
```

9.2.2 2차원 배열의 변수 선언

● 기본 data type 배열:

| primitiveType[][] 배열 변수명   혹은 primitiveType 배열 변수명[][] |

예 int[][] a; 혹은 int a[][];

● 기본 Object type 배열 :

| className[][] 배열 변수명   혹은 className 배열 변수명[][] |

예 String[][] s1; 혹은 String s1[][];

9.2.3 2차원 배열의 생성

● 초기치에 의한 배열 생성

예 int[][] a = { {3, 5, 7, 8}, {4, 5, 6, 7}, {5, 4, 3, 1} };

컴퓨터내에 저장된 값

3	5	7	8
4	5	6	7
5	4	3	1

배열원소의 이름

A[0][0]	A[0][1]	A[0][2]	A[0][3]
A[1][0]	A[1][1]	A[1][2]	A[1][3]
A[2][0]	A[2][1]	A[2][2]	A[2][3]

예제 | Ex00912

위 설명을 프로그램으로 구현하면 아래와 같습니다.

```
 1: class Ex00912 {
 2:    public static void main(String[] args) {
 3:       int[][] a = { { 3, 5, 7, 8 }, {4, 5, 6, 7}, { 5, 4, 3, 1} };
 4:
 5:       for ( int i=0 ; i<3 ; i++ ) {
 6:          for ( int j=0 ; j<4 ; j++ ) {
 7:             System.out.print(a[i][j] + "  ");
 8:          }
 9:          System.out.println();
10:       }
11:
12:       for ( int i=0 ; i<3 ; i++ ) {
13:          for ( int j=0 ; j<4 ; j++ ) {
14:             System.out.print("a["+i+"]["+j+"]="+a[i][j]+" ");
15:          }
16:          System.out.println();
17:       }
18:    }
19: }
```

```
D:\IntaeJava>java Ex00912
3  5  7  8
4  5  6  7
5  4  3  1
a[0][0]=3 a[0][1]=5 a[0][2]=7 a[0][3]=8
a[1][0]=4 a[1][1]=5 a[1][2]=6 a[1][3]=7
a[2][0]=5 a[2][1]=4 a[2][2]=3 a[2][3]=1

D:\IntaeJava>
```

프로그램 설명

▶ 3번째 줄:초기치에 의한 2차원 배열을 생성합니다.

▶ 5~10번째 줄:2차원 배열에 저장된 각각의 원소를 출력합니다. 같은 행에 있는 원소는 같은 줄에 출력합니다. 그래서 해당되는 행을 모두 출력하면 9번째 줄에서 줄바꿈을 위한 System.out.println() 명령을 수행합니다. 여기서 초보자는 주의 깊게 관찰할 부분이 있습니다. 5번째 줄의 첨자 i는 배열의 행을 위한 첨자입니다. 6번째 줄의 첨자 j는 배열의 행이 결정된 후 배열의 열을 위한 첨자입니다.

○ 그러므로 첨자 i가 0일 때, 즉 5번째 줄에서 i가 0으로 설정되었을 때, 6번째 줄의 j는 0부터 3까지 변화하면서 아래와 같은 배열의 내용을 출력합니다.

• 출력되는 배열 원소: a[0][0] a[0][1] a[0][2] a[0][3]

• 출력되는 배열의 값:3 5 7 8

위 출력이 완료되면 9번째 줄의 System.out.println() 명령을 수행하여 줄을 바꾸어 줍니다. 그리고 다시 5번째 줄을 하기 시작합니다.

○ 5번째 줄에서 이번에는 첨자 i는 1이되고, 즉 5번째 줄에서 i가 1으로 설정되며, 6번째 줄의 j는 다시 0부터 3까지 변화하면서 아래와 같은 배열의 내용을 출력합니다.

• 출력되는 배열 원소: a[1][0] a[1][1] a[1][2] a[1][3]

• 출력되는 배열의 값:4 5 6 7

위 출력이 완료 되면 9번째 줄의 System.out.println() 명령을 수행하여 줄을 바꾸어 줍니다

○ 이런 식으로 i는 0부터 2까지 3번 반복합니다.

● 12~17번째 줄:5~10번째 줄과 설명은 동일하나 출력되는 내용이 배열의 값만 출력 되면 배열의 어느 원소에 출력된 것이지 출력 결과만 보면 혼동될 수 있어 배열의 원소 이름도 같이 출력하고 있습니다.

■ for loop와 배열의 관계 ■

기본적으로 for loop명령과 배열과는 아무 관계없는 별도의 명령입니다. 단지 배열의 원소를 접근하는데 for loop가 제일 잘 어울리는 명령일 뿐입니다.

Ex00912 프로그램에서 for loop의 변수 i는 배열의 행을 위한 첨자로 사용하고, 변수 j는 열을 위한 첨자로 사용하고 있습니다. 그런데 아래 프로그램 Ex00912Z와 같이 프로그래머가 행과 열을 혼동하여 변수 i는 배열의 열로, 변수 j는 배열의 행으로 사용할 경우에는 for loop와 배열과는 아무 관계없는 별도의 명령이므로 compile도 에러없이 잘되고 컴퓨터 입장에서는 프로그램 되어 있는대로 진행합니다.

예제 | Ex00912

```
1: class Ex00912Z {
2:    public static void main(String[] args) {
3:       int[][] a = { { 3, 5, 7, 8 }, {4, 5, 6, 7}, { 5, 4, 3, 1} };
4:
5:       for ( int i=0 ; i<3 ; i++ ) {
6:         for ( int j=0 ; j<4 ; j++ ) {
7:             System.out.print(a[j][i] + "  ");
8:          }
```

```
 9:          System.out.println();
10:      }
11:   }
12: }
```

```
D:\IntaeJava>java Ex00912Z
3  4  5  Exception in thread "main" java.lang.ArrayIndexOutOfBoundsException: 3
        at Ex00912Z.main(Ex00912Z.java:7)

D:\IntaeJava>
```

프로그램 설명

▶ 7번째 줄의 배열 원소인 a[j][i]를 보면, 5번째 줄의 첨자 i는 배열의 열을 위한 첨 자로 사용되고 6번째 줄의 첨자 j는 배열의 행을 위한 첨자로 사용되고 있습니다.

○ 그러므로 첨자 i가 0일 때, 즉 5번째 줄에서 i가 0으로 설정되었을 때, 6번째 줄의 j는 0부터 3까지 변화하면서 아래와 같은 배열의 내용을 출력할려고 시도합니다.

• 출력되는 배열 원소: a[0][0] a[1][0] a[2][0] a[3][0]

• 출력되는 배열의 값:3 4 5 ?

다시 살펴보면 a[0][0]는 3으로 정상 출력됩니다. a[1][0](주의:1행 0열)은 4로 정상 출력됩니다. a[2][0](주의:2행 0열)은 5로 정상 출력됩니다. a[3][0](주의:3행 0열) 은 기억장소가 존재하지 않는 배열 원소입니다. 즉 배열은 0행, 1행, 2행 3개의 행 으로 되어 있으므로 a[3][0]은 존재 하지 않습니다. 컴퓨터 입장에서는 존재하지 않 는 기억장소의 내용을 출력 하라하니 출력할 수 없다는 에러 메세지를 보여주고 프 로그램을 중지시키는 run time에러를 발생시킵니다.

위 에러 메세지를 잘 읽어 보면 Ex00912Z.java 프로그램의 7번째 줄에서 Array (배열) Index(첨자) OutOf(벗어난) Bounds(경계) Exception(예외) 상황으로 3번 째(여기에서는 행을 가리킴, 3번째 행)가 없다 라는 의미입니다.

위 Ex00912Z 프로그램처럼 배열의 행열 첨자를 잘 고려해서 for loop의 변수를 잘 선정해야 합니다.

문제 | Ex00912A

2차원 배열부터는 프로그램의 논리적이 사고가 더 필요하므로 다음 연습문제로 숙 달해 봅시다.

○ Ex00912 프로그램의 동일한 배열 선언을 사용하고, 다른 출력 결과가 아래와 같이 나오도록 프로그램을 작성해보세요.(배열의 첫 번째 열이 첫 번째 줄(행)에 출력되는 방식)

```
class Ex00912A {
   public static void main(String[] args) {
      int[][] a = { { 3, 5, 7, 8 }, {4, 5, 6, 7}, { 5, 4, 3, 1} };
      // 여기에 프로그램 작성
   }
}
```

```
D:\IntaeJava>java Ex00912A
a[0][0]=3 a[1][0]=4 a[2][0]=5
a[0][1]=5 a[1][1]=5 a[2][1]=4
a[0][2]=7 a[1][2]=6 a[2][2]=3
a[0][3]=8 a[1][3]=7 a[2][3]=1

D:\IntaeJava>
```

문제 | Ex00912B

○ Ex00912 프로그램의 동일한 배열 선언을 사용하고, 다른 출력 결과가 아래와 같이 나오도록 프로그램을 작성해 보세요.(배열의 첫 번째 열이 제일 마지막 열에 출력되는 방식, 즉 3, 2, 1, 0번째 순으로 열을 출력하는 방식)

```
class Ex00912B {
   public static void main(String[] args) {
      int[][] a = { { 3, 5, 7, 8 }, {4, 5, 6, 7}, { 5, 4, 3, 1} };
      // 여기에 프로그램 작성
   }
}
```

```
D:\IntaeJava>java Ex00912B
a[0][3]=8 a[0][2]=7 a[0][1]=5 a[0][0]=3
a[1][3]=7 a[1][2]=6 a[1][1]=5 a[1][0]=4
a[2][3]=1 a[2][2]=3 a[2][1]=4 a[2][0]=5

D:\IntaeJava>
```

문제 | Ex00912

○ Ex00912 프로그램의 동일한 배열 선언을 사용하고, 다른 출력 결과가 아래와 같이 나오도록 프로그램을 작성해보세요. (배열의 첫 번째 행이 제일 마지막 행에 출력되는 방식, 즉 2, 1, 0번째 순으로 행을 출력하는 방식)

```
class Ex00912C {
   public static void main(String[] args) {
      int[][] a = { { 3, 5, 7, 8 }, {4, 5, 6, 7}, { 5, 4, 3, 1} };
      // 여기에 프로그램 작성
   }
}
```

```
D:\IntaeJava>java Ex00912C
a[2][0]=5 a[2][1]=4 a[2][2]=3 a[2][3]=1
a[1][0]=4 a[1][1]=5 a[1][2]=6 a[1][3]=7
a[0][0]=3 a[0][1]=5 a[0][2]=7 a[0][3]=8

D:\IntaeJava>
```

○ 위 프로그램에서 보듯이 배열에 저장된 상태는 동일하지만 프로그램의 로직에 따라 출력되는 상태가 다르게 출력시킬 수 있습니다.

○ 프로그램을 배운다는 것은 명령 하나하나의 작동원리를 배우는 것도 중요하지만 원하는 출력 결과가 나오도록 명령들을 조합, 구성하는 능력을 배양하는 일이 더 중요할 수 있습니다

● new 연산자에 의한 배열 생성

예 1) String[][] s1 = new String[4][5];

배열 원소의 이름

s1[0][0]	s1[0][1]	s1[0][2]	s1[0][3]	s1[0][4]
s1[1][0]	s1[1][1]	s1[1][2]	s1[1][3]	s1[1][4]
s1[2][0]	s1[2][1]	s1[2][2]	s1[2][3]	s1[2][4]
s1[3][0]	s1[3][1]	s1[3][2]	s1[3][3]	s1[3][4]

위 원소의 초기 저장 값은 모두 null로 어떤 object의 주소도 가지고 있지 않습니다. 즉 String object를 저장할 기억장소만 확보한 것이지 String object는 저장되어 있지 않습니다.

예제 | Ex00913

위 설명을 프로그램으로 구현하면 아래와 같습니다.

```
 1: class Ex00913 {
 2:    public static void main(String[] args) {
 3:        String[][] s1 = new String[4][5];
 4:        for ( int i=0 ; i<4 ; i++ ) {
 5:           for ( int j=0 ; j<5 ; j++ ) {
 6:               System.out.print("s1["+i+"]["+j+"]="+s1[i][j]+" ");
 7:           }
 8:           System.out.println();
 9:        }
10:    }
11: }
```

```
D:\IntaeJava>java Ex00913
s1[0][0]=null s1[0][1]=null s1[0][2]=null s1[0][3]=null s1[0][4]=null
s1[1][0]=null s1[1][1]=null s1[1][2]=null s1[1][3]=null s1[1][4]=null
s1[2][0]=null s1[2][1]=null s1[2][2]=null s1[2][3]=null s1[2][4]=null
s1[3][0]=null s1[3][1]=null s1[3][2]=null s1[3][3]=null s1[3][4]=null

D:\IntaeJava>
```

예제 | Ex00914

아래 프로그램은 s1 배열에 String object "A"를 저장하여 출력한 프로그램입니다.
4번째 줄부터 8번째 줄까지는 문자 "A"를 저장하기 위한 명령이고, 9번째부터 15번
째까지는 출력을 위한 명령입니다. 저장과 출력을 같은 for loop안에 넣어도 출력
결과는 동일하지만, 저장하는 routine과 출력하는 routine를 분류하는 것이 앞으로
있을 프로그램을 이해하는데 도움이 되기 때문에 분류했습니다.

```
 1: class Ex00914 {
 2:    public static void main(String[] args) {
 3:       String[][] s1 = new String[4][5];
 4:       for ( int i=0 ; i<4 ; i++ ) {
 5:          for ( int j=0 ; j<5 ; j++ ) {
 6:             s1[i][j]= "A";
 7:          }
 8:       }
 9:       for ( int i=0 ; i<4 ; i++ ) {
10:          for ( int j=0 ; j<5 ; j++ ) {
11:             System.out.print("s1["+i+"]["+j+"]="+s1[i][j]+" ");
12:          }
13:          System.out.println();
14:       }
15:    }
16: }
```

```
D:\IntaeJava>java Ex00914
s1[0][0]=A s1[0][1]=A s1[0][2]=A s1[0][3]=A s1[0][4]=A
s1[1][0]=A s1[1][1]=A s1[1][2]=A s1[1][3]=A s1[1][4]=A
s1[2][0]=A s1[2][1]=A s1[2][2]=A s1[2][3]=A s1[2][4]=A
s1[3][0]=A s1[3][1]=A s1[3][2]=A s1[3][3]=A s1[3][4]=A

D:\IntaeJava>
```

예 2) String[][] s2 = new String[4][];

    s2[0] = new String[5];

    s2[1] = new String[5];

    s2[2] = new String[5];

    s2[3] = new String[5];

위 예에서 예1)과 예2)는 배열을 기억하는 기억장소 이름만 다르지 동일한 배열 선
언입니다. 즉 4행 5열의 배열을 만들기 위해서는 예1)과 같이 선언해도 되고, 예2)
처럼 선언해도 됩니다.

예제 | Ex00915

아래 프로그램은 위 예2)에서 선언한 배열s1이 예1)에서 선언 방법과 동일 하다는 것
을 나타내는 프로그램입니다.

```
 1: class Ex00915 {
 2:    public static void main(String[] args) {
 3:       String[][] s1 = new String[4][];
 4:       s1[0] = new String[5];
 5:       s1[1] = new String[5];
 6:       s1[2] = new String[5];
 7:       s1[3] = new String[5];
 8:       for ( int i=0 ; i<4 ; i++ ) {
 9:          for ( int j=0 ; j<5 ; j++ ) {
10:             s1[i][j]= "A";
11:          }
12:       }
13:       for ( int i=0 ; i<4 ; i++ ) {
14:          for ( int j=0 ; j<5 ; j++ ) {
15:             System.out.print("s1["+i+"]["+j+"]="+s1[i][j]+" ");
16:          }
17:          System.out.println();
18:       }
19:    }
20: }
```

```
D:\IntaeJava>java Ex00915
s1[0][0]=A s1[0][1]=A s1[0][2]=A s1[0][3]=A s1[0][4]=A
s1[1][0]=A s1[1][1]=A s1[1][2]=A s1[1][3]=A s1[1][4]=A
s1[2][0]=A s1[2][1]=A s1[2][2]=A s1[2][3]=A s1[2][4]=A
s1[3][0]=A s1[3][1]=A s1[3][2]=A s1[3][3]=A s1[3][4]=A

D:\IntaeJava>
```

그러므로 String[][] s1 = new String[4][5] 와 같이 선언하면, 배열 object는 언뜻 보면 1개의 배열 object가 만들어지는 것 같지만 실제는 5개(=1 +4)가 만들어집니다. 즉 배열 object String[][] s1 1개, s1[0], s1[1], s1[2], s[3] 4개입니다. 이 배열 object 5개에는 모두 주소가 들어가 있습니다.

예제 | Ex00915A

아래 프로그램은 2차원 배열 object의 개수와 주소를 출력하는 프로그램입니다.

```
 1: class Ex00915A {
 2:    public static void main(String[] args) {
 3:       String[][] s1 = new String[4][5];
 4:       for ( int i=0 ; i<4 ; i++ ) {
 5:          for ( int j=0 ; j<s1[i].length ; j++ ) {
 6:             s1[i][j]= "A";
 7:          }
 8:       }
 9:       for ( int i=0 ; i<4 ; i++ ) {
10:          for ( int j=0 ; j<5 ; j++ ) {
```

```
11:                System.out.print("s1["+i+"]["+j+"]="+s1[i][j]+" ");
12:            }
13:         System.out.println();
14:      }
15:
16:      System.out.println("s1="+s1);
17:      for ( int i=0 ; i<s1.length ; i++ ) {
18:         System.out.println("s1["+i+"]="+s1[i]);
19:      }
20:   }
21: }
```

```
D:\IntaeJava>java Ex00915A
s1[0][0]=A s1[0][1]=A s1[0][2]=A s1[0][3]=A s1[0][4]=A
s1[1][0]=A s1[1][1]=A s1[1][2]=A s1[1][3]=A s1[1][4]=A
s1[2][0]=A s1[2][1]=A s1[2][2]=A s1[2][3]=A s1[2][4]=A
s1[3][0]=A s1[3][1]=A s1[3][2]=A s1[3][3]=A s1[3][4]=A
s1=[[Ljava.lang.String;@1db9742
s1[0]=[Ljava.lang.String;@106d69c
s1[1]=[Ljava.lang.String;@52e922
s1[2]=[Ljava.lang.String;@25154f
s1[3]=[Ljava.lang.String;@10dea4e

D:\IntaeJava>
```

위 예2)에서 각각의 행에 기억장소 5개의 동일한 1차원 배열을 선언한 것과 같은 방법으로 기억장소의 개수가 다른 배열도 아래 예3)과 같이 선언할 수 있습니다.

예 3) `String[][] s2 = new String[4][];`
　　`S2[0] = new String[4];`
　　`S2[1] = new String[3];`
　　`S2[2] = new String[7];`
　　`S2[3] = new String[6];`

위 예3)에서와 같이 s2는 1차원배열s2[0], s2[1], s2[2], s2[3]의 주소 기억장소이며, s2[0]는 1차원 배열 s2[0][0], s2[0][1], s2[0][2], s2[0][3]의 주소 기억장소입니다. 따라서 자바에서는 2차원 배열은 1차원 배열 속의 또 다른 1차원 배열이 중복해서 있다고 생각해야 됩니다. 그러므로 위 예3) 배열 object의 length 값을 알아 보면 다음과 같습니다.

```
S2.length = 4
S2[0].length = 4
S2[1].length = 3
S2[2].length = 7
S2[3].length = 6
```

예제 | Ex00916

위 예3)의 설명을 프로그램으로 구현해보면 아래와 같습니다.

```
 1: class Ex00916 {
 2:    public static void main(String[] args) {
 3:        String[][] s1 = new String[4][];
 4:        s1[0] = new String[4];
 5:        s1[1] = new String[3];
 6:        s1[2] = new String[7];
 7:        s1[3] = new String[6];
 8:        for ( int i=0 ; i<4 ; i++ ) {
 9:            System.out.println("s1["+i+"].length="+s1[i].length);
10:        }
11:
12:        for ( int i=0 ; i<4 ; i++ ) {
13:            for ( int j=0 ; j<s1[i].length ; j++ ) {
14:                s1[i][j]= "A";
15:            }
16:        }
17:        for ( int i=0 ; i<4 ; i++ ) {
18:            for ( int j=0 ; j<s1[i].length ; j++ ) {
19:                System.out.print("s1["+i+"]["+j+"]="+s1[i][j]+" ");
20:            }
21:            System.out.println();
22:        }
23:    }
24: }
```

```
D:\IntaeJava>java Ex00916
s1[0].length=4
s1[1].length=3
s1[2].length=7
s1[3].length=6
s1[0][0]=A s1[0][1]=A s1[0][2]=A s1[0][3]=A
s1[1][0]=A s1[1][1]=A s1[1][2]=A
s1[2][0]=A s1[2][1]=A s1[2][2]=A s1[2][3]=A s1[2][4]=A s1[2][5]=A s1[2][6]=A
s1[3][0]=A s1[3][1]=A s1[3][2]=A s1[3][3]=A s1[3][4]=A s1[3][5]=A

D:\IntaeJava>
```

각 행의 총 원소의 개수는 s2[i].length에 있으므로 j < s2[i].length를 사용한 것 입니다.

문제 | Ex00916A

4개의 행을 가진 2차원 배열을 행 index가 짝수일 경우에는 3개의 원소를 가진 배열을, 행 index가 홀수일 때는 5개의 원소를 가진 배열을 만들고 각각의 원소에 1부터 1씩 차례로 증가하는 숫자를 입력한 후 아래와 같이 출력되도록 프로그램을 작성하세요.

```
D:\IntaeJava>java Ex00916A
a[0][0]= 1  a[0][1]= 2  a[0][2]= 3
a[1][0]= 4  a[1][1]= 5  a[1][2]= 6  a[1][3]= 7  a[1][4]= 8
a[2][0]= 9  a[2][1]=10  a[2][2]=11
a[3][0]=12  a[3][1]=13  a[3][2]=14  a[3][3]=15  a[3][4]=16

D:\IntaeJava>
```

9.2.4 배열원소

2차원 배열도 1차원 배열과 같이 배열 원소의 접근은 index(첨자)를 사용하여 접근합니다. 단 2차원 배열이므로 첨자가 2개가 필요합니다. 형식은 아래와 같습니다.

배열변수명[index1][index2]

예 a[2][1] = 5;   // a배열의 3번째 행의 2번째 열에 5를 저장합니다.
   S[1][3] = "morning";   // s배열의 두 번째 행의 4번째 열에 "morning"을 할당합니다. 정확히 말하면 "morning"도 String object이므로 "morning" object의 주소가 s[1][3]에 저장됩니다.

9.2.5 2차원 배열의 활용

2차원 배열을 안다는 것은 2차원 배열로 주어진 문제를 스스로 프로그램을 만들어 해결할 수 있어야 합니다. 아래 예제를 풀이를 보지 말고 스스로 문제를 풀고 예제와 비교하여 보면서 프로그래밍 기법을 스스로 익혀나가기 바랍니다. 특히 2차원 배열의 응용은 초보자의 경우에는 1차원 배열보다 많은 어려움을 느끼므로 아래 예제를 단계적으로 난이도를 높였으니 한 단계씩 소화해 나가기 바랍니다.

예제 | Ex00917

예제1) 어느 학급의 시험성적이 아래 표와 같이 나왔습니다. 각 학생의 총점을 구하고, 과목별 총점도 구해서 출력하세요.

번호	영어	수학	과학	사회
1	94	84	67	60
2	88	68	76	89
3	90	56	81	76

번호	영어	수학	과학	사회
4	78	96	95	81
5	97	99	95	98
6	86	78	67	93

```
1: class Ex00917 {
2:    public static void main(String[] args) {
3:       int[][] score = { {94, 84, 67, 60}, {88, 68, 76, 89}, {90, 56, 81,
76}, {78, 96, 95, 81}, {97, 99, 95, 98}, {86, 78, 67, 93} };
4:       System.out.println("          *** Score Table ***");
5:       System.out.println("  No   Eng Mat Sci Soc  Tot");
6:       for ( int i=0 ; i<score.length ; i++ ) {
7:          System.out.printf("%4d  ",i+1);
8:          int tot = 0;
9:          for ( int j=0 ; j<score[i].length ; j++ ) {
10:             System.out.printf("%5d",score[i][j]);
11:             tot = tot + score[i][j];
12:          }
13:          System.out.printf("%5d",tot);
14:          System.out.println();
15:       }
16:       System.out.print("Total ");
17:       for ( int i=0 ; i<score[0].length ; i++ ) {
18:          int tot = 0;
19:          for ( int j=0 ; j<score.length ; j++ ) {
20:             tot = tot + score[j][i];
21:          }
22:          System.out.printf("%5d",tot);
23:       }
24:       System.out.println();
25:    }
26: }
```

```
D:\IntaeJava>java Ex00917
        *** Score Table ***
  No   Eng Mat Sci Soc  Tot
   1    94  84  67  60  305
   2    88  68  76  89  321
   3    90  56  81  76  303
   4    78  96  95  81  350
   5    97  99  95  98  389
   6    86  78  67  93  324
Total  533 481 481 497

D:\IntaeJava>
```

프로그램 설명

▶ 3번째 줄:초깃값에 의한 배열 생성으로 모든 학생의 성적을 입력합니다.

▶ 6번째 줄:학생 수가 6명이므로 for loop를 사용하여 6번을 15번째 줄까지 반복
  실행됩니다. 여기에서 score.length의 값은 초기치 배열의 1차원 배열의 개수 이

므로 6이됩니다.

▶ 7번째 줄:각 학생의 번호를 출력하는 것으로 배열의 첨자를 나타낼 int i 값에 1을 더한 값을 학생의 번호로 사용하고 있습니다. 학생번호가 중간에 빠지는 경우는 없는 조건입니다. 중간에 빠지는 번호가 있으면 위와 같은 프로그램 방식으로는 해결할 수 없으므로 다른 방법을 생각해내야 합니다.

▶ 8번째 줄:각 학생의 총점을 구하기 위해 기억장소로 초깃값은 0으로 시작합니다.

▶ 9번째 줄:과목수가 4개이므로 for loop를 사용하여 4번을 12번째 줄까지 반복 실행됩니다. 여기에서 score[i].length의 값은 초기치 배열의 1차원 배열의 원소의 개수이므로 4가 됩니다. 즉 score[0].length, score[1].length, score[2].length, score[3].length, score[4].length, score[5].length 모두 4가 됩니다. 왜냐하면 각 학생의 과목의 점수는 모두 4개이기 때문입니다.

▶ 10번째 줄:각 학생의 과목 점수를 출력하는데, 10진수 5자리의 format에 맞추어 출력하고 있습니다.

▶ 11번째 줄:각 학생의 과목 점수를 tot 기억장소에 누적하고 있습니다.

▶ 13번째 줄:각 학생의 총점 tot를 출력합니다.

▶ 14번째 줄:출력할 위치를 다음 줄로 옮깁니다.

▶ 17번째 줄:4개의 과목을 과목별 총점을 구하기 위해 for loop를 사용하여 4번을 23번째 줄까지 반복 실행합니다. score[0].length은 첫 번째 학생의 4과목의 점수가 들어가 있는 length이므로 4가 됩니다. 여기서 score[0].length는 score[1].length로 해도 되고, score[1].length로 해도 같은 결과가 됩니다.

▶ 18번째 줄:각 과목의 총점을 구하기 위해 기억장소로 초깃값은 0으로 시작합니다.

▶ 19번째 줄:학생 수가 6명이므로 for loop를 사용하여 19번을 21번째 줄까지 반복 실행됩니다. 여기에서 score.length의 값은 초기치 배열의 1차원 배열의 개수 이므로 6이 됩니다.

▶ 20번째 줄:각 과목별 학생 점수를 tot 기억장소에 누적하고 있습니다. 여기에서 점수배열 score[j][i]의 첨자 j와 i의 순서를 눈여겨 보아야 합니다. 이번에는 문제에서 주어진 점수 table의 같은 행만 더해야 하므로 j가 행에 오고 i가 열의 위치에 오고 있습니다. 그래서 i가 0일 때 19부터 21번째 줄을 모두 완료하면 tot에는 영어 총점이 누적되게 됩니다.

▶ 20번째 줄:누적된 각 과목의 총점을 출력합니다.

예제 | Ex00917A

예제2) 예제 1학생 시험 성적표를 그대로 이용해서 각 학생의 총점과, 과목별 총점에 추가해서 과목별 평균을 과목별 총점 다음 줄에 출력하세요.

예제2 추가 설명) 예제1의 프로그램을 각 학생의 총점을 구하는 방법은 그대로 이용하면 되지만, 과목별 총점을 구하는 프로그램은 그대로 이용할 수 없습니다. 왜냐하면 과목별 평균을 계산하기 위해서는 과목별 총점을 출력한 후 계속 기억하고 있어야 하는데, 예제1 프로그램은 과목별 총점을 출력하고 기억장소가 소멸되어 없어 집니다. 이점을 잘 생각해서 프로그램을 작성하세요. 스스로 프로그램을 만들어 보고, 어려움이 있는 독자는 아래 프로그램을 참조하세요.

```
 1: class Ex00917A {
 2:   public static void main(String[] args) {
 3:     int[][] score = { {94, 84, 67, 60}, {88, 68, 76, 89}, {90, 56, 81,
76}, {78, 96, 95, 81}, {97, 99, 95, 98}, {86, 78, 67, 93} };

       omitted, this part should be the same as Ex00917 program

16:     System.out.print("Total ");
17:     int[] total = new int[4];
18:     for ( int i=0 ; i<score[0].length ; i++ ) {
19:       for ( int j=0 ; j<score.length ; j++ ) {
20:         total[i] = total[i] + score[j][i];
21:       }
22:       System.out.printf("%5d",total[i]);
23:     }
24:     System.out.println(" <= Improved Total Logic ");
25:     System.out.print("Ave.  ");
26:     for ( int i=0 ; i<score[0].length ; i++ ) {
27:       double average = (double)total[i] / score.length;
28:       System.out.printf("%5.1f",average);
29:     }
30:   }
31: }
```

```
D:\IntaeJava>java Ex00917A
      *** Score Table ***
 No   Eng  Mat  Sci  Soc  Tot
  1    94   84   67   60  305
  2    88   68   76   89  321
  3    90   56   81   76  303
  4    78   96   95   81  350
  5    97   99   95   98  389
  6    86   78   67   93  324
Total 533  481  481  497 <= Improved Total Logic
Ave.  88.8 80.2 80.2 82.8
D:\IntaeJava>
```

프로그램 설명

▶ 1~16번째 줄까지는 Ex00917과 동일합니다.

▶ 17번째 줄:과목별 총점을 출력한 후 과목별 총점의 data가 소멸되지 않도록 배열 total을 정의합니다. 여기서 total은 4과목이므로 4개의 원소를 가진 1차원 배

열을 선언합니다.

▶ 18~23번째 줄까지는 기본적으로는 Ex00917과 동일합니다. 단 단독 변수 tot대신에 배열 변수 total[i]에 각 과목별 학생 점수를 누적하고 있습니다. 여기에서 점수 배열 score[j][i]의 첨자 j와 i의 순서도 Ex00917 프로그램과 동일합니다.

▶ 26~29번째 줄:배열 total에 각 과목의 총점이 들어 있으므로 학생수 score. length, 즉 6, 으로 나누면 각과목의 평균이 됩니다. 이때 소숫점 이하 한 자리까지 출력하기 위해 (double)로 casting하고 있습니다.

예제 | Ex00917B

예제3) 출력되는 결과는 예제2와 동일합니다. 단지 총점을 누적하는 방법과 출력하는 부분만 다르게 logic을 만들었으니 잘 확인하기 바랍니다.

```
 1: class Ex00917B {
 2:    public static void main(String[] args) {
 3:       int[][] score = { {94, 84, 67, 60}, {88, 68, 76, 89}, {90, 56, 81, 76}, {78, 96, 95, 81}, {97, 99, 95, 98}, {86, 78, 67, 93} };

          omitted, this part should be the same as Ex00917A program

17:       int[] total = new int[4];
18:       for ( int i=0 ; i<score.length ; i++ ) {
19:          for ( int k=0 ; k<score[i].length ; k++ ) {
20:             total[k] = total[k] + score[i][k];
21:          }
22:       }
23:       for ( int i=0 ; i<score[0].length ; i++ ) {
24:          System.out.printf("%5d",total[i]);
25:       }
26:       System.out.println(" <= New Total Logic ");
27:       System.out.print("Ave.   ");
28:       for ( int i=0 ; i<score[0].length ; i++ ) {
29:          double average = (double)total[i] / score.length;
30:          System.out.printf("%5.1f",average);
31:       }
32:    }
33: }
```

```
D:\IntaeJava>java Ex00917B
      *** Score Table ***
  No   Eng  Mat  Sci  Soc  Tot
   1    94   84   67   60  305
   2    88   68   76   89  321
   3    90   56   81   76  303
   4    78   96   95   81  350
   5    97   99   95   98  389
   6    86   78   67   93  324
Total  533  481  481  497 <= New Total Logic
Ave.   88.8 80.2 80.2 82.8
D:\IntaeJava>
```

프로그램 설명

▶ 1부터 17번째 줄까지는 Ex00917A와 동일합니다.

▶ 18~22번째 줄까지는 배열 변수 total[i]에 학생 점수 누적하는 방법이 Ex00917A 와 다릅니다. Ex00917A에서는 한 과목의 학생 점수를 모두 누적하고 다음 과목 의 학생 점수를 누적했다면 이번 프로그램에서는 한 학생의 점수를 각 과목별 총 점에 누적하고 다음 학생으로 넘어 갑니다. 그러므로 Ex00917A에서는 한 과목 을 모두 누적하고 다음 과목으로 넘어가므로 다음 과목으로 넘어가기 전에 그 과 목의 총점을 출력할 수 있지만 이번 프로그램에서는 모든 학생의 점수를 모두 누 적하지 않으면 과목 총점이 집계되지 않으므로 과목별 총점 출력은 23,24,25번 째 줄에서 출력합니다.

▶ 23,24,25번째 줄:18번째 줄부터 22번째 줄까지에서 누적한 과목별 총점을 출력 합니다.

▶ 28~31번째 줄:Ex00917A의 26,27,28,29번째 줄과 동일 로직으로 평균을 출력 합니다.

▶ 19~21번째 줄을 보면 for loop의 첨자로 j를 안 쓰고 k를 사용하고 있습니다. 저 자가 강의를 하던 중 수강생들의 몇 명은 첨자를 i와 j만을 사용하다 보니 첨자는 i와 j만을 사용해야 된다고 오해를 하는 수강생이 있어 노파심에서 추가 설명합니 다. 첨자로 k, m,n 혹은 k1, k2, k3, idx, 등 2.11절 명칭(identifier) 규칙에서 설명한 모든 사용 가능한 이름을 사용해도 됩니다. 하지만 일반적으로 첨자는 한 자 혹은 두자, 많으면 3자 정도에서 사용하므로 이번 프로그램에서는 필자가 의 도적으로 k를 사용해 보았습니다.

예제 | Ex00917C

예제4) 출력되는 결과는 예제2, 예제3과 동일합니다. 단지 총점을 누적하는 부분을 Ex00917B의 logic과는 다르게 다시 만들었으니 잘 확인하기 바랍니다.

```
1: class Ex00917C {
2:    public static void main(String[] args) {
3:       int[][] score = { {94, 84, 67, 60}, {88, 68, 76, 89}, {90, 56, 81,
76}, {78, 96, 95, 81}, {97, 99, 95, 98}, {86, 78, 67, 93} };
4:       int[] total = new int[4];
5:       System.out.println("          *** Score Table ***");
6:       System.out.println(" No   Eng Mat Sci Soc  Tot");
7:       for ( int i=0 ; i<score.length ; i++ ) {
8:          System.out.printf("%4d ",i+1);
9:          int tot = 0;
10:         for ( int j=0 ; j<score[i].length ; j++ ) {
11:            System.out.printf("%5d",score[i][j]);
```

```
12:            tot = tot + score[i][j];
13:            total[j] = total[j] + score[i][j];
14:         }
15:         System.out.printf("%5d",tot);
16:         System.out.println();
17:      }
18:      System.out.print("Total ");
19:      for ( int i=0 ; i<score[0].length ; i++ ) {
20:         System.out.printf("%5d",total[i]);
21:      }
22:      System.out.println(" <= Combined Total Logic ");
23:      System.out.print("Ave.  ");
24:      for ( int i=0 ; i<score[0].length ; i++ ) {
25:         double average = (double)total[i] / score.length;
26:         System.out.printf("%5.1f",average);
27:      }
28:   }
29: }
```

```
D:\IntaeJava>java Ex00917C
        *** Score Table ***
 No   Eng  Mat  Sci  Soc  Tot
  1    94   84   67   60  305
  2    88   68   76   89  321
  3    90   56   81   76  303
  4    78   96   95   81  350
  5    97   99   95   98  389
  6    86   78   67   93  324
Total 533  481  481  497 <= Combined Total Logic
Ave.  88.8 80.2 80.2 82.8
D:\IntaeJava>
```

프로그램 설명

▶ Ex00917B 프로그램의 18~22번째 줄의 과목별 총점 누적하는 부분을 이번 프로그램에서는 13번째 줄로 옮겼습니다. 왜냐하면 Ex00917B 프로그램의 18~22번째 줄의 과목별 총점을 누적하는 부분이 Ex00917B 프로그램의 6번에서 12번째 줄의 for loop를 이용해도 되기 때문에 중복해서 for loop를 사용하기 보다는 하나의 for loop를 사용하기 위함입니다.

▶ Ex00917A, Ex00917B, Ex00917C 프로그램은 동일한 출력이 되는 프로그램으로 어느 것이 좋고, 어느 것이 나쁘다고 말할 수 없습니다. 단지 서로 장단점이 있으므로 언제든지 이러한 logic들을 생각해낼 수 있는 자세가 중요합니다.

예제 | Ex00917D

예제5) 다음은 2차원 배열을 이용하여 각 학생의 아래와 같은 성적의 총점과 평균을 계산하는 프로그램을 작성하였습니다. 이번 프로그램에서는 점수는 Ex00917과 동일하고, 단지 번호대신 이름을 추가하였습니다.

이름	영어	수학	과학	사회
James	94	84	67	60
Chris	88	68	76	89
Tom	90	56	81	76
Jason	78	96	95	81
Barry	97	99	95	98
Paul	86	78	67	93

```
 1: class Ex00917D {
 2:    public static void main(String[] args) {
 3:        String[] name = { "James", "Chris", "Tom", "Jason", "Barry",
"Paul" };
 4:        int[][] score = { {94, 84, 67, 60}, {88, 68, 76, 89}, {90, 56, 81,
76}, {78, 96, 95, 81}, {97, 99, 95, 98}, {86, 78, 67, 93} };
 5:        int[] total = new int[4];
 6:        System.out.println("          *** Score Table ***");
 7:        System.out.println("Name    Eng  Mat  Sci  Soc  Tot   Ave");
 8:        for ( int i=0 ; i<score.length ; i++ ) {
 9:            int tot = 0;
10:            System.out.printf("%-8s",name[i]);
11:            for ( int j=0 ; j<score[i].length ; j++ ) {
12:                System.out.printf("%5d",score[i][j]);
13:                tot = tot + score[i][j];
14:                total[j] = total[j] + score[i][j];
15:            }
16:            double average = tot / 4.0;
17:            System.out.printf("%5d %5.1f",tot,average);
18:            System.out.println();
19:        }
20:        System.out.printf("%-8s","Total");
21:        for ( int j=0 ; j<total.length ; j++ ) {
22:            System.out.printf("%5d",total[j]);
23:        }
24:        System.out.println();
25:        int tot = 0;
26:        System.out.printf("%-8s","Average");
27:        for ( int j=0 ; j<total.length ; j++ ) {
28:            tot = tot + total[j];
29:            double average = (double)total[j] / score.length;
30:            System.out.printf("%5.1f",average);
31:        }
32:        double average = tot / 4.0 / score.length;
33:        System.out.printf("     %5.1f",average);
34:        System.out.println();
35:    }
36: }
```

```
D:\IntaeJava>java Ex00917D
       *** Score Table ***
Name      Eng  Mat  Sci  Soc  Tot    Ave
James      94   84   67   60  305   76.3
Chris      88   68   76   89  321   80.3
Tom        90   56   81   76  303   75.8
Jason      78   96   95   81  350   87.5
Barry      97   99   95   98  389   97.3
Paul       86   78   67   93  324   81.0
Total     533  481  481  497
Average  88.8 80.2 80.2 82.8        83.0

D:\IntaeJava>
```

프로그램 설명

▶ 출력되는 data의 줄을 보기 좋게 정렬하기 위해 4.2.3절에서 배운 format method printf()와 conversion character d, f를 사용하였습니다. Conversion character s는 4.2.3절에서 다루지 않았기 때문에 여기서 소개합니다.

Conversion character s는 String을 출력하기 위해 아래와 같이 사용합니다.

▶ "%8s"은 출력하는 글자를 우측으로 정렬하고 지정된 글자 수 8개보다 출력되는 글자가 적으면 글자의 왼쪽에 space로 채워집니다.

▶ "%-8s"는 출력하는 글자를 좌측으로 정렬하고 지정된 자릿수가 8개보다 출력되는 글자가 적으면 글자의 오른쪽에 space로 채워집니다.

예제 | Ex00918

위 Ex00917D 프로그램을 1차원 배열의 Student class를 사용하여 동일하게 출력하는 프로그램은 아래와 같습니다.

```
 1: class Ex00918 {
 2:    public static void main(String[] args) {
 3:        Student[] s = new Student[6];
 4:        s[0] = new Student("James",94, 84, 67, 60);
 5:        s[1] = new Student("Chris",88, 68, 76, 89);
 6:        s[2] = new Student("Tom",  90, 56, 81, 76);
 7:        s[3] = new Student("Jason",78, 96, 95, 81);
 8:        s[4] = new Student("Barry",97, 99, 95, 98);
 9:        s[5] = new Student("Paul", 86, 78, 67, 93);
10:        int[] total = new int[4];
11:        System.out.println(" *** Score Table by Student Object ***");
12:        System.out.println("Name      Eng  Mat  Sci  Soc  Tot    Ave");
13:        for ( int i=0 ; i<s.length ; i++ ) {
14:            s[i].showStatus();
15:        }
16:        Student.showTotal();
17:        Student.showAverage();
18:    }
19: }
20: class Student {
```

```
21:      String name;
22:      int[] score = new int[4];
23:      static int[] total = new int[4];
24:      static int studentCount;
25:      Student(String n, int eng, int mat, int sci, int soc) {
26:         name = n;
27:         score[0] = eng;
28:         score[1] = mat;
29:         score[2] = sci;
30:         score[3] = soc;
31:         accumulateScore();
32:         studentCount = studentCount + 1;
33:      }
34:
35:      void accumulateScore() {
36:         for ( int j=0 ; j<score.length ; j++ ) {
37:            total[j] = total[j] + score[j];
38:         }
39:      }
40:
41:      void showStatus() {
42:         int tot = 0;
43:         System.out.printf("%-8s",name);
44:         for ( int j=0 ; j<score.length ; j++ ) {
45:            tot = tot + score[j];
46:            System.out.printf("%5d",score[j]);
47:         }
48:         double average = tot / 4.0;
49:         System.out.printf("%5d %5.1f",tot,average);
50:         System.out.println();
51:      }
52:      static void showTotal() {
53:         int tot = 0;
54:         System.out.printf("%-8s","Total");
55:         for ( int j=0 ; j<total.length ; j++ ) {
56:            System.out.printf("%5d",total[j]);
57:         }
58:         System.out.println();
59:      }
60:      static void showAverage() {
61:         int tot = 0;
62:         System.out.printf("%-8s","Average");
63:         for ( int j=0 ; j<total.length ; j++ ) {
64:            tot = tot + total[j];
65:            double average = (double)total[j] / studentCount;
66:            System.out.printf("%5.1f",average);
67:         }
68:         double average = (double)tot / total.length / studentCount;
69:         System.out.printf("     %5.1f",average);
```

```
70:        System.out.println();
71:    }
72: }
```

```
D:₩IntaeJava>java Ex00918
 *** Score Table by Student Object ***
Name     Eng   Mat  Sci  Soc  Tot   Ave
James     94    84   67   60  305  76.3
Chris     88    68   76   89  321  80.3
Tom       90    56   81   76  303  75.8
Jason     78    96   95   81  350  87.5
Barry     97    99   95   98  389  97.3
Paul      86    78   67   93  324  81.0
Total    533   481  481  497
Average  88.8 80.2 80.2 82.8       83.0

D:₩IntaeJava>
```

프로그램 Ex00917이나 Ex00918은 동일한 결과가 나오지만 프로그램은 전혀 다른 logic을 사용하였습니다. 이와 같이 어느 하나의 출력을 얻기 위해서는 꼭 한 가지 만의 방법만 있는 것은 아니니 어느 것이 편리한지는 프로그램 개발자의 판단으로 결정됩니다.

문제 | Ex00918A

2차원 배열을 이용하여 각 100 Meter 달리기 선수의 아래와 같은 기록의 평균을 계 산하는 프로그램을 각각 작성해보세요.

이름	1차기록	2차기록	3차기록	4차기록	5차기록
James	9.58	9.91	9.92	10.11	10.12
Chris	9.88	9.91	9.71	9.99	9.92
Tom	9.70	9.86	9.88	9.76	9.99
Jason	9.78	9.96	9.95	9.81	10.01
Barry	9.97	9.99	9.95	9.98	9.92

```
D:₩IntaeJava>java Ex00918A
 *** 100 Meter Record Table ***
Name     1st   2nd  3rd   4th   5th    Ave
James    9.58  9.91 9.92 10.11 10.12  9.93
Chris    9.88  9.91 9.71  9.99  9.92  9.88
Tom      9.70  9.86 9.88  9.76  9.99  9.84
Jason    9.78  9.96 9.95  9.81 10.01  9.90
Barry    9.97  9.99 9.95  9.98  9.92  9.96
Average  9.78  9.93 9.88  9.93  9.99  9.90

D:₩IntaeJava>
```

문제 | Ex00918B

Player object을 이용하여 각 100 Meter 달리기 선수의 위와 같은 기록의 평균을 계산하는 프로그램을 각각 작성해보세요.

```
D:\IntaeJava>java Ex00918B
** 100 Meter Record Table by Player Object **
Name    1st   2nd   3rd   4th   5th    Ave
James   9.58  9.91  9.92 10.11 10.12   9.93
Chris   9.88  9.91  9.71  9.99  9.92   9.88
Tom     9.70  9.86  9.88  9.76  9.99   9.84
Jason   9.78  9.96  9.95  9.81 10.01   9.90
Barry   9.97  9.99  9.95  9.98  9.92   9.96
Average 9.78  9.93  9.88  9.93  9.99   9.90

D:\IntaeJava>
```

2차원 배열과 for loop명령의 첨자를 활용하여 프로그램을 연습해보도록 하겠습니다.

예제 | Ex00919

아래 프로그램은 결과를 보면 Ex00809F와 유사합니다. Ex00809F는 숫자가 연속되지 않치만, Ex00919 프로그램은 숫자가 연속하여 출력됩니다.

```
 1: class Ex00919 {
 2:    public static void main(String[] args) {
 3:        int[][] myArray = new int[10][10];
 4:        int n = 0;
 5:        for ( int i=0 ; i<10 ; i++ ) {
 6:           for ( int j=i ; j<10 ; j++ ) {
 7:               myArray[j][i] = ++n;
 8:           }
 9:        }
10:
11:        for ( int i=0 ; i<10 ; i++ ) {
12:           for ( int j=0 ; j<10 ; j++ ) {
13:               if ( myArray[i][j] <= 9 ) {
14:                   System.out.print(" "+myArray[i][j]+" ");
15:               } else {
16:                   System.out.print(myArray[i][j]+" ");
17:               }
18:           }
19:           System.out.println();
20:        }
21:    }
22: }
```

```
D:\IntaeJava>java Ex00919
 1  0  0  0  0  0  0  0  0  0
 2 11  0  0  0  0  0  0  0  0
 3 12 20  0  0  0  0  0  0  0
 4 13 21 28  0  0  0  0  0  0
 5 14 22 29 35  0  0  0  0  0
 6 15 23 30 36 41  0  0  0  0
 7 16 24 31 37 42 46  0  0  0
 8 17 25 32 38 43 47 50  0  0
 9 18 26 33 39 44 48 51 53  0
10 19 27 34 40 45 49 52 54 55

D:\IntaeJava>
```

문제 | Ex00919A

도전해 보세요 아래 프로그램 출력과 같이 1서부터 60까지가 세로로 1씩 증가하면서 출력되면서 시작과 끝 위치가 대각선 방향으로 내려가거나 증가하는 모양을 하는 프로그램을 작성하세요.

```
D:\IntaeJava>java Ex00919A
 1  0  0  0  0  0  0  0  0 51
 2 11  0  0  0  0  0  0 43 52
 3 12 19  0  0  0  0 37 44 53
 4 13 20 25  0  0 33 38 45 54
 5 14 21 26 29 31 34 39 46 55
 6 15 22 27 30 32 35 40 47 56
 7 16 23 28  0  0 36 41 48 57
 8 17 24  0  0  0  0 42 49 58
 9 18  0  0  0  0  0  0 50 59
10  0  0  0  0  0  0  0  0 60

D:\IntaeJava>
```

문제 | Ex00919B

도전해 보세요 아래 프로그램 결과 같이 첫 줄은 왼쪽에서 오른쪽으로 1씩 증가하고, 10번째 column은 아래로 내려가면서 1씩 증가하고, 10번째 줄에서는 오른쪽에서 왼쪽으로 1씩 증가하고, 첫 번째 column에서는 위로 올라가면서 1씩 증가하면서 반복되어 중앙에 100이 출력되도록 프로그램을 작성하세요.

```
D:\IntaeJava>java Ex00919B
 1  2  3  4  5  6  7  8  9 10
36 37 38 39 40 41 42 43 44 11
35 64 65 66 67 68 69 70 45 12
34 63 84 85 86 87 88 71 46 13
33 62 83 96 97 98 89 72 47 14
32 61 82 95 100 99 90 73 48 15
31 60 81 94 93 92 91 74 49 16
30 59 80 79 78 77 76 75 50 17
29 58 57 56 55 54 53 52 51 18
28 27 26 25 24 23 22 21 20 19

D:\IntaeJava>
```

문제 | Ex00919C

5행 10열(5 x 10)의 원소를 가지고 있고 boolean형 배열을 생성하고, 각 행의 짝수 원소에 true를 홀수원소에 false를 저장한 후 아래와 같이 출력하는 프로그램을 작성하세요.

```
D:\IntaeJava>java Ex00919C
myArray[0]=true false true false true false true false true false
myArray[1]=true false true false true false true false true false
myArray[2]=true false true false true false true false true false
myArray[3]=true false true false true false true false true false
myArray[4]=true false true false true false true false true false

D:\IntaeJava>
```

문제 | Ex00919D

5행 10열(5 x 10)의 원소를 가지고 있고 double형 배열을 생성하고, 각 배열의 원소에 1.00부터 0.01씩 증가한 수를 저장한 후 아래와 같이 출력하는 프로그램을 작성하세요.

```
D:\IntaeJava>java Ex00919D
myArray[0]=1.00  1.01  1.02  1.03  1.04  1.05  1.06  1.07  1.08  1.09
myArray[1]=1.10  1.11  1.12  1.13  1.14  1.15  1.16  1.17  1.18  1.19
myArray[2]=1.20  1.21  1.22  1.23  1.24  1.25  1.26  1.27  1.28  1.29
myArray[3]=1.30  1.31  1.32  1.33  1.34  1.35  1.36  1.37  1.38  1.39
myArray[4]=1.40  1.41  1.42  1.43  1.44  1.45  1.46  1.47  1.48  1.49

D:\IntaeJava>
```

문제 | Ex00919E

2차원 char배열 char[8][16] 생성하고, 배열의 각 원소에 ASCII code를 for loop을 사용하여 숫자를 문자로 casting하는 방법으로 저장합니다. 그후 모든 원소의 값을 아래와 같이 3번째 행부터 출력하는 프로그램을 작성하세요.(첫 번째(0번행)에는 control 문자가 들어가 있으므로 화면 출력이 한 글자씩 안됩니다. 정상적인 글자가 화면에 출력이 가능한 것은 2번째 행부터 입니다.)(2.8절 bit, byte, ASCII code, Unicode를 참조)

```
D:\IntaeJava>java Ex00919E
myArray[0]=  ┌ ┐ └ ┘ │ ─
 ♫ ☼
myArray[1]=↕ ◄ ‼ ¶ ₁ ┴ ┬ ↑ ↓ → ← ∟ ↔ ▲ ▼
myArray[2]=  ! " # $ % & ' ( ) * + , - . /
myArray[3]=0 1 2 3 4 5 6 7 8 9 : ; < = > ?
myArray[4]=@ A B C D E F G H I J K L M N O
myArray[5]=P Q R S T U V W X Y Z [ \ ] ^ _
myArray[6]=` a b c d e f g h i j k l m n o
myArray[7]=p q r s t u v w x y z { | } ~ ⌂

D:\IntaeJava>
```

위 프로그램을 출력하면 벨소리가 한 번 울릴 것입니다. ASCII 7번 code가 벨소리이기 때문입니다.

문제 | Ex00919F

아래 프로그램은 쉬어가는 프로그램입니다. ASCII 7번 code를 이용하여 종소리 3번을 울리는 프로그램입니다.

```
1: class Ex00919F {
2:    public static void main(String[] args) {
3:        char[] bellSound = new char[3];
4:        int n = 7; // bell sound ASCII value
5:        for ( int i=0 ; i<bellSound.length ; i++ ) {
6:            bellSound[i] = (char)n;
```

```
 7:        }
 8:        for ( int i=0 ; i<bellSound.length ; i++ ) {
 9:            System.out.print(bellSound[i]+" ");
10:        }
11:        System.out.print("종이"+bellSound.length+"번 울렸습니다. 점심밥 먹고 합
시다");
12:        System.out.println();
13:    }
14: }
```

```
D:\IntaeJava>java Ex00919F
  종이3번 울렸습니다. 점심밥 먹고 합시다

D:\IntaeJava>
```

9.3 배열의 응용

9.3.1 3차원 이상의 다차원 배열

Java에는 다차원 배열은 없습니다. 문법적으로 다차원 배열이 있는 것처럼 보이지만, 자세히 보면 1차원 배열로 이루어져 있습니다. 바로 앞 절에서 언급한 2차원 배열도 자세히 보면 1차원 배열입니다.

즉 int[ ][ ] a = new int[4][3]를 그림으로 나타내면

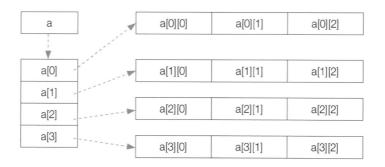

위 그림에서와 같이 a는 1차원 배열a[0], a[1], a[2], a[3]의 주소 기억장소이며, a[0]는 1차원 배열 a[0][0], a[0][1], a[0][2], a[0][3]의 주소 기억장소입니다. 따라서 자바에서는 2차원 배열은 1차원 배열 속의 또다른 1차원 배열이 중복해서 사용되고 있습니다. 단지 실질적인 data는 첨자를 제일 많이 사용하는 배열 원소 a[0][0], a[0][1], a[0][2], a[0][3] 등에만 저장되고 나머지 배열 원소 a[0], a[1], a[2], a[3]과 a에는 모두 주솟값이 저장됩니다.

그러면 3차원 배열 int[ ][ ][ ] b = new int[2][3][4]를 그림으로 나타내 보겠습니다.

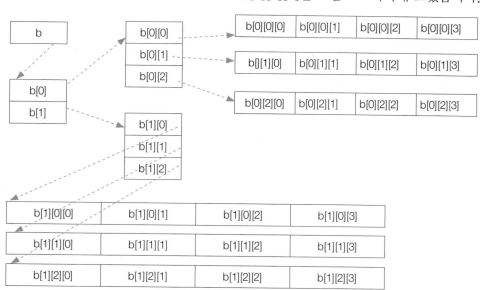

위 그림에서와 같이 b는 1차원 배열 b[0], b[1]의 주소 기억장소이며, b[0]는 1차원 배열 b[0][0], b[0][1], b[0][2]의 주소 기억장소입니다. 따라서 자바에서는 3차원 배열도 1차원 배열 속의 또다른 1차원 배열이 중복해서 사용되고 있습니다. 단지 실질적인 data는 첨자를 제일 많이 사용하는 배열 원소 b[0][0][0], b[0][0][1], b[0][0][2], b[0][0][3] 등에만 저장되고 나머지 배열 원소 b[0], b[1], b[0][0], b[0][1], b[0][2], ….과 b에는 모두 주솟값이 저장됩니다.

위 그림에서 보듯이 3차원 배열 int[ ][ ][ ] b = new int[2][3][4]의 배열 object 개수는 9(=1+2+2*3)개입니다.

예제 | Ex00920

아래 프로그램은 3차원 배열 object의 개수와 주소를 출력하는 프로그램입니다.

```
 1: class Ex00920 {
 2:    public static void main(String[] args) {
 3:       int[][][] b = new int[2][3][4];
 4:       int n = 0;
 5:       for ( int i=0 ; i<b.length ; i++ ) {
 6:          for ( int j=0 ; j<b[i].length ; j++ ) {
 7:             for ( int k=0 ; k<b[i][j].length ; k++ ) {
 8:                b[i][j][k]= ++n;
 9:             }
10:          }
11:       }
12:       for ( int i=0 ; i<b.length ; i++ ) {
```

```
13:            for ( int j=0 ; j<b[i].length ; j++ ) {
14:                for ( int k=0 ; k<b[i][j].length ; k++ ) {
15:                    System.out.print("b["+i+"]["+j+"]["+k+"]="+b[i][j][k]+"
");
16:                }
17:                System.out.println();
18:            }
19:            System.out.println();
20:        }
21:
22:        System.out.println("b="+b);
23:        for ( int i=0 ; i<b.length ; i++ ) {
24:            System.out.println("b["+i+"]="+b[i]);
25:        }
26:        for ( int i=0 ; i<b.length ; i++ ) {
27:            for ( int j=0 ; j<b[i].length ; j++ ) {
28:                System.out.println("b["+i+"]["+j+"]="+b[i][j]);
29:            }
30:        }
31:    }
32: }
```

```
D:\IntaeJava>java Ex00920
b[0][0][0]=1 b[0][0][1]=2 b[0][0][2]=3 b[0][0][3]=4
b[0][1][0]=5 b[0][1][1]=6 b[0][1][2]=7 b[0][1][3]=8
b[0][2][0]=9 b[0][2][1]=10 b[0][2][2]=11 b[0][2][3]=12

b[1][0][0]=13 b[1][0][1]=14 b[1][0][2]=15 b[1][0][3]=16
b[1][1][0]=17 b[1][1][1]=18 b[1][1][2]=19 b[1][1][3]=20
b[1][2][0]=21 b[1][2][1]=22 b[1][2][2]=23 b[1][2][3]=24

b=[[[I@1db9742
b[0]=[[I@106d69c
b[1]=[[I@52e922
b[0][0]=[I@25154f
b[0][1]=[I@10dea4e
b[0][2]=[I@647e05
b[1][0]=[I@1909752
b[1][1]=[I@1f96302
b[1][2]=[I@14eac69

D:\IntaeJava>
```

3차원배열 예제

예제 | Ex00921

다음은 3차원 배열을 이용하여 각 학생의 아래와 같은 성적의 총점과 평균을 계산하는 프로그램을 작성하였습니다.

Teacher:Mr. Smith

이름	영어	수학	과학	사회
James	94	84	67	60
Chris	88	68	76	89
Tom	90	56	81	76

Teacher:Mr. Bond

이름	영어	수학	과학	사회
Jason	78	96	95	81
Barry	97	99	95	98
Paul	86	78	67	93

Teacher:Ms. Ryu

이름	영어	수학	과학	사회
Intae	95	83	68	61
Lina	89	69	77	88
Rachel	91	76	82	78
David	79	95	94	82

```
 1: class Ex00921 {
 2:    public static void main(String[] args) {
 3:        String[] teacherName = { "Mr.Smith", "Mr.Bond", "Ms.Ryu" };
 4:        String[][] studentName = { {"James", "Chris", "Tom"}, {"Jason",
"Barry", "Paul"}, {"Intae", "Lina", "Rachel", "David"} };
 5:        int[][][] score = new int[3][][];
 6:        score[0] = new int[][]{ {94, 84, 67, 60}, {88, 68, 76, 89}, {90,
56, 81, 76} };
 7:        score[1] = new int[][]{ {78, 96, 95, 81}, {97, 99, 95, 98}, {86,
78, 67, 93} };
 8:        score[2] = new int[][]{ {95, 83, 68, 61}, {89, 69, 77, 88}, {91,
76, 82, 78}, {79, 95, 94, 82} };
 9:        System.out.println("      *** Grade 3 Score Table ***");
10:        for ( int k=0 ; k<score.length ; k++ ) {
11:            System.out.println(" ***  Score Table : "+teacherName[k] +"
class ***");
12:            System.out.println("Name     Eng  Mat Sci Soc Tot  Ave");
13:            int[] total = new int[4];
14:            for ( int i=0 ; i<score[k].length ; i++ ) {
15:                int tot = 0;
16:                System.out.printf("%-8s",studentName[k][i]);
17:                for ( int j=0 ; j<score[k][i].length ; j++ ) {
18:                    tot = tot + score[k][i][j];
19:                    System.out.printf("%5d",score[k][i][j]);
20:                    total[j] = total[j] + score[k][i][j];
21:                }
22:                double average = tot / 4.0;
23:                System.out.printf("%5d %5.1f \n",tot,average);
24:            }
25:            int tot = 0;
26:            System.out.printf("%-8s","Average");
27:            for ( int j=0 ; j<total.length ; j++ ) {
```

```
28:            tot = tot + total[j];
29:            double average = (double)total[j] / score[k].length;
30:            System.out.printf("%5.1f",average);
31:        }
32:        double average = tot / 4.0 / score[k].length;
33:        System.out.printf("      %5.1f \n",average);
34:      }
35:    }
36: }
```

```
D:\IntaeJava>java Ex00921
     *** Grade 3 Score Table ***
 ***  Score Table : Mr.Smith class ***
Name      Eng   Mat   Sci   Soc   Tot     Ave
James      94    84    67    60   305    76.3
Chris      88    68    76    89   321    80.3
Tom        90    56    81    76   303    75.8
Average  90.7  69.3  74.7  75.0          77.4
 ***  Score Table : Mr.Bond class ***
Name      Eng   Mat   Sci   Soc   Tot     Ave
Jason      78    96    95    81   350    87.5
Barry      97    99    95    98   389    97.3
Paul       86    78    67    93   324    81.0
Average  87.0  91.0  85.7  90.7          88.6
 ***  Score Table : Ms.Ryu class ***
Name      Eng   Mat   Sci   Soc   Tot     Ave
Intae      95    83    68    61   307    76.8
Lina       89    69    77    88   323    80.8
Rachel     91    76    82    78   327    81.8
David      79    95    94    82   350    87.5
Average  88.5  80.8  80.3  77.3          81.7

D:\IntaeJava>
```

프로그램 설명

▶ 10번째 줄:3개의 class를 반복 수행하기 위해 10번째 줄부터 34번째 줄까지는 3
번 수행합니다.

▶ 14번째 줄:한 class의 한 학생에 대한 총점과 평균을 구하는 routine으로 14번째
줄부터 24번째 줄까지는 학생수 만큼 반복 수행합니다.

▶ 17번째 줄:한 학생의 성적을 출력하고 성적을 총점에 누적하는 routine으로 17번
째 줄부터 21번째 줄까지는 학생의 과목수 만큼 반복 수행합니다.

■ 다차원 배열의 total과 average 구하는 전형적인 방법 ■

실무에서 배열의 값을 누적하여 total(합계)과 average(평균)을 산출하는 일은 자
주 나오는 프로그램 로직입니다. 다음의 예제 프로그램은 1차원, 2차원, 3차원 배열
의 total과 average를 구하는 전형적인 방법이므로 꼭 기억했다가 실무에 적용하기
바랍니다. 출력 결과를 장식하는 부분은 프로그램 간략을 위해 생략했으니 필요 시
각자가 넣어주기 바랍니다.

예제 | Ex00921A

① 1차원 배열 total과 average

1단계 : tot 기억장소 선언 및 0으로 초기화

2단계 : for 문 () {

   2-1단계 : 원소 값 출력

   2-2단계 : 원소 값을 tot 기억장소에 누적

}

3단계 : 평균 계산

4단계 : tot 값 및 평균 값 출력

```
 1: class Ex00921A {
 2:    public static void main(String[] args) {
 3:       int[] array = new int[10];
 4:       int n = 0;
 5:       for ( int i=0; i < array.length ; i++ ) {
 6:          array[i] = ++n;
 7:       }
 8:       int tot = 0;
 9:       for ( int i=0 ; i<array.length ; i++ ) {
10:          System.out.printf(" %4d",array[i]);
11:          tot = tot + array[i];
12:       }
13:       double average = 1.0 * tot / array.length;
14:       System.out.printf(" %4d %4.1f", tot, average);
15:    }
16: }
```

```
D:\IntaeJava>java Ex00921A
    1    2    3    4    5    6    7    8    9   10   55  5.5
D:\IntaeJava>
```

프로그램 설명

▶ 3~7번째 줄:tot와 average를 구하기 위한 준비 작업

▶ 8번째 줄:1단계로 tot기억장소 선언 및 0으로 초기화

▶ 9번째 줄:2단계로 for loop문

▶ 10번째 줄:2-1단계로 원소 값 출력

▶ 11번째 줄:2-2단계로 원소 값을 tot 기억장소에 누적

▶ 13번째 줄:3단계로 평균 값 계산, tot / array.length는 int 나누기 int이므로 평
균 값이 int로 5가 나오고 double 기억장소 average로 저장되면 5.0이 됩니다.
그러므로 5.5가 나오게 하기 위해서는 1.0 * tot / array.length로 해야 합니다.
즉 1.0이 double이므로 전체 계산이 double 값 5.5로 나옵니다.

▶ 14번째 줄:4단계로 tot 값 및 평균 값 출력

② 2차원 배열 total과 average

예제 | Ex00921B

2차원 배열에서는 행의 합계와 열의 합계를 구하는 방법이 별도로 있어야 합니다.
2차원에서 행의 tot는 1차원 배열의 tot를 구하는 방법과 동일합니다. 열의 total을
구하는 방법은 로직이 새롭게 추가되었습니다.

2차원 1단계: 2차원 열 원소를 누적하기위한 total 기억장소 선언및 0으로 초기화

2차원 2단계 : for 문 () {

  1차원1단계 : tot 기억장소 선언 및 0으로 초기화

  1차원 2단계 : for 문 () {

    1차원 2–1단계 : 원소 값 출력

    1차원 2–2단계 : 원소 값을 2차원 행 원소를 누적하기위한 tot 기억장소에 누적

    2차원 2–1단계 : 원소 값을 2차원 열 원소를 누적하기위한 total 기억장소에 누적 1차원 for문안

에 추가됨

  }

  1차원 3단계 : 행 평균계산

  1차원 4단계 :행 tot 값 및 평균 값 출력

}

2차원 3단계 : 열 원소 total, 열 원소 total의 tot 출력(1차원 배열 tot 출력 로직과 비슷)

2차원 4단계 : 열 원소의 평균, 전체 평균 값 출력(1차원 배열 average 출력 로직과 비슷)

```
 1: class Ex00921B {
 2:    public static void main(String[] args) {
 3:       int[][] array = new int[5][10];
 4:       int n = 0;
 5:       for ( int j=0; j < array.length ; j++ ) {
 6:          for ( int i=0; i < array[j].length ; i++ ) {
 7:             array[j][i] = ++n;
 8:          }
 9:       }
10:       int[] total = new int[10];
11:       for ( int j = 0; j < array.length ; j++ ) {
12:          int tot = 0;
13:          System.out.print("Element   ");
14:          for ( int i=0 ; i<array[j].length ; i++ ) {
15:             System.out.printf(" %4d", array[j][i]);
16:             tot = tot + array[j][i];
17:             total[i] = total[i] + array[j][i];
18:          }
```

```
19:            double average = 1.0* tot / array[j].length;
20:            System.out.printf(" %4d %5.1f \n", tot, average);
21:         }
22:         int tot = 0;
23:         System.out.print("Total      ");
24:         for ( int i=0 ; i<total.length ; i++ ) {
25:            System.out.printf(" %4d", total[i]);
26:            tot = tot + total[i];
27:         }
28:         System.out.printf(" %4d \n", tot);
29:         System.out.print("Average     ");
30:         for ( int i=0 ; i<total.length ; i++ ) {
31:            double ave = 1.0 * total[i] / array.length;
32:            System.out.printf(" %4.1f", ave);
33:         }
34:         double average = tot / ( total.length * array.length );
35:         System.out.printf("          %5.1f", average);
36:      }
37: }
```

```
D:\IntaeJava>java Ex00921B
Element     1    2    3    4    5    6    7    8    9   10   55    5.5
Element    11   12   13   14   15   16   17   18   19   20  155   15.5
Element    21   22   23   24   25   26   27   28   29   30  255   25.5
Element    31   32   33   34   35   36   37   38   39   40  355   35.5
Element    41   42   43   44   45   46   47   48   49   50  455   45.5
Total     105  110  115  120  125  130  135  140  145  150 1275
Average  21.0 22.0 23.0 24.0 25.0 26.0 27.0 28.0 29.0 30.0        25.0
D:\IntaeJava>
```

프로그램 설명

▶ 3~9번째 줄:total과 average를 구하기 위한 준비 작업

▶ 10번째 줄:2차원 1단계로 total 기억장소 선언 및 0으로 초기화

▶ 11번째 줄:2차원 2단계로 for loop문

▶ 12번째 줄:1차원 1단계로 tot 기억장소 선언 및 0으로 초기화

▶ 14번째 줄:1차원 2단계로 for loop문

▶ 15번째 줄:1차원 2-1단계로 원소 값 출력

▶ 16번째 줄:1차원 2-2단계로 원소 값을 tot 기억장소에 누적

▶ 17번째 줄:2차원 2-1단계로 원소 값을 열원소를 누적하기 위한 total 기억장소에 누적

▶ 19번째 줄:1차원 3단계로 평균 값 계산

▶ 20번째 줄:1차원 4단계로 tot 값 및 평균 값 출력, "\n"는 한 행이 모두 출력되므로 줄바꿈 명령입니다.

▶ 22~28번째 줄:2차원 3단계로 열 원소 total, 열 원소 total의 tot 출력(1차원 배열 tot 출력 로직과 비슷)

▶ 29~35번째 줄:2차원 4단계로 열원소의 평균, 전체 평균 값 출력(1차원 배열 average출력 로직과 비슷)

③ 3차원 배열 total과 average

예제 | Ex00921C

3차원 배열에서도 행의 합계와 열의 합계를 구하는 방법이 별도로 있습니다. 3차원에서 행의 tot는 1차원 배열의 tot를 구하는 방법과 동일합니다. 3차원 배열의 열의 grandTotal구하는 방법은 2차원 배열의 열의 total을 구한 다음 3차원 grandTotal에 누적하는 로직을 새롭게 추가해야 합니다. 2차원 배열의 total구하는 로직과 비슷합니다.

3차원 1단계: 3차원 열 원소를 누적하기 위한 grandTotal 기억장소 선언 및 0으로 초기화와

행의 개수 누적 기억장소 선언 및 0으로 초기화

3차원 2단계 : for 문 () {

　2차원 1단계: 2차원 열 원소를 누적하기 위한 total 기억장소 선언 및 0으로 초기화

　2차원 2단계 : for 문 () {

　　1차원 1단계 : tot 기억장소 선언 및 0으로 초기화

　　1차원 2단계 : for 문 () {

　　　1차원 2-1단계 : 원소 값 출력

　　　1차원 2-2 단계 : 원소 값을 2차원 행 원소를 누적하기 위한 tot 기억장소에 누적

　　　2차원 2-1단계 : 원소 값을 2차원 열 원소를 누적하기 위한 total 기억장소에 누적 1차원 for문

안에 추가됨

　　}

　　1차원 3단계 : 행 평균 계산

　　1차원 4단계 : 행 tot 값 및 평균 값 출력

　}

　2차원 3단계 : 열 원소 total, 열원소 total의 tot 출력(1차원 배열 tot 출력 로직과 비슷)

　2차원 4단계 : 열 원소의 평균, 전체 평균 값 출력(1차원 배열 average 출력 로직과 비슷)

　3차원 2-1단계 : 행의 개수 누적 2차원 for문 안에 추가됨

}

3차원 3단계 : 열 원소 total, 열 원소 total의 tot 출력(1차원 배열 tot 출력 로직과 비슷)

3차원 4단계 : 열 원소의 평균, 전체 평균 값 출력(1차원 배열 average 출력 로직과 비슷)

```
 1: class Ex00921C {
 2:    public static void main(String[] args) {
 3:        int[][][] array = new int[2][3][10];
 4:        int n = 0;
 5:        for ( int k=0; k < array.length ; k++ ) {
 6:           for ( int j=0; j < array[k].length ; j++ ) {
 7:               for ( int i=0; i < array[k][j].length ; i++ ) {
 8:                   array[k][j][i] = ++n;
 9:               }
10:           }
11:        }
12:        int[] grandTotal = new int[10];
13:        int grandNoOfRow = 0;
14:        for ( int k = 0; k < array.length ; k++ ) {
15:           int[] total = new int[10];
16:           for ( int j = 0; j < array[k].length ; j++ ) {
17:               int tot = 0;
18:               System.out.print("Element   ");
19:               for ( int i=0 ; i<array[k][j].length ; i++ ) {
20:                   System.out.printf(" %4d", array[k][j][i]);
21:                   tot = tot + array[k][j][i];
22:                   total[i] = total[i] + array[k][j][i];
23:               }
24:               double average = 1.0* tot / array[k][j].length;
25:               System.out.printf(" %4d %5.1f \n", tot, average);
26:           }
27:           System.out.print(">Subtotal ");
28:           int tot = 0;
29:           for ( int i=0 ; i<total.length ; i++ ) {
30:               System.out.printf(" %4d", total[i]);
31:               tot = tot + total[i];
32:               grandTotal[i] += total[i];
33:           }
34:           System.out.printf(" %4d \n", tot);
35:           System.out.print(">Sub.Ave. ");
36:           for ( int i=0 ; i<total.length ; i++ ) {
37:               double ave = 1.0 * total[i] / array[k].length;
38:               System.out.printf(" %4.1f", ave);
39:           }
40:           double average = tot / ( total.length * array[k].length );
41:           System.out.printf("      %5.1f \n", average);
42:           grandNoOfRow += array[k].length;
43:        }
44:        System.out.print("Grandtotal");
45:        int tot = 0;
46:        for ( int i=0 ; i<grandTotal.length ; i++ ) {
47:           System.out.printf(" %4d",grandTotal[i]);
48:           tot = tot + grandTotal[i];
49:        }
```

```
50:        System.out.printf(" %4d \n", tot);
51:        System.out.print("Grn.Ave.  ");
52:        for ( int i=0 ; i<grandTotal.length ; i++ ) {
53:          double ave = 1.0 * grandTotal[i] / grandNoOfRow;
54:          System.out.printf(" %4.1f", ave);
55:        }
56:        double average = 1.0 * tot / ( grandTotal.length * grandNoOfRow );
57:        System.out.printf("        %5.1f", average);
58:    }
59: }
```

```
D:\IntaeJava>java Ex00921C
Element      1    2    3    4    5    6    7    8    9   10   55    5.5
Element     11   12   13   14   15   16   17   18   19   20  155   15.5
Element     21   22   23   24   25   26   27   28   29   30  255   25.5
>Subtotal   33   36   39   42   45   48   51   54   57   60  465
>Sub.Ave. 11.0 12.0 13.0 14.0 15.0 16.0 17.0 18.0 19.0 20.0       15.0
Element     31   32   33   34   35   36   37   38   39   40  355   35.5
Element     41   42   43   44   45   46   47   48   49   50  455   45.5
Element     51   52   53   54   55   56   57   58   59   60  555   55.5
>Subtotal  123  126  129  132  135  138  141  144  147  150 1365
>Sub.Ave. 41.0 42.0 43.0 44.0 45.0 46.0 47.0 48.0 49.0 50.0       45.0
Grandtotal 156  162  168  174  180  186  192  198  204  210 1830
Grn.Ave.  26.0 27.0 28.0 29.0 30.0 31.0 32.0 33.0 34.0 35.0       30.5
D:\IntaeJava>
```

프로그램 설명

▶ 3~11번째 줄:total과 average를 구하기 위한 준비 작업

▶ 12,13번째 줄:3차원 1단계로 grandTotal 기억장소 선언 및 0으로 초기화와 행의 개수 누적 기억장소 grandNoOfRow 선언 및 0으로 초기화

▶ 14번째 줄:3차원 2단계로 for loop문

▶ 15번째 줄:2차원 1단계로 total 기억장소 선언 및 0으로 초기화

▶ 16번째 줄:2차원 2단계로 for loop문

▶ 17번째 줄:1차원 1단계로 tot 기억장소 선언 및 0으로 초기화

▶ 19번째 줄:1차원 2단계로 for loop문

▶ 20번째 줄:1차원 2-1단계로 원소 값 출력

▶ 21번째 줄:1차원 2-2단계로 원소 값을 tot 기억장소에 누적

▶ 22번째 줄:2차원 2-1단계로 원소 값을 열원소를 누적하기 위한 total 기억장소에 누적

▶ 24번째 줄:1차원 3단계로 평균 값 계산

▶ 25번째 줄:1차원 4단계로 tot 값 및 평균 값 출력, "\n"는 한 행이 모두 출력되므로 줄바꿈 명령입니다.

▶ 27~34번째 줄:2차원 3단계로 열 원소 total, 열원소 total의 tot 출력(1차원 배열 tot 출력 로직과 비슷)

▶ 35~41번째 줄:2차원 4단계로 열 원소의 평균, 전체 평균 값 출력(1차원 배열

average출력 로직과 비슷)

▶ 42번째 줄:3차원 2-1단계:행의 개수를 grandNoOfRow에 누적

▶ 44~50번째 줄:3차원 3단계로 열 원소 grandTotal, 열원소 grandTotal의 tot 출력(1차원 배열 tot 출력 로직과 비슷)

▶ 51~57번째 줄:3차원 4단계로 열 원소의 평균, 전체 평균 값 출력(1차원 배열 average 출력 로직과 비슷)

문제 | Ex00921D

도전해 보세요 Ex00921 프로그램을 이용하여 과목별 점수의 총합계와 총평균을 아래 프로그램 결과처럼 출력되도록 프로그램을 작성하세요.

```
D:\IntaeJava>java Ex00921D
        *** Grade 3 Score Table ***
   ***  Score Table : Mr.Smith class ***
Name      Eng  Mat  Sci  Soc  Tot   Ave
James      94   84   67   60  305  76.3
Chris      88   68   76   89  321  80.3
Ton        90   56   81   76  303  75.8
Average  90.7 69.3 74.7 75.0       77.4
   ***  Score Table : Mr.Bond class ***
Name      Eng  Mat  Sci  Soc  Tot   Ave
Jason      78   96   95   81  350  87.5
Barry      97   99   95   98  389  97.3
Paul       86   78   67   93  324  81.0
Average  87.0 91.0 85.7 90.7       88.6
   ***  Score Table : Ms.Ryu class ***
Name      Eng  Mat  Sci  Soc  Tot   Ave
Intae      95   83   68   61  307  76.8
Lina       89   69   77   88  323  80.8
Rachel     91   76   82   78  327  81.8
David      79   95   94   82  350  87.5
Average  88.5 80.8 80.3 77.3       81.7
Grn.Tot.  887  804  802  806 3299
Grn.Ave. 88.7 80.4 80.2 80.6       82.5

D:\IntaeJava>
```

9.3.2 다차원 배열의 생성

아래 형식처럼 다차원 배열은 3차원,4차원,…,n차원까지 가능하므로 int 값의 max. 까지 다차원 배열을 생성할 수 있습니다.

```
Int[ ][ ][ ]…..[ ] variableName = new [index-1][index-2][index-3]…..
```

예 `int[][][] calendar = new int[3][6][7];`

예제 | Ex00922

도전해 보세요 아래 예제는 3차원 배열을 이용하여 달력을 2달분씩 횡으로 출력하는 프로그램으로 지면 관계상 4월까지만 출력되도록 했습니다.

```
1: class Ex00922 {
```

```
 2:    public static void main(String[] args) {
 3:       int[][][] calendar = new int[4][6][7];
 4:       String[] monthName = { "JANUARY", "FEBRUARY", "MARCH", "APRIL" };
 5:       int year = 2014;
 6:       int[] maxDayOfMonth = { 31, 28, 31, 30 };
 7:       int startDay = 4; // 시작되는 요일 : 1이면 일요일, 7일면 토요일
 8:       for ( int m=1 ; m <= 4 ; m++ ) {
 9:          if ( m == 2 ) {
10:            maxDayOfMonth[m-1] = ( year / 4 * 4 == year && ! (year/100*100
== year) || year/400*400 == year ) ? 29 : 28;
11:          }
12:
13:          int day = startDay - 1;
14:          for ( int i = 1 ; i <= maxDayOfMonth[m-1] ; i++ ) {
15:             day = day + 1;
16:
17:             int row = ( day - 1 ) / 7;
18:             int col = ( day - 1 ) % 7;
19:             calendar[m-1][row][col] = i;
20:          }
21:          startDay = day % 7 + 1;
22:       }
23:       for ( int k=0; k<2 ; k++ ) {
24:          System.out.println("   ***  "+year + " " + monthName[k*2]+"
***       ***  "+year + " " + monthName[k*2+1]+"  ***");
25:           System.out.println(" SUN MON TUE WED THU FRI SAT   SUN MON
TUE WED THU FRI SAT");
26:          for ( int i=0; i<6 ; i++ ) {
27:             for ( int m=k*2; m<k*2+2 ; m++ ) {
28:                for ( int j=0; j<7 ; j++ ) {
29:                   if ( calendar[m][i][j] == 0 ) {
30:                      System.out.print("   *");
31:                   } else if ( calendar[m][i][j] < 10 ) {
32:                      System.out.print("   " + calendar[m][i][j]);
33:                   } else {
34:                      System.out.print("  " + calendar[m][i][j]);
35:                   }
36:                }
37:                System.out.print("  ");
38:             }
39:             System.out.println();
40:          }
41:          System.out.println();
42:       }
43:    }
44: }
```

```
D:\IntaeJava>java Ex00922
     ***  2014 JANUARY  ***        ***  2014 FEBRUARY  ***
   SUN MON TUE WED THU FRI SAT    SUN MON TUE WED THU FRI SAT
    *   *   *   1   2   3   4      *   *   *   *   *   *   1
    5   6   7   8   9  10  11      2   3   4   5   6   7   8
   12  13  14  15  16  17  18      9  10  11  12  13  14  15
   19  20  21  22  23  24  25     16  17  18  19  20  21  22
   26  27  28  29  30  31   *     23  24  25  26  27  28   *
    *   *   *   *   *   *   *      *   *   *   *   *   *   *

     ***  2014 MARCH  ***          ***  2014 APRIL  ***
   SUN MON TUE WED THU FRI SAT    SUN MON TUE WED THU FRI SAT
    *   *   *   *   *   *   1      *   *   1   2   3   4   5
    2   3   4   5   6   7   8      6   7   8   9  10  11  12
    9  10  11  12  13  14  15     13  14  15  16  17  18  19
   16  17  18  19  20  21  22     20  21  22  23  24  25  26
   23  24  25  26  27  28  29     27  28  29  30   *   *   *
   30  31   *   *   *   *   *      *   *   *   *   *   *   *

D:\IntaeJava>
```

프로그램 설명

▶ 6번째 줄:그 달의 가장 많은 일수를 배열에 다음과 같이 저장합니다.

▶ 1월은 31일, 2월은 28일, 3월은 31일 4월은 30

▶ 2월의 28일은 임시적으로 28을 저장한 것이며, 9,10,11번째 줄에서 연도에 따라 윤년이면 29를 평년이면 28을 다시 저장합니다.

9.3.3 main(String[] args) method

main method는 지금까지 줄곧 사용해왔습니다. 이번에 좀 더 자세하게 알아보겠습니다.

main(String[] args)에서 main method를 수행할 때 어딘가로 부터 전달인수를 받습니다. 전달되는 data 값은 String 1차원 배열 args(args는 argument라는 단어에서 줄여서 쓴 기억장소 이름임)에 저장하여 넘겨받습니다. 처음 시작하는 프로그램이 어딘가에서 data를 넘겨받는다는 것은 좀 이상합니다. 하지만 실제로 처음 시작할 때 외부로부터 data를 넘겨받을 수 있도록 main method가 구성되어 있습니다. 아래 프로그램을 잘 보면 쉽게 이해할 수 있습니다.

예제 | Ex00923

```
1: class Ex00923 {
2:    public static void main(String[] args) {
3:       System.out.println("args.length="+args.length);
4:       for ( int i=0; i<args.length ; i++ ) {
5:          System.out.println("args["+i+"]="+args[i]);
6:       }
7:    }
8: }
```

```
D:\IntaeJava>java Ex00923
args.length=0

D:\IntaeJava>
```

위 프로그램에서 data를 넘겨받는 String배열 변수 args의 length는 0입니다. 즉 넘겨받는 data는 없다는 것입니다. 하지만 아래 예제를 보면 프로그램 수행 시 프로그램 이름 뒤에 data를 입력해 놓으면 space를 기준으로 분리되어 배열로 main method의 String배열 변수 args로 입력되고 있음을 알 수 있습니다. 문자열내에 space를 포함해야할 경우 큰따옴표(")로 양쪽을 막아주면 됩니다.

```
D:₩IntaeJava>java Ex00923 Intae Ryu "Lina Choi"
args.length=3
args[0]=Intae
args[1]=Ryu
args[2]=Lina Choi

D:₩IntaeJava>_
```

위와 같이 외부로부터 data를 입력받을 때는 프로그램 이름 뒤에 data 값을 입력하면 프로그램 변경없이 결과 값은 다르게 나올 수 있도록 프로그램을 작성할 수 있습니다.

9.3.4 가변 인수와 배열

Method를 호출할 때 method을 호출하는 쪽과 호출을 당하는 쪽은 서로 data형과 개수, 순서까지 정확히 일치해야 한다고 3.8절 'method에 인수(argument)전달하기' 설명했습니다. 그런데 아래와 같이 한가지 예외 조항이 있습니다.
지금부터 소개하는 두 프로그램은 하나는 문제점이 있는 프로그램, 다른 하나는 그 문제점을 해결한 프로그램입니다.

예제 | Ex00924

아래 프로그램은 Car object를 생성하면서 자동차에 탑승한 승객의 몸무게를 instance 변수에 누적해서 무게를 저장하는 프로그램입니다. 그런데 승객이 1, 2, 3명 중 몇 명이 탑승하더라고 가능한 생성자를 작성하는 프로그램입니다.

```
 1: class Ex00924 {
 2:    public static void main(String[] args) {
 3:        Car c1 = new Car(1001, "White", 69.1);
 4:        Car c2 = new Car(1002, "White", 69.1, 54.2);
 5:        Car c3 = new Car(1003, "White", 69.1, 54.2, 72.5);
 6:        c1.showCarInfo();
 7:        c2.showCarInfo();
 8:        c3.showCarInfo();
 9:    }
10: }
11: class Car {
12:    int licenseNo;
13:    String color;
```

```
14:     double weight;
15:     Car(int ln, String c, double p1) {
16:        licenseNo = ln;
17:        color = c;
18:        weight = p1;
19:     }
20:     Car(int ln, String c, double p1, double p2) {
21:        licenseNo = ln;
22:        color = c;
23:        weight = p1+p2;
24:     }
25:     Car(int ln, String c, double p1, double p2, double p3) {
26:        licenseNo = ln;
27:        color = c;
28:        weight = p1+p2+p3;
29:     }
30:     void showCarInfo() {
31:         System.out.println("licenseNo="+licenseNo+", color="+color+", weight="+weight);
32:     }
33: }
```

```
D:₩IntaeJava>java Ex00924
licenseNo=1001, color=White, weight=69.1
licenseNo=1002, color=Red, weight=123.3
licenseNo=1003, color=Blue, weight=195.8

D:₩IntaeJava>
```

프로그램 설명

위 프로그램의 문제는 탑승객이 3명까지는 탑승할 수 있습니다. 4명째부터는 더 이상 탑승할 수 없도록 되어 있습니다. 4명을 탑승하게 하기 위해서는 4명째의 무게를 받아들이는 생성자를 하나 더 만들어야 합니다.

예제 | Ex00924A

아래 프로그램은 가변 인수를 받아들여 배열로 만들어 주는 방법을 사용한 프로그램으로 4, 5, 6, ….무수히 많은 탑승자도 받아 들일 수 있습니다.

```
1: class Ex00924A {
2:    public static void main(String[] args) {
3:        Car c1 = new Car(1001, "White", 69.1);
4:        Car c2 = new Car(1002, "Red", 69.1, 54.2);
5:        Car c3 = new Car(1003, "Blue", 69.1, 54.2, 72.5);
6:        Car c4 = new Car(1004, "Green", 69.1, 54.2, 72.5, 34.7);
7:        c1.showCarInfo();
8:        c2.showCarInfo();
9:        c3.showCarInfo();
```

```
10:        c4.showCarInfo();
11:    }
12: }
13: class Car {
14:    int licenseNo;
15:    String color;
16:    double weight;
17:    Car(int ln, String c, double ... p) {
18:      licenseNo = ln;
19:      color = c;
20:      for ( int i=0 ; i < p.length ; i++ ) {
21:        weight += p[i];
22:      }
23:    }
24:    void showCarInfo() {
25:        System.out.println("licenseNo="+licenseNo+", color="+color+",
weight="+weight);
26:    }
27: }
```

```
D:\IntaeJava>java Ex00924A
licenseNo=1001, color=White, weight=69.1
licenseNo=1002, color=Red, weight=123.3
licenseNo=1003, color=Blue, weight=195.8
licenseNo=1004, color=Green, weight=230.5

D:\IntaeJava>
```

프로그램 설명

17번째 줄:가변인수를 받아들이는 배열은 다음과 같이 문법적 규칙을 따라야 합니다.

① 가변인수를 받아들이는 배열 변수의 정의

```
type ⋯ variableName
```

예 1 : int ⋯ a

예 2 : String ⋯ str

위에서 .(period)는 3개가 있어야 합니다.

② 가변 변수를 받아들이는 배열 변수의 위치는 제일 마지막에 와야 합니다. 왜냐하면 Java compiler가 앞에부터 형과 순서를 일치시키고 나머지 일치하지 않는 부분을 모아서 가변인수를 배열로 만들어주기 때문입니다.

● 3~6번째 줄에서 호출한 생성자는 모든 17번째 줄의 생성자를 호출한 것으로 int ln과 String c만 맞추고 나머지는 배열로 받아들이기 때문입니다.

9.4 Vector class

아직 Vector class를 설명할 정도로 자바의 기초를 설명하지 못한 상태입니다. 하지만 Vector class는 많이 사용하고 유용한 class이므로 기본적인 개념과 method에 대해서 이번 절에서 설명합니다.

Vector class는 size가 변경 가능한 배열이라고 생각하면 이해하기 쉽습니다. 배열은 object가 만들어질 때 배열의 size가 확정됩니다. 한 번 확정된 배열의 size는 변경할 수 없습니다. 하지만 Vector object는 data가 추가 되거나 삭제될 경우 size가 자동으로 변경되는 편리한 object입니다. 배열보다 불편한 점이 있다면 배열은 primitive type data를 직접 저장하는 배열을 만들 수 있는 반면(예:int type 배열), Vector class는 Vector class의 특성상 모든 원소는 object로 저장되어야 하기 때문에 primitive type data를 직접 Vector object에 저장할 수 없다는 점입니다. 하지만 primitive type data를 Wrapper class(예:Interger class, Wrapper class에 대해서는 10.2절 'Wrapper class'에서 설명합니다.)를 이용하여 Object로 만든 후 저장하면 되므로 사용상의 큰 불편은 없습니다.

주의사항 | Vector는 수학에서 말하는 Vector의 정의와 전혀 다른 개념의 class입니다.

Vector class와 배열을 비교 설명하면 아래와 같습니다.

① 배열이 배열 원소(element)를 가지고 있는 것과 같이 Vector도 원소(element)를 가지고있습니다. 단 배열은 원소로서 primitive와 Object 모두를 원소로 가질 수 있지만, Vector는 오직 Object만 원소로 가질 수 있습니다.

② 배열은 배열을 선언할 때 배열의 크기가 정해지며, 한 번 정해진 배열의 크기는 바꿀 수 없는 반면, Vector는 Vector의 크기가 원소를 하나 추가하면 크기가 1만큼 자동으로 늘어나고, 원소를 하나를 삭제하면 1만큼 자동으로 줄어듭니다.

③ 배열은 다차원의 배열을 선언할 수 있지만 Vector는 차원이 없습니다. 굳이 배열의 몇 차원과 일치하는지를 말하라면 1차원과 비교될 수 있다고 말할 수 있습니다.

④ 배열에서 원소의 시작 index는 0부터 하듯이 Vector도 0번 원소부터 시작합니다.

- Vector class의 중요 method는 다음과 같습니다.
- size():Vector object가 가지고 있는 원소의 개수가 Vector object의 size() method의 return 값으로 나옵니다.
- add(E e):E는 chapter 21 'Generic 프로그램'에서 설명되는 용어로 여기서는 임의의 Object라고 생각하면 됩니다. 즉 임의의 object를 Vector object의 제일 마지막 원소 뒤에 추가합니다.

- elementAt(int idx) method는 Vector object에 idx번째 저장된 원소 object를 꺼내는, 정확히는 원소 object의 주소를 복사해서 return해줍니다.
- remove(int idx) method는 Vector object에 idx번째 저장된 원소 object를 삭제합니다. 원소를 하나 삭제하면 size()는 하나가 줄고, 삭제된 object 이후의 순서에 있는 원소들은 하나씩 순서가 앞으로 당겨집니다.

예제 | Ex00931

다음 프로그램은 배열과 비교하기 위해 9.1.1절 '배열의 필요성'에서 사용한 Ex00901 프로그램과 동일한 기능을 하는 프로그램을 만들어 보았습니다.

```java
1: import java.util.*;
2: class Ex00931 {
3:   public static void main(String[] args) {
4:       int[] week = {4, 3, 4, 5, 4, 8, 7};
5:       int tot1 = 0;
6:       for ( int i=0; i <= 6 ; i++ ) {
7:           tot1 = tot1 + week[i];
8:       }
9:       System.out.println("by array,  total working hours = "+tot1);
10:
11:       Vector vData = new Vector();
12:        System.out.println("empty Vector                 : vData.size() =
"+vData.size());
13:       vData.add(4);
14:       vData.add(3);
15:       vData.add(4);
16:       vData.add(5);
17:       vData.add(4);
18:       vData.add(8);
19:       vData.add(7);
20:        System.out.println("after adding 7 elements : vData.size() =
"+vData.size());
21:       int tot2 = 0;
22:       for ( int i=0; i < vData.size() ; i++ ) {
23:           //tot2 = tot2 + vData.elementAt(i);
24:           Integer hour = (Integer)vData.elementAt(i);
25:           tot2 = tot2 + hour.intValue();
26:       }
27:       System.out.println("by Vector, total working hours = "+tot2);
28:   }
29: }
```

위 프로그램을 compile하면 아래와 같이 주의 사항 메세지가 나오면서 compile은 이상없이 수행됩니다. 주의 사항 메세지는 Generic 프로그래밍 관련 사항으로 아직 설명하지 않았으므로 무시합니다.

```
D:\IntaeJava>javac Ex00931.java
Note: Ex00931.java uses unchecked or unsafe operations.
Note: Recompile with -Xlint:unchecked for details.

D:\IntaeJava>
```

```
D:\IntaeJava>java Ex00931
by array,  total working hours = 35
empty Vector            : vData.size() = 0
after adding 7 elements : vData.size() = 7
by Vector, total working hours = 35

D:\IntaeJava>
```

프로그램 설명

▶ 1번째 줄:Vector class를 사용하기 위해서는 java.util package에 있는 Vector class를 import해야 합니다.

▶ 11번째 줄:Vector object를 생성합니다.

▶ 12번째 줄:Vector Object만 생성하고 아무 원소도 추가하지 않은 empty Vector object를 size를 출력합니다.

▶ 13~19번째 줄:7개의 primitive int 값을 배열에 추가합니다. Vector class는 Object만 Vector의 원소를 받아들이므로 primitive int는 받아들일 수 없습니다. 그런데 add() method내에서 primitive data를 추가하면 자동으로 해당되는 Wrapper obect를 만들어 Vector object에 추가합니다. 즉 위 primitive int는 Integer object를 만들어 vData object에 추가합니다.

▶ 20번째 줄:Vector Object에 7개원 원소를 추가된 후 Vector object의 size를 출력합니다.

▶ 23번째 줄:int 기억장소 tot와 vData.elementAt(i)는 직접 더할 수 없습니다. 즉 23번째 줄의 //을 삭제하고 compile하면 compile 에러 발생합니다. 왜냐하면 vData.elementAt(i)는 13부터 19번째 줄에서 설명한대로 vData.elementAt(i)의 원소는 object이기 때문입니다.

▶ 24번째 줄:vData.elementAt(i)의 원소를 Integer로 casting하여 Integer object 변수 hour에 저장합니다. Primitive type casting에 대해서는 2.10절에서 설명했습니다. Object type casting에 대해서는 11.3절 'Cast 연산자와 형 변환'에서 설명합니다. (Integer)라는 명령은 object를 casting하라는 명령으로 data는 변하지 않고 data형만 변경됩니다. 현재로서는 아직 설명한 사항이 아니므로 Vector object에서 원소 object를 꺼낼 때는 원소 object의 class로 무조건 Casting 해야 한다라고 기억하세요.

• Vector class의 elementAt(int idx) method는 Vector object에 저장된 원소 object를 꺼내는, 정확히는 원소 object의 주소를 복사해서 return해주는 것으로 vData object에 있는 원소들을 차례로 꺼내서 Integer object변수 hour에

저장합니다.

▶ 25번째 줄:hour.inValue()는 Integer object hour에 저장된 int 값을 return 해줍니다. 그러므로 hour에 저장된 int 값을 tot2에 누적하는 프로그램이 되는 것입니다.

예제 | Ex00931A

아래 프로그램은 String 문자열 object를 Vector에 추가하고 삭제하는 과정을 통해 Vector 원소들이 어떻게 index가 바뀌는지를 보여주는 프로그램입니다.

```
 1: import java.util.*;
 2: class Ex00931A {
 3:    public static void main(String[] args) {
 4:       Vector vData = new Vector();
 5:        System.out.println("empty Vector              : vData.size() = "+vData.size());
 6:        vData.add("Intae Ryu");
 7:        vData.add("Jason Choi");
 8:        vData.add("Peter Jung");
 9:        vData.add("Chris Smith");
10:        vData.add("Tom Roger");
11:        System.out.println("after adding 5 elements : vData.size() = "+vData.size());
12:        for ( int i=0; i < vData.size() ; i++ ) {
13:           String name = (String)vData.elementAt(i);
14:           System.out.println("i="+i+", name="+name);
15:        }
16:        vData.remove(3);
17:        System.out.println("after remove 1 element : vData.size() = "+vData.size());
18:        for ( int i=0; i < vData.size() ; i++ ) {
19:           String name = (String)vData.elementAt(i);
20:           System.out.println("i="+i+", name="+name);
21:        }
22:    }
23: }
```

```
D:\IntaeJava>java Ex00931A
empty Vector              : vData.size() = 0
after adding 5 elements : vData.size() = 5
i=0, name=Intae Ryu
i=1, name=Jason Choi
i=2, name=Peter Jung
i=3, name=Chris Smith
i=4, name=Tom Roger
after remove 1 element : vData.size() = 4
i=0, name=Intae Ryu
i=1, name=Jason Choi
i=2, name=Peter Jung
i=3, name=Tom Roger

D:\IntaeJava>
```

프로그램 설명

▶ 6~10번째 줄:Vector object v에 String 문자열 object 5개를 추가합니다.

▶ 13번째 줄:v.elementAt(i)의 원소를 String으로 casting하여 String object변수 name에 저장합니다. (String)이라는 명령은 object를 casting하라는 명령으로 data는 변하지 않고 data형만 변경됩니다. 현재로서는 아직 설명한 사항이 아니므로 Vector object에서 원소 object를 꺼낼 때는 원소 object의 class로 무조건 Casting 해야 한다라고 기억하세요.

▶ 14번째 줄:각각의 이름이 몇 번째 원소인지를 출력하고 있습니다.

▶ 16번째 줄:3번째 문자열, 즉 "Chris Smih"를 Vector에서 삭제하라는 명령으로 3번째 object가 Vector에서 삭제되면 4번째에 있는 "Tom Roger"가 3번째로 자동으로 앞당겨집니다.

예제 | Ex00932

아래 프로그램은 Ex00918 프로그램에서 Student배열과 Student object를 이용하여 학생들의 총점과 평균을 계산하는 프로그램을 Vector와 Student object를 이용하여 총점과 평균을 계산하는 프로그램을 작성한 것입니다.

이름	영어	수학	과학	사회
James	94	84	67	60
Chris	88	68	76	89
Tom	90	56	81	76
Jason	78	96	95	81
Barry	97	99	95	98
Paul	86	78	67	93

```
1: import java.util.*;
2: class Ex00932 {
3:    public static void main(String[] args) {
4:        Vector v = new Vector();
5:        v.add(new Student("James",94, 84, 67, 60));
6:        v.add(new Student("Chris",88, 68, 76, 89));
7:        v.add(new Student("Tom",  90, 56, 81, 76));
8:        v.add(new Student("Jason",78, 96, 95, 81));
9:        v.add(new Student("Barry",97, 99, 95, 98));
10:        v.add(new Student("Paul", 86, 78, 67, 93));
11:        int[] total = new int[4];
12:        System.out.println("*** Score Table by Student Object Using Vector ***");
13:        System.out.println("Name    Eng  Mat Sci Soc Tot  Ave");
```

```java
14:        for ( int i=0 ; i<v.size() ; i++ ) {
15:            Student s = (Student)v.elementAt(i);
16:            s.showStatus();
17:        }
18:        Student.showTotal();
19:        Student.showAverage();
20:    }
21: }
22: class Student {
23:    String name;
24:    int[] score = new int[4];
25:    static int[] total = new int[4];
26:    static int studentCount;
27:    Student(String n, int eng, int mat, int sci, int soc) {
28:        name = n;
29:        score[0] = eng;
30:        score[1] = mat;
31:        score[2] = sci;
32:        score[3] = soc;
33:        accumulateScore();
34:        studentCount = studentCount + 1;
35:    }
36:
37:    void accumulateScore() {
38:        for ( int j=0 ; j<score.length ; j++ ) {
39:            total[j] = total[j] + score[j];
40:        }
41:    }
42:
43:    void showStatus() {
44:        int tot = 0;
45:        System.out.printf("%-8s",name);
46:        for ( int j=0 ; j<score.length ; j++ ) {
47:            tot = tot + score[j];
48:            System.out.printf("%5d",score[j]);
49:        }
50:        double average = tot / 4.0;
51:        System.out.printf("%5d %5.1f",tot,average);
52:        System.out.println();
53:    }
54:    static void showTotal() {
55:        int tot = 0;
56:        System.out.printf("%-8s","Total");
57:        for ( int j=0 ; j<total.length ; j++ ) {
58:            System.out.printf("%5d",total[j]);
59:        }
60:        System.out.println();
61:    }
62:    static void showAverage() {
```

```
63:         int tot = 0;
64:         System.out.printf("%-8s","Average");
65:         for ( int j=0 ; j<total.length ; j++ ) {
66:             tot = tot + total[j];
67:             double average = (double)total[j] / studentCount;
68:             System.out.printf("%5.1f",average);
69:         }
70:         double average = (double)tot / total.length / studentCount;
71:         System.out.printf("      %5.1f",average);
72:         System.out.println();
73:     }
74: }
```

```
D:\IntaeJava>java Ex00932
*** Score Table by Student Object Using Vector ***
Name     Eng  Mat  Sci  Soc  Tot   Ave
James     94   84   67   60  305   76.3
Chris     88   68   76   89  321   80.3
Tom       90   56   81   76  303   75.8
Jason     78   96   95   81  350   87.5
Barry     97   99   95   98  389   97.3
Paul      86   78   67   93  324   81.0
Total    533  481  481  497
Average 88.8 80.2 80.2 82.8       83.0

D:\IntaeJava>
```

프로그램 설명

▶ 4번째 줄:Vector object를 생성합니다.

▶ 5~10번째 줄:Student object 6개를 생성하여 Vector object v에 추가합니다.

▶ 14~17번째 줄:v.elementAt(i)의 원소를 Student로 casting하여 Student object 변수 s에 저장합니다. (Student)이라는 명령은 object를 casting하라는 명령으로 data는 변하지 않고 data형만 변경됩니다. 현재로서는 아직 설명한 사항이 아니므로 Vector object에서 원소 object를 꺼낼 때는 원소 object의 class로 무조건 Casting 해야 한다라고 기억하세요.

▶ 총점과 평균을 계산하는 로직은 Ex00918과 동일합니다.

문제 | Ex00932A

Ex00918B 프로그램에서 Player배열과 Player object를 이용하여 각 100 Meter 달리기 선수의 아래와 같은 기록의 평균을 계산하는 프로그램을 Vector와 Player object을 이용하여 아래와 같이 출력되도록 작성해보세요.

이름	1차 기록	2차 기록	3차 기록	4차 기록	5차 기록
James	9.58	9.91	9.92	10.11	10.12
Chris	9.88	9.91	9.71	9.99	9.92
Tom	9.70	9.86	9.88	9.76	9.99

이름	1차 기록	2차 기록	3차 기록	4차 기록	5차 기록
Jason	9.78	9.96	9.95	9.81	10.01
Barry	9.97	9.99	9.95	9.98	9.92

```
D:\IntaeJava>java Ex00932A
** 100 Meter Record Table by Player Object Using Vector **
Name      1st   2nd   3rd   4th   5th    Ave
James     9.58  9.91  9.92 10.11 10.12   9.93
Chris     9.88  9.91  9.71  9.99  9.92   9.88
Tom       9.70  9.86  9.88  9.76  9.99   9.84
Jason     9.78  9.96  9.95  9.81 10.01   9.90
Barry     9.97  9.99  9.95  9.98  9.92   9.96
Average   9.78  9.93  9.88  9.93  9.99   9.90

D:\IntaeJava>
```

유용한 class

이번 chapter에서는 프로그램에서 많은 사용하는 유용한 class를 소개합니다. 아직
java에 대한 충분한 이해가 안 된 상태이므로 꼭 필요한 부분만 소개합니다.

344 ◀ 자바 프로그래밍

유용한 class

10.1 String관련 class

String 문자열 관련 class는 실무 프로그램에서 거의 빠짐없이 나온다고 해도 과언이 아닐 정도로 많이 사용하는 class입니다. 자유자재로 사용할 수 있도록 충분히 익히도록 하세요.

10.1.1 StringBuffer class

String class로 만든 String object, 즉 String 문자열은 한 번 만들어지면 변경할 수 없습니다. 상황에 따라 문자열은 추가, 변경, 삭제할 필요가 있을 경우에는 StringBuffer class를 사용합니다.

● 생성자
- StringBuffer():초기 문자없이 StringBuffer object를 생성합니다.
- StringBuffer(String str):초기 문자로 str 문자열을 받아 StringBuffer object를 생성합니다.

● Method
- append(String str):기존의 StringBuffer에 있는 문자의 끝에 str 문자열을 추가합니다.
- insert(int pos, String inStr):StringBuffer 문자열의 pos 위치에 inStr 문자열을 삽입합니다. 그러므로 pos를 포함하는 위치부터 그 뒤에 있는 문자열은 추가 입력된 문자열의 길이만큼 뒤로 이동합니다.
- replace(int posStart, int posEnd, String repStr):StringBuffer 문자열의 posStart 위치에서부터 posEnd전까지의 문자를 repStr 문자열로 교체합니다. 교체되는 문자의 개수는 (posEnd - posStart)입니다.
- delete(int posStart, int posEnd):StringBuffer 문자열의 posStart 위치에서부터 posEnd전까지의 문자를 삭제합니다. 삭제되는 문자의 개수는 (posEnd - posStart)입니다.
- length():StringBuffer object에 저장된 문자의 개수를 return합니다.
- toString():StringBuffer object를 String 문자열로 변환한 새로운 object를 return합니다.

예제 | Ex01001

아래 프로그램은 StringBuffer class의 생성자와 method를 사용한 예입니다.

```
 1: class Ex01001 {
 2:    public static void main(String[] args) {
 3:        StringBuffer sb1 = new StringBuffer();
 4:        sb1.append("12");
 5:        sb1.append("ABC");
 6:        sb1.append("abcd");
 7:            System.out.println("after append  sb1="+sb1+", length="+sb1.
length());
 8:        sb1.insert(2,"34");
 9:            System.out.println("after insert  sb1="+sb1+", length="+sb1.
length());
10:        sb1.replace(4,7,"567");
11:            System.out.println("after replace sb1="+sb1+", length="+sb1.
length());
12:        System.out.println();
13:
14:        StringBuffer sb2 = new StringBuffer("1234567890");
15:            System.out.println("new object     sb2="+sb2+", length="+sb2.
length());
16:        sb2.replace(3,3,"ABC");
17:            System.out.println("after replace sb2="+sb2+", length="+sb2.
length());
18:        sb2.delete(6,9);
19:            System.out.println("after delete  sb2="+sb2+", length="+sb2.
length());
20:    }
21: }
```

```
D:\IntaeJava>java Ex01001
after append  sb1=12ABCabcd, length=9
after insert  sb1=1234ABCabcd, length=11
after replace sb1=1234567abcd, length=11

new object     sb2=1234567890, length=10
after replace sb2=123ABC4567890, length=13
after delete  sb2=123ABC7890, length=10

D:\IntaeJava>
```

프로그램 설명

▶ 3번째 줄:빈 StringBuffer object sb1을 생성합니다.

▶ 4,5,6번째 줄:append() method를 사용하여 빈 StringBuffer object sb1에 "12", "ABC", "abc"를 차례로 추가합니다.

▶ 8번째 줄:insert() method를 사용하여 "34"를 index 2번째에 삽입합니다.

▶ 10번째 줄:replace() method를 사용하여 index 4번째부터 index (7-1)번째까

지의 문자를 즉, 4,5,6번째 문자 3(=7-4)개의 문자를 "567"로 대체합니다.

▶ 14번째 줄:"1234567890"문자열로 StringBuffer object sb2을 생성합니다.

▶ 16번째 줄:replace() method를 사용하여 index 3번째부터 index (3-1)번째까지의 문자를 즉, 0(=3-3)개의 문자를 "ABC"로 대체합니다. 즉, "ABC"를 index 3번째에 삽입을 의미합니다.

▶ 18번째 줄:delete() method를 사용하여 index 6번째부터 index (9-1)번째까지의 문자를 즉, 3(=9-6)개의 문자를 삭제합니다.

예제 | Ex01001A

다음 프로그램은 StringBuffer class를 사용하여 출력할 때 문자는 앞자리를 정렬하고, 숫자는 뒷자리를 정렬하여 출력하는 프로그램으로 data로는 개인별 세금 계산하는 것을 이용했습니다. 세금 계산 방법과 인원에 대한 data는 아래와 같습니다.

- Person attribute:String name, int gross, double tax, double net
- Person object 4명을 생성자를 사용하여 만들 것
  첫 번째:'Intae', $ 12428
  두 번째:"Bill", $ 2342
  세 번째:"Tom", $ 5436
  네 번째:"Jackson", $ 934
- calculateTax() method를 만들어 아래와 같은 계산식으로 세금을 계산한다.
  Gross가 $2,000보다 같거나 적으면 gross의 10% 세금
  Gross가 $5,000보다 같거나 적으면 $2,000 초과분에 대해서만 20% 세금, $2000까지는 10%
  Gross가 $10,000보다 같거나 적으면 $5,000 초과분에 대해서만 30% 세금, $5000까지는 20%, $2000까지는 10%
  Gross가 $10,000 보다 크면 $10,000 초과분에 대해서만 40% 세금, $10,000까지는 30%, $5000까지는 20%, $2000까지는 10%
- 세금 계산 후 gross - tax 식으로 계산해서 net를 산출한다.
- showStatus() method를 만들어 모든 attribute 값을 display합니다.

```
1: class Ex01001A {
2:    public static void main(String[] args) {
3:       Person s1 = new Person("Intae", 12428);
4:       Person s2 = new Person("Bill",   2342);
5:       Person s3 = new Person("Tom",    5436);
6:       Person s4 = new Person("Jackson", 934);
7:        System.out.println("Name              Gross              Tax
```

```
Net");
 8:        s1.showStatus();
 9:        s2.showStatus();
10:        s3.showStatus();
11:        s4.showStatus();
12:    }
13: }
14: class Person {
15:    String name;
16:    int gross;
17:    double tax;
18:    double net;
19:    Person(String n, int gr) {
20:        name = n;
21:        gross = gr;
22:        tax = calculateTax(gr);
23:        net = gross - tax;
24:    }
25:    double calculateTax(int gr) {
26:        double t = 0;
27:        if ( gr <= 2000 ) {
28:          t = gr * 0.1;
29:        } else if ( gr <= 5000 ) {
30:          t = ( gr - 2000 ) * 0.2 + 2000 * 0.1;
31:        } else if ( gr < 10000 ) {
32:          t = ( gr - 5000 ) * 0.3 + 2000 * 0.1 + ( 5000 - 2000 ) * 0.2;
33:        } else {
34:          t = ( gr - 10000 ) * 0.4 + 2000 * 0.1 + ( 5000 - 2000 ) * 0.2
+ ( 10000 - 5000 ) * 0.3;
35:        }
36:        return t;
37:    }
38:    void showStatus() {
39:        String grossStr = ""+gross;
40:      String taxStr = ""+tax;
41:        String netStr = ""+net;
42:        //                                        1         2         3
4         5         6
43:        //                          123456789012345678901234567890
9012345678901234567890123456789 0
44:      StringBuffer sb = new StringBuffer("                      ");
45:        sb.replace(0,name.length(), name);
46:        sb.replace(20-grossStr.length(), 20, grossStr);
47:        sb.replace(35-taxStr.length(), 35, taxStr);
48:        sb.replace(50-netStr.length(), 50, netStr);
49:        System.out.println(sb.toString());
50:    }
51: }
```

```
D:\IntaeJava>java Ex01001A
Name         Gross          Tax            Net
Intae        12428         3271.2         9156.8
Bill          2342          268.4         2073.6
Tom           5436          930.8         4505.2
Jackson        934           93.4          840.6

D:\IntaeJava>
```

프로그램 설명

▶ 39, 40, 41번째 줄:숫자 기억장소를 String문자열로 만들기 위해 빈(empty)문자열을 "+"기호로 연결하였습니다.

▶ 42, 43번째 줄:60개의 blank문자를 정확히 만들기 위해 // comment로 blank의 개수를 세는데 도움을 주기 위해 눈금식 data를 프로그램에 삽입한 것입니다.

▶ 44번째 줄:초기 문자가 60개 blank 문자를 가지는 StringBuffer object sb를 생성합니다.

▶ 45번째 줄:앞자리 정렬을 위해 첫 번째 자리는 StringBuffer sb의 0번째이고 뒷자리는 name.lengh()의 크기에 따라 달라지도록 0부터 name.length()까지의 blank문자를 name문자로 교체합니다.

▶ 46번째 줄:뒷자리 정렬을 위해 뒷자리 숫자는 StringBuffer sb의 20번째로 고정하고 앞자리는 grossStr.lengh()의 크기에 따라 달라지도록 20-grossStr.length()부터 20까지의 blank문자를 grossStr문자로 교체합니다.

▶ 47, 48번째 줄:46번째 줄과 같은 개념으로 taxStr, netStr도 뒷자리가 정렬되도록 35, 50번째를 기준으로 뒷자리 정렬합니다.

▶ 49번째 줄:StringBuffer sb에 변경된 data를 String문자열로 변경한 후 출력합니다.

예제 | Ex01001B

아래 프로그램은 Ex01001A 프로그램에서 개인별 data를 하나의 StringBuffer로 모두 합친 후 한 번에 출력하는 프로그램입니다. 출력을 위해 하나의 SringBuffer로 합칠 경우보다는, 인터넷상에서 통신을 위해 필요한 data를 모두 합친 후 한 번에 전송을 할 경우에 이렇게 합치는 방법을 많이 사용합니다.

```
1: class Ex01001B {
2:     public static void main(String[] args) {
3:         Person s1 = new Person("Intae", 12428);
4:         Person s2 = new Person("Bill",   2342);
5:         Person s3 = new Person("Tom",    5436);
6:         Person s4 = new Person("Jackson", 934);
7:         StringBuffer allSb = new StringBuffer();
8:         allSb.append("Name          Gross           Tax            Net\n");
```

```
 9:        allSb.append(s1.getTaxInfo()+"\n");
10:        allSb.append(s2.getTaxInfo()+"\n");
11:        allSb.append(s3.getTaxInfo()+"\n");
12:        allSb.append(s4.getTaxInfo()+"\n");
13:        System.out.print(allSb);
14:    }
15: }
16: class Person {
17:    String name;
18:    int gross;
19:    double tax;
20:    double net;
21:    Person(String n, int gr) {
22:        name = n;
23:        gross = gr;
24:        tax = calculateTax(gr);
25:        net = gross - tax;
26:    }
27:    double calculateTax(int gr) {
28:        double t = 0;
29:        if ( gr <= 2000 ) {
30:            t = gr * 0.1;
31:        } else if ( gr <= 5000 ) {
32:            t = ( gr - 2000 ) * 0.2 + 2000 * 0.1;
33:        } else if ( gr < 10000 ) {
34:            t = ( gr - 5000 ) * 0.3 + 2000 * 0.1 + ( 5000 - 2000 ) * 0.2;
35:        } else {
36:            t = ( gr - 10000 ) * 0.4 + 2000 * 0.1 + ( 5000 - 2000 ) * 0.2
+ ( 10000 - 5000 ) * 0.3;
37:        }
38:        return t;
39:    }
40:    String getTaxInfo() {
41:        String grossStr = ""+gross;
42:        String taxStr = ""+tax;
43:        String netStr = ""+net;
44:        //                                         1         2         3
4         5         6
45:        //                         123456789012345678
90123456789012345678901234567890
46:    StringBuffer sb = new StringBuffer("                          ");
47:        sb.replace(0,name.length(), name);
48:        sb.replace(20-grossStr.length(), 20, grossStr);
49:        sb.replace(35-taxStr.length(), 35, taxStr);
50:        sb.replace(50-netStr.length(), 50, netStr);
51:        return sb.toString();
52:    }
53: }
```

```
D:\IntaeJava>java Ex01001B
Name            Gross           Tax             Net
Intae           12428           3271.2          9156.8
Bill            2342            268.4           2073.6
Tom             5436            930.8           4505.2
Jackson         934             93.4            840.6

D:\IntaeJava>
```

프로그램 설명

▶ 7번째 줄:모든 문자열을 하나의 문자열로 합치기 위해 StringBuffer object sb 를 생성합니다.

▶ 8번째 줄:data의 heading(머리부분)을 줄바꿈 문자 "\n"와 함께 sb에 추가합 니다.

▶ 9부터12번째 줄:각 개인별 data를 getTextInfo() method를 호출하여 알아낸 후 줄바꿈 문자 "\n"와 함께 sb에 추가합니다.

예제 | Ex01001C

아래 프로그램은 StringBuffer의 replace() method를 사용할 때 주의 사항입니다. StringBuffer object의 길이가 replace()로 대체하고자 하는 부분의 시작 index보 다는 같거나 커야 하며 만약 작을 경우에는 아래와 같은 run time error가 발생합 니다. Error 메세지를 눈여겨 보고 있다가, 혹 발생할지 모를 에러에 대처할 준비 를 하세요.

```
 1: class Ex01001C {
 2:    public static void main(String[] args) {
 3:        StringBuffer sb1 = new StringBuffer("12345");
 4:        sb1.replace(5,8,"ABC");
 5:        System.out.println(sb1);
 6:
 7:        StringBuffer sb2 = new StringBuffer("12345");
 8:        sb2.replace(6,7,"A");
 9:        System.out.println(sb2);
10:    }
11: }
```

```
D:\IntaeJava>java Ex01001C
12345ABC
Exception in thread "main" java.lang.StringIndexOutOfBoundsException: start > le
ngth()
        at java.lang.AbstractStringBuilder.replace(Unknown Source)
        at java.lang.StringBuffer.replace(Unknown Source)
        at Ex01001C.main(Ex01001C.java:8)

D:\IntaeJava>
```

프로그램 설명

▶ 4번째 줄:StringBuffer object sb1은 5문자가 들어가 있습니다. 그러므로 index

5부터 시작하는 것은 현재 문자의 제일 뒤에 추가하는 의미로 사용 가능합니다. 즉 sb1의 문자열의 길이는 시작 index보다 같거나 크므로 사용 가능합니다.

▶ 5번째 줄:StringBuffer object sb2은 5문자가 들어가 있습니다. 그러므로 index 5부터 시작하는 것은 문제가 없으나 index 6부터는 사용할 수 없습니다. 즉 sb2 의 문자열의 길이는 시작 index보다 작기 때문에 사용 할 수 없으므로 run time 시 에러가 발생한 것입니다.

10.1.2 StringBuilder class

StringBuilder class는 StringBuffer class와 동일한 class입니다. 단지 차이점은 하나의 object를 두 개 이상의 프로그램(정확히는 process, 또는 thread라고 함)이 동시에 추가, 수정, 삭제를 할 경우 혼선이 발생하지 않도록 한 class가 StringBuffer 이고, 혼선이 생길 수 있는 class가 StringBuilder입니다. 여러 사람이 동시에 같 은 프로그램을 사용하는 대형 프로그램이라 하더라도 같은 object를 동시에 사용 하는 경우는 흔한 경우는 아닙니다. 그러면 무조건 StringBuilder class보다는 StringBuffer class를 사용하면 될 것 같은데, StringBuilder class를 만든 이유가 있습니다. StringBuilder는 다른 process나 thread를 고려하지 않고 수행되기 때문 에 StringBuffer class보다 속도가 조금 빠릅니다.

따라서 서로 장단점이 있으니 프로그램 개발 시 상황에 맞게 장점을 살릴 수 있는 class를 선택해서 사용하기 바랍니다.

• 동기화(Synchronization):하나의 object를 두 개 이상의 프로그램(정확히는 process, 또는 thread라고 함)이 동시에 추가, 수정, 삭제를 할 경우 혼선이 발생하지 않도록 한 기능을 동기화(Synchronization)했다라고 합니다.

예제 | Ex01002

아래 프로그램은 Ex01001 프로그램의 SringBuffer class를 StringBuilder class 로 바꾸어 만든 프로그램입니다. Ex01001 프로그램과 정확히 생성자, method도 동 일하고 프로그램 수행 후 결과도 동일하게 나오는 것을 알 수 있습니다.

```
1: class Ex01002 {
2:    public static void main(String[] args) {
3:        StringBuilder sb1 = new StringBuilder();
4:        sb1.append("12");
5:        sb1.append("ABC");
6:        sb1.append("abcd");
7:        System.out.println("after append  sb1="+sb1+", length="+sb1.length());
8:        sb1.insert(2,"34");
```

```
 9:          System.out.println("after insert    sb1="+sb1+", length="+sb1.
length());
10:       sb1.replace(4,7,"567");
11:          System.out.println("after replace sb1="+sb1+", length="+sb1.
length());
12:       System.out.println();
13:
14:       StringBuilder sb2 = new StringBuilder("1234567890");
15:          System.out.println("new object     sb2="+sb2+", length="+sb2.
length());
16:       sb2.replace(3,3,"ABC");
17:          System.out.println("after replace sb2="+sb2+", length="+sb2.
length());
18:       sb2.delete(6,9);
19:          System.out.println("after delete    sb2="+sb2+", length="+sb2.
length());
20:     }
21: }
```

```
D:\IntaeJava>java Ex01002
after append   sb1=12ABCabcd, length=9
after insert   sb1=1234ABCabcd, length=11
after replace sb1=1234567abcd, length=11

new object     sb2=1234567890, length=10
after replace sb2=123ABC4567890, length=13
after delete    sb2=123ABC7890, length=10

D:\IntaeJava>
```

10.2 Wrapper class

영어의 wrap이라는 단어는 한국말로 "감싸다", "포장하다"라는 뜻이 있습니다. 자바가 OOP(Object Oriented Programming)언어다 보니, primitive type data도 object로 취급해야 하는 경우가 발생합니다. 이때 primitive type data를 object로 만들기 위해 포장을 한다는 의미로 wrapper class라고 부르는 것입니다. 따라서 Wrapper class라는 것은 Interger, Short, Byte, Long, Float, Double, Boolean class를 의미합니다.

10.2.1 Integer class

Integer class는 int 값을 object로 만들기 위해 만든 class입니다. 즉 9.3절 'Vector class'에서와 같이 collection class에서는 원소를 object로 받아들이기 때문에 Integer object로 만들어 주어야 collect object에 원소로서 추가할 수 있습니다. Collection에 대해서는 chapter 22 'Collection'에서 설명합니다.

예제 | Ex01011

아래 프로그램은 int type primitive data를 Integer object로 변환하는 것을 보여주는 프로그램입니다.

```
 1: import java.util.*;
 2: class Ex01011 {
 3:    public static void main(String[] args) {
 4:       Vector vData = new Vector();
 5:       Integer i1 = new Integer(5);
 6:       Integer i2 = new Integer(7);
 7:       vData.add(i1);
 8:       vData.add(i2);
 9:       vData.add(4);
10:       vData.add(5);
11:       int tot = 0;
12:       for ( int i=0; i < vData.size() ; i++ ) {
13:          //tot = tot + vData.elementAt(i);
14:          Integer intObj = (Integer)vData.elementAt(i);
15:          int intData = intObj.intValue();
16:          if ( i < vData.size() - 1 ) {
17:             System.out.print(intData + " + ");
18:          } else {
19:             System.out.print(intData + " = ");
20:          }
21:          tot = tot + intData;
22:       }
23:       System.out.println(tot);
24:    }
25: }
```

위 프로그램을 compile하면 아래와 같이 주의 사항 메세지가 나오면서 compile은 이상없이 수행됩니다. 주의 사항 메세지는 Generic 프로그래밍 관련 사항으로 아직 설명하지 않았으므로 무시합니다.

```
D:\IntaeJava>javac Ex01011.java
Note: Ex01011.java uses unchecked or unsafe operations.
Note: Recompile with -Xlint:unchecked for details.

D:\IntaeJava>
```

```
D:\IntaeJava>java Ex01011
5 + 7 + 4 + 5 = 21

D:\IntaeJava>
```

프로그램 설명

▶ 5,6번째 줄:Integer object를 생성합니다. 이때 int type으로 Integer object를 만들고 있으므로 생성자에 int 값을 넘겨주어야 합니다.

▶ 7,8번째 줄:collection class중의 하나인 Vector object에 Integer object를 원소로서 추가합니다.

▶ 9,10번째 줄:Vector object가 primitive type int를 object로 받아들이는 것이 아니라 int type을 그대로 받아들이고 있습니다. 하지만 Vector object는 Object type만 받아들여야 하기 때문에 int type을 추가하면 내부적으로 object로 wrapping을 하고 Integer object로 만들고나서 Vector object의 원소로 저장합니다.

▶ 13번째 줄: Vector object에서 꺼낸 원소는 object type이기 때문에 int type인 tot 와 바로 덧셈 연산을 할 수 없습니다. 만약 // comment를 지우고 compile 하면 compile error가 발생합니다.

▶ 14번째 줄:vData.elementAt(i)의 원소를 Integer로 casting하여 Integer object변수 intObj에 저장합니다. Primitive type casting에 대해서는 2.10절에서 설명했습니다. Object type casting에 대해서는 11.3절 'Cast연산자와 형 변환'에서 설명합니다. (Integer)라는 명령은 object를 casting하라는 명령으로 data는 변하지 않고 data형만 변경됩니다. 현재로서는 아직 설명한 사항이 아니므로 Vector object에서 원소 object를 꺼낼 때는 원소 object의 class로 무조건 Casting 해야 한다라고 기억하세요.

▶ 15번째 줄:intObj.intValue()는 Integer object 기억장소인 intObj에 저장된 primitive type int 값을 return해줍니다. 그러므로 intObj에 저장된 int 값을 tot에 누적하는 프로그램이 되는 것입니다.

다음은 Interger class의 여러 method 중 사용빈도가 많은 parseInt() method에 대해서 추가로 소개합니다. int 상수 123과 String "123"은 서로 다른 data 값을 가지고 있습니다. 컴퓨터 memory 내에 bit로 표현되는 상태도 다릅니다. int 상수 123은 사칙 계산을 할 수 있지만 String "123"은 사칙계산을 바로 할 수 있는 상수가 아닙니다. 그러므로 String 상수를 숫자 상수로 변환해주는 기능이 필요한데, Integer.parseInt() method를 사용하면 쉽게 변환해줍니다.

그러면 숫자 상수를 String 상수로 변환하는 것은 어떻게 할까요? 숫자 상수를 문자상수로 변환하는 것은 특별한 class를 사용하지 않아도 됩니다. 즉 123을 문자 "123"으로 변환하기 위해서는 ""+123이라고 하면 문자 "123"으로 바뀝니다. 여기에서 ""는 문자의 길이를 차지하고 있지 않은 String으로 빈 문자열을 나타냅니다.

예제 Ex01011A

아래 프로그램은 String 상수를 int 상수로 변환하는 프로그램을 보여주고 있습니다.

```
1: class Ex01011A {
2:    public static void main(String[] args) {
3:        String s1 = "123";
4:        String s2 = "456";
5:        String s3 = s1 + s2;
6:        int i1 = Integer.parseInt(s1);
7:        int i2 = Integer.parseInt(s2);
8:        int i3 = i1 + i2;
9:        System.out.println("String s1 = " + s1 + ", s2 = " + s2 + ", s3
= " + s3);
10:        System.out.println("int    i1 = " + i1 + ", i2 = " + i2 + ", i3
= " + i3);
11:    }
12: }
```

```
D:\IntaeJava>java Ex01011A
String s1 = 123, s2 = 456, s3 = 123456
int    i1 = 123, i2 = 456, i3 = 579

D:\IntaeJava>
```

프로그램 설명

▶ 5번째 줄:String s1와 String s2를 "+" 부호로 연산하면 두 개의 String을 서로 결합시켜줍니다. 그러므로 s3는 "123456"이 출력되고 있음을 알 수 있습니다.

▶ 6번째 줄:String "123"을 숫자 상수 123으로 변환한 후 int 기억장소 i1에 저장합니다.

▶ 7번째 줄:String "456"을 숫자 상수 456으로 변환한 후 int 기억장소 i2에 저장합니다.

▶ 8번째 줄:숫자 기억장소 i1와 숫자 기억장소 i2의 값을 더하여 i3에 저장한다. 즉 123 + 456 = 579이 i3 기억장소에 저장됩니다.

▶ 9번째 줄:System.out.print()의 괄호 속에 있는 모든 String 상수들이 서로 결합하여 하나의 String으로 출력합니다.

▶ 10번째 줄: String 상수와 int 상수들이 결합하면 int 상수는 자동으로 String 상수로 변환되고 결합되어 하나의 String으로 출력됩니다.

문제 | Ex01011B

입력된 모든 숫자(숫자 개수는 제한 없음)를 덧셈하여 아래와 같이 출력하는 프로그램을 작성하세요.

힌트 사항

• 9.3.3절 'main(String[] args) method'를 참조하세요.

• 입력되는 숫자는 String이므로 Integer.parseInt() method를 사용하세요.

- 숫자의 개수가 제한이 없으므로 for loop문을 사용하세요.

```
D:\IntaeJava>java Ex01011B 11 12
11 + 12 = 23

D:\IntaeJava>
```

```
D:\IntaeJava>java Ex01011B 21 31 5
21 + 31 + 5 = 57

D:\IntaeJava>
```

```
D:\IntaeJava>java Ex01011B
No data inputted.

D:\IntaeJava>
```

```
D:\IntaeJava>java Ex01011B 21
Please input more than one integer data.

D:\IntaeJava>
```

10.2.2 Double class

Double class는 소숫점이 있는 수를 object로 만들기 위해 만든 class입니다. 앞 절에서 설명한 Integer class와 같이 collection class 중의 하나인 Vector class에서는 원소로 object만 받아들이기 때문에 double type data를 Double object로 만들 필요가 있습니다.

예제 | Ex01012

아래 프로그램은 double type primitive data를 Double object로 변환하는 것을 보여주는 프로그램입니다.

```
 1: import java.util.*;
 2: class Ex01012 {
 3:    public static void main(String[] args) {
 4:       Vector vData = new Vector();
 5:       Double d1 = new Double(5.1);
 6:       Double d2 = new Double(7.3);
 7:       vData.add(d1);
 8:       vData.add(d2);
 9:       vData.add(4.2);
10:       vData.add(5.4);
11:       double tot = 0;
12:       for ( int i=0; i < vData.size() ; i++ ) {
13:          //tot = tot + vData.elementAt(i);
14:          Double doubleObj = (Double)vData.elementAt(i);
15:          double doubleData = doubleObj.doubleValue();
16:          if ( i < vData.size() - 1 ) {
17:             System.out.print(doubleData + " + ");
18:          } else {
19:             System.out.print(doubleData + " = ");
```

```
20:          }
21:          tot = tot + doubleData;
22:      }
23:      System.out.println(tot);
24:   }
25: }
```

위 프로그램을 compile하면 아래와 같이 주의 사항 메세지가 나오면서 compile은 이상없이 수행됩니다. 주의 사항 메세지는 Generic 프로그래밍 관련 사항으로 아직 설명하지 않았으므로 무시합니다.

```
D:\IntaeJava>javac Ex01012.java
Note: Ex01012.java uses unchecked or unsafe operations.
Note: Recompile with -Xlint:unchecked for details.

D:\IntaeJava>
```

```
D:\IntaeJava>java Ex01012
5.1 + 7.3 + 4.2 + 5.4 = 22.0

D:\IntaeJava>
```

프로그램 설명

▶ 5,6번째 줄:Double object를 생성합니다. 이때 primitive double type으로 Double object를 만들고 있으므로 생성자에 double 값을 넘겨주어야 합니다.

▶ 7,8번째 줄:collection class 중의 하나인 Vector object에 Double object를 원소로서 추가합니다.

▶ 9,10번째 줄:Vector object가 primitive type double를 object로 받아들이는 것이 아니라 double type을 그대로 받아들이고 있습니다. 하지만 Vector object는 Object type만 받아들여야 하기 때문에 double type을 추가하면 내부적으로 object로 wrapping을 해서 Double object로 만들고나서 Vector object의 원소로 저장합니다.

▶ 13번째 줄: Vector object에서 꺼낸 원소는 object type이기 때문에 double type인 tot 와 바로 덧셈 연산을 할 수 없습니다. 만약 // comment를 지우고 compile 하면 compile error가 발생합니다.

▶ 14번째 줄:vData.elementAt(i)의 원소를 Double로 casting하여 Double object 변수 doubleObj에 저장합니다. Primitive type casting에 대해서는 2.10절에서 설명했습니다. Object type casting에 대해서는 11.3절 'Cast연산자와 형변환'에서 설명합니다. (Double)라는 명령은 object를 casting하라는 명령으로 data는 변하지 않고 data형만 변경됩니다. 현재로서는 아직 설명한 사항이 아니므로 Vector object에서 원소 object를 꺼낼 때는 원소 object의 class로 무조건 Casting 해야 한다라고 기억하세요.

▶ 15번째 줄:doubleObj.doubleValue()는 Double object 기억장소인 doubleObj 에 저장된 primitive type double 값을 return해줍니다. 그러므로 doubleObj에 저장된 double 값을 tot에 누적하는 프로그램이 되는 것입니다.

다음은 Double class 중 사용 빈도가 많은 parseDouble() method에 대해서 소개 합니다. 소수점이 있는 문자 상수 "123.1"를 사칙 연산할 수 있는 double 형으로 변 환해주는 기능은 Double.parseDouble() method를 사용하여 변환합니다.

문제 | Ex01012A

아래 프로그램은 소수점이 있는 String 상수를 double형 상수로 변환하는 프로그 램을 보여 주고 있습니다.

```
 1: class Ex01012A {
 2:    public static void main(String[] args) {
 3:        String s1 = "123.1";
 4:        String s2 = "456.2";
 5:        String s3 = s1 + s2;
 6:        double d1 = Double.parseDouble(s1);
 7:        double d2 = Double.parseDouble(s2);
 8:        double d3 = d1 + d2;
 9:        System.out.println("String s1 = " + s1 + ", s2 = " + s2 + ", s3
= " + s3);
10:        System.out.println("double d1 = " + d1 + ", d2 = " + d2 + ", d3
= " + d3);
11:    }
12: }
```

```
D:\IntaeJava>java Ex01012A
String s1 = 123.1, s2 = 456.2, s3 = 123.1456.2
double d1 = 123.1, d2 = 456.2, d3 = 579.3

D:\IntaeJava>
```

문제 | Ex01013B

3개의 입력된 data 중 가운데 입력된 data는 +,−,x,/ 중 하나이며, 입력된 두 숫 자를 가운데 있는 부호에 따라 사칙 연산하여 아래와 같이 출력하는 프로그램을 작 성하세요.

주의 사항 |
• 곱셈 기호 "*"는 특수 용도로 사용하는 기호이므로 "*"대신 "x"를 사용하세요.
• String 의 내용이 같은지를 check하는 method는 equals() method을 사용합니다. 두 String을 "=="로 비 교하는 것은 두 String이 같은 object인지를 비교하는 것입니다.(6.1절 '문자열' 참조)

```
D:\IntaeJava>java Ex01012B 5.2 + 2.3
5.2 + 2.3 = 7.5

D:\IntaeJava>
```

```
D:\IntaeJava>java Ex01012B 5.1 x 2.2
5.1 x 2.2 = 11.22

D:\IntaeJava>
```

```
D:\IntaeJava>java Ex01012B
Please input 3 data just like the below example.
java Ex01012A 5.1 + 7.2

D:\IntaeJava>
```

10.3 Math class

Math class는 수학 계산에도 많이 사용되지만 일반 업무에도 사용되는 method가 많습니다.

10.3.1 Math.abs() method

Math.abs() method는 수학의 절댓값을 계산해 주는 method입니다. 수학에서 절댓값이란 0에서 얼마나 멀리 있는 수인지를 나타내는것으로 1의 절댓값은 1이고, −1의 절댓값은 1입니다. 즉 −1은 0에서 1만큼 떨어져 있는 값으로 +(양)쪽으로 떨어져있든 ,−(음)쪽으로 떨어져 있든 상관하지 않는 값이 됩니다.

Math.abs() method에서 알고 있어야 할 것은 method의 parameter의 data type에따라 return되는 data 값도 동일한 data type이 return됩니다. 즉 float data을 parameter로 주면 절댓값으로 float data가 return됩니다.

예제 | Ex01021

```
 1: class Ex01021 {
 2:     public static void main(String[] args) {
 3:         int iPos = 1, iNeg = -1;
 4:         long lPos = 2, lNeg = -2;
 5:         float fPos = 1.1f, fNeg = -1.1f;
 6:         double dPos = 1.2, dNeg = -1.2;
 7:         int iPosAbs = Math.abs(iPos);
 8:         int iNegAbs = Math.abs(iNeg);
 9:         long lPosAbs = Math.abs(lPos);
10:         long lNegAbs = Math.abs(lNeg);
11:         float fPosAbs = Math.abs(fPos);
12:         float fNegAbs = Math.abs(fNeg);
13:         double dPosAbs = Math.abs(dPos);
14:         double dNegAbs = Math.abs(dNeg);
15:         System.out.println("int  iPos = " + iPos+", iPosAbs="+iPosAbs+",
iNeg="+iNeg+", iNegAbs="+iNegAbs );
16:         System.out.println("long lPos = " + lPos+", lPosAbs="+lPosAbs+",
```

```
lNeg="+lNeg+", lNegAbs="+lNegAbs );
17:         System.out.println("float  fPos = " + fPos+", fPosAbs="+fPosAbs+",
fNeg="+fNeg+", fNegAbs="+fNegAbs );
18:         System.out.println("double dPos = " + dPos+", dPosAbs="+dPosAbs+",
dNeg="+dNeg+", dNegAbs="+dNegAbs );
19:     }
20: }
```

```
D:\IntaeJava>java Ex01021
int  iPos = 1, iPosAbs=1,     iNeg=-1, iNegAbs=1
long lPos = 2, lPosAbs=2,     lNeg=-2, lNegAbs=2
float  fPos = 1.1, fPosAbs=1.1,     fNeg=-1.1, fNegAbs=1.1
double dPos = 1.2, dPosAbs=1.2,     dNeg=-1.2, dNegAbs=1.2

D:\IntaeJava>
```

프로그램 설명

▶ 7,8번째 줄:int 값을 첨자로 입력하면 절댓값으로 int 값이 return됩니다.

▶ 9,10번째 줄:long 값을 첨자로 입력하면 절댓값으로 long 값이 return됩니다.

▶ 11,12번째 줄:float 값을 첨자로 입력하면 절댓값으로 float 값이 return됩니다.

▶ 13,14번째 줄:double 값을 첨자로 입력하면 절댓값으로 double 값이 return됩니다.

10.3.2 Math.sqrt() method

Math.sqrt() method는 수학에서 square root 값을 계산해주는 method입니다. Square root는 a라는 값이 제곱되어 b가 된다면, 즉 $a2 = b$라면, b의 square root 값은 a가 되고 기호로는 $a = \sqrt{b}$ 가 됩니다. 쉬운 예로 4의 squre root 값은 2가 되고, 9의 squre root 값은 3이 됩니다. 4나 9와 같이 쉽게 알 수 있는 square root값도 있지만 2의 square root 값 1.4142135……과 같이 소수점 이하로 무수히 숫자가 불규칙하게 반복하는 수(수학용어로 '무리수'라고 부릅니다)도 있습니다. 어떤 수의 squart root 값은 Math.sqrt() method로 사용하여 구하면 Math.sqrt()의 return 값이 수학적인 무리수를 무한히 반복할 수 없으므로 double로 표현할 수 있는 무리수에 근접한 수를 return해줍니다.

예제 | Ex01022

```
1: class Ex01022 {
2:     public static void main(String[] args) {
3:         double d1 = 2.0;
```

```
4:          double d2 = 3.0;
5:          double d3 = 4.0;
6:          double d1sqrt = Math.sqrt(d1);
7:          double d2sqrt = Math.sqrt(d2);
8:          double d3sqrt = Math.sqrt(d3);
9:          System.out.println("d1 = " + d1+", d1sqrt="+d1sqrt );
10:         System.out.println("d2 = " + d2+", d2sqrt="+d2sqrt );
11:         System.out.println("d3 = " + d3+", d3sqrt="+d3sqrt );
12:         int i4 = 5;
13:         double d4sqrt = Math.sqrt(i4);
14:         System.out.println("i4 = " + i4+", d4sqrt="+d4sqrt );
15:     }
16: }
```

```
D:\IntaeJava>java Ex01022
d1 = 2.0, d1sqrt=1.4142135623730951
d2 = 3.0, d2sqrt=1.7320508075688772
d3 = 4.0, d3sqrt=2.0
i4 = 5, d4sqrt=2.23606797749979

D:\IntaeJava>
```

프로그램 설명

▶ 6,7,8번째 줄:double형 수를 double형 square root 값으로 변환합니다. Square root의 결과 값은 언제나 double형입니다.

▶ 13번째 줄:int형 수를 double형 square root 값으로 변환합니다. Square root 값을 구하기 위해 전달되는 data형은 int, float, double 될 수 있지만, 결과 값은 언제나 double형입니다.

문제 | Ex01022A

x축과 y축 좌표계에서 두 점 p1(2.0,1.0)과 p2(3.0, −1.0)간의 거리를 계산하는 프로그램을 작성하세요.

두 점의 거리를 계산하는 방법은 두 점간의 x거리와 y거리를 각각 제곱해서 더한 후 제곱근을 구하면 됩니다. 공식으로 표시하면 거리 diatance = sqrt((px2 − px1) * (px2 − px1) + (py2 − py1) * (py2 − py1)) 입니다.

```
D:\IntaeJava>javac Ex01022A.java

D:\IntaeJava>java Ex01022A
distance between p1(2.0, 1.0) and p2(3.0, -1.0) = 2.23606797749979

D:\IntaeJava>
```

10.3.3 Math.sin(), Math.cos(), Math.Tan() method

삼각함수에 사용되는 sin, cos, tan 함수에 대해 Java에서는 Math class의 Method로 정의되어 있습니다. sin, cos, tan method의 전달인수로 radian 각도를 전달합

니다. 그러므로 일반적으로 사용하는 각도에 Math.PI / 180을 곱해줘야 radian각
도로 환산이 됩니다. 여기에서 Math.PI는 3.1415926535…..로 되는 상수 값입니다. Math.PI에 대한 자세한 사항은 뒤(14.1절 final variable)에서 다시 설명합니다.

예제 | Ex01023

```
1: class Ex01023 {
2:    public static void main(String[] args) {
3:        double d1sin = Math.sin(30.0 * Math.PI / 180);
4:        double d2cos = Math.cos(60.0 * Math.PI / 180);
5:        double d3tan = Math.tan(45.0 * Math.PI / 180);
6:        System.out.println("sin value of 30 deg = " + d1sin );
7:        System.out.println("cos value of 60 deg = " + d2cos );
8:        System.out.println("tan value of 45 deg = " + d3tan );
9:    }
10: }
```

```
D:\IntaeJava>java Ex01023
sin value of 30 deg = 0.49999999999999994
cos value of 60 deg = 0.5000000000000001
tan value of 45 deg = 0.9999999999999999

D:\IntaeJava>
```

프로그램 설명

▶ 3,4,5번째 줄:30도 sin 값, 60도 cos 값, 45도 tan 값을 radian으로 각도를 환
산한 후 계산합니다.

▶ 6,7,8번째 줄:sin30은 정확히 0.5이고, cos60도 0.5이고, tan45는 1.0입니다.
컴퓨터에서 계산은 무한소수를 기억하지 못하는 이유로 약간의 오차가 발생하고
있음을 알고 있어야 합니다. 이 오차는 일반적인 수학 계산에서는 무시할 수 있는
숫자이지만, 특수한 경우보다 정밀한 계산을 요하는 경우에는 오차를 최소화 할
수 있는 별도의 프로그램을 만들어야 합니다.

10.3.4 Math.random() method

우리는 어떤 순서를 정할 때, 혹은 제비뽑기를 하여 선물을 나누어줄 때, 균등한 확
률로 공정하게 순서도 정하고, 제비뽑기도 하여 선물을 나누어 주는 경우가 있는데,
자바에서는 이와 같은 일을 하기 위해서 Math.random() method를 사용하면 됩니
다. Math.random() method를 보면, 0부터 1사이의 double형 임의의 숫자를 만
들어 return해줍니다.

예제 | Ex01024

```
 1: class Ex01024 {
 2:    public static void main(String[] args) {
 3:        double d1 = Math.random();
 4:        System.out.println("double d1 = " + d1 );
 5:        d1 = Math.random();
 6:        System.out.println("double d1 = " + d1 );
 7:        d1 = Math.random();
 8:        System.out.println("double d1 = " + d1 );
 9:    }
10: }
```

```
D:\IntaeJava>java Ex01024
double d1 = 0.5059069378291117
double d1 = 0.12700376088352516
double d1 = 0.47302921268552567

D:\IntaeJava>java Ex01024
double d1 = 0.5713904981129864
double d1 = 0.3311318798377637
double d1 = 0.23234762535752007

D:\IntaeJava>
```

프로그램 설명

▶ 3,5,7번째 줄:Math.random() method를 수행하여 0부터 1사이의 임의 double 형 수를 전달받습니다.

▶ 4,6,8번째 줄:위 출력 예처럼 같은 프로그램 내에서 3번 동일한 Math.random() 을 호출할 때마다 임의의 수를 전달받고, 동일한 프로그램을 2번 반복 실행시켜 도 실행시킬 때마다 출력되는 값은 서로 다름을 알 수 있습니다.

문제 | Ex01024A

0부터 9까지의 숫자 중 하나를 DOS의 command line에서 Java 프로그램을 수행 할 때, 입력한 컴퓨터의 랜덤 숫자를 0부터 9까지 나오도록 한 후 입력된 숫자와 비 교해서 아래와 같이 출력되도록 프로그램을 작성하세요.

● 0부터 9까지의 숫자 중 하나도 입력하지 않은 경우

```
D:\IntaeJava>java Ex01024A
Please input one number from 0 to 9 just like the below example.
>java Ex01024A 7

D:\IntaeJava>
```

● 입력된 숫자가 컴퓨터가 임의로 생성한 숫자보다 작을 경우

```
D:\IntaeJava>java Ex01024A 6
Your number is lower than computer random number.
Your number=6, computer number=7, computer original number=0.7573647932441605

D:\IntaeJava>
```

● 입력된 숫자가 컴퓨터가 임의로 생성한 숫자보다 클 경우

```
D:\IntaeJava>java Ex01024A 6
Your number is higher than computer random number.
Your number=6, computer number=0, computer original number=0.08911121183864679

D:\IntaeJava>
```

● 입력된 숫자와 컴퓨터가 임의로 생성한 숫자와 같을 경우

```
D:\IntaeJava>java Ex01024A 6
Your number is the same as computer random number.
Your number=6, computer number=6, computer original number=0.632283396648852

D:\IntaeJava>
```

10.4 Random class

임의의 수를 만들어 내는 Java의 method는 Math.random() method 이외에 전문적으로 임의의 수를 만들어 내는 Random이라는 class가 별도로 있습니다. Math.random() method는 0과 1사이의 double형 임의의 수만을 만들어내지만, Random class에는 0과 1사이의 double형 임의의 수를 만들어 내는 method도 있고, 또 0과1사이의 float형 임의의 수를 만들어내는 method도 있고, 임의의 int수를 만들어내는 method도 있고, 임의의 long수도 만들어 내는 method도 있습니다. 임의의 수를 만들어 내는 method도 있고, 0과 1사이의 float형 임의의 수를 만들어내는 method, 임의의 int수, 임의의 long수도 만들어 냅니다. 물론 Math. random() method로 임의의 double형 수를 만들어낸 후 float형, int형, long형으로 변환해도 같은 효과가 있지만 Random class를 사용하면 변환하는 프로그램을 안 만들어도 되기 때문에 조금 편리 합니다.

우선 Random class를 사용하기 위해서는 import 라는 key word를 알아야 합니다. 왜냐하면 Random class는 현재까지 사용한 다른 class와 java software내에 저장되어 있는 위치가 다르기 때문입니다.

현재까지 배운 java에서 제공해주는 classs는 String class, Integer class, Double class, Math class입니다. 자바에는 이것 이외에도 편리한 많은 class를 제공해주고 있는데, 각각의 class들은 비슷한 역할을 하는 class들끼리 group으로 같은 folder 안에 저장되어 있습니다. String, Integer, Double, Math class는 "java.lang" 이라는 folder에 저장되어 있고, Random class는 "java.util"이라는 folder에 저장되어 있습니다. "java.lang" folder에 있는 class들은 거의 모든 프로그램에서 유용하게 사용되고 있어서 java에서 자동으로 import를 시키기 때문에 매 프로그램에 import를 시킬 필요가 없습니다. 하지만 다른 folder에 있는 class는 사용하기전

반드시 import를 해야 compile error가 나지 않습니다. 자세한 사항은 13.2절에서 Package라는 개념을 배우면 알 수 있습니다.

또한 Random class에서 Math.random()과 동일한 역할을 하는 nextDouble() method는 static method가 아니기 때문에 Random.nextDouble()라고 할 수 없습니다. 그러므로 반드시 Random object를 생성한 후 그 object의 nextDouble() method를 수행하여 0부터 1사이의 임의의 수를 전달 받습니다.

예제 | Ex01031

아래 프로그램은 어떻게 Random class를 import시키고, Random object에서 어떻게 임의의 숫자를 전달받는지를 나타내고 있습니다.

```
1: import java.util.Random;
2: class Ex01031 {
3:    public static void main(String[] args) {
4:        Random random = new Random();
5:        double d1 = random.nextDouble();
6:        System.out.println("double d1 = " + d1 );
7:    }
8: }
```

```
D:\IntaeJava>java Ex01031
double d1 = 0.290053784653722

D:\IntaeJava>java Ex01031
double d1 = 0.3393791343890211

D:\IntaeJava>java Ex01031
double d1 = 0.546646267342191

D:\IntaeJava>
```

프로그램 설명

▶ 1번째 줄 : Random class는 import문을 안 해도 되는 "java.lang" folder에 있는 것이 아니라 "java.util" folder에 있으므로 Random class를 사용하기 전에 반드시 import를 해야 합니다.

▶ 4번째 줄 : Random object를 만들고 그 주소를 random에 저장합니다.

▶ 5번째 줄 : Random object의 nextDouble() method를 수행하여 0부터 1사이의 임의수를 전달받습니다.

▶ 6번째 줄 : 위 출력의 예처럼 동일한 프로그램을 3번 반복 실행시키면 실행시킬 때마다 출력되는 값이 임의의 숫자이므로 서로 다름을 알 수 있습니다.

예제 | Ex01032

다음은 nextInt() method에 대해 알아봅시다. nextInt() method는 int형으로 나

올 수 있는 임의의 수를 만들어 내므로 음수, 0, 양수 모두 만들어냅니다.

```
1: import java.util.Random;
2: class Ex01032 {
3:    public static void main(String[] args) {
4:       Random random = new Random();
5:       int i1 = random.nextInt();
6:       System.out.println("int i1 = " + i1 );
7:    }
8: }
```

```
D:\IntaeJava>java Ex01032
int i1 = -1889141452

D:\IntaeJava>java Ex01032
int i1 = 124535858

D:\IntaeJava>java Ex01032
int i1 = -1089014990

D:\IntaeJava>
```

프로그램 설명

▶ nextInt() method 사용 방법은 nextDouble() method와 동일하나 만들어 내는 임의의 숫자가 음수를 포함한 int 숫자라는 것만 다릅니다.

예제 | Ex01033

다음은 nextInt(int n) method에 대해 알아보겠습니다. nextInt(int n) method는 임의의 int 숫자를 만들어내는 것은 nextInt() method와 동일하나, 임의의 int 숫자는 0부터 n사이의 임의의 숫자를 만들어 냅니다. 0은 임의의 수에 포함되지만 n은 임의의 수에 포함되지 않습니다.

```
1: import java.util.Random;
2: class Ex01033 {
3:    public static void main(String[] args) {
4:       Random random = new Random();
5:       int i1 = random.nextInt(10);
6:       System.out.println("int i1 = " + i1 );
7:    }
8: }
```

```
D:\IntaeJava>java Ex01033
int i1 = 1

D:\IntaeJava>java Ex01033
int i1 = 5

D:\IntaeJava>java Ex01033
int i1 = 8

D:\IntaeJava>
```

프로그램 설명

5번째 줄:random.nextInt(10)은 0부터 9까지의 숫자를 만들어 냅니다.

예제 | Ex01033A

다음 프로그램은 지금까지 배운 Car class, for문, 배열, Random class를 활용하여 자동차 5대를 생산하는 프로그램입니다.

Car class는 자동차 번호(licenseNo)와 차량 색깔(color)의 attribute를 가지고 있습니다. 고객의 주문에 따라, red, yellow, green, blue, white, black, pink의 자동차를 생산합니다. 고객의 주문 색깔은 Random class의 nextInt(int n) method를 사용하여 0부터 6까지 int형 수가 나오도록 합니다. 그 후 0이면 red, 1이면 yellow, 2이면 green, 3이면 blue, 4이면 white, 5이면 black, 6이면 pink가 되도록하고 5개의 Car object는 모두 완성시킵니다. 각각의 Car object의 attribute를 showStatus() method를 사용하여 출력하는 프로그램을 작성하세요. 이해를 돕기위해 Car class의 attribute에 colorNo도 추가하여 출력하도록 했습니다.

```
 1: import java.util.Random;
 2: class Ex01033A {
 3:    public static void main(String[] args) {
 4:        Car[] car = new Car[5];
 5:        Random random = new Random();
 6:        for ( int i=0 ; i<5 ; i++ ) {
 7:            int n = random.nextInt(7);
 8:            String color;
 9:            switch (n) {
10:               case 0: color = "Red";
11:                       break;
12:               case 1: color = "Yellow";
13:                       break;
14:               case 2: color = "Green";
15:                       break;
16:               case 3: color = "Blue";
17:                       break;
18:               case 4: color = "White";
19:                       break;
20:               case 5: color = "Black";
21:                       break;
22:               case 6: color = "Pink";
23:                       break;
24:               default: color = "Error";
25:            }
26:            car[i] = new Car(2000+i,color, n);
27:        }
28:        for ( int i=0 ; i<5 ; i++ ) {
```

```
29:          car[i].showStatus();
30:       }
31:    }
32: }
33: class Car {
34:    int licenseNo;
35:    String color;
36:    int colorNo;
37:    Car(int no, String c, int n) {
38:       licenseNo = no;
39:       color = c;
40:       colorNo = n;
41:    }
42:    void showStatus() {
43:       System.out.println("licenseNo="+licenseNo+", color="+color+",
colorNo="+colorNo);
44:    }
45: }
```

첫 번째 수행 시 출력 상태(출력 내용은 매 수행 시마다 다르게 나옵니다.)

```
D:\IntaeJava>java Ex01033A
licenseNo=2000, color=Blue, colorNo=3
licenseNo=2001, color=Green, colorNo=2
licenseNo=2002, color=White, colorNo=4
licenseNo=2003, color=Black, colorNo=5
licenseNo=2004, color=Black, colorNo=5

D:\IntaeJava>
```

두 번째 수행 시 출력 상태(출력 내용은 매 수행 시마다 다르게 나옵니다.)

```
D:\IntaeJava>java Ex01033A
licenseNo=2000, color=Black, colorNo=5
licenseNo=2001, color=Pink, colorNo=6
licenseNo=2002, color=Yellow, colorNo=1
licenseNo=2003, color=Green, colorNo=2
licenseNo=2004, color=Black, colorNo=5

D:\IntaeJava>
```

프로그램 설명

▶ 4번째 줄:Car object의 주소를 5개 저장할 수 있는 배열 Object를 만들고 그 주
소를 car에 저장합니다. 주의 사항으로 아직 Car object는 만들지 않은 상태입
니다.

▶ 7번째 줄: 0부터 6까지의 임의의 수 n 즉 0,1,2,3,4,5,6중의 하나의 수를 만들어
낸후 그 값을 n에 저장합니다.

▶ 8번째 줄:색깔을 저장할 color 기억장소를 만듭니다. 8번째 줄이 완료되면 color
기억장소에는 초깃값이 저장되어 있지 않은 상태입니다.

▶ 9~25번째 줄:switch문을 사용하여 n 값에 따라 색깔을 color 기억장소에 저장

합니다. 24번째 줄의 default:color = "Error"은 절대 수행되지 않지만, 혹 프로그램 에러를 대비하여 나올 수 없는 결과 값도 위와 같이 프로그램에 삽입해주는 습관이 전문 프로그래머에게는 필요합니다.

▶ 26번째 줄:차량번호, color, n 값, 소숫점이 있는 임의의 수를 사용하여 Car object를 만들어 car배열의 i번째에 주소를 저장합니다. 여기서 i는 6번째 줄에서 정의한 for loop의 i첨자로 총 5개 만들어지는 순서의 i로 0부터 4까지의 숫자 중 하나가 될 것입니다.

▶ 28,29,30번째 줄:만들어진 5개의 Car object의 내용을 화면에 출력해주기 위해 showStatus() method를 호출하고 있습니다.

문제 | Ex01033B

다음 프로그램은 지금까지 배운 Student class, for문, 배열, Random class를 활용하여 학생 5명의 점수를 계산하는 프로그램으로 아래와 같이 출력되도록 프로그램을 작성하세요.

- 점수는 Random class을 사용하여 0부터 99까지 발생시키고, 50보다 작은 수가 나올경우 50을 더해주세요.
- Student class는 attribute로 학생번호(studentNo), 점수(score), grade를 attribute로 가지고 있습니다.
- 5명의 Student object가 모두 완성되고 난 후 각각의 Student object의 attribute를 showStatus() method를 사용하여 출력하세요.
- 출력 결과는 Random class를 사용하였으므로 수행 때 출력 결과는 달라질 수 있습니다.

```
D:\IntaeJava>java Ex01033B
StudentNo=1, score=99, grade=A
StudentNo=2, score=95, grade=A
StudentNo=3, score=55, grade=F
StudentNo=4, score=57, grade=F
StudentNo=5, score=78, grade=C

D:\IntaeJava>java Ex01033B
StudentNo=1, score=50, grade=F
StudentNo=2, score=68, grade=D
StudentNo=3, score=83, grade=B
StudentNo=4, score=69, grade=D
StudentNo=5, score=77, grade=C

D:\IntaeJava>
```

10.5 Calendar class와 GregorianCalendar class

프로그램을 개발하다보면 현재의 날짜와 시간을 알아야 하는 경우가 많이 생깁니다.

동일한 Report라 하더라도 data가 수정된 전후를 구별하기 위해서는 모든 Report에 Report가 만들어진 날짜와 시간을 함께 찍어주면 어느 것이 최신의 Report인지 알 수가 있습니다. 또 어떤 상품을 주문한 날짜와 납품된 날짜를 비교해서 평균 얼마의 기간이 소요되는지 계산하기 위해서는 날짜를 관리해주는 Calendar class와 GregorianCalendar class를 사용하면 아주 편리하게 계산해 낼 수 있습니다.

우선 Calendar class와 GregorianCalendar class는 Random class와 같은 java.util folder에 저장되어 있으므로 프로그램 작성 전에 두 class를 import해야 합니다. 또한 Integer class, Double class, Random class도 그랬듯이 Calendar class와 GregorianCalendar class도 java에서 만들어 놓은 사용법대로 사용해야 합니다. 아래 프로그램을 보면서 Calendar class와 GregorianCalendar class의 사용법을 하나하나 익혀 보기 바랍니다.

예제 | Ex01041

아래 프로그램은 현재의 날짜와 시간을 구하는 프로그램입니다.

```
 1: import java.util.Calendar;
 2: import java.util.GregorianCalendar;
 3: class Ex01041 {
 4:    public static void main(String[] args) {
 5:       GregorianCalendar rightNow = new GregorianCalendar();
 6:       int yy = rightNow.get(Calendar.YEAR);
 7:       int mm = rightNow.get(Calendar.MONTH)+1;
 8:       int dd = rightNow.get(Calendar.DATE);
 9:       int hh = rightNow.get(Calendar.HOUR_OF_DAY);
10:       int nn = rightNow.get(Calendar.MINUTE);
11:       int ss = rightNow.get(Calendar.SECOND);
12:       String currentDateTime = yy+"."+mm+"."+dd+" "+hh+":"+nn+":"+ss;
13:     System.out.println("The current Date and Time is "+currentDateTime);
14:    }
15: }
```

```
D:\IntaeJava>java Ex01041
The current Date and Time is 2015.1.8 21:23:17

D:\IntaeJava>
```

프로그램 설명

▶ 1,2번째 줄:Calendar class와 GregorianCalendar class을 사용하기 위해서는 java.util folder에 있는 class를 import해야 합니다.

▶ 5번째 줄:GregorianCalendar object를 만들면 만들어질 당시의 컴퓨터가 가지고 있는 날짜와 시간을 가지고 GregorianCalendar object를 만듭니다. 그러므로 한 번 만들어진 object의 날짜와 시간은 컴퓨터의 날짜와 시간이 변경되더라

도 변경되지 않습니다. rightNow object에는 이 프로그램을 수행할 때의 날짜와
시간이 저장되게 됩니다.

▶ 6~11번째 줄:rightNow object에 있는 연, 월, 일, 시간, 분, 초를 축출해내기 위해서
는 get() method와 함께 Calendar class의 상수를 위 프로그램처럼 argument
로 넘겨주어야 합니다.(class 상수에 대해서는 뒷 chapter에서 설명합니다. 여기
서는 위와 같이 사용한다고만 알고 넘어갑니다.)

▶ 7번째 줄: Calendar.MONTH로 월을 축출하면 1월은 0, 12월은 11을 return하
므로 일상생활에서 사용하는 월로 나타내기 위해서는 1을 더해야 합니다.(월에
대해서는 주의가 필요합니다.)

▶ 9번째 줄: Calendar.HOUR_OF_DAY는 0부터 23까지 나옵니다. 즉 시각은 0
시 0분 0초부터 23시 59분 59초까지이며 24시 정각은 다음날 0시로 나타납니다.

▶ 12,13번째 줄:사용자가 보기 편하도록 String으로 만들어서 화면에 출력합니다.

예제 | Ex01041A

아래 프로그램은 현재의 GregorianCalendar object와 주어진 연,월,일(2015년 1
월 1일)로 생성한 GregorianCalendar object에서 축출할 수 있는 정보를 보여주
고 있습니다.

```
1: import java.util.Calendar;
2: import java.util.GregorianCalendar;
3: class Ex01041A {
4:    public static void main(String[] args) {
5:        GregorianCalendar[] calendar = new GregorianCalendar[2];
6:        String[] calDesc = {"The current", "2015.Jan.1st"};
7:        calendar[0] = new GregorianCalendar();
8:        calendar[1] = new GregorianCalendar(2015,1-1,1);
9:        for ( int i=0 ; i<calendar.length ; i++ ) {
10:            int yy = calendar[i].get(Calendar.YEAR);
11:            int mm = calendar[i].get(Calendar.MONTH)+1;
12:            int dd = calendar[i].get(Calendar.DAY_OF_MONTH); // Calendar.
DAY_OF_MONTH = Calendar.DATE
13:             int hh = calendar[i].get(Calendar.HOUR); // Calendar.HOUR =
Calendar.HOUR_OF_DAY if AM,
14:                                                    // Calendar.HOUR + 12
= Calendar.HOUR_OF_DAY if PM
15:            int nn = calendar[i].get(Calendar.MINUTE);
16:            int ss = calendar[i].get(Calendar.SECOND);
17:            int ap = calendar[i].get(Calendar.AM_PM);
18:        String currentDateTime = yy+"."+mm+"."+dd+" "+hh+":"+nn+":"+ss+(ap
== 0 ? " AM" : " PM");
19:        System.out.println(calDesc[i]+" Date and Time is "+currentDateTime);
20:
```

```
21:          System.out.println("WEEK_OF_YEAR: " + calendar[i].get(Calendar.
WEEK_OF_YEAR));
22:          System.out.println("WEEK_OF_MONTH: " + calendar[i].get(Calendar.
WEEK_OF_MONTH));
23:          System.out.println("DAY_OF_YEAR: " + calendar[i].get(Calendar.
DAY_OF_YEAR));
24:          System.out.println("DAY_OF_WEEK: " + calendar[i].get(Calendar.
DAY_OF_WEEK));
25:           System.out.println("DAY_OF_WEEK_IN_MONTH: " + calendar[i].
get(Calendar.DAY_OF_WEEK_IN_MONTH));
26:              if ( i == 0 ) System.out.println();
27:          }
28:      }
29: }
```

```
D:\IntaeJava>java Ex01041A
The current Date and Time is 2015.1.8 9:24:57 PM
WEEK_OF_YEAR: 2
WEEK_OF_MONTH: 2
DAY_OF_YEAR: 8
DAY_OF_WEEK: 5
DAY_OF_WEEK_IN_MONTH: 2

2015.Jan.1st Date and Time is 2015.1.1 0:0:0 AM
WEEK_OF_YEAR: 1
WEEK_OF_MONTH: 1
DAY_OF_YEAR: 1
DAY_OF_WEEK: 5
DAY_OF_WEEK_IN_MONTH: 1

D:\IntaeJava>
```

프로그램 설명

▶ 8번째 줄:GregorianCalendar object를 만들 때 생성자에 아무 data도 전달하지 않으면 현재의 날짜와 시간으로 GregorianCalendar object를 만듭니다. 하지만 연,월,일을 int형으로 입력해주면 입력된 날짜와 0시, 0분, 0초을 가지고 있는 GregorianCalendar object를 만듭니다. 주의 사항으로 1월은 0부터 시작하여 11은 12월입니다.

▶ 12번째 줄:Calendar.DATE와 Calendar.DAY_OF_MONTH는 같은 의미(동의어)로 get() method에 적용하면 해당되는 달의 일자를 return합니다.

▶ 13,14번째 줄:Calendar.HOUR는 0부터 11시까지 Calendar.HOUR_OF_DAY는 0부터 23시까지 get() method에 적용하면 시간을 return합니다. Calendar.HOUR을 사용할 경우에는 17번째 줄에 있는 Calendar.AM_PM도 같이 적용하여 오전인지 오후인지 구별해주어야 합니다.

▶ 17번째 줄:Calendar.AM_PM을 get() method에 적용하면 0, 오후이면 1을 return해 줍니다.

▶ 21번째 줄:Calendar.WEEK_OF_YEAR을 get() method에 적용하면 해당되는 날짜가 해당되는 연도의 몇 번째 주인지를 return해줍니다.

▶ 22번째 줄:Calendar.WEEK_OF_MONTH을 get() method에 적용하면 해당되는 날짜가 해당되는 월의 몇 번째 주인지를 return해줍니다.

▶ 23번째 줄:Calendar.DAY_OF_YEAR을 get() method에 적용하면 해당되는 날짜가 해당되는 연도의 몇 번째 일인지를 return해줍니다. 즉 1부터 365혹은 366(윤년일 경우)일까지의 숫자 중 하나를 return해줍니다.

▶ 24번째 줄:영어에는 요일이라는 단어가 없습니다. 그런데 일반적으로 day of week하면 요일을 나타냅니다. Calendar.DAY_OF_WEEK을 get() method에 적용하면 해당되는 날짜의 요일을 return해줍니다. 일요일이면 1, 월요일이면 2, … 토요일이면 7을 return합니다.

▶ 25번째 줄:Calendar.DAY_OF_WEEK_IN_MONTH을 get() method에 적용하면 해당되는 날짜가 몇 번째 주인지를 return해줍니다. 즉 1부터 7까지는 1, 8부터 15까지는 2, …이런 식으로 값을 return합니다. 22번째 줄의 Calendar.WEEK_OF_MONTH와 다른 점은 1일은 Calendar.DAY_OF_WEEK_IN_MONTH이나 Calendar.WEEK_OF_MONTH나 동일하게 1입니다. 그러나 2일은 Calendar.DAY_OF_WEEK_IN_MONTH에서는 1이지만 Calendar.WEEK_OF_MONTH에서는 1일이 토요일이면 2일은 일요일이므로 두 번째 주가 되어 2가 됩니다.

예제 | Ex01042

다음 프로그램은 두 날짜의 사이가 몇 일인지를 계산하는 프로그램으로 실무에서 사용하는 예로서 어떤 제품의 주문 날짜와 입고 날짜간의 차이를 계산하여 몇 일 지나서 입고 되었는지 알아볼 수 있습니다.

```
1: import java.util.Calendar;
2: import java.util.GregorianCalendar;
3: class Ex01042 {
4:    public static void main(String[] args) {
5:     GregorianCalendar orderedDate = new GregorianCalendar(2015,1-1,31);
6:     GregorianCalendar receivedDate = new GregorianCalendar(2015,3-1,1);
7:       long orderedMillis = orderedDate.getTimeInMillis();
8:       long receivedMillis = receivedDate.getTimeInMillis();
9:       long diffDays = ( receivedMillis - orderedMillis ) / ( 1000 * 60
* 60 * 24 );
10:         System.out.println("The different Days between 2015.1.31 and
2015.3.1 are "+diffDays);
11:    }
12: }
```

```
D:\IntaeJava>java Ex01042
The different Days between 2015.1.31 and 2015.3.1 are 29

D:\IntaeJava>
```

프로그램 설명

▶ 5,6번째 줄:GregorianCalendar object를 만들 때 생성자에 아무 data도 전달 하지 않으면 현재의 날짜와 시간으로 GregorianCalendar object를 만듭니다. 하지만 연, 월, 일을 int형으로 입력해주면 입력된 날짜와 0시, 0분, 0초을 가지고 있는 GregorianCalendar object를 만듭니다. 주의 사항으로 1월은 0부터 시작 하여 11은 12월입니다.

▶ 7,8번째 줄:getTimeInMillis() method는 기준 시점(1969년 12일 31일 17시 0 분 0초)에서부터 현재 GregorianCalendar object가 가지고 있는 날짜와 시간을 밀리 초로 환산한 값을 얻어내어 long형 정수로 return해줍니다.

▶ 9번째 줄:두 날짜를 밀리 초로 환산한 값의 차이를 구한 후, 다시 날짜 수를 계산 하기 1000으로 나누면 밀리초가 초로, 60으로 나누면 분으로, 다시 두 번째 60 으로 나누면 시간으로, 24로 나누면 날짜가 나오게 됩니다.

▶ 결과 값으로 29가 나온 것은 2월은 28까지 있고, 다시 하루가 더 있으니까 총 29 가 출력된 것입니다.

예제 | Ex01043

다음 프로그램은 실무에서 많이 이용하는 기능으로 특정일의 요일을 알아보는 프로 그램입니다.

```
1: import java.util.Calendar;
2: import java.util.GregorianCalendar;
3: class Ex01043 {
4:    public static void main(String[] args) {
5:        String[] dayName = { "Sunday", "Monday", "Tuesday", "Wednesday",
"Thursday", "Friday", "Saturday" };
6:        GregorianCalendar jan1st = new GregorianCalendar(2015,1-1,1);
7:        GregorianCalendar today = new GregorianCalendar();
8:        int yy = today.get(Calendar.YEAR);
9:        int mm = today.get(Calendar.MONTH)+1;
10:       int dd = today.get(Calendar.DATE);
11:       String todayDate = yy+"."+mm+"."+dd;
12:       int dayOfWeekJan1st = jan1st.get(Calendar.DAY_OF_WEEK);
13:       int dayOfWeekToday = today.get(Calendar.DAY_OF_WEEK);
14:          System.out.println("The day of week for 2015.Jan.1 is
"+dayName[dayOfWeekJan1st-1]+", dayOfWeekJan1st=" + dayOfWeekJan1st);
15:          System.out.println("The day of week for today("+todayDate+") is
"+dayName[dayOfWeekToday-1] + ", dayOfWeekToday=" + dayOfWeekToday);
16:    }
17: }
```

```
D:\IntaeJava>java Ex01043
The day of week for 2015.Jan.1 is Thursday, dayOfWeekJan1st=5
The day of week for today(2015.1.8) is Thursday, dayOfWeekToday=5

D:\IntaeJava>
```

프로그램 설명

▶ 6번째 줄:2014년 1월 1일의 GregorianCalendar object jan1st을 생성합니다.

▶ 7번째 줄:오늘 날짜 GregorianCalendar object today을 생성합니다.

▶ 12번째 줄:get(Calendar.DAY_OF_WEEK) method을 이용하여 jan1st의 요일을 구합니다. 여기에서 method의 return되는 결과 값이 1은 일요일, 2는 월요일,이런 식으로해서 7은 토요일을 의미합니다.

▶ 13번째 줄:get(Calendar.DAY_OF_WEEK) method을 이용하여 오늘 날짜의 요일을 구합니다. 여기에서 method의 return되는 결과 값이 1은 일요일, 2는 월요일,이런 식으로해서 7은 토요일을 의미합니다. 오늘 날짜의 출력 값은 프로그램을 수행시키는 날짜에 따라 값이 달라질 수 있습니다.

문제 | Ex01043A

연,월을 입력받아 아래와 같이 달력을 출력하는 프로그램을 작성하세요. 이 프로그램은 Ex00809H를 개선한 프로그램으로 특정 연,월로 고정되어 있는 것이 아님에 주의해야 합니다.

• 해당되는 월의 최대 일수를 구하는 방법은 아래와 같이 2가지 방법 중 하나를 사용하면 됩니다.

① int maxDayOfMonth = gregorianCalendarObject.
getActualMaximum(Calendar.DAY_OF_MONTH)

② int[] maxDayOfMonthAll = { 31,   28,   31,   30,   31,
30,   31, 31,   30,   31,   30,   31};

```
int maxDayOfMonth = maxDayOfMonthAll[month];
if ( month == 1 ) {
  maxDayOfMonth = ( year / 4 * 4 == year && ! (year/100*100 == year)
|| year/400*400 == year ) ? 29 : 28;
}
```

• 위 2가지 방법 중 어느 것이 편리하나요? 당연히 ①번이 편리합니다. 그러므로 이런 method가 있는지 Java API에서 찾아보는 습관이 필요합니다.

```
D:\IntaeJava>java Ex01043A 2015 6
    *** 2015 JUNE ***
SUN MON TUE WED THU FRI SAT
 *   1   2   3   4   5   6
 7   8   9  10  11  12  13
14  15  16  17  18  19  20
21  22  23  24  25  26  27
28  29  30
D:\IntaeJava>
D:\IntaeJava>java Ex01043A 2015 8
    *** 2015 AUGUST ***
SUN MON TUE WED THU FRI SAT
 *   *   *   *   *   *   1
 2   3   4   5   6   7   8
 9  10  11  12  13  14  15
16  17  18  19  20  21  22
23  24  25  26  27  28  29
30  31
D:\IntaeJava>
```

문제 | Ex01043B

연을 입력받아 아래와 같이 달력을 출력하는 프로그램을 작성하세요. 이 프로그램
은 Ex00809J를 개선한 프로그램으로 특정 연도로 고정되어 있는 것이 아님에 주
의 해야 합니다

```
D:\IntaeJava>java Ex01043B 2015
    *** 2015 JANUARY ***
SUN MON TUE WED THU FRI SAT
 *   *   *   *   1   2   3
 4   5   6   7   8   9  10
11  12  13  14  15  16  17
18  19  20  21  22  23  24
25  26  27  28  29  30  31


    *** 2015 FEBRUARY ***
SUN MON TUE WED THU FRI SAT
 1   2   3   4   5   6   7
 8   9  10  11  12  13  14
15  16  17  18  19  20  21
22  23  24  25  26  27  28


    *** 2015 MARCH ***
SUN MON TUE WED THU FRI SAT
 1   2   3   4   5   6   7
 8   9  10  11  12  13  14
15  16  17  18  19  20  21
22  23  24  25  26  27  28
29  30  31


D:\IntaeJava>
```

10.6 Scanner class와 Console class

10.6.1 Scanner class

지금까지 배운 컴퓨터의 기본 기능 중 data를 출력하는 기능을 나열하면, System.
out.println(), System.out.print(), System.out.prinf() method 3가지를 배웠습
니다. data를 입력하는 기능도 지금까지 한 가지 배웠습니다. 9.4.3절 main(String[]
args) method에서 프로그램 수행시킬 때 프로그램 이름 뒤에 data를 입력하면 배
열변수 args로 입력되는 것을 배웠습니다. main(String[] args) method에서 입
력받는 data는 프로그램을 시작하기 전에 오직 한 번만 입력받는 제한이 있습니다.

이번 절에서는 프로그램 수행 중 여러 번 입력받을 수 있는 Scanner class에 대해 알아 보겠습니다. System.out.println() method에서는 DOS창에 data를 출력하지만 Scanner class는 DOS창으로부터 data를 입력받습니다. 여기서 DOS창을 자바에서는 종종 console이라고도 부르니 기억해 두시기 바랍니다. 또 data를 입력하고, data를 출력하는 장치를 Input/Output Device, 또는 약자로 I/O Device, I/O Unit라고 말합니다. I/O Device는 하드 디스크처럼 Input과 Output 두 가지 모두 할 수 있는 것도 있지만, 프린터나 컴퓨터 스크린과 같이 출력만 되는 것이 있고, 키보드처럼 Input만 하는 장치도 있는 것에 알고 있기 바랍니다.

Console은 컴퓨터 스크린과 키보드를 마치 하나의 장치로 보고, Input과 output이 동시에 되는 장치로 취급하고 있으니 참고하시기 바랍니다.

DOS창(Console창이라고도 말함)에 System.out.println() method를 사용하여 출력하는 것은 비교적 쉽지만, Scanner class를 사용하여 DOS창으로부터 입력받는 것은 조금 복잡합니다. 아래와 같이 2가지 명령이 필요합니다.

```
Scanner inDevice = new Scanner(System.in);
String inData = inDevice.nextLine();
```

현시점에서 초보자에게 위 2가지 명령을 현재까지 배운 지식으로 정확히 설명하기는 어렵지만 최대한 이해가 될 수 있도록 설명하겠습니다. 우선 자바에는 standard output과 standard input이 있는데, 특별히 어떤 input/output장치인지 정의하지 않고 사용하는 장치로 console을 의미합니다. 즉 System.out은 console output, System.in은 console input을 의미합니다.

- Scanner inDevice=new Scanner(System.in);라는 명령은 System.in 즉 console로부터 입력받는 장치의 창구를 마련하는 것입니다. 일상적인 용어로 다시 설명하면 어떤 입력을 처리하는 조직의 대표자를 선임한 것이라고 생각하면 됩니다. 즉 실제 일을 처리하는 조직은 별도로 있는데 우리는 그 조직을 대표하는 대표자에게 이야기하면 나머지는 그 대표자가 그 조직의 내부적인 것은 알아서 처리하는 개념입니다. 여기에서 inDevice가 바로 입력을 담당하는 조직의 대표자에 해당합니다.

- String inData=inDevice.nextLine();라는 명령은 inDevice라는 대표자에게 한 줄의 String data를 console에서 입력하면 그 data를 전달받아 inData라는 기억장소에 저장하라는 명령입니다. 여기에서 console로 data가 입력되어 들어오지 않으면, 대표자는 입력할 때까지 기다려야 합니다.

아래 프로그램은 Scanner object로부터 입력된 data를 그대로 출력하는 프로그램입니다.

```
1: import java.util.Scanner;
2: class Ex01051 {
3:     public static void main(String[] args) {
4:         Scanner inDevice = new Scanner(System.in);
5:         System.out.print("Input your name : ");
6:         String inData = inDevice.nextLine();
7:         System.out.println("Your name is "+inData);
8:     }
9: }
```

프로그램 설명

▶ 1번째 줄:Scanner class는 java.util folder에 저장되어 있으므로 프로그램 시작전에 import합니다.

▶ 4번째 줄:standard input, 즉 System.in(console),을 사용하여 외부로부터 data를 input할 수 있는 준비를 해주는 Scanner object를 만듭니다. Scanner object 내에는 console로부터 data가 입력될 것이라는 정보와 data가 입력될 경우 어떻게 memory로 저장할 것인지를 정합니다. 내부적으로는 복잡한 과정을 통해 입력되지만 프로그램 개발자는 Scanner class의 object만 만들어주면 Scanner object가 알아서 해줍니다. 이것이 우리가 Scanner class를 사용하는 이유입니다.

▶ 5번째 줄:System.out.print("Input your name:");명령은 data input하는 것과는 아무 상관이 없는 명령입니다. 하지만 이 프로그램 사용자가 개발자가 아니고 제 3자라면 cursor가 화면에 깜박깜박 하고 입력을 기다리고 있는데 사용자는 입력하라는 신호를 모를 수도 있습니다. 설령 안다고 해도 여러 종류의 input를 받는다면 이번 input에는 무슨 data를 입력해줘야 하는지 혼동할 수도 있습니다. 따라서 프로그램에 무슨 data를 입력해주라는 message을 출력한 후 바로 입력을 받으면 입력해주는 사용자가 쉽게 data를 입력해줄 수 있기 때문에 이번 명령을 input 명령 전에 삽입한 것입니다.

▶ 6번째 줄:4번째 줄에서 준비해 놓은 inDevice로부터 한 줄을 입력받으라는 명령입니다. 외부로부터 입력되는 data가 없으면 프로그램은 data가 입력될 때까지 프로그램을 더 이상 진행하지 않고 6번째 줄에서 멈춥니다. 6번째 줄의 실행을 완료하기 위해서는 반드시 enter key를 쳐야 합니다.

예제 | Ex01051A

다음 프로그램은 일종의 게임 프로그램으로 0부터 9까지의 수를 입력받아 random class로부터 얻은 0부터 9중의 수와 비교하여 일치하면 게임이 끝나고, 일치하지 않으면 메세지를 보내 일치할 때까지 계속 반복하는 프로그램입니다.

이 프로그램에서는 Scanner class의 nextInt() method를 사용하여 입력된 값이 바로 int형 수로 나오도록 했습니다. 또한 음수 값을 입력하면 프로그램을 중간에 언제든지 중지할 수 있도록 했습니다.

```java
 1: import java.util.*;
 2: class Ex01051A {
 3:     public static void main(String[] args) {
 4:         Random random = new Random();
 5:         int iRandomNumber = random.nextInt(10);
 6:         Scanner inDevice = new Scanner(System.in);
 7:         System.out.println("Please input a number between 0 to 9 inclusive.");
 8:         System.out.println("Input -1 if you want to quit at any time.");
 9:         System.out.print("Input Data : ");
10:         int inData = -1;
11:         while ( true ) {
12:             inData = inDevice.nextInt();
13:             if ( inData < 0 ) {
14:                 System.out.println("You are now quitting the program. your data is "+inData);
15:                 return;
16:             }
17:             if ( inData == iRandomNumber ) {
18:                 System.out.println("Your number is the same as computer. Yours is "+inData);
19:                 return;
20:             }
21:             if ( inData > iRandomNumber ) {
22:                 System.out.println("Your number is greater than computer. Yours is "+inData);
23:             } else {
24:                 System.out.println("Your number is less than computer. Yours is "+inData);
25:             }
26:             System.out.print("Pleae input again : ");
27:         }
28:     }
29: }
```

```
D:\IntaeJava>java Ex01051A
Please input a number between 0 to 9 inclusive.
Input -1 if you want to quit at any time.
Input Data : 5
Your number is greater than computer. Yours is 5
Pleae input again : 2
Your number is greater than computer. Yours is 2
Pleae input again : 1
Your number is the same as computer. Yours is 1

D:\IntaeJava>
```

프로그램 설명

▶ 1번째 줄:이번 프로그램에서 Scanner class와 Random class는 java.util folder 에 있으므로 import명령을 각각 해야 하지만 import java.util.*;라는 명을 사용 하면 java.util에 있는 모든 class를 사용할 수 있게 해줍니다.

▶ 5번째 줄:random.nextInt(10) method는 0부터 9까지의 임의의 숫자를 만듭 니다.

▶ 6번째 줄:Ex01051의 4번째 줄과 같은 명령으로 외부로부터 data를 입력할 수 있 는 Scanner object를 만듭니다.

▶ 11번째 줄:while(true) 라는 명령어는 while의 조건문이 언제나 true이므로 11번 째 줄부터 27번째 줄까지 끊임없이 반복합니다. 단 15,19번째 줄의 return명령을 만나면 Ex01051A 프로그램이 끝나므로 while문도 끝나게 됩니다.

▶ 12번째 줄:Scanner object inDevice로부터, 즉 console로부터 숫자를 입력받아 inData 기억장소에 저장합니다.

▶ 13번째 줄:입력받은 data가 음수이면 message를 출력하고 프로그램을 종료합 니다.

▶ 17번째 줄:입력받은 data가 컴퓨터에서 만들어진 임의의 수와 같으면 message 를 출력하고 프로그램을 종료합니다.

▶ 21번째 줄:입력받은 data가 컴퓨터에서 만들어진 임의의 수보다 크면 크다는 message를 크지 않으면, 작다라는 메세지를 출력합니다.

▶ 26번째 줄:data를 다시 입력하라는 message를 출력합니다. 이 명령의 수행이 완료 되면 11번째 줄부터 다시 시작합니다.

10.6.2 Console class

Console class는 Scanner class와 비슷하게 data를 screen으로부터 읽어오는데 사용합니다. class이름 그대로 Console이므로 화면으로부터의 입력과 출력을 하나 의 Console objec가 모두 할 수 있습니다. 특히 password를 입력할 때 화면에 사용 자가 입력하는 data가 보이지 않도록 하는 기능이 있어 username과 password입 력하여 사용자 확인 절차를 거치는 프로그램에는 유용하게 사용됩니다.

사용법은 Scanner class에서와 마찬가지로 Console object를 다음과 같이 System class의 console() method를 호출해서 얻어내야 합니다. 아래 프로그램 Ex01052 프로그램과 함께 Console object의 주소를 받아내는 방법과 Console class의 method에 대해 설명합니다.

- Console console = System.console();라는 명령은 Scanner inDevice = new Scanner(System.in);명령과 이름만 다르지, 거의 같은 개념의 명령입니다. Scanner class에서 Console에 대해 설명했지만, 다른 각도에서 Console을 다시 설명합니다. 우리가 일반적으로 사용하는 모든 컴퓨터는 화면과 키보드가 있습니다. 키보드로 data를 입력받고, 화면으로 data를 출력하는 것은 기본적인 사항이므로 자바에서 이런 기본적인 사항을 처리하는 class를 만들어 놓은 것이 Scanner class와 Console class입니다. Scanner class나 Console class는 object를 여러 개 만들 수 있는 class가 아닙니다. 컴퓨터마다 키보드와 화면은 한 개입니다.(화면 두 개 있는 컴퓨터는 화면 한 set라고 생각해야 합니다.) 그러므로 Scanner object나 Console object는 한 개입니다. 그 한 개도 프로그래머가 Scanner나 Console object를 사용하든 안 하든 자바가 가동될 때 이미 만들어 놓았습니다. 그러므로 자바 프로그래머는 프로그램 내에 이미 만들어져 있는 object의 주소를 받아오는 과정만 프로그램 내에 명령어로서 넣어주면 되는 것입니다.
  그 명령이 바로 Console console = System.console();과 Scanner inDevice = new Scanner(System.in);인 것입니다.

- String username = console.readLine("Input username:");라는 명령은 출력과 입력이 동시에 되는 명령입니다. 즉 "Input username:"문자열을 화면에 출력하고 키보드로부터 한 줄을 입력받아 username에 저장하라는 명령입니다.

- char[] password = console.readPassword("Input password:");라는 명령은 출력과 입력이 동시에 되는 명령인 것은 readLine() method와 동일하지만 입력되는 문자가 화면에 나타나지 않습니다. 또한 "Input password:"문자열을 화면에 출력하고 키보드로부터 한 줄을 입력받는 것은 readLine() method와 동일하지만 입력된 문자는 char 배열 object로 만들어져서 return됩니다.

- console.format("Your password is %s from String object", passwordStr); 명령은 System.out.printf()과 동일한 기능입니다. 즉 %3d, %5.1f, %s 등과 같이 변수에 있는 값을 format해서 출력합니다.

예제 | Ex01052

다음 프로그램은 Console class를 사용하여 data의 입력과 출력을 보여주는 예제 프로그램입니다.

```
 1: import java.io.Console;
 2: class Ex01052 {
 3:     public static void main(String[] args) {
 4:         Console console = System.console();
 5:         String username = console.readLine("Input username : ");
 6:         char[] password = console.readPassword("Input password : ");
 7:         System.out.println("Your username is "+username);
 8:         System.out.print("Your password is ");
 9:         for ( int i=0 ; i<password.length ; i++ ) {
10:             System.out.print(password[i]);
11:         }
12:         System.out.println(" from char array");
13:         String passwordStr = new String(password);
14:             console.format("Your password is %s from String object",
passwordStr);
15:     }
16: }
```

```
D:\IntaeJava>java Ex01052
Input username : IntaeRyu
Input password :
Your username is IntaeRyu
Your password is ryu321!@# from char array
Your password is ryu321!@# from String object
D:\IntaeJava>java Ex01052
Input username : IntaeRyu
Input password :
Your username is IntaeRyu
Your password is In123tae from char array
Your password is In123tae from String object
D:\IntaeJava>
```

프로그램 설명

▶ 4,5,6번째 줄:Console class의 시작 부분에 설명을 참조하세요.

▶ 13번째 줄:String passwordStr = new String(password);은 chapter 6 '문자열 String class'에서 String object를 생성하기 위한 2가지 방법을 설명했습니다. 하나는 String name1 = "James"과 같이 문자열을 직접 문자열 기억장소에 저장하는 법. 두 번째는 String name2 = new String("Bond")와 같이 문자열 'Bond"를 String class의 생성자에 넘겨주어 String object를 만드는 방법입니다. 이번에는 세 번째 방법으로 char배열 object를 String class의 생성자로 넘겨주어 String object를 만드는 방법입니다. 6번째 줄에서 나온 char배열을 출력하기 위해서는 9,10,11번째 줄처럼 별도의 로직을 만들어야 하므로 13번째 줄에서 String object로 하면 쉽게 출력 가능하기 때문에 String object로 변경한 것입니다.

▶ 14번째 줄:Console class의 시작 부분에 설명을 참조하세요.

예제 | Ex01052A

아래 프로그램은 Scanner object와 Console object는 한 개밖에 없는 object임을
보이는 프로그램입니다.

```
 1: import java.util.Scanner;
 2: import java.io.Console;
 3: class Ex01052A {
 4:     public static void main(String[] args) {
 5:         Scanner inDevice1 = new Scanner(System.in);
 6:         Scanner inDevice2 = new Scanner(System.in);
 7:         Console console1 = System.console();
 8:         Console console2 = System.console();
 9:         System.out.println("inDevice1 = "+inDevice1);
10:         System.out.println();
11:         System.out.println("inDevice2 = "+inDevice2);
12:         System.out.println();
13:         System.out.println("console1 = "+console1);
14:         System.out.println();
15:         System.out.println("console2 = "+console2);
16:     }
17: }
```

```
D:\IntaeJava>java Ex01052A
inDevice1 = java.util.Scanner[delimiters=\p{javaWhitespace}+][position=0][match
valid=false][need input=false][source closed=false][skipped=false][group separat
or=\,][decimal separator=\.][positive prefix=][negative prefix=\Q-\E][positive s
uffix=][negative suffix=][NaN string=\Q?\E][infinity string=\Q∞\E]

inDevice2 = java.util.Scanner[delimiters=\p{javaWhitespace}+][position=0][match
valid=false][need input=false][source closed=false][skipped=false][group separat
or=\,][decimal separator=\.][positive prefix=][negative prefix=\Q-\E][positive s
uffix=][negative suffix=][NaN string=\Q?\E][infinity string=\Q∞\E]

console1 = java.io.Console@1c7c054

console2 = java.io.Console@1c7c054

D:\IntaeJava>
```

프로그램 설명

▶ 출력 결과를 보면 알 수 있듯이 Scanner object inDevice1과 inDevice2는 동
일한 objec의 주소임을 알 수 있습니다. Console object console1과 console2
도 동일한 주소를 가지고 있음을 알 수 있습니다. 결론적으로 Scanner object
와 Console object는 한 개밖에 없으며, Scanner는 키보드와 연결되어 있고,
Console은 키보드와 화면에 연결되어 있습니다.

10.7 유용한 class찾아 보기

지금까지 유용한 class Integer, Double, Math, Random, Calendar, Gregorian Calendar, Scanner를 알아보았는데, 자바에는 이것 말고도 유용한 class가 무수히 많이 있습니다. 자바의 개념을 어느 정도 이해하게 되면 이렇게 무수히 많은 class 중에 현재 하고자 하는 목적에 맞는 class를 스스로 찾아 이용하는 능력이 필요합니다.

아래 internet 화면은 Oracle site에서 마련한 documentation으로 google에서 java API라고 입력하면 쉽게 찾아 볼 수 있습니다. API는 Application Programing Interface의 약자로 자바로 프로그램을 개발할 경우 자바에서 제공하는 유용한 프로그램을 어떻게 사용자가 사용하면 되는지를 상세히 작성한 문서(Documentation) 입니다.

예를 들어 아래의 화면처럼 Integer class의 parseInt() method를 어떻게 사용하는지 자세한 설명이 있으니 여러분 스스로 찾아보시기 바랍니다.

아래의 화면은 6.5.6절에서 설명한 String class의 startWith(), substring() method를 어떻게 사용하는지 찾아 볼 수 있는 화면입니다.

또 위 화면에는 split(String regex) method가 있습니다. 이 method 부분을 click 하면 다음 화면이 나옵니다.

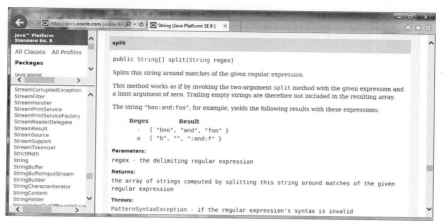

위 화면의 내용을 잘 읽어 보면 프로그램에서 유용하게 사용할 수 있는 method라는 생각을 하게 됩니다.(예제 Ex01061A참조) 위의 설명을 프로그램으로 구현을 해보겠습니다.

예제 | Ex01061

아래 프로그램은 문자열 "boo:and:foo"을 split() method를 이용하여 문자 ":"을 기준으로 분리한 것과 문자 "o"을 기준으로 분리한 것 2가지를 출력하는 프로그램입니다.

```
 1: class Ex01061 {
 2:    public static void main(String[] args) {
 3:        String charStr = "boo:and:foo";
 4:        String[] result1 = charStr.split(":");
 5:        //String[] result1 = charStr.split(":", 0);
 6:
 7:        for ( int i=0 ; i < result1.length ; i++ ) {
 8:            System.out.print(result1[i] + "  " );
 9:        }
10:        String doubleQuot = "\"";
11:        System.out.print(" = { " );
12:        for ( int i=0 ; i < result1.length ; i++ ) {
13:            System.out.print(doubleQuot + result1[i] + doubleQuot + ( i <
result1.length-1 ? ",  " : " } ") );
14:        }
15:        System.out.println();
16:
17:        String[] result2 = charStr.split("o");
18:        //String[] result2 = charStr.split("o", 0);
```

```
19:        for ( int i=0 ; i < result2.length ; i++ ) {
20:            System.out.print(result2[i] + "   ");
21:        }
22:        System.out.print(" = { ");
23:        for ( int i=0 ; i < result2.length ; i++ ) {
24:            System.out.print(doubleQuot + result2[i] + doubleQuot + ( i <
result2.length-1 ? ",  " : " } ") );
25:        }
26:        System.out.println();
27:    }
28: }
```

```
D:\IntaeJava>javac Ex01061.java

D:\IntaeJava>java Ex01061
boo  and  foo   = { "boo",  "and",  "foo" }
b    :and:f    = { "b",  "",  ":and:f" }

D:\IntaeJava>
```

프로그램 설명

▶ 3번째 줄:문자열 "boo:and:foo"를 특정 문자를 중심으로 분리하기 위해 charStr
에 저장합니다.

▶ 4번째 줄:charStr.split(":") method를 사용하여 문자열 "boo:and:foo"을 ":" 기
준으로 분리하여 분리된 문자열을 배열로 만들어 result1에 저장합니다. 여기서
":"는 문자열이지만 내용적으로 보면 정규표현(Regular Expression)입니다. 다
음 절 10.8 '정규표현'에서 상세히 설명합니다.

▶ 5번째 줄:charStr.split(":", 0)은 charStr.split(":")와 동일한 기능입니다. 즉
split(String regex, int limit) method에서 limit가 0인것과 동일하다는 것입니
다. 5번째 줄은 4번째와 동일하므로 // comment처리 했습니다.

▶ 7,8,9번째 줄:4번째 줄에서 만든 배열 object result1의 내용을 출력합니다.

▶ 10~14번째 줄:내용적으로는 7,8,9번째 줄에서 출력하는 것과 동일하게 4번째 줄
에서 만든 배열 object result1의 내용을 출력합니다. 하지만 이번에는 제어문자
와 삼항 연산자(?:)을 사용하여 배열의 초기치를 선언하는 문법처럼, API 문서에
나와 있는 형식 그대로 출력합니다.

▶ 17번째 줄:charStr.split("o") method를 사용하여 문자열 "boo:and:foo"을 "o"
기준으로 분리하여 분리된 문자열을 배열로 만들어 result2에 저장합니다. 4번
째 줄 설명과 동일한 설명입니다. 출력 결과를 보면 "boo:and:foo"를 "o"를 기준
으로 분리하면 "boo"의 "o"와 "o"사이에 빈 문자열도 하나의 문자열로 만들어 냅
니다. 하지만 "foo"의 "o"와 "o"사이에 빈 문자열은 마지막에 있는 빈 문자열이므
로 문자열로 만들어 내지 않습니다. 마지막의 빈 문자열을 안 만들어 내는 것은

split() method가 안 만들도록 작성되어 있는 것입니다. Split() method를 만드는 프로그래머(혹은 팀)가 마지막 빈 문자열를 만들어 내지 않는 것이 더 효과적이라고 생각해서 잘라낸 것 같습니다. 마치 String의 trim() method처럼 앞뒤에 있는 space는 거의 사용할 일이 없으므로 실무에서 trim()으로 잘라내듯이 split()method도 마지막의 빈 문자열은 잘라내지 않았나 생각합니다.

▶ 18번째 줄:charStr.split("o", 0)는 charStr.split("o")와 동일한 기능입니다. 5번째 줄 설명과 동일한 설명입니다.

▶ 19,20,21번째 줄:17번째 줄에서 만든 배열 object result2의 내용을 출력합니다.

▶ 22~25번째 줄:내용적으로는 19,20,21번째 줄에서 출력하는 것과 동일하게 17번째 줄에서 만든 배열 object result2의 내용을 출력합니다. 10부터 14번째 줄설명과 동일한 설명입니다.

예제 | Ex01061A

아래 프로그램은 split() method가 실무에서 응용되는 예를 보여주는 것으로 어느 운동선수 3명의 100미터 달리기 기록을 보기 좋게 출력하는 프로그램입니다.

• 운동 선수의 기록은 "Intae Ryu:10.2, 11.3, 9.5 #Jason Choi:9.1, 9.5, 10.1 #Lina Smith:11.2, 12.1, 10.9, 10.8"로 문자열에 저장됩니다.

• 운동 선수 간의 기록은 "#"로 구분됩니다.

• 한 명의 운동 선수에 대해 이름과 기록은 ":"로 구분됩니다. 만약 ":"로 구분되지 않은 data는 Error data로 처리합니다.

• 한 명의 운동 선수의 기록은 ","로 구분되며 최소 3번 이상 5번 이하의 기록을 가지고 있습니다.

```
1: class Ex01061A {
2:    public static void main(String[] args) {
3:      System.out.println("Player Name    1st  2nd  3rd  4th  5th" );
4:      String playRecordStr = "Intae Ryu:10.2, 11.3, 9.5 #Jason Choi:9.1,
9.5, 10.1 #Lina Smith:11.2, 12.1, 10.9, 10.8";
5:      String[] players = playRecordStr.split("#");
6:      for ( int i=0 ; i < players.length ; i++ ) {
7:         String[] nameRecord = players[i].trim().split(":");
8:         if ( nameRecord.length == 2 ) {
9:            //                                                      1
2        3        4
10:            //                                      123456789012345
678901234567890123456789 01234567890
11:               StringBuffer  outBuffer  =  new  StringBuffer("
");
12:            outBuffer.replace(0,0+nameRecord[0].length(), nameRecord[0]);
```

```
13:            String[] records = nameRecord[1].trim().split(",");
14:            for ( int j=0 ; j < records.length ; j++ ) {
15:               int col = j * 6 + 20;
16:                    outBuffer.replace(col-records[j].length(), col,
records[j]);
17:            }
18:            System.out.println(outBuffer.toString() );
19:         } else {
20:            System.out.println("Error playerRecord : player="+players[i]
);
21:         }
22:      }
23:   }
24: }
```

```
D:\IntaeJava>java Ex01061A
Player Name      1st    2nd    3rd    4th    5th
Intae Ryu        10.2   11.3   9.5
Jason Choi        9.1    9.5   10.1
Lina Smith       11.2   12.1   10.9   10.8

D:\IntaeJava>
```

프로그램 설명

▶ 5번째 줄:split("#") method를 사용하여 전체 기록을 개인별 기록으로 분리합니다.

▶ 7번째 줄:split(":") method를 사용하여 개인 기록 중 이름과 측정 기록으로 분리합니다.

▶ 13번째 줄:split(",") method를 사용하여 전체 측정 기록을 개별 측정 기록으로 분리합니다.

문제 | Ex01061B

Ex01061A에서 가장 좋은 기록을 찾아 제일 앞 열에 아래와 같이 출력하는 프로그램을 작성하세요.

힌트 | Double.parseDouble() method를 사용하여 문자열을 double 숫자로 변환해야 숫자간 비교를 통해 가장 작은 숫자를 찾아낼 수 있습니다.

```
D:\IntaeJava>java Ex01061B
Player Name      Best   1st    2nd    3rd    4th    5th
Intae Ryu        9.5   10.2   11.3   9.5
Jason Choi       9.1    9.1    9.5   10.1
Lina Smith      10.8   11.2   12.1   10.9   10.8

D:\IntaeJava>
```

예제 | Ex01062

아래 프로그램은 split() method가 실무에서 응용되는 예를 보여주는 것으로 어느 전자상점에서 3명의 영업사원이 판매한 하루의 실적을 집계하는 프로그램입니다.

- 한 명의 영업사원 판매 실적은 하나의 배열 원소 문자열로 입력됩니다. 예) "TV-1, PC-2, Camera-2"
- 판매 상품과 개수는 "상품명-수량"으로 표현하며, 각각의 상품은 콤마(,)로 구별하여 입력합니다.
- 상품명은 "TV", "PC", "Camera", "Cell" 4가지 입니다.
- 위의 규칙에 맞지 않는 data는 Error data로 처리합니다.

```
 1: class Ex01062 {
 2:    public static void main(String[] args) {
 3:        String[] itemNames = { "TV", "PC", "Camera", "Cell" };
 4:        String sales[] = new String[3];
 5:        sales[0] = "TV-1, PC-2, Camera-2";
 6:        sales[1] = "TV-2, Camera-1, PC3, Cell-2";
 7:        sales[2] = "PC-2, Camera-2, Audio-2";
 8:        int[] salesQty = new int[itemNames.length+1]; // 0:TV, 1:PC,
2:Camera, 3:Cell, 4:Not defined item
 9:        for ( int i=0 ; i < sales.length ; i++ ) {
10:          String[] items = sales[i].split(",");
11:          for ( int j=0 ; j < items.length ; j++ ) {
12:            String[] nameQty = items[j].trim().split("-");
13:            if ( nameQty.length == 2 ) {
14:               boolean found = false;
15:               for ( int k=0 ; k < itemNames.length ; k++ ) {
16:                  if ( nameQty[0].equals(itemNames[k]) ) {
17:                     salesQty[k] += Integer.parseInt(nameQty[1]);
18:                     found = true;
19:                     break;
20:                  }
21:               }
22:               if ( ! found ) {
23:                salesQty[itemNames.length] += Integer.parseInt(nameQty[1]);
24:                  System.out.println("Error name : sales="+sales[i] + "
item="+items[j] +" Not defined item="+nameQty[0]);
25:               }
26:            } else {
27:                System.out.println("Error item : sales="+sales[i] + "
item="+items[j] );
28:            }
29:          }
30:        }
31:
32:     System.out.println("   *** Sales Report *** ");
33:     for ( int i=0 ; i < itemNames.length ; i++ ) {
34:        System.out.println(itemNames[i] + " = " + salesQty[i]);
35:     }
36:      System.out.println("Not found item = " + salesQty[itemNames.
length]);
```

```
37:     }
38: }
```

```
D:\IntaeJava>java Ex01062
Error item : sales=TU-2, Camera-1, PC3, Cell-2   item= PC3
Error name : sales=PC-2, Camera-2, Audio-2   item= Audio-2 Not defined item=Audio

    *** Sales Report ***
TU = 3
PC = 4
Camera = 5
Cell = 2
Not found item = 2

D:\IntaeJava>
```

프로그램 설명

▶ 3번째 줄:4가지 상품의 이름을 배열로 선언합니다.

▶ 4~7번째 줄:영업사원 3명의 판매 실적를 배열로 선언합니다.

▶ 8번째 줄:4가지 상품이므로 판매 수량을 저장할 salesQty에 5원소의 배열 object를 생성합니다. 마지막 원소는 error data를 저장하기 위함입니다.

▶ 9번째 줄:영업사원 한 사람씩 처리하기 위한 for loop로 3번 수행합니다.

▶ 10번째 줄:String[] items = goods[i].split(",") split(",") method로 각각의 판매 상품을 콤마(,)로 분리하여 배열에 저장합니다.

▶ 11번째 줄:판매 상품 한 개씩 처리하기 위한 for loop로 첫 번째 영업사원의 경우 3번, 두 번째 영업사원은 4번, 세 번째 영업사원은 3번 수행합니다.

▶ 12번째 줄:String[] nameQty = items[j].trim().split("-")에서 split("-") method로 하나의 상품은 대쉬(-)로 분리하여 상품 이름과 수량으로 분리되어 배열에 저장합니다.

▶ 13번째 줄:하나의 상품은 상품 이름과 판매 수량으로 대쉬(-)로 분리되면 반드시 2개 원소의 배열이 되어야 하므로 배열의 길이가 2가 아닌 것은 26,27번째 줄에서 data error처리합니다.

▶ 14번째 줄:상품 이름이 발견되면 true가 설정될 boolean 기억장소 found를 선언합니다.

▶ 15번째 줄:상품 이름 모두를 판매 상품 이름과 하나씩 대조하기 위한 for loop로 첫 번째 상품 이름 "TV"와 영업사원이 판매한 상품 이름과 대조합니다.(16번째 줄에서), 만약 대조된 상품 이름이 같지 않으면 두 번째 상품 이름 "PC"와 영업사원이 판매한 상품 이름과 대조하고(16번째 줄에서), 이런 식으로 4번 수행합니다.

▶ 16~19번째 줄:등록된 상품 이름과 영업사원이 판매한 상품 이름을 대조하여 만약 대조된 상품 이름이 같으면 17,18,19를 수행하여 판매 수량을 판매 누적 수량 기억장소인 salesQty에 누적합니다. 이때 누적되는 salesQty배열의 원소는 15번째 줄에서 for loop의 첨자와 같으며 상품 이름이 "TV"이면 salesQty[0], "PC"이

면 salesQty[1], 이런식으로 저장됩니다. 17번째 줄 저장 명령이 완료되면 상품이
름이 발견된 것이므로 found 기억장소를 true 설정하고, 19번째 줄에서 break명
령을 만나 21번째 줄로 이동합니다.

▶ 22번째 줄:만약 상품 이름을 상품 개수 4개만큼 반복 대조하는 동안 16번째 줄
에서 발견을 하지 못하면 등록된 상품이 아니므로 23,24번째 줄에서 data error
처리를 합니다.

▶ 32~36번째 줄:9번부터 30줄까지 완료되면 판매된 상품별 수량이 salesQty에 저
장되므로 salesQty를 상품이름과 함께 판매된 수량을 출력합니다.

문제 | Ex01061A

도전해 보세요 Ex01062 프로그램을 응용하여 아래와 같은 출력 결과가 나오도록 프
로그램을 작성해 보세요.

아래 sales사항이 추가되었습니다.

```
sales[3] = "TV-4, PC-3, Camera-1, Cell-4";
sales[4] = "PC-3, Camera-5, Cell-3";
```

힌트 |

• sales 사항을 그대로 출력하고 연이어서 영업사원이 판매한 상품 종류에 관계없
이 총 개수도 함께 출력하세요

• 상품별 총 개수를 출력하고 연이어서 영업사원 한 명당 평균 판매 수량도 출력
하세요.

• StringBuffer object를 사용하여 total qty와 Ave.Qty의 줄을 맞추세요.

```
D:\IntaeJava>java Ex01062A
sales[0] : TV-1, PC-2, Camera-2                   total qty=    5
Error item : sales=TV-2, Camera-1, PC3, Cell-2  item= PC3
sales[1] : TV-2, Camera-1, PC3, Cell-2           total qty=    5
sales[2] : PC-2, Camera-2, Audio-2               total qty=    6
sales[3] : TV-4, PC-3, Camera-1, Cell-4          total qty=   12
sales[4] : PC-3, Camera-5, Cell-3                total qty=   11
   *** Sales Report ***
TV =          7      Ave.Qty =    1.4
PC =         10      Ave.Qty =    2.0
Camera =     11      Ave.Qty =    2.2
Cell =        9      Ave.Qty =    1.8
Audio =       2      Ave.Qty =    0.4
Not found item = 0

D:\IntaeJava>_
```

10.8 정규표현(Reqular Expression)

10.8.1 정규표현 이해하기

정규표현은 Ex01061, Ex01061A, Ex01062 프로그램에서 String object의 split()

method의 parameter로 사용하는 String 문자열이지만 그 문자열에는 일정한 규칙이 있습니다. 예를 들어 Ex01061 프로그램에서 문자열 "boo:and:foo"을 ":"문자로 분리할 경우에는 split(":") 하면 되지만 만약 "let's:learn,how,to.use:regular,expression" 을 ":"와 ","와, "."의 3개의 글자가 삽입되어 있는 기준으로 분리할 경우에는 split() method의 parameter로 어떻게 작성해야 할지 알아야 됩니다. 이때 작성되는 표현이 정규표현(Regular Expression)입니다.

예제 | Ex01071

아래 프로그램은 위 문자열 "let's:learn,how,to.use:regular, expression"을 ":"와 "," 와, "."의 3개의 글자를 기준으로 어떻게 분리하는지를 보여주는 프로그램입니다.

```
 1: class Ex01071 {
 2:    public static void main(String[] args) {
 3:        String charStr = "let's:learn,how,to.use:regular,expression";
 4:        String[] result = charStr.split("[:,.]");
 5:
 6:        for ( int i=0 ; i < result.length ; i++ ) {
 7:            System.out.print(result[i] + "  " );
 8:        }
 9:        System.out.println();
10:
11:        String doubleQuot = "\"";
12:        System.out.print("{ " );
13:        for ( int i=0 ; i < result.length ; i++ ) {
14:            System.out.print(doubleQuot + result[i] + doubleQuot + ( i <
result.length-1 ? ",  " : " } ") );
15:        }
16:        System.out.println();
17:    }
18: }
```

```
D:\IntaeJava>java Ex01071
let's  learn  how  to  use  regular  expression
{ "let's",  "learn",  "how",  "to",  "use",  "regular",  "expression" }

D:\IntaeJava>
```

프로그램 설명

▶ 4번째 줄:spilt()의 parameter 정규표현 "[:,.]"는 []속에 있는 글자들을 기준으로 분류하라는 의미입니다.

정규표현은 위 예의 String object의 split() method에만 사용하는 것이 아닙니다. 정규표현을 사용하면 문자열(텍스트) 속에 있는 어떤 단어나 data를 찾아내거나 변경하거나, 어떤 형식에 맞는지 check기능도 할 수 있습니다. 예를 들면 어떤 문서 속에 들어가 있는 숫자만을 찾아 낸다든지, 비밀번호가 영문자, 숫자, 특수문자 3가지의 조합으로 되어 있는지 확인하는 작업을 할 수 있습니다.

정규 표현을 정의하면 여러 개의 특정 문자(일반적으로 특수문자)에 특정 의미를 부여하고, 의미를 부여하지 않은 글자는 글자 자체로, 즉 특정문자와 일반문자로 구성된 하나의 문자열(예:"[:.,]")로 표현하는 방법입니다.

10.8.2 정규표현을 위한 준비단계

정규표현을 배우기 위해서는 Pattern class와 Matcher class를 알아야 합니다. Pattern class와 Matcher class에 대해서는 정규표현을 설명 하기 위해 기본적으로 알아야 하는 중요한 개념만 설명하고 넘어 갑니다.

정규표현을 사용하여 input 텍스트 속에 있는 문자열을 찾거나, 변경, 검사하기 위해서는 아래 단계를 거쳐야 됩니다.

① Pattern class의 static method인 compile(String reqex) method를 사용하여 Pattern object를 생성합니다.

> 예 Pattern pattern = Pattern.compile("people"). 여기서 문자열 "people"도 특정 의미가 있는 특수문자를 사용하지 않았을 뿐이지 정규표현임.

② ①단계에서 생성한 Pattern object의 matcher(CharSequance input) method를 사용하여 Matcher object를 생성합니다. 여기에서 CharSequance input은 찾을 문서가 들어 있는 텍스트라고 생각하면 되며, String 문자열이라고 생각하면 됩니다.

> 예 Matcher matcher = pattern.matcher("that government of the people, by the people, for the people");

③ ②단계에서 생성한 Matcher object의 find() method를 호출하여 정규표현에 일치하는 문자열이 있는지 확인한 후, 있으면 Matcher object의 group(), matcher.start(), matcher.end()를 사용하여 어느 문자열이 일치하는지, 몇 번째 글자부터 몇 번째 글자까지 일치하는지의 정보를 가지고 필요한 조치를 합니다.

- Matcher object의 find() method는 일치라는 첫 문자열을 발견하면 true를 발견하지 못하면 fasle를 return합니다. 일치하는 문자열을 발견한 후 다시 find() method를 호출하면 앞서 발견한 것 이후의 문자열을 찾기 시작해서 발견하면 true를 발견하지 못하면 false를 return합니다. 그래서 아래와 같은 명령 형식을 취하면 일치되는 문자열이 없을 때까지 수행하게 됩니다.

```
while ( matcher.find() ) {

  //java 문장

}
```

예제 | Ex01072

다음 프로그램은 문자열 "that government of the people, by the people, for the people" 속에 있는 "people"의 위치를 찾는 프로그램입니다.

```
 1: import java.util.regex.Pattern;
 2: import java.util.regex.Matcher;
 3: class Ex01072 {
 4:    public static void main(String[] args){
 5:        String statement = "that government of the people, by the people,
for the people";
 6:        String regexStr = "people";
 7:        System.out.println("statement="+statement);
 8:        System.out.println("regexStr ="+regexStr);
 9:        Pattern pattern = Pattern.compile(regexStr);
10:        Matcher matcher = pattern.matcher(statement);
11:        boolean found = false;
12:        while ( matcher.find() ) {
13:         System.out.println(" found the text '"+matcher.group()+"' starting
at index "+matcher.start()+" and ending at index "+matcher.end()+".");
14:            found = true;
15:        }
16:        if( !found ){
17:            System.out.println("No match found.");
18:        }
19:    }
20: }
```

```
D:\IntaeJava>java Ex01072
statement=that government of the people, by the people, for the people
regexStr =people
 found the text 'people' starting at index 23 and ending at index 29.
 found the text 'people' starting at index 38 and ending at index 44.
 found the text 'people' starting at index 54 and ending at index 60.

D:\IntaeJava>
```

프로그램 설명

▶ 1,2번째 줄:정규표현을 사용하기 위해서는 Pattern class와 Matcher class를 java.util.regex package에서 import를 해야 합니다.

▶ 9번째 줄:정규표현을 사용하기 위한 단계①로 정규표현 "people"을 사용하여 Pattern object를 생성합니다.

▶ 10번째 줄:정규표현을 사용하기 위한 단계②로 7번째 줄에서 생성한 Pattern

object의 matcher("that government of the people, by the people, for the people") method를 사용하여 Matcher object를 생성합니다.

▶ 12번째 줄:정규표현을 사용하기 위한 단계③로 8번째 줄에서 생성한 Matcher object의 find() method를 호출하여 정규표현과 일치하는 문자열이 있으면 true 가 되어 13,14번째 줄을 수행합니다. 13,14번째 줄을 수행 후 find() method는 바로전에 발견된 문자열 이후부터 찾기를 시작해서 정규표현과 일치하는 문자열 이 있으면 true가 되어 13,14번째 줄을 수행합니다. 이런 식으로 정규표현과 일 치하는 문자열이 없을 때까지 반복 수행합니다.

▶ 13번째 줄:정규표현을 사용하기 위한 단계③로 Matcher object의 matcher.group() method를 호출하면 정규표현과 일치하는 문자열을 출력하고, matcher.start() 은 일치하는 문자열의 첫 index, matcher.end()와 일치하는 문자열의 마지막 index를 출력합니다.

예제 | Ex01072A

아래 프로그램은 "thethethe"문자열 속에서 "the"를 찾는 프로그램입니다.

```
1: import java.util.regex.*;
2: class Ex01072A {
3:    public static void main(String[] args){
4:        String statement = "thethethe";
5:        String regexStr = "the";
6:        System.out.println("statement="+statement);
7:        System.out.println("regexStr ="+regexStr);
8:        Pattern pattern = Pattern.compile(regexStr);
9:        Matcher matcher = pattern.matcher(statement);
10:       boolean found = false;
11:       while ( matcher.find() ) {
12:           System.out.println(" found the text '"+matcher.group()+"'
starting at index "+matcher.start()+" and ending at index "+matcher.
end()+".");
13:           found = true;
14:       }
15:       if( !found ){
16:           System.out.println("No match found.");
17:       }
18:    }
19: }
```

```
D:\IntaeJava>java Ex01072A
statement=thethethe
regexStr =the
 found the text 'the' starting at index 0 and ending at index 3.
 found the text 'the' starting at index 3 and ending at index 6.
 found the text 'the' starting at index 6 and ending at index 9.

D:\IntaeJava>_
```

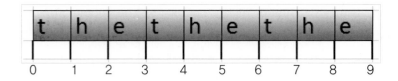

프로그램 설명

▶ 문자열의 index의 위치는 정규표현을 설명하는데 중요한 사항입니다. 꼭 기억해 주세요.

▶ 모든 문자열은 index 0부터 시작합니다.

▶ 일치하는 첫 문자열 "the"는 시작 index는 0이고 끝 index는 3입니다. 그러므로 끝 index는 문자의 위치가 아니라 문자 "e"를 지난 위치를 나타냅니다.

▶ 일치하는 두 번째 문자열 "the"는 시작 index는 3이고 끝 index는 6입니다. 첫문자열의 끝 index와 두 번째 문자열의 시작 index는 서로 같습니다.

▶ 일치하는 세 번째 문자열 "the"는 시작 index는 6이고 끝 index는 9입니다. 끝 문자열이 8이고 index가 9인 문자열은 없지만 세 번째 문자열의 끝 index는 끝 문자를 지난 9입니다.

10.8.3 Meta character

정규표현의 구성에서 특정 의미를 부여한 특수문자와 의미를 부여하지 않은 글자로 구성되는데 특정 의미가 부여된 특수문자를 Meta character라고 합니다.

① 모든 Meta character의 list는 다음과 같습니다.

Meta character : ⟨([{\^-=$!|]})?*+.⟩

② Ex01071 프로그램에서 정규 문자열 "[:,.]" 중에 meta character은 "["와 "]"입니다. charStr.split("[:,.]") method는 "["와 "]" 사이에 있는 문자를 기준으로 charStr문자열을 분리하라는 명령입니다.

③ "."(period)은 임의 글자 한 문자를 나타냅니다. 즉 정규표현의 "."(period)는 input문자열의 어떤 문자와도 대응되어 일치하는 조건 만족합니다. 단 meta character는 "["와 "]"사이에서는 위에서 언급한 meta character의 기능이 적용되지 않으므로 "."도 임의의 글자라는 meta character가 아니라 특수문자 "."을 의미합니다.

④ 앞으로 나오는 절에서 나머지 meta character의 의미를 차례로 설명합니다.

■ **용어정의** ■

정규표현을 설명하기 위해서는 2가지 용어의 문자열이 있습니다. ①정규표현 문자열과 ②input 문자열 입니다.

① 정규표현 문자열: input 문자열 속에 찾고자 하는 문자열을 규칙에 따라 표현 해 놓은 문자열입니다. 예를 들면 input 문자열 "The dog digs the ground. what's diagram ?" 속에서 정규표현 문자열 "d.g"을 찾으라고 하면, "."(period) 은 임의의 문자가 와도 일치조건을 만족하므로 "dag", "dbg", "dcg", "ddg", 'deg', … " dzg"는 물론 "d0g", "d1g", "d9g", "d!g", "d@g", "d#g", … 등 같 은 문자열은 정규표현 "d.g"와 일치조건을 만족하는 문자열이므로 "dog", "dig" 2가지를 찾아 냅니다. 여기서 단어라는 언급이 없었기 때문에 "dig"라는 단어를 찾는 것이 아니라 "dig"라는 문자열이 단어 중간에 와도 일치조건을 만족하는 문 자열이 되는 것입니다.

② input 문자열 : 설명①에서 이미 설명한 것처럼 input 문자열은 신문의 기사나, 논 문, 책의 내용 등 일반적인 text라고 불리는 문자열을 말합니다.

예제 | Ex01073

아래 프로그램은 meta character 중에 period(.)을 사용하여 문자를 찾는 프로그 램입니다.

```
 1: import java.util.regex.*;
 2: class Ex01073 {
 3:    public static void main(String[] args){
 4:       String statement = "The dog digs the ground. What's the diagram ?";
 5:        String regexStr = "d.g";
 6:        System.out.println("statement="+statement);
 7:        System.out.println("regexStr ="+regexStr);
 8:        Pattern pattern = Pattern.compile(regexStr);
 9:        Matcher matcher = pattern.matcher(statement);
10:        boolean found = false;
11:        while ( matcher.find() ) {
12:         System.out.println(" found the text '"+matcher.group()+"' starting
at index "+matcher.start()+" and ending at index "+matcher.end()+".");
13:           found = true;
14:        }
15:       if( !found ){
16:          System.out.println("No match found.");
17:       }
18:    }
19: }
```

```
D:\IntaeJava>java Ex01073
statement=The dog digs the ground. What's the diagram ?
regexStr =d.g
 found the text 'dog' starting at index 4 and ending at index 7.
 found the text 'dig' starting at index 8 and ending at index 11.

D:\IntaeJava>
```

프로그램 설명

▶ 5번째 줄:정규표현 문자열 "d.g"의 의미는 3문자의 글자로 구성되며 "d"자로 시작하고 "g"자로 끝나며 중간의 글자는 어느 글자가 와도 상관없다는 의미입니다. 그러므로 "diagram"의 중간에 2문자가 있는 것은 일치되는 문자열이 아닙니다.

▶ 문자열 "The dog digs the ground. what's diagram?"에서 정규표현 문자열 "d.g"로 첫 번째 일치되는 문자열 "dog"는 index는 4입니다. index는 5가 아닙니다. Java에서 순서를 정하는 것은 0번 부터 시작 된다고 9.1.1절 '배열의 필요성'에서 '컴퓨터에서 0번째 배열 원소란?'을 설명하면서 언급한 사항입니다. 끝나는 index는 7입니다. 6이 아닙니다. 끝나는 글자 index의 다음 index 값을 가집니다.그러므로 끝 index - 시작 index를 하면 그 문자열의 길이가 나오게 되는 것으로 기억하고 있으면 혼동되지 않습니다.

■ **아래 두 가지 방법을 사용하면 meta character이지만 meta character로서의 의미를 띄지 않습니다. ■**

● backshash(\)로 시작할 때
● \Q(인용부호 시작)과 \E(인용부호 끝)사이에 있을 때

예제 | Ex01073A

다음 프로그램은 period(.)을 포함해서 똑같은 문자열을 찾을 때 사용하는 프로그램입니다.

```
 1: import java.util.regex.*;
 2: class Ex01073A {
 3:    public static void main(String[] args){
 4:        String statement = "The dog digs the ground. d.g means 'd'+any
character+'g'.";
 5:        String regexStr = "d\\.g";
           // Ex01073 프로그램의 6번부터 17번까지 동일합니다.
18:    }
19: }
```

```
D:\IntaeJava>java Ex01073A
statement=The dog digs the ground. d.g means 'd'+any character+'g'.
regexStr =d\.g
 found the text 'd.g' starting at index 25 and ending at index 28.

D:\IntaeJava>
```

프로그램 설명

▶ 5번째 줄:큰 따옴표(")속에 backslash(\)을 넣을 경우에는 backslash를 두번

("\\") 넣어야 합니다.(6.4절 '제어문자'참조) 그러므로 reqexStr에 실제 저장된 문자는 "d\.g"가 됩니다. 따라서 period(.)은 meta character로서 역할은 중지되고 단순한 문자 period(.)역할만 합니다.

그러므로 "dog"와 "dig"는 찾지 못하고 25,26,27번째 문자열의 "d.g"만을 찾아냅니다.

10.8.4 한 개 문자들로 이루어진 정규표현

주어진 텍스트에서 정규표현과 일치하는 단어 하나를 찾는 것은 위 Ex01072, Ex01073, Ex01073A에서 설명했습니다. 예로 "people"이라는 단어를 찾는다든가, "d.g"의 문자열를 찾는다던가 등입니다.

아래는 한 개 문자들로 이루어진 정규표현으로서 아래 제시한 글자 중 한 글자만 일치하면 일치조건이 만족되는 경우입니다.

[abc]	a, b, 혹은 c (3개 중 한 개가 있으면 일치 조건 만족) – 단순 문자
[^abc]	a, b, 혹은 c를 제외한 어느 문자가 있으면 일치 조건 만족 – 제외 문자
[a-zA-Z]	소문자 a부터 z 혹은 대문자 A부터 Z까지 어느 문자가 있으면 일치 조건 만족 – 범위
[^a-g]]	소문자 a부터 g가 아닌 문자 중 어느 문자가 있으면 일치 조건 만족 – 범위제외
[a-g[o-t]]	소문자 a부터 g 혹은 소문자 o부터 t까지 어느 문자가 있으면 일치 조건 만족 – 결합 (or조건)
[a-o&&[i-t]]	소문자 a부터 o문자와 i부터 t까지 문자에서 중복되는 문자중 어느 문자가 있으면 일치 조건 만족 – 중복(and조건)
[a-z&&[^i-t]]	소문자 a부터 z문자에서 i부터 t까지 문자를 제외한 문자 중 어느 문자가 있으면 일치 조건 만족 – 중복(and조건)

예제 | Ex01074

단순글자만 일치하면 되는 경우의 프로그램입니다.

```
 1: import java.util.regex.*;
 2: class Ex01074 {
 3:    public static void main(String[] args){
 4:      String statement = "The dog digs/dug the ground at 35 deg outside.";
 5:       String regexStr = "d[eio]g";
            // Ex01073 프로그램의 6번부터 17번까지 동일합니다.
18:    }
19: }
```

```
D:\IntaeJava>java Ex01074
statement=The dog digs/dug the ground at 35 deg outside.
regexStr =d[eio]g
 found the text 'dog' starting at index 4 and ending at index 7.
 found the text 'dig' starting at index 8 and ending at index 11.
 found the text 'deg' starting at index 34 and ending at index 37.

D:\IntaeJava>
```

프로그램 설명

▶ 5번째 줄:"d[eio]g"는 e, i, o문자 중 한 개가 있으면 일치 조건을 만족하는 단순문자 일치 조건으로 "dog", "dig", "deg"를 주어진 테스트에서 찾아냅니다.

예제 | Ex01074A

제외문자, 즉 주어진 단순문자가 아닌 문자일 경우에 일치하는 프로그램입니다.

```
1: import java.util.regex.*;
2: class Ex01074A {
3:    public static void main(String[] args){
4:      String statement = "The dog digs/dug the ground at 35 deg outside.";
5:       String regexStr = "d[^eio]g";
            // Ex01073 프로그램의 6번부터 17번까지 동일합니다.
18:    }
19: }
```

```
D:\IntaeJava>java Ex01074A
statement=The dog digs/dug the ground at 35 deg outside.
regexStr =d[^eio]g
 found the text 'dug' starting at index 13 and ending at index 16.

D:\IntaeJava>
```

프로그램 설명

▶ 5번째 줄:"d[^eio]g"는 e, I, o가 아닌 문자 중 한 개가 있으면 일치 조건 만족하는 단순문자 일치 조건으로 "dug"를 주어진 테스트에서 찾아냅니다.

예제 | Ex01074B

범위, 즉 주어진 시작 문자와 끝 문자 사이의 모든 문자 중 일치하는 문자가 있으면 찾아내는 프로그램입니다.

```
1: import java.util.regex.*;
2: class Ex01074B {
3:    public static void main(String[] args){
4:      String statement = "The dog digs/dug the ground at 35 deg outside.";
5:       String regexStr = "d[a-n]g";
            // Ex01073 프로그램의 6번부터 17번까지 동일합니다.
18:    }
19: }
```

```
D:\IntaeJava>java Ex01074B
statement=The dog digs/dug the ground at 35 deg outside.
regexStr =d[a-n]g
 found the text 'dig' starting at index 8 and ending at index 11.
 found the text 'deg' starting at index 34 and ending at index 37.

D:\IntaeJava>
```

프로그램 설명

▶ 5번째 줄:"d[a-n]g"는 a부터 n까지의 문자 중 한 개가 있으면 일치 조건을 만족하는 단순문자 일치조건으로 "dig", "deg"를 주어진 테스트에서 찾아냅니다.

예제 | Ex01074C

제외문자 범위, 즉 주어진 시작문자와 끝 문자 사이의 모든 문자가 아닌 문자 중 일치하는 문자가 있으면 찾아내는 프로그램입니다.

```
1: import java.util.regex.*;
2: class Ex01074C {
3:    public static void main(String[] args){
4:      String statement = "The dog digs/dug the ground at 35 deg outside.";
5:        String regexStr = "d[^a-n]g";
          // Ex01073 프로그램의 6번부터 17번까지 동일합니다.
18:    }
19: }
```

```
D:\IntaeJava>java Ex01074C
statement=The dog digs/dug the ground at 35 deg outside.
regexStr =d[^a-n]g
 found the text 'dog' starting at index 4 and ending at index 7.
 found the text 'dug' starting at index 13 and ending at index 16.

D:\IntaeJava>
```

프로그램 설명

▶ 5번째 줄:"d[^a-n]g"는 a부터 n까지의 문자 이외의 문자 중 한 개가 있으면 일치 조건 만족하는 단순문자 일치 조건으로 "dog", "dug"를 주어진 테스트에서 찾아냅니다.

예제 | Ex01074D

결합문자,즉 주어진 조건 두 가지를 서로 or로 결합하여 나오는 문자 중 일치하는 문자가 있으면 찾아내는 프로그램입니다.

```
1: import java.util.regex.*;
2: class Ex01074D {
3:    public static void main(String[] args){
4:      String statement = "The dog digs/dug the ground at 35 deg outside.";
5:        String regexStr = "d[a-g[o-t]]g";
          // Ex01073 프로그램의 6번부터 17번까지 동일합니다.
18:    }
19: }
```

```
D:\IntaeJava>java Ex01074D
statement=The dog digs/dug the ground at 35 deg outside.
regexStr =d[a-go-t]g
 found the text 'dog' starting at index 4 and ending at index 7.
 found the text 'deg' starting at index 34 and ending at index 37.

D:\IntaeJava>
```

프로그램 설명

▶ 5번째 줄:"d[a-g[o-t]]g"는 "[a-go-t]"와 같은 의미로 a부터 g까지, o부터 t까지의 문자 중 한 개가 있으면 일치 조건 만족하는 단순문자 일치 조건으로 "dog", "deg"를 주어진 테스트에서 찾아냅니다.

예제 | Ex01074E

결합문자,즉 주어진 조건 두 가지를 서로 and로 결합하여 나오는 문자 중 일치하는 문자가 있으면 찾아내는 프로그램입니다.

```
 1: import java.util.regex.*;
 2: class Ex01074E {
 3:    public static void main(String[] args){
 4:      String statement = "The dog digs/dug the ground at 35 deg outside.";
 5:       String regexStr = "d[a-o&&[i-t]]g";
          // Ex01073 프로그램의 6번부터 17번까지 동일합니다.
18:    }
19: }
```

```
D:\IntaeJava>java Ex01074E
statement=The dog digs/dug the ground at 35 deg outside.
regexStr =d[a-o&&[i-t]]g
 found the text 'dog' starting at index 4 and ending at index 7.
 found the text 'dig' starting at index 8 and ending at index 11.

D:\IntaeJava>
```

프로그램 설명

▶ 5번째 줄:"d[a-o&&[i-t]]g"는 "[i-o]"와 같은 의미로 a부터 o까지, i부터 t까지의 문자중 서로 중복되는 문자 중 하나가 있으면 일치 조건 만족하는 단순문자 일치 조건으로 "dog", "dig"를 주어진 테스트에서 찾아냅니다.

예제 | Ex01074F

결합문자,즉 주어진 조건 두 가지를 서로 and로 결합하여 나오는 문자 중 일치하는 문자가 있으면 찾아내는 프로그램입니다.

```
 1: import java.util.regex.*;
 2: class Ex01074F {
```

```
 3:    public static void main(String[] args){
 4:       String statement = "The dog digs/dug the ground at 35 deg outside.";
 5:        String regexStr = "d[a-z&&[^i-t]]g";
           // Ex01073 프로그램의 6번부터 17번까지 동일합니다.
18:    }
19: }
```

```
D:₩IntaeJava>java Ex01074F
statement=The dog digs/dug the ground at 35 deg outside.
regexStr =d[a-z&&[^i-t]]g
 found the text 'dug' starting at index 13 and ending at index 16.
 found the text 'deg' starting at index 34 and ending at index 37.

D:₩IntaeJava>
```

프로그램 설명

▶ 5번째 줄:"d[a-z&&[^i-t]]g"는 a부터 z까지에서, i부터 t까지를 제외한 문자 중 하나가 있으면 일치 조건 만족하는 단순문자 일치 조건으로 "dug", "deg"를 주어진 테스트에서 찾아냅니다.

10.8.5 문자 Symbol정규표현

문자 Symbol로 이루어진 정규표현으로 아래 표와 같이 아래 제시한 문자 중 한 개 문자만 일치하면 일치 조건이 만족되는 경우입니다.

.(period)	어느 문자라도 일치하는 조건 만족, 단 한 개 문자만, 특수문자는 물론 space, line feed 등의 제어문자도 포함됩니다.
\d	한 개의 숫자문자 [0-9]
\D	한 개의 숫자문자 이외의 문자 [·0-9]
\s	whitespace문자 [\t\n\x0B\f\r]
\S	whitespace문자 이외의 문자
\w	숫자와 문자와 '_' (underbars 문자)
\W	숫자와 문자와 '_' (underbars 문자)이외의 문자

■ **whitespace란** ■

쉽게 설명하면 컴퓨터의 문자 중에서 눈에 보이지 않는 문자, 예를 들면, spacebar, tab, enter,등을 말합니다.

• /t:tab문자
• /n:line feed(line을 다음 줄로 옮겨주는 문자)
• /x0B:vertical tab문자
• /f:form feed(page를 다음 page로 넘겨주는 문자)

- /r:carrage return

예제 | Ex01075

두 자리 숫자가 연속해서 나오고 space문자 그리고 "deg" 문자열, 총 6문자로 이루어진 문자열을 찾는 프로그램입니다.

```
1: import java.util.regex.*;
2: class Ex01075 {
3:   public static void main(String[] args) {
4:     String statement = "The dog digs/dug the ground at 35 deg outside.";
5:     String regexStr = "\\d\\d deg";   // "[0-9][0-9] deg";
          // Ex01073 프로그램의 6번부터 17번까지 동일합니다.
18:   }
19: }
```

```
D:\IntaeJava>java Ex01075
statement=The dog digs/dug the ground at 35 deg outside.
regexStr =\d\d deg
 found the text '35 deg' starting at index 31 and ending at index 37.

D:\IntaeJava>
```

프로그램 설명

▶ 5번째 줄:"\\d\\d deg"는 "[0-9][0-9] deg"와 동일한 의미로 숫자+숫자+spacebar+"deg"로 이루어진 문자열이 있으면 일치 조건 만족하는 것으로 "35 deg"를 주어진 테스트에서 찾아냅니다.

10.8.6 문자 반복 정규표현

문자 개수 정규표현은 지정된 문자가 얼마나 반복되는지를 나타내며 지정된 반복 횟수가 일치하면 일치 조건이 만족되는 경우입니다. 지정된 횟수 표현은 아래 표와 같습니다.

Greedy	Reluctant	Possessive	의미
X?	X??	X?+	X가 하나 혹은 없어도 일치 조건 만족함
X*	X*?	X*+	X가 하나도 없거나 한 개, 혹은 여러 개 있어도 일치 조건 만족함
X+	X+?	X++	X가 한 개, 혹은 여러 개 있어도 일치 조건 만족함
X{n}	X{n}?	X{n}+	X가 정확히 n개 있을 때 일치조건 만족함
X{n, }	X{n, }?	X{n, }+	X가 최소한 n개 혹은 그 이상 있을 때 일치 조건 만족함
X{n,m}	X{n,m}?	X{n,m}+	X가 최소한 n개 부터 m개까지 있을 때 일치 조건 만족함

예제 | Ex01076

다음 프로그램은 문자열이 empty문자열일 경우, 즉 글자가 하나도 없는 문자열일 경우 "a?", "a*", "a+"가 어떻게 작동하는지를 보여주는 프로그램입니다.

```java
 1: import java.util.regex.*;
 2: class Ex01076 {
 3:    public static void main(String[] args){
 4:        String statement = "";
 5:        String[] regexStr = {"a?", "a*", "a+"};
 6:        for ( int i=0 ; i< regexStr.length ; i++ ) {
 7:            System.out.println("statement="+statement);
 8:            System.out.println("regexStr ="+regexStr[i]);
 9:            Pattern pattern = Pattern.compile(regexStr[i]);
10:            Matcher matcher = pattern.matcher(statement);
11:            boolean found = false;
12:            while ( matcher.find() ) {
13:                System.out.println(" found the text '"+matcher.group()+"' starting at index "+matcher.start()+" and ending at index "+matcher.end()+".");
14:                found = true;
15:            }
16:            if( !found ){
17:                System.out.println("No match found.");
18:            }
19:        }
20:    }
21: }
```

```
D:\IntaeJava>java Ex01076
statement=
regexStr =a?
 found the text '' starting at index 0 and ending at index 0.
statement=
regexStr =a*
 found the text '' starting at index 0 and ending at index 0.
statement=
regexStr =a+
 No match found.

D:\IntaeJava>
```

프로그램 설명

▶ "a?"는 a가 하나 있거나 혹은 하나도 없어도 일치 조건을 만족하므로, 이 경우는 하나도 없는 조건이므로 만족합니다. 그런데 만족한다는 것은 주어진 정규표현 문자열이 statement문자열 속에 있다는 의미로 empty 문자열 0번부터 0번 즉 문자열 length가 0인 문자열을 찾은 결과가 됩니다.

▶ "a*"는 a가 하나도 없거나 한 개, 혹은 여러 개 있어도 일치 조건 만족하므로, 이 경우는 하나도 없는 조건이므로 만족합니다. 하나도 없는 조건의 설명은 "a?"와 동일합니다.

▶ "a+"는 a가 한 개, 혹은 여러 개 있어야 일치 조건을 만족하므로, 이 경우는 하나도 없는 조건이므로 만족하지 못합니다. 따라서 일치하는 문자열은 발견하지 못합니다.

예제 | Ex01076A

다음 프로그램은 문자열이 "a" 하나의 문자만 있는 문자열일 경우 "a?", "a*", "a+"
가 어떻게 작동하는지를 보여주는 프로그램입니다.

```
1: import java.util.regex.*;
2: class Ex01076A {
3:    public static void main(String[] args){
4:        String statement = "a";
5:        String[] regexStr = {"a?", "a*", "a+"};
           // Ex01076 프로그램의 6번부터 19번까지 동일합니다.
20:    }
21: }
```

```
D:\IntaeJava>java Ex01076A
statement=a
regexStr =a?
 found the text 'a' starting at index 0 and ending at index 1.
 found the text '' starting at index 1 and ending at index 1.
statement=a
regexStr =a*
 found the text 'a' starting at index 0 and ending at index 1.
 found the text '' starting at index 1 and ending at index 1.
statement=a
regexStr =a+
 found the text 'a' starting at index 0 and ending at index 1.

D:\IntaeJava>
```

프로그램 설명

▶ "a?"는 a가 하나 있거나 혹은 하나도 없어도 일치 조건 만족하는 경우입니다. 그
러면 "a"가 정규표현 "a?"에 어떻게 일치되는지 살펴보겠습니다.

① 이 경우는 "a"가 하나가 있는 조건을 만족합니다.

② 다시 찾기를 시작하여 "a"가 하나도 없는 조건을 다시 만족합니다.

③ 그래서 첫 번째 조건 만족하는 것은 시작 index가 0, 끝 index가 1이됩니다.

④ 두 번째 만족하는 문자열은 empty 문자열 1번부터 1번 즉 문자열 length가 0
인 문자열을 찾은 결과가 됩니다.

▶ "a*"는 a가 하나도 없거나 한 개, 혹은 여러 개 있어도 일치 조건 만족하는 경우
입니다. 그러면 "a"가 정규표현 "a*"에 어떻게 일치되는지 살펴보겠습니다.

① 이 경우는 "a"가 하나가 있는 조건을 만족합니다.

② 다시 찾기를 시작하여 하나도 없는 조건을 다시 만족합니다.

③ 하나가 있는 조건을 만족하고, 다시 찾기를 시작하여 하나도 없는 조건의 설
명은 "a?"와 동일합니다.

▶ "a+"는 a가 한 개, 혹은 여러 개 있어야 일치 조건 만족하는 경우입니다. 그러면
"a"가 정규표현 "a+"에 어떻게 일치되는지 살펴보겠습니다.

① 이 경우는 하나만 있는 조건이므로 만족합니다.

② 따라서 시작 index가 0, 끝 index가 1이 되는 문자열을 발견합니다.

예제 | Ex01076B

다음 프로그램은 문자열이 "aaa" 세 개의 문자가 있는 문자열일 경우 "a?", "a*", "a+"가 어떻게 작동하는지를 보여주는 프로그램입니다.

```
 1: import java.util.regex.*;
 2: class Ex01076B {
 3:    public static void main(String[] args){
 4:        String statement = "aaa";
 5:        String[] regexStr = {"a?", "a*", "a+"};
           // Ex01076 프로그램의 6번부터 19번까지 동일합니다.
20:    }
21: }
```

```
D:\IntaeJava>java Ex01076B
statement=aaa
regexStr =a?
 found the text 'a' starting at index 0 and ending at index 1.
 found the text 'a' starting at index 1 and ending at index 2.
 found the text 'a' starting at index 2 and ending at index 3.
 found the text '' starting at index 3 and ending at index 3.
statement=aaa
regexStr =a*
 found the text 'aaa' starting at index 0 and ending at index 3.
 found the text '' starting at index 3 and ending at index 3.
statement=aaa
regexStr =a+
 found the text 'aaa' starting at index 0 and ending at index 3.

D:\IntaeJava>
```

프로그램 설명

▶ "a?"는 a가 하나 있거나 혹은 하나도 없어도 일치 조건 만족하는 경우입니다. 그러면 "aaa"가 정규표현 "a?"에 어떻게 일치되는지 살펴보겠습니다.

① 이 경우는 하나가 있는 조건을 만족합니다.

② 다시 찾기를 시작하여 하나가 있는 조건을 두 번째로 만족합니다.

③ 다시 찾기를 시작하여 하나가 있는 조건을 세 번째로 만족합니다.

④ 그 다음은 하나도 없는 조건을 만족합니다.

⑤ 그래서 첫 번째 조건 만족하는 것은 시작 index가 0, 끝 index가 1이 되고, 두 번째 만족하는 문자열은 시작 index 1, 끝 index 2, 세 번째 만족하는 문자열은 시작 index 2, 끝 index 3, 네 번째 만족하는 문자열은 empty 문자열 3번부터 3번 즉 문자열 length가 0인 문자열을 찾은 결과가 됩니다.

▶ "a*"는 a가 하나도 없거나 한 개, 혹은 여러 개 있어도 일치 조건 만족하는 경우입니다. 그러면 "aaa"가 정규표현 "a*"에 어떻게 일치되는지 살펴보겠습니다.

① 이 경우는 여러 개(3개)가 있는 조건을 만족합니다.

② 다시 찾기를 시작하여 하나도 없는 조건을 만족합니다.

③ 그래서 3개가 있는 조건을 만족하므로 시작 index가 0, 끝 index가 3이되고, 다시 찾기를 시작하여 하나도 없는 조건의 설명은 "a?"와 동일하므로 empty 문

자열 3번부터 3번 즉 문자열 length가 0인 문자열을 찾은 결과가 됩니다.

▶ "a+"는 a가 한 개, 혹은 여러 개 있어야 일치 조건 만족하는 경우입니다. 그러면 "aaa"가 정규표현 "a+"에 어떻게 일치되는지 살펴보겠습니다.

① 여러 개(3개)가 있는 조건을 만족합니다.

② 따라서 시작 index가 0, 끝 index가 3이되는 문자열을 발견합니다.

예제 | Ex01076C

다음 프로그램은 문자열이 "abaab"로 다른 문자가 섞여 있는 문자열일 경우 "a?", "a*", "a+"가 어떻게 작동하는지를 보여 주는 프로그램입니다.

```
1: import java.util.regex.*;
2: class Ex01076C {
3:    public static void main(String[] args){
4:        String statement = "abaab";
5:        String[] regexStr = {"a?", "a*", "a+"};
            // Ex01076 프로그램의 6번부터 19번까지 동일합니다.
20:    }
21: }
```

```
D:\IntaeJava>java Ex01076C
statement=abaab
regexStr =a?
 found the text 'a' starting at index 0 and ending at index 1.
 found the text '' starting at index 1 and ending at index 1.
 found the text 'a' starting at index 2 and ending at index 3.
 found the text 'a' starting at index 3 and ending at index 4.
 found the text '' starting at index 4 and ending at index 4.
 found the text '' starting at index 5 and ending at index 5.
statement=abaab
regexStr =a*
 found the text 'a' starting at index 0 and ending at index 1.
 found the text '' starting at index 1 and ending at index 1.
 found the text 'aa' starting at index 2 and ending at index 4.
 found the text '' starting at index 4 and ending at index 4.
 found the text '' starting at index 5 and ending at index 5.
statement=abaab
regexStr =a+
 found the text 'a' starting at index 0 and ending at index 1.
 found the text 'aa' starting at index 2 and ending at index 4.

D:\IntaeJava>_
```

프로그램 설명

▶ "a?"는 a가 하나 있거나 혹은 하나도 없어도 일치 조건을 만족하는 경우입니다. 그러면 "abaab"가 정규표현 "a?"에 어떻게 일치되는지 살펴 보겠습니다.

① "a"가 "abaab"의 첫 머리에 있으므로 a가 하나가 있는 조건을 만족합니다. 만족되는 위치는 시작 index가 0, 끝 index가 1이 되어 위와 같이 출력됩니다. 이것이 첫 번째로 만족한 조건입니다.

② 다시 찾기를 시작하여 "b"가 나오기 전에 a가 하나도 없는 조건을 두 번째로 만족하게 됩니다. 그 만족되는 위치는 시작 index가 1, 끝 index도 1이 됩니다.

③ "b"를 지나 "a" 하나가 있는 조건을 세 번째로 만족하고, 만족되는 위치는 시작index 2, 끝 index 3이 됩니다.

④ 다시 찾기를 시작하여 "a" 하나가 있는 조건을 네 번째로 만족하고, 만족되는 위치는 시작 index 3, 끝 index 4입니다.

⑤ 다시 찾기를 시작하여 "b"가 나오기 전에 하나도 없는 조건을 다섯 번째로 만족하고, 만족되는 위치는 시작 index가 4, 끝 index도 4입니다.

⑥ "b"를 지나 "a"가 하나도 없는 조건을 여섯 번째로 만족하고, 만족되는 위치는 시작 index 5, 끝 index 5가 됩니다.

▶ "a*"는 a가 하나도 없거나 한 개, 혹은 여러 개 있어도 일치 조건을 만족하는 경우입니다. 그러면 "abaab"가 정규표현 "a*"에 어떻게 일치되는지 살펴 보겠습니다.

① "a"가 한 개가 있는 조건을 만족하고 만족되는 위치는 처음 index 0 끝 index 1입니다.

② 다시 찾기를 시작하여 "b"가 나오기 전에 하나도 없는 조건을 두 번째로 만족하고, 만족되는 위치는 시작 index가 1, 끝 index도 1이 됩니다.

③ "b"를 지나 "a"가 두 개 있는 조건을 세 번째로 만족하고, 만족되는 위치는 시작 index 2, 끝 index 4입니다.

④ 다시 찾기를 시작하여 "b"가 나오기 전에 하나도 없는 조건을 네 번째로 만족하고, 만족되는 위치는 시작 index가 4, 끝 index도 4가 됩니다.

⑤ "b"를 지나 "a" 하나도 없는 조건을 다섯 번째로 만족하고, 만족되는 위치는 시작 index 5, 끝 index 5입니다.

▶ "a+"는 a가 한 개, 혹은 여러 개 있어야 일치 조건을 만족하는 경우입니다. 그러면 "abaab"가 정규표현 "a+"에 어떻게 일치되는지 살펴보겠습니다.

① "a"가 한 개가 있는 조건을 만족하고, 만족되는 위치는 시작 index가 0, 끝 index가 1입니다.

② 다시 찾기를 시작하여 "b"를 지나 "a"가 두 개있는 조건을 두 번째로 만족하고, 만족되는 위치는 시작 index 2, 끝 index 4가 됩니다.

예제 | Ex01076D

다음 프로그램은 문자열이 "aa", "aaa", "aaaa"로 연속된 문자열일 경우 "a{3}"가 어떻게 작동하는지를 보여 주는 프로그램입니다.

```
1: import java.util.regex.*;
2: class Ex01076D {
3:     public static void main(String[] args){
4:         String[] statement = { "aa", "aaa", "aaaa" };
5:         String regexStr = "a{3}";
6:         for ( int i=0 ; i< statement.length ; i++ ) {
7:             System.out.println("statement="+statement[i]);
8:             System.out.println("regexStr ="+regexStr);
```

```
 9:          Pattern pattern = Pattern.compile(regexStr);
10:          Matcher matcher = pattern.matcher(statement[i]);
11:          boolean found = false;
12:          while ( matcher.find() ) {
13:              System.out.println(" found the text '"+matcher.group()+"'
starting at index "+matcher.start()+" and ending at index "+matcher.
end()+".");
14:              found = true;
15:          }
16:          if( !found ){
17:              System.out.println(" No match found.");
18:          }
19:      }
20:   }
21: }
```

```
D:\IntaeJava>java Ex01076D
statement=aa
regexStr =a{3}
 No match found.
statement=aaa
regexStr =a{3}
 found the text 'aaa' starting at index 0 and ending at index 3.
statement=aaaa
regexStr =a{3}
 found the text 'aaa' starting at index 0 and ending at index 3.

D:\IntaeJava>
```

프로그램 설명

▶ "aa"문자열은 "a{3}" 즉 3개의 "a"문자가 아니므로 조건에 만족하지 못합니다. 따라서 찾고자 하는 문자열은 발견되지 않습니다.

▶ "aaa"문자열은 "a{3}" 즉 3개의 "a"문자이므로 조건에 만족합니다. 따라서 처음 index 0, 끝 index 3으로 찾고자 하는 문자열은 발견되었습니다.

▶ "aaaa" 문자열은 "a{3}" 즉 3개의 "a"문자이므로 조건에 만족합니다. 따라서처음 index 0, 끝 index 3으로 찾고자 하는 문자열은 발견되고, 다음 "a"문자 하나 가지고는 "a{3}"의 조건을 만족하지 못하므로 더 이상 찾고자 하는 문자열은 없습니다.

예제 | Ex01076E

다음 프로그램은 문자열이 "aaaaaaaa"연속된 문자열일 경우 "a{3}", "a{3,}", "a{3,5}"가 어떻게 작동하는지를 보여주는 프로그램입니다.

```
1: import java.util.regex.*;
2: class Ex01076E {
3:   public static void main(String[] args){
4:       String statement = "aaaaaaaa";
5:       String[] regexStr = {"a{3}", "a{3,}", "a{3,5}"};
         // Ex01076 프로그램의 6번부터 19번까지 동일합니다.
20:   }
21: }
```

```
D:\IntaeJava>java Ex01076E
statement=aaaaaaaa
regexStr =a{3}
 found the text 'aaa' starting at index 0 and ending at index 3.
 found the text 'aaa' starting at index 3 and ending at index 6.
statement=aaaaaaaa
regexStr =a{3,}
 found the text 'aaaaaaaa' starting at index 0 and ending at index 8.
statement=aaaaaaaa
regexStr =a{3,5}
 found the text 'aaaaa' starting at index 0 and ending at index 5.
 found the text 'aaa' starting at index 5 and ending at index 8.

D:\IntaeJava>
```

프로그램 설명

▶ "a{3}"는3개의 "a"문자로 조건에 만족하는 경우입니다. "aaaaaaaa"가 정규표현 "a{3}"에 어떻게 일치되는지 살펴보겠습니다.

① "aaaaaaaa"문자열은 "a{3}"즉 3개의 "a"문자로 조건에 만족하고, 만족되는 위치는 처음 index 0, 끝 index 3입니다.

② 다시 위치 3부터 찾기를 시작하여 "aaa"문자로 조건에 만족하고, 만족하는 위치는 처음 index 3, 끝 index 6입니다.

③ 다시 위치 6부터 찾기를 시작하지만 찾고자 하는 문자열은 발견되지 않습니다. 즉 다음 "aa" 문자열 가지고는 "a{3}"의 조건을 만족하지 못하므로 더 이상 찾고자 하는 문자열은 없습니다.

▶ "a{3,}"는 3개 이상의 "a"문자로 조건에 만족하는 경우입니다. "aaaaaaaa"가 정규표현 "a{3,}"에 어떻게 일치되는지 살펴보겠습니다.

① "aaaaaaaa"문자열은 "a{3,}"즉 3개 이상의 "a"문자가 나오면 만족하는 조건으로, 8개 문자가 있으므로 한 번에 전체 문자열을 만족합니다. 처음 index 0, 끝 index 8로 찾고자 하는 문자열이 한 번에 모두 발견된 경우가 됩니다.

▶ "a{3,5}"는 3개 이상 5개 이하의 "a"문자로 조건에 만족하는 경우입니다. "aaaaaaaa"가 정규표현 "a{3,5}"에 어떻게 일치되는지 살펴보겠습니다.

① "aaaaaaaa"문자열은 "a{3,5}"즉 "a"문자가 3개 이상 5개 이하이면 만족하는 조건으로 "a" 5개로 만족하고, 만족하는 위치는 처음 index 0, 끝 index 5입니다.

② 다시 위치 5부터 찾기를 시작하여 나머지 "aaa"는 "a{3,5}"를 "a"3개로 만족하고, 만족하는 위치는 처음 index 5, 끝 index 8이 됩니다.

■ 그룹 문자열 표현 ■

지금까지는 한 개의 문자열에 대해서만 예를 제시했는데 여러 문자 뒤에 문자 반복 정규표현 기호를 사용하면 어떻게 될까요 ?, 아래의 예시를 보도록 하겠습니다.

• "abc+": "abc", "abcc", "abccc", …와 같은 의미입니다.

- "(abc)+":"abc", "abcabc", "abcabcabc", ….와 같은 의미입니다.
- "[abc]+":"a", "b", "c", "ab", "aaaa", "abbbb", "cbaaaa", 등 한 개 이상의 a,b,c로 이루어진 문자열
- "abc{3}": "abccc"와 같은 의미입니다.
- "(abc){3}":"abcabcabc"와 같은 의미입니다.
- "[abc]{3}":"aaa", "bbb", "ccc", "aab", "abc", "cab", "cbb", 등 a,b,c문자들 중 3개로 이루어진 문자열

예제 | Ex01076F

다음 프로그램은 문자열이 "abc abcc abccc abcabc abcabcabc a b c ab aaaa abbbb cbaaaa" 연속된 문자열일 경우 "abc+", "(abc)+", "[abc]+"가 어떻게 작동하는지를 보여주는 프로그램입니다.

```
1: import java.util.regex.*;
2: class Ex01076F {
3:    public static void main(String[] args){
4:        String statement = "abc  abcc  abccc  abcabc  abcabcabc  a  b  c
ab  aaaa  abbbb  cbaaaa";
5:        String[] regexStr = {"abc+", "(abc)+", "[abc]+"};
6:        for ( int i=0 ; i< regexStr.length ; i++ ) {
7:            System.out.println("statement="+statement);
8:            System.out.print("regexStr ="+regexStr[i] + " : ");
9:            Pattern pattern = Pattern.compile(regexStr[i]);
10:           Matcher matcher = pattern.matcher(statement);
11:           boolean found = false;
12:           while ( matcher.find() ) {
13:               System.out.print("'"+matcher.group()+"'   ");
14:               found = true;
15:           }
16:           if( !found ){
17:               System.out.print(" No match found.");
18:           }
19:           System.out.println();
20:           if ( i != regexStr.length - 1 ) {
21:               System.out.println();
22:           }
23:       }
24:    }
25: }
```

```
D:\IntaeJava>java Ex01076F
statement=abc  abcc  abccc  abcabc  abcabcabc  a  b  c  ab  aaaa  abbbb  cbaaaa
regexStr =abc+ : 'abc'  'abcc'  'abccc'  'abc'  'abc'  'abc'  'abc'  'abc'

statement=abc  abcc  abccc  abcabc  abcabcabc  a  b  c  ab  aaaa  abbbb  cbaaaa
regexStr =(abc)+ : 'abc'  'abc'  'abc'  'abcabc'  'abcabcabc'

statement=abc  abcc  abccc  abcabc  abcabcabc  a  b  c  ab  aaaa  abbbb  cbaaaa
regexStr =[abc]+ : 'abc'  'abcc'  'abccc'  'abcabc'  'abcabcabc'  'a'  'b'  'c'
 'ab'  'aaaa'  'abbbb'  'cbaaaa'

D:\IntaeJava>
```

프로그램 설명

▶ 위 '그룹 문자열 표현'에서 설명한 사항을 그대로 프로그램에 적용하였으므로 '그룹 문자열 표현'을 참조 바랍니다.

예제 | Ex01076G

다음 프로그램은 문자열이 "abccc abcabcabc aaa bbb ccc aab abc cab cbb" 연속된 문자열일 경우 "abc{3}", "(abc){3}", "[abc]{3}"가 어떻게 작동하는지를 보여주는 프로그램입니다.

```
 1: import java.util.regex.*;
 2: class Ex01076G {
 3:    public static void main(String[] args){
 4:        String statement = "abccc  abcabcabc  aaa  bbb  ccc  aab  abc
cab  cbb";
 5:        String[] regexStr = {"abc{3}", "(abc){3}", "[abc]{3}"};
              // Ex01076F 프로그램의 6번부터 22번까지 동일합니다.
24:    }
25: }
```

```
D:\IntaeJava>java Ex01076G
statement=abccc  abcabcabc  aaa  bbb  ccc  aab  abc  cab  cbb
regexStr =abc{3} : 'abccc'

statement=abccc  abcabcabc  aaa  bbb  ccc  aab  abc  cab  cbb
regexStr =(abc){3} : 'abcabcabc'

statement=abccc  abcabcabc  aaa  bbb  ccc  aab  abc  cab  cbb
regexStr =[abc]{3} : 'abc'  'abc'  'abc'  'abc'  'aaa'  'bbb'  'ccc'  'aab'  'ab
c'  'cab'  'cbb'

D:\IntaeJava>
```

프로그램 설명

▶ 위 '그룹 문자열 표현'에서 설명한 사항을 그대로 프로그램에 적용하였으므로 '그룹 문자열 표현'을 참조 바랍니다.

■ greedy, reluctant, possessive 구별 ■

greedy, reluctant, possessive 구별은 정규표현의 내부에 반복되는 표현이 있을 경우에만 적용되며, 반복되는 표현이 없을 경우는 적용되지 않습니다. 즉 a?, a*, a+, a{n}, a{n,}, a{n,m}의 6가지 경우에만 적용됩니다. greedy, reluctant, possessive 구별은 아래 개념 설명을 읽은 후 다음에 나오는 예제를 가지고 이해해야 됩니다.

- "greedy"는 "욕심 많은"의 뜻으로 반복되는 경우의 수를 최대한 많은 반복을 선택합니다. 즉 욕심이 많아서 반복 할수만 있다면 최대한 많이 반복을 한다라는 뜻입니다.
- 사용형식:a?, a*, a+, a{n}, a{n,}, a{n,m}
- "reluctant"는 "마음내키지 않는"의 뜻으로 반복되는 경우의 수를 최대한 적은 반복를 선택합니다. 반복하는 것이 마음내키지 않으므로 반복을 안 할 수 있으면 안한다라는 뜻입니다.
- 사용 형식:a??, a*?, a+?, a{n}?, a{n,}?, a{n,m}?, 즉 "greedy" 사용 형식에 "?"를 뒤에 더 붙입니다.
- "possessive"는 "소유한", "소유욕이 강한"의 뜻으로 greedy보다 더 욕심이 많은 경우로, 경우의 수를 최대한 많은 반복를 선택하는 것은 greedy와 같습니다. 하지만 greedy는 반복을 했다 하더라도 문자를 발견하지 못하면 문자를 발견하기 위해 반복했던 문자를 취소해서 문자를 하나씩 토해냅니다, 즉 index을 하나씩 줄이면서 뒤로 이동하여 마치 진행하지 않는 상태를 만들고 일치 조건을 비교하고, 이런 식으로 발견될 때까지 뒤로 이동합니다. possessive는 한 번 반복해서 지나가 버린 문자는 문자를 못 찾았다 하더라도 취소하지 않고, 최종적으로 문자를 발견하지 못한 것으로 해버립니다.
- 사용 형식:a?+, a*+, a++, a{n}+, a{n,}+, a{n,m}+, 즉 "greedy" 사용 형식에 "+"를 뒤에 더 붙입니다.

■ 정규표현 ".*"의 의미 ■

".*"의 의미를 혼동하지 않도록 예제를 통해 다시 한 번 설명합니다. ".*"는 greedy 표현형식 "X*"에서 "X"대신에 임의문자 정규표현 "."(period)를 사용한 것으로 글자가 하나도 없어도 되고, 얼마든지 길어도 일치하는 조건입니다. 그러므로 정규 표현으로 ".*"만 있다면 모든 문자열이 모두 일치 조건을 만족합니다.

예제 | Ex01076H

```
1: import java.util.regex.*;
2: class Ex01076H {
3:    public static void main(String[] args){
4:        String statement = "hello java";
5:        String[] regexStr = { ".*", "..........", ".{10}", ".*va",".*hello
```

```
java", ".+", ".+hello java"};
                // Ex01076F 프로그램의 6번부터 22번까지 동일합니다.
24:     }
25: }
```

```
D:\IntaeJava>java Ex01076H
statement=hello java
regexStr =.* : 'hello java' ''

statement=hello java
regexStr =......... : 'hello java'

statement=hello java
regexStr =.{10} : 'hello java'

statement=hello java
regexStr =.*va : 'hello java'

statement=hello java
regexStr =.*hello java : 'hello java'

statement=hello java
regexStr =.+ : 'hello java'

statement=hello java
regexStr =.+hello java :  No match found.

D:\IntaeJava>
```

프로그램 설명

▶ ".*"는 임의의 한 문자도 없거나 몇 개의 문자가 와도 일치하는 조건입니다. 그러 므로 "hello java"는 10개의 문자가 왔으므로 일치 조건에 만족입니다. 즉 모든 문자열이 일치 조건을 만족합니다.

▶ "........."와 ".{10}"는 표현만 다르지 임의의 10개 문자가 오면 일치 조건에 만족 입니다. 그러므로 "hello java"는 10개의 문자가 왔으므로 일치 조건 만족입니다.

▶ ".*a"는 greedy이므로 다음 2가지를 기억해야 합니다. ① ".*va"에서 ".*"명령 을 먼저 적용합니다. ②그 다음 일치되는 문자열이 없으면 index의 위치를 한문 자씩 뒤로 이동시켜서 일치 조건을 확인합니다.

• 위 예제에서 ①정규표현 ".*"을 input 문자열 "hello java"에 우선 적용합니다. 그러면 index의 위치는 10의 위치에 가게 됩니다. 그 상태에서 정규 표현 ".*va" 중 ".*"는 일치 조건을 완료하고(여기서는 일치 조건이란 표현보다는 index 진 행을 완료 했다라는 표현이 더 적합할 것 같습니다.) 아직 적용하지 않은 정규표 현 "va"와 input 문자열 중 남아있는 문자열과 비교해 봅니다. input문자열에는 ".*"로 모두 적용해 버렸기 때문에 남아 있는 문자열이 빈 문자열 밖에 없습니다. 즉 정규표현의 "va"와 input 문자열에 남아있는 빈 문자열 비교하면 일치하지 않 습니다. 그러므로 일치 조건을 만족하지 못하고 fail합니다.

• ".*va"는 greedy이므로 일치 조건을 만족하지 못하고 fail하면 한 문자를 토해 냅니다. 그러면 index는 9가 되고 남아 있는 문자열은 "a"가 됩니다. 정규 문자열 ".*va"에서 ".*"는 적용이 완료된 상태에서 한 글자를 토해내도 적용이 완료된 상

태를 유지할 수 있습니다. 왜냐하면 ".*"의 의미가 임의의 문자를 한 문자도 진행 안 해도 되고, 또는 몇 개의 문자를 진행해도 되는 의미이므로 한 개를 토해낸 상태는 9개를 진행한 상태이므로 ".*"는 적용완료 상태입니다. 그러면 정규표현에서 적용하지 않은 "va"와 남아있는 문자열 "a"와 일치되는지 비교하면 일치하지 않으므로 다시 fail합니다.

- ".*va"는 greedy이므르 일치 조건을 만족하지 못하고 fail하면 한 문자를 다시 토해 냅니다. 그러면 index는 8이 되고 남아있는 문자열은 "va"가 됩니다. 정규 문자열 ".*va"에서 ".*"는 적용이 완료된 상태에서 한 글자를 다시 토해내도 위에서 설명한대로 적용이 완료된 상태를 계속 유지할 수 있습니다. 그러면 정규표현에서 적용하지 않은 "va"와 남아있는 문자열 "va"와 일치되는지 비교하면 일치되므로 일치조건 만족하여 출력 결과와 같이 모든 문자 출력합니다.

▶ ".*hello java"도 위에서 설명한대로 계속 문자를 토해내서 모두 토해내도 ".*"는 적용이 완료된 상태를 유지할 수 있습니다. 왜냐하면 ".*"의 의미가 임의의 문자를 한 문자도 진행 안 해도 된다고 했기 때문에 한 문자도 진행을 안 해도 ".*"가 적용된 상태라고 볼 수 있기 때문입니다.

▶ ".+"는 임의의 한 문자 이상 몇 개의 문자가 와도 일치하는 조건입니다. 그러므로 "hello java"는 10개의 문자가 왔으므로 일치 조건에 만족입니다.

▶ ".+hello java"는 임의의 한 문자 이상과 "hello java"가 되어야 일치하는 조건입니다. 즉 최소한 11문자는 되어야 하는데, 10문자 밖에 안 되므로 일치 조건을 만족하지 못합니다.

예제 | Ex01076I

```
1: import java.util.regex.*;
2: class Ex01076I {
3:    public static void main(String[] args){
4:        String statement = "hello java";
5:        String[] regexStr = { ".*ja", ".*ll"};
            // Ex01076F 프로그램의 6번부터 22번까지 동일합니다.
24:    }
25: }
```

```
D:\IntaeJava>java Ex01076I
statement=hello java
regexStr =.*ja : 'hello ja'

statement=hello java
regexStr =.*ll : 'hell'

D:\IntaeJava>
```

프로그램 설명

▶ ".*ja"도 Ex01076H 프로그램에서 설명한대로 계속 문자를 토해내서 "java"까지 토해냅니다. 그 다음 토해낸 문자 "java"와 적용하지 않은 정규표현 "ja"를 비교하니 토해낸 문자열 중 앞 두 문자 "ja"가 일치합니다. 그러므로 정규표현 ".*ja"는 input 문자열 "hello ja"와 일치 조건을 만족하므로 true를 반환합니다.

▶ ".*ll"도 위에서 설명한대로 계속 문자를 토해내서 "llo java"까지 토해냅니다. 그 다음 토해낸 문자 "llo java"와 적용하지 않은 정규표현 'll'를 비교하니 토해낸 문자열 중 앞 두 문자 "ll"가 일치합니다. 그러므로 정규표현 ".*ll"는 input 문자열 "hell"와 일치 조건을 만족하므로 true를 반환합니다.

예제 | Ex01076J

다음 프로그램은"hello java, good morning java"문자열에서 첫 문자부터 반복을 시작해서 "java"문자열이 있는 곳까지를 찾아내는 것으로 greedy, reluctant, possessive 구별이 어떻게 작동하는지를 보여주는 프로그램입니다.

```
2: class Ex01076J {
3:    public static void main(String[] args){
4:        String statement = "hello java, good morning java";
5:        String[] regexStr = { ".*java", ".*?java", ".*+java"};
            // Ex01076F 프로그램의 6번부터 22번까지 동일합니다.
24:   }
25: }
```

```
D:\IntaeJava>java Ex01076J
statement=hello java, good morning java
regexStr =.*java : 'hello java, good morning java'

statement=hello java, good morning java
regexStr =.*?java : 'hello java'  ', good morning java'

statement=hello java, good morning java
regexStr =.*+java :  No match found.

D:\IntaeJava>
```

프로그램 설명

▶ greedy 정규표현 문자열 ".*java"에서 정규표현 "."은 어느 문자든 상관없는 하나의 문자를 나타냅니다. "*"은 없거나 한 개이상 여러 개 반복하는 명령이므로 ".*"을 합치면 문자열 끝까지에 해당합니다. 그러니 ".*java"에서 "java"문자열은 비교조차 할 문자가 없으므로".*java"의 조건에 맞는 문자열은 발견하지 못 합니다. 하지만 greedy는 이렇게 발견하지 못하면 마지막 문자 하나를 토해냅니다. 즉 "……a"가 되는 것입니다. 그래도 조건에 맞는 문자열이 발견되지 않으므로 다음에 하나를 더 토해내서, "…..va"가 됩니다. 이래도 안되니 하나 더 "….ava"이

래도 안되니 하나 더 "….java" 그러면 이제 조건에 만족하는 문자열을 찾았으므로 임무 완수된 것입니다. 그래서 출력된 문자를 보면 전체를 모두 출력한 문자열이 ".*java"와 조건이 일치하는 문자열이 됩니다.

▶ reluctant 정규표현 문자열 ".*?java"에서 정규표현 ".*?"는 최대한 반복을 안하는 것으로부터 시작합니다. 그러므로 ".*?java"는 "hell" 4개 문자와 "java"와 비교해봅니다. "hell"의 4개 문자가지고는 조건이 만족되지 못하므로 5개문자인 "hello"와 ".java"를 비교해 봅니다. "hello"의 5개 문자가지고는 조건이 만족하지 못하므로 space문자를 포함한 6개 문자인 "hello "와 "..java"를 비교해봅니다. 이런 식으로 다시 "hello j"와 "…java", 다시 "hello ja", "hello jav", 그리고 마침내 10개 문자인 "hello java"와 "……java"가 조건을 만족하므로 찾는 문자열 하나 발견해서 출력합니다. 다음 4개 문자 ", go"과 "java", 다시 5개 문자 ", goo"와 ".java", 다시 ", good", ",good ", …. 이런 식으로 ", good morning java"와 "……………java"가 조건만족하므로 ", good morning java"를 출력합니다.

▶ possessive 정규표현 문자열 ".*+java"에서 정규표현 ".*"은 문자열 끝까지에 해당합니다. 그러니 ".*+java"에서 "java" 문자열은 비교조차 할 문자가 없이 모든 문자열을 지나가기 때문에 조건에 맞는 문자열은 발견하지 못합니다. possessive는 조건에 맞는 문자열이 발견하지 못하면 greedy처럼 토해내지 않습니다. 그러므로 최종적으로 조건에 맞는 문자열은 발견되지 않았습니다.

예제 | Ex01076K

다음 프로그램은 "hello java, good morning java"문자열에서 첫 문자부터 반복을 시작해서 "java"문자열이 있는 곳까지를 찾아내는 것으로 greedy, reluctant, possessive 구별이 어떻게 작동하는지를 보여주는 프로그램입니다.

```
1: import java.util.regex.*;
2: class Ex01076K {
3:    public static void main(String[] args){
4:        String statement = "jjjjjavaaaaaaaaaa java";
5:        String[] regexStr = { "\\w*.java", "\\w*?.java", "\\w*+.java"};
            // Ex01076F 프로그램의 6번부터 22번까지 동일합니다.
24:    }
25: }
```

```
D:\IntaeJava>java Ex01076K
statement=jjjjjavaaaaaaaaaa java
regexStr =\w*.java : 'jjjjjavaaaaaaaaaa java'

statement=jjjjjavaaaaaaaaaa java
regexStr =\w*?.java : 'jjjjjava'  'aaaaaaaaaa java'

statement=jjjjjavaaaaaaaaaa java
regexStr =\w*+.java : 'jjjjjavaaaaaaaaaa java'

D:\IntaeJava>
```

프로그램 설명

▶ greedy 정규표현 문자열 "\\w*.java"에서 문자열 "\\w"는 정규표현 "\w"로 영문자, 숫자, "_"중에서 하나의 문자를 나타냅니다. 정규표현 "*"은 없거나 한 개 이상 여러 개 반복하는 명령이므로 "\w*"을 합치면 영문자, 숫자, "_"문자가 반복되는 것을 의미합니다. 그러므로 "jjjjjavaaaaaaaaaa"문자열은 영문자만으로 반복되므로 정규표현 "\w*"와 일치하게 됩니다. "jjjjjavaaaaaaaaaa"문자열 바로 다음에 있는 space는 영문자, 숫자, "_"가 아니므로 정규표현 "\w"가 될 수 없습니다. 하지만 "java"앞에 "."은 어떤 문자와도 일치되는 정규표현이므로 space도 해당됩니다. 그러니 정규표현 "\w*.java"에서 "wwwwww.java"문자열과 비교하면 바로 조건 만족하는 문자열을 찾게 됩니다. (문자열 "\\w"가 정규표현 "Ww" 로 되는 것은 6.4절 '제어문자' 참조)

▶ reluctant 정규표현 문자열 "\\w*?.java"에서 정규표현 "\w*?"는 최대한 반복을 안 하는 것으로 \부터 시작합니다. 그러므로 "\w*?.java"는 "jjjjj" 5개 문자와 ".java"와 비교해봅니다. 5개 문자 "jjjjj"는 ".java"와 일치하지 않으므로 6개문자 "jjjjja"와 "\w.java"와 비교해 봅니다. 6개문자 "jjjjja"도 "\w.java"와 일치하지 않습니다. 이런 식으로 다시 7개 문자 "jjjjjav"와 "\w\w.java", 다시 8개 문자 "jjjjjava"와 "\w\w\w.java"를 비교하니 8개 문자에서 조건을 만족합니다. 찾는 문자열 하나 발견했으므로 출력합니다. 그 다음 5개 문자 "aaaaa"와 ".java", 다시 6개 문자 "aaaaaa"와 "w.java", 다시 7개 문자 "aaaaaaa", "aaaaaaa", …. 이런식으로 해서 13개 문자 "aaaaaaaaa java"와 "wwwwww.java"가 조건을 만족하게 되므로 "aaaaaaaaa java"를 출력합니다.

▶ possessive 정규표현 문자열 "\\w*+.java"에서 문자열 "\\w"는 정규표현 "\w" 로 영문자, 숫자, "_" 중에서 하나의 문자를 나타냅니다. 정규표현 "*"은 없거나 한 개 이상 여러 개 반복하는 명령이므로 "\w*+"을 합치면 영문자, 숫자, "_"문자가 반복되는 것을 의미합니다. 즉 문자열 끝에 있는 "java"바로 전의 space 전까지에 해당합니다. 그러니 "\w*+.java"에서 "wwwwww.java"문자열과 비교하면 바로 조건 만족하는 문자열을 찾게 됩니다.

10.8.7 그룹 문자열 정규표현과 backreference

지금까지의 설명는 한 개의 문자에 대해 반복되는 것에 대해 설명했다면 그룹 문자열 정규표현은 괄호를 사용해서 묶으면 하나의 단위로 반복되는 횟수를 지정할 수 있습니다. (Ex01076F에서 이미 설명한 내용입니다.) 괄호를 사용한 그룹 문자열 정규표현은 backreference와 함께 또 다른 기능을 가지고 있습니다.

■ 그룹 문자열 번호 ■

괄호를 사용하여 만든 그룹 문자열은 여는 괄호를 왼쪽에서 오른쪽으로 세면서 번호를 부여합니다.

- (A) (B) (C) (D)는 다음과 같은 번호가 부여 됩니다.
- 1:(A)
- 2:(B)
- 3:(C)
- 4:(D)

    예 2014-09-08 15:53:11와 같은 문자열을 일치시키는 정규표현 (\d\d\d\d)-(\d\d)-(\d\d) (\d\d):(\d\d):(\d\d)

- 1:(\d\d\d\d):연도
- 2:(\d\d):월
- 3:(\d\d):일
- 4:(\d\d):시
- 5:(\d\d):분
- 6:(\d\d):초

- (A) ((B) (C (D)))는 다음과 같은 번호가 부여 됩니다.
- 1:(A):
- 2:((B) (C (D)))
- 3:(B)
- 4:(C (D))
- 5:(D)

    예 2014-09-08 15:53:11와 같은 문자열을 일치시키는 정규표현 ((\d\d\d\d)-(\d\d)-(\d\d)) ((\d\d):(\d\d):(\d\d))

- 1:((\d\d\d\d)-(\d\d)-(\d\d)):연월일
- 2:(\d\d\d\d):연도
- 3:(\d\d):월
- 4:(\d\d):일
- 5:((\d\d):(\d\d):(\d\d)):시분초
- 6:(\d\d):시
- 7:(\d\d):분
- 8:(\d\d):초
- 그룹 번호와 관련된 Matcher class의 method는 다음과 같습니다.
- public int start(int group):그룹 번호로 일치되는 문자열의 시작 index를 return

합니다.

- public int end(int group):그룹 번호로 일치되는 문자열의 끝 index를 return 합니다.

- public String group(int group):그룹 번호로 일치되는 문자열을 return합니다.

예제 | Ex01077

다음 프로그램은 날짜와 시간 문자열을 그룹 정규표현을 사용하여 일치해서 각각 의 그룹 번호별 일치하는 문자열과 시작과 끝 index를 출력하는 프로그램입니다.

```
1: import java.util.regex.*;
2: class Ex01077 {
3:    public static void main(String[] args){
4:        String statement = "Date and Time : 2014-09-08 15:53:11";
5:        String regexStr = "((\\d\\d\\d\\d)-(\\d\\d)-(\\d\\d)) ((\\d\\d):(\\d\\d):(\\d\\d))";
6:        System.out.println("statement="+statement);
7:        System.out.println("regexStr ="+regexStr);
8:        Pattern pattern = Pattern.compile(regexStr);
9:        Matcher matcher = pattern.matcher(statement);
10:       boolean found = false;
11:       while ( matcher.find() ) {
12:           System.out.println("full match : '"+matcher.group()+"'  ");
13:           System.out.println("group(1): '"+matcher.group(1)+"'  start index="+matcher.start(1)+", end index="+matcher.end(1));
14:           System.out.println("group(2): '"+matcher.group(2)+"'  start index="+matcher.start(2)+", end index="+matcher.end(2));
15:           System.out.println("group(3): '"+matcher.group(3)+"'  start index="+matcher.start(3)+", end index="+matcher.end(3));
16:           System.out.println("group(4): '"+matcher.group(4)+"'  start index="+matcher.start(4)+", end index="+matcher.end(4));
17:           System.out.println("group(5): '"+matcher.group(5)+"'  start index="+matcher.start(5)+", end index="+matcher.end(5));
18:           System.out.println("group(6): '"+matcher.group(6)+"'  start index="+matcher.start(6)+", end index="+matcher.end(6));
19:           System.out.println("group(7): '"+matcher.group(7)+"'  start index="+matcher.start(7)+", end index="+matcher.end(7));
20:           System.out.println("group(8): '"+matcher.group(8)+"'  start index="+matcher.start(8)+", end index="+matcher.end(8));
21:           found = true;
22:       }
23:       if( !found ){
24:           System.out.println(" No match found.");
25:       }
26:    }
27: }
```

```
D:\IntaeJava>java Ex01077
statement=Date and Time : 2014-09-08 15:53:11
regexStr =((\d\d\d\d)-(\d\d)-(\d\d)) ((\d\d):(\d\d):(\d\d))
full match : '2014-09-08 15:53:11'
group(1): '2014-09-08'  start index=16, end index=26
group(2): '2014'  start index=16, end index=20
group(3): '09'  start index=21, end index=23
group(4): '08'  start index=24, end index=26
group(5): '15:53:11'  start index=27, end index=35
group(6): '15'  start index=27, end index=29
group(7): '53'  start index=30, end index=32
group(8): '11'  start index=33, end index=35

D:\IntaeJava>
```

프로그램 설명

▶ 5번째 줄:날짜와 시간을 검색하기 위한 그룹 문자열 정규 표현입니다.

▶ 13~20번째 줄:그룹 번호별 일치되는 문자열과 시작과 끝 index를 출력해줍니다.

■ Backreference ■

Backreference는 역slash(\)와 숫자번호로 이루어진 일종의 순서표로 숫자번호는 앞서 설명한 그룹 문자열 번호를 의미합니다. 그룹 문자열 문자열은 Backreference에 의해 다시 불려져서 사용될 수 있도록 컴퓨터 memory에 저장됩니다.

형식

```
\n
```

여기에서 n는 숫자입니다. 즉 그룹 문자열에서 컴퓨터 내부적으로 부여된 번호입니다.

■ 문자 반복 정규표현과 Backreference의 차이점 ■

다음과 같은 "1212", "1234"의 문자열이 있을 경우

• 정규표현 "\d\d\d\d"는 "1212"도 일치하고, "1234"도 일치합니다.

• 정규표현 "(\d\d){2}"는 "1212"도 일치하고, "1234"도 일치합니다. "\d\d\d\d"와 동일합니다.

• 정규표현 "(\d\d)\1"는 "1212"만 일치하고, "1234"는 일치하지 않습니다. 즉 "(\d\d)"로 일치한 문자와 동일 문자이어야 일치하는 조건입니다.

■ 정규표현 "(\d\d)\1"의 주의 사항 ■

① 정규표현 "(\d\d)\1"은 "정규표현 "(\d\d)(\d\d)"과 같이 선언한 것과 같습니다.

② 정규표현 "(\d\d)\1"은 ①사항에 추가하여 만약 "(\d\d)"가 "12"였다면 뒤의 "(\d\d)"도 "12"여야 합니다. 또 만약 "(\d\d)"가 "34"였다면 뒤의"(\d\d)"도

"34"여야 합니다. 즉 앞에 일치한 문자열이 뒤에 있는 문자열과 동일한 문자열이어야 합니다.

예제 | Ex01077A

다음 프로그램은"(\w\w){2}"와 "(\w\w)\1"의 차이점을 나타내는 프로그램입니다. (참고 아래 프로그램에서 문자열 "\w"를 표현하기 위해 "\\w"를 사용한 것은 제어문자를 사용하고 있기 때문입니다. 6.4절 '제어문자' 참조)

```
1: import java.util.regex.*;
2: class Ex01077A {
3:    public static void main(String[] args){
4:        String statement = "1212 1234 jajava jajajava ";
5:      String[] regexStr = { "(\\w\\w\\w\\w)","(\\w\\w){2}", "(\\w\\w)\\1",
"(\\w\\w)\\1{2}"};
                // Ex01076F 프로그램의 6번부터 22번까지 동일합니다.
24:    }
25: }
```

```
D:\IntaeJava>java Ex01077A
statement=1212 1234 jajava jajajava
regexStr =(\w\w\w\w) : '1212'  '1234'  'jaja'  'jaja'  'java'

statement=1212 1234 jajava jajajava
regexStr =(\w\w){2} : '1212'  '1234'  'jaja'  'jaja'  'java'

statement=1212 1234 jajava jajajava
regexStr =(\w\w)\1 : '1212'  'jaja'  'jaja'

statement=1212 1234 jajava jajajava
regexStr =(\w\w)\1{2} : 'jajaja'

D:\IntaeJava>
```

프로그램 설명

▶ 정규표현 "(\w\w\w\w)"과 "(\w\w){2}"는 동일합니다.

▶ 정규표현 "(\w\w){2}"는 문자 4개가 각각 다른 문자라 하더라도 일치하는 조건입니다.

▶ 정규표현 "(\w\w)\1"는 앞 문자 문자 2개는 각각 다른 문자를 의미하며 "\1"은 앞의 그룹 문자열 정규표현을 의미하므로 "(\w\w)"가 한 번 더 있는거과 같은 의미에 추가적인 의미가 하나 더 있습니다. 즉"(\w\w)"로 선정된 문자가 정확히 동일한 문자가 반복되어야 일치하는 조건입니다. 그래서 "1212"는 일치하는 조건이지만 "1234"는 일치하는 조건이 안됩니다.

▶ 정규표현 "(\w\w)\1{2}"는 "(\w\w)\1\1"과 같습니다. 만약 "\w\w"가 "ja"라면 "(\w\w)\1{2}"는 "jajaja"가 되어야 합니다.

■ 그룹 문자열 번호가 없는 그룹 문자열 정규표현:(?:X) ■

그룹 문자열 정규 표현으로 표현할 필요성은 있지만 그룹 문자열 번호는 사용하지 않을때는 "(?:X)"를 사용합니다.

예제 | Ex01077B

```
 1: import java.util.regex.*;
 2: class Ex01077B {
 3:    public static void main(String[] args){
 4:       String statement = "1212 1234 jajava jajajava ";
 5:        String[] regexStr = { "(\\w\\w\\w\\w)","(\\w\\w){2}", "(?:\\w\\
w\\w\\w)", "(?:\\w\\w){2}"};
                 // Ex01076F 프로그램의 6번부터 22번까지 동일합니다.
24:    }
25: }
```

프로그램 설명

▶ 정규표현 "(\w\w\w\w)"과 "(\w\w){2}"는 동일합니다.

▶ 정규표현 "(?:\w\w\w\w)"과 "(?:\w\w){2}"는 동일합니다.

▶ 정규표현 "(\w\w\w\w)"는 그룹 문자열 번호가 있지만 "(?:\w\w\w\w)"는 그룹 문자열 번호가 없습니다. 위 프로그램에서는"(\w\w\w\w)"과 "(\w\w){2}"에 대한 그룹 문자열 번호를 사용하지 않았기 때문에 "(?:\w\w\w\w)"과 "(?:\w\w){2}"의 출력이 동일하게 나타납니다.

■ 정규표현 "(?:X)"는 언제 사용하나요 ? ■

정규표현 "(?:X)"는 그룹 문자열 번호 "(X)"중에 특별하지 않으면 "(?:X)"를 사용합니다. 만약 특별하지 않은 곳에 "(X)"을 사용한다면, 그룹 번호를 사용해야 하는 특별한 경우에는 앞에서부터 사용하고자 하는 그룹 번호가 몇 번째인지 세어야 합니다. 따라서 사용하지도 않는 그룹 문자열 번호를 많이 사용하면 상당히 번거롭습니다.

10.8.8 경계일치 정규표현

지금까지 설명한 정규표현은 일치하는 문자가 있는지 없는지만 조사를 했습니다. 이번 절에서는 어디에 있는지의 조건을 부여하여 일치하는 문자를 찾는 정규표현에 대해 알아봅니다.

^	줄의 첫 번째에 위치해야 하는 조건
$	줄의 마지막에 위치해야 하는 조건
\b	단어의 경계(단어의 시작 혹은 끝)에 위치해야 하는 조건
\B	단어의 경계(단어의 시작 혹은 끝)가 아닌 위치에 있어야 하는 조건
\A	문서의 시작에 위치해야 하는 조건
\z	문서의 끝에 위치해야 하는 조건
\G	바로 전에 일치한 것의 끝에 위치해야 하는 조건 혹은 input문자열의 첫 번째에 위치해야 하는 조건

주의 사항:"\b"에서 단어의 의미는 "\w"로 연속해서 이루어진 문자열, 즉, 영문자, 숫자, "_"(underscore)3가지로 연속해서 이루어 진 문자열만 해당합니다. 예: 123.45는 두 단어입니다. Intae's 두 단어 입니다.

예제 | Ex01078

다음 프로그램은 경계일치 정규표현 중 ^, $, \b, \B을 사용한 문자열 일치 조건을 확인해보는 프로그램입니다

```
 : import java.util.regex.*;
 2: class Ex01078 {
 3:    public static void main(String[] args){
 4:        String statement = "the dog dig/dug the ground at doggie yard";
 5:        String[] regexStr = { "^the","yard$", "\\bdog", "\\bdog\\b", "\\
bdog\\B"};
                // Ex01076F 프로그램의 6번부터 22번까지 동일합니다.
24:    }
25: }
```

```
D:\IntaeJava>java Ex01078
statement=the dog dig/dug the ground at doggie yard
regexStr =^the : 'the'

statement=the dog dig/dug the ground at doggie yard
regexStr =yard$ : 'yard'

statement=the dog dig/dug the ground at doggie yard
regexStr =\bdog : 'dog'  'dog'

statement=the dog dig/dug the ground at doggie yard
regexStr =\bdog\b : 'dog'

statement=the dog dig/dug the ground at doggie yard
regexStr =\bdog\B : 'dog'

D:\IntaeJava>
```

프로그램 설명

▶ "^the"는 줄의 첫 번째 문자부터 시작하므로 첫 번째 'the'와 일치합니다.

▶ "yard$"는 줄의 마지막 문자로 끝나야 하므로 마지막 문자 'yard'와 일치합니다.

▶ "\bdog"는 단어의 시작이 "dog"로 시작해야 하므로 "dog"와 doggie"가 해당이 되고 일치되는 문자는 둘 다 "dog"입니다. 따라서 일치되는 문자 "dog"가 두 번

출력됩니다.

▶ "\bdog\b"는 단어의 시작이 "dog"로 시작해야 하고 끝도 "dog"로 끝나야 하므로 "dog" 하나만 해당이 되고 일치되는 문자는 "dog" 하나만 출력됩니다.

▶ "\bdog\B"는 단어의 시작이 "dog"로 시작해야 하고 끝도 "dog"이외의 문자가 더 있어야 하므로 "doggie" 하나만 해당이 되고 일치되는 문자는 "dog" 하나만 출력됩니다.

예제 | Ex01078A

다음 프로그램은 경계일치 정규표현 중 ^, \\A, \\G에 대해 차이점을 확인해보는 프로그램입니다.

```
 1: import java.util.regex.*;
 2: class Ex01078A {
 3:     public static void main(String[] args){
 4:         String statement = "the dog dig/dug the ground at doggie yard.";
 5:         String[] regexStr = { "^the","\\Athe", "\\Gthe", "\\G\\w"};
            // Ex01076F 프로그램의 6번부터 22번까지 동일합니다.
24:     }
25: }
```

```
D:\IntaeJava>java Ex01078A
statement=the dog dig/dug the ground at doggie yard.
regexStr =^the : 'the'

statement=the dog dig/dug the ground at doggie yard.
regexStr =\Athe : 'the'

statement=the dog dig/dug the ground at doggie yard.
regexStr =\Gthe : 'the'

statement=the dog dig/dug the ground at doggie yard.
regexStr =\G\w : 't'  'h'  'e'

D:\IntaeJava>
```

프로그램 설명

▶ "^the"는 줄의 첫 번째 문자부터 시작하므로 첫 번째 'the'와 일치합니다.

▶ "\Athe"는 문서 첫 번째 문자부터 시작하므로 첫 번째 'the'와 일치합니다. 여러 줄이 있을 때 각 줄의 첫 문자가 "the"라면 "^the"는 각 줄의 첫 문자 "the"를 모두 찾아내지만 "\Athe"는 첫 번째 줄의 첫 문자 "the"만 찾아냅니다.

▶ "\Gthe"는 이전에 일치된 것의 다음부터 찾기 시작하는데 최초의 문자열 일치는 없으므로 처음 시작은 입력된 문자열의 첫 번째 문자부터 시작합니다. 그러므로 첫 번째 'the'와 일치합니다.

▶ "\G\w"는 이전에 일치된 것의 다음부터 찾기 시작하는데, 최초의 문자열 일치는 없으므로 처음 시작은 입력된 문자열의 첫 번째 문자부터 시작합니다. 그러므로 첫 번째 't'와 다음 그 다음 문자 'h', 그 다음 문자 'e'가 되고 그 다음 문자는

space이므로 일치하지 않습니다.

예제 | Ex01078Z

다음 프로그램은 경계일치 정규표현 중 "\G"에 대한 또 다른 예제 프로그램입니다.

```
 1: import java.util.regex.*;
 2: class Ex01078Z {
 3:    public static void main(String[] args){
 4:        String statement = "thethethe dog dig/dug the ground at doggie
yard.";
 5:        String[] regexStr = { "\\Gthe", "\\G\\w"};
             // Ex01076F 프로그램의 6번부터 22번까지 동일합니다.
24:    }
25: }
```

```
D:₩IntaeJava>java Ex01078Z
statement=thethethe dog dig/dug the ground at doggie yard.
regexStr =₩Gthe : 'the' 'the' 'the'

statement=thethethe dog dig/dug the ground at doggie yard.
regexStr =₩G₩w : 't' 'h' 'e' 't' 'h' 'e' 't' 'h' 'e'

D:₩IntaeJava>_
```

프로그램 설명

▶ "\Gthe"는 이전에 일치된 것의 다음부터 찾기 시작하는데, 최초의 문자열 일치는 없으므로 처음 시작은 입력된 문자열의 첫 번째 문자부터 시작합니다. 그러므로 첫 번째 'the'와 일치합니다. 그 다음 일치된 문자열 뒤부터 다시 일치조건을 확인하니 "the"이므로 다시 일치, 그 다음의 "the"도 일치합니다. 그 다음은 "dog"이므로 더는 일치 조건을 만족하지 못합니다.

▶ "\G\w"는 이전에 일치된 것의 다음부터 찾기 시작하는데, 최초의 문자열 일치는 없으므로 처음 시작은 입력되는 문자열의 첫 번째 문자부터 시작합니다. 그러므로 첫 번째 't'와 다음 그 다음 문자 'h', 그 다음 문자 'e'가 되고 그 다음 문자는 't', 'h', 'e', 't', 'h', 'e'이고 그 다음 문자는 space이므로 일치하지 않습니다.

예제 | Ex01078B

• 다음 프로그램은 경계일치 정규표현 중 "\G"에 대한 활용 예제 프로그램입니다.

• 수영시합에서 네 명의 선수(Jaso, Chris, Intae, Tom)의 기록은 아래와 같습니다. 이 중 Intae의 기록만 찾아내기 위한 정규표현입니다.

• Jason과 Intae의 수영기록:Jason A:34 B:29 C:41 Intae A:32 B:33 C:31"

```
 1: import java.util.regex.*;
 2: class Ex01078B {
 3:    public static void main(String[] args){
 4:        String statement = "Jason A:34 B:29 C:41 Chris A:31 Intae A:32
B:33 C:31 Tom A:35 B:30";
 5:        String[] regexStr = { "(?:Intae|\\G) \\w:\\d\\d" };
            // Ex01076F 프로그램의 6번부터 22번까지 동일합니다.
24:    }
25: }
```

```
D:\IntaeJava>java Ex01078B
statement=Jason A:34 B:29 C:41 Chris A:31 Intae A:32 B:33 C:31 Tom A:35 B:30
regexStr =(?:Intae|\G) \w:\d\d : 'Intae A:32'  ' B:33'  ' C:31'

D:\IntaeJava>
```

프로그램 설명

▶ 정규 문자열 "(?:Intae|\G) \w:\d\d"에서 우선 문자열 "(?:Intae|\G)"을 설명하면 주어진 input 문자열의 첫 번째 문자는 두 가지를 확인합니다. 하나는 "Intae"와 "\\G"입니다. "\G"는 첫 번째 문자열부터 일치되는지 확인하는 정규표현이기 때문입니다. 둘 다 일치하지 않으므로 다음 글자로 옮겨갑니다. 두 번째 글자부터는 "\G"는 적용되지 않습니다. 다음 글자는 "ason"이므로 두 번째도 일치하지 않습니다. 이런 식으로 "Intae"까지 진행하면 "Intae A:34"가 "Intae \w:\dd"와 정확하게 일치합니다. 다음 다시"(?:Intae|\G) \w:\d\d"를 찾기 시작합니다. "Intae"는 더 이상 없으므로 "\G \w:\d\d"를 찾습니다. "\G"는 바로 전에 일치한 다음부터 찾으므로 "\w:\d\d"가 되므로 "B:33"과 정확히 일치합니다. 그 다음도 " C:31"과 정확히 일치합니다.

예제 | Ex01078C

다음 프로그램은 경계일치 정규표현 중 "\b"의 의미를 명확히 해주는 예제 프로그램입니다.

```
 1: import java.util.regex.*;
 2: class Ex01078C {
 3:    public static void main(String[] args){
 4:        String statement = "an Intae's book...dig/dug 안녕 Hi 123.45";
 5:        String[] regexStr = { "\\b\\w+\\b" };
            // Ex01076F 프로그램의 6번부터 22번까지 동일합니다.
24:    }
25: }
```

```
D:₩IntaeJava>java Ex01078C
statement=an Intae's book...dig/dug 안녕 Hi 123.45
regexStr =₩b₩w+₩b : 'an'  'Intae'  's'  'book'  'dig'  'dug'  'Hi'  '123'  '45'

D:₩IntaeJava>
```

프로그램 설명

▶ "dig/dug"는 "/"를 기준으로 두 단어가 됩니다.

▶ 한글은 "\w"글자가 아니므로 단어로 되지 않습니다.

▶ "123.45"는 "."를 기준으로 두 단어가 됩니다.

10.8.9 Look-ahead/behind 정규표현

Look-ahead/behind 정규표현은 주어진 정규표현이 input 문자열에 있는지 없는지만 확인합니다. 다른 정규표현은 주어진 정규표현이 일치하는 문자열이 있으면 index가 주어진 일치하는 문자열 뒤로 이동하고 다음 정규표현을 찾을 준비를 합니다. 하지만 look-ahead/behind는 index의 위치가 이동하지 않고, 단지 주어진 정규표현이 input 문자열 속에 있는지 없는지만 확인합니다. 즉 문자 그대로 현 위치에 서서 전방(ahead) 혹은 후방(behind)을 보고 해당되는 정규표현 문자가 있는지 없는지만 살피는 것입니다.

(?:X)	X는 그룹 번호가 없는 그룹 문자열(Non-capturing group) 입니다. Look-ahead/behind 정규표현과 관계없지만 형식이 비슷해서 여기에 다시 삽입했습니다.
(?=X)	look-ahead 정규표현 X가 있으면(positive) 일치하는 조건입니다.
(?!X)	look-ahead 정규표현 X가 없으면(negative) 일치하는 조건입니다.
(?<=X)	look-behind 정규표현 X가 있으면(positive) 일치하는 조건입니다.
(?<!X)	look-behind 정규표현 X가 없으면(negative) 일치하는 조건입니다.

"(?:X)"는 그룹 문자열 번호가 부여되지 않는 그룹 문자열 정규표현입니다. Look-ahead/behind 정규표현과 관계가 없습니다.

예제 | Ex01079

다음 프로그램은 look-ahead 정규표현 positive와 negative조건을 알아보는 프로그램입니다.

```
1: import java.util.regex.*;
2: class Ex01079 {
3:    public static void main(String[] args){
4:       String statement = "There was a dog at back yard";
5:       String[] regexStr = { "(?=.*yard.*).*dog.*", "(?=.*was.*).*dog.*",
"(?!.*yard.*).*dog.*"};
             // Ex01076F 프로그램의 6번부터 22번까지 동일합니다.
```

```
24:    }
25: }
```

```
D:\IntaeJava>java Ex01079
statement=There was a dog at back yard
regexStr =(?=.*yard.*).*dog.* : 'There was a dog at back yard'

statement=There was a dog at back yard
regexStr =(?=.*was.*).*dog.* : 'There was a dog at back yard'

statement=There was a dog at back yard
regexStr =(?!.*yard.*).*dog.* :  No match found.

D:\IntaeJava>
```

프로그램 설명

▶ "(?=.*yard.*).*dog.*"는 "(?=.*yard.*)"부분과 ".*dog.*"부분으로 두 부분으로 나누어 생각해야 합니다. "(?=.*yard.*)"부분은 look-ahead 정규표현으로 ".*yard.*"가 있는지 없는지 만을 확인합니다. 주어진 input 문자열에 ".*yard.*"가 있으므로 두 번째 부분 ".*dog.*"을 찾습니다. 문자열 ".*dog.*"도 있으므로 위와 같이 출력합니다.

• 문자열 "yard"가 문자열 "dog"의 앞에 있든 뒤에 있든 상관 없습니다.

▶ "(?=.*was.*).*dog.*"도 "(?=.*was.*)"부분과 ".*dog.*"부분으로 두 부분으로 나누어 생각해야 합니다. "(?=.*was.*)" 부분은 look-ahead 정규표현으로 ".*was.*"가 있는지 없는지 만을 확인합니다. 주어진 input 문자열에 ".*was.*"가 있으므로 두 번째 부분 ".*dog.*"을 찾습니다. 문자열 ".*dog.*"도 있으므로 위와 같이 출력합니다.

• 문자열 "was"가 문자열 "dog"의 앞에 있든 뒤에 있든 상관 없습니다.

▶ "(?!.*yard.*).*dog.*"도 "(?!.*yard.*)"부분과 ".*dog.*"부분으로 두 부분으로 나누어 생각해야 합니다. "(?!.*yard.*)"부분은 look-ahead 정규표현으로 ".*yard.*"가 있는지 없는지 만을 확인합니다. 주어진 input 문자열에 ".*yard.*"가 없어야 일치하는 조건인데 있으므로 조건 만족하지 못합니다.

• 문자열 "yard"가 문자열 "dog"의 앞에 있든 뒤에 있든 상관 없습니다.

예제 | Ex01079A

다음 프로그램은 look-ahead 정규표현 positive와 negative조건을 알아보는 두 번째 프로그램입니다.

```
1: import java.util.regex.*;
2: class Ex01079A {
3:    public static void main(String[] args){
4:       String statement = "There was a dog at back yard";
5:          String[] regexStr = { "(?=was).*dog.*", "(?=.*was).*dog.*",
```

```
 "(?=yard).*dog.*", "(?=.*yard).*dog.*"};
                // Ex01076F 프로그램의 6번부터 22번까지 동일합니다.
24:    }
25: }
```

```
D:\IntaeJava>java Ex01079A
statement=There was a dog at back yard
regexStr =(?=was).*dog.* : 'was a dog at back yard'

statement=There was a dog at back yard
regexStr =(?=.*was).*dog.* : 'There was a dog at back yard'

statement=There was a dog at back yard
regexStr =(?=yard).*dog.* :  No match found.

statement=There was a dog at back yard
regexStr =(?=.*yard).*dog.* : 'There was a dog at back yard'

D:\IntaeJava>
```

프로그램 설명

▶ "(?=was).*dog.*"는 "(?=was)"부분과 ".*dog.*"부분으로 두 부분으로 나누어 생각해야 합니다. "(?=was)" 부분은 look-ahead 정규표현으로 "was"가 있는지 없는지 만을 확인합니다. 주어진 input 문자열에 "was"가 있습니다. 하지만 "was"가 있는 곳까지 index가 진행해야 합니다. 그러므로 "There"까지 진행된 상태입니다. 즉 "was"는 있는지 없는지 만을 확인하지 index는 진행하지 않습니다. 다음은 두 번째 부분 ".*dog.*"을 찾습니다. 두 번째 문자열을 찾기 위한 input 문자열은 "was a dog at back yard"가 됩니다. 왜냐하면 index는 "There"까지 진행했기 때문입니다. input 문자열 "was a dog at back yard" 속에 "문자열 ".*dog.*"가 있으므로 위와 같이 출력합니다.

▶ "(?=.*was).*dog.*"도 "(?=.*was)"부분과 ".*dog.*"부분으로 두 부분으로 나누어 생각해야 합니다. "(?=.*was)" 부분은 look-ahead 정규표현으로 ".*was"가 있는지 없는지 만을 확인합니다. 주어진 input 문자열에 ".*was"가 있으므로 두 번째 부분 ".*dog.*"을 찾습니다. 문자열 ".*dog.*"도 있으므로 위와 같이 출력합니다.

▶ "(?=yard).*dog.*"는 "(?=yard)"부분과 ".*dog.*"부분으로 두 부분으로 나누어 생각해야 합니다. "(?=yard)" 부분은 look-ahead 정규표현으로 "yard"가 있는지 없는지 만을 확인합니다. 주어진 input 문자열에 "yard"가 있습니다. 하지만 "yard"가 있는 곳까지 index가 진행해야 합니다. 그러므로 "There was a dog at back "까지 진행된 상태입니다. 즉 "yard"는 있는지 없는지 만을 확인하지 index는 진행하지 않습니다. 다음은 두 번째 부분 ".*dog.*"을 찾습니다. 두 번째 문자열을 찾기 위한 input 문자열은 "yard"가 됩니다. 왜냐하면 index는 "There was a dog at back"까지 진행 했기 때문입니다. input문자열 "yard" 속에 문자열 ".*dog.*"가 없으므로 일치 조건 만족하지 못합니다.

▶ "(?=.*yard).*dog.*"도 "(?=.*yard)"부분과 ".*dog.*"부분으로 두 부분으로 나누어 생각해야 합니다. "(?=.*yard)" 부분은 look-ahead 정규표현으로 ".*yard"가 있는지 없는지 만을 확인합니다. 주어진 input 문자열에 ".*yard"가 있으므로 두 번째 부분 ".*dog.*"을 찾습니다. 문자열 ".*dog.*"도 있으므로 위와 같이 출력합니다.

예제 | Ex01079B

다음 프로그램은 look-ahead 정규표현 negative조건의 index 진행 상황을 알아보는 프로그램입니다.

```
1: import java.util.regex.*;
2: class Ex01079B {
3:    public static void main(String[] args){
4:       String statement = "There was a dog at back yard";
5:       String[] regexStr = { "(?!was).*dog.*", "(?!There).*dog.*"};
         // Ex01076F 프로그램의 6번부터 22번까지 동일합니다.
24:    }
25: }
```

```
D:\IntaeJava>java Ex01079B
statement=There was a dog at back yard
regexStr =(?!was).*dog.* : 'There was a dog at back yard'

statement=There was a dog at back yard
regexStr =(?!There).*dog.* : 'here was a dog at back yard'

D:\IntaeJava>
```

프로그램 설명

▶ "(?!was).*dog.*"도 "(?!was)"부분과 ".*dog.*"부분으로 두 부분으로 나누어 생각해야 합니다. "(?!was)" 부분은 look-ahead 정규표현으로 "was"가 있는지 없는지 만을 확인합니다. 주어진 input 문자열에 "was"가 첫 글자에 없으므로 ".*dog.*"를 찾습니다. ".*dog.*"가 주어진 input 문자열에 있으므로 주어진 조건을 만족합니다. Index는 한글자도 진행하지 않습니다.

▶ "(?!There).*dog.*"도 "(?!There)"부분과 ".*dog.*"부분으로 두 부분으로 나누어 생각해야 합니다. "(?!There)"부분은 look-ahead 정규표현으로 "There"가 있는지 없는지 만을 확인합니다. 주어진 input 문자열에 "There"가 첫 글자에 있으므로 조건을 만족하지 못합니다. 다음 단계로 index를 하나 진행합니다. Index를 하나 진행한 후 문자열 "here"에는 "There"가 없으므로 만족합니다. 다음은 ".*dog.*"를 문자열 "here was a dog at back yard"에서 찾습니다. ".*dog.*"가 주어진 input 문자열에 있으므로 주어진 조건을 만족합니다. 그러므로 위 결과처럼 "here was a dog at back yard"을 출력합니다.

예제 | Ex01079C

아래와 같은 조건으로 이루어져있는 비밀번호인지 확인하는 프로그램입니다.

- 비밀번호는 최소 7자리에서 최대 10자리까지 영문자 숫자로 조합되어야 합니다.
- 비밀번호는 최소 1개 이상의 소문자가 있어야 합니다.
- 비밀번호는 최소 2개 이상의 대문자가 있어야 합니다.
- 비밀번호는 최소 3개 이상의 숫자, 문자가 있어야 합니다.

```
1: import java.util.regex.*;
2: class Ex01079C {
3:    public static void main(String[] args){
4:          String[] statement = {"12345Abcde", "123aBC45","aBC123",
"abcABC123"};
5:          String regexStr = "\\A(?=\\w{7,10}\\z)(?=[^a-z]*[a-z])
(?=(?:[^A-Z]*[A-Z]){2})(?=(?:\\D*\\d){3}).*";
6:       System.out.println("regexStr ="+regexStr);
7:       for ( int i=0 ; i< statement.length ; i++ ) {
8:          System.out.print("statement="+statement[i] + " : ");
9:          Pattern pattern = Pattern.compile(regexStr);
10:          Matcher matcher = pattern.matcher(statement[i]);
11:          boolean found = false;
12:          while ( matcher.find() ) {
13:             System.out.print("'"+matcher.group()+"'  ");
14:             found = true;
15:          }
16:          if( !found ) {
17:             System.out.print(" No match found.");
18:          }
19:          System.out.println();
20:          if ( i != statement.length - 1 ) {
21:             System.out.println();
22:          }
23:       }
24:    }
25: }
```

```
D:\IntaeJava>java Ex01079C
regexStr =\A(?=\w{7,10}\z)(?=[^a-z]*[a-z])(?=(?:[^A-Z]*[A-Z]){2})(?=(?:\D*\d){3}
).*
statement=12345Abcde :  No match found.

statement=123aBC45 : '123aBC45'

statement=aBC123 :  No match found.

statement=abcABC123 : 'abcABC123'

D:\IntaeJava>
```

프로그램 설명

▶ "\A"는 input 문자열의 시작부터 일치를 시작해야 하는 조건입니다.

▶ "(?=\\w{7,10}\\z)"는 소문자, 대문자의 영문자와 숫자 최소가 7자에서 최대 10

자까지 있어야 하고, input 문자열이 끝나야("\z") 일치하는 조건입니다.

▶ "(?=[^a-z]*[a-z])"는 영문자 소문자가 최소한 1개가 있어야 일치하는 조건입니다.

▶ "(?=(?:[^A-Z]*[A-Z]){2})"는 영문자 대문자가 최소한 2개가 있어야 일치하는 조건입니다.

▶ "(?=(?:\\D*\\d){3})"는 숫가 최소한 3개가 있어야 일치하는 조건입니다.

▶ ".*"는 앞에 조건이 모두 만족하면 만족하는 문자열의 처음부터 끝까지 출력하기 위해 어떤 문자든 모든 문자열을 찾는 조건입니다.

▶ 다시 한번 강조합니다. "(?=X)" look-ahead 문자열의 index 값은 이동하지않고, 있는 그 자리에서 전방을 확인한 후 있는지 없는지만 확인합니다. 그러므로"(?=\\w{7,10}\\z)"을 완료한 후 index 위치는 0입니다. "(?=[^a-z]*[a-z])"을 수행 후에도 index는 0입니다. 이런식으로 나머지 2 조건을 확인한 후에도 index는 0입니다. 마지막 정규표현 ".*"만 index 값을 이동시켜 일치하는 문자열을 찾아서 출력해줍니다.

예제 | Ex01079D

아래 프로그램은 Ex01079C와 동일한 기능을 하는 프로그램이지만 정규표현을 효율적으로 개선한 프로그램입니다.

```
1: import java.util.regex.*;
2: class Ex01079D {
3:     public static void main(String[] args){
4:         String[] statement = {"12345Abcde", "123aBC45","aBC123",
"abcABC123"};
5:         String regexStr = "\\A(?=[^a-z]*[a-z])(?=(?:[^A-Z]*[A-Z]){2})
(?=(?:\\D*\\d){3})\\w{7,10}\\z";
                // Ex01079C 프로그램의 6번부터 23번까지 동일합니다.
24:     }
25: }
```

```
D:\IntaeJava>java Ex01079D
regexStr =\A(?=[^a-z]*[a-z])(?=(?:[^A-Z]*[A-Z]){2})(?=(?:\D*\d){3})\w{7,10}\z
statement=12345Abcde :  No match found.

statement=123aBC45 : '123aBC45'

statement=aBC123 :  No match found.

statement=abcABC123 : 'abcABC123'

D:\IntaeJava>
```

프로그램 설명

▶ 정규 표현 "(?=\\w{7,10}\\z)" 는 모든 문자열을 input 문자열 처음부터("\A")

마지막까지("\z") 찾는 정규표현입니다. 정규표현 ".*"도 문자가 무엇이든지 모든 문자열을 찾는 정규표현입니다. 그러면 하나를 생략할 수 있습니다. 그래서 ".*" 대신에 "\\w{7,10}\\z"사용하여 효율을 개선했습니다.

■ look-behind 이해하기 ■

Look-ahead 정규표현을 만나면 현 위치에서 전방에 찾고자 하는 문자열이 있는지 확인합니다. 그러므로 index는 증가시키지 않고 그 자리에서 전방에 해당되는 문자열이 있는지 만을 확인합니다. 그러나 look-behind는 후방을 보아야 하기 때문에 후방에 아무 문자열이 없으면, index를 전방으로 진행시켜야 후방을 돌아볼 수 있습니다. look-behind의 작동원리를 쉽게 이해하기 위해서 다음과 같은 방법을 사용하면 됩니다. ①우선 look-behind 정규표현이 실제 찾고자 하는 정규표현 앞에 있을 때는 look-behind 정규표현을 무시하고 일치하는 문자열 첫 문자 바로 앞으로 index를 위치시킵니다. 그리고 후방을 뒤돌아 보고 look-behind 정규표현과 일치하는 문자열이 있으면 현재 위치한 index가 일치하는 문자열의 시작 index가 되는 것입니다. ②look-behind 정규표현이 실제 찾고자 하는 정규표현 뒤에 있을 때는 index를 실제 찾고자 하는 정규표현과 일치하는 문자열의 끝 index에 위치시킵니다. look-behind 정규표현과 일치하는 문자열이 후방에 있는지 확인합니다. 일치하는 문자열이 있을 경우에는 정규표현과 일치하는 문자열의 끝 index가 그대로 끝 index가 되는 것입니다.

■ look-behind의 제약사항 ■

look-ahead는 모든 정규표현을 사용할 수 있지만, look-behind는 문자반복 정규표현 중 "*"와 "+"가 있는 표현은 사용할 수 없습니다. 현재 Java version은 문자반복 정규표현 중 "*"와 "+"의 기능이 안되지만 앞으로 추가될 가능성은 있습니다. 현재 안되는 이유가 기술적인 문제가 아니라 data가 많을 경우 시간이 너무 많이 걸리는 등 효율적인 문제로 "*"와 "+"의 기능을 추가하지 못한 것으로 이해하고 있습니다.

예제 | Ex01079E

다음 프로그램은 look-behind가 어떻게 작동되는지 보여주는 프로그램입니다.

```
1: import java.util.regex.*;
2: class Ex01079E {
3:    public static void main(String[] args){
4:        String statement = "There was a dog at back yard and the dog at
```

```
     front yard";
 5:        String[] regexStr = { "(?<=a )dog", "dog(?<=the dog)"};
 6:        for ( int i=0 ; i< regexStr.length ; i++ ) {
 7:            System.out.println("statement="+statement);
 8:            System.out.print("regexStr ="+regexStr[i] + " : ");
 9:            Pattern pattern = Pattern.compile(regexStr[i]);
10:            Matcher matcher = pattern.matcher(statement);
11:            boolean found = false;
12:            while ( matcher.find() ) {
13:                System.out.print("'"+matcher.group()+"' starting at index
     "+matcher.start()+" and ending at index "+matcher.end());
14:                found = true;
15:            }
16:            if( !found ){
17:                System.out.print(" No match found.");
18:            }
19:            System.out.println();
20:            if ( i != regexStr.length - 1 ) {
21:                System.out.println();
22:            }
23:        }
24:    }
25: }
```

```
D:\IntaeJava>java Ex01079E
statement=There was a dog at back yard and the dog at front yard
regexStr =(?<=a )dog : 'dog' starting at index 12 and ending at index 15

statement=There was a dog at back yard and the dog at front yard
regexStr =dog(?<=the dog) : 'dog' starting at index 37 and ending at index 40

D:\IntaeJava>
```

프로그램 설명

▶ 정규 문자열 "(?<=a)dog"을 보면 look-behind 정규표현 "(?<=a)"이 실제 찾고자 하는 정규표현 "dog" 보다 앞에 있습니다. 위 주어진 문자열에는 dog가 두 번 나옵니다. 아래와 같이 하나씩 설명합니다.

▶ 첫 번째 "dog"인 경우:look-behind 정규표현 "(?<=a)"을 무시하고, 일치하는 문자열 "dog"의 첫 문자 "d" 앞으로 index를 위치시킵니다. 그리고 후방을 뒤돌아 보고 look-behind 정규표현 "a"과 일치하는 문자열 "a"가 있으므로 현재 위치한 index가 일치하는 문자열의 시작 index가 되는 것입니다.

▶ 두 번째 "dog"인 경우:look-behind 정규표현 "(?<=a)"을 무시하고, 일치하는 문자열 "dog"의 첫 문자 "d" 앞으로 index를 위치시킵니다. 그리고 후방을 뒤돌아 보고 look-behind 정규표현 "a"과 일치하는 문자열은 없고 "the"가 있으므로 현재 위치한 index는 일치하는 문자열이 아닙니다. 그러므로 일치하는 문자열로 출력되지 않습니다.

▶ 정규문자열 "dog(?<=the dog)"는 look-behind 정규표현이 실제 찾고자 하는 정규표현 "dog" 뒤에 있습니다. 위 주어진 문자열에는 dog가 두 번 나옵니다. 아래와 같이 하나씩 설명합니다.

- 첫 번째 "dog"인 경우:index를 실제 찾고자 하는 정규표현 "dog"와 일치하는 문자열 "dog"의 끝 index에 위치시키고, look-behind 정규표현 "the dog"와 일치하는 문자열이 후방에 있는지 확인합니다. 후방에는 "a dog"는 있지만 "the dog"는 없으므로 일치하는 문자열로 출력되지 않습니다.

- 두 번째 "dog"인 경우:index를 실제 찾고자 하는 정규표현 "dog"와 일치하는 문자열 "dog"의 끝 index에 위치시키고, look-behind 정규표현 "the dog"와 일치하는 문자열이 후방에 있는지 확인합니다. 후방에는 "the dog"가 있으므로 일치하는 문자열로 출력됩니다.

예제 | Ex01079F

다음은 look-behind의 응용으로 3개의 문자로된 단어를 찾는데 3문자가 모두 숫자인 것만 제외합니다.

```
 1: import java.util.regex.*;
 2: class Ex01079F {
 3:   public static void main(String[] args){
 4:      String statement = "The dog dug the ground on 31A street at 110
deg F";
 5:      String[] regexStr = { "\\b\\w{3}\\b", "\\b\\w{3}\\b(?<!\\d{3})"};
            // Ex01076F 프로그램의 6번부터 22번까지 동일합니다.
24:   }
25: }
```

```
D:\IntaeJava>java Ex01079F
statement=The dog dug the ground on 31A street at 110 deg F
regexStr =\b\w{3}\b : 'The'  'dog'  'dug'  'the'  '31A'  '110'  'deg'

statement=The dog dug the ground on 31A street at 110 deg F
regexStr =\b\w{3}\b(?<!\d{3}) : 'The'  'dog'  'dug'  'the'  '31A'  'deg'

D:\IntaeJava>
```

프로그램 설명

▶ 정규문자열 "\\b\\w{3}\\b"는 3개의 문자로된 모든 단어를 찾는 정규문자 표현입니다.

▶ 정규문자열 "\\b\\w{3}\\b(?<!\\d{3})"는 3개의 문자로된 모든 단어를 찾은 후 look-behind를 이용하여 후방을 검색하여 3개의 숫자로된 단어가 아닌것만 일치하게 하는 조건입니다.

예제 | Ex01079G

다음은 look-behind의 응용으로 소유격이 있는 단어는 소유격을 뺀 단어만 찾아
내는 프로그램입니다.

```
 1: import java.util.regex.*;
 2: class Ex01079G {
 3:    public static void main(String[] args){
 4:        String statement = "an Intae's book";
 5:        String[] regexStr = { "\\b\\w+\\b", "\\b\\w+(?<!s)\\b", "\\b\\
w+[^s]\\b"};
            // Ex01076F 프로그램의 6번부터 22번까지 동일합니다.
24:    }
25: }
```

```
D:\IntaeJava>java Ex01079G
statement=an Intae's book
regexStr =\b\w+\b : 'an'  'Intae'  's'  'book'

statement=an Intae's book
regexStr =\b\w+(?<!s)\b : 'an'  'Intae'  'book'

statement=an Intae's book
regexStr =\b\w+[^s]\b : 'an '  'Intae''  's '  'book'

D:\IntaeJava>
```

프로그램 설명

▶ "\b\w+(?<!s)\b"는 영문자와 숫자로만 이루어진 글자 중 "s"글자가 없는 단어를
출력합니다. 따라서 "s"는 출력하지 않습니다.

▶ "\b\w+[^s]\b"는 영문자와 숫자로 이루어지고 마지막 글자가 "s"가 아닌 단어
이므로 특수문자도 's'가 아니고, space도 's'가 아니므로 위와 같이 출력됩니다.

예제 | Ex01079H

다음은 프로그램은 look-behind에 문자반복 정규 표현 중 "*"문자를 사용한 예로
무한정 후방을 볼 수 없다라는 에러 메세지가 나오고 있습니다.

```
 1: import java.util.regex.*;
 2: class Ex01079H {
 3:    public static void main(String[] args){
 4:        String statement = "The dog dug the ground on 31A street at 110
deg F";
 5:        String[] regexStr = { "(?<=dog )dug", "(?<=dog.*)the"};
            // Ex01076F 프로그램의 6번부터 22번까지 동일합니다.
24:    }
25: }
```

```
D:₩IntaeJava>java Ex01079H
statement=The dog dug the ground on 31A street at 110 deg F
regexStr =(?<=dog )dug : 'dug'

statement=The dog dug the ground on 31A street at 110 deg F
regexStr =(?<=dog.*)the : Exception in thread "main" java.util.regex.PatternSynt
axException: Look-behind group does not have an obvious maximun length near inde
x 8
(?<=dog.*)the
       ^
       at java.util.regex.Pattern.error(Unknown Source)
       at java.util.regex.Pattern.group0(Unknown Source)
       at java.util.regex.Pattern.sequence(Unknown Source)
       at java.util.regex.Pattern.expr(Unknown Source)
       at java.util.regex.Pattern.compile(Unknown Source)
       at java.util.regex.Pattern.<init>(Unknown Source)
       at java.util.regex.Pattern.compile(Unknown Source)
       at Ex01079H.main(Ex01079H.java:9)

D:₩IntaeJava>
```

프로그램 설명

▶ 정규문자 표현 "(?<=dog)dug"에서 "dug"의 문자열 바로 앞에 "dog"가 있으므로 일치 조건 만족하여 "dug"를 출력합니다.

▶ 정규문자 표현 "(?<=dog.*)the"는 "the"문자열 앞에, 즉 전방 어느 위치든 간에 "dog"라는 문자가 있는지 찾는 정규표현입니다. 정규표현 자체는 맞지만 look-behind의 제약 조건에 "*"를 사용할 수 없다고한 규칙을 지키지 않은 것입니다. 즉 무한정 후방을 볼 수가 없기 때문에 에러 메세지도 확정된 길이의 문자열로 된 정규표현이 아니라는 메세지를 보여주고 있습니다.

10.8.10 Pattern Class

Pattern class의 추가적인 기능으로 flag를 사용한 Pattern object생성, embedded flag의 정규표현과 추가적인 Pattern class의 method에 대해 설명합니다.

■ flag를 사용한 Pattern object 생성 ■

● Pattern.CASE_INSENSITIVE : 대소문자 구분하지 않을 때

● Pattern.MULTILINE : 경계일치 정규표현 중 "^"와 "$"은 Pattern.MULTILINE 을 선언해야 유효합니다. 즉 컴퓨터는 MULTILINE을 선언하지 않으면 입력되는 여러 줄의 문자열도 "\n"을 하나의 문자로 보고 한 줄인 것으로 인식합니다.

● Pattern.DOTALL : Meta Character .(dot)는 모든 character를 의미합니다. 단 line terminator("\n")만를 제외합니다. Pattern.DOTALL을 선언하면 .(dot)는 line terminator("\n")를 포함한 모든 character를 의미합니다.

예제 | Ex01080

다음 프로그램은 대소문자를 구별하지 않고 "the"가 주어진 input 문자열에 있으면 출력하는 프로그램입니다.

```
1: import java.util.regex.*;
2: class Ex01080 {
3:    public static void main(String[] args){
4:        String statement = "The dog digs the ground at doggie yard.\nThe
dog dug the ground at doggie yard.";
5:        String[] regexStr = { "the","yard.$"};
              // Ex01076F 프로그램의 6번부터 8번까지 동일합니다.
9:            Pattern pattern = Pattern.compile(regexStr[i], Pattern.CASE_
INSENSITIVE);
              // Ex01076F 프로그램의 10번부터 23번까지 동일합니다.
24:    }
25: }
```

```
D:\IntaeJava>java Ex01080
statement=The dog digs the ground at doggie yard.
The dog dug the ground at doggie yard.
regexStr =the : 'The'  'the'  'The'  'the'

statement=The dog digs the ground at doggie yard.
The dog dug the ground at doggie yard.
regexStr =yard.$ : 'yard.'

D:\IntaeJava>
```

프로그램 설명

▶ 9번째 줄:Pattern.CASE_INSENSITIVE는 대소문자를 구별하지 않고 일치시키므로 "the"와 "The"가 모두 출력됩니다.

▶ 정규 표현 "yard.$"은 "yard."이라는 문자열의 줄의 제일 마지막에 오면 일치하는 조건입니다. 그런데 위 출력을 보면 두 줄 모두 줄의 제일 마지막에 "yard."가 있으므로 두 개가 나와야 되는데 한 개만 나왔습니다. Ex01080A를 보면 이유를 알 수 있습니다.

예제 | Ex01080A

아래 프로그램은 여러 줄에 걸쳐있는 문자열에서 각 줄의 마지막을 나타내는 기호 "$"가 작동하도록 Pattern 상수 Pattern.MULTILINE을 사용한 프로그램입니다.

```
1: import java.util.regex.*;
2: class Ex01080A {
3:    public static void main(String[] args){
4:        String statement = "The dog digs the ground at doggie yard.\nThe
dog dug the ground at doggie yard.";
5:        String[] regexStr = { "the","yard.$"};
              // Ex01076F 프로그램의 6번부터 8번까지 동일합니다.
9:            Pattern pattern = Pattern.compile(regexStr[i], Pattern.
MULTILINE);
              // Ex01076F 프로그램의 10번부터 23번까지 동일합니다.
24:    }
```

```
25: }
```

```
D:\IntaeJava>java Ex01080A
statement=The dog digs the ground at doggie yard.
The dog dug the ground at doggie yard.
regexStr =the : 'the'  'the'

statement=The dog digs the ground at doggie yard.
The dog dug the ground at doggie yard.
regexStr =yard.$ : 'yard.'  'yard.'

D:\IntaeJava>
```

프로그램 설명

▶ 9번째 줄:Pattern.MULTILINE는 input 문자열이 여러 줄로 되어 있다고 미리 알려주는 상수입니다. 그러므로 각 줄의 마지막을 규정해주는 정규표현 "$"가 제 대로 기능을 발휘하고 있습니다.

예제 | Ex01080Z

아래 프로그램은 Ex01080A 프로그램에서 Pattern상수 Pattern.MULTILINE을 선언하지 않을 경우로 "yard."이 제일 마지막 것 하나만 나오는 프로그램입니다.

```
1: import java.util.regex.*;
2: class Ex01080Z {
3:    public static void main(String[] args){
4:        String statement = "The dog digs the ground at doggie yard.\nThe
dog dug the ground at doggie yard.";
5:        String[] regexStr = { "the","yard.$"};
           // Ex01076F 프로그램의 6번부터 8번까지 동일합니다.
9:            Pattern pattern = Pattern.compile(regexStr[i]);
           // Ex01076F 프로그램의 10번부터 23번까지 동일합니다.
24:    }
25: }
```

```
D:\IntaeJava>java Ex01080Z
statement=The dog digs the ground at doggie yard.
The dog dug the ground at doggie yard.
regexStr =the : 'the'  'the'

statement=The dog digs the ground at doggie yard.
The dog dug the ground at doggie yard.
regexStr =yard.$ : 'yard.'

D:\IntaeJava>
```

Pattern상수 Pattern.DOTALL을 사용한 예제 프로그램은 생략합니다. 하지만 Pattern.DOTALL과 동일한 기능을 하는 예제 프로그램 Ex01080D으로 대체하니 참고하세요.

예제 | Ex01080B

아래 프로그램은 Pattern 상수를 여러 개 선언해야 하는 경우를 나타내는 프로그램입니다.

```
 1: import java.util.regex.*;
 2: class Ex01080B {
 3:    public static void main(String[] args){
 4:        String statement = "The dog digs the ground at doggie yard.\nThe
dog dug the ground at doggie yard.";
 5:        String[] regexStr = { "the","yard.$"};
              // Ex01076F 프로그램의 6번부터 8번까지 동일합니다.
 9:            Pattern pattern = Pattern.compile(regexStr[i], Pattern.CASE_
INSENSITIVE | Pattern.MULTILINE);
              // Ex01076F 프로그램의 10번부터 23번까지 동일합니다.
24:    }
25: }
```

```
D:\IntaeJava>java Ex01080B
statement=The dog digs the ground at doggie yard.
The dog dug the ground at doggie yard.
regexStr =the : 'The'  'the'  'The'  'the'

statement=The dog digs the ground at doggie yard.
The dog dug the ground at doggie yard.
regexStr =yard.$ : 'yard.'  'yard.'

D:\IntaeJava>
```

프로그램 설명

▶ 9번째 줄:Pattern 상수 Pattern.CASE_INSENSITIVE 와 Pattern.MULTILINE 를 동시에 선언할 경우 bit연산자 or(|)를 사용하여 여러 Pattern 상수를 동시에 선언 가능합니다.

■ embedded flag 정규표현 ■

embedded flag 정규표현은 Pattern 상수를 Pattern.compile()로 Pattern object 만들때 선언하지 않고 정규표현 작성할 때 정규표현으로 함께 작성해 줄 수 있는 기능입니다. 각 상수에 대한 정규표현은 아래와 같습니다.

상수	Embedded flag
Pattern.CASE_INSENSITIVE	(?i)
Pattern.MULTILINE	(?m)
Pattern.DOTALL	(?s)

예제 | Ex01080C

다음 프로그램은 Ex01080B 프로그램에서 Pattern 상수를 사용하는 것 대신에

embedded flag 정규표현을 사용하여 작성한 프로그램입니다.

```
1: import java.util.regex.*;
2: class Ex01080C {
3:    public static void main(String[] args){
4:       String statement = "The dog digs the ground at doggie yard.\nThe
dog dug the ground at doggie yard.";
5:       String[] regexStr = { "(?i)the","(?m)yard.$"};
             // Ex01076F 프로그램의 6번부터 23번까지 동일합니다.
24:    }
25: }
```

```
D:\IntaeJava>java Ex01080C
statement=The dog digs the ground at doggie yard.
The dog dug the ground at doggie yard.
regexStr =(?i)the : 'The'  'the'  'The'  'the'

statement=The dog digs the ground at doggie yard.
The dog dug the ground at doggie yard.
regexStr =(?m)yard.$ : 'yard.'  'yard.'

D:\IntaeJava>
```

프로그램 설명

▶ 정규표현 "(?i)the"에서 "(?i)"는 Pattern 상수 Pattern.CASE_INSENSITIVE와 동일한 기능을 하므로 위 출력 결과를 보면 대소문자 구별하지 않고 "the"와 "The"가 모두 출력되고 있습니다.

▶ 정규표현 "(?m)yard.$"에서 "(?m)"는 Pattern 상수 Pattern.MULTILINE와 동일한 기능을 하므로 위 출력 결과를 보면 각 줄의 끝에 있는 "yard."을 출력합니다.

예제 | Ex01080D

다음 프로그램은 Ex01080B 프로그램에서 Pattern 상수를 사용하는 것 대신에 embedded flag 정규표현을 사용하여 작성한 프로그램입니다.

```
1: import java.util.regex.*;
2: class Ex01080D {
3:    public static void main(String[] args){
4:       String statement = "The dog digs the ground at doggie yard\nThe
dog dug the ground at doggie yard";
5:       String[] regexStr = { ".*yard", "(?s).*yard"};
             // Ex01076F 프로그램의 6번부터 23번까지 동일합니다.
24:    }
25: }
```

프로그램 설명

▶ 정규표현 ".*yard"는 각각의 줄에 "yard"가 있으면 해당되는 줄 전체를 출력하

는 기능입니다. 따라서 출력 결과를 보면 두 개의 문자열이 발견되어 출력되고 있음을 알 수 있습니다.

▶ 정규표현 "(?s)yard"에서 "(?s)"는 Pattern 상수 Pattern.DOTALL와 동일한 기능을 합니다. Pattern.DOTALL은 줄을 바꾸는 line feed("\n")도 하나의 문자로 취급하라는 명령이므로 input 문자열의 제일 마지막에 있는 "yard"가 일치되므로 일치되는 문자열은 2개가 아니고 전체 문자열 하나입니다. 출력 결과도 일치되는 문자열은 하나로 출력되고 있습니다. (중간에 있는 문자열 "yard"를 왜 일치 하지 않는지는 문자 반복 정규표현 "X*", "X*?", "X*+"을 다시 확인해 보기 바랍니다.)

예제 | Ex01080E

다음 프로그램은 embedded flag 정규표현을 동시에 여러 개 사용하여 작성한 프로그램입니다.

```
 1: import java.util.regex.*;
 2: class Ex01080E {
 3:    public static void main(String[] args){
 4:       String statement = "The dog digs the ground at doggie Yard\nThe
dog dug the ground at doggie Yard";
 5:       String[] regexStr = { "(?im).*yard$", "(?ims).*yard$"};
             // Ex01076F 프로그램의 6번부터 23번까지 동일합니다.
24:    }
25: }
```

프로그램 설명

▶ 정규표현 "(?im)yard"에서 "(?im)"는 "(?i)"와 "(?m)"을 동시에 사용한 예입니다. 즉 대문자인 "Yard"도 일치되었고, 각 줄의 끝에 있는 "Yard"도 일치되어 두 개의 일치되는 문자열이 출력되었습니다.

▶ 정규표현 "(?ims).*yard$"에서"(?ims)"는 "(?i)", "(?m)", "(?s)" 3개를 동시에 사용한 예입니다. 즉 대문자인 "Yard"도 일치되었고, DOTALL기능도 작동하여 input문자열의 끝에 있는 "Yard"도 일치되어 전체 한 개의 일치되는 문자열이 출력되었습니다. 여기서 "(?m)"기능은 "(?s)"기능이 작동하기 때문에 의미가 없습니다. 즉 "(?ims).*yard$"나 "(?is).*yard$"는 결과 값이 같습니다. "(?m)" 기능을 넣은 것은 단지 3개의 embedded flag 정규표현을 동시에 사용할 수 있음을 보여주기 위해 넣은 것입니다.

■ Pattern class의 method ■

- compile(String regex):정규표현 문자열 regex를 받아 Pattern object를 생성합니다. 10.8.2절 '정규표현을 위한 준비단계'부터 모든 프로그램이 compile method로 Pattern object를 생성해서 사용했습니다.

- compile(String regex, int flags):정규표현 문자열 regex와 주어진 Pattern 상수 flag를 받아 Pattern object를 생성합니다. 사용법에 대해서는 Ex01080, Ex01080A, Ex01080B의 예제를 참고하세요.

- matches(String regex, CharSequence input):주어진 정규표현 regex가 input 문자열과 정확히 일치하는 확인해줍니다. 결과는 true 혹은 false를 return합니다. 여기서 CharSequence는 String이라고 취급해주세요.

- split(CharSequence input):String class의 split() method와 정확히 동일한 기능을 합니다. 즉 정규표현과 일치하는 문자열을 중심으로 input 문자열을 분리하여 String배열 object를 return해줍니다.

예제 | Ex01081

다음 프로그램은 matches() method의 예제 프로그램입니다.

```
 1: import java.util.regex.*;
 2: class Ex01081 {
 3:    public static void main(String[] args) {
 4:       String statement = "The dog digs the ground at doggie yard";
 5:       String[] regexStr = { "dog", ".*yard", "The dog digs the ground
at doggie yard"};
 6:       for ( int i=0 ; i< regexStr.length ; i++ ) {
 7:          boolean found = Pattern.matches(regexStr[i], statement);
 8:          System.out.println("statement="+statement);
 9:          System.out.println("regexStr ="+regexStr[i] + " : found = " +
found);
10:       }
11:    }
12: }
```

```
D:\IntaeJava>java Ex01081
statement=The dog digs the ground at doggie yard
regexStr =dog : found = false
statement=The dog digs the ground at doggie yard
regexStr =.*yard : found = true
statement=The dog digs the ground at doggie yard
regexStr =The dog digs the ground at doggie yard : found = true

D:\IntaeJava>
```

프로그램 설명

▶ 7번째 줄:matches() method는 static method로 Pattern object 생성없이 정규표현 regexStr[i]과 input 문자열 statement를 비교하여 regexStr[i]가 정확

히statement와 일치하는지 확인해줍니다.

- 정규 문자열 "dog"는 input 문자열 "The dog digs the ground at doggie yard"과 일치하지 않습니다. Matches() method는 find() method가 아닙니다. 즉 정규 문자열 "dog" 가 statement 속에 있는지 확인하는 것이 아니라 'dog"가 statement와 정확히 일치하는지 확인하는 것입니다.

- 정규 문자열 ".*yard"는 input 문자열 "The dog digs the ground at doggie yard"과 정확히 일치합니다. 즉 정규 문자열 ".*yard"는 현재 statement 문자열 일 때 ".{34}yard"과 동일합니다. 즉 34개의 문자는 어떤 문자가 와도 일치하고 마지막에 "yard"가 오면 일치하는 조건입니다.

- 정규 문자열 "The dog digs the ground at doggie yard"는 input 문자열 "The dog digs the ground at doggie yard"과 정확히 같은 문자이므로 일치합니다.

예제 | Ex01081A

다음 프로그램은 split() method의 예제 프로그램입니다.

```
 1: import java.util.regex.*;
 2: class Ex01081A {
 3:    public static void main(String[] args) {
 4:        String statement = "The/dog:digs/the/ground:at/doggie:Yard";
 5:        String regexStr = "[/:]";
 6:        System.out.println("statement="+statement);
 7:        System.out.print("regexStr ="+regexStr + " : ");
 8:        Pattern pattern = Pattern.compile(regexStr);
 9:        String[] words = pattern.split(statement);
10:        for ( String word : words ) {
11:            System.out.print("'"+word+"'  ");
12:        }
13:    }
14: }
```

```
D:\IntaeJava>java Ex01081A
statement=The/dog:digs/the/ground:at/doggie:Yard
regexStr =[/:] : 'The'  'dog'  'digs'  'the'  'ground'  'at'  'doggie'  'Yard'

D:\IntaeJava>
```

프로그램 설명

▶ 8번째 줄:Pattern class의 compile() method를 사용해서 Pattern object를 생성합니다.

▶ 9번째 줄:Pattern object의 split() method를 사용해서 statement의 문자열을 분리하여 String 배열 object를 return합니다. String class의 split() method 와 동일한 결과가 나옵니다.

10.8.11 Matcher Class

Matcher object는 Pattern class에서 compile() method로 주어진 정규표현을 컴퓨터가 알 수있는 언어로 번역한 후 Pattern object를 생성합니다. 생성된 Pattern object의 matcher() method에 의해 input 문자열과 번역된 정규표현을 서로 대조 확인한 후 Matcher object를 생성합니다. 이같은 과정을 거쳐 생성된 Matcher object는 다음과 같은 3가지의 match operation을 수행할 수 있습니다.

- matches():input 문자열이 정규표현과 정확히 일치하는지 true 혹은 false로 return해줍니다. Pattern class의 matches()와 동일합니다.
- lookingAt(): input 문자열이 정규표현으로 시작하는지 확인 후 true 혹은 false로 return해줍니다. 즉 input 문자열의 시작부분이 정규표현과 일치하면 일치 조건에 만족입니다.
- find():정규표현과 일치하는지 문자열이 input 문자열 속에 있는지 조사한 후 발견여부에 따라 true 혹은 false를 return합니다. 정규 표현과 일치하는지 문자열이 input 문자열 속에 여러 개 있을 경우에는 첫 번째 문자열 발견 후 find() method를 다시 호출하면 첫 번째 발견 위치에서 찾기를 시작하여 두 번째 문자열이 있는지 조사한 후 발견 여부에 따라 true 혹은 false를 return합니다. 위 와 같은 방법으로 일치하는 문자열이 발견되지 않을 때까지 반복적으로 수행하면 일치하는 모든 문자열을 찾을 수 있습니다.(예제 프로그램은 Ex01072 프로그램부터 Ex01080E까지 find() method를 사용하였으므로 참고하세요.)

예제 | Ex01082

다음 프로그램은 matches() method와 lookingAt() method의 사용 예를 보여주고 있습니다.

```
1: import java.util.regex.*;
2: class Ex01082 {
3:    public static void main(String[] args) {
4:        String statement = "The dog";
5:        System.out.println("statement="+statement);
6:        String[] regexStr = { "The", "dog", "The dog", "\\w{3}", ".*dog"};
7:        for ( int i=0 ; i< regexStr.length ; i++ ) {
8:            System.out.print("regexStr ="+regexStr[i] + " : ");
9:            Pattern pattern = Pattern.compile(regexStr[i]);
10:            Matcher matcher = pattern.matcher(statement);
11:                    System.out.print("matches()="+matcher.matches()+",
lookingAt()="+matcher.lookingAt());
12:            System.out.println();
13:        }
14:    }
```

```
15: }
```

```
D:\IntaeJava>java Ex01082
statement=The dog
regexStr =The : matches()=false, lookingAt()=true
regexStr =dog : matches()=false, lookingAt()=false
regexStr =The dog : matches()=true, lookingAt()=true
regexStr =\w{3} : matches()=false, lookingAt()=true
regexStr =.*dog : matches()=true, lookingAt()=true

D:\IntaeJava>
```

프로그램 설명

▶ matches() method는 주어진 정규 문자열과 전체 input 문자열이 정확히 일치
되어야 일치조건 만족합니다. 위 예제에서 정규표현 "The dog"와 ".*dog"는 전
체 input 문자열 "The dog"와 정확히 일치하므로 true가 출력되고 있습니다.

▶ lookingAt() method는 input 문자열이 정규표현으로 시작해야 일치 조건을 만
족합니다. 위 예제에서 정규표현 "dog"만 input 문자열 "The dog"의 시작부분
과 일치하지 않는 정규표현이므로 false가 출력되고 있습니다.

■ replaceAll() 와 replaceFirst() method ■

● replaceAll(String replacement):input 문자열 속의 부분 문자열이 정규표현과
일치하면 replacement 문자열로 교체한 새로운 문자열을 return합니다.

● replaceFirst(String replacement):input 문자열 속 중 부분 문자열이 첫 번째
로 정규표현과 일치하는 문자열을 replacement 문자열로 교체한 새로운 문자열
을 return합니다.

예제 | Ex01082A

아래 프로그램은 replaceAll() method의 사용 예를 보여주는 프로그램입니다.

```
 1: import java.util.regex.*;
 2: class Ex01082A {
 3:    public static void main(String[] args) {
 4:       String statement = "The dog digs the ground at doggie yard.";
 5:       String regexStr = "dog";
 6:       String replaceStr = "cat";
 7:       System.out.println("statement="+statement);
 8:    System.out.println("regexStr="+regexStr+", replaceStr="+replaceStr);
 9:
10:       Pattern pattern = Pattern.compile(regexStr);
11:       Matcher matcher = pattern.matcher(statement);
12:       String resultStr = matcher.replaceAll(replaceStr);
13:       System.out.println("resultStr=="+resultStr);
```

```
14:          System.out.println();
15:
16:          statement = "The dog digs the ground at 35 deg outside.";
17:          regexStr = "\\d";
18:          replaceStr = "#";
19:          System.out.println("statement="+statement);
20:      System.out.println("regexStr="+regexStr+", replaceStr="+replaceStr);
21:
22:          pattern = Pattern.compile(regexStr);
23:          matcher = pattern.matcher(statement);
24:          resultStr = matcher.replaceAll(replaceStr);
25:          System.out.println("resultStr=="+resultStr);
26:      }
27: }
```

```
D:\IntaeJava>java Ex01082A
statement=The dog digs the ground at doggie yard.
regexStr=dog, replaceStr=cat
resultStr==The cat digs the ground at catgie yard.

statement=The dog digs the ground at 35 deg outside.
regexStr=\d, replaceStr=#
resultStr==The dog digs the ground at ## deg outside.

D:\IntaeJava>
```

프로그램 설명

▶ 10,11번째 줄:정규표현 regexStr로 Pattern object를 생성하고, input 문자열 statement로 Matcher object를 만듭니다.

▶ 12번째 줄:replaceAll() method를 사용하여 모든 "dog"를 "cat"로 교체합니다.

▶ 24번째 줄:replaceAll() method를 사용하여 모든 "\d" 즉 숫자를 "#"로 교체합니다.

예제 | Ex01082B

아래 프로그램은 replaceFirst() method의 사용 예를 보여주는 프로그램입니다.

```
 1: import java.util.regex.*;
 2: class Ex01082B {
 3:    public static void main(String[] args) {
            // Ex01082A 의 4번부터 11번까지 동일합니다.
12:        String resultStr = matcher.replaceFirst(replaceStr);
            // Ex01082A 의 13번부터 23번까지 동일합니다.
24:        resultStr = matcher.replaceFirst(replaceStr);
25:        System.out.println("resultStr=="+resultStr);
26:    }
27: }
```

```
D:\IntaeJava>java Ex01082B
statement=The dog digs the ground at doggie yard.
regexStr=dog, replaceStr=cat
resultStr==The cat digs the ground at doggie yard.

statement=The dog digs the ground at 35 deg outside.
regexStr=\d, replaceStr=#
resultStr==The dog digs the ground at #5 deg outside.

D:\IntaeJava>
```

프로그램 설명

▶ 12번째 줄:replaceFirst() method를 사용하여 첫 번째 "dog"를 "cat"로 교체합니다.

▶ 24번째 줄:replaceFirst() method를 사용하여 첫 번째 "\d" 즉 숫자를 "#"로 교체합니다.

■ String class의 replaceAll()와 replaceFirst() method ■

● String class의 replaceAll(String regex, String replacement) method는 Matcher class의 replaceAll(String replacement)와 정확히 동일한 기능을 합니다.

● String class의 replaceFirst(String regex, String replacement) method는 Matcher class의 replaceFirst(String replacement)와 정확히 동일한 기능을 합니다.

■ appendReplacementl() and appendTail() method ■

● appendReplacement(StringBuffer sb, String replacement):input 문자열 속의 문자열이 정규표현과 일치하면 첫 문자부터 혹은 지난 일치 문자의 다음 문자부터 이번 일치하는 문자의 바로 전 문자까지를 StringBuffer sb에 추가하고, repacement 문자열도 추가합니다. 하지만 정규표현과 일치하는 문자열은 추가하지 않습니다.

● appendTail(StringBuffer sb):위 appendReplacementl() method에서 추가하지 않은 나머지 문자열을 StringBuffer sb에 추가합니다.

예제 | Ex01082C

아래 프로그램은 appendReplacementl() and appendTail() method의 사용 예로 교체되는 문자열이 개수 번호를 추가할 수 있는 등 replaceAll() method보다 추가적인 문자열을 더 삽입할 수 있습니다.

```
 1: import java.util.regex.*;
 2: class Ex01082C {
 3:    public static void main(String[] args) {
 4:        String statement = "The dog digs the ground at doggie yard with
several dogs.";
 5:        String regexStr = "dog";
 6:        String replaceStr = "cat";
 7:        System.out.println("statement="+statement);
 8:    System.out.println("regexStr="+regexStr+", replaceStr="+replaceStr);
 9:
10:        Pattern pattern = Pattern.compile(regexStr);
11:        Matcher matcher = pattern.matcher(statement);
12:        StringBuffer resultSB = new StringBuffer();
13:        int count = 0;
14:        while ( matcher.find() ) {
15:            matcher.appendReplacement(resultSB, ++count+":"+replaceStr);
16:        }
17:        matcher.appendTail(resultSB);
18:        System.out.println("resultStr=="+resultSB.toString());
19:    }
20: }
```

```
D:\IntaeJava>java Ex01082C
statement=The dog digs the ground at doggie yard with several dogs.
regexStr=dog, replaceStr=cat
resultStr==The 1:cat digs the ground at 2:catgie yard with several 3:cats.

D:\IntaeJava>
```

프로그램 설명

▶ 14,15,16번째 줄:14번째 줄의 matcher.find()가 true이면, 즉 일치하는 문자열
  이 발견되면, input String의 첫 문자부터 matcher.find() method에 의 일치
  되는 문자열 바로 전까지와 count의 숫자를 1증가한 숫자와 교체하고자 하는 문
  자열 replaceStr을 모두 합해서 StringBuffer object인 resultSB에 추가합니
  다. 14번째 줄의 matcher.find()를 다시 확인해서 true이면 바로 전에 일치된 문
  자열의 다음 문자부터 matcher.find() method에 일치되는 문자열 바로 전까지
  와 count의 숫자를 1증가한 숫자와 교체하고자 하는 문자열 replaceStr을 모두
  합해서 StringBuffer object인 resultSB에 추가합니다. 이런 식으로 matcher.
  find()에 의해 일치되는 문자열이 없을 때까지 수행합니다.

▶ 17번째 줄:15번째 줄에서 마지막으로 일치하는 문자열의 앞까지와 count의 숫
  자를 1증가한 숫자와 교체하고자 하는 문자열 replaceStr까지는 resultSB에
  추가되었지만 마지막 남은 바로 전에 일치된 문자열의 다음 문자부터 끝까지
  는.appendTail() method를 사용하여 resultSB에 추가합니다.

10.8.12 정규표현 응용

앞으로 소개될 프로그램은 프로그램 설명없이 응용프로그램과 출력 결과만 보여줍니다.

예제 | Ex01091

다음 프로그램은 HTML문서가 제대로 작성되어 있는지 검사하는 프로그램입니다.

```
 1: import java.util.regex.*;
 2: class Ex01091 {
 3:    public static void main(String[] args){
 4:        String[] statement = { "<html id=\"html01\"> There was a dog at back yard </html>",
 5:                               "<html id=\"html02\"> There was a dog at back yard </htm>",
 6:                               "<html id=\"html01\"> There was a dog at back yard </HTML>" };
 7:        String regexStr = "<([A-Z][A-Z0-9]*)\\b[^>]*>(.*?)</\\1>";
 8:        for ( int i=0 ; i< statement.length ; i++ ) {
 9:            System.out.println("statement="+statement[i]);
10:            System.out.print("regexStr ="+regexStr + " : ");
11:            Pattern pattern = Pattern.compile(regexStr, Pattern.CASE_INSENSITIVE);
12:            Matcher matcher = pattern.matcher(statement[i]);
13:            boolean found = false;
14:            while ( matcher.find() ) {
15:                System.out.print("'"+matcher.group()+"'  ");
16:                found = true;
17:            }
18:            if( !found ){
19:                System.out.print(" No match found.");
20:            }
21:            System.out.println();
22:            if ( i != statement.length - 1 ) {
23:                System.out.println();
24:            }
25:        }
26:    }
27: }
```

```
D:\IntaeJava>java Ex01091
statement=<html id="html01"> There was a dog at back yard </html>
regexStr =<([A-Z][A-Z0-9]*)\b[^>]*>(.*?)</\1> : '<html id="html01"> There was a
dog at back yard </html>'

statement=<html id="html02"> There was a dog at back yard </htm>
regexStr =<([A-Z][A-Z0-9]*)\b[^>]*>(.*?)</\1> :  No match found.

statement=<html id="html01"> There was a dog at back yard </HTML>
regexStr =<([A-Z][A-Z0-9]*)\b[^>]*>(.*?)</\1> : '<html id="html01"> There was a
dog at back yard </HTML>'

D:\IntaeJava>
```

문제 | Ex01091A

Lincon speech에서 people를 children으로 government를 kindergarden으로 바꾸
는 프로그램 작성하세요

```
D:\IntaeJava>java Ex01091A
statement=Lincoln speech Regarding people : that government of the people, by th
e people, for the people, shall not perish from the earth.
people ==> children
government ==> kindergarden
statement=Lincoln speech Regarding children : that kindergarden of the children,
 by the children, for the children, shall not perish from the earth.

D:\IntaeJava>
```

정규 표현에 대한 설명은 아직도 많이 남아 있습니다. 분량이 많아 이 책에서 모두
설명하는 것은 무리가 있습니다. 하지만 중요한 개념은 모두 설명했기 때문에 나머
지는 각자 인터넷을 찾아 보면 쉽게 이해할 수 있을 것이라 생각합니다.

Memo

Object class와
Class class

Object class와 Class class

11.1 Object class 이해하기

지금까지 배운 자바지식으로 Object class라는 말은 말이 안되는 것 같습니다. 즉 chapter 3에서 배운 class와 object에서 object는 class로부터 만들어지는 것(실체)이라고 배운바 있습니다. chapter 11 "Object class"라는 제목에서 class는 chapter 3에서 배운 class와 같은 의미이지만, "Object"는 현재까지 배운 개념의 object가 아니라 class의 이름이 "Object"입니다. 즉 String class, Integer class, Double class, Random class와 같은 개념의 "Object"라는 이름의 class로 java에서 제공해주는 class입니다. 그러므로 Object class의 첫 글자는 대문자 O으로 시작해야 합니다.

이번 chapter에서는 object와 class를 다른 각도에서 설명해 보겠습니다. 우선 class라는 단어 속에는 종류, 부류라는 의미가 있는데, 예를 들면 동물을 분류할 때 포유류, 조(새)류, 파충류, 어(물고기)류 등으로 분류를 하게 되는데, 이때 "류"라는 글자가 자바에서는 "class"라는 단어로 표현된다고 보면 됩니다. 그러면 우리 주변에 존재하는 일반적인 물체(object)들의 분류 체계를 자바의 class라는 용어를 사용하여 분류해 보겠습니다.

위 그림에서 보듯이 모든 물체는 어떤 하나의 종류에 속해 있고, 각각의 종류는 물체라는 이름으로 통합될 수 있습니다. 고양이 class, 개 class, 코끼리 class, 등등은 동물 class라는 이름으로 통합되는 것과 같은 개념입니다. 또 위에서 차량번호 2001은 실제 차량(object)이고, 이것은 차량 class라는 이름으로 분류되고 있습니다.
위와 같은 개념을 실제 자바의 class 분류체계를 그림으로 나타내면 아래와 같습니다.

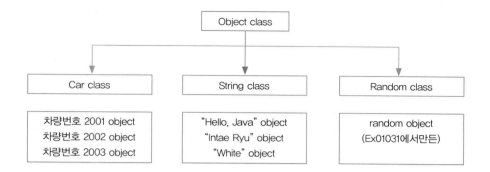

위 그림은 class와 object의 관계도 설명되고 있지만, class간의 관계도 설명하고 있습니다. Car class와 String class는 다른 class입니다. 그리고 Car class나 String class는 Object class라는 통합된 이름 밑에 놓여 있습니다.

다시 우리 주변에 있는 차량 class, 사람 class, 주택 class와 물체 class의 관계를 설명해 보겠습니다. 차량 class와 사람 class는 물체 class라는 통합된 class로 묶을수 있습니다. 다시 말하면 두 class는 물체라는 공통점을 가지고 있습니다. 물체는 손으로 만지면 만질 수 있는 공통점이 있습니다. 차량도 만질 수 있고, 사람도 만질 수 있습니다.

다시 자바로 돌아와서 Car class와 String class도 무언가 공통점이 있습니다. 그 공통점이 바로 Object class인데, Object class가 가지고 있는 특성, 즉 Object class가 가지고 있는 모든 method는 Car class나 String class에도 같은 이름의 method를 가지고 있습니다.

■ Object class는 모든 class의 근간이 되는 class입니다. ■

Object class는 모든 class의 근간이 되는 class로 특수한 역할을 합니다. 즉 Object class에서 선언된 모든 method는 각각의 class에서 Object class에 선언된 같은 이름의 method를 선언하지 않아도 각각의 class로부터 만들어지는 모든 object에서 호출할 수 있습니다. Object class에 선언되어 있는 method는 각각의 class에 해당 method가 선언되어 있지 않더라도 마치 선언되어 있는 것과 같은 역할을 합니다. Object class가 여러 개의 method를 가지고 있지만 여기에서는 다음과 같은 2가지만 소개합니다.

① toString() method:String object를 return합니다.

- toString() method는 object가 가지고 있는 data 중 중요한 data를 String으로 바꾸어 주는 method입니다. 주로 그 object의 class 이름과 그 object가 가지고 있는 memory의 주솟값을 return해 주지만, 재정의되어 다른 data를 String 값

으로 변환하여 return해주는 경우도 있습니다. − 재정의에 대해서는 12.6절 '재정의와 동적 바인딩에서 자세히 설명합니다.

- String class의 경우 Object class의 toString() method를 String class에서 재정의하여 String class가 가지고 있는 String data를 return합니다. 그러므로 String object에서 toString()을 사용하면 Object class의 toString() method가 수행되는 것이 아니고, String class의 toString() method가 수행됩니다.
- object 기억장소를 System.out.println()에서 출력시키면 해당 object의 toString() method가 자동으로 호출되어 해당 object의 data를 출력 시킵니다.

② getClass() method:Class object를 return합니다.

- 모든 class는 프로그램이 load된 후 Java Virtual Machine이 load된 class의 정보를 알아낼 수 있도록 Class object라는 특수한 object를 자동으로 만들어 줍니다. Class object에 대해서는 11.2 Class class 이해하기에서 다시 설명되므로 여기서는 Class object는 모든 object에서 getClass() method를 호출하면 이미 만들어진 Class object의 주소를 return해주는 정도만 알고 있으면 됩니다.
- Class object에도 toString() method가 있고, Object class의 toString()을 재정의한 toString() method를 가지고 있습니다.

예제 | Ex01101

Object class가 가지고 있는 두 가지 method, toString()과 getClass()를 사용한 예제는 아래와 같습니다.

```
 1: class Ex01101 {
 2:    public static void main(String[] args) {
 3:       Object obj = new Object();
 4:       Car car = new Car(2001,"Green");
 5:       String str = new String("Intae Java");
 6:       System.out.println("obj.toString()="+obj.toString());
 7:       System.out.println("obj            ="+obj);
 8:       System.out.println("car.toString()="+car.toString());
 9:       System.out.println("car            ="+car);
10:       System.out.println("str.toString()="+str.toString());
11:       System.out.println("str            ="+str);
12:       System.out.println("obj.getClass()             ="+obj.getClass());
13:       System.out.println("obj.getClass().toString()="+obj.getClass().
toString());
14:       System.out.println("car.getClass()             ="+car.getClass());
15:       System.out.println("car.getClass().toString()="+car.getClass().
toString());
16:       System.out.println("str.getClass()             ="+str.getClass());
17:       System.out.println("str.getClass().toString()="+str.getClass().
```

```
toString());
18:     }
19: }
20: class Car {
21:     int licenseNo;
22:     String color;
23:     Car(int no, String c) {
24:         licenseNo = no;
25:         color = c;
26:     }
27: }
```

```
D:\IntaeJava>java Ex01101
obj.toString()=java.lang.Object@1db9742
obj           =java.lang.Object@1db9742
car.toString()=Car@106d69c
car           =Car@106d69c
str.toString()=Intae Java
str           =Intae Java
obj.getClass()              =class java.lang.Object
obj.getClass().toString()=class java.lang.Object
car.getClass()              =class Car
car.getClass().toString()=class Car
str.getClass()              =class java.lang.String
str.getClass().toString()=class java.lang.String

D:\IntaeJava>
```

프로그램 설명

▶ 위 프로그램에서 나타나듯이 Object class, Car class, String class에는 toString() method와 getClass() method가 모두 공통으로 있다는 사실입니다. String class는 자바에서 제공해주는 class이므로 String class 내에 정의되어 있을수도 있다고 말할 수 있지만, Car class에는 분명 toString() method와 getClass() method를 정의하지 않았습니다. 하지만 에러없이 잘 compile되고 수행되는 것으로 봐서 toString() method와 getClass() method는 Object class로 부터 온 공통된 method임을 알 수 있습니다.

▶ 6번째 줄:toString() method는 Object class에서 선언된 method로 object의 중요 data를 출력해줍니다.

▶ 7번째 줄:System.out.println() method내에서는 object변수 이름은 자동으로 toString() method가 호출되어 object의 중요 data를 출력해줍니다. 그러므로 6번째 줄의 출력 결과와 동일합니다.

▶ 10,11번째 줄:String class의 toString() method는 String class에서 재정의된 것이기 때문에 Object object나 Car object의 toString과 약간 다르게 출력됩니다. 즉 Object object나 Car object는 Objec의 주소를 출력해주지만 String object는 String object가 가지고 있는 문자열을 출력해줍니다.

▶ 12,13번째 줄:getClass() method는 해당 object의 Class object의 주소를 return해주므로 다시 toString() method를 호출해야 String object가 나오고

String object는 System.out.println()에서 출력 가능합니다. 하지만 System.out.println()에서 모든 object는 toString() method를 자동 호출하므로 생략해도 동일한 출력 결과를 얻을 수 있습니다.

11.2 Class class 이해하기

자바에는 Object class가 모든 class의 근간이 되는 class라면, Class class는 다른 class처럼 Class object를 만들기 위해 정의한 class입니다. Class class의 첫글자도 대문자"C"로 시작해야 합니다. 그런데 Class class로부터 Class object를 만들기 위해서는 다른 class와 같이 new Class()와 같이 선언하면 에러가 발생합니다. 즉 프로그램에 new Class()명령으로 Class object를 만들 수 없습니다. Class object는 자바 virtual machine이 자동으로 만들어 주는 object입니다. Class object의 사용은 프로그램에서는 자바 virtual machine이 만든 Class object를 이용하여 여러 정보를 얻어내는데 사용합니다. 그러면 Class object에는 어떤 정보가 들어 있으며, virtual machine이 만든 Class object를 어떻게 프로그램에서 사용 가능하도록 받아낼까요?

① 우선 프로그램에서 사용 가능하게 받는 방법은 Object class에 getClass()를 통해서 Class object주소를 받아낼 수 있습니다.

② Class object에 어떤 정보가 들어 있는지는 Class class에 어떤 method가 있는지를 살펴보면 금방 알 수 있습니다. Class class에도 여러 method가 있지만 여기에서 3가지 method만 소개합니다.

- getName():class 이름을 String으로 return합니다.
- toString():Object class에 있는 toString()을 재정의 했으므로 Class class의 특성에 맞게 Class object를 String으로 바꾸어줍니다.
- getSimpleName():getName()을 package name을 포함한 class의 full name 이라면 getSimpleName()는 package name을 제외한 class name만 String으로 return합니다.(package에 대해서는 13.2절 package에서 설명합니다.)

예제 | Ex01102

다음 프로그램은 일반 object에서 Class object를 축출하고, 그 축출된 Class object 로부터 일반 class의 정보를 출력하는 프로그램입니다.

```
 1: class Ex01102 {
 2:    public static void main(String[] args) {
 3:        //Class cls = new Class();
 4:        Object obj = new Object();
 5:        Car car = new Car(2001,"Green");
 6:        String str = new String("Intae Java");
 7:        Class[] clss = new Class[3];
 8:        clss[0] = obj.getClass();
 9:        clss[1] = car.getClass();
10:        clss[2] = str.getClass();
11:        for ( int i=0 ; i< clss.length ; i++ ) {
12:            System.out.println("clss["+i+"].toString()     ="+clss[i].toString());
13:            System.out.println("clss["+i+"].getName()      ="+clss[i].getName());
14:            System.out.println("clss["+i+"].getSimpleName()="+clss[i].getSimpleName());
15:        }
16:    }
17: }
18: class Car {
19:    int licenseNo;
20:    String color;
21:    Car(int no, String c) {
22:        licenseNo = no;
23:        color = c;
24:    }
25: }
```

```
D:\IntaeJava>java Ex01102
clss[0].toString()      =class java.lang.Object
clss[0].getName()       =java.lang.Object
clss[0].getSimpleName()=Object
clss[1].toString()      =class Car
clss[1].getName()       =Car
clss[1].getSimpleName()=Car
clss[2].toString()      =class java.lang.String
clss[2].getName()       =java.lang.String
clss[2].getSimpleName()=String

D:\IntaeJava>
```

프로그램 설명

▶ 3번째 줄:Class object는 new Class()명령으로 object를 만들 수 없습니다. Class object는 자바 virtual machine이 만들어 주는 특수한 object입니다. 그러므로 Class object에 있는 data들은 virtual machine이 Class object를 만들 때 해당 class에 대한 정보를 저장한 것이므로 읽어올 수만 있지, 변경할 수 없습니다. // comment를 지우고 compile하면 아래와 같은 에러 메세지가 나옵니다.

```
D:\IntaeJava>javac Ex01102.java
Ex01102.java:3: error: Class() has private access in Class
        Class cls = new Class();
                    ^
1 error

D:\IntaeJava>
```

위 에러메세지에 대한 의미를 알기 위해서는 chapter 13 접근 지정자를 참조하세
요. new Class()명령으로는 못 만들도록 정의되어 있습니다.

● 7번째 줄:Class object를 저장할 원소 3개의 Class object배열 object를 생성합
니다.

● 8,9,10번째 줄:4,5,6번째 줄에서 Object가 만들어 지기전에 Class object는 이
미 만들어져 있습니다. 단지 8,9,10번째 줄에서 이미 만들어진 Class object를
getClass()로 주소를 알아내서 Class object를 저장하는 배열 object에 저장합니다.
Object object의 Class object, Car object의 Class object, String object의
Class object는 다른 class로부터 만들어진 Class object이지만 Class class의
object라는 점에서는 동일한 class(즉, Class class)의 object입니다. 단지 각각
의 object에 저장된 data가 다른 것 뿐입니다.

● 12번째 줄:toString() method는 현재 object가 어떤 class의 Class object인지
를 나타내는 정보를 출력합니다.

● 13번째 줄:getName() method로 package name까지 포함한 full class name
을 알아낼 수 있습니다.

● 14번째 줄:getSimpleName() method로 package name을 제외한 class key
word로 정의한 class name을 알아낼 수 있습니다.

예제 | Ex01102A

다음은 Class object를 얻어내는 방법으로 getClass() method를 포함한 3가지 방
법을 보여주는 프로그램입니다.

```
 1: class Ex01102A {
 2:    public static void main(String[] args) {
 3:        Object obj = new Object();
 4:        Car car = new Car(2001,"Green");
 5:        String str = new String("Intae Java");
 6:        Class[] clss1 = new Class[3];
 7:        clss1[0] = obj.getClass();
 8:        clss1[1] = car.getClass();
 9:        clss1[2] = str.getClass();
10:        for ( int i=0 ; i< clss1.length ; i++ ) {
11:            System.out.println("clss1["+i+"].getName()="+clss1[i].
getName());
```

```
12:        }
13:        Class[] clss2 = new Class[3];
14:        clss2[0] = Object.class;
15:        clss2[1] = Car.class;
16:        clss2[2] = String.class;
17:        for ( int i=0 ; i< clss2.length ; i++ ) {
18:            System.out.println("clss2["+i+"].getName()="+clss2[i].getName());
19:        }
20:        Class[] clss3 = new Class[3];
21:        try {
22:            clss3[0] = Class.forName("java.lang.Object");
23:            clss3[1] = Class.forName("Car");
24:            clss3[2] = Class.forName("java.lang.String");
25:        } catch ( Exception e ) {
26:        }
27:        for ( int i=0 ; i< clss3.length ; i++ ) {
28:            System.out.println("clss3["+i+"].getName()="+clss3[i].getName());
29:        }
30:    }
31: }
32: class Car {
33:    int licenseNo;
34:    String color;
35:    Car(int no, String c) {
36:        licenseNo = no;
37:        color = c;
38:    }
39: }
```

```
D:\IntaeJava>java Ex01102A
clss1[0].getName()=java.lang.Object
clss1[1].getName()=Car
clss1[2].getName()=java.lang.String
clss2[0].getName()=java.lang.Object
clss2[1].getName()=Car
clss2[2].getName()=java.lang.String
clss3[0].getName()=java.lang.Object
clss3[1].getName()=Car
clss3[2].getName()=java.lang.String

D:\IntaeJava>
```

프로그램 설명

▶ 7,8,9번째 줄:getClass() method를 Class object의 주소를 가져옵니다.

▶ 14,15,16번째 줄:Object.class, Car.class, String.class, 즉 "class 이름.class"로 Class object의 주소를 가져옵니다. 가져온 Class object는 getClass() method 로 가져온 주소와 동일합니다.

▶ 22,23,24번째 줄:Class.forName() method로 Class object의 주소를 가져옵니 다. Class.forName() method로 Class object를 가져오는 방법은 결론은 동일

하지만 가져오는 과정이 getClass() method와 "class 이름.class"의 방식과 조금 다릅니다. getClass() method와 "class이름.class"의 방식은 compile 단계에서 해당 class가 있는지 확인이 됩니다. 하지만 Class.forName() method는 parameter로 String object를 넘겨줌으로 String object 속의 내용이 정확한 class이름이 아니더라도 compile은 문제없이 되지만 실행 시에 넘겨받은 String object 속의 data가 정확한 class 이름이 아니면 run time 에러가 나타납니다.

▶ 21,25,26번째 줄:22,23,24번째 줄에서 발생할 수도 있는 run time error를 처리하기 위해 try, catch 문으로 Exception을 처리 해야만 합니다. Exception 처리는 21장 Exception에서 설명하므로 현재는 위와 같이 coding해야 22,23,24번째 줄을 추가할 수 있다 정도로 알고 넘어갑니다.

11.3 cast 연산자와 형 변환(type conversion)

2.10절에서 우리는 primitive type의 casting(형 변환)에 대해서 배웠습니다. 이번 절에서는 object에 대한 casting(형 변환)에 대해 설명하고자 합니다.

11.1절에서 다룬 물체 class와 차량 class, 사람 class, 주택 class의 관계를 다시 상기해 보겠습니다. 차량 class는 물체 class의 하나의 하위 class라고 생각할 수 있습니다. 즉 차량은 물체 중의 하나다라고 해도 말이 틀리지 않습니다. 그러므로 차량을 저 물체는 도로위에 있다라고 해도 틀리지 않습니다. 즉 차량이나, 사람이나, 주택을 확실하게 윤곽이 들어나지 않은 어두운 상태에서 '저 물체는 무엇입니까'라고 질문하는 경우도 있습니다. 일반적으로 '차량은 물체다'라는 말은 말이 되지만, 반대의 경우 물체는 차량이다는 말이 안 되는 것도 기억합시다.

위에서 일반적인 사항의 개념을 언급한 것과 같이 자바에서 Car class로부터 나온 car object, String class로부터 만들어진 str object를 Object class로부터 만들어진 obj object와 동일하게 취급할 수 있습니다.

아래 프로그램은 Car class로부터 만든 object, String class로부터 만든 object를 Object class로부터 만든 object와 동일하게 취급하는 것을 보여주는 프로그램입니다.

예제 | Ex01111

```
1: class Ex01111 {
2:    public static void main(String[] args) {
3:        Object obj1 = new Object();
4:        Object obj2 = new Car(2001,"Green");
```

```
 5:        Object obj3 = new String("Intae Java");
 6:        System.out.println("obj1.toString()="+obj1.toString());
 7:        System.out.println("obj2.toString()="+obj2.toString());
 8:        System.out.println("obj3.toString()="+obj3.toString());
 9:        System.out.println("obj1.getClass()="+obj1.getClass());
10:        System.out.println("obj2.getClass()="+obj2.getClass());
11:        System.out.println("obj3.getClass()="+obj3.getClass());
12:    }
13: }
14: class Car {
15:    int licenseNo;
16:    String color;
17:    Car(int no, String c) {
18:        licenseNo = no;
19:        color = c;
20:    }
21: }
```

```
D:\IntaeJava>java Ex01111
obj1.toString()=java.lang.Object@1db9742
obj2.toString()=Car@106d69c
obj3.toString()=Intae Java
obj1.getClass()=class java.lang.Object
obj2.getClass()=class Car
obj3.getClass()=class java.lang.String

D:\IntaeJava>
```

프로그램 설명

▶ 3번째 줄:Object class의 object를 생성하고, 그 주소를 Object object를 기억하는 변수 obj1에 저장합니다. 3번째 줄은 특별히 새로운 내용은 없는 이미 언급한 내용입니다.

▶ 4번째 줄:Car class의 object를 생성하고, 그 주소를 Object object를 기억하는 변수 obj2에 저장합니다. 현재까지 배운 바로는 Car object는 Car object를 기억하는 변수에 저장했지만 이번에는 Object object를 기억하는 변수에 저장하고 있습니다. Car object는 Object object ('차량은 물체다'라고 말하는 것과 같은 원리임)라고 말할 수 있으므로 Car object는 Object object를 기억하는 변수에 저장 가능한 것입니다. 즉 Car object도 물체 object 중의 하나이기 때문입니다. 하지만 반대의 경우는 안됩니다. 즉 '물체는 차량이다'라는 말이 안 되듯이 Object object를 Car object를 기억하는 변수에는 저장할 수 없습니다.

▶ 5번째 줄:4번째 줄의 Car object가 Object object를 기억하는 변수에 저장하듯이 String object도 Object object를 저장하는 변수 obj3에 저장할 수 있습니다.

▶ 6번째 줄:obj1.toString() method를 호출하는 것은 Object class 이름("Object")과 Object object의 주소를 출력하는 것입니다. 여기에서 Object class의 정확한 이름은 "java.lang.Object"로 chapter 15 package에서 자세히 소개합니다.

▶ 7번째 줄:obj2.toString() method를 호출하는 것은 Car class 이름("Car")과 Car object의 주소를 출력합니다.

▶ 8번째 줄:obj3.toString() method를 호출하는 것은 String class 이름("String")과 String object의 주소를 출력하는 것이 아니라 String object에 저장된 문자열을 출력합니다. 즉 다른 object의 toString() method와 다르다는 것에 주의해 주세요.

▶ 9번째 줄:obj1.getClass()를 호출하는 것은 Object class의 정확한 이름("java.lang.Object")을 출력하는 것을 의미합니다.

▶ 10번째 줄:obj2.getClass()를 호출하는 것은 Car class의 이름("Car")을 출력하는 것을 의미합니다.

▶ 11번째 줄:obj3.getClass()를 호출하는 것은 String class의 정확한 이름("java.lang.String")을 출력하는 것을 의미합니다.

9,10,11번째 줄에서 보듯이 obj1,obj2,obj3 변수는 Object object를 저장하는 변수이지만 실제 기억되어 있는 object의 class 이름을 출력하고 있음에 주의할 필요가 있습니다.

예제 | Ex01112

아래 프로그램은 object변수를 가지고 method를 호출하는 때 발생하는 문제점에 대해 설명하는 프로그램입니다.

```
 1: class Ex01112 {
 2:    public static void main(String[] args) {
 3:        Object obj2 = new Car(2001,"Green");
 4:        obj2.showStatus();
 5:    }
 6: }
 7: class Car {
 8:    int licenseNo;
 9:    String color;
10:    Car(int no, String c) {
11:        licenseNo = no;
12:        color = c;
13:    }
14:    void showStatus() {
15:        System.out.println("licenseNo="+licenseNo+", color="+color);
16:    }
17: }
```

```
D:\IntaeJava>javac Ex01112.java
Ex01112.java:4: error: cannot find symbol
        obj2.showStatus();
            ^
  symbol:   method showStatus()
  location: variable obj2 of type Object
1 error

D:\IntaeJava>_
```

프로그램 설명

위 프로그램은 compile할 때 에러가 발생하여 실행할 수 있는 프로그램이 아닙니다. 에러가 나는 원인은 4번째 줄 obj2.showStatus()를 호출하는 곳에서 발생합니다. obj2는 Object object를 기억하는 기억장소로 Object class에는 showStatus()라는 method가 없기 때문입니다. 만약 프로그램이 compile되어 실행이 된다면 obj2 변수에는 Car object가 있겠지만, 명령을 수행해야 할 컴퓨터 입장에는 obj2 변수에 어떤 object가 있는지 obj2의 변수 이름으로는 알 수가 없습니다. obj2 변수 이름으로 알 수 있는 것은 Object object가 들어 있다라는 것뿐입니다. 그러므로 Object class에는 showStatus()라는 method가 없으므로 compile 시 에러를 발생시키고 있습니다. 또 Object object를 기억하는 기억장소 obj2에는 Car가 아닌 다른 object가 들어갈 가능성이 있습니다.(위 프로그램에서는 그럴 가능성이 없지만 일반적인 규칙을 적용하면 들어갈 가능성이 있습니다.) 따라서 Object object를 기억장소 obj2는 그 속에 무슨 object가 저장되더라도 오직 Object class에 있는 method만을 실행시킬 수 있습니다.

예제 | Ex01113

아래 프로그램은 Car object가 Object object 변수에 저장되었다면 Object object 변수에 있는 주소를 Car object 변수에 어떻게 저장하는지 그 방법을 보여주는 프로그램입니다.

```
1: class Ex01113 {
2:    public static void main(String[] args) {
3:        Object obj2 = new Car(2001,"Green");
4:        //obj2.showStatus(); // compile error
5:        //Car car = obj2; // compile error
6:        Car car = (Car)obj2;
7:        car.showStatus();
8:    }
9: }
10: class Car {
11:    int licenseNo;
12:    String color;
13:    Car(int no, String c) {
14:        licenseNo = no;
```

```
15:        color = c;
16:    }
17:    void showStatus() {
18:        System.out.println("licenseNo="+licenseNo+", color="+color);
19:    }
20: }
```

```
D:\IntaeJava>java Ex01113
licenseNo=2001, color=Green

D:\IntaeJava>
```

프로그램 설명

▶ 4번째 줄:Object object를 기억하는 기억장소 obj2에 Car object가 있음에도 불구하고 showStatus() method를 사용할 수 없었습니다.

▶ 5번째 줄:만약 obj2에 Car object가 있다면 그 Car object를 Car object를 기억하는 기억장소 car로 옮겨주어야 합니다. 이때 단순히 "Car car = obj2"라고 coding할 수 없습니다. 왜냐하면 obj2에 다른 object도 있을 가능성이 있기 때문에 실수로 이렇게 옮기는 것을 자바언어에서 막았습니다.

▶ 6번째 줄:그러므로 확실히 obj2 기억장소에 Car가 들어 있다면 컴퓨터에도 확실히 들어있다고 알려주는 장치로 "Car car = (Car)obj2"라고 coding해야 합니다. 이런한 과정을 casting(형 변환, 혹은 type conversion) 한다고 합니다. 즉 Object 형의 object를 Car형 Object로 형 변환을 하는 것입니다.

만약 실무 프로그램에서 obj2에 Car Object가 아니라 다른 object(예 String object)가 있다면 어떻게 될까요. Compile 단계에서는 에러를 찾지 못하고, 프로그램 실행 시 형 변환을 할 수 없는 object이므로 run time error를 발생시킵니다.

위 프로그램 "Car cat = (Car)obj2;" 에서 캐스트 연산자는"(Car)"를 cast 연산자라고 하고, obj2에서 car로 Car object의 주소가 저장되는 과정을 type conversion(형변환, 혹은 casting)이라고 합니다.

위 프로그램은 Casting이 어떻게 작동하는지 보여주기 위한 프로그램으로 일부러 Car object를 Object object를 기억하는 기억장소 obj2에 저장한 후 Car object를 기억하는 기억장소 car에 다시 casting하여 저장한 예입니다.

예제 | Ex01113A

아래 프로그램은 casting을 잘못한 예입니다. 즉 Object object변수에 String object를 넣은 후 다시 꺼내기 위해 casting할 때는 Car로 casting을 한 예로 compile 단계에서는 에러가 안나지만 수행시 에러가 나는 것을 보여주고 있습니다.

```
 1: class Ex01113A {
 2:    public static void main(String[] args) {
 3:        Object obj2 = new String("Intae Java");
 4:        Car car = (Car)obj2;
 5:        car.showStatus();
 6:    }
 7: }
 8: class Car {
 9:    int licenseNo;
10:    String color;
11:    Car(int no, String c) {
12:        licenseNo = no;
13:        color = c;
14:    }
15:    void showStatus() {
16:        System.out.println("licenseNo="+licenseNo+", color="+color);
17:    }
18: }
```

```
D:\IntaeJava>javac Ex01113A.java

D:\IntaeJava>java Ex01113A
Exception in thread "main" java.lang.ClassCastException: java.lang.String cannot
be cast to Car
        at Ex01113A.main(Ex01113A.java:4)

D:\IntaeJava>
```

프로그램 설명

▶ 3번째 줄:obj2에는 String object가 저장됩니다.

▶ 4번째 줄:obj2에 저장된 String object를 Car로 casting합니다. compile단계에서는 obj2에 들어있는 object를 Car로 강제 casting을 하라는 명령이므로 문법적으로 맞는 명령입니다. 하지만 프로그램 수행 중에 obj2에 있는 object를 Car로 casting하려고 하는 obj2에 들어 있는 object는 String object이므로 Car로 casting할 수가 없어 에러를 발생시킵니다.

■ 배열 object Casting ■

배열도 object라고 chapter 9 설명할 때 언급한 사항입니다. 배열 casting 형식은 (ClassName[])과 같이 "[]"기호를 사용해야 합니다. 그리고 주의 사항은 배열 casting과 배열 속에 들어 있는 object의 casting은 다른 문제라는 것을 알아야 합니다.

예제 | Ex01113B

아래 프로그램은 배열 casting과 배열 속에 들어있는 object의 casting이 어떻게 다른지를 보여주는 프로그램입니다.

```
 1: class Ex01113B {
 2:    public static void main(String[] args) {
 3:        Object[] obj1 = new Car[3];
 4:        obj1[0] = new Car(1001,"Green");
 5:        obj1[1] = new Car(1002,"Yellow");
 6:        obj1[2] = new Car(1003,"White");
 7:        Car[] car1 = (Car[])obj1;
 8:        for ( int i=0 ; i<car1.length ; i++ ) {
 9:            car1[i].showStatus();
10:        }
11:
12:        Object[] obj2 = new Object[3];
13:        obj2[0] = new Car(2001,"Green");
14:        obj2[1] = new Car(2002,"Yellow");
15:        obj2[2] = new Car(2003,"White");
16:        Car[] car2 = (Car[])obj2;
17:        for ( int i=0 ; i<car2.length ; i++ ) {
18:            car2[i].showStatus();
19:        }
20:
21:        for ( int i=0 ; i<obj2.length ; i++ ) {
22:            Car car = (Car)obj2[i];
23:            car.showStatus();
24:        }
25:    }
26: }
27: class Car {
28:    int licenseNo;
29:    String color;
30:    Car(int no, String c) {
31:        licenseNo = no;
32:        color = c;
33:    }
34:    void showStatus() {
35:        System.out.println("licenseNo="+licenseNo+", color="+color);
36:    }
37: }
```

```
D:\IntaeJava>java Ex01113B
licenseNo=1001, color=Green
licenseNo=1002, color=Yellow
licenseNo=1003, color=White
Exception in thread "main" java.lang.ClassCastException: [Ljava.lang.Object; can
not be cast to [LCar;
        at Ex01113B.main(Ex01113B.java:16)

D:\IntaeJava>
```

프로그램 설명

▶ 3번째 줄:Car배열 object를 생성하여 Object배열 reference변수 obj1에 저장합니다.

▶ 4,5,6번째 줄:Car object를 생성해서 Object배열 원소에 저장합니다.

▶ 7번째 줄:obj1에는 Car배열 object가 들어 있으므로 Car배열로 casting하여 Car 배열 referencr변수에 저장할 수 있습니다.

▶ 12번째 줄:Object배열 object를 생성하여 Object배열 reference변수 obj2에 저장합니다.

▶ 16번째 줄:obj2에는 Object배열 object가 들어 있으므로 Car배열로 casting할 수 없습니다. 그래서 위와 같이 run time에러가 발생하는 것입니다. Object배열 원소에는 Car object가 저장되어 있다하더라도 배열 object는 Car배열이 아니라 Object배열입니다.

▶ 22번째 줄:Object배열 원소에는 Car object가 저장되어 있으므로 Car로 casting 하는 것은 정상적인 casting입니다.

위 프로그램에서 16,17,18,19를 //로 comment처리하고 compile한 후 수행하면 아래와 같이 에러 없이 수행합니다.

```
D:\IntaeJava>java Ex01113B
licenseNo=1001, color=Green
licenseNo=1002, color=Yellow
licenseNo=1003, color=White
licenseNo=2001, color=Green
licenseNo=2002, color=Yellow
licenseNo=2003, color=White

D:\IntaeJava>
```

11.4 instanceof 연산자

Instanceof 연산자는 object변수의 object data type, 즉 어떤 class가 그 속에 있는지 없는지를 검사하는 연산자로 사용형식은 아래와 같습니다.

```
objectName instanceof className
```

사용 예) obj2 instanceof Car

왼쪽에 있는 object가 오른쪽에 있는 class로부터 생성된 것인지 아닌지 검사합니다. 왼쪽의 object가 오른쪽의 class로부터 생성된 것이면 true 아니면 false가 됩니다.

예제 | Ex01114

아래 프로그램은 instanceof 연산자의 사용 예를 보여주는 프로그램입니다.

```
1: import java.util.Random;
2: class Ex01114 {
3:    public static void main(String[] args) {
4:        Random random = new Random();
5:        double d1 = random.nextDouble();
6:        Object obj;
7:        if ( d1 < 0.5 ) {
8:            obj = new String("Intae Java");
9:        } else {
10:           obj = new Integer(2002);
11:       }
12:       if ( obj instanceof String ) {
13:           String str = (String)obj;
14:           System.out.println("str = "+ str+", d1="+d1);
15:       } else {
16:           Integer i1 = (Integer)obj;
17:           System.out.println("i1 = "+ i1+", d1="+d1);
18:       }
19:    }
20: }
```

```
D:\IntaeJava>java Ex01114
i1 = 2002, d1=0.8614626094679955

D:\IntaeJava>java Ex01114
str = Intae Java, d1=0.06436221781458784

D:\IntaeJava>
```

프로그램 설명

▶ 12번째 줄:obj에 저장된 object가 String object인지 아닌지 검사하여 String object이면 14,15번째 줄을 아니면 17,18번째 줄을 수행합니다.

objectName instanceof className은 objectName.getClass().getSimple Name().equals("className")과 동격인 명령입니다.

예제 | Ex01114A

아래 프로그램은 Ex01114 프로그램 12번째 줄의 instanceof 연산자 대신에 getClass().getSimpleName().equals()를 사용한 예를 보여주는 프로그램입니다.

```
1: import java.util.Random;
2: class Ex01114A {
3:    public static void main(String[] args) {
4:        Random random = new Random();
5:        double d1 = random.nextDouble();
6:        Object obj;
7:        if ( d1 < 0.5 ) {
```

```
 8:            obj = new String("Intae Java");
 9:        } else {
10:            obj = new Integer(2002);
11:        }
12:        if ( obj.getClass().getSimpleName().equals("String") ) { //if (
obj instanceof String ) {
13:            String str = (String)obj;
14:            System.out.println("str = "+ str+", d1="+d1);
15:        } else {
16:            Integer i1 = (Integer)obj;
17:            System.out.println("i1 = "+ i1+", d1="+d1);
18:        }
19:    }
20: }
```

```
D:\IntaeJava>java Ex01114A
i1 = 2002, d1=0.5507316215211381

D:\IntaeJava>java Ex01114A
str = Intae Java, d1=0.3664641968450071

D:\IntaeJava>
```

프로그램 설명

▶ 12번째 줄:instanceof 연산자와 getClass().getSimpleName().equals()가 정확히 동일한 역할을 하는 것을 알 수 있습니다.

예제 | Ex01115

아래 프로그램은 임의의 수를 발생시켜 임의의 수가 0.5보다 작으면 Bus object를 생성하고, 0.5보다 크거나 같으면 Truck object를 생성하여 Object object변수 obj에 저장 후 다시 obj 속의 object가 Bus object이면 Bus class의 showBusStatus() method를 호출하고, 그렇지 않으면 Truck object이므로 Truck class의 show Truck() method를 호출하는 프로그램입니다.

```
 1: import java.util.Random;
 2: class Ex01115 {
 3:    public static void main(String[] args) {
 4:        Random random = new Random();
 5:        double d1 = random.nextDouble();
 6:        Object obj;
 7:        if ( d1 < 0.5 ) {
 8:            obj = new Bus(2001,"Green");
 9:        } else {
10:            obj = new Truck(2002,"Blue");
11:        }
12:        System.out.println("Random number="+d1);
```

```
13:        if ( obj instanceof Bus ) {
14:            Bus bus = (Bus)obj;
15:            bus.showBusStatus();
16:        } else {
17:            Truck truck = (Truck)obj;
18:            truck.showTruckStatus();
19:        }
20:    }
21: }
22: class Bus {
23:     int licenseNo;
24:     String color;
25:     Bus(int no, String c) {
26:         licenseNo = no;
27:         color = c;
28:     }
29:     void showBusStatus() {
30:         System.out.println("Bus    licenseNo="+licenseNo+",
color="+color);
31:     }
32: }
33: class Truck {
34:     int licenseNo;
35:     String color;
36:     Truck(int no, String c) {
37:         licenseNo = no;
38:         color = c;
39:     }
40:     void showTruckStatus() {
41:         System.out.println("Truck    licenseNo="+licenseNo+",
color="+color);
42:     }
43: }
```

```
D:\IntaeJava>java Ex01115
Random number=0.618117098792301
Truck    licenseNo=2002, color=Blue

D:\IntaeJava>java Ex01115
Random number=0.10421684509472273
Bus    licenseNo=2001, color=Green

D:\IntaeJava>
```

프로그램 설명

▶ 4,5번째 줄:Random class로부터 object를 생성 후 임의수를 생성하여 d1에 저장합니다.

▶ 6번째 줄:Object object의 주소를 기억하는 기억장소 obj를 만듭니다.

▶ 7~11번째 줄:임의의 수 d1이 0.5보다 작으면 Bus object를 만들어 object변수 obj에 저장하고, 0.5보다 크거나 같으면 Truck object를 만들어 object변수 obj

에 저장합니다. 11번째 줄을 실행한 상태에서 obj에는 어떤 object가 들어 있는지
프로그램 coding 시에는 알 수가 없습니다.

▶ 12번째 줄:Bus object나 Truck object가 임의의 수 d1에따라 잘 생성되었는지
확인하기 위해 임의의 수 d1 출력합니다.

▶ 13번째 줄:obj에 들어 있는 object가 Bus object인지를 검사하는 명령으로 Bus
object이면 괄호 속의 값은 true가 되고 아니면 false가 됩니다.

▶ 14번째 줄:13번째 줄이 true이면 obj 속에 있는 object는 Bus이므로 (Bus)로
casting(형 변환)하여 Bus object기억장소 bus에 다시 저장합니다.

▶ 15번째 줄:Bus object기억장소 bus로 저장되었으므로 bus.showBusStatus()
method를 호출하여 Bus object관련 data를 출력합니다.

▶ 17번째 줄:13번째 줄이 false이면 obj 속에 있는 object는 Truck이므로 (Truck)
로 casting(형 변환)하여 Truck object 기억장소 truck에 다시 저장합니다.

▶ 18번째 줄:Truck object 기억장소 truck로 저장되었으므로 truck.showBusStatus()
method를 호출하여 Truck object관련 data를 출력합니다.

문제 | Ex01115A

아래 프로그램은 Random object에 만들어진 임의의 수를 기준으로 Bus class와
Truck class를 만듭니다. 즉Random object의 임의의 수가 0.5보다 크면, Bus
object를 만들고, 0.5보다 작거나 같으면 Truck object를 만듭니다. Bus object나
Truck object가 만들어지면 배열요소 5개로 이루어진 Object배열에 만들어지 Bus
object 혹은 Truck object들을 차례로 저장합니다. 5개의 Object배열 원소에 Bus
object나 Truck object가 모두 저장되면 Object배열로부터 instanceof 를 사용하
여 Bus object인지, Truck object인지 검사하여, 각각의 object의 status를 보여주
는 method를 호출하는 프로그램을 작성하세요.
단 임의의 수도 Bus object와 Truck object에 저장되도록 Bus class와 Truck
class에 randomNo라는 attribute도 추가하여 출력하세요.

힌트 | 5개의 object를 만드는 로직은 for loop를 사용하고, licenseNo는 for loop
의 첨자를 이용해서 만들어 보세요.

```
D:\IntaeJava>java Ex01115A
Truck licenseNo=2001, color=Blue, Random No=0.8098437654410146
Truck licenseNo=2002, color=Blue, Random No=0.5919711187809049
Truck licenseNo=2003, color=Blue, Random No=0.9261653753161999
Truck licenseNo=2004, color=Blue, Random No=0.5822086366109235
Bus   licenseNo=2005, color=Green, Random No=0.46950614734425344

D:\IntaeJava>
```

```
D:\IntaeJava>java Ex01115A
Truck licenseNo=2001, color=Blue, Random No=0.7054606036360177
Truck licenseNo=2002, color=Blue, Random No=0.7795813533599004
Bus   licenseNo=2003, color=Green, Random No=0.19063151194642236
Truck licenseNo=2004, color=Blue, Random No=0.5540695549348877
Truck licenseNo=2005, color=Blue, Random No=0.9965240603776997

D:\IntaeJava>
```

위 프로그램은 Random object의 임의의 수를 사용하였기 때문에 프로그램 실행 때
마다 출력되는 값은 달라질 수 있습니다.

상속(Inheritance)

상속(Inheritance) 12

12.1 상속 개념 이해하기

자바에서 말하는 상속은 일상 생활에서 말하는 상속(재산 상속, 유전자 상속)이라는 개념과 비슷한 점이 있습니다. 즉, 두 class간의 관계에 있어서 하나는 부모class(상위 class라고 부름) 하나는 자식 class(하위 class라고 부름)로 자식 class는 부모 class의 모든 것을 물려받습니다.

chapter 11에서 Object class의 개념으로 다시 돌아가 보겠습니다. 물체 class는 차량 class, 사람 class, 주택 class로 분류됩니다. 다시 차량 class는 승용차 class, Bus class, Truck class로 다시 세분화하여 분류할 수 있습니다. 위에서 분류한 분류 계통도를 그림으로 표시하면 다음과 같습니다.

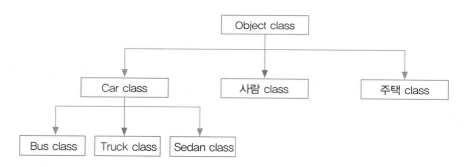

위 그림으로부터 super class와 sub class의 용어에 대한 정의부터 시작합니다.

Car class의 입장에서 보면 Object class는 Car class의 super class이고, Bus class, Truck class, Sedan class는 sub class입니다.

위 그림의 계통도를 가지고 상속의 개념을 설명하면 모든 class는 Object class로부터 상속을 받습니다. 그러므로 Car class는 Object class를 상속받고 있습니다. Bus class, Truck class, Sedan class는 Car class로부터 상속을 받습니다. 그러면 자바는 왜 상위 class로부터 상속을 받는 개념을 도입했을까요? 상속을 받으면 프로그램하기에 여러 가지로 편리한 부분이 있기 때문에 상속을 받는 개념을 도입한 것입니다. 여러 가지 편리한 이유 중에 하나가 새롭게 만드는 class는 이미 만들어진 class의 모든 것을 이용하고, 새롭게 만드는 class에는 해당되는 새로운 것만 추가하면 새로운 class를 만들 수 있기 때문입니다. 예를 들면 Truck class를 만들려고 합니다. 그런데 자동차 class에는 이미 licenseNo, fuelTank, speedMeter, color같은 attribute가 모두 정의 되어 있습니다. 그러면 자동차 class를 상속받아 Truck class에 새롭게 필요한 화물 적재 용량에 대한 attribute만 만들어서 추가하면 모든 기능은 Car class처럼 자동차가 필요로하는 기능을 수행하면서 화물관련 기능도 사용할 수 있는 Truck class가 만들어 지는 것입니다.

다음은 class간의 관계 중에 종속관계에 대해 알아봅니다. 예를 들어 자동차는 엔진, 차체(자동차 몸체), 바퀴 등으로 구성되어 있다고 합시다. 그러면 자동차 class는 엔진 class, 차체 class, 바퀴 class로 구성되어 있는 것이므로 엔진 class는 자동차 class에 종속되어 있는 관계가 됩니다. 즉 자동차 class는 하나의 attribute로 엔진 class를 가지고 있는 것입니다.

프로그램을 개발하다보면 새로운 class들을 많이 정의하게 됩니다. 그러면 많은 class에서 새로운 class를 어떤 관계를 가지고 정의해야 하는지 분명히 해야할 필요가 있습니다.

초보자의 경우 이미 상속이 되어 있거나 종속이 되어 있는 class간의 관계를 파악하는 일은 그리 어려운 일이 아닙니다. 하지만 새로운 class를 만들면서 그 class들간의 상속관계 혹은 종속관계를 어떻게 정립할 것인가는 어려운 문제일 수 있습니다. 여기 상속관계와 종속관계를 정립할 때 꼭 참고해야 할 기준이 있습니다.

- 상속관계는 "is a"관계입니다. 즉 영어로 "Truck is a Car."(트럭은 자동차다.)라는 말에 모순이 없으면 Truck class는 Car class의 하위 class가 됩니다. 즉 Truck class는 Car class를 상속받아 만들 수 있습니다.
- 종속관계는 "has a"관계입니다. 즉 "Car has a engine."(자동차는 엔진을 가지고 있다.)라는 말에 모순이 없으면 Engine class는 Car class의 attribute가 됩니다. 즉 Engine class는 Car class의 상속 관계가 아니라 종속 관계가 되어 Engine class는 Car class의 일부(attribute)가 되어야 합니다.

상속을 하면 상위 class의 attribue나 method을 다시 정의하지 않고 그대로 사용할 수 있다고 했습니다. 그런데, "is a"관계도 아니면서 다른 class의 attribue나 method를 사용하기 위해 상속받는 것은 피해야 한다는 것을 강조합니다.

12.2 extends key word

Extends key word는 sub class(하위 class)를 정의할 때 super class(상위 class)를 상속받기 위해 사용되는 key word입니다.

사용형식

```
Class subClassName extends superClassName
```

예 class Truck extends Car

그러면 프로그램에서 상위 class로부터 어떻게 상속받고, 상속받은 내용은 어떻게 이용할수 있는지 프로그램을 통해 알아보도록 합니다.

예제 | Ex01201

아래 프로그램은 Car class를 상속받아 Truck class를 정의하고, Truck class에서 Car class의 attribute와 method를 마치 Truck class에 선언되어 있는 것을 사용하듯 사용하고 있는 것을 보여주는 프로그램입니다.

```
 1: class Ex01201 {
 2:    public static void main(String[] args) {
 3:        Truck truck = new Truck(2001,"Blue", 5);
 4:        truck.showTruckStatus();
 5:        truck.showCarStatus();
 6:    }
 7: }
 8: class Car {
 9:    int licenseNo;
10:    String color;
11:    void showCarStatus() {
12:        System.out.println("Car    licenseNo="+licenseNo+",
color="+color);
13:    }
14: }
15: class Truck extends Car {
16:    int weight;
17:    Truck(int no, String c, int w) {
18:        licenseNo = no;
19:        color = c;
20:        weight = w;
21:    }
22:    void showTruckStatus() {
23:        System.out.println("Truck licenseNo="+licenseNo+",
color="+color+", weight="+weight+" ton");
24:    }
25: }
```

프로그램 설명

▶ 3번째 줄:Truck object를 아래 그림과 같이 생성한 후 Truck object의 주소를 Truck object변수인 truck에 저장합니다.

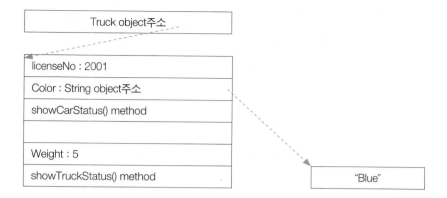

Truck object내에는 Car class를 상속받았기 때문에 Car class에서 정의한 licenseNo, color attribute와 showCarStatus() method도 함께 들어가 있습니다.

▶ 4번째 줄:Truck object에 showTruckStatus() method가 정의되어 있으므로 truck.showTruckStatus() method에 정의된 명령에 따라 Truck licenseNo, color, weight를 출력합니다.

▶ 5번째 줄:Truck object에 Car class의 method인 showCarStatus() method도 정의되어 있으므로 truck.showCarStatus() method에 정의된 명령에 따라 Car licenseNo, color를 출력합니다.

▶ 15번째 줄:Truck class를 정의할 때 Car class를 상속받을 경우 extends key word를 사용합니다.

주의 | 앞 절에서 Car class는 Object class로부터 상속받는다고 했는데, 왜 extends key word를 사용하지 않았을까요? 모든 class는 Object class를 상속 받기 때문에 extends를 사용하지 않아도 자동으로 상속됩니다. 물론 명시적으로 extends을 사용하여 Object class를 상속해도 결과는 동일합니다. Object class 이외의 class를 상속받을 때는 반드시 extends key word를 사용하여 상속받고자 하는 class를 분명히 정의해 주어야 합니다.

12.3 Polymorphism(다형성)

위 프로그램(Ex01201)에서 Truck object의 주소를 저장하는 object변수에 대해 알아 봅시다.

11.2절 cast연산자와 형 변환에서 Ex01111 프로그램을 보면 모든 Object는 Object object변수에 저장할 수 있는 것을 확인했습니다. 같은 이론으로 Truck object는 Truck object변수, Car object변수, Object object변수 3곳에 모두 저장할 수 있

습니다. 즉 sub class의 object는 자신의 object변수에 저장되고, super class의 object변수에도 저장되고, 제일 상위에 있는 Object class의 object변수에도 저장 가능합니다. 이와 같이 하위 class로 생산한 object는 여러 종류의 object type변수에 저장되어 여러 object type(형)으로서 임무수행이 가능합니다. 다시 말하면 여러 object type이 하나의 object에 존재한다고 이야기할 수 있습니다. 이러한 하나의 object가 여러 object type의 역할을 하는 것을 Polymorphism(다형성)이라고 합니다. 이런 다형성 기능이 있기 때문에 위쪽 절에서 나오는 method를 overriding 하여 동적 바이딩하게하는 기능들을 구현할 수 있는 것입니다.

예제 | Ex01202

아래 프로그램은 최상위 super class object변수는 모든 object를 저장할 수 있지만 최하위 subclass object변수는 자신의 object만 저장 가능하지 다른 어떤 object도 저장할 수 없음을 보여주는 프로그램입니다.

```
 1: class Ex01202 {
 2:    public static void main(String[] args) {
 3:        Truck truck = new Truck(2001,"Blue", 5);
 4:        truck.showTruckStatus();
 5:
 6:        Car car = truck;
 7:        car.showCarStatus();
 8:        //car.showTruckStatus();
 9:
10:        Object obj = truck;
11:        System.out.println("obj.toString()="+obj.toString());
12:        //obj.showCarStatus();
13:        //obj.showTruckStatus();
14:    }
15: }
16: class Car {
17:    int licenseNo;
18:    String color;
19:    void showCarStatus() {
20:        System.out.println("Car   licenseNo="+licenseNo+",
color="+color);
21:    }
22: }
23: class Truck extends Car {
24:    int weight;
25:    Truck(int no, String c, int w) {
26:        licenseNo = no;
27:        color = c;
28:        weight = w;
29:    }
```

```
30:     void showTruckStatus() {
31:         System.out.println("Truck licenseNo="+licenseNo+",
color="+color+", Truck weight="+weight);
32:     }
33: }
```

```
D:\IntaeJava>java Ex01202
Truck licenseNo=2001, color=Blue, Truck weight=5
Car    licenseNo=2001, color=Blue
obj.toString()=Truck@1db9742

D:\IntaeJava>
```

프로그램 설명

▶ 3,4번째 줄:Truck class로부터 Truck object를 생성하여 Truck object변수 truck에 저장합니다. Truck object변수 truct에 저장된 Truck object는 Truck type(형) obect로서 모든 임무를 수행할 수 있습니다. 즉 4번째 줄의 Truck class의 method인 showTruckStatus()를 호출할 수 있습니다.

▶ 6,7,8번째 줄:Truck object를 Car object변수 car에 저장합니다. Car object 변수 car에 저장된 Truck object는 Car type(형) obect로서 모든 임무를 수행할 수 있습니다. 즉 7번째 줄의 Car class의 method인 showCarStatus()를 호출할 수 있습니다. 하지만 Truck object이지만 Car object변수 car에 저장되어 있으므로 Car type(형) object로서 임무를 수행합니다. 따라서 8번째 줄의 showTruckStatus()는 호출할 수 없습니다.

▶ 10~13번째 줄:Truck object를 Object object변수 obj에 저장합니다. Object object변수 obj에 저장된 Truck object는 Object type(형) obect로서 모든 임무를 수행할 수 있습니다. 즉 11번째 줄의 Object class의 method인 toString()를 호출할 수 있습니다. 하지만 Truck object이지만 Object object변수 obj에 저장되어 있으므로 Object type(형) object로서 임무를 수행합니다. 따라서 12번째 줄의 showCarStatus(), 13번째 줄의 showTruckStatus()는호출할 수 없습니다.

▶ 결론적으로 하위 class로 생성한 object는 상위 class의 object변수에 저장하여 상위 class object type(형)으로서 임무를 수행할 수 있습니다. 그러므로 하위 class로 생성한 object는 여러 형의 object 로서 임무를 할 수 있습니다. 즉 다형성을 이루고 있다고 할 수 있습니다.

▶ 위 프로그램에서 생성한 Truck object는 Truck type(형), Car type(형), Object type(형) 3개의 형을 이루고 있다고 할 수 있습니다.

▶ 아래 compile에러 메세지는 8,12,13의 //를 지우고 compile하면 나타나는 에러 메세지입니다.

```
D:\IntaeJava>javac Ex01202.java
Ex01202.java:8: error: cannot find symbol
        car.showTruckStatus();
           ^
  symbol:   method showTruckStatus()
  location: variable car of type Car
Ex01202.java:12: error: cannot find symbol
        obj.showCarStatus();
           ^
  symbol:   method showCarStatus()
  location: variable obj of type Object
Ex01202.java:13: error: cannot find symbol
        obj.showTruckStatus();
           ^
  symbol:   method showTruckStatus()
  location: variable obj of type Object
3 errors

D:\IntaeJava>
```

위 에러 메세지는 Truck class의 object이지만 Car type object변수에 저장되면 Truck type object로서의 임무는 수행할 수 없으며, Object type object변수에 저장되면 Truck type object로서의 임무와 Car type object로서의 임무는 수행할 수 없음을 보여주는 예입니다.

12.4 super class 생성자 호출

3.11절의 '생성자'에서 생성자 정의 시 주의 사항을 상기하도록 합시다. default 생성자는 parameter가 있는 생성자가 정의되어 있고, default 생성자를 호출하는 명령이 있을 경우에는 defualt 생성자도 반드시 정의해야 한다고 설명했습니다. super class 생성자 호출에도 같은 개념이 적용됩니다. 그리고 sub class생성자에는 하나 더 추가할 것이 있는데 모든 sub class는 super class의 생성자를 명시적으로 호출하지 않으면 자동으로 super class의 default 생성자를 호출합니다.

예제 | Ex01203

아래 프로그램은 Truck class의 생성자가 자동으로 super class(Car class)의 생성자를 호출하는 것을 보여주는 프로그램입니다.

```
 1: class Ex01203 {
 2:    public static void main(String[] args) {
 3:        Truck truck1 = new Truck(2001,"Blue", 5);
 4:        Truck truck2 = new Truck();
 5:    }
 6: }
 7: class Car {
 8:    int licenseNo;
 9:    String color;
10:    Car() {
11:        System.out.println("Car   default constructor Car()");
```

```
12:    }
13: }
14: class Truck extends Car {
15:    int weight;
16:    Truck() {
17:        System.out.println("Truck default constructor Truck()");
18:    }
19:    Truck(int no, String c, int w) {
20:        licenseNo = no;
21:        color = c;
22:        weight = w;
23:        System.out.println("Truck  constructor Truck(int, String,
int)");
24:    }
25: }
```

```
D:\IntaeJava>java Ex01203
Car    default constructor Car()
Truck  constructor Truck(int, String, int)
Car    default constructor Car()
Truck default constructor Truck()

D:\IntaeJava>_
```

프로그램 설명

▶ 3번째 줄:Truck object를 생성할 때 19번째 줄의 생성자 Truck(int no, String c, int w)이 호출되고, 이 생성자가 수행되기 전에 super class의 default 생성자 10번째 줄에 있는 Car()가 자동 호출됩니다.

▶ 4번째 줄:Truck object를 생성할 때 16번째 줄의 default 생성자 Truck()가 호출되고, 이 생성자가 수행되기 전에 super class의 default 생성자 10번째 줄에 있는 Car()가 자동 호출됩니다.

위 프로그램에서 default 생성자 Car()는 생략해도 에러가 발생하지 않습니다. 왜냐하면 default 생성자 이외의 다른 생성자가 없기 때문입니다.

super class의 생성자를 명시적으로 호출하기 위해서는 super key word를 사용해야 합니다. Super key word의 자세한 사항은 다음 절 12.5 super key word를 참조 바랍니다.

예제 | Ex01204

아래 프로그램은 생성자에서 super class의 생성자를 명시적으로 호출하는 것을 보여주는 프로그램입니다.

```
1: class Ex01204 {
2:    public static void main(String[] args) {
```

```
 3:        Truck truck1 = new Truck(2001,"Blue", 5);
 4:        Truck truck2 = new Truck();
 5:    }
 6: }
 7: class Car {
 8:    int licenseNo;
 9:    String color;
10:    Car() {
11:        System.out.println("Car    default constructor Car()");
12:    }
13:    Car( int no, String c ) {
14:        licenseNo = no;
15:        color = c;
16:        System.out.println("Car   constructor Car(int, String)");
17:    }
18: }
19: class Truck extends Car {
20:    int weight;
21:    Truck() {
22:        System.out.println("Truck default constructor Truck()");
23:    }
24:    Truck(int no, String c, int w) {
25:        super(no, c);
26:        weight = w;
27:        System.out.println("Truck   constructor Truck(int, String,
int)");
28:    }
29: }
```

```
D:\IntaeJava>java Ex01204
Car   constructor Car(int, String)
Truck  constructor Truck(int, String, int)
Car   default constructor Car()
Truck default constructor Truck()

D:\IntaeJava>
```

프로그램 설명

▶ 3번째 줄:Truck object를 생성할 때 24번째 줄의 생성자 Truck(int no, String c, int w)이 호출되고, 25번째 줄에서 super class의 Car(int no, String c) 생성자가 명시적으로 호출됩니다.

예제 | Ex01205

아래 프로그램은 super class의 default 생성자의 필요성에 대해 설명한 프로그램입니다.

```
1: class Ex01205 {
2:    public static void main(String[] args) {
```

```
 3:          Truck truck1 = new Truck(2001,"Blue", 5);
 4:          Car car1 = new Car(2002, "Red");
 5:     }
 6: }
 7: class Car {
 8:     int licenseNo;
 9:     String color;
10:     //Car() { }
11:     Car( int no, String c ) {
12:         licenseNo = no;
13:         color = c;
14:         System.out.println("Car  constructor Car(int, String)");
15:     }
16: }
17: class Truck extends Car {
18:     int weight;
19:     Truck(int no, String c, int w) {
20:         //super(no, c);
21:         licenseNo = no;
22:         color = c;
23:         weight = w;
24:         System.out.println("Truck  constructor Truck(int, String,
int)");
25:     }
26: }
```

10번째 줄을 //로 commant처리하고 compile하면 아래와 같은 에러 메세지가 나
옵니다. ①그러므로 10번째 줄의 empty 생성자를 반드시 삽입해야 합니다. 이유는
19번째 줄의 Truck(int no, String c, int w) 생성자에서 super class의 생성자를
자동 호출하기 때문입니다. ②만약 11번째 줄의 생성자 Car(int no, String c)가 없
다면 10번째 줄의 default 생성자도 생략 가능합니다. 즉 super class에서 Default
생성자 이외의 다른 생성자가 정의되었다면 default 생성자도 정의되어야 합니다.
③20번째 줄을 삽입해서 super class의 생성자를 호출하면 empty 생성자를 자동
호출하지 않으므로 10번째 줄의 empty 생성자는 삽입하지 않아도 됩니다.

```
D:\IntaeJava>javac Ex01205.java
Ex01205.java:19: error: constructor Car in class Car cannot be applied to given
types;
    Truck(int no, String c, int w) {
                                   ^
  required: int,String
  found: no arguments
  reason: actual and formal argument lists differ in length
1 error

D:\IntaeJava>
```

위의 에러 메세지는 Car(int, int)의 생성자는 정의되어 있습니다. Car() 생성자는
정의되어 있지 않다라는 메세지이므로 Car() 생성자를 정의해 줌으로서 에러를 없
앨 수 있습니다. 초보자는 관련 지식이 없으므로 에러 메세지만으로는 에러를 잡기

가 어려운 부분이 있으니 잘 기억해 두시기 바랍니다.

12.5 super key word

super key word는 3.12 this key word에서 설명한 것과 같은 개념의 key word 입니다. this key word는 동일한 class를 지칭하는 단어로 사용된다면 super key word는 super class를 지칭하는 단어로 사용되는 차이점이 있습니다.

super key word를 사용할 때는 다음과 같은 경우에 super key word를 사용합니다.

① 생성자 method 안에서 super class의 생성자를 호출할 때

② method 안에서 super class의 instance(attribute)변수를 지칭할 때

③ method 안에서 super class의 method를 호출할 때

예제 | Ex01206

아래 프로그램은 위에서 설명한 super key word 3가지 사용 용법에 대해 예로서 보여주고 있습니다.

```
 1: class Ex01206 {
 2:    public static void main(String[] args) {
 3:       Truck truck1 = new Truck(2001,"Blue", 5);
 4:       Truck truck2 = new Truck();
 5:       truck1.showTruckStatus();
 6:       truck2.showTruckStatus();
 7:    }
 8: }
 9: class Car {
10:    int licenseNo;
11:    String color;
12:    Car() {
13:       color = "White";
14:    }
15:    Car( int no, String c ) {
16:       licenseNo = no;
17:       color = c;
18:    }
19:    void showCarStatus() {
20:       System.out.println("Car  licenseNo="+licenseNo+", color =
"+color);
21:    }
22: }
23: class Truck extends Car {
24:    int weight;
25:    String color;
```

```
26:     Truck() {
27:         color = "Grey";
28:     }
29:     Truck(int no, String c, int w) {
30:         super(no, c);
31:         weight = w;
32:     }
33:     void showTruckStatus() {
34:         super.showCarStatus();
35:         System.out.println("Truck  licenseNo="+licenseNo+", Car color = "+super.color+", Truck color = "+this.color+", weight="+weight);
36:     }
37: }
```

```
D:\IntaeJava>java Ex01206
Car  licenseNo=2001, color = Blue
Truck  licenseNo=2001, Car color = Blue, Truck color = null, weight=5
Car  licenseNo=0, color = White
Truck  licenseNo=0, Car color = White, Truck color = Grey, weight=0

D:\IntaeJava>
```

프로그램 설명

▶ 30번째 줄:super(no, c)는 15번째 줄에 있는 super class의 Car(int no, String c)를 호출하는 명령입니다. 즉 Car licenseNo와 color에 관련된 사항은 super class인 Car(int no, String c)생성자에서 이미 정의했으므로 그것을 이용하여 동일한 프로그램을 두 번 작성하는 것을 방지할 수 있습니다. super key word 사용법①에 해당합니다.

▶ 34번째 줄:super.showCarStatus();는 19번째 줄에 있는 super class의 showCarStatus();를 호출하는 명령입니다. super class의 method를 호출하는 목적도 super class에 동일한 목적의 프로그램이 작성되어 있으므로 두 번 프로그램을 작성하지 말고 이미 만들어진 것을 이용하자는 취지 입니다. super key word 사용법③에 해당합니다.

▶ 35번째줄 : super class와 sub class에 같은 이름의 instance(attribute)변수(위 프로그램 예에서 color)가 있을 때 super class의 instance변수를 지칭할 때는 super를 사용하여 super class의 instance변수임을 명확히 합니다. sub class의 instance변수를 지칭할 때는 this를 사용하여 subclass의 instance변수임을 명확히 지칭할 수 있습니다. 이때 super class와 sub class의 instance변수의 이름이 같은 경우가 없을 때는 super나 this key word를 사용하지 않아도 super나 sub class의 instance변수를 정확히 지칭할 수 있으므로 super나 this key word를 생략할 수 있습니다. 하지만 super와 sub class에 같은 이름의 변수가 있을 경우 super key word를 사용하지 않으면 sub class의 instance변수를 지

칭하게 됩니다. 35번째 줄의 super는 super key word사용법②에 해당합니다.

12.6 재정의(overriding)와 동적 바인딩

재정의는 상위 class에서 이미 선언된 attribute나 method를 하위 class에서 같은 이름으로 다시 정의하는 것을 재정의라고 합니다. 그러면 재정의는 왜 하는 것일까요? 한 번 정의했으면 그대로 상속받아 사용하면 편한것을 굳이 하위 class에서 다시한번 재정의 하는 이유는 무엇일까요? 상위 class에서 선언된 method을 하위 class에서 그대로 사용하는것은 상속의 개념으로 나름대로 편리한 장점이 있습니다. 재정의의 장점은 동적 바인딩과 함께 작동되는것으로 또다른 장점이 있기때문에 자바에서 많이 사용합니다.

동적 바인딩을 하기위해서는 다음 두가지 조건이 존재해야 합니다. 첫째는 상위 class에서 정의된 method가 있고, 하위 class에서 재정의한 method가 있어야 합니다. 두째는 상위 class의 이름으로 선언한 object변수에 하위 class의 object가 저장되어야합니다. 다음은 프로그램에서 상위 class로 정의한 object변수 이름으로 재정의된 method를 호출했을 때 발생합니다. compile단계에서는 상위 class의 method으로 compile하지만 프로그램이 실행되는 동안에는 하위 class의 method를 실행되는 것을 동적 바인딩이라고 합니다.

그러면 동적 바인딩은 왜 중요한가요? 이해를 쉽게하기 위해 간단한 예를 들어 보겠습니다.

상위 class를 A라고 하고 A를 상속받은 하위 class 3개를 각각AA, AB라고 가정합니다. A class 속의 하나의 method를 methodA()라고 하고, 하위 class AA, AB에서도 methodA()를 아래와 같이 재정의했다고 합시다.

```java
class A {
    void methodA() {
        System.out.println("A")
    }
}
```

```java
class AA extends A {
    void methodA() {
        System.out.println("AA")
    }
}
```

```
class AB extends A {

  void methodA() {

    System.out.println("AB")

  }

}
```

AA, AB class로 생성한 object를 A class로 정의한 object변수 a에 저장했다면, ① a.methodA()라고 호출하면, a에 저장된 object에 따라 "AA", "AB"가 각각 출력되므로 여러 종류의 하위 class의 method를 a라는 object변수 하나로 실행시킬 수 있습니다. ② 또한 미래에 추가로 정의되는 A를 상속받아 정의한 하위 class AC가 생긴다면 그리고 AC object를 a 변수에 저장시킨다면 기존의 프로그램 변경없이 "AC"도 출력 가능하게 됩니다.

이론적인 설명으로 동적 바인딩의 모든 것을 이해하기는 어려우므로 아래 예제를 통해 하나씩 익혀나가도록 합시다.

예제 | Ex01207

아래 프로그램은 재정의와 동적 바인딩을 설명하는 예제 프로그램입니다.

```
 1: import java.util.Random;
 2: class Ex01207 {
 3:    public static void main(String[] args) {
 4:        Random rm = new Random();
 5:        Animal animal;
 6:        double rmNo = rm.nextDouble();
 7:        if ( rmNo > 0.5 ) {
 8:            animal = new Cat();
 9:        } else {
10:            animal = new Dog();
11:        }
12:        System.out.println("rmNo = "+rmNo);
13:        animal.showAnimalSound();
14:    }
15: }
16: class Animal {
17:    void showAnimalSound() {
18:        System.out.println("Animal sound");
19:    }
20: }
21: class Cat extends Animal {
22:    void showAnimalSound() {
23:        System.out.println("Cat Meow 냐옹");
24:    }
25: }
```

```
26: class Dog extends Animal {
27:     void showAnimalSound() {
28:         System.out.println("Dog Bow-wow 멍멍");
29:     }
30: }
```

```
D:₩IntaeJava>java Ex01207
rmNo = 0.4216433174695672
Dog Bow-wow 멍멍

D:₩IntaeJava>java Ex01207
rmNo = 0.8287866211304453
Cat Meow 나옹

D:₩IntaeJava>_
```

프로그램 설명

▶ 7~11번째 줄:임의의 수가 0.5보다 크면 Cat object가 animal 기억장소에 저장 되고, 작으면 Dog object가 animal object에 저장됩니다. 그러므로 animal 기 억장소에는 Cat object가 저장될지 Dog object가 기억될지 compile 단계에서 는 알 수가 없습니다.

▶ 13번째 줄:animal.showAnimalSound(); 명령에서 animal object변수는 17번째 줄에 있는 Animal class의 showAnimalSound() method를 참조하여 compile합 니다. 하지만 수행되는 시점에서는 animal object변수 속에 있는 object에 따라 22번째 줄에 있는 Cat class의showAnimalSound() method가 수행될지 Dog class의 showAnimalSound() method가 수행될지 결정됩니다. 그래서 동적 바 인딩이라고 합니다.

▶ 22번째 줄:17번째 줄의 Animal class의 showAnimalSound() method를 Cat class에서 재정의하고 있습니다.

▶ 27번째 줄:17번째 줄의 Animal class의 showAnimalSound() method를 Dog class에서 재정의하고 있습니다.

문제 | Ex01207A

아래 프로그램은 한국과 캐나다의 인사말을 재정의와 동적 바인딩을 이용하여 출력 하는 프로그램의 일부입니다. 아래와 같이 출력이 되도록 프로그램을 완성하세요.

```
import java.util.Random;
class Ex01207A {
    public static void main(String[] args) {
        Random rm = new Random();
        Greeting greeting;
        double rmNo = rm.nextDouble();
        if ( rmNo > 0.5 ) {
```

```
            greeting = new GreetingKorea();
        } else {
            greeting = new GreetingCanada();
        }
        System.out.println("rmNo = "+rmNo);
        greeting.showGreeting();
    }
}
//여기에 Greeting class, GreetingKorea class, GreetingCanada 작성하세요.
```

```
D:\IntaeJava>java Ex01207A
rmNo = 0.25093375751322566
Canada Good morning

D:\IntaeJava>java Ex01207A
rmNo = 0.5610681066106318
Korea 안녕하세요

D:\IntaeJava>
```

예제 | Ex01207B

아래 프로그램은 Truck class와 Bus class의 status를 재정의와 동적 바인딩을 이용하여 출력하는 프로그램의 일부입니다. 아래와 출력이 되도록 프로그램을 완성하세요.

```
import java.util.Random;
class Ex01207B {
    public static void main(String[] args) {
        Random rm = new Random();
        Car car1;
        double rmNo = rm.nextDouble();
        if ( rmNo > 0.5 ) {
            car1 = new Truck(2001,"Blue", 5);
        } else {
            car1 = new Bus(2001, "Green", 20);
        }
        System.out.println("rmNo = "+rmNo);
        car1.showCarStatus();
    }
}
//여기에 Car class, Truck class, Bus class를 작성하세요.
```

```
D:\IntaeJava>java Ex01207B
rmNo = 0.3613914078633169
Bus  licenseNo=2001, Car color = Green, passenger=20

D:\IntaeJava>java Ex01207B
rmNo = 0.5239944245436655
Truck  licenseNo=2001, Car color = Blue, weight=5

D:\IntaeJava>
```

■ static method의 상속과 재정의 ■

상위 class에서 정의한 static method는 하위 class에 상속되며, 재정의도 가능하지만 동적 바인딩은 되지 않습니다. 동적 바인딩은 오직 instance method에서만 가능하다라는 것을 기억해야합니다.

예제 | Ex01208

아래 프로그램은 static method의 상속과 재정의한 static method가 어떻게 작동되는지를 보여주는 프로그램입니다.

아래 프로그램의 모든 method는 static method입니다.

```
 1: class Ex01208 {
 2:    public static void main(String[] args) {
 3:        Cat cat = new Cat();
 4:        Animal animal = cat;
 5:        animal.showAnimalSound();
 6:        animal.showAnimalStatus();
 7:        cat.showAnimalSound();
 8:        cat.showAnimalStatus();
 9:        cat.showCatStatus();
10:    }
11: }
12: class Animal {
13:    static void showAnimalSound() {
14:        System.out.println("Animal sound");
15:    }
16:    static void showAnimalStatus() {
17:        System.out.println("Animal status");
18:    }
19: }
20: class Cat extends Animal {
21:    static void showAnimalSound() {
22:        System.out.println("Cat Meow 냐옹");
23:    }
24:    static void showCatStatus() {
25:        System.out.println("Cat status");
26:    }
27: }
```

```
D:\IntaeJava>java Ex01208
Animal sound
Animal status
Cat Meow 냐옹
Animal status
Cat status

D:\IntaeJava>_
```

프로그램 설명

▶ 3번째 줄:Cat object를 생성하여 Cat object변수 cat에 저장합니다.

▶ 4번째 줄:3번째 줄에서 생성한 Cat object를 Animal object변수 animal에 저장합니다.

▶ 5번째 줄:animal변수에 Cat object가 저장되어 있음에도 불구하고, animal. showAnimalSound();를 호출하면 static method는 동적 바인딩이 안 되므로 Cat.showAnimalSound() method가 호출되는 것이 아니라 Animal class의 static method가 호출됩니다.

▶ 6번째 줄:animal.showAnimalStatus();를 호출하면 Animal class의 show AnimalStatus() method가 호출됩니다. 이것은 chapter 7 static key에서 설명한 사항입니다.

▶ 7번째 줄:cat.showAnimalSound();를 호출하면 Cat class에 선언된 static method 가 호출됩니다.

▶ 8번째 줄:cat.showAnimalStatus();를 호출하면 Animal class의 showAnimal Status() method가 상속되어 호출됩니다.

▶ 9번째 줄:cat.showCatStatus();를 호출하면 Cat class의 showCatStatus() method가 호출됩니다. 이것은 chapter 7 static key에서 설명한 사항입니다.

Memo

chapter 13

접근 지정자
(Access Modifier)

접근 지정자(Access Modifier)는 attribute나 method의 접근을 제한
하거나 허락을 해주는 문지기입니다. class 앞에도 접근 지정자를 붙
여서 다른 class에서 접근을 제한하거나 허락할 수 있습니다. OOP언
어에서 기본이 되는 용어이므로 잘 이해하고 있어야 합니다.
접근 지정자에는 다음과 같은 4가지 key word가 있습니다.

- private – 13.1 은닉화에서 설명합니다.
- public – 13.2.1 package 1에서 설명합니다.
- (no access modifier) – 13.2.1 package 1에서 설명합니다.
- protected – 13.2.3 package 3에서 설명합니다.

접근 지정자(Access Modifier) 13

13.1 은닉화(Encapsulation)

은닉화는 문자 그대로 자료를 숨기는 역할을 말하는 것으로, 외부로부터 어떤 class 내에 있는 attribute나 method접근을 제한하는 것을 말합니다. 예를 들면 어떤 attribute에 일정한 값이 저장되어 있는데 이들 값들을 외부에서 악의를 품고 이들 값들을 변경하거나, 혹은 프로그래머가 실수로 잘못 변경하는 것을 근본적으로 방지하기 위해서 접근을 제한하는 것을 은닉화라 말합니다.

예제 | Ex01301

아래 프로그램은 은닉화가 안된 Elevator class로 이 Elevator class는 3층 건물에서 1,2,3층 만 운행할 수 있는 Elavator로 설계되어 있습니다. 하지만 외부 프로그램에서 7층을 지정해도 문제없이 7층까지 올라가는 엉터리 Elevator가 되고 말았습니다.

```
 1: class Ex01301 {
 2:    public static void main(String[] args) {
 3:       Elevator elevator = new Elevator();
 4:       elevator.goUp();
 5:       elevator.goUp();
 6:       elevator.goUp();
 7:       elevator.goDown();
 8:       elevator.goDown();
 9:       elevator.goDown();
10:       elevator.currentFloor = 7;
11:       elevator.showCurrentFloor();
12:    }
13: }
14: class Elevator {
15:    int currentFloor;
16:    Elevator() {
17:       currentFloor = 1;
18:       System.out.println("This Elevator is designed for 1st floor to 3rd floor. The initial floor is "+currentFloor );
19:    }
20:    void goUp() {
21:      int floor = currentFloor + 1;
22:      if ( floor > 3 ) {
```

```
23:        System.out.println("The current floor is = "+currentFloor+". this
   Elevator cannot be gone up.");
24:         return;
25:      }
26:      currentFloor = floor;
27:      System.out.println("This floor you went up is "+currentFloor);
28:   }
29:   void goDown() {
30:      int floor = currentFloor - 1;
31:      if ( floor < 1 ) {
32:         System.out.println("The current floor is = "+currentFloor+". this
   Elevator cannot be gone down.");
33:         return;
34:      }
35:      currentFloor = floor;
36:      System.out.println("This floor you went down is "+currentFloor);
37:   }
38:   void showCurrentFloor() {
39:      System.out.println("The current floor is = "+currentFloor);
40:   }
41: }
```

```
D:\IntaeJava>java Ex01301
This Elevator is designed for 1st floor to 3rd floor. The initial floor is 1
This floor you went up is 2
This floor you went up is 3
The current floor is = 3. this Elevator cannot be gone up.
This floor you went down is 2
This floor you went down is 1
The current floor is = 1. this Elevator cannot be gone down.
The current floor is = 7

D:\IntaeJava>
```

프로그램 설명

Ex01301 class와 Elevator class를 작성한 사람이 서로 다른 두 사람이라고 가정
합시다. Elevator class 프로그램을 만든 사람은 1,2,3층만 운행이 되도록 잘 만들
었습니다. 하지만 Ex01301 class를 만든 사람은 10번째 줄에서 currentFloor를 7
층으로 바로 수정해 버리면 Elevator class를 잘 만들어도 소용이 없습니다. 이를
근본적으로 방지하기 위해 아래 Ex01301A처럼 15번째 줄에 private key word를
사용하면 compile단계부터 error message를 보여줌으로서 예상치 못한 오류을 방
지할 수 있습니다.

예제 | Ex01301A

```
 1: class Ex01301A {
 2:   public static void main(String[] args) {
 3:       Elevator elevator = new Elevator();
 4:       elevator.goUp();
 5:       elevator.goUp();
 6:       elevator.goUp();
 7:       elevator.goDown();
 8:       elevator.goDown();
 9:       elevator.goDown();
10:       elevator.currentFloor = 7;
11:       elevator.showCurrentFloor();
12:   }
13: }
14: class Elevator {
15:     private int currentFloor;
16:     Elevator() {
17:         currentFloor = 1;
18:         System.out.println("This Elevator is designed for 1st floor to 3rd
floor. The initial floor is "+currentFloor );
19:     }
              // 이부분은Ex01301과 동일
41: }
```

```
D:\IntaeJava>javac Ex01301A.java
Ex01301A.java:10: error: currentFloor has private access in Elevator
        elevator.currentFloor = 7;
                ^
1 error

D:\IntaeJava>javac Ex01301A.java
```

프로그램 설명

15번째 줄:private key word는 data형(int key word) 앞에 옵니다. Attribute를 private으로 선언하면 해당 class안에서만 access 가능합니다. 그러므로 17번째 줄의 currentFloor = 1;명령은 Elevator class안에 있기 때문에 접근 가능하지만 10번째 줄의 elevator.currentFloor = 7; 명령은 Ex01301A class안, 즉 Elevator class밖에 있기 때문에 접근하여 data를 수정하거나 읽어 올 수 없습니다.

예제 | Ex01302

아래 프로그램은 어느 상점에서 특정 상품을 공장에 주문을 했으나 변경 사항이 생겨 변경 사항을 처리하는 프로그램으로 실무에 사용되는 은닉화의 예를 보여주고 있습니다. 변경 사항으로는 각 상품(공책, 연필, 자)의 단가, 주문 일자, 주문 수량에서 단가는 7% 가격 상승을 하고, 주문 수량은 현재 주문 수량에 1개씩 더 추가 주문하는 프로그램입니다.

```
 1: import java.util.*;
 2: class Ex01302 {
 3:    public static void main(String[] args) {
 4:        Goods[] item = new Goods[3];
 5:        item[0] = new Goods("Notebook", 200, 2014,3,1,5);
 6:        item[1] = new Goods("Pencil", 100, 2014,3,11,6);
 7:        item[2] = new Goods("Ruler", 120, 2014,3,25,8);
 8:        for ( Goods g : item ) {
 9:            g.raiseUnitPrice(7);
10:            int newOrderQty = g.getOrderQty() + 1;
11:            g.setOrderQty(newOrderQty);
12:        }
13:        for ( Goods g : item ) {
14:            System.out.println("Goods Name=" + g.getGoodsName() + ",
unitPrice=" + g.getUnitPrice() + ", orderDate=" + g.getOrderDate() + ",
orderQty=" + g.getOrderQty() );
15:        }
16:    }
17: }
18: class Goods {
19:    private String goodsName;
20:    private double unitPrice;
21:    private GregorianCalendar orderDate;
22:    private int orderQty;
23:    Goods(String gn, double up, int year, int month, int day, int oq) {
24:        goodsName = gn;
25:        unitPrice = up;
26:        orderDate = new GregorianCalendar(year, month-1, day);
27:        orderQty = oq;
28:    }
29:    String getGoodsName() {
30:        return goodsName;
31:    }
32:    double getUnitPrice() {
33:        return unitPrice;
34:    }
35:    String getOrderDate() {
36:     return orderDate.get(Calendar.YEAR) + "." + (orderDate.get(Calendar.
MONTH)+1) + "." + orderDate.get(Calendar.DAY_OF_MONTH);
37:    }
38:    int getOrderQty() {
39:        return orderQty;
40:    }
41:    void setOrderQty(int oq) {
42:        orderQty = oq;
43:    }
44:    void raiseUnitPrice(double byPercent) {
45:        unitPrice = unitPrice * (1+byPercent/100);
46:    }
47: }
```

```
D:\IntaeJava>java Ex01302
Goods Name=Notebook, unitPrice=214.0, orderDate=2014.3.1, orderQty=6
Goods Name=Pencil, unitPrice=107.0, orderDate=2014.3.11, orderQty=7
Goods Name=Ruler, unitPrice=128.4, orderDate=2014.3.25, orderQty=9

D:\IntaeJava>
```

프로그램 설명

▶ 5,6,7번째 줄:Notebook, Pencil, Ruler에 대한 주문 사항의 정보를 가지고 있는 상품 object를 만듭니다.

▶ 8~12번째 줄:각 상품에 대한 단가7% 상승과 주문 수량 1개를 더 추가 주문합니다.

▶ 8번째 줄의 for (Goods g:item)문에 대해서는 8.9절 'for each문'에서 설명한 사항입니다.

▶ 13,14,15번째 줄:변경이 완료된 상품 object를 화면에 출력합니다.

▶ 19~22번째 줄:모든 attribute를 private로 선언해서 class 외부에서는 변경할 수 없도록 했습니다.

이번 프로그램을 통해 실무에서 프로그램을 작성하는 방법에 대해 은닉화 관련하여 설명하고자 합니다.

▶ method 이름에 대해 알아보면 private으로 선언된 attribue는 외부 class에서 저장도 읽어올 수도 없기 때문에 저장하는 method와 읽어오는 method를 만들어 주어야 합니다. 일반적으로 저장하는 method는 attribute 이름 앞에 set를 붙이고, 읽어오는 method는 attribute 앞에 get이라고 붙여줍니다. 이것은 자바 프로그램 개발자들간에 습관적으로 사용하고 있어서 알고 있으면 편리합니다. 위 프로그램에서 getGoodName(), getUnitPrice(), getOrderDate(), getOrderQty() method가 attribute를 읽어오는 method이고 setOrderQty(int od)가 attribute에 저장하는 method입니다.

13.2 Package

어떤 업무를 컴퓨터 프로그램으로 전산화 System을 만들기 위해서는 프로그램이 많이 만들어 집니다. 예를 들어 재고관리 하는 System을 만들기 위해서는 상품을 주문내는 프로그램, 입고시키는 프로그램, 출고시키는 프로그램, 재고 파악하는 프로그램 등으로 나눌 수 있습니다. 다시 상품 주문을 내는 프로그램은 주문 입력하는 프로그램, 주문 확인하는 프로그램, 주문을 일자별로 집계하는 프로그램으로 다시 세분화 됩니다. 또 주문 입력 프로그램, 입고 입력 프로그램, 출고 입력 프로그램에는 상품 번호 체크하는 프로그램, 날짜 체크하는 프로그램 등과 같이 많은 프로그램이 필요하며, 이러한 프로그램들을 같은 성격, 혹은 같은 업무를 하는 프로그램은 같은 영역에 보관하여 관리하게 됩니다. 이러한 하나의 보관 단위를 자바에서는 package 라는 용어를 사용합니다. 현재까지 자바에서 배운 package는 java.util package이 며, 이 package 내에 있는 Random class, Calendar class, GregorianCalendar class, Scanner class 등이 있었습니다. import라는 key word는 이미 만들어진 package를 불러다 사용하는 것이고, package라는 key word는 새로운 package 를 정의할 때 package의 이름을 부여할 때 사용합니다.

위에서 설명한 것 처럼 package의 목적은 같은 업무나 성격의 프로그램은 같은 영역(folder)에 보관하여 체계적인 프로그램 관리를 목적으로 하고 있습니다. 그러다 보니 다른 영역에 있는 프로그램과 이름이 같은 class가 만들어질 수 있습니다. 이 때 같은 이름의 class는 package 이름까지 함께 사용하면 중복되지 않고 사용할 수 있습니다. 마치 홍길동이라는 사람이 서울에도 있고, 부산에도 있다면, 서울 홍 길동, 부산 홍길동 이라고 해야 하는 것과 같은 개념입니다. 그러므로 정확한 class 의 이름은 package 이름과 class 이름을 함께 사용해야 정확한 위치의 class가 불 려질수 있습니다.

13.2.1 package작성1

Package는 윈도우의 폴더 구조와 비슷한 개념으로 만들어집니다. 기본적으로 package 이름과 폴더 이름은 동일해야 하며 클래스 파일은 package 이름과 동일한 폴더에 있어 야 합니다. 우선 다음 프로그램을 작성하여 compile 후 실행하여 봅시다.

예제 | Ex01303

아래 프로그램 Ex01303.java는 IntaeJava 폴더에 저장합니다.(정확히는 이 프로 그램은 어느 폴더에 저장해도 상관 없습니다.)

```
// Ex01303.java file
 1: import vehicle.*;
 2: class Ex01303 {
 3:    public static void main(String[] args) {
 4:        Truck truck = new Truck(2001,"Blue", 5);
 5:        Bus bus = new Bus(2001, "Green", 20);
 6:        truck.showCarStatus();
 7:        bus.showCarStatus();
 8:        //truck.weight = 6;
 9:        //Car car = new Car();
10:    }
11: }
```

아래 프로그램 Truck.java, Bus.java, Car.java file은 IntaeJava\vehicle 폴더에 저장해야 합니다.(정확히는 아래 프로그램은 Ex01303.java 프로그램이 저장된 폴더의 하위 폴더 vehicle에 저장해야 합니다.)

```
// Truck.java file
 1: package vehicle;
 2: public class Truck extends Car {
 3:    int weight;
 4:    public Truck(int no, String c, int w) {
 5:        licenseNo = no;
 6:        color = c;
 7:        weight = w;
 8:        System.out.println("Truck  constructor in vehicle package");
 9:    }
10:    public void showCarStatus() {
11:        System.out.println("Truck  licenseNo="+licenseNo+", Car color =
"+color+", weight="+weight);
12:    }
13: }

// Bus.java file
 1: package vehicle;
 2: public class Bus extends Car {
 3:    int passenger;
 4:    public Bus(int no, String c, int p) {
 5:        licenseNo = no;
 6:        color = c;
 7:        passenger = p;
 8:        System.out.println("Bus  constructor in vehicle package");
 9:    }
10:    public void showCarStatus() {
11:        System.out.println("Bus   licenseNo="+licenseNo+", Car color =
"+color+", passenger="+passenger);
12:    }
13: }

// Car.java file
 1: package vehicle;
 2: class Car {
 3:    int licenseNo;
 4:    String color;
 5:    void showCarStatus() {
 6:        System.out.println("Car  licenseNo="+licenseNo+", color = "+color);
 7:    }
 8: }
```

```
D:\IntaeJava>javac Ex01303.java

D:\IntaeJava>java Ex01303
Truck  licenseNo=2001, Car color = Blue, weight=5
Bus  licenseNo=2001, Car color = Green, passenger=20

D:\IntaeJava>_
```

프로그램 설명

▶ 위 프로그램은 4개의 파일로 구성된 프로그램입니다.

▶ Ex01303.java는 IntaeJava 폴더에 있고, Truck.java, Bus.java, Car.java는 IntaeJava\vehicle 폴더에 있습니다.

▶ IntaeJava folder에 있는 Ex01303.java를 compile하면 IntaeJava\vehicle folder에 있는 Truck.java, Bus.java, Car.java도 모두 compile이 자동으로 됩니다. Ex01303.java file의 첫 번째 줄에 있는 import vehicle.*; 명령어에 의해 Truck.java, Bus.java, Car.java file이 어디에 있는지 알기 때문에 컴퓨터가 찾아서 함께 compile해줍니다.

▶ 문제는 Ex01303.java file과 Truck.java, Bus.java, Car.java file이 다른 folder에 저장되어 있는 것입니다. 즉 서로 다른 package에 속해 있는 것입니다.

▶ Ex01303 class에는 package가 정의되어 있지 않습니다. package 이름이 정의되어 있지 않은 package는 default package라고 합니다.

▶ Ex01303 class에서 다른 package의 class를 접근하기 위해서는 class 앞에 public으로 정의되어 있어야 합니다. 그러므로 class Truck, class Bus 앞에 모두 public으로 선언되어 있는 것입니다.

▶ 만약 Truck class가 public으로 정의되지 않았다면 아래와 같은 에러 메세지가 나옵니다.

```
D:\IntaeJava>javac Ex01303.java
Ex01303.java:4: error: Truck is not public in vehicle; cannot be accessed from o
utside package
        Truck truck = new Truck(2001,"Blue", 5);
        ^
Ex01303.java:4: error: Truck is not public in vehicle; cannot be accessed from o
utside package
        Truck truck = new Truck(2001,"Blue", 5);
                          ^
2 errors

D:\IntaeJava>
```

주의사항 | vehicle 폴더에 저장한 Truck.java 의 두 번째 줄에 있는 public key word 를 삭제하고, 저장까지 했는데도 위 에러 메세지가 안 나오는 독자께서는 chapter 12 에서 만들어 놓은 Truck.class가 있기 때문입니다. DOS 명령으로 del *.class을 하여 class 파일을 모두 삭제하고 다시 compile해보세요.

▶ 만약 Truck costructor에 public으로 정의되지 않았다면 object를 만드는 new 명령에서 다음과 같은 에러 메세지가 나타납니다.

```
D:\IntaeJava>javac Ex01303.java
Ex01303.java:4: error: Truck(int,String,int) is not public in Truck; cannot be a
ccessed from outside package
        Truck truck = new Truck(2001,"Blue", 5);
                          ^
1 error

D:\IntaeJava>
```

▶ Car class는 같은 package 내에 있는 Truck class, Bus class에서 접근이 되므

로 public을 선언 안 해도 됩니다. 즉 access modifer가 없는 class가 정의될 수 있으면, 이것을 no access modifer로 4가지 접근지정자 중 하나입니다.

▶ 위 프로그램은 2 폴더(혹은 package)에 걸쳐서 위치하고 있습니다. 즉 IntaeJava 폴더, 즉 base 폴더(default package)와 IntaeJava\vehicle 폴더(vehicle package)입니다.

```
.  (base directory)
   |--- Ex01303.java
   |--- Ex01303.class
   +--- vehicle directory
              |--- Truck.java
              |--- Truck.class
              |--- Bus.java
              |--- Bus.class
              |--- Car.java
              |--- Car.class
```

▶ Compile과 run은 일반적으로 base 폴더에서 수행합니다.

▶ 만약 Ex01303 프로그램의 8,9번째 줄의 //를 삭제하고 compile하면 다음과 같은 에러 메세지가 나옵니다.

```
D:\IntaeJava>javac Ex01303.java
Ex01303.java:8: error: weight is not public in Truck; cannot be accessed from ou
tside package
        truck.weight = 6;
             ^
Ex01303.java:9: error: Car is not public in vehicle; cannot be accessed from out
side package
        Car car = new Car();
        ^
Ex01303.java:9: error: Car is not public in vehicle; cannot be accessed from out
side package
        Car car = new Car();
                      ^
3 errors

D:\IntaeJava>
```

8번째 줄 truck object의 weight attribute는 pulic으로 선언되어 있지 않으므로 에러가 납니다. 9번째 줄 Car class와 Car class의 생성자도 public으로 선언되어 있지 않기 때문에 에러가 납니다.

실생활의 예로 package를 설명해 보겠습니다. 도시에서는 이웃끼리 왕래를 잘 안 하지만, 시골은 이웃간에 서로 누가 누구인지 잘 알고, 왕래도 잘 합니다.

• 시골의 하나의 마을을 하나의 package로 대응시킬 수 있습니다.

• 시골 마을에 있는 하나의 집, 혹은 그 집에서는 사람을 하나의 class로 대응시킬 수 있습니다.

• 마을의 입장에서 보면 외부 사람은, 즉 다른 마을 사람들은 이름이 다른 package

의 class 이름으로 대응시킬 수 있습니다. A라는 마을에서 보면 B라는 마을 사람은 외부사람입니다. 즉 A package의 A1 class 입장에서 B package의 B1 class는 다른 package의 class입니다.

- 하나의 집 내에서 마을 사람을 포함해서 가족 식구만 사용하는 공간은 private입니다. 즉 같은 마을 사람이라도 하나의 집에서 private이라고 선언하면 들어갈수 없습니다.

- 하나의 집에서 아무것도 선언하지 않은 곳은 같은 마을 사람은 들어가도 됩니다. 하지만 다른 마을 사람은 들어갈 수 없습니다.

- 하나의 집에서 public이라고 선언하면 같은 마을 사람은 물론 다른 마을 사람도 들어가도 되는 곳입니다.

- 종합해 보면 하나의 집(class)에는 가족만 사용하는 공간(private), 같은 마을 사람은 사용해도 되는 공간(access modifier가 없는 것), 같은 마을 사람을 포함해서 다른 마을 사람, 즉 누구나 사용할 수 있는 공간(public), 3가지가 있을 수 있습니다.

■ **package 1 정리** ■

① package는 이름이 있는 package와 이름이 없는 default package로 나눕니다.

② 다른 package에 있는 class나 그 class 안의 attribute나 method를 access하기 위해서는 public으로 선언되어 있어야 합니다.

③ 같은 package에 있는 class나 그 class 안의 attribute나 method를 access하기 위해서는 public으로 선언하거나 또는 아무 것도 선언 안 해도(no access modifier) access할 수 있습니다.

13.2.2 package작성2

다음 프로그램은 main method가 있는 프로그램이 특정 package에 저장되어 있는 경우의 예입니다.

예제 | Ex01304

아래 프로그램 Ex01304.java는 IntaeJava\company 폴더에 저장합니다.(Intae Java 폴더는 이름이 고정되어 있는 것이 아니기 때문에 필요에 따라 다른 folder 이름으로 변경해도 됩니다.)

```
// Ex01304.java file
 1: package company;
 2: import company.staff.*;
```

```
 3: public class Ex01304 {
 4:    public static void main(String[] args) {
 5:        Employee staff = new Employee("Intae",2014,7,1,12000);
 6:        staff.showPersonalInformation();
 7:    }
 8: }
```

□ 아래프로그램 Employee.java file은 IntaeJava\company\staff 폴더에 저장합니다. (이 프로그램은 Ex01304.java 프로그램이 저장된 company폴더의 하위폴더 staff에 저장해야 합니다.)

```
// Employee.java file
 1: package company.staff;
 2: import java.util.Calendar;
 3: import java.util.GregorianCalendar;
 4: public class Employee {
 5:    String name;
 6:    GregorianCalendar hiredDate;
 7:    int salary;
 8:    public Employee(String n, int hiredYear, int hiredMonth, int hiredDay, int salary) {
 9:        name = n;
10:        hiredDate = new GregorianCalendar(hiredYear, hiredMonth-1, hiredDay);
11:        this.salary = salary;
12:    }
13:    public void showPersonalInformation() {
14:        System.out.println("Employee name=" + name + ", hiredDate=" + hiredDate.get(Calendar.YEAR) + "." + (hiredDate.get(Calendar.MONTH)+1) + "." + hiredDate.get(Calendar.DATE) + ", salary="+salary);
15:    }
16: }
```

- 위 프로그램은 아래 compile하는 방식으로 compile 합니다. 즉 company 폴더 이름 뒤에 \(역slash:한글 dos에서는 \가 나옵니다)와 program 이름으로 compile해야 합니다.
- 프로그램 수행은 아래 프로그램 수행하는 방식으로 수행시킵니다.즉 company folder 이름 뒤에 .(period)와 program 이름으로 수행해야 합니다.

```
D:\IntaeJava>javac company\Ex01304.java

D:\IntaeJava>java company.Ex01304
Employee name=Intae, hiredDate=2014.7.1, salary=12000

D:\IntaeJava>
```

프로그램 설명

▶ 위 프로그램은 2개의 파일로 구성된 프로그램입니다.

▶ Ex01304.java는 IntaeJava\company folder에 있고, Employee.java는 IntaeJava\company\staff 폴더에 있습니다.

▶ 위 프로그램은 2개의 폴더(혹은 package)에 걸쳐서 위치하고 있습니다. 즉 IntaeJava 폴더가 base 폴더이고, IntaeJava\company directory(company package)와 IntaeJava\company\staff directory(company.staff package) 입니다.

```
.  (base directory)
   +--- company directory
            |--- Ex01304.java
            |--- Ex01304.class
            +--- staff directory
                     |--- Employee.java
                     |--- Employee.class
```

▶ IntaeJava\company 폴더에 있는 Ex01304.java를 compile하기 위해서는 IntaeJava 폴더, 즉 base 폴더에서

```
javac company\Ex01304.java
```

라고 해야 하며, Employee.java은 compile이 자동으로 됩니다. Ex01304.java file의 두 번째 줄에 있는 import company.staff.*; 명령어에 의해 Employee. java file이 어디에 있는지 알기 때문에 컴퓨터가 찾아서 함께 compile해줍니다.

▶ package로 선언된 프로그램 수행은 IntaeJava 폴더, 즉 base 폴더에서

```
Java company.Ex01304
```

라고 해야 합니다. Package에 있는 프로그램을 수행할 경우 package 이름 다음에 \대신 .(dot)를 사용해야 합니다.

▶ import statement는 class가 정의되기 전에 놓아야 하지만, package statement 보다는 나중에 와야 합니다.

▶ main method가 있는 Ex01304 class에도 package company로 정의되어 있으므로 Ex01304.java file은 company 폴더에 위치해야 합니다.

▶ Ex01304 class에서 다른 package, 즉 company.staff,의 class를 접근하기 위해서는 class앞에 public으로 정의되어 있어야 합니다. 그러므로 class Employee 앞에 public으로 선언되어 있는 것입니다.

▶ package company와 package company.staff는 다른 package입니다. company가 앞에 같이 붙어있다고 해서 같은 package가 아닙니다. 즉 company folder와 compay\staff 폴더가 다른 폴더인 것처럼 두 package는 다른 package입니다.

13.2.3 package 작성3

다음 프로그램은 super class와 subclass가 다른 package에 있는 예로서 protected keyword를 설명할 수 있습니다.

예제 | Ex01305

아래 프로그램 Ex01305.java는 IntaeJava\animalHandling 폴더에 저장합니다. (IntaeJava 폴더는 필요에 따라 다른 폴더 이름으로 변경해도 됩니다.)

```
// Ex01305.java file
 1: package animalHandling;
 2: import animal.pet.*;
 3: //import animal.*;
 4: public class Ex01305 {
 5:     public static void main(String[] args) {
 6:         Dog dog = new Dog("Toby");
 7:         dog.showInformation();
 8:         //Animal animal = new Animal("Tippy");
 9:     }
10: }
```

아래 프로그램 Dog.java file은 IntaeJava\animal\pet 폴더에 저장합니다.

```
// Dog.java file
 1: package animal.pet;
 2: import animal.*;
 3: public class Dog extends Animal {
 4:     public Dog(String n) {
 5:         super(n);
 6:     }
 7:     public void showInformation() {
 8:         System.out.println("Dog name=" + name);
 9:     }
10: }
```

아래 프로그램 Animal.java file은 IntaeJava\animal 폴더에 저장합니다.

```
// Animal.java file
 1: package animal;
 2: public class Animal {
 3:     protected String name;
 4:     protected Animal(String n) {
 5:         name = n;
 6:     }
 7:     void showInformation() {
```

```
 8:        System.out.println("Animal name=" + name);
 9:    }
10: }
```

```
D:\IntaeJava>javac animalHandling\Ex01305.java

D:\IntaeJava>java animalHandling.Ex01305
Dog name=Toby

D:\IntaeJava>
```

프로그램 설명

▶ 위 프로그램은 3개의 파일로 구성된 프로그램입니다.

▶ Ex01305.java는 IntaeJava\animalHandling 폴더에 있고, Dog.java는 Intae
Java\animal\pet 폴더에 있고, Animal.java는 IntaeJava\animal 폴더에 있
습니다.

▶ 위 프로그램은 3개의 folder(혹은 package)에 걸쳐서 위치하고 있습니다. 즉 IntaeJava
폴더가 base 폴더이고, IntaeJava\animalHandling 폴더(animal Handling package)
와 IntaeJava\animal\pet 폴더(animal.pet package), 그리고 IntaeJava\
animal directory(animal package)입니다.

```
.  (base directory)
   +--- animal directory
   |       |--- Animal.java
   |       |--- Animal.class
   |       +--- pet directory
   |               |--- Dog.java
   |               |--- Dog.class
   +--- animalHandling directory
           |--- Ex01305.java
           |--- Ex01305.class
```

▶ IntaeJava\animalHandling 폴더에 있는 Ex01305.java를 compile하기 위해
서는 IntaeJava 폴더, 즉 base 폴더에서

```
javac animalHandling\Ex01305.java
```

라고 해야 하며, Dog.java와 Animal.java는 compile이 자동으로 됩니다.
Ex01305.java file의 두 번째 줄에 있는 import animal.pet.*; 명령어에 의
해Dog.java file이 어디에 있는지 알기 때문에 컴퓨터가 찾아서 함께 compile
해 줍니다. 또 Dog.java file의 두 번째 줄에 있는 import animal.*; 명령어

에 의해 Animal.java file이 어디에 있는지 알기 때문에 컴퓨터가 찾아서 함께 compile해줍니다

▶ package로 선언된 프로그램 수행은 IntaeJava 폴더, 즉 base 폴더에서

```
Java animalHandling.Ex01305
```

라고 해야 합니다. Package에 있는 프로그램을 수행할 경우 package이름다음에 \대신 .(dot)를 사용해야 합니다.

▶ Dog class와 Animal class는 다른 package이지만 Dog class는 Animal class 로 부터 상속받고 있기 때문에 Animal class의 attribute인 name과 생성자가 protected로 선언되어 있기 때문에 Dog class가 Animal class와 다른 package 이더라도 Animal class를 상속받을 수 있는 것입니다. 물론 Animal class의 name과 생성자를 public으로 선언해도 됩니다.

▶ 만약 name과 생성자가 어떤 access modifier를 사용하지 않으면(no access modifier), 아래와 같은 에러 메세지가 나옵니다. 즉 Animal class는 Dog class 에서 보면 다른 package이기 때문입니다.

```
D:₩IntaeJava>javac animalHandling₩Ex01305.java
.₩animal₩pet₩Dog.java:5: error: Animal(String) is not public in Animal; cannot b
e accessed from outside package
        super(n);
        ^
.₩animal₩pet₩Dog.java:8: error: name is not public in Animal; cannot be accessed
 from outside package
        System.out.println("Dog name=" + name);
                                          ^
2 errors

D:₩IntaeJava>
```

▶ 만약 Ex01305.java의 3,8번째 줄의 //를 삭제하고 compile하면 아래와 같은 에러 메세지가 나옵니다.

```
D:₩IntaeJava>javac animalHandling₩Ex01305.java
animalHandling₩Ex01305.java:8: error: Animal(String) has protected access in Ani
mal
        Animal animal = new Animal("Tippy");
                        ^
1 error

D:₩IntaeJava>
```

■ 세 단계 이상 서로 연결된 java 프로그램 compile 시 주의 사항 ■

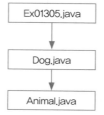

Ex01305.java

↓

Dog.java

↓

Animal.java

▶ Ex01305 프로그램과 같이 Ex01305.java 프로그램에서 Dog.java를 참조하고, Dog.java 프로그램에서 Animal.java 프로그램을 참조하는 세 단계 이상의 프로그램에서는 세 단계 이상에 있는 프로그램은 compile이 제대로 안될 수가 있습니다. 즉 처음 단계에서는, 즉 class 파일이 안 만들어진 상태에서는 Ex01305.java를 compile하면 연결된 모든 프로그램은 compile을 합니다.

▶ 하지만 compile이 끝나고, 어떤 사정으로 Animal.java 프로그램을 수정하고 다시 Ex01305.java 프로그램을 compile하면 Animal.java 프로그램은 compile이 안됩니다. 왜냐하면 Ex01305.java를 compile하면서 Dog.java를 보니 작성 날짜가 compile한 날짜보다 이전으로 되어 있습니다. 즉 Dog.class가 나중에 만들어졌으므로 이미 이전에 compile이 제대로 된것으로 보고 더 이상 Dog.java를 compile하지 않습니다. 그러므로 Dog.java에 연결된 Animal.java는 날짜와 시간을 체크도 하지 않으므로 compile하는데서 제외됩니다.

▶ 이럴 경우 Animal.java를 compile을 하기 위해서는 Dog.class 파일을 삭제하고 Ex01305.java를 compile합니다.

▶ 아니면 Animal.java만을 별도로 compile해주어야 합니다.

▶ Animal.java를 별도로 compile하는 방법은 아래와 같습니다.

```
Javac animal\Animal.java
```

아래는 Animal.java 프로그램만을 compile하는 실예입니다.

```
D:\IntaeJava>javac animal\Animal.java

D:\IntaeJava>
```

13.2.4 package 사용

13.2절 'Package'를 설명하는 서론에서 package의 목적은 같은 업무나 성격의 프로그램은 같은 영역(folder)에 보관하여 체계적인 프로그램 관리를 목적으로 한다 했습니다. 이로 인해 서로 다른 package 내에 class 이름이 같은 class가 존재할 수 있다고 했습니다.

다른 package에 있는 중복된 class 이름을 중복되지 않게 사용할 수 있도록 설명하기 위해 다음과 같은 가정을 해봅시다. 동물의 치료를 담당하는 수의사 System에서 애완동물 관리하는 System package와 군견을 관리하는 System package를 모두 지원해야 한다고 가정합시다. 각각의 package는 각자 나름대로 운영이 되고 있으며, 그 중 Dog라는 class가 애완동물 package에 있고, 군견을 관리하는 package에도 같은 이름의 Dog class가 있습니다. 이렇게 중복된 이름의 class를 어떻게 중복됨이 없이 사용되는지 아래 프로그램으로 단계별로 설명합니다.

예제 | Ex01306A

① 애완동물 package의 Dog class는 Ex01305 프로그램에서 사용한 animal\pet 폴더에 있는 Dog class를 아래와 같이 그대로 사용합니다.

```
1: import animal.pet.*;
2: public class Ex01306A {
3:    public static void main(String[] args) {
4:       Dog dog1 = new Dog("Toby");
5:       dog1.showInformation();
6:    }
7: }
```

```
D:\IntaeJava>javac Ex01306A.java

D:\IntaeJava>java Ex01306A
Dog name=Toby

D:\IntaeJava>
```

② 다음은 군견을 관리하는 System 중에서 Dog class를 아래와 같이 정의하고 military\animal 폴더에 저장합니다.

기본 훈련을 군견이 받으면 training1에 true, 전투 훈련을 받으면 training2에 true를 설정합니다.

```
// Dog.java file
 1: package military.animal;
 2: public class Dog {
 3:    String name;
 4:    int age;
 5:    boolean training1;
 6:    boolean training2;
 7:    public Dog(String n, int a) {
 8:       name = n;
 9:       age = a;
10:    }
11:    public void setTraining1(boolean t) {
12:       training1 = t;
13:    }
14:    public void setTraining2(boolean t) {
15:       training2 = t;
16:    }
17:    public void showSoldier() {
18:          System.out.println("Dog name=" + name + ", age="+age+", training1="+training1+", training2="+training2);
19:    }
20: }
```

예제 | Ex01306B

③ 군견 관리 package의 Dog class를 아래와 같이 사용합니다.

```
1: import military.animal.*;
2: public class Ex01306B {
3:    public static void main(String[] args) {
4:        Dog dog2 = new Dog("Brian", 4);
5:        dog2.setTraining1(true);
6:        dog2.showSoldier();
7:    }
8: }
```

```
D:\IntaeJava>javac Ex01306B.java

D:\IntaeJava>java Ex01306B
Dog name=Brian, age=4, training1=true, training2=false

D:\IntaeJava>
```

예제 | Ex01306C

④ ①단계의 애완동물 관리 프로그램에서 Dog object 생성과 ③단계 군견 관리 프로그램에서 Dog object 생성한 것을 동일한 방법으로 수의사 관리 프로그램으로 아래와 같이 사용하고자 합니다.

```
1: import animal.pet.*;
2: import military.animal.*;
3: public class Ex01306C {
4:    public static void main(String[] args) {
5:        Dog dog1 = new Dog("Toby");
6:        dog1.showInformation();
7:        Dog dog2 = new Dog("Brian", 4);
8:        dog2.setTraining1(true);
9:        dog2.showSoldier();
10:    }
11: }
```

위 프로그램을 compile하면 아래와 같이 에러 메세지가 나옵니다.

```
D:\IntaeJava>javac Ex01306C.java
Ex01306C.java:5: error: reference to Dog is ambiguous
        Dog dog1 = new Dog("Toby");
        ^
  both class military.animal.Dog in military.animal and class animal.pet.Dog in
animal.pet match
Ex01306C.java:5: error: reference to Dog is ambiguous
        Dog dog1 = new Dog("Toby");
                       ^
  both class military.animal.Dog in military.animal and class animal.pet.Dog in
animal.pet match
Ex01306C.java:7: error: reference to Dog is ambiguous
        Dog dog2 = new Dog("Brian", 4);
        ^
  both class military.animal.Dog in military.animal and class animal.pet.Dog in
animal.pet match
Ex01306C.java:7: error: reference to Dog is ambiguous
        Dog dog2 = new Dog("Brian", 4);
                       ^
  both class military.animal.Dog in military.animal and class animal.pet.Dog in
animal.pet match
4 errors

D:\IntaeJava>
```

에러 메세지 설명

▶ 5번째 줄의 Dog가 어느 Dog class를 의미하는 모르겠다라는 메세지입니다.

▶ 7번째 줄의 Dog도 어느 Dog class를 의미하는 모르겠다라는 메세지입니다.

▶ 이와 같이 Dog class가 동시에 사용할 경우는 Dog 라는 class 이름 만으로는 사용할 수 없습니다.

예제 | Ex01306D

⑤ 아래 프로그램은 ①단계의 애완동물 관리 프로그램에서 Dog object 생성과 ③단계 군견 관리 프로그램에서 Dog object생성한 것을 package 이름까지 포함하여 object를 생성합니다.

```
 1: import animal.pet.*;
 2: import military.animal.*;
 3: public class Ex01306D {
 4:    public static void main(String[] args) {
 5:        animal.pet.Dog dog1 = new animal.pet.Dog("Toby");
 6:        dog1.showInformation();
 7:        military.animal.Dog dog2 = new military.animal.Dog("Brian", 4);
 8:        dog2.setTraining1(true);
 9:        dog2.showSoldier();
10:    }
11: }
```

```
D:\IntaeJava>javac Ex01306D.java

D:\IntaeJava>java Ex01306D
Dog name=Toby
Dog name=Brian, age=4, training1=true, training2=false

D:\IntaeJava>
```

프로그램 설명

▶ 5번째 줄:animal.pet package에 있는 Dog objec를 생성하고 있습니다.

▶ 7번째 줄:military.animal package에 있는 Dog objec를 생성하고 있습니다.

예제 | Ex01306E

⑥ ⑤단계 프로그램에서 object를 생성할 때 animal.pet.Dog와 military.animal. Dog라고 분명히 package 이름까지 포함하고 있으므로 Dog class가 정확이 어디에 위치하고 있는 지정한 것이므로 import문을 사용할 필요가 없습니다.

```
 1: //import animal.pet.*;
 2: //import military.animal.*;
 3: public class Ex01306E {
```

```
 4:    public static void main(String[] args) {
 5:       animal.pet.Dog dog1 = new animal.pet.Dog("Toby");
 6:       dog1.showInformation();
 7:       military.animal.Dog dog2 = new military.animal.Dog("Brian", 4);
 8:       dog2.setTraining1(true);
 9:       dog2.showSoldier();
10:    }
11: }
```

```
D:\IntaeJava>javac Ex01306E.java

D:\IntaeJava>java Ex01306E
Dog name=Toby
Dog name=Brian, age=4, training1=true, training2=false

D:\IntaeJava>
```

프로그램 설명

▶ 1,2번째 줄을 //로 comment 처리하여 import문을 사용하지 않아도 이상 없이 compile되고, 프로그램 수행되는 것을 알 수 있습니다.

문제 | Ex01306F

자동차를 정비하는 정비사 System에서 상업용 교통 관리하는 System package와 학생들의 교육을 담당하는 학교 System package에서 차량을 정비한다고 가정합시다. 각각의 package는 각자 나름대로 운영이 되고 있으며, 그 중 Bus라는 class가 vehicle package에 있고, 학교 운영하는 관리 package에도 같은 이름의 Bus class가 있습니다. 이렇게 중복된 이름의 class를 아래와 같이 출력되도록 프로그램을 작성하세요.

• 상업용 Bus class는 Ex01303 프로그램에서 사용한 Bus class를 사용하고, 학교 운영을 위한 Bus class를 주어진 아래 Bus class를 사용하에요.

아래 Bus.java는 school 폴더에 저장되어야 합니다.

```
// Bus.java
 1: package school;
 2: public class Bus {
 3:    int licenseNo;
 4:    String color;
 5:    int student;
 6:    public Bus(int no, String c, int s) {
 7:       licenseNo = no;
 8:       color = c;
 9:       student = s;
10:    }
```

```
11:    public void showSchoolBus() {
12:        System.out.println("Bus  licenseNo="+licenseNo+", Car color =
"+color+", student="+student);
13:    }
14: }
```

```
// Ex01306F.java
 1: public class Ex01306F {
 2:    public static void main(String[] args) {
        //아래와 같은 출력결과가 나오도록 여기에 프로그램 작성
 0:    }
 0: }
```

```
D:\IntaeJava>javac Ex01306D.java

D:\IntaeJava>java Ex01306D
Dog name=Toby
Dog name=Brian, age=4, training1=true, training2=false

D:\IntaeJava>
```

■ 쉬어가는 프로그램 ■

문제 | Ex01306G

필자가 자바 교육 중에 질문이 들어왔습니다. Ex01306F 프로그램을 새로운 프로그램 Ex01306G에서 수행시킬 수 있나요?

그래서 대답은 "예, 할 수 있습니다."라고 대답하고, 전체 교육생에게 Ex01306G. java 프로그램을 만들어 Ex01306F 프로그램을 수행시킬 수 있는 프로그램을 작성해 보라고 문제를 냈더니, 의외로 풀 수 있는 학생이 많지 않았습니다. 독자 여러분도 한 번 풀어 보세요. 아래 결과처럼 출력되도록 프로그램 작성해 보세요.

힌트:
- chapter 3 'object와 class'을 잘 이해했다면 풀 수 있는 문제입니다.
- chapter 7 'static key word'을 잘 이해했다면 더 간편하게 프로그램 작성할 수 있습니다.
- main() method에 String 배열이 parameter로 넘겨주어야 하므로 String배열을 잘 이해했다면 혼동되지는 않습니다.
- 이 프로그램은 package와는 상관없는 프로그램입니다.
- 필자가 작성한 Ex01306G.java를 보면 5가지 방법 중 어느 것을 사용해도 동일한 결과가 나옵니다. 필자가 작성한 프로그램내에 번호가 높은 방법일수록 더 좋은 방법이라고 할 수 있습니다.

```
D:\IntaeJava>java Ex01306G
Ex01306G starts running.
Bus  constructor in vehicle package
Bus  licenseNo=2001, Car color = Green, passenger=20
Bus  licenseNo=2002, Car color = Yellow, student=17

D:\IntaeJava>
```

13.2.5 import문

import문은 import문 다음에 오는 folder에 위치한 class가 있다고 알려만 주는 명령이지 실제 프로그램 소스를 프로그램안으로 가져오는 것은 아닙니다. 그러므로 필요 없는 class를 import했다고 해서 프로그램 크기가 커지는 것이 아닙니다. import 사용 예는 아래와 같습니다.

① class 이름으로 import할 경우

- import java.util.Random;
- import java.util.Calendar;
- import java.util.Regex.Pattern;
- import java.util.Regex.Matcher;
- import java.io.Consoler;

② package 이름으로 import 할 경우, 즉 package 내의 모든 class를 import 할 경우

- import java.util.*;
- import java.util.Regex.*;
- import java.io.*;

    ❶ package 이름으로 일부의 class만 import 할 수 없습니다.
- import java.util.R*;

    ❷ 아래 두 개의 package를 "*"로 동시에 import 할 수 없습니다.
- import java.util.*;
- import java.io.*;

    위 두 개의 import문을 아래와 같이 하나의 import문으로 묶을 수 없습니다.
    - import java.*; 또는 import java.*.*;

■ import static문 ■

import static문은 class안에서 static으로 선언된 상수나 method를 사용할 때 좀 더 편리하게 사용할 수 있도록 해줍니다.

즉 매번 class 이름을 사용하지 않고 static으로 선언된 상수나 method 이름만 사용할 수 있게 해줍니다.

예제 | Ex01307

아래 프로그램은 10.3 Math class의 Ex01022 프로그램과 Ex01023 프로그램의 일부를 Math class 이름을 사용하지 않고 Method 이름만 사용해도 되는 것을 보여주는 프로그램입니다.

```
1: import static java.lang.Math.sqrt;
2: import static java.lang.Math.sin;
3: import static java.lang.Math.cos;
4: import static java.lang.Math.tan;
5: import static java.lang.Math.PI;
6: class Ex01307 {
7:    public static void main(String[] args) {
8:       double d1 = 2.0;
9:       double d2 = 3.0;
10:       double d1sqrt = Math.sqrt(d1);
11:       double d2sqrt = sqrt(d2);
12:       System.out.println("d1 = " + d1+", d1sqrt="+d1sqrt );
13:       System.out.println("d2 = " + d2+", d2sqrt="+d2sqrt );
14:
15:       double d1sin = sin(30.0 * PI / 180);
16:       double d2cos = cos(60.0 * PI / 180);
17:       double d3tan = tan(45.0 * PI / 180);
18:       System.out.println("sin value of 30 deg = " + d1sin );
19:       System.out.println("cos value of 60 deg = " + d2cos );
20:       System.out.println("tan value of 45 deg = " + d3tan );
21:    }
22: }
```

```
D:\IntaeJava>java Ex01307
d1 = 2.0, d1sqrt=1.4142135623730951
d2 = 3.0, d2sqrt=1.7320508075688772
sin value of 30 deg = 0.49999999999999994
cos value of 60 deg = 0.5000000000000001
tan value of 45 deg = 0.9999999999999999

D:\IntaeJava>
```

프로그램 설명

▶ 10번째 줄:Ex01022 프로그램에서 Math class 이름을 10번째 줄 Math class를 사용하지 않은 것과 비교하기 위해 그대로 사용했습니다.

▶ 11번째 줄:1번째 줄에서 import static java.lang.Math.sqrt;문을 사용했기 때문에 Math class 이름 없이 sqrt() method만으로 Math.sqrt() method를 호출하고 있습니다.

▶ 15번째 줄:2번째 줄에서import static java.lang.Math.sin;문을 사용했기 때문에 Math class 이름 없이 sin() method만으로 Math.sqrt() method를 호출하고 있습니다.

▶ 16번째 줄:3번째 줄에서 import static java.lang.Math.cos;문을 사용했기 때문에 Math class 이름 없이 cos() method만으로 Math.sqrt() method를 호출하고 있습니다.

▶ 17번째 줄:4번째 줄에서import static java.lang.Math.tan;문을 사용했기 때문에 Math class 이름 없이 tan() method만으로 Math.sqrt() method를 호출하고 있습니다.

▶ 15,16,17번째 줄:5번째 줄에서import static java.lang.Math.PI;문을 사용했기 때문에 Math class 이름 없이 PI 상수만으로 Math.PI 상수를 사용하고 있습니다.

■ import static 문의 "*" ■

import 문에서 "*"의 의미와 같은 용도로 import static 문에서도 "*"가 동일한 의미로 사용됩니다. 즉 class안에 선언된 모든 static 상수나 method를 class 이름 없이 사용 가능합니다.

예제 | Ex01307A

아래 프로그램은 import static문의 "*"사용 예를 보여주고 있습니다.

```
 1: import static java.lang.Math.*;
 2: class Ex01307A {
 3:    public static void main(String[] args) {
           // Ex01307 프로그램의 8부터 20번째 줄까지 동일합니다.
17:    }
18: }
```

```
D:\IntaeJava>java Ex01307A
d1 = 2.0, d1sqrt=1.4142135623730951
d2 = 3.0, d2sqrt=1.7320508075688772
sin value of 30 deg = 0.49999999999999994
cos value of 60 deg = 0.5000000000000001
tan value of 45 deg = 0.9999999999999999

D:\IntaeJava>
```

프로그램 설명

▶ 1번째 줄:Ex01307 프로그램의 1부터 5번째 줄까지 선언한 것을 1번째 줄 하나로 동일한 기능을 할 수 있습니다.

13.3 private, public, protected, no acces modifier 비교

13.3.1 access modifier가 위치하는 곳의 비교

- private, public, protected, no acces modifier는 attribute, method, constructor 앞에 붙일 수 있습니다.
- public access modifier는 class 앞에 정의하면 어느 package에서나 이 class 를 사용할 수 있습니다.
- no access modifier, 즉 class 앞에 아무 access modifier도 정의하지 않으면 같은 package 내에서만 이 class를 사용할 수 있습니다.
- private과 protected access modifer는 "class", "interface" key word 앞에는 사용할 수 없습니다. Interface에 대해서는 뒷장에 다시 설명합니다. 즉 아래와 같이 private와 protected를 "class" key word 앞에 사용하는 프로그램은 작성할 수 없습니다.

```
private class Car {
    // 자바 명령어
}


protected class Car {
    // 자바 명령어
}
```

13.3.2 access modifier가 적용 되는 범위의 비교

Access modifier가 적용될 수 있는 범위를 표로 나타내면 다음과 같습니다.

Access Modifier	같은 class 내에서 호출 가능 여부	같은 package 내에서 호출 가능 여부	Sub class에서 호출 가능 여부	World(어떤 class에서나 호출 가능 여부)
public	y	y	y	y
protected	y	y	y	n
(no access modifier)	y	y	n	n
private	y	n	n	n

13.3.3 상속에 따른 Access Modifier 규칙

- super class에서 public으로 선언된 method는 sub class에서는 public으로만 재정의할 수 있습니다.

- super class에서 protected로 선언된 method는 sub class에서는 public 혹은 protected로만 재정의할 수 있습니다.
- super class에서 no access modifier로 선언된 method는 sub class에서 public, protected, (no access modifier), private로 모두 재정의 가능합니다.
- super class에서 private로 선언된 method는 sub class에서 public, protected, (no access modifier), private로 모두 재정의 가능합니다.

13.4 public class작성

public class를 작성하는 규칙은 다음과 같습니다.
① 만약 class를 public으로 선언하면 그 소스 파일 이름은 class 이름과 같아야 합니다.
② 그러므로 하나의 파일에 두 개의 public class가 존재할 수 없습니다.

예제 | Ex01331

아래 프로그램은 Ex01331.java 파일에 저장된 프로그램입니다.

```
// Ex01331.java
 1: class Ex01331 {
 2:    public static void main(String[] args) {
 3:        Car c1 = new Car();
 4:        c1.showCar();
 5:    }
 6: }
 7: public class Car {
 8:     int licenseNo;
 9:     int fuelTank;
10:     String color;
11:     void showCar() {
12:         System.out.println("licenseNo="+licenseNo);
13:     }
14: }
```

위 프로그램을 compile하면 아래와 같은 에러 메세지가 나옵니다. 즉 위 작성문법 ①을 위반한 것입니다.

```
D:\IntaeJava>javac Ex01331.java
Ex01331.java:7: error: class Car is public, should be declared in a file named C
ar.java
public class Car {
       ^
1 error

D:\IntaeJava>
```

Memo

final key word

final key word는 말그대로 어떤 class, method, variable이 만들어지면 마지막으로 만들어졌다는 의미로 변경이 안됩니다.

final key word

14

14.1 final variable

final variable은 local variable, member variable(attribute), static variable에 사용되며, 한 번 저장된 값은 절대 변경할 수 없습니다. 또한 variable은 variable 에 저장된 값에 따른 분류에서 primitive type variable과 object reference type variable에 final key word가 붙을 경우 한 번 저장된 값은 절대 변경할 수 없다라 는 기본 개념은 동일하나 사용상 혼동할 사항이 있으니 주의해야 합니다.

14.1.1 local final variable

■ final varibale을 사용하는 이유 ■

① final vaiable은 변수에 지정된 값으로 프로그램을 시작해서 프로그램이 끝날 때 까지 변경되지 않는 상수에 많이 사용합니다. 그러므로 중간에 변수의 값을 변경 만 하지 않는다면 final variable을 사용하는 것 대신에 일반 variable을 사용해 도 프로그램의 결과에 영향을 미치지 않습니다. 하지만 일어날 수 있는 실수의 가능성을 100% 차단하기 위해 사용합니다. 즉 시간이 지나 전체적인 프로그램의 흐름을 잊어버린 후 프로그램를 부분적으로 개선하기 위해 프로그램 중간에 실수 로 final varible의 값을 변경할 경우를 대비해서 final variable을 사용합니다.

② 프로그램내에 상수 숫자를 그대로 사용하면 시간이 지나면 그 숫자가 무엇을 의 미하는지 잘 모를 경우가 있습니다. 그러므로 상수대신에 variable(변수)이름 을 의미있는 단어를 조합해서 만든 후 그 final variable에 상수 값을 지정합 니다. 예를 들면 이자율을 사용하여 이자를 구하는 식에서 interest = 0.031 * principal이라고 하는 것보다 final int INTERESTRATE = 0.031; interest = INTERESTRATE * principal 이라고 하는 것이 더 훗날 프로그램을 이해하는 데 도움이 됩니다.

예제 | Ex01401

아래 프로그램은 Local variable에 final variable을 사용한 예입니다.

```
1: import java.util.Random;
2: public class Ex01401 {
```

```
 3:     public static void main(String[] args) {
 4:         final int SPEEDLIMIT = 80;
 5:         final int SPEEDRATE = 50;
 6:         Random random = new Random();
 7:         for ( int i=0 ; i<5 ; i++ ) {
 8:             int speed = random.nextInt(100);
 9:             if ( speed > SPEEDLIMIT ) {
10:                 System.out.println("i="+i+", speed="+speed+" is more than
speed limit="+ SPEEDLIMIT);
11:             }
12:             if ( SPEEDLIMIT * SPEEDRATE / 100 <= speed && speed <= SPEEDLIMIT
) {
13:                 System.out.println("i="+i+", speed="+speed+" is within legal
speed limit="+ SPEEDLIMIT);
14:             }
15:             if ( speed < SPEEDLIMIT * SPEEDRATE / 100 ) {
16:                 System.out.println("i="+i+", speed="+speed+" is less than
"+ SPEEDRATE +" % of speed limit="+ SPEEDLIMIT);
17:             }
18:         }
19:     }
20: }
```

```
D:\IntaeJava>java Ex01401
i=0, speed=63 is within legal speed limit=80
i=1, speed=5 is less than 50 % of speed limit=80
i=2, speed=72 is within legal speed limit=80
i=3, speed=52 is within legal speed limit=80
i=4, speed=22 is less than 50 % of speed limit=80

D:\IntaeJava>
```

프로그램 설명

▶ 4,5번째 줄에 SPEEDLIMIT와 SPEEDRATE을 final variable로 지정했습니다.

▶ 9,12,15번째 줄:SPEEDLIMIT 대신 80을 SPEEDRATE 대신 50을 사용하는 것
보다 final variable을 사용하면 if문을 쉽게 이해할 수 있습니다. 즉 if (speed >
80) 이라고 coding하면 세월이 지난 후 80이 어떤 의미를 갖는지 기억이 안나
는 경우가 있는데 if (speed > SPEEDLIMIT)이라고 coding하면 SPEEDLIMIT
을 초과하면 쉽게 이해할 수 있습니다.

▶ if (speed > 80) 이라고 했을 경우 교통법이 변경되어 SPEEDLIMIT이 90으로
변경되면 위 프로그램에서는 4곳을 수정해 주어야 합니다. final variable을 사
용하면 4번째 줄의 80을 90이라고 바꾸어 주면 모든 SPEEDLIMIT이 90으로 바
뀌게 됩니다.

■ final varibale의 variable 이름은 모두 대문자를 사용하는 이유 ■

2.11 명칭규칙에서 언급한 사항으로 명칭을 정하는 규칙2에 해당하는 규칙입니다.
즉 자바의 문법 규칙에는 소문자를 사용해도 되지만 프로그램을 읽기 쉽게하기 위

해 자바에서 추천하는 규칙입니다.

14.1.2 member final variable

Member variable은 member vaiable을 선언하면서 초깃값을 설정해도 되지만, 경우에 따라서는 object마다 member variable 값이 다를 수 있습니다. Object마다 Member variable의 값이 다르게 설정될 수는 있지만 한 object 내에서 한 번 설정한 후에는 변경할 수 없습니다. 이때 final member variable을 선언할 때 초깃값을 설정하지 않았으면 생성자에서 반드시 초깃값을 설정해야 합니다.

예제 | Ex01402

다음 프로그램은 member variable에 final을 지정한 경우의 예제 프로그램입니다.

```
 1: import java.util.Random;
 2: public class Ex01402 {
 3:    public static void main(String[] args) {
 4:       final int NOOFCAR = 5;
 5:       Car[] cars = new Car[NOOFCAR];
 6:       Random random = new Random();
 7:       for ( int i=0 ; i< NOOFCAR ; i++ ) {
 8:          int fuel = random.nextInt(100);
 9:          cars[i] = new Car(2000+i, fuel);
10:       }
11:       for ( int i=0 ; i< NOOFCAR ; i++ ) {
12:          //cars[i].licenseNo = 3000+i;
13:          cars[i].showCar();
14:       }
15:    }
16: }
17: class Car {
18:    final int licenseNo;
19:    int fuelTank;
20:    Car(int ln, int f) {
21:       licenseNo = ln; // licenseNo에 값을 지정하지 않으면 compile시 에러 발생
22:       fuelTank = f;
23:    }
24:    void showCar() {
25:      System.out.println("licenseNo="+licenseNo+", fuelTank="+fuelTank);
26:    }
27: }
```

```
D:\IntaeJava>java Ex01402
licenseNo=2000, fuelTank=42
licenseNo=2001, fuelTank=76
licenseNo=2002, fuelTank=43
licenseNo=2003, fuelTank=70
licenseNo=2004, fuelTank=33

D:\IntaeJava>
```

프로그램 설명

▶ 4번째 줄:local variable에 final key word를 붙인 예로 그냥 5를 사용하는 것보다 final int noOfCar = 5;라고 선언하고 5가 들어갈 자리에 noOfCar를 사용하면 프로그램을 이해하는데 많은 도움이 됩니다.

▶ 9번째 줄:Car object를 만들기 위해 20번째 줄의 생성자를 호출합니다. 20번째 줄의 생성자는 차량 번호를 받아 18번째 줄에 선언된 licenseNo에 저장합니다. final variable는 선언할 때 초깃값을 선언하지 않으면 생성자에서 값을 반드시 설정해야 합니다.

▶ 12번째 줄:licenseNo가 final로 정의되어 있기 때문에 한 번 licenseNo에 저장된 값은 변경할 수 없습니다. 만약 12번째 줄의 //를 지우고 compile하면 아래와 같은 에러 메세지가 나옵니다.

```
D:\IntaeJava>
D:\IntaeJava>javac Ex01402.java
Ex01402.java:12: error: cannot assign a value to final variable licenseNo
        cars[i].licenseNo = 3000+i;
                ^
1 error

D:\IntaeJava>
```

▶ 21번째 줄:licenseNo가 final로 정의되면서 초깃값이 설정되지 않았기 때문에 생성자인 21번째 줄에서 반드시 값을 설정해 주어야 합니다. 만약 21번째 줄에 //로 comment처리하여 licenseNo에 값을 설정해 주지 않으면 compile 시 아래와 같은 에러 메세지가 나옵니다.

```
D:\IntaeJava>
D:\IntaeJava>javac Ex01402.java
Ex01402.java:23: error: variable licenseNo might not have been initialized
    }
    ^
1 error

D:\IntaeJava>
```

14.1.3 static final variable

static variable도 static vaiable을 선언하면서 초깃값을 설정해도 되지만, 경우에 따라서는 static block에서 조건에 따라 다른 값이 설정될 수 있습니다. static final variable에 한 번 설정한 후에는 변경할 수 없습니다. static final variable을 선언할 때 초깃값을 설정하지 않으면 static block에서 반드시 초깃값을 설정해야 합니다.

예제 | Ex01403

다음 프로그램은 static final variable에 값을 설정하는 경우의 예제 프로그램입니다.

```
 1: import java.util.Random;
 2: import java.io.Console;
 3: public class Ex01403 {
 4:    public static void main(String[] args) {
 5:       final int NOOFCAR = 5;
 6:       Car[] cars = new Car[NOOFCAR];
 7:       Random random = new Random();
 8:       for ( int i=0 ; i<NOOFCAR ; i++ ) {
 9:          int fuel = random.nextInt(100);
10:          System.out.println("i="+i+", fuel="+fuel);
11:          cars[i] = new Car(2000+i, fuel);
12:       }
13:       for ( int i=0 ; i<NOOFCAR ; i++ ) {
14:          cars[i].showCar();
15:       }
16:    }
17: }
18: class Car {
19:    static final int MINFUEL = 50;
20:    static final String BASICCOLOR;
21:    static {
22:       Console console = System.console();
23:      String colorNo = console.readLine("Input 1 : White, 2 : Black = ");
24:       if ( colorNo.equals("1") ) {
25:          BASICCOLOR = "White";
26:       } else if ( colorNo.equals("2") ) {
27:          BASICCOLOR = "Black";
28:       } else {
29:          BASICCOLOR = "No color";
30:       }
31:    }
32:    final int licenseNo;
33:    int speedMeter;
34:    int fuelTank;
35:    String color;
36:    Car(int ln, int f) {
37:       licenseNo = ln;
38:       fuelTank = ( f > MINFUEL ) ? f : MINFUEL;
39:       color = ( f > MINFUEL ) ? "Red" : BASICCOLOR;
40:    }
41:    void showCar() {
42:     System.out.println("licenseNo="+licenseNo+", fuelTank="+fuelTank+",
color="+color);
43:    }
44: }
```

```
D:\IntaeJava>java Ex01403
i=0, fuel=10
Input 1 : White, 2 : Black = 1
i=1, fuel=18
i=2, fuel=60
i=3, fuel=36
i=4, fuel=81
licenseNo=2000, fuelTank=50, color=White
licenseNo=2001, fuelTank=50, color=White
licenseNo=2002, fuelTank=60, color=Red
licenseNo=2003, fuelTank=50, color=White
licenseNo=2004, fuelTank=81, color=Red

D:\IntaeJava>
```

프로그램 설명

▶ 19번째 줄:MINFUEL은 static final변수로 Car object를 생성할 때 주문 연료 가 50이하이면 최소 연료량인 50으로 채워줄 수 있도록 하기 위한 상수입니다.

▶ 20번째 줄:BASICCOLOR는 static final변수로 선언과 동시에 초깃값이 주어 지지 않았습니다. BASICCOLOR는 연료 주문량이 MINFUEL보다 작은 Car object생성 시 기본 Color를 설정해주기 위한 것으로 기본 color는 22부터 30번 째 줄에서 console에 입력되는 값에 따라 "White"혹은 "Black"으로 설정됩니다.

▶ 위 프로그램의 출력 결과를 보면 static block(21부터 31번째 줄)은 object가 생 성되기 바로 전, 즉 11번째 줄이 수행되기 전에 최초이자 마지막으로 한 번 수 행됩니다.(static bloc의 자세한 사항은 7.4절 'static block'을 참조 바랍니다.)

14.1.4 final variable의 object

지금까지 설명한 final variable에는 primitive 값만 설정되는 예만 보여주었습니 다. 그러면 final variable이 object변수일 경우 object의 주솟값이 저장됩니다. 한 번 저장된 object의 주솟값은 변경될 수 없지만 object 내의 member변수들은 final 이 아니라면 변경 가능합니다.

예제 | Ex01404

아래 프로그램은 object변수가 final로 선언되었으나 그 object 내에 있는 member 변수 중 final로 선언되지 않은 memeber변수는 변경 가능함을 보여주는 예입니다.

```
1: class Ex01404 {
2:    public static void main(String[] args) {
3:       Customer a = new Customer("James",2033);
4:       final Customer b = new Customer("Intae", 5750);
5:       a.addYearlyInterest();
6:       b.addYearlyInterest();
7:       a.showInformation();
8:       b.showInformation();
9:       System.out.println();
```

```
10:        a.setName("James Bond");
11:        b.setName("Intae Ryu");
12:        a.showInformation();
13:        b.showInformation();
14:        System.out.println();
15:        a = new Customer("Peter",7700);
16:        // b = new Customer("Lina", 3650);
17:        a.showInformation();
18:        b.showInformation();
19:        a.setBalance(8800);
20:        b.setBalance(9900);
21:    }
22: }
23: class Customer {
24:    static final double INTERESTRATE = 0.047;
25:    final String name;
26:    double balance;
27:    Customer(String name, int bal) {
28:        this.name = name;
29:        balance = bal;
30:    }
31:    void addMonthlyInterest() {
32:      balance = balance * ( 1 + INTERESTRATE / 12);
33:    }
34:    void addYearlyInterest() {
35:      balance = balance * ( 1 + INTERESTRATE);
36:    }
37:    void showInformation() {
38:        System.out.println("name="+name+", balance="+balance);
39:    }
40:    void setName(String newName) {
41:        //name = newName;
42:    }
43:    void setInterestRate(double newRate) {
44:        // INTERESTRATE = newRate;
45:    }
46:    void setBalance(final double newBalance) {
47:        balance = newBalance;
48:    }
49: }
```

```
D:\IntaeJava>java Ex01404
name=James, balance=2128.551
name=Intae, balance=6020.25

name=James, balance=2128.551
name=Intae, balance=6020.25

name=Peter, balance=7700.0
name=Intae, balance=6020.25

D:\IntaeJava>
```

프로그램 설명

▶ 3,4번째 줄:3째 줄에서 Customer object가 만들어진 후 final이 아닌 object 기억장소 a에 저장됩니다. 4번째 줄에서는 Customer object가 만들어진 후 final 기억장소 b에 저장됩니다. Object를 만들어서 처음 저장할 때는 final이나 final이 아닌 기억장소나 동일합니다. 하지만 기억장소 a는 나중에(15번째 줄에서) 다른 object를 저장할 수 있지만 b에 저장된 object는 다른 object로 변경할 수 없습니다. 즉 16번째 줄에서 다른 object를 만들어 저장하려고 하면 에러가 발생합니다. 기억장소 a,b는 local 기억장소이고, b는 local 기억장소에 final key word를 사용한 local 기억장소입니다.

▶ 15번째 줄:3번째 줄에서 Customer object 기억장소 a는 final로 선언이 되어 있지않기 때문에 새로운 Customer object를 만들어 a에 기억시킬 수 있습니다. 3번째 줄에서 만든 object는 그대로 메모리에 남아 있습니다. 그러나 그 object의 주소를 기억하는 object변수에 다른 object의 주소가 저장되었으므로 더 이상 3번째 줄에서 만든 object는 사용할 수 없습니다.

▶ 16번째 줄:4번째 줄에서 Customer object 기억장소 b는 final로 선언이 되어 있기때문에 새로운 Customer object를 만들어 b에 기억 시킬 수 없습니다. 하지만 새로운 object만드는 것까지는 만들 수 있습니다. 단지 새로운 object를 만들어서 그 주소를 b에 저장할 수 없다는 것입니다.

▶ 24번째 줄:INTERESTRATE 기억장소는 static에 final이 적용된 기억장소로 0.047만을 기억하고 있으므로 변수라기 보다는 상수라고 할 수 있습니다. INTERESTRATE 자리에 0.047이라고 바꾸어 놓은 것과 동일한 역할을 합니다. 그러면 왜 0.047이라고 하지 않고 final 변수 INTERESTRATE를 사용할까요? 이유는

① 제3자가 프로그램을 읽을 때, 혹은 프로그램 작성자가 오랜 세월 후 이 프로그램에 수정 사항이 발생하여 이 프로그램을 읽을 때 0.047이라고만 되어있으면 이 숫자가 무엇을 의미하는지 알기가 어렵습니다. 그때 기억장소의 이름이 INTERESTRATE라고 되어있으면 쉽게 이자율이구나라고 알 수 있습니다.

② 두 번째는 이자율 0.047을 프로그램의 여러 곳에서 사용했는데, Ex01401에서는 22,25번째 중에서 두 번 사용, 이자율이 0.048로 변경되었다면 14번째 줄만 0.048로 고치면 모든 이자율이 0.048로 변경할 수 있습니다.

③ 또 0.047을 일반 기억장소로 저장해서 사용하는 것보다 final 기억장소로 사용하는 것이 컴퓨터 입장에서는 계산 속도를 빠르게 할 수 있습니다. 즉 INTERESTRATE라는 기억장소를 찾아 그 속의 값을 확인한 후 그 값으로 계산하는 것보다, 값이 바로 나와 있으니 기억장소의 값을 찾는 수고를 덜 할 수 있기

때문에 계산 속도가 빠른 것입니다.

- static으로 선언된 final 기억장소는 일반적으로 대문자로 사용합니다. 즉 다른 기억장소와 구별되기 위해 대문자로만 사용하는 것이지 java 의 꼭 지켜야할 문법적인 규칙은 아닙니다.
- 예를들어, 10.3.3에서 언급한 Math.PI는 static final로 선언된 상수입니다. 10.7 유용한 class 찾아보기에서 설명한대로 Math class를 찾아보면 Math.PI는 static final로 선언된것을 아래와 같이 찾아볼 수 있습니다.

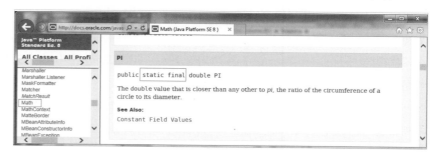

▶ 25번째 줄:name member변수, 즉 attribute는 object에 적용되는 final 변수입니다. 즉 매 object마다 이 name 변수에 String object가 기억되지만 처음 한 번만 기억되고 나면 다시는 변경이 불가능한 기억장소입니다. name 변수에 기억되는 object는 28번째 줄에서 저장됩니다. 그러므로 매 object마다 저장된 name은 다르지만 저장되고 나서 name은 바꿀 수 없습니다. name변수에는 3번째, 4번째, 15번째 줄에서 object가 생성되어 각각의 object에는 "James", "Intae", "Peter"가 각각 저장됩니다. 그러나 10번째, 11번째 줄에서 name에 저장된 이름을 변경하기 위해 setName() method를 호출하지만 40번째 줄의 setName() method에서는 name을 변경하는 name = newName;명령은 name이 final로 선언되어 있으므로 compile단계부터 에러를 발생시켜 변경할 수 없는 구조입니다.

- 25번째 줄의 name 변수처럼 변수가 선언되면서 초깃값이 할당되지 않는 변수를 blank final variable이라고 하며, 생성자에서 반드시 초깃값을 할당해야 합니다. 만약 생성자에서 초깃값을 할당하지 않으면, 아래와 같은 compile 에러 message가 나옵니다. 아래 message는 Ex01404 프로그램의 28번째 줄을 //로 comment처리했을 경우 나오는 메세지입니다.

```
D:\IntaeJava>
D:\IntaeJava>javac Ex01404.java
Ex01404.java:30: error: variable name might not have been initialized
    >
    ^
1 error

D:\IntaeJava>
```

▶ 41번째 줄:25번째 줄에서 name이 final로 선언되어 있기 때문에 새로운 값 (newName)으로 기억시킬 수 없습니다.

▶ 44번째 줄:24번째 줄에서 INTERSTRATE가 final로 선언되어 있기 때문에 새로운 값(newRate)를 기억 시킬 수 없습니다.

▶ 46번째 줄:newBalance method의 parameter로 선언되었지만, method parameter도 일종의 local 기억장소이므로 final을 붙일 수 있고, final key word가 붙었다면 해당 method 내에서는 새로운 값으로 기억시킬 수 없습니다.

▶ Ex01404 프로그램에서 16,41,44번째 줄에 있는 //를 제거하고 compile을 시도하면 아래와 같은 에러 메세지를 만나게 되어 final로 된 기억장소에 값은 변경할 수 없음을 알 수 있습니다.

```
D:\IntaeJava>javac Ex01404.java
Ex01404.java:16: error: cannot assign a value to final variable b
        b = new Customer("Lina", 3650);
        ^
Ex01404.java:41: error: cannot assign a value to final variable name
        name = newName;
        ^
Ex01404.java:44: error: cannot assign a value to final variable INTERESTRATE
        INTERESTRATE = newRate;
        ^
3 errors

D:\IntaeJava>
```

14.2 final method

Final method는 상위 method에서 final로 method를 정의하면, 하위 class에서 재정의 할수 없도록 하기 위해서 final method를 사용합니다. 예를 들어 은행의 이자율은 모든 고객에게 동일하다고 하면, Customer class에서 이자 계산하는 method를 final로 하면, Customer를 상속받은 CustomerVIP class에서는 이자율 계산 method를 재정의할 수 없으로 Customer class에서 정의한 이자율 계산 method를 그대로 사용할 수밖에 없습니다.

예제 | Ex01411

```
1: class Ex01411 {
2:    public static void main(String[] args) {
3:        Customer c1 = new Customer("James",2033);
4:        Customer v1 = new CustomerVIP("Intae", 5750);
5:        c1.addYearlyInterest();
6:        v1.addYearlyInterest();
7:        c1.showInformation();
8:        v1.showInformation();
9:    }
```

```
10: }
11: class Customer {
12:     static final double INTERESTRATE = 0.047;
13:     final String name;
14:     double balance;
15:     Customer(String name, int bal) {
16:         this.name = name;
17:         balance = bal;
18:     }
19:     final void addYearlyInterest() {
20:         balance = balance * ( 1 + INTERESTRATE);
21:     }
22:     void showInformation() {
23:         System.out.println("name="+name+", balance="+balance);
24:     }
25: }
26: class CustomerVIP extends Customer {
27:     double expense;
28:     CustomerVIP(String name, int bal) {
29:         super(name, bal);
30:         expense = bal * 0.01;
31:     }
32:     //void addYearlyInterest() {
33:     //    balance = balance * ( 1 + INTERESTRATE + 0.001);
34:     //}
35:     void showInformation() {
36:         System.out.println("VIP name="+name+", balance="+balance+",
expense="+expense);
37:     }
38: }
```

```
D:\IntaeJava>java Ex01411
name=James, balance=2128.551
VIP name=Intae, balance=6020.25, expense=57.5

D:\IntaeJava>
```

프로그램 설명

▶ 3,4번째 줄:3번째 줄에서 Customer object를 만들고, 4번째 줄에서는 Customer
VIP object를 만들어서 두 object 모두 Customer object변수에 저장합니다.

▶ 5,6번째 줄:두 object 모두 addYearlyInterest() method를 수행합니다. 32번
째 줄에서 CustomerVIP인 경우 interest(이자)를 0.001(0.1%)를 더 지급하려
고 시도했지만 19번째 줄에서 final로 정의했기 때문에 재정의하는 method을 만
들 수 없었습니다.

▶ 7,8번째 줄:showInformation() method는 35번째 줄에 재정의되어 있기 때문
에 v1 object는 재정의된 36번째 줄을 수행하여 expense 값을 출력하는 것을 알
수 있습니다.

▶ Ex01411 프로그램에서 32,33,34번째 줄의 //를 제거하고 compile하면 아래와 같은 만나게 되어 final로 선언한 method는 재정의 할 수 없음을 알 수 있습니다.

```
D:\IntaeJava>javac Ex01411.java
Ex01411.java:32: error: addYearlyInterest() in CustomerVIP cannot override addYe
arlyInterest() in Customer
   void addYearlyInterest() {
        ^
  overridden method is final
1 error

D:\IntaeJava>
```

■ 생성자는 final key word를 사용할 수 없습니다. ■

생성자는 final key를 사용하지 않았지만 final로 선언된 것과 같은 기능을 합니다. 왜냐하면 생성자는 class name과 동일한 이름을 가지고 있으므로 subclass에서 super class name으로 생성자를 재정의하는 일은 있을 수 없기 때문에 생성자를 재정의하는 일은 발생되지 않습니다.

14.3 final class

class 앞에 final로 정의된 class는 이 class가 마지막이란 의미로 이 class를 상속받아 subclass를 정의할 수 없습니다. 즉 이 class의 sub class를 만들 필요가 없거나 sub class에서 어떤 method도 재정의하면 안 될 경우에 final class를 사용합니다. 자바에서 제공되는 String, Integer, Double class들은 모두 final class들입니다. 그러므로 String, Integer, Double class는 subclass를 만들 수 없습니다. 아래 예는 String class가 final 정의되어 있음을 나타내는 예입니다.

예제 | Ex01421

아래 프로그램은 final class의 예를 보여주는 프로그램입니다.

```
 1: class Ex01421 {
 2:    public static void main(String[] args) {
 3:        Customer c1 = new Customer("James",2033);
 4:        //Customer v1 = new CustomerVIP("Intae", 5750);
 5:        c1.addYearlyInterest();
 6:        //v1.addYearlyInterest();
 7:        c1.showInformation();
 8:        //v1.showInformation();
 9:    }
10: }
11: final class Customer {
12:    static final double INTERESTRATE = 0.047;
13:    final String name;
14:    double balance;
15:    Customer(String name, int bal) {
16:        this.name = name;
17:        balance = bal;
18:    }
19:    void addYearlyInterest() {
20:        balance = balance * ( 1 + INTERESTRATE);
21:    }
22:    void showInformation() {
23:        System.out.println("name="+name+", balance="+balance);
24:    }
25: }
26: //class CustomerVIP extends Customer {
27: //    double expense;
28: //    CustomerVIP(String name, int bal) {
29: //        super(name, bal);
30: //        expense = bal * 0.01;
31: //    }
32: //    void showInformation() {
33: //        System.out.println("VIP name="+name+", balance="+balance+",
expense="+expense);
34: //    }
35: //}
```

```
D:\IntaeJava>java Ex01421
name=James, balance=2128.551

D:\IntaeJava>
```

프로그램 설명

▶ 11번째 줄:Customer class가 final로 정의되어 있기 때문에 26번째 줄에 Customer class를 상속받은 CustomerVIP class는 만들 수 없습니다.

▶ Ex01421 프로그램에서 //를 모두 제거하고 compile하면 아래와 같은 에러 메세지가 나옵니다.

```
D:\IntaeJava>javac Ex01421.java
Ex01421.java:26: error: cannot inherit from final Customer
class CustomerVIP extends Customer {
                          ^
1 error

D:\IntaeJava>_
```

14.4 method 정복하기

method 정복하기는 final key word와 직접적으로 연관성은 거리가 멀지만 final로 선언된 object변수에 저장된 object의 method handling을 설명하면서 method가 어떻게 호출되는지 자세히 설명하기 위해 이번 절에 삽입했습니다.

Method에 대해서는 3.7절 'method 이해하기'와 3.8절 'Method에 parameter(인수) 전달하기'에서 설명했지만, 이번 절에서 method에 대해 마지막으로 좀 더 자세히 설명해 보겠다는 의미도 담겨있습니다.

14.4.1 method parameter와 값(value)

Method parameter에 대해서는 3.8절 'Method에 parameter(인수) 전달하기'에서 기본사항에 대해서는 설명했습니다. 여기서는 추가적인 사항을 설명하고자 합니다. 컴퓨터 과학 용어에 보면 call by value와 call by reference라는 용어가 있습니다. Method를 부르는 쪽과 method 쪽에서 data를 주고받는 과정에서 data를 어떤 방식으로 주고받는지를 설명하는 용어입니다. Call by value는 data의 값을 넘겨주는 방식이고, call by reference는 data가 저장된 주소를 넘겨주는 방식입니다.

① call by value는 method를 부르는 쪽에서 method 쪽으로 값을 전달만 하고, 받지는 못합니다. 그러므로 method 쪽에서는 method를 부른 쪽의 data를 절대 건드릴 수 없으므로 data가 완전히 분리되어 처리되는 장점이 있습니다.

② call by reference는 data가 저장되어 있는 주소를 넘겨주는 방식이므로 해당되는 주소에 있는 값을 method 쪽에서 변경하면 method를 부른 쪽에서도 변경된 data를 참조할 수 있으므로 data를 서로 공유할 수 있는 장점이 있습니다.

자바는 언제나 call by value만 사용합니다. 즉 method 쪽에서는 method를 부른 쪽에서 전달해주는 data를 copy해 와서 method 내부에서 사용하므로 method를 부른 쪽의 data를 절대 건드리지 않습니다.

예제 | Ex01441

다음 프로그램은 method를 호출한 쪽에서의 값이 method 쪽에서 data를 변경해도 아무 영향을 미치지 않고 있는 상태를 보여주고 있습니다.

```
 1: class Ex01441 {
 2:    public static void main(String[] args) {
 3:       int a1 = 20;
 4:       int a2 = 30;
 5:       TestClass tc = new TestClass();
 6:       System.out.println("main   : a1="+a1+", a2="+a2+", tc="+tc);
 7:       callByValueTest1(a1, a2, tc);
 8:       System.out.println("main   : a1="+a1+", a2="+a2+", tc="+tc);
 9:    }
10:    static void callByValueTest1(int a1, int b1, TestClass t1) {
11:       System.out.println("method : a1="+a1+", b1="+b1+", t1="+t1);
12:       a1 = 11;
13:       b1 = 22;
14:       t1 = new TestClass();
15:       System.out.println("method : a1="+a1+", b1="+b1+", t1="+t1);
16:    }
17: }
18: class TestClass {
19:    int x;
20: }
```

```
D:\IntaeJava>java Ex01441
main   : a1=20, a2=30, tc=TestClass@1db9742
method : a1=20, b1=30, t1=TestClass@1db9742
method : a1=11, b1=22, t1=TestClass@106d69c
main   : a1=20, a2=30, tc=TestClass@1db9742

D:\IntaeJava>
```

프로그램 설명

▶ 6번째 줄:7번째 줄에서 callByValueTest1() method를 호출하기 전 값을 출력합니다.

▶ 7번째 줄:callByValueTest1() method를 호출합니다. callByValueTest1() method의 12,13,14번째 줄에서 main method에서 전달받은 data를 새로운 data로 변경합니다.

▶ 8번째 줄:7번째 줄에서 callByValueTest1() method를 호출한 후 값을 출력합니다. 6번째 줄에서 출력한 값과 8번째 줄에서 출력한 값은 동일합니다. 7번째 줄의callByValueTest1() method에서 전달받은 값을 변경하더라도 main method에서 저장된 값은 아무 영향을 받지 않는다는 것을 알 수 있습니다.

▶ 10번째 줄:main method의 기억장소 a1, a2, tc의 값은 callByValueTest1() method의 a1, b1, t1 기억장소로 각각 복사됩니다. callByValueTest1() method에서의 기억장소는 새롭게 만들어지고, 기억장소 이름도 새롭게 부여됩니다. 그러므로 기억장소의 형과 개수가 서로 일치해야 하며, 일치되는 기억장소로 값이 복사되어 저장됩니다.

▶ 11번째 줄:main method에서 전달 받은 값을 그대로 출력하고 있습니다.

▶ 15번째 줄:callByValueTest1() method에서 a1, b1, t1의 값이 변경되었음을 알 수 있습니다.

■ 11번째 줄을 수행할 때의 memory 상태 ■

● main method의 memeory 상태

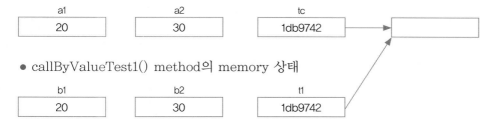

● callByValueTest1() method의 memory 상태

■ 15번째 줄을 수행할 때의 memory 상태 ■

● callByValueTest1() method의 memory 상태

● callByValueTest1() method의 memory 상태

■ 8번째 줄을 수행할 때의 memory 상태 ■

● main method의 memeory 상태

a1	a2	tc	TestClass object
20	30	1db9742 →	

● callByValueTest1() method의 memory 상태

8번째 줄을 수행할 때 callByValueTest1() method의 기억장소는 모두 삭제되어 기억장소는 더 이상 존재하지 않습니다. 왜냐하면 local variable은 해당 method의 수행이 완료되는 동시에 해당 method에서 생성된 모든 local variable은 삭제되기 때문입니다.

예제 | Ex01441A

다음 프로그램은 parameter로 object를 넘겨줄 때 object의 attribute 값이 변경되는 상태를 보여주고 있습니다

```
 1: class Ex01441A {
 2:    public static void main(String[] args) {
 3:       TestClass tc = new TestClass();
 4:       tc.x = 2;
 5:       final TestClass fc = new TestClass();
 6:       fc.x = 3;
 7:       System.out.println("main  : tc="+tc+", tc.x="+tc.x+", fc="+fc+",
fc.x="+fc.x);
 8:       callByValueTest2(tc, fc);
 9:       System.out.println("main  : tc="+tc+", tc.x="+tc.x+", fc="+fc+",
fc.x="+fc.x);
10:    }
11:    static void callByValueTest2(TestClass t1, TestClass t2) {
12:       System.out.println("test2 : t1="+t1+", t1.x="+t1.x+", t2="+t2+",
t2.x="+t2.x);
13:       t1.x = 5;
14:       t2.x = 6;
15:       System.out.println("test2 : t1="+t1+", t1.x="+t1.x+", t2="+t2+",
t2.x="+t2.x);
16:       t1 = new TestClass();
17:       t2 = new TestClass();
18:       t1.x = 8;
19:       t2.x = 9;
20:       System.out.println("test2 : t1="+t1+", t1.x="+t1.x+", t2="+t2+",
t2.x="+t2.x);
21:    }
22: }
23: class TestClass {
24:    int x;
25: }
```

```
D:\IntaeJava>java Ex01441A
main  : tc=TestClass@1db9742, tc.x=2, fc=TestClass@106d69c, fc.x=3
test2 : t1=TestClass@1db9742, t1.x=2, t2=TestClass@106d69c, t2.x=3
test2 : t1=TestClass@1db9742, t1.x=5, t2=TestClass@106d69c, t2.x=6
test2 : t1=TestClass@52e922, t1.x=8, t2=TestClass@25154f, t2.x=9
main  : tc=TestClass@1db9742, tc.x=5, fc=TestClass@106d69c, fc.x=6

D:\IntaeJava>
```

프로그램 설명

▶ 5번째 줄:fc 기억장소는 final로 선언되어서 한 번 기억시킨 object주소는 다른
object주소로 변경이 안 되지만 fc가 가지고 있는 object의 member 변수들은
변경 가능합니다.

▶ 7번째 줄:callByValueTest2() method를 호출하기 전 object에 입력된 값을 출
력합니다.

▶ 8번째 줄:callByValueTest2() method를 호출합니다. callByValueTest2() method
의 13,14번째 줄에서 main method에서 전달받은 object의 member variable의
값을 변경합니다.

▶ 9번째 줄:8번째 줄에서 callByValueTest2() method를 호출한 후 object의 member variable의 값을 출력합니다. callByValueTest2() method에서는 object 자체는 변경되지 않았지만 object 내에 있는 member 변수의 값은 변경되므로 9번째 줄에서 출력한 값은 callByValueTest2() method에서 변경한 값이 출력되고 있습니다.

▶ 11번째 줄:main method의 object 기억장소 tc, fc의 값, 즉 object의 주소는 callByValueTest2() method의 t1, t2로 object의 주소가 각각 복사됩니다. callByValueTest2() method에서의 object 기억장소는 새롭게 만들어지고, object 기억장소 이름도 t1, t2로 새롭게 부여됩니다. 그러므로 object 기억장소의 형과 개수가 서로 일치해야 하며, 일치되는 object 기억장소로 값, 즉 object의 주소가 복사되어 저장됩니다.

▶ 12번째 줄:main method에서 전달받은 값을 그대로 출력하고 있습니다.

▶ 15번째 줄:callByValueTest2() method에서 t1, t2의 member variable의 값이 13,14번째 줄에서 변경된 값으로 출력되고 있음을 알 수 있습니다.

▶ 16,17번째 줄:새로운 object를 생성해서 t1, t2 기억장소에 저장합니다. 여기서 주의 깊게 살필 사항은 17번째 줄로 t2가 5번째 줄에서 선언한 final 기억장소와 동일한 기억장소였다면 compile 에러가 발생하겠지만, 5번째 줄의 fc 기억장소와 t2 기억장소는 완전히 다른 별개의 기억장소임을 증명하는 예가 되겠습니다.

▶ 20번째 줄:새로운 object t1, t2의 member variable의 값이 18,19번째 줄에서 변경된 값으로 출력되고 있음을 알 수 있습니다.

▶ 20번째 줄이 완료되면 다음 수행 명령은 9번째 줄로 tc, fc object의 member variable을 출력하고 있는데, 16,17번째에서 만든 object의 member variable이 아님을 알아야 합니다. 왜냐하면 tc, fc는 처음 만든 object의 주소를 그대로 기억하고 있기 때문입니다.

■ 13번째 줄을 수행할 때의 메모리 상태 ■

● main method의 메모리 상태

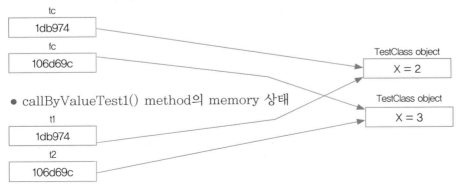

■ 15번째 줄을 수행할 때의 메모리 상태 ■

● main method의 메모리 상태

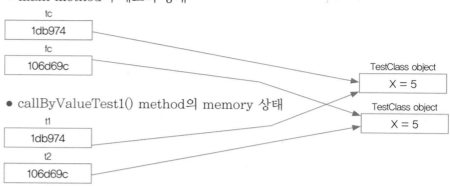

● callByValueTest1() method의 memory 상태

■ 20번째 줄을 수행할 때의 메모리 상태 ■

● main method의 메모리 상태

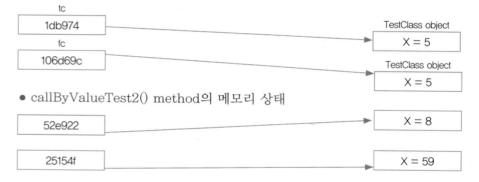

● callByValueTest2() method의 메모리 상태

■ 9번째 줄을 수행할때의 메모리 상태 ■

● main method의 메모리 상태

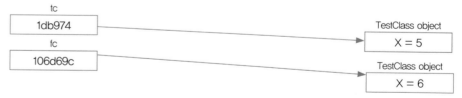

● callByValueTest2() method의 메모리 상태

9번째 줄을 수행할 때 callByValueTest2() method는 수행이 완료된 상태이므로 callByValueTest2() method에서 사용한 기억장소는 모두 삭제되어 기억장소는 더 이상 존재하지 않습니다. 즉 t1, t2는 삭제됩니다. 하지만 callByValueTest2() method에서 새롭게 만든 object는 계속 존재하지만 연결고리, 즉 object의 주소를 기억하는 reference 기억장소가 삭제되어 새롭게 만든 object를 참조할 수 없게 됩니다.

예제 | Ex01441B

다음 프로그램은 parameter로 배열 object를 넘겨 줄 때, 배열 object의 원소 값이 변경되는 상태를 보여주고 있습니다.

```
 1: class Ex01441B {
 2:    public static void main(String[] args) {
 3:        int[] arr = new int[5];
 4:        for ( int i=0 ; i< arr.length ; i++ ) {
 5:            arr[i] = 5;
 6:        }
 7:        System.out.print("main  : arr="+arr+", arr[5]=");
 8:        for ( int i=0 ; i< arr.length ; i++ ) {
 9:            System.out.print(arr[i]+" ");
10:        }
11:        System.out.println();
12:        callByValueTest3(arr);
13:        System.out.print("main  : arr="+arr+", arr[5]=");
14:        for ( int i=0 ; i< arr.length ; i++ ) {
15:            System.out.print(arr[i]+" ");
16:        }
17:        System.out.println();
18:    }
19:    static void callByValueTest3(int[] ary) {
20:        System.out.print("test2 : ary="+ary+", ary[5]=");
21:        for ( int i=0 ; i< ary.length ; i++ ) {
22:            System.out.print(ary[i]+" ");
23:        }
24:        System.out.println();
25:
26:        for ( int i=0 ; i< ary.length ; i++ ) {
27:            ary[i] = 7;
28:        }
29:        System.out.print("test2 : ary="+ary+", ary[5]=");
30:        for ( int i=0 ; i< ary.length ; i++ ) {
31:            System.out.print(ary[i]+" ");
32:        }
33:        System.out.println();
34:
35:        ary = new int[5];
36:        for ( int i=0 ; i< ary.length ; i++ ) {
37:            ary[i] = 9;
38:        }
39:        System.out.print("test2 : ary="+ary+", ary[5]=");
40:        for ( int i=0 ; i< ary.length ; i++ ) {
41:            System.out.print(ary[i]+" ");
42:        }
43:        System.out.println();
```

```
44:     }
45: }
```

```
D:\IntaeJava>java Ex01441B
main  : arr=[I@1db9742, arr[5]=5 5 5 5 5
test2 : ary=[I@1db9742, ary[5]=5 5 5 5 5
test2 : ary=[I@1db9742, ary[5]=7 7 7 7 7
test2 : ary=[I@106d69c, ary[5]=9 9 9 9 9
main  : arr=[I@1db9742, arr[5]=7 7 7 7 7

D:\IntaeJava>
```

프로그램 설명

▶ 7,9번째 줄:callByValueTest3() method를 호출하기 전 배열 object의 주소와 배열원소에 입력된 값을 출력합니다.

▶ 12번째 줄:callByValueTest3() method를 호출합니다. callByValueTest3() method의 27번째 줄에서 main method에서 전달받은 배열 object의 배열원소의 값을 7로 변경합니다.

▶ 13,15번째 줄:12번째 줄에서 callByValueTest3() method를 호출한 후 object의 member variable의 값을 출력합니다. callByValueTest3() method에서는 배열 object 자체는 변경되지 않았지만 배열 object 내에 있는 배열원소 변수의 값은 변경되므로 15번째 줄에서 출력한 값은 callByValueTest3() method에서 변경한 값 7이 출력되고 있습니다.

▶ 19번째 줄:main method의 배열object 기억장소 arr의 값, 즉 배열 object의 주소는 callByValueTest3() method의 ary로 배열 object의 주소가 복사됩니다. callByValueTest3() method에서의 배열 object 기억장소는 새롭게 만들어 지고, 배열 object 기억장소 이름도 ary로 새롭게 부여됩니다. 그러므로 배열 object 기억장소의 형과 개수가 서로 일치해야 하며, 여기서는 배열 object 한 개이지만, 일치되는 object 기억장소로 값, 즉 object의 주소가 복사되어 저장됩니다.

▶ 20,22번째 줄:main method에서 전달 받은 값을 그대로 출력하고 있습니다.

▶ 29,31번째 줄:callByValueTest3() method에서 ary의 배열원소의 값이 7로 변경되었음을 알 수 있습니다.

▶ 35번째 줄:새로운 배열 object를 생성해서 ary 기억장소에 저장합니다. 여기서 주의 깊게 살필 사항은 ary는 7이 저장된 배열 object주소를 더 이상 가지고 있지 않는다는 것입니다.

▶ 41번째 줄:새로운 배열 object의 배열원소의 값 9가 41번째 줄에서 출력되고 있음을 알 수 있습니다.

▶ 43번째 줄이 완료되면 다음 수행 명령은 13번째 줄로 배열 object의 배열원소의 값을 출력하고 있는데, 35번째에서 만든 배열 object의 배열원소의 값이 아님을

알아야 합니다. 왜냐하면 arr은 처음 만든 배열 object의 주소를 그대로 기억하고 있기 때문입니다.

■ 20번째 줄을 수행할 때의 메모리 상태

- main method의 메모리 상태

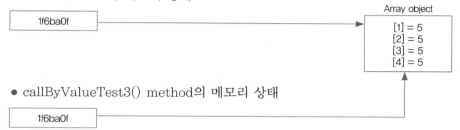

- callByValueTest3() method의 메모리 상태

■ 29번째 줄을 수행할 때의 메모리 상태

- main method의 메모리 상태

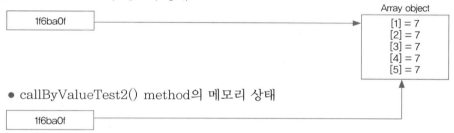

- callByValueTest2() method의 메모리 상태

■ 39번째 줄을 수행할 때의 메모리 상태

- main method의 메모리 상태

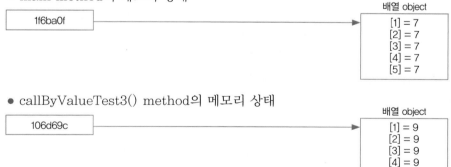

- callByValueTest3() method의 메모리 상태

■ 13번째 줄을 수행할 때의 메모리 상태

- main method의 메모리 상태

1f6ba0f	배열 object
	[1] = 7
	[2] = 7
	[3] = 7
	[4] = 7
	[5] = 7

● callByValueTest2() method의 메모리 상태

13번째 줄을 수행할 때 callByValueTest3() method의 기억장소는 모두 삭제되어
기억장소는 더 이상 존재하지 않습니다.

```
배열 object
[1] = 9
[2] = 9
[3] = 9
[4] = 9
[5] = 9
```

■ **method parameter 정리** ■

① parameter가 primitive type일 경우 method를 부르는 쪽의 기억장소와 method
쪽(불려지는 쪽)의 기억장소는 완전히 다른 기억장소입니다. method를 부르는
쪽에서 값을 넘겨주면 method쪽에서 새로운 기억장소를 만들고 넘겨 받은 값
을 복사해서 저장합니다. 따라서 method 쪽(불려지는 쪽)에서 data의 값을 변
경해도 method를 부르는 쪽의 기억장소의 값은 method를 부른 전후 값이 항
상 동일합니다. 즉 method에서 값을 바꿔도 method를 부르는 쪽의 값은 변경
되지 않습니다.

② parameter가 object reference type일 경우 method를 부르는 쪽의 기억장소와
method 쪽의 기억장소는 완전히 다른 기억장소입니다. 하지만 object reference
type 기억장소의 특성상 object reference 기억장소는 object의 주소를 가리키
고 있기 때문에 method를 부르는 쪽의 기억장소와 method 쪽의 기억장소는 다
르지만 같은 주소를 가지고 있습니다. 그 주소에 있는 object는 같은 object이므
로 method 쪽에서 object 값을 변경하면 method를 부르는 쪽의 object도 동일
한 object이므로 바뀐 값을 가지게 됩니다. 즉 method에서 값을 바꾸면 method
를 부르는 쪽의 값도 변경됩니다.

14.4.2 method parameter 활용

Method parameter의 활용으로 object reference을 이용하여 data를 주고 받는 과
정을 sort하는 프로그램에 적용해서 설명해 보겠습니다.

Sort는 주어진 문제를 해결하기 위해 많은 프로그램에서 구현되고 있는 로직으로
순차적으로 정리되어 있지 않은 data를 값에 따라 순차적으로 정리하는 logic을 말
합니다. sort하는 방법은 아래에서 소개하는 두 가지 말고도 많이 있습니다. Data
의 종류나 data의 volumn에 따라 빠르고 편리한 sort방법을 그때 그때마다 선택
하여 사용합니다.

아래 sort하는 프로그램은 object reference type을 사용한 예로서 배열 object를
sort하는 method로 넘겨주고, sort하는 method에서 data를 받아 sort를 완료합

니다. sort된 data를 sort하는 method를 부른 원래의 프로그램으로 data를 넘기는 과정이 없지만 원래의 프로그램으로 다시 돌아왔을 때 넘겨준 배열의 값들이 정렬되어 있는 것을 알 수 있습니다.

예제 | Ex01442

① selection sort:여러 개의 data 중에 제일 작은 data가 어디에 저장되었는지 찾아내어 그 data가 저장된 곳을 선택(selection)한 후 첫 번째 저장된 숫자와, 선택된 곳에 저장된 숫자를 서로 맞바꾸면서 정렬을 하는 방법입니다.

```
 1: class Ex01442 {
 2:    public static void main(String[] args) {
 3:       int[] array1 = { 31, 54, 11, 71, 24, 22};
 4:       System.out.print("main : before selection sort array1=");
 5:       for ( int i=0 ; i< array1.length ; i++ ) {
 6:          System.out.print(array1[i]+" ");
 7:       }
 8:       System.out.println();
 9:       selectionSort(array1);
10:       System.out.print("main : after  selection sort array1=");
11:       for ( int i=0 ; i< array1.length ; i++ ) {
12:          System.out.print(array1[i]+" ");
13:       }
14:       System.out.println();
15:    }
16:    static void selectionSort(int[] data){
17:       for (int i=0;i<data.length-1;i++) {
18:          int minIdx = i;
19:          for (int k = i+1;k<data.length;k++){
20:             if (data[minIdx]>data[k]){
21:                minIdx = k;
22:             }
23:          }
24:          int tmpVal = data[i];
25:          data[i] = data[minIdx];
26:          data[minIdx] = tmpVal;
27:       }
28:    }
29: }
```

```
D:\IntaeJava>
D:\IntaeJava>javac Ex01442.java

D:\IntaeJava>java Ex01442
main : before selection sort array1=31 54 11 71 24 22
main : after  selection sort array1=11 22 24 31 54 71

D:\IntaeJava>
```

프로그램 설명

▶ 3번째 줄 : int 1차원 배열에 필자가 임의의 정렬이 안 된 숫자를 입력하였습니다.

▶ 9번째 줄 : selectionSort() method에 정렬이 안 된 배열 array1을 넘겨줍니다. 9번째 줄이 완료되면 array1 배열에는 정리된 값이 저장되어 있을 것입니다. 왜냐하면 array1은 object reference type으로 selectionSort() method에서 배열원소 값을 sort한 값으로 변경하면 main method에서 변경된 값을 참조할 수 있기 때문입니다.

▶ 16~30번째 줄 : selection sort하는 algorithms으로 첫 번째로 6개의 data 중 제일 작은 숫자가 몇 번째 원소에 저장되어 있는지 찾은 다음, 첫 번째 원소(0번 원소)의 값과 제일 작은 숫자가 기억된 원소의 값을 서로 맞바꾸어줍니다. 두 번째로 첫 번째 원소(0번 원소)에는 제일 작은 숫자가 들어 있으므로 두 번째 원소(1번 원소)부터 시작해서 5개의 원소 중 제일 작은 숫자가 몇 번째 원소에 저장되어 있는지 찾은 다음, 두 번째 원소(1번 원소)의 값과 제일 작은 숫자가 기억된 원소의 값을 서로 맞바꾸어줍니다. 이런 식으로 나머지 3번을 완료하면 모든 원소의 값은 순차적으로 정렬되어 있게 됩니다.

▶ 17번째 줄 : 원소가 6개가 있는 배열은 0번 원소부터 4번 원소까지 6번 반복이 아니라 5번 반복 수행합니다. 19번째 줄과 병행하여 생각하면 왜 6번이 아니고 5번인지 알 수 있습니다.

▶ 18번째 줄 : 원소의 첫 번째를 제일 작은 숫자가 있다고 가정합니다. 그러므로 minIdx에 i 값을 저장합니다. 처음은 i가 0이므로 0번째 원소가 제일 작은 원소라고 가정합니다.

▶ 19번째 줄 : 제일 작은 값은 첫 번째라고 가정했으니 비교되는 대상은 두 번째부터입니다. 즉 1번 원소와 비교하기 위해 i+1 부터 시작하는 것입니다.

▶ 20, 21, 22번째 줄 : 첫 번째 원소(0번 원소)의 값과 두 번째원소(1번 원소)의 값을 비교해서 첫 번째 원소가 크면, 즉 두 번째 원소의 값이 작으면 첫 번째 원소가 제일 작은 값이라고 가정한 것이 틀린 것입니다. 따라서 다시 1번이 가장 작은 값이 저장된 원소로 가정합니다. 즉 1을 minIdx에 저장합니다. 첫 번째 원소가 크지 않으면, 첫 번째 원소가 가장 작은 값이 저장된 가정이 맞는 것이므로 아무 일도 하지 않고 그대로 둡니다.

▶ 24, 25, 26번째 줄 : 20, 21, 22번째 줄을 완료하면 minIdx에는 가장 작은 값이 저장된 원소 번호가 들어 있습니다. 가장 작은 원소가 첫 번째 원소가 되어야 하므로, 이 원소와 첫 번째 원소를 서로 맞바꾸는 작업(swap)입니다. Swap에 대해서는 2.12절 변수의 활용절에 swap에 대한 설명을 참조 바랍니다.

예제 | Ex01442A

② bubble sort:여러 개의 data에서 제일 마지막 번째 기억장소부터 시작해서 인접된 다음 기억장소를 비교하여 정렬 순서가 맞으면 그대로 두고 정렬 순서가 안 맞으면 서로 맞바꾸는 방식입니다. 즉 제일 작은 값이 제일 마지막에 저장되어 있다면, 제일 마지막 것이 마지막에서 두 번째, 세 번째, 네 번째순으로 기억장소를 옮기면서 최종적으로는 첫 번째 기억장소에 저장됩니다. 마치 물 속의 공기 기포가 물위로 올라오는 것과 같은 느낌으로 정렬하는 방식입니다.

```java
 1: class Ex01442A {
 2:    public static void main(String[] args) {
 3:        int[] array1 = { 31, 54, 11, 71, 24, 22};
 4:        System.out.print("main : before bubble sort array1=");
 5:        for ( int i=0 ; i< array1.length ; i++ ) {
 6:            System.out.print(array1[i]+" ");
 7:        }
 8:        System.out.println();
 9:        bubbleSort(array1);
10:        System.out.print("main : after  bubble sort array1=");
11:        for ( int i=0 ; i< array1.length ; i++ ) {
12:            System.out.print(array1[i]+" ");
13:        }
14:        System.out.println();
15:    }
16:    static void bubbleSort(int[] data) {
17:        for(int i = 0;i<data.length-1;i++) {
18:            for(int j = (data.length-1);j>=(i+1);j--) {
19:                if (data[j]<data[j-1]){
20:                    int tmpVal = data[j];
21:                    data[j]=data[j-1];
22:                    data[j-1]=tmpVal;
23:                }
24:            }
25:        }
26:    }
27: }
```

```
D:\IntaeJava>javac Ex01442A.java

D:\IntaeJava>java Ex01442A
main : before bubble sort array1=31 54 11 71 24 22
main : after  bubble sort array1=11 22 24 31 54 71

D:\IntaeJava>
```

프로그램 설명

▶ 3~14번째 줄:9번째 줄에서 selectionSort() method를 호출하는 것 대신 bubbleSort() method를 호출하는 것 이외에는 Ex01405와 동일합니다.

▶ 16~27번째 줄:bubble sort하는 algorithms으로 6의 data에서 6번째 기억장소부터 시작해서 인접된 다음 기억장소 즉 5번째 기억장소의 값과 비교하여 정렬순서가 맞으면 그대로 두고 정렬순서가 안 맞으면 서로 맞바꿉니다. 다음은 다시 5번째 기억장소와 4번째 기억장소의 값을 비교하여 정렬 순서가 맞으면 그대로 두고 정렬 순서가 안 맞으면 서로 맞바꿉니다. 다음은 4번째와 3번째, 그 다음은 3번째와 2번째, 마지막에는 2번째와 첫 번째를 비교해서 서로 맞바꾸면 모든 data가 정렬됩니다.

▶ 17번째 줄:원소가 6개가 있는 배열은 0번 원소부터 4번 원소까지 6번 반복이 아니라 5번 반복 수행합니다. 18번째 줄과 병행하여 생각하면 왜 6번이 아니고 5번인지 알 수 있습니다.

▶ 18번째 줄:제일 마지막 번째부터 비교를 시작해서 2번째까지 비교를 합니다. 마지막 두 번째의 비교는 두 번째와 첫 번째 비교를 의미합니다. 즉 5번 원소와 4번 원소, 4번과 3번, 3번과 2번, 2번과 1번, 1번과 0번 총 5번 비교하므로 j 값은 5(data.length−1)부터 시작해서 1(0+1)까지, 여기서 1은 두 번째를 의미합니다.

▶ 19~23번째 줄:6번째 원소(5번 원소)의 값과 5번째 원소(4번 원소)의 값을 비교해서 5번째 원소가 작으면, 작은 숫자가 5번에 있고 큰 것이 4번에 있으므로 5번과 4번을 맞바꿉니다. 5번째 원소가 작지 않으면 맞는 순서대로 된 것이므로 아무 일도 하지 않고 그대로 둡니다. 이런 식으로 18번째 줄에서 언급한 총 5번을 비교하면 제일 작은 수는 0번 원소에 저장하게 됩니다. 그 다음은 i=1를 set한 후 18번째 줄부터 다시 시작 5번 원소와 4번 원소, 4번과 3번, 3번과 2번, 2번과 1번, 총 4번합니다. 1번과 0번은 0번에 가장 작은 수가 이미 저장되어 있으므로 더 이상 비교하지 않습니다. 이런 방법으로 i=2, i=3, i=4, 총 5번 합니다. I=5일 경우에는 하나의 data밖에 남지 않았으므로 더 이상 비교할 대상이 없고, 5번 원소에는 가장 큰 수가 저장되게 되므로 i=5는 수행할 필요 없습니다.

14.4.3 stack memory와 heap memory

4.2.5절 instance변수와 local변수에 대해 설명을 했는데 이번 설명에서는 local변수가 저장되는 memory(stack memory)와 object(instance변수)가 저장되는 memory(heap memory)에 대해 알아보겠습니다.

Method내에서 선언되는 변수는 모두 local변수이고 local변수가 선언된 위치에 따라 유효범위가 다릅니다. Stack의 개념을 잘 이해하고 나면 local변수의 유효범위를 정확히 이해할 수 있습니다.

① Stack은 컴퓨터 공학에서 자주 사용되는 용어로 FILO(First In Last Out, 제일 먼저 저장된 data는 제일 나중에 나옵니다)의 개념이 도입된 memory(기억 공간)입니다. 예를 들어 파이프에 한쪽을 막은 후 다른 한 쪽에서 구슬을 저장한다고 하면 제일 처음 들어간 구슬은 제일 나중에 나올 수 밖에 없는 구조가 됩니다. 이와 같은 개념으로 local 기억장소를 stack memory에 저장합니다.

② heap은 특별히 data를 어떻게 저장해야 할지 구속하지 않는 기억장소입니다. 즉 비어있는 어느 공간이든 data를 저장할 수 있는 개념입니다.

아래 프로그램은 local 기억장소를 stack에 저장하고, object는 heap memory에 저장하는 상태를 프로그램 중간에 나타내 보겠습니다. 아래 프로그램은 특별히 어떤 출력 결과를 얻기 위한 프로그램이 아니며 오직 local 기억장소가 어떻게 만들어지고 소멸하는지, 그리고 유효범위는 어디까지 인지와 object는 heap memory에 어떻게 저장되는지의 관점에서 설명하기 위한 프로그램입니다.

예제 | Ex01443

```
1: class Ex01443 {
2:    public static void main(String[] args) {
3:        int ia = 10;
4:        TestClass tc = new TestClass();
5:        tc.x = 50;
6:        int[] arr = { 11, 11, 12, 12, 13, 13};
7:        System.out.println("main  : ia="+ia+", tc="+tc+", tc.x="+tc.x);
8:        System.out.print("main  : arr="+arr+", arr[6]=");
9:        for ( int i=0 ; i< arr.length ; i++ ) {
10:           System.out.print(arr[i]+" ");
11:       }
12:       System.out.println();
13:       //System.out.print("main : i="+i);
14:       testMethod(ia, tc, arr);
15:
16:       System.out.println("main  : ia="+ia+", tc="+tc+", tc.x="+tc.x);
17:       System.out.print("main  : arr="+arr+", arr[6]=");
18:       for ( int i=0 ; i< arr.length ; i++ ) {
19:           System.out.print(arr[i]+" ");
20:       }
21:       System.out.println();
22:
23:       tc.testClassMethod(arr);
24:
25:       System.out.print("main  : arr="+arr+", arr[5]=");
26:       for ( int i=0 ; i< arr.length ; i++ ) {
27:           System.out.print(arr[i]+" ");
28:       }
```

```
29:         System.out.println();
30:     }
31:     static void testMethod(int a1, TestClass t1, int[] ary) {
32:         for ( int i=0; i<ary.length ; i++ ) {
33:             ary[i] = ary[i] + a1;
34:             if ( i==ary.length-1 ) {
35:                 int temp = ary[0];
36:                 ary[0] = ary[i];
37:                 ary[i] = temp;
38:             }
39:             //System.out.print("testMethod : temp="+temp);
40:         }
41:         t1.x = 20;
42:     }
43: }
44: class TestClass {
45:     int x;
46:     void testClassMethod(int[] data){
47:         for (int k=0;k<data.length;k++) {
48:             data[k] = data[k] + x;
49:         }
50:     }
51: }
```

```
D:\IntaeJava>java Ex01443
main  : ia=10, tc=TestClass@1db9742, tc.x=50
main  : arr=[I@106d69c, arr[6]=11 11 12 12 13 13
main  : ia=10, tc=TestClass@1db9742, tc.x=20
main  : arr=[I@106d69c, arr[6]=23 21 22 22 23 21
main  : arr=[I@106d69c, arr[5]=43 41 42 42 43 41

D:\IntaeJava>
```

프로그램 설명

▶ 3번째 줄 완료된 후 memory 상태:ia라는 기억장소가 stack memory에 아래와 같이 생깁니다.

```
┌─────────────┐
│ Ia : 10     │
└─────────────┘
  Stack memory
```

▶ 4,5번째 줄 완료된 후 memory 상태:tc라는 기억장소가 stack memory에 추가 되고, TestClass object가 heap memory에 저장됩니다.

▶ 6번째 줄 완료된 후 memory 상태:arr라는 기억장소가 stack memory에 추가 됩니다.

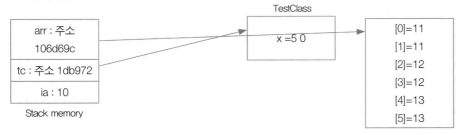

▶ 10번째 줄 수행 중 memory 상태:i라는 기억장소는 9번째 줄에서 stack memory 에 추가 됩니다.

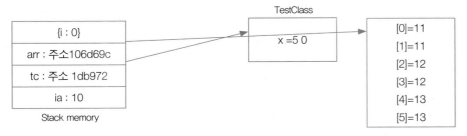

그런데 기억장소 i는 앞서 저장한 3개의 기억장소와 조금 차이가 있습니다. 기억장 소 i는 local 9,10,11번째 줄에서만 유효합니다. { } 표시는 일시적으로 유효한 기억 장소임을 표기합니다.

▶ 12번째 줄에서 memory 상태는 아래와 같이 기억장소 i는 삭제됩니다.

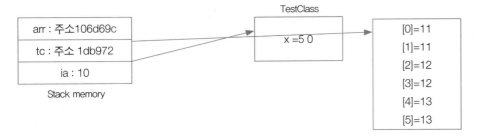

▶ 13번째 줄에서 만약 // comment를 지우고 compile하면 i가 삭제됐으므로 아래 와 같은 compile 에러가 납니다.

```
D:\IntaeJava>javac Ex01443.java
Ex01443.java:13: error: cannot find symbol
        System.out.print("main : i="+i);
                                     ^
  symbol:   variable i
  location: class Ex01443
1 error

D:\IntaeJava>
```

▶ 31번째 줄은 14번째 줄에서 호출한 것으로 memory상태는 아래와 같습니다.

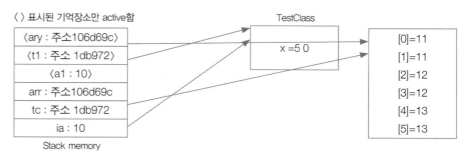

31번째 줄에서 새로운 local 기억장소 a1, t1, ary가 만들어지고 ia, tc, arr 의 주솟값이 a1, t1, ary로 각각 복사되어 저장됩니다. 이때 주의할 사항은 stack memory 중 ⟨ ⟩표시된 기억장소만 active하므로 ia, tc, arr 기억장소는 사용할 수 없습니다.

▶ 33번째 줄 수행 중 memory 상태:i라는 기억장소는 32번째 줄에서 stack memory 에 추가됩니다.

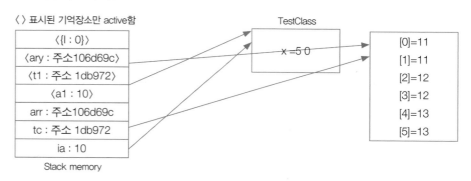

그런데 기억장소 i는 local 33,부터 39번째 줄에서만 유효합니다. { } 표시는 일시적으로 유효한 기억장소임을 표기합니다.

▶ 35번째 줄 수행 중 memory 상태:temp라는 기억장소는 35번째 줄에서 stack memory에 추가됩니다.

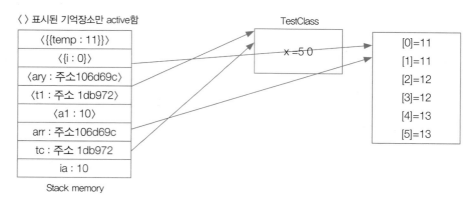

그런데 기억장소 temp는 local 35,36,37번째 줄에서만 유효합니다. {{ }} 표시는 일
시적으로 유효한 기억장소 중에서 한 단계 더 일시적인 기억장소임을 표기합니다.

▶ 39번째 줄에서 memory 상태는 아래와 같이 기억장소 temp는 삭제됩니다.

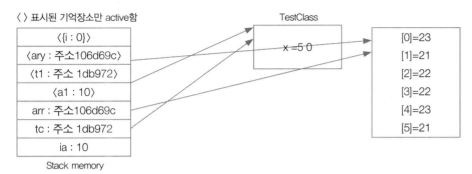

39번째 줄에서 만약 // comment를 지우고 compile하면 temp가 삭제되어 졌으므
로 아래와 같은 compile 에러가 납니다.

▶ 41번째 줄에서 memory 상태는 아래와 같이 기억장소 i는 삭제됩니다.

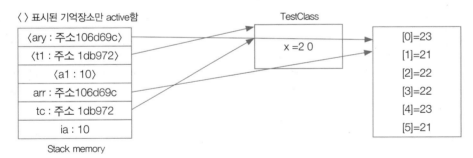

▶ 16번째 줄에서 memory 상태는 아래와 같이 기억장소 a1, t1, ary는 삭제됩니다.

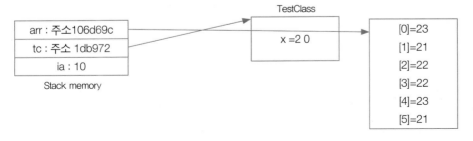

▶ 46번째 줄은 23번째 줄에서 호출한 것으로 memory 상태는 아래와 같습니다.

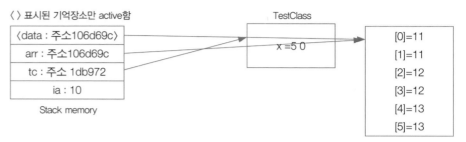

〈 〉표시된 기억장소만 active함

〈data : 주소106d69c〉
arr : 주소106d69c
tc : 주소 1db972
ia : 10

Stack memory

TestClass

x =5 0

[0]=11
[1]=11
[2]=12
[3]=12
[4]=13
[5]=13

14.4.4 method 호출

3.7.2절 method 호출하는 법과 7.2절 static method에서 어떻게 method를 호출하는지는 소개를 했습니다. 이번 절에서는 method호출을 정리해 보고, 초보자가 겪기 쉬운 에러에 대해 설명합니다.

예제 | Ex01444

```
1: class Ex01444 {
2:    public static void main(String[] args) {
3:       TestClass.methodTestA("main 1");
4:       //TestClass.methodTestB("main 2");
5:       TestClass tc = new TestClass();
6:       tc.methodTestA("main 3");
7:       tc.methodTestB("main 4");
8:    }
9: }
10: class TestClass {
11:    static void methodTestA(String callerName) {
12:       System.out.println(callerName + " : methodTestA ...");
13:       //methodTestB("TestA");
14:    }
15:    void methodTestB(String callerName) {
16:       System.out.println(callerName + " : methodTestB ...");
17:       methodTestA("TestB");
18:       methodTestC("TestB");
19:    }
20:    void methodTestC(String callerName) {
21:       System.out.println(callerName + " : methodTestC ...");
22:    }
23: }
```

```
D:\IntaeJava>java Ex01444
main 1 : methodTestA ...
main 3 : methodTestA ...
main 4 : methodTestB ...
TestB : methodTestA ...
TestB : methodTestC ...

D:\IntaeJava>
```

프로그램 설명

▶ 3번째 줄:TestClass의 methodTestA()를 호출했습니다. methodTestA()는 static method이기 때문에 class이름과 method 이름으로 호출할수 있습니다. 즉 object 생성없이도 static method는 호출 가능합니다.

▶ 4번째 줄:TestClass의 methodTestB()는 static method가 아니기 때문에 class 이름과 method 이름으로 호출할 수 없습니다. 반드시 object를 만들고 object 이름과 method 이름으로 호출해야 합니다. 왜냐하면 main method는 static method이기 때문에 static method에서는 non-static method를 호출할 수 없습니다. // comment 부분을 지우고 compile하면 아래와 같은 error message 가 나옵니다.

```
D:\IntaeJava>javac Ex01444.java
Ex01444.java:4: error: non-static method methodTestB(String) cannot be reference
d from a static context
            TestClass.methodTestB("main 2");
                     ^
1 error

D:\IntaeJava>
```

▶ 6번째 줄:TestClass의 methodTestA()는 특정 object에서 호출 가능합니다. 즉 methodTestA() method는 static method이기 때문에 class 이름이나 특정 object 이름 둘 중 하나와 method 이름으로 호출해도 동일한 결과가 출력됩니다.

▶ 7번째 줄:TestClass의 methodTestB()는 static method가 아니기 때문에 특정 object 이름과 method 이름만 호출 가능합니다.

▶ 13번째 줄:TestClass 내의 static method인 methodTestA()에서 다른 method 를 호출할 때 호출되는 method가 static일 경우에는 가능하지만 non-static일 경우에는 호출할 수 없습니다. 상황은 4번째 줄에서 호출한 것과 같은 종류의 에러입니다. // comment부분을 지우고 compile하면 아래와 같은 error message 가 나옵니다.

```
D:\IntaeJava>javac Ex01444.java
Ex01444.java:13: error: non-static method methodTestB(String) cannot be referenc
ed from a static context
        methodTestB("TestA");
        ^
1 error

D:\IntaeJava>
```

▶ 17,18번째 줄:TestClass의 non-static method인 methodTestB()에서 다른 method를 호출할 때 static method나 non-static method 둘다 호출할 수 있습니다. 그리고 TestClass 내에서 TestClass의 다른 method를 호출할 때는 className이나 특정 object 이름을 앞에 붙일 필요 없습니다. 왜냐하면 non-static method인 methodTestB()를 수행한다는 것은 이미 특정 object 내의 methodTestB()를 수행하고 있는 것입니다. 즉 7번째 줄에서 호출해서 수행하고

있는 것이므로 tc object 안에 있는 methodTestB()　method이므로 object 이름없이(정확히 말하면 this object를 말함) mehodTestA()도 호출 가능하고 18번째 줄의 methodTestC() method도 호출 가능합니다.

예제 | Ex01444A

아래 프로그램은 main method를 포함하는 class에 다른 method를 정의하고 수행시킨 프로그램입니다.

```
 1: class Ex01444A {
 2:    public static void main(String[] args) {
 3:       methodTest1("main 1");
 4:       //methodTest2("main 2");
 5:       Ex01444A.methodTest1("main 3");
 6:       Ex01444A ex = new Ex01444A();
 7:       ex.methodTest1("main 4");
 8:       ex.methodTest2("main 5");
 9:    }
10:    static void methodTest1(String sourceName) {
11:       System.out.println(sourceName+" : methodTest1 ...");
12:       //methodTest2("methodTest1");
13:    }
14:    void methodTest2(String sourceName) {
15:       System.out.println(sourceName+" : methodTest2 ...");
16:       methodTest1("methodTest2");
17:    }
18: }
```

```
D:\IntaeJava>java Ex01444A
main 1 : methodTest1 ...
main 3 : methodTest1 ...
main 4 : methodTest1 ...
main 5 : methodTest2 ...
methodTest2 : methodTest1 ...

D:\IntaeJava>
```

프로그램 설명

▶ 간혹 초보자는 main method를 가지고 있는 class는 특수한 class로 잘못 이해하는 경우가 있는데 main method를 가지고 있는 class도 다른 여느 class와 동일한 기능을 합니다. 단지 main method가 특수 method이기 때문에 main method의 첫 줄부터 시작한다는 것 이외에는 다른 점이 없습니다.

▶ 3번째 줄:methodTest1()가 같은 class 내에 있다는 것을 제외하면 Ex01407의 3번째 줄의 프로그램과 동일한 설명입니다.

▶ 4번째 줄:methodTest2()가 같은 class 내에 있다는 것을 제외하면 Ex01407의 4번째 줄의 프로그램과 동일한 설명입니다.

▶ 5번째 줄:자신의 class 내에서 있어도 자신의 class 이름으로 호출해도 3번째 줄과 동일한 결과가 나옵니다.

▶ 6번째 줄:자신의 class 내에서 자신의 object도 만들 수 있음을 보여주고 있습니다.

▶ 7번째 줄:methodTest1()이 같은 class 내에 있다는 것을 제외하면 Ex01406의 6번째 줄의 프로그램과 동일한 설명입니다.

▶ 8번째 줄:methodTest2()가 같은 class 내에 있다는 것을 제외하면 Ex01406의 7번째 줄의 프로그램과 동일한 설명입니다.

14.4.5 attribute access

3.6절 Attribute 접근과 7.1 static 변수에서 이미 소개한 사항입니다. 하지만 혼동하지 않도록 다시 한번 정리합니다.

예제 | Ex01445

```
 1: class Ex01445 {
 2:    static int x = 1;
 3:    int y = 2;
 4:    public static void main(String[] args) {
 5:       System.out.println("main()   : x = "+x);
 6:       //System.out.println("main()   : y = "+y);
 7:       methodTest1("main 1");
 8:       Ex01445 ex = new Ex01445();
 9:       ex.methodTest2("main 2");
10:       System.out.println("main()   : ex.x = "+ex.x);
11:       System.out.println("main()   : ex.y = "+ex.y);
12:    }
13:    static void methodTest1(String sourceName) {
14:       System.out.println(sourceName+" : methodTest1 ...");
15:       x = 3;
16:       System.out.println("Test1() : x = "+x);
17:       //y = 4;
18:       //System.out.println("Test1() : y = "+y);
19:    }
20:    void methodTest2(String sourceName) {
21:       System.out.println(sourceName+" : methodTest2 ...");
22:       x = 5;
23:       System.out.println("Test2() : x = "+x);
24:       y = 6;
25:       System.out.println("Test2() : y = "+y);
26:    }
27: }
```

```
D:\IntaeJava>java Ex01445
main()  : x = 1
main 1 : methodTest1 ...
Test1() : x = 3
main 2 : methodTest2 ...
Test2() : x = 5
Test2() : y = 6
main()  : ex.x = 5
main()  : ex.y = 6

D:\IntaeJava>
```

프로그램 설명

▶ 5번째 줄:static 변수 x는 static method인 main method에서 access 가능합니다.

▶ 6번째 줄:non-static변수 y는 static method에서 object 변수없이 직접 access 할 수 없습니다. // comment를 지우고 compile하면 아래와 같은 에러 message가 나옵니다.

```
D:\IntaeJava>javac Ex01445.java
Ex01445.java:6: error: non-static variable y cannot be referenced from a static
context
        System.out.println("main()  : y = "+y);
                                             ^
1 error

D:\IntaeJava>
```

▶ 10번째 줄:ex object변수를 가지고 static변수 x를 access하는 것은 가능합니다. 그러므로 main method에서 static변수 x를 access하는 방법은 x, ex.x, Ex01408.x 3가지로 access 가능합니다.

▶ 11번째 줄:ex object변수를 가지고 non-static변수 y를 access하는 것은 가능합니다. main method에서 non-static변수 y를 access하는 것은 오직 object변수를 통한 방법 즉 ex.y밖에 없습니다.

▶ 15,16번째 줄:static method methodTest1()에서 static변수 x를 access하는 것은 main method에서 access하는 방법과 동일합니다. 그러므로 object변수나 class 이름없이 x만으로 access 가능합니다. object변수나 class 이름을 통해서 access도 가능하지만 일반적으로 같은 class 내에서는 object변수나 class이름은 통하지 않고 바로 static변수를 access합니다.

▶ 17,18번째 줄:static method methodTest1()에서 non-static 변수 y는 access 할 수 없습니다. 6번째 줄에서 설명한 것과 동일한 설명입니다. // comment를 지우고 compile하면 아래와 같은 6번째 줄에서 나온 에러 message와 동일한 message가 나옵니다.

```
D:\IntaeJava>javac Ex01445.java
Ex01445.java:17: error: non-static variable y cannot be referenced from a static
 context
        y = 4;
        ^
Ex01445.java:18: error: non-static variable y cannot be referenced from a static
 context
        System.out.println("Test1() : y = "+y);
                                             ^
2 errors

D:\IntaeJava>
```

▶ 22,23번째 줄:non-static method methodTest()에서 static variable x는 접근 가능합니다.

▶ 24,25번째 줄:non-static method methodTest()에서 non-static variable y도 접근 가능합니다.

Memo

abstract class와 interface

abstract class와 interface

Abstract class와 interface가 필요한 이유는 프로그램 개수가 수백 개, 수천 개, 혹은 수만 개의 프로그램으로 이루어지는 System을 생각하면 이해가 쉽습니다. 대형 프로그램 개발 단계를 보면, System 분석, System 설계, 프로그래밍, 테스트의 4단계로 나누어 생각할 수 있습니다.

- System 분석 – 문제를 파악하는 단계
- System 설계 – 어떤 방식으로 문제를 해결할 것인지 전체적인 윤곽을 그리는 단계
- 프로그래밍 – 구체적인 프로그램을 만드는 단계
- 테스트 – 설계한 대로 작동되는지 확인하는 단계

Abstract class와 interface는 System 설계 단계와 밀접한 관계가 있습니다. 프로그램 개발에는 여러 사람 또는 여러 회사가 참여하게 됩니다. 나 아닌 다른 사람 혹은 다른 조직으로부터 data를 넘겨받아서 처리하는 프로그램을 개발하는 경우도 있고, 그 반대의 경우로 data를 넘겨주는 프로그램을 개발하는 경우도 있습니다. 이때 정확히 넘겨주고, 받기 위해서는 data의 형, 개수, 순서 등이 서로 일치해야 프로그램이 제대로 작동합니다. 이때 abstract class와 interface의 개념을 사용하면 여러 문제들을 근본적으로 해결할 수 있습니다. 즉 abstract나 interface를 사용하면 data의 형, 개수, 순서 뿐만이 아니라 method 이름 등이 서로 일치하지 않으면 compile 단계에서 프로그램 에러가 발생하기 때문에 data를 서로 주고받는 부분이 완벽하게 일치하게 되는 것입니다.

12.1 abstract(추상화) 개념

우선 추상(abstract)이라는 단어부터 설명을 합니다. 여기서 추상이라는 단어의 설명은 국문학 등 학술적이 설명이 아니라 자바를 배우기 위한 관점에서의 설명입니다. 영어단어를 배우며 "추상명사"라는 말를 접한적이 있었습니다. 행복, 사랑, 분노 등이 추상 명사입니다. 행복, 사랑, 분노는 사람마다 구체적인 정의 자체가 다를 수 있는 딱히 한마디로 "이거다"라고 할수 있는 그런 단어가 아닙니다. 즉 "행복"하면 사람마다 행복을 느끼는 혹은 경험하는 구체적인 행동은 다르지만 "공통적으로 뭔가 같은 느낌"이 있습니다. "사랑"도 사람마다 사랑하는 행동은 다릅니다. 하지만 "공통적으로 뭔가 같은 느낌"이 있습니다. 즉 한마디로 설명하면 "추상"은 "추측하

고 상상해서 공통된 뭔가를 알아내는 것, 혹은 뽑아내는 것"이라고 말할 수 있습니다. 추상 명사는 여러 사람이 하는 행동을 보고 추측하고 상상해서 공통점을 뽑아내어 만든 단어입니다. 그러므로 추상 명사는 형체를 그릴 수도 없고, 단어에 대한 정의도 명확히 내릴 수 없는 단어입니다.

참고 | 위키낱말사전에는 "여러 사물 또는 개념 따위의 개별자들로부터 공통성을 파악하고 추려내는 것"이라고 나와있내요.

일반명사:자동차　　　　　추상명사:행복

자바에서 추상화는 여러 사물(물건, 일, 행동 등)로부터 공통점을 찾아내는 것을 추상화라고 합니다. 예를 들면 동물이라는 단어는 추상화된 단어입니다. 호랑이, 개, 고양이라는 사물(여기서는 생물)은 이 세상에 존재하는 사물입니다. 하지만 동물이라는 사물은 이 세상에 존재하는 사물이 아닙니다. 호랑이, 개, 고양이를 보고 누군가가 공통적으로 가지고 있는 성질, "살아서 움직이는 생물"을 뽑아내고, 이렇게 "살아서 움직이는 생물"을 "동물"이라고 단어를 붙인, 즉 추상화한 것입니다.

위 동물의 예처럼 이미 추상화된 것을 보고 이해하기는 쉽지만, 추상화 되지 않은 여러 사물을 보고 공통점을 뽑아내어 추상화 하는 작업은 쉬운일은 아닙니다. 하지만 초보자라 하더라도 어떤 컴퓨터 System에 이미 추상화되어 있는 사항은 이해할수 있는 지식은 가지고 있어야 합니다.

그러면 자바 프로그램의 관점에서 추상화에 대한 간단한 예를 들어 보겠습니다. 첫번째 예로서 동물은 음식을 먹고, 스스로 움직이고, 울거나 또는 짖는 소리를 내는 행동을 합니다. 그러면 추상화는 "동물은 음식을 먹는 행동, 움직이는 행동, 소리를 내는 행동으로 구성된다"입니다. 즉 모든 동물은 3가지 행동(method)를 해야 동물이라는 테두리 안에 들어옵니다. 예들 들어 세균은 움직이기는 하지만 음식을 먹는다든가, 소리를 내지 못하므로 동물의 부류에 속하지 않는 것과 같은 개념입니다. 아래 프로그램은 동물 추상화 class를 정의한 것입니다.

```
abstract class Animal {
    abstract void eatFood();
    abstract void moveItself();
    abstract void sound();
}
```

위 추상화 class를 보면 추상화 method가 3개 있습니다. 추상화 method는 몸체(body)가 없는 method를 추상화 method라고 부르고 method 이름 앞에 "abstract"라고 적어 주어야 몸체가 없는 method인줄 알고 compile 에러를 발생시키지 않습니다.

추상화 method에 몸체가 없는 근본적인 이유는 동물을 예를 들면, 음식을 먹는 것은 모든 동물이면 다 하는 행동이지만 음식 먹는 행위자체는 동물마다 다릅니다. 즉 이빨이 있는 동물은 씹어서 먹지만, 새와 같은 조류는 씹지 않고 꿀꺽 삼킵니다. 또 모기 파리는 빨아서 먹습니다. 그러다 보니 음식을 먹는 method에 음식을 먹는 행동을 구체적으로 작성할 수가 없는 상태입니다. 그래서 몸체가 없는 미완성의 method 라고 부르는 것입니다. 미완성의 추상 method는 구체적인 동물, 즉 호랑이 class를 정의할 때는 반드시 완성된 method를 만들어야 합니다. 만약 완성된 method를 만들지 않으면 compile 에러가 발생합니다.

추상화가 되었으면 그 다음은 실질적인 동물, 한 예로 호랑이를 구현하는 것입니다. 호랑이를 구현할 때는 추상 class인 Animal class와 관계없이 호랑이 class를 만들 수 있지만, Animal class와 관계없이 만들면 Animal이라는 공통점을 이용할 수 없으므로 우리가 의도한 바가 아닙니다. 따라서 Animal class를 상속받아 Tiger class를 아래와 같이 만듭니다.

```
 1: class Tiger extends Animal {
 2:    void eatFood() {
 3:        System.out.println("Tigers eat rabbits.");
 4:    }
 5:    void moveItself() {
 6:        System.out.println("Tigers move itself.");
 7:    }
 8:    void sound() {
 9:        System.out.println("Tigers sound 어흥.");
10:    }
11:    void hunt() {
12:        System.out.println("Tigers hunt food.");
13:    }
14: }
```

프로그램 설명

▶ 위 프로그램에서 추상 class인 Animal를 상속받아 eatFood() method를 구체적으로 "토기를 먹는다"라고 구현했습니다. 추상 class인 Animal의 추상 method eatFood() method에서는 구체적으로 작성할 수 없어서 미완성 상태의 method가 Tiger class에서는 구체적으로 구현 가능할 수 있게 된 것입니다.

▶ 11번째 줄의 hunt() method는 Animal class에는 없는 method이지만 Tiger class는 Animal class에서 상속받았지만 사냥을 해서 먹고살아야 하기 때문에 Animal class에서는 없는 새로운 mehod를 추가한 것입니다. 즉 하위 class에서는 상위 class의 모든 method를 상속받고 추가적으로 하위 class만이 가지고 있는 특성의 method나 attribute를 추가할 수 있습니다.

예제 | Ex01501

다음은 Tiger class의 object를 만들어 각 method를 수행시켜 보겠습니다. 아래 프로그램은 그동안 설명한 Animal class와 Tiger class를 포함한 Ex01501 프로그램을 작성한 것입니다.

```
 1: class Ex01501 {
 2:     public static void main(String[] args) {
 3:         Tiger tiger = new Tiger();
 4:         tiger.eatFood();
 5:         tiger.moveItself();
 6:         tiger.sound();
 7:         tiger.hunt();
 8:     }
 9: }
10: abstract class Animal {
11:     abstract void eatFood();
12:     abstract void moveItself();
13:     abstract void sound();
14: }
15: class Tiger extends Animal {
16:     void eatFood() {
17:         System.out.println("Tigers eat rabbits.");
18:     }
19:     void moveItself() {
20:         System.out.println("Tigers move itself.");
21:     }
22:     void sound() {
23:         System.out.println("Tigers sound 어흥.");
24:     }
25:     void hunt() {
26:         System.out.println("Tigers hunt food.");
27:     }
28: }
```

```
D:\IntaeJava>javac Ex01501.java

D:\IntaeJava>java Ex01501
Tigers eat rabbits.
Tigers move itself.
Tigers sound 어흥.
Tigers hunt food.

D:\IntaeJava>
```

프로그램 설명

▶ 이 프로그램은 Animal class 앞에 abstract key word가 붙어 있고, abstract class의 method에도 abstract가 붙어 있습니다. 특이한 것은 abstract method 에는 method body가 없다는 것입니다.

예제 | Ex01501A

아래 프로그램은 abstract class없이 Tiger class를 만들어서 수행시킨 것으로 Ex01501 프로그램과 동일한 결과가 나옵니다.

```
 1: class Ex01501A {
 2:    public static void main(String[] args) {
 3:       Tiger tiger = new Tiger();
 4:       tiger.eatFood();
 5:       tiger.moveItself();
 6:       tiger.sound();
 7:       tiger.hunt();
 8:    }
 9: }
10: class Tiger {
11:    void eatFood() {
12:       System.out.println("Tigers eat rabbits.");
13:    }
14:    void moveItself() {
15:       System.out.println("Tigers move itself.");
16:    }
17:    void sound() {
18:       System.out.println("Tigers sound 어흥.");
19:    }
20:    void hunt() {
21:       System.out.println("Tigers hunt food.");
22:    }
23: }
```

```
D:\IntaeJava>java Ex01501A
Tigers eat rabbits.
Tigers move itself.
Tigers sound 어흥.
Tigers hunt food.

D:\IntaeJava>
```

프로그램 설명

▶ 위 프로그램은 앞으로 있을 abstract의 장점을 이용하지는 못하지만 현재 단계에 서는 Ex01501 프로그램과 동일한 출력을 합니다.

예제 | Ex01501B

아래 프로그램은 abstract class의 장점 중 한 가지를 설명하는 프로그램으로 Tiger class를 만드는 프로그래머가 sound() method를 실수로 정의하지 않았을 경우 프로그램 compile 예입니다. 프로그램 내에는 sound() method를 //로 comment 처리하였습니다.

```
 1: class Ex01501B {
 2:    public static void main(String[] args) {
 3:        Tiger tiger = new Tiger();
 4:        tiger.eatFood();
 5:        tiger.moveItself();
 6:        //tiger.sound();
 7:        tiger.hunt();
 8:    }
 9: }
10: abstract class Animal {
11:    abstract void eatFood();
12:    abstract void moveItself();
13:    abstract void sound();
14: }
15: class Tiger extends Animal {
16:    void eatFood() {
17:        System.out.println("Tigers eat rabits.");
18:    }
19:    void moveItself() {
20:        System.out.println("Tigers move itself.");
21:    }
22:    //void sound() {
23:    //    System.out.println("Tigers sound 어흥.");
24:    //}
25:    void hunt() {
26:        System.out.println("Tigers hunt food.");
27:    }
28: }
```

```
D:\IntaeJava>javac Ex01501B.java
Ex01501B.java:15: error: Tiger is not abstract and does not override abstract me
thod sound() in Animal
class Tiger extends Animal {
^
1 error

D:\IntaeJava>
```

프로그램 설명

▶ abstract class를 상속받은 subclass는 abstract method를 빠짐없이 재정의해야 합니다. 만약 하나라도 재정하지 않으면 위와 같이 무슨 method가 재정의가 안 되어 있는지 compile단계에서 에러를 잡아줍니다.

▶ 추상 class인 Animal class를 상속받은 Tiger class는 동물로서 해야할 모든 행동을 빠짐없이 하게끔 근본적으로 만들어 줍니다.

■ abstracr class의 목적 ■

Abstract class를 만드는 목적은 위와 같이 abstract class를 상속받은 모든 sub class는 abstract class에서 선언한 공통이 되는 method를 선언해야 하므로 일관성 있는 프로그램을 만들 수 있습니다.

문제 | Ex01501C

두 번째 예로서 어떤 회사에 컴퓨터 system을 만들려고 합니다. 일단 data를 입력해야 하므로, 어떤 data가 입력되어야 하는지 파악한 결과, 판매 실적, 경비 사용 내역, 임금 지급 3가지가 컴퓨터에 입력하는 것으로 결정했습니다. 그럼 입력 화면에 공통적으로 처리되어야 하는 것은 무엇일까요? Data를 추가하는 기능, 삭제하는 기능, 수정하는 기능, 조회하는 기능이 있어야 합니다. 그러면 추상화는 "입력화면은 data를 추가하는 기능, 삭제하는 기능, 수정하는 기능, 조회하는 기능으로 구성된다"라고 정의하는 일입니다.

아래 프로그램을 아래와 같이 출력되도록 프로그램을 완성하세요.

```
 1: class Ex01501C {
 2:    public static void main(String[] args) {
 3:        InputSales inputSales = new InputSales();
 4:        inputSales.addData();
 5:        inputSales.updateData();
 6:        inputSales.deleteData();
 7:        inputSales.queryData();
 8:    }
 9: }
10: abstract class InputData {
11:    abstract void addData();
12:    abstract void updateData();
13:    abstract void deleteData();
14:    abstract void queryData();
15: }
16: class InputSales extends InputData {
        // 여기에 프로그램을 완성하세요.
xx: }
```

```
D:\IntaeJava>java Ex01501C
Input Sales Data....
Update Sales Data....
Delete Sales Data....
Query Sales Data....

D:\IntaeJava>
```

15.2 abstract class와 abstract method

Abstract class는 abstract가 class key word 앞에 선언된 class를 abstract class 라고 합니다. Abstract의 작성 문법은 다음과 같습니다.

① abstract class는 abstract method가 없어도 abstract class가 될 수 있습니다.

② abstact method가 하나라도 있는 class는 반드시 abstract class로 선언되어 야 합니다.

③ abstract method는 method 이름 앞에 abstract라고 선언해야 하며, method 이름과 parameter만으로 구성된 method, 즉 method body가 없는 method입 니다.

④ abstract method는 private으로 선언할 수 없습니다. 왜냐하면 abstract class 를 상속받은 subclass에서 해당되는 abstract method를 재정의해야 하기 때문 에 private으로 선언하면 재정의할 수 없기 때문입니다.

⑤ abstract class는 object를 만들 수 없습니다. 오직 abstract class는 abstract class가 아닌 subclass를 통해서 object를 만들 수 있습니다.

⑥ abstract class를 상속받아 일반 class를 만들 때는 abstract class에서 선언 한 모든 abstract method를 재정의해서 body가 있는 일반 method를 만들어 야 합니다.

⑦ abstract class는 object를 만들 수 없지만 abstract class 형의 object 기억장 소는 만들 수 있고, abstract class의 subclass의 object를 저장할 수 있습니다.
예 Animal animal = new Tiger();

⑧ abstract class를 상속받아 다시 abstract class를 만들 수 있습니다.

⑨ 일반 class를 상속받아 abstract class를 만들 수 있습니다.

⑩ interface를 implement해서 abstract class를 만들 수 있습니다. (interface는 뒷 절에서 설명합니다.)

Abstract class를 다른 각도에서 다시 설명하면 abstract method를 추가할 수 있 고, abstract class의 object를 만들 수 없다라는 것을 제외하고는 일반 class와 동 일합니다. 즉 attribute도 정의할 수 있고, 일반 method도 정의할 수 있으며, 생성 자도 정의할 수 있습니다. Object를 만들수 없기 때문에 생성자가 필요 없을 것 같 지만, subclass에서 super key를 사용해서 abstract class의 생성자를 사용할 수 있습니다.

예제 | Ex01502

아래 프로그램은 위에서 설명한 abstract 작성 문법을 설명하고 실제 실행되는 상태를 보여주는 프로그램으로 하나 하나의 관련 명령마다 작성 문법 번호를 달았습니다. 아래 프로그램의 내용면으로는 임의의 난수로부터 0이면 Tiger object를 만들고, 1이면 Crow object를 만들도록 하였으며, 어떤 object가 Animal 배열 기억 장소에 들어갈지는 프로그램 수행 시마다 달라집니다.

```java
1: import java.util.Random;
2: class Ex01502 {
3:    public static void main(String[] args) {
4:       Animal[] animals = new Animal[3];
5:       Random random = new Random();
6:       for ( int i=0; i<animals.length ; i++ ) {
7:          int n = random.nextInt(2);
8:          switch(n) {
9:             case 0: animals[i] = new Tiger();
10:                     break;
11:             case 1: animals[i] = new Crow();
12:                     break;
13:          }
14:       }
15:       for ( int i=0; i<animals.length ; i++ ) {
16:          animals[i].showAnimalInfo();
17:          animals[i].eatFood();
18:          animals[i].moveItself();
19:          animals[i].sound();
20:       }
21:       System.out.println("Total no of Animal = "+Animal.noOfAnimal);
22:    }
23: }
24: abstract class Animal {
25:    static int noOfAnimal;
26:    int noOfLeg;
27:    String animalKind;
28:    {
29:       noOfAnimal++;
30:    }
31:    Animal() {
32:       animalKind = getClass().toString();
33:    }
34:    abstract void eatFood();
35:    abstract void moveItself();
36:    abstract void sound();
37:    void showAnimalInfo() {
38:       System.out.println(animalKind+":No fo Leg = "+noOfLeg);
39:    }
40: }
41: class Tiger extends Animal {
42:    Tiger() {
43:       super();
```

```
44:        noOfLeg = 4;
45:    }
46:    void eatFood() {
47:        System.out.println("Tigers eat rabbits.");
48:    }
49:    void moveItself() {
50:        System.out.println("Tigers move itself.");
51:    }
52:    void sound() {
53:        System.out.println("Tigers sound 어흥.");
54:    }
55:    void hunt() {
56:        System.out.println("Tigers hunt food.");
57:    }
58: }
59: abstract class Bird extends Animal {
60:    Bird() {
61:        super();
62:        noOfLeg = 2;
63:    }
64:    abstract void flyItself();
65: }
66: class Crow extends Bird {
67:    Crow() {
68:        super();
69:    }
70:    void eatFood() {
71:        System.out.println("Crow eat worm.");
72:    }
73:    void moveItself() {
74:        System.out.println("Crow move itself.");
75:    }
76:    void sound() {
77:        System.out.println("Crow sound 카악카악.");
78:    }
79:    void hunt() {
80:        System.out.println("Crow hunt food.");
81:    }
82:    void flyItself() {
83:        System.out.println("Crow fly itself.");
84:    }
85: }
```

```
D:\IntaeJava>java Ex01502
class Tiger : No fo Leg = 4
Tigers eat rabbits.
Tigers move itself.
Tigers sound 어흥.
class Crow : No fo Leg = 2
Crow eat worm.
Crow move itself.
Crow sound 카악카악.
class Tiger : No fo Leg = 4
Tigers eat rabbits.
Tigers move itself.
Tigers sound 어흥.
Total no of Animal = 3

D:\IntaeJava>
```

프로그램 설명

▶ 4번째 줄:abstract class인 Animal은 object는 만들 수 없지만 object 변수는 만들 수 있습니다.(작성 문법⑦ 참조)

▶ 9,11번째 줄:임의의 수 n이 0이면 Tiger object, 1이면 Crow object가 만들어져 Animal object 기억장소에 저장됩니다.(작성 문법⑦ 참조)

▶ 16번째 줄:abstract class의 일반 method showAnimalInfo()는 모든 subclass에 있으므로 호출 가능합니다.

▶ 17,18,19번째 줄:abstract class의 abstract method eatFood(), moveItself(), sound()는 모든 subclass에서 재정의되었을 것이므로 호출 가능하며, 재정의된 method가 실행됩니다.

▶ 21번째 줄:abstract class에서 선언한 noOfAnimal은 static variable이므로 main method에서 access 가능합니다.

▶ 24번째 줄:34,35,36번째 줄에서 abstract method가 선언되어 있기 때문에 반드시 abstract class로 선언되어야 합니다.(작성 문법② 참조)

▶ 25~33까지, 37,38,39번째 줄:abstract class는 일반 class에서 정의할 수 있는 모든 것을 정의 가능하므로, static 변수, member 변수, object initialize block, 생성자, 일반 method를 정의할 수 있습니다.

▶ 32번째 줄:getClass() method와 toString() method에 대해서는 11.1절 Object class 개념 이해하기에서 설명했으니 참조 바랍니다.

● 34,35,36번째 줄:abstract method를 선언하고 있습니다.(작성 문법③ 참조)

● 41~58번째 줄:abstract class를 상속받아 non-abstract class인 Tiger class를 정의하고 있습니다. 그러므로 Abstract class의 모든 abstract metho, eatFood(), moveItself(), sound()를 재정의했습니다.(작성 문법⑥ 참조)

● 59번째 줄:abstracr class를 상속받아 또 다른 abstract class를 정의하고 있습니다.(작성 문법⑧ 참조)

● 64번째 줄:Bird abstracr class에 추가적인 flyItself() method를 추가합니다.

● 82번째 줄:Crow class는 Bird class를 상속받았으므로 Bird abstracr class에

서 추가한 flyItself() method를 재정의해야 합니다.

예제 | Ex01502A

다음 프로그램은 abstract class에 abstract method가 없는 class를 소개하고 있습니다.

```
 1: class Ex01502A {
 2:    public static void main(String[] args) {
 3:        //Animal animal = new Animal();
 4:        Tiger tiger = new Tiger();
 5:        tiger.showAnimalInfo();
 6:        tiger.eatFood();
 7:        tiger.moveItself();
 8:        tiger.sound();
 9:        System.out.println("Total no of Animal = "+Animal.noOfAnimal);
10:    }
11: }
12: abstract class Animal {
13:    static int noOfAnimal;
14:    int noOfLeg;
15:    String animalKind;
16:    {
17:        noOfAnimal++;
18:    }
19:    Animal() {
20:        animalKind = getClass().toString();
21:    }
22:    void showAnimalInfo() {
23:        System.out.println(animalKind+":No fo Leg = "+noOfLeg);
24:    }
25: }
26: class Tiger extends Animal {
27:    Tiger() {
28:        super();
29:        noOfLeg = 4;
30:    }
31:    void eatFood() {
32:        System.out.println("Tigers eat rabbits.");
33:    }
34:    void moveItself() {
35:        System.out.println("Tigers move itself.");
36:    }
37:    void sound() {
38:        System.out.println("Tigers sound 어흥.");
39:    }
40:    void hunt() {
41:        System.out.println("Tigers hunt food.");
42:    }
43: }
```

```
D:\IntaeJava>java Ex01502A
class Tiger : No fo Leg = 4
Tigers eat rabbits.
Tigers move itself.
Tigers sound 어흥.
Total no of Animal = 1

D:\IntaeJava>
```

프로그램 설명

▶ 3번째 줄:12번째 줄부터 25번째 줄까지는 abtract method가 없는 abstract class입니다. Abstract method가 없다고 하다라도 abstract class로 선언하면 object를 만들 수 없습니다. // comment를 삭제하고 compile하면 아래와 같은 메세지가 나옵니다.(작성 문법① 참조)

```
D:\IntaeJava>javac Ex01502A.java
Ex01502A.java:3: error: Animal is abstract; cannot be instantiated
      Animal animal = new Animal<>();
                      ^
1 error

D:\IntaeJava>
```

▶ abstract method가 없는데 왜 굳이 abstract class로 선언해야 하나요? 이유는 abstract class로 만들어 해당 class 이름으로는 object를 만들지 못하게 하기 위해서입니다. 즉 Animal class가 abstract class가 아니면 Animal object를 만들수 있는데, 호랑이라는 동물, 고양이라는 동물, 까마귀라는 동물은 있지만, 현실적으로 동물(Animal)이라는 동물(Animal)은 없기 때문에 말도 안되는 프로그램이 됩니다. 실무 프로그램에서도 이런 개념을 사용할 경우가 있다면 해당 class에 abstract를 붙여주어야 합니다.

15.3 interface 개념

Interface는 연결, 접촉의 의미로 완전히 업무가 다른 두 조직간에 업무 협조를 어떤창구를 통해서 할 것인가를 결정할 때 "창구"에 해당되는 용어입니다. 컴퓨터 용어 중 GUI(Graphic User Interface)에서의 interface도 같은 의미입니다. 즉 GUI는 컴퓨터와 사용자간에 어떤 방식으로 data를 주고 받을 것인지를 결정할 때, 컴퓨터 screen에 graphic으로 보여주면 사용자는 거기에 있는 graphic 정보(Button, Label, Text, 기타 등등)를 보고 data도 입력하고, 어떤 항목을 선택도 하는 등 컴퓨터와 GUI를 통해 상호 통신을 할 수 있다는 것입니다. 즉 GUI는 사람(컴퓨터 사용자)과 컴퓨터와 창구 역할을 하는 것입니다.

자바의 interface는 하나의 전체적인 System이 작동하도록 서로 다른 두 프로그램개발자들간에 어떤 format으로 data를 주고받아야 하는지를 담당하는 프로그램입니다. 예를 들어 비행기의 원활한 비행과 혹시 모를 비행기 충돌 방지를 위해 모든 비행 물체를 관장하는 관제탑을 생각해 보겠습니다. 모든 비행 물체는 특정 시간마다 비행하고있는 현 위치, 비행 고도, 비행 방향, 비행 속도를 의무적으로 관제탑에 송부해야 합니다. 그러면 관제탑에서는 모든 비행 물체의 data를 받아 관제탑 System에 입력하여 각각의 비행 물체의 원활한 운행과 충돌 방지를 위해 분석한 후 문제가 있으면 각각의 비행 물체에 비행 수정 명령을 내려 모든 비행 물체가 안전하고 원활하게 운행되도록 합니다.

위의 예에서 비행 물체를 개발하는 팀과 관제탑 System을 개발하는 팀은 완전히 다른 업무를 하는 조직입니다. 관제탑 System을 개발하는 팀은 위에서 언급한 data만 받으면 되지만, 어떤 방식으로 그 data를 계산해서 만드는지는 알 필요가 없습니다. 또 비행 물체를 개발하는 팀은 관제탑에서 요구한 data만 만들어 주면 되지, 내부적으로 자신들이 개발한 신기술이나 know-how를 공개할 필요는 없는 것입니다. 이때 자바의 interface는 관제탑 System을 개발하는 팀에서 만들어서 비행 물제를 만드는 각회사에 배포합니다. 비행 물체를 만드는 회사는 열기구, 여객기, 헬리콥터, 무인기 드론과 같은 비행 물체를 만드는 업체가 있을 수 있습니다.

이제 자바 언어를 사용해서 위와 같은 사항을 구현해 보겠습니다. 지면 관계상 비행 물체는 열기구와 여객기 두 가지만 만들어서 관제탑에 비행 정보를 보내는 것으로 하겠습니다. 아래 프로그램은 interface의 개념을 이해하기 위한 프로그램으로 실제 관제탑 System과는 많이 다를 수 있으므로 착오 없으시기 바랍니다.

관제탑 System을 만드는 팀에서 아래와 같은 interface를 package화하여 비행물체를 만드는 회사에 배포합니다. package에 대해서는 13.2절 package에서 설명한 내용입니다. package의 사용법을 잊으신 분은 13.2절을 다시 복습하세요.

관제탑 팀에서는 비행 물체 만드는 회사에게 다음과 같이, 현 위치(좌표 및 고도), 비행 속도, 비행 방향 data를 받기를 원해서 아래와 같은 interface를 만들었습니다. Interface file도 file에 저장할 때는 class 파일을 저장하는 방법과 동일한 interface 이름과 파일 type java로 저장합니다.

아래 파일은 기본 폴더(Ex01503.java가 저장된 폴더)의 하위에 있는 Ex015\control 폴더에 저장해야 합니다.

```
// Flyable.java
1: package Ex015.control;
2: public interface Flyable {
```

```
 3:     int getPositionX();
 4:     int getPositionY();
 5:     int getHeight();
 6:     int getSpeed();
 7:     String getDirection();
 8: }
```

다음은 열기구 만드는 회사에서 HotAirBalloon이라는 class를 만들 때 관제탑 팀에서 보내온 interface Flyable을 implements(구현)시켰습니다. 그리고 열기구에 필요한 balloon의 크기를 attribute에 삽입했습니다. 즉 열기구를 만드는 회사는 열기구에 필요한 어떤 사항도 만들어 삽입할 수 있습니다.

아래 파일은 기본 폴더(Ex01503.java가 저장된 폴더)의 하위에 있는 Ex015\recreation 폴더에 저장해야 합니다.

```
// HotAirBalloon.java
 1: package Ex015.recreation;
 2: import Ex015.control.Flyable;
 3: public class HotAirBalloon implements Flyable {
 4:     static int balloonCount;
 5:     int registeredNo;
 6:     int airVolume;
 7:     int positionX;
 8:     int positionY;
 9:     int height;
10:     int speed;
11:     String direction;
12:     public HotAirBalloon(int av) {
13:         registeredNo = ++balloonCount;
14:         airVolume = av;
15:         positionX = 120;
16:         positionY = 350;
17:         height = 120;
18:         speed = 5;
19:         direction = "North";
20:     }
21:     public int getPositionX() {
22:         return positionX;
23:     }
24:     public int getPositionY() {
25:         return positionY;
26:     }
27:     public int getHeight() {
28:         return height;
29:     }
30:     public int getSpeed() {
```

```
31:        return speed;
32:     }
33:     public String getDirection() {
34:        return direction;
35:     }
36:     public void showBalloonInfo() {
37:              System.out.println("HotAirBalloon  No="+registeredNo+",
airVolume="+airVolume);
38:     }
39:     public static int getBalloonCount() {
40:        return balloonCount;
41:     }
42: }
```

다음은 여객기를 만드는 회사도 위 interface를 implements 하여 자신들만의 class를 만듭니다. 그런데 비행기는 자동차, 트럭, 버스처럼 엔진이 장착된 교통 수단의 일종으로 이미 만들어진 아래와 같이 정의한 Vehicle class를 이용합니다. 즉 상속받아 Vehicle에서 정의해 놓은 lisenceNo, engine용량, speed attribute를 이용하여 class를 만들고자 합니다.

아래 파일은 기본 폴더(Ex01503.java가 저장된 폴더)의 하위에 있는 Ex015\vehicle 폴더에 저장해야 합니다.

```
// Vehicle.java
 1: package Ex015.vehicle;
 2: class Vehicle {
 3:    static int nextLicenseNo = 1001;
 4:    int licenseNo;
 5:    int engineCapacity;
 6:    int speed;
 7:    Vehicle() {
 8:       licenseNo = licenseNo + nextLicenseNo++;
 9:    }
10:    void showVehicleInfo() {
11:       System.out.println("Vehicle  licenseNo="+licenseNo);
12:    }
13:
```

Airplane class는 Vechicle class로부터 상속도 받아야 되고 Flyable interface도 implements해야 할 경우 아래 Airplane class처럼 정의합니다.

아래 파일은 기본 folder(Ex01503.java가 저장된 folder)의 하위에 있는 Ex015\vehicle folder에 저장해야 합니다.

```
// Airplane.java
 1: package Ex015.vehicle;
 2: import Ex015.control.Flyable;
 3: public class Airplane extends Vehicle implements Flyable {
 4:     int positionX;
 5:     int positionY;
 6:     int height;
 7:     String direction;
 8:     public Airplane(int ec) {
 9:         super();
10:         engineCapacity = ec;
11:         positionX = 300;
12:         positionY = 550;
13:         height = 2000;
14:         speed = 400;
15:         direction = "West";
16:     }
17:     public int getPositionX() {
18:         return positionX;
19:     }
20:     public int getPositionY() {
21:         return positionY;
22:     }
23:     public int getHeight() {
24:         return height;
25:     }
26:     public int getSpeed() {
27:         return speed;
28:     }
29:     public String getDirection() {
30:         return direction;
31:     }
32:     void showFlyingStatus() {
33:             System.out.println("position  X="+positionX+",  position
Y="+positionY);
34:     }
35: }
```

예제 | Ex01503

다음은 관제탑 System을 개발하는 팀에서 열기구 object를 만들고 열기구 object
로부터 비행 정보를 받은 후 비행 정보를 화면에 출력합니다. 또 Airplane object
도 만들고 Airplane object로부터 비행 정보를 받은 후 비행 정보를 화면에 출력하
는 프로그램을 보여주고 있습니다. 열기구 object와 Airplane object를 만들 때 지
면 관계상 비행 정보를 생성자에 임의 숫자로 coding했습니다.

```
// Ex01503.java
 1: import Ex015.control.Flyable;
 2: import Ex015.recreation.HotAirBalloon;
 3: import Ex015.vehicle.Airplane;
 4: class Ex01503 {
 5:    public static void main(String[] args) {
 6:        Flyable obj1  = new HotAirBalloon(1400);
 7:        int pX = obj1.getPositionX();
 8:        int pY = obj1.getPositionY();
 9:        int height = obj1.getHeight();
10:        int speed = obj1.getSpeed();
11:        String direction = obj1.getDirection();
12:          System.out.println("obj1=" + obj1.getClass().getName() + ",
position x=" + pX + ", y=" + pY + ", height=" + height + ", speed=" + speed
+ ", direction=" + direction);
13:        Flyable obj2  = new Airplane(7700);
14:        pX = obj2.getPositionX();
15:        pY = obj2.getPositionY();
16:        height = obj2.getHeight();
17:        speed = obj2.getSpeed();
18:        direction = obj2.getDirection();
19:          System.out.println("obj2=" + obj2.getClass().getName() + ",
position x=" + pX + ", y=" + pY + ", height=" + height + ", speed=" + speed
+ ", direction=" + direction);
20:    }
21: }
```

```
D:\IntaeJava>java Ex01503
obj1=Ex015.recreation.HotAirBalloon, position x=120, y=350, height=120, speed=5,
 direction=North
obj2=Ex015.vehicle.Airplane, position x=300, y=550, height=2000, speed=400, dire
ction=West

D:\IntaeJava>
```

프로그램 설명

▶ 1,2,3번째 줄:필요한 class를 저장되어 있는 package에서 import합니다.

▶ 6번째 줄:HotAirBalloon object를 만들어서 Flyable interface를 implements
한 object를 기억할 수 있는 기억장소 obj1에 저장합니다. super class의 object
를 저장할 수 있는 기억장소에 subclass의 object를 저장하는 개념과 같습니다.

▶ 7~11번째 줄:Flyable interface를 implements한 object를 기억할 수 있는 기억
장소 obj1은 아래와 같은 네 개의 method를 호출할 수 있습니다.

• getPositionX();

• getPositionY();

• getHeight();

• getSpeed();

- getDirection();

▶ 12번째 줄:Flyable interface의 method호출로 얻은 비행 정보를 출력합니다. getClass().getName() method는 11.2절 Object class개념 이해하기를 참조하세요.

▶ 13~19번째 줄:6번째 줄부터 12번째 줄까지의 설명과 동일한 설명입니다. 생성되는 object가 HotAirBalloon object가 아니고 Airplane object 것만 다릅니다.

▶ 이번 프로그램을 요약하면 두 개의 object는 서로 다른 super class를 가지고 있지만, 즉 완전히 기능이 다른 별개의 object이지만 같은 interface를 implements하면 같은 이름의 interface로 공통점이 생기게 되므로 동일한 처리를 할 수 있도록 만들어 줍니다.

예제 | Ex01503A

아래 프로그램은 Ex01503 프로그램을 Flyable interface가 된 object를 기억하는 기억장소를 배열을 사용하여, 보다 공통적으로 처리하도록 프로그램으로 개선한 것 입니다.

```
1: import Ex015.control.Flyable;
2: import Ex015.recreation.HotAirBalloon;
3: import Ex015.vehicle.Airplane;
4: class Ex01503A {
5:    public static void main(String[] args) {
6:       Flyable[] objs = new Flyable[2];
7:       objs[0]  = new HotAirBalloon(1400);
8:       objs[1]  = new Airplane(7700);
9:       for ( int i=0; i < objs.length ; i++ ) {
10:          int pX = objs[i].getPositionX();
11:          int pY = objs[i].getPositionY();
12:          int height = objs[i].getHeight();
13:          int speed = objs[i].getSpeed();
14:          String direction = objs[i].getDirection();
15:         System.out.println("obj["+i+"]=" + objs[i].getClass().getName()
+ ", position x=" + pX + ", y=" + pY + ", height=" + height + ", speed=" +
speed + ", direction=" + direction);
16:          }
17:    }
18: }
```

```
D:\IntaeJava>java Ex01503A
obj[0]=Ex015.recreation.HotAirBalloon, position x=120, y=350, height=120, speed=
5, direction=North
obj[1]=Ex015.vehicle.Airplane, position x=300, y=550, height=2000, speed=400, di
rection=West

D:\IntaeJava>
```

interface개념을 더 확실히 이해하기 위해 다른 각도에서 HotAirBalloon object와 관련된 프로그램을 소개합니다.

예제 | Ex01503B

다음은 HotAirBalloon 협회에서 작성한 프로그램으로 열기구 object가 만들어질 때 열기구의 크기와 등록 번호를 저장하며, 총 몇 개의 열기구가 등록되었는지 HotAirBalloon.balloonCount를 보면 알 수 있도록 프로그램을 작성했습니다.

```
1: import Ex015.recreation.HotAirBalloon;
2: class Ex01503B {
3:   public static void main(String[] args) {
4:     HotAirBalloon[] balloons = new HotAirBalloon[2];
5:     balloons[0]  = new HotAirBalloon(1400);
6:     balloons[1]  = new HotAirBalloon(1500);
7:     for ( int i=0; i < balloons.length ; i++ ) {
8:         balloons[i].showBalloonInfo();
9:     }
10:        System.out.println("Total No of Balloon = "+HotAirBalloon.
getBalloonCount() );
11:   }
12: }
```

```
D:\IntaeJava>java Ex01503B
HotAirBalloon No=1, airVolume=1400
HotAirBalloon No=2, airVolume=1500
Total No of Balloon = 2

D:\IntaeJava>
```

프로그램 설명

▶ 위 프로그램은 HotAirBalloon class가 Flyable interface를 implements했음에도 Flyable interface에서 선언한 method는 전혀 사용하지 않았습니다. 즉 HotAirBalloon 협회에서는 Flyable interface에서 선언한 method와 관련된 업무는 하지 않기 때문입니다.

▶ HotAirBalloon object는 두 개의 data type을 가지고 있습니다. 하나는 HotAirBallon type object, 다른 하나는 Flyable type object입니다. 그러므로 아래와 같이 두 가지 type object 기억장소에 저장 가능합니다.

```
HotAirBalloon balloon = new HotAirBalloon(1400);
Flyable flyable = new HotAirBalloon(1400);
```

▶ HotAirBalloon object가 Flyable type 기억장소에 저장되면 Flyable interface에서 정의한 method만 호출할 수 있습니다.

■ **interface 개념 정리 1** ■

위 Ex01503, Ex01503A, Ex01503B 프로그램에서 보듯이 동일한 object라 하더라도 Ex01503과 Ex01503A 프로그램에서의 업무를 수행하기 위해서는 Flyable interface가 필수적으로 필요합니다. Ex01503B 프로그램에서는 Flyable interface가 필요 없지만 전체적인 System이 작동되기 위해서는 Flyable interface을 해야합니다. 열기구 협회에서 번거롭거나 비용이 든다고 비행 관련 정보를 관제탑에 보내지 않으면 다른 비행 물체가 열기구가 있는 것도 모르고 비행하다가 사고가 일어나는 예와 같습니다. 열기구 여행을 즐기는 입장에서는 비행 정보를 관제탑에 보내주는 것은 열기구 여행하는 것에 아무 이익이 없지만 여행 정보를 꼭 관제탑에 보내주어야 하는 이유입니다.

즉 class를 작성하는 사람이 interface를 implements하는 것은 interface를 implements한 class를 프로그램을 작성하는 사람이 바로 사용하는 경우도 있지만 대부분은 다른 사람이 작성한 프로그램에서 본인이 작성한 class가 제대로 역할을 하도록 하기위해 interface를 implements합니다.

■ **interface 개념 정리 2** ■

interface는 상속으로 이어지는 super class, sub class와 같은 한 줄로 이어지는 계통도같은 개념과는 달리, class를 정의할 때 언제나 implements하여 붙일 수 있는 object type입니다. 즉 interface가 implements한 class로 object를 생성하면 그 object를 interface type 기억장소에 저장할 수 있습니다. 마치 abstract class로 object를 만들지는 못 하지만 abstact class type 기억장소에 저장할 수 있는 것과 같이 interface로 object를 생성할 수 없지만 interface 기억장소에 저장할 수는 있습니다. Object가 interface type 기억장소에 저장되면 interface에서 정의한 모든 method는 호출할 수 있습니다. 비록 interface에는 어떤 method에도 body가 없었지만 interface를 impletments한 class의 object는 interface의 method를 재정의했기 때문입니다.

15.4 interface 작성

Interface는 abstract method와 같이 method body가 없고 method 이름과 parameter로만 구성된 method들로 구성됩니다. 그래서 interface는 상속관련 사항이 적용이 안되는 것을 제외하고는 abstract class와 비슷한 역할을 합니다. Interface의 작성 문법은 아래와 같습니다.

① interface는 class를 선언하는 형식과 동일하며, class대신에 interface라고 선언합니다. abstract class와 마찬가지로 object를 만들 수 없고, object를 저장할 수 있는 object reference변수는 선언할 수 있습니다. 즉 interface를 implements해서 만들어진 object는 interface 이름의 기억장소에 저장할 수 있습니다.

② interface는 상수(static final variable)만을 가질 수 있습니다. static이나 final key word를 사용하지 않았다 하더라도 static final이 선언된 것으로 간주합니다.

③ interface 내의 method는 method body가 없는 abstract method, 즉 method signature만을 선언할 수 있습니다. interface 내의 method는 abstract class의 abstract method와 동일한 구조와 기능을 합니다. 단 interface에서는 abstract key word를 사용하지 않습니다.

④ interface 내의 method는 default method, static method를 선언 할 수 있습니다.

⑤ interface 내의 모든 method는 public 입니다. public key word를 사용하지 않았다고 하더라도 public으로 선언된 것으로 간주합니다.

⑥ interface는 class에서 implements해서 사용하거나 하위의 interface가 extends하여 상위의 interface를 상속받을 수 있습니다.

⑦ Interface가 class에서 implements해서 사용될 때에는 class에서 모든 interface method는 반드시 재정의되어야 합니다.

⑧ interface가 extends하여 상위의 interface를 상속받을 경우에는 여러 개의 interface를 comma로 연결하여 상속받을 수 있습니다.

⑨ interface가 extends하여 상위의 interface를 상속받는다 하더라도 staic method는 상속되지 않습니다. 즉 하위 interface 이름으로 상위 interface static method를 호출할 수 없습니다.

예제 | Ex01504

다음 프로그램은 위에서 설명한 interface 작성 문법대로 제대로 작동하는지를 보여주는 프로그램으로 작성문법과 비교하면서 하나하나 습득하기 바랍니다.

```
1: class Ex01504 {
2:    public static void main(String[] args) {
3:        System.out.println("TestClass a="+TestClass.a);
4:        System.out.println("TestClass b="+TestClass.b);
5:        System.out.println("TestClass c="+TestClass.c);
6:        System.out.println("Testable a="+Testable.a);
7:        System.out.println("Testable b="+Testable.b);
8:        System.out.println("Testable c="+Testable.c);
```

```
 9:        Testable.testStatic();
10:        //Testable testable = new Testable();
11:        Testable testClass = new TestClass();
12:        testClass.testMethod();
13:    }
14: }
15: interface Testable {
16:    int a=1;
17:    final int b=2;
18:    static final int c=3;
19:    //int x;
20:    void testMethod();
21:    default void testDefault() {
22:        System.out.println("Testable default method...a="+a);
23:    }
24:    static void testStatic() {
25:        System.out.println("Testable static method...a="+a);
26:    }
27: }
28: class TestClass implements Testable{
29:    public void testMethod() {
30:        //a = 7;
31:        System.out.println("testMethod() a="+a);
32:        System.out.println("testMethod() b="+b);
33:        System.out.println("testMethod() c="+c);
34:        testDefault();
35:    }
36: }
```

```
D:\IntaeJava>java Ex01504
TestClass a=1
TestClass b=2
TestClass c=3
Testable a=1
Testable b=2
Testable c=3
Testable static method...a=1
testMethod() a=1
testMethod() b=2
testMethod() c=3
Testable default method...a=1

D:\IntaeJava>
```

프로그램 설명

▶ 3,4,5번째 줄:16,17,18번째 줄에 선언된 상수를 28번째 줄에 선언된 class 이름 TestClass로 참조하고 있습니다. 즉 16,17,18번째 줄에 선언된 변수들은 static 으로 선언되었기 때문에 TestClass로 참조할 수 있는 것입니다. 또한 16,17번째 줄이 static으로 명시적으로 선언이 안 되어 있더라도 static으로 선언된 것으로 간주하고 있음을 보여주는 것입니다.(작성 문법② 참조)

▶ 6,7,8번째 줄 :28번째 줄의 class 이름이 아니라 15번째 줄의 interface 이름으로 호출한 것을 제외하고는 3,4,5번째 줄 설명과 동일합니다. interface에서 선언된 상수는 interface 이름이나, interface를 implements한 class 이름으로 호

출할 수 있습니다.(작성 문법② 참조)

▶ 9번째 줄:interface의 static method는 class의 static method처럼 interface 이름으로 호출 가능합니다.(작성 문법④ 참조)

▶ 10번째 줄:interface는 object를 생성하지 못합니다.(작성 문법① 참조) Interface 로 선언된 것으로 object를 만들려고 // comment한 것을 지우고 compile하면 아래와 같은 에러 message가 나옵니다.

```
D:\IntaeJava>javac Ex01504.java
Ex01504.java:10: error: Testable is abstract; cannot be instantiated
    Testable testable = new Testable();
                        ^
1 error

D:\IntaeJava>
```

▶ 11번째 줄:interface는 reference type으로 interface를 implements해서 만 들어진 object는 interface 이름의 기억장소에 저장할 수 있습니다.(작성 문법 ① 참조)

▶ 16,17번째 줄:static으로 명시적으로 선언이 안 되어 있더라도 static으로 선언된 것으로 간주합니다.(작성 문법② 참조)

▶ 19번째 줄:interface는 object를 만들 수 없기 때문에 instance 변수도 선언 할 수 없습니다. 19번째 줄의 // comment을 지우고 compile하면 다음과 같은 에 러 message가 나옵니다.

```
D:\IntaeJava>javac Ex01504.java
Ex01504.java:19: error: = expected
    int x;
         ^
1 error

D:\IntaeJava>
```

변수 x가 static final인 상수로 인식하고 상수 정의에서 필요한 "="와 값이 빠졌다 는 메세지를 보냅니다.

▶ 20번째 줄:interface에는 abstract method를 선언할 수 있으며, 특별한 추가 key word가 없으면 모든 method는 abstract method이므로 abstract key word를 사용하지 않고, method signature(method 이름과 parameter)만으 로 abstract method를 선언 합니다.(작성 문법③ 참조) 또한 public key word 를 사용하지 않아도 묵시적으로 public으로 선언한 것으로 간주합니다.(작성 문 법⑤ 참조)

▶ 21번째 줄:default method는 interface 내에 선언되는 body가 있는 method로 자바 버전 1.7까지는 body가 있는 member method는 선언할 수 없게 되어있었 던 것을 자바 version 1.8에서 새롭게 추가 한 기능입니다. Default method에 대 해서는 뒤에서 다시 설명하므로 여기에서는 body가 있는 일반 member method 와 동일한 기능을 한다고 알고 넘어갑니다.(작성 문법④ 참조) 일반 member method는 object를 만들어야 호출할 수 있는 method를 말합니다.

▶ 24번째 줄:static method도 interface 내에 선언되는 body가 있는 method로 자바version 1.7까지는 body가 있는 member method는 선언할 수 없게 되어 있었던 것을 자바 version 1.8에서 새롭게 추가한 기능입니다. static method는 일반 class에서 선언했던 static method와 동일한 기능을 한다고 알고 넘어갑니다.(작성 문법④ 참조)

▶ 28번째 줄:interface를 class에서 사용하기 위해서는 implements라는 key word를 사용하여 해당 interface 기능을 결합시킵니다.(작성문법⑥ 참조)

▶ 29번째 줄:interface 내에 선언된 abstract method는 해당 interface를 implements 해서 사용하는 class에서 반듯이 재정의해야 합니다.(작성 문법⑦ 참조)

▶ 30번째 줄:interface에서 상속 받은 변수a는 상수입니다. 즉 static final이 선언 안 되어 있어도 묵시적으로 선언된 것으로 간주하므로 변수에는 새로운 값을 저장할 수 없습니다. 만약 저장하기 위해 30번째 줄의 // comment를 지우고 compile하면 아래와 같은 에러 메세지가 나옵니다.

```
D:\IntaeJava>javac Ex01504.java
Ex01504.java:30: error: cannot assign a value to final variable a
        a = 7;
        ^
1 error

D:\IntaeJava>
```

▶ 31,32,33번째 줄:interface 내에 선언된 상수는 어느 method에서 호출 가능합니다.

▶ 34번째 줄:interface 내에 선언되는 default method는 일반 method 내에서 호출 가능합니다.

예제 | Ex01504A

다음 프로그램도 interface작성 문법대로 제대로 작동하는지를 보여주는 2번째 프로그램으로, 작성 문법과 비교하면서 하나하나 습득하시기 바랍니다.

```
 1: class Ex01504A {
 2:    public static void main(String[] args) {
 3:        TestClass1.testStatic1();
 4:        TestClass2.testStatic1();
 5:        TestClass2 tc2 = new TestClass2();
 6:        tc2.testStatic1();
 7:
 8:        Testable1.testStatic1();
 9:        Testable2.testStatic2();
10:        //Testable3.testStatic1();
11:        //TestClass.testStatic1();
```

```
12:          TestClass testClass = new TestClass();
13:          //testClass.testStatic();
14:          testClass.testMethod1("TC");
15:          testClass.testMethod2("TC");
16:          testClass.testMethod3("TC");
17:          Testable3 t3 = testClass;
18:          t3.testMethod1("T3");
19:          t3.testMethod2("T3");
20:          t3.testMethod3("T3");
21:          Testable2 t2 = testClass;
22:          //t2.testMethod1("T2");
23:          t2.testMethod2("T2");
24:          //t2.testMethod3("T2");
25:          Testable1 t1 = testClass;
26:          t1.testMethod1("T1");
27:          //t1.testMethod2("T1");
28:          //t1.testMethod3("T1");
29:      }
30: }
31: class TestClass1 {
32:     static void testStatic1() {
33:          System.out.println("TestClass1 static method...");
34:      }
35: }
36: class TestClass2 extends TestClass1 {
37:     static void testStatic2() {
38:          System.out.println("TestClass2 static method...");
39:      }
40: }
41: interface Testable1 {
42:     void testMethod1(String mssg);
43:     static void testStatic1() {
44:          System.out.println("Testable1 static method...");
45:      }
46: }
47: interface Testable2 {
48:     void testMethod2(String mssg);
49:     static void testStatic2() {
50:          System.out.println("Testable2 static method...");
51:      }
52: }
53: interface Testable3 extends Testable1,Testable2 {
54:     void testMethod3(String mssg);
55: }
56: class TestClass implements Testable3{
57:     public void testMethod1(String mssg) {
58:          System.out.println(mssg+":TestClass testMethod1...");
59:      }
60:     public void testMethod2(String mssg) {
```

```
61:        System.out.println(mssg+":TestClass testMethod2...");
62:    }
63:    public void testMethod3(String mssg) {
64:        System.out.println(mssg+":TestClass testMethod3...");
65:    }
66: }
```

```
D:\IntaeJava>java Ex01504A
TestClass1 static method...
TestClass1 static method...
TestClass1 static method...
Testable1 static method...
Testable2 static method...
TC : TestClass testMethod1...
TC : TestClass testMethod2...
TC : TestClass testMethod3...
T3 : TestClass testMethod1...
T3 : TestClass testMethod2...
T3 : TestClass testMethod3...
T2 : TestClass testMethod2...
T1 : TestClass testMethod1...

D:\IntaeJava>
```

프로그램 설명

▶ 3번째 줄:32번째 줄에 선언된 TestClass1 class의 static method을 호출한 것으로 static method는 class 이름 호출이 가능하며 4번째 줄에 있는 것과 비교하기 위한 것으로 chapter 7 static key word에서 소개한 내용입니다.

▶ 4번째 줄:36번째 줄의 TestClass2는 TestClass1을 상속받은 것으로 TestClass1의 testStatic1() method도 상속받습니다. 그러므로 TestClass2 class를 통해 testStatic1()의 호출도 가능합니다.

▶ 5,6번째 줄:static method는 class 이름뿐만 아니라 object 이름으로도 호출 가능하므로 TestClass2 object를 통해 testStatic1() method 호출도 가능합니다. 이것도 chapter 7 static key word에서 소개한 내용입니다.

class는 상위 class에 정의한 모든 member(member변수, member method)를 access나 호출 가능합니다. 그러면 interface는 어떨까요?

▶ 8,9번째 줄:43,49번째 줄에 선언된 interface의 static method는 각각의 interface이름과 method이름으로 호출할 수 있습니다.

▶ 10,11번째 줄:interface에 있는 static method는 하위 interface나 class에 상속이 안됩니다. 43번째 줄에 선언된 interface Testable1의 static method는 Testable1으로만 호출할 수 있지, Testable3나 TestClass로는 호출할 수 없습니다.(작성 문법⑨) // comment를 지우고 compile하면 아래와 같은 에러가 발생합니다.

```
D:₩IntaeJava>javac Ex1504A.java
Ex01504A.java:10: error: cannot find symbol
        Testable3.testStatic1();
                 ^
  symbol:   method testStatic1()
  location: interface Testable3
Ex01504A.java:11: error: cannot find symbol
        TestClass.testStatic1();
                 ^
  symbol:   method testStatic1()
  location: class TestClass
2 errors

D:₩IntaeJava>
```

▶ 13번째 줄:interface에 있는 static method는 상속이 안 되기 때문에 하위 class
  의 object를 생성 후 object 이름으로 static method 호출도 할 수 없습니다. //
  comment를 지우고 compile하면 아래와 같은 에러가 납니다.

```
D:₩IntaeJava>javac Ex01504A.java
Ex01504A.java:13: error: cannot find symbol
        testClass.testStatic1();
                 ^
  symbol:   method testStatic1()
  location: variable testClass of type TestClass
1 error

D:₩IntaeJava>
```

▶ 14,15,16번째 줄:interface Testable1, Testable2, Testable3에 정의한 method
  를 재정의한 method를 class의 object 이름으로 호출하고 있습니다. 재정의한
  method이지만 기본 사항은 3.7.2 method 호출하는 법에서 소개한 사항입니다.

▶ 17~20번째 줄:interface를 implements하여 정의한 class로 object를 만들
  고 interface type 기억장소에 저장하면 interface에서 정의한 모든 method
  는 호출할 수 있습니다. 이때 compile은 interface의 method 이름, 즉 method
  signature로 compile하고 수행되는 method는 동적 바인딩된 class에 정의
  된 method가 수행됩니다. 그러므로 출력 결과를 보면 TestClass에서 정의된
  method가 수행된 것을 알수 있습니다.

▶ 21~24번째 줄:17~20번째 줄 설명과 동일한 것으로 compile은 interface의
  method 이름, 즉 interface Testable2에는 testMethod2(String mssg) method
  밖에 없기 때문에 22,24번째 줄은 compile시 에러가 발생합니다. 하지만 수행
  시에는 TestClass에서 정의된 testMethod2(String mssg) method가 동적 바
  인딩되어 출력 됨을 알 수 있습니다. 22,24번째 줄의 // comment를 지우고
  compile하면 아래와 같은 에러 message가 나옵니다.

```
D:₩IntaeJava>javac Ex01504A.java
Ex01504A.java:22: error: cannot find symbol
        t2.testMethod1("T2");
          ^
  symbol:   method testMethod1(String)
  location: variable t2 of type Testable2
Ex01504A.java:24: error: cannot find symbol
        t2.testMethod3("T2");
          ^
  symbol:   method testMethod3(String)
  location: variable t2 of type Testable2
2 errors

D:₩IntaeJava>
```

▶ 25~28번째 줄:21~24번째 줄 설명과 동일한 설명으로 interface Testable2대
신 interface1인 것만 다릅니다.

예제 | Ex01505

다음 프로그램은 interface의 응용 예제로 Car object의 차량 등록 번호를 순서적
으로 sorting하는 프로그램입니다. 이 문제를 풀기 위해서는 자바에서 제공하는
Arrays class와 Comparable interface를 먼저 알아야 합니다. 하지만 sample 프
로그램 없이 Arrays class와 Comparable interface을 설명하기가 어려운 점이 있
으니 먼저 프로그램과 결과를 확인한 후 프로그램 설명을 잘 읽어보기 바랍니다.

```java
 1: import java.util.Arrays;
 2: class Ex01505 {
 3:    public static void main(String[] args) {
 4:       Car[] cars = new Car[5];
 5:       cars[0] = new Car(1005, "Intae", "White");
 6:       cars[1] = new Car(2003, "Chris", "Red");
 7:       cars[2] = new Car(1001, "Rachel","Blue");
 8:       cars[3] = new Car(1007, "Lina",  "Green");
 9:       cars[4] = new Car(2001, "Jason", "Pink");
10:       Arrays.sort(cars);
11:       for ( int i=0 ; i<cars.length ; i++ ) {
12:          cars[i].showCarInfo();
13:       }
14:    }
15: }
16: class Car implements Comparable {
17:    int licenseNo;
18:    String ownerName;
19:    String color;
20:    Car(int ln, String on, String c) {
21:       licenseNo = ln;
22:       ownerName = on;
23:       color = c;
24:    }
25:    void showCarInfo() {
26:       System.out.println("Car   licenseNo="+licenseNo+", Owner Name =
"+ownerName+", color = "+color);
27:    }
28:    public int compareTo(Object otherObj) {
29:       Car otherCar = (Car)otherObj;
30:       return licenseNo - otherCar.licenseNo;
31:    }
32: }
```

```
D:\IntaeJava>java Ex01505
Car  licenseNo=1001, Owner Name = Rachel, color = Blue
Car  licenseNo=1005, Owner Name = Intae, color = White
Car  licenseNo=1007, Owner Name = Lina, color = Green
Car  licenseNo=2001, Owner Name = Jason, color = Pink
Car  licenseNo=2003, Owner Name = Chris, color = Red

D:\IntaeJava>
```

프로그램 설명

▶ 1번째 줄:Arrays class를 사용하기 위해서는 java.util package에 있는 Arrays class를 import g합니다.

▶ 5~9번째 줄:Car object의 licenseNo를 일부러 순서대로 되지 않게 Car배열에 저장합니다.

▶ 10번째 줄:Arrays class의 sort() method는 배열 cars에 저장된 object를 순서적으로 다시 배치합니다.

▶ 11,12,13번째 줄:10번째 줄에서 순차적으로 다시 배치한 object를 출력합니다.

▶ 16번째 줄:Car class에 Comparable interface를 implements하고 있습니다. Comparable interface에는 compareTo(Object otherObj) abstract method 가 있으므로 28번째 줄 compareTo(Object otherObj) method를 반드시 재정의해야 합니다.

▶ 28번째 줄:compareTo(Object otherObj)의 return 값은 음수, 0(영), 양수가 되는 int 형 수입니다. Return 값을 만들어 낼 때 현재 object와 parameter로 받은 otherObj object를 비교해서 현재(this) object가 otherObj보다 먼저 오면 음수, 동일하면 0(영), 나중에 오면 양수 값을 return하면 됩니다.

위와 같이 프로그램을 하면 결과는 licenseNo 순서대로 출력됩니다. Car class에 Comparable을 implements한 것밖에는 없는데 어떻게 sort를 했을까요? 결정적인 sort는 Arrays.sort() method에서 이루어집니다. Arrays.sort() method 내에는 sort하는 프로그램이 있는데(필자도 내부는 보지 못했고, 내부를 굳이 볼 필요도 없음), 내부에서 object를 받으면 Comparable type 기억장소로 외부에서 받은 object를 casting하여 저장합니다. 그리고 Comparable type기억장소로 compareTo() method를 호출할 수 있으므로 그 호출된 결과 값으로 순서를 정합니다.

만약 16번째 줄의 Comparable interface를 implements를 안하면, 즉

```
class Car implements Comparable {
    // 17부터 31번째 줄은 동일

}
```

을 아래처럼 "implements Comparable"을 삭제한 후 compile하여 수행시키면

```
class Car {
    // 17부터 31번째 줄
}
```

Compile은 이상없이 완료되지만 프로그램을 수행하면 아래처럼 run time 에러를 발생시킵니다.

```
D:\IntaeJava>javac Ex01505.java

D:\IntaeJava>java Ex01505
Car  licenseNo=1001, Owner Name = Rachel, color = Blue
Car  licenseNo=1005, Owner Name = Intae, color = White
Car  licenseNo=1007, Owner Name = Lina, color = Green
Car  licenseNo=2001, Owner Name = Jason, color = Pink
Car  licenseNo=2003, Owner Name = Chris, color = Red

D:\IntaeJava>
```

위 run time 에러는 10번째 줄에서 sort() method 내에 Car object는 Comparable type으로 cast할 수 없다라는 에러 메세지로 Car object가 Comparable interface가 implements가 안 되어 sort()를 수행시킬 수 없다는 의미입니다.

따라서 Arrays.sort() method로 sort하는 모든 object 배열은 Comparable interface를 implements해야 합니다.

관제탑 System과 위 프로그램을 interface를 사용하다는 측면에서 비교시켜보면, Ex01503의 main() method가 Arrays.sort() method와 일치되고, Flyable interface가 Comparable interface, HotAirBalloon과 Airplane이 Car clas와 동일한 역할을 하는 것입니다. Arrays.sort() method는 어떠한 object가 들어와도 Comparable interface만 implements하면 sort할 수 있듯이, Ex01503프로그램에서도 어떠한 object를 관제탑 System에 넣어준다 할지라도 Flyable interface만 implements되어있으면 Ex01503 프로그램은 수행하여 비행 물체의 정보를 출력할 수 있습니다.

문제 | Ex01505A

아래 프로그램은 licenseNo가 아니라 Owner Name으로 sort한 프로그램 출력 결과입니다. 위 개념을 이용하여 프로그램을 만들어 보세요.

```
D:\IntaeJava>java Ex01505A
Car  licenseNo=2003, Owner Name = Chris, color = Red
Car  licenseNo=1005, Owner Name = Intae, color = White
Car  licenseNo=2001, Owner Name = Jason, color = Pink
Car  licenseNo=1007, Owner Name = Lina, color = Green
Car  licenseNo=1001, Owner Name = Rachel, color = Blue

D:\IntaeJava>
```

문제 | Ex01505B

경우에 따라서는 licenseNo나 Owner Name 중 하나로 프로그램 내에서 선택한 후 선택에 따라 sort되도록 프로그램을 작성하세요.

힌트 | Car class 내에 static boolean변수를 만들어 licenseNo로 sort할 것인지 Owner Name으로 sort할 것인지를 true 혹은 false로 setting합니다. compareTo() method에서 Owner Name로 sort하게 setting되어 있으면 Ex01505A처럼 프로그램을 작성하고 아니면 licenseNo로 Sort해야 합니다. Main method에서는 한 번은 licenseNo로 sort하고, 두 번째 호출에서는 Owner name으로 sort하도록 Array. sort() method를 두 번 호출합니다.

```
D:\IntaeJava>java Ex01505B
=== Sorted by License No. ===
Car  licenseNo=1001, Owner Name = Rachel, color = Blue
Car  licenseNo=1005, Owner Name = Intae, color = White
Car  licenseNo=1007, Owner Name = Lina, color = Green
Car  licenseNo=2001, Owner Name = Jason, color = Pink
Car  licenseNo=2003, Owner Name = Chris, color = Red
=== Sorted by Owner Name ===
Car  licenseNo=2003, Owner Name = Chris, color = Red
Car  licenseNo=1005, Owner Name = Intae, color = White
Car  licenseNo=2001, Owner Name = Jason, color = Pink
Car  licenseNo=1007, Owner Name = Lina, color = Green
Car  licenseNo=1001, Owner Name = Rachel, color = Blue

D:\IntaeJava>
```

문제 | Ex01505C

Ex01505B와 동일한 출력 결과가 나오는 프로그램입니다. Arrays class는 자바에서 제공하는 class인데, 일반적으로 자바에서 제공해주는 class가 있는면 새로 만들지 않습니다. 하지만 Arrays class의 sort() method를 프로그램을 배우는 입장에서 한 번 만들어 보세요. class 이름은 IntaeArrays class로, sort() method는 selectionSort()라는 이름으로 만들어 보세요. Selection sort는 14.4.2절 method parameter 응용을 참조하세요.

힌트 1 | 주요 프로그램 구조는 아래와 같습니다. 프로그램 code 줄 번호는 개발자의 선호도에 따라 달라질 수 있습니다.

힌트 2 | 아래 제시한 프로그램 22번째 줄 Comparable interface는 45번째 줄의 selectionSort() method 내에서 Object형 배열 변수 data로 넘겨 받은 object를 Comparable형 배열변수로 형 변환에 사용해야 합니다. 왜냐하면 class 이름은 Car class가 되었던 Animal class가 되었던, 어떤 class 이름이 오더라도 Comparable interface만 있으면 selection sort를 할 수 있는 것입니다. 즉 class 이름(비행 물체 생산하는 회사가 만든 class 이름)은 사용자가 마음대로 정하고 오직 정해진 이름(이번 프로그램에서는 Comparable, 관제탑 System에서 받기를 원하는 interface)의 interface를 implements하여 작성된 class는 정해진 기능(여기서는 IntaeArray class의 selectionSort기능, 관제탑 System)을 적용할 수 있는 것입니다. 이처럼 System이 서로 다르지만 하나의 같은 이름(interface 이름)을 사용하기 때문에 서로 data를 주고받을 수 있으며, 이것이 우리가 interface를 배워야 하는 이

유입니다.

```
 1: class Ex01505C {
 2:     public static void main(String[] args) {
          // created 5 Car objects
 9:         System.out.println("=== Sorted by License No. === By IntaeArrays.
selectionSort()");
10:         IntaeArrays.selectionSort(cars);
          // showed info of 5 Car objects
14:         System.out.println("=== Sorted by Owner Name === By IntaeArrays.
selectionSort()");
          // static variable setting;
16:         IntaeArrays.selectionSort(cars);
          // showed info of 5 Car objects
20:     }
21: }
22: class Car implements Comparable {
        // define program code extactly same as Ex01505B
43: }
44: class IntaeArrays {
45:     static void selectionSort(Object[] data) {
          // define program code of selection sort algorthms similar to same
as Ex01405 at Section 14.4.1
58:     }
59: }
```

위 프로그램을 compile하면 아래와 같은 메세지가 나오는데 이 메세지는 에러가 아 니라 주의 사항이므로 현재로서는 무시하시기 바랍니다. chapter 21 'generic 프로 그래밍'에서 설명됩니다.

```
D:\IntaeJava>java Ex01505C
=== Sorted by License No. === By IntaeArrays.selectionSort()
Car  licenseNo=1001, Owner Name = Rachel, color = Blue
Car  licenseNo=1005, Owner Name = Intae, color = White
Car  licenseNo=1007, Owner Name = Lina, color = Green
Car  licenseNo=2001, Owner Name = Jason, color = Pink
Car  licenseNo=2003, Owner Name = Chris, color = Red
=== Sorted by Owner Name === By IntaeArrays.selectionSort()
Car  licenseNo=2003, Owner Name = Chris, color = Red
Car  licenseNo=1005, Owner Name = Intae, color = White
Car  licenseNo=2001, Owner Name = Jason, color = Pink
Car  licenseNo=1007, Owner Name = Lina, color = Green
Car  licenseNo=1001, Owner Name = Rachel, color = Blue
D:\IntaeJava>
```

위 프로그램은 초보자에게는 어려운 문제에 속합니다. 2번 3번 반복해서, 스스로 만 들어낼 수 있도록 노력하세요.

15.5 default method

Default method는 java 1.8에서 추가한 사항으로 interface의 수정 배포를 가능하게 해 줍니다. 프로그램은 아무리 훌륭하게 개발을 했다 하더라도, 계속되는 신기술 개발로 옛날에 개발한 사항을 수정해야만 하는 경우가 많이 발생합니다. 예를 들어 관제탑 System으로 다시 돌아가서, 아래와 같이 안전사고가 자꾸 발생하여 비행 물체에 타고 있는 인원수를 알아내는 method를 추가했다고 합시다.

```java
public interface Flyable {
    int getPositionX();
    int getPositionY();
    int getHeight();
    int getSpeed();
    String getDirection();
    Int getNoOfPeople();
}
```

처음 배포할 때부터 위와 같은 interface라면 아무 이상이 없습니다. 하지만 getNoOfPeople() method가 없는 상태로 각 수십 개의 비행기 제작회사, 열기구 제작회사, 헬리콥터 제작회사, 무인기 드론 제작회사, 기타 다른 비행 물체 제작회사 등에 배포하려면, 각 제작회사들은 새로 배포되는 package에 맞추기 위해 다른 일은 못할 수 있습니다. 이미 도산한 업체는 회사 자체가 없어졌기 때문에 배포 자체도 안되고 문제점이 많이 예상됩니다. 이러한 문제점을 해결하기 위해 default method를 추가하게 되었습니다.

아래 프로그램은 새로운 관제탑 System 프로그램으로 Flyable interface에 getNoOfPeople() default method를 추가한 프로그램입니다.

실무에서는 같은 package 이름으로 배포합니다. 하지만 이 책에서는 같은 package 이름으로 만들면 앞서 만든 예제 프로그램들과 혼선이 일어나므로 아래와 같이 package 이름 뒤에 "2"를 붙였습니다.

관제탑 팀에서 새로운 method를 getNoOfPeople()를 default method로 정의하였습니다. 본래 interface 내에는 method body가 있으면 안 되었는데 특별히 변경 사항 때문에 default라는 key word를 앞에 사용할 경우에 한에 body가 있는 method를 정의할 수 있도록 했습니다.

아래 파일은 기본 folder(Ex01506.java가 저장된 folder)의 하위에 있는 Ex015\control2 folder에 저장해야 합니다.

```
// Flyable.java
 1: package Ex015.control2;
 2: public interface Flyable {
 3:     int getPositionX();
 4:     int getPositionY();
 5:     int getHeight();
 6:     int getSpeed();
 7:     String getDirection();
 8:     default int getNoOfPeople() {
 9:         System.out.println("Flyable getNoOfPeople() not defined");
10:         return -1;
11:     }
12: }
```

아래 열기구를 제작하는 회사는 아무 액션도 취하지 않은 상태로 Ex01503 프로그램에서 사용했던 HotAirBalloon class와 동일합니다.

아래 파일은 기본 folder(Ex01506.java가 저장된 folder)의 하위에 있는 Ex015\recreation2 folder에 저장해야 합니다.

```
// HotAirBalloon.java
 1: package Ex015.recreation2;
 2: import Ex015.control2.Flyable;
 3: public class HotAirBalloon implements Flyable {
 4:     static int balloonCount;
        // Ex01503 프로그램에서 사용했던 HotAirBalloon class와 동일함
39:     public static int getBalloonCount() {
40:         return balloonCount;
41:     }
42: }
```

아래 Vehicle class도 Ex01503 프로그램에서 사용했던 Vehicle class와 동일합니다.

아래 파일은 기본 folder(Ex01506.java가 저장된 folder)의 하위에 있는 Ex015\vehicle2 folder에 저장해야 합니다.

```
// Vehicle.java
package Ex015.vehicle2;
class Vehicle {
    // Ex01503 프로그램에서 사용했던 Vehicle class와 동일함
}
```

아래 Airplane class는 Ex01503 프로그램에서 int noOfPeople, noOfPeople=77, getNoOfPeople() method를 추가한 것 이외에는 Airplane class와 동일합니다.

아래 파일은 기본 folder(Ex01506.java가 저장된 folder)의 하위에 있는 Ex015\
vehicle2 folder에 저장해야 합니다.

```
// Airplane.java
 1: package Ex015.vehicle2;
 2: import Ex015.control2.Flyable;
 3: public class Airplane extends Vehicle implements Flyable {
 4:     int positionX;
 5:     int positionY;
 6:     int height;
 7:     String direction;
 8:     int noOfPeople;
 9:     public Airplane(int ec) {
10:         super();
11:         engineCapacity = ec;
12:         positionX = 300;
13:         positionY = 550;
14:         height = 2000;
15:         speed = 400;
16:         direction = "West";
17:         noOfPeople = 77;
18:     }
19:     public int getPositionX() {
20:         return positionX;
21:     }
22:     public int getPositionY() {
23:         return positionY;
24:     }
25:     public int getHeight() {
26:         return height;
27:     }
28:     public int getSpeed() {
29:         return speed;
30:     }
31:     public String getDirection() {
32:         return direction;
33:     }
34:     public int getNoOfPeople() {
35:         return noOfPeople;
36:     }
37:     void showFlyingStatus() {
38:             System.out.println("position  X="+positionX+",  position
Y="+positionY);
39:     }
40: }
```

아래 관제탑에서 비행 물체를 control 프로그램으로 Ex01503을 개선한 Ex01503A
와 동일하나 default method의 작동을 확인할 수 있는 15번째 줄만 더 추가하였
습니다.

예제 | Ex01506

```
 1: import Ex015.control2.Flyable;
 2: import Ex015.recreation2.HotAirBalloon;
 3: import Ex015.vehicle2.Airplane;
 4: class Ex01506 {
 5:    public static void main(String[] args) {
 6:        Flyable[] objs = new Flyable[2];
 7:        objs[0]  = new HotAirBalloon(1400);
 8:        objs[1]  = new Airplane(7700);
 9:        for ( int i=0; i < objs.length ; i++ ) {
10:            int pX = objs[i].getPositionX();
11:            int pY = objs[i].getPositionY();
12:            int height = objs[i].getHeight();
13:            int speed = objs[i].getSpeed();
14:            String direction = objs[i].getDirection();
15:            int noOfPeople = objs[i].getNoOfPeople();
16:                System.out.println("obj["+i+"]=" + objs[i].getClass().
getName() + ", position x=" + pX + ", y=" + pY+", height=" + height + ",
speed="+speed+", direction="+direction+", No of People="+noOfPeople);
17:        }
18:    }
19: }
```

```
D:\IntaeJava>java Ex01506
Fliable getNoOfPeople() not defined
obj[0]=Ex015.recreation2.HotAirBalloon, position x=120, y=350, height=120, speed
=5, direction=North, No of People=-1
obj[1]=Ex015.vehicle2.Airplane, position x=300, y=550, height=2000, speed=400, d
irection=West, No of People=77

D:\IntaeJava>
```

프로그램 설명

▶ 15번째 줄:Flyable interface에 getNoOfPeople() method를 호출하는 명령으로
object가 HotAirBalloon일 경우에는 재정의하지 않았으므로 Flyable interface
에서 정의한 그대로 −1 값을 return합니다. 그리고 object가 Airplane일 경우
에는 재정의하였으므로 제대로된 값 77이 출력되고 있음을 보여주고 있습니다.

interface내에 선언된 static method(15.6절 static method참조)는 상속이 되지
않습니다. 반면 Default method는 상속이 되므로 하위 interface나 interface
를 implements한 class에서 상위에 정의한 default method를 호출할 수 있습니
다. 그런데 상위에 정의된 default method 이름이 같은 이름이 없다면 문제가 없
지만 같은 method 이름이 있다면 하위 interface나 class에서는 어느 method를
사용해야 할지 곤란한 문제가 생깁니다. Class의 경우에는 super class가 한 가지
만 상속되므로 이런 문제가 발생하지 않지만, interface는 2개 이상 상속받거나
implements 가능하므로 이런 문제가 발생합니다.

예제 | Ex01507

다음 프로그램은 default method가 2개 이상 같은 이름이 존재할 때 해결 방안을
보여주고 있습니다.

```java
 1: class Ex01507 {
 2:     public static void main(String[] args) {
 3:         TestClass testClass = new TestClass();
 4:         testClass.testDefault();
 5:     }
 6: }
 7: interface Testable1 {
 8:     default void testDefault() {
 9:         System.out.println("Testable1 default method...");
10:     }
11: }
12: interface Testable2 {
13:     default void testDefault() {
14:         System.out.println("Testable2 default method...");
15:     }
16: }
17: class TestClass implements Testable1,Testable2 {
18:     public void testDefault() {
19:         System.out.println("TestClass normal method...");
20:         Testable1.super.testDefault();
21:         Testable2.super.testDefault();
22:     }
23: }
```

```
D:\IntaeJava>java Ex01507
TestClass normal method...
Testable1 default method...
Testable2 default method...

D:\IntaeJava>
```

프로그램 설명

▶ 4번째 줄:TestClass object의 testDefault() method를 호출하고 있는데, Test
   Class에는 testDefault() method가 상위 interface인 Testable1과 Testable2에서
   상속받아 재정의하고 있습니다.

▶ 18번째 줄:TestClass의 testDefault() method에서 상위 interface의 testDefault()
   method가 같은 이름으로 2개가 있습니다. 만약 18~22 번째 줄을 //로 comment
   처리하면 아래와 같은 에러 메세지가 나옵니다.

```
D:\IntaeJava>javac Ex01507.java
Ex01507.java:17: error: class TestClass inherits unrelated defaults for testDefa
ult() from types Testable1 and Testable2
class TestClass implements Testable1,Testable2 {
^
1 error

D:\IntaeJava>
```

위와 같이 동일한 default method 이름이 있을 경우에는 18번째 줄에서 한 것처럼 반드시 재정의해야 합니다.

▶ 20,21번째 줄:default method를 재정의할 때 상위 default에서 정의한 default를 그대로 이용할 경우에는 해당 상위 interface 이름과 super key word를 사용하여 상위 default method를 호출할 수 있습니다.

두 개 이상의 interface에서 선언된 Default method의 이름이 다르면, 상위 default method는 하위 interface나 class로 상속이 되기 때문에 하위 interface나 class에서는 재정의해도 되고, 안 하면 상속된 default method를 그대로 사용하게 됩니다.

예제 | Ex01507A

아래 프로그램은 default method가 상속되어 하위 class에서 재정의 없이 호출되는 것을 보여주고 있습니다.

```
1: class Ex01507A {
2:    public static void main(String[] args) {
3:        TestClass testClass = new TestClass();
4:        testClass.testDefault3();
5:        testClass.testDefault2();
6:        testClass.testDefault1();
7:    }
8: }
9: interface Testable1 {
10:    default void testDefault1() {
11:        System.out.println("Testable1 default method...");
12:    }
13: }
14: interface Testable2 {
15:    default void testDefault2() {
16:        System.out.println("Testable2 default method...");
17:    }
18: }
19: interface Testable3 extends Testable1,Testable2 {
20:    default void testDefault3() {
21:        System.out.println("Testable3 default method...");
22:    }
23: }
24: class TestClass implements Testable3 {
25:    // define attribute and method here.
26: }
```

```
D:\IntaeJava>java Ex01507A
Testable3 default method...
Testable2 default method...
Testable1 default method...

D:\IntaeJava>
```

프로그램 설명

▶ 4번째 줄:testClass의 testDefault3() method는 20번째 줄에 정의된 Testable3 interface에서 정의된 testDefault3() method가 상속되어 호출된 것입니다.

▶ 5,6번째 줄:testClass의 testDefault1(), testDefault2() method도 10, 15번째 줄에 정의된 Testable1, Testable2 interface에서 정의된 testDefault1(), testDefault2() method가 Testable3 interface를 거쳐 상속되어 호출된 것입니다.

15.6 static method

interface내에 선언된 static method는 상속이 안됩니다. 즉 하위 interface나 interface를 implements하여 만든 class에서 interface 이름 없이 마치 자신의 method인양 사용할 수 없습니다. 하지만 class 내에 선언된 static method는 상속이 됩니다.

예제 | Ex01508

아래 프로그램은 interface 내에 선언된 static method와 class 내에 선언된 static method를 비교할 수 있는 프로그램입니다.

```
 1: class Ex01508 {
 2:     public static void main(String[] args) {
 3:         TestClass testClass = new TestClass();
 4:         testClass.testMethod();
 5:     }
 6: }
 7: interface Testable1 {
 8:     static void testable1Static() {
 9:         System.out.println("Testable1 static method...");
10:     }
11: }
12: class TestClass1 {
13:     static void testClass1Static() {
14:         System.out.println("TestClass1 static method...");
15:     }
16: }
17: class TestClass extends TestClass1 implements Testable1 {
18:     public void testMethod() {
19:         System.out.println("TestClass normal method...");
20:         //testable1Static();
21:         Testable1.testable1Static();
22:         testClass1Static();
```

```
23:        TestClass1.testClass1Static();
24:    }
25: }
```

```
D:\IntaeJava>java Ex01508
TestClass normal method...
Testable1 static method...
TestClass1 static method...
TestClass1 static method...

D:\IntaeJava>
```

프로그램 설명

▶ 20번째 줄:8번째 줄에 선언된 interface 내의 static method는 상속이 안되므로 interface 이름 없이 호출할 수 없습니다. 만약 // comment를 지우고 compile 하면 아래와 같이 에러 메세지가 나옵니다.

```
D:\IntaeJava>javac Ex01508.java
Ex01508.java:20: error: cannot find symbol
        testable1Static();
        ^
  symbol:   method testable1Static()
  location: class TestClass
1 error

D:\IntaeJava>
```

▶ 22번째 줄 :13번째 줄에 선언된 class 내의 static method는 상속이 되므로 마치 자신의 method인 것처럼 호출할 수 있습니다.

▶ 23번째 줄:class 내에 선언된 static method는 class 이름과 함께 호출하는 것은 어떤 method안에서나 호출 가능합니다.

enum type

enum type은 int, double, char과 같은 data type 중의 하나이지만 특별한 type으로 사용자가 지정한 값으로만 구성된 data의 집합를 말합니다. enum type도 enum 변수와 enum 상수를 표현할 수 있습니다

enum type

16

16.1 enum type의 개념

enum type을 좀 더 쉽게 이해되도록 현재까지 배운 datatype을 먼저 예를 들어 enum type이 왜 필요한지를 설명합니다. 지금까지 배운 예를 몇 가지만 나열해 보면

- 0, 1, 2, 3,…과 −1, −2, −3, …과 같은 수 data는 int type으로 분류합니다.
- 'A', 'B', 'C', 과 '1', '2', .. 과 같은 문자data는 char type으로 분류합니다.
- "Hello, Java…"와 같은 String object, 배열 object, User가 정의한 Car object, 등과 같은 object data는 reference type으로 분류합니다.

이 외에도 남자, 여자와 같이 두 종류밖에 없는 data, 동, 서, 남, 북과 같이 4종류로만 이루어진 data, 일, 월, 화, 수, 목, 금, 토요일과 같이 7종류로 이루어진 data, 헐렁하게 입는 옷 size, 즉 small, medium, large, Xlarge, XXLarge와 같이 5가지로만 이루어진 data, 식당에서 스테이크의 굽는 정도에 의한 종류, 즉 rare, medium, welldone과 같이 3가지로만 이루어진 data, 이렇게 우리 주변에는 이런 종류의 data가 많이 있습니다. 이와 같이 이미 data의 값이 한정적으로 정해져 있는 data를 모두 enum type으로 분류할 수 있습니다.

그럼 간단한 enum type을 아래와 같이 자바 형식을 갖추어 정의해보겠습니다.

```
enum Gender {
    MALE, FEMALE
}

enum Direction {
    EAST, WEST, SOUTH, NORTH
}

enum Day {
    SUNDAY, MONDAY, TUESDAY, WEDNESDAY, THURSDAY, FRIDAY, SATURDAY
}

enum Size {
    SMALL, MEDIUM, LARGE, XLARGE, XXLARGE
```

```
    }

    enum Steak {
        RARE, MEDIUM, WELLDONE
    }
```

예제 | Ex01601

다음은 Gender(성별) enum을 이용한 class와 enum을 이용하지 않은 class를 비교한 프로그램입니다. enum을 이용하지 않은 class에 약간의 사소한 실수가 들어가 있습니다. 아래 설명을 보지 말고 찾아보시기 바랍니다.

```
 1: class Ex01601 {
 2:    public static void main(String[] args) {
 3:        Gender a1 = Gender.MALE;
 4:        Gender a2 = Gender.FEMALE;
 5:        System.out.println("Sex a1 = "+a1+", a2 = "+a2);
 6:        Person p1 = new Person("Intae", a1, 54);
 7:        p1.showPersonInfo();
 8:        Person p2 = new Person("Rachael", Gender.FEMALE, 26);
 9:        p2.showPersonInfo();
10:        PersonNonEnum pn1 = new PersonNonEnum("Lina", "FEMALE", 51);
11:        pn1.showPersonInfo();
12:        PersonNonEnum pn2 = new PersonNonEnum("Jason", "MELE", 24);
13:        pn2.showPersonInfo();
14:    }
15: }
16: enum Gender {
17:    MALE, FEMALE
18: }
19: class Person {
20:    String name;
21:    Gender gender;
22:    int age;
23:    Person(String n, Gender s, int a) {
24:        name = n;
25:        gender = s;
26:        age = a;
27:    }
28:    void showPersonInfo() {
29:     System.out.println("name="+name+", gender ="+ gender +", age="+age);
30:    }
31: }
32: class PersonNonEnum {
33:    String name;
```

```
34:     String gender;
35:     int age;
36:     PersonNonEnum(String n, String s, int a) {
37:         name = n;
38:         gender = s;
39:         age = a;
40:     }
41:     void showPersonInfo() {
42:      System.out.println("name="+name+", gender ="+ gender +", age="+age);
43:     }
44: }
```

```
D:\IntaeJava>java Ex01601
Gender a1 = MALE, a2 = FEMALE
name=Intae, gender=MALE, age=54
name=Rachael, gender=FEMALE, age=26
name=Lina, gender=FEMALE, age=51
name=Jason, gender=MELE, age=24

D:\IntaeJava>
```

프로그램 설명

▶ 3,4번째 줄:enum type 변수 a1, a2를 만들고, enum 상수 Gender.MALE, Gender. FEMALE을 각각 저장합니다.

▶ 5번째 줄:enum type 변수의 data를 출력하면 enum type variable에 저장된 상수가 인쇄됩니다.

▶ 6번째 줄:23번째 줄의 Person class의 생성자에 두 번째 parameter가 enum type data를 받게되어 있으므로 6번째 줄에서도 enum type data를 넘겨주어야 합니다. 이때 넘겨주는 data는 변수도 되고 상수도 넘겨줄 수 있습니다. 6번째 줄 에서는 enum type 변수 a1에 저장된 값을 넘겨주고 있습니다.

▶ 8번째 줄:6번째 줄과 동일한 설명이나, 이번에는 enum type 상수를 넘겨주고 있습니다.

▶ 10, 12번째 줄:32번째 줄의 PersonNonEnum class의 생성자는 성별을 받는 parameter가 String으로 되어 있습니다. 그래서 10,12번째 줄에서 "FEMALE" 과 "MELE"이라고 String으로 넘겨주고 있습니다. 그런데 "MELE"이 철자가 틀 렸네요. "MELE"이 아니고, "MALE"이라고 써야 합니다. 그러면 만약 8번째 줄의 Gender.FEMALE을Gender.FEMELE이라고 했다면 아래처럼 compile error가 발생하여 무엇이 잘못되었는지 컴퓨터가 찾아줍니다. 이처럼 enum type을 사용 하면 이렇게 잘못되는 것을 compiler가 찾아주므로 에러를 사전에 방지할 수 있 습니다.

```
D:\IntaeJava>javac Ex01601.java
Ex01601.java:8: error: cannot find symbol
     Person p2 = new Person("Rachael", Gender.FEMELE, 26);
                                              ^
  symbol:   variable FEMELE
  location: class Gender
1 error

D:\IntaeJava>
```

16.2 enum type class

enum은 object의 개수가 확정된 특수한 class라고 생각하면 이해가 쉽습니다. 즉 일반 class는 임의의 개수의 object를 만들 수 있지만 enum은 enum을 정의할 때 object도 같이 정의하므로 object의 개수가 정해집니다.

예제 | Ex01602

아래 프로그램은 서양식 음식점에서 4명의 손님으로부터 Random object를 사용하여, 스테이크 주문을 받은 후 주문받은 스테이크의 종류를 출력하는 프로그램으로 enum을 사용했습니다.

```
 1: import java.util.Random;
 2: class Ex01602 {
 3:    public static void main(String[] args) {
 4:       Steak[] steaks = Steak.receiveOrder();
 5:       for ( int i=0; i<steaks.length ; i++ ) {
 6:          System.out.println("steaks["+i+"] = "+steaks[i]);
 7:       }
 8:    }
 9: }
10: enum Steak {
11:    RARE, MEDIUM, WELLDONE;
12:    static Steak[] receiveOrder() {
13:       Steak[] steaks = new Steak[4];
14:       Random random = new Random();
15:       for ( int i=0; i<steaks.length ; i++ ) {
16:          int n = random.nextInt(3);
17:          switch (n) {
18:             case 0: steaks[i] = RARE;
19:                     break;
20:             case 1: steaks[i] = MEDIUM;
21:                     break;
22:             case 2: steaks[i] = WELLDONE;
23:                     break;
24:          }
25:       }
26:       return steaks;
```

```
27:    }
28: }
```

```
D:\IntaeJava>java Ex01602
steaks[0] = RARE
steaks[1] = MEDIUM
steaks[2] = RARE
steaks[3] = MEDIUM

D:\IntaeJava>
```

프로그램 설명

▶ 위 프로그램에서 정의한 enum Steak와 일반 class정의를 비교 설명해보 겠습니다. Keyword class 대신에 enum keyword를 사용하였고, class에 는 없는 RARE, MEDIUM, WELLDONE라는 3개의 object를 선언하였습니 다. static method receiveOrder()를 선언한 것은 class에서 static method 를 선언하는 방법과 동일한 방법으로 선언하기 때문입니다. 여기에서 RARE, MEDIUM, WELLDONE라는 3개의 object는 attribute는 없고, static method 인receiveOrder() method만 호출할 수 있는 object입니다.

▶ 4번째 줄:Steak object를 저장할 배열 변수 steaks를 선언하고, 12번째 줄에 선언 된 receiveOrder() method를 통해 Steak object 배열의 4개 원소에 각각 Steak object를 저장한 배열을 받습니다. RARE, MEDIUM, WELLDONE는 object 이 름이고, receiveOrder() method가 static method이기 때문에 receiveOrder() method를 호출할 때 아래와 같이 RARE, MEDIUM, WELLDONE를 통해 호 출할 수도 있습니다.

```
Steak[] steaks = Steak.RARE.receiveOrder();
```

예제 | Ex01602A

이해를 돕기 위해 Ex01602 프로그램을 동일한 기능을 하는 아래와 같은 프로그램 으로 다시 만들어 보았습니다. 즉 Ex01602의 enum Steak를 Ex01602A에서는 enum Steak와 class SteakManagement로 분리해놓았습니다.

```
1: import java.util.Random;
2: class Ex01602A {
3:    public static void main(String[] args) {
4:        Steak[] steaks = SteakManagement.receiveOrder();
5:        for ( int i=0; i<steaks.length ; i++ ) {
6:            System.out.println("steaks["+i+"] = "+steaks[i]);
7:        }
8:    }
```

```
 9: }
10: enum Steak {
11:    RARE, MEDIUM, WELLDONE
12: }
13: class SteakManagement {
14:    static Steak[] receiveOrder() {
15:       Steak[] steaks = new Steak[4];
16:       Random random = new Random();
17:       for ( int i=0; i<steaks.length ; i++ ) {
18:          int n = random.nextInt(3);
19:          switch (n) {
20:             case 0: steaks[i] = Steak.RARE;
21:                     break;
22:             case 1: steaks[i] = Steak.MEDIUM;
23:                     break;
24:             case 2: steaks[i] = Steak.WELLDONE;
25:                     break;
26:          }
27:       }
28:       return steaks;
29:    }
30: }
```

```
D:\IntaeJava>java Ex01602A
steaks[0] = RARE
steaks[1] = RARE
steaks[2] = WELLDONE
steaks[3] = RARE

D:\IntaeJava>
```

프로그램 설명

▶ 20,22,24번째 줄에 RARE, MEDIUM, WELLDONE가 아니라 Steak.RARE, Steak.MEDIUM, Steak.WELLDONE라고 정의한 것은 enum Steak와 class SteakManagement가 분리되어 있기 때문에 SteakManagement class에서는 Steak.RARE, Steake.MEDIUM, Steak.WELLDONE라고 선언해야 compile 됩니다.

▶ Ex01602A 프로그램은 이해를 돕기 위해 enum Steak와 class SteakManagement 로 분리한 것으로, Ex01602 프로그램처럼 enum Steak에서 모두 정의하는 것이 더 분별있게 프로그램을 작성했다고 볼 수 있습니다.

16.3 enum attribute와 method

Enum은 object의 개수가 확정된 것을 제외하고는 class와 유사하므로 Ex01602 프로그램에서 사용한 static method뿐만 아니라, 일반 method는 물론, attribute 생성자도 일반 class와 동일한 방법으로 선언 가능합니다.

예제 | Ex01602B

아래 프로그램은 enum type Steak가 object RARE, MEDIUM, WELLDONE의 object를 가진 enum Steak를 정의하고 4명의 손님으로부터 RARE, MEDIUM, WELLDONE의 Stake를 Random object로 주문을 받아 요리를 하는데 거리는 시간과 전체 주문받은 상황을 출력하는 프로그램입니다.

```
 1: import java.util.Random;
 2: class Ex01603 {
 3:    public static void main(String[] args) {
 4:       Steak[] steaks = Steak.receiveOrder();
 5:       for ( int i=0; i<steaks.length ; i++ ) {
 6:          System.out.println("steaks["+i+"] = "+steaks[i]);
 7:       }
 8:                   System.out.println("Total  cooking  time  =  "+Steak.
getTotalCookingTime(steaks)+" minutes");
 9:       Steak.showSteakQty(steaks);
10:    }
11: }
12: enum Steak {
13:    RARE(7), MEDIUM(10), WELLDONE(12);
14:    private int cookingTime;
15:    Steak(int ct) {
16:       this.cookingTime = ct;
17:    }
18:    int getCookingTime() {
19:       return this.cookingTime;
20:    }
21:    static int getTotalCookingTime(Steak[] steaks) {
22:       int totalCookingTime = 0;
23:       for ( int i=0; i<steaks.length ; i++ ) {
24:       totalCookingTime = totalCookingTime + steaks[i].getCookingTime();
25:       }
26:       return totalCookingTime;
27:    }
28:    static void showSteakQty(Steak[] steaks) {
29:       int rareQty = 0;
30:       int mediumQty = 0;
31:       int welldoneQty = 0;
32:       for ( int i=0; i<steaks.length ; i++ ) {
33:          switch (steaks[i]) {
34:             case RARE: rareQty++;
35:                      break;
36:             case MEDIUM: mediumQty++;
```

```
37:                      break;
38:               case WELLDONE: welldoneQty++;
39:                      break;
40:          }
41:       }
42:          System.out.println("Rare Qty = "+rareQty+", Medium Qty = "+mediumQty+", welldone Qty = "+welldoneQty);
43:    }
44:    static Steak[] receiveOrder() {
45:       Steak[] steaks = new Steak[4];
46:       Random random = new Random();
47:       for ( int i=0; i<steaks.length ; i++ ) {
48:          int n = random.nextInt(3);
49:          switch (n) {
50:             case 0: steaks[i] = RARE;
51:                      break;
52:             case 1: steaks[i] = MEDIUM;
53:                      break;
54:             case 2: steaks[i] = WELLDONE;
55:                      break;
56:          }
57:       }
58:       return steaks;
59:    }
60: }
```

```
D:\IntaeJava>java Ex01603
steaks[0] = MEDIUM
steaks[1] = RARE
steaks[2] = RARE
steaks[3] = WELLDONE
Total cooking time = 36 minutes
Rare Qty = 2, Medium Qty = 1, welldone Qty = 1

D:\IntaeJava>
```

프로그램 설명

▶ 13번째 줄:RARE(7), MEDIUM(10), WELLDONE(12)라고 한 것은 일반 class에서 new keyword를 사용하여 object를 아래와 같이 생성한 것과 동일합니다.

- RARE(7):Steak RARE = new Steak(7);
- MEDIUM(10):Steak MEDIUM = new Steak(10);
- WELLDONE(12):Steak WELLDONE = new Steak(12);

즉 Steak enum 은 3개의 object만 사용 가능합니다.

▶ 21~27번째 줄:4명으로 주문받은 4개의 Steak를 각각의 cooking time을 더해서 총 cooking time을 산출하는 method입니다. 4개의 Steak는 RARE, MEDIUM, WELLDONE 중의 하나이고, RARE는 Steak의 object로 attribute cookingTime에 7이 저장되어 있고, MEDIUM은 attribute cookingTime에 10,

WELLDONE은 attribute cookingTime에 12가 저장되어 있습니다. 그러므로 getCookingTime() method를 사용하여 Steak 4개의 cookingTime을 더하여 총 cookingTime을 산출한 후 totalCookingime을 return해줍니다.

16.4 enum values() method

enum type은 object의 개수가 확정된 특수한 class이므로 이미 몇 개의 object가 있는지 enum을 선언할 때 알 수 있습니다. 그래서 자바는 전체 enum object가 몇 개인지 알 수 있도록 values()라는 method를 compile단계에서 enum object에 삽입하여 줍니다. values() method는 enum 상수가 선언된 순서대로 enum object를 배열로 만들어 enum배열 object를 return해줍니다.

예제 | Ex01604

다음 프로그램은 values() method를 사용한 프로그램으로 각 나라별 인구와 일인 당 연수입을 기준으로 본인 가족의 연수입이 각 나라별로 보았을 때 어느 정도의 수준의 수입이 되는지를 비교하여 data를 출력하는 프로그램입니다.

```
1: class Ex01604 {
2:    public static void main(String[] args) {
3:        if ( args.length != 2 ) {
4:            System.out.println("Usage: java Ex01604 <your family income>
<No of family>");
5:            return;
6:        }
7:        double familyIncome = Double.parseDouble(args[0]);
8:        int noOfFamily = Integer.parseInt(args[1]);
9:        Country[] country = Country.values();
10:        System.out.println("Country    Population    Income/Person    Your
income/Family  "+noOfFamily+" family comparison ");
11:        System.out.println("            (Million)        ($/Year)            ($/
Year)              (%) ");
12:        for ( int i= 0 ; i< country.length ; i++ ) {
13:            double population = country[i].getPopulation();
14:            double incomePerPersion = country[i].getIncomePerPerson();
15:            double comparison = familyIncome/country[i].getFamilyIncome(n
oOfFamily)*100;
16:            System.out.printf("%-10s    %7.1f        %9.0f            %9.0f
%7.1f  \n",  country[i],  population,  incomePerPersion,  familyIncome,
comparison);
17:        }
18:    }
```

```
19: }
20: enum Country {
21:     KOREA(50.0, 22670), CANADA(34.9, 50970), USA(313.9, 50120);
22:     private double population;    // unit = million people
23:     private double incomePerPerson;
24:     Country(double p, double n) {
25:         this.population = p;
26:         this.incomePerPerson = n;
27:     }
28:     double getPopulation() {
29:         return population;
30:     }
31:     double getIncomePerPerson() {
32:         return incomePerPerson;
33:     }
34:     double getFamilyIncome(int noOfFamly) {
35:         return incomePerPerson * noOfFamly;
36:     }
37: }
```

```
D:\IntaeJava>java Ex01604 134000 4
Country    Population   Income/Person   Your income/Family   4 family comparison
           (Million)    ($/Year)        ($/Year)             (%)
KOREA      50.0         22670           134000               147.8
CANADA     34.9         50970           134000               65.7
USA        313.9        50120           134000               66.8

D:\IntaeJava>
```

프로그램 설명

▶ 3번째 줄:이 프로그램을 수행하기 위해서는 가구당 수입을 $로 금액으로 환산하여 입력하고, 가구당 가족수도 입력해야 됩니다.

▶ 9번째 줄:values() method를 이용하여 모든 enum object를 배열로 받아 냅니다.

▶ 12~17번째 줄:각 나라별 enum object에서 인구와 일 인당 연수입을 얻어내어 출력하고, 입력받은 가구의 연수입과, 몇인 가구인지에 따라 각 나라별로 보았을 때 수입이 어느정도 수준이 되는지 비교를 한 data를 출력합니다.

16.5 enum 정리

다음은 지금까지 언급한 사항과 위 예제 프로그램에는 나타나지 않은 사항들을 모두 종합해서 나열하고 있습니다.

① 모든 enum type은 abstract(추상) class인 java.lang.Enum을 묵시적으로 상속합니다. enum은 어떠한 다른 class로부터 상속받지도, 하위 class로 상속해

주지도 않습니다.

② 상속은 못해오지만 interface는 implements할 수 있습니다.

예제 | Ex01605

아래 프로그램은 interface를 implments하는 것을 보여주고 있습니다.

```
1: class Ex01605 {
2:    public static void main(String[] args) {
3:       for ( City c:City.values() ) {
4:          c.showInfo();
5:       }
6:    }
7: }
8: enum City implements Showable {
9:    SEOUL(16.2), PUSAN(9.8), CALGARY(1.1);
10:   double population;
11:   City(double p) {
12:     population=p;
13:   }
14:   public void showInfo() {
15:     System.out.println("The population of "+name()+" is "+population+"
million");
16:   }
17: }
18: interface Showable {
19:    void showInfo();
20:}
```

프로그램 설명

▶ 8번째 줄:Showable interface를 interface를 하여 enum City를 정의합니다.

▶ 14번째 줄:showInfo() method는 19번째 줄에 있는 showInfo()를 재정의합니다.

중첩 class

중첩 class(nested class)는 class 안에 중첩되게 class를 선언하는 것을 말하며, 중첩 class는 다시 static class(정적 class)와 non-static class(동적 class)로 나눕니다. static class는 말 그대로 class 앞에 static keyword을 사용하여 선언된 class를 말하며, non-static class는 inner class(내부 class)라고도 말합니다. 마지막으로 outer class(외부 class)에서 object를 만든 후에야 비로소 inner class의 object를 만들 수 있는 class를 말합니다.

중첩 class　　　　17

중첩 class를 분류하면 다음과 같이 분류할 수 있습니다.

- static nested class(정적 중첩 class)

① static nested class(정적 중첩 class)

- non-static nested class(동적 중첩 class, inner class)

② member class(일반적으로 inner class라고 하면 member class를 의미합니다.)

③ local class(지역 class)

④ Anoymous class(익명 class)

중첩 class를 사용하는 목적은 다음과 같습니다.

- 어떤 B라는 class가 오직 A class에만 사용된다면 B class를 A class 안에 넣는 것이 더 합리적일 것입니다.

- 중첩 class를 사용하면 은닉화를 더 향상 시킬 수 있습니다. 예를 들면 두 class A(outer),B에서 오직 B class만 A class의 attribute를 access 하는 일이 발생한다면, B class(inner)를 A class(outer)의 중첩 class로 선언하고, A class의 attribute를 private으로 선언할 수 있습니다. 그리고 B class도 private으로 선언하여 A class를 B class가 아닌 다른 class로부터 은닉화할 수 있습니다.

- A, B class에서 두 class가 밀접한 관계에 있고, B class가 A class의 nested class라면, B class에서 A class의 member를 쉽게 접근할 수 있으므로 program 작성하기 쉽습니다. 나중에 수정사항 발생 시 프로그램 logic 파악하는데도 단시간에 할 수 있는 장점이 있습니다.

17.1 static 중첩 class

static 중첩(nested) class는 class 속에 class를 선언한 것 이외에는 일반 class와 동일한 기능을 합니다. 따라서 static nested class는 object를 생성하는 표기법과, object참조형 변수 선언하는 표기법만 다를뿐 나머지는 일반 class와 동일하게 취급하면 됩니다.

static nested class의 선언 문법은 아래와 같습니다.

① 일반 class 내에 static keyword를 class key word앞에 선언합니다.

② object 참조형 변수 선언하는 법

- 제3의 class에서 선언할 때 바깥쪽 class 이름과 안쪽 class 이름 사이에 dot(.) 로 연결하여 선언합니다.

  예 `Outer.Inner oiObj;`

- 바깥쪽 class 내에서 선언할 때 안쪽 class 이름만으로 선언합니다.

  예 `Inner iObj;`

③ object 생성하는 법

- 제3의 class에서 선언할 때 new keyword와 바깥쪽 class 이름과 안쪽 class 이름 사이에 dot(.)로 연결하여 생성합니다.

  예 `new Outer.Inner();`

- 바깥쪽 class 내에서 선언할 때 new keyword와 안쪽 class 이름만으로 선언합니다.

  예 `new Inner();`

예제 | Ex01701

아래 프로그램은 Car class와 차 주인 Owner class로 구성되며 Owner class는 Car object의 주인을 나타내는 class이므로 오직 Car class에서만 사용합니다. 그러므로 Owner class를 Car class의 안쪽에 선언하였으며, static nested class의 예를 보여주고 있습니다.

```
1: class Ex01701 {
2:    public static void main(String[] args) {
3:       Car c1 = new Car(1001);
4:       Car.Owner co1 = new Car.Owner("Intae", "123-4321");
5:       c1.setOwner(co1);
6:       c1.showInfo();
7:       Car c2 = new Car(1002, "Lina", "321-5577");
8:       c2.showInfo();
9:    }
10: }
11: class Car {
12:    int licenseNo;
13:    Owner owner;
14:    Car(int ln) {
15:       licenseNo = ln;
16:    }
17:    Car(int ln, String n, String p) {
18:       licenseNo = ln;
19:       owner = new Owner(n, p);
20:    }
21:    void setOwner(Owner o) {
```

```
22:        owner = o;
23:     }
24:     void showInfo() {
25:        System.out.println("Car licenseNo=" + licenseNo + ", Owner name="
+ owner.getName() + ", phone#=" + owner.getPhoneNo());
26:     }
27:     static class Owner {
28:        String name;
29:        String phoneNo;
30:        Owner(String n, String p) {
31:           name = n;
32:           phoneNo = p;
33:        }
34:        String getName() {
35:           return name;
36:        }
37:        String getPhoneNo() {
38:           return phoneNo;
39:        }
40:     }
41: }
```

```
D:\IntaeJava>java Ex01701
Car licenseNo=1001, Owner name=Intae, phone#=123-4321
Car licenseNo=1002, Owner name=Lina, phone#=321-5577

D:\IntaeJava>
```

프로그램 설명

▶ 4번째 줄:Car class의 안쪽에 선언된 Owner class의 object 참조형 변수 선언과 object를 생성하고 있습니다.(문법②,③ 참조)

▶ 13번째 줄:Car class의 안쪽에서 Owner class의 object 참조형 변수를 선언하고 있습니다. (문법② 참조)

▶ 19번째 줄:Car class의 안쪽에서 Owner class의 object를 생성하고 있습니다. (문법③ 참조)

▶ 27번째 줄:Car class의 안쪽에 Owner class를 선언할 때 static key word를 사용하고 있으며, 그러므로 Owner class는 Car class 안에 선언된 nested static class입니다.(문법① 참조)

예제 | Ex01701A

위 프로그램 Ex01701은 Car object에서 보면 owner가 누구인지 알 수 있지만 Owner object 입장에서 보면 어떤 차를 가지고 있는지 알 수가 없다라는 문제점이 있습니다. 그래서 Owner object 입장에서 어떤 차를 소유하고 있는지를 알기 위해

Owner object에도 Car object의 정보를 가질 수 있도록 아래 프로그램과 같이 개선했습니다.

```
 1: class Ex01701A {
 2:    public static void main(String[] args) {
 3:        Car c1 = new Car(1001);
 4:        Car.Owner co1 = new Car.Owner(c1, "Intae", "123-4321");
 5:        c1.setOwner(co1);
 6:        co1.showOwner();
 7:        Car c2 = new Car(2002, "Lina", "321-5577");
 8:        c2.owner.showOwner();
 9:    }
10: }
11: class Car {
12:    int licenseNo;
13:    Owner owner;
14:    Car(int ln) {
15:        licenseNo = ln;
16:    }
17:    Car(int ln, String n, String p) {
18:        licenseNo = ln;
19:        owner = new Owner(this, n, p);
20:    }
21:    void setOwner(Owner o) {
22:        owner = o;
23:    }
24:    void showInfo() {
25:        System.out.println("Car licenseNo=" + licenseNo + ", Owner name="
+ owner.getName() + ", phone#=" + owner.getPhoneNo());
26:    }
27:    static class Owner {
28:        Car car; // added from Ex01701A
29:        String name;
30:        String phoneNo;
31:        Owner(Car c, String n, String p) { // changed to add Car object
32:            car = c;  // added
33:            name = n;
34:            phoneNo = p;
35:        }
36:        String getName() {
37:            return name;
38:        }
39:        String getPhoneNo() {
40:            return phoneNo;
41:        }
42:        void showOwner() {
43:                         System.out.println("Owner   name="+getName()+",
```

```
phone#="+getPhoneNo()+", Car licenseNo="+car.licenseNo);
44:        }
45:    }
46: }
```

```
D:\IntaeJava>java Ex01701A
Owner name=Intae, phone#=123-4321, Car licenseNo=1001
Owner name=Lina, phone#=321-5577, Car licenseNo=2002

D:\IntaeJava>
```

프로그램 설명

▶ 6번째 줄:Owner object co1의 정보를 출력하기 위해 showOwner() method를 호출합니다.

▶ 8번째 줄:Car object c2의 Owner object 정보를 출력하기 위해 c2에서 owner attribute를 먼저 access하여 Owner object를 알아낸 후 다시 showOwner() method를 호출합니다.

▶ 28번째 줄:Owner class에서 Car object의 정보를 얻기 위해 만든 Car object reference 기억장소입니다. 즉 Owner object에서 어떤 차가 자신의 차인지 정보를 얻어내기 위해 만든 Car object 기억장소입니다.

▶ 31,32번째 줄:생성자에서 Car object를 넘겨받아 car에 저장합니다.

▶ 42,43,44번째 줄:Owner object에서 owner의 정보를 출력합니다. 여기서 주의할 점은 licenseNo는 Car object에 저장되어 있으므로 car object 이름을 car. licenseNo라고 분명히 써주어야 합니다.

static nested class는 class안에 class를 선언한 것 이외에는 다른 일반 class와 동일하게 취급되므로 서로 밀접한 관계에 있는 두 object간에도 서로의 정보를 얻기 위해서는 서로의 object를 가지고 있어야 합니다. 하지만 다음 절에서 소개할 inner class에서는 이런 문제를 해결해주고 있습니다.

17.2 Member class

Non-static nested class인 member class는 inner class의 object가 바깥 class의 object에 종속되어 있습니다. 즉 바깥 class의 object가 생성이 되어야 안쪽 (member)class의 object를 생성할 수 있습니다.

① inner class는 바깥 class의 member 위치, 즉 attribute나 method를 선언하는 위치에 선언합니다. 그래서 inner class를 member class라고 부르기도 합니다. 선언하는 위치는 static nested class의 위치와 동일하나 static이라는 key word는 사용하지 않습니다.

② inner class의 object에서 바깥 class의 attribute나 method를 마치 자신의 attribute나 method인 것처럼 접근할 수 있습니다.

③ inner class는 바깥 class의 object에 종속되게 만들어져있기 때문에 inner class만을 위한 data는 다루지 않습니다. 그러므로 Inner class내에서는 static 변수나 method를 선언할 수 없습니다.

④ object 참조형 변수 선언하는 법:static nested class와 동일합니다.

- 제3의 class에서 선언할 때 바깥쪽 class 이름과 안쪽 class 이름 사이에 dot(.) 로 연결하여 선언합니다.

  예 Outer.Inner oiObj;

- 바깥쪽 class 내에서 선언할 때 안쪽 class 이름만으로 선언합니다.

  예 Inner iObj;

⑤ object 생성하는 법:바깥쪽 class 내에서 선언하는 static nested class와 동일하나, 제3의 class에서 선언할 때는 static nested class와 다르니 주의가 필요합니다.

- 제3의 class에서 선언할 때는 inner class의 object는 바깥 class의 object가 있어야 만들 수 있고, 만드는 형식은 다음과 같습니다

  예 outerObject.new InnerClass();

- 바깥쪽 class 내에서 선언할 때 new keyword와 안쪽 class 이름만으로 선언합니다.

  예 new Inner();

예제 | Ex01702

다음은 Parents class 내에 Child class가 Parents에 종속되어 있는 것을 보여주기 위한 프로그램입니다.

```
1: class Ex01702 {
2:    public static void main(String[] args) {
3:        Parents p1 = new Parents("Intae");
4:        Parents.Child c1 = p1.new Child("Jason");
5:        p1.setChild(c1);
6:        p1.showInfo();
7:        c1.showInfo();
8:        System.out.println();
9:        Parents p2 = new Parents("Chris");
10:       p2.setChild(c1);
11:       p2.showInfo();
12:       c1.showInfo();
13:    }
```

```
14: }
15: class Parents {
16:     String fatherName;
17:     Child child;
18:     Parents(String fn) {
19:         fatherName = fn;
20:     }
21:     void setChild(Child c) {
22:         child = c;
23:     }
24:     void showInfo() {
25:             System.out.println("Parents  father="+fatherName+",  Child
name="+child.name);
26:     }
27:     class Child {
28:         String name;
29:         Child(String n) {
30:             name = n;
31:         }
32:         void showInfo() {
33:       System.out.println("Child name="+name+", father Name="+fatherName);
34:         }
35:     }
36: }
```

```
D:\IntaeJava>java Ex01702
Parents father=Intae, Child name=Jason
Child name=Jason, father Name=Intae

Parents father=Chris, Child name=Jason
Child name=Jason, father Name=Intae

D:\IntaeJava>
```

프로그램 설명

▶ 3,4번째 줄:Parents object p1을 만들고 이를 기반으로 Child object c1을 생성합니다.(문법④,⑤ 참조)

▶ 5번째 줄:Parents object p1에 Child object c1을 설정해줍니다.

▶ 6번째 줄:Parents object p1이 가지고 있는 정보를 출력합니다. 5번째 줄에서 Child object c1을 설정해주었기 때문에 p1이 가지고 있는 Child object의 이름도 출력해 줍니다.

▶ 7번째 줄:Child object c1이 가지고 있는 정보를 출력합니다. Child object c1은 Parents object를 기반으로 만들어졌기 때문에 Parents object p1의 attribute인 fatherName도 마치 Child object의 attribute인 것처럼 33번째 줄에서 출력 가능합니다. 이 사항은 중요한 사항으로 inner class를 사용하는 장점 중에 하나입니다.

▶ 10번째 줄:Parents object p2에 Child object c1을 설정해줍니다. Child object
c1은 Parents object p1을 기반으로 만들었기 때문에 Parents object p2가 c1을
자신의 Child object라고 설정해줄 수는 있지만 12번째 줄에서 c1.showInfo()를
수행시키면 c1이 Parents는 p1임을 알 수 있습니다. 즉 c1의 Parents object는
p1이라는 것은 변할 수 없습니다.

예제 | Ex01702A

다음은 Parents class 내에 Child class가 Parents에 종속되어 있는 것을 좀 더 자
세히 보여주기 위한 프로그램입니다.

```
 1: class Ex01702A {
 2:    public static void main(String[] args) {
 3:        Parents p1 = new Parents("Intae", "Lina","Seoul Guro-Gu Shinjung-
Dong");
 4:        Parents.Child c1 = p1.new Child("Jason", Gender.MALE, 1996);
 5:        p1.setChild(c1);
 6:        p1.showInfo();
 7:        c1.showInfo();
 8:        Parents p2 = new Parents("Chris", "Jenny","Seoul Guro-Gu Mok-
Dong","Amanda",Gender.FEMALE,2001);
 9:        p2.showInfo();
10:        p2.getChild().showInfo();
11:    }
12: }
13: class Parents {
14:    String fatherName;
15:    String motherName;
16:    String address;
17:    Child child;
18:    Parents(String fn, String mn, String ad) {
19:        fatherName = fn;
20:        motherName = mn;
21:        address = ad;
22:    }
23:    Parents(String fn, String mn, String ad, String cn, Gender s, int
by) {
24:        fatherName = fn;
25:        motherName = mn;
26:        address = ad;
27:        child = new Child(cn, s, by);
28:    }
29:    void setChild(Child c) {
30:        child = c;
31:    }
32:    Child getChild() {
33:        return child;
```

```
34:     }
35:     void showInfo() {
36:               System.out.println("Parents   father="+fatherName+",
mother="+motherName+", address="+address);
37:     }
38:     class Child {
39:        String name;
40:        Gender gender;
41:        int birthYear;
42:        Child(String n, Gender s, int by) {
43:           name = n;
44:           gender = s;
45:           birthYear = by;
46:        }
47:        void showInfo() {
48:           System.out.println("Child name="+name+", gender="+gender+",
birth Year="+birthYear+", father="+fatherName);
49:        }
50:     }
51: }
52: enum Gender {
53:     MALE, FEMALE
54: }
```

```
D:\IntaeJava>java Ex01702A
Parents father=Intae, mother=Lina, address=Seoul Guro-Gu Shinjung-Dong
Child name=Jason, gender=MALE, birth Year=1996, father=Intae
Parents father=Chris, mother=Jenny, address=Seoul Guro-Gu Mok-Dong
Child name=Amanda, gender=FEMALE, birth Year=2001, father=Chris

D:\IntaeJava>
```

프로그램 설명

▶ 4번째 줄:Parents object p1하에서 Child object를 생성하고 있습니다.(문법 ④,⑤ 참조)

▶ 27번째 줄:Parents class의 안쪽에 Child class의 object를 생성하고 있습니다. (문법⑤ 참조)

▶ 38번째 줄:inner class를 attribute나 method 선언하는 부분에서 선언하고 있습니다.(문법① 참조)

▶ 48번째 줄:fatherName은 Parents class의 attribute인데도 마치 Child class 의 attribute인 것처럼 사용하고 있습니다.(문법② 참조)

예제 | Ex01702B

다음 프로그램은 inner class의 object가 바깥 class의 object에 종속되어 있다라는 것을 좀 더 확실하게 보여주는 예입니다. 우선 프로그램의 상황에 대해 설명하면,

p1이라는 부모 object에 아이 object 두 개를 생성합니다. P2라는 부모 object에 아이 object를 하나 생성합니다. P1에 부모에 속한 한 아이 object(Jason)가 p2 부모 object로 입양을 가면 입양간 아이 object의 fatherName은 p1의 fatherName일까요? 아니면 p2의 fatherName일까요 ?

아래 프로그램에서 자식(Child) object list를 만들 때 20장 'Collection'에서 설명할 Vector class를 사용하면 더 편리하게 만들 수 있으나, 아직 Vector class를 소개하지 않았기 때문에 배열 Object를 사용했습니다.

```
 1: class Ex01702B {
 2:    public static void main(String[] args) {
 3:         Parents p1 = new Parents("Intae", "Lina","Seoul Shinjung-Dong","123-3456");
 4:       Parents.Child c1 = p1.new Child("Jason", Gender.MALE, 1996, "111-2222");
 5:        Parents.Child c2 = p1.new Child("Rachel", Gender.FEMALE, 1999, "111-3333");
 6:       p1.addChild(c1);
 7:       p1.addChild(c2);
 8:       p1.showInfo();
 9:    Parents p2 = new Parents("Chris", "Jenny","Seoul Mok-Dong","234-5678", "Amanda",Gender.FEMALE,2001,"222-5555");
10:       p2.showInfo();
11:
12:       Parents.moveChild(p1,p2,c1);
13:        System.out.println("===== After Jason moved from Intae to Chris =====");
14:       p1.showInfo();
15:       p2.showInfo();
16:
17:       c2.setPhoneNo("333-8888");
18:    }
19: }
20: class Parents {
21:    String fatherName;
22:    String motherName;
23:    String address;
24:    String phoneNo;
25:    Child[] child = new Child[0];
26:    Parents(String fn, String mn, String ad, String pn) {
27:       fatherName = fn;
28:       motherName = mn;
29:       address = ad;
30:      phoneNo = pn;
31:    }
32:    Parents(String fn, String mn, String ad, String pn, String cn, Gender s, int by, String cpn) {
```

```
33:        fatherName = fn;
34:        motherName = mn;
35:        address = ad;
36:        phoneNo = pn;
37:        addChild(new Child(cn, s, by, cpn));
38:    }
39:    void addChild(Child c) {
40:        Child[] newChildList = new Child[child.length+1];
41:        for ( int i=0; i< child.length ; i++ ) {
42:            newChildList[i] = child[i];
43:        }
44:        newChildList[newChildList.length-1]  = c;
45:        this.child = newChildList;
46:    }
47:    boolean removeChild(Child c) {
48:        int findIdx = -1;
49:        for ( int i=0; i< child.length ; i++ ) {
50:            if ( child[i].equals(c) ) {
51:                findIdx = i;
52:            }
53:        }
54:        if ( findIdx >= 0 ) {
55:            Child[] newChildList = new Child[this.child.length-1];
56:            int j = 0;
57:            for ( int i=0; i< child.length ; i++ ) {
58:                if ( !child[i].equals(c) ) {
59:                    newChildList[j++] = child[i];
60:                }
61:            }
62:            child = newChildList;
63:            return true;
64:        } else {
65:            return false;
66:        }
67:    }
68:    void showInfo() {
69:        System.out.println("Parents father=" + fatherName + ", mother=" +
motherName + ", address=" + address + ", phone#=" + phoneNo);
70:        for ( int i=0; i< child.length ; i++ ) {
71:            child[i].showInfo();
72:        }
73:        System.out.println();
74:    }
75:    static void moveChild(Parents fromParents, Parents toParents, Child
c) {
76:        boolean ok = fromParents.removeChild(c);
77:        if ( ok ) {
78:            toParents.addChild(c);
79:        }
```

```
80:    }
81:    class Child {
82:        String name;
83:        Gender gender;
84:        int birthYear;
85:        String phoneNo;
86:        Child(String n, Gender s, int by, String pn) {
87:            name = n;
88:            gender = s;
89:            birthYear = by;
90:            phoneNo = pn;
91:        }
92:        void showInfo() {
93:            System.out.println("Child name="+name+", gender="+gender+",
birth Year="+birthYear+", father="+fatherName+", phone#="+phoneNo);
94:        }
95:        void setPhoneNo(String phoneNo) {
96:            System.out.println("phoneNo new="+phoneNo+", Child="+this.
phoneNo+", parents="+Parents.this.phoneNo);
97:            this.phoneNo = phoneNo;
98:        }
99:    }
100: }
101: enum Gender {
102:    MALE, FEMALE
103: }
```

```
D:\IntaeJava>java Ex01702B
Parents father=Intae, mother=Lina, address=Seoul Shinjung-Dong, phone#=123-3456
Child name=Jason, gen=MALE, birth Year=1996, father=Intae, phone#=111-2222
Child name=Rachel, gen=FEMALE, birth Year=1999, father=Intae, phone#=111-3333

Parents father=Chris, mother=Jenny, address=Seoul Mok-Dong, phone#=234-5678
Child name=Amanda, gen=FEMALE, birth Year=2001, father=Chris, phone#=222-5555

===== After Jason moved from Intae to Chris ======
Parents father=Intae, mother=Lina, address=Seoul Shinjung-Dong, phone#=123-3456
Child name=Rachel, gen=FEMALE, birth Year=1999, father=Intae, phone#=111-3333

Parents father=Chris, mother=Jenny, address=Seoul Mok-Dong, phone#=234-5678
Child name=Amanda, gen=FEMALE, birth Year=2001, father=Chris, phone#=222-5555
Child name=Jason, gen=MALE, birth Year=1996, father=Intae, phone#=111-2222

phoneNo new=333-8888, Child=111-3333, parents=123-3456

D:\IntaeJava>
```

프로그램 설명

▶ 3,4,5번째 줄:Ex01702A 프로그램과 비슷한 내용으로 하나의 Parents object p1
과 2개의 Child object c1, c2를 만듭니다.

▶ 6,7번째 줄:Ex01702A 프로그램과는 조금 다르게 하나의 부모 밑에 여러 명의 자
녀가 있을 수 있으므로 배열에 Child object c1과 c2를 추가해 넣습니다.

▶ 9번째 줄:Ex01702A 프로그램과 비슷한 내용으로 하나의 Parents object p2와
1개의 Child object를 Parents생성자를 통해 만듭니다.

▶ 12번째 줄:Parent object p1에 있는 하나의 Child object를 Parent p2로 넘깁니다.

▶ 14번째 줄:Parents object p1의 출력 결과를 보면 자녀 "Jason"은 p1의 child배열에서 삭제된 것을 알 수 있습니다.

▶ 15번째 줄:Parents object p2의 출력 결과를 보면 자녀 "Jason"은 p2의 child배열에 추가된 것을 알 수 있습니다.

그런데 여기서 중요한 사실은 Child object "Jason"의 fatherName은 "Intae"입니다. 즉 4번째 줄 Parents object p1, "Intae"을 기반으로 만든 object의 Parent는 Child object가 다른 Parent object의 child배열로 옮겨진다 해도 Child object가 만들어질 때의 Parent object가 변함없이 연결되어 있습니다.

■ 바깥 class의 attribute 이름과, inner class의 attribute 이름, inner class method 내의 local variable 이름이 같은 경우 ■

- 17번째 줄에서 Child object c2의 전화번호를 새로운 번호로 바꾸기 위해 setPhoneNo() method를 호출하였습니다.
- 96번째 줄에서 phoneNo는 기본적으로 local phoneNo입니다. 만약 local phoneNo variable이 없다면, Child object의 phoneNo를 가르키는 것이고, Child class에 phoneNo attribute가 없다면, Parents의 phoneNo를 가르키는 것입니다.

하지만 위에서 언급한 3가지가 모두 다 있다면, 그리고 3가지 모두를 출력하고자 하면,

① phoneNo는 기본적으로 local phoneNo이므로 아무런 추가사항 없이 phoneNo라고 하면 되고,

② Child object의 phoneNo를 출력하고자 할 때는 this.phoneNo라고 하면되고,

③ Parents의 phoneNo일 경우에는 Parents.this.phoneNo라고 해야 합니다.
   Parents.this.phoneNo에 대해 다시 분석해보면, Child object에서는 관련이 있는 object가 두 개입니다. Child object 자기 자신이 만들어질 당시의 Parents object입니다. this key word는 자기 자신을 나타내는 말이고, Parents.this는 Parents class의 this object라는 의미로 자신을 만들 때 사용했던 Parents object를 의미합니다.

17.3 Local class(지역 class)

Local class는 말 그대로 local(method내)에 선언된 inner class입니다. Local class가 method 내에 선언되다 보니 다음과 같은 규칙이 적용됩니다.

① Local class 내에서는 member class와 마찬가지로 바깥 class의 attribute를 access할 수 있습니다.

② 바깥 class의 method 내에서 선언된 local 기억장소도 local class내에서 access가 가능합니다. 단 그 local 기억장소는 final로 선언되어 있거나, final로 선언이 안 되어 있어도 새로운 값으로 변경할 수 있는 기억장소가 아닙니다. 즉 묵시적으로 final입니다.

③ local class의 object 생성은 local class가 선언된 method 내에서만 생성할 수 있으며, 생성하는 방법은 일반 class가 object 생성하는 방법과 동일합니다.

④ local class가 선언된 method 이외의 장소에서는 해당 local class를 access할 수 없습니다.

⑤ local class가 선언된 method에서만 local class에 access할 수 있으므로 바깥 class에서 local class의 object를 생성할 수 없습니다.

예제 | Ex01703

아래 프로그램은 Local class의 정의와 Local class로부터 object를 어떻게 생성하는지를 보여주는 프로그램입니다.

```
 1: class Ex01703 {
 2:    public static void main(String[] args) {
 3:        Car c1 = new Car(1001, 200, "Green");
 4:        c1.addPassenger();
 5:        c1.showCarInfo();
 6:        Car c2 = new Car(1002, 300, "Red");
 7:        //c2.addPassenger();
 8:        c2.showCarInfo();
 9:    }
10: }
11: class Car {
12:    int licenseNo;
13:    int fuelTank;
14:    String color;
15:    int noOfPassenger;
16:    Car(int ln, int f, String c) {
17:        licenseNo = ln;
18:        fuelTank = f;
19:        color = c;
20:    }
```

```
21:    void addPassenger() {
22:       class Passenger {
23:          String name;
24:          Passenger(String n) {
25:            name = n;
26:            noOfPassenger++;
27:          }
28:          void showPassengerInfo() {
29:             System.out.println("Passenger name="+name);
30:          }
31:       }
32:       Passenger passenger = new Passenger("Intae");
33:       passenger.showPassengerInfo();
34:    }
35:    void showCarInfo() {
36:             System.out.println("Car  license  No="+licenseNo+",  fuel
Tank="+fuelTank+", color="+color+", No of passenger="+noOfPassenger);
37:    }
38: }
```

```
D:\IntaeJava>java Ex01703
Passenger name=Intae
Car license No=1001, fuel Tank=200, color=Green, No of passenger=1
Car license No=1002, fuel Tank=300, color=Red, No of passenger=0

D:\IntaeJava>
```

프로그램 설명

▶ 22~31번째 줄:addPassenger()라는 method 내에 class를 선언합니다. method 내에 선언된 변수를 local 변수라고 부르듯이 method 내에 선언되었기 때문에 local class라고 부르는 것입니다. Local class를 선언하는 형식은 일반 class와 동일합니다.

▶ 26번째 줄에서 noOfPassenger는 Car class의 attribute입니다. 즉 Local class 에서 Outer class의 member인 noOfPassenger를 access할 수 있습니다.(작성 문법①)

예제 | Ex01703A

아래 프로그램은 Ex01703을 개선한 것으로 Local class의 object를 생성할 때 어떻게 data를 전달하는지를 보여주는 프로그램입니다.

```
1: class Ex01703A {
2:    public static void main(String[] args) {
3:       Car c1 = new Car(1001, 200, "Green");
4:       c1.addPassenger("Intae");
5:       c1.addPassenger("Jason");
```

```
 6:        c1.showCarInfo();
 7:        Car c2 = new Car(1002, 300, "Red");
 8:        c2.addPassenger("Lina");
 9:        c2.showCarInfo();
10:    }
11: }
12: class Car {
13:    int licenseNo;
14:    int fuelTank;
15:    String color;
16:    int noOfPassenger;
17:    Car(int ln, int f, String c) {
18:        licenseNo = ln;
19:        fuelTank = f;
20:        color = c;
21:    }
22:    void addPassenger(String pName) {
23:        class Passenger {
24:            String name;
25:            Passenger(String n) {
26:                name = n;
27:                noOfPassenger++;
28:            }
29:            void showPassengerInfo() {
30:                System.out.println("Passenger name="+name);
31:            }
32:        }
33:        Passenger passenger = new Passenger(pName);
34:        passenger.showPassengerInfo();
35:    }
36:    void showCarInfo() {
37:            System.out.println("Car  license  No="+licenseNo+",  fuel
Tank="+fuelTank+", color="+color+", No of passenger="+noOfPassenger);
38:    }
39: }
```

```
D:\IntaeJava>java Ex01703A
Passenger name=Intae
Passenger name=Jason
Car license No=1001, fuel Tank=200, color=Green, No of passenger=2
Passenger name=Lina
Car license No=1002, fuel Tank=300, color=Red, No of passenger=1

D:\IntaeJava>
```

프로그램 설명

▶ 22~35번째 줄:addPassenger() method에 parameter로 pName을 전달해줍니다. parameter로 전달받은 pName을 33번째 줄에서 Passenger object를 생성할 때 생성자 paramter로 넣어주면 25번째 줄의 Passenger class의 생성자에서 받아 26번째 줄에서 Passenger object의 name attribute에 저장합니다.

예제 | Ex01703B

아래 프로그램은 Ex01703A을 개선한 것으로 Local class는 outer class의 member (attribute와 method)도 object변수 없이 access 가능하지만 method 내에 있는 local변수도 access 가능함을 보여주는 프로그램입니다.

```
 1: class Ex01703B {
 2:    public static void main(String[] args) {
 3:       Car c1 = new Car(1001, 200, "Green");
 4:       c1.addPassenger("Intae");
 5:       c1.addPassenger("Jason");
 6:       c1.showCarInfo();
 7:       Car c2 = new Car(1002, 300, "Red");
 8:       c2.addPassenger("Lina");
 9:       c2.showCarInfo();
10:    }
11: }
12: class Car {
13:    int licenseNo;
14:    int fuelTank;
15:    String color;
16:    int noOfPassenger;
17:    Car(int ln, int f, String c) {
18:       licenseNo = ln;
19:       fuelTank = f;
20:       color = c;
21:    }
22:    void addPassenger(String pName) {
23:       class Passenger {
24:          String name;
25:          Passenger() {
26:             name = pName;
27:             noOfPassenger++;
28:          }
29:          void showPassengerInfo() {
30:             System.out.println("Passenger name="+name);
31:          }
32:       }
33:       Passenger passenger = new Passenger();
34:       passenger.showPassengerInfo();
35:       //pName = "Chris";
36:       passenger = new Passenger();
37:       passenger.showPassengerInfo();
38:    }
39:    void showCarInfo() {
40:             System.out.println("Car  license  No="+licenseNo+",  fuel
Tank="+fuelTank+", color="+color+", No of passenger="+noOfPassenger);
41:    }
42: }
```

```
D:\IntaeJava>java Ex01703B
Passenger name=Intae
Passenger name=Intae
Passenger name=Jason
Passenger name=Jason
Car license No=1001, fuel Tank=200, color=Green, No of passenger=4
Passenger name=Lina
Passenger name=Lina
Car license No=1002, fuel Tank=300, color=Red, No of passenger=2

D:\IntaeJava>
```

프로그램 설명

▶ 위 프로그램은 Ex01703A와 동일합니다. Ex01703A 프로그램에서 Passenger object를 만들 때 이름을 생성자로 전달해서 local class의 name instance변수에 저장합니다. 하지만 Ex01703B에서는 addPassenger(String pName) method에서 지역변수 pName을 Local class인 Passenger class의 name instance 변수에 직접 저장합니다. 이 내용은 Local class를 사용하는 장점 중의 하나로 outer class의 member 뿐만 아니라 local 변수도 local class에서 access가능함을 보여주는 프로그램입니다.(작성 문법②)

▶ 33,34번째 줄:만약 4번째 줄에서 22번째 줄의 addPassenger() method를 호출 했다면, pName은 "Intae"입니다. 그러므로 33번째 줄에서 생성한 Passenger object의 name은 "Intae"입니다.

▶ 35번째 줄 : pName을 새로운 이름 "Chris"로 바꾼 후 Passenger object를 생성하려고 하면 compile 에러를 발생시킵니다. 왜냐하면 26번째 줄의 pName은 22번째 줄에서 받은 처음 상태의 변경되지 않은 pName인지, 35번째 줄에서 변경한 pName인지 알 수 없기 때문입니다. 그래서 local class에서 local변수를 사용할경우에는 final로 선언하던지, 한 번 설정된 local변수는 변경을 안 하든지 (묵시적 final) 둘 중 하나여야 합니다.(작성 문법②)

```
D:\IntaeJava>javac Ex01703B.java
Ex01703B.java:26: error: local variables referenced from an inner class must be
final or effectively final
            name = pName;
                   ^
1 error

D:\IntaeJava>
```

위 에러 메세지는 35번째 줄의 //를 지우고 compile할 경우 발생한 것으로 35번째 줄에서 에러가 발생하지 않고 26번째 줄에서 에러가 발생하고 있습니다. 즉 35번째 줄에서 local변수에 값을 변경하는 것은 문법적으로 맞는 사항이고, 35번째 줄이 맞으면 26번째 줄이 잘못된 것이 됩니다.

▶ 36,37번째 줄:만약 4번째 줄에서 22번째 줄의 addPassenger() method를 호출 했다면, pName은 "Intae"입니다. 35번째 줄에서 Passenger name을 "Chris" 로 변경하여 새로운 Passenger name을 만들려고 시도했지만 Passenger class

에서 local변수 pName을 사용하기 때문에 Passenger name을 "Chris"로 변경할 수 없습니다. 그러므로 36번째 줄에서 생성한 Passenger object의 name은 "Intae"로 33번째의 Passenger object와 36번째 줄의 Passenger object는 다른 object이지만 Passenger name은 둘 다 "Inate"입니다. 결론적으로 addPassenger() method에서는 하나의 object만 만든 데는 의미가 있지만, 두 개 이상 만드는 object는 의미가 없습니다. 왜냐하면 다른 이름의 Passenger name object는 만들 수 없기 때문입니다.

예제 | Ex01703C

Ex01703B에서 여러 명의 Passenger가 있으면 어떻게 처리하는지 아래 프로그램을 완성하세요.

```
 1: class Ex01703C {
 2:    public static void main(String[] args) {
 3:        Car c1 = new Car(1001, 200, "Green");
 4:        String[] passengerNames = { "Intae", "Chris", "Jason" };
 5:        c1.addPassenger(passengerNames);
 6:        c1.showCarInfo();
 7:        Car c2 = new Car(1002, 300, "Red");
 8:        passengerNames = new String[]{ "Lina", "Jenny" };
 9:        c2.addPassenger(passengerNames);
10:        c2.showCarInfo();
11:    }
12: }
13: class Car {
14:    int licenseNo;
15:    int fuelTank;
16:    String color;
17:    int noOfPassenger;
18:    Car(int ln, int f, String c) {
19:        licenseNo = ln;
20:        fuelTank = f;
21:        color = c;
22:    }
23:    void addPassenger(String[] pNames) {
       // 여기에 프로그램 완성하세요
00:    }
00:    void showCarInfo() {
00:            System.out.println("Car license No="+licenseNo+", fuel
Tank="+fuelTank+", color="+color+", No of passenger="+noOfPassenger);
00:    }
00: }
```

```
D:\IntaeJava>java Ex01703C
Passenger name=Intae
Passenger name=Chris
Passenger name=Jason
Car license No=1001, fuel Tank=200, color=Green, No of passenger=3
Passenger name=Lina
Passenger name=Jenny
Car license No=1002, fuel Tank=300, color=Red, No of passenger=2

D:\IntaeJava>
```

Ex01703B, Ex01703A, Ex01703B 프로그램의 문제점은 Passenger object는 생성하지만 addPassenger() method를 완료하고 나면 addPassenger() method에서 생성한 Passenger object를 다시 사용할 수 없다라는 단점이 있습니다. 즉 Car object에는 몇 명의 passenger가 타고 있는지는 알 수 있지만 누가 타고 있는지는 알 수 없습니다.

누가 타고 있는지 알기 위해서는 Car object의 instance변수로 Passenger object를 저장해야 합니다. 하지만 Passenger class는 local class로 정의되기 때문에 Car class의 다른 method에서 Passenger class로 만든 object를 접근할 수 있는 방법이 없습니다. 마치 Car class의 A()라는 method 내의 local변수는 B() method에서 접근할 수 없는 것과 같은 개념입니다.

그래서 고안해낸 방법이 Passenger class를 상위 class로부터 상속받거나, interface를 implements하여 class를 정의하면 Car object의 instance변수로 Passenger object를 저장할 수 있습니다.

예제 | Ex01703D

아래 프로그램은 Passenger class에 Person class를 상속받아 정의하고 Passenger object를 Car object의 instance변수로 저장하는 방법을 보여주는 프로그램입니다.

```java
 1: class Ex01703D {
 2:     public static void main(String[] args) {
 3:         Car c1 = new Car(1001, 200, "Green");
 4:         c1.addPassenger("Intae");
 5:         c1.showCarInfo();
 6:         Car c2 = new Car(1002, 300, "Red");
 7:         c2.addPassenger("Chris");
 8:         c2.showCarInfo();
 9:     }
10: }
11: class Car {
12:     int licenseNo;
13:     int fuelTank;
14:     String color;
15:     Person person;
16:     Car(int ln, int f, String c) {
```

```
17:        licenseNo = ln;
18:        fuelTank = f;
19:        color = c;
20:     }
21:     void addPassenger(String pName) {
22:        class Passenger extends Person {
23:           Passenger() {
24:              name = pName;
25:           }
26:           void showPassengerInfo() {
27:              System.out.println("Passenger name="+name);
28:           }
29:        }
30:        Passenger passenger = new Passenger();
31:        passenger.showPassengerInfo();
32:        person = passenger;
33:     }
34:     void showCarInfo() {
35:              System.out.println("Car  license  No="+licenseNo+",  fuel
Tank="+fuelTank+", color="+color+", Person name="+person.getName() );
36:     }
37: }
38: class Person {
39:     String name;
40:     String getName() {
41:        return name;
42:     }
43: }
```

```
D:\IntaeJava>java Ex01703D
Passenger name=Intae
Car license No=1001, fuel Tank=200, color=Green, Person name=Intae
Passenger name=Chris
Car license No=1002, fuel Tank=300, color=Red, Person name=Chris

D:\IntaeJava>
```

프로그램 설명

▶ 15번째 줄:Person object를 저장할 수 있는 instance변수 person을 정의했습니다. 이 자리에 Passenger object를 저장할 수 있는 instance는 만들 수 없습니다. 왜냐하면 Passenger class는 method 내에 있는 local변수이기 때문에 instance 선언하는 곳에서는 Passenger class는 정의가 되어있지 않은 class나 마찬가지 인 class입니다.

▶ 32번째 줄:Passenger object인 passenger를 person insance변수에 저장합니다. Passenger class는 22번째 줄에서 Person class를 상속받았기 때문에 passenger object는 Person instance변수에 저장 가능합니다.

▶ 35번째 줄:5번째 줄이나 8번째 줄에서 showCarInfo() method를 호출하면 Person

instance변수에 저장된 Passenger object의 name을 출력할 수 있습니다.

예제 | Ex01703E

아래 프로그램은 세금 계산을 하는 프로그램으로 수입과 정부 보조금을 모두 합한 후 10%의 세금을 책정합니다. 정부 보조금은 장애인 부양 보조금(=장애인 수 * 1000)과 30,000보다 적은 금액일 경우 부족 금액의 50%를 저임금 보조금으로 지급합니다. 실제 세금 계산은 이보다 훨씬 복잡하지만 local class를 설명하기 위해 필요한 부분만 가정했습니다.

```
1: class Ex01703E {
2:    public static void main(String[] args) {
3:       Taxpayer t1 = new Taxpayer("Intae", 2, 15200, 520, 0);
4:       t1.showInfo();
5:       t1.taxCalculation();
6:       t1.showTax();
7:    }
8: }
9: class Taxpayer {
10:    String name;
11:    int noOfDisability;
12:    int salary;
13:    int interest;
14:    int rentalIncome;
15:    int gross;
16:    int subsidy;
17:    int tax;
18:    //Subsidy subsidyObj;
19:    Object subsidyObj;
20:    Taxpayer(String n, int nd, int si, int bi, int ri) {
21:       name = n;
22:       noOfDisability = nd;
23:       salary = si;
24:       interest = bi;
25:       rentalIncome = ri;
26:    }
27:    void taxCalculation() {
28:       int earning = salary + interest + rentalIncome;
29:       class Subsidy {
30:          int disabilitySubsidy;
31:          int lowIncomeSubsidy;
32:          Subsidy() {
33:             disabilitySubsidy = noOfDisability * 1000;
34:             if ( earning < 30000 ) {
35:                lowIncomeSubsidy = (30000 - earning)/2;
36:             }
37:          }
```

```
38:        void showSubsidyInfo() {
39:            System.out.println("Subsidy name=" + name + ", disability
Subsidy=" + disabilitySubsidy + ", lowIncome Subsidy=" + lowIncomeSubsidy);
40:        }
41:      }
42:      Subsidy subsidyObj = new Subsidy();
43:      subsidyObj.showSubsidyInfo();
44:   subsidy = subsidyObj.disabilitySubsidy + subsidyObj.lowIncomeSubsidy;
45:      gross = earning + subsidy;
46:      tax = gross / 10;
47:      this.subsidyObj = subsidyObj;
48:    }
49:    void showInfo() {
50:        System.out.println("Taxpayer name="+name+", salary="+salary+",
interest="+interest+", rentalIncome=" + rentalIncome);
51:    }
52:    void showTax() {
53:      int earning = salary + interest + rentalIncome;
54:        System.out.println("Taxpayer name="+name+", earning="+earning+",
subsidy="+subsidy+", gross="+gross+", tax=" + tax);
55:    }
56: }
```

```
D:\IntaeJava>java Ex01703E
Taxpayer name=Intae, salary=15200, interest=520, rentalIncome=0
Subsidy name=Intae, disability Subsidy=2000, lowIncome Subsidy=7140
Taxpayer name=Intae, earning=15720, subsidy=9140, gross=24860, tax=2486

D:\IntaeJava>
```

프로그램 설명

▶ 3번째 줄:납세자 "Intae"에 관련된 정보로 부양 장애자 수, 소득금액으로 Taxpayer object t1을 만듭니다. 소득금액으로는 회사로부터 받은 연봉, 은행 이자 수익, 부동산 대여 수익으로 구성되어 있습니다.

▶ 5번째 줄:이번 프로그램에서 중요한 역할을 하는 27번째 줄의 t1 object의 taxCalculation() method를 호출합니다.

▶ 27번째 줄:taxCalculation() method에서 부양 장애자 수에 따른 장애 보조금과 소득금액을 기준으로 저소득 보조금을 구한 후 보조금 총액과 총 수입을 구한 후, 세금을 총 수입의 10%의 세금을 계산해 내는 프로그램입니다. 보조금은 보조금만 관리하는 별도의 Subsidy class를 사용하고 있습니다.

▶ 28번째 줄:int earning(소득금액) = salgary(회사 연봉) + interest(은행 이자) + rentalIncome(부동산 대여 수익), 여기에서 변수 earning은 local 변수임을 기억합시다.

▶ 29~41번째 줄은 local class 선언부입니다. 그러므로 28번째 줄 수행 후 다음 실

행하는 명령은 42번째 줄입니다.

▶ 42번째 줄:29~41번째 줄까지 선언한 local class Subsidy의 object를 만듭니다. Subsidy object를 만들 때 Subsidy의 생성자가 선언된 32번째 줄부터 37번째 줄까지 수행됩니다.(작성 문법③)

▶ 33번째 줄:부양 장애보조금을 계산하기 위해 변수 noOfDisability을 사용했는데 변수 noOfDisability은 Taxpayer class의 attribute입니다.(작성 문법①)

▶ 34,35,36번째 줄:저소득 보조금을 계산하기 위해 변수earning을 사용했는데, 변수 earning는 28번째 줄에서 선언한 local변수입니다.(작성 문법②)

▶ 43번째 줄:32~37번째 줄까지 수행이 완료되면 다시 43번째 줄 수행하며, 43번째 줄의 subsidyObj.showSubsidyInfo()는 38,39,40번째 줄을 수행하여 subsidy object가 가지고 있는 장애 보조금, 저소득 보조 금액을 출력합니다.

▶ 44,45,46번째 줄:보조금 총액, 총 수입, 세금을 계산합니다.

▶ 47번째 줄:보조금 object를 19번째 줄의 보조금 Object를 저장 가능한 Taxpayer class의 attribute subsidyObj에 저장합니다. 27~47번째 줄까지에서 local변수는 28번째 줄의 earning과 42번째 줄의 subsidyObj입니다. 이 두 local 변수는 taxCalculation() method의 수행이 완료됨과 동시에 메모리에서 사라집니다. 즉 더 이상 이 두 기억장소에 저장된 값을 참조할 수 없습니다. 하지만 42번째 줄에서 생성한 Subsidy object는 taxCalculation() method의 수행이 완료되더라도 계속 메모리에 남습니다. 그런데 변수 subsidyObj가 사라지면 참조할 수 있는 주소를 잊어버리기 때문에 19번째 줄의 Taxpayer class의 attribute에 저장한 것입니다. 프로그램에서는 저장만 했지 뒤에 이용하지는 않았습니다. 이와 같이 Local 변수에 저장된 object를 뒤에서 사용하기 위해서는 바깥 class에 의해서 만들어진 object의 attribute에 저장해주어야 합니다.

▶ 18번째 줄:19번째 줄의 subsidyObj를 Subsidy라고 못하고 Object라고 한 이유는 Subsidy는 local class이기 때문에 taxCalculation() method 밖에서는 사용할수 없습니다.(작성 문법④)

18번째 줄의 // coment를 지우고, 19번째 줄을 // coment처리한 후 compile하면 다음과 같은 에러 메세지가 나옵니다.

```
D:\IntaeJava>javac Ex01703E.java
Ex01703E.java:18: error: cannot find symbol
   Subsidy subsidyObj;
   ^
 symbol:   class Subsidy
 location: class Taxpayer
1 error

D:\IntaeJava>
```

예제 | Ex01703F

아래 프로그램은 Ex01703E를 개선한 프로그램으로 문법적으로는 바깥 class에서 local class를 access할 수 없지만 자바의 상속의 개념을 이용하면 local class로 만든 object는 access할 수 있음을 보여주는 프로그램입니다. 프로그램 내용상으로 수입 금액이 70000이상이면 정부 보조금을 지급하지 않는 것으로 하고, 정부 보조금이 없으므로 Subsidy object도 만들지 않도록 프로그램을 구성했습니다.

```
 1: class Ex01703F {
 2:    public static void main(String[] args) {
 3:       Taxpayer t1 = new Taxpayer("Intae", 2, 15200, 520, 0);
 4:       t1.taxCalculation();
 5:       t1.showInfo();
 6:       Taxpayer t2 = new Taxpayer("Chris", 0, 76900, 520, 0);
 7:       t2.taxCalculation();
 8:       t2.showInfo();
 9:    }
10: }
11: class Taxpayer {
12:    String name;
13:    int noOfDisability;
14:    int salary;
15:    int interest;
16:    int rentalIncome;
17:    int gross;
18:    int subsidy;
19:    int tax;
20:    Subsidy subsidyObj;
21:    Taxpayer(String n, int nd, int si, int bi, int ri) {
22:       name = n;
23:       noOfDisability = nd;
24:       salary = si;
25:       interest = bi;
26:       rentalIncome = ri;
27:    }
28:    void taxCalculation() {
29:       int earning = salary + interest + rentalIncome;
30:       class SubsidyLocal extends Subsidy {
31:          SubsidyLocal() {
32:             disabilitySubsidy = noOfDisability * 1000;
33:             if ( earning < 30000 ) {
34:                lowIncomeSubsidy = (30000 - earning)/2;
35:             }
36:             //earning = salary + interest + rentalIncome;
37:          }
38:       }
39:       if ( earning < 70000 ) {
40:          SubsidyLocal subsidyObj = new SubsidyLocal();
```

```
41:                subsidy = subsidyObj.disabilitySubsidy + subsidyObj.
lowIncomeSubsidy;
42:          this.subsidyObj = subsidyObj;
43:       }
44:       gross = earning + subsidy;
45:       tax = gross / 10;
46:    }
47:    void showInfo() {
48:       int earning = salary + interest + rentalIncome;
49:       System.out.println("Taxpayer name="+name+", salary="+salary+",
interest="+interest+", rentalIncome=" + rentalIncome);
50:       if ( subsidyObj == null ) {
51:          System.out.println("   === No subsidy required because of more
than 70000 earning ===");
52:       } else {
53:             System.out.println("    disability Subsidy="+subsidyObj.
disabilitySubsidy+", lowIncome Subsidy=" + subsidyObj.lowIncomeSubsidy);
54:       }
55:       System.out.println("   earning="+earning+", subsidy="+subsidy+",
gross="+gross+", tax="+tax);
56:    }
57: }
58: class Subsidy {
59:    int disabilitySubsidy;
60:    int lowIncomeSubsidy;
61: }
```

```
D:\IntaeJava>java Ex01703F
Taxpayer name=Intae, salary=15200, interest=520, retnalIncome=0
    disability Subsidy=2000, lowIncome Subsidy=7140
    earning=15720, subsidy=9140, gross=24860, tax=2486
Taxpayer name=Chris, salary=76900, interest=520, retnalIncome=0
    === No subsidy required because of more than 70000 earning ===
    earning=77420, subsidy=0, gross=77420, tax=7742

D:\IntaeJava>
```

프로그램 설명

▶ 3,4,5번째 줄:Taxpayer object를 만들어서 세금 계산을 하고, Taxpayer object 의 세금 계산한 후의 모든 정보를 출력합니다.

▶ 28번째 줄:4번째 줄에서 taxCalculation() method를 호출하면 28~45번째 줄 까지 수행합니다. 이때 30~37번째 줄은 local class SubsidyLocal의 선언부입 니다.

▶ 30번째 줄:53번째 줄에서, 즉 taxCalculation() method 이외의 곳에서, local class로부터 만들어진 object를 access하기 위해서 58번째 줄에 Subsidy class 를 만들고 이것을 30번째 줄에서 상속받습니다.

▶ 36번째 줄:변수 earning은 29번째 줄에서 선언한 local 변수입니다. Local 변 수 earning은 local class SubsidyLocal 내에서 사용하려면 final로 선언되거

나, final로 선언이 안 되어 있으면 묵시적으로 final로 선언된 것으로 간주하므로 earning의 값은 변경할 수 없습니다. 만약 36번째 줄의 // comment를 제거하고 compile하면 아래와 같은 에러 message가 나옵니다.(작성 문법②)

```
D:\IntaeJava>javac Ex01703F.java
Ex01703F.java:36: error: cannot find symbol
            earning = salgary + interest + rentalIncome;
                      ^
  symbol:   variable salgary
  location: class SubsidyLocal
1 error

D:\IntaeJava>
```

▶ 53번째 줄:taxCalculation() method이외의 곳에서, local class로부터 만들어진 SubsidyLocal object를 access하기 위해서는 SubsidyLocal의 reference type으로는 access할 수 없으므로 20번째 줄에 선언한 Subsidy의 reference type으로 disabilitySubsidy와 lowIncomeSubsidy을 access하고 있습니다.

17.4 Anonymous class(익명 class)

익명 class는 class의 이름을 가지고 있지 않은 것을 제외하고는 local class와 비슷합니다. 익명 class는 class 이름이 없기 때문에 익명 class 선언하는 곳에서 object도 함께 생성합니다. 그러므로 익명class를 선언하는 곳 이외에는 object를 만들수 없습니다. 익명class를 선언하고 object를 동시에 생성하는 문법은 다음과 같습니다.

① 익명 class를 선언하기 위해서는 익명 class의 super class나 interface가 먼저 정의 되어 있어야 합니다. 즉 super class를 상속받거나 interface구현함으로써 익명 class를 선언함과 동시에 object를 생성합니다.

② 익명 class를 선언하는 방법은 다음과 같이 new key word, super class 이름이나 interface 이름 그리고 method 정의순으로 선언합니다.

● 익명 class를 super class로부터 상속받아 정의할 경우

```
new superclassName() {

  returnType methodName() {

    // java 명령어

  }

}
```

● 익명class를 interface로부터 구현해서 정의할 경우

```
new interfaceName() {

  returnType methodName() {

    // java 명령어

  }

}
```

③ 익명 class는 선언과 동시에 object도 생성하며, 생성된 object를 reference type 변수에 저장할 경우에는 다음과 같이 superclass reference type변수 혹은 interface reference type변수에 저장합니다. 즉 익명 class reference type변수는 class 이름이 없기 때문에 익명 class reference type변수도 선언할 수 없고 익명 class reference type변수에 object를 저장할 수도 없습니다.

● 익명 class를 super class로부터 상속받아 정의할 경우

```
superclassName variableName = new superclassName() {

  returnType methodName() {

    // java 명령어

  }

};
```

● 익명 class를 interface로부터 구현해서 정의할 경우

```
interfaceName variableName = new interfaceName() {

  returnType methodName() {

    // java 명령어

  }

};
```

익명 class선언으로 object를 만든 object를 reference type변수에 저장할 경우에는 저장하는 명령이 자바 명령이기 때문에 익명 class 선언부 마지막에 세미콜론(;)를 붙입니다.

④ 익명 class도 class이기 때문에 attribute, method를 선언할 수 있고, 선언된 attribute를 access할 수 있으며, 익명 class의 method도 호출할 수 있습니다. 또한 super class나 interface에서 선언한 attribute와 method도 일반 class에서 활용한 것과 같이 동일한 방법으로 활용할 수 있습니다.

⑤ 익명 class는 이름이 없는 local class이기 때문에 바깥 class의 member나 local

변수 access는 local class와 동일합니다.

⑥ 생성자는 class 이름과 동일한 이름으로 선언되므로, 익명 class는 이름이 없기 때문에 생성자도 선언할 수 없습니다. 익명 class의 생성자는 만들 수 없지만 super class의 생성자는 호출할 수 있으며, super class의 생성자 호출은 new keyword 다음에 오는 superclassName()의 괄호 속에 있는 parameter의 개수와 type의 순서가 일치되는 super class의 생성자가 호출됩니다. 하지만 interface를 구현해서 만든 익명 class는 interface에 생성자가 없기 때문에 항상 parameter가 없는 괄호만을 사용합니다.

예제 | Ex01704

다음 프로그램은 super class인 Animal을 이용하여 local class와 익명 class를 선언하여 두 class를 한눈에 비교될 수 있도록 만든 프로그램입니다.

```
1: class Ex01704 {
2:    public static void main(String[] args) {
3:       AnimalHandling t1 = new AnimalHandling();
4:       t1.createAnimalAndSound();
5:    }
6: }
7: class AnimalHandling {
8:    void createAnimalAndSound() {
9:       class Tiger extends Animal {
10:          void sound() {
11:             System.out.println("Tigers sound 어흥");
12:          }
13:       }
14:       Animal tiger = new Tiger();
15:       tiger.sound();
16:       Animal crow = new Animal() {
17:          void sound() {
18:             System.out.println("Crows sound 카악카악");
19:          }
20:       };
21:       crow.sound();
22:    }
23: }
24: abstract class Animal {
25:    abstract void sound();
26: }
```

```
D:\IntaeJava>java Ex01704
Tigers sound 어흥
Crows sound 카악카악

D:\IntaeJava>
```

프로그램 설명

▶ 9~13번째 줄:16번째 줄의 익명 class와 한눈에 비교하기 위해 local class를 선언하고 있습니다.

▶ 14,15번째 줄:local class Tiger의 object를 만들고, sound() method를 호출합니다.

▶ 16~20번째 줄:익명class를 선언과 동시에 object를 생성해서 변수 crow에 저장합니다.(작성 문법②,③)

▶ 21번째 줄 : crow 변수에 저장된 object는 16번째 줄에서 익명 class로부터 생성한 object입니다. 그러므로 sound() method는 17번째 줄의 sound() method를 수행합니다. compile 단계에서는 object변수 crow가 Animal type이므로 25번줄 Animal class의 sound() method를 기준으로 compile합니다. 실행 시에는 16번째 줄에서 선언한 익명 class로부터 생성한 object의 sound() method를 수행합니다. 이것은 12.6절 재정의와 동적바인딩에서 소개한 사항입니다.

▶ 24,25,26번째 줄:16번째 줄의 익명 class를 선언하기 위해 super class인 Animal class를 선언하고 있습니다.(작성 문법①)

예제 | Ex01704A

다음 프로그램은 익명 class를 선언하는 여러 방법과 익명 class로부터 생성한 object를 활용하는 방법을 보여주는 프로그램입니다.

```
 1: class Ex01704A {
 2:    public static void main(String[] args) {
 3:        AnimalHandling t1 = new AnimalHandling();
 4:        t1.createAnimalAndSound();
 5:    }
 6: }
 7: class AnimalHandling {
 8:    void createAnimalAndSound() {
 9:        Animal dog = new Animal("Dog") {
10:            void sound() {
11:                System.out.println(animalKind+" sounds 멍멍");
12:            }
13:        };
14:        dog.sound();
15:        Animal unknown = new Animal() {
16:            void sound() {
17:                System.out.println(animalKind+" sounds 부스럭");
18:            }
19:        };
20:        unknown.sound();
21:        Flyable bird = new Flyable() {
22:            String flyingObjectName;
```

```
23:          int flyingSpeed;
24:          public void flyingSound() {
25:             System.out.println("Flying Object sounds 퍼드덕");
26:          }
27:          public void setInfo(String fon, int fs) {
28:             flyingObjectName = fon;
29:             flyingSpeed = fs;
30:          }
31:          public void showDistance(int time) {
32:             int distance = flyingSpeed * time;
33:                System.out.println(flyingObjectName+" can fly "+distance+"
Meter(s) in "+ time+" second(s).");
34:          }
35:       };
36:       bird.flyingSound();
37:       bird.setInfo("Bird", 5);
38:       bird.showDistance(10);
39:    }
40: }
41: abstract class Animal {
42:    String animalKind;
43:    Animal() {
44:       animalKind="Unknown";
45:    }
46:    Animal(String ak) {
47:       animalKind=ak;
48:    }
49:    abstract void sound();
50: }
51: interface Flyable {
52:    void flyingSound();
53:    void setInfo(String fon, int fs);
54:    void showDistance(int time);
55: }
```

```
D:\IntaeJava>java Ex01704A
Dog sounds 멍멍
Unknown sounds 부스럭
Flying Object sounds 퍼드덕
Bird can fly 50 Meter(s) in 10 second(s).

D:\IntaeJava>
```

프로그램 설명

▶ 9번째 줄:super class Animal을 상속받아 익명 class를 선언하고 있으며, String type parameter 한 개가 있는 super class의 46번째 줄의 생성자를 호출하고 있습니다.(작성 문법⑥)

▶ 11번째 줄:super class에서 선언한 attribute animalKind를 출력하고 있습니다.(작성 문법④)

▶ 15번째 줄:super class Animal을 상속받아 익명 class를 선언하고 있으며, parameter가 없는 super class의 43번째 줄의 생성자를 호출하고 있습니다. (작성 문법⑥)

▶ 17번째 줄:super class에서 선언한 attribute animalKind를 출력하고 있습니다. 11번째 줄과 동일한 기능.(작성 문법④)

▶ 21번째 줄:interface Flyable을 구현해서 익명 class를 선언하고 있으며, interface 를 구현한 익명 class는 interface에 생성자가 없기 때문에 항상 parameter가 없 는 괄호를 사용합니다.(작성 문법⑥)

▶ 22,23번째 줄:익명 class도 class이기 때문에 attribute flyingObjectName와 flyingSpeed를 선언하고 있습니다.(작성 문법④)

▶ 27~30번째 줄:익명 class도 class이기 때문에 익명 class에서 선언한 attribute flyingObjectName와 flyingSpeed를 access할 수 있습니다.(작성 문법④)

▶ 31~34번째 줄:익명 class도 class이기 때문에 익명 class에서 선언한 attribute flyingObjectName와 flyingSpeed를 access할 수 있습니다. 27~30번째 줄과 동일한 기능.(작성 문법④)

▶ 41~50번째 줄:9~15번째 줄의 익명 class를 선언하기 위해 super class인 Animal class를 선언하고 있습니다.(작성 문법①)

▶ 51~55번째 줄:21번째 줄의 익명 class를 선언하기 위해 interface인 Flyable를 선언하고 있습니다.(작성 문법①)

예제 | Ex01704B

다음 프로그램은 Ex01704A 프로그램을 조금 일반화한 프로그램으로 chapter 19 AWT EventHandling에서 소개할 listener 익명 class를 선언하고 object를 생 성하는 방법과 같은 방법이므로 잘 기억하였다가 chapter 19에서 활용하기 바랍 니다.

```
 1: import java.util.Vector;
 2: class Ex01704B {
 3:    public static void main(String[] args) {
 4:        AnimalHandling t1 = new AnimalHandling();
 5:        t1.createAnimalAndFlyable();
 6:        t1.showAnimalSound();
 7:        t1.showFlyableInfo();
 8:    }
 9: }
10: class AnimalHandling {
11:    Vector animalList = new Vector();
12:    Vector flyableList = new Vector();
```

```
13:    void createAnimalAndFlyable() {
14:       Animal dog = new Animal("Dog") {
15:          void sound() {
16:             System.out.println(animalKind+" sounds 멍멍");
17:          }
18:       };
19:       animalList.add(dog);
20:
21:       animalList.add(new Animal() {
22:          void sound() {
23:             System.out.println(animalKind+" sounds 부스럭");
24:          }
25:       });
26:       flyableList.add(new Flyable() {
27:          String flyingObjectName = "Bird";
28:          int flyingSpeed = 5;
29:          public void flyingSound() {
30:             System.out.println("Flying Object sounds 퍼드덕");
31:          }
32:          public void showDistance(int time) {
33:             int distance = calculateDistance(time);
34:              System.out.println(flyingObjectName+" can fly "+distance+"
Meter(s) in "+ time+" second(s).");
35:          }
36:          int calculateDistance(int time) {
37:             return (flyingSpeed * time);
38:          }
39:       });
40:    }
41:    void showAnimalSound() {
42:       for ( int i=0; i<animalList.size() ; i++ ) {
43:          Animal animal = (Animal)animalList.elementAt(i);
44:          animal.sound();
45:       }
46:    }
47:    void showFlyableInfo() {
48:       for ( int i=0; i<flyableList.size() ; i++ ) {
49:          Flyable flyable = (Flyable)flyableList.elementAt(i);
50:          flyable.flyingSound();
51:          flyable.showDistance(10);
52:       }
53:    }
54: }
55: abstract class Animal {
56:    String animalKind;
57:    Animal() {
58:       animalKind="Unknown";
59:    }
60:    Animal(String ak) {
```

```
61:        animalKind=ak;
62:     }
63:     abstract void sound();
64: }
65: interface Flyable {
66:     void flyingSound();
67:     void showDistance(int time);
68: }
```

```
D:\IntaeJava>javac Ex01704B.java
Note: Ex01704B.java uses unchecked or unsafe operations.
Note: Recompile with -Xlint:unchecked for details.

D:\IntaeJava>java Ex01704B
Dog sounds 멍멍
Unknown sounds 부스럭
Flying Object sounds 퍼드덕
Bird can fly 50 Meter(s) in 10 second(s).

D:\IntaeJava>
```

프로그램 설명

▶ 14~18번째 줄:Ex01704A 프로그램에서 선언한 방식 그대로 선언했습니다. Ex01704A 프로그램 참조

▶ 19번째 줄:익명 object dog를 Aniaml Vector object에 추가합니다.

▶ 21~25번째 줄:14~19번째 줄의 역할을 하는 명령으로 익명 object를 reference type변수에 저장하지 않고, 익명 object를 만듦과 동시에 AnimalList Vector object에 추가합니다. 14~19번째 줄에서 한 것보다 훨씬 간편합니다.

▶ 26~39번째 줄:20~25번째 줄에서 한 기능과 interface를 사용한것 이외에는 거의 유사합니다. 즉 익명 object를 생성한 후 바로 flyableList Vector object에 추가합니다.

▶ 41~46번째 줄:animalList Vector object에 있는 Animal object를 하나하나 꺼내 sound() method를 수행합니다.

▶ 47~53번째 줄:flyablelList Vector object에 있는 Flyable object를 하나하나 꺼내 flyingSound() method수행하고 Flyable object가 10초 동안 날 수 있는 거리를 계산하는 showDistance(10) method를 수행합니다.

17.5 Lambda 표현

Lambda 표현은 익명(Anonymous) class 중에서 하나의 method만 정의하여 사용하는 익명 class를 대신하여 사용할 수 있습니다. 즉 2개 이상의 method가 있는 익명 class에서는 사용할 수 없습니다. 이 기능은 자바8부터 나온 새로운 기능입니다.

17.5.1 Lambda 표현의 간편성

익명(Anonymous) class을 사용하는 것보다 Lambda 표현을 사용하면 두 가지 이름, 즉 interface 이름과 method 이름을 생략할 수 있으므로 프로그램을 간단히 만들 수 있습니다. 두 가지 이름(interface 이름과 method 이름)을 생략할 수 있는 것은 JVM이 이름을 생략해도 어느 이름을 의미하는지 추정(infer)할 수 있기 때문입니다.

예제 | Ex01705

아래 프로그램을 통해 익명(Anaymous) class보다 얼마나 Lamda 표현이 간단하게 표현될 수 있는 확인해 보겠습니다.

```
 1: class Ex01705 {
 2:    public static void main(String[] args) {
 3:       AnimalHandling t1 = new AnimalHandling();
 4:       t1.createBirdAndSound();
 5:    }
 6: }
 7: class AnimalHandling {
 8:    void createBirdAndSound() {
 9:       Flyable crow1 = new Flyable() {
10:          public void sound() {
11:             System.out.println("Crows sound 카악카악");
12:          }
13:       };
14:       crow1.sound();
15:
16:       Flyable crow2 = () -> {
17:          System.out.println("Crows sound 카악카악");
18:       };
19:       crow2.sound();
20:    }
21: }
22: interface Flyable {
23:    void sound();
24: }
```

```
D:\IntaeJava>java Ex01705
Crows sound 카악카악
Crows sound 카악카악

D:\IntaeJava>
```

프로그램 설명

▶ 9~13번째 줄:익명 class를 선언하고 Object를 생성하여 Flyable crow1에 저장합니다.

▶ 16~18번째 줄:익명 class를 선언하는 위치에 Labmda 표현으로 object를 생성

하여 Flyable crow2에 저장합니다. Lambda 표현으로 object를 생성하는 것은 익명 class로 생성한 것과 동일한 object가 됩니다.

- 9~13번째의 익명 class에서 생략되는 부분을 말하자면 "new Flyable() { public void sound"까지 생략된다고 생각하면 됩니다.
- 10번째 줄의 sound() method에서 괄호만 16번째 줄의 괄호로 남아 있어야 합니다.
- 16번째 줄의 "−〉" 기호가 Lambda 표현임을 상징하는 기호입니다.
- 11번째 줄의 자바 명령어는 17번째 줄의 자바 명령어 그대로 남아 본래 익명 class의 method를 수행합니다.

■ Lambda 표현의 제한 ■

Lambda 표현은 interface의 기능적인 method를 간편하게 만들기 위해 탄생한 것이므로 abstract class를 포함 class로부터 만들 수 있는 익명 class는 Lambda 표현으로 작성할 수 없습니다. 즉 반드시 intertace를 가지고 만드는 익명 class만 Lambda 표현으로 다시 작성가능합니다.

예제 | Ex01705Z

아래 프로그램은 abstract class를 이용하여 익명 class로 object를 만드는 예와 Lambda 표현으로 object를 만드는 예를 나타내고 있습니다.

```
 1: class Ex01705 {
 2:    public static void main(String[] args) {
 3:       AnimalHandling t1 = new AnimalHandling();
 4:       t1.createBirdAndSound();
 5:    }
 6: }
 7: class AnimalHandling {
 8:    void createBirdAndSound() {
 9:       Flyable crow1 = new Flyable() {
10:          public void sound() {
11:             System.out.println("Crows sound 카악카악");
12:          }
13:       };
14:       crow1.sound();
15:
16:       Flyable crow2 = () -> {
17:          System.out.println("Crows sound 카악카악");
18:       };
19:       crow2.sound();
20:    }
21: }
22: interface Flyable {
23:    void sound();
24: }
```

```
D:\IntaeJava>javac Ex01705Z.java
Ex01705Z.java:16: error: incompatible types: Animal is not a functional interfac
e
     Animal crow2 = () -> {
                    ^
1 error

D:\IntaeJava>
```

프로그램 설명

▶ 9번째 줄:익명 class로 object를 만드는 예는 compile 에러가 없습니다.

▶ 16번째 줄:Lambda 표현으로 object를 만드는 예는 compile 에러가 나옵니다. 22번째 줄의 abstract class로는 Lambda 표현으로 object를 만들 수 없기 때문입니다.

17.5.2 Lambda 표현의 문법(Syntax)

Lambda 표현은 다음과 같이 3가지로 구성됩니다.

① argument list:method의 argument와 동일한 목적, 동일한 형식의 list입니다. 상황에 따라 형식은 더 간편하게 만들 수도 있습니다.

• argument의 자료형(data type)을 생략할 수 있습니다.

• argument가 한개가 있을 때는 괄호도 생략할 수 있습니다.

② Arrow token (->):Lambda 표현임을 상징하는 기호입니다.

③ Lamda 표현 몸체:method의 몸체와 동일한 목적, 거의 동일한 형식입니다만, 조금 다른 부분이 있습니다.

• Lambda 몸체에 한 개의 문장만 있을 때는 중괄호({})는 생략할 수 있습니다.

예제 | Ex01705A

아래 프로그램은 argument가 한 개 있는 method를 사용한 것으로, 익명 class로 부터 object를 만드는 예와 Lambda 표현으로 object를 만드는 예를 보여주고 있습니다.

```
 1: class Ex01705A {
 2:    public static void main(String[] args) {
 3:        AnimalHandling t1 = new AnimalHandling();
 4:        t1.createBirdAndSound();
 5:    }
 6: }
 7: class AnimalHandling {
 8:    void createBirdAndSound() {
 9:        Flyable crow1 = new Flyable() {
10:            public void sound(int n) {
11:                System.out.println("crow1:"+n+" crows sound 카악카악");
```

```
12:            }
13:        };
14:        crow1.sound(2);
15:
16:        Flyable crow2 = (int n) -> {
17:            System.out.println("crow2:"+n+" crows sound 카악카악");
18:        };
19:        crow2.sound(2);
20:
21:        Flyable crow3 = (n) -> {
22:            System.out.println("crow3:"+n+" crows sound 카악카악");
23:        };
24:        crow3.sound(2);
25:
26:        Flyable crow4 = n -> {
27:            System.out.println("crow4:"+n+" crows sound 카악카악");
28:        };
29:        crow4.sound(2);
30:
31:        Flyable crow5 = n -> System.out.println("crow5:"+n+" crows sound
카악카악");
32:        crow5.sound(2);
33:
34:        Flyable crow6 = n -> {
35:            if ( n < 1 ) {
36:                System.out.println("crow6:The number("+n+") of crow is an
error.");
37:            } else if ( n < 2 ) {
38:                System.out.println("crow6:One crow sounds 카악카악");
39:            } else {
40:                System.out.println("crow6:"+n+" crows sound 카악카악");
41:            }
42:        };
43:        crow6.sound(2);
44:        crow6.sound(1);
45:        crow6.sound(-1);
46:    }
47: }
48: interface Flyable {
49:    void sound(int n);
50: }
```

```
D:\IntaeJava>java Ex01705A
crow1 : 2 crows sound 카악카악
crow2 : 2 crows sound 카악카악
crow3 : 2 crows sound 카악카악
crow4 : 2 crows sound 카악카악
crow5 : 2 crows sound 카악카악
crow6 : 2 crows sound 카악카악
crow6 : One crow sounds 카악카악
crow6 : The number(-1) of crow is an error.

D:\IntaeJava>
```

프로그램 설명

▶ 9~13번째 줄:익명 class로 crow1 object를 만들고 있습니다.

▶ 16~18번째 줄:Lambda 표현으로 crow2 object를 만들고 있습니다.

• Lambda 표현 Argument list는 10번째 줄의 method argument와 동일합니다.

• Arrow token(-〉)

• Lambda 몸체는 11번째 줄의 method 몸체와 동일합니다.

▶ 21~23번째 줄:Lambda 표현으로 crow3 object를 만들고 있습니다.

• Argument list:argument의 자료 형(data type)을 생략할 수 있습니다. 49번째 줄의 argumentlist "(int n)"으로부터 (n)가 int 형인 것을 추정할 수 있습니다.

▶ 26~28번째 줄:Lambda 표현으로 crow4 object를 만들고 있습니다.

• Argument list:argument가 한 개가 있을 때는 괄호도 생략할 수 있습니다.

▶ 31번째 줄:Lambda 표현으로 crow5 object를 만들고 있습니다.

• Lambda 몸체:몸체에 한 개의 문장만 있을 때는 중괄호({})는 생략할 수 있습니다.

▶ 34~42번째 줄:Lambda 표현으로 crow6 object를 만들고 있습니다.

• Lambda 몸체:method의 몸체와 동일하게 자바 명령을 사용할 수 있습니다.

예제 | Ex01705B

아래 프로그램은 return되는 data가 있는 method를 사용한 것으로, 익명 class로부터 object를 만드는 예와 Lambda 표현으로 object를 만드는 예를 보여주고 있습니다.

```
 1: class Ex01705B {
 2:    public static void main(String[] args) {
 3:       AnimalHandling t1 = new AnimalHandling();
 4:       t1.createBird();
 5:    }
 6: }
 7: class AnimalHandling {
 8:    int flyingSpeed;
 9:    void createBird() {
10:       flyingSpeed = 5;
11:       Flyable crow1 = new Flyable() {
12:          public int getFlyingDistance(int t) {
13:             return flyingSpeed * t;
14:          }
15:       };
16:       int distance = crow1.getFlyingDistance(4);
17:       System.out.println("crow1:flying distance="+distance);
18:
19:       Flyable crow2 = (int t) -> {
```

```
20:          return flyingSpeed * t;
21:      };
22:      distance = crow2.getFlyingDistance(2);
23:      System.out.println("crow2:flying distance="+distance);
24:
25:      Flyable crow3 = t -> flyingSpeed * t;
26:      distance = crow3.getFlyingDistance(7);
27:      System.out.println("crow3:flying distance="+distance);
28:   }
29: }
30: interface Flyable {
31:    int getFlyingDistance(int time);
32: }
```

```
D:\IntaeJava>java Ex01705B
crow1 : flying distance=20
crow2 : flying distance=10
crow3 : flying distance=35

D:\IntaeJava>
```

프로그램 설명

▶ 8번째 줄:AnimalHandling class에 instance변수 flyingSpeed를 선언합니다.

▶ 10번째 줄:instance변수 flyingSpeed에 값 5를 저장합니다.

▶ 11~15번째 줄:익명 class로 crow1 object를 만들고 있습니다.

▶ 16,17번째 줄:flyingSpeed와 주어진 시간 t 값을 곱한 후 결과를 넘겨받아 비행한 거리를 출력합니다.

▶ 19~21번째 줄:Lambda 표현으로 crow2 object를 만들고 있습니다.

• Lambda 몸체는 11번째 줄의 method 몸체와 동일합니다.

▶ 25번째 줄:Lambda 표현으로crow3 object를 만들고 있습니다.

• Lambda 몸체:return key word는 생략할 수 있습니다.

17.5.3 java.util.function package

Lambda 표현은 interface를 가지고 object를 만드므로 Lambda 표현을 사용하기 위해서는 interface가 먼저 정의되어 있어야 합니다. 간단한 기능 하나를 구현할 때 익명 class보다 Lambda 표현으로 처리하면 프로그램 code를 좀더 간편하게 해결 할수 있습니다. 여기서 좀 더 간편하게 하기 위해서 간단한 interface는 자바가 java.util.function package로 함께 제공하고 있으니 그것을 이용하면 추가적인 interface를 선언하지 않아도 됩니다.

● java.util.function package에서 제공하는 interface 중에 3가지 interface를 소개합니다. 아래 소개되는 interface는 Lambda 표현을 위한 interface이므로 아주 간단합니다. 즉, method는 한 개, argument도 한 개입니다.

- Predicate interface:test() method – method에 object reference type argument 1개, return type boolean
- Consumer interface:accept() method – method에 object reference type argement 1개, return type void
- Function interface:apply() method – method에 object reference type argement 1개, return object reference type

예제 | Ex01706

- 아래 프로그램은 java.util.fuction package를 사용하기에 앞서 알고 있어야 할 주변 환경에 관련된 프로그램으로 아래 사항을 알고 있어야 합니다.
- Ex01705A 프로그램에서 interface Flyable의 sound() method 전달 인수가 primitive type이었다면 이번 프로그램은 interface Checkable의 test() method 전달인수가 Object type을 사용한 것과, Lambda 표현으로 생성한 object를 제3의 method(printCar() method)로 넘겨준 후, Lambda로 만든 object의 조건에 맞는 data object를 출력하는 프로그램입니다.
- 출력되는 내용은 자동차 공장에서 차 5대를 생성한 후 임의의 색깔로 페인트칠한 후 고객이 원하는 색깔의 차가 몇 개가 있는지 출력하는 프로그램입니다.

```
 1: import java.util.Random;
 2: class Ex01706 {
 3:    public static void main(String[] args) {
 4:        CarFactory f1 = new CarFactory();
 5:        f1.checkCars("White");
 6:    }
 7: }
 8: class CarFactory {
 9:    Car[] cars;
10:    CarFactory() {
11:        cars = new Car[5];
12:        Random random = new Random();
13:        for ( int i=0 ; i < cars.length ; i++ ) {
14:            int n = random.nextInt(3);
15:            String color = "Error";
16:            switch (n) {
17:               case 0: color = "White"; break;
18:               case 1: color = "Blue"; break;
19:               case 2: color = "Black"; break;
20:            }
21:            cars[i] = new Car(2000+i,color);
22:        }
23:    }
24:    void checkCars(String askingColor) {
```

```
25:          Checkable condition1 = new Checkable() {
26:             public boolean test(Car car) {
27:                 boolean result = car.color.equals(askingColor);
28:                 return result;
29:             }
30:          };
31:          printCar(cars, condition1, "Anonymous");
32:
33:          Checkable condition2 = (Car car) -> {
34:             boolean result = car.color.equals(askingColor);
35:             return result;
36:          };
37:          printCar(cars, condition2, "Lambda 1");
38:
39:          Checkable condition3 = car -> car.color.equals(askingColor);
40:          printCar(cars, condition3, "Lambda 2");
41:
42:          printCar(cars, car -> car.color.equals(askingColor), "Lambda 3");
43:
44:          System.out.println("=== show all cars ===");
45:          for ( Car car:cars ) {
46:                 car.showStatus();
47:          }
48:      }
49:      static void printCar(Car[] allCars, Checkable condition, String
source) {
50:          System.out.println("=== called from "+source+" ===");
51:          for ( Car car:allCars ) {
52:             if ( condition.test(car) ) {
53:                 car.showStatus();
54:             }
55:          }
56:      }
57: }
58: class Car {
59:     int licenseNo;
60:     String color;
61:     Car(int n, String c) {
62:         licenseNo = n;
63:         color = c;
64:     }
65:     void showStatus() {
66:         System.out.println("license No="+licenseNo+", color="+color);
67:     }
68: }
69: interface Checkable {
70:     boolean test(Car car);
71: }
```

```
D:\IntaeJava>java Ex01706
=== called from Anonymous ===
license No=2004, color=White
=== called from Lambda 1 ===
license No=2004, color=White
=== called from Lambda 2 ===
license No=2004, color=White
=== called from Lambda 3 ===
license No=2004, color=White
=== show all cars ===
license No=2000, color=Blue
license No=2001, color=Blue
license No=2002, color=Blue
license No=2003, color=Black
license No=2004, color=White

D:\IntaeJava>
```

프로그램 설명

▶ 25번째 줄:익명 class로 Checkable object condition1를 생성합니다.

▶ 31번째 줄:익명 class로 만든 Checkable object condition1을 printCar() method의 parameter로 넘겨줍니다.

▶ 33번째 줄:Lambda 표현으로 Checkable object condition2를 생성합니다.

▶ 37번째 줄:Lambda 표현으로 만든 Checkable object condition2를 printCar() method의 parameter로 넘겨줍니다. Lambda 표현으로 생성한 object도 익명 class로 만든 object와 동일한 object입니다.

▶ 39번째 줄:Lambda 표현으로 Checkable object condition3를 생성합니다.

▶ 40번째 줄:Lambda 표현으로 만든 Checkable object condition3을 printCar() method의 parameter로 넘겨줍니다.

▶ 42번째 줄:Lambda 표현으로 만든 Checkable object을 만들면서 object를 바로 printCar() method의 parameter로 넘겨줍니다.

▶ 52번째 줄:Checkable condition object는 test(Car car)라는 method가 있습니다. Test(Car car) method는 익명 class나 Lambda 표현으로 정의되어 object로 전달받습니다. test(Car car) method에는 car.color.equals(askingColor)라는 명령이 정의되어 있으므로 자동차의 color가 주어진 color와 같으면 true, 틀리면 false를 return합니다.

예제 | Ex01706A

아래 프로그램은 Ex01706 프로그램에서 Checkable interface를 사용하는 것 대신에 java.util.function package에 있는 Predicate interface를 사용한 예를 보여주고 있습니다.

```
1: import java.util.Random;
2: import java.util.function.Predicate;
3: class Ex01706A {
```

```
 4:    public static void main(String[] args) {
 5:        CarFactory f1 = new CarFactory();
 6:        f1.checkCars("White");
 7:    }
 8: }
 9: class CarFactory {
10:    Car[] cars;
11:    CarFactory() {
12:        cars = new Car[5];
13:        Random random = new Random();
14:        for ( int i=0 ; i < cars.length ; i++ ) {
15:            int n = random.nextInt(3);
16:            String color = "Error";
17:            switch (n) {
18:                case 0: color = "White"; break;
19:                case 1: color = "Blue"; break;
20:                case 2: color = "Black"; break;
21:            }
22:            cars[i] = new Car(2000+i,color);
23:        }
24:    }
25:    void checkCars(String askingColor) {
26:        //Checkable condition1 = new Checkable() {
27:        Predicate<Car> condition1 = new Predicate<Car>() {
28:            public boolean test(Car car) {
29:                boolean result = car.color.equals(askingColor);
30:                return result;
31:            }
32:        };
33:        printCar(cars, condition1, "Anonymous");
34:
35:        Predicate<Car> condition2 = (Car car) -> {
36:            boolean result = car.color.equals(askingColor);
37:            return result;
38:        };
39:        printCar(cars, condition2, "Lambda 1");
40:
41:        Predicate<Car> condition3 = car -> car.color.equals(askingColor);
42:        printCar(cars, condition3, "Lambda 2");
43:
44:        printCar(cars, car -> car.color.equals(askingColor), "Lambda 3");
45:
46:        System.out.println("=== show all cars ===");
47:        for ( Car car:cars ) {
48:            car.showStatus();
49:        }
50:    }
51:    static void printCar(Car[] allCars, Predicate<Car> condition, String
source) {
```

```
52:          System.out.println("=== called from "+source+" ===");
53:          for ( Car car:allCars ) {
54:             if ( condition.test(car) ) {
55:                car.showStatus();
56:             }
57:          }
58:       }
59: }
60: class Car {
61:       int licenseNo;
62:       String color;
63:       Car(int n, String c) {
64:          licenseNo = n;
65:          color = c;
66:       }
67:       void showStatus() {
68:          System.out.println("license No="+licenseNo+", color="+color);
69:       }
70: }
71: //interface Checkable {
72: //    boolean test(Car car);
73: //}
```

```
D:\IntaeJava>java Ex01706A
=== called from Anonymous ===
license No=2001, color=White
=== called from Lambda 1 ===
license No=2001, color=White
=== called from Lambda 2 ===
license No=2001, color=White
=== called from Lambda 3 ===
license No=2001, color=White
=== show all cars ===
license No=2000, color=Blue
license No=2001, color=White
license No=2002, color=Blue
license No=2003, color=Blue
license No=2004, color=Blue

D:\IntaeJava>
```

프로그램 설명

▶ 2번째 줄:java.util.function package에 있는 Predicate interface를 import합니다. Predicate interface는 chapter 21 'Generic 프로그래밍'에서 설명할 generic type으로 interface를 정의했으므로 generic type을 간략하게 설명합니다.

■ generic type ■

Generic type은 Ex01706 프로그램의 Checkable interface의 test() method에서 parameter로 Car object를 전달받을 경우, Car object 한 가지만 parameter로 전달받을 수 있는 것을 일반화(generic화)해서 어떤 종류의 object도 전달받을 수 있도록 만든 interface를 말합니다.

Checkable interface를 generic type으로 개선하면 다음과 같습니다.

	개선 전	개선 후

Interface
정의
	interface Checkable {
	    boolean test(Car car);
	}
		interface Checkable〈T〉 {
		    boolean test(T t);
		}

Interface
사용 예
	Checkable condition1 = new Checkable()
	{
	    public boolean test(Car car) {
	            boolean result = car.color.
	equals(askingColor);
	        return result;
	    }
	};
		Checkable〈Car〉 condition1 = new
		Checkable〈Car〉() {
		    public boolean test(Car car) {
		            boolean result = car.color.
		equals(askingColor);
		        return result;
		    }
		};

개선 후의 예에서 보듯이 interface 이름 Checkable 뒤의 "T"가 들어갈 자리에 "Car"라고 정의하면 test() method에서도 Car를 parameter로 받게되는 것입니다.

- 27번째 줄:Checkable interface를 Predicate〈Car〉로 이름을 변경하여 object 를 생성했습니다.
- 35번째 줄:Checkable interface를 Predicate〈Car〉로 이름을 변경하여 object 를 생성했습니다
- 41번째 줄:Checkable interface를 Predicate〈Car〉로 이름을 변경하여 object 를 생성했습니다
- 44번째 줄:Ex01706 프로그램 42번째 줄에서도 Checkable interface를 사용하 지 않고 object를 생성하여 parameter로 넘긴 것과 같은 방법입니다. 이번 프로 그램에서도 Predicate〈Car〉를 사용하지 않고 object를 생성하여 parameter로 넘겼으므로 Checkable interface를 Predicate〈Car〉로 개선할 일도 없습니다.
- 51번째 줄:Checkable interface parameter 자리에 Predicate〈Car〉로 이름을 변경했습니다.
- 결론적으로Checkable interface를 Predicate〈Car〉로 이름을 변경했습니다. 그 러면 Predicate〈Car〉 interface를 사용하는 장점은 무엇인가요 ?
- Ex01706 프로그램 내에 class가 Ex01706, CarFactory, Car로 3개의 class 가 있고, interface로는 Checkable 한 개가 있습니다. 일반적으로 실무에서는 class 이름과 interface 이름마다 파일을 하나씩 별도로 만듭니다. 이 책에서는 하나의 예문을 하나의 파일로 만들면서 모든 class와 interface를 하나의 파일로 만들었지만, 실무에서는 한 class는 하나의 파일로 만들기 때문에 관리해야 하는 파일을 하나 줄일 수 있습니다.
- interface Predicate〈T〉을 사용하는 단점으로는 interface 이름이 Predicate로

정해져 있고, method 이름도 test()로 정해져 있기 때문에 새로운 기능이나 업무에 관련있는 이름이 아니라 Predicate interface와 test() method로 이름을 고정해서 사용해야 합니다.

예제 | Ex01707

- 다음 프로그램은 한 개의 method가 있는 interface 중에서 parameter는 받고, return되는 값이 없는, 즉 return type이 void인 method를 사용하여 Lambda 표현을 한 프로그램입니다.
- 프로그램의 로직은 색깔을 지정하면 해당 색깔의 차량에 연료를 1만큼 증가시키는 프로그램입니다.
- 차량의 색깔을 찾는 로직은 Ex01706A 프로그램에서 사용한 Pridicate interface 로직을 그대로 사용했으며, 차량에 연료를 1만큼 증가시키는 로직은 새로운 interface Changeable을 정의하여 구현하였습니다.

```
 1: import java.util.Random;
 2: import java.util.function.Predicate;
 3: class Ex01707 {
 4:    public static void main(String[] args) {
 5:        CarFactory f1 = new CarFactory();
 6:        f1.checkCars("White");
 7:    }
 8: }
 9: class CarFactory {
10:    Car[] cars;
11:    CarFactory() {
12:        cars = new Car[5];
13:        Random random = new Random();
14:        for ( int i=0 ; i < cars.length ; i++ ) {
15:            int n = random.nextInt(3);
16:            String color = "Error";
17:            switch (n) {
18:                case 0: color = "White"; break;
19:                case 1: color = "Blue"; break;
20:                case 2: color = "Black"; break;
21:            }
22:            cars[i] = new Car(2000+i,color);
23:        }
24:    }
25:    void checkCars(String askingColor) {
26:       //Checkable condition1 = new Checkable() {
27:       Predicate<Car> condition1 = new Predicate<Car>() {
28:          public boolean test(Car car) {
29:              boolean result = car.color.equals(askingColor);
30:              return result;
```

```
31:            }
32:        };
33:        Changeable change1 = new Changeable() {
34:            public void setData(Car car) {
35:                car. fuelMeter += 1;
36:            }
37:        };
38:        findAndAddFuel(cars, condition1, change1, "Anonymous");
39:
40:        Predicate<Car> condition2 = (Car car) -> {
41:            boolean result = car.color.equals(askingColor);
42:            return result;
43:        };
44:        Changeable change2 = (Car car) -> {
45:            car. fuelMeter += 1;
46:        };
47:        findAndAddFuel(cars, condition2, change2, "Lambda 1");
48:
49:        Predicate<Car> condition3 = car -> car.color.equals(askingColor);
50:        Changeable change3 = car -> car. fuelMeter += 1;
51:        findAndAddFuel(cars, condition3, change3, "Lambda 2");
52:
53:        findAndAddFuel(cars, car -> car.color.equals(askingColor), car ->
car. fuelMeter += 1, "Lambda 3");
54:
55:        System.out.println("=== show all cars ===");
56:        for ( Car car:cars ) {
57:            car.showStatus();
58:        }
59:    }
60:    static void findAndAddFuel(Car[] allCars, Predicate<Car> condition,
Changeable change, String source) {
61:        System.out.println("=== called from "+source+" ===");
62:        for ( Car car:allCars ) {
63:            if ( condition.test(car) ) {
64:                change.setData(car);
65:            }
66:        }
67:    }
68: }
69: class Car {
70:    int licenseNo;
71:    int fuelMeter;
72:    String color;
73:    Car(int n, String c) {
74:        licenseNo = n;
75:        color = c;
76:    }
77:    void showStatus() {
```

```
78:          System.out.println("license No="+licenseNo+", color="+color+",
fuelMeter="+fuelMeter);
79:    }
80: }
81: //interface Checkable {
82: //   boolean test(Car car);
83: //}
84: interface Changeable {
85:    void setData(Car car);
86: }
```

```
D:\IntaeJava>java Ex01707
=== called from Anonymous ===
=== called from Lambda 1 ===
=== called from Lambda 2 ===
=== called from Lambda 3 ===
=== show all cars ===
license No=2000, color=White, FuelMeter=4
license No=2001, color=Black, FuelMeter=0
license No=2002, color=White, FuelMeter=4
license No=2003, color=White, FuelMeter=4
license No=2004, color=Black, FuelMeter=0

D:\IntaeJava>
```

프로그램 설명

▶ 33번째 줄:익명 class로 Changeable object change1을 생성합니다.

▶ 38번째 줄:익명 class로 만든 Changeable object change1을 findAndAddFuel() method의 parameter로 넘겨줍니다.

▶ 44번째 줄:Lambda 표현으로 Changeable object change2를 생성합니다.

▶ 47번째 줄:Lambda 표현으로 만든 Changeable object change2를 findAndAddFuel() method의 parameter로 넘겨줍니다. Lambda 표현으로 생성한 object도 익명 class로 만든 object와 동일한 object입니다.

▶ 50번째 줄:Lambda 표현으로 Changeable object change3을 생성합니다.

▶ 51번째 줄:Lambda 표현으로 만든 Changeable object change3을 findAndAddFuel() method의 parameter로 넘겨줍니다.

▶ 53번째 줄:Lambda 표현으로 만든 Changeable object를 만들면서 object를 바로 findAndAddFuel () method의 parameter로 넘겨줍니다.

▶ 64번째 줄:Changeable change object는 setData(Car car)라는 method가 85번째 줄에 method body없이 정의되어 있고, 실제 setData(Car car) method의 method body는 익명 class(33번째 줄)나 Lambda 표현(44,50,53번째 줄)으로 정의되어 object로 전달받습니다. setData(Car car) method에는 car.fuelMeter +=1라는 명령이 정의되어 있으므로 자동차의 fuelMeter에 1을 증가 시킵니다.

예제 | Ex01707A

아래 프로그램은 Ex01707 프로그램에서 Changeable interface를 사용하는 것 대신에 java.util.function package에 있는 Consumer interface를 사용한 예를 보여주고 있습니다.

```java
 1: import java.util.Random;
 2: import java.util.function.Predicate;
 3: import java.util.function.Consumer;
 4: class Ex01707A {
 5:    public static void main(String[] args) {
 6:        CarFactory f1 = new CarFactory();
 7:        f1.checkCars("White");
 8:    }
 9: }
10: class CarFactory {
11:    Car[] cars;
12:    CarFactory() {
13:        cars = new Car[5];
14:        Random random = new Random();
15:        for ( int i=0 ; i < cars.length ; i++ ) {
16:            int n = random.nextInt(3);
17:            String color = "Error";
18:            switch (n) {
19:              case 0: color = "White"; break;
20:              case 1: color = "Blue"; break;
21:              case 2: color = "Black"; break;
22:            }
23:            cars[i] = new Car(2000+i,color);
24:        }
25:    }
26:    void checkCars(String askingColor) {
27:       //Checkable condition1 = new Checkable() {
28:       Predicate<Car> condition1 = new Predicate<Car>() {
29:          public boolean test(Car car) {
30:              boolean result = car.color.equals(askingColor);
31:              return result;
32:          }
33:       };
34:       //Changeable change1 = new Changeable() {
35:       Consumer<Car> change1 = new Consumer<Car>() {
36:          //public void setData(Car car) {
37:          public void accept(Car car) {
38:              car.fuelMeter += 1;
39:          }
40:       };
41:       findAndAddFuel(cars, condition1, change1, "Anonymous");
42:
43:       Predicate<Car> condition2 = (Car car) -> {
```

```
44:           boolean result = car.color.equals(askingColor);
45:           return result;
46:        };
47:        Consumer<Car> change2 = (Car car) -> {
48:           car.fuelMeter += 1;
49:        };
50:        findAndAddFuel(cars, condition2, change2, "Lambda 1");
51:
52:        Predicate<Car> condition3 = car -> car.color.equals(askingColor);
53:        Consumer<Car> change3 = car -> car.fuelMeter += 1;
54:        findAndAddFuel(cars, condition3, change3, "Lambda 2");
55:
56:        findAndAddFuel(cars, car -> car.color.equals(askingColor), car ->
car.fuelMeter += 1, "Lambda 3");
57:
58:        System.out.println("=== show all cars ===");
59:        for ( Car car:cars ) {
60:           car.showStatus();
61:        }
62:    }
63:    static void findAndAddFuel(Car[] allCars, Predicate<Car> condition,
Consumer<Car> change, String source) {
64:        System.out.println("=== called from "+source+" ===");
65:        for ( Car car:allCars ) {
66:           if ( condition.test(car) ) {
67:               //change.setData(car);
68:               change.accept(car);
69:           }
70:        }
71:    }
72: }
73: class Car {
74:    int licenseNo;
75:    int fuelMeter;
76:    String color;
77:    Car(int n, String c) {
78:       licenseNo = n;
79:       color = c;
80:    }
81:    void showStatus() {
82:        System.out.println("license No="+licenseNo+", color="+color+",
fuelMeter="+fuelMeter);
83:    }
84: }
85: //interface Checkable {
86: //   boolean test(Car car);
87: //}
88: //interface Changeable {
89: //   void setData(Car car);
90: //}
```

```
D:\IntaeJava>java Ex01707A
=== called from Anonymous ===
=== called from Lambda 1 ===
=== called from Lambda 2 ===
=== called from Lambda 3 ===
=== show all cars ===
license No=2000, color=White, fuelMeter=4
license No=2001, color=Black, fuelMeter=0
license No=2002, color=White, fuelMeter=4
license No=2003, color=Black, fuelMeter=0
license No=2004, color=Blue, fuelMeter=0

D:\IntaeJava>
```

프로그램 설명

▶ 3번째 줄:java.util.function package에 있는 Consumer interface를 import 합니다. Consumer interface는 Predicate interface처럼 chapter 21 'Generic 프로그래밍'에서 설명할 generic type으로 interface를 정의했습니다. 그러므로 Compile 시 Generic 관련된 주의 사항 메세지가 나옵니다. 현재로서는 무시합니다.

▶ 35번째 줄:Changeable interface를 Consumer〈Car〉로 이름을 변경하여 object 를 생성하였습니다.

▶ 47번째 줄:Changeable interface를 Consumer〈Car〉로 이름을 변경하여 object 를 생성하였습니다

▶ 53번째 줄:Changeable interface를 Consumer〈Car〉로 이름을 변경하여 object 를 생성하였습니다

▶ 56번째 줄:Ex01707 프로그램 53번째 줄에서도 Changeable interface를 사용하지 않고 object를 생성하여 parameter로 넘긴 것과 같은 방법입니다. 이번 프로그램에서도 Consumer〈Car〉를 사용하지 않고 object를 생성하여 parameter로 넘겼으므로 Changeable interface를 Consumer〈Car〉로 개선할 일도 없습니다.

▶ 63번째 줄:Changeable interface parameter 자리에 Consumer〈Car〉로 이름을 변경하였습니다.

▶ 결론적으로 Changeable interface를 Consumer〈Car〉로 이름을 변경하였습니다. 그러면 Consumer〈Car〉 interface를 사용하는 장점은 Pridicate〈Car〉를 사용하는 장점과 아래와 같이 동일합니다.

• Ex01707 프로그램 내에 class가 Ex01707, CarFactory, Car로 3개의 class가 있고, interface로는 Changeable이 추가로 한 개가 있습니다. 일반적으로 실무에서는 class 이름과 interface 이름마다 파일을 하나씩 별도로 만듭니다. 실무에서는 한 class는 하나의 파일로 만들기 때문에 관리해야 하는 파일을 하나 줄일 수 있습니다.

• interface Consumer〈T〉을 사용하는 단점으로는 interface 이름이 Consumer로 정해져 있고, method 이름도 accept()로 정해져 있기 때문에 새로운 기능이나 업무에 관련있는 이름이 아니라 Consumer interface와 accept() method

로 이름을 고정해서 사용해야 합니다.

예제 | Ex01708

- 다음 프로그램은 한 개의 method가 있는 interface 중에서 parameter는 받고, return되는 값은 문자열, 즉 return type이 String인 method를 사용하여 Lambda 표현을 한 프로그램입니다.
- 차량의 색깔을 찾는 로직은 Ex01706A 프로그램에서 사용한 Pridicate interface 로직을 그대로 사용했으며, 차량의 licenseNo와 차량 소유주의 이름(형식: licenseNo+":"+givenName+ +FamilyName)을 문자열로 받아, 출력하는 프로그램을 새로운 interface Obtainable을 정의하여 구현하였습니다.

```
 1: import java.util.Random;
 2: import java.util.function.Predicate;
 3: import java.util.function.Consumer;
 4: class Ex01708 {
 5:    public static void main(String[] args) {
 6:        CarFactory f1 = new CarFactory();
 7:        f1.checkCars("White");
 8:    }
 9: }
10: class CarFactory {
11:    Car[] cars;
12:    CarFactory() {
13:        cars = new Car[5];
14:        String[] name = {"Intae Ryu", "Lina Choi", "Jason Park", "Chris
Roger", "Rachel Bowman"};
15:        Random random = new Random();
16:        for ( int i=0 ; i < cars.length ; i++ ) {
17:            int n = random.nextInt(3);
18:            String color = "Error";
19:            switch (n) {
20:                case 0: color = "White"; break;
21:                case 1: color = "Blue"; break;
22:                case 2: color = "Black"; break;
23:            }
24:            cars[i] = new Car(2000+i,name[i], color);
25:        }
26:    }
27:    void checkCars(String askingColor) {
28:        Predicate<Car> condition1 = new Predicate<Car>() {
29:            public boolean test(Car car) {
30:                boolean result = car.color.equals(askingColor);
31:                return result;
32:            }
33:        };
34:        Obtainable obtention1 = new Obtainable() {
```

```
35:            public String getInfo(Car car) {
36:                String result = car.licenseNo+":"+car.ownerName;
37:                return result;
38:            }
39:        };
40:        Consumer<String> out1 = new Consumer<String>() {
41:            public void accept(String info) {
42:                System.out.println(info);
43:            }
44:        };
45:        findAndPrintOwner(cars, condition1, obtention1, out1, "Anonymous");
46:
47:        Predicate<Car> condition2 = (Car car) -> {
48:            boolean result = car.color.equals(askingColor);
49:            return result;
50:        };
51:        Obtainable obtention2 = (Car car) -> {
52:            String result = car.licenseNo+":"+car.ownerName;
53:            return result;
54:        };
55:        Consumer<String> out2 = (String info) -> {
56:            System.out.println(info);
57:        };
58:        findAndPrintOwner(cars, condition2, obtention2, out2, "Lambda 1");
59:
60:        Predicate<Car> condition3 = car -> car.color.equals(askingColor);
61:        Obtainable obtention3 = car -> car.licenseNo+":"+car.ownerName;
62:        Consumer<String> out3 = info -> System.out.println(info);
63:        findAndPrintOwner(cars, condition3, obtention3, out3, "Lambda 2");
64:
65:        findAndPrintOwner(cars, car -> car.color.equals(askingColor),
car -> car.licenseNo+":"+car.ownerName, info -> System.out.println(info),
"Lambda 3");
66:
67:        System.out.println("=== show all cars ===");
68:        for ( Car car:cars ) {
69:            car.showStatus();
70:        }
71:    }
72:    static void findAndPrintOwner(Car[] allCars, Predicate<Car> condition,
Obtainable obtention, Consumer<String> printOut, String source) {
73:        System.out.println("=== called from "+source+" ===");
74:        for ( Car car:allCars ) {
75:            if ( condition.test(car) ) {
76:                String info = obtention.getInfo(car);
77:                printOut.accept(info);
78:            }
79:        }
80:    }
81: }
```

```
82: class Car {
83:     int licenseNo;
84:     String ownerName;
85:     String color;
86:     Car(int n, String name, String c) {
87:         licenseNo = n;
88:         ownerName = name;
89:         color = c;
90:     }
91:     void showStatus() {
92:         System.out.println("license No="+licenseNo+", color="+color);
93:     }
94: }
95: interface Obtainable {
96:     String getInfo(Car car);
97: }
```

```
D:\IntaeJava>java Ex01708
=== called from Anonymous ===
2004:Rachel Bowman
=== called from Lambda 1 ===
2004:Rachel Bowman
=== called from Lambda 2 ===
2004:Rachel Bowman
=== called from Lambda 3 ===
2004:Rachel Bowman
=== show all cars ===
license No=2000, color=Blue
license No=2001, color=Black
license No=2002, color=Blue
license No=2003, color=Black
license No=2004, color=White

D:\IntaeJava>
```

프로그램 설명

▶ 34번째 줄:익명 class로 Obtainable object obtention1을 생성합니다.

▶ 40번째 줄:익명 class로 Consumer object out1을 생성합니다. Ex1707A의 Consumer object change1에서는 연료를 1증가 시켰지만, 이번 프로그램에서는 전달받은 info를 print하는 것으로 변경되었습니다.

▶ 45번째줄:익명class로만든Obtainableobjectobtention1을 findAndPrintOwner() method의 parameter로 넘겨줍니다.

▶ 51번째 줄:Lambda 표현으로 Obtainable object obtention2를 생성합니다.

▶ 55번째 줄:Lambda 표현으로 Consumer object out2를 생성합니다. Ex1707A의 Consumer object change2에서는 연료를 1증가 시켰지만, 이번 프로그램에서는 전달받은 info를 print하는 것으로 변경되었습니다.

▶ 58번째 줄:Lambda 표현으로 만든 Obtainable object obtention2을findAnd PrintOwnerl() method의 parameter로 넘겨줍니다. Lambda 표현으로 생성한 object도 익명 class로 만든 object와 동일한 object입니다.

▶ 61번째 줄:Lambda 표현으로 Obtainable object objection3을 생성합니다.

▶ 62번째 줄:Lambda 표현으로 Consumer object out3을 생성합니다. Ex1707A 의 Consumer object change3에서는 연료를 1증가시켰지만, 이번 프로그램에 서는 전달받은 info를 print하는 것으로 변경되었습니다.

▶ 63번째 줄:Lambda 표현으로 만든 Obtainable object obtention3을 findAnd PrintOwner() method의 parameter로 넘겨줍니다.

▶ 65번째 줄:Lambda 표현으로 만든 Obtainable object을 만들면서 object를 바 로 findAndPrintOwner() method의 parameter로 넘겨줍니다.

▶ 72번째 줄:Obtainable obtention object는 getInfo(Car car)라는 method가 있 습니다. getInfo(Car car) method는 익명 class나 Lambda 표현으로 정의되어 object로 전달받습니다. getInfo(Car car) method에는 car.licenseNo+":"+car. ownerName라는 명령이 정의되어 있으므로 자동차의 번호와 자동차 소유주의 이름을 return해줍니다.

예제 | Ex01708A

아래 프로그램은 Ex01708 프로그램에서 Obtainable interface를 사용하는 것 대 신에 java.util.function package에 있는 Function interface를 사용한 예를 보 여주고 있습니다.

```
1: import java.util.Random;
2: import java.util.function.Predicate;
3: import java.util.function.Consumer;
4: import java.util.function.Function;
5: class Ex01708A {
6:    public static void main(String[] args) {
7:        CarFactory f1 = new CarFactory();
8:        f1.checkCars("White");
9:    }
10: }
11: class CarFactory {
12:    Car[] cars;
13:    CarFactory() {
14:        cars = new Car[5];
15:        String[] name = {"Intae Ryu", "Lina Choi", "Jason Park", "Chris
Roger", "Rachel Bowman"};
16:        Random random = new Random();
17:        for ( int i=0 ; i < cars.length ; i++ ) {
18:            int n = random.nextInt(3);
19:            String color = "Error";
20:            switch (n) {
21:                case 0: color = "White"; break;
22:                case 1: color = "Blue"; break;
23:                case 2: color = "Black"; break;
```

```
24:              }
25:              cars[i] = new Car(2000+i,name[i], color);
26:          }
27:      }
28:      void checkCars(String askingColor) {
29:          Predicate<Car> condition1 = new Predicate<Car>() {
30:              public boolean test(Car car) {
31:                  boolean result = car.color.equals(askingColor);
32:                  return result;
33:              }
34:          };
35:          //Obtainable obtention1 = new Obtainable() {
36:          Function<Car, String> obtention1 = new Function<Car, String>() {
37:              public String apply(Car car) {
38:                  String result = car.licenseNo+":"+car.ownerName;
39:                  return result;
40:              }
41:          };
42:          Consumer<String> out1 = new Consumer<String>() {
43:              public void accept(String info) {
44:                  System.out.println(info);
45:              }
46:          };
47:        findAndPrintOwner(cars, condition1, obtention1, out1, "Anonymous");
48:
49:          Predicate<Car> condition2 = (Car car) -> {
50:              boolean result = car.color.equals(askingColor);
51:              return result;
52:          };
53:          Function<Car, String> obtention2 = (Car car) -> {
54:              String result = car.licenseNo+":"+car.ownerName;
55:              return result;
56:          };
57:          Consumer<String> out2 = (String info) -> {
58:              System.out.println(info);
59:          };
60:        findAndPrintOwner(cars, condition2, obtention2, out2, "Lambda 1");
61:
62:          Predicate<Car> condition3 = car -> car.color.equals(askingColor);
63:          Function<Car, String> obtention3 = car -> car.licenseNo+":"+car.
ownerName;
64:          Consumer<String> out3 = info -> System.out.println(info);
65:        findAndPrintOwner(cars, condition3, obtention3, out3, "Lambda 2");
66:
67:          findAndPrintOwner(cars, car -> car.color.equals(askingColor),
car -> car.licenseNo+":"+car.ownerName, info -> System.out.println(info),
"Lambda 3");
68:
69:          System.out.println("=== show all cars ===");
70:          for ( Car car:cars ) {
```

```
71:            car.showStatus();
72:        }
73:    }
74:    static void findAndPrintOwner(Car[] allCars, Predicate<Car> condition,
Function<Car, String> obtention, Consumer<String> printOut, String source)
{
75:        System.out.println("=== called from "+source+" ===");
76:        for ( Car car:allCars ) {
77:            if ( condition.test(car) ) {
78:                String info = obtention.apply(car);
79:                printOut.accept(info);
80:            }
81:        }
82:    }
83: }
84: class Car {
85:    int licenseNo;
86:    String ownerName;
87:    String color;
88:    Car(int n, String name, String c) {
89:        licenseNo = n;
90:        ownerName = name;
91:        color = c;
92:    }
93:    void showStatus() {
94:        System.out.println("license No="+licenseNo+", color="+color);
95:    }
96: }
97: //interface Obtainable {
98: //    String getInfo(Car car);
99: //}
```

```
D:\IntaeJava>java Ex01708A
=== called from Anonymous ===
2000:Intae Ryu
=== called from Lambda 1 ===
2000:Intae Ryu
=== called from Lambda 2 ===
2000:Intae Ryu
=== called from Lambda 3 ===
2000:Intae Ryu
=== show all cars ===
license No=2000, color=White
license No=2001, color=Black
license No=2002, color=Black
license No=2003, color=Blue
license No=2004, color=Blue

D:\IntaeJava>
```

프로그램 설명

▶ 4번째 줄:java.util.function package에 있는 Function interface를 import
합니다. Function interface는 Predicate interface처럼 chapter 21 'Generic
프로그래밍'에서 설명할 generic type으로 interface를 정의했습니다. 그러므
로 Compile시 Generic관련된 주의 사항 메세지가 나옵니다. 현재로서는 무시

합니다.

▶ 36번째 줄:Obtainable interface를 Function〈Car, String〉으로 이름을 변경하여 object를 생성하였습니다. Method의 전달 parameter로 Car object가 전달되고, return되는 object가 Sting object가 있기 때문입니다.

▶ 53번째 줄:Obtainable interface를 Function〈Car, String〉으로 이름을 변경하여 object를 생성하였습니다

▶ 63번째 줄:Obtainable interface를 Function〈Car, String〉으로 이름을 변경하여 object를 생성하였습니다

▶ 67번째 줄:Obtainable interface를 사용하지 않고 object를 생성하여 parameter로 넘겼으므로 Function〈Car, String〉으로 이름을 변경하는 일도 없습니다.

▶ 74번째 줄:Obtainable interface parameter 자리에 Function〈Car, String〉으로 이름을 변경하였습니다.

▶ 결론적으로 Obtainable interface를 Function〈Car, String〉으로 이름을 변경하였습니다. 그러면 Function〈Car, String〉 interface를 사용하는 장점은 Pridicate〈Car〉를 사용하는 장점과 아래와 같이 동일합니다.

• Ex01708 프로그램 내에 class가 Ex01708, CarFactory, Car로 3개의 class가 있고, interface로는 Obtainable이 추가로 한 개가 있습니다. 일반적으로 실무에서는 class 이름과 interface이름마다 파일을 하나씩 별도로 만듭니다. 실무에서는 한 class는 하나의 파일로 만들기 때문에 관리해야 하는 파일을 하나 줄일 수 있습니다.

• interface Function〈T, R〉을 사용하는 단점으로는 interface 이름이 Function으로 정해져 있고, method 이름도 apply()로 정해져 있기 때문에 새로운 기능이나 업무에 관련있는 이름이 아니라 Function interface와 apply() method로 이름을 고정해서 사용해야 합니다.

17.6 Method Reference

Method Reference는 Lambda 표현 중의 하나로 제 3의 class에 정의된 method를 Lamda 표현식에서 정의하여 사용하는 것을 말합니다. 제 3의 method를 직접 호출하면 프로그램 이해하기도 쉬울텐데 한 번 꽈배기처럼 꼬아서 사용하기 때문에 Method Reference를 처음 접하게 되면 이해하는데 시간이 걸립니다. 한 번 이해하게 되면 그만큼 편리한 점도 있으니 꼭 이해하고 넘어가도록 합시다.

Method Reference에는 다음과 같은 4가지가 있습니다.

1 static method reference

2 instance method reference

3 임의의 object method reference

4 생성자 reference

Method Reference는 프로그램과 함께 설명을 해야 하기 때문에 다음 프로그램을 잘 읽어보세요.

1 static method reference

예제 | Ex01744

다음 프로그램은 문자를 숫자로 바꾸는 프로그램으로 method 직접 호출, 익명 class, Lamda 표현, Method Reference 4가지 모두 사용해서 만들었으니 잘 관찰해보세요.

```
 1: class Ex01744 {
 2:    public static void main(String[] args) {
 3:        String numberStr = "17";
 4:        Integer numberIntger1 = Integer.valueOf(numberStr);
 5:        System.out.println("1 numberStr ="+numberStr+", Next
Number="+(numberIntger1.intValue()+1));
 6:
 7:        Convertible convertibleObj2 = new Convertible() {
 8:          public Integer getIntegerFromString(String intStr) {
 9:             return Integer.valueOf(intStr);
10:          }
11:        };
12:        numberStr = "27";
13:        Integer numberIntger2 = convertibleObj2.getIntegerFromString(nu
mberStr);
14:        System.out.println("2 numberStr ="+numberStr+", Next
Number="+(numberIntger2.intValue()+1));
15:
16:        numberStr = "37";
17:        Convertible convertibleObj3 = intStr -> Integer.valueOf(intStr);
18:        Integer numberIntger3 = convertibleObj3.getIntegerFromString(nu
mberStr);
19:        System.out.println("2 numberStr ="+numberStr+", Next
Number="+(numberIntger3.intValue()+1));
20:
21:        numberStr = "47";
22:        Convertible convertibleObj4 = Integer::valueOf;
23:        Integer numberIntger4 = convertibleObj4.getIntegerFromString(nu
mberStr);
24:        System.out.println("4 numberStr ="+numberStr+", Next
Number="+(numberIntger4.intValue()+1));
25:    }
```

```
26: }
27: interface Convertible {
28:     Integer getIntegerFromString(String intStr);
29: }
```

```
D:\IntaeJava>java Ex01744
1 numberStr =17, Next Number=18
2 numberStr =27, Next Number=28
2 numberStr =37, Next Number=38
4 numberStr =47, Next Number=48

D:\IntaeJava>
```

프로그램 설명

▶ 3,4,5번째 줄:Integer class의 valueOf() method를 사용하여 문자를 Integer object로 변경한 예입니다.

▶ 7~14번째 줄:익명 class를 사용하여 문자를 Integer object로 변경한 예입니다.

▶ 16~19번째 줄:Lamda 표현을 사용하여 문자를 Integer object로 변경한 예입니다.

▶ 21~24번째 줄:Method Reference를 사용하여 문자를 Integer object로 변경한 예입니다.

▶ 22번째 줄의 method reference를 이해하기 위해서는 17번째 줄의 Lamda 표현을 정확히 이해해야 합니다. 17번째 줄의 중요한 부분을 다시 설명합니다.

```
Convertible convertibleObj3 = intStr -> Integer.valueOf(intStr);
```

• 위 프로그램 명령에서 Convertible interface의 getIntegerFromString() method는 method parameter로 String을 받아서 Integer object로 반환하는 method입니다. "method parameter로 String을 받아서 Integer object로 반환"이라는 말을 꼭 기억해야 합니다. 즉 컴퓨터도 이 말을 기억하고 있습니다.

• "intStr -> Integer.valueOf(intStr)"에서 intStr은 String으로 method parameter이고 결과 값은 Integer object로 나오는 것을 알아야 합니다. "intStr -> Integer. valueOf(intStr)"는 하나의 method만 가지고 있는 단순 object입니다. 하지만 method 이름은 없습니다.

• 18번째 줄 "convertibleObj3.getIntegerFromString(numberStr)"에서 "convertibleObj3"는 17번째 줄에서 만든 object("intStr → Integer.valueOf(intStr)")이고 getIntegerFromString(numberStr) method 호출은 "Integer.valueOf(intStr)" 호출을 의미합니다. 왜냐하면 getIntegerFromString(numberStr)는 "Integer. valueOf(intStr)"로 17번째 줄에서 재정의되었기 때문입니다. 그러므로 "Integer numberIntger3 = convertibleObj3.getIntegerFromString(numberStr)"명령은 내부적으로"Integer numberIntger3 = Integer.valueOf(intStr)"와 같

은 명령입니다.

- 22번째 줄 "Convertible convertibleObj4 = Integer::valueOf"명령은 17번째 줄의 "Convertible convertableObj3 = intStr −〉 Integer.valueOf(intStr)" 명령을 좀 더 간략하게 표현한 것입니다. 즉 Lamda 표현 "Integer.valueOf (intStr)"을 "Integer::valueOf"로 개선한 것으로, "Integer::valueOf" 명령은 Convertible 의 getIntegerFromString(String intStr) method를 호출하면 "Integer class 에 있는 Integer.valueOf() method를 호출하라"라는 명령입니다. 그러므로 convertibleObj4.getIntegerFromString(String intStr)을 Integer.valueOf() 로 교체하라는 의미가 담겨있습니다.

- "Integer::valueOf" 명령에 "::"의 부호는 method reference를 나타내는 부호 로 Integer.valueOf() method를 "Integer::valueOf" 명령을 만나면 수행하는 것이 아니라 Integer.valueOf() method는 나중에 참조(reference)되어 수행될 것이라는 것을 알려주는 부호(문법:Syntax)입니다.

예제 | Ex01744A

- 다음 프로그램은 비행하는 물체(까마귀)의 속도는 5Km로 고정되어 있고, 비행하 는 시간이 주어졌을 때 총 비행 거리를 계산하는 프로그램으로 익명 class, Lamda 표현, Method Reference를 사용하여 만들었습니다.

- Ex01744 프로그램은 자바에서 제공해주는 Integer class의 valueOf() method 를 method Reference로 사용했지만 이번 프로그램에서는 직접 만든 class를 사 용했으므로 어떻게 달라졌는지 잘 관찰해보세요.

```
1: class Ex01744A {
2:    public static void main(String[] args) {
3:       Flyable crow1 = new Flyable() {
4:          public String getFlyingDistance(Integer intObj) {
5:             int speed = 5; // speed unit = Km / Hour
6:             int dist = speed * intObj.intValue();
7:             return dist + " Km";
8:          }
9:       };
10:      Integer flyingTime = new Integer(2);
11:      String flyingDist1 = crow1.getFlyingDistance(flyingTime);
12:      System.out.println("1 Flying Distance="+flyingDist1);
13:
14:      Flyable crow2 = intObj -> {
15:         int speed = 5; // speed unit = Km / Hour
16:         int dist = speed * intObj.intValue();
17:         return dist + " Km";
18:      };
```

```
19:        String flyingDist2 = crow2.getFlyingDistance(flyingTime);
20:        System.out.println("2 Flying Distance="+flyingDist2);
21:
22:        Flyable crow3 = FlyingObject ::getDistance;
23:        String flyingDist3 = crow3.getFlyingDistance(flyingTime);
24:        System.out.println("3 Flying Distance="+flyingDist3);
25:    }
26: }
27: interface Flyable {
28:     String getFlyingDistance(Integer intObj);
29: }
30: class FlyingObject {
31:     static String getDistance(Integer intObj) {
32:         int speed = 5; // speed unit = Km / Hour
33:         int dist = speed * intObj.intValue();
34:         return dist + " Km";
35:     }
36: }
```

```
D:\IntaeJava>java Ex01744A
1 Flying Distance=10 Km
2 Flying Distance=10 Km
3 Flying Distance=10 Km

D:\IntaeJava>
```

프로그램 설명

▶ 3~20번째 줄:익명 class와 Lamda 표현으로 object를 만드는 방법으로 이미 설명한 사항입니다.

▶ 22번째 줄:crow3 object는 FlyingObject의 getDistance() method를 method reference로 저장한 것입니다. 14~18번째 줄과 비교해보면, Integer object를 받아서 String object를 return합니다. getDistance() method도 Integer object를 받아서 String object를 return하며 method 속의 내용도 동등하므로 method 이름만 넘겨주면 Java가 getDistance() method를 crow3.getFlying Distanc() method를 호출할 때 수행시켜 줍니다.

2 instance method reference

예제 | Ex01744B

다음 프로그램은 Ex01744A 프로그램을 수정한 사항으로 static method를 instance method Reference로 사용한 예입니다. 프로그램 출력 결과는 Ex01744A와 동일합니다.

```
 1: class Ex01744B {
 2:    public static void main(String[] args) {
 3:        FlyingObject flyingObj = new FlyingObject();
 4:        Flyable crow3 = flyingObj::getDistance;
 5:        Integer flyingTime = new Integer(2);
 6:        String flyingDist3 = crow3.getFlyingDistance(flyingTime);
 7:        System.out.println("3 Flying Distance="+flyingDist3);
 8:    }
 9: }
10: interface Flyable {
11:    String getFlyingDistance(Integer intObj);
12: }
13: class FlyingObject {
14:    String getDistance(Integer intObj) {
15:        int speed = 5; // speed unit = Km / Hour
16:        int dist = speed * intObj.intValue();
17:        return dist + " Km";
18:    }
19: }
```

```
D:\IntaeJava>java Ex01744B
3 Flying Distance=10 Km

D:\IntaeJava>
```

프로그램 설명

▶ 4번째 줄:Ex01744A 프로그램에서는 static method를 method reference로 사용했다면, 이번 프로그램에서는 instance method를 method reference로 사용하고 있습니다. Instance method를 사용하기 위해 3번째에서 FlyingObject의 flyingObj object를 생성해서, flyingObj변수를 통해 instance method를 method reference로 저장한 것입니다.

❸ 임의의 object method reference

• 아래 프로그램은 임의의(arbitrary) object method reference에 대해 설명하는 프로그램입니다. 임의의(arbitrary) object method reference를 설명하기 위해서는 Arrays.sort() method에 대해 알아야 합니다. Arrays.sort() method에 대해서는 Ex01505 프로그램에서 일부 설명을 했으니 참조하기 바랍니다.

• Arrays.sort() method에는 다음과 같이 2개의 method가 있습니다.

① Arrays.sort(Object[] obj):Object배열을 순서적으로 정렬합니다. Ex01505 프로그램에서 설명한 내용이지만 Object배열 obj는 comparable interface를 implements한 Object배열이여야 합니다.(이 부분 이해가 안 되는 독자는 Ex01505 프로그램을 다시 복습하세요.)

② Arrays.sort(Object[] obj, Comparator c):Object배열 obj가 Comparable interface 를 implements한 Object배열이 아니라면 혹은 implements을 했어도 정렬하는 방법을 다르게 하고자 할 경우에 사용하는 method입니다. 사용 방법은 정렬하고 자 하는 Object를 배열에 저장하고, 정렬의 기준이되는 Comparator interface 를 implements하여 선언한 class의 object를 넘겨주어야 합니다. Comparator interface에는 Comparable interface와 유사한 compare()라는 method가 있고, 이 method를 재정의하여 class를 만들고 그 class의 object를 Arrays. sort()의 argument로 넘겨주어야 합니다.(아래 프로그램의 결과를 확인한 후 프로그램 설명을 잘 읽어보세요.)

예제 | Ex01745

```
 1: import java.util.*;
 2: class Ex01745 {
 3:    public static void main(String[] args) {
 4:        String[] names ={ "Intae", "Jason", "Rachel", "Chris"};
 5:        Arrays.sort(names);
 6:        for ( int i=0 ; i<names.length ; i++ ) {
 7:            System.out.print(names[i] + " ");
 8:        }
 9:        System.out.println();
10:
11:        names =  new String[]{ "Intae", "Jason", "Rachel", "Chris",
"Lina" };
12:        Comparator compareObj = new Comparator() {
13:            public int compare(Object oa, Object ob) {
14:                String a = (String)oa;
15:                String b = (String)ob;
16:                return a.compareTo(b);
17:            }
18:        };
19:        Arrays.sort(names, compareObj);
20:        for ( int i=0 ; i<names.length ; i++ ) {
21:            System.out.print(names[i] + " ");
22:        }
23:        System.out.println();
24:
25:        names = new String[]{ "Intae", "Jason", "Rachel", "Chris",
"Lina", "James" };
26:        Arrays.sort(names, (a, b) -> a.compareTo(b));
27:        for ( int i=0 ; i<names.length ; i++ ) {
28:            System.out.print(names[i] + " ");
29:        }
30:        System.out.println();
31:
```

```
32:         names = new String[]{ "Intae", "Jason", "Rachel", "Chris",
"Lina", "James", "Peter" };
33:         Arrays.sort(names, String::compareTo);
34:         for ( int i=0 ; i<names.length ; i++ ) {
35:             System.out.print(names[i] + " ");
36:         }
37:         System.out.println();
38:     }
39: }
```

```
D:\IntaeJava>java Ex01745
Chris Intae Jason Rachel
Chris Intae Jason Lina Rachel
Chris Intae James Jason Lina Rachel
Chris Intae James Jason Lina Peter Rachel

D:\IntaeJava>
```

프로그램 설명

▶ 4~9번째 줄:String class는 Comparable interface를 implements한 class입니다. 그러므로 5번째 줄에서 sort() method에 argument로 넘겨주면 자동 sort 되어 나옵니다.

▶ 11~22번째 줄: String object가 Comparable interface가 되어 있어 5번째 줄과 같이 바로 sort() method에 넣어주어도 되지만, Comparator interface를 어떻게 사용하는지 알게 하기 위해 만든 프로그램 일부입니다. 이 프로그램 일부는 익명 class를 사용한 예입니다. 즉 Comparator interface를 implements 해서 12번째 줄에서 comparableObj라는 object를 만듭니다. 그리고 그 object를 19번째 줄에서 sort() method의 두 번째 argument로 전달해주면 첫 번째 argument인 배열이 두 번째 argument로 전달해준 object의 기준으로 정렬되는 것입니다.

▶ 26번째 줄:익명 class 대신 Lamda 표현을 사용한 예입니다. object a의 object type은 String입니다. 왜냐하면 배열 object가 String배열이므로 Comparator interface의 compare() method의 argument로 들어오는 object는 String이라고 자바가 추정(infer)합니다.

▶ 33번째 줄: 익명 class나 Lamda 표현 대신 Method reference를 사용한 예입니다. 26번째 줄 Lamda 표현에서 보면 CompareTo() method를 임의의 object a 롤 통해서 호출한 것 이외에는 특별히 한 것이 없습니다. 그러므로 아래와 같은 문법적 형식인 임의의 object를 통한 Method reference 기법을 사용한 것입니다.

```
ObjectType::methodName
```

임의의 object type(일반적으로 class 이름을 말함)과 그 object type이 가지고 있
는 method 이름을 sort() method에 넘겨주면 sort() method는 넘겨받은 method
를 기준으로 정렬합니다.

예제 | Ex01745A

아래 프로그램은 Ex01505를 참조하여 만든 프로그램으로 Arrays.sort() method
중 Comparator interface한 object를 받아들이는 method에서 익명 class, Lamda
표현, 임의의 object method reference를 이용하여 sort하는 프로그램입니다. 어
떤 차이점이 있는지 잘 관찰해보세요

```
 1: import java.util.*;
 2: class Ex01745A {
 3:   public static void main(String[] args) {
 4:     if ( args.length != 1 ) {
 5:         System.out.println("Usage:java Ex01745A 3 ");
 6:         return;
 7:     }
 8:     Car[] cars = new Car[5];
 9:     cars[0] = new Car(1005, "Intae", "White");
10:     cars[1] = new Car(2003, "Chris", "Red");
11:     cars[2] = new Car(1001, "Rachel","Blue");
12:     cars[3] = new Car(1007, "Lina",  "Green");
13:     cars[4] = new Car(2001, "Jason", "Pink");
14:     Comparator compareObj = new Comparator() {
15:         public int compare(Object oa, Object ob) {
16:             Car a = (Car)oa;
17:             Car b = (Car)ob;
18:             return a.ownerName.compareTo(b.ownerName);
19:         }
20:     };
21:     if ( args[0].equals("1") ) {
22:         System.out.println("By Anonymous class ");
23:         Arrays.sort(cars, compareObj);
24:     } else if ( args[0].equals("2") ) {
25:         System.out.println("By Lamda ");
26:         Arrays.sort(cars, (a, b) -> a.ownerName.compareTo(b.
ownerName));
27:     } else {
28:         System.out.println("Method Reference of arbitary object");
29:         Arrays.sort(cars, Car::compareCarByOwnerNameTo);
30:     }
31:     for ( int i=0 ; i<cars.length ; i++ ) {
32:         cars[i].showCarInfo();
33:     }
34:   }
35: }
```

```
36: class Car {
37:     int licenseNo;
38:     String ownerName;
39:     String color;
40:     Car(int ln, String on, String c) {
41:         licenseNo = ln;
42:         ownerName = on;
43:         color = c;
44:     }
45:     void showCarInfo() {
46:         System.out.println("Car  licenseNo="+licenseNo+", Owner Name =
"+ownerName+", color = "+color);
47:     }
48:     public int compareCarByOwnerNameTo(Car b) {
49:         return ownerName.compareTo(b.ownerName);
50:     }
51: }
```

```
D:\IntaeJava>java Ex01745A 1
By Anonymous class
Car  licenseNo=2003, Owner Name = Chris, color = Red
Car  licenseNo=1005, Owner Name = Intae, color = White
Car  licenseNo=2001, Owner Name = Jason, color = Pink
Car  licenseNo=1007, Owner Name = Lina, color = Green
Car  licenseNo=1001, Owner Name = Rachel, color = Blue

D:\IntaeJava>
```

```
D:\IntaeJava>java Ex01745A 2
By Lamda
Car  licenseNo=2003, Owner Name = Chris, color = Red
Car  licenseNo=1005, Owner Name = Intae, color = White
Car  licenseNo=2001, Owner Name = Jason, color = Pink
Car  licenseNo=1007, Owner Name = Lina, color = Green
Car  licenseNo=1001, Owner Name = Rachel, color = Blue

D:\IntaeJava>
```

```
D:\IntaeJava>java Ex01745A 3
Method Reference of arbitary object
Car  licenseNo=2003, Owner Name = Chris, color = Red
Car  licenseNo=1005, Owner Name = Intae, color = White
Car  licenseNo=2001, Owner Name = Jason, color = Pink
Car  licenseNo=1007, Owner Name = Lina, color = Green
Car  licenseNo=1001, Owner Name = Rachel, color = Blue

D:\IntaeJava>
```

프로그램 설명

▶ 23번째 줄:14번째 줄에서 Comparator interface로 생성한 익명 class의 object 를 사용하여 sort합니다.

▶ 26번째 줄:Lamda 표현으로 object를 생성하여 넘겨줍니다. 여기에서도 Comparator interface의 compare() method의 argument로 들어오는 object a, b는 Car object라고 자바가 추정합니다.

▶ 29번째 줄: 익명 class나 Lamda 표현 대신 Method reference 를 사용한 예입 니다. Array.sort() method에 Comparator interface object들어갈 자리에 임

의의 object method는 Car class에 있는 method를 넣어주어야 합니다. 왜냐하면 sort() method에 넘겨주는 배열이 Car이기 때문에 Comparator interface의 compare()의 argument로 들어오는 object는 Car object로 추정하기 때문입니다. 따라서 48,49,50번째 줄의 비교할 수 있는 기준의 method는 Car class 안에 선언되어 있어야 임의의 object method reference를 사용할 수 있습니다.

문제 | Ex01745B

아래와 같이 LicenseNo로 정렬되어 출력되도록 Ex01745A 프로그램을 수정하세요.

```
D:\IntaeJava>java Ex01745B 1
By Anonymous class
Car  licenseNo=1001, Owner Name = Rachel, color = Blue
Car  licenseNo=1005, Owner Name = Intae, color = White
Car  licenseNo=1007, Owner Name = Lina, color = Green
Car  licenseNo=2001, Owner Name = Jason, color = Pink
Car  licenseNo=2003, Owner Name = Chris, color = Red

D:\IntaeJava>
```

```
D:\IntaeJava>java Ex01745B 2
By Landa
Car  licenseNo=1001, Owner Name = Rachel, color = Blue
Car  licenseNo=1005, Owner Name = Intae, color = White
Car  licenseNo=1007, Owner Name = Lina, color = Green
Car  licenseNo=2001, Owner Name = Jason, color = Pink
Car  licenseNo=2003, Owner Name = Chris, color = Red

D:\IntaeJava>
```

```
D:\IntaeJava>java Ex01745B 3
Method Reference of arbitary object
Car  licenseNo=1001, Owner Name = Rachel, color = Blue
Car  licenseNo=1005, Owner Name = Intae, color = White
Car  licenseNo=1007, Owner Name = Lina, color = Green
Car  licenseNo=2001, Owner Name = Jason, color = Pink
Car  licenseNo=2003, Owner Name = Chris, color = Red

D:\IntaeJava>
```

4 생성자 reference

예제 | Ex01746

다음 프로그램은 String object를 생성자 reference를 사용하여 생성하는 프로그램입니다.

```
1: import java.util.*;
2: class Ex01746 {
3:    public static void main(String[] args) {
4:       String strA = new String("Z");
5:
6:       StringGenerator1 sg1 = new StringGenerator1() {
7:          public String generateString(String s1) {
8:             return new String(s1);
```

```
 9:            }
10:        };
11:        StringGenerator1 sg2 = (s1) -> new String(s1);
12:        StringGenerator1 sg3 = String::new;
13:        String str1 = sg1.generateString("A");
14:        String str2 = sg2.generateString("B");
15:        String str3 = sg3.generateString("C");
16:        System.out.println("strA="+strA+", str1="+str1+", str2="+str2+",
str3="+str3);
17:
18:        char[] caB = { 'A', 'B', 'C' };
19:        String strB = new String(caB);
20:
21:        StringGenerator2 sg4 = new StringGenerator2() {
22:            public String generateString(char[] ca) {
23:                return new String(ca);
24:            }
25:        };
26:        StringGenerator2 sg5 = (s1) -> new String(s1);
27:        StringGenerator2 sg6 = String::new;
28:        char[] ca1 = { 'a', 'b', 'c' };
29:        char[] ca2 = { 'd', 'e', 'f' };
30:        char[] ca3 = { 'g', 'h', 'i' };
31:        String str4 = sg4.generateString(ca1);
32:        String str5 = sg5.generateString(ca2);
33:        String str6 = sg6.generateString(ca3);
34:        System.out.println("strB="+strB+", str4="+str4+", str5="+str5+",
str6="+str6);
35:    }
36: }
37: interface StringGenerator1 {
38:     String generateString(String s);
39: }
40: interface StringGenerator2 {
41:     String generateString(char[] ca);
42: }
```

```
D:\IntaeJava>java Ex01746
strA=Z, str1=A, str2=B, str3=C
strB=ABC, str4=abc, str5=def, str6=ghi

D:\IntaeJava>
```

프로그램 설명

▶ 문자열 String object를 생성하는 생성자는 여러 가지가 있지만 두 가지만 소개
합니다. 문자열을 가지고 새로운 문자열을 생성하려면 4번째 줄처럼 선언하면 새
로운 문자열 object가 생성됩니다. 이 사항은 chapter 6 '문자열 String class'
에서 설명한 사항입니다. 두 번째는 char 배열 object로 String object를 만드는

법으로 19번째 줄처럼 하면 문자열 "ABC"를 생성합니다.

▶ 6~10번째 줄:익명 class를 사용하여 문자열 object를 생성하는 object를 만듭니다.

▶ 11번째 줄:Lamda 표현을 사용하여 문자열 object를 생성하는 object를 만듭니다.

▶ 12번째 줄:생성자 reference을 사용하여 문자열 object를 생성하는 object를 만듭니다. 생성자 reference는 class 이름과 new keyword뿐입니다.

▶ 15번째 줄:sg3.generateString("C") 명령에서 sg3 object 속에 저장된 명령String::new는 여러 개의 String 생성자 중에서 문자열을 받아 새로운 문자열을 생성하는 생성자가 있는지 확인합니다. 있으면 해당 생성자를 호출해서 새로운 문자열 object를 만듭니다. 15번째 줄에 입력된 argument가 문자열이므로 문자열 생성자가 호출됩니다.

▶ 33번째 줄:sg6.generateString(ca3) 명령에서 sg6 object 속에 저장된 명령 String::new는 여러 개의 String 생성자 중에서 char 배열을 받아 새로운 문자열을 생성하는 생성자가 있는지 확인합니다. 있으면 해당 생성자를 호출해서 새로운 문자열 object를 만듭니다. 33번째 줄에 입력된 argument가 char 배열이므로 char배열 생성자가 호출됩니다.

예제 | Ex01746A

다음 프로그램은 int 배열 object를 생성자 reference를 사용하여 생성하는 프로그램입니다.

```
1:  import java.util.*;
2:  class Ex01746A {
3:    public static void main(String[] args) {
4:        int[] array0 = new int[10];
5:
6:        IntArrayGenerator iag1 = new IntArrayGenerator() {
7:          public int[] generateIntArray(int x1) {
8:            return new int[x1];
9:          }
10:       };
11:       IntArrayGenerator iag2 = (x1) -> new int[x1];
12:       IntArrayGenerator iag3 = int[]::new;
13:       int[] array1 = iag1.generateIntArray(15);
14:       int[] array2 = iag2.generateIntArray(20);
15:       int[] array3 = iag3.generateIntArray(30);
16:       System.out.println("array0=" + array0.length + ", array1="
+ array1.length + ", array2=" + array2.length + ", array3=" + array3.
length);
```

```
17:      }
18: }
19: interface IntArrayGenerator {
20:     int[] generateIntArray(int x);
21: }
```

```
D:\IntaeJava>java Ex01746A
array0=10, array1=15, array2=20, array3=30

D:\IntaeJava>
```

프로그램 설명

▶ 배열 object를 생성하는 생성자는 한 가지 밖에 없습니다.

▶ 6~10번째 줄:익명 class를 사용하여 배열 object를 생성하는 object를 만듭니다.

▶ 11번째 줄:Lamda 표현을 사용하여 배열 object를 생성하는 object를 만듭니다.

▶ 12번째 줄:생성자 reference을 사용하여 배열 object를 생성하는 object를 만듭니다. 생성자 reference는 배열의 형, 배열을 나타내는[]와 new keyword뿐입니다.

▶ 15번째 줄:iag3.generateIntArray(30)명령에서 iag3 objec t 속에 저장된 명령 int[]::new는 한 개의 생성자 밖에 없으므로 해당 생성자를 호출해서 새로운 문자열 object를 만듭니다. 15번째 줄에 입력된 argument가 배열의 크기를 나타내는 length가 됩니다.

예제 | Ex01746B

아래 프로그램은 Car object를 생성자 reference를 사용하여 생성하는 프로그램입니다.

```
1: import java.util.*;
2: class Ex01746B {
3:    public static void main(String[] args) {
4:       Car car0 = new Car(1001, "White");
5:
6:       CarGenerator cg1 = new CarGenerator() {
7:          public Car generateCar(int ln, String c) {
8:             return new Car(ln, c);
9:          }
10:       };
11:       CarGenerator cg2 = (ln, c) -> new Car(ln, c);
12:       CarGenerator cg3 = Car::new;
13:       Car car1 = cg1.generateCar(2001, "Red");
14:       Car car2 = cg2.generateCar(2002, "Green");
```

```
15:        Car car3 = cg3.generateCar(3001, "Blue");
16:        car0.showCarInfo();
17:        car1.showCarInfo();
18:        car2.showCarInfo();
19:        car3.showCarInfo();
20:    }
21: }
22: class Car {
23:    int licenseNo;
24:    String color;
25:    Car(int ln, String c) {
26:        licenseNo = ln;
27:        color = c;
28:    }
29:    void showCarInfo() {
30:        System.out.println("Car licenseNo="+licenseNo+", color="+color);
31:    }
32: }
33: interface CarGenerator {
34:    Car generateCar(int ln, String c);
35: }
```

```
D:\IntaeJava>java Ex01746B
Car licenseNo=1001, color=White
Car licenseNo=2001, color=Red
Car licenseNo=2002, color=Green
Car licenseNo=3001, color=Blue

D:\IntaeJava>
```

프로그램 설명

▶ 12번째 줄:생성자 reference을 사용하여 Car object를 생성하는 object를 만듭니다.

▶ 15번째 줄:cg3.generateCar(3001, "Blue")명령에서 cg3 object 속에 저장된 명령 Car:new는 Car 생성자를 호출해서 Car object를 만듭니다. 15번째 줄 입력된 argument 3001, "Blue"가 Car 생성자의 argument로 사용됩니다.

예제 | Ex01746C

아래 프로그램은 2차원 배열을 배열 생성법, 익명class, Lamda, 생성자 Reference로 생성하는 프로그램입니다. 배열 생성자 Reference로 생성하면 compile 에러가 발생합니다. 다음 Ex01746D 프로그램을 보지 말고 문제를 해결해보세요.

```
1: import java.util.*;
2: class Ex01746C {
```

```
 3:    public static void main(String[] args) {
 4:        int[][] array0 = new int[10][20];
 5:
 6:        IntArrayGenerator iag1 = new IntArrayGenerator() {
 7:            public int[][] generateIntArray(int x1, int y1) {
 8:                return new int[x1][y1];
 9:            }
10:        };
11:        IntArrayGenerator iag2 = (x1, y1) -> new int[x1][y1];
12:        //IntArrayGenerator iag3 = int[][]::new;
13:        int[][] array1 = iag1.generateIntArray(15,25);
14:        int[][] array2 = iag2.generateIntArray(20,30);
15:        //int[][] array3 = iag3.generateIntArray(30,30);
16:        System.out.println("array0 by normal way        :row="+array0.
length+", column="+array0[0].length);
17:        System.out.println("array1 by anonymous class   :row="+array1.
length+", column="+array1[0].length);
18:        System.out.println("array2 by Lamda             :row="+array2.
length+", column="+array2[0].length);
19:        //System.out.println("array3 by constuctor
reference:row="+array3.length+", column="+array3[0].length);
20:    }
21: }
22: interface IntArrayGenerator {
23:     int[][] generateIntArray(int x, int y);
24: }
```

```
D:\IntaeJava>java Ex01746C
array0 by normal way        : row=10, column=20
array1 by anonymous class   : row=15, column=25
array2 by Lamda             : row=20, column=30

D:\IntaeJava>
```

프로그램 설명

▶ 12번째 줄의 // comment를 삭제하고 compile하면 아래와 같은 compile 에러가
발생합니다. 2차원 배열을 생성자 Reference로 생성하려면 어떻게 해야 할까요.
정답은 Ex01746D에 있습니다.

```
D:\IntaeJava>javac Ex01746C.java
Ex01746C.java:12: error: incompatible types: invalid constructor reference
        IntArrayGenerator iag3 = int[][]::new;
                                 ^
    constructor Array in class Array cannot be applied to given types
      required: int
      found: int,int
      reason: actual and formal argument lists differ in length
1 error

D:\IntaeJava>
```

예제 | Ex01746D

아래 프로그램은 2차원 배열을 생성자 Reference를 사용하여 생성하는 프로그램
입니다.

```
 1: import java.util.*;
 2: class Ex01746D {
 3:    public static void main(String[] args) {
 4:        int[][] array0 = new int[10][];
 5:
 6:        IntArrayGenerator iag1 = new IntArrayGenerator() {
 7:          public int[][] generateIntArray(int x1) {
 8:             return new int[x1][];
 9:          }
10:        };
11:        IntArrayGenerator iag2 = (x1) -> new int[x1][];
12:        IntArrayGenerator iag3 = int[][]::new;
13:        int[][] array1 = iag1.generateIntArray(15);
14:        int[][] array2 = iag2.generateIntArray(20);
15:        int[][] array3 = iag3.generateIntArray(30);
16:        System.out.println("array0 by normal way          :row="+array0.
length);
17:        System.out.println("array1 by anonymous class     :row="+array1.
length);
18:        System.out.println("array2 by Lamda               :row="+array2.
length);
19:        System.out.println("array3 by constuctor reference:row="+array3.
length);
20:    }
21: }
22: interface IntArrayGenerator {
23:    int[][] generateIntArray(int x);
24: }
```

```
D:\IntaeJava>java Ex01746D
array0 by normal way           : row=10
array1 by anonymous class      : row=15
array2 by Lamda                : row=20
array3 by constuctor reference : row=30

D:\IntaeJava>
```

프로그램 설명

▶ 9.3.1절 '3차원 이상의 다차원 배열'을 설명하는 첫머리에 "Java에는 다차원 배
열은 없습니다."라고 한 것 기억하고 있었으면 문제를 쉽게 풀었을 것입니다. 즉
배열을 생성하는 생성자는 한 개의 argument만 받아들이는 생성자만 있습니다.
그러므로 두 개의 int 값을 argument로 받아들이는 Ex01746C 프로그램의 23
번째 줄 "int[][] generateIntArray(int x, int y)"와 한 개의 argument만 받

아들이는 int[][]::new와는 서로 argument의 개수가 맞지 않아 에러가 발생한 것입니다.

▶ 위 프로그램에서 배열 object의 개수를 아래와 같이 생성하고 있습니다. (2차원 배열 object의 개수에 대한 설명은 2차원 9.2.3절 '2차원 배열의 생성'을 참조하세요.)

- int[][] array0 = new int[10][20]:11개 (= 1 + 10개)
- int[][] array1 = iag1.generateIntArray(15,25):16개 (= 1 + 15)
- int[][] array2 = iag2.generateIntArray(20,30):21개 (= 1 + 20)
- int[][] array3 = iag3.generateIntArray(30,30):int[][]::new로는 argument 2개를 받아들이지 않으므로 에러가 발생합니다.

문제 | Ex01746E

Ex01746D 프로그램과 Ex01746A 프로그램에서 보여준 생성자 Reference를 이용하여, 배열 크기(3,10)인 2차원 배열을 만들고 아래와 같은 출력 결과가 나오도록 2차원에 값을 입력하고 출력하는 프로그램을 작성하세요.

- 2차원 배열 (3,10)은 4개의 object로 이루어져 있습니다. int[][] type 1개, int[] type 3개 입니다.
- 2차원 배열 object int[][] type 1개 Method Reference로 만들어야 합니다.
- 1차원 배열 int[] type 3개도 Method Reference로 만들어야 합니다.
- 주의 사항:1차원 배열 생성할 때 new int[10]과 같이하지 말고, method reference를 사용하세요.

```
D:\IntaeJava>java Ex01746E
Two dimensional Array created by Constructor Reference
   1   2   3   4   5   6   7   8   9  10
  11  12  13  14  15  16  17  18  19  20
  21  22  23  24  25  26  27  28  29  30

D:\IntaeJava>
```

■ Method Reference 정리 ■

Method Reference는 chapter 21 'Generic 프로그래밍'에서 설명할 generic type과 함께 사용해야 더욱 효과적으로 활용할 수 있습니다. 이번 절에서는 어떻게 사용하는지 문법적인 방법에 대해서만 기억하도록 하세요.

예제 | Ex01746F

아래 프로그램은 Generic type을 이용하여 배열 object를 생성하는 프로그램입니다. chapter 21을 공부한 후 아래 사항을 확인바랍니다.

```
 1: import java.util.*;
 2: class Ex01746F {
 3:    public static void main(String[] args) {
 4:       System.out.println("Array created by Comstructor Reference ");
 5:       ArrayGenerator<String> ag1 = String[]::new;
 6:       String[] array1 = ag1.generateArray(10);
 7:       for ( int i=0; i<array1.length ; i++ ) {
 8:          array1[i] = (char)(65+i) + " ";
 9:       }
10:
11:       for ( int i=0; i<array1.length ; i++ ) {
12:          System.out.print(array1[i]+" " );
13:       }
14:       System.out.println();
15:
16:       ArrayGenerator<Car> ag2 = Car[]::new;
17:       Car[] cars = ag2.generateArray(3);
18:       for ( int i=0; i<cars.length ; i++ ) {
19:          cars[i] = new Car(2001+i, "White");
20:       }
21:       for ( int i=0; i<cars.length ; i++ ) {
22:          cars[i].showCarInfo();
23:       }
24:    }
25: }
26: interface ArrayGenerator<T> {
27:    T[] generateArray(int x);
28: }
29: class Car {
30:    int licenseNo;
31:    String color;
32:    Car(int ln, String c) {
33:       licenseNo = ln;
34:       color = c;
35:    }
36:    void showCarInfo() {
37:       System.out.println("Car licenseNo="+licenseNo+", color="+color);
38:    }
39: }
```

```
D:\IntaeJava>java Ex01746F
Array created by Comstructor Reference
A   B   C   D   E   F   G   H   I   J
Car licenseNo=1001, color=White
Car licenseNo=1002, color=White
Car licenseNo=1003, color=White

D:\IntaeJava>
```

프로그램 설명

▶ 5번째 줄:생성되는 배열이 String 배열 object임을 알리는 〈String〉을 사용하

고 있습니다.

▶ 16번째 줄:생성되는 배열이 Car 배열 object임을 알리는 〈Car〉을 사용하고 있습니다.

▶ 26,27,28번째 줄:어떤 object 배열을 생성할지 모르므로 "T"라는 generic type parameter를 선언하여 앞으로 생성되는 배열 object의 type을 받으면 그 type으로 배열 object를 만듭니다.

Memo

18

Graphic 프로그래밍: AWT

컴퓨터 사용자와 컴퓨터 간에 자료(=정보)를 서로 주고 받을 때, 특히 컴퓨터 화면(모니터 스크린)에서 사용자가 모니터 스크린을 통해서 자료를 입력하거나 컴퓨터가 모니터 스크린으로 자료를 보여줄 때 일정한 양식이나 그래프, 그림 등을 사용하여 보여주면 사용자가 보다 쉽게 이해하고 자료를 입력하기도 훨씬 쉬워집니다. 잘못된 자료를 입력할 여지를 현저히 줄일 수 있습니다. 사용자와 컴퓨터간의 이러한 일련의 접촉을 담당하는 부분을 GUI라고 하며, "지유아이" 혹은 "구이"라고 읽습니다. 자바에서 GUI를 담당하는 소프트웨어로는 AWT, Java2D, Swing 등이 있는데 이번 chapter에서는 AWT를 소개합니다.

Graphic 프로그래밍:AWT

18.1 AWT 이해하기

AWT(Abstract Window Toolkit)란 자바에서 GUI를 구현하기 위해 만든 가장 기본적인 도구로써, 마우스나 키보드로부터 사용자 입력을 받아들일 수 있게 컴퓨터 화면(모니터)에 그래픽으로 어떤 자료를 보기 좋게 출력할 수 있게 해주는 클래스들의 집합입니다. AWT를 한국말로 굳이 옮긴다면 "추상적인 윈도우 부품들" 혹은 "이상적인 윈도우 도구들이 들어 있는 상자"로 해석할 수 있습니다. 이러한 용어에서 느낄 수 있듯이 AWT는 윈도우 모니터에 그림으로 표현할 수 있는 작은 조각 혹은 도구들로 구성되어 있으며, 이 조각(도구)들은 이미 만들어져 있으므로 우리는 그 조각(도구)을 가져다 사용만 하면 됩니다.

이러한 AWT는 OS에서 제공하는 GUI를 기반으로 만들어져 있기 때문에 기본적으로는 OS가 가지고 있는 컴포넌트(부품:그래픽을 하기 위한 부품,(예) 버튼, TextField 등)만을 지원합니다. 따라서 OS가 새롭게 업그레이드되었을 경우, AWT에 새로운 OS의 component가 없는 경우가 있을 수도 있습니다.

AWT는 자바 GUI 프로그래밍에 있어서 기본이 되는 도구이기 때문에 AWT를 이해하면 다른 어떤 GUI 프로그램이라도 쉽게 이해하게 될 것입니다.

■ AWT 프로그램 하기 전에 꼭 알아야 할사항 ■

모든 자바프로그램도 마찬가지이지만 특히 AWT는 이미 자바에서 제공하는 class, 즉 프로그램이 많이 있습니다. 그래픽 프로그램을 하려면 우선 화면도 프로그래머가 직접 만들고 그 화면 속 버튼도 만들어서 배치해야 됩니다. 하지만 이런 화면이라든가 버튼을 만드는 프로그램은 이미 자바를 설치할 때 함께 제공되어 설치되어 있기 때문에, 저장된 곳만 알면 마치 우리가 만든 것처럼 불러다 사용할 수 있습니다. 앞으로 소개할 Frame class, Button class 등은 java.awt package에 저장되어 있으므로 아래와 같이 import하여 사용합니다.

```
import java.awt.Frame;
import java.awt.Button;
```

혹은 한 번에 java.awt package에 있는 모든 class를 import하기 위해서는 아래와 같이 합니다.

```
import java.awt.*;
```

모든 class를 import했다고 해서, 모든 class가 작성하고 있는 프로그램 내로 들어 오는 것은 아닙니다. Import는 단지 앞으로 불러다 사용할 class가 해당 package 에 있으니 프로그램 수행 시 거기에 있는 class를 가져와 object를 만드는데 사용하 라는 명령으로, 실제 프로그램 내로 들어오는 것은 아무 것도 없습니다.

결론을 말씀드리면 AWT 프로그램은 java.awt package에 있는 class를 얼마나 많 이 알고 있나, 그리고 그 class 속에 있는 method를 얼마나 많이 알고 있나에 따라 AWT 프로그램을 잘 할 수 있나 없나가 결정된다고 해도 과언이 아닙니다. 앞으로 설명하는 내용의 반은 AWT class와 method 설명이고, 나머지 반은 그러한 class 와 method를 어떤 식으로 조합해야 원하는 결과가 나오는지를 설명합니다.

AWT 프로그래밍에 본격적으로 들어가기 전에 AWT가 어떻게 작동되는지 간단한 예제 프로그램부터 수행해 봅시다.

18.1.1 Frame class

먼저 기본적인 윈도우 화면을 구성하는 Frame class 예제를 알아봅시다. Frame class는 화면에 Frame 창을 만드는 class입니다.

예제 | Ex01801

아래 프로그램은 Frame class로부터 object를 생성한 후 Frame의 크기를 설정한 후 화면에 보이도록 하는 프로그램입니다.

```
1: import java.awt.*;
2: class Ex01801 {
3:    public static void main(String[] args) {
4:        Frame f = new Frame("AWT Example 1");
5:        f.setSize(300,150);
6:        f.setVisible(true);
7:    }
8: }
```

```
D:\IntaeJava>java Ex01801
```

Graphic 프로그램은 DOS 창에 출력되는 결과가 없으므로 앞으로 자바를 실행하는 위와 같은 DOS 명령(예:java Ex01801)은 생략하겠습니다.

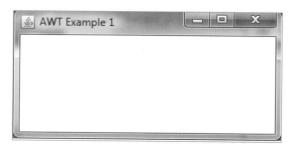

프로그램 설명

▶ 1번째 줄:java.awt package 내에 있는 Frame class를 참조하기 위해 모든 java. awt를 import 하고 있습니다. 이 프로그램에서 사용할 class는 Frame밖에 없기 때문에 import java.awt.Frame; 라고 한 것과 동일합니다.

▶ 4번째 줄:Frame class로부터 Frame object를 만듭니다. Frame class는 상당히 복잡하고 많은 기능이 있는 프로그램입니다. 우리가 그 내부를 알면 좋겠지만, 웬만한 전문가도 프로그램 소스를 본다 하더라도 그 내부를 전부 이해하기는 어렵습니다. 결론적으로 말씀드리면 Frame class로 Frame object를 만들면 위에 있는 화면처럼 화면 하나를 만들 수 있다라고만 알고 가면 됩니다. 그리고 Frame class에서 정의한 생성자와 method의 용법만 알면 됩니다. Frameobject를 만들 때 new Frame("AWT Example 1");에서 생성자에 String object "AWT Example 1"를 입력하면 Frame 창의 커피 그림 옆에 "AWT Example 1"의 창 제목이 나타나다 라고 알면 되겠습니다.

한 가지 더, 4행에서 만든 Frame object는 아직 화면에 나타내는 기능은 없습니다. 메모리 내에 object만 만들어 놓은 상태입니다.

▶ 5번째 줄: setSize(int width, int height) method는 4행에서 만든 Frame object의 창을 size 가로 300픽셀, 세로 150픽셀로 설정하라는 method입니다. 5번째 줄까지 수행했다 해도 메모리 내에 값으로 저장만 되어 있을뿐 창이 화면에 나타나지는 않습니다.

▶ 6번째 줄:setVisible(Boolean b) method는 만들어져 있는 Frame object를 화면에 창을 만들거나 화면에 만들어져 있는 창을 숨기는 역할을 합니다. 즉 b 값이 true이면 화면에 창을 만들고, false이면 창을 숨깁니다. 6번째 줄이 수행되면 현재까지 Frame object가 가지고 있는 값(제목으로는 "AWT Example 1"라는 값과 size 값으로는 가로 300픽셀, 세로 150픽셀)으로 비로소 화면에 나타내 줍니다.

■ **픽셀에 대한 용어를 처음 접하시는 초보자를 위해** ■

픽셀은 화면을 나타내는 기본 단위로 점으로 이루어져 있습니다. 그 점의 크기가 컴퓨터 화면마다, 컴퓨터 설정 값에 따라 달라지지만 이해하기 쉽도록 대략 0.1 mm 라고 가정하세요. 가로 300픽셀은 300개의 점이 가로로 배치되고, 세로 150픽셀은 150개의 점이 세로로 배치되므로 화면 하나를 이루는 픽셀은 300 * 150 = 45,000 개의 점으로 이루어진 창이고, 각 픽셀은 색깔을 가지고 있어서 각각의 픽셀에 따라 같은 크기라도 내용이 다른 창이 결정됩니다. 이렇게 색깔이 다른 픽셀을 어떻게 배치하는지는 Frame 프로그램이 알아서 해주므로 우리는 Frame class에 있는 method만 알고, 거기에 맞는 값만 주면 됩니다.

■ **AWT 프로그램의 종료** ■

AWT 프로그램을 수행시키는 것은 현재까지 배운 방법으로, 'java Ex01801'라고 수행하면 됩니다. 현재까지의 프로그램은 수행이 완료되면 다시 DOS 명령어를 입력할 수 있는 상태로 복귀했습니다. 하지만 AWT는 DOS 창 이외에 별도의 창을 만들고 프로그램은 계속 수행 중인 상태가 됩니다. Ex01801 프로그램에서 Frame 창에 'close' button이 있지만 아직 어떤 프로그램도 만들어 붙이지 않았기 때문에 'close' 도 작동하지 않습니다.

AWT 프로그램은 8.1절 'for 문'에서 무한 loop로 되어 프로그램이 종료되지 않았을 때 프로그램을 강제 종료하는 방법으로 종료합니다. 즉 control + C key를 동시에 눌러 프로그램을 종료합니다. 주의 사항은 별도의 새로운 창에서 강제 종료 키 (control + C key)를 누르는 것이 아니고, DOS 창에서 강제 종료 키를 눌어야 한다는 점입니다.

예제 | Ex01801A

다음 프로그램은 Frame 창의 제목을 "AWT Example 1A"로 바꾸고, 창 size를 가로 300픽셀, 세로 100픽셀로 세로만 바꾼 프로그램입니다. 달라진 창을 비교해 보면 세로가 조금 작아진 것이 보일 것입니다.

```
1: import java.awt.Frame;
2: class Ex01801A {
3:    public static void main(String[] args) {
4:        Frame f = new Frame("AWT Example 1A");
5:        f.setSize(300,100);
6:        f.setVisible(true);
7:    }
8: }
```

프로그램 설명

▶ 1번째 줄:java.awt package에서 Frame class를 import 했습니다. Ex01801 프로그램의 import java.awt.*;라고 한 것이나 결과는 동일합니다.

18.1.2 Button class

| 예제 | Ex01802 |

다음은 기본적인 component(구성 요소) Button class 예제를 알아봅시다. Button도 java.awt package에 있는 하나의 class입니다.

```
 1: import java.awt.Frame;
 2: import java.awt.Button;
 3: class Ex01802 {
 4:    public static void main(String[] args) {
 5:       Frame f = new Frame("AWT Example 2");
 6:       Button b = new Button("Button");
 7:       f.add(b);
 8:       f.setSize(300,150);
 9:       f.setVisible(true);
10:    }
11: }
```

- 1,2번째 줄:Frame class와 Button class를 개별적으로 import하고 있습니다.
- 6번째 줄:Button을 생성하는 생성자에 "Button"이라는 글자를 넘겨주고, Button object를 생성합니다.
- 7번째 줄:Frame object에 Button object를 추가했습니다. Frame object에 Button object를 추가하면 9번째 줄에서 setVisible(true) method를 수행할 때 Frame 프로그램은 내부에서 알아서 Frame 창 위에 Button을 그려줍니다. 이렇

게 Frame object에 Button object를 추가하면 Frame 창에 Button을 그려준다라는 사실을 알아가는 것이 AWT 프로그래밍을 배우는 것입니다.

- 9번째 줄:setVisible(true) method는 만들어져 있는 Frame object를 화면에 창을 만들고, Frame object에 추가되어 있는 Button object도 함께 그려줍니다.

- 위 버튼이 들어있는 화면에서 Button을 click하면 버튼으로써의 행동을 하고 있음을 알 수 있습니다. 하지만 아직 아무 프로그램도 만들어 붙이지 않았기 때문에 그 밖의 다른 작동은 아직 하지 않습니다. 앞으로 조금씩 기능을 버튼에 추가하여 설명할 예정입니다.

예제 | Ex01802A

아래 프로그램도 버튼에 대한 예제로 "OK" Button을 만들고 있습니다.

```
 1: import java.awt.*;
 2: class Ex01802A {
 3:    public static void main(String[] args) {
 4:        Frame f = new Frame("AWT Example 2A");
 5:        Button b = new Button("OK");
 6:        f.add(b);
 7:        f.setSize(300,150);
 8:        f.setVisible(true);
 9:    }
10: }
```

프로그램 설명

▶ 1번째 줄:Frame class와 Button class를 import하기 위해 java.awt package의 모든 class를 import하여 해결하고 있습니다.

▶ 5번째 줄:Button을 생성하는 생성자에 "OK"라는 글자를 넘겨주고, Button object를 생성합니다.

예제 | Ex01802B

다음 프로그램은 버튼 2개를 만들어서 Frame 창에 넣어보겠습니다.

```
 1: import java.awt.*;
 2: class Ex01802B {
 3:    public static void main(String[] args) {
 4:        Frame f = new Frame("AWT Example 2B");
 5:        Button b1 = new Button("Button1");
 6:        Button b2 = new Button("Button2");
 7:        f.add(b1);
 8:        f.add(b2);
```

```
 9:        f.setSize(300,150);
10:        f.setVisible(true);
11:    }
12: }
```

프로그램 설명

▶ 5,6번째 줄:분명히 두 개의 Button b1과 b2를 만들었습니다.

▶ 7,8번째 줄:분명히 두 개의 Button b1과 b2를 Frame object f에 추가했습니다.

▶ b1 Button은 나타나지 않았습니다. 어떻게 된 일일까요? 열쇠는 LayoutManager 라는 class로 생성한 LayoutManager object를 적용시키지 않아서 벌어진 일 입니다.

18.1.3 FlowLayout class

다음은 여러 LayoutManger 중 FlowLayout Manager에 대해서 프로그램에 적 용해 보도록 하겠습니다. FlowLayout class도 java.awt package에 있는 하나의 class입니다. FlowLayout class에는 여러 method도 있고, final key word로 정 의된 상수도 있습니다.

예제 | Ex01803

아래 프로그램은 FlowLayout class를 최대한 간단하게 사용하는 것을 보여주는 예 입니다.

```
1: import java.awt.*;
2: class Ex01803 {
3:    public static void main(String[] args) {
4:        Frame f = new Frame("AWT Example 3");
5:        FlowLayout fl = new FlowLayout();
6:        f.setLayout(fl);
7:        Button b1 = new Button("OK");
8:        Button b2 = new Button("CANCEL");
9:        f.add(b1);
```

```
10:        f.add(b2);
11:        f.setSize(300,150);
12:        f.setVisible(true);
13:    }
14: }
```

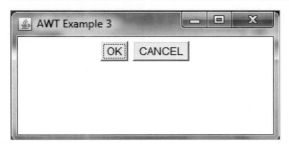

프로그램 설명

▶ 1번째 줄:Ex01803 프로그램은 Frame class, Button class, FlowLayout class 의 3개의 class를 사용하는데, 모두 java.awt package에 있으므로 import java.awt.*;명령을 사용하여 모든 class를 import하고 있습니다.

▶ 5,6번째 줄:FlowLayout object를 만들고 setLayout(LayoutManager mgr) method 는 FlowLayout object를 Frame object에 연결시켜 놓습니다. Layout Manager object를 FlowLayout object에 연결하는 데에 'set'로 시작하는 setLayout() method를 사용하고 있는데, 'set'의 의미는 하나의 LayoutManager object만 Frame object에 연결할 수 있음을 의미합니다.

▶ 9,10번째 줄:두 개의 Button b1과 b2를 Frame object f에 추가시켰습니다. Frame object는 여러 개의 component object를 포함할 수 있으므로 add()라는 method로 추가하고 있습니다.

▶ 위에 나타난 창에서 Button 2개가 연속적으로 배치되고 있음을 알 수 있습니다.

예제 | Ex01803A

다음 프로그램은 FlowLayout class가 LayoutManager class의 subclass임을 설명하고, 3개 Button object를 Frame 창에 추가하고 있습니다.

```
1: import java.awt.*;
2: class Ex01803A {
3:    public static void main(String[] args) {
4:        Frame frame = new Frame("AWT Example 3A");
5:        LayoutManager fm = new FlowLayout();
6:        frame.setLayout(fm);
```

```
 7:        Button b1 = new Button("B1");
 8:        Button b2 = new Button("B2");
 9:        Button b3 = new Button("B3");
10:        frame.add(b1);
11:        frame.add(b2);
12:        frame.add(b3);
14:        frame.setSize(300,150);
15:        frame.setVisible(true);
16:    }
17: }
```

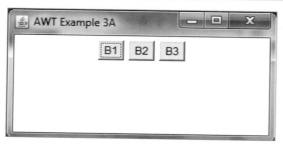

프로그램 설명

▶ 4번째 줄:이번 프로그램에서는 Frame 참조형 변수 이름을 frame로 바꾸어 보았습니다. 간혹 참조형 변수 이름을 f로 고정해서 강의하다 보니, Frame 참조형 변수 이름이 f로 고정되어 있다고 혼동하고 있는 경우가 있어 한번 그냥 다른 이름으로 바꾸어 보았습니다.

▶ 5,6번째 줄:5번째 줄에서 FlowLayout object를 만들고 LayoutManger 참조형 변수 fm에 저장하고 있습니다. 6번째 줄의 setLayout(LayoutManager mgr) method를 보면 parameter로 FlowLayout 참조형 변수가 아니라 Layout Manager 참조형 변수입니다. LayoutManger class는 FlowLayout class의 super class이기 때문에 LayoutManger 참조형 변수는 FlowLayout object를 받아들일 수 있고, LayoutManger class를 상속받은 여러 다른 Layout object도 받아들이기 위해 LayoutManager 참조형 변수를 사용하고 있음을 알아야 합니다.

▶ 10,11,12번째 줄:세 개의 Button b1, b2, b3를 Frame object frame에 추가시켰습니다. Frame 창에 3개의 Button을 추가했더니 FlowLayout manager가 알아서 정중앙에, 그리고 위에 배치해 주었습니다.

18.1.4 Label class와 TextField class

예제 | Ex01804

이번에는 AWT component 중 많이 사용하는 Label class와 TextField class에 대해 설명합니다.

- Label class는 문자를 Frame 창에 나타나게 할 때 사용하는 component입니다.
- TextField는 data를 받아들일 때 사용하는 component입니다.

```
 1: import java.awt.*;
 2: class Ex01804 {
 3:    public static void main(String[] args) {
 4:        Frame f = new Frame("AWT Example 4");
 5:        FlowLayout fl = new FlowLayout();
 6:        f.setLayout(fl);
 7:        Label l1 = new Label("Username");
 8:        TextField t1 = new TextField("Input data");
 9:        Button b1 = new Button("OK");
10:        Button b2 = new Button("Cancel");
11:        f.add(l1);
12:        f.add(t1);
13:        f.add(b1);
14:        f.add(b2);
15:        f.setSize(300,150);
16:        f.setVisible(true);
17:    }
18: }
```

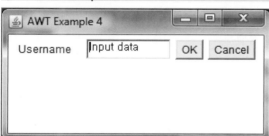

프로그램 설명

▶ 1번째 줄:Label class와 TextField class도 java.awt package에 있으므로 import java.awt.*;라는 명령을 사용하면 됩니다.

▶ 7번째 줄:Label object를 만들기 위해 "Username"을 생성자에 전달하여 만들었습니다.

▶ 8번째 줄:TextField object를 만들기 위해 "Input data"을 생성자에 전달하여 만들었습니다. TextField에 문자열을 생성자에게 전달하지 않으면 입력하는 란

에 빈 공간이 채워집니다.

지금까지 소개한 AWT의 class들을 역할에 따라 분류를 해 보겠습니다.

▶ 창을 만드는 class:Frame

▶ 창에 추가되는 component들을 어떻게 배치할 것인지를 결정하는 LayoutManger class:FlowLayout

▶ 창의 LayoutManger에 따라 배치되는 component class:Button, Label, TextField

18.2 LayoutManger

이제 AWT에 대해서 기본적인 사항을 설명했습니다. 다음은 LayoutManger에 대해 중점적으로 설명합니다.

18.2.1 FlowLayout class

FlowLayout class는 component들을 Frame 창에 배치할 때 한 줄로 배치하게 해주는 Manager로 여러 개의 component들을 추가하여 한 줄이 넘어갈 경우에는 다음 줄에 배치되도록 관리해줍니다. Component의 개수가 한 줄을 넘지 않을 경우에는 다음의 배치되는 정렬 상수 값에 따라 정렬됩니다. 정렬 상수 값은 FlowLayout object를 생성할 때 생성자의 parameter 값으로 넘겨줍니다.

■ 배치되는 정렬방법 ■

● FlowLayout.RIGHT:오른쪽으로 정렬

● FlowLayout.LEFT:왼쪽으로 정렬

● FlowLayout.CENTER:중앙으로 정렬

■ FlowLayout생성자 종류 ■

● FlowLayout():생성자에 아무 parameter도 없으면, FlowLayout.CENTER, 수평 5픽셀, 수직 5픽셀의 간격을 띄우도록 기본 값이 설정됩니다.

● FlowLayout(int align):생성자에 정렬 parameter만 있으면, 정렬은 입력된 정렬 값으로, 간격은 수평 5픽셀, 수직 5픽셀의 값으로 설정됩니다.

● FlowLayout(int align, int hgap, int vgap):생성자에 입력된 정렬 값, 간격은 입력된 수평 값, 수직 값으로 설정됩니다.

예제 | Ex01811

아래 프로그램은 생성자 FlowLayout(int align, int hgap, int vgap)을 사용하여 Button을 배치한 프로그램입니다.

```
 1: import java.awt.*;
 2: class Ex01811 {
 3:    public static void main(String[] args) {
 4:        Frame f = new Frame("AWT Example 11");
 5:        FlowLayout fl = new FlowLayout(FlowLayout.RIGHT, 0,10);
 6:        f.setLayout(fl);
 7:        Button b1 = new Button("Button1");
 8:        Button b2 = new Button("Button2");
 9:        Button b3 = new Button("Button3");
10:        Button b4 = new Button("Button4");
11:        Button b5 = new Button("Button5");
12:        Button b6 = new Button("Button6");
13:        Button b7 = new Button("Button7");
14:        Button b8 = new Button("Button8");
15:        f.add(b1);
16:        f.add(b2);
17:        f.add(b3);
18:        f.add(b4);
19:        f.add(b5);
20:        f.add(b6);
21:        f.add(b7);
22:        f.add(b8);
23:        f.setSize(300,150);
24:        f.setVisible(true);
25:    }
26: }
```

프로그램 설명

▶ 5번째 줄:생성자에 FlowLayout.RIGHT 정렬 값, 간격은 수평 0, 수직 10픽셀로 설정합니다.

다음 프로그램은 왼쪽 정렬과 간격은 수평 간격 20, 수직 간격 0로 설정한 프로그램입니다

```
 1: import java.awt.*;
 2: class Ex01811A {
 3:   public static void main(String[] args) {
 4:       Frame f = new Frame("AWT Example 11A");
 5:       FlowLayout fl = new FlowLayout(FlowLayout.LEFT, 20,0);
 6:       f.setLayout(fl);
 7:       f.add(new Button("Button1"));
 8:       f.add(new Button("Button2"));
 9:       f.add(new Button("Button3"));
10:       f.add(new Button("Button4"));
11:       f.add(new Button("Button5"));
12:       f.add(new Button("Button6"));
13:       f.add(new Button("Button7"));
14:       f.add(new Button("Button8"));
15:       f.setSize(300,150);
16:       f.setVisible(true);
17:   }
18: }
```

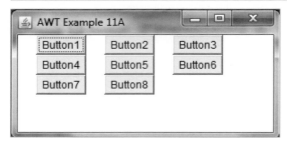

프로그램 설명

▶ 7번째 줄에서 14번째 줄:Ex01811 프로그램에서는 Button object를 기억하는 참조형 변수를 사용하였으나 이번 프로그램에서는 참조형 변수 없이 바로 Frame 창에 Button object를 생성하면서 추가하고 있습니다.

18.2.2 BorderLayout class

BorderLayout은 동, 서, 남, 북, 중앙의 5개 영역만 가지고 있는 Layout manager 입니다. 그러므로 최대 5개의 component밖에는 넣을 수가 없습니다.

■ 5개의 영역에 배치하는 상수 ■

• BorderLayout.NORTH:북 영역
• BorderLayout.SOUTH:남 영역

- BorderLayout.EAST:동 영역
- BorderLayout.WEST:서 영역
- BorderLayout.CENTER:중앙 영역

■ BoderLayout 생성자 종류 ■

- BorderLayout():생성자에 아무 parameter도 없으면, 수평 0픽셀, 수직 0픽셀의 간격, 즉 영역 사이에 간격이 없는 설정이 됩니다.
- BorderLayout(int hgap, int vgap):영역 간의 간격은 입력된 수평 값, 수직 값으로 설정됩니다.

예제 | Ex01812

```
 1: import java.awt.*;
 2: class Ex01812 {
 3:    public static void main(String[] args) {
 4:       Frame f = new Frame("AWT Example 12");
 5:       BorderLayout bl = new BorderLayout();
 6:       f.setLayout(bl);
 7:       Button b1 = new Button("North");
 8:       Button b2 = new Button("South");
 9:       Button b3 = new Button("East");
10:       Button b4 = new Button("West");
11:       Button b5 = new Button("Center");
12:       f.add(b1, BorderLayout.NORTH);
13:       f.add(b2, BorderLayout.SOUTH);
14:       f.add(b3, BorderLayout.EAST);
15:       f.add(b4, BorderLayout.WEST);
16:       f.add(b5, BorderLayout.CENTER);
17:       f.setSize(300,200);
18:       f.setVisible(true);
19:    }
20: }
```

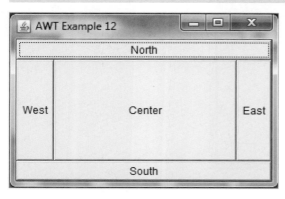

프로그램 설명

▶ 5,6번째 줄:BorderLayout object를 만들어 Frame object의 LayoutManger 로 설정합니다.

▶ 7~16번째 줄:Button object 5개를 만들어 동, 서, 남, 북, 중앙의 영역에 각각 배치합니다.

예제 | Ex01812Z

다음 프로그램은 Ex01812 프로그램에서 14,15번째 줄을 //로 comment 처리해서 배치하지 않으면 아래 출력 화면처럼 중앙(CENTER)에 배치된 component가 동 (East)과 서(West)영역까지 차지합니다.

```
 1: import java.awt.*;
 2: class Ex01812Z {
 3:   public static void main(String[] args) {
 4:       Frame f = new Frame("AWT Example 12Z");
 5:       BorderLayout bl = new BorderLayout();
 6:       f.setLayout(bl);
 7:       Button b1 = new Button("North");
 8:       Button b2 = new Button("South");
 9:       //Button b3 = new Button("East");
10:       //Button b4 = new Button("West");
11:       Button b5 = new Button("Center");
12:       f.add(b1, BorderLayout.NORTH);
13:       f.add(b2, BorderLayout.SOUTH);
14:       //f.add(b3, BorderLayout.EAST);
15:       //f.add(b4, BorderLayout.WEST);
16:       f.add(b5, BorderLayout.CENTER);
17:       f.setSize(300,200);
18:       f.setVisible(true);
19:   }
20: }
```

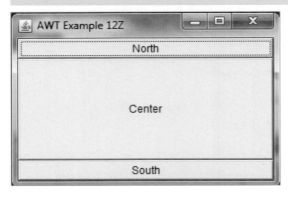

예제 | Ex01812A

다음 프로그램은 Ex01812 프로그램을 조금 변경한 프로그램으로 BorderLayout의
영역 간의 간격을 삽입한 프로그램입니다.

```
1: import java.awt.*;
2: class Ex01812A {
3:    public static void main(String[] args) {
4:       Frame f = new Frame("AWT Example 12A");
5:       f.setLayout(new BorderLayout(2, 10));
6:       f.add(new Button("North"), BorderLayout.NORTH);
7:       f.add(new Button("South"), BorderLayout.SOUTH);
8:       f.add(new Button("East"), BorderLayout.EAST);
9:       f.add(new Button("West"), BorderLayout.WEST);
10:      f.add(new Button("Center"), BorderLayout.CENTER);
11:      f.setSize(300,200);
12:      f.setVisible(true);
13:   }
14: }
```

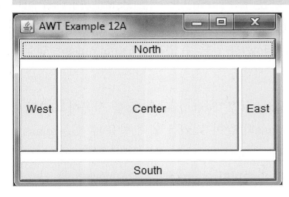

프로그램 설명

▶ 5번째 줄:수평 간격 2픽셀, 수직 간격 10픽셀의 BorderLayout object를 만들어
Frame object의 LayoutManger로 설정합니다. 이때 Object 참조형 변수에 저
장하지 않고 바로 Frame object의 LayoutManger로 설정합니다.

▶ 6~10번째 줄:Ex01812 프로그램에서는 Button object를 기억하는 참조형 변
수를 사용하였으나 이번 프로그램에서는 참조형 변수 없이 바로 Frame창에
Button object를 생성하면서 동, 서, 남, 북, 중앙의 해당 영역에 추가 하고 있
습니다.

■ **LayoutManger의 활용 1** ■

지금까지 2개의 LayoutManager를 설명했습니다. 실무 프로그램에서는 한 프로그

램에 한 가지의 LayoutManager을 사용하는 것이 아니라 필요에 따라 여러 개의 LayoutManager를 사용하여 component들을 원하는 위치에 배치합니다.

두개 이상의 LayoutManager를 동시에 사용하기 위해서는 Panel class를 우선 알아야 합니다. 왜냐하면 Frame class는 하나의 LayoutManager밖에는 설정할 수 없기 때문입니다. 이를 해결하기 위해 Frame class처럼 여러 component를 추가할 수 있는 Panel class를 사용해야 합니다.

- Frame class와 Panel class의 같은 점:LayoutManger를 사용하여 여러 component 들을 LayoutManger에 따라 배치할 수 있습니다. Frame class와 Panel class 는 여러 다른 component를 담을 수 있는 class이므로 Container(용기) class 라고도 부릅니다. 사실 Frame class와 Panel class는 Container class를 상 속받은 subclass입니다. 그러므로 Container class에 정의된 모든 method는 Frame class나 Panel class에서 동일한 방법으로 사용 가능합니다. 예를 들면 setLayout() method는 Container class의 method입니다.

- Frame class와 Panel class의 다른 점:Frame object는 Panel object를 하나 의 component로 보고 Frame object에 추가할 수 있지만 그 반대는 안됩니다. Frame object는 단독으로 창(Window)를 만들 수 있지만 Panel class는 단독으 로는 창을 만들 수 없습니다.

아래 프로그램에서는 새로운 component인 TextArea class를 사용하고 있습니다. TextArea class는 TextField class와 같이 Text를 입력 받을 수 있는 class로 TextArea는 여러 줄에 걸쳐 입력되는 Text도 입력을 받는 반면, TextField는 한 줄밖에는 입력을 받지 못하는 제한이 있습니다.

예제 | Ex01812B

아래 프로그램은 창의 기본이 되는 Frame object에 BorderLayout을 설정, Panel object는 South영역에 배치하고, South영역에 배치된 Panel에는 FlowLayout으로 설정한 후 '확인' 버튼과 '취소' 버튼을 추가하고 있습니다.

```
 1: import java.awt.*;
 2: class Ex01812B {
 3:     public static void main(String[] args) {
 4:         Frame f = new Frame("AWT Example 12B");
 5:         BorderLayout bl = new BorderLayout();
 6:         f.setLayout(bl);
 7:         Label label = new Label("자기 소개서");
 8:         f.add(label, BorderLayout.NORTH);
 9:         TextArea ta = new TextArea("여기에 자기 소개서를 입력하세요.");
10:         f.add(ta, BorderLayout.CENTER);
```

```
11:
12:         Panel p = new Panel();
13:         f.add(p, BorderLayout.SOUTH);
14:         FlowLayout fl = new FlowLayout();
15:         p.setLayout(fl);
16:         Button b1 = new Button("확인");
17:         Button b2 = new Button("취소");
18:         p.add(b1);
19:         p.add(b2);
20:         f.setSize(300,200);
21:         f.setVisible(true);
22:     }
23: }
```

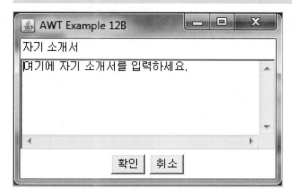

프로그램 설명

▶ 6번째 줄:BorderLayout을 Frame object f에 설정합니다.

▶ 8번째 줄:Label object "자기 소개서"를 Frame 창의 NORTH에 배치합니다.

▶ 9,10번째 줄:TextArea object를 만들고, Frame 창의 CENTER에 배치합니다.
TextArea의 생성자에 문자열을 넘겨주면 TextArea에 초기 문자열로 나타납니다.

▶ 12번째 줄:component들을 담을 수 있는 일종의 Container object인 Panel
object를 만듭니다. 즉 "확인" 버튼과 "취소" 버튼을 담을 Panel입니다.

▶ 13번째 줄:Panel object p를 Frame 창의 SOUTH에 배치합니다.

▶ 14,15번째 줄:FlowLayout object를 생성하고, Panel object에 FlowLayout를
LayoutManger로 설정합니다.

▶ 18,19번째 줄:'확인' 버튼과 '취소' 버튼을 Panel object에 추가합니다.

18.2.3 GridLayout class

GridLayout은 component들을 격자(Grid)모양이 되도록 배치하는 Layout으로 행
과 열로 정렬되며, 모든 component는 같은 크기를 가지도록 해줍니다.

■ GridLayout 생성자 종류 ■

● GridLayout( ) : 생성자에 아무 parameter가 없으면, 한 행에 추가되는 component 수 만큼의 열이 생기는 생성자입니다.

● GridLayout(int rows, int cols) : 행과 열의 값을 지정해주면 행과 열의 지정된 수 만큼 component를 배치할 수 있습니다.

● GridLayout(int rows, int cols, int hgap, int vgap) : 생성자에 입력된 행과 열의 지정된 수 만큼 component를 배치할 수 있으며 배치된 component들의 간격은 입력된 수평 값, 수직 값으로 설정됩니다.

예제 | Ex01813

```
1: import java.awt.*;
2: class Ex01813 {
3:     public static void main(String[] args) {
4:         Frame f = new Frame("AWT Example 13");
5:         GridLayout gl = new GridLayout(2,3);
6:         f.setLayout(gl);
7:         Button b1 = new Button("One");
8:         Button b2 = new Button("Two");
9:         Button b3 = new Button("Three");
10:         Button b4 = new Button("Four");
11:         Button b5 = new Button("Five");
12:         Button b6 = new Button("Six");
13:         f.add(b1);
14:         f.add(b2);
15:         f.add(b3);
16:         f.add(b4);
17:         f.add(b5);
18:         f.add(b6);
19:         f.setSize(300,150);
20:         f.setVisible(true);
21:     }
22: }
```

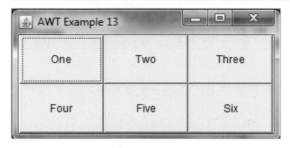

프로그램 설명

▶ 5,6번째 줄:2행 3열의 GridLayout을 Frame object f에 설정합니다.

▶ 13~18번째 줄:6개의 Button을 GridLayout으로 설정된 Frame object f에 추가합니다.

만약 GridLayout에서 설정된 행과 열에 해당하는 수 만큼 component들을 추가하지 않으면 어떻게 될까요?

예제 | Ex01813A

아래 프로그램은 2행 3열 GridLayout에 3개의 component만 추가한 프로그램입니다.

```
 1: import java.awt.*;
 2: class Ex01813A {
 3:    public static void main(String[] args) {
 4:       Frame f = new Frame("AWT Example 13A");
 5:       f.setLayout(new GridLayout(2,3));
 6:       f.add(new Button("One"));
 7:       f.add(new Button("Two"));
 8:       f.add(new Button("Three"));
 9:       f.setSize(300,150);
10:       f.setVisible(true);
11:    }
}
```

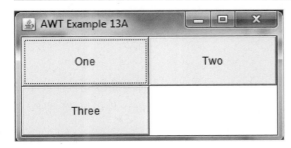

프로그램 설명

▶ 2행 3열의 GridLayout에서 3개의 component를 배치하면 2행은 유지하면서 열의 개수를 줄입니다. 열의 개수가 줄어든 격자에 component 배치는 첫 행을 모두 배치한 후 두 번째 행을 배치해 나갑니다.

만약 GridLayout에서 설정된 행과 열에 해당하는 수보다 더 많이 component들을 추가하면 어떻게 될까요?

아래 프로그램은 2열 3행 GridLayout에 9개의 component만 추가한 프로그램입니다.

예제 | Ex01813B

```
 1: import java.awt.*;
 2: class Ex01813B {
 3:    public static void main(String[] args) {
 4:        Frame f = new Frame("AWT Example 13B");
 5:        f.setLayout(new GridLayout(2,3));
 6:        f.add(new Button("One"));
 7:        f.add(new Button("Two"));
 8:        f.add(new Button("Three"));
 9:        f.add(new Button("Four"));
10:        f.add(new Button("Five"));
11:        f.add(new Button("Six"));
12:        f.add(new Button("Seven"));
13:        f.add(new Button("Eight"));
14:        f.add(new Button("Nine"));
15:        f.setSize(300,150);
16:        f.setVisible(true);
17:    }
18: }
```

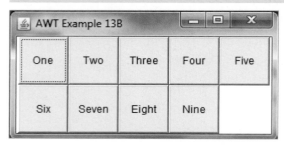

프로그램 설명

▶ 2행 3열의 GridLayout에서 9개의 component를 배치하면 2행은 유지하면서 열의 개수를 늘립니다. 열의 개수가 늘어난 격자에 component 배치는 첫 행을 모두 배치한 후 두 번째 행을 배치해 나갑니다.

예제 | Ex01813C

다음은 GridLayout의 component간 수평 간격, 수직 간격을 보여주는 프로그램입니다.

```
 1: import java.awt.*;
 2: class Ex01813C {
 3:    public static void main(String[] args) {
 4:        Frame f = new Frame("AWT Example 13C");
 5:        f.setLayout(new GridLayout(3,3, 5, 10));
```

```
 6:        f.add(new Button("One"));
 7:        f.add(new Button("Two"));
 8:        f.add(new Button("Three"));
 9:        f.add(new Button("Four"));
10:        f.add(new Button("Five"));
11:        f.add(new Button("Six"));
12:        f.add(new Button("Seven"));
13:        f.add(new Button("Eight"));
14:        f.add(new Button("Nine"));
15:        f.setSize(300,150);
16:        f.setVisible(true);
17:    }
18: }
```

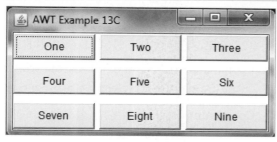

프로그램 설명

▶ 5번째 줄:3행 3열과 가로 간격 5픽셀, 세로 간격 10픽셀의 GridLayout을 Frame object f에 설정하고 있습니다.

문제 | Ex01813D

지금까지 배운 GridLayout과 BorderLayout을 사용하여 아래와 같은 화면이 나오도록 프로그램을 작성해 보세요.

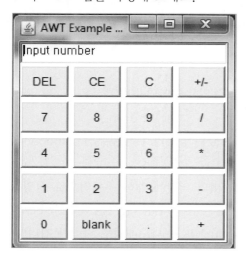

18.2.4 GridBagLayout class

GridBagLayout은 외관적으로 GridLayout를 좀 더 유연성 있게 개선한 Layout Manager로 격자에 들어가는 component의 크기를 임의로 조절 가능합니다. 또한 개별 component 간격도 자유롭게 조절 가능하며, 여러 격자(grid)에 하나의 component를 배치하는 것도 가능한 LayoutManger입니다. 이렇게 다양한 배치를 할 수 있다는 장점 뒤에는 추가적인 기능을 구현해줄 수 있는 보조 class들의 사용법도 함께 알아야 하는 단점이 있습니다.

■ GridBagConstraint class ■

GridBagConstraint는 GridBagLayout의 보조 class로, 각각의 component들이 GridBagLayout이 관리하는 container(Frame이나 Panel)에 배치될 때 배치되는 위치, 간격, 차지하는 격자의 수 등을 값으로 지정해줄 수 있는 class입니다. 즉 GridBagLayout manager가 각각의 component들을 배치할 때 GridBagConstraint에서 값을 지정한 후 component를 container에 추가하면 해당 설정된 값으로 component들이 배치됩니다. GridBagConstraint object에서 값을 설정해줄 수 있는 변수들은 다음과 같습니다.

- gridx와 gridy : GridBagLayout 격자의 행과 열을 나타내며, gridx와 gridy의 변수에 값이 할당된 후 component를 container에 추가하면 해당 행과 열의 위치에 component들이 배치됩니다.

- gridwidth와 gridheight : GridBagLayout 격자의 행과 열 격자를 한 개의 component가 몇 개나 차지하는지를 결정하는 변수입니다. gridwith는 몇 개의 열의 격자를 차지할지를 결정하는 변수이고, gridheight는 몇 개의 행의 격자를 차지할지를 결정하는 변수입니다. 처음 object를 생성하면 초깃값으로 1이 설정됩니다.

- fill : component가 container에 배치될 때, 해당되는 격자 영역(Area)을 모두 채울지를 결정하는 변수입니다. fill 변수에 설정할 수 있는 상수는 아래와 같습니다.
  GridBagConstraints.BOTH : 채울 수 있는 영역의 수평과 수직 모두를 component로 꽉 채웁니다.
  GridBagConstraints.HORIZONTAL : 채울 수 있는 영역의 수평 부분을 component로 꽉 채웁니다.
  GridBagConstraints.VERTICAL : 채울 수 있는 영역의 수직 부분을 component로 꽉 채웁니다.
  Component 중 Button에 대해 기억장소 fill의 역할에 대해 구체적으로 설명해보겠습니다. Ex01803 프로그램에서 Button "OK"와 Button "CANCEL"의 크기를 비교해보면 Button "CANCEL"이 Button "OK"보다 3배정도 길이가 깁니다.

만약 fill 변수에 GridBagConstraints.HORIZONTAL을 설정하고, 두 Button 을 두 격자에 각각 하나씩 배치한다면, fill 변수가 Horiztoal로 꽉 채워지도록 설 정되어 있으므로(fill 되므로) Button "OK"와 Button "CANCEL"의 크기가 동일 해 집니다. 예제 프로그램 Ex01814, Ex01814A와 Ex01814B를 비교 참조하세요.

● weightx와 weighty:각각의 component가 container에 정상적인 크기로 배치 되고 난 후, container의 크기가 정상적으로 배치된 각각의 component가 차지 하는 크기를 모두 더한 크기보다 작으면, 각각의 component의 테두리(edge)를 container 모두 배치될 수 있도록 잘라 버립니다. container의 크기가 정상적 으로 배치된 각각의 component가 차지하는 크기를 모두 더한 크기보다 크면, weightx와 weighty의 값에 따라 비율적으로 배분합니다. 처음 object를 생성하 면 초깃값으로 0이 설정되며, 모든 component 배치 시 weightx와 weighty의 값이 0이면, grid 격자들은 중앙에 여유 공간은 가장자리에 배치됩니다.

예제 | Ex01814

다음 프로그램은 GridBagConstraint object의 gridx, gridy, fill, gridwith 변수 만을 사용한 프로그램입니다.

```
1: import java.awt.*;
2: public class Ex01814 {
3:     public static void main(String[] args) {
4:         Frame frame = new Frame("AWT Example 14");
5:         frame.setLayout(new GridBagLayout());
6:         GridBagConstraints c = new GridBagConstraints();
7:         Button button = new Button("Button 1");
8:         c.gridx = 0;
9:         c.gridy = 0;
10:         c.fill = GridBagConstraints.BOTH;
11:         frame.add(button, c);
12:         button = new Button("B2");
13:         c.gridx = 1;
14:         c.gridy = 0;
15:         frame.add(button, c);
16:         button = new Button("Button 3");
17:         c.gridx = 2;
18:         c.gridy = 0;
19:         frame.add(button, c);
20:         button = new Button("Button 4");
21:         c.gridwidth = 3;
22:         c.gridx = 0;
23:         c.gridy = 1;
24:         frame.add(button, c);
25:         button = new Button("Button 5");
```

```
26:        c.gridx = 1;
27:        c.gridy = 2;
28:        c.gridwidth = 2;
29:        frame.add(button, c);
30:        frame.setSize(300,150);
31:        frame.setVisible(true);
32:    }
33: }
```

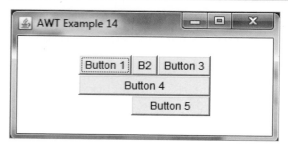

프로그램 설명

▶ 5번째 줄:GridBagLayout object를 생성해서 Frame object frame에 설정합니다.

▶ 6번째 줄:GridBagConstraint object를 생성합니다.

▶ 8,9번째 줄:gridx 0은 0번째 열, gridy 0은 0번째 행을 의미하며, 11번째 줄에서 배치하는 Button이 배치되는 위치를 말합니다.

▶ 10번째 줄:fill에 GridBagConstraints.BOTH 상수를 설정했습니다. 11번째 줄에서 배치하는 Button이 수평, 수직으로 채울 수 있는 부분을 꽉 채운다는 의미입니다. "Button 1"에 대해서는 현재 프로그램에서는 효과가 없습니다. "Button 4"와 "Button 5"는 효과가 있습니다. 또 꼭 기억해야할 것은 GridBagConstraint object는 하나의 component 배치에 사용한 후 다음 component 배치에 해당되는 변수의 값만 변경하여 재사용할 수 있다는 점입니다. 그러므로 앞으로 있을 나머지 4개의 Button을 추가할 때 fill 값을 변경하지 않으면 계속 GridBagConstraints.BOTH 상수가 적용됩니다.

▶ 21번째 줄: gridwith 3은 앞으로 추가될 component가 수평 격자 3개를 사용한다는 의미입니다. 그러므로 "Button 4"는 3개의 격자를 차지하고 있다는 것을 알 수 있습니다. Gridheight는 초깃값이 1인데 변경하지 않았으므로 1이 설정된 상태입니다.

▶ 26,27,28번째 줄:gridx 1은 1번째 열, gridy 2은 2번째 행을 의미하므로 2번째 행 1번째 열에 배치되었고 gridwith가 2이므로 두 개의 격자에 걸쳐 배치되었습

니다.

▶ 격자의 크기는 component의 크기와 같은 크기로 설정됩니다. 즉 위 "Button 1"
과 "B2"의 크기는 Button의 Text 길에 따라 크기가 결정됩니다.

예제 | Ex01814A

다음 프로그램은 여유 공간을 어떻게 배분할지를 결정하는 weightx와 weighty에
대해 보여주는 프로그램입니다.

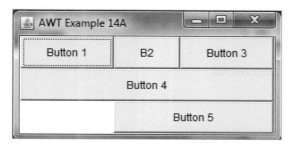

프로그램 설명

▶ 11,12번째 줄:weightx와 weighty는 1.0으로 설정하고 변경하지 않았으므로
Button 5개가 모두 1.0으로 설정된 것이며, 각각의 component는 모두 동일한
여유 공간을 나누어 가지게 됩니다.

예제 | Ex01814B

다음 프로그램은 Ex01814A 프로그램에서 fill변수를 BOTH에서 VERTICAL로 만
바꾼 것으로, VERTICAL 부분만 꽉 채우고, HORIZONTAL은 꽉 채우지 않고
Button의 정상 크기를 유지하며, Button은 각 격자의 중앙에 배치되도록 한 프로
그램입니다.

```
1: import java.awt.*;
2: public class Ex01814B {
3:     public static void main(String[] args) {
4:         Frame frame = new Frame("AWT Example 14B");
5:         frame.setLayout(new GridBagLayout());
6:         GridBagConstraints c = new GridBagConstraints();
7:         Button button = new Button("Button 1");
8:         c.gridx = 0;
9:         c.gridy = 0;
10:        c.fill = GridBagConstraints.VERTICAL;
11:        c.weightx = 1.0;
12:        c.weighty = 1.0;
13:     frame.add(button, c);
```

```
14:          button = new Button("B2");
             // 이부분은 Ex01814 프로그램의 13부터 31번째 줄과 동일합니다.
34:      }
35: }
```

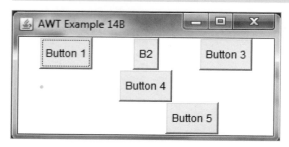

프로그램 설명

▶ 10번째 줄:fill 변수에 GridBagConstraints.VERTICAL 상수를 설정하고 있습니다.

▶ 출력 화면을 보면 VERTICAL 부분만 꽉 채우고, HORIZONTAL은 꽉 채우지 않고, Button의 정상 크기를 유지하고 있으며, "Button 4"는 0열 1열, 2열 3개열에 걸쳐 중앙에, "Button 5"는 1열과 2열의 중앙에 배치된 것을 확인할 수 있습니다.

예제 | Ex01814C

다음 프로그램은 Ex01814A 프로그램에서 fill 변수를 BOTH에서 HORIZONTAL 로만 바꾼 것입니다. HORIZONTAL 부분만 꽉 채우고, VERTICAL은 꽉 채우지 않고 Button의 정상크기를 유지하며, Button은 각 격자의 수직 중앙에 배치되도록한 프로그램입니다.

```
1: import java.awt.*;
2: public class Ex01814C {
3:     public static void main(String[] args) {
4:         Frame frame = new Frame("AWT Example 14C");
5:         frame.setLayout(new GridBagLayout());
6:         GridBagConstraints c = new GridBagConstraints();
7:         Button button = new Button("Button 1");
8:         c.gridx = 0;
9:         c.gridy = 0;
10:        c.fill = GridBagConstraints.HORIZONTAL;
11:        c.weightx = 1.0;
12:        c.weighty = 1.0;
13:     frame.add(button, c);
14:     button = new Button("B2");
            // 이부분은 Ex01814 프로그램의 13부터 31번째 줄과 동일합니다.
```

```
34:     }
35: }
```

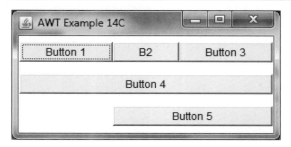

- 10번째 줄:fill 변수에 GridBagConstraints.HORIZONTAL 상수를 설정하고 있습니다.
- 출력 화면을 보면 HORIZONTAL 부분만 꽉 채우고 VERTICAL은 꽉 채우지 않고 Button의 정상 크기를 유지하고 있습니다. 모든 Button이 동일한 높이를 가지고 있으므로 모두 각 격자의 중앙에 배치된 것을 확인할 수 있습니다.

예제 | Ex01814D

다음 프로그램은 여유 공간을 어떻게 배분할지를 결정하는 weightx와 weighty 중 weighty, 즉 수직 여유 공간에 대해서만 분할하는 예를 보여줍니다.

```
1: import java.awt.*;
2: public class Ex01814D {
3:     public static void main(String[] args) {
4:         Frame frame = new Frame("AWT Example 14D");
5:         frame.setLayout(new GridBagLayout());
6:         GridBagConstraints c = new GridBagConstraints();
7:         Button button = new Button("Button 1");
8:         c.gridx = 0;
9:         c.gridy = 0;
10:        c.fill = GridBagConstraints.BOTH;
11:        c.weightx = 1.0;
12:        c.weighty = 0.0;
13:        frame.add(button, c);
14:        button = new Button("B2");
15:        c.gridx = 1;
16:        c.gridy = 0;
17:        frame.add(button, c);
18:        button = new Button("Button 3");
19:        c.gridx = 2;
20:        c.gridy = 0;
21:        frame.add(button, c);
22:        button = new Button("Button 4");
```

```
23:        c.gridx = 0;
24:        c.gridy = 1;
25:        c.gridwidth = 3;
26:        c.weighty = 1.0;
27:        frame.add(button, c);
28:        button = new Button("Button 5");
29:        c.gridx = 1;
30:        c.gridy = 2;
31:        c.gridwidth = 2;
32:        c.weighty = 2.0;
33:        frame.add(button, c);
34:        frame.setSize(300,150);
35:        frame.setVisible(true);
36:    }
37: }
```

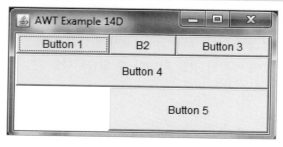

프로그램 설명

▶ 11,12번째 줄:c.weightx = 1.0,은 수평 여유 공간은 1.0으로 설정하고 프로그램 끝날 때까지 변경하지 않습니다. 그러므로 수평 여유 공간은 모든 component가 동일한 여유 공간을 가지게 됩니다. 하지만 c.weighty = 0.0으로 "Button 1", "B2", "Button 3" object는 수직 여유 공간을 가지지 못합니다.

▶ 26,32번째 줄:26번째 줄 c.weighty = 1.0으로 "Button 4"는 수직 여유 공간은 1만큼, 32번째 줄에서 c.weighty = 2.0로 "Button 5" 2만큼을 분할합니다. 즉 "Button 4"는 1/3만큼, "Button 5"는 2/3만큼 여유 공간을 가집니다. 3은 26번째 줄 c.weighty = 1.0의 1과 32번째 줄에서 c.weighty = 2.0의 2를 더한 값입니다.

다음 프로그램은 여유 공간을 어떻게 배분할지를 결정하는 weightx와 weighty 중 weightx, 즉 수평 여유 공간에 대해서만 분할하는 예를 보이고 있습니다.

예제 | Ex01814E

```
 1: import java.awt.*;
 2: public class Ex01814E {
 3:     public static void main(String[] args) {
 4:         Frame frame = new Frame("AWT Example 14E");
 5:         frame.setLayout(new GridBagLayout());
 6:         GridBagConstraints c = new GridBagConstraints();
 7:         Button button = new Button("B1");
 8:         c.gridx = 0;
 9:         c.gridy = 0;
10:         c.fill = GridBagConstraints.BOTH;
11:         c.weightx = 0.0;
12:         c.weighty = 1.0;
13:         frame.add(button, c);
14:         button = new Button("B2");
15:         c.gridx = 1;
16:         c.gridy = 0;
17:         c.weightx = 1.0;
18:         frame.add(button, c);
19:         button = new Button("B3");
20:         c.gridx = 2;
21:         c.gridy = 0;
22:         c.weightx = 4.0;
23:         frame.add(button, c);
24:         button = new Button("B4");
25:         c.gridx = 0;
26:         c.gridy = 1;
27:         c.gridwidth = 3;
28:         c.weightx = 1.0;
29:         frame.add(button, c);
30:         button = new Button("B5");
31:         c.gridx = 1;
32:         c.gridy = 2;
33:         c.gridwidth = 2;
34:         frame.add(button, c);
35:         frame.setSize(300,150);
36:         frame.setVisible(true);
37:     }
38: }
```

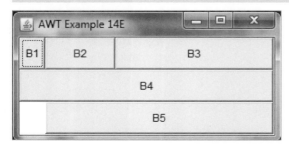

- 11,12번째 줄:c.weighty = 1.0,은 수직 여유 공간은 1.0으로 설정하고 프로그램 끝날 때까지 변경하지 않습니다. 그러므로 수직 여유 공간은 모든 component가 동일한 여유 공간을 가지게 됩니다. 하지만 c.weightx = 0.0으로 "B1" Button object는 수평 여유 공간은 갖지 못합니다.

- 17,22번째 줄:17번째 줄 c.weightx = 1.0으로 "B2" Button은 수평 여유 공간은 1만큼, 23번째 줄에서 c.weightx = 4.0로 "B3" Button은 4만큼을 분할합니다. 즉 "B2" Button은 1/5만큼, "B3" Button은 4/5만큼 여유 공간을 가집니다. 5는 17번째 줄 c.weightx = 1.0의 1과 23번째 줄에서 c.weightx = 4.0의 4를 더한 값입니다.

예제 | Ex01814F

다음 프로그램은 몇 개의 격자에 하나의 component를 배치하는 gridwith와 gridheight 중 gridheight에 대한 예를 보여주는 프로그램입니다. 즉 하나의 component가 몇 개의 수직 격자에 하나의 component를 배치하는 예를 보이고 있습니다.

```
 1: import java.awt.*;
 2: public class Ex01814F {
 3:     public static void main(String[] args) {
 4:         Frame frame = new Frame("AWT Example 14F");
 5:         frame.setLayout(new GridBagLayout());
 6:         GridBagConstraints c = new GridBagConstraints();
 7:         Button button = new Button("B1");
 8:         c.gridx = 0;
 9:         c.gridy = 0;
10:         c.fill = GridBagConstraints.BOTH;
11:         c.weightx = 1.0;
12:         c.weighty = 1.0;
13:         frame.add(button, c);
14:         button = new Button("B2");
15:         c.gridx = 1;
16:         c.gridy = 0;
17:         frame.add(button, c);
18:         button = new Button("B3");
19:         c.gridx = 2;
20:         c.gridy = 0;
21:         frame.add(button, c);
22:         button = new Button("B4");
23:         c.gridx = 0;
24:         c.gridy = 1;
25:         c.gridwidth = 3;
26:         frame.add(button, c);
27:         button = new Button("B5");
28:         c.gridx = 0;
```

```
29:          c.gridy = 2;
30:          c.gridwidth = 1;
31:          c.gridheight = 2;
32:          frame.add(button, c);
33:          button = new Button("B6");
34:          c.gridx = 1;
35:          c.gridy = 2;
36:          c.gridwidth = 2;
37:          c.gridheight = 1;
38:          frame.add(button, c);
39:          button = new Button("B7");
40:          c.gridx = 1;
41:          c.gridy = 3;
42:          c.gridwidth = 2;
43:          frame.add(button, c);
44:          frame.setSize(300,150);
45:          frame.setVisible(true);
46:     }
47: }
```

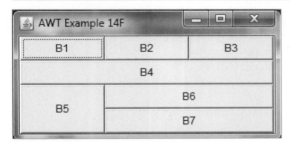

프로그램 설명

▶ 25번째 줄:c.gridwidth = 3은 수평 격자 3개에 걸쳐 "B4" Button을 배치하기 위한 것입니다.(수평격자는 Ex01814 프로그램에서 설명한 사항입니다.)

▶ 31번째 줄:c.gridheight = 2는 수직 격자 2개에 걸쳐 "B5" Button을 배치하기 위한 것입니다.

▶ 36번째 줄:c.gridwidth = 2는 수평 격자 2개에 걸쳐 "B6" Button을 배치하기 위한 것입니다.

▶ 37번째 줄:c.gridheight = 1은 수직 격자 1개에 걸쳐 "B6" Button을 배치하기 위한 것으로 수직 격자를 1로 설정해주지 않으면 31번째 줄에서 수직 격자 2로 설정된 값이 계속 유지됩니다.

다음 프로그램은 정상적인 크기의 component에 얼마나 내부 덧대기(internal padding)를 할 것인지를 결정하는 ipadx와 ipady 중 ipadx, 즉 수평 부분만 내부 덧대기 하는 예를 보이고 있습니다.

내부 덧대기(internal padding)란 정상적인 크기의 component에 덧대기를 한 부분까지를 component의 영역으로 그려주는 기능을 말합니다. 즉 덧대기 한 부분까지 component의 내부라고 보는 개념입니다.

내부 덧대기(internal padding), ipadx, ipady와 여유 공간 분할 weightx, weighty는 여유 공간이 있을때는 개념은 다르지만 거의 같은 기능을 합니다. 여유공간 분할은 최소한 정상적인 크기의 component는 그려지고 여유가 있으면 그 여유분을 가지고 분할하는 것입니다. 하지만 내부 덧대기는 여유 공간하고는 관계없이 정상적인 크기의 component에 덧대기를 하는 것이므로 여유 공간이 없는 경우에는 덧대기를 하지 않는 다른 component의 정상적인 크기까지 잠식하면서 내부 덧대기를 합니다.

예제 | Ex01814G

```
1: import java.awt.*;
2: public class Ex01814G {
3:     public static void main(String[] args) {
4:         Frame frame = new Frame("AWT Example 14G");
5:         frame.setLayout(new GridBagLayout());
6:         GridBagConstraints c = new GridBagConstraints();
7:         Button button = new Button("B1");
8:         c.gridx = 0;
9:         c.gridy = 0;
10:        c.fill = GridBagConstraints.BOTH;
11:        c.weightx = 1.0;
12:        c.weighty = 1.0;
13:        frame.add(button, c);
14:        button = new Button("B2");
15:        c.gridx = 1;
16:        c.gridy = 0;
17:        c.ipadx = 230;
18:        c.ipady = 0;
19:        frame.add(button, c);
20:        button = new Button("B3");
21:        c.gridx = 2;
22:        c.gridy = 0;
23:        c.ipadx = 0;
24:        c.ipady = 0;
25:        frame.add(button, c);
26:        button = new Button("B4");
27:        c.gridx = 0;
28:        c.gridy = 1;
29:        c.gridwidth = 3;
30:        frame.add(button, c);
31:        button = new Button("B5");
32:        c.gridx = 0;
```

```
33:          c.gridy = 2;
34:          c.gridwidth = 1;
35:          c.gridheight = 2;
36:          frame.add(button, c);
37:          button = new Button("B6");
38:          c.gridx = 1;
39:          c.gridy = 2;
40:          c.gridwidth = 2;
41:          c.gridheight = 1;
42:          frame.add(button, c);
43:          button = new Button("B7");
44:          c.gridx = 1;
45:          c.gridy = 3;
46:          c.gridwidth = 2;
47:          frame.add(button, c);
48:          frame.setSize(300,150);
49:          frame.setVisible(true);
50:     }
51: }
```

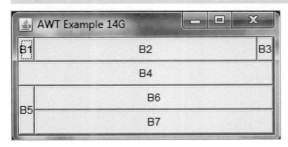

프로그램 설명

▶ 17번째 줄:수평 부분으로 Button "B2"에 230픽셀을 내부 덧대기를 합니다.

▶ 18번째 줄:수직 부분의 내부 덧대기는 기본 값이 0이므로 18번째 줄은 아무 역할
도 하지 않습니다. 즉 생략해도 됩니다.

▶ 23번째 줄:17번째 줄에서 수평 부분으로 내부 덧대기 한 설정 값을 0으로 다시 설
정하여 다음 Button은 내부 덧대기하지 않도록 합니다.

▶ 24번째 줄:18번째 줄에서 수직 부분의 내부 덧대기 값을 기본 값으로 0으로 설정
했기 때문에 추가로 다시 한번 0으로 할 필요가 없습니다. 즉 생략됩니다.

예제 | Ex01814H

다음 프로그램은 Insets class를 이용하여 component의 외부에 임의의 공간을 만
들어 붙이는 프로그램입니다.

■ Insets class ■

Insets class는 component들을 인접 component와 얼마나 간격을 유지할 것인지 component 하나하나마다 정의할 수 있는 class로 top, left, bottom, right 순서대로 값을 설정합니다.

```java
 1: import java.awt.*;
 2: public class Ex01814H {
 3:     public static void main(String[] args) {
 4:         Frame frame = new Frame("AWT Example 14H");
 5:         frame.setLayout(new GridBagLayout());
 6:         GridBagConstraints c = new GridBagConstraints();
 7:         Button button = new Button("B1");
 8:         c.gridx = 0;
 9:         c.gridy = 0;
10:         c.fill = GridBagConstraints.BOTH;
11:         c.weightx = 1.0;
12:         c.weighty = 1.0;
13:         frame.add(button, c);
14:         button = new Button("B2");
15:         c.gridx = 1;
16:         c.gridy = 0;
17:         c.insets = new Insets(3,10,3,10);
18:         frame.add(button, c);
19:         button = new Button("B3");
20:         c.gridx = 2;
21:         c.gridy = 0;
22:         c.insets = new Insets(0,0,0,0);
23:         frame.add(button, c);
24:         button = new Button("B4");
25:         c.gridx = 0;
26:         c.gridy = 1;
27:         c.gridwidth = 3;
28:         frame.add(button, c);
29:         button = new Button("B5");
30:         c.gridx = 0;
31:         c.gridy = 2;
32:         c.gridwidth = 1;
33:         c.gridheight = 2;
34:         frame.add(button, c);
35:         button = new Button("B6");
36:         c.gridx = 1;
37:         c.gridy = 2;
38:         c.gridwidth = 2;
39:         c.gridheight = 1;
40:         frame.add(button, c);
41:         button = new Button("B7");
42:         c.gridx = 1;
43:         c.gridy = 3;
```

```
44:          c.gridwidth = 2;
45:          frame.add(button, c);
46:          frame.setSize(300,150);
47:          frame.setVisible(true);
48:      }
49: }
```

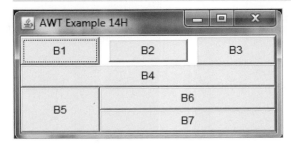

프로그램 설명

▶ 17번째 줄:top=3, left=10, bottom=3, right=10의 픽셀 값으로 간격을 띄웁니다.

▶ 22번째 줄:top=0, left=0, bottom=0, right=0의 픽셀 값으로 간격을 띄웁니다. 즉 모든 간격은 0입니다.

예제 | Ex01814I

다음 프로그램은 두 번째 Button 자리를 빈 공간으로 만드는 프로그램입니다.

```
1: import java.awt.*;
2: public class Ex01814I {
3:     public static void main(String[] args) {
4:         Frame frame = new Frame("AWT Example 14I");
5:         frame.setLayout(new GridBagLayout());
6:         GridBagConstraints c = new GridBagConstraints();
7:         Button button = new Button("B1");
8:         c.gridx = 0;
9:         c.gridy = 0;
10:        c.fill = GridBagConstraints.BOTH;
11:        c.weightx = 1.0;
12:        c.weighty = 1.0;
13:        frame.add(button, c);
14:        Label space = new Label();
15:        c.gridx = 1;
16:        c.gridy = 0;
17:          frame.add(space, c); // if you miss this, you will get the
second result
18:        button = new Button("B3");
19:        c.gridx = 2;
```

```
20:        c.gridy = 0;
21:        frame.add(button, c);
22:        button = new Button("B4");
23:        c.gridx = 0;
24:        c.gridy = 1;
25:        c.gridwidth = 3;
26:        frame.add(button, c);
27:        button = new Button("B5");
28:        c.gridx = 0;
29:        c.gridy = 2;
30:        c.gridwidth = 1;
31:        c.gridheight = 2;
32:        frame.add(button, c);
33:        button = new Button("B6");
34:        c.gridx = 1;
35:        c.gridy = 2;
36:        c.gridwidth = 2;
37:        c.gridheight = 1;
38:        frame.add(button, c);
39:        button = new Button("B7");
40:        c.gridx = 2;
41:        c.gridy = 3;
42:        c.gridwidth = 2;
43:        frame.add(button, c);
44:        frame.setSize(300,150);
45:        frame.setVisible(true);
46:    }
47: }
```

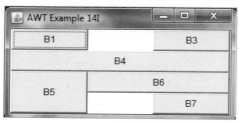
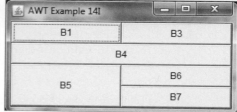

프로그램 설명

▶ 14,15,16,17번째 줄:"B1" 버튼과 "B3" 버튼 사이에 빈 공간을 삽입하고자 하면, 17번째 줄에서와 같이 Label에 빈 Text String이라도 넣어야지 아무것도 넣지 않으면 두 번째 결과처럼 출력됩니다. 즉 두 번째 column의 자리는 0픽셀로 설정됩니다. 17번째 줄을 //로 comment 처리하고 프로그램을 수행시키면 두 번째 화면과 같은 결과가 출력됩니다.

▶ Button "B5"와 "B7" 사이의 빈 공간은 빈 Text String을 넣어주지 않아도 빈 공간이 삽입됩니다. 14~17번째 줄에서 2번째 column의 공간이 확보되었기 때문

에 행이 다른 곳의 두 번째 column 자리는 component를 넣어주지 않아도 빈 공간이 확보된 상태입니다.

지금까지 배운 GridBagLayout과 BorderLayout을 사용하여 아래와 같은 화면이 나오도록 프로그램을 만들어 보세요.(오른쪽 화면은 insets와 ipad를 사용하지 않았을 때 나오는 화면입니다.)

18.2.5 CardLayout class

CardLayout은 마치 여러 장의 card가 겹쳐져 있는 것과 같은 효과를 나타내는 Layout입니다. Card가 겹쳐있으면 언제나 Card 한 장만 볼 수 있듯이, CardLayout도 하나의 Panel에 배치된 component만 볼 수 있습니다. CardLayout 하나만으로는 여기서 충분한 설명을 할 수가 없으므로 chapter 19 Event Handling(19.6절 ItemEvent)에서 어떻게 작동하는지에 대해서 소개합니다.

아래 예제 프로그램에서는 CardLayout를 어떻게 생성하는지, CardLayout를 사용하면 하나의 Card 즉 하나의 Panel에 저장된 component만 볼 수 있다라는 정도만 알고 넘어갑니다.

예제 | Ex01815

```
1: import java.awt.*;
2: public class Ex01815 {
3:    public static void main(String[] args) {
4:        Frame frame = new Frame("AWT Example 15");
5:        BorderLayout bl = new BorderLayout();
6:        frame.setLayout(bl);
7:        Label label = new Label("CardLayout Demo");
```

```
 8:        frame.add(label, BorderLayout.NORTH);
 9:        //Create Panel p1 for "card1".
10:        Panel p1 = new Panel();
11:        p1.add(new Button("Button 1"));
12:        p1.add(new Button("Button 2"));
13:        p1.add(new Button("Button 3"));
14:        //Create Panel p2 for "card2".
15:        Panel p2 = new Panel();
16:        p2.add(new Label("Label 1"));
17:        p2.add(new Label("Label 2"));
18:        p2.add(new Label("Label 3"));
19:        //Create Panel cardDeck for "card1" and "card2".
20:        Panel cardPack = new Panel(new CardLayout());
21:        cardPack.add(p1, "Card1");
22:        cardPack.add(p2, "Card2");
23:        //
24:        //CardLayout cl = (CardLayout)(cardPack.getLayout());
25:        //cl.show(cardPack, "Card2");
26:        //
27:        frame.add(cardPack, BorderLayout.CENTER);
28:        frame.setSize(300,150);
29:        frame.setVisible(true);
30:    }
31: }
```

프로그램 설명

▶ 10,11,12,13번째 줄:첫 번째 card를 만들기 위해 Panel p1을 만들고 Button들을 배치합니다.

▶ 15,16,17,18번째 줄:두 번째 card를 만들기 위해 Panel p2을 만들고 Label들을 배치합니다.

▶ 20번째 줄:Panel cardPack을 만들고 CardLayout으로 설정합니다.

▶ 21번째 줄:Panel cardPack에 Panel p1을 "Card1"이란 이름으로 추가합니다.

▶ 22번째 줄:Panel cardPack에 Panel p2을 "Card2"이란 이름으로 추가합니다.

▶ 24,25번째 줄:// comment를 그대로 두고 프로그램을 수행하면 위 첫 번째 창 (Button 3개가 나타난 창)이 나타나고, // comment를 제거하고 수행하면 위 두 번째 창(Label 3개가 나타난 창)이 나타납니다. 즉 둘 중의 하나의 창만 나타

납니다.

18.2.6 LayoutManger 없이 배치하기

자바에서 LayoutManger 없이 배치할 수 있는 기능을 만들어 놓았지만 되도록이면 LayoutManger를 사용하는 편이 프로그램 개발에 드는 시간과 수고를 많이 덜수 있습니다.

LayoutManager 없이 Component를 배치할 때는 다음과 같이 2단계를 걸쳐서 배치합니다.

① Frame에 setLayout(null)을 설정해 줍니다.

② 해당되는 component의 setBounds() method를 이용하여 절대 위치와 크기를 지정해 줍니다.

- setBounds(int x, int y, int width, int height) method:x, y, width, height 의 단위는 픽셀입니다.
- Frame의 왼쪽 제일 위 지점(tittle bar도 포함)의x, y값은 0,0 입니다.
- width와 height는 component의 가로와 세로의 크기입니다.

예제 | Ex01816

다음 프로그램은 Button의 위치와 크기를 Frame에 LayoutManager 없이 배치하는 예를 보여주고 있습니다.

```
 1: import java.awt.*;
 2: public class Ex01816 {
 3:    public static void main(String[] args) {
 4:        Frame frame = new Frame("AWT Example 16");
 5:        frame.setLayout(null);
 6:        Button b1 = new Button("Button 1");
 7:        b1.setBounds(120, 70, 100, 40);
 8:        frame.add(b1);
 9:        frame.setSize(350,150);
10:        frame.setVisible(true);
11:    }
12: }
```

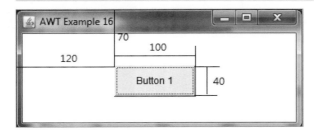

프로그램 설명

▶ 5번째 줄:Frame object에 LayoutManger가 없이 Button을 배치할 수 있도록 setLayout(null)을 설정합니다.

▶ 7번째 줄:Button b1을 x좌표 120픽셀, y좌표 70픽셀의 위치에, 넓이 100픽셀, 높이 40픽셀의 Button의 크기로 Frame 창에 배치할 수 있도록 값을 설정합니다.

예제 | Ex01816A

다음 프로그램은 Label과 Button 3개를 Frame에 LayoutManager 없이 배치하는 예를 보여주고 있습니다.

```
1: import java.awt.*;
2: public class Ex01816A {
3:    public static void main(String[] args) {
4:        Frame frame = new Frame("AWT Example 16A");
5:        frame.setLayout(null);
6:        Label label = new Label("No Layout Manager");
7:        Button b1 = new Button("Button 1");
8:        Button b2 = new Button("Button 2");
9:        Button b3 = new Button("Button 3");
10:       label.setBounds(100, 30, 120, 20);
11:       b1.setBounds(20, 50, 50, 20);
12:       b2.setBounds(20, 80, 100, 20);
13:       b3.setBounds(150, 80, 150, 50);
14:       frame.add(label);
15:       frame.add(b1);
16:       frame.add(b2);
17:       frame.add(b3);
18:       frame.setSize(350,150);
19:       frame.setVisible(true);
20:    }
21: }
```

프로그램 설명

▶ 10번째 줄:label을 setBounds(100, 30, 120, 20) method를 이용하여 배치할 수 있도록 값을 설정합니다.

▶ 11,12,1,3번째 줄:Button 3개를 각기 다른 위치와 각기 다른 size로 배치할 수 있
도록 setBounds() method의 값을 설정합니다.

18.3 AWT Component

지금까지 배운 Button, Label, TextField, TextArea, Panel, Frame을 모두 component
라고 합니다. 즉 Frame을 포함해서 Frame에 넣어서 우리 눈으로 볼수 있는 모든
AWT 요소를 component라고 하고, 모든 component는 Component class를 상속
받아 만들었습니다. 그리고 Component class는 추상(abstract) class입니다. 15.1
절 'Abstract 개념'에서 호랑이, 개, 고양이라는 생물은 존재하는 생물이지만 동물
은 추상화된 단어로 호랑이, 개, 고양이를 동물이라고 부르는 것이지 이름이 동물
인 생물은 없다고 했습니다. 따라서 Button, Label, TextField 등을 component라
고 부르는 것이지 Component라는 object는 만들 수 없습니다. 그래서 Component
class가 추상 class로 선언된 것이며, Component class에서 정의한 모든 method는
Button, Label, TextField, Panel, Frame에서도 실행할 수 있는 method입니다.

■ Component class에서 정의한 method ■

- setForeground(Color c) method:component에 그려지는 모든 글자, 그림은 지
  정된 색깔로 설정합니다.
- setBackground(Color c) method:component의 배경색을 지정된 색깔로 설정
  합니다.
- setEnable(boolean b) method:boolean b값이 true이면 component를 활성화
  하고, false이면 비활성화시킵니다. Component가 가지고 있는 기본값은 활성
  화된 상태입니다. Component가 비활성화가 되면 component로서의 모든 작동
  이 일시 중지 됩니다.
- isEnable() method:해당되는 component가 Enabled되어 있으면 true을 return
  하고 disable되어 있으면 false를 return합니다.

■ Color class ■

Color에 대해서는 더 많은 설명이 필요하므로 여기에서는 아래 Color 상수에 대해
서만 기억하고 넘어갑니다.

- Color.red:빨간색

- Color.green:파란색
- Color.blue:파란색
- Color.yellow:노란색
- Color.black:검정색
- Color.white:하얀색

18.3.1 Button class

Button class는 Component class를 상속받아 만든 class입니다. 그래서 Component class에서 선언된 모든 method는 Button class에서 사용할 수 있습니다.

- method
- getLabel():Button의 Label 문자열을 받아냅니다.
- setLabel(String label):Button의 Label 문자열을 parameter 문자열로 변경합니다.

> 예제 | Ex01821

다음 프로그램에서 Button class는 Component class를 상속받고 있으므로 Component class의 method setBackground()와 setForeground()을 사용하여 Button의 배경색과 전경색을 설정한 프로그램입니다.

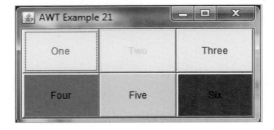

프로그램 설명

▶ 13,14,15번째 줄:setForeground() method는 Button의 전경색, 즉 글자색을 지정할 수 있는 method입니다.

▶ 16,17,18번째 줄:setBackground() method는 Button의 배경색을 지정할 수 있는 method입니다.

> 예제 | Ex01821A

아래 프로그램은 getLabel()과 setLabel()를 이용하여 기존에 있는 Button의 Label 문자열을 얻어내고, Button의 Label을 변경하는 프로그램입니다.

```
 1: import java.awt.*;
 2: class Ex01821A {
 3:     public static void main(String[] args) {
 4:         Frame f = new Frame("AWT Example 21A");
 5:         GridLayout gl = new GridLayout(2,3);
 6:         f.setLayout(gl);
 7:         Button b1 = new Button("One");
 8:         Button b2 = new Button("Two");
 9:         Button b3 = new Button("Three");
10:         Button b4 = new Button("Four");
11:         Button b5 = new Button("Five");
12:         Button b6 = new Button("Six");
13:         String b1Label = b1.getLabel();
14:         System.out.println("b1Label="+b1Label);
15:         b1.setLabel("Button1");
16:         b2.setLabel("Button2");
17:         b3.setLabel("Button3");
18:         b4.setLabel("Button4");
19:         b5.setLabel("Button5");
20:         b6.setLabel("Button6");
21:         b1.setForeground(Color.red);
22:         b2.setForeground(Color.green);
23:         b3.setForeground(Color.blue);
24:         b4.setBackground(Color.red);
25:         b5.setBackground(Color.green);
26:         b6.setBackground(Color.blue);
27:         f.add(b1);
28:         f.add(b2);
29:         f.add(b3);
30:         f.add(b4);
31:         f.add(b5);
32:         f.add(b6);
33:         f.setSize(300,150);
34:         f.setVisible(true);
35:     }
36: }
```

위 프로그램을 수행시킬 때 console 창에는 아래와 같은 문자열이 출력됩니다.

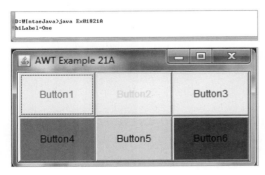

프로그램 설명

▶ 13번째 줄:7번째 줄에서 설정한 Button b1의 Label "One"을 getLabel() method 를 사용하여 받아내고 있습니다.

▶ 14번째 줄:System.out.println()을 사용하여 자바 콘솔에 "One"을 출력하고 있 습니다.

▶ 15~20번째 줄:setLabel() method를 이용하여 Button의 Label을 바꾸고 있습 니다.

예제 | Ex01821B

아래 프로그램은 setEnabled()와 isEnabled()를 이용하여 기존에 있는 Button의 Enabled 기능을 확인하는 프로그램입니다.

```
 1: import java.awt.*;
 2: class Ex01821B {
 3:    public static void main(String[] args) {
 4:        Frame f = new Frame("AWT Example 21B");
 5:        GridLayout gl = new GridLayout(2,3);
 6:        f.setLayout(gl);
 7:        Button b1 = new Button("One");
 8:        Button b2 = new Button("Two");
 9:        Button b3 = new Button("Three");
10:        Button b4 = new Button("Four");
11:        Button b5 = new Button("Five");
12:        Button b6 = new Button("Six");
13:        boolean isEnabled = b2.isEnabled();
14:        System.out.println("before b2 isEnabled="+isEnabled);
15:        b2.setEnabled(false);
16:        b5.setEnabled(false);
17:        isEnabled = b2.isEnabled();
18:        System.out.println("after  b2 isEnabled="+isEnabled);
19:        f.add(b1);
20:        f.add(b2);
21:        f.add(b3);
22:        f.add(b4);
23:        f.add(b5);
24:        f.add(b6);
25:        f.setSize(300,150);
26:        f.setVisible(true);
27:    }
28: }
```

위 프로그램을 수행시킬 때 console 창에는 아래와 같은 문자열이 출력됩니다.

```
D:\IntaeJava>java Ex01821B
before b2 isEnabled=true
after  b2 isEnabled=false
```

프로그램 설명

▶ 13번째 줄:Enabled되어 있는지 안 되어 있는지, Button object의 기본 설정 값을 isEnabled() method로 받아냅니다.

▶ 14번째 줄:위 console 창의 출력 결과를 보면 Button object의 Enabled에 대한 기본 설정 값은 true임을 알 수 있습니다.

▶ 15,16번째 줄:Button b2와 b5만 setEnable() method를 이용하여 false로 설정합니다. 출력 화면을 보면 비활성화된 Button과 활성화된 Button을 비교해 볼 수 있습니다.

18.3.2 Label class

Label class도 Component class를 상속받아 만든 class입니다. 그래서 Component class에서 선언된 모든 method는 Label class에서도 사용할 수 있습니다.

Label class에서 추가적으로 사용할 수 있는 method와 상수는 아래와 같습니다.

● method

• setAlignment(int alignment):Label에 보여주는 Text의 위치를 alignment에 사용되는 상수에 따라 왼쪽, 오른쪽, 중앙으로 배치할 수 있도록 합니다.

• getText():Label object에 있는 Text를 String object로 return해 줍니다.

• setText(String text):Label object에 있는 문자열 text을 Label에 설정해 줍니다.

● Button class에서 Button의 label을 받아오거나 설정하는 것은 getLabel(), seLabel()이지만 Label class에서는 getText(), setText()입니다.

● alignment에 사용하는 상수: Lable.CENTER, Lable.LEFT, Lable.RIGHT

● 생성자:

• Label(String text) – 주어진 text 문자열로 Label object를 만듭니다.

• Label(String text, int alignment) – 주어진 text 문자열과 주어진 정렬 상수로 Label object를 만듭니다.

예제 | Ex01822

다음 프로그램에서 Label class는 Component class를 상속받고 있으므로 Component class의 setBackground() setForeground()를 사용하여 Label을 배경색과 전경색을 설정하고 Label class에 있는 setAlignment() method를 사용하여 좌우, 중앙 정렬을 하는 프로그램입니다.

```java
 1: import java.awt.*;
 2: class Ex01822 {
 3:    public static void main(String[] args) {
 4:        Frame f = new Frame("AWT Example 22");
 5:        GridLayout gl = new GridLayout(2,3);
 6:        f.setLayout(gl);
 7:        Label l1 = new Label("Left");
 8:        Label l2 = new Label("Center");
 9:        Label l3 = new Label("Right");
10:        Label l4 = new Label("Left");
11:        Label l5 = new Label("Center");
12:        Label l6 = new Label("Right");
13:        l1.setAlignment(Label.LEFT);
14:        l2.setAlignment(Label.CENTER);
15:        l3.setAlignment(Label.RIGHT);
16:        l4.setAlignment(Label.LEFT);
17:        l5.setAlignment(Label.CENTER);
18:        l6.setAlignment(Label.RIGHT);
19:        l1.setForeground(Color.cyan);
20:        l2.setForeground(Color.magenta);
21:        l3.setForeground(Color.pink);
22:        l4.setBackground(Color.cyan);
23:        l5.setBackground(Color.magenta);
24:        l6.setBackground(Color.pink);
25:        f.add(l1);
26:        f.add(l2);
27:        f.add(l3);
28:        f.add(l4);
29:        f.add(l5);
30:        f.add(l6);
31:        f.setSize(300,150);
32:        f.setVisible(true);
33:    }
34: }
```

- 13~18번째 줄:각 Label object의 글자 정렬 값을 설정합니다.
- 19,20,21번째 줄:각 Label object의 전경색(글자색) 색깔 값을 설정합니다.
- 22,23,24번째 줄:각 Label object의 배경색 색깔 값을 설정합니다.

예제 | Ex01822A

아래 프로그램은 Ex01822 프로그램과 동일하나 Label의 setAlignment () method 를 사용하는것 대신에, Label의 생성자에 정렬 값을 설정한 것만 다릅니다. 또한 getText()와 setText() method를 사용하여 Label의 Text를 얻어내거나 설정해주 는 것을 보여주는 프로그램입니다.

```
 1: import java.awt.*;
 2: class Ex01822A {
 3:    public static void main(String[] args) {
 4:        Frame f = new Frame("AWT Example 22A");
 5:        GridLayout gl = new GridLayout(2,3);
 6:        f.setLayout(gl);
 7:        Label l1 = new Label("Not assigned", Label.LEFT);
 8:        Label l2 = new Label("Center", Label.CENTER);
 9:        Label l3 = new Label("Right", Label.RIGHT);
10:        Label l4 = new Label("Left", Label.LEFT);
11:        Label l5 = new Label("Center", Label.CENTER);
12:        Label l6 = new Label("Right", Label.RIGHT);
13:        l1.setForeground(Color.cyan);
14:        l2.setForeground(Color.magenta);
15:        l3.setForeground(Color.pink);
16:        l4.setBackground(Color.cyan);
17:        l5.setBackground(Color.magenta);
18:        l6.setBackground(Color.pink);
19:        String l1Str = l1.getText();
20:        System.out.println("l1Str = "+l1Str);
21:        l1.setText("Left");
22:        f.add(l1);
23:        f.add(l2);
24:        f.add(l3);
25:        f.add(l4);
26:        f.add(l5);
27:        f.add(l6);
28:        f.setSize(300,150);
29:        f.setVisible(true);
30:    }
31: }
```

위 프로그램을 수행시킬 때 console 창에는 아래와 같은 문자열이 출력됩니다.

```
D:WIntaeJava>java Ex01822A
l1Str = Not assigned
```

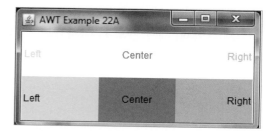

프로그램 설명

▶ 7~12번째 줄:Label object를 생성하면서 Text문자열과 정렬상수를 동시에 parameter로 넘겨줍니다.

문제 | Ex01822B

다음 프로그램은 날짜 하나하나를 Label로 만들어 추가하는 형식으로 작성한 프로그램입니다. 총 줄수는 220줄 정도로 작성되었습니다. 현재까지 배운 LayoutManager과 component를 이해했다면 초보자도 작성할 수 있는 프로그램이므로 스스로 작성해 보세요.(프로그램 작성에 혼동을 피하기 위해 2014년 4월과 5월의 달력을 출력하는 것으로 고정합니다.)

문제 | Ex01822C

다음 프로그램은 날짜 하나하나를 coding을 하면 위와 같이 220줄 정도가 필요합니다. 결과를 동일하게 하면서 For-loop를 사용하면 110줄 정도로 줄일 수 있습니다. 초보자에게는 어려운 문제일 수 있으나 for-loop문을 이용하는 힌트를 아래와 같이 알려주고 있으므로 아래 출력 결과가 나오도록 프로그램 작성은 가능하다고 생각됩니다. 스스로 프로그램을 작성해 보세요.(프로그램 작성에 혼동을 피하기 위해 2014년 4월과 5월의 달력을 출력하는 것으로 고정합니다.)

Hint:아래 프로그램은 4월 달력을 만드는 일부분입니다. 5월 달력도 이와 유사하게 작성하세요.

```
for ( int i=1 ; i<=30 ; i++ ) {

        Label label = new Label(""+i,Label.CENTER);

        if ( i % 7 == 5 ) {

            label.setForeground(Color.blue);

        }

        if ( i % 7 == 6 ) {

            label.setForeground(Color.red);

        }

        p4d.add(label);

}
```

문제 | Ex01822D

다음 프로그램은 달력 프로그램을 일반화한 프로그램으로 어떤 연도, 어떤 월을 입력해도 출력할 수 있는 프로그램입니다.(힌트:Ex01043B 프로그램과 배열을 이용하세요.)

주의:2014년 8월과 같이 6주에 걸쳐서 표현되는 달도 있으니 GridLayout을 (7,7)로 해야합니다.

● 콘솔 창에 아래와 같이 2014년 4월을 입력했을 때 출력 결과

```
D:\IntaeJava>java Ex01822D 2014 4
```

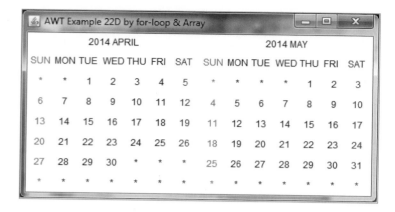

● 콘솔창에 아래와 같이 2014년 8월을 입력했을 때 출력 결과

D:\IntaeJava>java Ex01822D 2014 8

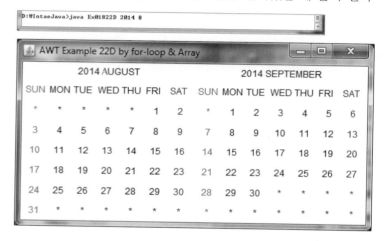

● 콘솔창에 아래와 같이 2014년 12월을 입력했을 때 출력 결과

D:\IntaeJava>java Ex01822D 2014 12

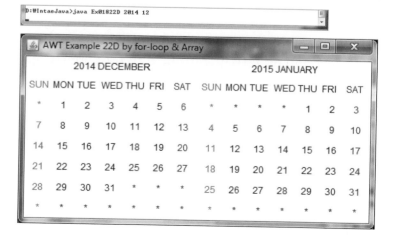

18.3.3 TextField class

TextField class를 한 줄의 text를 입력하거나 입력된 text를 변경 할 수 있는 object
를 만드는 class입니다.

● 생성자

TextField():parameter가 없으면 글자 한 글자 입력할 정도 크기의 TextField object
를 생성합니다.

TextField(String text):주어진 text 글자가 충분히 보일 정도 크기의 TextField
object를 생성합니다.

TextField(int cloumns):주어진 columns 수의 글자가 보일 정도 크기의 TextField
object를 생성합니다.

TextField(String text , int cloumns):주어진 text 글자가 textFiled에 보이면서
주어진 columns 수의 글자가 보일 정도 크기의 TextField object를 생성합니다.

● method

setEchoChar(char c):parameter는 char형이므로 홀 인용 부호로된 한 글자만 입
력 가능합니다.

예제 | Ex01823

```
 1: import java.awt.*;
 2: class Ex01823 {
 3:    public static void main(String[] args) {
 4:        Frame f = new Frame("AWT Example 23");
 5:        f.setLayout(new GridLayout(3,1));
 6:        Panel p1 = new Panel();
 7:        Panel p2 = new Panel();
 8:        Panel p3 = new Panel();
 9:        p1.setLayout(new FlowLayout());
10:        p2.setLayout(new FlowLayout());
11:        p3.setLayout(new FlowLayout());
12:        Label l1 = new Label("Username :");
13:        Label l2 = new Label("Password :");
14:        TextField tf1 = new TextField("Input Username",20);
15:        TextField tf2 = new TextField("password",20);
16:        tf2.setEchoChar('*');
17:        Button b1 = new Button("OK");
18:        Button b2 = new Button("CANCEL");
19:        p1.add(l1);
20:        p1.add(tf1);
21:        p2.add(l2);
22:        p2.add(tf2);
23:        p3.add(b1);
24:        p3.add(b2);
```

```
25:        f.add(p1);
26:        f.add(p2);
27:        f.add(p3);
28:        f.setSize(300,150);
29:        f.setVisible(true);
30:    }
31: }
```

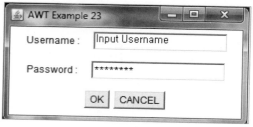

프로그램 설명

▶ 16번째 줄:TextField object tf2에 setEchoChar('*')를 설정해서 Password를 입력할 때 화면에 실제 입력 글자 대신 '*'가 보이도록 하고 있습니다.

18.3.4 TextArea class

TextArea class는 여러 줄에 걸쳐서 text를 입력해 줄 수 있는 object를 만들어 줍니다.

● 생성자 TextArea(String text):주어진 text 글자가 TextArea에 보이도록 object를 생성합니다.

TextArea(String text, int rows, int columns, int scrollbars):주어진 text글자가 TextArea에 보여주고, rows 값만큼의 행, columns 값만큼의 글자 수가 입력될수 있는, 그리고 주어진 scrollbars의 값에 따라 scroll bar와 함께 TextArea object를 생성합니다.

● scrollbar 상수는 아래와 같습니다.

TextArea.SCROLLBARS_BOTH:수평, 수식 scroll bar 생성

TextArea.SCROLLBARS_VERTICAL_ONLY:수식 scroll bar만 생성

TextArea.SCROLLBARS_HORIZONTAL_ONLY: 수평 scroll bar만 생성

TextArea.SCROLLBARS_NONE: scroll bar 생성하지 않음

예제 | Ex01824

```
1: import java.awt.*;
2: class Ex01824 {
```

```
 3:    public static void main(String[] args) {
 4:       Frame f = new Frame("AWT Example 24");
 5:       BorderLayout bl = new BorderLayout();
 6:       f.setLayout(bl);
 7:       Label label = new Label("자기 소개서");
 8:       f.add(label, BorderLayout.NORTH);
 9:        TextArea ta = new TextArea("여기에 자기 소개서를 입력하세요.", 1, 1,
TextArea.SCROLLBARS_VERTICAL_ONLY);
10:       f.add(ta, BorderLayout.CENTER);
11:       Panel p = new Panel();
12:       f.add(p, BorderLayout.SOUTH);
13:       FlowLayout fl = new FlowLayout();
14:       p.setLayout(fl);
15:       Button b1 = new Button("확인");
16:       Button b2 = new Button("취소");
17:       p.add(b1);
18:       p.add(b2);
19:       f.setSize(300,200);
20:       f.setVisible(true);
21:    }
22: }
```

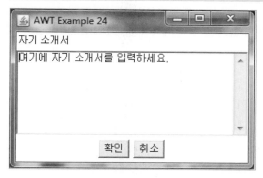

프로그램 설명

▶ 9번째 줄:BorderLayout에서는 TextArea의 크기를 설정하는 int rows, int columns는 작동하지 않습니다. 왜냐하면 BorderLayout 내에 있는 component는 Frame, 즉 container의 크기에 따라 자동으로 결정되기 때문입니다. TextArea. SCROLLBARS_VERTICAL_ONLY는 수직 scroll bar만 나타내주므로 위 화면에 수직 scroll bar만 나온 것을 볼 수 있습니다. Scroll bar가 작동되도록 하기 위해서는 입력된 줄이 TextArea 크기보다 많은 줄을 입력하는 순간 나타납니다.

18.3.5 Checkbox class와 CheckboxGroup class

Checkbox class는 "on" 혹은 "off" 둘 중 하나의 값만 가질 수 있는 component입니다. component를 click하면, "on" 상태인 경우에는 "off"로 되고, "off" 상태인

경우에는 "on"이 됩니다.

CheckboxGroup class는 여러 개의 checkbox를 하나의 group으로 묶어서 묶여져 있는 group내에서는 선택은 하나만 할 수 있도록 도와주는 class입니다.

● 생성자

• Checkbox(String text):주어진 문자열을 가지고 있는 Checkbox를 생성합니다.

• Checkbox(String text, boolean state):주어진 문자열과 주어진 state을 가지고 있는 Checkbox를 생성합니다. State가 true이면 해당 Checkbox는 선택된 기호가 나타납니다.

• Checkbox(String text, boolean state, CheckboxGroup group):주어진 문자열 (text)과 주어진 선택 상태(state)을 가지고 있는 Checkbox를 생성합니다. 그리고 생성된 Checkbox의 object는 주어진 CheckboxGroup(group)의 이름으로 묶어 줍니다. CheckboxGroup(group) 내에 여러 개의 checkbox의 object가 있을 경우 한 개만 선택 가능하며, click할 당시 다른 checkbox가 이미 선택되어 있다면 선택되었던 checkbox는 선택이 해제되고 이번에 click한 checkbox가 선택됩니다.

예제 | Ex01825

아래 프로그램은 좋아하는 스포츠를 다수 선택할 수 있는 질문, 나이 group이 어디에 속하는지 하나의 선택만 하도록 하는 질문, 직업이 무엇인지 하나만 선택하는 질문으로 이루어진 프로그램입니다.

```java
 1: import java.awt.*;
 2: class Ex01825 {
 3:    public static void main(String[] args) {
 4:        Frame f = new Frame("AWT Example 25");
 5:        f.setLayout(new BorderLayout());
 6:        Label label = new Label("Checkbox Demo");
 7:        f.add(label, BorderLayout.NORTH);
 8:        Panel surveyPanel = new Panel();
 9:        surveyPanel.setLayout(new GridLayout(3,2));
10:        f.add(surveyPanel, BorderLayout.CENTER);
11:        Label q1 = new Label("1. What's your favorite sports ? ( multiple
choice ) ");
12:        Label q2 = new Label("2. What's your age group ? ( single choice
)");
13:        Label q3 = new Label("3. What's your occupation ? ( single choice
)");
14:        Panel p1 = new Panel();
15:        Panel p2 = new Panel();
16:        Panel p3 = new Panel();
17:        p1.setLayout(new GridLayout(1,1));
```

```
18:        p2.setLayout(new GridLayout(1,1));
19:        p3.setLayout(new GridLayout(1,1));
20:        Checkbox sport1 = new Checkbox("Hiking");
21:        Checkbox sport2 = new Checkbox("Basketball", true);
22:        Checkbox sport3 = new Checkbox("Pingpong", false);
23:        CheckboxGroup group1 = new CheckboxGroup();
24:        Checkbox age1 = new Checkbox("20 & below", true, group1);
25:        Checkbox age2 = new Checkbox("21 - 40", false, group1);
26:        Checkbox age3 = new Checkbox("41 - 60", false, group1);
27:        Checkbox age4 = new Checkbox("61 & above", false, group1);
28:        CheckboxGroup group2 = new CheckboxGroup();
29:        Checkbox occ1 = new Checkbox("Student", true, group2);
30:        Checkbox occ2 = new Checkbox("Businessman", false, group2);
31:        Checkbox occ3 = new Checkbox("ETC", false, group2);
32:        p1.add(sport1);
33:        p1.add(sport2);
34:        p1.add(sport3);
35:        p2.add(age1);
36:        p2.add(age2);
37:        p2.add(age3);
38:        p2.add(age4);
39:        p3.add(occ1);
40:        p3.add(occ2);
41:        p3.add(occ3);
42:        surveyPanel.add(q1);
43:        surveyPanel.add(p1);
44:        surveyPanel.add(q2);
45:        surveyPanel.add(p2);
46:        surveyPanel.add(q3);
47:        surveyPanel.add(p3);
48:        Panel p = new Panel();
49:        f.add(p, BorderLayout.SOUTH);
50:        FlowLayout fl = new FlowLayout();
51:        p.setLayout(fl);
52:        Button b1 = new Button("확인");
53:        Button b2 = new Button("취소");
54:        p.add(b1);
55:        p.add(b2);
56:        f.setSize(700,200);
57:        f.setVisible(true);
58:    }
59: }
```

프로그램 설명

▶ 20,21,22번째 줄:문자열이 "Hiking", "Basketball", "Pingpong"의 3개의 Checkbox 를 생성합니다. "Hiking" Checkbox는 state를 주어지지 않았으므로 false로 설 정되어 선택되지 않았습니다. "Basketball" Checkbox는 state에 true가 주어졌 으므로 선택되어 나타났습니다. "Pingpong" Checkbox는 state에 false가 주어 졌으므로 선택되지 않았습니다.

"Hiking", "Basketball", "Pingpong"는 3중 여러 개를 선택할 수 있습니다.

▶ 23번째 줄:CheckboxGroup object group1을 생성합니다.

▶ 24~27번째 줄:문자열 "20 & Below", "21-40", "41 - 60", "61 & above"의 4개 의 Checkbox를 생성하는데, group1에 모두 속하도록 생성합니다. 그러므로 4개 의 Checkbox는 4개 중 하나만 선택 가능하도록 group1 object가 관리해줍니다.

▶ 28번째 줄:CheckboxGroup object group2을 생성합니다.

▶ 29,30,31번째 줄:문자열 "Student", "Businessman", "ETC"의 3개의 Checkbox 를 생성하는데, group2에 모두 속하도록 생성합니다. 그러므로 3개의 Checkbox 는 3개 중 하나만 선택 가능하도록 group2 object가 관리해줍니다.

18.3.6 Choice class

Choice class는 여러 개의 item중에서 한 개를 선택할 수 있는 component입니 다. 일반적인 GUI 프로그래밍에서 Combo 또는 Drop-down list box라고 합니다.

● method

• add(String item):문자열 item을 Choice object에 추가합니다.

• select(int pos):Choice object에 저장된 item 중 pos 번째의 item을 선택된 것 으로 보여줍니다.

• getSelectedIndex():현재 선택되어 보여주고 있는 item의 번호를 return해 줍 니다.

참고 | Choice class는 사용자가 화살표 Button을 누르면 추가된 item이 모두 나타 나는데 그 중 하나를 선택할 수 있습니다.

> **예제 | Ex01826**

아래 프로그램은 Choice class를 사용하여 색깔을 Random object로 선택하여 해 당 색깔을 보여주는 프로그램입니다.

참고 | 사용자가 Choice의 화살 button을 눌렀을 때는 아무 변화가 없습니다. 색깔을 선 택한 후 선택된 색깔을 보여주는 방법은 chapter 19 'Event Handling'에서 설명합니다.

```
 1: import java.awt.*;
 2: import java.util.Random;
 3: class Ex01826 {
 4:    public static void main(String[] args) {
 5:        Frame f = new Frame("AWT Example 26");
 6:        BorderLayout bl = new BorderLayout();
 7:        f.setLayout(bl);
 8:        Panel pn = new Panel(new FlowLayout());
 9:        Panel pc = new Panel();
10:        f.add(pn, BorderLayout.NORTH);
11:        f.add(pc, BorderLayout.CENTER);
12:
13:        Label label = new Label("Select Color");
14:        Choice colorChoice = new Choice();
15:        pn.add(label);
16:        pn.add(colorChoice);
17:        colorChoice.add("Black");
18:        colorChoice.add("White");
19:        colorChoice.add("Red");
20:        colorChoice.add("Green");
21:        colorChoice.add("Blue");
22:        colorChoice.add("Yellow");
23:        Random random = new Random();
24:        int n = random.nextInt(6);
25:        colorChoice.select(n);
26:
27:        int idx = colorChoice.getSelectedIndex();
28:        switch ( idx ) {
29:           case 0: pc.setBackground(Color.black); break;
30:           case 1: pc.setBackground(Color.white); break;
31:           case 2: pc.setBackground(Color.red); break;
32:           case 3: pc.setBackground(Color.green); break;
33:           case 4: pc.setBackground(Color.blue); break;
34:           case 5: pc.setBackground(Color.yellow); break;
34:        }
36:
37:        f.setSize(300,200);
38:        f.setVisible(true);
39:    }
40: }
```

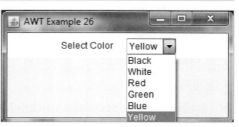

프로그램 설명

▶ 14번째 줄:Choice object colorChoice를 생성합니다.

▶ 17~22번째 줄:Choice object colorChoice에 6개의 문자열(색이름)을 추가합니다.

▶ 25번째 줄:Choice object colorChoice의 n번째 문자열을 선택합니다. 만약 25번째 줄을 //로 comment처리하면 기본 선택 문자열로 0번째 문자열이 선택됩니다.

▶ 27번째 줄:getSelectedIndex() method는 Choice object colorChoice으로부터 선택된 문자열의 index 값을 return합니다. 이번 프로그램에서는 24번째 줄에서 선택한 n번째 index 값이겠지만 사용자가 임의의 색깔을 선택할 경우 getSelectedIndex() method를 사용하여 어떤 문자열을 선택했는지 알아내는 데 사용합니다.

참고 | 19.6절 'ItemChangedEvent'의 Ex01951의 프로그램을 보면 사용자가 임의로 선택한 index 값을 사용하는 예를 보여줍니다.

문제 | Ex01826A

아래와 같은 결과 화면이 나오도록 프로그램을 작성하세요.

힌트 | Frame에는 BorderLayout, 중앙배치는 GridBagLayout 사용

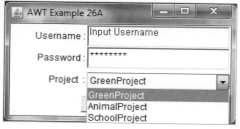

18.3.7 List class

List class는 여러 개의 item 중에서 한 개를 선택할 수도 있고, 여러 개를 선택할 수도 있는 component입니다. Choice는 화살표 Button을 눌러야 여러 개를 볼 수 있는 반면 List는 처음부터 여러 item을 한번에 볼 수 있도로 되어 있습니다. 주어진 영역이 List에 있는 모든 item을 볼 수 있는 영역보다 작으면 scrollbar 가 자동으로 나타나서 scrollbar를 움직이면 안보이던 item을 선택할 수 있게 해줍니다.

● 생성자

• List(int rows, booean multipleMode):rows는 몇째 줄까지 보여줄 것인지를 지정합니다. Rows는 Frame이나 Panel에서 LayoutManager를 지정하

지 않았을 때 적용되는 것으로, 지금까지 설명한 모든 Frame이나 Panel은 LayoutManager를 설정했으므로 rows는 적용받지 않습니다. Multiple mode 는 false이면 한 개만 선택 가능한 mode이고 true를 지정하면 여러 item을 선택할 수 있습니다.

- List(int rows):rows는 몇째 줄까지 보여줄 것인지를 지정합니다. 지금까지 Layout Manager를 설정했으므로 rows는 적용받지 않습니다. MultipleMode는 기본 값 false가 지정됩니다.
- List():rows는 기본 값 4줄까지 보여줄 수 있도록 지정합니다. 지금까지 Layout Manager를 설정했으므로 rows는 적용받지 않습니다. MultipleMode는 기본 값 false가 지정됩니다.

참고 | LayoutManager가 있는 Panel이나 Frame에서는 rows의 값은 아무 의미가 없으므로 0으로 지정해줍니다.

- method
- add(String item):문자열 item을 Choice object에 추가합니다.
- select(int pos):List object에 저장된 item 중 pos번째의 item을 선택된 것으로 보여줍니다.
- getSelectedIndex():현재 선택되어 보여주고 있는 item의 번호를 int 값으로 return해줍니다.
- getSelectedIndexes():현재 선택되어 보여주고 있는 모든 item의 번호를 int[] 배열로 return 해줍니다.

예제 | Ex01827

아래 프로그램 List class를 사용하여 색깔을 Random object로 선택하여 해당 색깔을 보여주는 프로그램입니다.

참고 | 사용자가 List의 item을 선택했을 때는 아무 변화가 없습니다. 색깔을 선택한 후 선택된 색깔을 보여주는 방법은 chapter 19 'Event Handling'에서 설명합니다.

```
 1: import java.awt.*;
 2: import java.util.Random;
 3: class Ex01827 {
 4:    public static void main(String[] args) {
 5:        Frame f = new Frame("AWT Example 27");
 6:        GridLayout gl = new GridLayout(1,2);
 7:        f.setLayout(gl);
 8:        Panel p1 = new Panel(new BorderLayout());
 9:        Panel p2 = new Panel(new BorderLayout());
10:        f.add(p1);
```

```
11:        f.add(p2);
12:
13:        Label label1 = new Label("Select one");
14:        Label label2 = new Label("Select multiple");
15:        List list1 = new List();
16:        List list2 = new List(0, true);
17:        Label color1 = new Label();
18:        Panel pColor2 = new Panel(new GridLayout(1,2));
19:        Label color21 = new Label();
20:        Label color22 = new Label();
21:        pColor2.add(color21);
22:        pColor2.add(color22);
23:        p1.add(label1, BorderLayout.NORTH);
24:        p2.add(label2, BorderLayout.NORTH);
25:        p1.add(list1, BorderLayout.CENTER);
26:        p2.add(list2, BorderLayout.CENTER);
27:        p1.add(color1, BorderLayout.SOUTH);
28:        p2.add(pColor2, BorderLayout.SOUTH);
29:        list1.add("Black");
30:        list1.add("White");
31:        list1.add("Red");
32:        list1.add("Green");
33:        list1.add("Blue");
34:        list1.add("Yellow");
35:
36:        list2.add("Black");
37:        list2.add("White");
38:        list2.add("Red");
39:        list2.add("Green");
40:        list2.add("Blue");
41:        list2.add("Yellow");
42:        Random random = new Random();
43:        int n = random.nextInt(6);
44:        list1.select(n);
45:        n = random.nextInt(6);
46:        list2.select(n);
47:        list2.select((n+2)%6);
48:
49:        int idx = list1.getSelectedIndex();
50:        switch ( idx ) {
51:            case 0: color1.setBackground(Color.black); break;
52:            case 1: color1.setBackground(Color.white); break;
53:            case 2: color1.setBackground(Color.red); break;
53:            case 3: color1.setBackground(Color.green); break;
55:            case 4: color1.setBackground(Color.blue); break;
56:            case 5: color1.setBackground(Color.yellow); break;
57:        }
58:        int[] idxs = list2.getSelectedIndexes();
59:        switch ( idxs[0] ) {
60:            case 0: color21.setBackground(Color.black); break;
```

```
61:          case 1: color21.setBackground(Color.white); break;
62:          case 2: color21.setBackground(Color.red); break;
63:          case 3: color21.setBackground(Color.green); break;
64:          case 4: color21.setBackground(Color.blue); break;
65:          case 5: color21.setBackground(Color.yellow); break;
66:       }
67:       switch ( idxs[1] ) {
68:          case 0: color22.setBackground(Color.black); break;
69:          case 1: color22.setBackground(Color.white); break;
70:          case 2: color22.setBackground(Color.red); break;
71:          case 3: color22.setBackground(Color.green); break;
72:          case 4: color22.setBackground(Color.blue); break;
73:          case 5: color22.setBackground(Color.yellow); break;
74:       }
75:       f.setSize(300,150);
76:       f.setVisible(true);
77:    }
78: }
```

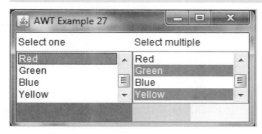

프로그램 설명

▶ 15번째 줄:List생성자에 아무 값도 넘기지 않으므로 기본 값의 List object list1
을 생성합니다. 즉 기본 값은 item 4개를 보여 줍니다. item선택은 한 개만 선택
가능하도록 하는 설정입니다. 여기에서 위 list1은 Panel에 들어가므로 Panel의
크기에 따라 보여주는 item의 개수가 결정되므로 기본 값 4는 의미가 없습니다.

▶ 16번째 줄:List생성자에 item의 개수를 보여주는 값은 0으로 설정합니다. 왜냐
하면 LayoutManager를 사용할 예정이기 때문입니다. 즉 16번째 줄에서 생성한
list object는 Panel에 들어가므로 Panel의 크기에 따라 보여주는 item의 개수
가 결정되므로 설정된 값 0은 의미가 없습니다. Item의 개수의 선택은 여러 개를
할 수 있도록 true 값을 설정합니다.

▶ 44번째 줄:list1에 Random으로 얻은 임의 값으로 item을 선택합니다. 즉 list1.
select(n)은 n번째 item이 선택됩니다.

▶ 46번째 줄:list2에 Random으로 얻은 임의 값으로 item을 선택합니다. 즉 list2.
select(n)은 n번째 item이 선택됩니다.

▶ 47번째 줄:list2에 두 번째 item은 n+2번째 item을 선택합니다. 즉 list2.select ((n+2)%6)은 n+2번째 item이나 n+2번째가 6보다 크면 6을 뺀 n+2번째 선택이 됩니다.

▶ 49번째 줄:44번째 줄에서 선택한 번호를 return해주는 method getSelectedIndex() 을 사용하여 몇 번째가 선택되었는지 알아냅니다. 이번 프로그램에서는 44번째 줄의 n값으로 해도 되지만 사용자가 임으로 선택할 경우를 대비해서 선택된 번호 알아내는 getSelectedIndex()을 사용한 것입니다.

▶ 58번째 줄:46, 47번째 줄에서 선택한 번호 2 이상을 return해주는 method getSelectedIndexes()을 사용하여 몇 번째가 선택되었는지 알아냅니다. 이번 프로그램에서는 46,47번째 줄의 n 값과 n+2 값으로 해도 되지만 사용자가 임으로 선택할 경우를 대비해서 선택된 번호를 알아내는 getSelectedIndexes()을 사용한 것입니다.

18.3.8 Scrollbar class

Scrollbar class는 어떤 범위에 있는 값을 시각적으로 값의 크기를 보면서 선택하는 데 편리한 기능의 class입니다. 주로 자동차나 비행기의 속도, 소리의 볼륨, 색깔의 밝기나 색깔이 서로 혼합된 색깔의 중간색을 찾아낼 때 사용합니다.

● 생성자

• Scrollbar(int orientation, int value, int visible, int min, int max)

• orientation은 Scrollbar.HORIZONTAL, Scrollbar.VERTICAL 중 하나를 선택합니다.

• value는 scrollbar의 조정대가 위치해야 할 초깃값입니다.

• visible은 조정대의 크기입니다. 크기가 'min.' 크기보다 작으면 min크기로 보여집니다.

• min와 max는 scrollbar가 이동하여 위치했을 때 범위의 최솟값과 최댓값입니다.

● method

• getValue():scrollbar의 조정대가 위치한 현재 값을 return해줍니다.

• setValue(int value):scrollbar의 조정대를 지정한 값으로 위치해줍니다.

예제 | Ex01828

아래 프로그램은 Color object의 색상을 Scrollbar로 보여주는 프로그램입니다. Color class에 대해서는 18.5.1절 에서 자세히 설명합니다.

```
1: import java.awt.*;
2: class Ex01828 {
3:    public static void main(String[] args) {
```

```
 4:        Frame f = new Frame("AWT Example 28");
 5:        BorderLayout bl = new BorderLayout();
 6:        f.setLayout(bl);
 7:     Label label = new Label("Adjust Red, Green, Blue with ScrollBar");
 8:        f.add(label, BorderLayout.NORTH);
 9:        Panel p = new Panel(new GridLayout(1,3));
10:        f.add(p, BorderLayout.CENTER);
11:        Panel pRed = new Panel(new BorderLayout());
12:        Panel pGreen = new Panel(new BorderLayout());
13:        Panel pBlue = new Panel(new BorderLayout());
14:        p.add(pRed);
15:        p.add(pGreen);
16:        p.add(pBlue);
17:        Label lblRed = new Label("Red");
18:        Label lblGreen = new Label("Green");
19:        Label lblBlue = new Label("Blue");
20:        lblRed.setBackground(Color.red);
21:        lblGreen.setBackground(Color.green);
22:        lblBlue.setBackground(Color.blue);
23:        pRed.add(lblRed, BorderLayout.NORTH);
24:        pGreen.add(lblGreen, BorderLayout.NORTH);
25:        pBlue.add(lblBlue, BorderLayout.NORTH);
26:        int rNo = 200;
27:        int gNo = 150;
28:        int bNo = 100;
29:        Scrollbar sbRed = new Scrollbar(Scrollbar.VERTICAL, rNo, 0, 0,
255);
30:        Scrollbar sbGreen = new Scrollbar(Scrollbar.VERTICAL, gNo, 50,
0, 255);
31:        Scrollbar sbBlue = new Scrollbar(Scrollbar.VERTICAL, bNo, 100,
0, 255);
32:        pRed.add(sbRed, BorderLayout.EAST);
33:        pGreen.add(sbGreen, BorderLayout.EAST);
34:        pBlue.add(sbBlue, BorderLayout.EAST);
35:        pRed.setBackground(new Color(rNo,0,0));
36:        pGreen.setBackground(new Color(0, gNo,0));
37:        pBlue.setBackground(new Color(0,0,bNo));
38:        f.setSize(300,200);
39:        f.setVisible(true);
40:    }
41: }
```

프로그램 설명

▶ 29번째 줄:빨강색을 위한 수직 scrollbar를 생성합니다.

▶ scrollbar의 조정대의 초기 위치 값으로 200을 입력했습니다. 조정대의 초기 위치 값 200과 Color object에서 빨강색의 200과는 아무 관계가 없지만, 프로그램에서 35번째 줄에서 Color object를 생성할 때 값이 서로 유기적으로 연동되도록 만든 것입니다. 순수 빨강색은 RGB 값으로 (255, 0 ,0) 인데, 255 값 대신 200을 Color object에도 넣고, scrollbar의 조정대 위치 값으로도 200을 넣은 것입니다. 화면의 중앙에 보이는 빨강색은 검정색쪽으로 55만큼 이동된 색상이고, scrollbar의 조정대의 위치도 제일 아래 위치에서 위로 55만큼 위로 이동된 위치입니다. Label "Red"의 배경색의 값은 (255,0,0)이므로 (200,0,0)의 값과 scrollbar조정대의 위치와 상대적으로 비교하는데 scrollbar 조정대의 위치를 사용할 수 있습니다.

▶ scrollbar의 조정대의 크기는 0으로 설정했지만 최소 크기가 화면에 보여주고 있습니다.

▶ scrollbar의 조정대가 제일 아래 있으면 255, 제일 꼭대기에 있으면 0를 나타냅니다. 조정대가 제일 아래에 위치해 있으면 255이고 순수 빨강을 의미합니다.

▶ 30,31번째 줄:녹색과 파란색을 위한 수직 scrollbar를 생성합니다.

• 녹색의 조정대의 초기 위치 값은 150이므로 더 위에 조정대가 위치하고, 빨간색이 순수 빨강에 가까운 반면 순수 녹색에서 더 먼 위치에 있습니다. 즉 더 어두운 녹색을 갖게 됩니다.

• 파란색의 조정대의 초기 위치 값은 100이므로 3개 중 제일 위에 조정대가 위치하고, 즉 순수 파랑색에서 제일 먼 위치에 있습니다. 즉 가장 어두운 파란색을 갖게 됩니다.

• scrollbar의 조정대의 크기는 50과 100으로 파란색의 조정대의 크기만 100으로 눈에 띄게 크게 보입니다.

▶ Scrollbar class도 chapter 19의 'Event Handling'과 함께 설명을 해야 제대로 설명이 되니 여기에서는 이렇게 조정 가능한 Scrollbar class가 있다라고만 기억합시다.

18.4 AWT 컨테이너(Container)

컨테이너(Container)란 글자 그대로 무언가를 담을 수 있는 그릇입니다. AWT에서 컨테이너는 Button, TextField, Label과 같은 component를 담을 수 있는 것을 말합니다. 그동안 사용해온 Frame, Panel도 Container class를 상속받은 일종의 컨테이너입니다. 그동안에 사용했던 setLayout() method는 comtainer method였기 때문에 Frame이나 Panel모두에서 사용 가능했던 것입니다.

■ Container class에서 정의한 method ■

- setLayout():Container의 LayoutManger를 설정합니다.
- removeAll():Container에 담겨진 모든 component를 Conainer object에서 제거합니다. – Ex01913 프로그램 참조
- validate():Container에 담겨진 Component가 setVisible(true)로 화면에 display된 후 Component의 위치가 바뀌거나, 새로운 Component가 추가되는 경우, 즉 Container의 Component들의 Layout이 변경이 된 경우에는 validate() method를 호출해야 바뀌어진 Component가 정상적으로 화면에 display됩니다. – Ex01913 프로그램 참조

18.4.1 Frame class

Frame class는 title과 border(경계선)을 가지고 있는 Top-Level Window입니다. 즉 Frame은 다른 component를 Frame에 담을 수는 있지만 Frame이 다른 컨테이너에 담겨질 수는 없습니다.

- Frame default LayoutManager는 BorderLayout입니다.

예제 | Ex01831

다음 프로그램은 Ex01801과 동일한 화면(Window)를 보여주는 프로그램입니다. 다른 점은 Frame class를 상속받아 새로운 class를 선언한 후 새로운 class로 object를 만들어서 화면을 보여주고 있습니다.

```
 1: import java.awt.*;
 2: class Ex01831 {
 3:    public static void main(String[] args) {
 4:        AWTFrame f = new AWTFrame("AWT Example 31");
 5:    }
 6: }
 7: class AWTFrame extends Frame {
 8:    AWTFrame(String title) {
 9:        super(title);
10:        setSize(300,150);
11:        setVisible(true);
12:    }
13: }
```

프로그램 설명

▶ 4번째 줄:AWTFrame은 7번째 줄에서 Frame 상속받은 것이기 때문에 Frame object를 생성하고 있습니다.

▶ 7번째 줄:AWTFrame은 Frame 상속받고 있기 때문에 Frame class와 동일합니다. 단지 8,9,10,11,12번째 줄의 AWTFrame 생성자에서 추가적인 명령이 Frame class에 더해지는 것입니다.

▶ 9번째 줄:Ex01801 프로그램에서는 Frame object을 생성할 때 new Frame("AWT Example 1")이라고 직접 Frame의 생성자를 호출했지만 AWTFrame class에서는 AWTFrame() 생성자에서는 super class의 생성자를 호출하는 super(title)을 호출해야 Frame 창에 title이 나타납니다.

▶ 10,11번째 줄:Ex01801 프로그램에서는 Frame object 참조형 변수 f를 사용하여 f. setSize(300,150), f. setVisible(true)라고 호출했지만 이번 프로그램에서는 AWTFrame가 Frame class를 상속받은 것이기 때문에 Frame class의 모든 method를 참조형 변수없이 호출할 수 있습니다.

▶ Frame class는 Frame의 size는 10번째 줄에서 설정한 크기 대로 화면에 나타납니다. 하지만 화면에 나타난 후에 size를 조정할 수 있습니다. 마우스를 Frame 창의 경계에 가져가면 화면을 줄일 수 있는 화살표로 바뀌고, 화살표가 바뀐 상태에서 마우스 버튼을 누르고 drag하면 Frame창의 크기를 조절할 수 있습니다. 아래 화면은 크기를 최대한 줄인 것과 적당히 줄인 크기를 보여주고 있습니다.

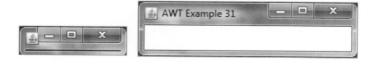

■ Frame을 상속받아 AWTFrame subclass를 만드는 이유 ■

chapter 19 'Event Handling'에서 Frame class를 상속받아 subclass를 만들어야 하는 일이 생깁니다. 초보자가 subclass와 Event Handling 관련사항 모두를 한꺼번에 이해하는데 어려움이 있습니다. 그래서 이번 절에 상속받아 사용하는 법을 익숙해하기 위해 상속받지 않고 구현할 수 있는 로직을 일부러 만든 것입니다. 앞으로 나오는 예제는 상속받아 구현하는 예제로 설명하니 충분히 숙달되도록 해보세요.

예제 | Ex01831A

다음 프로그램은 Ex01831프로그램에 Frame size을 조정할 수 없도록 만든 것과 배
경색을 녹색으로 바꾼 프로그램입니다.

```
 1: import java.awt.*;
 2: class Ex01831A {
 3:    public static void main(String[] args) {
 4:        AWTFrame f = new AWTFrame("AWT Example 31A");
 5:    }
 6: }
 7: class AWTFrame extends Frame {
 8:    AWTFrame(String title) {
 9:        super(title);
10:        setResizable(false);
11:        setBackground(Color.green);
12:        setSize(300,120);
13:        setVisible(true);
14:    }
15: }
```

프로그램 설명

▶ 10번째 줄:Frame class는 기본적으로 Frame 창의 크기가 조절 가능한 상태,
   즉 resizable이 true 값으로 설정되어 있습니다. Frame 창의 크기를 고정하고
   싶을 때는 setResizable(Boolean resizable)이라는 method가 있으므로 이것을
   사용하여 resizable 설정 값을 false로 바꾸어 주어야 합니다. 그러면 마우스를
   Frame창의 경계에 가져가도 화면을 줄일 수 있는 화살표로 바뀌지 않아 크기를
   변경할 수 없습니다.

▶ 11번째 줄:Frame은 Container class를 상속 받고 있고, Container class는 Component class를 상속받고 있습니다. 따라서 Frame도 Conponent class에서 정의해 놓은 모든 method를 사용할 수 있습니다. 그 중 하나인 setBackground() method를 사용하여 배경색을 녹색으로 바꾸어 보았습니다.

예제 | Ex01831B

다음 프로그램은 Ex01831A 프로그램을 컴퓨터 screen의 중앙에 배치하는 프로그램입니다.

```
1: import java.awt.*;
2: class Ex01831B {
3:    public static void main(String[] args) {
4:        AWTFrame f = new AWTFrame("AWT Example 31B");
5:    }
6: }
7: class AWTFrame extends Frame {
8:    AWTFrame(String title) {
9:        super(title);
10:       setResizable(false);
11:       setBackground(Color.green);
12:       setSize(300,120);
13:       Toolkit toolkit = Toolkit.getDefaultToolkit();
14:       Dimension screenSize = toolkit.getScreenSize();
15:       int frameLocationX = ( screenSize.width - 300 ) / 2;
16:       int frameLocationY = ( screenSize.height - 120 ) / 2;
17:       setLocation(frameLocationX, frameLocationY);
18:       //setBounds(frameLocationX, frameLocationY, 300, 120);
19:       setVisible(true);
20:    }
21: }
```

프로그램 설명

▶ 13,14번째 줄:컴퓨터 screen은 컴퓨터마다, 또 개인마다, screen의 픽셀은 설정해 놓은 픽셀 값(resolution이라고 부름)이 다릅니다. Resolution은 제어판(Control Panel)의 'screen resolution 조정하기'에서 얼마로 설정되어 있는지 확인할 수 있습니다. 컴퓨터 화면에 설정된 픽셀 값을 읽어오는 기능인 Toolkit class의 getDefaultToolkit() method을 호출하여 Tookkit object를 얻은 후 Toolkit object에서 getScreenSize() method를 호출하면 컴퓨터 scrren의 픽셀 값을 알아낼 수 있습니다.

▶ 15,16번째 줄:Toolkit object의 getScreenSize()는 Dimension이라는 object로 screen size을 가지고 있습니다. 폭과 높이를 알기 위해서는 Dimension object의 width와 height attribute를 사용하면 screen의 폭과 높이의 픽셀 값을 알아낼수 있습니다. 그 다음은 Frame object의 폭과 높이의 픽셀은 알고 있는 값이므로 Frame object의 원점 위치를 screen의 폭과 높이와 Frame object의 폭과 높이로 15,16번째 줄의 계산 방식으로 알아냅니다. 즉 frameLocationX 와 frameLocationY의 좌표는 AWTFrame창의 왼쪽, 위쪽의 점을 나타내는 좌표입니다.

▶ 17번째 줄:15,16번째 줄에서 산출한 위치 값으로 setLocation() method를 이용하여: Frame object를 위치시킵니다.

▶ 18번째 줄:12번째 줄의 setSize()와 17번째 줄의 setLocation()의 두 method를 setBounds() method 하나로 설정할 수 있습니다. 프로그래머의 선호도에 따라 둘중 하나의 방법으로 Frame object의 크기와 위치를 설정하면 됩니다.

18.4.2 Panel class

Panel class는 Frame class와 같이 Container로 다른 component를 담을 수는 있지만 단독으로 window를 만들지 못합니다. 따라서 Panel은 반드시 Frame 과 같이 단독으로 원도우를 완성할 수 있는 Container에 자신도 담겨져야 합니다. Panel은 Frame Container는 담을 수 없지만 다른 Panel Object는 담을 수 있습니다. 위에 설명한 사항을 그림으로 나타내면 아래와 같습니다.

- 위 그림을 설명하면 아래와 같습니다.
- Frame 1 object는 Panel 1 object, Panel 2 object, Button 1 object, Button 2 object를 담고 있습니다.
- Panel 1 object는 Label 1 object, Button 3 object, Panel 3 object를 담고 있습니다.
- Panel 2 object는 Label 2 object, Label 3 object, Label 4 object, Label 5 object를 담고 있습니다.
- Panel 3 object는 Label 6 object, Panel 4 object를 담고 있습니다.
- Panel 4 object는 Button 4 object, Button 5 object를 담고 있습니다.
- 생성자
- Panel():생성에 아무런 parameter가 없으면 default Layout Manager는 Flow Layout 입니다.
- Panel(LayoutManager layout):Panel object를 생성할 때 생성자 parameter 로 LayoutManager 중 하나를 할당할 수 있습니다.

예제 | Ex01832

아래 프로그램은 Panel object를 생성할 때 생성자 parameter로 LayoutManager 를 설정하고, Panel을 다른 Panel에 담는 예와 Panel의 Background의 색깔을 설정하는 예를 보여주는 프로그램입니다.

```
 1: import java.awt.*;
 2: class Ex01832 {
 3:    public static void main(String[] args) {
 4:        Frame f = new AWTFrame("AWT Example 32");
 5:    }
 6: }
 7: class AWTFrame extends Frame {
 8:    AWTFrame(String title) {
 9:        super(title);
10:        setLayout(new GridLayout(1,2));
11:        Panel p1 = new Panel(new BorderLayout());
12:        Panel p2 = new Panel(new FlowLayout());
13:        add(p1);
14:        add(p2);
15:        Panel p1North = new Panel(new GridLayout(1,3));
16:        Panel p1East = new Panel(new GridLayout(3,1));
17:        Panel p1West = new Panel(new GridLayout(2,1));
18:        Panel p1Center = new Panel(new FlowLayout());
19:        p1.add(p1North, BorderLayout.NORTH);
20:        p1.add(p1East, BorderLayout.EAST);
21:        p1.add(p1West, BorderLayout.WEST);
```

```
22:        p1.add(p1Center, BorderLayout.CENTER);
23:        p1.add(new Button("South"), BorderLayout.SOUTH);
24:        p1North.add(new Button("N1"));
25:        p1North.add(new Button("N2"));
26:        p1North.add(new Button("N3"));
27:        p1East.add(new Button("E1"));
28:        p1East.add(new Button("E2"));
29:        p1East.add(new Button("E3"));
30:        p1West.add(new Button("W1"));
31:        p1West.add(new Button("W2"));
32:        p1Center.add(new Button("C1"));
33:        p1Center.add(new Button("C2"));
34:        p1Center.add(new Button("C3"));
35:        p1Center.add(new Button("C4"));
36:        p1Center.add(new Button("C5"));
37:        p2.add(new Button("Flow1"));
38:        p2.add(new Button("Flow2"));
39:        p2.add(new Button("Flow3"));
40:        p2.add(new Button("Flow4"));
41:        p2.add(new Button("Flow5"));
42:        p2.setBackground(Color.blue);
43:        setSize(400,200);
44:        setVisible(true);
45:    }
46: }
```

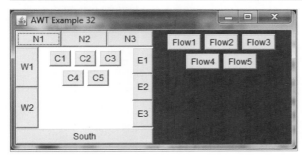

프로그램 설명

▶ 11,12번째 줄:두 개의 Panel의 생성자에 BorderLayout과 FlowLayout으로 Layout Manager를 설정합니다.

▶ 19~22번째 줄:Panel p1에 또 다른 Panel p1North, p1East, p1West, p1South 을 담고 있습니다.

▶ 42번째 줄:Panel은 Container class를 상속받고 있고, Container class는 Component class를 상속받고 있습니다. 따라서 Panel도 Conponent class에서 정의해 놓은 모든 method를 사용할 수 있습니다. 그 중 하나인 setBackground() method를 사용하여 배경색을 파란색으로 바꾸었습니다.

18.4.3 ScrollPane class

ScrollPane class는 하나의 component만 담을 수 있는 class로 component가 ScrollPane의 크기보다 커서 일부가 보이지 않는 경우 scrollbar로 조정해서 볼 수 있게 해주는 container입니다.

예제 | Ex01833

```
 1: import java.awt.*;
 2: class Ex01833 {
 3:    public static void main(String[] args) {
 4:        AWTFrame f = new AWTFrame("AWT Example 33");
 5:    }
 6: }
 7: class AWTFrame extends Frame {
 8:    AWTFrame(String title) {
 9:        super(title);
10:        Button b1 = new Button("Button 1");
11:        Button b2 = new Button("Button 2");
12:        Button b3 = new Button("Button 3");
13:        Button b4 = new Button("Button 4");
14:        Button b5 = new Button("Button 5");
15:        Button b6 = new Button("Button 6");
16:        Panel p = new Panel();
17:        p.add(b1);
18:        p.add(b2);
19:        p.add(b3);
20:        p.add(b4);
21:        p.add(b5);
22:        p.add(b6);
23:        ScrollPane sp = new ScrollPane();
24:        sp.add(p);
25:        add(sp, BorderLayout.CENTER);
26:        //add(p, BorderLayout.CENTER);
27:        setSize(300,150);
28:        setVisible(true);
29:    }
30: }
```

프로그램 설명

▶ 23번째 줄:ScrollPane object를 생성합니다.

▶ 24번째 줄:ScrollPane object에 Panel object p를 추가합니다. 그러므로 모든 Button object는 Panel p에 들어가고, Panel p는 ScrollPane sp에 들어갑니다.

▶ 25번째 줄:ScrollPane object sp를 Frame의 CENTER에 추가합니다.

▶ 26번째 줄:25번째 줄을 // 로 comment 처리하고 26번째 줄의 // comment를

지우고 compile 후 실행시키면 위 두 번째 출력 결과가 나옵니다. ScrollPane
을 사용했을 때와 ScrollPane없이 Panel object만 사용했을 때의 두 출력 결과
를 비교해 보세요.

18.4.4 Dialog class

Dialog class는 chatper 19 'Event Handling'과 함께 설명되어야 제대로된 설명을 할
수 있습니다. 이번 절에서는 Dialog가 어떻게 생겼는지 간단한 소개정도로 설명합니다.
Dialog는 주로 data를 입력할 때 메세지 창으로 사용합니다. 즉 data입력이 잘못 되었
을 때, 무엇이 잘못되었는지 사용자에게 알릴 때 사용합니다. 또는 data를 저장했을 때
이상없이 저장했다는 메세지를 보내거나, data 저장 시 에러가 발생하면 에러 메세지
를 사용자에게 알려줄때도 사용합니다. 이와 같이 Dialog class의 용도는 다양합니다.

● 생성자

• Dialog(Frame owner, String title):Dialog는 Container이고 단독으로 창도
  만들지만, 만들어지는 창은 기본창에 종속되어 있는 창입니다. 그러므로 어느 창
  에 종속되어 있는지 owner Frame을 지정해 주어야 합니다.

• Dialog(Frame owner, String title, boolean modal):modal(필수 응답)이 true
  이면 Dialog 의 질문에 대답을 하고 나서야 owner Frame을 사용할 수 있지, 대답
  하지 않으면 owner Frame을 사용할 수 없습니다. 즉 필수적으로 Dialog object
  의 질문에 대답한 후 owner Frame을 사용하게 할 때 사용합니다.

• Dialog default LayoutManager는 BorderLayout입니다.

예제 | Ex01834

다음 프로그램은 Dialog의 사용 예를 보여주는 프로그램입니다.

```
1: import java.awt.*;
2: class Ex01834 {
3:    public static void main(String[] args) {
4:        AWTFrame f = new AWTFrame("AWT Example 34");
5:    }
6: }
7: class AWTFrame extends Frame {
8:    AWTFrame(String title) {
9:        super(title);
10:        TextArea ta = new TextArea("This is a TextArea.");
11:        add(ta, BorderLayout.CENTER);
12:        setSize(400,230);
13:        setVisible(true);
14:
15:        Dialog dialog = new Dialog(this, "Information", true);
```

```
16:        Label message = new Label("This is a dialog message");
17:        Button dBtn = new Button("OK");
18:        Panel dp = new Panel();
19:        dp.add(dBtn);
20:        dialog.add(message, BorderLayout.CENTER);
21:        dialog.add(dp, BorderLayout.SOUTH);
22:        dialog.setBounds(80,60,200,120);
23:        dialog.setVisible(true);
24:    }
25: }
```

프로그램 설명

▶ 15번째 줄:Dialog object를 생성하는 생성자에 this key는 AWTFrame object를 의미합니다. 아래 프로그램 Ex01834A에서는 Dialog object를 생성하면서 AWTFrame f를 직접 전달하는 예를 보여주고 있으니 비교 바랍니다.

▶ 16부터23번째 줄:Frame object에서 할 수 있는 Component 배치, SetBounds(), setVisible()를 호출합니다. 즉 Dialog는 object를 생성할 때 Frame에 속하게 하는것을 제외하고는 Frame의 모든 기능을 합니다.

예제 | Ex01834A

아래 프로그램은 Dialog object를 main method에서 생성하면서 Frame object 변수를 Dialog 생성자에 전달하는 것을 제외하고는 Ex01834와 동일합니다. Ex01834의 15번째 줄 this key를 사용할 때와 Frame object 변수를 직접 전달할 때 비교하기 위해 만든 프로그램입니다.

```
1: import java.awt.*;
2: class Ex01834A {
3:    public static void main(String[] args) {
4:        AWTFrame f = new AWTFrame("AWT Example 34A");
5:
6:        Dialog dialog = new Dialog(f, "Information", true);
```

```
 7:        Label message = new Label("This is a dialog message");
 8:        Button dBtn = new Button("OK");
 9:        Panel dp = new Panel();
10:        dp.add(dBtn);
11:        dialog.add(message, BorderLayout.CENTER);
12:        dialog.add(dp, BorderLayout.SOUTH);
13:        dialog.setBounds(80,60,200,120);
14:        dialog.setVisible(true);
15:    }
16: }
17: class AWTFrame extends Frame {
18:    AWTFrame(String title) {
19:        super(title);
20:        TextArea ta = new TextArea("This is a TextArea.");
21:        add(ta, BorderLayout.CENTER);
22:        setSize(400,230);
23:        setVisible(true);
24:    }
25: }
```

프로그램 설명

▶ 위 프로그램은 Ex01834와 동일한 프로그램입니다. Ex01834의 15번째 줄 this key word 대신에 위 프로그램의 6번째 줄 AWTFrame object의 object변수 f를 전달인수로 생성자에 전달하는 것을 보여주는 프로그램입니다.

▶ 결론적으로 위 프로그램이나 Ex01834 프로그램이나 Frame object의 주소를 생성자에 전달하여 Dialog object를 생성합니다.

18.4.5 FileDialog class

FileDialog class는 하드디스크에 저장된 파일의 내용을 읽어오거나 하드디스크에 파일로 저장할 때 사용되는 창입니다. FileDialog은 chapter 19의 Event Handling 과 chapter 25의 File Stream과 함께 설명을 해야 제대로 설명을 할 수 있습니다. 이번 절에서는 FileDialog가 어떻게 생겼는지 간단히 알아봅니다.

● 생성자

• FileDialog(Frame parent, String title, int mode)

• mode에는 FileDialog.LOAD와 FileDialog.SAVE가 있으며 FileDialog.LOAD
는 파일을 읽을 때 사용하고, FileDialog.SAVE는 파일에 내용을 저장할 때 사
용합니다.

예제 | Ex01835

아래 프로그램은 FileDialog에서 파일을 읽기 위해 파일을 선택하는 것을 보여주
는 프로그램입니다. 아직 완벽한 프로그램이 아니므로 파일을 선택하면 파일이 있
는 폴더 이름과 파일 이름만을 TextArea에 보여주는 프로그램입니다. 파일을 선택
하지 않고 취소 버튼을 누르면 null을 폴더 이름과 파일 이름 대신에 보여줍니다.

```java
1: import java.awt.*;
2: class Ex01835 {
3:    public static void main(String[] args) {
4:        AWTFrame f = new AWTFrame("AWT Example 35");
5:    }
6: }
7: class AWTFrame extends Frame {
8:    AWTFrame(String title) {
9:        super(title);
10:       TextArea ta = new TextArea("This is a TextArea.");
11:       add(ta, BorderLayout.CENTER);
12:       setSize(400,150);
13:       setVisible(true);
14:
15:     FileDialog fileDialog = new FileDialog(this, "File Open", FileDialog.
LOAD);
16:       fileDialog.setDirectory("d:\\IntaeJava");
17:       fileDialog.setVisible(true);
18:       String folderName = fileDialog.getDirectory();
19:       String fileName = fileDialog.getFile();
20:     ta.setText("Folder Name : "+folderName+"\n"+"File Name : "+fileName);
21:    }
22: }
```

프로그램 설명

▶ 15번째 줄:파일을 LOAD할 수 있는 FileDialog object를 생성합니다.

▶ 16번째 줄:FileDialog의 setDirectory() method를 이용하여 읽어올 파일의 폴더를 설정해줍니다. 여기에서 "d:\\IntaeJava"에서 \(slash)를 두 개한 것은 문자열속의 "\"는 제어문자이기 때문입니다.(6.4절 제어문자 참조)

▶ 17번째 줄:setVisible(true)는 FileDialog를 화면에 보여주는 명령입니다.

▶ 18번째 줄:getDirectory() method는 파일이 선택된 폴더를 return해줍니다.

▶ 19번째 줄:getFile() method는 파일이 선택된 파일 이름을 return해줍니다. 이 파일 이름으로 실제 파일의 내용을 읽어 올 수 있습니다.(chapter 25 File Stream참조)

18.5 그래픽 속성관련 class

그래픽의 속성관련 class로는 색깔을 관장하는 Color class, 글자의 font를 관장하는 Font class에 대해 알아봅니다.

18.5.1 Color class

색깔은 Color class에서 RGB(Red, Green, Blue) 숫자로 정의하며, 컴퓨터 화면에 표시될 때 graphic card라는 장치에서 저장된 RGB 숫자와 일치되는 실제 색깔로 바꾸어서 화면에 표시해줍니다. 즉 컴퓨터 내부에서는 red 값, green 값, blue 값의 3개의 숫자로서 보관되어 있다가 실제 화면에 표시될 때는 3개의 숫자를 조합하여 256 * 256 * 256가지 종류 중의 하나의 색깔로 바꾸어서 화면에 표시해 줍니다. 여기에서 red, green, blue 값은 0부터 255까지의 숫자이어야 입니다.

- Color의 색 상수 값 (대문자 상수 값 소문자 상수 값은 동일한 색을 나타냅니다.)
- Color.black, Color.BLACK:검정색
- Color.blue, Color.BLUE:파란색
- Color.cyan, Color.CYAN:청록색
- Color.darkGray, Color.DARK_GRAY:짙은 회색
- Color.gray, Color.GRAY:회색
- Color.green, Color.GREEN:녹색
- Color.lightGray, Color.LIGHT_GRAY:옅은 회색
- Color.margent, Color.MAGENTA:자홍색
- Color.orange, Color.ORANGE:오랜지색
- Color.pink, Color.PINK:분홍색
- Color.red, Color.RED:빨간색
- Color.white, Color.WHITE:하얀색
- Color.yellow, Color.YELLOW:노란색
- 생성자
- Color(int r, int g, int b):integer 0부터 255까지의 수로 조합된 색 object를 생성합니다.
- Color(int r, int g, int b, int alpha):integer 0부터 255까지의 수로 조합된 색과 alpha 값으로 표현되는 불투명 Color object를 생성합니다.(alpha 값은 0 부터 255, 값이 클수록 불투명)
- alpha 값의 투명도에 대한 예는 Ex01855 프로그램을 참조바랍니다.

예제 | Ex01841

아래 프로그램은 13개의 Color의 색 상수 값과 이에 상응하는 RGB code 값, 그리고 많이 사용하는 13개의 RGB code 값으로 표현된 color를 나타내는 프로그램입니다.

```
1: import java.awt.*;
2: class Ex01841 {
3:    public static void main(String[] args) {
4:        AWTFrame f = new AWTFrame("AWT Example 41");
5:    }
6: }
```

```
 7: class AWTFrame extends Frame {
 8:    AWTFrame(String title) {
 9:       super(title);
10:       setLayout(new GridLayout(1,3));
11:       Panel p1 = new Panel(new GridLayout(13,1));
12:       Panel p2 = new Panel(new GridLayout(13,1));
13:       Panel p3 = new Panel(new GridLayout(13,1));
14:       add(p1);
15:       add(p2);
16:       add(p3);
17:       Label l11 = new Label("Black");
18:       Label l12 = new Label("Blue");
19:       Label l13 = new Label("Cyan");
20:       Label l14 = new Label("Dark Gray");
21:       Label l15 = new Label("Gray");
22:       Label l16 = new Label("Green");
23:       Label l17 = new Label("Light Gray");
24:       Label l18 = new Label("Magenta");
25:       Label l19 = new Label("Orange");
26:       Label l1A = new Label("Pink");
27:       Label l1B = new Label("Red");
28:       Label l1C = new Label("White");
29:       Label l1D = new Label("Yellow");
30:       l11.setBackground(Color.black);
31:       l12.setBackground(Color.blue);
32:       l13.setBackground(Color.cyan);
33:       l14.setBackground(Color.darkGray);
34:       l15.setBackground(Color.gray);
35:       l16.setBackground(Color.green);
36:       l17.setBackground(Color.lightGray);
37:       l18.setBackground(Color.magenta);
38:       l19.setBackground(Color.orange);
39:       l1A.setBackground(Color.pink);
40:       l1B.setBackground(Color.red);
41:       l1C.setBackground(Color.white);
42:       l1D.setBackground(Color.yellow);
43:
44:       l11.setForeground(Color.white);
45:       l12.setForeground(Color.white);
46:       l14.setForeground(Color.white);
47:       p1.add(l11);
48:       p1.add(l12);
49:       p1.add(l13);
50:       p1.add(l14);
51:       p1.add(l15);
52:       p1.add(l16);
53:       p1.add(l17);
54:       p1.add(l18);
55:       p1.add(l19);
56:       p1.add(l1A);
```

```
57:        p1.add(l1B);
58:        p1.add(l1C);
59:        p1.add(l1D);
60:
61:        Label l21 = new Label("Color(0,0,0)");
62:        Label l22 = new Label("Color(0,0,255)");
63:        Label l23 = new Label("Color(0,255,255)");
64:        Label l24 = new Label("Color(64,64,64)");
65:        Label l25 = new Label("Color(128,128,128)");
66:        Label l26 = new Label("Color(0,255,0)");
67:        Label l27 = new Label("Color(192,192,192)");
68:        Label l28 = new Label("Color(255,0,255)");
69:        Label l29 = new Label("Color(255,200,0)");
70:        Label l2A = new Label("Color(255,182,182)");
71:        Label l2B = new Label("Color(255,0,0)");
72:        Label l2C = new Label("Color(255,255,255)");
73:        Label l2D = new Label("Color(255,255,0)");
74:        l21.setBackground(new Color(0,0,0));
75:        l22.setBackground(new Color(0,0,255));
76:        l23.setBackground(new Color(0,255,255));
77:        l24.setBackground(new Color(64,64,64));
78:        l25.setBackground(new Color(128,128,128));
79:        l26.setBackground(new Color(0,255,0));
80:        l27.setBackground(new Color(192,192,192));
81:        l28.setBackground(new Color(255,0,255));
82:        l29.setBackground(new Color(255,200,0));
83:        l2A.setBackground(new Color(255,182,182));
84:        l2B.setBackground(new Color(255,0,0));
85:        l2C.setBackground(new Color(255,255,255));
86:        l2D.setBackground(new Color(255,255,0));
87:
88:        l21.setForeground(Color.white);
89:        l22.setForeground(Color.white);
90:        l24.setForeground(Color.white);
91:        p2.add(l21);
92:        p2.add(l22);
93:        p2.add(l23);
94:        p2.add(l24);
95:        p2.add(l25);
96:        p2.add(l26);
97:        p2.add(l27);
98:        p2.add(l28);
99:        p2.add(l29);
100:       p2.add(l2A);
101:       p2.add(l2B);
102:       p2.add(l2C);
103:       p2.add(l2D);
104:
105:       Label l31 = new Label("Color(128,128,0)"); // olive
106:       Label l32 = new Label("Color(0,0,128)"); // navy
```

```
107:        Label l33 = new Label("Color(135,206,235)"); // sky blue
108:        Label l34 = new Label("Color(230, 230,250)"); // lavender
109:        Label l35 = new Label("Color(165,42,42)"); // brown
110:        Label l36 = new Label("Color(160,82,45)"); // sienna
111:        Label l37 = new Label("Color(210,105,30)"); // chocolate
112:        Label l38 = new Label("Color(205,133,63)"); // peru
113:        Label l39 = new Label("Color(245,222,179)"); // wheat
114:        Label l3A = new Label("Color(255,228,196)"); // bisque
115:        Label l3B = new Label("Color(238,130,238)"); // violet
116:        Label l3C = new Label("Color(128,0,128)"); // purple
117:        Label l3D = new Label("Color(0,128,128)"); // teal
118:        l31.setBackground(new Color(128,128,0)); // olive
119:        l32.setBackground(new Color(0,0,128)); // navy
120:        l33.setBackground(new Color(135,206,235)); // sky blue
121:        l34.setBackground(new Color(230, 230,250)); // lavender
122:        l35.setBackground(new Color(165,42,42)); // brown
123:        l36.setBackground(new Color(160,82,45)); // sienna
124:        l37.setBackground(new Color(210,105,30)); // chocolate
125:        l38.setBackground(new Color(205,133,63)); // peru
126:        l39.setBackground(new Color(245,222,179)); // wheat
127:        l3A.setBackground(new Color(255,228,196));  // bisque
128:        l3B.setBackground(new Color(238,130,238)); // violet
129:        l3C.setBackground(new Color(128,0,128));  // purple
130:        l3D.setBackground(new Color(0,128,128)); // teal
131:
132:        l31.setForeground(Color.white);
133:        l32.setForeground(Color.white);
134:        l35.setForeground(Color.white);
135:        l3C.setForeground(Color.white);
136:        l3D.setForeground(Color.white);
137:        p3.add(l31);
138:        p3.add(l32);
139:        p3.add(l33);
140:        p3.add(l34);
141:        p3.add(l35);
142:        p3.add(l36);
143:        p3.add(l37);
144:        p3.add(l38);
145:        p3.add(l39);
146:        p3.add(l3A);
147:        p3.add(l3B);
148:        p3.add(l3C);
149:        p3.add(l3D);
150:        setSize(350,350);
151:        setVisible(true);
152:    }
153:}
```

프로그램 설명

▶ 위 출력 화면을 보면 상수 값으로 설정한 값이나 RGB code 값으로 설정한 값이 같은 색을 나타내는 것을 알 수 있습니다.

▶ 30번째 줄:Color.black은 61번째 줄의 new Color(0,0,0)과 같은 색깔입니다.

▶ 31번째 줄:Color.blue는 62번째 줄의 new Color(0,0,255)과 같은 색깔입니다.

▶ 32~42번째 줄:63~ 73번째 줄까지 각각 같은 색깔을 상수와 Color object로 표시한 것입니다.

▶ 118~130번째 줄:많이 사용하는 색을 RGB 숫자로 표현하였으니 색깔을 보고 필요할 때 사용하기 바랍니다.

18.5.2 Font class

Font class는 component의 글자에 대한 Font를 지정할 때 사용합니다.

● 생성자

• Font(String name, int style, int size):Font 이름(예:Serif), Font의 style (예:Font.PLAN, Font.BOLD, Font.ITALIC), Font 크기(예:12)

예제 | Ex01842

다음 프로그램은 6개의 Font와 3개의 style, size 12의 글자를 출력하는 프로그램입니다.

```
1: import java.awt.*;
2: class Ex01842 {
3:     public static void main(String[] args) {
```

```
 4:         AWTFrame f = new AWTFrame("AWT Example 42");
 5:     }
 6: }
 7: class AWTFrame extends Frame {
 8:     AWTFrame(String title) {
 9:         super(title);
10:         setLayout(new GridLayout(1,3));
11:         Panel p1 = new Panel(new GridLayout(6,1));
12:         Panel p2 = new Panel(new GridLayout(6,1));
13:         Panel p3 = new Panel(new GridLayout(6,1));
14:         add(p1);
15:         add(p2);
16:         add(p3);
17:
18:         Label lFont11 = new Label("Dialog, Font.PLAIN, 12");
19:         Label lFont12 = new Label("Dialog, Font.ITALIC, 12");
20:         Label lFont13 = new Label("Dialog, Font.BOLD, 12");
21:         Label lFont14 = new Label("DialogInput, Font.PLAIN, 12");
22:         Label lFont15 = new Label("DialogInput, Font.ITALIC, 12");
23:         Label lFont16 = new Label("DialogInput, Font.BOLD, 12");
24:
25:         lFont11.setFont(new Font("Dialog", Font.PLAIN, 12));
26:         lFont12.setFont(new Font("Dialog", Font.ITALIC, 12));
27:         lFont13.setFont(new Font("Dialog", Font.BOLD, 12));
28:         lFont14.setFont(new Font("DialogInput", Font.PLAIN, 12));
29:         lFont15.setFont(new Font("DialogInput", Font.ITALIC, 12));
30:         lFont16.setFont(new Font("DialogInput", Font.BOLD, 12));
31:
32:         p1.add(lFont11);
33:         p1.add(lFont12);
34:         p1.add(lFont13);
35:         p1.add(lFont14);
36:         p1.add(lFont15);
37:         p1.add(lFont16);
38:
39:         Label lFont21 = new Label("Serif, Font.PLAIN, 12");
40:         Label lFont22 = new Label("Serif, Font.ITALIC, 12");
41:         Label lFont23 = new Label("Serif, Font.BOLD, 12");
42:         Label lFont24 = new Label("SansSerif, Font.PLAIN, 12");
43:         Label lFont25 = new Label("SansSerif, Font.ITALIC, 12");
44:         Label lFont26 = new Label("SansSerif, Font.BOLD, 12");
45:
46:         lFont21.setFont(new Font("Serif", Font.PLAIN, 12));
47:         lFont22.setFont(new Font("Serif", Font.ITALIC, 12));
48:         lFont23.setFont(new Font("Serif", Font.BOLD, 12));
49:         lFont24.setFont(new Font("SansSerif", Font.PLAIN, 12));
50:         lFont25.setFont(new Font("SansSerif", Font.ITALIC, 12));
51:         lFont26.setFont(new Font("SansSerif", Font.BOLD, 12));
52:
53:         p2.add(lFont21);
```

```
54:        p2.add(lFont22);
55:        p2.add(lFont23);
56:        p2.add(lFont24);
57:        p2.add(lFont25);
58:        p2.add(lFont26);
59:
60:        Label lFont31 = new Label("Arial, Font.PLAIN, 12");
61:        Label lFont32 = new Label("Arial, Font.ITALIC, 12");
62:        Label lFont33 = new Label("Arial, Font.BOLD, 12");
63:        Label lFont34 = new Label("Monospaced, Font.PLAIN, 12");
64:        Label lFont35 = new Label("Monospaced, Font.ITALIC, 12");
65:        Label lFont36 = new Label("Monospaced, Font.BOLD, 12");
66:
67:        lFont31.setFont(new Font("Arial", Font.PLAIN, 12));
68:        lFont32.setFont(new Font("Arial", Font.ITALIC, 12));
69:        lFont33.setFont(new Font("Arial", Font.BOLD, 12));
70:        lFont34.setFont(new Font("Monospaced", Font.PLAIN, 12));
71:        lFont35.setFont(new Font("Monospaced", Font.ITALIC, 12));
72:        lFont36.setFont(new Font("Monospaced", Font.BOLD, 12));
73:
74:        p3.add(lFont31);
75:        p3.add(lFont32);
76:        p3.add(lFont33);
77:        p3.add(lFont34);
78:        p3.add(lFont35);
79:        p3.add(lFont36);
80:
81:        setSize(650,200);
82:        setVisible(true);
83:    }
84: }
```

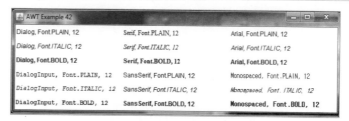

프로그램 설명

▶ 70,71,72번째 줄:Monospaced Font는 모든 문자의 크기가 일정한 길이와 폭을 차지하는 Font입니다. I, l와 W,M 같이 글자의 폭은 다르더라도 하나의 글자가 차지하는 영역은 동일한 크기의 영역을 차지하므로 윗 줄과 아랫 줄의 자릿수를 일정하게 맞추어야 하는 경우에는 유용하게 사용합니다.

예제 | Ex01842A

다음 프로그램은 현재 사용 중인 컴퓨터에 설치된 모든 Font를 출력하는 프로그램입니다.

```
1: import java.awt.*;
2: class Ex01842A {
3:    public static void main(String[] args) {
4:        AWTFrame f = new AWTFrame("AWT Example 42A");
5:    }
6: }
7: class AWTFrame extends Frame {
8:    AWTFrame(String title) {
9:        super(title);
10:       Label l1 = new Label("Font List in my computer");
11:       TextArea ta = new TextArea("", 1,1,TextArea.SCROLLBARS_VERTICAL_
ONLY);
12:       Font taFont = ta.getFont();
13:       if ( taFont != null ) {
14:          ta.append("The initial Font = "+taFont.getFontName()+"\n");
15:       } else {
16:          ta.append("The initial Font is not assigned. \n");
17:       }
18:       ta.setFont(new Font("Dialog",Font.PLAIN, 12));
19:       add(l1, BorderLayout.NORTH);
20:       add(ta, BorderLayout.CENTER);
21:
22:                 GraphicsEnvironment  ge  =  GraphicsEnvironment.
getLocalGraphicsEnvironment();
23:       Font[] fonts = ge.getAllFonts();
24:       for ( int i=0 ; i< fonts.length ; i++ ) {
25:          ta.append(i+": "+fonts[i].getFontName()+"\n");
26:       }
27:       taFont = ta.getFont();
28:       if ( taFont != null ) {
29:          ta.append("The current Font = "+taFont.getFontName()+"\n");
30:       } else {
31:          ta.append("The current Font is not assigned. \n");
32:       }
33:       setSize(550,200);
34:       setVisible(true);
35:    }
36: }
```

프로그램 설명

▶ 22번째 줄:GraphicsEnvironment class의 getLocalGraphicsEnvironment()
로 GraphicsEnvironment object를 얻습니다.

▶ 23번째 줄:GraphicsEnvironment의 getAllFonts() method를 사용하여 현재
사용 중인 컴퓨터에 설치된 모든 Font를 얻어냅니다.

▶ 위 출력 화면은 저자의 컴퓨터에 설치된 Font이므로 각자의 컴퓨터에 설치된
Font따라 내용은 달라질 수 있습니다.

18.6 Graphics class

Graphics class는 abstract class로 프로그래머가 object를 만들 수 있는 class
가 아닙니다. Graphics object는 모든 Component가 만들어질 때 내부적으로
Graphics object가 만들어지며 paint(Graphics g)라는 method을 재정의하여 각
각의 component에 아래의 속성과 method를 이용하여 여러 가지 그림을 추가 할
수 있습니다.

- Property(속성)
- color(색깔)
- font(글자체)
- 속성을 설정하는 method
- setColor():component에 색깔 속성을 설정합니다. 설정된 색깔은 drawLine()
  method나 다른 그림을 그리는 method로 그림을 그릴 때 그려지는 색깔입니다.
- setFont():component에 글자체 속성을 설정합니다. 설정된 글자체는 drawString()
  method에 의해 글자가 그려질 때 적용되는 글자체입니다.
- 그림을 그리는 method
- drawLine(int x1, int y1, int x2, int y2):점(x1,y1)부터 점(x2,y2)까지 선을
  그립니다.
- drawRect(int x1, int y1, int width, int height):점(x1,y1)부터 폭 width, 높
  이 height의 사각형을 그립니다.
- fillRect(int x1, int y1, int width, int height):점(x1,y1)부터 폭 width, 높이
  height의 사각형을 그린후 내부를 주어진 색으로 채웁니다.
- drawArc(int x1, int y1, int width, int height, int startAngle, int arcAngle):
  점(x1,y1)부터 폭 width, 높이 height의 사각형이 내부에서 startAngle은 사각
  형의 중심을 원점으로 하고, 0도는 시계의 3시 위치에서 시작합니다. arcAngle

은 시작하는 각도부터 arcAngle만큼 각도를 반시계 방향으로 진행하여 호를 그립니다.

- fillArc(int x1, int y1, int width, int height, int startAngle, int arcAngle): 점(x1,y1)부터 폭 width, 높이 height의 사각형이 내부에서 startAngle은 사각형의 중심을 원점으로 하고, 0도는 시계의 3시 위치에서 시작합니다. arcAngle은 시작하는 각도부터 arcAngle만큼 각도를 진행하여 호를 그린 후 내부를 주어진 색으로 채웁니다.

- drawRoundRect(int x1, int y1, int width, int height, int arcWidth, int arcHeight):점(x1,y1)부터 폭 width, 높이 height의 사각형을 모서리는 폭 arcWidth, 높이 arcHeight의 호를 가지고 그립니다.

- fillRoundRect(int x1, int y1, int width, int height, int arcWidth, int arcHeight):점(x1,y1)부터 폭 width, 높이 height, 사각형을 모서리는 폭 arcWidth, 높이 arcHeight의 호를 가진 사각형을 그린 후 내부를 주어진 색으로 채웁니다.

- drawOval(int x1, int y1, int width, int height):점(x1,y1)부터 폭 width, 높이 height의 사각형이 내부에서 타원의 원점은 사각형의 중심을 원점으로 하고, 가로 반경은 width, 세로 반경은 height 가지는 타원을 그립니다.

- fillOval(int x1, int y1, int width, int height):점(x1,y1)부터 폭 width, 높이 height의 사각형이 내부에서 타원의 원점은 사각형의 중심을 원점으로 하고, 가로 반경은 width, 세로 반경은 height가지는 타원을 그린 후 내부를 주어진 색으로 채웁니다.

- draw3DRect(int x1, int y1, int width, int height, boolean raised):점(x1,y1)부터 폭 width, 높이 height의 사각형을 입체적인 느낌이 나도록 튀어 나오게(raised가 true일 경우) 혹은 움푹 들어가게(raised가 false일 경우) 그립니다.

- fill3DRect(int x1, int y1, int width, int height, boolean raised):점(x1,y1)부터 폭 width, 높이 height의 사각형을 입체적인 느낌이 나도록 튀어 나오게(raised가 true일 경우) 혹은 움푹 들어가게(raised가 false일 경우) 그린 후 내부를 주어진 색으로 채웁니다.

- drawPolygon(int[] xPoints, int[] yPoints, int nPoints):배열 xPoints와 yPoints에서 주어진 좌표로 선을 그은 후, 마지막은 처음 좌표로 연결을 하여 다각형을 만듭니다. 이때 다각형은 nPoints를 가진 다각형이 됩니다.

- fillPolygon(int[] xPoints, int[] yPoints, int nPoints):배열 xPoints와 yPoints에서 주어진 좌표로 선을 그은 후 마지막은 처음 좌표로 연결을 하여 다각형을 그린 후 내부를 주어진 색으로 채웁니다. 이때 다각형은 nPoints를 가진

다각형이 됩니다.

- drawPolyline(int[] xPoints, int[] yPoints, int nPoints):배열 xPoints와 yPoints에서 주어진 좌표로 선을 그어 여러 개의 선으로 이루어진 도형을 그립니다.

- drawString(String text, int x1, int y1):문자열 text를 점(x1,y1)부터 오른쪽으로 표시합니다.

- drawImage(Image img, int x1, int y1, int width, int height):주어진 image를 점(x1,y1)부터 폭 width, 높이 height로 image를 표시합니다.

18.6.1 Canvas class

Canvas class는 그림을 그릴 수 있는 도화지 같은 class입니다. 도화지에 그림을 그리듯 Canvas의 paint(Graphics g)를 재정의하여 각종 그림을 그려 나갑니다.

예제 | Ex01851

아래 프로그램은 Canvas component에 십자선을 그리는 프로그램입니다.

```
1: import java.awt.*;
2: class Ex01851 {
3:    public static void main(String[] args) {
4:        AWTFrame frame = new AWTFrame("AWT Example 51");
5:        frame.setSize(300,150);
6:        frame.setVisible(true);
7:    }
8: }
9: class AWTFrame extends Frame {
10:    AWTFrame(String title) {
11:        super(title);
12:        setLayout(new BorderLayout());
13:        Label l1 = new Label("Draw crosshairs");
14:        add(l1, BorderLayout.NORTH);
15:        Canvas cv = new Crosshairs();
16:        add(cv, BorderLayout.CENTER);
17:    }
18: }
19: class Crosshairs extends Canvas {
20:    Color color = Color.red;
21:    public void paint(Graphics g) {
22:        int x = getSize().width / 2;
23:        int y = getSize().height / 2;
24:        g.setColor(color);
25:        g.drawLine(x-40,y,x-2,y);
```

```
26:        g.drawLine(x+40,y,x+2,y);
27:        g.drawLine(x, y-40,x,y-2);
28:        g.drawLine(x, y+40,x,y+2);
29:    }
30: }
```

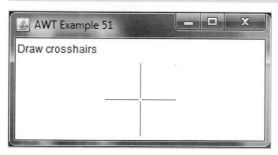

프로그램 설명

▶ 15,16번째 줄:Crosshairs object를 생성하여 Button object나 Label object같이 Component의 일종이므로 Frame BorderLayout의 Center위치에 배치시킵니다.

▶ 19번째 줄:Crosshairs class를 Canvas class를 상속합니다.

▶ 21번째 줄:paint(Graphics g) method를 재정의하여 여러 가지 그림을 그립니다.

▶ 22,23번째 줄:getSize().width/2와 getSize().height/2 이용하여 Crosshairs object의 폭과 높이를 얻어낸 후 중간 값, 즉 Canvas의 중앙의 좌표를 알아냅니다.

▶ 24번째 줄:앞으로 그릴 Canvas의 색깔을 설정합니다.

▶ 25~28번째 줄:drawLine() method를 사용하여 4개의 선을 그립니다.

■ paint(Graphics g)는 언제 호출되나요? ■

Ex01851 프로그램에서 Crosshairs class의 paint(Graphics g) method는 재정의는 했는데 프로그램 내의 어느 곳에서도 호출하지 않았습니다. 그런데 호출하지는 않았지만 어딘가에서 호출했기 때문에 Canvas에 빨강색으로 십자선이 그려져 있습니다. 이것은 6번째 줄의 frame.setVisible(true)을 호출할 때, frame object에 들어 있는 모든 component의 paint(Graphics g) method를 호출하여 내부적으로 그려줍니다. 그러므로 프로그래머는 component의 paint(Graphics g) method에서 graphic 명령만 만들어 놓으면 그리는 것은 AWT가 알아서 그려줍니다.

예제 | Ex01851A

아래 프로그램은 Ex01851과 동일하며 화면의 크기가 변할 때 x, y 값이 어떻게 변하는지를 알기 위해 29번째 줄만 추가했습니다.

```
1: import java.awt.*;
2: class Ex01851A {
3:    public static void main(String[] args) {
4:        AWTFrame frame = new AWTFrame("AWT Example 51A");
5:        frame.setSize(300,150);
6:        frame.setVisible(true);
7:    }
8: }
9: class AWTFrame extends Frame {
        // Ex01851 프로그램과 동일
28:        g.drawLine(x, y+40,x,y+2);
29:        System.out.println("x = "+x+", y="+y);
30:    }
31: }
```

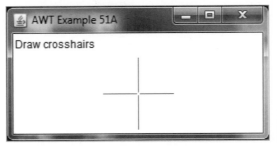

위와 같이 화면이 나오면 화면의 오른쪽 경계선에 커서를 가져간 후 커서가 양쪽 화살표가 나오면 마우스를 누른 상태에서 drag하면 화면이 커지면서 x,y 값을 아래처럼 출력합니다.

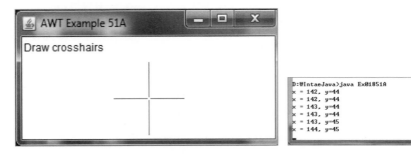

위의 화면에서 보는 바와 같이 화면의 크기가 바뀔 때마다 컴퓨터는 paint(Graphics g) method를 자동으로 호출하고 있음을 알 수 있습니다.

18.6.2 paint(Graphics g) method 활용

paint(Graphics g) method는 Button, Label, Panel과 같은 모든 component에 들어 있는 method로 각각의 component를 그리기 위해 사용됩니다. paint(Graphics g)는 각각의 component에 있는 method이기 때문에 각각의 component를 상속해서 paint(Graphics g)를 재정의하여 각각의 component를 본래 정의해 놓은 모습에 추가적으로 그림을 그려 넣을 수 있습니다.

예제 | Ex01852

아래 프로그램은 Panel과 Button를 상속받아 paint() method를 제정의하여 사각형과 선을 그리는 프로그램입니다.

```
 1: import java.awt.*;
 2: class Ex01852 {
 3:    public static void main(String[] args) {
 4:        AWTFrame frame = new AWTFrame("AWT Example 52");
 5:        frame.setSize(300,150);
 6:        frame.setVisible(true);
 7:    }
 8: }
 9: class AWTFrame extends Frame {
10:    AWTFrame(String title) {
11:        super(title);
12:        setLayout(new BorderLayout());
13:        Label l1 = new Label("Draw Button Border");
14:        add(l1, BorderLayout.NORTH);
15:        PanelWithCross p = new PanelWithCross();
16:        add(p, BorderLayout.CENTER);
17:        Button b1 = new Button("Button 1");
18:        ButtonWithBorder b21 = new ButtonWithBorder("Custom B1");
19:        ButtonWithBorder b22 = new ButtonWithBorder("Custom B2");
20:        p.add(b1);
21:        p.add(b21);
22:        p.add(b22);
23:    }
24: }
25: class ButtonWithBorder extends Button {
26:    Color color = Color.red;
27:    ButtonWithBorder(String label) {
28:        super(label);
29:    }
30:    public void paint(Graphics g) {
31:        int x = getSize().width;
32:        int y = getSize().height;
33:        g.setColor(color);
34:        g.drawRect(0+2,0+2,x-4,y-4);
35:    }
36: }
37: class PanelWithCross extends Panel {
38:    Color color = Color.blue;
39:    public void paint(Graphics g) {
```

```
40:        int x = getSize().width;
41:        int y = getSize().height;
42:        g.setColor(color);
43:        g.drawRect(0+2,0+2,x-4,y-4);
44:        g.drawLine(0+2,0+2,x-2,y-2);
45:        g.drawLine(0+2,y-2,x-2,0+2);
46:    }
47: }
```

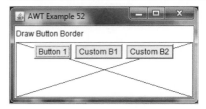

프로그램 설명

▶ 15번째 줄:Panel을 상속받은 PanelWithCross의 object만듭니다. Panel은 Layout Manager를 설정하지 않으면 FlowLayout이 기본적으로 설정되어 있습니다.

▶ 18,19번째 줄:Button을 상속받은 ButtonWithBorder의 object 만듭니다.

▶ 30번째 줄:Button을 상속받은 ButtonWithBorder class의 paint() method를 재정의합니다.

▶ 31,32번째 줄:Button의 크기를 getSize().width와 getSize().height로 알아냅니다.

▶ 33,34번째 줄:Button의 크기보다 테두리가 2픽셀이 작은 직사각형을 Button의 내부에 빨강색으로 그립니다.

▶ 39번째 줄:Panel을 상속받은 PanelWithCross class의 paint() method를 재정의합니다.

▶ 40,41번째 줄:Panel의 크기를 getSize().width와 getSize().height로 알아냅니다.

▶ 42,43번째 줄:Panel의 크기보다 테두리가 2픽셀이 작은 직사각형을 Button의 내부에 파란색으로 그립니다.

▶ 44,45번째 줄:Panel의 내부에 42,43번째 줄에서 그린 직사가형의 꼭지점에서 대각선 꼭지점까지 2개의 선을 파란색으로 그립니다.

문제 | Ex01852A

Ex01852 프로그램을 이용하여 Label의 테두리를 녹색으로 아래와 같이 그려지도록 프로그램을 작성하세요.

문제 | Ex01852B

Ex01852 프로그램을 이용하여 TextArea의 배경에 파란색으로 아래와 같이 그려지
도록 프로그램을 작성하세요.

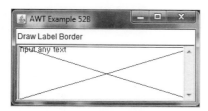

18.6.3 Graphics class의 유용한 method 1

Graphics class에 있는 method를 이용하여 여러 가지 그림을 그리는 것을 실습해
보도록 하겠습니다.

예제 | Ex01853

다음 프로그램은 Grahics class에 많이 사용하는 method를 사용하여 그린 도형입
니다.

```
 1: import java.awt.*;
 2: class Ex01853 {
 3:    public static void main(String[] args) {
 4:        Frame frame = new Frame("AWT Example 53");
 5:        Label l1 = new Label("Draw graphics");
 6:        Panel p1 = new GraphicPanel();
 7:        frame.add(l1, BorderLayout.NORTH);
 8:        frame.add(p1, BorderLayout.CENTER);
 9:        frame.setSize(470,250);
10:        frame.setVisible(true);
11:    }
12: }
13: class GraphicPanel extends Panel {
14:    public void paint(Graphics g) {
15:        g.setColor(Color.red);
```

```
16:        g.drawRect(10,10,100,50);
17:        g.fillArc(10,10,100,50,0,90);
18:        g.drawRect(120,10,100,50);
19:        g.drawArc(120,10,100,50,90,180);
20:        g.drawRect(230,10,100,50);
21:        g.fillArc(230,10,100,50,180,135);
22:
23:        g.drawRoundRect(10,70,100,50, 20, 20);
24:        g.fillRoundRect(120,70,100,50,20, 40);
25:        g.drawOval(230,70,100,50);
26:        g.fillOval(340,70,50,50);
27:
28:        g.draw3DRect(10,130,100,50, true);
29:        g.fill3DRect(120,130,100,50, true);
30:        g.draw3DRect(230,130,100,50, false);
31:        g.fill3DRect(340,130,100,50, false);
32:
33:        int[] polygonX = { 340, 350, 360, 370, 440, 440, 340};
34:        int[] polygonY = {  10,  20,  10,  20,  10,  60,  60};
35:        g.drawPolygon(polygonX, polygonY, polygonY.length);
36:        polygonX = new int[] { 400, 410, 420, 430, 440, 440, 400};
37:        polygonY = new int[] {  70,  80,  70,  80,  70, 120, 120};
38:        g.fillPolygon(polygonX, polygonY, polygonY.length);
39:
40:        polygonX = new int[] { 50,  60,  70,  80,  90, 100, 110, 120, 130,
140, 150, 160, 170, 180, 190, 200, 210};
41:        polygonY = new int[] {180, 170, 150, 155, 130, 110, 100, 120,  80,
90,  70,  75,  65, 100,  60,   75,  35};
42:        g.setColor(Color.blue);
43:        g.drawPolyline(polygonX, polygonY, polygonY.length);
44:    }
45: }
```

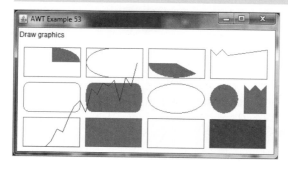

프로그램 설명

▶ 2.5절 Graphics class 시작하는 부분에 모든 method에 대한 설명을 하나하나 참조하기 바랍니다.

예제 | Ex01853A

아래 프로그램은 Canvas component을 이용하여 man을 그리는 프로그램입니다.

```
 1: import java.awt.*;
 2: class Ex01853A {
 3:    public static void main(String[] args) {
 4:       Frame frame = new Frame("AWT Example 53A");
 5:       frame.setLayout(new BorderLayout());
 6:       Label l1 = new Label("Draw a man");
 7:       frame.add(l1, BorderLayout.NORTH);
 8:       Canvas cv = new Man();
 9:       frame.add(cv, BorderLayout.CENTER);
10:       frame.setSize(250,180);
11:       frame.setVisible(true);
12:    }
13: }
14: class Man extends Canvas {
15:    Color color = Color.red;
16:    public void paint(Graphics g) {
17:       int x = getSize().width / 2;
18:       int y = getSize().height / 2;
19:       g.setColor(color);
20:       g.drawLine(x-20,y-20,x,y);
21:       g.drawLine(x,y,x+20,y-20);
22:       g.drawLine(x, y-10,x,y+20);
23:       g.drawLine(x, y+20,x-20,y+50);
24:       g.drawLine(x, y+20,x+20,y+50);
25:       g.fillArc(x-10,y-30,20,20,0,180);
26:       g.drawArc(x-10,y-30,20,20,180,360);
27:    }
28: }
```

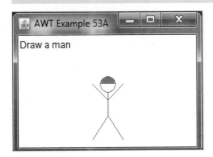

프로그램 설명

▶ 17,18번째 줄:Canvas의 중심점을 x,y 값으로 얻어 냅니다. 중심점 x,y는 man
의 두 팔을 벌리고 있는 부분의 좌표입니다.

문제 | Ex01853B

Ex01853A 프로그램을 이용하여 아래 출력된 화면과 같이 일정한 간격의 man을 10명 그리는 프로그램을 작성하세요.

- 마우스를 오른쪽 경계 위의 양쪽 모양의 화살표로 바뀐 상태에서 왼쪽 마우스를 누르고 오른쪽 방향으로 drag하면 두 번째 화면이 됩니다.

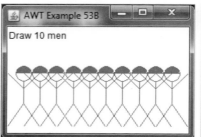 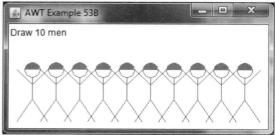

18.6.4 Graphics class의 유용한 method 2

예제 | Ex01854

다음 프로그램은 Graphics class에 많이 사용하는 method를 사용하여 image를 삽입하고 텍스트 문자를 보여주는 프로그램입니다.

```
 1: import java.awt.*;
 2: import javax.swing.ImageIcon;
 3: class Ex01854 {
 4:    public static void main(String[] args) {
 5:        Frame frame = new AWTCanvasFrame("AWT Example 54");
 6:        frame.setSize(450,240);
 7:        frame.setVisible(true);
 8:    }
 9: }
10: class AWTCanvasFrame extends Frame {
11:    AWTCanvasFrame(String title) {
12:        super(title);
13:        Label l1 = new Label("See Rocky view");
14:        Panel p = new GraphicPanel();
15:        add(l1, BorderLayout.NORTH);
16:        add(p, BorderLayout.CENTER);
17:    }
18: }
19: class GraphicPanel extends Panel {
20:    public void paint(Graphics g) {
21:        int w = getSize().width;
22:        int h = getSize().height;
```

```
23:        g.setColor(Color.red);
24:        g.drawRect(5,5,w-10,h-10);
25:
26:        Image image1 = new ImageIcon("images/rocky1.png").getImage();
27:        Image image2 = new ImageIcon("images/rocky2.png").getImage();
28:        g.drawImage(image1,10,10,200,100,null);
29:        g.drawImage(image2,220,10,200,100,null);
30:
31:        g.drawString("Rocky 1",10,130);
32:
33:        Font ft = new Font("Serif", Font.ITALIC, 12);
34:        g.setFont(ft);
35:        g.setColor(Color.blue);
36:        g.drawString("Rocky 2",230,130);
37:
38:        ft = new Font("TimesRoman", Font.BOLD, 30);
39:        g.setFont(ft);
40:        g.setColor(Color.green);
41:        g.drawString("Mountain View",100,165);
42:    }
43: }
```

프로그램 설명

▶ 2번째 줄:26,27번째 줄의 ImageIcon class는 javax.swing package에 있기 때문에 import javax.swing.ImageIcon 명령을 사용하고 있습니다.

▶ 26,27번째 줄:파일에 있는 image를 ImageIcon class의 getImage() method를 사용하여 imgae를 읽어들인 후 ImageIcon object를 생성하고, getImage() method를 사용해서 Image object로 변경시켜 줍니다.

• rocky1.png와 rocky2.png 파일은 이 책과 함께 제공됩니다.

▶ 28,29번째 줄:image를 ImageIcon class의 getImage() method를 사용하여 imgae를 읽어 들인 후 ImageIcon object를 만들고 getImage() method를 사용해서 Image object로 변경시켜 줍니다.

▶ 31번째 줄:"Rocky 1"이라는 문자열을 x좌표 10, y좌표 130에 그립니다. 이때 그

려지는 글자의 크기는 기본적으로 설정되어 있는 글자 크기로 그려집니다.

문제 │ Ex01854A

다음 프로그램은 image를 바탕으로 한 Panel class에 Button을 추가한 프로그램으로 아래와 같은 결과가 나오도록 프로그램을 작성하세요.

예제 │ Ex01855

Color class의 투명도를 확인해 보는 프로그램으로 alpha 값이 255는 불투명, 0이면 투명을 의미합니다. 18.5.1절 'Color class'참조

```
 1: import java.awt.*;
 2: class Ex01855 {
 3:    public static void main(String[] args) {
 4:       Frame frame = new Frame("AWT Example 55");
 5:       Label l1 = new Label("Check transparency");
 6:       Panel p1 = new GraphicPanel();
 7:       frame.add(l1, BorderLayout.NORTH);
 8:       frame.add(p1, BorderLayout.CENTER);
 9:       frame.setSize(510,230);
10:       frame.setVisible(true);
11:    }
12: }
13: class GraphicPanel extends Panel {
14:    public void paint(Graphics g) {
15:       g.setColor(new Color(255,0,0,255));
16:       g.fillRect(10,10,100,50);
17:       g.setColor(new Color(0,255,0,255));
18:       g.fillRect(60,20,100,50);
19:
20:       g.setColor(new Color(255,0,0,128));
21:       g.fillRect(170,10,100,50);
22:       g.setColor(new Color(0,255,0,128));
23:       g.fillRect(220,20,100,50);
24:
25:       g.setColor(new Color(255,0,0,20));
```

```
26:        g.fillRect(330,10,100,50);
27:        g.setColor(new Color(0,255,0,20));
28:        g.fillRect(380,20,100,50);
29:
30:        g.setColor(new Color(0,255,0,255));
31:        g.fillRect(10,80,100,50);
32:        g.setColor(new Color(255,0,0,255));
33:        g.fillRect(60,90,100,50);
34:
35:        g.setColor(new Color(0,255,0,128));
36:        g.fillRect(170,80,100,50);
37:        g.setColor(new Color(255,0,0,128));
38:        g.fillRect(220,90,100,50);
39:
40:        g.setColor(new Color(0,255,0,20));
41:        g.fillRect(330,80,100,50);
42:        g.setColor(new Color(255,0,0,20));
43:        g.fillRect(380,90,100,50);
44:    }
45: }
```

프로그램 설명

▶ 15번째 줄:불투명 빨강색 object를 생성 후 Graphics object에 색깔을 설정합니다.

▶ 16번째 줄:불투명 빨강색으로 사각형을 그립니다.

▶ 17번째 줄:불투명 녹색 object를 생성 후 Graphics object에 색깔을 설정합니다.

▶ 18번째 줄:불투명 녹색으로 사각형을 빨강색 위에 그리면 기존의 빨강색은 없어지고 녹색만 남습니다.

▶ 20번째 줄:반 불투명 빨강색(불투명도 128) object를 생성 후 Graphics object에 색깔을 설정합니다.

▶ 21번째 줄:반 불투명 빨강색으로 사각형을 그립니다.

▶ 22번째 줄:반 불투명 녹색(불투명도 128) object를 생성 후 Graphics object에 색깔을 설정합니다.

▶ 23번째 줄:반 불투명 녹색으로 사각형을 반 불투명 빨강색 위에 그리면 기존의

반 불투명 빨강색과 겹쳐져서 위 출력 결과처럼 보입니다.

18.6.5 Graphics2D class

Graphics2D class는 좀 더 섬세한 Graphic을 할 경우에 많이 사용하며 Graphics class보다 다양한 기능이 많이 있습니다. 그 중 한 가지만 이번 절에서 소개합니다.

예제 | Ex01856

다음 프로그램은 BasicStroke class를 사용하여 선의 굵기를 조절하는 프로그램입니다.

```
 1: import java.awt.*;
 2: import java.awt.event.*;
 3: class Ex01856 {
 4:    public static void main(String[] args) {
 5:        AWTCanvasFrame frame = new AWTCanvasFrame("AWT Example 56");
 6:        frame.setSize(200,180);
 7:        frame.setVisible(true);
 8:    }
 9: }
10: class AWTCanvasFrame extends Frame {
11:    Button b1 = new Button("Red");
12:    Button b2 = new Button("Blue");
13:    Canvas cv = new Crosshairs();
14:    Color color = Color.red;
15:    AWTCanvasFrame(String title) {
16:        super(title);
17:        setLayout(new BorderLayout());
18:        Label l1 = new Label("Draw crosshairs");
19:        add(l1, BorderLayout.NORTH);
20:        add(cv, BorderLayout.CENTER);
21:        b1.addActionListener(new ActionButtonAll());
22:        b2.addActionListener(new ActionButtonAll());
23:        Panel p = new Panel();
24:        p.setLayout(new FlowLayout());
25:        p.add(b1);
26:        p.add(b2);
27:        add(p, BorderLayout.SOUTH);
28:    }
29:    class ActionButtonAll implements ActionListener {
30:       public void actionPerformed(ActionEvent e) {
31:           Button btn = (Button)e.getSource();
32:           if ( btn == b1 ) color = Color.red;
33:           if ( btn == b2 ) color = Color.blue;
34:           cv.repaint();
35:       }
36:    }
```

```
37:    class Crosshairs extends Canvas {
38:      public void paint(Graphics g) {
39:        int x = getSize().width / 2;
40:        int y = getSize().height / 2;
41:        Graphics2D g2d = (Graphics2D)g;
42:        BasicStroke bs = new BasicStroke(5);
43:        g2d.setStroke(bs);
44:        g2d.setColor(color);
45:        g2d.drawLine(x-50,y,x-7,y);
46:        g2d.drawLine(x+50,y,x+7,y);
47:        g2d.drawLine(x,  y-50,x,y-7);
48:        g2d.drawLine(x,  y+50,x,y+7);
49:      }
50:    }
51: }
```

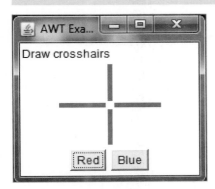

프로그램 설명

▶ 41번째 줄:선의 굵기를 설정하는 setStroke() method를 사용하기 위해서는
Graphics object를 Graphics2D object로 casting해야 합니다.

▶ 42번째 줄:선의 굵기를 결정하는 BasicStroke object를 선의 굵기 5 픽셀로 생
성합니다.

▶ 43번째 줄:Graphics2D object에 BasicStrok object를 setStroke() method를
사용하여 설정합니다.

문제 | Ex01856A

아래와 같이 잠만경의 모양이 출력되도록 프로그램을 작성하세요.

- 잠만경의 테두리는 검정색, 선 굵기 5 픽셀
- 바다 물결은 파란색, 선 굵기 3 픽셀
- 십자선은 빨강색, 선 굵기 1 픽셀

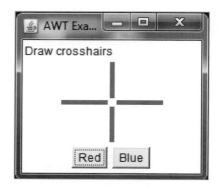

18.7 메뉴관련 class

18.7.1 메뉴 만들기

메뉴는 그래픽으로 여러 기능을 사용자가 선택할 수 있도록 만들어진 목록입니다. 일반적으로 title bar 바로 밑에 배치되며, 메뉴 목록 중 하나를 선택하면 관련된 기능이 작동합니다.(관련된 기능 작동에 대해서는 chapter 19 Event Handling에서 소개합니다.)

Menu관련 Class로는 다음과 같은 것이 있습니다.

① MenuBar class

• MenuBar object는 Frame에 setMenuBar() method로 설정합니다.

• MenuBar object는 모든 Menu관련 class의 최상위 container object입니다.

• MenuBar object는 Menu object만을 포함할 수 있습니다. (MenuItem object 는 포함할 수 없습니다.)

② Menu class

• Menu object는 다른 Menu object(일종의 SubMenu) 와 MenuItem object를 포함할 수 있는 container입니다.

• Menu object는 다른 Menu object(일종의 SubMenu)를 포함하므로 menu 계층 구조를 만드는데 이용할 수 있습니다.

• separator() method는 Menu object에 포함되어 있는 MenuItem들 중 목적이 조금 다른 MenuItem들을 사용자가 구분하기 쉽도록 시각적인 효과를 내기 위해 사용합니다.

③ MenuItem class

• MenuItem object는 Menu object에 포함될 수 있는 최하위 component입니다.

④ CheckboxMenuItem class

- CheckboxMenuItem object는 Menu object에 포함 되어질 수 있는 최하위 component입니다. MenuItem 과 동일한 기능에 추가하여, status가 선택되어졌는지, 해제되었는지 boolean으로 표시해주는 기능 한 가지가 더 있습니다.

위에서 설명한 class의 상관 관계를 도표로 나타내면 아래와 같습니다.

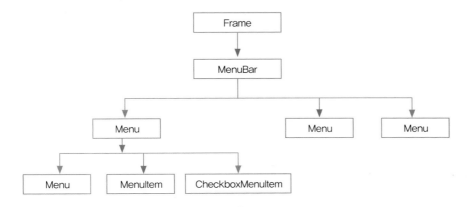

예제 | Ex01861

아래 프로그램은 MenuBar, Menu, MenuItem의 유기적인 관계를 보여주는 프로그램입니다.

```
1: import java.awt.*;
2: class Ex01861 {
3:    public static void main(String[] args) {
4:        Frame frame = new Frame("AWT Example 61");
5:        MenuBar menuBar = new MenuBar();
6:        frame.setMenuBar(menuBar);
7:        Menu menuFile = new Menu("File");
8:        Menu menuEdit = new Menu("Edit");
9:        Menu menuView = new Menu("View");
10:        Menu menuHelp = new Menu("Help");
11:        menuBar.add(menuFile);
12:        menuBar.add(menuEdit);
13:        menuBar.add(menuView);
14:        menuBar.add(menuHelp);
15:        MenuItem menuItemNew = new MenuItem("New");
16:        MenuItem menuItemOpen = new MenuItem("Open");
17:        MenuItem menuItemSave = new MenuItem("Save");
18:        MenuItem menuItemClose = new MenuItem("Close");
19:        menuFile.add(menuItemNew);
20:        menuFile.add(menuItemOpen);
21:        menuFile.add(menuItemSave);
22:        menuFile.add(menuItemClose);
23:        frame.setSize(300,180);
```

```
24:         frame.setVisible(true);
25:     }
26: }
```

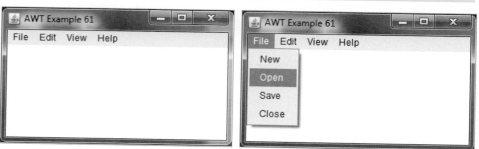

프로그램 설명

▶ 5번째 줄:MenuBar object를 생성합니다.

▶ 6번째 줄:MenuBar object를 Frame에 설정합니다.

▶ 7~14번째 줄:Menu object를 생성하여 MenuBar object에 추가합니다.

▶ 15~22번째 줄:MenuItem object를 생성하여 Menu object에 추가합니다.

예제 | Ex01861A

아래 프로그램은 Menu에 Menu object를 추가하여 계층 구조 관계를 보여주는 프로그램입니다.

```
1: import java.awt.*;
2: class Ex01861A {
3:     public static void main(String[] args) {
4:         Frame frame = new Frame("AWT Example 61A");
            // Ex01861 프로그램의 5번부터 17번째 줄과 동일합니다.
18:         MenuItem menuItemClose = new MenuItem("Close");
19:         Menu menuPrint = new Menu("Print");
20:         menuFile.add(menuItemNew);
21:         menuFile.add(menuItemOpen);
22:         menuFile.add(menuItemSave);
23:         menuFile.add(menuItemClose);
24:         menuFile.addSeparator();
25:         menuFile.add(menuPrint);
26:         MenuItem menuItemPrint = new MenuItem("Print...");
27:         MenuItem menuItemPreview = new MenuItem("Preview");
28:         MenuItem menuItemSetup = new MenuItem("Print Setup");
29:         menuPrint.add(menuItemPrint);
30:         menuPrint.add(menuItemPreview);
31:         menuPrint.add(menuItemSetup);
32:         CheckboxMenuItem menuItemFull = new CheckboxMenuItem("Full
```

```
screen");
33:      CheckboxMenuItem menuItemStat = new CheckboxMenuItem("Statusbar",
true);
34:      menuView.add(menuItemFull);
35:      menuView.add(menuItemStat);
36:      frame.setSize(300,250);
37:      frame.setVisible(true);
38:   }
39: }
```

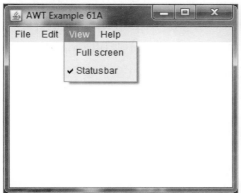
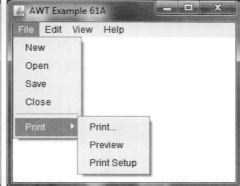

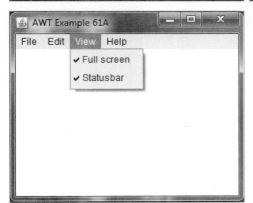

프로그램 설명

▶ 24번째 줄:separator() method를 호출하여 목적이 다른 항목 "Print"를 시각적
으로 분리해줍니다.

▶ 25번째 줄:19번째 줄에서 만든 Menu object를 7번째 줄에서 만든 Menu object
에 추가합니다. 즉 Menu object에 또 다른 Menu object(일종의 Sub Menu)를
추가하는 것을 보여주고 있습니다.

▶ 26~31번째 줄:MenuItem object를 생성해서 25번째 줄에서 생성한 Menu object
(일종의 SubMenu)에 추가합니다.

▶ 32번째 줄:CheckboxMenuItem object을 생성하며 status를 설정하지 않으면

기본 값으로 false로 설정됩니다.

▶ 33번째 줄:CheckboxMenuItem object을 생성하며 status 값으로 true를 설정됩니다.

▶ 34,35번째 줄:CheckboxMenuItem object을 Menu object에 포함시키는 것은 MenuItem과 동일한 방법입니다.

▶ 첫 번째 출력 화면:"Print" SubMenu 위에 cursor을 가져가면 "Print…", "Preview", "Print Setup"의 MenuItem을 볼 수 있습니다.

▶ 두 번째 출력 화면:"View" Menu에서 "Full Screen" 기본 값으로 선택되어 있지 않고, "Statusbar"는 33번째 줄에서 true로 설정했으므로 선택되어 나타납니다.

▶ 세 번째 출력 화면:"View" Menu에서 "Full Screen"를 선택하면 true 값이 설정됩니다. 다시 선택하기 위해 "View" Menu를 click하면 이전에 선택된 사항이 표시되어 있는 것을 볼 수 있습니다.

문제 | Ex01861B

아래와 같은 MenuItem이 화면에 나오도록 프로그램을 작성하세요.

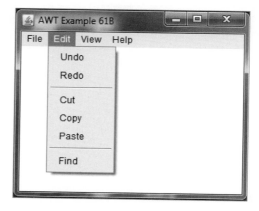

18.7.2 Popup 메뉴

Popup 메뉴는 Frame, Panel, Button, Label 등 component 위의 어느 곳에서나 마우스 오른쪽 버튼을 누르면 나타나게하는 Menu입니다. Popup 메뉴는 마우스 오른쪽 버튼을 누르면 발생하는 이벤트로 처리해야 하므로 19.5절 'MouseEvent'에서 자세히 설명합니다.

■ **MenuBar와 PopupMenu의 비교** ■

● MenuBar class가 Frame에 Menu을 추가하기 위한 기초가 되는 class라면, PopupMenu class는 특정 component에 Menu를 추가하기 위한 기초가 되는

class입니다.

- MenuBar에서는 Menu object를 추가한 후 MenuItem object를 추가했다면, PopupMenu에서는 MenuItem을 PopupMenu에 Menu object를 거치지 않고 바로 추가합니다.

- MenuBar에서는 Menu object를 추가한 후 그 밑에 다시 Menu object를 추가한 후 MenuItem object를 추가했다면, PopupMenu에서는 Menu object를 추가한 후 MenuItem을 추가할 수 있습니다.

- 결론적으로 PopupMenu는 PopupMenu 밑에 Menu object나 MenuItem object 가 올 수 있으며, MenuBar에서는 Menu object만 올 수 있고, Menu object밑에 다시 Menu object나 MenuItem이 올 수 있습니다.

- MenuBar는 Frame에 한 번만 설정 가능하지만 PopupMenu는 모든 component 에 하나씩 추가 가능합니다.

예제 | Ex01862

아래 프로그램은 Event처리하는 부분은 chapter 19 Event handling에서 소개하므 로 PopupMenu가 어떤 것이지 대략적인 것만 이해하기 위해 만든 프로그램입니다.

```
 1: import java.awt.*;
 2: import java.awt.event.*;
 3: class Ex01862 {
 4:    public static void main(String[] args) {
 5:       AWTFrame62 frame = new AWTFrame62("AWT Example 62");
 6:       frame.setSize(300,230);
 7:       frame.setVisible(true);
 8:    }
 9: }
10: class AWTFrame62 extends Frame {
11:    Panel pc = new Panel();
12:    Panel ps = new Panel();
13:    Color color = Color.red;
14:    PopupMenu popupMenu = new PopupMenu();
15:    AWTFrame62(String title) {
16:       super(title);
17:       setLayout(new BorderLayout());
18:       Label l1 = new Label("Click mouse right button");
19:       add(l1,BorderLayout.NORTH);
20:       add(pc, BorderLayout.CENTER);
21:       add(ps, BorderLayout.SOUTH);
22:       ps.setBackground(color);
23:
24:       MenuItem menuItemRed = new MenuItem("Red");
25:       MenuItem menuItemGreen = new MenuItem("Green");
```

```
26:        MenuItem menuItemBlue = new MenuItem("Blue");
27:        Menu menuOthers = new Menu("Other colors");
28:        MenuItem menuItemLine = new MenuItem("Line");
29:        MenuItem menuItemRect = new MenuItem("Rectangular");
30:        popupMenu.add(menuItemRed);
31:        popupMenu.add(menuItemGreen);
32:        popupMenu.add(menuItemBlue);
33:        popupMenu.add(menuOthers);
34:        popupMenu.addSeparator();
35:        popupMenu.add(menuItemLine);
36:        popupMenu.add(menuItemRect);
37:        pc.add(popupMenu);
38:        MenuItem menuItemYellow = new MenuItem("Yellow");
39:        MenuItem menuItemPink = new MenuItem("Pink");
40:        menuOthers.add(menuItemYellow);
41:        menuOthers.add(menuItemPink);
42:
43:        pc.addMouseListener(new MouseHandler());
44:        pc.setFocusable(true);
45:    }
46:    class MouseHandler extends MouseAdapter {
47:        public void mousePressed(MouseEvent e) {
48:            if (e.getModifiers() == e.BUTTON3_MASK ) {
49:                popupMenu.show(pc, e.getX(), e.getY());
50:                return;
51:            }
52:        }
53:    }
54: }
```

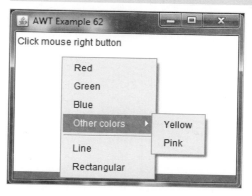

프로그램 설명

▶ 14번째 줄:PopupMenu object를 생성합니다.

▶ 24~41번째 줄:MenuBar에서 활용하는 방법과 동일하게 Menu, MenuItem을 PopupMenu에 추가할 수 있습니다. 또한 addSeparator() method를 호출하면 분리선이 추가됩니다. MenuBar는 Frame에 setMenuBar() method로 추가한

반면 PopupMenu는 각각의 component에 add() method로 추가합니다.

▶ 43~53번째 줄:Event Handling 관련 사항이므로 19.5절 'MouseEvent'에서 설명합니다.

Memo

Event Handling

지금까지 알아본 AWT는 그럴듯한 화면은 있을 뿐 아무 작동도 하지 않습니다. 이제부터는 버튼을 눌렀을 때 그에 합당하는 작동이 되도록 만드는 Event에 대해 알아봅니다. 이벤트에 관련된 사항은 초보자가 처음으로 Object를 이해하는 것 만큼이나 어렵습니다. 19.1 Event 이해하기를 두 번 이상 반복하여 읽는 것을 추천합니다.

Event Handling 19

19.1 Event 이해하기

이벤트(Event)는 영어 사전을 찾아보면 "갑작스런 사건"이라는 뜻이 있습니다. 즉 예측하지 못한 어떤 일이 발생함을 말합니다. 자바에서의 이벤트도 유사한 의미를 가지고 있습니다. 지금까지 배운 자바 AWT화면에서 사용자가 버튼을 클릭한다던지, 마우스를 움직인다던지, TextField에 data를 입력하기 위해 키보드를 누르는 행위는 컴퓨터의 입장에서 보면 언제 일어날지 모르는 행위 입니다. 예를 들어 버튼을 마우스로 클릭하는 일은 프로그램 수행 도중 일어날 수도 있고, 안 일어날 수도 있습니다. 버튼을 클릭하는 일이 일어난다 해도 언제 일어날지 모르는 예상치 못한 일이라고 할 수 있습니다. 이러한 행동 등을 이벤트(Event)라고 합니다.

이벤트가 발생을 하면, 어디에서 발생된 이벤트인지를 컴퓨터가 인지하고, 그 발생된 이벤트에 대해 어떤 프로그램이 처리할 것인지 판단해서, 해당 이벤트 처리 프로그램에 넘기는 작업을 합니다. 이런 일련의 과정을 이벤트 처리(Event Handling)이라고 합니다.

그럼 좀 더 구체적으로 chapter 18에서 배운 AWT화면을 보면 Frame object 위에 Button object, TextField object와 같은 각종 component object들이 배치되어 있고, 이벤트는 이들 component 중의 하나에서 이벤트가 발생할 수 있습니다. 예를 들면 버튼을 마우스로 click하면 이벤트의 발생장소, 즉 이벤트의 근원지(Event Source)는 버튼이 되는 것입니다.

그러면 다음은 Event에 대해 알아 봅시다. 우리가 흔히 가정이나 사무실에서 사용하는 컴퓨터의 입력 장치는 키보드와 마우스입니다. 그러므로 키보드나 마우스로 발생시킬 수 있는 이벤트 class 이름도 몇 가지로 정해져 있습니다. 그 중 가장 많이 사용하는 ActionEvent를 예를 들어 설명합니다. ActionEvent는 마우스로 버튼을 클릭했을 때 발생하는 Event로 object로 생성됩니다. ActionEvent object는 프로그래머가 프로그램 속에서 new key word로 생성하는 object가 아닙니다. 사용자가 마우스로 버튼을 클릭하면 자바 AWT 프로그램이 알아서 만들어주는 object입니다. 즉 사용자가 마우스로 버튼을 클릭하면 버튼 object의 한 method 프로그램 내에서 버튼이 클릭된 위치 등의 정보를 저장한 새로운 object를 만들어주는데 그 object는 ActionEvent class의 object입니다.

이벤트 근원지도 설명했고, 이벤트 오브젝트도 설명했으니 나머지는 이벤트 오브젝트를 넘겨받아 처리해야할 Listener class에 대해 설명합니다. 이벤트 오브젝트를 넘겨받아 처리하는 Listener class는 이벤트를 처리하는 method로만 구성되어 있으며 Event object에 따라 처리되는 method 이름도 정해져 있습니다.

- 앞에 설명한 중요한 사항 정리와 이벤트 근원지, 이벤트 class, listener class의 연관 관계를 설명합니다.

① Button class(이벤트 근원지)에는 이벤트(예:Button click)가 발생하면 어떤 Listner 오브젝트가 처리할 것인지 지정해야 합니다.(프로그래머가 지정해야 함)

② 이벤트 오브젝트는 event 종류에 따라 정해진 이벤트 object(예:ActionEvent)를 이벤트 근원지 오브젝트(예:Button)에서 만들어져서 Listener object에 넘겨집니다.(프로그래머가 할 것은 없음)

③ Listener class는 이벤트를 처리하는 method로 구성되어 있고, 이벤트를 처리하는 method 이름은 event의 종류에 따라 정해져 있으므로 반드시 정해진 method 이름을 사용해야 합니다. method 내의 자바 명령은 버튼이 클릭되었을 때 해야되는 행동, 즉 처리하고자 하는 일을 프로그래머가 자바 명령어로 구현하여 삽입합니다.(Listener class는 프로그래머가 전체를 모두 coding하지만 정해져 있는 method이름은 사용해야 합니다.)

- 이벤트 처리를 완전히 이해하기 위해서는 15.3절에서 배운 interface를 알고 있어야 합니다. 이벤트 처리의 출발점은 이벤트 근원지(Event Source)입니다. 이벤트의 근원지인 Button class는 자바 개발자가 만든 프로그램(자바에서 제공하는 프로그램)입니다. 이벤트를 처리하는 프로그램은 어떻게 처리할 것인가는 프로그램 개발자에 따라 그때 그때 달라질 수 있으므로 AWT 프로그램을 하는 프로그래머가 개발합니다. Button class를 coding할 당시에 interface라는 것 없이는 나중에 개발될 Listener class이름과 method도 알 수가 없으므로 listener object를 수행시키게 할 수 없습니다. 그래서 앞으로 개발할 개발자는 Listener interace를 implement하도록 Button class의 method에 Listener interface를 implements한 object만 받아들이는 method를 만들었습니다. 따라서 새로운 이름의 Listener class를 만들 때 Listener interface를 implements하면 정해져 있는 method 이름이 있으므로 Button class에서는 정해져 있는 method 이름으로 event를 처리하도록 정해져 있는 method 이름을 호출하게 만들었습니다.

- 위임형 이벤트 모델(Delegation Event Model):이벤트 처리는 별도의 class 인 Listener interface를 implements해서 만든 class에서 처리하기 때문에 AWT 화면을 구성하는 응용(Application) class와 이벤트만을 처리하는 class로 완전히 분리 가능합니다. 이와 같이 이벤트 처리는 별도의 class로 위임시켜 처리하도

록 하는 방법론을 위임형 이벤트 모델이라고 합니다.

예제 | Ex01901

다음 프로그램은 버튼을 클릭하면 "The button is pushed"라는 글자가 나오도록 만든 프로그램입니다.

```
 1: import java.awt.*;
 2: import java.awt.event.*;
 3: class Ex01901 {
 4:    public static void main(String[] args) {
 5:        EventFrame frame = new EventFrame("Event 01");
 6:        frame.setSize(200,100);
 7:        frame.setVisible(true);
 8:    }
 9: }
10: class EventFrame extends Frame {
11:    TextField t1;
12:    Button b1;
13:    EventFrame(String title) {
14:        super(title);
15:        GridLayout gl = new GridLayout(2,1);
16:        setLayout(gl);
17:        t1 = new TextField("Push the Button");
18:        b1 = new Button("Button");
19:        b1.addActionListener(new ActionHandler());
20:        add(t1);
21:        add(b1);
22:    }
23:    class ActionHandler implements ActionListener {
24:        public void actionPerformed(ActionEvent e) {
25:            t1.setText("The button is pushed.");
26:        }
27:    }
28: }
```

프로그램 설명

▶ 2번째 줄:위 프로그램에서는 ActionListener interface와 ActionEvent class 를 사용하고 있고 이들 class와 interface는 java.awt.event package에 있으므로 이 package를 import해야 합니다.

▶ 19번째 줄: Button class는 이벤트가 발생하면 이벤트를 처리해야 할 object를 지

정하는 method addActionListener()을 가지고 있습니다. addActionListener()의 parameter로 ActionListener을 implements한 object를 넘겨주어야 합니다.(연관 관계①)

▶ 23~27번째 줄:버튼을 클릭했을 때 생기는 이벤트는 ActionEvent입니다. 이 이벤트를 처리할 class는 ActionListener을 implements해야 합니다. 왜냐하면 Button class내부에서 actionPerformed(ActionEvent e)를 호출하기 때문입니다.(연관 관계③)

▶ 다시 한번 다른 각도에서 설명합니다. 24번째 줄에 선언된 actionPerformed(ActionEvent e) method는 Ex01901 프로그램 내의 어디에서도 호출하는 곳이 없습니다. 프로그램을 작성하는 사람이 이 method를 호출하기 위해 만든 method가 아닙니다. 이 method는 Button class 내의 어딘가에서 이벤트가 발생하면 호출하게 되어있습니다. 즉 Button object 내에서 ActionEvent object도 만들고 (연관 관계②) 그 ActionEvent object를 가지고 actionPerformed(ActionEvent e) method도 호출할 수 있도록 만들어져 있습니다. 우리는 Button object가 actionPerformed(ActionEvent e) method를 호출할 때 처리해야할 일만 actionPerformed(ActionEvent e) method 내에 정의하면 되는 것입니다.(연관 관계③)

▶ ActionHandler class는 EventFrame class의 inner class로 선언되어있습니다. Inner class로 선언한 이유는 25번째 줄에 있습니다. TextField class에는 setText(String text)라는 method가 있습니다. 프로그램 수행 도중 setText(String text)를 호출하여 언제든지 해당되는 TextFiled의 text 값을 변경할 수 있습니다. 그런데 TextField t1은EventFrame class의 attribute입니다. Class가 서로 다를 때 한쪽 class에서 다른쪽 class의 attribute를 access할 경우에는 object 참조형 변수가 있어야 합니다. 이런 번거로움을 없애고, ActionHandler class는 EventFrame class에서만 사용하므로 inner class로 선언한 것입니다. Inner class로 선언하면 같은 object 내에 있는 것과 같은 효과를 나타내므로 object 참조형 변수없이 t1인 instance변수만으로 access가 가능한 것입니다.

예제 | Ex01901Z

■ **Frame class를 상속받아 subclass인 EventFrame class을 만들어야 하는 이유** ■

예제 Ex01901을 보면 Frame class를 상속받아 EventFrame class를 만들었습니다. EventFrame class을 새로 정의하지 않고 Ex01901 class내에서 Event를 처리하는 프로그램을 만들 수는 없는지? 또 만들 수 있다면 EventFrame class를 만들어서 Event를 처리하는 것과 어떻게 다른지 알아 보겠습니다.

결론은 EventFrame class를 새로 정의하지 않고 Ex019 class 내에서 Event를 처리할 수 있습니다. 하지만 Frame class을 상속받아 EventFrame class를 새롭게 정의해서 Event를 처리하는 것이 훨씬 프로그램이 간단합니다.

아래 프로그램은 EventFrame class를 새로 정의하지 않고 Ex01901Z class 내에서 Event를 처리하면 어떤 문제가 있는지를 설명합니다. 그러면 자연스럽게 왜 Frame class를 상속받아 subclass인 EventFrame class을 만들어야 하는지 그 이유를 알수 있습니다.

```java
 1: import java.awt.*;
 2: import java.awt.event.*;
 3: class Ex01901Z {
 4:    public static void main(String[] args) {
 5:        Frame frame = new Frame("Event 01Z");
 6:        GridLayout gl = new GridLayout(2,1);
 7:        frame.setLayout(gl);
 8:        TextField t1 = new TextField("Push the Button");
 9:        Button b1 = new Button("Button");
10:        b1.addActionListener(new ActionHandler(t1));
11:        frame .add(t1);
12:        frame.add(b1);
13:        frame.setSize(200,100);
14:        frame.setVisible(true);
15:    }
16: }
17: class ActionHandler implements ActionListener {
18:    TextField t1;
19:    ActionHandler(TextField t1) {
20:        this.t1 = t1;
21:    }
22:    public void actionPerformed(ActionEvent e) {
23:        t1.setText("The button is pushed.");
24:    }
25: }
```

프로그램 설명

▶ 위 프로그램은 버튼을 클릭하면 TextField에 "The button is pushed."라는 메세지를 TextField에 출력하는 프로그램입니다. 버튼이 click되었을 때 Event를 받아 처리하는 Event 처리 class(일반적으로 EventHandle class라고 부릅니다.)가 17번째 줄에 ActionHandler라는 이름으로 별도의 class로 정의되어 있습니다.

▶ ActionHandler class는 프로그램이 시작하는 Ex01901Z class와 다른 별도의 class

입니다. 그러므로 ActionHandler class내 Ex01901Z class에서 생성한 TextField object에 메세지를 출력하기 위해서는 TextField object의 주소를 알아야 합니다. 10번째 줄에서 ActionHandler object를 생성하면서 TextField object의 주소를 ActionHandler 생성자에 넘겨주고, 19번째 줄의 ActionHandler 생성자에서 TextField object의 주소를 넘겨받아 TextField object의 주소를 18번째 줄의 t1 변수에 저장합니다.

▶ Button이 click하는 Event가 발생하면 22번째의 actionPerformed() method가 수행되므로 23번째 줄에서 TextField object에 메세지를 출력해줍니다.

▶ 결론적으로 Eventhandler class에서 관련있는 Component에 어떤 일(예: TextField에 메세지를 출력하는 일)을 하기 위해서는 관련있는 모든 Component를 EventHandler class에 넘겨주어야 합니다. 위 프로그램은 component가 하나이니까 간단해 보이지만 10개, 20개가 있으면 넘겨주고, 넘겨받는 부분의 프로그램이 길어집니다. ①Frame class를 상속받아 subclass를 만듭니다. ②EventHandling class에서 사용하는 component들을 Frame을 상속받은 subclass의 attribute로 선언해줍니다. ③EventHandling class를 Frame을 상속받은 subclass의 inner class로 선언해주면 inner class에서 관련있는 component를 access할 수 있으므로 이와 같이 넘겨주고 넘겨받는 부분의 coding은 안 해도 되므로 프로그램이 간단해집니다.

예제 | Ex01901A

다음 프로그램은 Button을 click하면 몇 번을 클릭했는지 알 수 있도록 만든 프로그램입니다.

```
 1: import java.awt.*;
 2: import java.awt.event.*;
 3: class Ex01901A {
 4:    public static void main(String[] args) {
 5:       EventFrame frame = new EventFrame("AWT Event 01A");
 6:       frame.setSize(200,100);
 7:       frame.setVisible(true);
 8:    }
 9: }
10: class EventFrame extends Frame {
11:    TextField t1;
12:    Button b1;
13:    EventFrame(String title) {
14:       super(title);
15:       GridLayout gl = new GridLayout(2,1);
16:       setLayout(gl);
```

```
17:        t1 = new TextField("Push the Button several times");
18:        b1 = new Button("Button");
19:        b1.addActionListener(new ActionHandler());
20:        add(t1);
21:        add(b1);
22:    }
23:    class ActionHandler implements ActionListener {
24:        int count;
25:        public void actionPerformed(ActionEvent e) {
26:            count = count + 1;
27:            t1.setText("The button is pushed "+count+" time(s).");
28:        }
29:    }
30: }
```

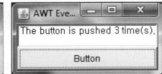

프로그램 설명

▶ 19,23번째 줄:Ex01901 프로그램과 동일한 설명입니다.

▶ 24,26번째 줄:버튼이 클릭될 때마다 actionPerformed(ActionEvent e) method 가 호출되므로 그때마다 1증가 count에 저장하면 몇 번을 클릭했는지 알수 있습 니다.

예제 | Ex01901B

아래 프로그램은 버튼이 두개 이상일 때 어떤 Button이 클릭되었는지 알아내는 프 로그램입니다.

```
1: import java.awt.*;
2: import java.awt.event.*;
3: class Ex01901B {
4:    public static void main(String[] args) {
5:        EventFrame frame = new EventFrame("AWT Event 01B");
6:        frame.setSize(230,120);
7:        frame.setVisible(true);
8:    }
9: }
10: class EventFrame extends Frame {
11:    TextField t1;
12:    Button b1;
13:    Button b2;
```

```
14:    EventFrame(String title) {
15:        super(title);
16:        GridLayout gl = new GridLayout(3,1);
17:        setLayout(gl);
18:        t1 = new TextField("Push the above or the below Button.");
19:        b1 = new Button("Button1");
20:        b2 = new Button("Button2");
21:        b1.addActionListener(new ActionHandler1());
22:        b2.addActionListener(new ActionHandler2());
23:        add(b1);
24:        add(t1);
25:        add(b2);
26:    }
27:    class ActionHandler1 implements ActionListener {
28:        public void actionPerformed(ActionEvent e) {
29:            t1.setText("The button 1 is pushed.");
30:        }
31:    }
32:    class ActionHandler2 implements ActionListener {
33:        public void actionPerformed(ActionEvent e) {
34:            t1.setText("The button 2 is pushed.");
35:        }
36:    }
37: }
```

프로그램 설명

▶ 21번째 줄:b1 버튼에는 ActionHandler1 class로부터 만든 object를 붙입니다.

▶ 22번째 줄:b2 버튼에는 ActionHandler2 class로부터 만든 object를 붙입니다.

▶ 각각의 버튼마다 TextField t1에 출력하는 내용이 다르기 때문에 다른 class의 object를 만들어 붙여줍니다.

예제 | Ex01901C

아래 프로그램은 위 프로그램 Ex0191B 프로그램을 개선한 것으로 버튼이 두 개 이상일 경우 어떤 버튼이 클릭되었는지 알아낼 때 2개의 class를 버튼마다 정의하지 않고, 하나로 통합해서 관리해줄 수 있는 프로그램입니다.

```
1 : import java.awt.*;
2: import java.awt.event.*;
```

```
 3: class Ex01901C {
 4:    public static void main(String[] args) {
 5:        EventFrame frame = new EventFrame("AWT Event 01C");
 6:        frame.setSize(230,120);
 7:        frame.setVisible(true);
 8:    }
 9: }
10: class EventFrame extends Frame {
11:    TextField t1;
12:    Button b1;
13:    Button b2;
14:    EventFrame(String title) {
15:        super(title);
16:        GridLayout gl = new GridLayout(3,1);
17:        setLayout(gl);
18:        t1 = new TextField("Push the above or the below Button");
19:        b1 = new Button("Button1");
20:        b2 = new Button("Button2");
21:        b1.addActionListener(new ActionHandlerAll());
22:        b2.addActionListener(new ActionHandlerAll());
23:        add(b1);
24:        add(t1);
25:        add(b2);
26:    }
27:    class ActionHandlerAll implements ActionListener {
28:        public void actionPerformed(ActionEvent e) {
29:            Button btn = (Button)e.getSource();
30:            if ( btn == b1 ) t1.setText("The above button is pushed.");
31:            if ( btn == b2 ) t1.setText("The below button is pushed.");
32:        }
33:    }
34: }
```

프로그램 설명

▶ 21,22번째 줄:b1,b2 Button 모두에 ActionHandlerAll class로부터 만든 object 를 붙입니다.

▶ 29번째 줄:이벤트 근원(Event Source)를 알아내는 method getSource()를 사 용하여 ActionEvent object e에 저장된 이벤트 근원(Event Source)인 Button object를 받아 냅니다.

▶ 위 프로그램은 버튼마다 이벤트를 처리하는 class를 정의하지 않고, 하나의 이벤트 처리 class로 모든 Button에서 발생하는 이벤트를 처리하도록 하고 있습니다.

예제 | Ex01901D

아래 프로그램은 위 프로그램 Ex01901C 프로그램을 개선한 것으로 버튼이 두 개 이상일때 어떤 버튼이 클릭되었는지 알아내기 위한 것은 Ex01901C 프로그램과 동일합니다. 단지 Ex01901C에서 2개의 object를 생성했다면 이번 프로그램은 하나의 object만을 생성하고 그 object의 actionPerformed() method내에서 어떤 버튼이 클릭되었는지를 알아낼 수 있는 프로그램입니다.

```
 1: import java.awt.*;
 2: import java.awt.event.*;
 3: class Ex01901D {
 4:    public static void main(String[] args) {
 5:        EventFrame frame = new EventFrame("AWT Event 01D");
 6:        frame.setSize(230,120);
 7:        frame.setVisible(true);
 8:    }
 9: }
10: class EventFrame extends Frame {
11:     TextField t1;
12:     Button b1;
13:     Button b2;
14:     EventFrame(String title) {
15:         super(title);
16:         GridLayout gl = new GridLayout(3,1);
17:         setLayout(gl);
18:         t1 = new TextField("Push the above or the below Button");
19:         b1 = new Button("ButtonA");
20:         b2 = new Button("ButtonB");
21:         ActionHandlerAll ahaObj = new ActionHandlerAll();
22:         b1.addActionListener(ahaObj);
23:         b2.addActionListener(ahaObj);
24:         add(b1);
25:         add(t1);
26:         add(b2);
27:     }
28:     class ActionHandlerAll implements ActionListener {
29:         public void actionPerformed(ActionEvent e) {
30:             Button btn = (Button)e.getSource();
31:             if ( btn == b1 ) t1.setText("The above button is pushed.");
32:             if ( btn == b2 ) t1.setText("The below button is pushed.");
33:         }
34:     }
35: }
```

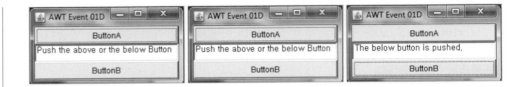

프로그램 설명

▶ 21,22,23번째 줄:b1,b2 Button 모두에 ActionHandlerAll class로부터 만든 하나의 object ahaObject를 붙입니다.

▶ 위 프로그램은 버튼마다 이벤트를 처리하는 object를 생성하지 않고, 하나의 이벤트 처리 object로 모든 Button에서 발생하는 이벤트를 처리하도록 하고 있습니다. Object을 많이 생성하면 프로그램 성능(Performance)를 약화 시킬 수 있으므로 불필요한 class를 정의하거나 불필요한 object는 생성하지 않도록 프로그램 개발하는 것이 좋은 프로그램을 개발하는 방법입니다.

예제 | Ex01901E

아래 프로그램은 Ex01901D와 Ex01851 프로그램을 응용하여 Button "Blue"을 클릭하면 아래 출력 화면처럼 십자선이 파란색으로 나타나는 프로그램입니다.

아래 ActionButtonAll class처럼 Color object를 새롭게 설정한 후 repaint() method를 호출해야 Java VM이 해당 component를 다시 그립니다. 즉 repaint() method 내에서 해당 component의 paint(Graphics g)를 다시 호출하도록 프로그램 되어 있습니다. 그러므로 프로그래머는 paint(Graphic g) method를 다시 수행시켜야 할 경우에는 repaint() method를 호출하면 됩니다. repaint() method는 Component class에 정의되어 있는 method이므로 Component class를 상속받은 모든 component는 repaint() method를 호출할 수 있습니다.

```
 1: import java.awt.*;
 2: import java.awt.event.*;
 3: class Ex01901E {
 4:    public static void main(String[] args) {
 5:        AWTEventFrame frame = new AWTEventFrame("AWT Event 01E");
 6:        frame.setSize(300,150);
 7:        frame.setVisible(true);
 8:    }
 9: }
10: class AWTEventFrame extends Frame {
11:    Button b1 = new Button("Red");
12:    Button b2 = new Button("Blue");
13:    Canvas cv = new Crosshairs();
14:    Color color = Color.red;
```

```
15:     AWTEventFrame(String title) {
16:         super(title);
17:         //setLayout(new BorderLayout());
18:         Label l1 = new Label("Draw crosshairs");
19:         add(l1, BorderLayout.NORTH);
20:         add(cv, BorderLayout.CENTER);
21:         ActionButtonAll abaObj = new ActionButtonAll();
22:         b1.addActionListener(abaObj);
23:         b2.addActionListener(abaObj);
24:         Panel p = new Panel();
25:         p.setLayout(new FlowLayout());
26:         p.add(b1);
27:         p.add(b2);
28:         add(p, BorderLayout.SOUTH);
29:     }
30:     class ActionButtonAll implements ActionListener {
31:         public void actionPerformed(ActionEvent e) {
32:             Button btn = (Button)e.getSource();
33:             if ( btn == b1 ) color = Color.red;
34:             if ( btn == b2 ) color = Color.blue;
35:             cv.repaint();
36:         }
37:     }
38:     class Crosshairs extends Canvas {
39:         public void paint(Graphics g) {
40:             int x = getSize().width / 2;
41:             int y = getSize().height / 2;
42:             g.setColor(color);
43:             g.drawLine(x-40,y,x-2,y);
44:             g.drawLine(x+40,y,x+2,y);
45:             g.drawLine(x, y-40,x,y-2);
46:             g.drawLine(x, y+40,x,y+2);
47:         }
48:     }
49: }
```

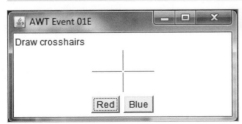
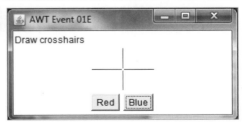

프로그램 설명

▶ 35번째 줄:33,34번째 줄에서 color를 다시 설정하고 CrossHairs object cv의 repaint() method를 호출하면 Canvas 속에 있는 repaint() method에서 paint(Graphics g)를 호출해서 CrossHair object cv를 다시 그립니다.

예제 | Ex01901E1

아래 프로그램은 Ex01901E 프로그램과 동일하게 작동하는 프로그램입니다. 단지 CrossHair class를 AWTEventFrame class밖에다 코딩한 것입니다. 어떻게 달라지나 비교해 보세요.

```
 1: import java.awt.*;
 2: import java.awt.event.*;
 3: class Ex01901E1 {
 4:     public static void main(String[] args) {
 5:         AWTEventFrame frame = new AWTEventFrame("AWT Event 01E1");
 6:         frame.setSize(300,150);
 7:         frame.setVisible(true);
 8:     }
 9: }
10: class AWTEventFrame extends Frame {
11:     Button b1 = new Button("Red");
12:     Button b2 = new Button("Blue");
13:     Crosshairs cv = new Crosshairs();
14:     AWTEventFrame(String title) {
15:         super(title);
16:         //setLayout(new BorderLayout());
17:         Label l1 = new Label("Draw crosshairs");
18:         add(l1, BorderLayout.NORTH);
19:         add(cv, BorderLayout.CENTER);
20:         ActionButtonAll abaObj = new ActionButtonAll();
21:         b1.addActionListener(abaObj);
22:         b2.addActionListener(abaObj);
23:         Panel p = new Panel();
24:         p.setLayout(new FlowLayout());
25:         p.add(b1);
26:         p.add(b2);
27:         add(p, BorderLayout.SOUTH);
28:     }
29:     class ActionButtonAll implements ActionListener {
30:         public void actionPerformed(ActionEvent e) {
31:             Button btn = (Button)e.getSource();
32:             if ( btn == b1 ) cv.color = Color.red;
33:             if ( btn == b2 ) cv.color = Color.blue;
34:             cv.repaint();
35:         }
36:     }
37: }
38: class Crosshairs extends Canvas {
39:     Color color = Color.red;
40:     public void paint(Graphics g) {
41:         int x = getSize().width / 2;
42:         int y = getSize().height / 2;
```

```
43:        g.setColor(color);
44:        g.drawLine(x-40,y,x-2,y);
45:        g.drawLine(x+40,y,x+2,y);
46:        g.drawLine(x, y-40,x,y-2);
47:        g.drawLine(x, y+40,x,y+2);
48:    }
49: }
```

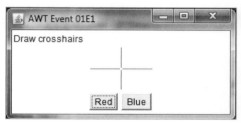
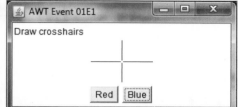

프로그램 설명

▶ 13번째 줄에서 Canvas object변수가 아니라 CrossHair object변수를 선언해 주어야 합니다. 그래야 32,33번째 줄에서 cv.color instance변수를 참조할 수 있습니다. Canvas object변수로 선언하면 32,33번째 줄의 cv.color는 Canvas class에는 없는 변수입니다. 즉 cv.color는 CrossHair class에만 있는 변수입니다.

문제 | Ex01901F

아래 프로그램은 Ex01901D와 Ex01853A 프로그램을 응용하여 Button "Move Right〉"을 click하면 아래 출력 화면처럼 man이 오른쪽으로 옮겨지게 나타나도록 프로그램을 작성하세요.

문제 | Ex01901G

아래 프로그램은 Ex01901D와 Ex01854A 프로그램을 응용하여 Button "Bow River"을 click하면 아래 출력 화면처럼 화살표가 image 속의 Bow River에 나타나도록 프로그램을 작성하세요.

각 위치에 대한 좌표는 아래 좌표를 참조하세요.

Position=(x, y)라면, Mt. Rundle = (30,30), Mt.Sulohur=(230, 40), Banff Town=(35, 100), Bow River=(190,140)

① 최초 화면은 아래와 같이 출력되어야 합니다.

② 두 번째 화면은 4개의 버튼 중 어느 하나를 틀릭하면 해당 위치에 화살표가 나와 야합니다. 아래 화면은 "Bow River" 버튼을 클릭했을 때 보여지는 화면입니다.

문제 | Ex01901H

다음 프로그램은 ActionEvent의 getActionCommand() method 사용 예와 Button 의 Enable과 Disable의 활용 예를 보여주는 프로그램입니다.

```
 1: import java.awt.*;
 2: import java.awt.event.*;
 3: class Ex01901H {
 4:    public static void main(String[] args) {
 5:        EventFrame frame = new EventFrame("AWT Event 01H");
 6:        frame.setSize(300,150);
 7:        frame.setVisible(true);
 8:    }
 9: }
10: class EventFrame extends Frame {
```

```
11:    TextField t1;
12:    Button b11;
13:    Button b12;
14:    Button b13;
15:    Button b21;
16:    Button b22;
17:    EventFrame(String title) {
18:        super(title);
19:        setLayout(new GridLayout(3,1));
20:        Panel p1 = new Panel();
21:        Panel p2 = new Panel();
22:        t1 = new TextField("Push the above or the below Button");
23:        b11 = new Button("Dog");
24:        b12 = new Button("Cat");
25:        b13 = new Button("Tiger");
26:        b21 = new Button("Animal");
27:        b22 = new Button("Car");
28:        b21.setEnabled(false);
29:        ActionHandler1 ah1Obj = new ActionHandler1();
30:        b11.addActionListener(ah1Obj);
31:        b12.addActionListener(ah1Obj);
32:        b13.addActionListener(ah1Obj);
33:        p1.add(b11);
34:        p1.add(b12);
35:        p1.add(b13);
36:        ActionHandler2 ah2Obj = new ActionHandler2();
37:        b21.addActionListener(ah2Obj);
38:        b22.addActionListener(ah2Obj);
39:        p2.add(b21);
40:        p2.add(b22);
41:        add(p1);
42:        add(t1);
43:        add(p2);
44:    }
45:    class ActionHandler1 implements ActionListener {
46:        public void actionPerformed(ActionEvent e) {
47:            t1.setText("The "+e.getActionCommand()+" button is pushed.");
48:        }
49:    }
50:    class ActionHandler2 implements ActionListener {
51:        public void actionPerformed(ActionEvent e) {
52:            Button btn = (Button)e.getSource();
53:          if ( btn == b21 ) { // if ( e.getActionCommand().equals("Animal")
) {
54:                b11.setLabel("Dog");
55:                b12.setLabel("Cat");
56:                b13.setLabel("Tiger");
57:                b21.setEnabled(false);
58:                b22.setEnabled(true);
59:            }
```

```
60:          if ( btn == b22 ){ // if ( e.getActionCommand().equals("Car") ) {
61:              b11.setLabel("Bus");
62:              b12.setLabel("Truck");
63:              b13.setLabel("Sedan");
64:              b21.setEnabled(true);
65:              b22.setEnabled(false);
66:          }
67:        }
68:      }
69: }
```

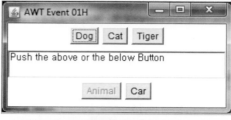

프로그램 설명

▶ 28번째 줄:프로그램 최초 실행 상태는 동물들의 버튼을 클릭할 수 있는 상태이므로 "Animal" 버튼을 누를 필요가 없기 때문에 "Animal" 버튼을 비활성화 시키기 위해 false를 설정합니다.

▶ 47번째 줄:ActionEvent object의 getActionCommand() method는 ActionEvent가 발생한 component에 설정된 값을 return합니다. Component에 따라 설정된 위치가 다르므로 Component의 어디에 설정되어 있는 값이 getActionCommand() method로 return되는지 알고 있어야 합니다. 버튼에서는 Button의 Label에 설정된 값이 return됩니다.

▶ 53번째 줄:EventSource가 무엇인지 알기 위해서는 53번째 줄과 같이 Component를 서로 비교하는 방법과, getActionCommand()로 얻어낸 문자열이 무엇인지 비교함으로서 알 수 있습니다.

문제 | Ex01901J

도전해 보세요 계산기가 아래와 같이 제대로 작동하도록 프로그램을 작성하세요. 숫자가 오른쪽 정렬되도록 하는 기능은 20.1.3 절 'Swing의 기본 Component' 중 ② 'JTextField 와 JPassword class'에서 설명하므로 이번 문제에서는 기본 설정으로 나오는 왼쪽 정렬을 그대로 사용합니다.

① 최초 화면:숫자 표시 TextField에 "0"으로 표시합니다.

② 두 번째 화면:"1"부터 "9"까지의 숫자 버튼을 클릭하면 기존의 TextField에 있는 "0"는 지워지고 입력한 숫자만 나오도록 합니다. 두 번째 화면의 경우 "7"를 클릭한 상태임

③ 세 번째 화면:소숫점을 포함하여 숫자를 클릭하면 클릭하는 버튼의 값이 TextField에 추가되어 나타나게 합니다. 세 번째 화면은 두 번째 화면 "7"에서 "4", "1", ".", "3", "6", "9"의 버튼을 클릭한 상태임

④ 네 번째 화면:세 번째 화면에서 "C" Button을 클릭하면 TextField의 모든 data를 삭제하고 "0"로 설정합니다.

⑤ 다섯 번째 화면:"DEL" 버튼을 클릭하면 TextField의 data 중 오른쪽에 있는 문자 한 글자씩 제거합니다. 다섯 번째 화면은 세 번째 화면에서 "DEL" 버튼을 두 번 클릭한 상태임.

⑥ 여섯 번째 화면:"+", "−", "*", "/"를 클릭하면 사칙연산 부호가 TextField에 나타나도록 합니다.

⑦ 일곱 번째 화면:여섯 번째 화면에서 이미 사칙연산 부호가 있는 상태에서 다른 사칙연산 부호를 클릭하면 기존에 있는 사칙연산 부호가 잘못 입력된 것으로 보고 새롭게 입력된 사칙연산 부호로 바꾸어 줍니다. 7번째 화면은 6번째 화면의 data에서, 즉 "741.3+"상태에서 "－" 버튼을 누른 상태입니다.

⑧ 여덟 번째 화면:일곱 번째 화면에서 "2", "5", ".", "4" 버튼을 click한 상태입니다.

⑨ 아홉 번째 화면:여덟 번째 화면에서 "=" 버튼을 클릭하면 계산이 되어 아래와 같이 출력되도록 프로그램을 작성하세요.

⑩ 아래 화면처럼 여러 개의 덧셈과 뺄셈이 동시에 있는 계산도 가능하도록 프로그램을 작성하세요.

⑪ 아래 화면처럼 여러 개의 덧셈, 뺄셈, 곱셈이 동시에 있는 계산도 가능하도록 프로그램을 작성하세요.

⑫ 아래 화면처럼 여러 개의 덧셈, 뺄셈, 곱셈, 나눗셈이 동시에 있는 계산도 가능하도록 프로그램을 작성하세요.

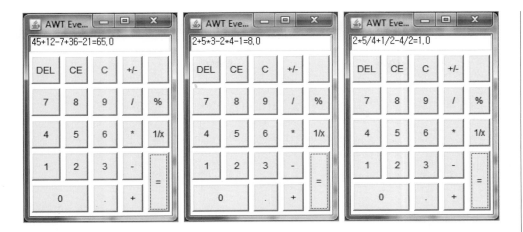

• **힌트 |** 아래 프로그램 일부는 사칙연산을 위한 것입니다. 아래 내용을 보지 말고 스스로 해결하도록 해보세요.

```
X01:            if ( buttonChar.equals("=") ) {
X02:              String[] additionStr = existingData.split("[+]");
X03:              double[] additionDbl = new double[additionStr.length];
X04:              for ( int i=0 ; i<additionStr.length ; i++ ) {
X05:                String[] subtractionStr = additionStr[i].split("[-]");
X06:                  double[] subtractionDbl = new double[subtractionStr.
length];
X07:                for ( int j=0 ; j<subtractionStr.length ; j++ ) {
X08:                  String[] multipleStr = subtractionStr[j].split("[*/]");
X09:                  double[] multipleDbl = new double[multipleStr.length];
X10:                  String operator = "";
X11:                  for ( int k=0 ; k<subtractionStr[j].length() ; k++ ) {
X12:                        if ( subtractionStr[j].charAt(k) == '*' ||
subtractionStr[j].charAt(k) == '/' ) {
X13:                        operator += subtractionStr[j].charAt(k);
X14:                      }
X15:                  }
X16:                  for ( int k=0 ; k<multipleStr.length ; k++ ) {
X17:                    multipleDbl[k] = Double.parseDouble(multipleStr[k]);
X18:                  }
X19:                  subtractionDbl[j] = multipleDbl[0];
X20:                  for ( int k=1 ; k<multipleDbl.length ; k++ ) {
X21:                    if ( operator.charAt(k-1) == '*' ) {
X22:                        subtractionDbl[j] *= multipleDbl[k];
X23:                    } else {
X24:                        subtractionDbl[j] /= multipleDbl[k];
X25:                    }
X26:                  }
X27:                }
X28:                additionDbl[i] = subtractionDbl[0];
X29:                for ( int j=1 ; j<subtractionDbl.length ; j++ ) {
```

```
X30:                addition Dbl[i] -= subtractionDbl[j];
X31:              }
X32:            }
X33:            double total = additionDbl[0];
X34:            for ( int i=1 ; i<additionDbl.length ; i++ ) {
X35:                total += additionDbl[i];
X36:            }
X37:            t1.setText(existingData+"="+total);
X38:            return;
X39:        }
```

프로그램 설명

▶ X02, X05, X08 번째 줄의 split() method내에 들어가는 문자열은 10.8 정규 표현에서 설명한 사항입니다.

▶ 사칙연산은 곱셈과 나눗셈을 먼저 해야 되므로 for loop의 제일 안쪽 loop에서 처리해 주어야 합니다.

19.2 Action Event

ActionEvent는 사용자가 버튼을 클릭한다던지, TextField에서 엔터를 친다던지, Menu Item에서 Menu를 선택했을 때 ActionEvent를 발생시킵니다. ActionEvent에는 다음과 같은 method가 있어 이벤트 처리 시 많이 활용합니다.

● getSource():이벤트가 발생한 component object를 알아내는 method입니다. 이 method는 EventObject class로부터 상속받은 method이므로 앞으로 설명하게 될 모든 Event object에 이 method가 있다고 생각하면 됩니다.

● getActionCommand()와 setActionCommand():Action과 관련된 문자열을 알아내는 method입니다. setActionCommand() method로 설정해 주지 않으면 기본 값으로 해당 Component에 설정된 Label과 같은 문자열을 반환합니다. 예를 들면 Button componet에서는 Button에 나타난 Label을 반환합니다. 즉 Button b1 = new Button("OK"); 라고 했을 경우 "OK"가 Button에 나타난 Label이며, getActionCommand()로 얻어내는 문자열도 "OK"입니다. 하지만 b1.setActionCommand("Yes")라고 ActionCommand를 지정했다면, Label은 "OK"이고, ActionCommand는 "Yes"가 됩니다.

Button에 대한 ActionEvent는 19.1절 'Event 이해하기'에서 설명했으므로 TextField에서 발생하는 ActionEvent부터 설명합니다.

19.2.1 TextField ActionEvent

TextField에서의 ActionEvent는 TextField에서 엔터를 쳤을 때 ActionEvent가 발생합니다. 처리하는 방법은 Button에서의 ActionEvent 처리 방법과 유사합니다.

예제 | Ex01911

아래 프로그램은 다른 사람과 통신을 할 때 대화창을 사용합니다. 이때 대화창의 TextField에 메세지를 입력하고 엔터를 치면 상대방이 답변하는 프로그램이나 아직 통신관련 설명이 안 되었으므로 프로그램에서 "Not program yet"이라는 message를 보내도록 만들었습니다.

```java
 1: import java.awt.*;
 2: import java.awt.event.*;
 3: class Ex01911 {
 4:     public static void main(String[] args) {
 5:         EventFrame frame = new EventFrame("AWT Event 11");
 6:         frame.setSize(300,200);
 7:         frame.setVisible(true);
 8:     }
 9: }
10: class EventFrame extends Frame {
11:     Label l1 = new Label("대화창");
12:     Label l2 = new Label("대화를 입력하세요");
13:     TextArea ta = new TextArea();
14:     TextField tf = new TextField();
15:     EventFrame(String title) {
16:         super(title);
17:         setLayout(new BorderLayout());
18:         add(l1, BorderLayout.NORTH);
19:         add(ta, BorderLayout.CENTER);
20:         ta.setEditable(false);
21:         Panel p = new Panel();
22:         p.setLayout(new BorderLayout());
23:         p.add(l2, BorderLayout.NORTH);
24:         p.add(tf, BorderLayout.SOUTH);
25:         add(p, BorderLayout.SOUTH);
26:         tf.addActionListener(new ActionHandler());
27:     }
28:     class ActionHandler implements ActionListener {
29:         public void actionPerformed(ActionEvent e) {
30:             String text1 = "User respond : \n";
31:             text1 = text1 + "    "+tf.getText() + "\n";
32:             ta.append(text1+"\n");
33:             tf.setText("");
34:             String text2 = "Computer reply :\n   No program yet. \n";
35:             ta.append(text2+"\n");
36:         }
```

```
37:     }
38: }
```

프로그램 설명

▶ 20번째 줄:13번째 줄에 선언한 TextArea에 모든 대화 내용이 기록되도록 되어 있습니다. 대화 내용은 수정되는 내용이 아니므로 TextArea를 수정할 수 있는 기능을 setEditable() method를 사용하여 비활성화(disable) 시킵니다.

▶ 26번째 줄:28번째 줄에서 선언한 ActionHandler class로 object를 생성 후 Button class와 동일하게 AddActionListener() method를 사용하여 TextField object에 붙여 놓습니다. 정확히 말하면 ActionHandler object의 주소를 TextField에 저장합니다.

▶ 28번째 줄:Button class와 동일하게 ActionListener interface를 implements 하여 ActionHandler class를 만듭니다.

▶ 29번째 줄:Button class와 동일하게 actionPerformed(ActionEvent e)는 TextField에서 엔터키를 치면 수행되는 명령어를 작성하는 method입니다.

▶ 30~33번째 줄:사용자가 TexTField에서 입력한 문자를 getText() method로 받아 내어 사용자가 작성한 것이라는 메세지 "User respond :"를 합칩니다. TextArea에 append() method를 사용하여 기존에 있던 문자열에 첨가하고, 다음 대화를 입력받기 위해 기존에 있던 문자열은 setText() method로 빈 문자열을 설정해 줍니다.

▶ 34,35번째 줄:컴퓨터의 답변(실제 실용 프로그램에서는 상대방의 답변)을 Text Area에 append() method를 사용하여 기존에 있던 문자열에 첨가합니다.

19.2.2 List ActionEvent

List에서는 Event가 두 가지 발생시킬 수 있습니다. 즉 클릭하면 ItemChangeEvent가 발생하고, 더블 클릭하면 ActionEvent가 발생합니다. 그러므로 ActionEvent를 발생시키기 위해서는 더블 클릭을 해야 합니다. Item을 클릭만으로 선택하면

ItemChangedEvent가 발생하므로 주의가 필요합니다. 일반적으로 List의 event 발생은 click만으로 하는 ItemChangedEvent를 주로 사용합니다. double click 으로 하는 ActionEvent는 잘 사용하지 않습니다. ItemChangedEvent는 19.6 'ItemChangedEvent'를 참조하세요.

예제 | Ex01912

아래 프로그램은 List의 ActionEvent가 발생하면 색깔을 선택하도록 만든 프로그램입니다. **주의 |** 아래 프로그램에서 double click을 해야 ActionEvent가 발생하므로 프로그램의 작동을 위해 꼭 double click을 해야 합니다.

```java
 1: import java.awt.*;
 2: import java.awt.event.*;
 3: class Ex01912 {
 4:    public static void main(String[] args) {
 5:       EventFrame f = new EventFrame("AWT Event 12");
 6:       f.setSize(300,150);
 7:       f.setVisible(true);
 8:    }
 9: }
10: class EventFrame extends Frame {
11:    List list1 = new List();
12:    List list2 = new List(0, true);
13:    Label color1 = new Label();
14:    EventFrame(String title) {
15:       super(title);
16:       Label label1 = new Label("Select one");
17:       add(label1, BorderLayout.NORTH);
18:       add(list1, BorderLayout.CENTER);
19:       add(color1, BorderLayout.SOUTH);
20:       list1.add("Black");
21:       list1.add("White");
22:       list1.add("Red");
23:       list1.add("Green");
24:       list1.add("Blue");
25:       list1.add("Yellow");
26:       list1.addActionListener(new ActionHandler());
27:    }
28:    class ActionHandler implements ActionListener {
29:       public void actionPerformed(ActionEvent e) {
30:          int idx = list1.getSelectedIndex();
31:          switch ( idx ) {
32:             case 0: color1.setBackground(Color.black); break;
33:             case 1: color1.setBackground(Color.white); break;
34:             case 2: color1.setBackground(Color.red); break;
35:             case 3: color1.setBackground(Color.green); break;
36:             case 4: color1.setBackground(Color.blue); break;
```

```
37:                case 5: color1.setBackground(Color.yellow); break;
38:            }
39:        }
40:    }
41: }
```

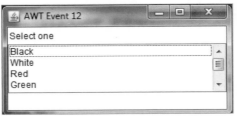 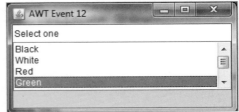

프로그램 설명

▶ 26번째 줄:28번째 줄에 정의된 ActionHandler class로 object를 만들어 list1 object에 EventHandler로 등록합니다.

▶ 30~39번째 줄:ActionEvent가 발생하면, 즉 double click하면, double click 한 item의 index를 얻은 후 index에 맞는 색깔을 color1 Label의 배경색으로 설정해 줍니다.

19.2.3 MenuItem ActionEvent

MenuItem에서 ActionEvent를 발생시키기 위해서는 MenuItem click을 해야 합니다.

예제 | Ex01913

아래 프로그램은 MenuIem의 ActionEvent를 이용하여 새로운 Component을 Frame에 설정하거나, Panel의 Layout를 변경하는 프로그램입니다.

```
 1: import java.awt.*;
 2: import java.awt.event.*;
 3: class Ex01913 {
 4:    public static void main(String[] args) {
 5:        EventFrame frame = new EventFrame("AWT Event 13");
 6:        frame.setSize(300,180);
 7:        frame.setVisible(true);
 8:    }
 9: }
10: class EventFrame extends Frame {
11:    Button b1 = new Button("Button 1");
12:    Button b2 = new Button("Button 2");
```

```
13:      Button b3 = new Button("Button 3");
14:      Button b4 = new Button("Button 4");
15:      Button b5 = new Button("Button 5");
16:      Button b6 = new Button("Button 6");
17:      Label l1 = new Label("Label");
18:      TextField tf1 = new TextField("Input Data at TextField");
19:      TextArea ta1 = new TextArea("Input Data at TextArea");
20:      Panel p1 = new Panel();
21:      EventFrame(String title) {
22:          super(title);
23:          MenuBar menuBar = new MenuBar();
24:          setMenuBar(menuBar);
25:          Menu menuComp = new Menu("Component");
26:          Menu menuLayo = new Menu("Layout");
27:          Menu menuView = new Menu("View");
28:          Menu menuHelp = new Menu("Help");
29:          menuBar.add(menuComp);
30:          menuBar.add(menuLayo);
31:          menuBar.add(menuView);
32:          menuBar.add(menuHelp);
33:          MenuItem menuItemButton = new MenuItem("Button");
34:          MenuItem menuItemLabel = new MenuItem("Label");
35:          MenuItem menuItemField = new MenuItem("TextField");
36:          MenuItem menuItemArea = new MenuItem("TextArea");
37:          menuComp.add(menuItemButton);
38:          menuComp.add(menuItemLabel);
39:          menuComp.add(menuItemField);
40:          menuComp.add(menuItemArea);
41:          ActionHandler1 ah1Obj = new ActionHandler1();
42:          menuItemButton.addActionListener(ah1Obj);
43:          menuItemLabel.addActionListener(ah1Obj);
44:          menuItemField.addActionListener(ah1Obj);
45:          menuItemArea.addActionListener(ah1Obj);
46:
47:          MenuItem menuItemFlow = new MenuItem("Flow");
48:          MenuItem menuItemBord = new MenuItem("Border");
49:          MenuItem menuItemGrid = new MenuItem("Grid");
50:          menuLayo.add(menuItemFlow);
51:          menuLayo.add(menuItemBord);
52:          menuLayo.add(menuItemGrid);
53:          ActionHandler2 ah2Obj = new ActionHandler2();
54:          menuItemFlow.addActionListener(ah2Obj);
55:          menuItemBord.addActionListener(ah2Obj);
56:          menuItemGrid.addActionListener(ah2Obj);
57:      }
58:      class ActionHandler1 implements ActionListener {
59:          public void actionPerformed(ActionEvent e) {
60:              removeAll();
61:              if ( e.getActionCommand().equals("Button") ) {
```

```
62:            add(b1, BorderLayout.CENTER);
63:        } else if ( e.getActionCommand().equals("Label") ) {
64:            add(l1, BorderLayout.CENTER);
65:        } else if ( e.getActionCommand().equals("TextField") ) {
66:            add(tf1, BorderLayout.CENTER);
67:        } else if ( e.getActionCommand().equals("TextArea") ) {
68:            add(ta1, BorderLayout.CENTER);
69:        }
70:        validate();
71:    }
72:  }
73:  class ActionHandler2 implements ActionListener {
74:    public void actionPerformed(ActionEvent e) {
75:        removeAll();
76:        add(p1, BorderLayout.CENTER);
77:        p1.removeAll();
78:        if ( e.getActionCommand().equals("Flow") ) {
79:            p1.setLayout(new FlowLayout());
80:            p1.add(b1);
81:            p1.add(b2);
82:            p1.add(b3);
83:            p1.add(b4);
84:            p1.add(b5);
85:        } else if ( e.getActionCommand().equals("Border") ) {
86:            p1.setLayout(new BorderLayout());
87:            p1.add(b1, BorderLayout.NORTH);
88:            p1.add(b2, BorderLayout.WEST);
89:            p1.add(b3, BorderLayout.CENTER);
90:            p1.add(b4, BorderLayout.EAST);
91:            p1.add(b5, BorderLayout.SOUTH);
92:        } else if ( e.getActionCommand().equals("Grid") ) {
93:            p1.setLayout(new GridLayout(2,3));
94:            p1.add(b1);
95:            p1.add(b2);
96:            p1.add(b3);
97:            p1.add(b4);
98:            p1.add(b5);
99:            p1.add(b6);
100:        }
101:        validate();
102:    }
103:  }
104: }
```

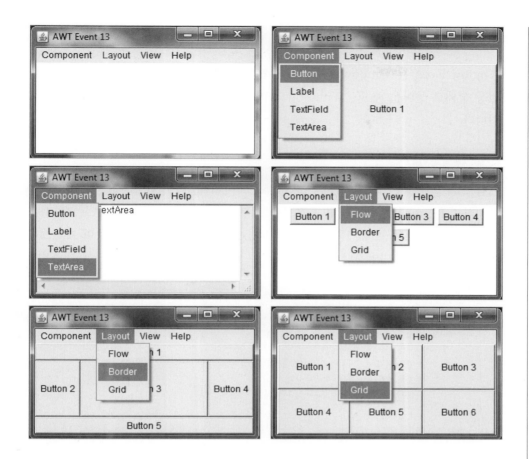

프로그램 설명

▶ 60번째 줄:removeAll() method는 Frame object에 있는 method로, 정확히는 Container class로부터 상속받은 method로, Frame에 있는 모든 Component를 제거합니다.

▶ 70번째 줄:validate() method는 Frame object에 있는 method로, 정확히는 Container class로부터 상속받은 method로, 60번째 줄의 removeAll() method에서 Component 제거합니다. 62,64,66,68번째 줄에서 새로운 component를 추가했으므로 Component의 Layout이 변경되어 validate() method를 호출해야 변경된 사항을 다시 화면에 반영하여 보여줍니다.

▶ 75번째 줄:60번째 줄의 removeAll() method와 동일한 Frame에 동일한 기능입니다.

▶ 77번째 줄:75번째 줄은 Frame에 있는 Component를 모두 제거한다면, 77번째 줄은 Panel에 있는 모든 Component를 제거합니다.

19.3 Window Event

Window Event는 Window가 열리거나 닫히가나, 최소화되거나, 최소화에서 다시 정상 상태로 돌아올 때 등, Wnindow의 어떤 변화가 발생했을 때 발생하는 이벤트 입니다.

예제 | Ex01921

다음 프로그램은 Frame 화면에 있는 close 버튼(오른쪽 상단에 있는 "X" 버튼)을 클릭하면 Frame창은 없어지고 프로그램도 종료됩니다. 지금까지 AWT 프로그램을 종료할때 control + C key를 쳤던 것을 Frame의 close 버튼만 클릭하면 프로그램을 종료할 수 있게 되었습니다.

```
 1: import java.awt.*;
 2: import java.awt.event.*;
 3: class Ex01921 {
 4:    public static void main(String[] args) {
 5:       EventFrame frame = new EventFrame("AWT Event 21");
 6:       frame.setSize(250,120);
 7:       frame.setVisible(true);
 8:    }
 9: }
10: class EventFrame extends Frame {
11:    EventFrame(String title) {
12:       super(title);
13:       addWindowListener(new WindowHandler());
14:    }
15:    class WindowHandler implements WindowListener {
16:       public void windowClosing(WindowEvent e) {
17:          System.exit(1);
18:       }
19:       public void windowActivated(WindowEvent e) {
20:          // nothing
21:       }
22:       public void windowDeactivated(WindowEvent e) {
23:          // nothing
24:       }
25:       public void windowOpened(WindowEvent e) {
26:          // nothing
27:       }
28:       public void windowClosed(WindowEvent e) {
29:          // nothing
30:       }
31:       public void windowIconified(WindowEvent e) {
32:          // nothing
33:       }
```

```
34:        public void windowDeiconified(WindowEvent e) {
35:           // nothing
36:        }
37:    }
38: }
```

프로그램 설명

▶ 13번째 줄:Frame에는 addWindowListener(WindowListener l)라는 method 가 있습니다.(정확히는 Window class에 있는 method임) addWindowListener (WindowListener l)를 이용하여 WindowListener interface를 implements한 object를 붙여주어야 합니다.

▶ 15번째 줄:WindowListener interface를 implements하여 WindowHandler class를 만들고 있습니다.

▶ 16번째 줄:windowClosing(WindowEvent e) method는 Frame의 close Button 을 클릭하면 호출되는 method입니다. 이 method 내에 프로그램을 종료하는 명 령 System.exit(1)을 사용하여 프로그램을 종료합니다. System.exit(1)에서 exit() method안에 들어가는 argument는 Termination status(종료 상태)를 나타내 는 값으로 int를 사용합니다. Termination status 값이 0이면 정상 종료를 나타 내고, 0이 아닌 값은 모두 비정상 종료를 나타냅니다. 프로그래머가 비정상 종료 되는 종류에 따라 1, 2, 3, 4, … 혹은 −1, −2, −3, … 로 종료시킵니다. 이때 아 무 숫자를 주어도 종료되는 것은 동일합니다.

예제 | Ex01921A

다음 프로그램은 Ex01921 프로그램과 동일하나 Ex01921 프로그램의 coding line 을 줄이기 위한 목적으로 WindowAdapter class를 상속받아 WindowHandler class를 선언하는 프로그램입니다. WindowAdapter class에는 Ex01921 프로그램 의 WindowHandler class에서 선언한 7개의 method를 모두 정의해 놓았습니다. 하지만 각 method의 body(몸체)는 만들어 놓았으나 몸체 안의 내용은 Ex01921 프 로그램의 windowClosing(WindowEvent e) method이외의 method처럼 아무것 도 정의하지 않은 method입니다.

WindowAdapter class를 사용하는 장점은 필요한 method만 재정의하여 새로 coding 하면 되기 때문에 coding line을 줄이는 효과는 있습니다. 재정의하는 method의 이름을 실수로 잘못 작성하면 compile 시 에러가 나오기 때문에 작동이 제대로 안되어 원하지 않은 결과가 나올 수 있습니다. method이름의 spelling을 정확히 작성할 자신이 있고 coding line수를 줄이는 것을 원해 Adapter class를 사용할 것인지, 절대 에러 나는 것을 용납할 수 없기 때문에 listener interface를 implements해서 모든 method를 모두 coding할 것인지, 프로그래머의 판단에 따라 사용하면 됩니다.

```
 1: import java.awt.*;
 2: import java.awt.event.*;
 3: class Ex01921A {
 4:    public static void main(String[] args) {
 5:        EventFrame frame = new EventFrame("AWT Event 21A");
 6:        frame.setSize(250,120);
 7:        frame.setVisible(true);
 8:    }
 9: }
10: class EventFrame extends Frame {
11:    EventFrame(String title) {
12:        super(title);
13:        addWindowListener(new WindowHandler());
14:    }
15:    class WindowHandler extends WindowAdapter {
16:       public void windowClosing(WindowEvent e) {
17:           System.exit(1);
18:       }
19:    }
20: }
```

프로그램 설명

▶ 15번째 줄 Ex01921 프로그램에서 WindowListener interface 대신 Window Adapter 을 사용하고 있습니다. 그러므로 불필요한 WindowListener의 다른 method는 정의하지 않고 필요한 windowClosing(WindowEvent e)만 정의해서 프로그램을 종료 시키고 있습니다.

19.4 Key Event

Key event는 키보드의 키를 치면 발생하는 event로 어떤 component든지 component가 KeyListener object만 붙어 있다면 작동되는 이벤트입니다. 단 key 입력이 component에 작동되기 위해서는 focus라는 것을 받아야 합니다.

Focus란 쉬운 예를 들면 두 개의 TextField가 있다고 합시다. 그러면 둘 중 현재 입력을 받을려고 cursor를 깜박깜박하고 있는 TextField가 focus를 받고 있는 TextField입니다.

- keyListener에는 다음과 같은 3가지 method가 있습니다.
- keyPressed(KeyEvent e):키가 눌려질 때 수행되는 method
- keyReleased(KeyEvent e):키가 떼었을 때 놓여질 때 수행되는 method
- keyTyped(KeyEvent e):key로 Unicode 글자가 입력되었을 때 수행되는 method 입니다. Unicode글자가 입력되는 경우는 일반적으로 키가 눌려질 때 글자가 입력되나, 몇 개의 글자는 키가 떼어질 때 글자가 입력됩니다. 예를 들면 영문자 'a'가 입력되는 순간은 키가 눌려질 때 영문자 'a'가 입력됩니다. Number Pad 문자 (☺☻♥♦♣♠•◙○)는 Alt+Number Pad의 '1'부터 '9' 중 하나를 누르는 순간에는 글자가 안나오고, Alt 키를 떼는 순간 Number Pad 문자가 나옵니다.
- keyPressed()와 keyReleased()는 모든 키에 적용되는 method입니다. 하지만 keyType() method는 글자가 입력되는 키에만 적용되므로 Function key, Alter key나 Control key만 눌렀다 떼었을 때 등 글자가 입력되지 않는 키에서는 호출되지 않습니다.
- KeyEvent class에서 많이 사용하는 method
- getID():이벤트 종류의 고유번호를 return해줍니다.(참고:getID() method는 KeyEvent의 super class인 AWTEvent class에 정의되어 있는 method입니다.)
- getKeyCode():키보드의 키를 눌렀을 때 해당되는 key의 code 값을 얻어 냅니다.
- getKeyText():getKeyCode() method로 얻어낸 key code 값으로 key의 description을 return합니다.
  - 예1) key code 값이 Alt key code인 경우 Alt key는 문자로 나타내는 키가 아니므로 "Alt"라는 description을 return합니다.
  - 예2) key code 값이 F1 key code인 경우 F1 키는 문자로 나타내는 키가 아니므로 "F1"이라는 description을 return합니다.
  - 예3) key code 값이 문자 'A' key code인 경우 'A' 키는 문자로 나타내는 키이므로 'A' 로 description을 return합니다.

- getKeyChar():key board의 key를 눌러 문자를 입력했을 때 입력된 문자를 return합니다.
- getModifiers():Modifier mask를 return합니다.
- getModifiersEx():extended Modifier mask를 return합니다.(참고:get ModifierEx() method는 Key Event class의 supper class인 InputEvent class에 정의되어 있는 method입니다.)
- isActionKey():Action key이면 true를 아니면 false를 return합니다.
- getKeyLocation():key의 위치 값을 return합니다. 대부분의 key(standard key) 는 key가 key board에 하나만 있으므로 위치를 표시해 줄 필요가 없습니다. Shift, Alt, ctrl 등은 좌우에 한 개씩 2개 있으므로 왼쪽 key인지 오른쪽 key인지 return해줍니다. 또 데스크 탑에 사용되는 키보드에는 일반적으로 number pad key가 추가적으로 있습니다. 즉 '1'이라는 문자는 standard key로부터 입력될 수 도 있고, number pad 키로부터 입력될 수도 있습니다.

주의 | KEY_TYPED 이벤트는 항상 KEY_LOCATION_UNKNOWN을 return합니다. 왜냐하면 unicode 문자 입력은 여러 키가 조합이 되어 입력될 수 있으므로 여러 키의 위치를 하나의 상수로 표시할 수 없기 때문입니다.

Modifier key는 일반키의 기능을 변경시켜주는 키로 Alt, shift, ctrl 키를 말합니다. 즉 키 '2'를 누르면 '2'가 입력되지만, shift+'2'를 동시에 누르면 '@'가 입력됩니다. 본래의 키 '2'를 shift key가 '@'로 변경시켜 준것입니다.
Action Key(예 F1 키)는 문자를 입력시켜 주는 키도 아니고, modifier key도 아닙니다. 특정 action을 하는 key입니다.

● 이벤트 종류 상수 값
- KEY_PRESSED:key pressed 이벤트
- KEY_RELEASED:key released 이벤트
- KEY_TYPED:key typed 이벤트
● key code 상수 값
- VK_LEFT:왼쪽 화살표 key
- VK_RIGHT:오른쪽 화살표 key
- VK_UP:위쪽 화살표 key
- VK_DOWN:아래쪽 화살표 key
- VK는 Virtual Key라는 의미로 각각의 key를 위처럼 상수로 설정해 놓았습니다.
● key location 상수 값
- KEY_LOCATION_STANDARD:standard key location

- KEY_LOCATION_LEFT:left key location
- KEY_LOCATION_RIGHT:right key location
- KEY_LOCATION_NUMPAD:Number Pad key location
- KEY_LOCATION_UNKNOWN:KEY_TYPED 이벤트가 발생 시 key location
  은 언제나 KEY_LOCATION_UNKNOWN입니다.

■ Key Event 사용 시 주의 사항 ■

지금까지 설명한 ActionEvent(Button, TextField, List, MenuItem)와 Window
Event는 자연스럽게 해당되는 Component에 Focus가 있을 때 Event가 발생되도
록 프로그램 되어 있습니다. 아래 Key Event도 해당되는 Component에 Focus가
위치하도록 프로그램을 작상하였지만, 사용자가 Focus를 마우스로 임의로 옮길 경
우에는, 즉 Focus가 KeyListener object와 연결이 안된 Component에 있을 때는
Key Event가 작동이 안되므로 주의해야 합니다.

- 모든 Event작동은 Listener Object가 붙어 있는 Component에 Focus가 있을
  때 작동합니다.
- 당연한 사실이지만 Key Event일 경우에는 잠시 잊는 경우가 있으니 주의해 주
  세요.

예제 | Ex01931

- 아래 프로그램은 키를 누를 때 그림 속의 사람이 움직이도록 프로그램을 만들었
  습니다.
- 왼쪽 화살표를 누르면 왼쪽으로 5 픽셀 이동합니다.
- 오른쪽 화살표를 누르면 오른쪽으로 5 픽셀 이동합니다
- 위쪽 화살표를 누르면 위쪽으로 5 픽셀 이동합니다
- 아래쪽 화살표를 누르면 아래쪽으로 5 픽셀 이동합니다
- 화면을 벗어나면 반대편에서 사람이 다시 나오도록 했습니다.
- 위에서 언급한 키 이외의 것을 누르면 화면의 임의의 위치로 바로 이동하도록 했
  습니다.

```
1: import java.util.*;
2: import java.awt.*;
3: import java.awt.event.*;
4: class Ex01931 {
5:    public static void main(String[] args) {
6:       EventFrame frame = new EventFrame("AWT Event 31");
7:       frame.setSize(300,180);
8:       frame.setVisible(true);
```

```
 9:     }
10: }
11: class EventFrame extends Frame {
12:     Panel cv = new Man();
13:     Color color = Color.red;
14:     EventFrame(String title) {
15:         super(title);
16:         setLayout(new BorderLayout());
17:         Label l1 = new Label("Move a man");
18:         add(l1,BorderLayout.NORTH);
19:         add(cv, BorderLayout.CENTER);
20:         cv.addKeyListener(new KeyHandler());
21:         cv.setFocusable(true);
22:     }
23:     class KeyHandler extends KeyAdapter {
24:         Random random = new Random();
25:         public void keyPressed(KeyEvent e) {
26:             int key = e.getKeyCode();
27:             if (key == KeyEvent.VK_LEFT)  { x = x - 5; }
28:             if (key == KeyEvent.VK_RIGHT) { x = x + 5; }
29:             if (key == KeyEvent.VK_UP)    { y = y - 5; }
30:             if (key == KeyEvent.VK_DOWN)  { y = y + 5; }
31:             int w = cv.getSize().width;
32:             int h = cv.getSize().height;
33:             if ( key != KeyEvent.VK_LEFT && key != KeyEvent.VK_RIGHT && key
!= KeyEvent.VK_UP && key != KeyEvent.VK_DOWN ) {
34:                 x = random.nextInt(w);
35:                 y = random.nextInt(h);
36:             }
37:             if ( x > w ) { x = 0; }
38:             if ( y > h ) { y = 0; }
39:             if ( x < 0 ) { x = w; }
40:             if ( y < 0 ) { y = h; }
41:             cv.repaint();
42:         }
43:     //public void keyReleased(KeyEvent e) {
44:     //      cv.repaint();
45:     //}
46:     //public void keyTyped(KeyEvent e) {
47:     //      cv.repaint();
48:     //}
49:     }
50:     int x = 20;
51:     int y = 20;
52:     class Man extends Panel {
53:         Color color = Color.red;
54:         public void paint(Graphics g) {
55:             g.setColor(color);
56:             int unitSize = 10;
```

```
57:          g.drawLine(x-unitSize,y-unitSize,x,y);
58:          g.drawLine(x,y,x+unitSize,y-unitSize);
59:          g.drawLine(x, y-unitSize/2,x,y+unitSize);
60:           g.drawLine(x, y+unitSize,x-unitSize,y+unitSize+unitSize+unit
Size/2);
61:           g.drawLine(x, y+unitSize,x+unitSize,y+unitSize+unitSize+unit
Size/2);
62:            g.fillArc(x-unitSize/2,y-(unitSize+unitSize/2),unitSize,unitS
ize,0,180);
63:            g.drawArc(x-unitSize/2,y-(unitSize+unitSize/2),unitSize,unitS
ize,180,360);
64:         }
65:      }
66: }
```

프로그램 설명

▶ 20번째 줄:Panel cv에 addKeyListener() method를 이용하여 KeyListener object를 붙여 줍니다.

▶ 21번째 줄:Panel cv에 KeyListener object가 붙어 있으므로 Panel cv에 setFocusable() method를 이용하여 true 값을 설정합니다. Component가 focus를 받을 수 있도록 설정하는 것입니다. 여기에서 사용된 setFocusable() method는 쉽게 설명될 수 있는 것이 아니니 일단 이번 프로그램에서는 다음과 같이 알고 넘어 갑시다. 프로그램이 시작하자마자 Panel에서 focus를 받기 위해 서는 setFocusable(true)라고 설정한다.

▶ 25번째 줄:keyPressed(KeyEvent e) method는 키가 눌려질 때 작동하는 method 입니다.

▶ 26번째 줄:KeyEvent class의 getKeyCode() method는 눌려진 키 값을 code 값으로 return됩니다.

▶ 27번째 줄:getKeyCode() method에 의해 얻어진 키 값이 VK_LEFT이면 왼쪽 으로 5 픽셀 이동하도록 x 값을 5만큼 감소시킵니다.

▶ 28번째 줄:getKeyCode() method에 의해 얻어진 키 값이 VK_RIGHT이면 오 른쪽으로 5 픽셀 이동하도록 x 값을 5만큼 증가시킵니다.

▶ 29번째 줄:getKeyCode() method에 의해 얻어진 키 값이 VK_UP이면 위쪽으로 5 픽셀 이동하도록 y 값을 5만큼 감소시킵니다.

▶ 30번째 줄:getKeyCode() method에 의해 얻어진 키 값이 VK_DOWN이면 아래쪽으로 5 픽셀 이동하도록 y 값을 5만큼 증가시킵니다.

▶ 33번째 줄:getKeyCode() method에 의해 얻어진 key 값이 VK_LEFT, VK_RIGHT, VK_UP, VK_DOWN이 모두 아니면 Random object로 Panel cv의 width와 height안에 있는 임의의 x, y 값을 구한 후 설정합니다.

▶ 37~40번째 줄:Panel cv의 width와 height를 벗어나는 x, y 값이 발생하면 반대 방향의 값으로 x, y 값을 설정해줍니다.

▶ 43번째 줄:keyReleased(KeyEvent e) method는 키를 떼어낼 때 수행하는 method 입니다. 23번째 줄에 KeyAdapter를 상속받았으므로 keyReleased(KeyEvent e) method는 사용하지 않으면 정의하지 않아도 됩니다.

▶ 46번째 줄:keyTyped(KeyEvent e) method는 unicode가 입력될 때 수행하는 method 입니다. 23번째 줄에 KeyAdapter를 상속받았으므로 keyReleased(KeyEvent e) method는 사용하지 않으면 정의하지 않아도 됩니다.

예제 | Ex01932

다음 프로그램은 key 이벤트가 발생할 때 key에 관련된 information을 출력하는 프로그램입니다.

```
1: import java.util.*;
2: import java.awt.*;
3: import java.awt.event.*;
4: class Ex01932 {
5:    public static void main(String[] args) {
6:        EventFrame frame = new EventFrame("AWT Event 32");
7:        frame.setSize(330,290);
8:        frame.setVisible(true);
9:    }
10: }
11: class EventFrame extends Frame {
12:    TextArea ta = new TextArea();
13:    EventFrame(String title) {
14:        super(title);
15:        setLayout(new BorderLayout());
16:        Label l1 = new Label("Type any key");
17:        Button bt = new Button("Clear TextArea");
18:        bt.addActionListener(new ActionHandler());
19:        add(l1, BorderLayout.NORTH);
20:        add(ta, BorderLayout.CENTER);
21:        add(bt, BorderLayout.SOUTH);
```

```
22:        addKeyListener(new KeyHandler());
23:        setFocusable(true);
24:    }
25:    class KeyHandler extends KeyAdapter {
26:        public void keyPressed(KeyEvent e) {
27:            displayInfo(e, "KEY PRESSED: ");
28:        }
29:        public void keyReleased(KeyEvent e) {
30:            displayInfo(e, "KEY RELEASED: ");
31:        }
32:        public void keyTyped(KeyEvent e) {
33:            displayInfo(e, "KEY TYPED: ");
34:        }
35:    }
36:    class ActionHandler implements ActionListener {
37:        public void actionPerformed(ActionEvent e) {
38:            ta.setText(""); //there is a bug when you type character(s) from
empty TextArea, it doesn't work.
39:            EventFrame.this.requestFocusInWindow();
40:        }
41:    }
42:    static final String newline = "\n";
43:    private void displayInfo(KeyEvent e, String keyEventStr){
44:        int eventID = e.getID();
45:        String keyStr;
46:        if (eventID == KeyEvent.KEY_TYPED) {
47:            char ch = e.getKeyChar();
48:            keyStr = "key character = '" + ch + "'";
49:        } else {
50:            int keyCode = e.getKeyCode();
51:                keyStr = "key code = " + keyCode+ " ("+ KeyEvent.
getKeyText(keyCode) + ")";
52:        }
53:
54:        int modifiersEx = e.getModifiersEx();
55:        int modifiers = e.getModifiers();
56:        String modStr = "ext.modifiers = " + modifiersEx;
57:        String txtStr = KeyEvent.getModifiersExText(modifiersEx);
58:        if (txtStr.length() > 0) {
59:            modStr += " (" + txtStr + ") modifiers="+modifiers;
60:        } else {
61:            modStr += " (no ext.modifiers)";
62:        }
63:
64:        String actionStr = "action key? ";
65:        if (e.isActionKey()) {
66:            actionStr += "YES";
67:        } else {
68:            actionStr += "NO";
69:        }
```

```
70:
71:         String locationStr = "key location: ";
72:         int location = e.getKeyLocation();
73:         if (location == KeyEvent.KEY_LOCATION_STANDARD) {
74:             locationStr += "standard";
75:         } else if (location == KeyEvent.KEY_LOCATION_LEFT) {
76:             locationStr += "left";
77:         } else if (location == KeyEvent.KEY_LOCATION_RIGHT) {
78:             locationStr += "right";
79:         } else if (location == KeyEvent.KEY_LOCATION_NUMPAD) {
80:             locationStr += "numpad";
81:         } else { // (location == KeyEvent.KEY_LOCATION_UNKNOWN)
82:             locationStr += "unknown";
83:         }
84:
85:         ta.append(keyEventStr + newline
86:                 + "      " + keyStr + newline
87:                 + "      " + modStr + newline
88:                 + "      " + actionStr + newline
89:                 + "      " + locationStr + newline);
90:     }
91: }
```

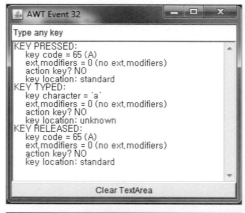

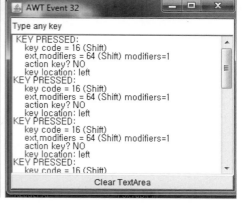

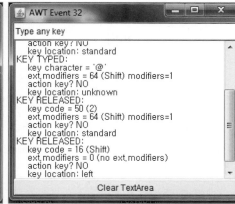

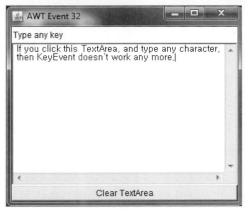

프로그램 설명

▶ 22번째 줄:KeyListener object를 생성하여 Frame object에 추가합니다.

▶ 23번째 줄:KeyListener object가 Frame에 붙어 있으므로 Frame에 setFocusable() method를 이용하여 true 값을 설정합니다. Component가 focus를 받을 수 있도록 설정하는 것입니다. 여기에서 사용된 setFocusable() method는 쉽게 설명될 수 있는 것이 아니니 일단 이번 프로그램에서는 다음과 같이 알고 넘어 갑시다. 프로그램이 시작하자마자 Frame에서 focus를 받기 위해서는 setFocusable(true) 라고 설정한다.

▶ 26번째 줄:KeyPressed() method는 키가 눌려졌을 때 수행되는 method입니다.

▶ 29번째 줄:KeyRelease() method는 키가 떼어질 때 수행되는 method입니다.

▶ 32번째 줄:KeyType() method는 키가 입력될 때 수행되는 method입니다.

▶ 38번째 줄:ta.setText("") method는 빈 문자열을 TextArea에 설정하는 method 입니다. 키를 눌렀을 때 프로그램에서 TextArea에 빈 문자열을 설정하면 기존의 문자는 모두 지워지고 이번에 설정한 빈 문자열로 교체됩니다. 작동은 프로그

램되어 있는대로 잘 작동해서 TextArea가 빈 TextArea로 됩니다. 하지만 마우스로 TextArea을 클릭하고 TextArea에 손으로 타이핑한 후 "Clear TextArea" Button을 누르면 TextArea가 지워지지 않는 현상, 일종의 버그가 있습니다. 해결 방법은 setText("")와 같이 하나의 space문자를 입력해 놓으면 문자하나로 바꾸어 놓는 것이므로 외관상으로는 빈 TextArea가 되는 것 같이 보이게 합니다.

▶ 39번째 줄:"Clear TextArea" 버튼을 누르면 Focus가 Button으로 이동되기 때문에 EventFrame.this.requestFocusInWindow() method을 호출하지 않으면 버튼 클릭을 하고난 후에는 key Event가 작동하지 않습니다.

• 22번째 줄에 KeyListener object를 생성하여 Frame object에 추가했습니다. 그러므로 키를 눌렀을 때 Key Event가 발생하는데, focus가 Frame에 있을 때만 KeyListener object의 keyPressed(), keyTyped(), keyReleased()가 호출됩니다.

• EventFrame.this.requestFocusInWindow()를 호출한다는 것은 Frame object에 focus를 가져가는 것을 의미합니다.

• EventFrame.this.requestFocusInWindow()에서 this의 의미는 chapter 17 '중첩 class'의 17.2절 'member class'에서 설명한 것이므로 정확한 의미를 모르는 독자는 다시 한번 복습하기 바랍니다.

▶ 44~83번째 줄:Key Event 관련된 상수 및 method는 이번 절의 앞부분에 자세히 설명되어 있으니 참조하세요.

▶ 출력 결과 첫 번째 화면:소문자 'a'를 눌렀을 때 출력되는 key Event 정보입니다. 'a' key가 눌려졌으므로 keyPressed(), 'a'글자가 입력되었으므로 keyTyped(), 'a' key가 떼어졌으므로 keyRelease()가 호출된 것을 알수 있습니다.

▶ 출력결과 두 번째 화면:Alt key만 눌렀다 떼었을 때 출력되는 key Event 정보입니다. 글자가 입력되지 않았으므로 keyTyped() method는 호출되지 않았습니다.

▶ 출력 결과 세 번째 화면:F1 키만 눌렀다 떼었을 때 출력되는 key Event 정보입니다. 글자가 입력되지 않았으므로 keyTyped() method는 호출되지 않았습니다.

▶ 출력 결과 네 번째 화면:Shift 키를 계속 누르고 있을 때 출력되는 key Event 정보입니다. 키를 계속 누르고 있을 때는 컴퓨터의 키보드의 설정된 값에따라 일정 시간이 지나면 다시 키가 눌려지는 것으로 입력되기 때문에 keyPressed()가 계속해서 호출됩니다.

▶ 출력 결과 다섯 번째와 여섯 번째 화면:Shift 키를 누르고 거의 동시에 '2'를 눌렀다가 떼었을 때 출력되는 key Event정보입니다. Type된 키는 '2'가 아니라 특수문자 '@'임을 알 수 있습니다.

▶ 출력 결과 일곱 번째 화면:만약 마우스로 TextArea를 클릭하고 TextArea에서 어
느 글자를 입력하더라도 Key Event 는 더 이상 작동하지 않습니다. 왜냐하면 이
번 절 앞 부분에 'Key Event 사용 시 주의 사항'에서도 설명한 사항으로 TextArea
에는 KeyListener object가 붙어있지 않기 때문입니다.

예제 | Ex01933

다음 프로그램은 실무에서 무언가 작업 도중 F1 키를 누르면 도움말이 나오는 창을
보여주는 예제 프로그램입니다.

```
 1: import java.util.*;
 2: import java.awt.*;
 3: import java.awt.event.*;
 4: class Ex01933 {
 5:    public static void main(String[] args) {
 6:        EventFrame frame = new EventFrame("AWT Event 33");
 7:        frame.setSize(330,250);
 8:        frame.setVisible(true);
 9:    }
10: }
11: class EventFrame extends Frame {
12:    TextArea ta = new TextArea();
13:    Dialog dialog = new Dialog(this, "Information", true);
14:    EventFrame(String title) {
15:        super(title);
16:        setLayout(new BorderLayout());
17:     Label l1 = new Label("Push F1 key at any time when you input data");
18:        Button bt = new Button("Clear TextArea");
19:        bt.addActionListener(new ActionHandler());
20:        add(l1, BorderLayout.NORTH);
21:        add(ta, BorderLayout.CENTER);
22:        add(bt, BorderLayout.SOUTH);
23:        ta.addKeyListener(new KeyHandler());
24:        ta.setFocusable(true);
25:
26:        Label dLbl = new Label("This is a message.");
27:        Panel dp = new Panel();
28:        Button dBtn = new Button("OK");
29:        dBtn.addActionListener(new ActionHandlerDialog());
30:        dp.add(dBtn);
31:        dialog.add(dLbl, BorderLayout.CENTER);
32:        dialog.add(dp, BorderLayout.SOUTH);
33:        dialog.setBounds(60,90,200,100);
34:    }
35:    class KeyHandler extends KeyAdapter {
36:        public void keyPressed(KeyEvent e) {
37:            int keyCode = e.getKeyCode();
38:            if ( keyCode == 112 ) { // 112 = F1 key
```

```
39:            dialog.setVisible(true);
40:          }
41:       }
42:    }
43:    class ActionHandler implements ActionListener {
44:       public void actionPerformed(ActionEvent e) {
45:         ta.setText(" "); // Empty String("") is not working, kind of bug
46:       }
47:    }
48:    class ActionHandlerDialog implements ActionListener {
49:       public void actionPerformed(ActionEvent e) {
50:          dialog.setVisible(false);
51:       }
52:    }
53: }
```

프로그램 설명

▶ 이 프로그램은 Event Handling하는 class가 3개 있습니다. 기본 화면에서의 "Clear TextArea" 버튼을 클릭했을 때, Dialog 화면에서 "OK" 버튼을 클릭했을 때, 기본 화면에서 F1 키를 눌렀을 때입니다.

▶ 19번째 줄: "Clear TextArea" Button에 43번째 줄에 정의된 ActionHandler object를 생성해서 붙여 넣습니다.

▶ 23번째 줄: TextArea ta에 35번째 줄에 정의된 KeyHandler object를 생성해서 붙여 넣습니다.

▶ 24번째 줄:프로그램이 시작되면 TextArea ta에 data를 입력할 수 있도록 Focus를 true로 설정합니다.

▶ 29번째 줄:Dialog 화면의 "OK" 버튼에 48번째 줄에 정의된 ActionHandler Dialog object를 생성해서 붙여넣습니다.

▶ 36~41번째 줄:TextArea ta에서 모든 키를 누를 때 이 method가 수행되지만 38번째 줄에서 F1 키인지를 체크해서 F1 키인 경우만 Dialog 화면을 Frame 화면위에 보여줍니다. 즉 39번째 줄의 dialog.setVisible(true)에 의해 화면에 나타납니다.

▶ 44~46번째 줄:"Clear TextArea" 버튼을 클릭하면 수행되는 method로 TextArea ta를 문자열 " "로 교체합니다. 즉 TextArea의 모든 문자를 지웁니다. 주의 사항으로 ta.setText("")를 하면 TextArea에 입력된 data가 안 지워지는 현상이 일어납니다. 일종의 프로그램 bug라고 생각되니 빈 문자열 대신에 space 한 개있는 문자열을 setText() method에 넣어주세요. 세 번째 화면에서 "Clear TextArea" 버튼을 클릭하면 네 번째 화면처럼 TextArea가 지워집니다.

▶ 49~51번째 줄:TextArea에 data를 입력 도중 F1 키를 누르면 Dialog화면이 나타나는데, 이때 "OK" 버튼을 클릭하면 Dialog화면이 없어집니다. 즉 50번째 줄의 dialog.setVisible(false)에 의해 화면에서 없어집니다. 이때 dialog object는 그대로 컴퓨터 memory에 있고, 화면에 있는 dialog창만 없어지는 것입니다. 다시 F1 키를 누르면 39번째 줄이 작동해서 dialog창은 언제든지 다시 나타납니다.

19.5 Mouse Event

Mouse Event를 처리하는 Listener에는 MouseListener와 MouseMotionListener 두가지가 있습니다.

● Mouse Event에서 사용되는 method는 다음과 같습니다.

• getX()와 getY():Mouth Event가 발생한 지점의 x와 y좌표 값을 반환합니다.

• getModifiers():Mouse의 Button이 눌려졌을 때 어떤 버튼이 눌려졌는지 눌려진 버튼의 상수 값을 반환합니다.

BUTTON1_MASK:왼쪽 Mouse Button

BUTTON2_MASK:가운데 Mouse Button

BUTTON3_MASK:오른쪽 Mouse Button

19.5.1 MouseListener

MouseListener는 사용자가 마우스를 component위에서 클릭하거나 드래그할 경우 발생하는 MouseEvent를 처리해 주는 interface입니다.

● MouseLister에는 다음과 같은 5가지 method가 있습니다.

• mousePressed():마우스의 버튼이 눌려질 때 호출되는 Method

• mouseReleased():마우스의 버튼이 뗄 때 호출되는 Method

• mouseClicked():마우스의 버튼이 클릭될 때(눌렀다 떼어질 때) 호출되는 Method

• mouseEntered():마우스가 해당되는 component의 위로 들어올 때 호출되는 Method

• mouseExited():마우스가 해당되는 componet밖으로 나갈 때 호출되는 Method

예제 | Ex01941

아래 프로그램은 마우스를 클릭할 때와 드래그할 때 발생하는 Event을 보여주는 프로그램입니다.

```
 1: import java.util.*;
 2: import java.awt.*;
 3: import java.awt.event.*;
 4: class Ex01941 {
 5:    public static void main(String[] args) {
 6:       EventFrame frame = new EventFrame("AWT Event 41");
 7:       frame.setSize(300,180);
 8:       frame.setVisible(true);
 9:    }
10: }
11: class EventFrame extends Frame {
12:    Panel cv = new Drawing ();
13:    Color color = Color.red;
14:    EventFrame(String title) {
15:       super(title);
16:       setLayout(new BorderLayout());
17:       Label l1 = new Label("Click mouse or Drag mouse");
18:       add(l1,BorderLayout.NORTH);
19:       add(cv, BorderLayout.CENTER);
20:       cv.addMouseListener(new MouseHandler());
21:       cv.setFocusable(true);
22:    }
23:    class MouseHandler extends MouseAdapter {
24:       public void mousePressed(MouseEvent e) {
25:          x1 = e.getX();
26:          y1 = e.getY();
```

```
27:          }
28:       public void mouseReleased(MouseEvent e) {
29:            x2 = e.getX();
30:            y2 = e.getY();
31:            if ( x1 == x2 && y1 == y2 ) return;
32:            x1Drag = x1;
33:            x2Drag = x2;
34:            y1Drag = y1;
35:            y2Drag = y2;
36:            cv.repaint();
37:          }
38:       public void mouseClicked(MouseEvent e) {
39:            if ( isClickStarted ) {
40:              x1Click = e.getX();
41:              y1Click = e.getY();
42:              isClickStarted = false;
43:            } else {
44:              x2Click = e.getX();
45:              y2Click = e.getY();
46:              cv.repaint();
47:              isClickStarted = true;
48:            }
49:        }
50:    }
51:    int x1 = 0;
52:    int y1 = 0;
53:    int x2 = 0;
54:    int y2 = 0;
55:    int x1Drag = 0;
56:    int y1Drag = 0;
57:    int x2Drag = 0;
58:    int y2Drag = 0;
59:    boolean isClickStarted = true;
60:    int x1Click = 0;
61:    int y1Click = 0;
62:    int x2Click = 0;
63:    int y2Click = 0;
64:    class Drawing extends Panel {
65:       Color color = Color.red;
66:       public void paint(Graphics g) {
67:            g.setColor(Color.red);
68:            g.drawLine(x1Drag,y1Drag,x2Drag,y2Drag);
69:            g.setColor(Color.green);
70:            g.drawLine(x1Click,y1Click,x2Click,y2Click);
71:       }
72:    }
73: }
```

프로그램 설명

▶ 위 프로그램은 두 가지 기능을 합니다. 하나는 마우스로 두 지점을 클릭하면 두 점을 연결하는 선을 초록색으로 그립니다. 두 번째는 마우스를 한 점에서 누른 상태에서 드래그한 후 마우스 버튼을 떼면 빨강색으로 두 점을 잇는 선을 그립니다.

▶ 24~27번째 줄:mousePressed() method에서는 마우스를 누르면 눌렀을 때의 좌표를 (x1, y1)에 저장합니다.

▶ 28~37번째 줄:mouseReleased() method에서는 마우스를 떼면 마우스를 눌렀을 때의 좌표(x1, y1)와 떼었을 때의 좌표(x2, y2)를 연결하는 선을 repaint() method를 호출해서 그립니다. 단 클릭했을 때도 마우스가 눌렀다 떼어지므로 눌렀을 때와 떼었을 때의 좌표가 동일하면 클릭을 한 것으로 보고 처리하지 않습니다.

▶ 38번째 줄:mouseClick() method에서는 마우스를 클릭했을 때 수행됩니다. 첫 번째 클릭되었을 때는 click한 좌표를 (x1Click, y1Clic)에 저장하고, 두 번째 클릭을 했을 때는 클릭한 좌표를 (x2Click, y2Click)에 보관한 후 repaint() method를 호출해서 그립니다. 이때 첫 번째 클릭과 두 번째 클릭을 구분하기 위해 isClickStart boolean변수를 사용합니다.

문제 | Ex01941A

아래와 같이 마우스를 클릭할 때와 드래그할 때 발생하는 Event을 가지고 사각형을 그리는 프로그램을 작성하세요. 두 점을 드래그할 때 빨강 사각형, 두 점을 클릭할때 녹색 사각형

19.5.2 MouseMotionListener

MouseMotionListener는 사용자가 마우스를 component위에서 마우스를 누른 상태에서 움직이거나 누르지 않은 상태에서 마우스을 움직일 때 발생하는 MouseEvent를 처리하는 interface입니다.

● MouseMotionListener에는 다음과 같은 2가지 method가 있습니다.

• mouseDragged():마우스 버튼을 누른 상태에서 드래그할 때 호출되는 Method

• mouseMoved():마우스 버튼을 누르지 않은 상태에서 마우스가 움직일 때 호출되는 Method

예제 | Ex01942

아래 프로그램은 Ex01941 프로그램에 추가하여 마우스를 누른 상태에서 드래그하거나 마우스를 누르지 않은 상태에서 마우스를 움직일 때 발생하는 Event을 보여주는 프로그램입니다.

```
 1: import java.util.*;
 2: import java.awt.*;
 3: import java.awt.event.*;
 4: class Ex01942 {
 5:    public static void main(String[] args) {
 6:        EventFrame frame = new EventFrame("AWT Event 42");
 7:        frame.setSize(300,180);
 8:        frame.setVisible(true);
 9:    }
10: }
11: class EventFrame extends Frame {
12:    Panel cv = new Drawing();
13:    Color color = Color.red;
14:    EventFrame(String title) {
15:        super(title);
16:        setLayout(new BorderLayout());
17:        Label l1 = new Label("Click mouse or Drag mouse");
18:        add(l1,BorderLayout.NORTH);
19:        add(cv, BorderLayout.CENTER);
20:        cv.addMouseListener(new MouseHandler());
21:        cv.addMouseMotionListener(new MouseMotionHandler());
22:        cv.setFocusable(true);
23:    }
24:    class MouseHandler extends MouseAdapter {
25:        public void mousePressed(MouseEvent e) {
26:            x1 = e.getX();
27:            y1 = e.getY();
28:        }
29:        public void mouseReleased(MouseEvent e) {
30:            x2 = e.getX();
```

```
31:            y2 = e.getY();
32:            if ( x1 == x2 && y1 == y2 ) return;
33:            x1Drag = x1;
34:            x2Drag = x2;
35:            y1Drag = y1;
36:            y2Drag = y2;
37:            cv.repaint();
38:        }
39:        public void mouseClicked(MouseEvent e) {
40:            if ( isClickStarted ) {
41:                x1Click = e.getX();
42:                y1Click = e.getY();
43:                isClickStarted = false;
44:            } else {
45:                x2Click = e.getX();
46:                y2Click = e.getY();
47:                cv.repaint();
48:                isClickStarted = true;
49:            }
50:        }
51:    }
52:    class MouseMotionHandler extends MouseMotionAdapter {
53:        public void mouseDragged(MouseEvent e) {
54:            x2 = e.getX();
55:            y2 = e.getY();
56:            if ( x1 == x2 && y1 == y2 ) return;
57:            x1Drag = x1;
58:            x2Drag = x2;
59:            y1Drag = y1;
60:            y2Drag = y2;
61:            cv.repaint();
62:        }
63:        public void mouseMoved(MouseEvent e) {
64:            if ( ! isClickStarted ) {
65:                x2Click = e.getX();
66:                y2Click = e.getY();
67:                cv.repaint();
68:            }
69:        }
70:    }
71:    int x1 = 0;
72:    int y1 = 0;
73:    int x2 = 0;
74:    int y2 = 0;
75:    int x1Drag = 0;
76:    int y1Drag = 0;
77:    int x2Drag = 0;
78:    int y2Drag = 0;
79:    boolean isClickStarted = true;
```

```
80:     int x1Click = 0;
81:     int y1Click = 0;
82:     int x2Click = 0;
83:     int y2Click = 0;
84:     class Drawing extends Panel {
85:         Color color = Color.red;
86:         public void paint(Graphics g) {
87:             g.setColor(Color.red);
88:             g.drawLine(x1Drag,y1Drag,x2Drag,y2Drag);
89:             g.setColor(Color.green);
90:             g.drawLine(x1Click,y1Click,x2Click,y2Click);
91:         }
92:     }
93: }
```

프로그램 설명

▶ 위 프로그램은 Ex01941과 같이 두 가지 기능을 합니다. 하나는 마우스를 두지점을 클릭하면 두 점을 연결하는 선을 초록색으로 그립니다. 두 번째는 마우스를 한 점에서 누른 상태에서 드래그한 후 Mouse button을 떼면 빨강색으로 두 점을 잇는 선을 그립니다. Ex01941과 다른 점은 Ex01941은 두 점이 결정될 때까지 선이 나타나지 않지만 Ex01942는 마우스가 움직임에 따라 선이 함께 나타나는 것입니다.

▶ 25번째 줄:mousePressed() method에서는 마우스를 누르면 눌렀을 때의 좌표를 (x1, y1)에 저장합니다.

▶ 29번째 줄:mouseReleased() method에서는 마우스를 떼면 마우스를 눌렀을 때의 좌표(x1, y1)와 떼었을 때의 좌표(x2, y2)를 연결하는 선을 repaint() method를 호출해서 그립니다. 단 클릭했을 때도 마우스가 눌렀다 떼어지므로 눌렀을 때와 떼었을 때의 좌표가 동일하면 클릭을 한 것으로 보고 처리하지 않습니다.

▶ 39번째 줄:mouseClick() method에서는 마우스를 클릭했을 때 수행됩니다. 첫 번째 클릭되었을 때는 클릭한 좌표를 (x1Click, y1Clic)에 저장하고, 두번째 클릭만 했을 때는 클릭한 좌표를 (x2Click, y2Click)에 보관한 후 repaint()

method를 호출해서 그립니다. 이때 첫 번째 클릭과 두 번째 클릭을 구분하기 위해 isClickStart boolean변수를 사용합니다.

▶ 53번째 줄:mouseDragged() method는 mousePressed() method에서는 마우스를 누르면 눌렀을 때의 좌표를 (x1, y1)에 저장한 후 마우스를 드래그하면 마우스의 위치를 x2Drag, y2Drag에 저장한 후 repaint()를 호출해서 선을 그립니다. 이때 마우스가 계속적으로 이동하면 이동하는 위치로 선이 따라가는 효과가 납니다.

▶ 63번째 줄:mouseMoved() method는 마우스가 눌려지지 않은 상태에서 움직임을 잡아내는 기능으로 첫 번째 클릭되었을 때는 클릭한 좌표를 (x1Click, y1Click)에 저장한 후, 마우스를 움직이면 마우스의 위치를 x2Click, y2Click에 저장한후 repaint()를 호출해서 선을 그립니다. 이때 마우스가 계속적으로 이동하면 이동하는 위치로 선이 따라가는 효과가 납니다.

문제 | Ex01942A

아래와 같이 마우스를 누른 상태에서 드래그하면 사각형이 마우스가 움직임에 따라서 보이도록 하고, 첫번째 클릭한 후 마우스를 움직이면 사각형이 화면에 마우스의 위치에 따라서 보이도록 사각형을 그리는 프로그램을 작성하세요.
- 두 점을 drag할 때 빨강 사각형, 두 점을 클릭할 때 녹색 사각형
- 사각형은 최대 빨강 1개, 녹색 1개

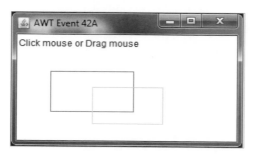

문제 | Ex01942B

아래와 같이 마우스를 누른 상태에서 드래그하면 Checkbox에서 선택한 도형이 마우스가 움직임에 따라서 보이도록 하고, 첫 번째 클릭한 후 마우스를 움직이면 Checkbox에서 선택한 도형이 화면에 마우스의 위치에 따라서 보이도록 사각형을 그리는 프로그램을 작성하세요.
- 두 점을 드래그할 때 빨강 사각형, 두 점을 클릭할 때 녹색 사각형
- 도형은 최대 line 2개, Box 2개, Oval 2개(각각 빨강 1개, 녹색 1개)

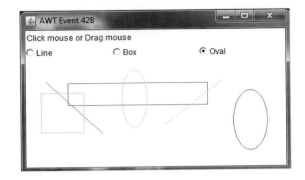

예제 | Ex01943

다음 프로그램은 Ex01942 프로그램을 개선한 것으로 PopupMenu를 사용하여 설정된 색깔을 변경하는 프로그램입니다.

```
1: import java.awt.*;
2: import java.awt.event.*;
3: class Ex01943 {
4:    public static void main(String[] args) {
5:       EventFrame43 frame = new EventFrame43("AWT Event 43");
6:       frame.setSize(300,180);
7:       frame.setVisible(true);
8:    }
9: }
10: class EventFrame43 extends Frame {
11:    Panel cv = new Drawing();
12:    Panel ps = new Panel();
13:    Color color = Color.red;
14:    PopupMenu popupMenu = new PopupMenu();
15:    EventFrame43(String title) {
16:       super(title);
17:       setLayout(new BorderLayout());
18:       Label l1 = new Label("Click mouse or Drag mouse");
19:       add(l1,BorderLayout.NORTH);
20:       add(cv, BorderLayout.CENTER);
21:       add(ps, BorderLayout.SOUTH);
22:       ps.setBackground(color);
23:
24:       MenuItem menuItemRed = new MenuItem("Red");
25:       MenuItem menuItemGreen = new MenuItem("Green");
26:       MenuItem menuItemBlue = new MenuItem("Blue");
27:       popupMenu.add(menuItemRed);
28:       popupMenu.add(menuItemGreen);
29:       popupMenu.add(menuItemBlue);
30:       menuItemRed.addActionListener(new ActionMenuHandler());
31:       menuItemGreen.addActionListener(new ActionMenuHandler());
```

```
32:         menuItemBlue.addActionListener(new ActionMenuHandler());
33:       cv.add(popupMenu);
34:
35:       cv.addMouseListener(new MouseHandler());
36:       cv.addMouseMotionListener(new MouseMotionHandler());
37:       cv.setFocusable(true);
38:     }
39:   class ActionMenuHandler implements ActionListener {
40:       public void actionPerformed(ActionEvent e) {
41:          if ( e.getActionCommand().equals("Red") ) {
42:             color = Color.red;
43:          } else if ( e.getActionCommand().equals("Green") ) {
44:             color = Color.green;
45:          } else {
46:             color = Color.blue;
47:          }
48:          ps.setBackground(color);
49:       }
50:     }
51:   class MouseHandler extends MouseAdapter {
52:       public void mousePressed(MouseEvent e) {
53:          if (e.getModifiers() == e.BUTTON3_MASK ) {
54:             popupMenu.show(cv, e.getX(), e.getY());
55:             return;
56:          }
57:          x1 = e.getX();
58:          y1 = e.getY();
59:       }
60:       public void mouseReleased(MouseEvent e) {
61:          x2 = e.getX();
62:          y2 = e.getY();
63:          if ( x1 == x2 && y1 == y2 ) return;
64:          x1Drag = x1;
65:          x2Drag = x2;
66:          y1Drag = y1;
67:          y2Drag = y2;
68:          cv.repaint();
69:       }
70:       public void mouseClicked(MouseEvent e) {
71:          if ( isClickStarted ) {
72:             x1Click = e.getX();
73:             y1Click = e.getY();
74:             isClickStarted = false;
75:          } else {
76:             x2Click = e.getX();
77:             y2Click = e.getY();
78:             cv.repaint();
79:             isClickStarted = true;
80:          }
```

```
81:          }
82:      }
83:      class MouseMotionHandler extends MouseMotionAdapter {
84:          public void mouseDragged(MouseEvent e) {
85:              x2 = e.getX();
86:              y2 = e.getY();
87:              if ( x1 == x2 && y1 == y2 ) return;
88:              x1Drag = x1;
89:              x2Drag = x2;
90:              y1Drag = y1;
91:              y2Drag = y2;
92:              cv.repaint();
93:          }
94:          public void mouseMoved(MouseEvent e) {
95:              if ( ! isClickStarted ) {
96:                  x2Click = e.getX();
97:                  y2Click = e.getY();
98:                  cv.repaint();
99:              }
100:         }
101:     }
102:     int x1 = 0;
103:     int y1 = 0;
104:     int x2 = 0;
105:     int y2 = 0;
106:     int x1Drag = 0;
107:     int y1Drag = 0;
108:     int x2Drag = 0;
109:     int y2Drag = 0;
110:     boolean isClickStarted = true;
111:     int x1Click = 0;
112:     int y1Click = 0;
113:     int x2Click = 0;
114:     int y2Click = 0;
115:     class Drawing extends Panel {
116:         public void paint(Graphics g) {
117:             g.setColor(color);
118:             g.drawLine(x1Drag,y1Drag,x2Drag,y2Drag);
119:             g.drawLine(x1Click,y1Click,x2Click,y2Click);
120:         }
121:     }
122: }
```

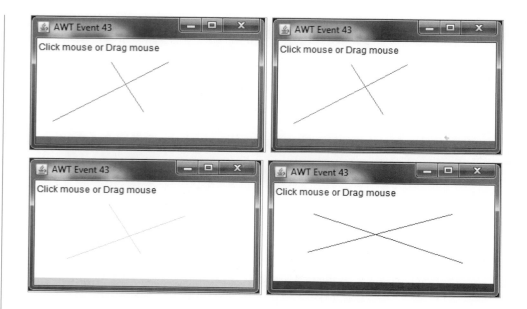

프로그램 설명

▶ 53~56번째 줄:입력된 마우스의 버튼이 어느 버튼인지 알아내는 e.getModifiers() method를 호출하여 입력된 마우스 버튼이 e.BUTTON3_MASK, 즉 오른쪽 Button일 경우에는 PopupMenu를 나타나게하여 색깔을 설정할 수 있도록 합니다.

19.6 Item Event

Item Event는 Choice object나 List object에서 item을 선택하면 발생하는 Event로 ItemListener interface에서 처리합니다.

- ItemListener에는 다음과 같이 1가지 method가 있습니다.
- itemStateChanged():item의 선택이 변경될 때 호출되는 method입니다.

예제 | Ex01951

아래 프로그램은 Choice object에서 item의 선택이 변경되었을 때 발생하는 Item Event를 보여주는 프로그램입니다.

```
 1: import java.awt.*;
 2: import java.awt.event.*;
 3: class Ex01951 {
 4:    public static void main(String[] args) {
 5:        Frame frame = new AWTEventFrame("AWT Event 51");
 6:        frame.setSize(300,150);
 7:        frame.setVisible(true);
 8:    }
 9: }
10: class AWTEventFrame extends Frame {
11:    Choice colorChoice = new Choice();
12:    Panel pc = new Panel();
13:    AWTEventFrame(String title) {
14:        super(title);
15:        BorderLayout bl = new BorderLayout();
16:        setLayout(bl);
17:        Panel pn = new Panel(new FlowLayout());
18:        add(pn, BorderLayout.NORTH);
19:        add(pc, BorderLayout.CENTER);
20:
21:        Label label = new Label("Select Color");
22:
23:        pn.add(label);
24:        pn.add(colorChoice);
25:        colorChoice.add("White");
26:        colorChoice.add("Black");
27:        colorChoice.add("Red");
28:        colorChoice.add("Green");
29:        colorChoice.add("Blue");
30:        colorChoice.add("Yellow");
31:        //colorChoice.select(n);
32:        pc.setBackground(Color.white);
33:        colorChoice.addItemListener(new ItemHandler());
34:    }
35:    class ItemHandler implements ItemListener {
36:        public void itemStateChanged(ItemEvent e) {
37:            int idx = colorChoice.getSelectedIndex();
38:            switch ( idx ) {
39:                case 0: pc.setBackground(Color.white); break;
40:                case 1: pc.setBackground(Color.black); break;
41:                case 2: pc.setBackground(Color.red); break;
42:                case 3: pc.setBackground(Color.green); break;
43:                case 4: pc.setBackground(Color.blue); break;
44:                case 5: pc.setBackground(Color.yellow); break;
45:            }
46:        }
47:    }
48: }
```

프로그램 설명

▶ 33번째 줄:ItemHandler object를 생성하여 colorChoice object에 addItemListener() method를 사용하여 붙여 놓습니다. 그러면 item이 변경될 때마다 36번째 줄의 itemStateChanged(ItemEvent e) method를 자바가 자동으로 호출해줍니다.

▶ 37번째 줄:colorChoice.getSelectedIndex() method를 사용하여 item이 변경되면 몇번째 item이 선택되었는지 알아 냅니다.

▶ 39~44번째 줄:선택된 item의 idx 값에 따라 Frame의 중앙에 배치된 Panel pc의 배경색을 새롭게 설정해줍니다.

예제 | Ex01951A

아래 프로그램은 Choice object에서 item의 선택이 변경되었을 때 발생하는 ItemEvent를 사용하여 CardLayout이 어떻게 작동되는지 보여주는 프로그램입니다.

```
1: import java.awt.*;
2: import java.awt.event.*;
3: class Ex01951A {
4:     public static void main(String[] args) {
5:         Frame frame = new AWTEventFrame51A("AWT Event 51A");
6:         frame.setSize(300,150);
7:         frame.setVisible(true);
8:     }
9: }
10: class AWTEventFrame51A extends Frame {
11:     Choice cardChoice = new Choice();
12:     CardLayout cl = new CardLayout();
13:     Panel cardPack = new Panel();
14:     AWTEventFrame51A(String title) {
15:         super(title);
16:         BorderLayout bl = new BorderLayout();
17:         setLayout(bl);
18:         Panel pn = new Panel(new FlowLayout());
19:         add(pn, BorderLayout.NORTH);
20:         cardPack.setLayout(cl);
21:         add(cardPack, BorderLayout.CENTER);
```

```
22:
23:        Label label = new Label("Select Card");
24:
25:        pn.add(label);
26:        pn.add(cardChoice);
27:        cardChoice.add("Button");
28:        cardChoice.add("Label");
29:        cardChoice.addItemListener(new ItemHandler());
30:
31:        //Create Panel p1, p2 for "card1" and "card2".
32:        //Create Panel p1 for "card1".
33:        Panel p1 = new Panel();
34:        p1.add(new Button("Button 1"));
35:        p1.add(new Button("Button 2"));
36:        p1.add(new Button("Button 3"));
37:        //Create Panel p2 for "card2".
38:        Panel p2 = new Panel();
39:        p2.add(new Label("Label 1"));
40:        p2.add(new Label("Label 2"));
41:        p2.add(new Label("Label 3"));
42:
43:        cardPack.add(p1, "Card1");
44:        cardPack.add(p2, "Card2");
45:    }
46:    class ItemHandler implements ItemListener {
47:        public void itemStateChanged(ItemEvent e) {
48:            int idx = cardChoice.getSelectedIndex();
49:            switch ( idx ) {
50:                case 0: cl.show(cardPack, "Card1"); break;
51:                case 1: cl.show(cardPack, "Card2"); break;
52:            }
53:        }
54:    }
55: }
```

프로그램 설명

▶ 위 프로그램은 ItemEvent 처리는 Ex01951 프로그램과 동일하게 처리한 것입니다.

▶ 위 프로그램은 Ex01815 프로그램에서 보여준 CardLayout이 어떻게 Event와 함

께 사용하여 작동하는지를 보여주는 프로그램입니다.

예제 | Ex01951B

아래 프로그램은 List object의 ItemChange event을 보여주는 프로그램입니다.

```
 1: import java.awt.*;
 2: import java.awt.event.*;
 3: class Ex01951B {
 4:     public static void main(String[] args) {
 5:         Frame f = new AWTEventFrame51B("AWT Event 51B");
 6:         f.setSize(300,150);
 7:         f.setVisible(true);
 8:     }
 9: }
10: class AWTEventFrame51B extends Frame {
11:     List list1 = new List();
12:     List list2 = new List(0, true);
13:     Label color1 = new Label();
14:     Label[] color2 = new Label[6];
15:     Panel pColor2 = new Panel(new GridLayout(1,2));
16:     AWTEventFrame51B(String title) {
17:         super(title);
18:         GridLayout gl = new GridLayout(1,2);
19:         setLayout(gl);
20:         Panel p1 = new Panel(new BorderLayout());
21:         Panel p2 = new Panel(new BorderLayout());
22:         add(p1);
23:         add(p2);
24:
25:         Label label1 = new Label("Select one");
26:         Label label2 = new Label("Select multiple");
27:
28:         p1.add(label1, BorderLayout.NORTH);
29:         p2.add(label2, BorderLayout.NORTH);
30:         p1.add(list1, BorderLayout.CENTER);
31:         p2.add(list2, BorderLayout.CENTER);
32:         p1.add(color1, BorderLayout.SOUTH);
33:         p2.add(pColor2, BorderLayout.SOUTH);
34:         list1.add("White");
35:         list1.add("Black");
36:         list1.add("Red");
37:         list1.add("Green");
38:         list1.add("Blue");
39:         list1.add("Yellow");
40:
41:         list2.add("White");
42:         list2.add("Black");
43:         list2.add("Red");
```

```
44:        list2.add("Green");
45:        list2.add("Blue");
46:        list2.add("Yellow");
47:        color1.setBackground(Color.white);
48:        list1.addItemListener(new ItemHandler1());
49:        for ( int i=0 ; i<color2.length ; i++ ) {
50:            color2[i] = new Label();
51:        }
52:        pColor2.add(color2[0]);
53:        list2.addItemListener(new ItemHandler2());
54:    }
55:    class ItemHandler1 implements ItemListener {
56:        public void itemStateChanged(ItemEvent e) {
57:            int idx = list1.getSelectedIndex();
58:            switch ( idx ) {
59:                case 0: color1.setBackground(Color.white); break;
60:                case 1: color1.setBackground(Color.black); break;
61:                case 2: color1.setBackground(Color.red); break;
62:                case 3: color1.setBackground(Color.green); break;
63:                case 4: color1.setBackground(Color.blue); break;
64:                case 5: color1.setBackground(Color.yellow); break;
65:            }
66:        }
67:    }
68:    class ItemHandler2 implements ItemListener {
69:        public void itemStateChanged(ItemEvent e) {
70:            int[] idxs = list2.getSelectedIndexes();
71:            pColor2.removeAll();
72:            for ( int i=0 ; i<idxs.length ; i++ ) {
73:                pColor2.add(color2[i]);
74:                switch ( idxs[i] ) {
75:                    case 0: color2[i].setBackground(Color.white); break;
76:                    case 1: color2[i].setBackground(Color.black); break;
77:                    case 2: color2[i].setBackground(Color.red); break;
78:                    case 3: color2[i].setBackground(Color.green); break;
79:                    case 4: color2[i].setBackground(Color.blue); break;
80:                    case 5: color2[i].setBackground(Color.yellow); break;
81:                }
82:            }
83:            if ( idxs.length == 0 ) {
84:                pColor2.add(color2[0]);
85:                color2[0].setBackground(Color.white);
86:            }
87:            validate();
88:        }
89:    }
90: }
```

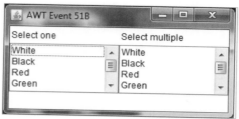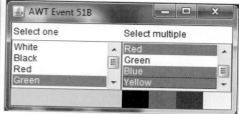

프로그램 설명

▶ 11번째 줄:default 생성자(parameter가 없는 생성자)를 사용하여 List object list1를 생성합니다. 그러므로 list1은 하나의 item만 선택 가능한 List object입니다.

▶ 12번째 줄:multipleMode가 true인 생성자를 사용하여 List object list2를 생성합니다. 그러므로 list2은 여러 개의 item을 선택 가능한 List object입니다.

▶ 48번째 줄:ItemEvent를 처리할 ItemHandler1 object를 생성하여 list1 object 에 addItemListener() method를 사용하여 설정합니다. 그러므로 list1의 item 이 변경되면 자바는 56번째 줄의 itemStateChanged(ItemEvent e) method를 호출해 줍니다.

▶ 53번째 줄:ItemEvent를 처리할 ItemHandler2 object를 생성하여 list2 object 에 addItemListener() method를 사용하여 설정합니다. 그러므로 list2의 item 이 변경되면 자바는 69번째 줄의 itemStateChanged(ItemEvent e) method를 호출해 줍니다.

▶ 87번째 줄:validate() method는 Frame에 적용되는 method로 71번째 줄에서 Panel pColor2의 모든 Label을 제거하고, 73번째 줄에서 새로운 Label object 를 추가해 주었으므로 Frame의 component들의 배치가 바뀌게 됩니다. Frame 의 component들의 배치가 바뀌게 되면 새롭게 validate() method를 호출해서 모든 component를 새롭게 그려주어야 합니다.

19.7 Adjustment Event

Adjustment Event는 Scrollbar object에서 조정대를 움직였을 때 발생하는 Event 로 AdjustmentListener interface를 implements해서 구현한 object에서 처리합니다.

● AdjustmentListener에는 다음과 같이 1가지 method가 있습니다.

• adjustmentValueChanged():Scrollbar의 조정대를 움직이면 호출되는 method

입니다.

아래 프로그램은 Scrollbar object에서 조정대를 움직였을 때 발생하는 Item Event 를 보여주는 프로그램입니다.

```java
 1: import java.awt.*;
 2: import java.awt.event.*;
 3: class Ex01961 {
 4:     public static void main(String[] args) {
 5:         Frame f = new AWTEventFrame61("Event Example 61");
 6:         f.setSize(300,200);
 7:         f.setVisible(true);
 8:     }
 9: }
10: class AWTEventFrame61 extends Frame {
11:     Panel pRed = new Panel(new BorderLayout());
12:     Panel pGreen = new Panel(new BorderLayout());
13:     Panel pBlue = new Panel(new BorderLayout());
14:     Scrollbar sbRed;
15:     Scrollbar sbGreen;
16:     Scrollbar sbBlue;
17:     AWTEventFrame61(String title) {
18:         super(title);
19:         BorderLayout bl = new BorderLayout();
20:         setLayout(bl);
21:       Label label = new Label("Adjust Red, Green, Blue with ScrollBar");
22:         add(label, BorderLayout.NORTH);
23:         Panel p = new Panel(new GridLayout(1,3));
24:         add(p, BorderLayout.CENTER);
25:
26:         p.add(pRed);
27:         p.add(pGreen);
28:         p.add(pBlue);
29:         Label lblRed = new Label("Red");
30:         Label lblGreen = new Label("Green");
31:         Label lblBlue = new Label("Blue");
32:         lblRed.setBackground(Color.red);
33:         lblGreen.setBackground(Color.green);
34:         lblBlue.setBackground(Color.blue);
35:         pRed.add(lblRed, BorderLayout.NORTH);
36:         pGreen.add(lblGreen, BorderLayout.NORTH);
37:         pBlue.add(lblBlue, BorderLayout.NORTH);
38:         int rNo = 200;
39:         int gNo = 150;
40:         int bNo = 100;
41:         sbRed = new Scrollbar(Scrollbar.VERTICAL, rNo, 0, 0, 255);
42:         sbGreen = new Scrollbar(Scrollbar.VERTICAL, gNo, 50, 0, 255);
```

```
43:        sbBlue = new Scrollbar(Scrollbar.VERTICAL, bNo, 100, 0, 255);
44:        sbRed.addAdjustmentListener(new AdjustmentHandler1());
45:        sbGreen.addAdjustmentListener(new AdjustmentHandler2());
46:        sbBlue.addAdjustmentListener(new AdjustmentHandler3());
47:        pRed.add(sbRed, BorderLayout.EAST);
48:        pGreen.add(sbGreen, BorderLayout.EAST);
49:        pBlue.add(sbBlue, BorderLayout.EAST);
50:        pRed.setBackground(new Color(rNo,0,0));
51:        pGreen.setBackground(new Color(0, gNo,0));
52:        pBlue.setBackground(new Color(0,0,bNo));
53:    }
54:    class AdjustmentHandler1 implements AdjustmentListener {
55:        public void adjustmentValueChanged(AdjustmentEvent e) {
56:            int rNo = sbRed.getValue();
57:            pRed.setBackground(new Color(rNo, 0, 0));
58:        }
59:    }
60:    class AdjustmentHandler2 implements AdjustmentListener {
61:        public void adjustmentValueChanged(AdjustmentEvent e) {
62:            int gNo = sbGreen.getValue();
63:            pGreen.setBackground(new Color(0, gNo, 0));
64:            System.out.println("Green No="+gNo);
65:        }
66:    }
67:    class AdjustmentHandler3 implements AdjustmentListener {
68:        public void adjustmentValueChanged(AdjustmentEvent e) {
69:            int bNo = sbBlue.getValue();
70:            pBlue.setBackground(new Color(0, 0, bNo));
71:            System.out.println("Blue No="+bNo);
72:        }
73:    }
74: }
```

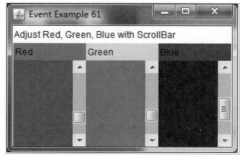 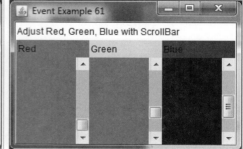

프로그램 설명

▶ 첫 번째 화면은 이 프로그램을 수행하면 나오는 최초의 화면으로 18부터 52번째 줄까지 수행합니다.

• 41번째 줄:Red를 위한 Scrollbar object를 생성합니다. 조절대의 값은 0으로 설

정합니다. 조절대의 크기 값을 0으로 설정하면 최솟값(0)부터 최댓값(255)까지 변경이 가능합니다.

- 42번째 줄:Green를 위한 Scrollbar object를 생성합니다. 조절대의 크기 값은 50으로 설정합니다. 조절대의 값을 50으로 설정하면 최솟값(0)부터 205,까지(즉 최댓값(255)에서 50이작은 값) 변경이 가능합니다.

- 43번째 줄:Blue를 위한 Scrollbar object를 생성합니다. 조절대의 크기 값은 100 으로 설정합니다. 조절대의 크기 값을 100으로 설정하면 최솟값(0)부터 155까지 (즉 최댓값(255)에서 100이 작은 값) 변경이 가능합니다.

▶ 두 번째 화면은 Red를 위한 Scrollbar를 최대한 낮춘, 즉 값을 최대한 크게한 것 으로 "Red" 값이 255로 나타나고 있는 것을 확인할 수 있습니다. 즉 Label "Red" 의 바탕색이 Red 값 255이므로 정확하게 동일한 색깔이 나오고 있는 것을 비교 할 수 있습니다.

▶ 세 번째 화면은 Green를 위한 Scrollbar를 최대한 낮춘, 즉 값을 최대한 크게한 것으로 조절대의 크기를 50으로 설정했으므로 "Green" 값이 255 –50인 205값으 로 나타나고 있는 것을 확인할 수 있습니다. 즉 세 번째 화면 옆 콘솔창의 "Green No" 값을 보면 205이고 Label "Green"의 바탕색이 Green 값 255이므로 색깔을 서로 비교할 수 있습니다.

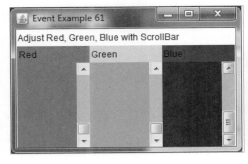

▶ 네 번째 화면은 Blue를 위한 Scrollbar를 최대한 낮춘, 즉 값을 최대한 크게한 것 으로 조절대의 크기를 100으로 설정했으므로 "Blue" 값이 255 – 100인 155 값으 로 나타나고 있는 것을 확인할 수 있습니다. 즉 네 번째 화면 옆 콘솔창의 "Blue

No" 값을 보면 155이고 Label "Blue"의 바탕색이 Blue 값 155이므로 색깔을 서로 비교할 수 있습니다.

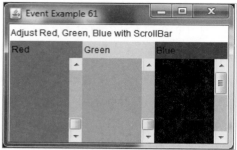

▶ 다섯 번째 화면은 Blue를 위한 Scrollbar를 최대한 높인, 즉 값을 최대한 작게한 것으로 Blue 값은 0이 됩니다. 즉 다섯 번째 화면 옆 콘솔창의 "Blue No" 값을 보면 0이므로 검정색(0,0,0)이 나오고 있음을 확인할 수 있습니다.

예제 | Ex01961A

다음 프로그램은 Scrollbar를 사용하여 RGB 값을 변경하거나 TextField에 직접 RGB 값을 입력하여 색깔을 나타나게 하는 프로그램입니다.

```
 1: import java.awt.*;
 2: import java.awt.event.*;
 3: class Ex01961A {
 4:    public static void main(String[] args) {
 5:        Frame f = new AWTEventFrame61A("Event Example 61A");
 6:        f.setSize(400,200);
 7:        f.setVisible(true);
 8:    }
 9: }
10: class AWTEventFrame61A extends Frame {
11:    Panel p = new Panel(new BorderLayout());
12:    TextField taRed = new TextField("255");
13:    TextField taGreen = new TextField("255");
14:    TextField taBlue = new TextField("0");
15:    Scrollbar sbRed;
16:    Scrollbar sbGreen;
17:    Scrollbar sbBlue;
18:    AWTEventFrame61A(String title) {
19:        super(title);
20:        BorderLayout bl = new BorderLayout();
21:        setLayout(bl);
22:        Label label = new Label("Adjust Red, Green, Blue with ScrollBar
or Input RGB value");
23:        add(label, BorderLayout.NORTH);
24:        add(p, BorderLayout.CENTER);
```

```
25:
26:        Panel pn = new Panel(new FlowLayout());
27:        Label lblRed = new Label("Red");
28:        Label lblGreen = new Label("Green");
29:        Label lblBlue = new Label("Blue");
30:        pn.add(lblRed);
31:        pn.add(taRed);
32:        pn.add(lblGreen);
33:        pn.add(taGreen);
34:        pn.add(lblBlue);
35:        pn.add(taBlue);
36:        p.add(pn, BorderLayout.NORTH);
37:
38:        int rNo = 255;
39:        int gNo = 255;
40:        int bNo = 0;
41:        sbRed = new Scrollbar(Scrollbar.VERTICAL, rNo, 0, 0, 255);
42:        sbGreen = new Scrollbar(Scrollbar.HORIZONTAL, gNo, 0, 0, 255);
43:        sbBlue = new Scrollbar(Scrollbar.VERTICAL, bNo, 0, 0, 255);
44:        p.add(sbRed, BorderLayout.WEST);
45:        p.add(sbGreen, BorderLayout.SOUTH);
46:        p.add(sbBlue, BorderLayout.EAST);
47:        taRed.addActionListener(new ActionHandler());
48:        taGreen.addActionListener(new ActionHandler());
49:        taBlue.addActionListener(new ActionHandler());
50:        sbRed.addAdjustmentListener(new AdjustmentHandler());
51:        sbGreen.addAdjustmentListener(new AdjustmentHandler());
52:        sbBlue.addAdjustmentListener(new AdjustmentHandler());
53:        p.setBackground(new Color(rNo,gNo,bNo));
54:    }
55:    class AdjustmentHandler implements AdjustmentListener {
56:        public void adjustmentValueChanged(AdjustmentEvent e) {
57:            int rNo = sbRed.getValue();
58:            int gNo = sbGreen.getValue();
59:            int bNo = sbBlue.getValue();
60:            p.setBackground(new Color(rNo, gNo, bNo));
61:            taRed.setText(""+rNo);
62:            taGreen.setText(""+gNo);
63:            taBlue.setText(""+bNo);
64:        }
65:    }
66:    class ActionHandler implements ActionListener {
67:        public void actionPerformed(ActionEvent e) {
68:            int rNo = Integer.parseInt(taRed.getText());
69:            int gNo = Integer.parseInt(taGreen.getText());
70:            int bNo = Integer.parseInt(taBlue.getText());
71:            if ( rNo > 255 || gNo > 255 || bNo > 255 ) {
72:                System.out.println("RGB number is greater than 255.");
73:                return;
```

```
74:             }
75:             p.setBackground(new Color(rNo, gNo, bNo));
76:             sbRed.setValue(rNo);
77:             sbGreen.setValue(gNo);
78:             sbBlue.setValue(bNo);
79:         }
80:     }
81: }
```

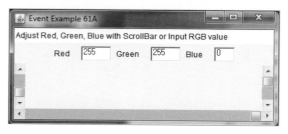

프로그램 설명

▶ 위 화면은 프로그램을 수행하면 최초로 나오는 화면으로 19부터 53번째 줄까지 수행합니다.

▶ 41, 42, 43번째 줄:Scrollbar object를 빨강을 위한 color번호는 수직(VERTICAL), 녹색을 위한 color번호는 수평(HORIZONTAL), 파란색을 위한 color 번호는 수직(VERTICAL)로 설정합니다.

▶ 47, 48, 49번째 줄:"Red" TextField, "Green" TextField, "Blue" TextField에 color 값을 직접 입력하면 Scrollbar가 조정될 수 있도록 ActionHandler object를 각각의 TextField에 붙여 놓습니다.

▶ 50, 51, 52번째 줄:"Red", "Green", "Blue"를 위한 Scrollbar object에 조정대로 Scrollbar을 조정하면 색깔이 화면에 나타나고, 일치하는 color 값이 TextField에 나타내는 AdjustmentListener interface를 impletments한 AdjustmentHandler object를 붙여 놓습니다.

프로그램 설명

▶ 위 화면은 첫 번째 화면에서 아래 수평 Scrollbar의 조정대를 사용하여 이동해서 "Green" TextField에 128이 나오도록 하던지 "Green" TextField에 128을 입력하고 엔터를 치던지, 둘 중에 어느 것을 사용해도 동일한 결과가 나옵니다.

- 수평 Scrollbar의 조정대를 사용하여 이동할 경우에는 57부터 63번째 줄까지 수행합니다.

- 57,58,59번째 줄:Scrollbar object의 getValue() method를 사용하여 Scrollbar의 조정대의 위치 값을 얻어냅니다.

- Scrollbar의 조정대의 위치 값으로 Color object를 생성하여 Panel P의 배경색을 설정합니다.

- 61,62,63번째 줄:Scrollbar의 조정대의 위치 값을 TextField의 값으로 설정합니다.

- 위 AdjustmentHandler object는 Scrollbar 조정대를 하나만 움직여도 모든 Scrollbar의 위치 값으로 처리하므로 조정대를 움직이지 않은 Scrollbar의 조정대의 위치 값도 TextField의 값으로 설정합니다. 새로 TextField에 설정한다 해도 같은 값이라서 상관은 없습니다. 그런데 위 화면에서 "Red" TextField값이 255에서 254로 변하는 약간의 오차가 있습니다. 즉 "Red" Scrollbar의 조정대의 값이 255로 읽어 오지 못하고 254로 읽어 오는 오차가 발생합니다.

- "Green" TextField에 128을 입력하고 엔터를 칠 경우 68부터 78번째 줄까지 수행합니다.

- 75번째 줄:TextField로 입력된 값으로 Color Object를 만든 후 Panel p의 배경색으로 설정합니다.

- 76,77,78 번째 줄:TextField로 입력된 값으로 Scrollbar을 조정대의 위치를 설정합니다.

- 위 ActionHandler object는 TextField 값 하나가 바뀌어도 모든 TextField 값을 읽어 처리하므로 변경하지 않은 TextField 값도 Scrollbar의 조정대의 위치를 새로 설정합니다. 새로 설정해도 같은 위치이므로 상관은 없습니다.

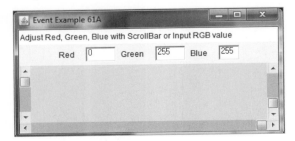

- 위 화면은 "Red" TextField에 0, "Green" TextField에 255를, "Blue" TextField
에 255를 각각 입력한 화면입니다.

Graphic 프로그래밍: Swing

Graphic 프로그래밍:Swing 20

Swing이라는 단어는 영어사전을 찾아보면 동사로는 "흔들리다", "회전하다"이고 명사로는 "휘두름", "흔들림", "그네", "격렬한 일격"이라는 뜻이 있습니다만, GUI 를 다루는 소프트웨어의 이름과는 전혀 관계가 없는 의미입니다. 하지만 자바가 인 도네시아의 커피 많이 나는 섬의 이름에서 따왔듯이 시원스럽게 그네타는 기분과 같이 AWT의 부족한 점을 해결했다라는 의미로 Swing이라고 하지 않았나 생각합 니다. 어쨌든 Swing은 AWT에서 느껴보지 못했던 미려한 고수준의 프로그램 작 성이 가능합니다. AWT는 Java가 수행되는 Platform, 즉 컴퓨터의 OS에 의존되 어 있었던 불편한 점을 OS와 관계없이 실행될수 있도록 개선했습니다. 예를 들면 AWT에서는 버튼을 그릴때 OS가 가지고 있는 버튼을 호출해서 화면에 그리기 때문 에 OS에 따라 되는 기능도 있고 안 되는 기능도 있습니다. 하지만 Swing에서는 버 튼을 Java 프로그램 내에 있는 버튼을 불러오기 때문에 OS와 관계없이 java에 정 의된 모든 component는 사용자의 자바 프로그램에서 이용할 수 있습니다. 또 OS 와 관계없이 Graphic을 할수 있는 장점 이외에도 더 향상된 기능을 많이 추가하기 때문에 Graphic 프로그램하는데는 큰 불편없이 사용할 수 있는 tool이라고 생각하 면 됩니다.

20.1 Swing 들어가기

Swing이 어떻게 되어 있는지 간단하게 sample 프로그램 몇 개를 소개합니다. AWT에서 많은 class와 그 class에는 있는 많은 method 중에 유용하다고 생각되 는 것 일부를 chapter 18,19를 통해 소개했습니다. Swing에는 AWT보다 더 많은 class와 보다 유용한 method가 무수히 많습니다. 필자도 모두 알지 못합니다. 앞으 로 소개하는 예제 프로그램은 극히 일부입니다. 그렇지만 Swing을 이해하는데 부 족함이 없도록 소개합니다.

20.1.1 간단한 Swing 프로그램

AWT를 사용한 프로그램을 간단하게 Swing을 사용하는 프로그램으로 전환할 수 있도록 자바에서 일대일 대응이 되는 Swing component를 만들었습니다. 새롭게 만든 Swing component는 AWT Compontent class 이름 앞에 "J"를 붙면 Swing component 이름이 됩니다. 따라서 Swing component 이름은 "J"로 시작하며 기능도 AWT Component의 모든 기능을 포함하고 추가로 더 많은 기능이 있으므로 새로운 Swing component를 이해하는데 수고를 덜 수 있습니다.

AWT 를 사용하기 위해서는 java.awt.*을 import한 것과 같이 Swing을 사용하기 위해서는 javax.swing.*를 import해야 합니다.

예제 | Ex02001

다음은 AWT component대신에 Swing component를 사용한 예제입니다.

```
1: import java.awt.*;
2: import javax.swing.*;
3: class Ex02001 {
4:     public static void main(String[] args) {
5:         JFrame frame = new JFrame("Swing 01");
6:         frame.setLayout(new FlowLayout());
7:         JButton b1 = new JButton("Swing Button1");
8:         JButton b2 = new JButton("Swing Button2");
9:         frame.add(b1);
10:        frame.add(b2);
11:        frame.setSize(200,100);
12:        frame.setVisible(true);
13:    }
14: }
```

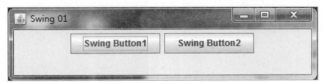

프로그램 설명

▶ 1번째 줄: Swing의 component는 AWT의 component가 아니라 Swing component를 사용하는 것이므로 LayoutManager는 AWT나 Swing에서 동일한 기능을 하므로 AWT를 계속 import해서 사용해야 합니다. 즉 LayoutManager는 OS와 관련 없는 class이므로 순수 Java class로 만들어졌기 때문에 Swing에서 굳이 다시 한번 LayoutManager class를 만들 필요가 없습니다. 따라서 자바에서 LayoutManager를 Swing package에 만들어 놓치 않았습니다.

AWT에서 component를 사용하던 방법이 Swing에서는 AWT보다 추가적으로 여러 기능을 더 하다보니 AWT와 똑같은 방법으로 사용하지 못하고 사용 방법이 조금씩 다릅니다. 되도록이면 같은 method 이름을 사용하려고 하고 있으나 여러 편리한 기능이 추가되다보니 AWT에서 사용했던 method 이름을 다른 이름으로 사용한 것도 있을 뿐만 아니라 새로운 개념이 도입되어 새로운 class도 추가된 부분도 많이 있으니 Swing component를 하나하나 주의 깊게 다시 살펴보기 바랍니다.

예제 | Ex02001A

다음은 Swing component의 배경색과 전경색이 AWT와는 조금 다르게 사용된 예제를 보여주는 프로그램입니다.

```
1: import java.awt.*;
2: import javax.swing.*;
3: class Ex02001A {
4:    public static void main(String[] args) {
5:        JFrame frame = new JFrame("Swing 01A");
6:        frame.setLayout(new FlowLayout());
7:        JButton b1 = new JButton("Swing Button1");
8:        System.out.println("b1.isOpaque()="+b1.isOpaque());
9:        //b1.setOpaque(true);
10:        b1.setBackground(Color.green);
11:        JButton b2 = new JButton("Swing Button2");
12:        b2.setForeground(Color.blue);
13:
14:        JLabel l1 = new JLabel("Swing Label1");
15:        System.out.println("l1.isOpaque()="+l1.isOpaque());
16:        l1.setBackground(Color.yellow);
17:        l1.setForeground(Color.red);
18:        JLabel l2 = new JLabel("Swing Label2");
19:        System.out.println("l2.isOpaque()="+l2.isOpaque());
20:        l2.setOpaque(true);
21:        l2.setBackground(Color.yellow);
22:        System.out.println("l2.isOpaque()="+l2.isOpaque());
23:
24:        frame.add(b1);
25:        frame.add(b2);
26:        frame.add(l1);
27:        frame.add(l2);
28:        frame.setSize(500,100);
29:        frame.setVisible(true);
30:    }
31: }
```

프로그램 설명

▶ 8번째 줄:Swing의 component에는 opaque 값(불투명 값)이라는 것이 있는데, component의 배경색에 대해서는 opaque가 true로 설정이 되어있어야 제대로 작동합니다. JButton은 기본적으로 true로 설정되어 있으며 isOpaque() method를 호출해서 값을 출력해보면 기본 값으로 true가 출력되고 있는 것을 콘솔창을 보면 알 수 있습니다.

▶ 9번째 줄:opaque를 true로 설정하기 위해서는 setOpaque() method를 사용하면 되는데, JButton은 기본 값이 true이므로 설정해줄 필요가 없어서 //로 comment처리했습니다

▶ 10번째 줄:opaque가 true로 설정되어 있기 때문에 setBackground() method로 녹색을 설정하니 b1 버튼이 배경색이 녹색으로 나오는 것입니다.

▶ 12번째 줄:전경색은 opaque의 설정과 관계없이 setForeground() method로 전경색을 설정합니다.

▶ 15번째 줄:JLabel은 기본적으로 opaque가 false로 설정되어 있으며 isOpaque() method를 호출해서 값을 출력해보면 기본 값으로 false가 출력되고 있는 것을 콘솔창을 보면 알 수 있습니다.

▶ 16번째 줄:JLabel은 opaque가 false로 설정되어 있기 때문에 setBackground() method로 yellow을 설정해도 l1 레이블은 배경색이 노랑색으로 나오지 않습니다.

▶ 20,21번째 줄:JLabel l2의 opaque 값을 setOpaque()를 사용하여 true로 설정한후 배경색을 yellow로 설정하니 l2 레이블의 배경색이 노랑색으로 나오고 있습니다.

20.1.2 꾸미기 기능

Swing에서는 컴포넌트들을 예쁘게 꾸밀 수 있는 기능이 추가 되었습니다. 그 중에 자주 사용하는 몇 가지 기능을 소개하고자 합니다.

① ImageIcon:ImageIcon은 화면을 이쁘게 구성하는데 필수적인 class입니다. Image Icon은 외부 파일인 Image file을 읽어들여 화면을 구성하는데 이용합니다. 그러므로 외부 파일인 image file이 있어야 합니다. Image file로는 png, jpg, bmp file등을 읽어 들일 수 있습니다.

예제 | Ex02002

아래 프로그램은 ImageIcon class을 사용하여 외부 파일인 image file을 읽어들여 Button class를 꾸미는데 사용하는 프로그램입니다.

- 생성자
- ImageIcon(String filename):주어진 filename의 image 파일을 읽어들여 ImageIcon object를 생성합니다.
- ImageIcon(String filename, String description):주어진 filename의 image 파일을 읽어들여 ImageIcon object를 생성합니다. Description은 image file의 내용이 어떤 것인지 간단한 설명을 문자열로 넣어줍니다.

```
 1: import java.awt.*;
 2: import javax.swing.*;
 3: class Ex02002 {
 4:    public static void main(String[] args) {
 5:        JFrame frame = new JFrame("Swing 02");
 6:        frame.setLayout(new GridLayout());
 7:        ImageIcon ii1 = new ImageIcon("images/sun.png");
 8:      ImageIcon ii2 = new ImageIcon("images/cloud.png", "Cloud ImageIcon");
 9:        JButton b1 = new JButton("Text Only");
10:        JButton b2 = new JButton(ii1);
11:        JButton b3 = new JButton("Plus Text", ii2);
12:        frame.add(b1);
13:        frame.add(b2);
14:        frame.add(b3);
15:        frame.setSize(500,100);
16:        frame.setVisible(true);
17:    }
18: }
```

프로그램 설명

▶ 7,8번째 줄:Image file을 읽어들여 ImageIcon object를 생성합니다.

▶ 10,11번째 줄:7,8번째 줄에서 생성한 ImageIcon object를 사용하여 JButton object를 생성하는 것을 보여주고 있습니다.

② Border:Swing component의 경계선을 꾸며주는 클래스로 3차원 모양도 표현할 수 있고, title도 삽입할 수도 있습니다.

- Border의 종류
- EmptyBorder
- EtchedBorder
- LineBorder
- BevelBorder
- MatteBorder
- SoftBevelBorder

- TiltedBorder

- CompoundBorder

● 모든 Border에 대해 자세한 설명은 각자에 맡깁니다. 단지 이 책에서는 위와 같은 Border의 종류가 있고, 아래 sample 프로그램에서 각각의 Border의 모양을 보여주고 있으니 좀 더 깊숙히 알고 싶은 독자는 각자 인터넷이나 Java API Document를 참조바랍니다.

예제 | Ex02003

```
1: import java.awt.*;
2: import javax.swing.*;
3: import javax.swing.border.*;
4: class Ex02003 {
5:    public static void main(String[] args) {
6:        JFrame frame = new JFrame("Swing 03");
7:        frame.setLayout(new GridLayout(3,3));
8:        JButton b1 = new JButton("EmptyBorder");
9:        b1.setBorder(new EmptyBorder(2,4,6,8));
10:        JButton b2 = new JButton("EtchedBorder");
11:        b2.setBorder(new EtchedBorder());
12:        JButton b3 = new JButton("LineBorder");
13:        b3.setBorder(new LineBorder(Color.red, 5));
14:        JButton b4 = new JButton("BevelBorder raised");
15:        b4.setBorder(new BevelBorder(BevelBorder.RAISED));
16:        JButton b5 = new JButton("MatteBorder");
17:        b5.setBorder(new MatteBorder(3,20,3,20,Color.blue));
18:        JButton b6 = new JButton("SoftBevelBorder Lowered");
19:        b6.setBorder(new SoftBevelBorder(SoftBevelBorder.LOWERED));
20:        JButton b7 = new JButton("TitledBorder");
21:        b7.setBorder(new TitledBorder("Title"));
22:        JButton b8 = new JButton("CompoundBorder");
23:         b8.setBorder(new CompoundBorder(new LineBorder(Color.green,5),
new EtchedBorder()));
24:        JButton b9 = new JButton("TitledBorder");
25:     b9.setBorder(new TitledBorder(new BevelBorder(BevelBorder.RAISED),
"제목"));
26:        frame.add(b1);
27:        frame.add(b2);
28:        frame.add(b3);
29:        frame.add(b4);
30:        frame.add(b5);
31:        frame.add(b6);
32:        frame.add(b7);
33:        frame.add(b8);
34:        frame.add(b9);
35:        frame.setSize(400,150);
36:        frame.setVisible(true);
37:    }
38: }
```

프로그램 설명

▶ Border는 모든 JComponent에서 사용 가능합니다. setBorder() method를 사용하여 Border object를 설정할 수 있습니다.

▶ 각Border의 모양은 위 sample 프로그램의 결과 화면을 참조 바랍니다.

③ Tooltip:Tooltip은 Swing에서 사용되는 여러 가지 component들이 각각 어떤 기능을 하는지 사용자는 구체적으로 모를 경우를 대비하여 사용자가 이해하기 쉽도록 각각의 component에 사용자에게 도움을 줄 수 있는 내용을 한 줄에 한하여 기록하도록 하는 기능을 말합니다. 예를 들면 사용자가 버튼 위에 마우스 커서를 잠시올려 놓으면 그 버튼이 눌려졌을 때 작동하는 기능을 사용자에게 미리 알려주는 내용의 문자열을 나타내주는 기능입니다.

예제 | Ex02004

아래 프로그램은 Tooltip의 사용 예를 보여주는 프로그램입니다.

```
1: import java.awt.*;
2: import javax.swing.*;
3: class Ex02004 {
4:    public static void main(String[] args) {
5:        JFrame frame = new JFrame("Swing 04");
6:        frame.setLayout(new BorderLayout());
7:        JPanel p = new JPanel();
8:        frame.add(p, BorderLayout.NORTH);
9:        p.setLayout(new FlowLayout());
10:        JButton b1 = new JButton("English");
11:        b1.setToolTipText("If you click this button, the contents show
up in English");
12:        JButton b2 = new JButton("Korean");
13:        b2.setToolTipText("If you click this button, the contents show
up in Korean");
14:        p.add(b1);
15:        p.add(b2);
16:        JTextArea textArea = new JTextArea("This is English");
17:        frame.add(textArea, BorderLayout.CENTER);
```

```
18:        frame.setSize(500,150);
19:        frame.setVisible(true);
20:    }
21: }
```

프로그램 설명

▶ 11,13번째 줄:setToolTipText() method를 이용하여 JButton에 tooltip을 설정
합니다.

20.2 Swing의 기본 Component

AWT에서 소개했던 Component가 Swing에서는 어떤 모양으로 보여주는지 간략
하게 소개합니다. JButton은 2.1.2 꾸미기 기능에서 소개했으므로 JButton은 생략
하고 JLabel부터 소개합니다.

① JLabel class:AWT의 Label의 거의 모든 기능과 추가적인 기능이 가능합니다.

예제 | Ex02011

```
1: import java.awt.*;
2: import javax.swing.*;
3: import javax.swing.border.*;
4: class Ex02011 {
5:    public static void main(String[] args) {
6:        JFrame frame = new JFrame("Swing 11");
7:        frame.setLayout(new GridLayout(1,4));
8:        ImageIcon ii = new ImageIcon("images/cloud.png");
9:        JLabel l1 = new JLabel("Cloud", JLabel.LEFT);
10:        l1.setToolTipText("This Label has no image");
11:        JLabel l2 = new JLabel("Cloud",ii, JLabel.CENTER);
12:        l2.setBorder(new EtchedBorder());
```

```
13:        JLabel l3 = new JLabel("Cloud",ii, JLabel.CENTER);
14:        l3.setVerticalTextPosition(JLabel.BOTTOM);
15:        l3.setBorder(new LineBorder(Color.red, 2));
16:        JLabel l4 = new JLabel("Cloud",ii, JLabel.RIGHT);
17:        l4.setVerticalTextPosition(JLabel.TOP);
18:        l4.setBorder(new TitledBorder("Weather"));
19:        frame.add(l1);
20:        frame.add(l2);
21:        frame.add(l3);
22:        frame.add(l4);
23:        frame.setSize(700,120);
24:        frame.setVisible(true);
25:    }
26: }
```

프로그램 설명

▶ 20.1.2 절에서 소개한 모든 꾸미기 기능이 가능합니다.

▶ Label의 문자열을 LEFT, CENTER, RIGHT배치는 물론, setVerticalTextPosition()
method를 사용하여 TOP, CENTER, BOTTOM의 배치도 가능합니다.

② JTextField and JPassword class:AWT의 TextFeild의 거의 모든 기능과 추가
적인 기능이 가능합니다.

예제 | Ex02012

```
1: import java.awt.*;
2: import javax.swing.*;
3: import javax.swing.border.*;
4: class Ex02012 {
5:    public static void main(String[] args) {
6:        JFrame frame = new JFrame("Swing 12");
7:        frame.setLayout(new GridLayout(4,1));
8:        JPanel p1 = new JPanel(new FlowLayout());
9:        JPanel p2 = new JPanel(new FlowLayout());
10:        JPanel p3 = new JPanel(new FlowLayout());
11:        JPanel p4 = new JPanel(new FlowLayout());
12:        JLabel l1 = new JLabel("Username :");
13:        JLabel l2 = new JLabel("Password :");
```

```
14:        JLabel 14 = new JLabel("Input Number : ");
15:        JTextField tf1 = new JTextField("Input Username",15);
16:        tf1.setBorder(new LineBorder(Color.blue,2));
17:        JPasswordField tf2 = new JPasswordField("password",15);
18:        tf2.setEchoChar('*');
19:        tf2.setToolTipText("Input alphabet and numeric");
20:        tf2.setBorder(new LineBorder(Color.red,2));
21:        JTextField tf4 = new JTextField("0",15);
22:        tf4.setHorizontalAlignment(JTextField.RIGHT);
23:        JButton b1 = new JButton("OK");
24:        JButton b2 = new JButton("CANCEL");
25:        p1.add(l1);
26:        p1.add(tf1);
27:        p2.add(l2);
28:        p2.add(tf2);
29:        p3.add(b1);
30:        p3.add(b2);
31:        p4.add(l4);
32:        p4.add(tf4);
33:        frame.add(p1);
34:        frame.add(p2);
35:        frame.add(p3);
36:        frame.setSize(300,150);
37:        frame.setVisible(true);
38:    }
39: }
```

프로그램 설명

▶ 20.1.2절에서 소개한 모든 꾸미기 기능이 가능합니다.

▶ AWT의 TextField는 JTextField와 JPassword class로 나누어집니다. 즉 setEcho() method는 JPassword class에서만 가능합니다.

▶ 22번째 줄:JTextField에서는 오른쪽 정렬이 가능합니다.

③ JTextArea 와 JScrollPane class:AWT의 TextArea의 거의 모든 기능과 추가적인 기능이 가능합니다. AWT의 TextArea SCROLLBAR기능은 JTextArea에서는 직접적으로는 할 수 없고, JScrollPane class와 함께 구현할 수 있습니다.

예제 | Ex02013

```
 1: import java.awt.*;
 2: import java.awt.event.*;
 3: import javax.swing.*;
 4: class Ex02013 {
 5:     public static void main(String[] args) {
 6:         JFrame frame = new SwingFrame("Swing 13");
 7:         frame.setSize(550,180);
 8:         frame.setVisible(true);
 9:     }
10: }
11: class SwingFrame extends JFrame {
12:     JLabel l1;
13:     JTextArea ta;
14:     JButton b1,b2,b3,b4;
15:     String sm1 = "LineWrap : false  ";
16:     String sm2 = "WrapStyleWord : N/A ";
17:     public SwingFrame(String title) {
18:         super(title);
19:         l1 = new JLabel(sm1+sm2);
20:         add(l1,BorderLayout.NORTH);
21:         String s1 = "This is JTextArea Demo Program. ";
22:         String s2 = "We are tésting LineWrap and WrapStyleWord. ";
23:         String s3 = "We can edit this text area. ";
24:         String s4 = "If you click 'LineWrap:true', then you can see the
whole text. ";
25:         String s5 = "If you click 'LineWrap:false', then you can see only
one line in TextArea.\n";
26:         String sA = "This is the second line.";
27:         ta = new JTextArea(s1+s2+s3+s4+s5+sA);
28:         ta.setLineWrap(false);
29:         ta.setWrapStyleWord(false);
30:         add(ta,BorderLayout.CENTER);
31:         JPanel p = new JPanel();
32:         b1 = new JButton("LineWrap:true");
33:         b2 = new JButton("LineWrap:false");
34:         b3 = new JButton("WrapStyle:true");
35:         b4 = new JButton("WrapStyle:false");
36:         b1.setEnabled(true);
37:         b2.setEnabled(false);
38:         b3.setEnabled(false);
39:         b4.setEnabled(false);
40:         ActionButtonAll aba = new ActionButtonAll();
41:         b1.addActionListener(aba);
42:         b2.addActionListener(aba);
43:         b3.addActionListener(aba);
44:         b4.addActionListener(aba);
```

```
45:          p.add(b1);
46:          p.add(b2);
47:          p.add(b3);
48:          p.add(b4);
49:          add(p, BorderLayout.SOUTH);
50:       }
51:    class ActionButtonAll implements ActionListener {
52:       public void actionPerformed(ActionEvent e) {
53:          JButton btn = (JButton)e.getSource();
54:          if ( btn == b1 ) {
55:             ta.setLineWrap(true);
56:             b1.setEnabled(false);
57:             b2.setEnabled(true);
58:             b3.setEnabled(true);
59:             b4.setEnabled(false);
60:             ta.setWrapStyleWord(false);
61:             sm1 = "LineWrap : true  ";
62:             sm2 = "WrapStyleWord : False";
63:          }
64:          if ( btn == b2 ) {
65:             ta.setLineWrap(false);
66:             b1.setEnabled(true);
67:             b2.setEnabled(false);
68:             b3.setEnabled(false);
69:             b4.setEnabled(false);
70:             sm1 = "LineWrap : false  ";
71:             sm2 = "WrapStyleWord : N/A";
72:          }
73:          if ( btn == b3 ) {
74:             ta.setWrapStyleWord(true);
75:             b3.setEnabled(false);
76:             b4.setEnabled(true);
77:             sm2 = "WrapStyleWord : true";
78:          }
79:          if ( btn == b4 ) {
80:             ta.setWrapStyleWord(false);
81:             b3.setEnabled(true);
82:             b4.setEnabled(false);
83:             sm2 = "WrapStyleWord : false";
84:          }
85:          l1.setText(sm1+sm2);
86:       }
87:    }
88: }
```

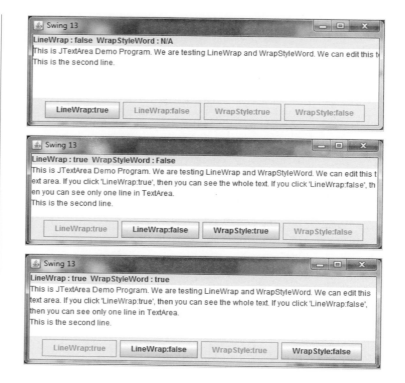

프로그램 설명

▶ 위 프로그램은 JTextArea의 LineWrap기능에 대해 설명하는 프로그램입니다.

▶ LineWrap기능이 false이면 "\\n"으로 줄 바꿈을 하지 않으면 하나의 line이 아무리 길어도 한 줄에 출력합니다. 즉 하나의 line이 길어서 JTextArea의 폭보다 길을 경우에는 짤려서 보이지 않습니다. 프로그램을 실행시키면 나오는 최초의 설정이 LineWrap기능이 false상태입니다.(첫 번째 화면)

▶ LineWrap기능이 true이면 하나의 line이 JTextArea의 폭보다 길게 되면 긴 부분은 다음 중에 출력합니다. 이때 WrapStyle이 Word(단어)단위로 다음 줄에 출력할 것인지 Word(단어) 중간이라도 긴 부분은 다음 줄에 출력할 것인지를 결정해야 합니다.

▶ LineWrap기능이 true인 상태에서 WrapStyleWord기능이 false이면, Word(단어) 중간이라도 긴 부분은 다음 줄에 출력합니다.(두 번째 화면)

▶ LineWrap기능이 true인 상태에서 WrapStyleWord기능이 true이면, Word(단어) 단위로 Word(단어)가 중간에 짤리게 되면 Word(단어)를 통째로 다음 줄에 출력합니다.(세 번째 화면)

예제 | Ex02013A

아래 프로그램은 JTextArea의 scroll 기능을 JScrollPane을 사용하여 구현한 예제 프로그램입니다.

```
 1: import java.awt.*;
 2: import javax.swing.*;
 3: import javax.swing.border.*;
 4: class Ex02013A {
 5:    public static void main(String[] args) {
 6:        JFrame frame = new SwingFrame("Swing 13A");
 7:        frame.setSize(400,150);
 8:        frame.setVisible(true);
 9:    }
10: }
11: class SwingFrame extends JFrame {
12:    public SwingFrame(String title) {
13:        super(title);
14:        setLayout(new BorderLayout());
15:        String s1 = "This is JTextArea Demo 2 Program. ";
16:        String s2 = "We are testing JScrollPane and Font. ";
17:        String s3 = "We can edit this text area. \n";
18:        String sA = "This is the second line.";
19:        JTextArea textArea = new JTextArea(s1+s2+s3+sA);
20:
21:        textArea.setFont(new Font("DialogInput", Font.PLAIN, 16));
22:        textArea.setLineWrap(true);
23:        textArea.setWrapStyleWord(true);
24:        JScrollPane scrollPane = new JScrollPane(textArea);
25:        scrollPane.setVerticalScrollBarPolicy(JScrollPane.VERTICAL_
SCROLLBAR_ALWAYS);
26:        scrollPane.setBorder(new CompoundBorder(
27:            new TitledBorder("DialogInput Font, Plain Text, Font Size
16"),new EmptyBorder(5,5,5,5)));
28:        add(scrollPane,BorderLayout.CENTER);
29:    }
30: }
```

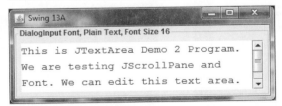

프로그램 설명

▶ 24번째 줄:JTextArea를 JScrollPane의 생성자 parameter로 전달함으로서
  JTextArea가 scroll할 수 있는 상태가 됩니다.

▶ 25번째 줄:setVerticalScrollBarPolicy() method에는 다음과 같은 3가지 option
  있습니다.

- VERTICAL_SCROLLBAR_ALWAYS:언제나 scrollbar가 나오는 option
- VERTICAL_SCROLLBAR_AS_NEEDED:scrollbar가 주어진 JTextArea에 문자열이 초과할 경우만 나오는 option
- VERTICAL_SCROLLBAR_NEVER:scrollbar가 나타나지 않는 option. 하지만 커서를 위쪽 화살표, 아래쪽 화살표를 사용하면 모든 내용의 문자열은 볼 수 있습니다.

④ JCheckBox와 JRadioButton, ButtonGroup class:JCheckBox는 AWT의 Check box의 거의 모든 기능과 추가적인 기능이 가능합니다. AWT의 Checkbox중 Check boxGroup과 함께 사용하는 기능은 JRadioButton과 ButtonGroup class와 함께 사용하는 기능으로 변경되었습니다.

예제 | Ex02014

아래 프로그램은 Ex01825 프로그램에서 사용한 동일한 기능을 JCheckBox와 JRadio Button, ButtonGroup을 사용하여 구현한 프로그램입니다.

```
1: import java.awt.*;
2: import javax.swing.*;
3: class Ex02014 {
4:    public static void main(String[] args) {
5:       JFrame frame = new SwingFrame("Swing 14");
6:       frame.setSize(750,200);
7:       frame.setVisible(true);
8:    }
9: }
10: class SwingFrame extends JFrame {
11:    public SwingFrame(String title) {
12:       super(title);
13:       setLayout(new BorderLayout());
14:       JLabel label = new JLabel("JCheckbox JRadioButton Demo");
15:       add(label, BorderLayout.NORTH);
16:       JPanel surveyPanel = new JPanel();
17:
18:       surveyPanel.setLayout(new GridLayout(3,2));
19:       add(surveyPanel, BorderLayout.CENTER);
20:       JLabel q1 = new JLabel("1. What's your favorite sports ? ( multiful
choice ) ");
21:       JLabel q2 = new JLabel("2. What's your age group ? ( single choice
)");
22:       JLabel q3 = new JLabel("3. What's your occupation ? ( single
choice )");
23:       JPanel p1 = new JPanel();
24:       JPanel p2 = new JPanel();
```

```
25:        JPanel p3 = new JPanel();
26:        p1.setLayout(new GridLayout(1,1));
27:        p2.setLayout(new GridLayout(1,1));
28:        p3.setLayout(new GridLayout(1,1));
29:        JCheckBox sport1 = new JCheckBox("Hiking");
30:        JCheckBox sport2 = new JCheckBox("Basketball", true);
31:        JCheckBox sport3 = new JCheckBox("Pingpong", false);
32:
33:        ButtonGroup group1 = new ButtonGroup();
34:        JRadioButton age1 = new JRadioButton("20 & below", true);
35:        JRadioButton age2 = new JRadioButton("21 - 40", false);
36:        JRadioButton age3 = new JRadioButton("41 - 60", false);
37:        JRadioButton age4 = new JRadioButton("61 & above", false);
38:        group1.add(age1);
39:        group1.add(age2);
40:        group1.add(age3);
41:        group1.add(age4);
42:
43:        ButtonGroup group2 = new ButtonGroup();
44:        JRadioButton occ1 = new JRadioButton("Student", true);
45:        JRadioButton occ2 = new JRadioButton("Businessman", false);
46:        JRadioButton occ3 = new JRadioButton("ETC", false);
47:        group2.add(occ1);
48:        group2.add(occ2);
49:        group2.add(occ3);
50:
51:        p1.add(sport1);
52:        p1.add(sport2);
53:        p1.add(sport3);
54:        p2.add(age1);
55:        p2.add(age2);
56:        p2.add(age3);
57:        p2.add(age4);
58:        p3.add(occ1);
59:        p3.add(occ2);
60:        p3.add(occ3);
61:        surveyPanel.add(q1);
62:        surveyPanel.add(p1);
63:        surveyPanel.add(q2);
64:        surveyPanel.add(p2);
65:        surveyPanel.add(q3);
66:        surveyPanel.add(p3);
67:
68:        JPanel p = new JPanel();
69:        add(p, BorderLayout.SOUTH);
70:        p.setLayout(new FlowLayout());
71:        JButton b1 = new JButton("확인");
72:        JButton b2 = new JButton("취소");
73:        p.add(b1);
74:        p.add(b2);
```

```
75:     }
76: }
```

프로그램 설명

▶ AWT의 Checkbox에서 Checkbox를 grouping하기 위해 CheckboxGroup object를 Checkbox생성자에 parameter로 넘겨주지만, JRadioButton에서는 JRadioButton을 생성한 후 ButtonGroup object에 추가해 줌으로써 grouping합니다.

예제 | Ex02014A

다음 프로그램은 Ex02014 프로그램에 Event기능을 추가한 프로그램입니다. JCheck Box를 클릭하거나 JRadioButton을 클릭할 때마다 제일 하단의 Answer 값이 변경되며 Info의 값도 변경됨을 볼 수 있습니다.

```java
 1: import java.awt.*;
 2: import java.awt.event.*;
 3: import javax.swing.*;
 4: import javax.swing.border.*;
 5: class Ex02014A {
 6:     public static void main(String[] args) {
 7:         JFrame frame = new SwingFrame14A("Swing 14");
 8:         frame.setSize(800,250);
 9:         frame.setVisible(true);
10:     }
11: }
12: class SwingFrame14A extends JFrame {
13:     JCheckBox sport1 = new JCheckBox("Hiking");
14:     JCheckBox sport2 = new JCheckBox("Golf", true);
15:     JCheckBox sport3 = new JCheckBox("Pingpong", false);
16:
17:     JRadioButton age1 = new JRadioButton("20 & below", true);
18:     JRadioButton age2 = new JRadioButton("21 - 40", false);
19:     JRadioButton age3 = new JRadioButton("41 - 60", false);
20:     JRadioButton age4 = new JRadioButton("61 & above", false);
21:
22:     JRadioButton occ1 = new JRadioButton("Student", true);
23:     JRadioButton occ2 = new JRadioButton("Businessman", false);
24:     JRadioButton occ3 = new JRadioButton("Other", false);
```

```
25:
26:     JLabel a1 = new JLabel("Answer 1. Golf");
27:     JLabel a2 = new JLabel("Answer 2. 20 & Below");
28:     JLabel a3 = new JLabel("Answer 3. Student");
29:     JLabel statInfo = new JLabel("Info : Nothing changed.");
30:     public SwingFrame14A(String title) {
31:         super(title);
32:         setLayout(new BorderLayout());
33:         JLabel label = new JLabel("JCheckbox JRadioButton Demo");
34:         add(label, BorderLayout.NORTH);
35:         JPanel surveyPanel = new JPanel(new GridLayout(4,1));
36:         add(surveyPanel, BorderLayout.CENTER);
37:
38:       JLabel q1 = new JLabel("1. What's your favorite sports ? ( multiful
choice )");
39:       JLabel q2 = new JLabel("2. What's your age group ? ( single choice
)");
40:         JLabel q3 = new JLabel("3. What's your occupation ? ( single
choice )");
41:
42:         JPanel pOption1 = new JPanel();
43:         JPanel pOption2 = new JPanel();
44:         JPanel pOption3 = new JPanel();
45:         pOption1.setLayout(new GridLayout(1,1));
46:         pOption2.setLayout(new GridLayout(1,1));
47:         pOption3.setLayout(new GridLayout(1,1));
48:
49:         sport1.addItemListener(new ItemStateChangedHandler1());
50:         sport2.addItemListener(new ItemStateChangedHandler1());
51:         sport3.addItemListener(new ItemStateChangedHandler1());
52:
53:         ButtonGroup group1 = new ButtonGroup();
54:         group1.add(age1);
55:         group1.add(age2);
56:         group1.add(age3);
57:         group1.add(age4);
58:
59:     ItemStateChangedHandler2 handler2 = new ItemStateChangedHandler2();
60:         age1.addItemListener(handler2);
61:         age2.addItemListener(handler2);
62:         age3.addItemListener(handler2);
63:         age4.addItemListener(handler2);
64:
65:         ButtonGroup group2 = new ButtonGroup();
66:         group2.add(occ1);
67:         group2.add(occ2);
68:         group2.add(occ3);
69:
70:         occ1.addItemListener(handler2);
71:         occ2.addItemListener(handler2);
```

```
72:          occ3.addItemListener(handler2);
73:
74:       pOption1.add(sport1);
75:       pOption1.add(sport2);
76:       pOption1.add(sport3);
77:       pOption2.add(age1);
78:       pOption2.add(age2);
79:       pOption2.add(age3);
80:       pOption2.add(age4);
81:       pOption2.setBorder(new TitledBorder("Select Age Group"));
82:       pOption3.add(occ1);
83:       pOption3.add(occ2);
84:       pOption3.add(occ3);
85:       pOption3.setBorder(new TitledBorder("Select Occupation"));
86:
87:       JPanel p1 = new JPanel(new GridLayout(1,0));
88:       JPanel p2 = new JPanel(new GridLayout(1,0));
89:       JPanel p3 = new JPanel(new GridLayout(1,0));
90:       JPanel p4 = new JPanel(new GridLayout(1,0));
91:
92:       a1.setVerticalAlignment(JLabel.BOTTOM);
93:       a2.setVerticalAlignment(JLabel.BOTTOM);
94:       a3.setVerticalAlignment(JLabel.BOTTOM);
95:       statInfo.setVerticalAlignment(JLabel.BOTTOM);
96:       statInfo.setForeground(Color.red);
97:
98:       p1.add(q1); p1.add(pOption1);
99:       p2.add(q2); p2.add(pOption2);
100:       p3.add(q3); p3.add(pOption3);
101:       p4.add(a1); p4.add(a2); p4.add(a3); p4.add(statInfo);
102:
103:       surveyPanel.add(p1);
104:       surveyPanel.add(p2);
105:       surveyPanel.add(p3);
106:       surveyPanel.add(p4);
107:    }
108:    class ItemStateChangedHandler1 implements ItemListener {
109:       public void itemStateChanged(ItemEvent e) {
110:          boolean isSport1 = sport1.isSelected();
111:          boolean isSport2 = sport2.isSelected();
112:          boolean isSport3 = sport3.isSelected();
113:                String answer1Str = "Answer 1. "+(isSport1?"Hiking
":"")+(isSport2?"Golf ":"")+(isSport3?"Pingpong":""));
114:          a1.setText(answer1Str);
115:
116:          JComponent comp = (JComponent)e.getSource();
117:          String statInfoStr = "";
118:          if ( comp == sport1 ) {
119:             if ( e.getStateChange() == ItemEvent.SELECTED ) statInfoStr
= "Info : Hiking Selected";
```

```
120:            if ( e.getStateChange() == ItemEvent.DESELECTED ) statInfoStr
= "Info : Hiking Deselected";
121:          }
122:          statInfo.setText(statInfoStr);
123:        }
124:    }
125:    class ItemStateChangedHandler2 implements ItemListener {
126:        String statInfoStr = "";
127:        public void itemStateChanged(ItemEvent e) {
128:          boolean isAge1 = age1.isSelected();
129:          boolean isAge2 = age2.isSelected();
130:          boolean isAge3 = age3.isSelected();
131:          boolean isAge4 = age4.isSelected();
132:            String answer2Str = "Answer 2. "+(isAge1?"20 & Below
":"")+(isAge2?"21 - 40 ":"")+(isAge3?"41 - 60":"")+(isAge4?"46 & Above":"");
133:          a2.setText(answer2Str);
134:
135:          boolean isOcc1 = occ1.isSelected();
136:          boolean isOcc2 = occ2.isSelected();
137:          boolean isOcc3 = occ3.isSelected();
138:            String answer3Str = "Answer 3. "+(isOcc1?"Student
":"")+(isOcc2?"Businessman ":"")+(isOcc3?"Other":"");
139:          a3.setText(answer3Str);
140:
141:          JRadioButton comp = (JRadioButton)e.getSource();
142:          if ( e.getStateChange() == ItemEvent.DESELECTED ) {
143:            if ( comp == age1 ) statInfoStr = "Info : 20 & Under DESEL";
144:            if ( comp == age2 ) statInfoStr = "Info : 21 - 40 DESEL";
145:            if ( comp == age3 ) statInfoStr = "Info : 41 - 60 DESEL";
146:            if ( comp == age4 ) statInfoStr = "Info : 61 & Above DESEL";
147:
148:            if ( comp == occ1 ) statInfoStr = "Info : Student DESEL";
149:            if ( comp == occ2 ) statInfoStr = "Info : Businessman DESEL";
150:            if ( comp == occ3 ) statInfoStr = "Info : Other DESEL";
151:          }
152:          if ( e.getStateChange() == ItemEvent.SELECTED ) {
153:            if ( comp == age1 ) statInfoStr += ", 20 & Under SEL";
154:            if ( comp == age2 ) statInfoStr += ", 21 - 40 SEL";
155:            if ( comp == age3 ) statInfoStr += ", 41 - 60 SEL";
156:            if ( comp == age4 ) statInfoStr += ", 61 & Above SEL";
157:
158:            if ( comp == occ1 ) statInfoStr += ", Student SEL";
159:            if ( comp == occ2 ) statInfoStr += ", Businessman SEL";
160:            if ( comp == occ3 ) statInfoStr += ", Other SEL";
161:          }
162:          statInfo.setText(statInfoStr);
163:          if ( e.getStateChange() == ItemEvent.SELECTED ) {
164:            System.out.println("comp="+comp.getText()+" : SELECTED =
" + e.getStateChange());
165:          } else {
```

```
166:                    System.out.println("comp="+comp.getText()+" : DESELECTED
= " + e.getStateChange());
167:              }
168:          }
169:      }
170: }
```

```
D:\IntaeJava>java Ex02014A
comp=20 & below : DESELECTED = 2
comp=21 - 40 : SELECTED = 1
```

프로그램 설명

▶ 첫 번째 화면은 프로그램을 실행시키면 나오는 기본 설정된 값입니다.

▶ 두 번째 화면은 첫 번째 화면에서 "What's your favorite sports ?"의 "Hiking"
  을 클릭했을 때 나오는 화면으로 "Answer 1."에 "Hiking"이 추가되고 "Info :"
  에 "Hiking Selected"라는 문자열이 나옵니다.

▶ 세 번째 화면은 두 번째 화면에서 "What's your age group ?"의 "21 - 40"을 클
  릭했을 때 나오는 화면으로 "Answer 2."에 "21 - 40"로 변경되고 "Info :"에는

"20 & Under DESEL, 21 − 40 SEL"라는 문자열이 나옵니다.

▶ 주의 사항으로 JCheckBox는 CheckBox object를 클릭할 때 ItemStateChanged Handler1의 itemStateChanged(ItemEvent e)가 한 번 호출되지만 JRadioButton 은 JRadioButton object를 클릭할 때 ItemStateChangedHandler2의 item StateChanged(ItemEvent e)가 두 번 호출됩니다. 한 번은 기존에 선택되어 있는 JRadioButton이 deselected되어서 다른 한 번은 이번에 새롭게 선택된 JRadio Button이 selected되어서 호출됩니다. 두 번째 화면에서 "What's your age group ?"의 "21 − 40"을 클릭했을 때 콘솔 화면을 보면 두 번 호출되고 있음을 보여줍니다.

⑤ JComboBox class:JComboBox는 AWT의 Choice class와 거의 모든 기능과 추가적인 기능이 가능합니다.

예제 | Ex02015

아래 프로그램은 Ex01951 프로그램에서 사용한 동일한 기능을 JComboBox을 사용하여 구현한 프로그램입니다.

```
 1: import java.awt.*;
 2: import java.awt.event.*;
 3: import javax.swing.*;
 4: class Ex02015 {
 5:    public static void main(String[] args) {
 6:        JFrame frame = new SwingFrame15("Swing 15");
 7:        frame.setSize(300,150);
 8:        frame.setVisible(true);
 9:    }
10: }
11: class SwingFrame15 extends JFrame {
12:    JComboBox colorCombo;
13:    JPanel pc = new JPanel();
14:    SwingFrame15(String title) {
15:        super(title);
16:        setLayout(new BorderLayout());
17:        JPanel pn = new JPanel(new FlowLayout());
18:        add(pn, BorderLayout.NORTH);
19:        add(pc, BorderLayout.CENTER);
20:
21:        JLabel label = new JLabel("Select Color");
22:        String[] colorStr = { "White", "Black", "Red", "Green", "Blue",
"Yellow"};
23:        colorCombo = new JComboBox(colorStr);
24:
25:        pn.add(label);
```

```
26:        pn.add(colorCombo);
27:
28:        //colorChoice.select(n);
29:        pc.setBackground(Color.white);
30:        colorCombo.addItemListener(new ItemHandler());
31:        colorCombo.addActionListener(new ActionHandler());
32:    }
33:    class ItemHandler implements ItemListener {
34:        String prevSelectedItem = "White";
35:        public void itemStateChanged(ItemEvent e) {
36:            int idx = colorCombo.getSelectedIndex();
37:            switch ( idx ) {
38:                case 0: pc.setBackground(Color.white); break;
39:                case 1: pc.setBackground(Color.black); break;
40:                case 2: pc.setBackground(Color.red); break;
41:                case 3: pc.setBackground(Color.green); break;
42:                case 4: pc.setBackground(Color.blue); break;
43:                case 5: pc.setBackground(Color.yellow); break;
44:            }
45:            JComboBox comp = (JComboBox)e.getSource();
46:            if ( e.getStateChange() == ItemEvent.DESELECTED ) {
47:                        System.out.println("From ItemHandler deselected
item="+prevSelectedItem );
48:            }
49:            if ( e.getStateChange() == ItemEvent.SELECTED ) {
50:                System.out.println("From ItemHandler selected item="+comp.
getSelectedItem() );
51:            }
52:            prevSelectedItem = (String)comp.getSelectedItem();
53:        }
54:    }
55:    class ActionHandler implements ActionListener {
56:        public void actionPerformed(ActionEvent e) {
57:        System.out.println("From ActionHandler selected item="+colorCombo.
getSelectedItem() );
58:        }
59:    }
60: }
```

위 프로그램을 compile하면 아래와 같은 주의 사항이 나옵니다. chapter 21 'Generic'
에서 설명할 사항이므로 무시하기 바랍니다.

```
D:\IntaeJava>javac Ex02015.java
Note: Ex02015.java uses unchecked or unsafe operations.
Note: Recompile with -Xlint:unchecked for details.

D:\IntaeJava>
```

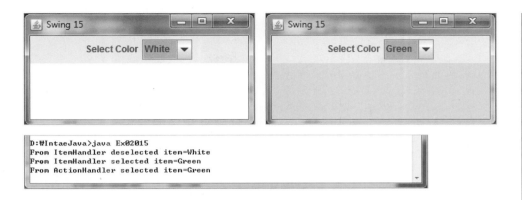

프로그램 설명

▶ 이번 프로그램은 AWT의 Choice object대신에 JComboBox를 사용하는 예를 보여주고 있습니다.

▶ JComboBox는 item을 add() method를 사용하여 하나하나 추가하는 것 대신에 22번째 줄에서 item을 배열로 선언하고, 23번째 줄에서 배열을 생성자의 parameter로 넘겨주면 한 번에 item을 JComboBox에 추가할 수 있습니다.

▶ JComboBox는 ItemEvent도 처리할 수 있고, ActionEvent도 처리 가능합니다.

▶ JComboBox의 ItemEvent은 item이 변경되면 JRadioButton처럼 itemStateChanged(ItemEvent e) method를 두 번 호출합니다. 한 번은 선택되어 있는 item이 선택 해제되었으므로 DESELECTED로 한 번 호출되고, 새롭게 선택된 item을 위해 SELECTED로 한 번 더 호출됩니다.

▶ JComboBox의 ItemEvent은 item이 변경되어야 발생하는 것에 반해, ActionEvent은 item을 선택하면, 발생합니다. 즉 item이 변경되지 않고, 같은 item을 다시 선택하면 itemEvent는 발생하지 않고, ActionEvent만 발생합니다.

▶ 프로그램이 처음 시작했을 때 화면이 첫 번째 화면이고, 첫 번째 화면에서 "Green"을 선택했을 때가 두 번째 화면이고, 두 번째 화면에서 다시 "Green"을 선택 했을 때 위의 console창의 출력 값이 위의 3번째입니다. 3번째 console창의 출력 값을 보면 "Green"을 선택한 후 다시 "Green"을 선택하면 ItemEvent는 발생하지 않고, ActionEvent만 발생한 것을 알 수 있습니다.

예제 | Ex02015A

다음 프로그램은 JComboBox를 사용하여 색깔를 추가하거나 삭제하는 방법을 보여주는 프로그램입니다.

```
 1: import java.awt.*;
 2: import java.awt.event.*;
 3: import java.util.*;
 4: import javax.swing.*;
 5: class Ex02015A {
 6:    public static void main(String[] args) {
 7:       JFrame frame = new SwingFrame15A("Swing 15A");
 8:       frame.setSize(500,180);
 9:       frame.setVisible(true);
10:    }
11: }
12: class SwingFrame15A extends JFrame {
13:    JComboBox colorCombo;
14:    JPanel pc = new JPanel();
15:    JTextField textField1 = new JTextField("255",3);
16:    JTextField textField2 = new JTextField("255",3);
17:    JTextField textField3 = new JTextField("255",3);
18:
19:    Vector colorObjVtr = new Vector();
20:    SwingFrame15A(String title) {
21:       super(title);
22:       BorderLayout bl = new BorderLayout();
23:       setLayout(new BorderLayout());
24:       JPanel pn = new JPanel(new FlowLayout());
25:       JPanel ps = new JPanel(new FlowLayout());
26:       add(pn, BorderLayout.NORTH);
27:       add(pc, BorderLayout.CENTER);
28:       add(ps, BorderLayout.SOUTH);
29:
30:       JLabel rgb1 = new JLabel("R");
31:       JLabel rgb2 = new JLabel("G");
32:       JLabel rgb3 = new JLabel("B");
33:
34:       JLabel label = new JLabel("Select Color");
35:
36:       String[] colorNameStr = { "White", "Black", "Red", "Green", "Blue",
"Yellow"};
37:       colorCombo = new JComboBox(colorNameStr);
38:       colorCombo.setEditable(true);
39:
40:       colorObjVtr.add(Color.white);
41:       colorObjVtr.add(Color.black);
42:       colorObjVtr.add(Color.red);
43:       colorObjVtr.add(Color.green);
44:       colorObjVtr.add(Color.blue);
45:       colorObjVtr.add(Color.yellow);
46:
47:       JButton b1 = new JButton("Add");
48:       JButton b2 = new JButton("Remove");
```

```
49:         b1.addActionListener(new ActionAddColor());
50:         b2.addActionListener(new ActionRemoveColor());
51:
52:       pn.add(rgb1);
53:       pn.add(textField1);
54:       pn.add(rgb2);
55:       pn.add(textField2);
56:       pn.add(rgb3);
57:       pn.add(textField3);
58:       pn.add(label);
59:       pn.add(colorCombo);
60:
61:       pc.setBackground(Color.white);
62:       colorCombo.addActionListener(new ActionHandler());
63:
64:       ps.add(b1);
65:       ps.add(b2);
66:     }
67:
68:    class ActionHandler implements ActionListener {
69:       public void actionPerformed(ActionEvent e) {
70:          int idx = colorCombo.getSelectedIndex();
71:       System.out.println("From ActionHandler selected item="+colorCombo.
getSelectedItem() + ", idx="+idx+", command="+e.getActionCommand() );
72:
73:          if ( idx >= 0 ) {
74:             Color color = (Color)colorObjVtr.elementAt(idx);
75:            pc.setBackground(color);
76:            int rNo = color.getRed();
77:            int gNo = color.getGreen();
78:            int bNo = color.getBlue();
79:            textField1.setText(rNo+"");
80:            textField2.setText(gNo+"");
81:            textField3.setText(bNo+"");
82:          } else {
83:            int rNo = Integer.parseInt(textField1.getText());
84:            int gNo = Integer.parseInt(textField2.getText());
85:            int bNo = Integer.parseInt(textField3.getText());
86:            pc.setBackground(new Color(rNo,gNo,bNo));
87:          }
88:       }
89:    }
90:    class ActionAddColor implements ActionListener {
91:       public void actionPerformed(ActionEvent e) {
92:          int idx = colorCombo.getSelectedIndex();
93:         String colorNameStr = (String)colorCombo.getSelectedItem();
94:          if ( idx >= 0 ) {
95:                        JOptionPane.showMessageDialog(null, "Selected
color("+colorNameStr+") already exists.","Error", JOptionPane.ERROR_
```

```
MESSAGE);
96:         } else {
97:             colorCombo.addItem(colorNameStr);
98:             int rNo = Integer.parseInt(textField1.getText());
99:             int gNo = Integer.parseInt(textField2.getText());
100:            int bNo = Integer.parseInt(textField3.getText());
101:            colorObjVtr.add(new Color(rNo, gNo, bNo));
102:                     JOptionPane.showMessageDialog(null, "Selected
color("+colorNameStr+") added.", "Information",JOptionPane.INFORMATION_
MESSAGE);
103:         }
104:     }
105:  }
106:  class ActionRemoveColor implements ActionListener {
107:     public void actionPerformed(ActionEvent e) {
108:         int idx = colorCombo.getSelectedIndex();
109:  System.out.println("FromActionRemoveColor selected item="+colorCombo.
getSelectedItem() + ", idx="+idx+", command="+e.getActionCommand() );
110:         if ( idx >= 0 ) {
111:             colorCombo.removeItemAt(idx);
112:             colorObjVtr.remove(idx);
113:         } else {
114:             // error message
115:         }
116:     }
117:  }
118:}
```

프로그램 설명

▶ 첫 번째 화면은 프로그램을 실행시키면 나오는 최초의 화면입니다.

```
D:₩IntaeJava>java Ex02015A
From ActionHandler selected item=Green, idx=3, command=comboBoxChanged
```

▶ 두 번째 화면은 첫 번째 화면에서 JComboBox 의 화살표를 눌러 "Green"을 선택했을때 나오는 화면입니다.

• 두 번째 화면에는 75번째 줄에서 색깔을 초록으로 바꾸는것과 76에서 81번째 줄에서 RGB 값을 0, 255, 0으로 화면에 보여주는 일도 함께 합니다.

• 두번째 화면에 해당되는 콘솔창도 보여주며, 그 내용은 JComboBox의 값이 "White"에서 "Green"으로 변경된 의미로 71번째 줄 getActionCommand()를 호출하면 "comboBoxChanged"라는 문자열을 컴퓨터가 만들어 내어 보여줍니다.

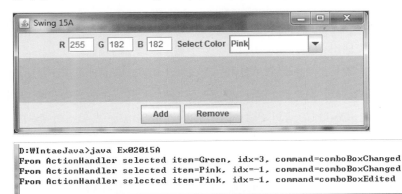

```
D:₩IntaeJava>java Ex02015A
From ActionHandler selected item=Green, idx=3, command=comboBoxChanged
From ActionHandler selected item=Pink, idx=-1, command=comboBoxChanged
From ActionHandler selected item=Pink, idx=-1, command=comboBoxEdited
```

▶ 세 번째 화면은 RGB 값을 입력하는 TextField에 255, 182, 182를 입력하고, JComboBox에 "Pink"라고 직접 타이핑한 후 엔터를 치면 나오는 화면입니다.

• 세 번째 화면에는 70번째 줄에서 getSelectedIndex() method의 값이 −1이 return되는데 이는 "Pink"라는 문자열은 JComboBox의 원소가 아니므로 index 값을 찾지 못해 나오는 값으로 새로운 문자열이 JComboBox에 입력되었다는 의미입니다.

• 세 번째 화면에 해당되는 콘솔창을 보면 "selected item=Pink"와 "idx=−1"이 출력된 것을 보면 70번째 줄의 설명대로 출력되고 있음을 알 수 있습니다.

• 세 번째 화면에 해당되는 콘솔창에 두 줄에 걸쳐서 "command=comboBox Changed"와 "command=comboBoxChanged"가 출력된 것을 보면 JComboBox를 수작업으로 타이핑하여 수정하면, actionPerformed(ActionEvent e) method가 두 번 호출되는 것을 알 수 있습니다. 한 번은 "Action Command"가 "comboBoxChanged"로 한 번 호출되고, 또 한 번은 "Action Commend"가 "comboBoxExited"로 호출됩니다.

• 73번째 줄에서 idx 값이 −1입니다. 즉 새로 입력된 색깔이므로 RGB로 입력된

값을 86번째 줄에서 해당 색깔로 Color object를 생성한 후 중앙 Panel pc 배경색으로 설정해 줍니다.

▶ 네 번째 화면은 세 번째 화면에서 "Add"버튼을 클릭했을 때 나오는 화면입니다.

• "Add" 버튼에는 90번째 줄의 ActionAddColor object가 ActionEvent를 처리합니다.

• 92번째 줄의 idx 값은 JComboBox에 입력된 문자가 "Pink"이므로 −1이 됩니다.

• 97번째 줄에서 "Pink"문자가 JComboBox의 원소로 추가됩니다.

• 101번째 줄에서 Color object를 보관하는 Vector object colorObjVtr에도 RGB에 수작업으로 입력한 값으로 Color object를 생성한 후 colorObjVtr에 추가합니다. 그러므로 JComboBox의 원소의 순서와 colorObjVtr의 원소의 순서는 정확히 일치하게 됩니다.

• 102번째 줄에 네 번째 화면을 출력하는 JOptionPane의 showMessageDialog() method를 수행하게 됩니다. JOptionPane에 대해서는 뒤에 다시 설명됩니다.

▶ 다섯 번째 화면은 "Pink"가 추가되고 난 후 JComboBox의 화살표 버튼을 누르면 나오는 화면으로 "Yellow"문자 다음에 "Pink"문자가 추가된 것을 알 수 있습니다.

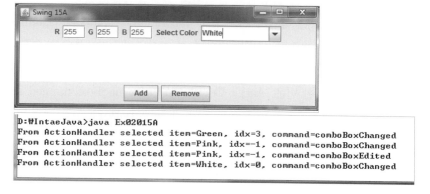

▶ 여섯 번째 화면은 JComboBox에서 화살표를 눌러 "White"를 선택한 화면으로 두 번째 화면과 같은 설명입니다. 6번째 화면의 콘솔창도 두 번째 화면의 콘솔창과 같은 설명으로 색깔의 문자열이 "Green"에서 "White"로 바뀐 것만 다릅니다.

```
D:\IntaeJava>java Ex02015A
From ActionHandler selected item=Green, idx=3, command=comboBoxChanged
From ActionHandler selected item=Pink, idx=-1, command=comboBoxChanged
From ActionHandler selected item=Pink, idx=-1, command=comboBoxEdited
From ActionHandler selected item=White, idx=0, command=comboBoxChanged
From ActionRemoveColor selected item=White, idx=0, command=Remove
From ActionHandler selected item=Black, idx=1, command=comboBoxChanged
```

▶ 일곱 번째 화면은 여섯 번째 화면에서 "Remove" 버튼을 클릭했을 때 나오는 화면입니다.

• "Remove" 버튼에는 106번째 줄의 ActionRemoveColor object가 ActionEvent를 처리하므로

• 108번째 줄의 idx 값은 JComboBox에 입력된 문자가 "White"이므로 0이 됩니다.

• 109번째 줄에서 "selected=White", "idx=0", "command=Remove"을 출력하며, 일곱 번째 화면의 콘솔 화면의 내용과 동일합니다.

• 111번째 줄에서 idx=0인 "White"를 JComboBox의 원소 리스트에서 삭제합니다.

• 112번째 줄에서 idx=0인 White color object도 colorObjVr에서 삭제합니다. 그래서 JComboBox의 원소의 순서와 colorObjVtr의 원소의 순서가 정확히 일치하게 됩니다.

• JComboxBox 원소 list에서 "White"가 제거되었으므로 JComboBox에는 다음 원소 "Black"이 화면에 나타나며, 동시에 JComboBox의 "ComboBoxChanged" ActionEvent가 발생하여 69번째 줄의 actionPerformed(ActionEvent e) method를 수행합니다. 이때 70번째 줄의 getSelectedIndex()의 return 값은 아직 모든 Event 처리가 끝나지 않았으므로 "White" 문자가 지워졌다고 하더라고 "Black"문자열은 0번 원소가 아니라 1번 원소입니다. 이 점만 주의하면 69번째 줄의 actionPerformed(ActionEvent e) method수행은 두 번째 화면과 모든 설명은 동일합니다.

▶ 여덟 번째 화면은 7번째 화면에서 "White"를 삭제하는 모든 명령을 완료한 후 JComboBox의 화살표를 눌렀을 때 나오는 화면으로 "White"문자열이 없어진 것을 확인할 수 있습니다.

⑥ JList class와 JScrollPane class:JList는 AWT의 List class와 거의 모든 기능과 추가적인 기능이 가능합니다. JScrollPane class는 JTextArea에서도 함께 사용하였던 것처럼 JList와도 함께 사용합니다. 즉 JScrollPane class는 component안에 표현되는 줄 수가 일정 줄 수를 초과하면 scrollbar가 나오도록 할 수 있는 모든 component에 사용합니다.

예제 | Ex02016

아래 프로그램은 Ex01951B 프로그램에서 사용한 동일한 기능을 JList를 사용하여 구현한 프로그램입니다.

```
1: import java.awt.*;
2: import java.awt.event.*;
3: import javax.swing.*;
4: import javax.swing.event.*;
5: class Ex02016 {
6:     public static void main(String[] args) {
7:         JFrame f = new SwingFrame16("Swing 16");
8:         f.setSize(300,150);
9:         f.setVisible(true);
10:     }
11: }
12: class SwingFrame16 extends JFrame {
13:     JList list1;
14:     JList list2;
15:     JLabel color1 = new JLabel(" ");
16:     JLabel[] color2 = new JLabel[6];
17:     JPanel pColor2 = new JPanel(new GridLayout(1,2));
18:     SwingFrame16(String title) {
19:         super(title);
20:         GridLayout gl = new GridLayout(1,2);
21:         setLayout(gl);
22:         JPanel p1 = new JPanel(new BorderLayout());
```

```
23:        JPanel p2 = new JPanel(new BorderLayout());
24:        add(p1);
25:        add(p2);
26:
27:        JLabel label1 = new JLabel("Select one");
28:        JLabel label2 = new JLabel("Select multple");
29:
30:      String[] colorNameStr = { "White", "Black", "Red", "Green", "Blue",
"Yellow"};
31:        list1 = new JList(colorNameStr);
32:        list2 = new JList(colorNameStr);
33:        list1.setSelectionMode(ListSelectionModel.SINGLE_SELECTION);
34:          //list2.setSelectionMode(ListSelectionModel.SINGLE_INTERVAL_
SELECTION);
35:          list2.setSelectionMode(ListSelectionModel.MULTIPLE_INTERVAL_
SELECTION);
36:        JScrollPane listPane1 = new JScrollPane(list1);
37:        JScrollPane listPane2 = new JScrollPane(list2);
38:
39:        p1.add(label1, BorderLayout.NORTH);
40:        p2.add(label2, BorderLayout.NORTH);
41:        p1.add(listPane1, BorderLayout.CENTER);
42:        p2.add(listPane2, BorderLayout.CENTER);
43:        p1.add(color1, BorderLayout.SOUTH);
44:        p2.add(pColor2, BorderLayout.SOUTH);
45:
46:        color1.setBackground(Color.white);
47:        color1.setOpaque(true);
48:        list1.setSelectedIndex(0);
49:        list1.addListSelectionListener(new SelectionHandler1());
50:        for ( int i=0 ; i<color2.length ; i++ ) {
51:           color2[i] = new JLabel(" ");
52:           color2[i].setBackground(Color.white);
53:           color2[i].setOpaque(true);
54:        }
55:        pColor2.add(color2[0]);
56:        list2.setSelectedIndex(0);
57:        list2.addListSelectionListener(new SelectionHandler2());
58:     }
59:    class SelectionHandler1 implements ListSelectionListener {
60:       public void valueChanged(ListSelectionEvent e) {
61:          int idx = list1.getSelectedIndex();
62:          System.out.println("SelectedIndex="+idx);
63:          switch ( idx ) {
64:             case 0: color1.setBackground(Color.white); break;
65:             case 1: color1.setBackground(Color.black); break;
66:             case 2: color1.setBackground(Color.red); break;
67:             case 3: color1.setBackground(Color.green); break;
68:             case 4: color1.setBackground(Color.blue); break;
69:             case 5: color1.setBackground(Color.yellow); break;
```

```
70:            }
71:        }
72:    }
73:
74:    class SelectionHandler2 implements ListSelectionListener {
75:        public void valueChanged(ListSelectionEvent e) {
76:            int[] idxs = list2.getSelectedIndices();
77:            pColor2.removeAll();
78:            for ( int i=0 ; i<idxs.length ; i++ ) {
79:                pColor2.add(color2[i]);
80:                switch ( idxs[i] ) {
81:                    case 0: color2[i].setBackground(Color.white); break;
82:                    case 1: color2[i].setBackground(Color.black); break;
83:                    case 2: color2[i].setBackground(Color.red); break;
84:                    case 3: color2[i].setBackground(Color.green); break;
85:                    case 4: color2[i].setBackground(Color.blue); break;
86:                    case 5: color2[i].setBackground(Color.yellow); break;
87:                }
88:            }
89:            if ( idxs.length == 0 ) {
90:                pColor2.add(color2[0]);
91:                color2[0].setBackground(Color.white);
92:            }
93:            validate();
94:        }
95:    }
96: }
```

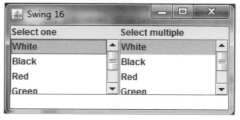 

프로그램 설명

▶ 15,51번째 줄:JLabel object를 parameter없이 생성하거나 empty String object로 생성하여 Panel에 추가하면 화면에 보여주어야 할 것이 없으므로 JList object의 공간을 확보하지 못합니다. 그러므로 한 개의 space 문자열이라도 JLabel에 parameter로 넘겨주어서 object를 생성해야 합니다.

▶ 31,32번째 줄:JList도 JComboBox처럼 배열로 JList의 원소를 한 번에 생성자 parameter로 넘겨주고, JList object를 생성할 수 있습니다.

▶ 33,34,35번째 줄:AWT List에서는 한 개의 item만 선택 가능 옵션과, 여러 개를 동시에 선택 가능한 옵션 두 가지가 있습니다. JList에서는 여러 가지를 동

시에 선택 가능한 옵션이 두 가지입니다. 즉 연속적으로 동시에 선택 가능한 옵션과, 비연속으로 동시에 연속 가능한 옵션입니다. 그래서 AWT의 List에서 사용했던 multipleMode의 true나 false 두 가지 형태를 사용하지 못하고 별도의 ListSelectionModel이라는 interface상수를 다음과 같이 사용합니다.

- ListSelectionModel.SINGLE_SELECTION:한 번에 오직 하나만 선택 가능한 mode입니다.
- ListSelectionModel.SINGLE_INTERVAL_SELECTION:여러 Item을 연속적으로 선택 가능한 mode입니다. 즉 중간에 선택되지 않는 item이 있을 수 없습니다.
- ListSelectionModel.MULTIPLE_INTERVAL_SELECTION:여러 Item을 비연속적으로 선택 가능한 mode입니다. 즉 중간에 선택되지 않는 item이 있을 수 있습니다.

① "ctrl" 키를 누르고 선택하면 추가 선택이 가능합니다.
② "Shift" 키를 누르고 선택하면 연속적 선택이 가능합니다.

▶ 36, 37번째 줄:AWT의 List는 Item이 보여주어야 하는 공간이 작으면 자동으로 scrollbar가 나타는 반면, JList에서는 JScrollPane에 JList object를 넣어야 AWT의 List와 같은 기능인 Scrollbar가 자동으로 나타납니다. 물론 Scrollbar 가능은 JList에서 JScrollPane을 사용하여 다양하게 할 수 있습니다.

▶ 47번째 줄:Ex02001A 프로그램에서 설명한 사항으로 JLabel에 배경색을 설정하기 위해서는 JLabel의 opaque 값이 false이므로 setOpaque() mehod를 이용하여 true로 설정해야 합니다.

▶ 59,74번째 줄:JList object에서 Item을 선택을 하면 ListSelectionEvent가 발생하고, 처리하기 위해서는 ListSelectionListener interface를 implements한 object를 생성해야 합니다. AWT List의 ItemListener를 implements하여 object를 생성하는 것과 같은 기능입니다.

▶ 60,75번째 줄:ListSelectionEvent는 valueChanged() method로 처리합니다. AWT List의 itemStateChanged() method와 같은 기능을 하는 method입니다.

예제 | Ex02016A

다음 프로그램은 JList을 사용하여 색깔을 추가하거나 삭제하는 방법을 보여주는 프로그램입니다. JList의 여러 가지 유용한 method와 관련 object와의 연관성을 보여주고 있으니 잘 숙지하고 있다가 실무에 활용하기 바랍니다.

- Ex02016 프로그램에서 JList의 원소를 배열로 만들었다면 이번 프로그램에서

는 DefautListModel이라는 별도의 object를 만들어 JList의 원소을 위해 사용하고 있습니다.

```java
1: import java.util.*;
2: import java.awt.*;
3: import java.awt.event.*;
4: import javax.swing.*;
5: import javax.swing.event.*;
6: class Ex02016A {
7:     public static void main(String[] args) {
8:         JFrame f = new SwingFrame16A("Swing 16A");
9:         f.setSize(600,200);
10:        f.setVisible(true);
11:    }
12: }
13: class SwingFrame16A extends JFrame {
14:     JTextField textField1 = new JTextField("255",3);
15:     JTextField textField2 = new JTextField("255",3);
16:     JTextField textField3 = new JTextField("255",3);
17:     JTextField tfColorName = new JTextField("White",5);
18:     JRadioButton selectOne = new JRadioButton("One", true);
19:     JRadioButton selectMul = new JRadioButton("Multi", false);
20:     JList list1;
21:     JList list2;
22:
23:     DefaultListModel listModel1;
24:     DefaultListModel listModel2;
25:
26:     JLabel color1 = new JLabel(" ");
27:     JLabel[] color2 = new JLabel[6];
28:     JPanel pColor2 = new JPanel(new GridLayout(1,2));
29:     Vector colorObjVtr1 = new Vector();
30:     Vector colorObjVtr2 = new Vector();
31:     SwingFrame16A(String title) {
32:         super(title);
33:         setLayout(new BorderLayout());
34:         JPanel pn = new JPanel(new FlowLayout());
35:         JPanel pc = new JPanel(new GridLayout(1,2));
36:         add(pn, BorderLayout.NORTH);
37:         add(pc, BorderLayout.CENTER);
38:
39:         JLabel rgb1 = new JLabel("R");
40:         JLabel rgb2 = new JLabel("G");
41:         JLabel rgb3 = new JLabel("B");
42:         JLabel lblColorName = new JLabel("Color Name");
43:         ButtonGroup bGroup = new ButtonGroup();
44:         bGroup.add(selectOne);
45:         bGroup.add(selectMul);
46:
```

```
47:        pn.add(rgb1);
48:        pn.add(textField1);
49:        pn.add(rgb2);
50:        pn.add(textField2);
51:        pn.add(rgb3);
52:        pn.add(textField3);
53:        pn.add(lblColorName);
54:        pn.add(tfColorName);
55:        pn.add(selectOne);
56:        pn.add(selectMul);
57:        tfColorName.addActionListener(new TextFieldActionHandler());
58:        JButton b1 = new JButton("Add");
59:        JButton b2 = new JButton("Remove");
60:        b1.addActionListener(new ActionAddColor());
61:        b2.addActionListener(new ActionRemoveColor());
62:        pn.add(b1);
63:        pn.add(b2);
64:
65:        JPanel p1 = new JPanel(new BorderLayout());
66:        JPanel p2 = new JPanel(new BorderLayout());
67:        pc.add(p1);
68:        pc.add(p2);
69:
70:        JLabel label1 = new JLabel("Select one");
71:        JLabel label2 = new JLabel("Select multiple");
72:
73:          //String[] colorNameStr = { "White", "Black", "Red", "Green",
"Blue", "Yellow"};
74:        //list1 = new JList(colorNameStr);
75:        listModel1 = new DefaultListModel();
76:        listModel1.addElement("White");
77:        listModel1.addElement("Black");
78:        listModel1.addElement("Red");
79:        listModel1.addElement("Green");
80:        listModel1.addElement("Blue");
81:        listModel1.addElement("Yellow");
82:        list1 = new JList(listModel1);
83:
84:        listModel2 = new DefaultListModel();
85:        listModel2.addElement("White");
86:        listModel2.addElement("Black");
87:        listModel2.addElement("Red");
88:        listModel2.addElement("Green");
89:        listModel2.addElement("Blue");
90:        listModel2.addElement("Yellow");
91:        list2 = new JList(listModel2);
92:
93:        list1.setSelectionMode(ListSelectionModel.SINGLE_SELECTION);
94:          //list2.setSelectionMode(ListSelectionModel.SINGLE_INTERVAL_
SELECTION);
```

```
95:          list2.setSelectionMode(ListSelectionModel.MULTIPLE_INTERVAL_
SELECTION);
96:       JScrollPane listPane1 = new JScrollPane(list1);
97:       JScrollPane listPane2 = new JScrollPane(list2);
98:
99:       colorObjVtr1.add(Color.white);
100:      colorObjVtr1.add(Color.black);
101:      colorObjVtr1.add(Color.red);
102:      colorObjVtr1.add(Color.green);
103:      colorObjVtr1.add(Color.blue);
104:      colorObjVtr1.add(Color.yellow);
105:
106:      colorObjVtr2.add(Color.white);
107:      colorObjVtr2.add(Color.black);
108:      colorObjVtr2.add(Color.red);
109:      colorObjVtr2.add(Color.green);
110:      colorObjVtr2.add(Color.blue);
111:      colorObjVtr2.add(Color.yellow);
112:
113:      p1.add(label1, BorderLayout.NORTH);
114:      p2.add(label2, BorderLayout.NORTH);
115:      p1.add(listPane1, BorderLayout.CENTER);
116:      p2.add(listPane2, BorderLayout.CENTER);
117:      p1.add(color1, BorderLayout.SOUTH);
118:      p2.add(pColor2, BorderLayout.SOUTH);
119:
120:      color1.setBackground(Color.white);
121:      color1.setOpaque(true);
122:      list1.setSelectedIndex(0);
123:      list1.addListSelectionListener(new SelectionHandler1());
124:      for ( int i=0 ; i<color2.length ; i++ ) {
125:         color2[i] = new JLabel(" ");
126:         color2[i].setBackground(Color.white);
127:         color2[i].setOpaque(true);
128:      }
129:      pColor2.add(color2[0]);
130:      list2.setSelectedIndex(0);
131:      list2.addListSelectionListener(new SelectionHandler2());
132:    }
133:    class SelectionHandler1 implements ListSelectionListener {
134:      public void valueChanged(ListSelectionEvent e) {
135:         int idx = list1.getSelectedIndex();
136:         System.out.println("SelectedIndex="+idx);
137:         if ( idx < 0 ) { // in case of item removed
138:            tfColorName.setText("");
139:            color1.setBackground(Color.white);
140:            return;
141:         }
142:         Color color = (Color)colorObjVtr1.elementAt(idx);
143:          color1.setBackground(color);
```

```
144:            int rNo = color.getRed();
145:            int gNo = color.getGreen();
146:            int bNo = color.getBlue();
147:            textField1.setText(rNo+"");
148:            textField2.setText(gNo+"");
149:            textField3.setText(bNo+"");
150:
151:            java.util.List selectedList = list1.getSelectedValuesList();
152:         //if ( selectedList.size() > 0 ) {
153:            String colorNameStr = (String)selectedList.get(0);
154:            tfColorName.setText(colorNameStr);
155:         //} else {
156:         //   tfColorName.setText("");
157:         //}
158:         selectOne.setSelected(true);
159:      }
160:   }
161:
162:  class SelectionHandler2 implements ListSelectionListener {
163:     public void valueChanged(ListSelectionEvent e) {
164:        int[] idxs = list2.getSelectedIndices();
165:        System.out.println("SelectedIndex idxs.length="+idxs.length);
166:        if ( idxs.length == 0 ) { // in case of item removed
167:           tfColorName.setText("");
168:           color2[0].setBackground(Color.white);
169:           return;
170:        }
171:        pColor2.removeAll();
172:        for ( int i=0 ; i<idxs.length ; i++ ) {
173:           pColor2.add(color2[i]);
174:           Color color = (Color)colorObjVtr2.elementAt(idxs[i]);
175:           color2[i].setBackground(color);
176:        }
177:
178:        if ( idxs.length == 0 ) {
179:           pColor2.add(color2[0]);
180:           color2[0].setBackground(Color.white);
181:        }
182:        validate();
183:
184:        Color color = (Color)colorObjVtr2.elementAt(idxs[0]);
185:        int rNo = color.getRed();
186:        int gNo = color.getGreen();
187:        int bNo = color.getBlue();
188:        textField1.setText(rNo+"");
189:        textField2.setText(gNo+"");
190:        textField3.setText(bNo+"");
191:        java.util.List selectedList = list2.getSelectedValuesList();
192:        if ( selectedList.size() > 0 ) {
193:           String colorNameStr = (String)selectedList.get(0);
```

```
194:             tfColorName.setText(colorNameStr);
195:         } else {
196:             tfColorName.setText("");
197:         }
198:         selectMul.setSelected(true);
199:     }
200:   }
201:
202:   class TextFieldActionHandler implements ActionListener {
203:     public void actionPerformed(ActionEvent e) {
204:         int rNo = Integer.parseInt(textField1.getText());
205:         int gNo = Integer.parseInt(textField2.getText());
206:         int bNo = Integer.parseInt(textField3.getText());
207:         if ( selectOne.isSelected() ) {
208:             color1.setBackground(new Color(rNo,gNo,bNo));
209:         } else {
210:             pColor2.removeAll();
211:             pColor2.add(color2[0]);
212:             color2[0].setBackground(new Color(rNo,gNo,bNo));
213:             validate();
214:         }
215:     }
216:   }
217:
218:   class ActionAddColor implements ActionListener {
219:     public void actionPerformed(ActionEvent e) {
220:         if ( selectOne.isSelected() ) {
221:             addColorIntoList(list1, colorObjVtr1);
222:         } else {
223:             addColorIntoList(list2, colorObjVtr2);
224:         }
225:     }
226:     void addColorIntoList(JList list, Vector colorObjVtr) {
227:         String colorNameStr = tfColorName.getText();
228:       DefaultListModel listModel = (DefaultListModel)list.getModel();
229:         for ( int i = 0 ; i < listModel.getSize() ; i++ ) {
230:             String colorNameStrInList = (String)listModel.get(i);
231:             if ( colorNameStrInList.equals(colorNameStr) ) {
232:                 Toolkit.getDefaultToolkit().beep();
233:                 tfColorName.requestFocusInWindow();
234:                 tfColorName.selectAll();
235:                         JOptionPane.showMessageDialog(null, "Selected
color("+colorNameStr+")   already   exists.","Error",   JOptionPane.ERROR_
MESSAGE);
236:                 return;
237:             }
238:         }
239:         int idx = listModel.getSize();
240:
241:         listModel.addElement(colorNameStr);
```

```
242:          //listModel.insertElementAt(colorNameStr, idx);
243:          int rNo = Integer.parseInt(textField1.getText());
244:          int gNo = Integer.parseInt(textField2.getText());
245:          int bNo = Integer.parseInt(textField3.getText());
246:          colorObjVtr.add(new Color(rNo, gNo, bNo));
247:          System.out.println("before setSelectedIndex(idx)");
248:          list.setSelectedIndex(idx);
249:          System.out.println("after setSelectedIndex(idx)");
250:          list.ensureIndexIsVisible(idx);
251:                    JOptionPane.showMessageDialog(null,    "Selected
color("+colorNameStr+")    added.",    "Information",JOptionPane.INFORMATION_
MESSAGE);
252:      }
253:    }
254:
255:    class ActionRemoveColor implements ActionListener {
256:      public void actionPerformed(ActionEvent e) {
257:          if ( selectOne.isSelected() ) {
258:              removeColorFromList(list1, colorObjVtr1);
259:          } else {
260:              removeColorFromList(list2, colorObjVtr2);
261:          }
262:      }
263:      void removeColorFromList(JList list, Vector colorObjVtr) {
264:          int idx = list.getSelectedIndex();
265:          System.out.println("From ActionRemoveColor idx="+idx );
266:          if ( idx >= 0 ) {
267:                  DefaultListModel listModel = (DefaultListModel)list.
getModel();
268:            colorObjVtr.remove(idx);
269:            listModel.remove(idx);
270:             System.out.println("From ActionRemoveColor after listModel.
remove() method" );
271:          } else {
272:              // error message
273:          }
274:      }
275:  }
276:}
```

프로그램 설명

▶ 첫 번째 화면은 프로그램을 실행시키면 나오는 최초의 화면입니다. 첫 번째 화면

이 나오기 위해서는 32번째 줄부터 131번째 줄까지 수행합니다.

▶ 73,74번째 줄: Ex02016 프로그램에서는 문자열 배열을 사용하여 JList object를 생성했지만

▶ 75~91번째 줄: 이번 프로그램에서는 DefaultListModel을 사용하여 JList object를 생성합니다. 문자열 배열에도 배열 원소로 색깔 이름이 들어 있고 DefaultListModel에도 add() method를 사용하여 색깔 이름을 DefaultListModel object의 원소로서 추가해 넣습니다. 기본적으로는 같은 개념이나 DefaultListModel은 여러 method가 있어서 색깔 이름을 추가나 삭제를 할 수 있는 기능이 있습니다.

▶ 123,131번째 줄: 프로그램 수행 중 JList object의 원소를 선택하면 JVM은 ListSelectionEvent를 발생시키고, ListSelectionListener interface를 구현한 object의 valueChanged(ListSelectionEvent e) method를 호출해서 이벤트 처리를 하게합니다. 그러기 위해서는 133번째 줄 SelectionHandler1 object와 162번째 줄 SelectionHandler2 object를 각각 생성하여 list1과 list2에 addListSelectionListener() method를 사용하여 listener object를 붙여주어야합니다.

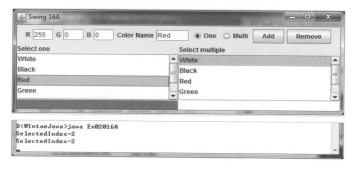

▶ 두 번째 화면은 "Select one" JList object에서 "Red"를 선택하면 나오는 화면입니다. "Red"를 선택하면 JVM은 ListSelectionEvent를 발생시키고, 134번째 줄의 valueChanged(ListSelectionEvent e) method를 두 번 호출해서 이벤트 처리를 하게하므로 135번째 줄부터 158번째 줄을 수행합니다. 한 번은 "White"가 선택 해제되었을 때 호출하고, 다른 한 번은 "Red"가 선택되었을 때 호출합니다.

• 137번째 줄의 idx가 0보다 작은 경우는, 즉 idx가 −1인 경우에는 선택된 색깔이 없는 경우로 "Remove" 버튼으로 색깔을 삭제했을 경우에 해당되며, 선택된 색깔이 없으므로 흰색으로 설정합니다. 그리고 Color Name TextField는 empty문자로 설정하고 valueChanged(ListSelectionEvent e) method을 종료합니다.

• 142~149번째 줄: 선택된 원소의 Color object를 찾아내어 RGB TextField에 RGB 색깔의 값을 각각 보여줍니다.

- 151번째 줄:JList list1에서 getSelectedValuesList() method를 호출해서 현재 선택된 색깔의 문자열을 List object selectedList에 담아서 받아냅니다. List class는 아직 설명하지 않은 class로 Vector class와 유사하다고 생각하면 됩니다. List1에는 오직 한 개만 선택 가능하므로 selectedList에는 한 개의 원소(색깔)만 담겨 있습니다. 만약 색깔이 하나도 선택되지 않는 경우는 137번째 줄에서 걸러졌으므로 152, 155, 156, 157번째 줄은 의미가 없어 //로 comment 처리했습니다. 담겨진 색깔의 첫 번째(한 개밖에 없지만, 이번 경우는 "Red")것을 Color Name TextField에 보여줍니다.

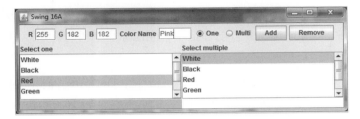

▶ 세 번째 화면은 "R" TextField에 255, "G" TextField에 182, "B" TextField에 182를 입력하고 "Color Name" TextField에 "Pink"라고 입력한 후 Enter 키를 쳤을 때 나오는 화면입니다. "Color Name" TextField에 "Pink"를 입력하고 Enter 키를 치면, 57번째 줄에서 "Color Name" TextField에 붙인 TextFieldActionHandler object의 actionPerformed(ActionEvent e) method가 호출되어 204부터 214번째 줄까지 실행됩니다.

- 207번째 줄:JRadioButton "One"이 선택되어 있으므로 입력된 RGB color를 Color object를 생성한 후 color1의 배경색으로 설정해줍니다.

▶ 세 번째 화면은 "R" TextField에 255, "G" TextField에 182, "B" TextField에 182를 입력하고 "Color Name" TextField에 "Pink"라고 입력한 후 Enter 키를 쳤을 때 나오는 화면입니다. "Color Name" TextField에 "Pink"를 입력하고 Enter 키를 치면, 57번째 줄에서 "Color Name" TextField에 붙인 TextFieldActionHandler object의 actionPerformed(ActionEvent e) method

가 호출되어 204부터 214번째 줄까지 실행됩니다.

- 207번째 줄:JRadioButton "One"이 선택되어 있으므로 입력된 RGB color를 Color object를 생성한 후 color1의 배경색으로 설정해줍니다.

- 233번째 줄:tfColorName.requestFocusInWindow()의 의미는 tfColorName TextField에 focus를 가져다 놓으라는 의미이므로 위 에러 message에서 "OK" 버튼을 클릭하고나면 "Color Name" TextField에 cursor가 깜박깜박하고 있는 것을 알 수 있습니다.
- 241번째 줄:"Color Name" TextField에 입력된 문자가 DefaultListModel에 없으면 addElement() method를 사용하여 DefaultListModel에 추가합니다.
- 248번째:241번째 줄에서 추가된 색깔을 선택되어 보이도록 하기위해 setSelected Index(idx) method를 호출합니다. 이때 새로운 색깔이 선택되었으므로 JVM 은 134번째 줄의 valueChanged(ListSelectionEvent e) method를 호출합니다. 그래서 콘솔창을 보면 "SelectedIndex=6"이라는 메세지 전후로 "before setSelectedIndex(idx)"와 "after setSelectedIndex(idx)"라는 메세지가 나오는 것입니다.
- 250번째 줄:ensureIndexIsVisible(idx) method는 list를 모두 보여줄 수 없을 정도로 여러 개의 색깔이 있을 경우 현재 선택된 색깔을 화면에 보일 수 있도록 해주는 method입니다.
- 251번째 줄:JOptionPane.showMessageDialog() method는 위 4번째 화면에 나타나는 메세지 화면이라고 생각하면 됩니다.

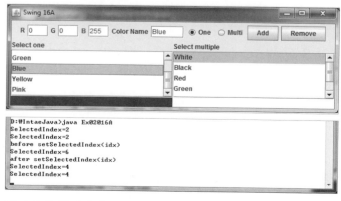

- 위 6번째 화면은 "Select one" JList object에서 "Blue"를 선택하면 나오는 화면으로 두 번째 화면에서 "Red"를 선택한 것을 제외하고는 모든 설명이 동일합니

다. 다음 "Remove" 버튼을 클릭하기 위해 준비해 좋은 화면입니다.

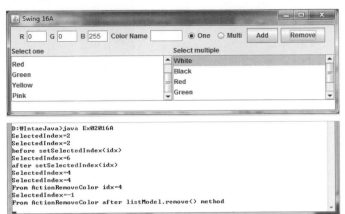

• 위 7번째 화면은 6번째 화면에서 "Remove"버튼을 클릭했을 때 나오는 화면입니다.

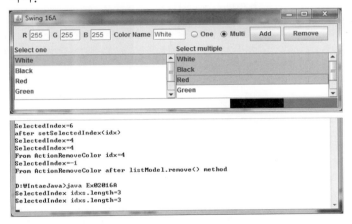

위 화면은 첫 번째 화면에서(위와 동일한 화면을 만들기 위해서는 프로그램을 새로 시작하세요.) shift 키를 누른 상태에서 마우스로 "Select multiple" list의 "Red"를 선택했을 경우 나오는 화면입니다.

⑦ JScrollBar class:JScrollBar는 AWT의 Scrollbar class와 거의 모든 기능과 추가적인 기능이 가능합니다.

예제 | Ex02017

아래 프로그램은 Ex01961A 프로그램에서 사용한 동일한 기능을 JScrollBar를 사용하여 구현한 프로그램입니다. AWT의 Scrollbar를 JScrollBar로 고치면 변경되는 사항없이 그대로 사용할 수 있습니다.

```
1: import java.awt.*;
```

```
 2: import java.awt.event.*;
 3: import javax.swing.*;
 4: class Ex02017 {
 5:     public static void main(String[] args) {
 6:         JFrame f = new SwingFrame17("Swing Example 17");
 7:         f.setSize(400,200);
 8:         f.setVisible(true);
 9:     }
10: }
11: class SwingFrame17 extends JFrame {
12:     JPanel p = new JPanel(new BorderLayout());
13:     JTextField taRed = new JTextField("255",3);
14:     JTextField taGreen = new JTextField("255",3);
15:     JTextField taBlue = new JTextField("0",3);
16:     JScrollBar sbRed;
17:     JScrollBar sbGreen;
18:     JScrollBar sbBlue;
19:     SwingFrame17(String title) {
20:         super(title);
21:         BorderLayout bl = new BorderLayout();
22:         setLayout(bl);
23:         JLabel label = new JLabel("Adjust Red, Green, Blue with ScrollBar
or Input RGB value");
24:         add(label, BorderLayout.NORTH);
25:         add(p, BorderLayout.CENTER);
26:
27:         JPanel pn = new JPanel(new FlowLayout());
28:         JLabel lblRed = new JLabel("Red");
29:         JLabel lblGreen = new JLabel("Green");
30:         JLabel lblBlue = new JLabel("Blue");
31:         pn.add(lblRed);
32:         pn.add(taRed);
33:         pn.add(lblGreen);
34:         pn.add(taGreen);
35:         pn.add(lblBlue);
36:         pn.add(taBlue);
37:         p.add(pn, BorderLayout.NORTH);
38:
39:         int rNo = 255;
40:         int gNo = 255;
41:         int bNo = 0;
42:         sbRed = new JScrollBar(JScrollBar.VERTICAL, rNo, 0, 0, 255);
43:         sbGreen = new JScrollBar(JScrollBar.HORIZONTAL, gNo, 0, 0, 255);
44:         sbBlue = new JScrollBar(JScrollBar.VERTICAL, bNo, 0, 0, 255);
45:         p.add(sbRed, BorderLayout.WEST);
46:         p.add(sbGreen, BorderLayout.SOUTH);
47:         p.add(sbBlue, BorderLayout.EAST);
48:         taRed.addActionListener(new ActionHandler());
49:         taGreen.addActionListener(new ActionHandler());
50:         taBlue.addActionListener(new ActionHandler());
51:         sbRed.addAdjustmentListener(new AdjustmentHandler());
52:         sbGreen.addAdjustmentListener(new AdjustmentHandler());
53:         sbBlue.addAdjustmentListener(new AdjustmentHandler());
```

```
54:        p.setBackground(new Color(rNo,gNo,bNo));
55:    }
56:    class AdjustmentHandler implements AdjustmentListener {
57:       public void adjustmentValueChanged(AdjustmentEvent e) {
58:          int rNo = sbRed.getValue();
59:          int gNo = sbGreen.getValue();
60:          int bNo = sbBlue.getValue();
61:          p.setBackground(new Color(rNo, gNo, bNo));
62:          taRed.setText(""+rNo);
63:          taGreen.setText(""+gNo);
64:          taBlue.setText(""+bNo);
65:       }
66:    }
67:    class ActionHandler implements ActionListener {
68:       public void actionPerformed(ActionEvent e) {
69:          int rNo = Integer.parseInt(taRed.getText());
70:          int gNo = Integer.parseInt(taGreen.getText());
71:          int bNo = Integer.parseInt(taBlue.getText());
72:          if ( rNo > 255 || gNo > 255 || bNo > 255 ) {
73:             System.out.println("RGB number is greater than 255.");
74:             return;
75:          }
76:          p.setBackground(new Color(rNo, gNo, bNo));
77:          sbRed.setValue(rNo);
78:          sbGreen.setValue(gNo);
79:          sbBlue.setValue(bNo);
80:       }
81:    }
82: }
```

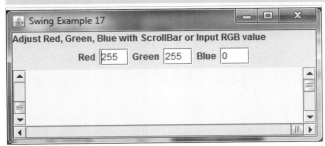

프로그램 설명

▶ 위 화면은 프로그램을 수행하면 최초로 나타나는 화면입니다.

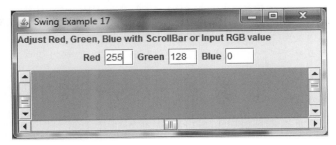

▶ 두 번째 화면은 아래 수평 JScrollBar object의 조정대를 이동하여 "Green" TextField
   가 128이 나오도록 위치시킨 화면입니다.

- Ex01961A 프로그램에서는 "Red" TextField가 254로 바뀌는 약간의 오차범위
  내 오류가 발생했지만 JScrollBar에서는 정상적으로 작동하는 것을 확인할 수
  있습니다.

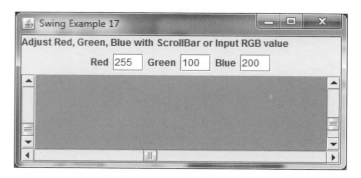

▶ 위 세 번째 화면은 "Red", "Green", "Blue" TextField에 255, 100, 200을 입력
   한 화면으로 JScrollBar 의 조정대가 입력된 위치로 이동하는 것을 확인할 수 있
   습니다.

문제 | Ex02017A

RGB color는 빨강색(Red) 0부터 255까지, 녹색(Green) 0부터 255까지, 파란색
(Blue) 0부터 255까지의 조합으로 표현되므로, 모든 RGB 색을 표현하기 위해서는
3차원의 정 6면체를 연상하면 표현할 수 있습니다. 현재까지 배운 자바 Swing으로
는 3차원 표현은 어려우므로 2차원 표현으로 하되 JScrollBar를 이용하여 나머지
하나를 표현하는 방식으로 아래와 같은 출력이 나오도록 프로그램을 작성하세요.

- 3가지 2차원으로 구성합니다.
- 첫 번째 것의 초기 상태는 빨강의 RGB 값이 0인 상태에서 녹색과 파란색으로 2
  차원으로 표현합니다. 그 다음 빨강을 현재 표현된 값에 JScrollBar를 사용하여
  0부터 255까지 추가할 수 있도록 프로그램합니다.
- 두 번째 것은 초기 상태는 녹색의 RGB 값이 0인 상태에서 빨강색과 파란색으로
  2차원으로 표현합니다. 그 다음 녹색을 현재 표현된 값에 JScrollBar를 사용하
  여 0부터 255까지 추가할 수 있도록 프로그램합니다.
- 세 번째 것의 초기 상태는 파란색의 RGB 값이 0인 상태에서 녹색과 빨강색으로
  2차원으로 표현합니다. 그 다음 파란색을 현재 표현된 값에 JScrollBar를 사용
  하여 0부터 255까지 추가할 수 있도록 프로그램합니다.
- 아래 첫 번째 화면은 프로그램을 실행하면 나타나는 초기 화면입니다.

- 두 번째 화면은 첫 번째 색 평면에 빨강을 255로 높인 것이며, 두 번째 색 평면에 녹색을 255로 높인 것이며, 세번째 색 평면에 파랑색을 255로 높인것입니다.
- 또한 TextField에 RGB 값을 직접 입력하면 색평면의 색도 입력된 값에 따라 바뀌고, JScrollBar도 해당되는 값의 위치에 조정대가 위치할 수 있도록 프로그램을 작성하세요.

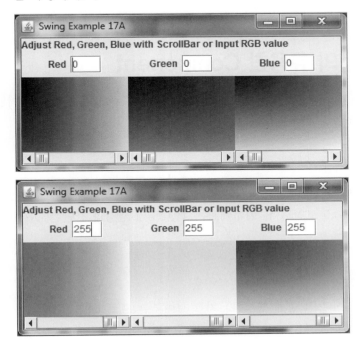

- **힌트 |** 아래 프로그램 일부는 빨강색이 고정된 color No일 때 녹색과 파란색을 0부터 255까지 변화하는 색을 표시한 것입니다. 아래 내용을 보지 말고 스스로 해결하도록 해보세요.

```
X01:    class ColorPanel1 extends JPanel {
X02:        int rNo = 0;
X03:        public void paint(Graphics g) {
X04:            int width = getSize().width;
X05:            int height = getSize().height;
X06:            for ( int i=0 ; i<=255 ; i++ ) {
X07:                for ( int j=0 ; j<=255 ; j++ ) {
X08:                    g.setColor(new Color(rNo,i,j));
X09:                    int x1 =  width * i / 256;
X10:                    int y1 =  height * j / 256;
X11:                    int x2 = width * ( i + 1 ) / 256;
X12:                    int y2 = height * ( j + 1) / 256;
X13:                    int w = x2 - x1;
X14:                    int h = y2 - y1;
```

```
X15:                    g.fillRect(x1,y1,w,h);
X16:                }
X17:             }
X18:         }
X19:     }
```

20.3 Swing의 유용한 Component

Swing에는 유용한 Component가 많이 있습니다. 그 중 JTable에 대해서만 어떤 모양으로 보여주는지 간략하게 소개합니다.

20.3.1 JTableI class

JTable을 설명하기 위해서는 300페이지를 할애해도 충분히 설명하기 부족할 정도로 기능이 많은 Component입니다. 여기에서는 JTable의 생성과 간단한 Event처리에 대해서 설명합니다.

예제 | Ex02021

다음 프로그램은 JTable을 어떻게 생성하는지를 보여주는 프로그램입니다.

```
1: import java.awt.*;
2: import java.awt.event.*;
3: import javax.swing.*;
4: class Ex02021 {
5:    public static void main(String[] args) {
6:       JFrame f = new SwingFrame21("Swing Example 21");
7:       f.setSize(450,200);
8:       f.setVisible(true);
9:    }
10: }
11: class SwingFrame21 extends JFrame {
12:     public SwingFrame21(String title) {
13:        super(title);
14:        String[] columnNames = {"License No","Owner Name", "Color",
"Fuel Tank","Speed Meter"};
15:        String[][] data = {
16:                {"1001", "Intae", "White", "257", "84"},
17:                {"1002", "Jason", "Grey", "154", "45"},
18:                {"1003", "Chris", "Green", "321", "76"},
19:                {"2001", "Jane", "Blue", "221", "93"},
20:                {"2002", "Sue", "Red", "127", "88"}
```

```
21:          };
22:          JTable table = new JTable(data, columnNames);
23:          JScrollPane scrollPane = new JScrollPane(table);
24:          add(scrollPane, BorderLayout.CENTER);
25:      }
26: }
```

License No	Owner Name	Color	Fuel Tank	Speed Meter
1001	Intae	White	257	84
1002	Jason	Grey	154	45
1003	Chris	Green	321	76
2001	Jane	Blue	221	93
2002	Sue	Red	127	88

프로그램 설명

▶ JTable을 생성하기 위해서는 Column이름과 내용 data의 2가지 기본적인 data
가 필요합니다. 14번째 줄의 Column이름은 1차원 배열, 15부터 20번째 줄 내용
data는 2차원로 작성합니다.

▶ 22번째 줄 Column이름과 내용 data를 JTable의 argument로 전달해서
JTable을 생성하고, JTable을 JScrollPane의 생성자 Argument로 전달하여
JScrollPane object를 생성합니다. JScrollPane은 JTextArea설명할 때 설명
한 component로 내용 data가 화면에 전부 표시할 수 없을 정도로 많으면 Scroll
bar가 자동으로 나와 scroll bar을 이동하여 화면이 작아 볼 수 없었던 내용 data
를 봅니다.

예제 | Ex02021A

다음 프로그램은 JTable에서 각각의 cell을 선택하면 발생하는 Event에 대해 보여
주는 프로그램입니다.

```
1: import java.awt.*;
2: import java.awt.event.*;
3: import javax.swing.*;
4: import javax.swing.event.*;
5: class Ex02021A {
6:    public static void main(String[] args) {
7:        JFrame f = new SwingFrame21A("Swing Example 21A");
8:        f.setSize(400,200);
9:        f.setVisible(true);
```

```
10:     }
11: }
12: class SwingFrame21A extends JFrame {
13:     JTable table;
14:     JTextArea textArea;
15:     String[][] data;
16:     public SwingFrame21A(String title) {
17:         super(title);
18:         String[] columnNames = {"License No","Owner Name", "Color", "Fuel
Tank","Speed Meter"};
19:         data = new String[][] {
20:                 {"1001", "Intae", "White", "257", "84"},
21:                 {"1002", "Jason", "Grey", "154", "45"},
22:                 {"1003", "Chris", "Green", "321", "76"},
23:                 {"2001", "Jane", "Blue", "221", "93"},
24:                 {"2002", "Sue", "Red", "127", "88"}
25:         };
26:         table = new JTable(data, columnNames);
27:             //table.getSelectionModel().addListSelectionListener(new
RowListener());
28:         ListSelectionModel selectionModel = table.getSelectionModel();
29:         selectionModel.addListSelectionListener(new SelectionHandler());
30:
31:             selectionModel.setSelectionMode(ListSelectionModel.SINGLE_
SELECTION);
32:         //selectionModel.setSelectionMode(ListSelectionModel.MULTIPLE_
INTERVAL_SELECTION);
33:
34:         JScrollPane scrollPane1 = new JScrollPane(table);
35:         add(scrollPane1, BorderLayout.CENTER);
36:         textArea = new JTextArea();
37:         textArea.setRows(2);
38:         JScrollPane scrollPane2 = new JScrollPane(textArea);
39:         add(scrollPane2, BorderLayout.SOUTH);
40:     }
41:
42:     class SelectionHandler implements ListSelectionListener {
43:         public void valueChanged(ListSelectionEvent event) {
44:             textArea.setText("Single SELECTION : ");
45:             textArea.append("Row:");
46:             int row = table.getSelectedRow();
47:             textArea.append(String.format(" %d,", row));
48:             textArea.append(" Columns:");
49:             int col = table.getSelectedColumn();
50:             textArea.append(String.format(" %d,", col));
51:
52:             textArea.append(" Selected data : "+data[row][col]);
53:
54:             System.out.println(cnt++ + ":"+textArea.getText());
55:         }
```

```
56:    }
57:    static int cnt = 0;
58: }
```

License No	Owner Name	Color	Fuel Tank	Speed Meter
1001	Intae	White	257	84
1002	Jason	Grey	154	45
1003	Chris	Green	321	76
2001	Jane	Blue	221	93
2002	Sue	Red	127	88

Single SELECTION : Row: 0, Columns: 1, Selected data : Intae

프로그램 설명

▶ JTable은 여러 가지 기능이 있는 만큼이나 여러 가지 보조 object로 구성되어 있습니다. 그 중에 하나가 ListSelectionModel object입니다. ListSelectionModel은 JTable의 선택에 관련된 기능을 보조해줍니다. ListSelectionModel은 JTable object가 생성되면서 ListSelectionModel object도 같이 생성되어 JTable의 일부를 차지합니다.

▶ 28번째 줄:JTable이 가지고 있는 ListSelectionModel의 주소를 table.get Selection Model() method를 사용하여 알아냅니다.

▶ 29번째 줄:addListSelectionListener()을 사용하여 JTable에 있는 하나의 cell이 선택되었을 때 처리하는 ListSelectionListener object를 추가합니다.

▶ 31번째 줄:JTable에 있는 cell을 선택할 때 한 줄(row)만 선택되도록 SINGLE_SELECTION mode로 설정합니다.

▶ 43번째 줄:JTable에서 하나의 cell이 선택되면 처리해야할 사항을 valueChanged() method를 재정의하여 프로그램합니다.

▶ 46번째 줄:table.getSelectedRow() method를 사용하여 table의 몇 번째 줄(row)이 선택되었는지 알아냅니다.

▶ 49번째 줄:table.getSelectedColumn() method를 사용하여 table의 몇 번째 열(column)이 선택되었는지 알아냅니다.

▶ 52번째 줄:46,49번째 줄에서 알아낸 row와 col을 사용하여 data 배열에 저장된 값을 textArea에 출력합니다.

▶ 54번째 줄:54번째 줄은 한 번 클릭에 두 번 valueChanged() method가 수행됨을 보여주기 위해서입니다. 즉 마우스가 pressed될 때와 release가 될 때 각각 한 번씩 수행됩니다.

```
D:\IntaeJava>java Ex02021A
0:Single SELECTION : Row: 0, Columns: 1, Selected data : Intae
1:Single SELECTION : Row: 0, Columns: 1, Selected data : Intae
```

예제 | Ex02021B

다음 프로그램은 JTable에서 각각의 cell에 data를 입력할 때 입력받는 data를 확인하여 잘못된 data는 받아들이지 않는 프로그램입니다. 즉 자동자의 속도가 120.0 이상이면 불법이므로 120 .0이면 에러 메세지 보내고 data는 받아들이지 않습니다.

```
 1: import java.awt.*;
 2: import java.awt.event.*;
 3: import javax.swing.*;
 4: import javax.swing.event.*;
 5: import javax.swing.table.*;
 6: class Ex02021B {
 7:    public static void main(String[] args) {
 8:        JFrame f = new SwingFrame21B("Swing Example 21B");
 9:        f.setSize(400,200);
10:        f.setVisible(true);
11:    }
12: }
13: class SwingFrame21B extends JFrame {
14:    JTable table;
15:    JTextArea textArea;
16:    Object[][] data;
17:
18:    public SwingFrame21B(String title) {
19:        super(title);
20:
21:        data = new Object[][] {
22:                    {"1001", "Intae", "White", new Integer(257), new
Double(84.1) , new Integer(0)},
23:                    {"1002", "Jason", "Grey", new Integer(154), new
Double(45.3) , new Integer(0)},
24:                    {"1003", "Chris", "Green", new Integer(321), new
Double(76.9) , new Integer(0)},
25:            {"2001", "Jane", "Blue", new Integer(221), new Double(93.5)
, new Integer(0)},
26:                {"2002", "Sue", "Red", new Integer(127), new Double(88.5)
, new Integer(0)}
27:        };
28:        for ( int i=0 ; i< data.length ; i++ ) {
29:            Integer possibleDistance = new Integer((Integer)data[i][3] *
13);
30:            data[i][5] = possibleDistance;
31:        }
32:
```

```
33:         table = new JTable(new DataTableModel());
34:             //table.getSelectionModel().addListSelectionListener(new
RowListener());
35:         ListSelectionModel selectionModel = table.getSelectionModel();
36:       selectionModel.addListSelectionListener(new SelectionHandler());
37:
38:           selectionModel.setSelectionMode(ListSelectionModel.SINGLE_
SELECTION);
39:         //selectionModel.setSelectionMode(ListSelectionModel.MULTIPLE_
INTERVAL_SELECTION);
40:
41:         JScrollPane scrollPane1 = new JScrollPane(table);
42:         add(scrollPane1, BorderLayout.CENTER);
43:         textArea = new JTextArea();
44:         textArea.setRows(2);
45:         JScrollPane scrollPane2 = new JScrollPane(textArea);
46:         add(scrollPane2, BorderLayout.SOUTH);
47:     }
48:
49:    class DataTableModel extends AbstractTableModel {
50:        String[] columnNames = {"License No","Owner Name", "Color", "Fuel
Tank","Speed Meter", "Possible Distance"};
51:
52:        public int getColumnCount() {
53:             return columnNames.length;
54:        }
55:        public int getRowCount() {
56:            return data.length;
57:        }
58:        public String getColumnName(int col) {
59:            return columnNames[col];
60:        }
61:        public Object getValueAt(int row, int col) {
62:            return data[row][col];
63:        }
64:        public Class getColumnClass(int c) {
65:            return getValueAt(0, c).getClass();
66:        }
67:        public boolean isCellEditable(int row, int col) {
68:            if (col < 2 || col==5) {
69:                return false;
70:            } else {
71:                return true;
72:            }
73:        }
74:        public void setValueAt(Object value, int row, int col) {
75:            System.out.println("Input value ( " + row + "," + col + " )
= " + value
76:                                + ", class = " + value.getClass());
77:            if ( col == 4 ) {
```

```
78:                    if ( (Double)value > 120.0 ) {
79:                        String mssg = "Error : Speed cannot be exceeded 120.0";
80:                            JOptionPane.showMessageDialog(null, mssg,"Error",
JOptionPane.ERROR_MESSAGE);
81:                        return;
82:                    }
83:                }
84:                data[row][col] = value;
85:                if ( col == 3 ) {
86:                    data[row][5] = (Integer)value * 13;
87:                    fireTableCellUpdated(row, 5);
88:                }
89:            }
90:        }
91:
92:        class SelectionHandler implements ListSelectionListener {
93:            public void valueChanged(ListSelectionEvent event) {
94:                textArea.setText("Single SELECTION : ");
95:                textArea.append("Row:");
96:                int row = table.getSelectedRow();
97:                textArea.append(String.format(" %d,", row));
98:                textArea.append(" Columns:");
99:                int col = table.getSelectedColumn();
100:                 textArea.append(String.format(" %d, ", col));
101:
102:                textArea.append("Selected data : "+data[row][col]);
103:
104:                System.out.println(cnt++ + ":"+textArea.getText());
105:            }
106:        }
107:    static int cnt = 0;
108: }
```

License No	Owner Name	Color	Fuel Tank	Speed Meter	Possible Distance
1001	Intae	White			
1002	Jason	Grey	57	84.1	741
1003	Chris	Green	54	45.3	702
2001	Jane	Blue	21	76.9	273
2002	Sue	Red	23	93.5	299
			27	88.5	351

프로그램 설명

▶ JTable은 여러 가지 기능이 있는 만큼이나 여러 가지 보조 object로 구성되어 있다고 했습니다. 그 중에 또 하나가 TableModel object입니다. TableModel은 JTable의 data의 구성에 관련된 기능을 보조해 줍니다. TableModel은 JTable object가 생성될 때 argument로 넣어주어야 합니다. 만약 argument로 넣어주지 않으면 TableModel없이 JTable이 작동되며 JTable의 많은 기능을 사용할

수 없습니다.

▶ 45번째 줄:TableModel은 AbstractTableModel class를 상속받아 정의합니다. 즉 AbstractTableModel class에서 정의한 다음과 같은 추상 method를 반드시 정의해야 합니다.

- getColumnCount()
- getRowCount()
- getValueAt()

일반적으로 아래 method도 재정의를 해주어야 JTable의 기능을 제대로 사용할 수 있습니다.

- getColumnName()
- getColumnClass()
- isCellEditable()
- setValueAt()

위에서 보여준 method는 JTable 내부에서 호출하는 method입니다. 프로그래머가 호출할 일은 거의 없습니다. 단지 JTable에서 호출했을 때 수행해야할 프로그램을 작성해서 넣어주면 됩니다.

▶ 52번째 줄:getColumnCount() method는 data table의 column의 수를 넘겨 줍니다.

▶ 55번째 줄:getRowCount() method는 data table의 column의 수를 넘겨 줍니다.

▶ 58번째 줄:getColumnName() method는 columnNames배열 object를 넘겨 줍니다.

▶ 61번째 줄:getValueAt() method는 data table의 row, col에 있는 object 값을 넘겨줍니다.

▶ 64번째 줄:getColumnClass(int c) method는 data table의 첫 번째 row, col에 있는 object의 class object을 넘겨줍니다.

▶ 67번째 줄:isCellEditable(int row, int col) method는 사용자가 해당 cell을 클릭했을 때 그 cell이 수정 가능한지 안 한지를 true, 혹은 false 값으로 넘겨줍니다. 이번 프로그램에서는 차량번호와, 소유주 이름은 변경할 수 없고, 연료량과, 차량속도만 변경 가능하도록 했습니다. 남아있는 연료로 갈 수 있는 거리는 남아있는 연료로 계산되는 숫자이므로 변경할 수 없습니다. 남아있는 거리는 남아있는 연료량 * 13으로 합니다.

▶ 74번째 줄:setValueAt(Object value, int row, int col) method는 사용자가 Editable할 수 있는 Cell를 변경한 경우 JTable이 내부에서 호출하는 method로

이때 변경하는 data가 잘못된 data가 입력되면 받아들이지 못하도록 프로그램을 짜 넣어야 합니다. 즉 column이 4인 Speed Meter가 120.0보다 크면 잘못 된 data이므로 에러 메세지를 보내고, 받아들이지 못하게 바로 return해버립니다. 아래 화면처럼 121.1을 입력하고 엔터키를 치면 아래와 같이 에러 메세지가 나오고 값은 입력된 값으로 변경되지 않고 원래 값으로 되돌아 옵니다.

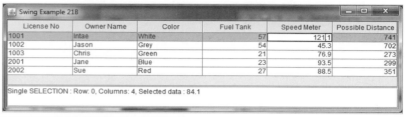

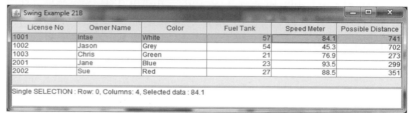

▶ 85~88번째 줄:만약 FuelTank의 값을 변경시키면 남아있는 거리는 FuelTank 값으로 계산되어 변경해야 하므로 data[row][5] = (Integer)value * 13와 같이 계산한 후 fireTableCellUpdated(row, 5) method를 호출하여 변경된 data가 cell에 반영될 수 있도록 합니다.

주의 |

TableModel이 가지고 있는 data 배열은 JTable의 화면에 보여주고 있는 숫자는 서로 다른 값입니다. 그러므로 data배열에 있는 값이 변경되면 fireTableCellUpdated() method를 호출해서 JTable의 화면에 보여주는 값도 변경되도록 해야 합니다.

아래 화면은 FuelTank의 값을 20으로 변경하면 Possible Distance값이 260으로 자동으로 변경되는 것을 보여주는 화면입니다.

예제 | Ex02021C

다음 프로그램은 학생들의 점수로 다음과 같이 출력되도록 점수를 JTable를 사용하여 프로그램을 작성하세요.

조건 |

- 학생 이름은 data가 변경이 안되도록 합니다.
- 수학, 과학, 사회 점수는 100점 이상이 입력이 안 되도록 합니다.
- 수학, 과학, 사회 점수가 변경되면 총점과 평균도 동시에 변경되도록 합니다.
- 총점과 평균은 수학, 과학, 사회 점수로 계산되므로 사용자가 변경할 수 없게 합니다.
- 수학, 과학, 사회 점수가 선택되면 학점을 다음과 같이 계산되어 아래 화면에 출력합니다.

```
String calculateGrade(int s) {
        String g = "Z";
        if ( 90 <= s && s <= 100 ) g = "A";
        if ( 80 <= s && s < 90 ) g = "B";
        if ( 70 <= s && s < 80 ) g = "C";
        if ( 60 <= s && s < 70 ) g = "D";
        if ( 0 <= s && s < 60 ) g = "F";
        if ( s < 0 || 100 < s) g = "X"; // X 학점은 Data Error을 의미함
        return g;
    }
```

Student Na...	Mathmetics	Science	Social	Total	Average
Intae	87	77	93	257	85.667
Jason	93	74	75	242	80.667
Chris	77	81	67	225	75
Jane	67	93	84	244	81.333
Sue	57	87	66	210	70

Swing Example 21C

Student Na...	Mathmetics	Science	Social	Total	Average
Intae	87	77	93	257	85.667
Jason	93	74	75	242	80.667
Chris	77	81	67	225	75
Jane	67	93	84	244	81.333
Sue	57	87	66	210	70

Single SELECTION : Row: 0, Columns: 1, Selected data : 87, Grade : B

지금까지 설명한 JTable은 JTable 보이기위한 data로서 2차원 Object[][]배열을 사용하였습니다. 배열은 배열 object가 생성되면서 size가 결정되면 변경할 수 없습니다. 만약 JTable에 data가 추가/삭제된다면 배열을 사용할 수 없습니다.

예제 | Ex02022

아래 프로그램은 Ex02021B에서 data로서 사용한 Object배열을 Vector만 바꾼 프로그램입니다. JTable 화면에는 달라지는 것이 없습니다.

```
 1: import java.awt.*;
 2: import java.awt.event.*;
 3: import javax.swing.*;
 4: import javax.swing.event.*;
 5: import javax.swing.table.*;
 6: import java.util.*;
 7: class Ex02022 {
 8:    public static void main(String[] args) {
 9:        JFrame f = new SwingFrame22("Swing Example 22");
10:        f.setSize(700,200);
11:        f.setVisible(true);
12:    }
13: }
14: class SwingFrame22 extends JFrame {
15:    JTable table;
16:    JTextArea textArea;
17:    Vector dataList;
18:
19:    public SwingFrame22(String title) {
20:        super(title);
21:
22:        Object[][] dataArray = new Object[][] {
23:                    {"1001", "Intae", "White", new Integer(57), new
Double(84.1), new Integer(0)},
24:                    {"1002", "Jason", "Grey", new Integer(54), new Double(45.3),
new Integer(0)},
25:                    {"1003", "Chris", "Green", new Integer(21), new
Double(76.9), new Integer(0)},
```

```
26:               {"2001", "Jane", "Blue", new Integer(23), new Double(93.5),
new Integer(0)},
27:                {"2002", "Sue", "Red", new Integer(27), new Double(88.5),
new Integer(0)}
28:        };
29:        for ( int i=0 ; i< dataArray.length ; i++ ) {
30:            Integer possibleDistance = new Integer((Integer)dataArray[i]
[3] * 13);
31:            dataArray[i][5] = possibleDistance;
32:        }
33:        dataList = new Vector();
34:        for ( int i=0 ; i<dataArray.length ; i++ ) {
35:            dataList.add(dataArray[i]);
36:        }
37:
38:        table = new JTable(new DataTableModel());
39:               //table.getSelectionModel().addListSelectionListener(new
RowListener());
40:        ListSelectionModel selectionModel = table.getSelectionModel();
41:        selectionModel.addListSelectionListener(new SelectionHandler());
42:
43:               selectionModel.setSelectionMode(ListSelectionModel.SINGLE_
SELECTION);
44:        //selectionModel.setSelectionMode(ListSelectionModel.MULTIPLE_
INTERVAL_SELECTION);
45:
46:        JScrollPane scrollPane1 = new JScrollPane(table);
47:        add(scrollPane1, BorderLayout.CENTER);
48:        textArea = new JTextArea();
49:        textArea.setRows(2);
50:        JScrollPane scrollPane2 = new JScrollPane(textArea);
51:        add(scrollPane2, BorderLayout.SOUTH);
52:    }
53:
54:    class DataTableModel extends AbstractTableModel {
55:        String[] columnNames = {"License No","Owner Name", "Color", "Fuel
Tank","Speed Meter", "Possible Distance"};
56:
57:        public int getColumnCount() {
58:            return columnNames.length;
59:        }
60:        public int getRowCount() {
61:            return dataList.size();
62:        }
63:        public String getColumnName(int col) {
64:            return columnNames[col];
65:        }
66:        public Object getValueAt(int row, int col) {
67:            Object[] rowData = (Object[])dataList.elementAt(row);
68:            return rowData[col];
```

```
69:        }
70:        public Class getColumnClass(int c) {
71:            return getValueAt(0, c).getClass();
72:        }
73:        public boolean isCellEditable(int row, int col) {
74:            if (col < 2 || col==5) {
75:                return false;
76:            } else {
77:                return true;
78:            }
79:        }
80:        public void setValueAt(Object value, int row, int col) {
81:            System.out.println("Input value ( " + row + "," + col + " )
= " + value
82:                                    + ", class = " + value.getClass());
83:            if ( col == 4 ) {
84:                if ( (Double)value > 120.0 ) {
85:                    String mssg = "Error : Speed cannot be exceeded 120.0";
86:                        JOptionPane.showMessageDialog(null, mssg,"Error",
JOptionPane.ERROR_MESSAGE);
87:                    return;
88:                }
89:            }
90:            Object[] rowData = (Object[])dataList.elementAt(row);
91:            rowData[col] = value;
92:            if ( col == 3 ) {
93:                rowData[5] = (Integer)value * 13;
94:                fireTableCellUpdated(row, 5);
95:            }
96:        }
97:    }
98:
99:    class SelectionHandler implements ListSelectionListener {
100:        public void valueChanged(ListSelectionEvent event) {
101:            textArea.setText("Single SELECTION : ");
102:            textArea.append("Row:");
103:            int row = table.getSelectedRow();
104:            textArea.append(String.format(" %d,", row));
105:            textArea.append(" Columns:");
106:            int col = table.getSelectedColumn();
107:            textArea.append(String.format(" %d, ", col));
108:
109:            Object[] rowData = (Object[])dataList.elementAt(row);
110:            textArea.append("Selected data : "+rowData[col]);
111:
112:            System.out.println(cnt++ + ":"+textArea.getText());
113:        }
114:    }
115:    static int cnt = 0;
116: }
```

License No	Owner Name	Color	Fuel Tank	Speed Meter	Possible Distance
1001	Intae	White	57	84.1	741
1002	Jason	Grey	54	45.3	702
1003	Chris	Green	21	76.9	273
2001	Jane	Blue	23	93.5	299
2002	Sue	Red	27	88.5	351

프로그램 설명

▶ 17번째 줄:Object[][] data를 Vector dataList로 변경합니다.

▶ 33~36번째 줄:Vector object dataList에 배열로 만든 data를 추가합니다.

▶ 60,61,62번째 줄:getRowCount()는 Vector dataList의 size()로 변경합니다.

▶ 66~69번째 줄:data는 Vector dataList에 있으므로 getValueAt(int row, int col)로 얻어 오는 값도 Vector dataList에서 가져오도록 변경합니다.

▶ 80~96번째 줄:JTable의 화면의 내용이 바뀌면 그 바뀐 내용은 setValueAt(Object value, int row, int col) method가 호출될 때 Vector dataList의 내용도 바꾸도록 프로그램합니다. 즉 91번째 줄의 rowData[col] = value; 명령은 JTable 화면의 바뀐 data는 value로 들어오므로 value를 rowData[col]에 저장하여 Vector dataList의 내용을 변경합니다.

▶ 109,110번째 줄:JTable의 한 cell이 선택이 되면 선택된 cell의 row와 col 정보를 이용하여 Vector dataList에서 data를 얻어낸 후 선택된 cell의 data를 화면에 출력해 줍니다.

▶ 22부터 32까지의 dataArray에 대한 data는 최초 JTable의 data를 만들기 위해 초기 data로 사용하고 난 후에는 더 이상 사용하지 않습니다.

이상으로 JTable의 극히 일부의 기능에 대한 설명을 마칩니다. JTable에 유용한 많은 기능이 있으므로 추가적인 기능은 독자 여러분이 인터넷 등을 통하여 더 연구하여 잘 사용하기 바랍니다.

Memo

Generic 프로그래밍

Generic 프로그래밍 21

21.1 Generic 프로그래밍 이해하기

Generic의 단어는 "일반적인"이라는 의미가 있습니다. 프로그램에서 일반화라는 의미는 어떤 문제를 해결하는데 경우의 수가 여러 개 있더라도 모두 해결 가능하도록 만드는 것을 의미합니다. 경우의 수가 몇 개 안될 때는 if문으로 각각의 경우에 맞게 프로그램을 작성해서 여러 경우의 문제를 해결합니다. 하지만 경우의 수가 많은 경우, 또는 앞으로 일어날 수 있는 경우가 현재로서는 모두 정의할 수 없는 경우에는 일반화된 프로그램으로 만들어야 합니다. 일반화된 프로그램을 만든다는 것은 말처럼 쉽지는 않습니다. 앞으로 일어날 경우가 현재 정의가 안 된 것 중에서 일정 규칙에 의해 일어나는 것이라면 일반화할 수 있지만, 불규칙하게 일어나는 것이라면 더욱 어렵습니다. 또한 프로그램은 현재에서 앞으로 일어날 수 있는 일을 예측한 것이기 때문에 100% 일반화는 있을 수 없습니다.

또한 일반화할 수 있는 프로그램도 if문으로 만든 프로그램보다 만들기도 어렵고, 누군가 만들었다 하더라도 이해하기가 어려운 것이 일반적인 사실입니다. 하지만 일반화된 프로그램은 여러 경우를 하나로 일반화했기 때문에 프로그램 code를 대폭 줄일 수가 있습니다. 마치 100개의 기억장소를 하나하나 선언하는 것과 100개의 기억장소를 가진 배열로 한번에 선언하는 것과의 비교만큼이나 Generic 프로그램은 배울 가치가 있습니다.

Generic 프로그램을 배우기 앞서 Generic이 되지 않은 아래 프로그램을 사용하면 어떤 문제가 있는지 2가지 예를 들어 먼저 살펴보겠습니다.

예제 | Ex02101

다음 프로그램은 9.4절의 Ex00931과 Ex00931A 프로그램에서 사용한 data를 하나의 프로그램에서 사용하도록 한 프로그램입니다.

```
1: import java.util.*;
2: class Ex02101 {
3:    public static void main(String[] args) {
4:       Vector v1Data = new Vector();
5:       v1Data.add(4);
6:       v1Data.add(3);
7:       int tot2 = 0;
8:       for ( int i=0; i < v1Data.size() ; i++ ) {
```

```
 9:          Integer hour = (Integer)v1Data.elementAt(i);
10:          tot2 = tot2 + hour.intValue();
11:        }
12:      System.out.println("by Vector, total working hours = "+tot2);
13:      System.out.println();
14:
15:      Vector v2Data = new Vector();
16:      v2Data.add("Intae Ryu");
17:      v2Data.add("Jason Choi");
18:      for ( int i=0; i < v2Data.size() ; i++ ) {
19:          String name = (String)v2Data.elementAt(i);
20:          System.out.println("i="+i+", name="+name);
21:        }
22:
23:      v1Data.add(4);
24:      v2Data.add("Peter Jung");
25:
26:      tot2 = 0;
27:      for ( int i=0; i < v1Data.size() ; i++ ) {
28:          Integer hour = (Integer)v1Data.elementAt(i);
29:          tot2 = tot2 + hour.intValue();
30:        }
31:      System.out.println("by Vector, total working hours = "+tot2);
32:      System.out.println();
33:
34:      for ( int i=0; i < v2Data.size() ; i++ ) {
35:          String name = (String)v2Data.elementAt(i);
36:          System.out.println("i="+i+", name="+name);
37:        }
38:    }
39: }
```

위 프로그램을 compile하면 Ex00931이나 Ex00931A에서 나왔던 주의 사항이 아래와 같이 나옵니다.

```
D:\IntaeJava>javac Ex02101.java
Note: Ex02101.java uses unchecked or unsafe operations.
Note: Recompile with -Xlint:unchecked for details.

D:\IntaeJava>
```

```
i=0, name=Intae Ryu
i=1, name=Jason Choi
by Vector, total working hours = 11

i=0, name=Intae Ryu
i=1, name=Jason Choi
i=2, name=Peter Jung

D:\IntaeJava>
```

프로그램 설명

▶ 위 프로그램은 Ex00931과 Ex00931A에서 이미 설명한 내용이니 문법적인 사항

을 잊은 경우에는 9.4절을 참고하세요.

▶ 위 프로그램은 아래 Ex02101A 프로그램을 설명하기 위한 전단계 프로그램으로 아무 문제 없는 프로그램입니다.

예제 | Ex02101A

아래 프로그램은 위 프로그램에서 23,24번째 줄의 v1Data와 V2Data를 바꾼 프로그램입니다.

```
 1: import java.util.*;
 2: class Ex02101A {
 3:    public static void main(String[] args) {
            // Ex02101 프로그램의 4번째 줄부터 22번째 줄까지 동일한 내용입니다.
23:        v2Data.add(4);
24:        v1Data.add("Peter Jung");
            // Ex02101 프로그램의 25번째 줄부터 37번째 줄까지 동일한 내용입니다.
25:
26:        tot2 = 0;
27:        for ( int i=0; i < v1Data.size() ; i++ ) {
28:            Integer hour = (Integer)v1Data.elementAt(i);
29:            tot2 = tot2 + hour.intValue();
30:        }
31:        System.out.println("by Vector, total working hours = "+tot2);
32:        System.out.println();
33:
34:        for ( int i=0; i < v2Data.size() ; i++ ) {
35:            String name = (String)v2Data.elementAt(i);
36:            System.out.println("i="+i+", name="+name);
37:        }
38:    }
39: }
```

```
D:\IntaeJava>java Ex02101A
by Vector, total working hours = 7

i=0, name=Intae Ryu
i=1, name=Jason Choi
Exception in thread "main" java.lang.ClassCastException: java.lang.String cannot
 be cast to java.lang.Integer
        at Ex02101A.main(Ex02101A.java:28)

D:\IntaeJava>
```

프로그램 설명

▶ 23번째 줄:v1Data.add(4)로 코딩해야 할 것을 프로그래머의 실수로 v2Data.add(4)로 코딩했습니다.

▶ 24번째 줄:v2Data.add("Peter Jung")로 코딩해야 할 것을 v1Data.add("Peter Jung")로 코딩했습니다.

▶ 위 프로그램은 분명 프로그래머의 실수입니다. 하지만 이러한 실수는 프로그램이

길어지고 복잡할수록 이런 실수는 많이 발생할 가능성이 높습니다.

▶ 그런데 위 출력 결과를 보면 실수는 23,24번째 줄에서 했는데, run time 에러는 28번째 줄에서 발생합니다. 프로그래머 입장에서는 28번째 줄을 아무리 살펴도 잘못이 없어 에러가 무엇 때문에 발생했는지 찾기 위해 처음부터 프로그램을 다시 읽어 내려가야 합니다. 프로그램이 길고 복잡할수록 이런 종류의 에러는 찾는 데 시간이 많이 걸립니다.

▶ 위 프로그램은 문법적으로 문제될 것이 없으므로 compile도 문제없이(물론 경고 메세지는 Ex02101처럼 나오지만) 수행됩니다.

예제 | Ex02101B

아래 프로그램은 위와 같은 에러를 compile 단계에서 잡아주는 Generic을 사용한 프로그램입니다.

```
 1: import java.util.*;
 2: class Ex02101B {
 3:    public static void main(String[] args) {
 4:       Vector<Integer> v1Data = new Vector<Integer>();
              // Ex02101 프로그램의 5번째 줄부터 14번째 줄까지 동일한 내용입니다.
15:       Vector<String> v2Data = new Vector<String>();
              // Ex02101 프로그램의 16번째 줄부터 22번째 줄까지 동일한 내용입니다.
23:       v2Data.add(4);
24:       v1Data.add("Peter Jung");
              // Ex02101 프로그램의 25번째 줄부터 37번째 줄까지 동일한 내용입니다.
38:    }
39: }
```

아래는 compile 에러의 일부만 보여주고 있습니다.

```
D:\IntaeJava>javac Ex02101B.java
Ex02101B.java:23: error: no suitable method found for add(int)
     v2Data.add(4);
          ^
  method Collection.add(String) is not applicable
    (argument mismatch; int cannot be converted to String)

Ex02101B.java:24: error: no suitable method found for add(String)
     v1Data.add("Peter Jung");
          ^
  method Collection.add(Integer) is not applicable
    (argument mismatch; String cannot be converted to Integer)
```

프로그램 설명

▶ 4번째 줄:Vector object를 선언할 때 이 Vector object에는 Integer object만 들어간다고 선언해주고 있습니다. 문법적인 자세한 설명은 21.2절 'Generic class'에서 설명합니다.

▶ 15번째 줄:Vector object를 선언할 때 이 Vector object에는 String object만 들

어간다고 선언해주고 있습니다.

▶ 23번째 줄:15번째 줄에서 v2Data object에는 String object만 들어간다고 선언했는데, int data를 넣어주는 coding을 하니 compiler가 잘못된 data가 들어 있다고 에러를 발생시킵니다.

▶ 24번째 줄:4번째 줄에서 v1Data object에는 Integer object만 들어 간다고 선언했는데, String data를 넣어주는 coding을 하니 compiler가 잘못된 data가 들어 있다고 에러를 발생시킵니다.

▶ 위 프로그램을 23,24번째 줄의 실수를 수정해서 맞게 고치면 경고 메세지도 안 나오고 프로그램도 Ex02101 프로그램처럼 결과도 잘 나옵니다.

▶ 위 프로그램처럼 프로그래머가 실수하는 문제까지 compiler가 에러를 잡아주면 프로그램 개발하는데 많은 시간을 절약할 수 있고, 또 프로그램 수행 시 나올 Run Time 에러를 미리 잡아줌으로써 프로그램의 신뢰도를 높일 수 있습니다. 이것이 우리가 배워야할 Generic 프로그램의 중요성입니다.

Generic 프로그램이 되지 않은 다른 예를 한 가지 더 들어 보겠습니다.

예제 | Ex02102

아래 프로그램은 학생을 태우는 자동차 class와 운동 선수를 태우는 자동차 class를 만들고, 자동차에 있는 각각의 정보를 출력하는 프로그램입니다.

```
 1: class Ex02102 {
 2:    public static void main(String[] args) {
 3:        Student s1 = new Student("Intae", 89);
 4:        Student s2 = new Student("Jason", 92);
 5:        Student s3 = new Student("Lina", 98);
 6:        StudentCar sc1 = new StudentCar(1001, "White", s1);
 7:        StudentCar sc2 = new StudentCar(1002, "Green", s2);
 8:        StudentCar sc3 = new StudentCar(1003, "Blue", s3);
 9:
10:        Player p1 = new Player("Chris", 9.2);
11:        Player p2 = new Player("Sean", 8.1);
12:        Player p3 = new Player("Rachel", 8.7);
13:        PlayerCar pc1 = new PlayerCar(2001, "White", p1);
14:        PlayerCar pc2 = new PlayerCar(2002, "Red", p2);
15:        PlayerCar pc3 = new PlayerCar(2003, "Black", p3);
16:
17:        sc1.showInfo();
18:        sc2.showInfo();
19:        sc3.showInfo();
20:        pc1.showInfo();
21:        pc2.showInfo();
22:        pc3.showInfo();
```

```
23:     }
24: }
25: class StudentCar {
26:     int licenseNo;
27:     String color;
28:     Student person;
29:     StudentCar(int ln, String c, Student s) {
30:         licenseNo = ln;
31:         color = c;
32:         person = s;
33:     }
34:     void showInfo() {
35:         System.out.println("Car licenseNo="+licenseNo+", color="+color+",
Person "+person.toString());
36:     }
37: }
38: class Student {
39:     String name;
40:     int score;
41:     Student(String n, int s) {
42:         name = n;
43:         score = s;
44:     }
45:     public String toString() {
46:         return ("Student name="+name +", score="+score);
47:     }
48: }
49: class PlayerCar {
50:     int licenseNo;
51:     String color;
52:     Player person;
53:     PlayerCar(int ln, String c, Player p) {
54:         licenseNo = ln;
55:         color = c;
56:         person = p;
57:     }
58:     void showInfo() {
59:         System.out.println("Car licenseNo="+licenseNo+", color="+color+",
Person "+person.toString());
60:     }
61: }
62: class Player {
63:     String name;
64:     double time;
65:     Player(String n, double t) {
66:         name = n;
67:         time = t;
68:     }
69:     public String toString() {
70:         return ("Player name="+name +", time="+time);
```

```
71:     }
72: }
```

```
D:₩IntaeJava>java Ex02102
Car licenseNo=1001, color=White, Person Student name=Intae, score=89
Car licenseNo=1002, color=Green, Person Student name=Jason, score=92
Car licenseNo=1003, color=Blue, Person Student name=Lina, score=98
Car licenseNo=2001, color=White, Person Player name=Chris, time=9.2
Car licenseNo=2002, color=Red, Person Player name=Sean, time=8.1
Car licenseNo=2003, color=Black, Person Player name=Rachel, time=8.7

D:₩IntaeJava>
```

프로그램 설명

▶ 3~8번째 줄:Student object 3개를 생성하고, Student object를 가지는 3개의 StudentCar object를 생성합니다.

▶ 10~15번째 줄:Player object 3개를 생성하고, Player object를 가지는 3개의 PlayerCar object를 생성합니다.

▶ 17~22번째 줄:3개의 StudentCar object의 정보와 3개의 PlayerCar object의 정보를 출력합니다.

▶ 위 프로그램은 얼핏 보면 문제가 없는 것 같지만 일반화의 관점에서 보면 문제가 있습니다. 만약 회사원을 위한 차량, 상인을 위한 차량, 어린이를 위한 차량 등 사람의 종류마다 차량 object를 선언해야 합니다. 현실 세계에서도 사람의 종류마다 사람에 맞는 차량이 있는 것은 아닙니다.

Ex02102 프로그램에서 Student를 태운 자동차 class는 StudentCar, Player를 태운 자동차 class는 PlayerCar로 정의했습니다. Ex02102처럼 프로그램을 만든다면 앞으로 새롭게 만들어질 여러 종류의 사람을 태울 class는 각각의 종류의 사람마다 Car class를 만들어야 합니다. 이런 경우 여러 종류의 사람을 태울 프로그램으로 일반화할 필요가 있습니다.

예제 | Ex02102A

아래 프로그램은 학생을 태우는 자동차 class와 운동 선수를 태우는 자동차 class를 Student class와 Player class를 사용하는 것 대신에 Object class를 사용하여 Car class로 정의하여 일반화된 프로그램으로 만들었습니다. 추가적으로 잘못된 data (비행기)도 Car object에 저장되도록 만들었습니다.

```
1: class Ex02102A {
2:    public static void main(String[] args) {
3:        Student s1 = new Student("Intae", 89);
4:        Student s2 = new Student("Jason", 92);
5:        Student s3 = new Student("Lina", 98);
```

```
 6:        Car sc1 = new Car(1001, "White", s1);
 7:        Car sc2 = new Car(1002, "Green", s2);
 8:        Car sc3 = new Car(1003, "Blue", s3);
 9:
10:        Player p1 = new Player("Chris", 9.2);
11:        Player p2 = new Player("Sean", 8.1);
12:        Player p3 = new Player("Rachel", 8.7);
13:        String a3 = new String("Airplane");
14:        Car pc1 = new Car(2001, "White", p1);
15:        Car pc2 = new Car(2002, "Red", p2);
16:        //Car pc3 = new Car(2003, "Black", p3);
17:        Car pc3 = new Car(2003, "Black", a3);
18:
19:        sc1.showInfo();
20:        sc2.showInfo();
21:        sc3.showInfo();
22:        pc1.showInfo();
23:        pc2.showInfo();
24:        pc3.showInfo();
25:    }
26: }
27: class Car {
28:    int licenseNo;
29:    String color;
30:    Object person;
31:    Car(int ln, String c, Object s) {
32:        licenseNo = ln;
33:        color = c;
34:        person = s;
35:    }
36:    void showInfo() {
37:        System.out.println("Car licenseNo="+licenseNo+", color="+color+",
Person "+person.toString());
38:    }
39: }
40: class Student {
41:    String name;
42:    int score;
43:    Student(String n, int s) {
44:        name = n;
45:        score = s;
46:    }
47:    public String toString() {
48:        return ("Student name="+name +", score="+score);
49:    }
50: }
51:
52: class Player {
53:    String name;
54:    double time;
```

```
55:    Player(String n, double t) {
56:       name = n;
57:       time = t;
58:    }
59:    public String toString() {
60:       return ("Player name="+name +", time="+time);
61:    }
62: }
```

```
D:\IntaeJava>java Ex02102A
Car licenseNo=1001, color=White, Person Student name=Intae, score=89
Car licenseNo=1002, color=Green, Person Student name=Jason, score=92
Car licenseNo=1003, color=Blue, Person Student name=Lina, score=98
Car licenseNo=2001, color=White, Person Player name=Chris, time=9.2
Car licenseNo=2002, color=Red, Person Player name=Sean, time=8.1
Car licenseNo=2003, color=Black, Person Airplane

D:\IntaeJava>
```

프로그램 설명

▶ 3~8번째 줄:Student object 3개를 생성하고, Student object를 가지는 3개의 Car object, 즉 어떤 종류의 사람도 태울 수 있는 Car object를 생성합니다.

▶ 10~15번째 줄:Player object 3개를 생성하고, Player object를 가지는 2개의 Car object, 즉 6~8까지 줄에서 생성한 동일한 class로부터 Car object를 생성합니다.

▶ 16,17번째 줄:16번째 줄에서 //로 comment 처리하지 않고 Car object를 생성했다면 문제는 없습니다. 하지만 문제점을 돌출시키기 위해 17번째 줄에서 사람이 아닌 13번째 줄에서 생성한 String object "비행기"를 차에 태우는 Car object를 생성합니다.

▶ 30번째 줄:instance변수 person의 변수형을 보면 Object입니다. Object type instance변수는 어떠한 type의 object도 저장할 수 있습니다.(이해가 안되면 chapter 11 'Object class와 Class class'를 참조하세요.) 그러므로 일반화를 위해서는 잘 선택한 type이지만, 단점으로 사람이 아닌 "비행기"도 에러 없이 처리된다는 점입니다.

Ex02102A 프로그램에서 Student와 Player를 하나의 자동차에 모두 태울 수 있는 Car class를 정의하여 일반화는 하였지만 자동차에 사람이 아닌 비행기도 태울 수 있는 오류가 발생했습니다. 이런 오류가 아래 프로그램에서는 프로그램을 중간에 stop 시키게하는 runtime 에러가 되었습니다.

예제 | Ex02102B

아래 프로그램은 자동차에 탄 학생들의 점수을 모두 더해 총점을 산출하고, 운동선수들의 달리기 기록을 모두 합해 총 달린 시간을 산출하는 프로그램입니다.

```
1: class Ex02102B {
2:   public static void main(String[] args) {
3:       Student s1 = new Student("Intae", 89);
4:       Student s2 = new Student("Jason", 92);
5:       Student s3 = new Student("Lina", 98);
6:       Car sc1 = new Car(1001, "White", s1);
7:       Car sc2 = new Car(1002, "Green", s2);
8:       Car sc3 = new Car(1003, "Blue", s3);
9:
10:      Player p1 = new Player("Chris", 9.2);
11:      Player p2 = new Player("Sean", 8.1);
12:      Player p3 = new Player("Rachel", 8.7);
13:      String a3 = new String("Airplane");
14:      Car pc1 = new Car(2001, "White", p1);
15:      Car pc2 = new Car(2002, "Red", p2);
16:      //Car pc3 = new Car(2003, "Black", p3);
17:      Car pc3 = new Car(2003, "Black", a3);
18:
19:      sc1.showInfo();
20:      sc2.showInfo();
21:      sc3.showInfo();
22:      pc1.showInfo();
23:      pc2.showInfo();
24:      pc3.showInfo();
25:
26:      sumStudentScore(sc1);
27:      sumStudentScore(sc2);
28:      sumStudentScore(sc3);
29:      System.out.println("Student score total="+scoreTotal);
30:      sumPlayerTime(pc1);
31:      sumPlayerTime(pc2);
32:      sumPlayerTime(pc3);
33:      System.out.println("Player time total="+timeTotal);
34:   }
35:   static int scoreTotal = 0;
36:   static void sumStudentScore(Car car) {
37:       Student s = (Student)car.person;
38:       scoreTotal += s.score;
39:   }
40:   static int timeTotal = 0;
41:   static void sumPlayerTime(Car car) {
42:       Player s = (Player)car.person;
43:       timeTotal += s.time;
44:   }
45: }
46: class Car {
47:     int licenseNo;
48:     String color;
```

```
49:     Object person;
50:     Car(int ln, String c, Object s) {
51:         licenseNo = ln;
52:         color = c;
53:         person = s;
54:     }
55:     void showInfo() {
56:         System.out.println("Car licenseNo="+licenseNo+", color="+color+",
Person "+person.toString());
57:     }
58: }
59: class Student {
60:     String name;
61:     int score;
62:     Student(String n, int s) {
63:         name = n;
64:         score = s;
65:     }
66:     public String toString() {
67:         return ("Student name="+name +", score="+score);
68:     }
69: }
70:
71: class Player {
72:     String name;
73:     double time;
74:     Player(String n, double t) {
75:         name = n;
76:         time = t;
77:     }
78:     public String toString() {
79:         return ("Player name="+name +", time="+time);
80:     }
81: }
```

```
D:\IntaeJava>java Ex02102B
Car licenseNo=1001, color=White, Person Student name=Intae, score=89
Car licenseNo=1002, color=Green, Person Student name=Jason, score=92
Car licenseNo=1003, color=Blue, Person Student name=Lina, score=98
Car licenseNo=2001, color=White, Person Player name=Chris, time=9.2
Car licenseNo=2002, color=Red, Person Player name=Sean, time=8.1
Car licenseNo=2003, color=Black, Person Airplane
Student score total=279
Exception in thread "main" java.lang.ClassCastException: java.lang.String cannot
 be cast to Player
        at Ex02102B.sumPlayerTime(Ex02102B.java:42)
        at Ex02102B.main(Ex02102B.java:32)

D:\IntaeJava>
```

프로그램 설명

▶ Ex02102A 프로그램은 단순히 가지고 있는 정보를 화면에 출력만 하지만, 위 프로그램은 차량에 타고 있는 학생들의 점수를 모두 집계하고, 운동 선수들의 시간 기록을 모두 집계하는 계산 method를 삽입했습니다.

▶ 16,17번째 줄:16번째 줄에서 //로 comment처리하지 않고 Car object를 생성했다면 문제는 없습니다. 하지만 문제점을 돌출시키기 위해 17번째 줄에서 사람이 아닌 13번째 줄에서 생성한 String object "비행기"를 차에 태우는 Car object를 생성합니다.(Ex02102A 프로그램과 동일합니다. 즉 동일한 문제점이 있습니다.)

▶ 26,27,28번째 줄:sc1, sc2, sc3에는 학생들이 타고 있는 object이므로 학생들의 점수를 집계할 수 있도록 sumStudentScore()를 호출합니다. sc1, sc2, sc3에 모두 Student object가 들어있기 때문에 문제 없이 학생들의 점수를 집계해서 29번째 줄에 출력합니다.

▶ 30,31,32번째 줄:pc1, pc2, pc3에는 운동 선수들이 타고 있다고 믿고 있으므로 운동선수의 시간기록을 집계할 수 있도록 sumPlayerTime()를 호출합니다. pc1, pc2에 Player object가 들어있기 때문에 문제없이 운동 선수들의 시간기록을 집계하지만 pc3에는 Player object가 아니라 String object가 있으므로 42번줄에서 runtime 에러가 발생합니다. 즉 42번 줄에서 car.person instance변수에 저장되어있는 object가 Player object라고 믿고, (Player)로 casting하여 Player object기억장소 s에 저장하는 과정에서 실제 object가 String object이므로 Player object로 cast를 못하고 에러를 발생시킨 것입니다.

위 Ex02102B 프로그램은 일반화는 했지만 모든 object를 받아들임으로써 발생하는 문제점은 해결하지 못한 것입니다. 이런 문제점을 해결하는 방법이 바로 Generic 을 사용하면 문제점을 근본적으로 해결할 수 있습니다.

■ generic type class 정의하기 ■

Generic type class는 Ex02101B 프로그램에서 "Object"에 해당하는 자리에 "T"라고 쓰면 지정된 object만 올 수 있다고 선언해주는 것입니다. 그리고 class 이름 바로 다음에 이 class에는 지정된 object인 "T"가 올 수 있다고 미리 알려주는 심볼 "〈T〉"를 추가해주어야 합니다. 형식을 요약하면 아래와 같습니다.

```
class className〈T〉 {
    // 반드시 attribute나 method에 일반적인 object인 "T"라는 심볼이 사용되어야 합니다.
}
```

Car class로 generic type을 추가하면 다음과 같습니다.

	generic선언 전	generic선언 후

class정의	class Car {
	    int licenseNo;
	    String color;
	    Object person;
	    Car(int ln, String c, Object s) {
	       licenseNo = ln;
	       color = c;
	       person = s;
	    }
	 }
		class Car⟨T⟩ {
		    int licenseNo;
		    String color;
		    T person;
		    Car(int ln, String c, T s) {
		       licenseNo = ln;
		       color = c;
		       person = s;
		    }
		 }

object생성	Car sc1 = new Car(1001, "White", s1);	Car⟨Student⟩ sc1 = new Car⟨Student⟩(1001, "White", s1);

generic 후의 object생성 예에서 보듯이 class 이름 Car 뒤에 있는 "T"가 들어갈 자리에 "Student" 라고 정의하면 모든 "T"가 선언된 위치에 "Student"가 반드시 와야 합니다. 그러므로 생성자 Car()에서도 "T"대신에 "Student"를 parameter로 받게 되는 것입니다. 만약 생성자 Car()에서도 "T"대신에 "Student"가 아니라 다른 class의 object가 오면 compile단계에서 에러를 발생시켜 줍니다.

예제 | Ex02102C

아래 프로그램은 Ex02102B 프로그램을 generic을 사용한 프로그램으로 자동차에 탄 학생들의 점수를 모두 더해 총점을 산출하고, 운동선수들의 달리기 기록을 모두 합해 총 달린 시간을 산출하는 프로그램입니다.

```
 1: class Ex02102C {
 2:   public static void main(String[] args) {
 3:       Student s1 = new Student("Intae", 89);
 4:       Student s2 = new Student("Jason", 92);
 5:       Student s3 = new Student("Lina", 98);
 6:       Car<Student> sc1 = new Car<Student>(1001, "White", s1);
 7:       Car<Student> sc2 = new Car<Student>(1002, "Green", s2);
 8:       Car<Student> sc3 = new Car<Student>(1003, "Blue", s3);
 9:
10:       Player p1 = new Player("Chris", 9.2);
11:       Player p2 = new Player("Sean", 8.1);
12:       Player p3 = new Player("Rachel", 8.7);
13:       String a3 = new String("Airplane");
14:       Car<Player> pc1 = new Car<Player>(2001, "White", p1);
15:       Car<Player> pc2 = new Car<Player>(2002, "Red", p2);
```

```
16:         Car<Player> pc3 = new Car<Player>(2003, "Black", p3);
17:         //Car<Player> pc3 = new Car<Player>(2003, "Black", a3);
18:
19:         sc1.showInfo();
20:         sc2.showInfo();
21:         sc3.showInfo();
22:         pc1.showInfo();
23:         pc2.showInfo();
24:         pc3.showInfo();
25:
26:         sumStudentScore(sc1);
27:         sumStudentScore(sc2);
28:         sumStudentScore(sc3);
29:         System.out.println("Student score total="+scoreTotal);
30:         sumPlayerTime(pc1);
31:         sumPlayerTime(pc2);
32:         sumPlayerTime(pc3);
33:         System.out.println("Player time total="+timeTotal);
34:     }
35:     static int scoreTotal = 0;
36:     static void sumStudentScore(Car<Student> car) {
37:         Student s = car.person;
38:         scoreTotal += s.score;
39:     }
40:     static int timeTotal = 0;
41:     static void sumPlayerTime(Car<Player> car) {
42:         Player s = car.person;
43:         timeTotal += s.time;
44:     }
45: }
46: class Car<T> {
47:     int licenseNo;
48:     String color;
49:     T person;
50:     Car(int ln, String c, T s) {
51:         licenseNo = ln;
52:         color = c;
53:         person = s;
54:     }
55:     void showInfo() {
56:         System.out.println("Car licenseNo="+licenseNo+", color="+color+",
Person "+person.toString());
57:     }
58: }
59: class Student {
60:     String name;
61:     int score;
62:     Student(String n, int s) {
63:         name = n;
64:         score = s;
```

```
65:    }
66:    public String toString() {
67:        return ("Student name="+name +", score="+score);
68:    }
69: }
70:
71: class Player {
72:    String name;
73:    double time;
74:    Player(String n, double t) {
75:        name = n;
76:        time = t;
77:    }
78:    public String toString() {
79:        return ("Player name="+name +", time="+time);
80:    }
81: }
```

```
D:\IntaeJava>java Ex02102C
Car licenseNo=1001, color=White, Person Student name=Intae, score=89
Car licenseNo=1002, color=Green, Person Student name=Jason, score=92
Car licenseNo=1003, color=Blue, Person Student name=Lina, score=98
Car licenseNo=2001, color=White, Person Player name=Chris, time=9.2
Car licenseNo=2002, color=Red, Person Player name=Sean, time=8.1
Car licenseNo=2003, color=Black, Person Player name=Rachel, time=8.7
Student score total=279
Player time total=25

D:\IntaeJava>
```

프로그램 설명

▶ 위 프로그램은 기본적으로 Ex02102B 프로그램과 동일합니다. 단지 Generic을 추가로 선언한 것만 다릅니다.

▶ 6,7,8번째 줄:Generic type으로 〈Student〉가 Car object변수 선언과 Car object 생성 명령에서 추가되었습니다. 따라서 Car object 생성하는 생성자 3번째 parameter는 반드시 Student object이어야 합니다.

▶ 14,15,16번째 줄:Generic type으로 〈Player〉가 Car object변수 선언과 Car object 생성 명령에서 추가되었습니다. 따라서 Car object 생성하는 생성자 3번째 parameter는 반드시 Player object이어야 합니다.

▶ 17번째 줄://로 comment처리를 했지만 //로 comment처리하지 않았다면 Generic type으로 〈Player〉가 Car object변수 선언과 Car object 생성 명령에서 추가되었으므로 Car object 생성하는 생성자 3번째 parameter는 반드시 Player object이어야 하는데 String object가 오므로 compile 시 에러가 발생할 것입니다.

▶ 36번째 줄:sumStudentScore() method에서 Generic type parameter로 Car 〈Student〉가 선언되었습니다.

▶ 37번째 줄:36번째 줄 Generic type parameter로 Car〈Student〉가 선언되었기 때문에 car.person에 있는 object는 Student이므로 (Student)로 casting을 하지 않아도 Student object변수 s에 저장할 수 있습니다.

▶ 41번째 줄:sumPlayerTime() method에서 Generic type parameter로 Car〈Player〉가 선언되었습니다.

▶ 42번째 줄:41번째 줄 Generic type parameter로 Car〈player〉가 선언되었기 때문에 car.person에 있는 object는 Player이므로 (Player)로 casting을 하지 않아도 Player object변수 p에 저장할 수 있습니다.

▶ 46번째 줄:Generic type parameter로 Car〈T〉가 선언되었습니다. 그러므로 Car class 내에 attribute의 object type으로 "T"가 선언 되거나 method parameter로 "T"가 선언되어야 합니다.

▶ 49번째 줄:Car class에 Generic type parameter로 〈T〉가 선언되었으므로 Car class 내의 attribute인 person이 object type으로 "T"가 선언된 것입니다.

▶ 50번째 줄:Car class에 Generic type parameter로 〈T〉가 선언되었으므로 Car class 내의 생성자 method의 3번째 parameter가 object type으로 "T"가 선언된 것입니다.

Ex02102C 프로그램 16번째 줄을 //로 comment 처리하고 17번째 줄의 // comment를 삭제하면 아래와 같은 compile 에러 메세지가 나옵니다.

```
D:\IntaeJava>javac Ex02102C.java
Ex02102C.java:17: error: incompatible types: String cannot be converted to Playe
r
        Car<Player> pc3 = new Car<Player>(2003, "Black", a3);
                                                          ^
Note: Some messages have been simplified; recompile with -Xdiags:verbose to get
full output
1 error

D:\IntaeJava>
```

프로그램 설명

▶ 여기서 중요한 사실이 있습니다. Ex02102A에서의 에러는 프로그램이 이상없이 수행되었으므로 영원히 이런 종류의 에러는 발견되지 않을 가능성이 있습니다. 또 Ex02101B에서는 프로그램 수행 중에 발생한 에러는 원인이 무엇인지 찾는데 프로그램이 크면 클수록 많은 시간이 걸릴 수 있습니다.

▶ 프로그램 작성 시 compile단계에서 에러를 찾아 고치는 것이 가장 시간이 적게 걸립니다. 즉 generic type을 사용하면 프로그램 수행 중에 발생할 에러를 compile단계에서 보여주므로 문제점을 사전에 방지해주는 것은 물론 많은 수고를 덜 수 있습니다.

21.2 Generic type class

Generic type class는 다음과 같이 정의합니다.

```
class className<T1, T2, T3, ···..., Tn> {
    // class선언시 T1, T2, T3, ··· Tn까지 선언했다면 반드시 attribute나 method에 일반적인 object
    인 "T1", "T2", "T3", ···..., "Tn"이라는 심볼이 모두 사용되어야 합니다.
}
```

① 위 정의에서 "T1", "T2", "T3", ···..., "Tn"를 type parameter 또는 type변수라고 합니다. Type parameter(type변수) T1은 T1 속에 어떤 값을 저장하는 그런 변수가 아닙니다. class를 정의할 때 type parameter 사용하면 object를 생성할때 T1 대신 특정 class 이름, interface 이름 등으로 대체해주어야 합니다.

② Type parameter(type변수)는 primitive type을 제외하고는 어느 type으로도 대체 가능합니다. 즉 class 이름, interface 이름, 배열 type, 혹은 다른 type parameter(type변수)로 대체 가능합니다.

Generic type class로 Object reference변수 선언 및 Object생성

```
className<Ta1, Ta2, Ta3, ···..., Tan> objectVariableName = new className<Ta1, Ta2, Ta3, ···...,
Tan>()
```

• Ta1, Ta2, Ta3, ··· Tan 은 type argument로 class 이름입니다. Generic class로 object를 생성할 때는 Type parameter를 구체적인 class 이름으로 확정해서 Generic object를 생성합니다.

사용예

```
Vector<Integer> v1Data = new Vector<Integer>();
```

■ Type parameter(Type변수)와 Type argument(Type인수) ■

용어가 혼동되면 어떤 설명을 하는지 이해도 잘 안 가므로 Generic type에 사용되는 용어를 분명히 알고 갑시다.

• 우선 Type이 무엇인지부터 확실히 알아야 합니다. Type은 한국말로 "형"에 해당합니다. 혈액형에서 A형 혈액은 A type 혈액형입니다. 기억장소 선언의 예를 보겠습니다. "int a = 5"에서 기억장소 a는 int type(형) 변수입니다. 또 "Car c1 = new Car()"에서 c1은 Car type(형)변수입니다. Generic type class라 함은 일반형 class를 말하는데, class 내에 선언된 attribute나 method가 특정 class

의 object만을 저장하는 attribute나 특정 class의 object만 처리하는 method가 아니라, 어떠한 class의 object도 저장 가능하고, 어떠한 class의 object도 처리 가능한 method로 선언되어 있다라는 의미입니다.

- Type parameter(Type 변수)는 generic class를 정의할 때 사용하는 변수입니다. 즉 〈T1, T2, T3, …. Tn〉과 같이 표현한 것을 말합니다.

- Type argument(Type 인수)는 generic class를 사용하여 실질적인 object를 구현하면서 Type parameter 대신에 넣어주는 class 이름입니다. 예를 들면 Vector〈String〉 vData = new Vector〈String〉()에서 〈String〉을 Type argument라고 합니다.

예제 | Ex02111

아래 프로그램은 Car class가 3개의 Generic type parameter를 사용하는 예로 하나의 자동차에 사람 object, 애완동물 object, 여러 가방의 무게를 가지고 있는 배열 object를 Generic type parameter로 받아 자동차가 가지고있는 object의 무게를 집계하는 프로그램입니다.

```
1: class Ex02111 {
2:    public static void main(String[] args) {
3:        Student s1 = new Student("Intae", 69);
4:        Student s2 = new Student("Jason", 72);
5:        Car<Student, Dog, int[]> sc1 = new Car<Student, Dog, int[]>(1001,
"White", s1);
6:        Car<Student, Dog, int[]> sc2 = new Car<Student, Dog, int[]>(1002,
"Green", s2);
7:
8:        Dog d1 = new Dog("dog1",  9);
9:        Dog d2 = new Dog("dog2", 12);
10:
11:        sc1.setPet(d1);
12:        sc2.setPet(d2);
13:
14:        int[] bag1 = { 5, 7, 9 };
15:        int[] bag2 = { 3, 5, 6, 7, 8};
16:
17:        sc1.setBaggage(bag1);
18:        sc2.setBaggage(bag2);
19:
20:        Student st = sc1.getPerson();
21:        Dog dog = sc1.getPet();
22:        int[] baggage = sc1.getBaggage();
23:        int weightTot = showInfo1( st, dog, baggage );
24:        System.out.println("Car licenseNo="+sc1.licenseNo+", color="+sc1.
color+", Student name="+st.name+", weight="+weightTot);
```

```
25:
26:        st = sc2.getPerson();
27:        dog = sc2.getPet();
28:        baggage = sc2.getBaggage();
29:        weightTot = showInfo1( st, dog, baggage );
30:        System.out.println("Car licenseNo="+sc2.licenseNo+", color="+sc2.
color+", Student name="+st.name+", weight="+weightTot);
31:
32:        Salesman sm1 = new Salesman("Lina", 69);
33:        Salesman sm2 = new Salesman("Rachel", 52);
34:         Car<Salesman, Dog, double[]> sc3 = new Car<Salesman, Dog,
double[]>(2001, "White", sm1);
35:            Car<Salesman, Dog, double[]> sc4 = new Car<Salesman, Dog,
double[]>(2002, "Green", sm2);
36:
37:        Dog d3 = new Dog("dog3",   8);
38:        Dog d4 = new Dog("dog4", 13);
39:
40:        sc3.setPet(d3);
41:        sc4.setPet(d4);
42:
43:        double[] trunk1 = { 5.1, 7.2, 9.3 };
44:        double[] trunk2 = { 3.4, 5.3, 6.2, 7.1, 8.1};
45:
46:        sc3.setBaggage(trunk1);
47:        sc4.setBaggage(trunk2);
48:
49:        Salesman sm = sc3.getPerson();
50:        dog = sc3.getPet();
51:        double[] trunk = sc3.getBaggage();
52:        double weightTotal = showInfo2( sm, dog, trunk );
53:        System.out.println("Car licenseNo="+sc3.licenseNo+", color="+sc3.
color+", Student name="+sm.name+", weight="+weightTotal);
54:
55:        sm = sc4.getPerson();
56:        dog = sc4.getPet();
57:        trunk = sc4.getBaggage();
58:        weightTotal = showInfo2( sm, dog, trunk );
59:        System.out.println("Car licenseNo="+sc4.licenseNo+", color="+sc4.
color+", Student name="+sm.name+", weight="+weightTotal);
60:    }
61:    static int showInfo1(Student s, Dog d, int[] bag) {
62:        int weightTotal = s.weight+d.weight;
63:        for ( int i=0 ; i < bag.length ; i++ ) {
64:            weightTotal += bag[i];
65:        }
66:        return weightTotal;
67:    }
68:    static double showInfo2(Salesman sm, Dog d, double[] trunk) {
69:        double weightTotal = sm.weight+d.weight;
```

```
70:          for ( int i=0 ; i < trunk.length ; i++ ) {
71:              weightTotal += trunk[i];
72:          }
73:          return weightTotal;
74:      }
75: }
76: class Car<T1, T2, T3> {
77:      int licenseNo;
78:      String color;
79:      T1 person;
80:      T2 pet;
81:      T3 baggage;
82:      Car(int ln, String c, T1 s) {
83:          licenseNo = ln;
84:          color = c;
85:          person = s;
86:      }
87:      void setPet(T2 p) {
88:          pet = p;
89:      }
90:      void setBaggage(T3 bag) {
91:          baggage = bag;
92:      }
93:      T1 getPerson() {
94:          return person;
95:      }
96:      T2 getPet() {
97:          return pet;
98:      }
99:      T3 getBaggage() {
100:         return baggage;
101:     }
102: }
103: class Student {
104:      String name;
105:      int weight;
106:      Student(String n, int w) {
107:          name = n;
108:          weight = w;
109:      }
110: }
111: class Salesman {
112:      String name;
113:      int weight;
114:      Salesman(String n, int w) {
115:          name = n;
116:          weight = w;
117:      }
118:}
119:class Dog {
```

```
120:    String name;
121:    int weight;
122:    Dog(String n, int w) {
123:        name = n;
124:        weight = w;
125:    }
126: }
```

```
D:\IntaeJava>java Ex02111
Car licenseNo=1001, color=White, Student name=Intae, weight=99
Car licenseNo=1002, color=Green, Student name=Jason, weight=113
Car licenseNo=2001, color=White, Student name=Lina, weight=98.6
Car licenseNo=2002, color=Green, Student name=Rachel, weight=95.1

D:\IntaeJava>
```

프로그램 설명

▶ 5,6번째 줄:Generic type으로 〈Student, Dog, int[]〉 3개의 Generic parameter 가 Car object변수 선언과 Car object 생성 명령에서 정의되었습니다. 따라서 Car object를 생성하는 생성자 3번째 parameter는 반드시 Student object이어 야 하고, 나머지 2개는 Dog와 int[] 배열 object이어야 합니다.

▶ 20번째 줄:sc1.getPerson() method를 호출하면 Student object가 return됩니다. 이유는 76번째 줄에 T1은 5번째 줄에서 Student로 설정해주었으므로 Car class의 모든 T1은 Student로 치환됩니다. 그러므로 93번째 줄의 getPerson() 의 reurn 값이 T1이고, T1은 Student로 치환되었으므로 sc1.getPerson()은 Student object가 return되는 것입니다.

▶ 21,22번째 줄:sc1.getPet() method와 sc1.getBaggae() method도 20번째 줄과 같은 기능으로 T2는 Dog로 T3는 int[] 배열로 치환됩니다.

▶ 34,35번째 줄:Generic type 으로 〈Salesman, Dog, double[]〉 3개의 Generic parameter가 Car object변수 선언과 Car object 생성 명령에서 정의되었습니 다. 따라서 Car object를 생성하는 생성자 3번째 parameter는 반드시 Salesman object이어야 하고, 나머지 2개는 Dog와 double[] 배열 object이어야 합니다.

▶ 49,50,51번째 줄:sc3.getPerson(), sc3.getPet() method, sc3.getBaggae() method도 20번째 줄과 같은 기능으로 T1은 Salesman, T2는 Dog로 T3는 double[] 배열로 치환됩니다.

▶ 76번째 줄:Generic type parameter로 Car〈T1, T2, T3〉가 선언되었습니다. 그 러므로 Car class 내에 attribute의 object type으로 "T1", "T2", "T3"가 선언 되거나 method parameter로"T1", "T2", "T3"가 선언되어야 합니다.

▶ 79,80,81번째 줄:Car class에 Generic type parameter로 〈T1, T2, T3〉가 선언

되었으므로 Car class 내의 attribute인 person이 object type으로 "T1"가 선언되고, pet가 object type으로 "T2"가 선언된 것이고, baggage가 object type으로 "T3"가 선언된 것입니다.

▶ 82번째 줄:Car class에 Generic type parameter 〈T1〉으로 선언된 type parameter 가 Car class 내의 생성자 method의 3번째 parameter로 사용되고 있습니다.

▶ 87번째 줄:Car class에 Generic type parameter 〈T2〉로 선언된 type parameter 가 Car class 내의 setPet() method의 parameter로 사용되고 있습니다.

▶ 90번째 줄:Car class에 Generic type parameter 〈T3〉로 선언된 type parameter 가 Car class 내의 setBaggage() method의 parameter로 사용되고 있습니다.

■ Type parameter naming 규칙 ■

Generic type 이름도 일종의 명칭(Identifier, 식별자, 이름)이기 때문에 자바의 명칭규칙(2.11절 '명칭규칙' 참조)을 따릅니다. 하지만 Generic type은 일종의 특수한 이름이기 때문에 2.11절 '명칭 규칙'에서 '명칭을 정하는 규칙2'를 다음과 같이 새롭게 정의합니다. 2.11절 '명칭 규칙'에서 '명칭을 정하는 규칙2'를 동일하게 사용하면 일반 class나 interface이름과 구별이 되지 않아 많은 혼동이 예상되기 때문입니다.

① 대문자 한글자로 사용한다.

② 2개 이상의 동일한 기능의 type parameter가 있을 경우에는 첫 문자는 대문자 한 글자로 그 다음 문자는 숫자를 1부터 순서적으로 부여한다.(예: T1, T2, T3, …, Tn)

③ 아래 대문자는 Generic type 각각의 기능에 대해 Type parameter 이름으로 자바 API에서 이미 사용했으므로 동일한 이름으로 사용한다.

• E – Element(Java collection에서 많이 사용하고 있음) – Java Collection은 chapter 22에서 설명합니다.
• K – Key
• N – Number
• T – Type
• V – Value
• S, U, V, etc. – 2번째, 3번째, 4번째 type으로 사용

위 이름은 자바API에서 사용하고 있는 문자이므로 알고 있으면 자바API를 찾아보는데 편리합니다. 또한 위 문자가 자바에서 추천하는 문자이기도 하지만 합리적으로 정한 문자이기 때문에 이대로 사용하는 것이 좋습니다.

■ Diamond 사용 ■

Generic type class로 Object를 생성할때 빈 type argument를 아래와 같이 사용해도 됩니다. 새로 생성하는 Generic type class가 저장되는 변수를 보면 생성되는 Generic type object가 어떤 Generic type object인지 추론(infer)할 수 있기 때문입니다. 마주보는 부등호 기호 한쌍(〈〉)이 마치 다이아몬드(Diamond)처럼 생겼다해서 다이아몬드 선언이라고 부릅니다.

```
className〈T1, T2, t3, ……, Tn〉 objectVariableName = new className〈〉()
```

사용예

```
Vector<Integer> v1Data = new Vector<>();
```

■ 파라메터로 표기된 type(Parametized Type) ■

부호에 부호를 사용하면 이해하는데 복잡하므로 간단한 예를 들어 표현해 보겠습니다. 예를 들어 아래와 같이 선언된 Vector가 있다고 합시다.

```
Vector<Integer> v1Data = new Vector<Integer>()
```

위 처럼 선언된 Vector는 Integer class 대신에 Car class로 아래와 같이 선언합니다.

```
Vector<Car> v1Car = new Vector<Car>()
```

그런데 Car class가 Ex002102C에서 선언된 것처럼 Car〈Student〉 class로 선언되어졌다면 Vector object는 아래와 같이 선언해야 합니다.

```
Vector<Car<Student>> v1Car = new Vector<Car<Student>>()
```

위의 예처럼 type parameter가 generic type class인 경우에는 또 한번 parameter로 표기되므로 파라메터로 표기된 type(Parametized type)이라고 합니다. 이렇게 type parameter가 generic type이 무수히 반복되어 선언되어도 문법적으로 전혀 문제가 없습니다.

■ Generic class를 type argument 없이 사용하기(Raw Type) ■

Generic class를 type argument 없이 사용할 수 있습니다. 하나의 예로 Vector class는 자바 1.0부터 있었는데, Generic type class는 자바 5.0에서 추가된 기능입니다. 그래서 자바 5.0에서 Vector class는 Generic class로 개선이 되었습니다. 즉 아래와 같이 type parameter E를 사용하여 선언되었습니다.

```
class Vector<E> {
   // attribute
   // method
}
```

그런데 Vector object를 생성할 때 Vector object에 추가되는 원소 object를 type argument를 사용하여 일관성있게 추가할 수 있는 개선된 기능을 새로운 프로그램에서 사용하는 것은 좋은데, 기존에 이미 개발 완료된 프로그램을 모두 수정해야 하는 불편이 있습니다. 기존 프로그램은 오래 사용해왔기 때문에 개선된 기능을 사용안해도 되는 프로그램이라면 번거로운 작업을 새로 추가된 기능 때문에 해야 되는 현상이 생깁니다. 그래서 기존 프로그램은 그대로 사용할 수 있도록 의무 조항으로 만들지 않고 권고 조항으로 만들어 권고 사항을 메세지로 나오도록 했습니다. 결론적으로 Generic class로 만들어진 class에서 type parameter는 선언되었지만 type argument없이 object를 만들 수 있습니다.

예제 | Ex02112

Generic class를 type argument 사용없이 object를 생성하는 것은 Ex02101에서 Vector object를 생성할 때 이미 실습을 해보았습니다. 여기서는 type argument를 사용해서 선언된 변수 또는 object를 type argument없이 선언된 변수 또는 object가 어떻게 사용되는지 알아보겠습니다.

```
 1: import java.util.*;
 2: class Ex02112 {
 3:    public static void main(String[] args) {
 4:       Vector<String> v1Data = new Vector<String>();
 5:       Vector v2Data = new Vector<String>(); // warning
 6:       Vector<String> v3Data = new Vector(); // warning
 7:       v1Data.add("Intae");
 8:       v2Data.add("Jason"); // warning
 9:       v3Data.add("Lina");
10:       //v3Data.add(7);
11:       for ( int i=0; i < v1Data.size() ; i++ ) {
12:          String name1 = v1Data.elementAt(i);
13:          String name2 = (String)v2Data.elementAt(i);
14:          String name3 = v3Data.elementAt(i);
15:          System.out.println("i="+i+", name1="+name1);
16:          System.out.println("i="+i+", name2="+name3);
17:          System.out.println("i="+i+", name3="+name3);
18:       }
19:    }
20: }
```

```
D:\IntaeJava>javac Ex02112.java
Note: Ex02112.java uses unchecked or unsafe operations.
Note: Recompile with -Xlint:unchecked for details.

D:\IntaeJava>
```

```
D:\IntaeJava>javac -Xlint Ex02112.java
Ex02112.java:5: warning: [rawtypes] found raw type: Vector
        Vector v2Data = new Vector<String>(); // warning
        ^
  missing type arguments for generic class Vector<E>
  where E is a type-variable:
    E extends Object declared in class Vector
Ex02112.java:6: warning: [rawtypes] found raw type: Vector
        Vector<String> v3Data = new Vector(); // warning
                                    ^
  missing type arguments for generic class Vector<E>
  where E is a type-variable:
    E extends Object declared in class Vector
Ex02112.java:6: warning: [unchecked] unchecked conversion
        Vector<String> v3Data = new Vector(); // warning
                                    ^
  required: Vector<String>
  found:    Vector
Ex02112.java:8: warning: [unchecked] unchecked call to add(E) as a member of the
raw type Vector
        v2Data.add("Jason"); // warning
               ^
  where E is a type-variable:
    E extends Object declared in class Vector
4 warnings

D:\IntaeJava>
```

```
D:\IntaeJava>java Ex02112
i=0, name1=Intae
i=0, name2=Lina
i=0, name3=Lina

D:\IntaeJava>
```

프로그램 설명

▶ 4번째 줄:type argument를 사용하여 Vector object변수와 Vector object를 생성합니다. 문제없는 명령입니다.

▶ 5번째 줄:type argument가 없는 Vector object변수에 type argument가 있는 Vector object를 생성하여 저장합니다. Warning입니다. 왜냐하면 type argument가 있는 Vecor object를 생성했다 하더라도 type argument가 없는 Vector object변수에 저장하면 type argument가 없는 Vector object로서 역할만 합니다.(12.3 Polymorphism 참조)

▶ 6번째 줄:type argument가 있는 Vector object변수에 type argument가 없는 Vector object를 생성하여 저장합니다. Warning입니다. 왜냐하면 type argument가 없는 Vecor object로서 역할을 하기 때문입니다. type argument가 없이 만들어진 Vector object는 그 속의 원소(data)가 다른 object type으로 저장되어 있을 수도 있기 때문에 warning 메세지를 보여줍니다.

▶ 7번째 줄:에러가 없는 명령입니다. 즉 주어진 String type으로 저장하고 있습니다.

▶ 8번째 줄:type argument가 없는 Vector object에 data를 입력하는 것은 type을 check할 수 없으므로 모든 data 추가는 warning입니다. 실질적으로 Vector object는 type argument가 있지만 역할을 못한다고 5번째 줄에서 설명했습니다.

▶ 9번째 줄:type argument(String)가 있는 Vector object에 String type object를 추가하는 것은 정상입니다. 실질적인 Vector object가 type argument가 없어도 6번째 줄에서 type argument가 있는 변수로 저장되었기 때문에 type argument가 있는 변수로 저장된 이후부터는 type argument가 있는 object로 간주합니다.

▶ 10번째 줄:type argument(String)가 있는 Vector object에 Integer type object(자동 boxing으로)를 추가하는 것은 compile 에러입니다.

```
D:\IntaeJava>javac Ex02112.java
Ex02112.java:10: error: no suitable method found for add<int>
        v3Data.add<7>;
        ^
    method Collection.add<String> is not applicable
      <argument mismatch; int cannot be converted to String>
    method List.add<String> is not applicable
      <argument mismatch; int cannot be converted to String>
    method AbstractCollection.add<String> is not applicable
      <argument mismatch; int cannot be converted to String>
    method AbstractList.add<String> is not applicable
      <argument mismatch; int cannot be converted to String>
    method Vector.add<String> is not applicable
      <argument mismatch; int cannot be converted to String>
Note: Ex02112.java uses unchecked or unsafe operations.
Note: Recompile with -Xlint:unchecked for details.
Note: Some messages have been simplified; recompile with -Xdiags:verbose to get
full output
1 error

D:\IntaeJava>
```

만약 10번째 줄의 //를 제거하고 compile하면 위와 같은 에러 메세지가 나옵니다.

예제 | Ex02112A

Ex02112 프로그램에서 6번째 줄의 type argument가 있는 Vector object변수와 type argument가 없는 Vector object와 data의 관계를 좀 더 자세히 알아 봅니다.

```
 1: import java.util.*;
 2: class Ex02112A {
 3:    public static void main(String[] args) {
 4:       Vector v4Data = new Vector(); // warning
 5:       v4Data.add("Sean");
 6:       v4Data.add(7);
 7:       Vector<String> v5Data = v4Data; // warning
 8:       for ( int i=0; i < v5Data.size() ; i++ ) {
 9:          String name5 = v5Data.elementAt(i);
10:           System.out.println("i="+i+", name5="+name5);
11:       }
12:    }
13: }
```

프로그램 설명

▶ 4번째 줄:type argument가 없는 Vector object변수와 Vector object를 생성합니다. warning이지만 에러는 아닙니다.

▶ 5,6번째 줄:type argument가 없는 Vector object에 String과, Integer object 를 추가 합니다. warning이지만 에러는 아닙니다. 왜냐하면 object type을 check할 수 없지만 모든 object를 추가할 수는 있기 때문입니다.

▶ 7번째 줄:type argument가 있는 Vector object변수에 type argument가 없 는 Vector object를 저장합니다. Warning입니다. 왜냐하면 type argument 가 없는 Vecor object를 type argument가 있는 Vector object변수에 저장하 면 type argument가 있는 Vector object로서 역할을 하기 때문입니다.즉 type argument가 없이 만들어진 Vector object는 그 속의 원소(data)가 다른 object type으로 저장되어 있을 수도 있기때문에 warning 메세지를 보여줍니다. 실질 적으로는 Integer object가 들어가 있습니다. 확인할 수 없으므로 에러를 바로 찾아내지 못합니다. 그러나 v5Data object에는 String object만 있다고 간주 합니다.

▶ 9번째 줄:v5Data object에 String만 들어있다고 간주하지만 실질적으로 Integer object가 들어 있으니 프로그램에서 처리하지 못하고 runtime 에러를 발생시킵 니다.

21.3 Generic method

Generic method는 generic type이 method에서만 국한해서 적용시킬 때 사용하 는 method입니다. 그러므로 Generic type class의 type parameter는 class전체 에서 유효하지만, Generic method에서는 type parameter가 해당되는 method 내 에서만 유효합니다. Generic method는 다음과 같이 정의합니다.

```
〈T1, T2, T3, ….., Tn〉 returnType methodName(type1 arg1, type2 arg2, type3 arg3, …, typem
argm) {
    // method선언시 T1, T2, T3, … Tn까지 선언했다면 반드시 method에 일반적인 object인 "T1",
"T2", "T3", ….., "Tn"이라는 심볼이 모두 사용되어야 합니다.
}
```

• T1, T2, T3, … Tn 과 type1 arg1, type2 arg2, type3 arg3, …, typem argm 은 서로 일대일 대응되는 것은 아닙니다.

사용예

```
<T1, T2> boolean compare(T1 t1, T2 t2) {
```

```
      // method 프로그램 작성
  }
```

Generic type method의 호출은 다음과 같이 호출합니다.

> returnType variableName = objectName.〈Ta1, Ta2, Ta3, ⋯ Tan〉genericMethodName(arg1,
>
> arg2, arg3, ⋯, argm);

- Ta1, Ta2, Ta3, ⋯ Tan 과arg1, arg2, arg3, ⋯, argm 은 서로 일대일 대응되는것은 아닙니다.
- Ta1, Ta2, Ta3, ⋯ Tan 은 type argument로 class 이름입니다.
- 〈Ta1, Ta2, Ta3, ⋯ Tan〉은 통째로 생략 가능합니다.

예제 | Ex02121

아래 프로그램은 Generic method의 정의와 사용 방법을 보여주는 프로그램으로 Generic class와 비교설명합니다.

- 두 개의 object가 서로 같은지 안 같은지 비교합니다.
- generic method의 static method와 non−static method의 사용 예도 보여주고 있습니다.

```
 1: class Ex02121 {
 2:    public static void main(String[] args) {
 3:        Salesman sm1 = new Salesman("Intae", 69);
 4:        Salesman sm2 = new Salesman("Jason", 72);
 5:    CheckTwoObject1<Salesman, Salesman> cto1 = new CheckTwoObject1<Salesman,
Salesman>();
 6:        boolean b1 = cto1.compare1(sm1, sm1);
 7:        System.out.println("b1="+b1);
 8:      boolean b2 = cto1.compare2(sm1, sm2); // boolean b2 = cto1.<Salesman,
Salesman>compare2(sm1, sm2);
 9:        System.out.println("b2="+b2);
10:        cto1.printObjects(sm1, sm2);
11:
12:        boolean b3 = CheckTwoObject2.<Salesman, Salesman>compare1(sm1,
sm1);
13:        System.out.println("b3="+b3);
14:        boolean b4 = CheckTwoObject2.compare1(sm1, sm2);
15:        System.out.println("b4="+b4);
16:        CheckTwoObject2.printObjects(sm1,sm2);
17:    }
18: }
19:
```

```
20: class CheckTwoObject1<T1, T2> {
21:    boolean compare1(T1 t1, T2 t2) {
22:        return t1.equals(t2);
23:    }
24:    <U1, U2> boolean compare2(U1 u1, U2 u2) {
25:        return u1.equals(u2);
26:    }
27:    void printObjects(T1 t1, T2 t2) {
28:      System.out.println("CheckTwoObject1 t1="+t1.getClass()+", t2="+t2.getClass());
29:    }
30: }
31: class CheckTwoObject2 {
32:    static <T1, T2> boolean compare1(T1 t1, T2 t2) {
33:        return t1.equals(t2);
34:    }
35:    static <U1, U2> boolean compare2(U1 u1, U2 u2) {
36:        return u1.equals(u2);
37:    }
38:    static <T1, T2> void printObjects(T1 t1, T2 t2) {
39:      System.out.println("CheckTwoObject2 t1="+t1.getClass()+", t2="+t2.getClass());
40:        //t1.showSalesman();
41:    }
42: }
43: class Salesman {
44:    String name;
45:    int weight;
46:    Salesman(String n, int w) {
47:      name = n;
48:      weight = w;
49:    }
50:    void showSalesman() {
51:        System.out.println("Saleman name="+name+", weight="+weight);
52:    }
53: }
```

프로그램 설명

▶ 5번째 줄:type argument를 사용하여 Generic class CheckTwoObject1 object 변수와 object를 생성합니다.

▶ 8번째 줄:boolean b2 = cto1.〈Salesman, Salesman〉compare2(sm1, sm2);에 서 〈Salesman, Salesman〉을 생략할 수 있습니다.

▶ 12번째 줄:generic method를 사용하는 방법으로 호출하는 method 이름 앞에 method에서 사용하는 object가 무엇인지 class 이름을 〈Salesman, Salesman〉

같이 알려줍니다.

▶ 14번째 줄:12번째 줄의 generic method를 사용하는 방법과 동일하나 호출하는 method 이름 앞에 method에서 사용하는 object가 무엇인지 class 이름을 생략한 사용법입니다. CheckTwoObject2의 compare1()와 호출하는 쪽에서 건네주는 object를 보면 〈T1, T2〉는 〈Salesman, Salesman〉라는 것을 알 수 있기 때문에 굳이〈Salesman, Salesman〉을 호출하는 method 이름 앞에 붙여서 computer에 알려줄 필요가 없으므로 생략할 수 있습니다.

▶ 20번째 줄:type parameter T1, T2는 generic class CheckTwoObject1내 전체에서 유효합니다.

▶ 24번째 줄:compare2() method는 generic method로 type parameter U1, U2는 compare2() method 내에서만 유효합니다. compare2() method는 CheckTwoObject1 class 내에 있으므로 T1, T2도 계속 유효합니다.

▶ 31번째 줄:CheckTwoObject2 class는 generic class는 아니지만 generic method는 가지고 있는 class입니다.

▶ 32번째 줄:type parameter T1, T2는 compare1() method에서만 유효한 class입니다.

▶ 35번째 줄:type parameter U1, U2는 compare2() method에서만 유효한 class입니다.

▶ 38번째 줄:type parameter T1, T2는 printObjects() method에서만 유효한 class입니다. T1, T2는 32번째 줄에서 선언한 type parameter T1, T2와는 아무 상관없는 type parameter입니다. 그러므로 T1, T2, 대신 S1, S2로 바꾸어서 선언해도 됩니다.

▶ generic class나 generic method에서 사용되는 generic type은 class이름이 정해지지 않은 class를 의미합니다. 최상위 class는 "Object" class이므로 모든 generic type의 argument에는 "Object" class에서 사용할 수 있는 method는 사용할 수 있습니다.〈**이것은 중요한 사실입니다. 꼭 기억하세요**〉

▶ 22번째 줄의 type arguement t1 속에는 이름이 정해지지 않은 class의 object가 저장되어 있습니다. 그러므로 equals() method를 호출하는 것은 가능합니다.

▶ 28번째 줄의 type arguement t1, t2 속에는 이름이 정해지지 않은 class의 object가 저장되어 있습니다. 그러므로 getClass() method를 호출하는 것은 가능합니다.

▶ 위 프로그램에서는 Salesman object밖에 사용하지 않습니다. CheckTwoObject1, CheckTwoObject2 class입장에서 보면 Salesman object뿐만 아니라 어떤 종류의 object라도 사용 가능하도록 만들어져 있는 method입니다. 그러므로

"Object" class의 method가 아닌 특정 class의 method를 사용하면 compile 에
러가 발생합니다.

아래 compile에러는 40번째 줄의 //comment를 지우고 compile하면 발생하는 에
러 메세지입니다.

```
D:\IntaeJava>javac Ex02121.java
Ex02121.java:40: error: cannot find symbol
        t1.showSalesman();
          ^
  symbol:   method showSalesman()
  location: variable t1 of type T1
  where T1,T2 are type-variables:
    T1 extends Object declared in method <T1,T2>printObjects(T1,T2)
    T2 extends Object declared in method <T1,T2>printObjects(T1,T2)
1 error

D:\IntaeJava>
```

예제 | Ex02121A

다음 프로그램은 generic method와 관련하여 좀 더 실무에 가까운 프로그램을 소
개 합니다.

```
1: class Ex02121A {
2:    public static void main(String[] args) {
3:        Student s1 = new Student("Intae", 69);
4:        Student s2 = new Student("Jason", 72);
5:        Car<Student, Dog> sc1 = new Car<Student, Dog>(1001, "White", s1);
6:        Car<Student, Dog> sc2 = new Car<Student, Dog>(1002, "Green", s2);
7:
8:        CheckCarObject.checkPerson(sc1);  // CheckCarObject.<Student,
Dog>checkPerson(sc1);
9:        CheckCarObject.checkPet(sc1);    // CheckCarObject.<Student,
Dog>checkPet(sc1);
10:
11:       Dog d1 = new Dog("dog1",  9);
12:       Dog d2 = new Dog("dog2", 12);
13:
14:       sc1.setPet(d1);
15:       sc2.setPet(d2);
16:
17:       CheckCarObject.checkPassenger(sc2);  // CheckCarObject.<Student,
Dog>checkPassenger(sc2);
18:
19:       Salesman sm1 = new Salesman("Lina", 69);
20:       Salesman sm2 = new Salesman("Rachel", 52);
21:        Car<Salesman, Dog> sc3 = new Car<Salesman, Dog>(2001, "White",
sm1);
22:       Car<Salesman, Dog> sc4 = new Car<Salesman, Dog>(2002, "Green",
sm2);
23:
```

```
24:        Dog d3 = new Dog("dog3",  8);
25:        Dog d4 = new Dog("dog4", 13);
26:
27:        sc3.setPet(d3);
28:        sc4.setPet(d4);
29:
30:        sc3.setPerson(null);
31:
32:        CheckCarObject.checkPassenger(sc3); // CheckCarObject.<Salesman,
Dog>checkPassenger(sc3);
33:        CheckCarObject.checkPassenger(sc4); // CheckCarObject.<Salesman,
Dog>checkPassenger(sc4);
34:    }
35: }
36: class Car<T1, T2> {
37:    int licenseNo;
38:    String color;
39:    T1 person;
40:    T2 pet;
41:    Car(int ln, String c, T1 s) {
42:        licenseNo = ln;
43:        color = c;
44:        person = s;
45:    }
46:    void setPerson(T1 p) {
47:        person = p;
48:    }
49:    void setPet(T2 p) {
50:        pet = p;
51:    }
52:    T1 getPerson() {
53:        return person;
54:    }
55:    T2 getPet() {
56:        return pet;
57:    }
58: }
59: class Student {
60:    String name;
61:    int weight;
62:    Student(String n, int w) {
63:        name = n;
64:        weight = w;
65:    }
66: }
67: class Salesman {
68:    String name;
69:    int weight;
```

```
70:     Salesman(String n, int w) {
71:        name = n;
72:        weight = w;
73:     }
74: }
75: class Dog {
76:     String name;
77:     int weight;
78:     Dog(String n, int w) {
79:        name = n;
80:        weight = w;
81:     }
82: }
83: class CheckCarObject {
84:     static <T1, T2> void checkPerson(Car<T1, T2> car) {
85:        T1 person = car.getPerson();
86:        if ( person == null ) {
87:          System.out.println("Car licenseNo="+car.licenseNo+", no person
rider");
88:        } else {
89:                System.out.println("Car  licenseNo="+car.licenseNo+",
person="+person.getClass().getName());
90:        }
91:     }
92:     static <T1, T2> void checkPet(Car<T1, T2> car) {
93:        T2 pet = car.getPet();
94:        if ( pet == null ) {
95:           System.out.println("Car licenseNo="+car.licenseNo+", no pet
rider");
96:        } else {
97:          System.out.println("Car licenseNo="+car.licenseNo+", pet="+pet.
getClass().getName());
98:        }
99:     }
100:    static <T1, T2> void checkPassenger(Car<T1, T2> car) {
101:       T1 person = car.getPerson();
102:       T2 pet = car.getPet();
103:       String passenger1 = ( person == null ) ? ", no person rider" : ",
person="+person.getClass().getName();
104:        String passenger2 = ( pet == null ) ? ", no pet rider" : ",
pet="+pet.getClass().getName();
105:        System.out.println("Car licenseNo="+car.licenseNo+passenger1+pa
ssenger2);
106:    }
107:}
```

```
D:\IntaeJava>java Ex02121A
Car licenseNo=1001, person=Student
Car licenseNo=1001, no pet rider
Car licenseNo=1002, person=Student, pet=Dog
Car licenseNo=2001, no person rider, pet=Dog
Car licenseNo=2002, person=Salesman, pet=Dog

D:\IntaeJava>
```

프로그램 설명

▶ 8,9,17,32,33번째 줄:Generic method에서 generic argument는 생략될 수 있습니다. 예 8번째 줄에서 CheckCarObject.〈Student, Dog〉checkPerson(sc1); 는 CheckCarObject.checkPerson(sc1); 와 같이 생략될 수 있습니다.

▶ 84~91번째 줄:Car object를 받아서 person object가 설정되었는지 안 되었는지 조사를 해서 출력합니다. 즉 사람이 해당되는 자동차에 타고있는지 안 타고 있는지 확인합니다. 여기에서 사람은 Student object가 될 수도 있고, Salesman object가 될 수도 있습니다.

▶ 92~99번째 줄:Car object를 받아서 pet object가 설정되었는지 안 되었는지 조사를 해서 출력합니다. 즉 애완동물이 해당되는 자동차에 타고있는지 안타고 있는지 확인합니다. 여기에서 pet는 Dog object밖에 없지만, Cat class, Bird class를 정의하여 넣어줄 수도 있습니다.

▶ 위 CheckCarObject class에서 사용하는 type parameter T1, T2는 어떤 class의 object가 와도 문제없도록 정의되어 있습니다. 그러므로 T1의 person object(85,101번째 줄)와 T2의 pet object(93,102번째 줄)를 가지고 사용할 수 있는 method는 "Object" class에서 사용하는 method밖에는 사용할 수 없습니다. 즉 person.name, pet.name을 출력하라고는 할 수 없습니다. person에는 Student나 Salesman object가 들어갈 수도 있고 다른 어떤 object도 들어 갈 수 있으므로 person.name이라고 하면, Student나 Salesman class에는 name field가 있지만 다른 class에는 name field가 없을 수도 있기 때문입니다.

21.4 제한된(Bounded) Type Parameter

지금까지 설명한 Generic type은 generic class나 generic method를 사용함에 있어 어떤 종류의 class로 만든 object든 사용 가능했습니다. 단 어느 한 종류의 class type을 사용하기로 generic argument가 결정되면 그 결정된 type만 object를 받아 들입니다. 그러므로 정해준 일정한 type object만 받아들이므로 program에서 에러를 미리 방지할 수 있었던 것입니다. 이번 절에서는 정해준 class type만 받아들이는 generic class와 generic method에 대해 알아봅니다.

정해진, 즉 제한된 class type만 받아들이기 위해서는 parameter를 정의할 때 다음과 같이 정의합니다.

〈T extends className〉

사용 예

```
class Car<T extends Person> {
    // attribute 정의
    // method 정의
}
```

예제 | Ex02131

아래 프로그램은 제한된(Bounded) Type parameter의 사용 예를 보여주는 프로그램입니다.

```
 1: class Ex02131 {
 2:    public static void main(String[] args) {
 3:        Student s1 = new Student("Intae", 89);
 4:        Student s2 = new Student("Jason", 92);
 5:        Student s3 = new Student("Lina", 98);
 6:        Car<Student> sc1 = new Car<Student>(1001, s1);
 7:        Car<Student> sc2 = new Car<Student>(1002, s2);
 8:        Car<Student> sc3 = new Car<Student>(1003, s3);
 9:
10:        Player p1 = new Player("Chris", 9.2);
11:        Player p2 = new Player("Sean", 8.1);
12:        Player p3 = new Player("Ana", 8.7);
13:        Car<Player> pc1 = new Car<Player>(2001, p1);
14:        Car<Player> pc2 = new Car<Player>(2002, p2);
15:        Car<Player> pc3 = new Car<Player>(2003, p3);
16:
17:        sc1.showInfo();
18:        sc2.showInfo();
19:        sc3.showInfo();
20:        pc1.showInfo();
21:        pc2.showInfo();
22:        pc3.showInfo();
23:
24:        Person a1 = new Person();
25:        a1.name = "Jeff";
26:        Car<Person> ac1 = new Car<Person>(3001, a1);
27:        ac1.showInfo();
28:
29:        //Car<String> dc1 = new Car<String>(2003, "Driver");
```

```
30:     }
31: }
32: class Car<T extends Person> {
33:     int licenseNo;
34:     T person;
35:     Car(int ln, T s) {
36:         licenseNo = ln;
37:         person = s;
38:     }
39:     void showInfo() {
40:         if ( person.getName().substring(0,1).compareTo("I") <= 0 ) {
41:             System.out.println("Car licenseNo="+licenseNo+", "+person.
getClass().getName()+", VIP name="+person.getName() + person.toString() );
42:         } else {
43:             System.out.println("Car licenseNo="+licenseNo+", "+person.
getClass().getName()+", name="+person.getName() + person.toString() );
44:         }
45:     }
46: }
47: class Person {
48:     String name;
49:     public String getName() {
50:         return name;
51:     }
52:     public String toString() {
53:         return (", no occupation");
54:     }
55: }
56: class Student extends Person {
57:     int score;
58:     Student(String n, int s) {
59:         name = n;
60:         score = s;
61:     }
62:     public String toString() {
63:         return (", score="+score);
64:     }
65: }
66: class Player extends Person {
67:     double time;
68:     Player(String n, double t) {
69:         name = n;
70:         time = t;
71:     }
72:     public String toString() {
73:         return (", time="+time);
74:     }
75: }
```

```
D:\IntaeJava>java Ex02131
Car licenseNo=1001, Student, VIP name=Intae, score=89
Car licenseNo=1002, Student, name=Jason, score=92
Car licenseNo=1003, Student, name=Lina, score=98
Car licenseNo=2001, Player, VIP name=Chris, time=9.2
Car licenseNo=2002, Player, name=Sean, time=8.1
Car licenseNo=2003, Player, VIP name=Ana, time=8.7
Car licenseNo=3001, Person, name=Jeff, no occupation

D:\IntaeJava>
```

프로그램 설명

▶ 32번째 줄:〈T extends Person〉의 의미는 generic parameter type T는 Person type object변수에 들어갈 수 있는 object 즉, Person object나 Person class를 상속받아 만든 class의 object만 설정 가능합니다.

▶ 40~44 번째 줄:T는 Person object로서 작동하므로 Person class에서 정의한 모든 method를 호출할 수 있습니다. 그러므로 getName() method를 호출할 수 있습니다.

• toString() method는 "Object" class에 정의되어 있는 method입니다. 그러므로 toString() method는 Bounded type parameter가 아닌 일반 generic type parameter에서도 호출 가능합니다. 단지 여기에서는 재정의했기 때문에 재정의한 내용이 출력되고 있습니다.

▶ 29번째 줄:Generic type T는 Bounded type parameter로 Person으로 제한되어 있습니다. 그러므로 〈String〉을 argument로 하는 것은 Bounded type parameter문법에 어긋나므로 compile 에러를 발생시킵니다. 29번째 줄의 // comment를 지우고 compile하면 아래와 같은 에러 메세지가 나옵니다.

```
D:\IntaeJava>javac Ex02131.java
Ex02131.java:29: error: type argument String is not within bounds of type-variab
le T
        Car<String> dc1 = new Car<String>(3002, "Driver");
            ^
  where T is a type-variable:
    T extends Person declared in class Car
Ex02131.java:29: error: type argument String is not within bounds of type-variab
le T
        Car<String> dc1 = new Car<String>(3002, "Driver");
                              ^
  where T is a type-variable:
    T extends Person declared in class Car
2 errors

D:\IntaeJava>
```

■ Multiple Bound ■

Type parameter를 Bound하는 것은 불필요한 class type을 parameter argument로 설정하지 못하게 하여 에러의 가능성을 줄이는 효과도 있지만, 제한된 class type의 object만 설정되므로 해당되는 특정 class type의 method를 호출할 수 있는 효과도 있습니다.(Ex02131 프로그램에서 getName()을 호출하는 것)

Multiple Bound는 여러 개의 type이 동시에 선언된 object만 받아들이도록 제한하는 방법입니다. 여러 개의 type이라 함은 class를 정의하는 방법과 같이 다음과 같은 2가지로 선언합니다.

① class type 한 개와 여러 개의 interface type으로 이루어진 Multiple Bound
② class type은 없고 여러 개의 interface type으로만 이루어진 Multiple Bound

Multiple Bound 정의 형식 예

〈T extends A & B & C〉

여기에서 A는 class type 이거나 interface type 둘 중 어느 것이 와도 상관없습니다. B 와 C 는 반드시 interface type만 와야 합니다.

Multiple Bound로 선언된 generic class나 generic method가 받아들이는 object는 반드시 선언된 type 모두가 들어있는 object만을 받아 들입니다. 그러므로 type parameter변수로 호출 가능한 method는 Multiple Bound로 선언된 type의 모든 method를 호출할 수 있습니다. 예를 들어 A class에 a1() method, B interface에 b1() method, C interface에 c1() method가 있다면 그리고 T t로 선언되어 있고, T는 A,B,C의 Multiple Bound type parameter라면, t.a1(), t.b1(), t.c1() method 호출이 모두 가능합니다.

예제 | Ex02131A

다음 프로그램은 Multiple Bound에서 type parameter로 호출 가능한 method의 사용 예제 프로그램입니다.

```
 1: class Ex02131A {
 2:    public static void main(String[] args) {
 3:        Student s1 = new Student("Intae", 89);
 4:        Student s2 = new Student("Jason", 92);
 5:        Student s3 = new Student("Lina", 98);
 6:        Car<Student> sc1 = new Car<Student>(1001, s1);
 7:        Car<Student> sc2 = new Car<Student>(1002, s2);
 8:        Car<Student> sc3 = new Car<Student>(1003, s3);
 9:
10:        Player p1 = new Player("Chris", 9.2);
11:        Player p2 = new Player("Sean", 8.1);
12:        Player p3 = new Player("Ana", 8.7);
13:        Car<Player> pc1 = new Car<Player>(2001, p1);
14:        Car<Player> pc2 = new Car<Player>(2002, p2);
15:        Car<Player> pc3 = new Car<Player>(2003, p3);
16:
17:        sc1.showInfo();
18:        sc2.showInfo();
19:        sc3.showInfo();
```

```
20:        pc1.showInfo();
21:        pc2.showInfo();
22:        pc3.showInfo();
23:
24:        Patient t1 = new Patient("Tom", "Asthma");
25:        //Car<Patient> tc3 = new Car<Patient>(3001, t1);
26:    }
27: }
28: class Car<T extends Person & Workable> {
29:     int licenseNo;
30:     T person;
31:     Car(int ln, T s) {
32:         licenseNo = ln;
33:         person = s;
34:     }
35:     void showInfo() {
36:         if ( person.getName().substring(0,1).compareTo("I") <= 0 ) {
37:             System.out.println("Car licenseNo="+licenseNo+", "+person.
getClass().getName()+", VIP name="+person.getName() + person.toString() +
"Max. working hours="+person.getMaxWorkingHours());
38:         } else {
39:             System.out.println("Car licenseNo="+licenseNo+", "+person.
getClass().getName()+", name="+person.getName() + person.toString() + "Max.
working hours="+person.getMaxWorkingHours() );
40:         }
41:     }
42: }
43: class Person {
44:     String name;
45:     public String getName() {
46:         return name;
47:     }
48: }
49: class Student extends Person implements Workable {
50:     int score;
51:     Student(String n, int s) {
52:         name = n;
53:         score = s;
54:     }
55:     public String toString() {
56:         return (", score="+score);
57:     }
58:     public int getMaxWorkingHours() {
59:         return 5;
60:     }
61: }
62: class Player extends Person implements Workable {
63:     double time;
64:     Player(String n, double t) {
65:         name = n;
```

```
66:        time = t;
67:    }
68:    public String toString() {
69:        return (", time="+time);
70:    }
71:    public int getMaxWorkingHours() {
72:        return 10;
73:    }
74: }
75: interface Workable {
76:    int getMaxWorkingHours();
77: }
78: class Patient extends Person {
79:    String diseaseName;
80:    Patient(String n, String dn) {
81:        name = n;
82:        diseaseName = dn;
83:    }
84:    public String toString() {
85:        return (", diseaseName="+diseaseName);
86:    }
87: }
```

```
D:\IntaeJava>java Ex02131A
Car licenseNo=1001, Student, VIP name=Intae, score=89Max. working hours=5
Car licenseNo=1002, Student, name=Jason, score=92Max. working hours=5
Car licenseNo=1003, Student, name=Lina, score=98Max. working hours=5
Car licenseNo=2001, Player, VIP name=Chris, time=9.2Max. working hours=10
Car licenseNo=2002, Player, name=Sean, time=8.1Max. working hours=10
Car licenseNo=2003, Player, VIP name=Ana, time=8.7Max. working hours=10

D:\IntaeJava>
```

프로그램 설명

▶ 28번째 줄:⟨T extends Person & Workable⟩에서 type parameter T는 Person class와 Workable interface가 동시에 구현된 object만 받아들입니다.

▶ 36번째 줄:person은 generic type의 object를 기억하는 기억장소입니다. Generic type object이지만 person에 저장되는 object는 Person class type의 object와 Workable type의 object가 동시에 만족해야 합니다. 변수 person에 저장된 object는 getName() method를 가지고 있으므로 getName()를 호출하여 필요한 연산을 할 수 있습니다. 이름의 첫 문자가 "I"보다 같거나 작은 영문자일 경우에는 "VIP"라는 그 글자를 이름 앞에 붙여주었습니다.

▶ 25번째 줄:24번째 줄의 Patient object t1은 Generic object Car에 저장할 수 없습니다. 왜냐하면 Car에는 Person class와 Workable interface가 동시에 있는 object만 가능한데, Patient object는 Person class는 있지만 Workable interface가 없기 때문입니다. 25번째 줄의 //comment를 삭제하고 compile하면 아래와 같은 에러 메세지가 나옵니다.

```
D:\IntaeJava>javac Ex02131A.java
Ex02131A.java:25: error: type argument Patient is not within bounds of type-vari
able T
        Car<Patient> tc3 = new Car<Patient>(3001, t1);
                  ^
  where T is a type-variable:
    T extends Person,Workable declared in class Car
Ex02131A.java:25: error: type argument Patient is not within bounds of type-vari
able T
        Car<Patient> tc3 = new Car<Patient>(3001, t1);
                                      ^
  where T is a type-variable:
    T extends Person,Workable declared in class Car
2 errors

D:\IntaeJava>
```

■ Generic type의 배열 object를 기억하는 배열 object변수 표기 ■

Generic type은 object의 type이 구체적으로 결정이 안 된 상태를 심볼로 나타낸 것이기 때문에 배열 표기는 구체적인 object type의 배열처럼 선언하면 됩니다. 즉 Object[] obj = new Object[10] 이라고 선언할 때 "Object[] obj"를 "T[] obj" 라고 표현하면 됩니다.

하지만 "new Object[10]"를 "new T[10]"이라고 표기할 수 없습니다. 왜냐하면, "T[] obj"라고 하는 것은 어딘가에서 구체적인 object배열을 만든 것을 T[] obj에 저장하기 때문에, 저장할 시점에는 "T"가 어떤 object인지 구체적으로 정해집니다. 하지만 new T[10]은 구체적이지 않은 10개의 원소를 가진 object배열을 만들라는 것이기 때문에 어떻게 만들어야 할지 알 수 없습니다.

예제 | Ex02132

다음 프로그램은 Generic method에서의 배열 사용 예와 Bounded type parameter 의 필요성에 대한 사용 예입니다.

```
1: class Ex02132 {
2:     public static void main(String[] args) {
3:         Student[] sts = new Student[3];
4:         sts[0] = new Student("Intae", 10.5, 89.5);
5:         sts[1] = new Student("Jason", 11.4, 92.0);
6:         sts[2] = new Student("Lina", 12.5, 98.0);
7:         String studentIncome = TaxManager.getIncomeSummary(sts); // String
studentIncome = TaxManager.<Student>getIncomeSummary(sts);
8:         System.out.println("Student Income="+studentIncome);
9:
10:         Salesman[] sms = new Salesman[4];
11:         sms[0] = new Salesman("Chris", 430, 19.2);
12:         sms[1] = new Salesman("Sean", 520, 18.1);
13:         sms[2] = new Salesman("Ana", 792, 18.7);
14:         sms[3] = new Salesman("James", 498, 18.7);
15:         String salesmanIncome = TaxManager.getIncomeSummary(sms); //
String salesmanIncome = TaxManager.<Salesman>getIncomeSummary(sms);
```

```
16:         System.out.println("Salesman Income="+salesmanIncome);
17:     }
18: }
19: class TaxManager {
20:     static <T extends Person & Incomeable> String getIncomeSummary(T[]
personArr) {
21:         String totalIncomeSummary = "";
22:         double totIncome = 0;
23:         for ( T pa : personArr ) {
24:            totIncome += pa.getIncome();
25:            totalIncomeSummary += pa.getName() + ":"+pa.getIncome() + " ";
26:         }
27:         //for ( int i=0; i<personArr.length ; i++ ) {
28:         //   totIncome += personArr[i].getIncome();
29:         //   totalIncomeSummary += personArr[i].getName() + ":"+personArr[i].
getIncome() + " ";
30:         //}
31:         return totalIncomeSummary+" total="+totIncome;
32:     }
33: }
34: class Person {
35:     String name;
36:     public String getName() {
37:         return name;
38:     }
39: }
40: class Student extends Person implements Incomeable {
41:     double payPerHour;
42:     double workHours;
43:     Student(String n, double pph, double wh ) {
44:         name = n;
45:         payPerHour = pph;
46:         workHours = wh;
47:     }
48:     public double getIncome() {
49:         return workHours * payPerHour;
50:     }
51: }
52: class Salesman extends Person implements Incomeable {
53:     static final int unitPrice = 125;
54:     int salesQty;
55:     double commission;
56:     Salesman(String n, int sq, double cm) {
57:         name = n;
58:         salesQty = sq;
59:         commission = cm;
60:     }
61:     public double getIncome() {
62:         return salesQty * unitPrice * commission / 100;
63:     }
```

```
64: }
65: interface Incomeable {
66:     double getIncome();
67: }
```

```
D:\IntaeJava>java Ex02132
Student Income=Intae:939.75 Jason:1048.8 Lina:1225.0  total=3213.55
Salesman Income=Chris:10320.0 Sean:11765.0 Ana:18513.0 James:11640.75  total=522
38.75

D:\IntaeJava>
```

프로그램 설명

▶ 7,15번째 줄:Generic method에서 generic argument는 생략될 수 있습니다. 7번째 줄에서 String studentIncome = TaxManager.⟨Student⟩ getIncomeSummary(sts);는 String studentIncome = TaxManager.getIncomeSummary(sts);와 같이 생략될 수 있습니다.

▶ 20번째 줄:"T"는 Person class type과 Incomeable interface가 동시에 들어가 있는 object를 저장할 수 있는 type이며 "T[] personArr"은 그런 type의 배열을 받아들이는 배열 object변수입니다.

▶ 23~26번째 줄은 27~30번째 줄과 같이 바꾸어 코딩할 수 있습니다. personArr는 배열 object 변수와 동일한 역할을 합니다.

21.5 Generic의 상속과 Sub Type

Generic type은 코딩하는 프로그램 단계에서는 구체적으로 어느 class의 object인지 알 수 없는 상태입니다. 바꾸어 말하면 어느 class의 object도 받아들일 수 있다라는 것입니다. 결정된 class type을 가지고 coding을 하면 coding은 쉬어지지만 class 이름이 다를 때마다 해당 class에 맞는 object변수나 method를 만들어야 합니다.(21.1절에서 소개한 내용입니다.) generic type을 사용하면 coding해야할 양을 줄일 수도 있고, 앞으로 만들어질 class type의 object도 처리 가능하다는 장점이 있어서 generic을 사용하는데, 상속과 관련된 문제를 생각하면 좀 더 복잡해집니다. 상속은 아래와 같이 정의하는 것을 다시 한번 상기합시다.

상위 class 정의:calss A1 { /* …… */ }
하위 class 정의:class A2 extends A1 { /* ….. */ }

상위 object 변수 및 object생성:A1 a1 = new A1();

하위 object변수 및 object 생성:A2 a2 = new A2();

상위 object변수에 하위 object 대입(혹은 설정)가능:a1 = a2 혹은 a1 = new A2();

10.2절에서 설명한 Integer class와 Double class의 상속관계를 우선 알아 봅시다.

Object class == ⟩ Number class == ⟩ Integer class

== ⟩ Double class

- Integer class와 Double class의 super class는 Number class입니다.

  Number n1 = new Integer(2); // ok

  Number n2 = new Double(2.1) // ok

- Vector⟨Number⟩ object는 Vector⟨Integer⟩ object와 Vector⟨Double⟩의 super object가 아닙니다. Vector⟨Integer⟩ object와 Vector⟨Double⟩의 상 관 관계는 아무 상관 관계도 없는 object입니다. Vector⟨Integer⟩ object와 Vector⟨Double⟩의 super object가 무언인지 이야기하라면 Object object밖 에 없습니다.

  Vector⟨Number⟩ vInt = new Vector⟨Integer⟩(); // compile error

  Vector⟨Number⟩ vDbl = new Vector⟨Double⟩(); // compile error

- 결론적으로 Generic class의 object는 type argument가 서로 상속관계가 있다 하더라도 Generic class의 object는 서로 상속 관계가 없습니다.

예제 | Ex02141

위에서 설명한 내용을 아래 프로그램으로 실행해 봅시다.

```
 1: import java.util.*;
 2: class Ex02141 {
 3:    public static void main(String[] args) {
 4:        Number n1 = new Integer(2); // ok
 5:        Number n2 = new Double(2.1); // ok
 6:
 7:        Vector<Number> v1Data = new Vector<Number>();
 8:        v1Data.add(7); // Integer object
 9:        v1Data.add(7.1); // Double object
10:
11:        for ( int i=0; i < v1Data.size() ; i++ ) {
12:            Number n = (Number)v1Data.elementAt(i);
13:        System.out.println("Number v1Data i = "+ i +", n.doubleValue()="+n.
doubleValue());
14:        }
15:
16:        //Vector<Number> v2Data = new Vector<Integer>();
17:        //Vector<Number> v3Data = new Vector<Double>();
18:
```

```
19:        Object obj1 = new Vector<Integer>();
20:        Object obj2 = new Vector<Double>();
21:    }
22: }
```

```
D:\IntaeJava>java Ex02141
Number v1Data i = 0, n.doubleValue()=7.0
Number v1Data i = 1, n.doubleValue()=7.1

D:\IntaeJava>
```

프로그램 설명

▶ 4,5번째 줄:Integer object나 Double object는 Number class로부터 상속받은 object이므로 Number object변수에 저장 가능합니다.

▶ 7,8,9번째 줄:Number type으로 생성한 Vector object에는 Integer object와 Double object를 Vector 원소로서 저장 가능합니다.

▶ 16,17번째 줄:Number type으로 정의한 Vector object변수는 Number class의 하위 class인 Integer나 Double type으로 생성한 Vector object를 저장할 수 없습니다. Vector object자체는 상속관계가 성립하지 않기 때문입니다.

16,17번째 줄의 // comment를 지우고 compile하면 아래와 같은 에러 메세지가 나옵니다.

```
D:\IntaeJava>javac Ex02141.java
Ex02141.java:16: error: incompatible types: Vector<Integer> cannot be converted
to Vector<Number>
        Vector<Number> v2Data = new Vector<Integer>();
                                ^
Ex02141.java:17: error: incompatible types: Vector<Double> cannot be converted t
o Vector<Number>
        Vector<Number> v3Data = new Vector<Double>();
                                ^
2 errors

D:\IntaeJava>
```

프로그램 설명

▶ 19,20번째 줄:Integer나 Double type으로 생성한 Vector object의 공통의 object변수는 Object object변수밖에는 없습니다.

상속관계에 있는 object를 가지고 generic argument로 만들어진 Generic type object들 사이에서 상속관계가 유지될 수 있도록 만들어주는 방법은 와일드카드를 사용하는 방법입니다.

■ 와일드카드(Wildcard)란 ■

자바 Generic에서 와일드카드는 특수한 generic type 매개변수(parameter)입니다. 여러 종류의 generic type object를 받아 저장 가능한 변수를 선언하는데 사용합니다. 그리고 와일드카드는 의문부호(?)로 표시합니다.

```
Vector<?> vInt = new Vector<Integer>();
Vector<?> vDbl = new Vector<Double>();
Vector<?> vStr= new Vector<String>();
```

여기에서 Vector⟨?⟩로 선언된 vInt, vDbl, vStr변수에는 어떠한 type의 Vector object도 저장 가능합니다.

위에서 와일드카드(?)는 특수한 generic type 매개변수(parameter)라고 설명했습니다. 여기서 변수라 함은 어떤 값을 저장하는 장소를 의미합니다. 하지만 와일드카드에 어떤 값을 저장하는 것이 아니라 어떤 class type이 될 수 있다라는 것을 의미하기 때문에 "특수한" generic type 매개변수(parameter)하고 한것입니다. 그러므로 와일드카드(?)를 사용하여 object를 만들 수 없습니다. 오직 이미 만들어진 generic type object를 와일드카드(?)로 선언한 변수에 저장만할 수 있습니다.

예제 | Ex02142

아래 프로그램은 와일드카드(?)를 사용한 변수에 여러 generic type object를 저장하는 예를 보여주는 프로그램입니다.

```
 1: import java.util.*;
 2: class Ex02142 {
 3:    public static void main(String[] args) {
 4:       Vector<Number> v1Data = new Vector<Number>();
 5:       v1Data.add(7); // Integer object
 6:       v1Data.add(7.1); // Double object
 7:
 8:       Vector<Integer> v2Data = new Vector<Integer>();
 9:       v2Data.add(7);
10:       v2Data.add(9);
11:
12:       Vector<String> v3Data = new Vector<String>();
13:       v3Data.add("Intae");
14:       v3Data.add("Jason");
15:
16:       Vector<?> vData = v1Data;
17:       for ( int i=0; i < vData.size() ; i++ ) {
18:          Number n = (Number)vData.elementAt(i);
19:       System.out.println("Number vData i = "+ i +", n.doubleValue()="+n.
doubleValue());
20:       }
21:       vData = v2Data;
22:       for ( int i=0; i < vData.size() ; i++ ) {
23:          Integer n = (Integer)vData.elementAt(i);
```

```
24:            System.out.println("Integer vData i = "+ i +", n.intValue()="+n.
intValue());
25:        }
26:        vData = v3Data;
27:        for ( int i=0; i < vData.size() ; i++ ) {
28:            String n = (String)vData.elementAt(i);
29:            System.out.println("String vData i = "+ i +", n.toString()="+n);
30:        }
31:    }
32: }
```

```
D:\IntaeJava>java Ex02142
Number vData i = 0, n.doubleValue()=7.0
Number vData i = 1, n.doubleValue()=7.1
Integer vData i = 0, n.intValue()=7
Integer vData i = 1, n.intValue()=9
String vData i = 0, n.toString()=Intae
String vData i = 1, n.toString()=Jason

D:\IntaeJava>
```

프로그램 설명

▶ 16번째 줄:Vector〈?〉로 선언된 변수 vData에는 모든 class type의 Vector object를 저장할 수 있으므로 vData에 Vector〈Number〉 object인 v1Data를 저장합니다.

■ 하위 class만 허용하는 와일드카드(Wildcard) ■

와일드카드에는 하위 class만 허용하는 와일드카드를 선언할 수 있습니다. 하위 class만 허용하는 와일드카드 문법은 아래와 같습니다.

> ? extends className

예 Vector<? Extends Number> vData

예제 | Ex02143

아래 프로그램은 하위 class만 허용하는 와일드카드(?)를 사용한 변수에 여러 generic type object를 저장하는 예를 보여주는 프로그램입니다.

```
1: import java.util.*;
2: class Ex02143 {
3:    public static void main(String[] args) {
4:        Vector<Number> v1Data = new Vector<Number>();
5:        v1Data.add(7); // Integer object
6:        v1Data.add(7.1); // Double object
7:
8:        Vector<Integer> v2Data = new Vector<Integer>();
9:        v2Data.add(7);
```

```
10:        v2Data.add(9);
11:
12:        Vector<String> v3Data = new Vector<String>();
13:        v3Data.add("Intae");
14:        v3Data.add("Jason");
15:
16:        Vector<? extends Number> vData = v1Data;
17:        for ( int i=0; i < vData.size() ; i++ ) {
18:            Number n = (Number)vData.elementAt(i);
19:            System.out.println("Number vData i = "+ i +", n.doubleValue()="+n.
doubleValue());
20:        }
21:        vData = v2Data;
22:        for ( int i=0; i < vData.size() ; i++ ) {
23:            Integer n = (Integer)vData.elementAt(i);
24:          System.out.println("Integer vData i = "+ i +", n.intValue()="+n.
intValue());
25:        }
26:        //vData = v3Data;
27:        //for ( int i=0; i < vData.size() ; i++ ) {
28:        //    String n = (String)vData.elementAt(i);
29:      //   System.out.println("String vData i = "+ i +", n.toString()="+n);
30:        //}
31:    }
32: }
```

```
D:\IntaeJava>java Ex02143
Number vData i = 0, n.doubleValue()=7.0
Number vData i = 1, n.doubleValue()=7.1
Integer vData i = 0, n.intValue()=7
Integer vData i = 1, n.intValue()=9

D:\IntaeJava>
```

프로그램 설명

▶ 16번째 줄:Vector〈? extends Number〉로 선언된 변수 vData에는 Number나 Number class의 하위 class type의 Vector object를 저장할 수 있으므로 vData 에 Vector〈Number〉 object인 v1Data는 저장 가능합니다.

▶ 21번째 줄:Vector〈? extends Number〉로 선언된 변수 vData에는 Number나 Number class의 하위 class type의 Vector object를 저장할 수 있으므로 vData 에 Vector〈Integer〉 object인 v2Data는 저장 가능합니다.

▶ 26번째 줄:Vector〈? extends Number〉로 선언된 변수 vData에는 Number나 Number class 의 하위 class type의 Vector object를 저장할 수 있습니다. String class는 Number class의 하위 class가 아니므로 vData에 Vector〈String〉 object인 v3Data는 저장할 수 없습니다. 만약 26번째 줄의 // comment를 삭제 하고 compile하면 아래와 같은 에러 메세지가 나옵니다.

```
D:\IntaeJava>javac Ex02143.java
Ex02143.java:26: error: incompatible types: Vector<String> cannot be converted t
o Vector<? extends Number>
        vData = v3Data;
                ^
1 error

D:\IntaeJava>
```

예제 | Ex02143A

아래 프로그램은 하위 class만 허용한 와일드카드(?)를 사용하여 Person으로 설정
된 generic type Car object변수에 두 가지 종류의 object(obPerson으로 설정된
Car object와 Student로 설정된 Car object)가 저장될 수 있음을 보여 주는 프로
그램입니다.

```
 1: class Ex02143A {
 2:    public static void main(String[] args) {
 3:        Person p1 = new Person("Intae");
 4:        Car<Person> pc1 = new Car<Person>(1001, p1);
 5:
 6:        Student p2 = new Student("Jason", 92);
 7:        Car<Student> pc2 = new Car<Student>(1002, p2);
 8:
 9:        pc1.showInfo();
10:        pc2.showInfo();
11:
12:        Car<? extends Person> pc = pc1;
13:        pc.showInfo();
14:
15:        pc = pc2;
16:        pc.showInfo();
17:    }
18: }
19: class Car<T extends Person> {
20:    int licenseNo;
21:    T person;
22:    Car(int ln, T s) {
23:        licenseNo = ln;
24:        person = s;
25:    }
26:    void showInfo() {
27:        if ( person.getName().substring(0,1).compareTo("I") <= 0 ) {
28:            System.out.println("Car licenseNo="+licenseNo+", "+person.
getClass().getName()+", VIP name="+person.getName() + person.toString() );
29:        } else {
30:            System.out.println("Car licenseNo="+licenseNo+", "+person.
getClass().getName()+", name="+person.getName() + person.toString() );
31:        }
32:    }
33: }
```

```
34: class Person {
35:     String name;
36:     Person(String n) {
37:         name = n;
38:     }
39:     public String getName() {
40:         return name;
41:     }
42:     public String toString() {
43:         return (", no occupation");
44:     }
45: }
46: class Student extends Person {
47:     int score;
48:     Student(String n, int s) {
49:         super(n);
50:         score = s;
51:     }
52:     public String toString() {
53:         return (", score="+score);
54:     }
55: }
```

```
D:\IntaeJava>java Ex02143A
Car licenseNo=1001, Person, VIP name=Intae, no occupation
Car licenseNo=1002, Student, name=Jason, score=92
Car licenseNo=1001, Person, VIP name=Intae, no occupation
Car licenseNo=1002, Student, name=Jason, score=92

D:\IntaeJava>
```

프로그램 설명

▶ 12번째 줄:Car⟨? extends Person⟩으로 선언된 변수 pc에는 Person이나 Person class 의 하위 class type의 Car object를 저장할 수 있으므로 pc에 Car ⟨Person⟩ object인 pc1는 저장 가능합니다.

▶ 15번째 줄:Car⟨? extends Person⟩으로 선언된 변수 pc에는 Person이나 Person class 의 하위 class type의 Car object를 저장할 수 있으므로 pc에 Car⟨Student⟩ object인 pc2는 저장 가능합니다.

문제 | Ex02143B

아래 프로그램은 Generic 프로그램의 응용으로 하위 class만 허용하는 와일드카드 와 파라메타로 표기된 type을 사용하며, 실무에 많이 응용되는 방법의 프로그램입 니다. 아래 출력 결과가 나오도록 프로그램을 완성하세요.

• 아래 프로그램은 Random object의 난수를 사용하여 Car object를 생성했으므 로 매 프로그램 수행 시마다 출력 결과는 다를 수 있습니다.

```
 1: import java.util.*;
 2: class Ex02143B {
 3:    public static void main(String[] args) {
 4:        Vector<Car<? extends Person>> vCar = new Vector<>();
 5:        String[] names = { "Intae", "Jason", "Chris", "Peter", "David"};
 6:        double[] weights = { 59.1, 60.3, 82.5, 77.3, 71.4 };
 7:
 8:        Random rm = new Random();
 9:        for ( int i=0 ; i<names.length ; i++ ) {
10:          int n = rm.nextInt(3);
11:          if ( n == 0 ) {
12:             Person p1 = new Person(names[i]);
13:             Car<Person> pc1 = new Car<Person>(p1);
14:             vCar.add(pc1);
15:          } else if ( n == 1 ) {
16:             Student p2 = new Student(names[i], weights[i]);
17:             Car<Student> pc2 = new Car<Student>(p2);
18:             vCar.add(pc2);
19:          } else {
20:             Salesman p3 = new Salesman(names[i], weights[i]);
21:             Car<Salesman> pc3 = new Car<Salesman>(p3);
22:             vCar.add(pc3);
23:          }
24:       }
25:       for ( int i=0 ; i < vCar.size() ; i++ ) {
26:          // 여기에 프로그램 한줄 작성
27:          // 여기에 프로그램 한줄 작성
28:       }
29:    }
30: }
31: class Car<T extends Person> {
32:    static int nextLicenseNo = 1001;
33:    int licenseNo;
34:    T person;
35:    Car(T s) {
36:       licenseNo = nextLicenseNo++;
37:       person = s;
38:    }
39:    void showInfo() {
40:       if ( person.getName().substring(0,1).compareTo("I") <= 0 ) {
41:          System.out.println("Car licenseNo="+licenseNo+", "+person.
getClass().getName()+", VIP name="+person.getName() + person.toString() );
42:       } else {
43:          System.out.println("Car licenseNo="+licenseNo+", "+person.
getClass().getName()+", name="+person.getName() + person.toString() );
44:       }
45:    }
46: }
47: class Person {
48:    String name;
```

```
49:     Person(String n) {
50:         name = n;
51:     }
52:     public String getName() {
53:         return name;
54:     }
55:     public String toString() {
56:         return (", no occupation");
57:     }
58: }
59: class Student extends Person {
60:     double weight;
61:     Student(String n, double w) {
62:         super(n);
63:         weight = w;
64:     }
65:     public String toString() {
66:         return (", weight="+weight);
67:     }
68: }
69: class Salesman extends Person {
70:     double weight;
71:     Salesman(String n, double w) {
72:         super(n);
73:         weight = w;
74:     }
75:     public String toString() {
76:         return (", weight="+weight);
77:     }
78: }
```

```
D:\IntaeJava>java Ex02143B
Car licenseNo=1001, Person, VIP name=Intae, no occupation
Car licenseNo=1002, Person, name=Jason, no occupation
Car licenseNo=1003, Salesman, VIP name=Chris, weight=82.5
Car licenseNo=1004, Person, name=Peter, no occupation
Car licenseNo=1005, Person, VIP name=David, no occupation

D:\IntaeJava>
```

예제 | Ex02143C

아래 프로그램은 Generic 프로그램의 응용으로 하위 class만 허용하는 와일드카드와
제한된 type parameter을 사용하며, method호출 시 argument전달과 parameter
정의 등 실무에 많이 응용되는 방법의 프로그램입니다.

```
1: class Ex02143C {
2:     public static void main(String[] args) {
3:         Person p1 = new Person("Intae");
```

```
 4:        Car<Person> pc1 = new Car<Person>(1001, "White", p1);
 5:        CheckCarObject.showCarAndPerson1(pc1);
 6:        CheckCarObject.showCarAndPerson2(pc1);
 7:        CheckCarObject.showCarAndPerson3(pc1);
 8:
 9:        Student s2 = new Student("Jason", 72);
10:        Car<Student> sc2 = new Car<Student>(1002, "Green", s2);
11:        CheckCarObject.showCarAndPerson1(sc2);
12:        CheckCarObject.showCarAndPerson2(sc2);
13:        CheckCarObject.showCarAndPerson3(sc2);
14:
15:        Salesman sm3 = new Salesman("Lina", 69);
16:        Car<Salesman> sc3 = new Car<Salesman>(2001, "White", sm3);
17:        CheckCarObject.showCarAndPerson1(sc3);
18:        CheckCarObject.showCarAndPerson2(sc3);
19:        CheckCarObject.showCarAndPerson3(sc3);
20:    }
21: }
22: class Car<T extends Person> {
23:    int licenseNo;
24:    String color;
25:    T person;
26:    Car(int ln, String c, T s) {
27:        licenseNo = ln;
28:        color = c;
29:        person = s;
30:    }
31:    void setPerson(T p) {
32:        person = p;
33:    }
34:    T getPerson() {
35:        return person;
36:    }
37: }
38: class Person {
39:    String name;
40:    Person(String n) {
41:        name = n;
42:    }
43:    String getName() {
44:        return name;
45:    }
46: }
47: class Student extends Person {
48:    int weight;
49:    Student(String n, int w) {
50:        super(n);
51:        weight = w;
52:    }
53: }
```

```
54: class Salesman extends Person {
55:    int weight;
56:    Salesman(String n, int w) {
57:       super(n);
58:       weight = w;
59:    }
60: }
61: class CheckCarObject {
62:    static void showCarAndPerson1(Car<? extends Person> car) {
63:       Person person = car.getPerson();
64:     System.out.println("Car 1 licenseNo="+car.licenseNo+", name="+person.getName()+", person=" + person.getClass().getName());
65:    }
66:    static void showCarAndPerson2(Car<? extends Person> car) {
67:       showCarAndPerson3(car);
68:    }
69:    static <T extends Person> void showCarAndPerson3(Car<T> car) {
70:       T person = car.getPerson();
71:     System.out.println("Car 3 licenseNo="+car.licenseNo+", name="+person.getName()+", person=" + person.getClass().getName());
72:    }
73: }
```

```
D:\IntaeJava>java Ex02143C
Car 1 licenseNo=1001, name=Intae, person=Person
Car 3 licenseNo=1001, name=Intae, person=Person
Car 3 licenseNo=1001, name=Intae, person=Person
Car 1 licenseNo=1002, name=Jason, person=Student
Car 3 licenseNo=1002, name=Jason, person=Student
Car 3 licenseNo=1002, name=Jason, person=Student
Car 1 licenseNo=2001, name=Lina, person=Salesman
Car 3 licenseNo=2001, name=Lina, person=Salesman
Car 3 licenseNo=2001, name=Lina, person=Salesman

D:\IntaeJava>
```

프로그램 설명

▶ 62번째 줄:generic type object를 5,11,17번째 줄에서 Person, Student, Salesman 의 type으로 Car object를 전달합니다. 어떤 type의 argument로 전달될지 모르므로Car〈? extends Person〉 car로 받습니다.

▶ 66번째 줄:generic type object를 6,12,18번째 줄에서 Person, Student, Salesman의 type으로 Car object를 전달합니다. Object를 받는 방법은 동일하며, 69번째 줄의 showCarAndPerson3(car)를 다시 호출합니다.

▶ 69번째 줄:generic type object를 7,13,19번째 줄에서 Person, Student, Salesman 의 type으로 Car object를 전달합니다. 어떤 type의 argument로 전달될지 모르므로 generic method를 사용하여 Car〈T〉 car로 받습니다. 〈T〉가 어떤 type인지를 method 선언하는 retun type 앞에 〈T extends Person〉을 정의해 줍니다.

■ 상위 class만 허용하는 와일드카드(Wildcard) ■

와일드카드에는 상위 class만 허용하는 와일드카드를 선언할 수 있습니다. 상위 class만 허용하는 와일드카드 문법은 아래와 같습니다.

```
? super className
```

예 Vector<? super Integer> vData

예제 | Ex02144

아래 프로그램은 상위 class만 허용하는 와일드카드(?)를 사용한 변수에 여러 generic type object를 저장하는 예를 보여주는 프로그램입니다.

```
 1: import java.util.*;
 2: class Ex02144 {
 3:     public static void main(String[] args) {
 4:         Vector<Number> v1Data = new Vector<Number>();
 5:         v1Data.add(7); // Integer object
 6:         v1Data.add(7.1); // Double object
 7:
 8:         Vector<Integer> v2Data = new Vector<Integer>();
 9:         v2Data.add(7);
10:         v2Data.add(9);
11:
12:         Vector<Object> v3Data = new Vector<Object>();
13:         v3Data.add("Intae");
14:         v3Data.add("Jason");
15:
16:         Vector<? super Integer> vData = v1Data;
17:         for ( int i=0; i < vData.size() ; i++ ) {
18:             Number n = (Number)vData.elementAt(i);
19:         System.out.println("Number vData i = "+ i +", n.doubleValue()="+n.doubleValue());
20:         }
21:         vData = v2Data;
22:         for ( int i=0; i < vData.size() ; i++ ) {
23:             Integer n = (Integer)vData.elementAt(i);
24:           System.out.println("Integer vData i = "+ i +", n.intValue()="+n.intValue());
25:         }
26:         vData = v3Data;
27:         for ( int i=0; i < vData.size() ; i++ ) {
28:             String n = (String)vData.elementAt(i);
29:           System.out.println("String vData i = "+ i +", n.toString()="+n);
30:         }
31:
32:         Vector<String> v4Data = new Vector<String>();
33:         //vData = v4Data;
```

```
34:     }
35: }
```

```
D:\IntaeJava>java Ex02144
Number vData i = 0, n.doubleValue()=7.0
Number vData i = 1, n.doubleValue()=7.1
Integer vData i = 0, n.intValue()=7
Integer vData i = 1, n.intValue()=9
String vData i = 0, n.toString()=Intae
String vData i = 1, n.toString()=Jason

D:\IntaeJava>
```

프로그램 설명

▶ 16번째 줄:Vector⟨? super Integer⟩로 선언된 변수 vData에는 Integer나 Integer class의 상위 class type의 Vector object를 저장할 수 있으므로 vData에 Vector⟨Number⟩ object인 v1Data는 저장 가능합니다.

▶ 21번째 줄:Vector⟨? super Integer⟩로 선언된 변수 vData에는 Integer나 Integer class의 상위 class type의 Vector object를 저장할 수 있으므로 vData에 Vector⟨Integer⟩ object인 v2Data는 저장 가능합니다.

▶ 26번째 줄:Vector⟨? super Integer⟩로 선언된 변수 vData에는 Integer나 Integer class의 상위 class type의 Vector object를 저장할 수 있으므로 vData에 Vector⟨Integer⟩ object인 v3Data는 저장 가능합니다.

▶ 33번째 줄:Vector⟨? super Integer⟩로 선언된 변수 vData에는 Integer나 Integer class의 상위 class type의 Vector object를 저장할 수 있습니다. String class는 Integr class의 상위 class가 아니므로 vData에 Vector⟨String⟩ object인 v4Data는 저장할 수 없습니다. 만약 33번째 줄의 // comment를 삭제하고 compile하면 아래와 같은 에러 메세지가 나옵니다.

```
D:\IntaeJava>javac Ex02144.java
Ex02144.java:33: error: incompatible types: Vector<String> cannot be converted t
o Vector<? super Integer>
      vData = v4Data;
              ^
1 error

D:\IntaeJava>
```

예제 | Ex02144A

아래 프로그램은 상위 class만 허용한 와일드카드(?)를 사용하여 Student으로 설정된 generic type Car object변수에 Person으로 설정된 Car object와 Student로 설정된 Car object가 저장될 수 있음을 보여주는 프로그램입니다.

```
1: class Ex02144A {
2:     public static void main(String[] args) {
```

```
 3:        Person p1 = new Person("Intae");
 4:        Car<Person> pc1 = new Car<Person>(1001, p1);
 5:
 6:        Student p2 = new Student("Jason", 92);
 7:        Car<Student> pc2 = new Car<Student>(1002, p2);
 8:
 9:        Salesman p3 = new Salesman("Chris", 15);
10:        Car<Person> pc3 = new Car<Person>(2001, p3);
11:
12:        pc1.showInfo();
13:        pc2.showInfo();
14:        pc3.showInfo();
15:
16:        Car<? super Student> pc = pc1;
17:        pc.showInfo();
18:
19:        pc = pc2;
20:        pc.showInfo();
21:
22:        pc = pc3;
23:        pc.showInfo();
24:
25:        Salesman p4 = new Salesman("Peter", 21);
26:        Car<Salesman> pc4 = new Car<Salesman>(2002, p4);
27:        //pc = pc4;
28:    }
29: }
30: class Car<T extends Person> {
31:    int licenseNo;
32:    T person;
33:    Car(int ln, T s) {
34:        licenseNo = ln;
35:        person = s;
36:    }
37:    void showInfo() {
38:        if ( person.getName().substring(0,1).compareTo("I") <= 0 ) {
39:            System.out.println("Car licenseNo="+licenseNo+", "+person.
getClass().getName()+", VIP name="+person.getName() + person.toString() );
40:        } else {
41:            System.out.println("Car licenseNo="+licenseNo+", "+person.
getClass().getName()+", name="+person.getName() + person.toString() );
42:        }
43:    }
44: }
45: class Person {
46:    String name;
47:    Person(String n) {
48:        name = n;
49:    }
50:    public String getName() {
```

```
51:        return name;
52:    }
53:    public String toString() {
54:        return (", no occupation");
55:    }
56: }
57: class Student extends Person {
58:    int score;
59:    Student(String n, int s) {
60:        super(n);
61:        score = s;
62:    }
63:    public String toString() {
64:        return (", score="+score);
65:    }
66: }
67: class Salesman extends Person {
68:    int salesQty;
69:    Salesman(String n, int s) {
70:        super(n);
71:        salesQty = s;
72:    }
73:    public String toString() {
74:        return (", salesQty="+salesQty);
75:    }
76: }
```

```
D:\IntaeJava>java Ex02144A
Car licenseNo=1001, Person, VIP name=Intae, no occupation
Car licenseNo=1002, Student, name=Jason, score=92
Car licenseNo=2001, Salesman, VIP name=Chris, salesQty=15
Car licenseNo=1001, Person, VIP name=Intae, no occupation
Car licenseNo=1002, Student, name=Jason, score=92
Car licenseNo=2001, Salesman, VIP name=Chris, salesQty=15

D:\IntaeJava>
```

프로그램 설명

▶ 16번째 줄:Car〈? super Student〉으로 선언된 변수 pc에는 Student나 Student class의 상위 class type의 Car object를 저장할 수 있으므로 pc에 Car〈Person〉 object인 pc1는 저장 가능합니다.

▶ 19번째 줄:Car〈? super Student〉으로 선언된 변수 pc에는 Student나 Student class 의 하위 class type의 Car object를 저장할 수 있으므로 pc에 Car〈Student〉 object인 pc2는 저장 가능합니다.

▶ 22번째 줄:Car〈? super Student〉으로 선언된 변수 pc에는 Student나 Student class의 하위 class type의 Car object를 저장할 수 있습니다. pc3에는 Person type object가 저장되는 Car〈Person〉 object이므로 pc에 Car〈Person〉 object 인 pc3는 저장 가능합니다. pc3에 Salesman이 저장된 것은 Person의 하위

class이므로 문법적으로 맞는 저장입니다.

▶ 27번째 줄:Car⟨? super Student⟩으로 선언된 변수 pc에는 Student나 Student class 의 하위 class type의 Car object를 저장할 수 있습니다. pc4는 Salesman type object가 저장되는 Car⟨Salesman⟩ object이므로 pc에 Car⟨Salesman⟩ object인 pc4는 저장할 수 없습니다. 27번째 줄의 //를 지우고 compile하면 아래와 같은 에러 메시지가 나옵니다.

```
D:\IntaeJava>javac Ex02144A.java
Ex02144A.java:27: error: incompatible types: Car<Salesman> cannot be converted t
o Car<? super Student>
        pc = pc4;
             ^
1 error

D:\IntaeJava>
```

■ **generic class의 상속 1** ■

Generic class도 class이므로 일반 class에 적용되는 상속 규칙을 따릅니다. 하지만 generic으로서의 특성이 있기 때문에 주의해야할 사항이 몇 가지 있습니다.

예제 | Ex02145

아래 프로그램은 Generic class의 일반적인 상속의 예를 보여주는 프로그램입니다.

```
1: class Ex02145 {
2:    public static void main(String[] args) {
3:        Person p1 = new Person("Intae");
4:        Truck<Person> pc1 = new Truck<Person>(1001, p1, 46.7);
5:
6:        Student p2 = new Student("Jason", 92);
7:        Truck<Student> pc2 = new Truck<Student>(1002, p2, 71.4);
8:
9:        Salesman p3 = new Salesman("Chris", 15);
10:        Truck<Person> pc3 = new Truck<Person>(2001, p3, 69.3);
11:
12:        pc1.showInfo();
13:        pc2.showInfo();
14:        pc3.showInfo();
15:    }
16: }
17: class Car<T> {
18:    int licenseNo;
19:    T person;
20:    Car(int ln, T s) {
21:        licenseNo = ln;
22:        person = s;
23:    }
24: }
```

```
25: class Truck<T> extends Car<T> {
26:     double weight;
27:     Truck(int ln, T s, double w) {
28:         super(ln, s);
29:         weight = w;
30:     }
31:     void showInfo() {
32:             System.out.println("Bus  licenseNo="+licenseNo+",  "+person.
getClass().getName() + ", person=" + person.toString() + ", weigh="+weight);
33:     }
34: }
35: class Person {
36:     String name;
37:     Person(String n) {
38:         name = n;
39:     }
40:     public String getName() {
41:         return name;
42:     }
43:     public String toString() {
44:         return (", no occupation");
45:     }
46: }
47: class Student extends Person {
48:     int score;
49:     Student(String n, int s) {
50:         super(n);
51:         score = s;
52:     }
53:     public String toString() {
54:         return (", score="+score);
55:     }
56: }
57: class Salesman extends Person {
58:     int salesQty;
59:     Salesman(String n, int s) {
60:         super(n);
61:         salesQty = s;
62:     }
63:     public String toString() {
64:         return (", salesQty="+salesQty);
65:     }
66: }
```

```
D:\IntaeJava>java Ex02145
Bus licenseNo=1001, Person, person=, no occupation, weigh=46.7
Bus licenseNo=1002, Student, person=, score=92, weigh=71.4
Bus licenseNo=2001, Salesman, person=, salesQty=15, weigh=69.3

D:\IntaeJava>
```

프로그램 설명

▶ 25번째 줄:class Truck⟨T⟩ extends Car⟨T⟩ { /* class 몸체 프로그램 */ }과 같이 generic Car⟨T⟩ class를 상속받아 generic Truck⟨T⟩ class 정의합니다. 그 이외의 규칙은 일반 class의 규칙을 적용받습니다.

• class Truck⟨T⟩ extends Car⟨T⟩ { /* class 몸체 프로그램 */ }는 Truck class 에서의 "T"가 Car class의 "T"와 같음을 의미합니다. 즉 Truck class에서 "T" 가 Student class라면 Car class에서도 "T"는 Student class이어야만 합니다.

• class Truck⟨T⟩ extends Car { /* class 몸체 프로그램 */ }는 Truck class에 서 "T"가 Car class에서는 어떤 class인지 정해지지 않은 class입니다. 그러므 로 Truck class에서 "T"가 Student class라면 Car class에서는 "T"가 Student class가 될 수도 있습니다.

• class Truck⟨T extends Person⟩ extends Car⟨T⟩ { /* class 몸체 프로그램 */ }는 Truck class에서의 "T"를 Person object나 Person class의 하위 object 만 사용하도록 제한할 수 있습니다.

• 만약 17번째 줄에서 Car⟨T extends Person⟩ { /* class몸체 프로그램 */ }과 같이 제한했다면 25번째 줄에서는 17번째 줄에서 제한한 class 내의 범위 안에서 다시 제한할 수 있습니다.(generic class의 상속 2 참조)

■ **generic class의 상속 2** ■

제한된 Generic class로부터 상속받은 generic class는 상위 generic class에서 제 한한 범위 내에서 제한할 수 있습니다.

예제 | Ex02145A

아래 프로그램은 상위 generic class에서 제한한 class를 하위 generic class에서 는 상위 generic class에서 제한한 범위 내에 제한하는 방법을 보여주는 프로그램 입니다.

```
 1: class Ex02145A {
 2:    public static void main(String[] args) {
 3:        //Person p1 = new Person("Intae");
 4:        //Truck<Person> pc1 = new Truck<Person>(1001, p1, 46.7);
 5:
 6:        Student p2 = new Student("Jason", 92);
 7:        Truck<Student> pc2 = new Truck<Student>(1002, p2, 71.4);
 8:
 9:        //Salesman p3 = new Salesman("Chris", 15);
10:        //Truck<Person> pc3 = new Truck<Person>(2001, p3, 69.3);
```

```
11:
12:        //pc1.showInfo();
13:        pc2.showInfo();
14:        //pc3.showInfo();
15:    }
16: }
17: class Car<T extends Student> {
       // Ex02145 프로그램과 동일
24: }
25: class Truck<T extends Student> extends Car<T> {
       // Ex02145 프로그램과 동일
34: }
35: class Person {
     // Ex02145 프로그램과 동일
46: }
47: class Student extends Person {
     // Ex02145 프로그램과 동일
56: }
57: class Salesman extends Person {
     // Ex02145 프로그램과 동일
66: }
```

```
D:\IntaeJava>java Ex02145A
Bus licenseNo=1002, Student, person=, score=92, weigh=71.4

D:\IntaeJava>
```

프로그램 설명

▶ 3,4번째 줄:25번째 줄에서 T를 Student로 제한했기 때문에 Truck〈Person〉 object를 만들 수 없습니다.

▶ 6,7번째 줄:25번째 줄에서 T를 Student로 제한했기 때문에 Truck〈Student〉 object를 만들 수 있습니다.

▶ 9,10번째 줄:25번째 줄에서 T를 Student로 제한했기 때문에 Truck〈Salesman〉 object를 만들 수 없습니다.

▶ 25번째 줄:17번째 줄에 Car〈T extends Student〉로 제한했기 때문에 Truck class에서는 Truck〈T extends Student〉와 같이 Student class나 하위 class 로 제한할 수 있습니다. 만약 Truck〈T extends Person〉같이 Car〈T extends Student〉에서 제한한 범위를 넘으면 아래와 같이 에러 메세지를 발생시킵니다.

```
D:\IntaeJava>javac Ex02145A.java
Ex02145A.java:25: error: type argument T#1 is not within bounds of type-variable
 T#2
class Truck<T extends Person> extends Car<T> {
                                          ^
  where T#1,T#2 are type-variables:
    T#1 extends Person declared in class Truck
    T#2 extends Student declared in class Car
1 error

D:\IntaeJava>
```

■ generic class의 상속 3 ■

Generic class로부터 상속받아 generic class가 아닌 일반 class로 만들 수 있습니다. 이때 일반 class는 상위 generic class에 type argument로 특정 class를 지정해주어야 합니다.

예제 | Ex02145B

아래 프로그램은 상위 generic class를 상속받아 generic이 아닌 class로 만드는 예제로 Car class에 type argument로 Student class를 지정한 경우의 프로그램입니다.

```
 1: class Ex02145B {
 2:    public static void main(String[] args) {
 3:       //Person p1 = new Person("Intae");
 4:       //Truck<Person> pc1 = new Truck<Person>(1001, p1, 46.7);
 5:
 6:       Student p2 = new Student("Jason", 92);
 7:       Truck pc2 = new Truck(1002, p2, 71.4);
 8:
 9:       //Salesman p3 = new Salesman("Chris", 15);
10:       //Truck<Person> pc3 = new Truck<Person>(2001, p3, 69.3);
11:
12:       //pc1.showInfo();
13:       pc2.showInfo();
14:       //pc3.showInfo();
15:    }
16: }
17: class Car<T extends Person> {
       // Ex02145 프로그램과 동일
24: }
25: class Truck extends Car<Student> {
26:    double weight;
27:    Truck(int ln, Student s, double w) {
28:       super(ln, s);
29:       weight = w;
30:    }
31:    void showInfo() {
32:          System.out.println("Bus licenseNo="+licenseNo+", "+person.
getClass().getName() + ", person=" + person.toString() + ", weigh="+weight);
33:    }
34: }
35: class Person {
   // Ex02145 프로그램과 동일
46: }
47: class Student extends Person {
   // Ex02145 프로그램과 동일
56: }
```

```
57: class Salesman extends Person {
       // Ex02145 프로그램과 동일
66: }
```

```
D:\IntaeJava>java Ex02145B
Bus licenseNo=1002, Student, person=, score=92, weigh=71.4

D:\IntaeJava>
```

프로그램 설명

▶ 25번째 줄:Truck class는 오직 Student object만 받아들이는 class로 제한됩니다. 따라서 7번째 줄에 "Truck⟨Student⟩" 라고 하지 않고, "Truck"으로 object 생성과 object변수 선언을 합니다.

21.6 Generic Type의 제한

Generic type과 관련하여 제한 사항이 아래와 같이 있으니 사용 시 주의하기 바랍니다.

① 기본 자료형(primitive type)은 generic type으로 사용할 수 없습니다.
  Generic type은 generic type class나 method에서 사용하는 여러 type의 Object 를 일반화한 부호로 표시하는 것을 말하므로 generic type class의 정의로부터 기본 자료형은 사용할 수 없습니다.

예제 | Ex02151

아래 프로그램은 primitive type을 argument type으로 사용했을 때 문제점을 보여주는 프로그램입니다.

```
 1: class Ex02151 {
 2:    public static void main(String[] args) {
 3:        Truck<String> t1 = new Truck<String>(1001, "Baggage");
 4:        Truck<Integer> t2 = new Truck<Integer>(1002, new Integer(5));
 5:        //Truck<int> t3 = new Truck<int>(1003, 7);
 6:
 7:        t1.showTruck();
 8:        t2.showTruck();
 9:        //t3.showTruck();
10:    }
11: }
```

```
12: class Truck<T> {
13:     int licenseNo;
14:     T load;
15:     Truck(int ln, T ld) {
16:         licenseNo = ln;
17:         load = ld;
18:     }
19:     void showTruck() {
20:         System.out.println("Truck licenseNo="+licenseNo+", load="+load.
toString());
21:     }
22: }
```

```
D:\IntaeJava>java Ex02151
Truck licenseNo=1001, load=Baggage
Truck licenseNo=1002, load=5

D:\IntaeJava>
```

프로그램 설명

▶ 5번째 줄:// comment를 지우고 compile하면 다음과 같은 에러 메세지가 나옵니다.

```
D:\IntaeJava>javac Ex02151.java

D:\IntaeJava>java Ex02151
Truck licenseNo=1001, load=Baggage
Truck licenseNo=1002, load=5

D:\IntaeJava>javac Ex02151.java
Ex02151.java:5: error: unexpected type
        Truck<int> t3 = new Truck<int>(1003, 7);
              ^
  required: reference
  found:    int
Ex02151.java:5: error: unexpected type
        Truck<int> t3 = new Truck<int>(1003, 7);
                                  ^
  required: reference
  found:    int
2 errors

D:\IntaeJava>
```

▶ 20번째 줄:primitive type을 사용하면 근본적으로 load.toString() method를 사용할 수 없습니다.

예제 | Ex02152

② generic type으로 object를 생성할 수 없습니다.

```
1: class Ex02152 {
2:     public static void main(String[] args) {
3:         Truck<String> t1 = new Truck<String>(1001, "Baggage");
4:         Truck<Integer> t2 = new Truck<Integer>(1002, new Integer(5));
5:
```

```
 6:          t1.showTruck();
 7:          t2.showTruck();
 8:      }
 9: }
10: class Truck<T> {
11:     int licenseNo;
12:     T load;
13:     Truck(int ln, T ld) {
14:         licenseNo = ln;
15:         load = ld;
16:     }
17:     T createGenericObj() {
18:         T t = new T();
19:         return t;
20:     }
21:     void showTruck() {
22:         System.out.println("Truck licenseNo="+licenseNo+", load="+load.
toString());
23:     }
24: }
```

18번째 줄의 "new T()"로 object를 생성할 수 없습니다.

위 프로그램을 compile하면 아래와 같은 compile 에러가 나옵니다.

```
D:\IntaeJava>javac Ex02152.java
Ex02152.java:18: error: unexpected type
      T t = new T<>();
                ^
  required: class
  found:    type parameter T
  where T is a type-variable:
    T extends Object declared in class Truck
1 error

D:\IntaeJava>
```

예제 | Ex02153

③ parameter로 표기된 type으로 배열 object를 생성할 수 없습니다.

```
 1: class Ex02153 {
 2:     public static void main(String[] args) {
 3:         Truck<String>[] tStr = new Truck<String>[1];
 4:         tStr[0] = new Truck<String>(1001, "Baggage");
 5:         tStr[0].showTruck();
 6:     }
 7: }
 8: class Truck<T> {
 9:     int licenseNo;
10:     T load;
11:     Truck(int ln, T ld) {
```

```
12:        licenseNo = ln;
13:        load = ld;
14:    }
15:    void showTruck() {
16:        System.out.println("Truck licenseNo="+licenseNo+", load="+load.
toString());
17:    }
18: }
```

3번째 줄 "new Truck〈String〉[1]"으로 배열 object를 생성할 수 없습니다.
위 프로그램을 compile하면 아래와 같은 에러 메세지가 나옵니다.

```
D:\IntaeJava>javac Ex02153.java
Ex02153.java:3: error: generic array creation
    Truck<String>[] tStr = new Truck<String>[1];
                           ^
1 error

D:\IntaeJava>
```

Collections Framework

Collections Framework 22

22.1 Collections Framework 이해하기

컴퓨터를 이용하는 분야는 다양하지만 거의 모든 분야에서 컴퓨터 이용은 data를 처리하는데 많은 시간과 노력을 하고 있다고 해도 과언이 아닙니다. 수없이 발생하는 data를 처리하기 위해 컴퓨터가 만들어진 이후로 계속 끊임없이 연구하고 있는 분야가 바로 data처리 분야입니다. Data의 발생, 입력, 저장, 검색, 가공 등 언뜻 보아서는 수십 년 전에 이와 관련된 문제들은 모두 해결했을법한 사항이지만 컴퓨터 발전에따라 더 복잡하고 정밀한 data처리에 대한 요구가 계속 늘어나고 있습니다. Collections Framework은 이런 data를 어떻게하면 더 효율적으로 빠르게 처리할 수 있는지 그 방법을 제시해주는 패키지입니다.

Collection은 "수집", "채집", "모금" 등으로 해석될 수 있는 말로, 자바에서는 많은 data를 담을 수 있는 일종의 그릇(container)으로, 그 그릇 역시 object입니다. 즉 많은 data object를 담을 수 있는 그릇 object입니다. Collections는 여러 종류의 그릇이 준비되어 있다라는 복수의 개념으로 data의 특성에 맞는 그릇을 필요에 따라 선정하여 사용할 수 있습니다. Framework은 "뼈대", "기본 골격" 등으로 해설될 수 있는 말로, Collections Framework은 data를 처리하기 위한 기본적 바탕이 되는 프로그램들의 모임이라고 설명할 수 있겠습니다.

Collections Framework은 다음과 같이 4가지 요소로 구성되어 있습니다.

① class 그룹:data를 어떻게 처리할 것인지에 따라 특정 class를 선정하여 프로그램에 이용합니다. 예:ArrayList, LinkedList, HashSet, TreeSet, HashMap, TreeMap

② interface 그룹:Collection class의 기본적인 성격을 결정짓게 하는 interface로 List interface는 ArrayList, LinkedList로 구현되고, Set interface는 HashSet, TreeSet로 구현되고, interface Map은 HashMap, TreeMap으로 구현됩니다.

③ Stream:Collection object에 저장된 data들의 내부적 연산을 통해 가공된 새로운 data를 얻어냅니다.

④ 알고리즘:자료 검색, 자료 sorting, 자료 혼합 등 자료 처리를 위한 method로 구성되어 있습니다.

Collections Framework의 프로그램은 data량이 작을 때도 많은 효과를 발휘하지만 data량이 많을 때는 더욱 그 가치가 대단함을 실감하게 합니다. 예를 들면 프로그램의 결과 값이 동일하게 나오는 두 개의 프로그램이 있다고 합시다. Data가 10만 건의 경우, 하나는 1분만에 결과가 나오고 다른 하나는 1초만에 결과 값이 나온다고 하면 여러분은 어느 프로그램을 선택하겠습니까? 만약 data가 10만 건이 아니라 10억건이라면 산술적으로 계산해도(실제는 data가 많아지면 기하급수적으로 오래 걸림) 1000초(17분), 1000분(17시간) 어느 프로그램을 선택하겠습니까?

자바의 Collection Framework에서 제공하는 프로그램은 전문가들이 연구와 연구를 거듭해서 최상의 자료구조와 프로그램 알고리즘을 선정해서 가장 효율적인 방법으로 만든 프로그램이므로 우리는 이러한 프로그램의 사용법을 배우기만 하면 됩니다. 이것이 우리가 Collections Framework을 배워야 하는 이유입니다.

그러면 이제부터 Collections Framework에 있는 class들이 어떻게 생겼는지 윤곽, 즉 전체 흐름만 파악해보도록 합니다. 각각 class의 자세한 내용은 각각의 절에서 설명합니다.

예제 | Ex02201

다음 프로그램은 이미 설명한 Vector class를 기준으로 비교해볼 수 있는 프로그램입니다.

• Vector class도 Collections Framework의 하나의 class입니다.
• chapter 21 Generic 프로그래밍에서 배운 개념이 Collection Framework class에도 적용되므로 함께 비교해보세요.

```
 1: import java.util.*;
 2: class Ex02201 {
 3:   public static void main(String[] args) {
 4:     Vector<String> vData = new Vector<String>();
 5:     vData.add("V1");
 6:     vData.add("V2");
 7:     vData.add("V3");
 8:     vData.add("V4");
 9:     displayElements(vData);
10:
11:     ArrayList<String> aListData = new ArrayList<String>();
12:     aListData.add("AL1");
13:     aListData.add("AL2");
14:     aListData.add("AL3");
15:     aListData.add("AL4");
```

```
16:        displayElements(aListData);
17:
18:        LinkedList<String> lListData = new LinkedList<String>();
19:        lListData.add("LL1");
20:        lListData.add("LL2");
21:        lListData.add("LL3");
22:        lListData.add("LL4");
23:        displayElements(lListData);
24:
25:        HashSet<String> hSetData = new HashSet<String>();
26:        hSetData.add("HS1");
27:        hSetData.add("HS2");
28:        hSetData.add("HS3");
29:        hSetData.add("HS4");
30:        displayElements(hSetData);
31:
32:        TreeSet<String> tSetData = new TreeSet<String>();
33:        tSetData.add("TS2");
34:        tSetData.add("TS4");
35:        tSetData.add("TS3");
36:        tSetData.add("TS1");
37:        displayElements(tSetData);
38:
39:        HashMap<String, String> hMapData = new HashMap<String, String>();
40:        hMapData.put("HM k1", "HM v1");
41:        hMapData.put("HM k2", "HM v2");
42:        hMapData.put("HM k3", "HM v3");
43:        hMapData.put("HM k4", "HM v4");
44:        hMapData.put("HM k5", "HM v5");
45:        hMapData.put("HM k6", "HM v6");
46:        hMapData.put("HM k7", "HM v7");
47:        displayElements(hMapData.keySet());
48:        displayElements(hMapData.values());
49:
50:        TreeMap<String, String> tMapData = new TreeMap<String, String>();
51:        tMapData.put("TM k2", "TM v2");
52:        tMapData.put("TM k3", "TM v3");
53:        tMapData.put("TM k7", "TM v7");
54:        tMapData.put("TM k4", "TM v4");
55:        tMapData.put("TM k5", "TM v5");
56:        tMapData.put("TM k1", "TM v1");
57:        tMapData.put("TM k6", "TM v6");
58:        displayElements(tMapData.keySet());
59:        displayElements(tMapData.values());
60:    }
61:    static void displayElements(Collection<String> collection) {
62:        System.out.print(collection.getClass().getName()+" : ");
63:        Iterator<String> iterator = collection.iterator();
64:        while(iterator.hasNext()) {
65:            String str = iterator.next();
```

```
66:            System.out.print(str + " ");
67:        }
68:        System.out.println();
69:    }
70: }
```

```
D:\IntaeJava>java Ex02201
java.util.Vector : U1 U2 U3 U4
java.util.ArrayList : AL1 AL2 AL3 AL4
java.util.LinkedList : LL1 LL2 LL3 LL4
java.util.HashSet : HS2 HS1 HS4 HS3
java.util.TreeSet : TS1 TS2 TS3 TS4
java.util.HashMap$KeySet : HM k2 HM k3 HM k1 HM k6 HM k7 HM k4 HM k5
java.util.HashMap$Values : HM v2 HM v3 HM v1 HM v6 HM v7 HM v4 HM v5
java.util.TreeMap$KeySet : TM k1 TM k2 TM k3 TM k4 TM k5 TM k6 TM k7
java.util.TreeMap$Values : TM v1 TM v2 TM v3 TM v4 TM v5 TM v6 TM v7

D:\IntaeJava>_
```

프로그램 설명

▶ 위 프로그램의 Collection class를 보면 3그룹으로 나뉩니다. List 그룹(Vector, ArrayList, LinkedList), Set 그룹(HashSet, TreeSet), Map 그룹(HashMap, TreeMap)입니다

▶ 4~8번째 줄:Vector class는 9.4절 'Vector class'에서 설명한대로 size가 변경 가능한 배열과 같은 역할을 하는 class입니다. Vector class는 List 그룹에 속해 있는 class입니다.

▶ 11~15번째 줄:ArrayList class는 Vector class와 같이 List 그룹에 속해 있으 며 Vector class와 동일한 역할을 하는 class입니다.(Vector class와 다른 점은 다시 설명합니다.)

▶ 18~22번째 줄:LinkedList class는 Vector class와 같이 List 그룹에 속해 있으 며 Vector class와 동일한 역할을 하는 class입니다.(Vector class, ArrayList class와 다른 점은 다시 설명합니다.)

▶ Vector class, ArrayList class, LinkedList class에 공통적으로 적용되는 사항 은 List interface를 implements하여 만든 class입니다. List interface에서는 추가한 원소는 추가된 순서대로 저장되는 것입니다

▶ 25~29번째 줄:HashSet class는 Set 그룹에 속해 있습니다. Set 그룹은 값이 같은 data는 두 개 이상 저장되지 않으며, 입력된 순서대로 저장되지 않습니다.

▶ 32~36번째 줄:TreeSet class는 Set 그룹에 속해 있습니다. 그러므로 Set 그룹 에 적용되는 규칙, 값이 같은 data는 두 개 이상 저장되지 않으며, 입력된 순서 대로 저장되지 않습니다. TreeSet class는 Set 그룹의 규칙에 추가하여 입력된 data는 입력된 순서가 아닌, 값에 따라 순서적으로 저장되는 규칙이 한 가지 더 있습니다.

▶ List interface와 Set interface에 공통적으로 적용되는 사항은 Collection interface를 상속받았다는 사실입니다. 그러므로 List 그룹 class나 Set 그룹 class에 동일한 Collection method가 적용됩니다. Collection method 중의 하나가 add() method인 것입니다.

▶ 39~46번째 줄:HashMap class는Map 그룹에 속해있습니다. Map 그룹은 ①두 개의 object가 한 쌍을 이루며 동시에 저장합니다. 하나는 key 값에 해당되고, 다른 하나는 key 값에 저장된 value에 해당됩니다. 예를 들면 주민등록번호에 그 사람의 신상기록이 저장될 경우, 주민등록번호가 key 값에 해당되고, 신상기록이 주민등록번호에 따른 value에 해당합니다. 저장하는 method는 put() method 입니다. ②key 값이 같은 두 개 이상의 data는 저장되지 않습니다. ③입력된 순서대로 저장되지 않습니다.

▶ 47,48번째 줄:HashMap은 Map 그룹에 적용되는 interface Map이 implements 되어 있습니다. Map 그룹에 적용되는 중요한 사항은 두 개의 object를 한쌍으로 저장하기 때문에 key 값은 key 값대로 key 값에 따른 value는 value 값대로 따로따로 받아낼 수 있습니다. key 값만 받아내는 method는 keySet() method이 고 value 값을 받아내는 method는 values()입니다.

▶ 50~57번째 줄:TreeMap class는Map 그룹에 속해 있습니다. TreeMap은 Map 그룹의 규칙 3개와 추가적인 규칙. 한 개가 더있습니다. ④입력된 data는 key 값에 따라 순서적으로 저장되는 규칙입니다.

▶ 58,59번째 줄:TreeMap도 Map 그룹이므로 keyset() method와 values() method 를 호출할 수 있습니다.

▶ 위에서 설명한 사항을 기반으로 출력된 data와 비교하여 종합 설명합니다.

• Vector, ArrayList, LinkedList는 입력된 순서대로 저장되어있기 때문에 출력도 입력된 순서대로 출력됩니다.

• HashSet, TreeSet는 입력된 순서와 상관없이 set 그룹이 저장하는 규칙에 따라 저장합니다. 특히 TreeSet는 입력된 순서가 아니라 저장된 값에 따라 순서를 정해 저장합니다.

• HashMap, TreeMap은 두 개의 object를 하나의 쌍으로 저장하는 특징이 있습니다. 저장되는 규칙은 입력된 순서가 아니라 Map 그룹이 정하는 규칙에따라 저장합니다. 저장하는 규칙은 key 값에만 적용합니다. 특히 TreeMap은 key 값의 순서에따라 순서대로 저장됩니다.

지금까지 설명한 관계를 그림으로 나타내면 다음과 같습니다.

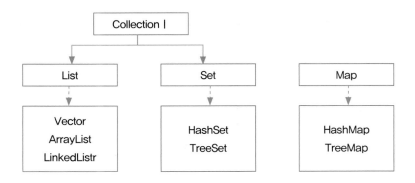

▶ 61번째 줄:List 그룹 object와 Set 그룹 object는 Collection interface를 implements 했기 때문에 Collection type object변수에 List 그룹 object와 Set 그룹 object를 저장할 수 있습니다. 그래서 9,16,23,30,37줄에서 해당 object를 argumnet로 넘겨주면, 61번째 줄에서 Collection object변수에 저장한 것입니다.

Map 그룹은 Collection interface를 implements하지는 않았지만, keySet() method와 values() method에서 Collection type의 object를 만들어 return 값으로 반환하므로 key 값 data와 value data를 반환된 collection object를 통해 access할 수 있습니다.

▶ 63번째 줄:Collection object에는 iterator()라는 method가 있어 Iterator object를 반환합니다. Iterator는 interface이므로 어떤 object라도 Iterator만 implements되어 있으면 Interator method를 사용할 수 있습니다.

▶ 64,65번째 줄:Iterator interface에는 중요한 method 2개가 있는데, hasNext()와 next() method입니다.

• hasNext() method는 다음 원소 object가 있는지 없는지 확인하는 method로 있으면 true, 없으면 false가 반환됩니다.

• next() method는 ①hasNext()가 true인 경우에만 작동되며 ②Iterator object 내에 있는 다음 원소를 반환합니다. ③다음 원소 반환이 완료되면 그 다음 원소의 위치로 포인터가 이동되며 그 다음 원소가 없으면 마지막임을 나타내는 위치를 가리킵니다. 그러므로 hasNext() method를 통해 확인해보면 그 다음 원소가 있으면 true, 없으면 false를 반환하게 됩니다. 종합해 보면 hasNext() method와 next() method는 while문과 함께 하나의 set로 사용해야 제대로 작동을 하는 method입니다. 잘 기억하세요.

■ Collection〈E〉 interface ■

Collection〈E〉 interface는 List〈E〉 interface와 Set〈E〉 interface에 상속되는 interface이므로 중요한 method 몇 개만 소개합니다. 아래 설명에서 Collection

object는 Collection type object를 말하며 Collection interface가 implements
된 object입니다.

- int size():Collection size 즉 Collection object에 저장된 원소의 개수를 반환
  합니다.
- boolean add(E element):Collection object에 새로운 원소 object를 추가합니
  다. 이때 새로운 원소가 이상 없이 추가되면 true를 Set 그룹 object에서처럼 중
  복된 data가 있어 추가되지 못 하였을 때는 false를 반환합니다.
- Iterator⟨E⟩ iterator():Collection object에 저장된 data를 Iterator object로
  반환해줍니다.
- ⟨T⟩ T[] toArray(T[] a):Collection object에 저장된 data를 지정한 type의
  Array object로 반환해줍니다. 여기에서 T를 String으로 지정한다면 collection.
  toArray(new String[0])와 같이 배열의 size를 0으로 설정해주면 됩니다.

예제 | Ex02201A

아래 프로그램은 Collection interface의 size(), add(), iterator() method의 사
용예를 보여주는 프로그램입니다.

```
1: import java.util.*;
2: class Ex02201A {
3:    public static void main(String[] args) {
          // Ex02201 프로그램의 4번째부터 37번째까지 동일합니다.
38:    }
39:   static void displayElements(Collection<String> collection) {
40:       System.out.print(collection.getClass().getName()+" 1 : ");
41:       Iterator<String> iterator = collection.iterator();
42:       while(iterator.hasNext()) {
43:          String str = iterator.next();
44:          System.out.print(str + " ");
45:       }
46:       System.out.println(" Size = "+collection.size());
47:
48:       String[] addStr = { "V1", "AL1", "LL1", "HS1", "TS1" };
49:       for ( int i=0 ; i< addStr.length ; i++ ) {
50:          boolean isAdded = collection.add(addStr[i]);
51:          if ( ! isAdded ) {
52:             System.out.println("Not added Str = "+addStr[i]);
53:          }
54:       }
55:       System.out.print(collection.getClass().getName()+" 2 : ");
56:       iterator = collection.iterator();
57:       while(iterator.hasNext()) {
58:          String str = iterator.next();
```

```
59:            System.out.print(str + " ");
60:        }
61:        System.out.println(" Size = "+collection.size());
62:    }
63: }
```

```
D:\IntaeJava>java Ex02201A
java.util.Vector 1 : V1 V2 V3 V4  Size = 4
java.util.Vector 2 : V1 V2 V3 V4 V1 AL1 LL1 HS1 TS1  Size = 9
java.util.ArrayList 1 : AL1 AL2 AL3 AL4  Size = 4
java.util.ArrayList 2 : AL1 AL2 AL3 AL4 V1 AL1 LL1 HS1 TS1  Size = 9
java.util.LinkedList 1 : LL1 LL2 LL3 LL4  Size = 4
java.util.LinkedList 2 : LL1 LL2 LL3 LL4 V1 AL1 LL1 HS1 TS1  Size = 9
java.util.HashSet 1 : HS2 HS1 HS4 HS3  Size = 4
Not added Str = HS1
java.util.HashSet 2 : LL1 TS1 HS2 AL1 HS1 HS4 HS3 V1  Size = 8
java.util.TreeSet 1 : TS1 TS2 TS3 TS4  Size = 4
Not added Str = TS1
java.util.TreeSet 2 : AL1 HS1 LL1 TS1 TS2 TS3 TS4 V1  Size = 8

D:\IntaeJava>
```

프로그램 설명

▶ 46번째 줄:Collection interface object는 object의 class에 관계없이 size() method를 호출할 수 있습니다.

▶ 50번째 줄:Collection interface object는 object의 class에 관계없이 add() method를 호출할 수 있습니다. data가 추가되면 true를 중복되어 추가할 수 없 으면 false를 나타냅니다. HashSet과 TreeSet object에 중복되는 data가 있어 추가하지 못한 data를 출력하고 있습니다. HashSet에서는 "HS1", TreeSet에서 는 "TS1"가 중복된 data입니다.

예제 | Ex02201B

아래 프로그램은 Collection interface의 toArray()와 abstract class Abstraction Collection〈E〉의 toString() method의 사용 예를 보여주는 프로그램입니다.

• List 그룹과 Set 그룹의 class는 abstract class AbstractionCollection〈E〉를 상속받는다는 것을 기억합시다. 즉 interface의 최상위는 Collection이고 class 의 최상위는 Object class 이지만 Object class를 제외한다면 최상위는 abstract class AbstractionCollection〈E〉입니다.

```
1: import java.util.*;
2: class Ex02201B {
3:    public static void main(String[] args) {
4:        Vector<String> vData = new Vector<String>();
5:        vData.add("V1");
6:        vData.add("V2");
7:        vData.add("V3");
```

```
 8:        vData.add("V4");
 9:        System.out.println("vData = "+vData);
10:        String[] strArray = vData.toArray(new String[0]);
11:        System.out.print("vData Array = ");
12:        for ( int i=0 ; i<strArray.length ; i++ ) {
13:          System.out.print(strArray[i]+ " ");
14:        }
15:        System.out.println();
16:
17:        ArrayList<String> aListData = new ArrayList<String>();
18:        aListData.add("AL1");
19:        aListData.add("AL2");
20:        aListData.add("AL3");
21:        aListData.add("AL4");
22:        System.out.println("aListData = "+aListData);
23:        strArray = aListData.toArray(new String[0]);
24:        System.out.print("aListData Array = ");
25:        for ( int i=0 ; i<strArray.length ; i++ ) {
26:          System.out.print(strArray[i]+ " ");
27:        }
28:        System.out.println();
29:
30:        LinkedList<String> lListData = new LinkedList<String>();
31:        lListData.add("LL1");
32:        lListData.add("LL2");
33:        lListData.add("LL3");
34:        lListData.add("LL4");
35:        System.out.println("lListData = "+lListData);
36:        strArray = lListData.toArray(new String[0]);
37:        System.out.print("lListData Array = ");
38:        for ( int i=0 ; i<strArray.length ; i++ ) {
39:          System.out.print(strArray[i]+ " ");
40:        }
41:        System.out.println();
42:
43:        HashSet<String> hSetData = new HashSet<String>();
44:        hSetData.add("HS1");
45:        hSetData.add("HS2");
46:        hSetData.add("HS3");
47:        hSetData.add("HS4");
48:        System.out.println("hSetData = "+hSetData);
49:        strArray = hSetData.toArray(new String[0]);
50:        System.out.print("hSetData Array = ");
51:        for ( int i=0 ; i<strArray.length ; i++ ) {
52:          System.out.print(strArray[i]+ " ");
53:        }
54:        System.out.println();
55:
```

```
56:        TreeSet<String> tSetData = new TreeSet<String>();
57:        tSetData.add("TS2");
58:        tSetData.add("TS4");
59:        tSetData.add("TS3");
60:        tSetData.add("TS1");
61:        System.out.println("tSetData = "+hSetData);
62:        strArray = tSetData.toArray(new String[0]);
63:        System.out.print("tSetData Array = ");
64:        for ( int i=0 ; i<strArray.length ; i++ ) {
65:           System.out.print(strArray[i]+ " ");
66:        }
67:        System.out.println();
68:    }
69: }
```

```
D:\IntaeJava>java Ex02201B
vData = [V1, V2, V3, V4]
vData Array = V1 V2 V3 V4
aListData = [AL1, AL2, AL3, AL4]
aListData Array = AL1 AL2 AL3 AL4
lListData = [LL1, LL2, LL3, LL4]
lListData Array = LL1 LL2 LL3 LL4
hSetData = [HS2, HS1, HS4, HS3]
hSetData Array = HS2 HS1 HS4 HS3
tSetData = [HS2, HS1, HS4, HS3]
tSetData Array = TS1 TS2 TS3 TS4

D:\IntaeJava>
```

프로그램 설명

▶ 9번째 줄:System.out.println("vData = "+vData)명령을 수행시키면 vData는 toString() method를 자동으로 호출합니다. Collection의 toString() method 는 원소를 콤마(,)로 구분한 후 앞뒤로 "["와 "]"를 추가하여 원소 리스트를 String 으로 만들어 return해줍니다.

▶ 10번째 줄:Collection object의 toString() method는 원소를 배열 object로 만 들어 return해줍니다.

22.2 List⟨E⟩ interface

List⟨E⟩ interface는 값이 같은 data의 중복 저장을 허용하고, 저장된 data의 순 서가 있는 collection입니다. Data의 순서는 일반적으로 List에 추가되는 순서대로 순서가 정해집니다. 특정 순서에 data를 삽입할 수도 있고, 특정 순서에 있는 data 를 삭제할 수 있으며, 수정과 삭제가 되면 추가와 삭제된 data의 뒤에 있는 data의 순서는 추가될 경우 하나씩 뒤로 밀리고, 삭제가 되면 하나씩 앞으로 당겨집니다.

● List interface에서 사용할 수 있는 method는 Collection interface를 상속받습

니다. 모든 Collection interface method와 추가적으로 원소의 순서가 있으므로 순서에 관련된 method가 있다고 생각하면 됩니다.

List interface에서만 사용되는 중요한 method는 아래와 같습니다.

- add(int index, E element):index 순서에 원소 element object를 추가합니다.
- get(int index):index 순서에 있는 원소 object를 return해 줍니다.
- remove(int index):index 순서에 있는 원소 object를 삭제합니다.
- set(int index, E element):index 순서에 있는 원소 object를 element object로 교체합니다

예제 | Ex02211

아래는 프로그램은 List interface에있는 method를 사용하여 Vector, ArrayList, LinkedList object에 적용해본 프로그램입니다.

```
1: import java.util.*;
2: class Ex02211 {
3:    public static void main(String[] args) {
4:        Vector<String> vData = new Vector<String>();
5:        vData.add("V1");
6:        vData.add("V2");
7:        vData.add("V3");
8:        vData.add("V4");
9:        vData.add("V5");
10:       System.out.print("1 vData.size()="+vData.size()+" : ");
11:       for ( int i=0; i<vData.size() ; i++ ) {
12:           System.out.print(vData.get(i)+", ");
13:       }
14:       System.out.println();
15:       vData.add(3, "V3N1");
16:       vData.add(3, "V3N2");
17:       vData.remove(2);
18:       vData.set(1, "V1N");
19:       System.out.print("2 vData.size()="+vData.size()+" : ");
20:       for ( int i=0; i<vData.size() ; i++ ) {
21:           System.out.print(vData.get(i)+", ");
22:       }
23:       System.out.println();
24:
25:       ArrayList<String> aListData = new ArrayList<String>();
26:       aListData.add("AL1");
27:       aListData.add("AL2");
28:       aListData.add("Ay3");
29:       aListData.add("AL4");
30:       aListData.add("AL5");
31:       System.out.print("1 aListData.size()="+aListData.size()+" : ");
```

```
32:        for ( int i=0; i<aListData.size() ; i++ ) {
33:            System.out.print(aListData.get(i)+", ");
34:        }
35:        System.out.println();
36:        aListData.add(3, "AL3N1");
37:        aListData.add(3, "AL3N2");
38:        aListData.remove(2);
39:        aListData.set(1, "AL1N");
40:        System.out.print("2 aListData.size()="+aListData.size()+" : ");
41:        for ( int i=0; i<aListData.size() ; i++ ) {
42:            System.out.print(aListData.get(i)+", ");
43:        }
44:        System.out.println();
45:
46:        LinkedList<String> lListData = new LinkedList<String>();
47:        lListData.add("LL1");
48:        lListData.add("LL2");
49:        lListData.add("LL3");
50:        lListData.add("LL4");
51:        lListData.add("LL5");
52:        System.out.print("1 lListData.size()="+lListData.size()+" : ");
53:        for ( int i=0; i<lListData.size() ; i++ ) {
54:            System.out.print(lListData.get(i)+", ");
55:        }
56:        System.out.println();
57:        lListData.add(3, "LL3N1");
58:        lListData.add(3, "LL3N2");
59:        lListData.remove(2);
60:        lListData.set(1, "LL1N");
61:        System.out.print("2 lListData.size()="+lListData.size()+" : ");
62:        for ( int i=0; i<lListData.size() ; i++ ) {
63:            System.out.print(lListData.get(i)+", ");
64:        }
65:        System.out.println();
66:    }
67: }
```

```
D:\IntaeJava>java Ex02211
1 vData.size()=5 : V1, V2, V3, V4, V5,
2 vData.size()=6 : V1, V1N, V3N2, V3N1, V4, V5,
1 aListData.size()=5 : AL1, AL2, Ay3, AL4, AL5,
2 aListData.size()=6 : AL1, AL1N, AL3N2, AL3N1, AL4, AL5,
1 lListData.size()=5 : LL1, LL2, LL3, LL4, LL5,
2 lListData.size()=6 : LL1, LL1N, LL3N2, LL3N1, LL4, LL5,

D:\IntaeJava>
```

프로그램 설명

▶ 12번째 줄:List는 순서가 있으므로 몇 번째 data를 읽어올 경우에는 get() method 를 사용하여 읽어 옵니다.

▶ 15,16번째 줄:add() method를 사용하여 data를 추가할 경우 순서를 명기하지

않으면 List의 제일 마지막에 추가되고, 15,16번째 줄처럼 순서를 명기하면 해당되는 위치에 삽입됩니다. 기존에 저장된 data는 삽입된 data에 의해서 순서가 하나씩 뒤로 이동됩니다.

▶ 17 번째 줄:remove() method는 해당 순서의 원소 object를 삭제합니다. 해당 순서 원소의 원소를 삭제하면 그 뒤에 있는 원소의 순서는 앞으로 하나씩 이동합니다.

▶ 18번째 줄:List object 속의 해당 순서에 있는 object를 다른 object로 교체할 경우에는 set() method를 사용합니다.

▶ 위 프로그램에서 Vector, ArrayList, LinkedList의 구별이 없이 동일하게 작동함을 보여주고 있습니다.

■ ArrayList와 LinkedList ■

Computer에 data를 저장하는 방법은 크게 두 가지입니다. 하나는 배열과 같이 순서적으로 저장하는 방법과 memory의 특정 주소에 바로 저장하는 방법입니다. 저장하는 방법 두 가지는 물론 각각 장단점이 있습니다.

• ArrayList는 순서적으로 저장하는 방법을 채택한 List입니다.

• LinkedList는 memory의 특정 주소에 data를 바로 저장하는 방법을 채택한 List입니다. Memory의 특정 주소에 data를 바로 저장하면 data의 순서는 어떻게 정해질까요? 저장된 data의 다음 순서를 기억하기 위해서는 추가적인 기억장소가 더 필요합니다. 즉 해당 원소의 data 다음 data의 주소를 함께 저장하고 있어야 합니다. ArrayList와 LinkedList의 data 저장 방법을 그림으로 표현하면 다음과 같습니다.

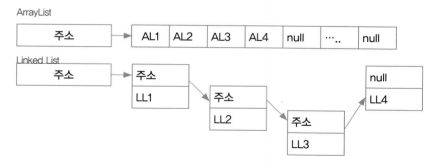

• ArrayList에서 확보한 ArrayList의 size가 입력된 원소의 개수보다 많을 때는 비어있는 자리는 null로 채워집니다.

• LinkedList의 제일 마지막 원소는 주소 저장하는 기억장소에 null이 저장됩니다. 즉 주소 저장 기억장소가 null이면 마지막 원소가 됩니다.

• ArrayList와 LinkedList의 장단점 비교

ArrayList의 장점은 LinkedList의 단점이되고, ArrayList의 단점은 LinkedList 의 장점이 됩니다.

- 우선 ArrayList부터 설명합니다.

① 동일한 data를 저장하는데 memory를 적게 차지한다.

② data를 빨리 읽어올 수 있다.

③ data를 제일 마지막에 추가하거나 삭제하는 것은 쉽지만, 제일 앞에 data를 추가 하거나 삭제하는 것은 뒤에 있는 data를 뒤로 한 칸씩 이동하거나 앞으로 한 칸 씩 이동해야 하므로 많은 시간이 걸립니다.

④ data가 중간에 하나 추가 시 제일 뒤에 비어있는 자리가 있으면 data를 하나씩 뒤로 이동하면 되지만, 제일 뒤에 비어있는 자리가 없으면 새로운 자리를 확보하 고 모든 data를 이동시켜야 합니다.

- 다음은 LinkedList의 장단점입니다.

① 동일한 data를 저장하는데 memory를 많이 차지합니다.

② data를 읽어오는데 시간이 많이 걸립니다.

③ data의 추가 삭제가 간단합니다.

아래그림은 오른쪽 화살표 표시가 data LL2가 추가되는 것이면 왼쪽 화살표 표시 가 data LL2가 삭제되는 것입니다.

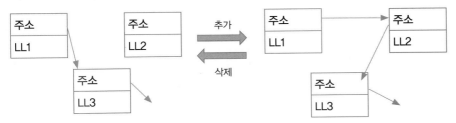

data의 추가는 왼쪽 그림에서 data LL2가 추가되어 오른쪽 그림이 되는 것으로 ① 추가하고자 하는 data(LL2)를 해당 주소에 저장한 후 ②앞 data(LL1)에 저장되었던 다음 data주소는 방금 저장한 data(LL2)의 주소 변수에 저장하고 ③앞 data(LL1) 의 주소 변수에는 방금 저장한 data(LL2)의 주소를 저장시켜 놓으면 되므로 data LL2가 간단하게 추가됩니다.

data삭제는 오른쪽 그림에서 LL2가 삭제되어 왼쪽 그림이 되는 것으로 ①삭제되는 data(LL2)의 주소 변수에 저장된 다음 data주소를 앞 data(LL1)의 주소 변수에 저 장하면 됩니다. 그러므로 삭제도 간단하게 할 수 있습니다. 연결고리가 끊어진 data LL2는 Garbage object가 되므로, JVM의 Garbage collector가 없애 줍니다.

- ArrayList는 처음 ArrayList object를 생성할 때 생성되는 Array의 크기를 지 정해야 합니다. 지정하지 않으면 10개가 자동 지정됩니다. 그러므로 data가 계 속적으로 추가될 경우에는 시간이 많이 걸립니다.

- data의 건수가 100건, 1000건과 같이 양이 적은 data는 ArrayList나 LinkedList 중 어느 것을 사용해도 걸리는 시간 자체가 얼마 안되기 때문에 무시할 수 있습니다. 하지만 data량이 100만 건이 넘어가면 어느 List를 사용해야 할지 프로그램 개발 시 고려해야 합니다.

예제 | Ex02212

다음 프로그램은 10만 건의 data를 ArrayList와 LinkedList에 추가하는 프로그램으로 출력되는 값은 시간입니다.

- ArrayList는 초기 용량 10과, 10만 두 가지를 적용해 보았습니다.
- 출력되는 시간의 단위는 밀리 초입니다.
- 아래 출력되는 시간은 필자의 PC에서 프로그램을 수행시킨 시간이므로 독자 여러분의 PC마다 다를 수 있습니다.

```
 1: import java.util.*;
 2: class Ex02212 {
 3:    public static void main(String[] args) {
 4:       final int DATACOUNT = 1000 * 100;
 5:       GregorianCalendar startTime = new GregorianCalendar();
 6:       ArrayList<Integer> aListData = new ArrayList<Integer>();
 7:       for ( int i=0 ; i< DATACOUNT ; i++ ) {
 8:          aListData.add(i);
 9:       }
10:       GregorianCalendar endTime = new GregorianCalendar();
11:    long period = endTime.getTimeInMillis() - startTime.getTimeInMillis();
12:       System.out.println(DATACOUNT + " data ArrayList period initial
capacity(10)="+period);
13:
14:       startTime = new GregorianCalendar();
15:     ArrayList<Integer> aListData2 = new ArrayList<Integer>( DATACOUNT);
16:       for ( int i=0 ; i< DATACOUNT ; i++ ) {
17:          aListData2.add(i);
18:       }
19:       endTime = new GregorianCalendar();
20:     period = endTime.getTimeInMillis() - startTime.getTimeInMillis();
21:       System.out.println(DATACOUNT + " data ArrayList period initial
capacity("+DATACOUNT +")="+period);
22:
23:       startTime = new GregorianCalendar();
24:       LinkedList<Integer> lListData = new LinkedList<Integer>();
25:       for ( int i=0 ; i< DATACOUNT ; i++ ) {
26:          lListData.add(i);
27:       }
28:       endTime = new GregorianCalendar();
29:     period = endTime.getTimeInMillis() - startTime.getTimeInMillis();
30:          System.out.println(DATACOUNT + " data LinkedList period =
"+period);
31:    }
32: }
```

```
D:\IntaeJava>java Ex02212
100000 data ArrayList period initial capacity(10)=13
100000 data ArrayList period initial capacity(100000)=5
100000 data LinkedList period = 16

D:\IntaeJava>_
```

예제 | Ex02212A

다음 프로그램은 10만 건의 data를 ArrayList와 LinkedList에 추가하는 프로그램
으로 출력되는 값은 시간입니다.

```java
 1: import java.util.*;
 2: class Ex02212A {
 3:    public static void main(String[] args) {
 4:       final int DATACOUNT = 1000 * 100;
 5:       GregorianCalendar startTime = new GregorianCalendar();
 6:       ArrayList<Integer> aListData = new ArrayList<Integer>();
 7:       for ( int i=0 ; i< DATACOUNT ; i++ ) {
 8:          aListData.add(0, i);
 9:       }
10:       GregorianCalendar endTime = new GregorianCalendar();
11:    long period = endTime.getTimeInMillis() - startTime.getTimeInMillis();
12:       System.out.println(DATACOUNT + " data ArrayList period initial
capacity(10)="+period);
13:
14:       startTime = new GregorianCalendar();
15:     ArrayList<Integer> aListData2 = new ArrayList<Integer>( DATACOUNT);
16:       for ( int i=0 ; i< DATACOUNT ; i++ ) {
17:          aListData2.add(0, i);
18:       }
19:       endTime = new GregorianCalendar();
20:      period = endTime.getTimeInMillis() - startTime.getTimeInMillis();
21:       System.out.println(DATACOUNT + " data ArrayList period initial
capacity("+DATACOUNT +")="+period);
22:
23:       startTime = new GregorianCalendar();
24:       LinkedList<Integer> lListData = new LinkedList<Integer>();
25:       for ( int i=0 ; i< DATACOUNT ; i++ ) {
26:          lListData.add(0, i);
27:       }
28:       endTime = new GregorianCalendar();
29:      period = endTime.getTimeInMillis() - startTime.getTimeInMillis();
30:          System.out.println(DATACOUNT + " data LinkedList period =
"+period);
31:    }
32: }
```

```
D:\IntaeJava>java Ex02212A
100000 data ArrayList period initial capacity(10)=2351
100000 data ArrayList period initial capacity(100000)=2343
100000 data LinkedList period = 22

D:\IntaeJava>_
```

예제 | Ex02212B

다음 프로그램은 10만 건의 data를 ArrayList와 LinkedList로부터 읽어오는 시간을 측정하는프로그램으로 출력되는 값은 시간입니다.

```java
 1: import java.util.*;
 2: class Ex02212B {
 3:    public static void main(String[] args) {
 4:        final int DATACOUNT = 1000 * 100;
 5:        ArrayList<Integer> aListData = new ArrayList<Integer>();
 6:        for ( int i=0 ; i< DATACOUNT ; i++ ) {
 7:            aListData.add(i);
 8:        }
 9:        GregorianCalendar startTime = new GregorianCalendar();
10:        for ( int i=0 ; i< DATACOUNT ; i++ ) {
11:            int a = aListData.get(i);
12:        }
13:        GregorianCalendar endTime = new GregorianCalendar();
14:    long period = endTime.getTimeInMillis() - startTime.getTimeInMillis();
15:        System.out.println(DATACOUNT + " data ArrayList period initial
capacity(10)="+period);
16:
17:     ArrayList<Integer> aListData2 = new ArrayList<Integer>( DATACOUNT);
18:        for ( int i=0 ; i< DATACOUNT ; i++ ) {
19:            aListData2.add(i);
20:        }
21:        startTime = new GregorianCalendar();
22:        for ( int i=0 ; i< DATACOUNT ; i++ ) {
23:            int a = aListData2.get(i);
24:        }
25:        endTime = new GregorianCalendar();
26:        period = endTime.getTimeInMillis() - startTime.getTimeInMillis();
27:        System.out.println(DATACOUNT + " data ArrayList period initial
capacity("+DATACOUNT +")="+period);
28:
29:        LinkedList<Integer> lListData = new LinkedList<Integer>();
30:        for ( int i=0 ; i< DATACOUNT ; i++ ) {
31:            lListData.add(i);
32:        }
33:        startTime = new GregorianCalendar();
34:        for ( int i=0 ; i< DATACOUNT ; i++ ) {
35:            int a = lListData.get(i);
36:        }
37:        endTime = new GregorianCalendar();
38:        period = endTime.getTimeInMillis() - startTime.getTimeInMillis();
39:        System.out.println(DATACOUNT + " data LinkedList period =
"+period);
40:    }
41: }
```

```
D:\IntaeJava>java Ex02212B
100000 data ArrayList period initial capacity<10>=0
100000 data ArrayList period initial capacity<100000>=0
100000 data LinkedList period = 11812

D:\IntaeJava>
```

■ ArrayList와 Vector ■

ArrayList와 Vector는 두 가지 모두 배열을 사용하여 원소를 저장합니다. 그러므로 근본적으로는 큰 차이점은 없습니다.

● ArrayList와 Vector의 장단점 비교

• Synchronization(동기화):10.1.2절 'StringBuilder class'를 설명할 때 하나의 object를 두 개 이상의 프로그램이 동시에 추가, 수정, 삭제를 할 경우 혼선을 발생하지 않도록 하는 것을 동기화라고 했습니다. ArrayList는 동기화가 안 되어 있는 class이고, Vector는 동기화가 되어있는 class입니다.

• 저장 용량의 크기 변경:Vector는 원소가 추가되어 확보한 배열의 크기를 초과하는 data를 추가할 경우 배열의 크기를 현재보다 2배 늘립니다. ArrayList는 원소가 추가되어 확보한 배열의 크기를 초과하는 data를 추가할 경우 배열의 크기를 현재보다 50%를 더 늘립니다.

• 성능:Vector는 동기화가 되어있기 때문에 Vector object를 접근할 때 다른 프로그램이 사용하는지 안 하는지를 확인하는 과정을 한 번 거쳐야 하므로 ArrayList보다 속도가 조금 느립니다.

● ArrayList도 동기화가 필요하면 Collections class의 synchronizedList() method를 사용하여 다음과 같이 만들 수 있습니다.

List alist = Collections.synchronizedList(new ArrayList<Integer>());

• Collection은 interface이고 Collections는 class이므로 프로그램 coding할 때 철자(spelling)를 구별해야 합니다.

예제 | Ex02213

다음 프로그램은 ArrayList와 Vector에 data를 1000만 개 추가할 경우 걸리는 시간을 비교하기 위한 프로그램입니다.

```
1: import java.util.*;
2: class Ex02213 {
3:    public static void main(String[] args) {
4:        final int DATACOUNT = 1000 * 1000 * 10;
5:        // ArrayList
6:        ArrayList<Integer> aListData = new ArrayList<Integer>();
```

```
 7:        GregorianCalendar startTime = new GregorianCalendar();
 8:        for ( int i=0 ; i<DATACOUNT ; i++ ) {
 9:           aListData.add(i);
10:        }
11:        GregorianCalendar endTime = new GregorianCalendar();
12:    long period = endTime.getTimeInMillis() - startTime.getTimeInMillis();
13:         System.out.println(DATACOUNT + " data ArrayList period initial
capacity(10)="+period);
14:
15:        // Vector
16:        Vector<Integer> vectorData = new Vector<Integer>();
17:        startTime = new GregorianCalendar();
18:        for ( int i=0 ; i<DATACOUNT ; i++ ) {
19:           vectorData.add(i);
20:        }
21:        endTime = new GregorianCalendar();
22:        period = endTime.getTimeInMillis() - startTime.getTimeInMillis();
23:         System.out.println(DATACOUNT + " data Vector period initial
capacity(10)="+period);
24:
25:        // sychronized ArrayList
26:           List<Integer> alistSyn = Collections.synchronizedList(new
ArrayList<Integer>());
27:        startTime = new GregorianCalendar();
28:        for ( int i=0 ; i<DATACOUNT ; i++ ) {
29:           alistSyn.add(i);
30:        }
31:        endTime = new GregorianCalendar();
32:        period = endTime.getTimeInMillis() - startTime.getTimeInMillis();
33:         System.out.println(DATACOUNT + " synchronized ArrayList period
initial capacity(10)="+period);
34:
35:        // Vector capacity = DATACOUNT
36:        Vector<Integer> vectorData2 = new Vector<Integer>(DATACOUNT);
37:        startTime = new GregorianCalendar();
38:        for ( int i=0 ; i<DATACOUNT ; i++ ) {
39:           vectorData2.add(i);
40:        }
41:        endTime = new GregorianCalendar();
42:        period = endTime.getTimeInMillis() - startTime.getTimeInMillis();
43:        System.out.println(DATACOUNT + " data Vector period initial capa
city("+DATACOUNT+")="+period);
44:
45:        // syncronized ArrayList capacity = DATACOUNT
46:        List<Integer> alistSyn2 = Collections.synchronizedList(new Array
List<Integer>(DATACOUNT));
47:        startTime = new GregorianCalendar();
48:        for ( int i=0 ; i<DATACOUNT ; i++ ) {
49:           alistSyn2.add(i);
50:        }
```

```
51:        endTime = new GregorianCalendar();
52:        period = endTime.getTimeInMillis() - startTime.getTimeInMillis();
53:        System.out.println(DATACOUNT + " synchronized ArrayList period
initial capacity("+DATACOUNT+")="+period);
54:    }
55: }
```

```
D:\IntaeJava>java Ex02213
10000000 data ArrayList period initial capacity(10)=2884
10000000 data Vector period initial capacity(10)=1203
10000000 synchronized ArrayList period initial capacity(10)=1890
10000000 data Vector period initial capacity(10000000)=551
10000000 synchronized ArrayList period initial capacity(10000000)=1133

D:\IntaeJava>
```

```
D:\IntaeJava>java Ex02213
10000000 data ArrayList period initial capacity(10)=2899
10000000 data Vector period initial capacity(10)=1166
10000000 synchronized ArrayList period initial capacity(10)=1923
10000000 data Vector period initial capacity(10000000)=545
10000000 synchronized ArrayList period initial capacity(10000000)=1127

D:\IntaeJava>
```

프로그램 설명

▶ 위 프로그램 출력 결과를 보면 프로그램 수행할 때마다 시간은 컴퓨터 내부 조건
  에 따라 조금씩 달라지는 것을 알 수 있습니다.

▶ 최근의 컴퓨터 환경은 주변 환경이 좋아지면서 많은 발전을 하였기 때문에 자바
  class가 처음 소개되었을 때의 이론이 실질적인 결과와는 정확히 일치하지 않는
  경우가 있습니다. 위 프로그램의 결과가 대표적인 예라고 할 수 있습니다.

▶ 동기화(synchronized)된 object가 동기화 안 된 object를 수행할때 더 빠르게
  처리되었습니다.

▶ ArrayList와 Vector에서도 Vector object가 더 빠른 결과를 보여주고 있습니다.

▶ 독자 여러분의 컴퓨터에서는 어떤 변화가 있는지 확인해보세요.

예제 | Ex02213A

다음 프로그램은 ArrayList와 Vector에 data를 첫 원소자리에 10만 개 추가할 경
우 걸리는 시간을 비교하기 위한 프로그램입니다.

```
1: import java.util.*;
2: class Ex02213A {
3:    public static void main(String[] args) {
4:        final int DATACOUNT = 1000 * 100;
5:        // ArrayList
6:        ArrayList<Integer> aListData = new ArrayList<Integer>();
7:        GregorianCalendar startTime = new GregorianCalendar();
8:        for ( int i=0 ; i<DATACOUNT ; i++ ) {
```

```
 9:            aListData.add(0, i);
10:        }
11:        GregorianCalendar endTime = new GregorianCalendar();
12:     long period = endTime.getTimeInMillis() - startTime.getTimeInMillis();
13:         System.out.println(DATACOUNT + " data ArrayList period initial
capacity(10)="+period);
14:
15:        // Vector
16:        Vector<Integer> vectorData = new Vector<Integer>();
17:        startTime = new GregorianCalendar();
18:        for ( int i=0 ; i<DATACOUNT ; i++ ) {
19:            vectorData.add(0, i);
20:        }
21:        endTime = new GregorianCalendar();
22:        period = endTime.getTimeInMillis() - startTime.getTimeInMillis();
23:         System.out.println(DATACOUNT + " data Vector period initial
capacity(10)="+period);
24:
25:        // sychronized ArrayList
26:            List<Integer> alistSyn = Collections.synchronizedList(new
ArrayList<Integer>());
27:        startTime = new GregorianCalendar();
28:        for ( int i=0 ; i<DATACOUNT ; i++ ) {
29:            alistSyn.add(0, i);
30:        }
31:        endTime = new GregorianCalendar();
32:        period = endTime.getTimeInMillis() - startTime.getTimeInMillis();
33:         System.out.println(DATACOUNT + " synchronized ArrayList period
initial capacity(10)="+period);
34:
35:        // Vector capacity = DATACOUNT
36:        Vector<Integer> vectorData2 = new Vector<Integer>(DATACOUNT);
37:        startTime = new GregorianCalendar();
38:        for ( int i=0 ; i<DATACOUNT ; i++ ) {
39:            vectorData2.add(0, i);
40:        }
41:        endTime = new GregorianCalendar();
42:        period = endTime.getTimeInMillis() - startTime.getTimeInMillis();
43:        System.out.println(DATACOUNT + " data Vector period initial capa
city("+DATACOUNT+")="+period);
44:
45:        // syncronized ArrayList capacity = DATACOUNT
46:        List<Integer> alistSyn2 = Collections.synchronizedList(new Array
List<Integer>(DATACOUNT));
47:        startTime = new GregorianCalendar();
48:        for ( int i=0 ; i<DATACOUNT ; i++ ) {
49:            alistSyn2.add(0, i);
50:        }
51:        endTime = new GregorianCalendar();
52:        period = endTime.getTimeInMillis() - startTime.getTimeInMillis();
```

```
53:        System.out.println(DATACOUNT + " synchronized ArrayList period
initial capacity("+DATACOUNT+")="+period);
54:    }
55: }
```

```
D:\IntaeJava>java Ex02213A
100000 data ArrayList period initial capacity(10)=2341
100000 data Vector period initial capacity(10)=2385
100000 synchronized ArrayList period initial capacity(10)=2303
100000 data Vector period initial capacity(100000)=2311
100000 synchronized ArrayList period initial capacity(100000)=2302

D:\IntaeJava>
```

```
D:\IntaeJava>java Ex02213A
100000 data ArrayList period initial capacity(10)=2301
100000 data Vector period initial capacity(10)=2300
100000 synchronized ArrayList period initial capacity(10)=2313
100000 data Vector period initial capacity(100000)=2313
100000 synchronized ArrayList period initial capacity(100000)=2329

D:\IntaeJava>
```

프로그램 설명

▶ 위 프로그램 출력 결과를 보면 프로그램 수행할 때마다 시간은 컴퓨터 내부 조건
에 따라 조금씩 달라지는 것을 알 수 있습니다.

▶ 동기화(synchronized)된 object와 동기화 안 된 object와 차이는 별로 없습니다.

▶ ArrayList와 Vector와의 차이도 별로 없습니다.

▶ Ex02213 프로그램에서는 1000만 data이고 이번 프로그램은 10만 건으로, 100
분의 1수준인데도 걸리는 시간은 비슷합니다. 그렇다는 이야기는 Array를 사용
하는 ArrayList나 Vector는 data 추가 시, 제일 앞에 추가하면 뒤의 data를 하
나씩 뒤로 이동시키므로 많은 시간이 걸리고 있음을 알 수 있습니다.

22.3 Set⟨E⟩ interface

22.3.1 Set⟨E⟩ interface 이해하기

Set⟨E⟩ interface는 data의 중복을 허락하지 않는 collection입니다. 중복이 허락
되지 않는 경우의 예를 들면 통계청에서 성인남녀의 직업이 몇 종류나 있는지 조사
를 하고자 할 때, 모든 사람의 직업을 입력하면 중복되는 같은 직업은 무시되어야
합니다. 또 어린 시절 게임의 일종으로 돌아가면서 "동물 이름 말하기"게임을 할 때
앞 사람이 동물 이름을 말한 후 뒷 사람이 동일한 동물 이름을 말하면 게임이 끝나
고 동일한 동물 이름을 말한 사람이 벌칙을 받는 게임에서도 같은 이름은 중복되지
않아야 합니다.

- Set interface에서 사용할 수 있는 method는 Collection interface를 상속받으므로 모든 Collection interface method입니다. Set interface에서만 유일하게 사용되는 method는 없습니다.

예제 | Ex02221

아래 프로그램은 Set interface를 구현한 HashSet class와 TreeSet class의 사용 예를 보여주는 프로그램입니다.

```
 1: import java.util.*;
 2: class Ex02221 {
 3:    public static void main(String[] args) {
 4:       HashSet<String> hSetData = new HashSet<String>();
 5:       hSetData.add("HS1");
 6:       hSetData.add("HS2");
 7:       hSetData.add("HS3");
 8:       hSetData.add("HS4");
 9:       hSetData.add("HS2");
10:       System.out.println("hSetData 1 = " + hSetData);
11:       boolean isContains = hSetData.contains("HS1");
12:       if ( isContains ) {
13:          hSetData.remove("HS1");
14:       }
15:       System.out.println("hSetData 2 = " + hSetData);
16:
17:       TreeSet<String> tSetData = new TreeSet<String>();
18:       tSetData.add("TS2");
19:       tSetData.add("TS4");
20:       tSetData.add("TS3");
21:       tSetData.add("TS1");
22:       tSetData.add("TS2");
23:       System.out.println("tSetData 1 = " + tSetData);
24:       isContains = tSetData.contains("TS1");
25:       if ( isContains ) {
26:          tSetData.remove("TS1");
27:       }
28:       System.out.println("tSetData 2 = " + tSetData);
29:    }
30: }
```

```
D:\IntaeJava>java Ex02221
hSetData 1 = [HS2, HS1, HS4, HS3]
hSetData 2 = [HS2, HS4, HS3]
tSetData 1 = [TS1, TS2, TS3, TS4]
tSetData 2 = [TS2, TS3, TS4]

D:\IntaeJava>
```

프로그램 설명

▶ 11번째 줄:contains() method는 Set object에 같은 object가 들어있는지 확인하

는 method로 같은 object가 있으면 true 없으면 false를 return합니다.

▶ 13번째 줄:remove() method는 argument로 전달되는 object를 Set object에서 제거합니다.

▶ 6,9번째 줄에서 "HS2"를 중복 입력하지만 출력되는 결과는 "HS2" 한 번만 출력되므로 "HS2"는 한 번만 저장된 것입니다.

▶ 18,22번째 줄에서 "TS2"를 중복 입력하지만 출력되는 결과는 "TS2" 한 번만 출력되므로 "TS2"는 한 번만 저장된 것입니다.

22.3.2 HashSet class

HashSet class는 Set interface를 가지고 있기 때문에 중복을 허용하지 않는 class입니다. Collection 이해하기와 Set⟨E⟩ interface에서 예제 프로그램으로 이미 설명했기 때문에 이번에는 HashSet의 활용에 대한 예제를 가지고 설명합니다.

예제 | Ex02222

다음 프로그램은 링컨 대통령 연설 중에 몇 개의 단어로 연설을 했는지 또 그 단어는 무엇인지 알아보는 프로그램입니다.

```
1: import java.util.*;
2: class Ex02222 {
3:    public static void main(String[] args) {
4:        HashSet<String> hSetData = new HashSet<String>();
5:        String statement = "Lincoln speech regarding people is that
government of the people, by the people, for the people, shall not perish
from the earth.";
6:        String[] words = statement.split("[., ]");
7:        for ( String word : words ) {
8:            if (!word.equals("")) hSetData.add(word);
9:        }
10:       System.out.println(hSetData.size() + " words used : " + hSetData);
11:    }
12: }
```

```
D:\IntaeJava>java Ex02222
16 words used : [perish, for, shall, is, people, regarding, the, that, not, gove
rnment, speech, of, by, earth, from, Lincoln]

D:\IntaeJava>
```

프로그램 설명

▶ 6번째 줄:split() method와 spilt() method의 argument인 "[.,]"에 대해서는 10.8절 '정규 표현'을 참조하세요

▶ 위 프로그램에서 총 몇 개의 단어를 사용했고, 그 단어는 무엇인지 HashSet를 사

용하면 쉽게 문제를 풀 수 있습니다.

문제 | Ex02222A

아래 프로그램은 동물 이름으로 구성된 단어의 HashSet를 만들고, 여러 단어가 입력되면 동물 단어와 동물이 아닌 단어를 분리하는 프로그램입니다. 아래 프로그램을 완성하세요.

- 아래 4번째 줄 Arrays class의 asList() method는 콤마(,)로 연결된 object를 List로 만들어 주는 method입니다.
- 아래 5번째 줄 new HashSet⟨String⟩(animalNames)는 Collection object, 여기서는 List object를 받아 List object에 있는 모든 원소를 HashSet object의 생성자로 받아 HashSet object를 생성합니다.
- HashSet object에 해당 원소가 있는지 없는지 확인하는 method는 contains() method입니다.

```
1: import java.util.*;
2: class Ex02222A {
3:    public static void main(String[] args) {
4:       List<String> animalNames = Arrays.asList("tiger", "lion", "fox",
"wolf", "dog", "cat", "pig", "cow");
5:       HashSet<String> hSetData = new HashSet<String>(animalNames);
6:       String[] names = {"fox", "book", "cow", "house", "road", "pig"};
          // 여기에 프로그램을 삽입하세요
X:    }
X: }
```

```
D:\IntaeJava>java Ex02222A
3 animal names found : [cow, fox, pig]
3 non animal names found : [road, book, house]

D:\IntaeJava>
```

■ **Hash 함수** ■

지금까지 중복 확인에 사용한 object는 String(문자열) object입니다. 문자열은 문자 자체가 data로 중복 확인이 가능합니다. 그러면 Car class의 object는 어떻게 중복을 확인할까요?, 차량 번호판의 번호(licenseNo)로 중복 확인 한다고 대답할지 모릅니다. 그런데 기존 차량을 판매하고, 새로운 차를 구입하면 번호판의 번호는 새로운 차에 부착하여 사용하는 경우도 있다고 하면 번호판 번호는 중복 확인하는데 사용할 수 없습니다. 가령 중복 확인하는데 사용할 수 있다 하더라도, 컴퓨터 입장에서보면, Car object에는 licenseNo, color, speedMeter가 있어서 여러 attribute 중 어느 attribute를 기준으로 중복 확인을 해야 할지 알려주어야 합니다. 이제부터 그 기준에 대해 알아봅시다. 또 중복 확인을 위한 기준이 정해졌다고 하더라도 많은

data중에 중복되는 data가 있는지 없는지 확인하는 방법도 풀어야 할 과제입니다. 즉 중복 확인을 첫 번째 object부터 제일 마지막 object까지 모두 확인을 해봐야 중복된지 안되는지 알 수 있습니다. 따라서 10만 건 되는 data 속에서 추가로 입력되는 100건의 data가 중복되는지 확인하기 위해서는 1000만 번 확인 작업을 거쳐야 100건 중복 확인이 완료됩니다. 이와 같은 많은 검색하는 횟수를 줄이기 위해 고안해낸 방법이 바로 Hash함수를 사용하는 방법입니다.

Hash함수를 이해하기 앞서 "Hash"라는 단어부터 이해하고 갑시다. Hash 라는 말은 "잘게 썰다"라는 뜻이 있습니다. 컴퓨터 공학에서 "Hash"는 data를 저장하고 찾아오는 방법을 설명할 때 나오는 용어로 data를 저장하는 장소를 잘게 썰어서 여러 구획으로 나눈 후 저장할 data가 입력되면 잘게 썬 구획 중의 하나에 저장하는 방식입니다. 이렇게 잘게 썬 구획에 data를 저장하는 방식은 컴퓨터에 대용량의 자료를 보관하고 빨리 data를 찾아 올 수 있는 방안 중의 하나입니다. 이 방법을 사용하기 위해서는 Object class에 있는 hashCode()라는 method를 이해해야 합니다. hashCode() method는 컴퓨터 공학에서 Hash 함수라고 불리는 method입니다. hashCode() method의 기본 원리는 다음과 같습니다. data를 저장하는 장소를 5개 구획으로 나누었다면 입력되는 data는 data내용을 가지고 0부터 4가 나오도록 Hash 함수를 만듭니다. 예를 들면 입력되는 data가 int 숫자 n일경우, Hash 함수는 n % 5가 됩니다. Hash함수에서 결과 값으로 나오는 값은 int 값으로 Hash code라고 합니다. 그러므로 n % 5의 hash code 값은 0, 1, 2, 3, 4 중 하나가 됩니다.

다음과 같은 숫자가 있습니다.
2, 5, 6, 9, 11, 14, 16, 17, 19, 22

위 숫자를 hash code 그룹으로 분리하면 아래와 같습니다.
Hash code "0" 그룹:5
Hash code "1" 그룹:6, 11, 16
Hash code "2" 그룹:2, 17, 22
Hash code "3" 그룹:null
Hash code "4" 그룹:9, 14, 19

위와 같이 저장된 숫자에서 17이 있는지 찾아봅시다. 17은 17 % 5하면 2가 되므로 Hash code "2" 그룹에 해당됩니다. 그러면 Hash code "0", "1", "3", "4" 그룹은 찾아 볼 필요도 없습니다. 이처럼 Hash 함수를 이용하면 검색해야할 data의 수를 현격하게 줄일 수 있습니다. 즉 잘게 썰면 썰수록, 즉 Hash 함수로 나오는 hashcode의 종류가 많으면 많을수록 검색해야 할 data의 수는 더욱 줄어듭니다. 반면 잘게 썰면 썰수록 위 Hash code "3" 그룹과 같이 사용하지 않은 그룹은 많아집니다.

자바에서 모든 class의 object는 HashSet의 원소가 될 수 있습니다. 그러므로 모든 object는 hash code를 가지고 있어야합니다. Object class에는 hashCode()라는 method가 준비되어있어 모든 class는 hashCode() method를 상속받게 되므로 모든 object는 hashCode() method를 호출하면 hash code값을 얻어낼 수 있습니다.

예제 | Ex02223

다음은 자바에서 Hash함수,즉 hashCode() method를 호출했을 때 나오는 hash code 값을 알아보는 프로그램입니다.

```
1: import java.util.*;
2: class Ex02223 {
3:    public static void main(String[] args) {
4:        Integer intObj1 = new Integer(7);
5:        Integer intObj2 = new Integer(2095);
6:       System.out.println("intObj1.hashCode() = " + intObj1.hashCode());
7:       System.out.println("intObj2.hashCode() = " + intObj2.hashCode());
8:
9:        String strObj1 = new String("1");
10:        String strObj2 = new String("A");
11:       System.out.println("strObj1.hashCode() = " + strObj1.hashCode());
12:       System.out.println("strObj2.hashCode() = " + strObj2.hashCode());
13:
14:        String strObj3 = new String("12");
15:        String strObj4 = new String("AB");
16:       System.out.println("strObj3.hashCode() = " + strObj3.hashCode());
17:       System.out.println("strObj4.hashCode() = " + strObj4.hashCode());
18:
19:        String strObj5 = new String("AP");
20:        String strObj6 = new String("B1");
21:       System.out.println("strObj5.hashCode() = " + strObj5.hashCode());
22:       System.out.println("strObj6.hashCode() = " + strObj6.hashCode());
23:    }
24: }
```

```
D:\IntaeJava>java Ex02223
intObj1.hashCode() = 7
intObj2.hashCode() = 2095
strObj1.hashCode() = 49
strObj2.hashCode() = 65
strObj3.hashCode() = 1569
strObj4.hashCode() = 2081
strObj5.hashCode() = 2095
strObj6.hashCode() = 2095

D:\IntaeJava>
```

프로그램 설명

▶ 4,5번째 줄:Integer object의 hash code는 int 값 자체입니다. 그러므로 Hash 함수 = n이라고 생각하면 됩니다.

▶ 9,10번째 줄:String object의 hash code는 String object가 가지고 있는 ASCII code 값으로 Hash code 값을 만들어 냅니다. 즉 문자 '1'의 ASCII는 49, 문자 'A'는 65이고 문자가 한 개이므로 ASCII code값이 Hash code 값이 되었습니다.(ASCII code에 관련된 사항은 2.8.2절 'ASCII code'를 참조하세요.)

▶ 14,15번째 줄:두 개 이상의 문자가 있는 String object의 hash code는 다음과 같이 산출합니다. 즉 Hash 함수는 다음과 같습니다.

Hash code값 = str.charAt(0) * 31 n-1 + str.charAt(1) * 31 n-2 + ….. + str.charAt(n-1)

여기에서 str은 문자열, n은 문자열의 길이입니다. 그러므로 아래와 같은 hash code을 계산해 낼 수 있습니다.

"12" = 49 * 31 + 50 = 1569

"AB" = 65 * 31 + 66 = 2081

▶ 19,20번째 줄:"AP"와 "B1"의 hash code 값을 위 계산 방식대로 계산하면 아래와 같습니다.

"AP" = 65 * 31 + 80 = 2095

"B1" = 66 * 31 + 49 = 2095

저장된 문자는 다르지만 Hash code 값은 같을 수 있습니다. String object의 Hash code와 Integer object의 Hash code 값도 5번째 줄 Integer 2095와 같이 같은 경우도 있을 수 있습니다.

위 프로그램에서 알아야 할 사항을 정리하면 다음과 같습니다.

① 동일한 object는 언제나 동일한 Hash code 값을 가지고 있습니다.

② 동일한 hash code 값을 가지고 있다고 해서 동일한 object가 아닐 수도 있습니다.

③ Hash code를 계산하는 Hash 함수, 즉 hashCode() method의 내부 계산 방식은 class마다 다를 수 있습니다.

예제 | Ex02224

아래 프로그램은 자동차 공장에서 자동차를 생산하면서 자동차의 고유 번호를 Model 번호와 Model별 일련번호를 자동차의 고유 번호로 하기로 정했습니다. 그리고 다음과 같이 생산합니다.

• Model A와 B를 일련번호 1,2로 각각 2대씩 총 4대를 만듭니다.

• A model의 일련번호를 2까지 생산하였으나 실수로 일련번호를 1까지 생산한 것으로 착각하여 일련번호를 1로 되돌려놓습니다.

• Model A와 B를 다음 일련번호 2,3으로 각각 1대씩 총 2대를 더 생산합니다.

• 아래 프로그램은 HashSet에 저장을 했으나 중복 확인하는 hashCode() method

를 정의하지 않아 자동차 고유 번호가 동일한 2대의 차량이 출고되는 상황이 벌여졌습니다.

• 아래 프로그램은 Random object의 난수를 사용하므로 매 프로그램 수행 시마다 출력 결과는 다를 수 있습니다.

```java
 1: import java.util.*;
 2: class Ex02224 {
 3:    public static void main(String[] args) {
 4:        HashSet<Car> carHashSet = new HashSet<Car>();
 5:        int nextLicenseNo = 1001;
 6:        String[] colors = {"White", "Red", "Yellow", "Green", "Blue", "Black" };
 7:        String[] models = {"A", "B"};
 8:        int[] msqn = new int[models.length];
 9:        Random random = new Random();
10:        for ( int i=0 ; i<models.length ; i++ ) {
11:           for ( int j=0 ; j<2 ; j++ ) {
12:              int crn = random.nextInt(colors.length);
13:              Car car = new Car(nextLicenseNo++, colors[crn], models[i], msqn[i]++);
14:              carHashSet.add(car);
15:              car.showCarInfo();
16:           }
17:        }
18:     System.out.println("size="+carHashSet.size() + " : " + carHashSet);
19:
20:        msqn[0] = 1;
21:        for ( int i=0 ; i<models.length ; i++ ) {
22:           int crn = random.nextInt(colors.length);
23:           int mrn = random.nextInt(models.length);
24:           Car car = new Car(nextLicenseNo++, colors[crn], models[i], msqn[i]++);
25:           carHashSet.add(car);
26:           car.showCarInfo();
27:        }
28:     System.out.println("size="+carHashSet.size() + " : " + carHashSet);
29:    }
30: }
31: class Car {
32:    int licenseNo;
33:    String color;
34:    String modelNo;
35:    int seqNo;
36:    Car(int ln, String c, String mn, int sn) {
37:       licenseNo = ln;
38:       color = c;
39:       modelNo = mn;
40:       seqNo = sn;
```

```
41:    }
42:    void showCarInfo() {
43:        System.out.println("licenseNo="+licenseNo+", color="+color+",
modelNo="+modelNo+", seqNo="+seqNo+", hashCode() = " + hashCode());
44:    }
45: }
```

```
D:\IntaeJava>java Ex02224
licenseNo=1001, color=Green, modelNo=A, seqNo=0, hashCode() = 5433634
licenseNo=1002, color=Yellow, modelNo=A, seqNo=1, hashCode() = 2430287
licenseNo=1003, color=White, modelNo=B, seqNo=0, hashCode() = 17689166
licenseNo=1004, color=Blue, modelNo=B, seqNo=1, hashCode() = 6585861
size=4 : [Car@52e922, Car@647e05, Car@10dea4e, Car@25154f]
licenseNo=1005, color=Black, modelNo=A, seqNo=1, hashCode() = 26253138
licenseNo=1006, color=Yellow, modelNo=B, seqNo=2, hashCode() = 33121026
size=6 : [Car@52e922, Car@647e05, Car@1909752, Car@10dea4e, Car@25154f, Car@1f96
302]

D:\IntaeJava>
```

프로그램 설명

▶ 위 프로그램은 Car object를 생성하여 HashSet object carHashSet에 저장은
했지만 기존(Object class에서 상속받은)의 hash code 값을 사용하기 때문에 각
각의 hash code 값은 모두 다릅니다. 그러므로 중복되는 object는 없기 때문에
6개 원소 모두가 출력되고 있습니다.

예제 | Ex02224A

아래 프로그램은 Ex02224 프로그램의 중복 확인이 안 되는 문제점을 해결한 것입
니다.

```
1: import java.util.*;
2: class Ex02224A {
3:    public static void main(String[] args) {
       // Ex02224프로그램과 동일합니다.
29:    }
30: }
31: class Car {
32:    int licenseNo;
33:    String color;
34:    String modelNo;
35:    int seqNo;
36:    Car(int ln, String c, String mn, int sn) {
37:        licenseNo = ln;
38:        color = c;
39:        modelNo = mn;
40:        seqNo = sn;
41:    }
42:    void showCarInfo() {
43:        System.out.println("licenseNo="+licenseNo+", color="+color+",
```

```
modelNo="+modelNo+", seqNo="+seqNo+", hashCode() = " + hashCode());
44:    }
45:    public int hashCode() {
46:        return modelNo.hashCode() * 100 + seqNo;
47:    }
48:    public boolean equals(Object obj) {
49:        Car car = (Car)obj;
50:        if ( car.modelNo.equals(modelNo) && car.seqNo == seqNo ) {
51:            return true;
52:        } else {
53:            return false;
54:        }
55:    }
56:    public String toString() {
57:        return "Car:"+modelNo+seqNo;
58:    }
59: }
```

```
D:₩IntaeJava>java Ex02224A
licenseNo=1001, color=White, modelNo=A, seqNo=0, hashCode() = 6500
licenseNo=1002, color=Yellow, modelNo=A, seqNo=1, hashCode() = 6501
licenseNo=1003, color=Red, modelNo=B, seqNo=0, hashCode() = 6600
licenseNo=1004, color=Yellow, modelNo=B, seqNo=1, hashCode() = 6601
size=4 : [Car:A0, Car:A1, Car:B0, Car:B1]
licenseNo=1005, color=Red, modelNo=A, seqNo=0, hashCode() = 6500
licenseNo=1006, color=Green, modelNo=B, seqNo=2, hashCode() = 6602
size=5 : [Car:A0, Car:A1, Car:B0, Car:B1, Car:B2]

D:₩IntaeJava>
```

프로그램 설명

▶ 45,46,47 번째 줄:Car의 고유 번호가 Model 번호와 일련번호이므로 object가 다른 object라 하더라도 Model 번호와 일련번호가 같으면 같은 hash code가 나와야 됩니다. hashCode() method는 object가 다르면 다른 hash code가 나오므로 hashCode() method를 modelNo와 일련번호가 같으면 같은 hashCode가 나오도록 재정의해야 합니다. 같은 Hash code가 나오게 하는 방법은 여러 가지가 있는데, 46번째 줄처럼 계산하면 Model 번호와 일련번호가 같으면 같은 hash code가 나오도록 했습니다.

▶ 48~55 번째 줄: hash code의 근본 목적은 저장하고 빨리 찾아오는데 있지, 두 object가 중복되는 object인지 아닌지의 확인하는 것이 아닙니다.(물론 hash code가 다르면 중복되는 object는 아니다라는 것은 확실합니다.) 그러므로 같은지 안 같은지의 확인은 equals() method를 통해서 해야 합니다. equals() method 재정의하여 같은 data를 가지고 있는 object는 equals() method의 return 값이 true가 나오도록 해야 합니다.

• 50번째 줄에서 modelNo와 seqNo가 같으면 true를 retun합니다. 즉 중복되는

object라는 것입니다. 여기서 modelNo가 같으면 seqNo도 같습니다. 또, seqNo가 같으면 modelNo도 같습니다. 왜냐하면 잘게 썬은 구획에 들어있는 object는 46번째 줄에서 ModelNo와 seqNo로 계산해서 저장해 넣었기 때문에 한 구획에 들어가 있는 것은 하나의 object밖에 없습니다. 단 object의 seqNo가 100개를 넘지 말아야 합니다. 만약 seqNo가 100을 넘으면 한 구획에 2개의 object가 들어 있을 가능성이 있으므로 반드시 modelNo와 seqNo를 동시에 확인해야 합니다.

▶ 56,57,58 번째 줄:object의 내용을 출력하는 toString() method도 modelNo와 seqNo를 출력하도록 재정의하면 중복이 되는지 안 되는지 눈으로 확인 가능합니다.

예제 | Ex02224B

```
 1: import java.util.*;
 2: class Ex02224B {
 3:    public static void main(String[] args) {
          // Ex02224프로그램의 4부터 28번째 줄과 동일합니다.
29:    }
30: }
31: class Car {
       // Ex02224프로그램의 32부터 44번째 줄과 동일합니다.
45:    public int hashCode() {
46:       return seqNo;
47:    }
48:    public boolean equals(Object obj) {
49:       Car car = (Car)obj;
50:       if ( car.modelNo.equals(modelNo) ) {
51:          return true;
52:       } else {
53:          return false;
54:       }
55:    }
56:    public String toString() {
57:       return "Car:"+modelNo+seqNo;
58:    }
59: }
```

```
D:\IntaeJava>java Ex02224B
licenseNo=1001, color=Yellow, modelNo=A, seqNo=0, hashCode() = 0
licenseNo=1002, color=Black, modelNo=A, seqNo=1, hashCode() = 1
licenseNo=1003, color=Green, modelNo=B, seqNo=0, hashCode() = 0
licenseNo=1004, color=Blue, modelNo=B, seqNo=1, hashCode() = 1
size=4 : [Car:A0, Car:B0, Car:A1, Car:B1]
licenseNo=1005, color=Yellow, modelNo=A, seqNo=0, hashCode() = 0
licenseNo=1006, color=White, modelNo=B, seqNo=2, hashCode() = 2
size=5 : [Car:A0, Car:B0, Car:A1, Car:B1, Car:B2]

D:\IntaeJava>
```

▶ 45,46,47번째 줄:Car의 고유 번호가 Model 번호와 일련번호이므로 object가 다른 object라 하더라도 Model 번호와 일련번호가 같으면 같은 hash code가 나

와야 됩니다. 이때 seqNo를 hash code가 나오도록 재정의하면 modelNo가 다른 object도 같은 구획에 들어갑니다. 하지만 문제는 없습니다. 같은 modelNo와 같은 seqNo는 항상 같은 Hash code가 나오게 되는 것이 맞기 때문입니다.

▶ 48~55번째 줄: 46번째 줄의 hash code 값에 의하면 구획에는 같은 seqNo가 들어가 있습니다. 물론 다른 modelNo가 들어가 있을 수 있습니다. 그러므로 50번째 줄에서는 modelNo만 같은지만 확인해도 됩니다. 만약 modelNo가 같으면 중복된 data가 되는 것입니다.

문제 | Ex02224C

Ex02224 혹은 Ex02224A 프로그램을 이용하여 차량 색깔이 몇 종류인지 확인 하는 프로그램을 아래와 같이 출력되도록 프로그램을 작성하세요

```
D:₩IntaeJava>java Ex02224C
licenseNo=1001, color=Green, modelNo=A, seqNo=0, hashCode() = 69066467
licenseNo=1002, color=Green, modelNo=A, seqNo=1, hashCode() = 69066467
licenseNo=1003, color=Green, modelNo=B, seqNo=0, hashCode() = 69066467
licenseNo=1004, color=Yellow, modelNo=B, seqNo=1, hashCode() = -1650372460
size=2 : [Car:Yellow, Car:Green]
licenseNo=1005, color=Black, modelNo=A, seqNo=0, hashCode() = 64266207
licenseNo=1006, color=Black, modelNo=B, seqNo=2, hashCode() = 64266207
size=3 : [Car:Yellow, Car:Black, Car:Green]

D:₩IntaeJava>
```

■ HashSet class 정리 ■

String이나 Integer class가 아닌 일반 class의 경우 HashSet class를 사용하기 위해서는 중복 확인해야 할 data의 기준을 마련하기 위해 hashCode() method와 equals() method를 재정의합니다. hashCode()와 equals() method는 재정의만 하지 프로그램에서 호출하지는 않습니다. 호출하여 사용도 하지 않는 hashCode()와 equals() method는 왜 재정의 할까요? 이유는 HashSet object에서 원소로 저장된 object의 hashCode()와 equals() method를 내부적으로 사용하기 때문에 HashSet에 원소로 저장된 class는hashCode()와 equals() method를 재정의하여 중복 확인하는 기준을 정해주어야 합니다.

22.3.3 TreeSet class

TreeSet class는 Set interface를 가지고 있기 때문에 중복을 허용하지 않고, 저장된 data는 저장된 값에 따라 정렬하는 특징을 가지고 있습니다. Tree라는 단어는 "나무"로 해석됩니다. 특히 컴퓨터 공학에서 많이 사용하는 용어로 자료를 저장할 때 LinkedList처럼 data가 다음에 저장되어 있는 주소를 함께 가지고 있습니다. LinkedList는 연결하는 줄이 한 줄로 연결되어진다면 Tree는 나무의 줄기부터 가지로 이어지듯이 연결되어 있는 상태를 하고 있습니다. 아래 그림은 Tree의 대표적인 예라 할 수 있습니다.

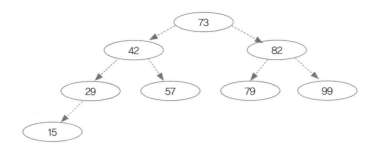

- Tree를 이해하기 위해 data를 처음부터 Tree구조에 입력해 보겠습니다.
- 입력되는 data의 순서는 다음과 같다고 가정해봅시다.
  73,82,42,29,79,57,15,99순입니다
- 73은 첫 data이기 때문에 나무 줄기 중앙에 위치합니다.
- 두 번째 data 82를 저장하기 위해 첫 data 73은 중앙에 저장되어 있으니 그 다음자리는 73과 82를 비교해보고 82이 73보다 크므로 오른쪽 가지에 저장합니다.
- 세 번째 data는 42는 73과 비교해보고 73보다 작으므로 73의 왼쪽 가지에 저장합니다.
- 네 번째 data29는 73과 비교하여 왼쪽으로 가서, 42와 비교해보고 작으므로 다시 왼쪽 저장된 data가 없으므로 42의 왼쪽에 저장합니다.
- 다섯 번째 data 79는 72와 비교해보고 크므로 오른쪽, 다시 82와 비교해보고 작으므로 왼쪽, 왼쪽에 저장된 값이 없으므로 왼쪽에 저장합니다.
- 여섯 번째 data 57은 72와 비교해 보고 작으므로 왼쪽, 42와 비교해 보고 크므로 오른쪽, 오른쪽에 저장된 data가 없으므로 57을 저장합니다.
- 위와 같은 방법으로 나머지 숫자 15,99를 저장하면 위와 같은 그림으로 모든 data는 저정할 수 있습니다.
- 위 data를 저장하는 도중 같은 값이 나올 때는 저장 실패가 됩니다. 왜냐하면 TreeSet의 특성상 중복되는 data는 저장되지 않기 때문입니다.

TreeSet class도 Collection 이해하기와 Set〈E〉 interface에서 예제 프로그램으로 이미 설명했습니다. String 문자열을 TreeSet object에 저장하면 자동적으로 정렬되는 것은 이미 알고 있는 사항이므로 이번에는 Car class를 어떻게 하면 정렬을 하는지 알아보도록 하겠습니다.

예제 | Ex02225

다음 프로그램은 Ex02224 프로그램에서 HashSet class를 TreeSet으로 바꾸어 Car class가 어떻게 정렬이 되는지 알아보기 위한 프로그램입니다.

```java
 1: import java.util.*;
 2: class Ex02225 {
 3:     public static void main(String[] args) {
 4:         TreeSet<Car> carTreeSet = new TreeSet<Car>();
 5:         int nextLicenseNo = 1001;
 6:         String[] colors = {"White", "Red", "Yellow", "Green", "Blue",
"Black" };
 7:         String[] models = {"A", "B"};
 8:         int[] msqn = new int[models.length];
 9:         Random random = new Random();
10:         for ( int i=0 ; i<models.length ; i++ ) {
11:             for ( int j=0 ; j<2 ; j++ ) {
12:                 int crn = random.nextInt(colors.length);
13:                 Car car = new Car(nextLicenseNo++, colors[crn], models[i],
msqn[i]++);
14:                 carTreeSet.add(car);
15:                 car.showCarInfo();
16:             }
17:         }
18:         System.out.println("size="+carTreeSet.size() + " : " + carTreeSet);
19:
20:         msqn[0] = 1;
21:         for ( int i=0 ; i<models.length ; i++ ) {
22:             int crn = random.nextInt(colors.length);
23:             int mrn = random.nextInt(models.length);
24:             Car car = new Car(nextLicenseNo++, colors[crn], models[i],
msqn[i]++);
25:             carTreeSet.add(car);
26:             car.showCarInfo();
27:         }
28:         System.out.println("size="+carTreeSet.size() + " : " + carTreeSet);
29:     }
30: }
31: class Car {
32:     int licenseNo;
33:     String color;
34:     String modelNo;
35:     int seqNo;
36:     Car(int ln, String c, String mn, int sn) {
37:         licenseNo = ln;
38:         color = c;
39:         modelNo = mn;
40:         seqNo = sn;
41:     }
42:     void showCarInfo() {
43:         System.out.println("licenseNo="+licenseNo+", color="+color+",
modelNo="+modelNo+", seqNo="+seqNo);
44:     }
45: }
```

```
D:\IntaeJava>javac Ex02225.java

D:\IntaeJava>java Ex02225
Exception in thread "main" java.lang.ClassCastException: Car cannot be cast to j
ava.lang.Comparable
        at java.util.TreeMap.compare(Unknown Source)
        at java.util.TreeMap.put(Unknown Source)
        at java.util.TreeSet.add(Unknown Source)
        at Ex02225.main(Ex02225.java:14)

D:\IntaeJava>
```

프로그램 설명

▶ 4번째 줄:Car object만 저장할 수 있는 TreeSet object를 생성합니다.

▶ 5~28번째 줄까지는 Ex02224 프로그램과 동일하게 Car object를 생성해서 TreeSet object에 원소로 저장합니다.

▶ 위 프로그램를 수행시키면 14번째 줄에서 에러가 발생합니다. 즉 Car object를 생성하는 것까지는 문제없이 수행되지만 생성된 Car object를 TreeSet object에 원소로 저장하는 순간에 에러가 발생합니다. 에러의 원인은 Car object가 Comparable interface가 안 되어 있어서 나오는 에러입니다.

▶ chapter 15 interface를 설명에서 Ex01505 프로그램, 즉 Arrays.sort(cars) method를 떠올리면 위 문제가 금방 무엇이 문제인지 이해하게 될 것입니다. Arrays.sort() method와 마찬가지로 TreeSet class의 원소를 정렬하기 위해서는 원소object는 Comparable interface를 implements해야 합니다. 즉 TreeSet class내부에서 원소들을 정렬하려면 정렬해야할 기준을 알려 주어야 하는데, 그 기준이 바로 Comparable interface이기 때문입니다.

예제 | Ex02225A

아래 프로그램은 Comparable interface를 implements한 Car object를 TreeSet object의 원소로 저장하는 프로그램입니다.

```
1: import java.util.*;
2: class Ex02225A {
3:    public static void main(String[] args) {
       // Ex02225프로그램의 4부터 28번째 줄과 동일합니다.
29:
30:       Car[] cars = carTreeSet.toArray(new Car[0]);
31:       for ( int i=0 ; i<cars.length ; i++ ) {
32:          cars[i].showCarInfo();
33:       }
34:    }
35: }
36: class Car implements Comparable<Car> {
37:    int licenseNo;
38:    String color;
```

```
39:      String modelNo;
40:      int seqNo;
41:      Car(int ln, String c, String mn, int sn) {
42:          licenseNo = ln;
43:          color = c;
44:          modelNo = mn;
45:          seqNo = sn;
46:      }
47:      void showCarInfo() {
48:          System.out.println("licenseNo="+licenseNo+", color="+color+",
modelNo="+modelNo+", seqNo="+seqNo);
49:      }
50:      //public int compareTo(Object otherObj) {
51:      public int compareTo(Car otherCar) {
52:          //Car otherCar = (Car)otherObj;
53:          if ( modelNo.compareTo(otherCar.modelNo) == 0 ) {
54:              return seqNo - otherCar.seqNo;
55:          } else {
56:              return modelNo.compareTo(otherCar.modelNo);
57:          }
58:      }
59:      public String toString() {
60:          return "Car:"+modelNo+seqNo;
61:      }
62: }
```

```
D:\IntaeJava>java Ex02225A
licenseNo=1001, color=Red, modelNo=A, seqNo=0
licenseNo=1002, color=Green, modelNo=A, seqNo=1
licenseNo=1003, color=Black, modelNo=B, seqNo=0
licenseNo=1004, color=Red, modelNo=B, seqNo=1
size=4 : [Car:A0, Car:A1, Car:B0, Car:B1]
licenseNo=1005, color=Black, modelNo=A, seqNo=1
licenseNo=1006, color=Red, modelNo=B, seqNo=2
size=5 : [Car:A0, Car:A1, Car:B0, Car:B1, Car:B2]
licenseNo=1001, color=Red, modelNo=A, seqNo=0
licenseNo=1002, color=Green, modelNo=A, seqNo=1
licenseNo=1003, color=Black, modelNo=B, seqNo=0
licenseNo=1004, color=Red, modelNo=B, seqNo=1
licenseNo=1006, color=Red, modelNo=B, seqNo=2

D:\IntaeJava>
```

프로그램 설명

▶ 36번째 줄:Comparable〈Car〉를 implements한 Car class를 정의합니다. 21장
에서 Generic을 설명했으니 이제 Generic도 함께 적용합니다.

▶ 50,51,52번째 줄:Generic을 적용하지 않았을 때는 어떤 object가 argument
로 전달될지 모르므로 parameter type을 "Object"로 했지만 36번째 줄에서
Generic 을 사용하며서 "Car"로 제한했기 때문에 Car object만 argument로 전
달되므로 parameter type도 Car를 사용합니다. 그러면 Object type으로 받아
서 Car type으로 casting하는 일을 이제 안 해도 됩니다.

▶ 59,60,61번째 줄:object의 내용을 출력하는 toString() method도 modelNo와

seqNo를 출력하도록 재정의하면 중복이 되는지 안 되는지 눈으로 확인 가능합
니다.

▶ TreeSet class는 정렬도 되지만 중복도 허용하지 않는다고 설명했습니다. licenseNo
= 1005는 licenseNo = 1002와 ModelNo "A"와 seqNo "1"이 중복되어 TreeSet
object에 저장됩니다. 하지만 두 번째 중복해서 저장되는 licenseNo = 1005는
TreeSet 저장되지 못 합니다. 차량의 고유번호가 "A1"은 두 번 저장되지 못하기
때문입니다.

▶ 30~33번째 줄에서 출력한 모든 Car object를 보면 licenseNo = 1005가 빠져있
는 것을 알 수 있습니다.

이번절 Set〈E〉 interface를 시작하면서 설명했던 Ex02221 프로그램을 다시 한번
검토해 봅시다. Ex02221 프로그램의 17번째 줄 TreeSet〈String〉 tSetData = new
TreeSet〈String〉()명령에서 String문자열을 추가하면 문자열은 알파벳 순서대로
정렬이 됩니다. 알파벳 순서대로 정렬하는 기준을 String class에 Comparable
interface를 implements해서 정의해 주었기 때문에 알파벳 순서대로 정렬이 된 것
입니다.

아래 Java API의 String class부분을 찾아보면 Comparable〈String〉이 implemented
interface라는 것을 알 수 있습니다.

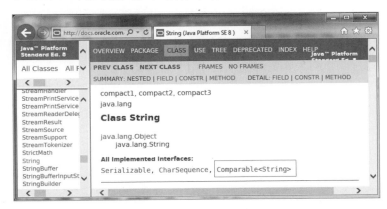

■ Comparator〈E〉 interface ■

Comparator〈E〉 interface는 comparable〈E〉 interface로 implement하여 어떤
class의 정렬 기준을 설정했을 경우 그 class의 제2, 제3의 정렬 기준이 있다고 하
면 해결할 수 있는 방법입니다.

예제 | Ex02225B

아래 프로그램은 Comparator interface를 사용하여 Car object의 color로 정렬하

는 프로그램입니다.

```
 1: import java.util.*;
 2: class Ex02225B {
 3:     public static void main(String[] args) {
 4:         TreeSet<Car> carTreeSet = new TreeSet<Car>(new CarComparator());
 5:         int nextLicenseNo = 1001;
 6:         String[] colors = {"White", "Red", "Yellow", "Green", "Blue",
"Black" };
 7:         String[] models = {"A", "B"};
 8:         int[] msqn = new int[models.length];
 9:         Random random = new Random();
10:         for ( int i=0 ; i<models.length ; i++ ) {
11:             for ( int j=0 ; j<2 ; j++ ) {
12:                 int crn = random.nextInt(colors.length);
13:                 Car car = new Car(nextLicenseNo++, colors[crn], models[i],
msqn[i]++);
14:                 carTreeSet.add(car);
15:                 car.showCarInfo();
16:             }
17:         }
18:         Car[] cars = carTreeSet.toArray(new Car[0]);
19:         System.out.print("size="+carTreeSet.size() + " : ");
20:         for ( Car car : cars ) System.out.print(car.color+" ");
21:         System.out.println();
22:
23:         //msqn[0] = 1;
24:         for ( int i=0 ; i<models.length ; i++ ) {
25:             int crn = random.nextInt(colors.length);
26:             int mrn = random.nextInt(models.length);
27:             Car car = new Car(nextLicenseNo++, colors[crn], models[i],
msqn[i]++);
28:             carTreeSet.add(car);
29:             car.showCarInfo();
30:         }
31:         cars = carTreeSet.toArray(new Car[0]);
32:         System.out.print("size="+carTreeSet.size() + " : ");
33:         for ( Car car : cars ) System.out.print(car.color+" ");
34:         System.out.println();
35:     }
36: }
37: class Car implements Comparable<Car> {
38:     int licenseNo;
39:     String color;
40:     String modelNo;
41:     int seqNo;
42:     Car(int ln, String c, String mn, int sn) {
43:         licenseNo = ln;
44:         color = c;
45:         modelNo = mn;
```

```
46:        seqNo = sn;
47:     }
48:     void showCarInfo() {
49:          System.out.println("licenseNo="+licenseNo+", color="+color+",
modelNo="+modelNo+", seqNo="+seqNo);
50:     }
51:     public int compareTo(Car otherCar) {
52:        if ( modelNo.compareTo(otherCar.modelNo) == 0 ) {
53:           return seqNo - otherCar.seqNo;
54:        } else {
55:           return modelNo.compareTo(otherCar.modelNo);
56:        }
57:     }
58:     public String toString() {
59:        return "Car:"+modelNo+seqNo;
60:     }
61: }
62: class CarComparator implements Comparator<Car> {
63:     public int compare(Car car1, Car car2) {
64:        return car1.color.compareTo(car2.color);
65:     }
66: }
```

```
D:\IntaeJava>java Ex02225B
linceNo=1001, color=Yellow, modelNo=A, seqNo=0
linceNo=1002, color=Red, modelNo=A, seqNo=1
linceNo=1003, color=Yellow, modelNo=B, seqNo=0
linceNo=1004, color=Red, modelNo=B, seqNo=1
size=2 : Red Yellow
linceNo=1005, color=White, modelNo=A, seqNo=2
linceNo=1006, color=Green, modelNo=B, seqNo=2
size=4 : Green Red White Yellow

D:\IntaeJava>
```

프로그램 설명

▶ 4번째 줄:62번째 줄에 선언된 CarComparator object를 생성하여 TreeSet 생성자에 argument로 넘겨줍니다. 즉 TreeSet object carTreeSet object는 Car를 원소로 받아들이면서 정렬 기준은 CarComparator object를 사용하여 정렬하라라는 명령입니다.

▶ 5~11번째 줄:Ex02225A 프로그램과 동일하게 Car object를 생성해서 carTreeSet object에 원소로 저장합니다.

▶ 18~21번째 줄:Car object의 toString() method는 ModelNo와 seqNo를 기준으로 출력합니다. 이번에 정렬 순서는 color이므로 color를 출력하기 위해 toArray() method를 사용하여 배열 object를 생성한 후 각각의 Car object에 대한 color를 출력하게 했습니다. Car object의 toString() method를 변경해도 되지만 실무 프로그램에서 Comparable interface 한 Car class는 제 3의 프로그램에

서 사용하고 있으므로 임의로 바꿀 수 있는 class가 아닙니다. 그래서 toString() method를 변경하지 않고 해결할 수 있는 방법으로 toArray() method를 이용한 것입니다.

▶ 62~66번째 줄:CarComparator class를 Comparator interface로 implements하여 선언합니다. Comparator interface에는 compare() method가 있으므로 정렬해야 하는 기준을 재정의해야 합니다.

예제 | Ex02225C

아래 프로그램은 Comparator interface는 Comparable interface와는 아무 상관이 없는 interface라는 것을 보여주기 위해 Ex02225B 프로그램에서 정의한 Comparable interface와 관련된 프로그램 code를 모두 comment처리했습니다.

```
 1: import java.util.*;
 2: class Ex02225C {
 3:    public static void main(String[] args) {
         // Ex02225B프로그램의 4부터 34번째 줄과 동일합니다.
35:    }
36: }
37: //class Car implements Comparable<Car> {
38: class Car {
39:    int licenseNo;
40:    String color;
41:    String modelNo;
42:    int seqNo;
43:    Car(int ln, String c, String mn, int sn) {
44:        licenseNo = ln;
45:        color = c;
46:        modelNo = mn;
47:        seqNo = sn;
48:    }
49:    void showCarInfo() {
50:        System.out.println("linceNo="+licenseNo+", color="+color+", modelNo="+modelNo+", seqNo="+seqNo);
51:    }
52:    /*
53:    public int compareTo(Car otherCar) {
54:       if ( modelNo.compareTo(otherCar.modelNo) == 0 ) {
55:          return seqNo - otherCar.seqNo;
56:       } else {
57:          return modelNo.compareTo(otherCar.modelNo);
58:       }
59:    }
60:    public String toString() {
61:       return "Car:"+modelNo+seqNo;
62:    }
```

```
63:     */
64: }
65: class CarComparator implements Comparator<Car> {
66:     public int compare(Car car1, Car car2) {
67:         return car1.color.compareTo(car2.color);
68:     }
69: }
```

```
D:\IntaeJava>java Ex02225C
licenseNo=1001, color=Black, modelNo=A, seqNo=0
licenseNo=1002, color=Blue, modelNo=A, seqNo=1
licenseNo=1003, color=Red, modelNo=B, seqNo=0
licenseNo=1004, color=Black, modelNo=B, seqNo=1
size=3 : Black Blue Red
licenseNo=1005, color=Green, modelNo=A, seqNo=2
licenseNo=1006, color=Black, modelNo=B, seqNo=2
size=4 : Black Blue Green Red

D:\IntaeJava>
```

프로그램 설명

▶ 위 프로그램은 Ex02225B 프로그램에서 Comparator interface로 TreeSet의
정렬 기준을 설정해줄 경우에는 Comparable interface와는 아무 연관성이 없음
을 보여주기 위해 Ex02225B 프로그램에서 Comparable interface 관련사항을
모두 comment처리하였습니다.

문제 | Ex02225D

아래와 같이 어떤 Model에 어떤 color가 생산되었는지 알 수 있는 프로그램을
Comparator interface를 사용하여 작성하세요.

```
 1: import java.util.*;
 2: class Ex02225E {
 3:     public static void main(String[] args) {
 4:         TreeSet<Car> carTreeSet = new TreeSet<Car>((car1, car2) -> car1.
color.compareTo(car2.color));
             // Ex02225B프로그램의 5부터 34번째 줄과 동일합니다.
35:     }
36: }
37: class Car {
38:     int licenseNo;
39:     String color;
40:     String modelNo;
41:     int seqNo;
42:     Car(int ln, String c, String mn, int sn) {
43:         licenseNo = ln;
44:         color = c;
45:         modelNo = mn;
46:         seqNo = sn;
```

```
47:      }
48:      void showCarInfo() {
49:          System.out.println("licenseNo="+licenseNo+", color="+color+",
modelNo="+modelNo+", seqNo="+seqNo);
50:      }
51: }
52: /*
53: class CarComparator implements Comparator<Car> {
54:     public int compare(Car car1, Car car2) {
55:         return car1.color.compareTo(car2.color);
56:     }
57: }
58: */
```

```
D:\IntaeJava>java Ex02225E
licenseNo=1001, color=Green, modelNo=A, seqNo=0
licenseNo=1002, color=Yellow, modelNo=A, seqNo=1
licenseNo=1003, color=Yellow, modelNo=B, seqNo=0
licenseNo=1004, color=Yellow, modelNo=B, seqNo=1
size=2 : Green Yellow
licenseNo=1005, color=Black, modelNo=A, seqNo=2
licenseNo=1006, color=Black, modelNo=B, seqNo=2
size=3 : Black Green Yellow

D:\IntaeJava>
```

프로그램 설명

▶ 4번째 줄:Lambda 표현을 사용하여 Comparator interface를 구현한 방법입니다. Lambda 표현은 17.5절 'Lambda 표현'을 참조하세요.

▶ Lambda 표현을 사용하면 Comparator interface를 implement한 Car Comparator class를 만들 필요가 없으니 프로그램이 한결 간단해집니다. 그래서 52~58번째 줄을 /* */로 comment처리 했습니다.

▶ Lambda 표현이 익숙하지 않은 독자를 위해 설명합니다.

• "new TreeSet⟨Car⟩((car1, car2) → car1.color.compareTo(car2.color))"에서 TreeSet class의 생성자에 "(car1, car2) → car1.color.compareTo(car2.color)"라고 argument로 넘겨주면 Comparator라는 단어도 argument 속에는 없는데 컴퓨터는 어떻게 그 argument을 Comparator interface를 구현한 object로 알았을까요? 열쇠는 Java API 의 TreeSet class를 보면 알 수 있습니다.

아래 Java API의 TreeSet class의 생성자를 보면 4개의 생성자 중에서 주어진 Lambda 표현과 일치하는 생성자는 "TreeSet(Comparator⟨? Super E⟩ comparator)"입니다. 그러므로 컴퓨터는 주어진 Lambda 표현은 Comparator interface를 구현한 Lambda 표현이라고 추정(infer)할 수 있는 것입니다.

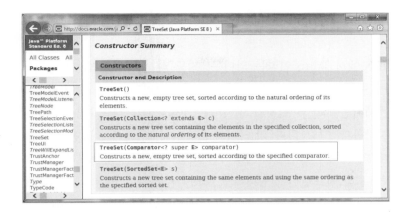

- 두 번째 Comparator interface를 구현한 object라고 추정했다고 하더라도 주어진 Lambda 표현 "car1.color.compareTo(car2.color)"이 어떻게 compare() method를 재정의한 것으로 받아들일까요?

  Lambda의 문법적 규칙 중에 하나의 method만 정의되어 있는 interface를 Lambda 표현으로 가능하다고 했습니다. 그러므로 재정의된 method는 compare() method하나 밖에 없으므로 compare() method를 재정의한 것으로 알고 있는 것입니다.

문제 | Ex02225F

다음은 Ex02225D 프로그램을 Lambda 표현을 사용하여 ModelNo와 color로 정렬되어 아래와 같은 출력 결과가 나오도록 작성하세요.

```
D:\IntaeJava>java Ex02225F
licenseNo=1001, color=Red, modelNo=A, seqNo=0
licenseNo=1002, color=Green, modelNo=A, seqNo=1
licenseNo=1003, color=Green, modelNo=B, seqNo=0
licenseNo=1004, color=Yellow, modelNo=B, seqNo=1
size=4 : A:Green A:Red B:Green B:Yellow
licenseNo=1005, color=White, modelNo=A, seqNo=2
licenseNo=1006, color=Yellow, modelNo=B, seqNo=2
size=5 : A:Green A:Red A:White B:Green B:Yellow

D:\IntaeJava>
```

22.4 Map⟨K, V⟩ interface

22.4.1 Map⟨K, V⟩ interface 이해하기

Map⟨K, V⟩ interface는 data의 중복을 허락하지 않는 것은 Set⟨E⟩ interface와 동일하고, 추가적으로 Key와 Value라는 한 쌍의 object로 이루어진 collection입니다. Key와 Value의 의미는 예를 들면 사원 번호는 Key가 되고, 그 사원에 대한 이름, 연락처, 각종 인사사항 등은 value라는 이름으로 저장 가능합니다. 또 상품 번호는 key가 되고, 상품 번호에 연결되어있는 상품명, 가격, 재고 수량 등은 value 가 될 수 있습니다.

Map⟨K, V⟩ interface에서 "Map"이라는 의미는 "지도"라는 뜻이 있습니다. 지도 는 우리 주변에 있는 지형 지물을 종이에 그려 놓은 것을 말합니다. 즉 종이에 그려 놓은 그림과 실제 존재하는 사물의 위치가 일치하는 것을 말합니다. 그래서 "Map" 이라는 말속에는 "일치하다" "사상하다"의 의미가 있습니다. 정확히 말하면 "일치하 다"보다는 "사상하다"의 의미가 있는데, "사상하다"라는 단어는 일상생활에 사용하 지 않다 보니 "일치하다"라고 표현한 것입니다. 그러면 "사상하다"라는 의미는 햇빛 이 사람을 비출 때, 그림자가 생길 때 머리는 머리 그림자에, 손은 손그림자에 사상 한다라고 표현합니다. 즉 한 점은 다른 한 점에 정확히 1:1 대응 되도록 되어 있는것 을 영어로는 "Map"이라고 합니다. 그러므로 사원 번호는 사원 기록물과 Mapping 되고, 상품 번호는 상품 관련 정보와 mapping되는 것입니다.

Key와 Value가 서로 Mapping 되는 collection이 Map⟨K, V⟩ interface인 것입 니다.

- Map⟨K, V⟩p interface에서 사용할 수 있는 method는 Collection interface를 상 속 받으므로 모든 Collection interface method와 추가적으로 한 쌍의 원소가 저 장, 삭제, 변경, 읽어오는 기능 등의 관련된 method가 있다고 생각하면 됩니다. Map⟨K, V⟩ interface에서만 사용되는 중요한 method는 아래와 같습니다.

- put(K key, V value):key object와 쌍을 이루는 value object를 Map object 에 저장합니다.

- get(K key):Map object에 저장된 Key와 Value object에 대해 Key object로 value object를 꺼내옵니다.

- replace(K key, V value):Map object에 저장된 Key와 Value object에 대 해 key object로 기존에 저장된 value object를 새로운 value object로 교체 합니다.

- remove(K key):Map object에 저장된 Key와 Value object에 대해 일치하는 Key object가 있으면 Key와 value object 모두를 Map object에서 삭제합니다.

- entrySet():Map object에 저장된 모든 원소를 Set object로 만들어 꺼내옵니 다.(Ex02231 프로그램 참조)

> **예제 | Ex02231**

아래 프로그램은 일반적인 Map interface를 구현한 HashMap과 TreeMap의 사용 예를 보여주는 프로그램입니다.

```
 1: import java.util.*;
 2: class Ex02231 {
 3:    public static void main(String[] args) {
 4:       HashMap<String, String> hMapData = new HashMap<String, String>();
 5:       hMapData.put("Hk1", "Hv1");
 6:       hMapData.put("Hk2", "Hv2");
 7:       hMapData.put("Hk3", "Hv3");
 8:       hMapData.put("Hk4", "Hv4");
 9:       hMapData.put("Hk5", "Hv5");
10:       displayElements(hMapData);
11:       String valueStr = hMapData.get("Hk3");
12:       System.out.println("HashMap key = Hk3, value = "+valueStr);
13:       hMapData.replace("Hk3", "Hvalue3");
14:       hMapData.remove("Hk2");
15:       displayElements(hMapData);
16:       System.out.println();
17:
18:       TreeMap<String, String> tMapData = new TreeMap<String, String>();
19:       tMapData.put("Tk2", "Tv2");
20:       tMapData.put("Tk3", "Tv3");
21:       tMapData.put("Tk4", "Tv4");
22:       tMapData.put("Tk1", "Tv1");
23:       tMapData.put("Tk5", "Tv5");
24:       displayElements(tMapData);
25:       valueStr = tMapData.get("Tk3");
26:       System.out.println("TreeMap key = Tk3, value = "+valueStr);
27:       tMapData.replace("Tk3", "Tvalue3");
28:       tMapData.remove("Tk2");
29:       displayElements(tMapData);
30:    }
31:    static void displayElements(Map<String, String> map) {
32:       System.out.print(map.getClass().getName()+" : ");
33:       Set<Map.Entry<String, String>> mapEntrySet = map.entrySet();
34:       for (Map.Entry<String, String> entry : mapEntrySet) {
35:          System.out.print(entry.getKey() + ":"+ entry.getValue() + " ");
36:       }
37:       System.out.println();
38:    }
39: }
```

```
D:\IntaeJava>java Ex02231
java.util.HashMap : Hk4:Hv4 Hk3:Hv3 Hk5:Hv5 Hk2:Hv2 Hk1:Hv1
HashMap key = Hk3, value = Hv3
java.util.HashMap : Hk4:Hv4 Hk3:Hvalue3 Hk5:Hv5 Hk1:Hv1

java.util.TreeMap : Tk1:Tv1 Tk2:Tv2 Tk3:Tv3 Tk4:Tv4 Tk5:Tv5
TreeMap key = Tk3, value = Tv3
java.util.TreeMap : Tk1:Tv1 Tk3:Tvalue3 Tk4:Tv4 Tk5:Tv5

D:\IntaeJava>
```

프로그램 설명

▶ 11번째 줄:get("Hk3") method에서 "Hk3"를 key로하여 저장한 value을 꺼내

옵니다.

▶ 13번째 줄:replace(Hk3", "Hvalue3") method에서 "Hk3"를 key로 하여 저장한 value를 "Hvalue3"로 교체합니다.

▶ 14번째 줄:remove("Hk2") method에서 "Hk2"를 key로 하여 저장한 key와 value object를 Map object에서 삭제합니다.

▶ 33번째 줄:entrySet():Map object에 저장된 모든 원소를 Set object이고 Map. Entry로 만들어 꺼내옵니다.

▶ 34번째 줄:Map.Entry object인 entry에서 getKey()와 getValue() method를 사용하여 key 값과 value 값을 출력합니다.

22.4.2 HashMap〈K, V〉 class 이해하기

HashMap〈K, V〉 class는 key의 중복을 허락하지 않는 Map interface로 구현된 class입니다. HashMap〈K, V〉는 Map의 특성이 있는 것을 제외하고는 HashSet〈E〉 class와 같이 입력된 순서대로 저장되는 것이 아니라 Hash code 값의 순서에 따라 저장됩니다. 외부적으로 보면 순서없이 저장되는것 처럼 보입니다. 그러므로 HashMap은 입력된 순서 혹은 정렬 순서가 필요하지 않은 곳에 사용합니다. HashMap의 활용은 실무에서 여러 부분에서 많이 활용됩니다. 예를 들면 회사에서 사원 번호를 기준으로 사원에 대한 신상 기록을 저장할 경우, 상품 번호를 기준으로 상품 전반적인 정보, 즉 상품별 단가나 재고량을 저장할 때 일반적으로 사용합니다. 사원 번호나 상품 번호와 같은 Map의 Key에 해당하는 data는 String 문자열이나 Integer object를 사용하므로 hashCode() method를 재정의할 일은 별로 없습니다. 다음은 HashMap class의 활용에 대한 예제를 가지고 설명합니다.

예제 | Ex02232

다음 프로그램은 링컨 대통령 연설 중에 몇 개의 단어로 연설을 했으며 그 단어는 몇 번 사용했는지 알아보는 프로그램입니다.

```
1: import java.util.*;
2: class Ex02232 {
3:     public static void main(String[] args) {
4:       HashMap<String, Integer> hMapData = new HashMap<String, Integer>();
5:          String statement = "Lincoln speech regarding people is that
government of the people, by the people, for the people, shall not perish
from the earth.";
6:         String[] words = statement.split("[., ]");
7:         for ( String word : words ) {
8:            if (!word.equals("")) {
```

```
 9:                    Integer intObj = hMapData.get(word);
10:                    if ( intObj == null ) {
11:                        intObj = new Integer(1);
12:                        hMapData.put(word, intObj);
13:                    } else {
14:                    hMapData.replace(word, new Integer(intObj.intValue() + 1));
15:                    }
16:                }
17:            }
18:        System.out.println(hMapData.size() + " words used : " + hMapData);
19:    }
20: }
```

```
D:\IntaeJava>java Ex02232
16 words used : {perish=1, for=1, shall=1, is=1, people=4, regarding=1, the=4, t
hat=1, not=1, government=1, speech=1, of=1, by=1, earth=1, from=1, Lincoln=1}

D:\IntaeJava>
```

프로그램 설명

▶ 4번째 줄:단어를 중복됨이 없이하고, 중복된 단어가 나오면 그 단어에 쌍으로 저장된 Integer object에 1을 더해주기 위해 String object을 key로 Integer object를 value로 해서 HashMap object를 생성합니다.

▶ 6번째 줄:split() method와 spilt() method의 argument인 "[.,]"에 대해서는 10.8절 '정규 표현'을 참조하세요

▶ 9~16번째 줄:Lincoln인 사용한 단어를 하나씩 HashMap object hMapData에서 get() method를 사용하여 찾아봅니다. 만약 해당 단어가 처음 사용한 단어라면, hMapData에서 get() method를 얻은 값은 한 번도 저장하지 않았습니다. 따라서 그 값은 null이되므로 값이 1인 Integer object 을 생성하여 hMapData에 저장합니다. 만약 두 번째 이상 사용한 단어라면 이미 저장된 Integer object를 꺼내 그 값을 1 증가시킵니다.

▶ 14번째 줄:Integer object는 String object와 마찬가지로 한 번 생성된 object의 내용을 변경할 수 없는 object입니다. 그러므로 새로운 값을 저장할 경우에는 새로운 Integer object를 만들어서 저장해야 됩니다.

▶ Integer object는 AutoBoxing, 즉 primitive int 값을 저장하면 자동으로 Integer object로 만들어서 저장되고, 그 반대의 경우도 되므로 11,12,14번째 줄을 아래와 같이 개선할 수 있습니다.(Ex02232A 프로그램 참조)

```
10:                    if ( intObj == null ) {
11:                        //intObj = new Integer(1);
12:                        hMapData.put(word, 1);
```

```
13:            } else {
14:                hMapData.replace(word, intObj + 1);
15:            }
```

```
D:\IntaeJava>java Ex02232A
16 words used : (perish=1, for=1, shall=1, is=1, people=4, regarding=1, the=4, t
hat=1, not=1, government=1, speech=1, of=1, by=1, earth=1, from=1, Lincoln=1)

D:\IntaeJava>
```

▶ 18번째 줄:HashMap object를 출력하면 key와 value값을 "="를 중간에 삽입하고 출력합니다.

예제 | Ex02233

다음 프로그램은 자동차 6대를 "A", "B" model 각각 3대씩 생산하여 자동차 licenseNo로 HashMap에 저장한 후 외부로부터(Random object로부터) licenseNo로 문의가 들어오면, 그 문의한 자동차가 어떤 차량인지(ModelNo, 일련 번호, 색깔 등) 출력해주는 프로그램입니다.

```
1: import java.util.*;
2: class Ex02233 {
3:    public static void main(String[] args) {
4:        HashMap<Integer, Car> carHashMap = new HashMap<Integer, Car>();
5:        int nextLicenseNo = 1000;
6:        String[] colors = {"White", "Red", "Yellow", "Green", "Blue", "Black" };
7:        String[] models = {"A", "B"};
8:        int[] msqn = new int[models.length];
9:        Random random = new Random();
10:       for ( int i=0 ; i<3 ; i++ ) {
11:          for ( int j=0 ; j<models.length ; j++ ) {
12:             nextLicenseNo++;
13:             msqn[j]++;
14:             int crn = random.nextInt(colors.length);
15:             Car car = new Car(nextLicenseNo, colors[crn], models[j], msqn[j]);
16:             carHashMap.put(nextLicenseNo, car);
17:             car.showCarInfo();
18:          }
19:       }
20:       System.out.println("carHashMap=" + carHashMap);
21:       int randomLicenseNo = random.nextInt(nextLicenseNo-1000) + 1001;
22:       Car car = carHashMap.get(randomLicenseNo);
23:       System.out.println("selected Car licenseNo="+randomLicenseNo+", car="+car.toString());
24:       car.showCarInfo();
```

```
25:      }
26: }
27: class Car {
28:      int licenseNo;
29:      String color;
30:      String modelNo;
31:      int seqNo;
32:      Car(int ln, String c, String mn, int sn) {
33:          licenseNo = ln;
34:          color = c;
35:          modelNo = mn;
36:          seqNo = sn;
37:      }
38:      void showCarInfo() {
39:          System.out.println("licenseNo="+licenseNo+", color="+color+",
modelNo="+modelNo+", seqNo="+seqNo);
40:      }
41:      public String toString() {
42:          return "Car:"+licenseNo+":"+modelNo+seqNo;
43:      }
44: }
```

```
D:\IntaeJava>java Ex02233
licenseNo=1001, color=Green, modelNo=A, seqNo=1
licenseNo=1002, color=Green, modelNo=B, seqNo=1
licenseNo=1003, color=Red, modelNo=A, seqNo=2
licenseNo=1004, color=Red, modelNo=B, seqNo=2
licenseNo=1005, color=Yellow, modelNo=A, seqNo=3
licenseNo=1006, color=Blue, modelNo=B, seqNo=3
carHashMap={1001=Car:1001:A1, 1002=Car:1002:B1, 1003=Car:1003:A2, 1004=Car:1004:
B2, 1005=Car:1005:A3, 1006=Car:1006:B3}
selected Car licenseNo=1002, car=Car:1002:B1
licenseNo=1002, color=Green, modelNo=B, seqNo=1

D:\IntaeJava>
```

프로그램 설명

▶ 16번째 줄:Car object를 licenseNo로 HashMap object에 저장합니다.

▶ 22번째 줄:외부(여기서는 Random object)로부터 licenseNo로 문의가 들어오면 LicenseNo로 해당 차량을 찾아옵니다.

문제 | Ex02223A

다음 프로그램은 자동차 6대를 "A", "B" model 각각 3대씩 생산하여 자동차 색깔로 HashMap에 저장한 후 외부로부터(Random object로부터) 색깔로 문의가 들어오면, 그 문의한 자동차가 어떤 차량인지(LicenseNo, ModelNo, 일렬 번호 등) 출력해주는 프로그램을 작성하세요.

주의 사항 | 색깔은 중복될 수 있습니다. 그러므로 같은 색깔의 차량을 모두 출력해야 합니다.

힌트 | 이 프로그램에서 사용하는 중요한 명령은 다음과 같습니다.

- HashMap⟨String, ArrayList⟨Car⟩⟩ carHashMap = new HashMap⟨String, ArrayList⟨Car⟩⟩();
  색깔별 자동차가 여러 대 저장 가능한 ArrayList가 필요합니다.

- ArrayList⟨Car⟩ carList = carHashMap.get(colors[crn]);
  색깔로 HashMap을 검색해서 해당 색깔의 자동차 List가 있는지 확인 후, 있으면 해당 list에 자동차를 추가하고 없으면 해당 List를 HashMap에 저장해야 합니다.

- 자동차 object를 모두 생산하여 ArrayList를 통해 HashMap에 저장한 후 임의의 색깔로 HashMap을 검색하면 해당 색깔이 없을 수도 있으니 해당 색깔이 없으면 자동차 list가 없다는 메세지도 보내주어야 합니다.

```
D:\IntaeJava>java Ex02233A
licenseNo=1001, color=Blue, modelNo=A, seqNo=1
licenseNo=1002, color=Black, modelNo=B, seqNo=1
licenseNo=1003, color=Yellow, modelNo=A, seqNo=2
licenseNo=1004, color=Yellow, modelNo=B, seqNo=2
licenseNo=1005, color=Black, modelNo=A, seqNo=3
licenseNo=1006, color=Green, modelNo=B, seqNo=3
selected Car color=Black
licenseNo=1002, color=Black, modelNo=B, seqNo=1
licenseNo=1005, color=Black, modelNo=A, seqNo=3

D:\IntaeJava>
```

```
D:\IntaeJava>
D:\IntaeJava>java Ex02233A
licenseNo=1001, color=White, modelNo=A, seqNo=1
licenseNo=1002, color=Blue, modelNo=B, seqNo=1
licenseNo=1003, color=Yellow, modelNo=A, seqNo=2
licenseNo=1004, color=Red, modelNo=B, seqNo=2
licenseNo=1005, color=Blue, modelNo=A, seqNo=3
licenseNo=1006, color=Black, modelNo=B, seqNo=3
selected Car color=Green
Car color=Green, no list

D:\IntaeJava>
```

문제 | Ex02223B

도전해 보세요 Ex02233A 프로그램을 이용하여 자동차 6대를 "A", "B" model 각각 3대씩 생산하여 자동차 색깔로 HashMap에 저장한 후 색깔 버튼을 클릭하면, 그 색깔에 어떤 차량(LicenseNo, ModelNo, 일렬 번호 등)들이 있는지 아래와 같이 출력해주는 프로그램을 작성하세요.

- 프로그램을 수행하면 총 생성된 Car object를 아래처럼 콘솔 화면에 출력합니다.

```
D:\IntaeJava>java Ex02233B
licenseNo=1001, color=Red, modelNo=A, seqNo=1
licenseNo=1002, color=Black, modelNo=B, seqNo=1
licenseNo=1003, color=Red, modelNo=A, seqNo=2
licenseNo=1004, color=White, modelNo=B, seqNo=2
licenseNo=1005, color=Green, modelNo=A, seqNo=3
licenseNo=1006, color=Black, modelNo=B, seqNo=3
```

- JFrame을 만들어 Button 을 클릭할 수 있는 아래 화면을 출력합니다.

- "White" Button을 클릭하면 아래와 같이 차량 정보가 출력되어야 합니다.

22.4.3 TreeMap〈K, V〉 class 이해하기

TreeMap〈K, V〉 class는 key의 중복을 허락하지 않고, 입력된 Key 값에 따라 정렬되며 Map interface로 구현된 class입니다. TreeMap〈K, V〉는 Map의 특성이 있는 것을 제외하고는 TreeSet class와 유사합니다.

예제 | Ex02234

다음 링컨 대통령 연설 중에 몇 개의 단어로 연설을 했으며 그 단어는 몇 번 사용했는지 알아보는 프로그램으로, TreeMap을 이용하여 알파벳순으로 정리되어 출력한 것입니다.

```
1: import java.util.*;
2: class Ex02234 {
3:    public static void main(String[] args) {
4:      TreeMap<String, Integer> tMapData = new TreeMap<String, Integer>();
5:        String statement = "Lincoln speech regarding people is that
government of the people, by the people, for the people, shall not perish
from the earth.";
6:        String[] words = statement.split("[., ]");
7:        for ( String word : words ) {
8:          if (!word.equals("")) {
9:            Integer intObj = tMapData.get(word);
```

```
10:              if ( intObj == null ) {
11:                  tMapData.put(word, 1);
12:              } else {
13:                  tMapData.replace(word, intObj + 1);
14:              }
15:          }
16:      }
17:      System.out.println(tMapData.size() + " words used : " + tMapData);
18:  }
19: }
```

```
D:\IntaeJava>java Ex02234
16 words used : {Lincoln=1, by=1, earth=1, for=1, from=1, government=1, is=1, no
t=1, of=1, people=4, perish=1, regarding=1, shall=1, speech=1, that=1, the=4}

D:\IntaeJava>
```

프로그램 설명

▶ 이 프로그램은 Ex02232 프로그램에서 사용했던 HashMap대신에 HashTree를
사용한 것 이외에는 바뀐 것이 없습니다. TreeMap을 사용했을 경우에는 위 출력
결과처럼 자동으로 정렬되어서 나옵니다.

예제 | Ex02235

다음 프로그램 Ex00918 프로그램을 TreeMap을 사용하여 성적순으로 정렬하는 프
로그램입니다.

```
1: import java.util.*;
2: class Ex02235 {
3:    public static void main(String[] args) {
4:        Student[] s = new Student[6];
5:        s[0] = new Student("James",94, 84, 67, 60);
6:        s[1] = new Student("Chris",88, 68, 76, 89);
7:        s[2] = new Student("Tom",  90, 56, 81, 76);
8:        s[3] = new Student("Jason",78, 96, 95, 81);
9:        s[4] = new Student("Barry",97, 99, 95, 98);
10:        s[5] = new Student("Paul", 86, 78, 67, 93);
11:        TreeMap<Integer, Student> tMapData = new TreeMap<Integer,
Student>();
12:        for ( int i=0 ; i<s.length ; i++ ) {
13:            int total = s[i].score[0] + s[i].score[1]+s[i].score[2]+s[i].
score[3];
14:            tMapData.put(total*100+i, s[i]);
15:        }
16:        System.out.println(" *** Score Table by Student Object ***");
17:        System.out.println("Name     Eng  Mat  Sci  Soc  Tot   Ave");
18:        Set<Map.Entry<Integer, Student>> mapEntrySet = tMapData.
```

```
     descendingMap().entrySet();
19:          for (Map.Entry<Integer, Student> entry : mapEntrySet) {
20:              entry.getValue().showStatus();
21:          }
22:      }
23: }
24: class Student {
25:      String name;
26:      int[] score = new int[4];
27:      Student(String n, int eng, int mat, int sci, int soc) {
28:          name = n;
29:          score[0] = eng;
30:          score[1] = mat;
31:          score[2] = sci;
32:          score[3] = soc;
33:      }
34:      void showStatus() {
35:          int tot = 0;
36:          System.out.printf("%-8s",name);
37:          for ( int j=0 ; j<score.length ; j++ ) {
38:              tot = tot + score[j];
39:              System.out.printf("%5d",score[j]);
40:          }
41:          double average = tot / 4.0;
42:          System.out.printf("%5d %5.1f",tot,average);
43:          System.out.println();
44:      }
45: }
```

```
D:\IntaeJava>java Ex02235
*** Score Table by Student Object ***
Name     Eng  Mat  Sci  Soc  Tot   Ave
Barry    97   99   95   98   389   97.3
Jason    78   96   95   81   350   87.5
Paul     86   78   67   93   324   81.0
Chris    88   68   76   89   321   80.3
James    94   84   67   60   305   76.3
Tom      90   56   81   76   303   75.8

D:\IntaeJava>
```

프로그램 설명

▶ 11번째 줄:성적순으로 정렬하기 위해 TreeMap의 key를 Integer로 정합니다. Value는 Student로 해야 성적순별 학생의 정보를 출력할 수 있습니다.

▶ 14번째 줄:과목별 성적을 합한 후 100을 곱하고, 배열의 i번째 값을 더해서 key 값으로 저장합니다. 여기서 과목별 성적만 더해서 key 값으로 하면 되지 왜 100 을 곱하고 i번째 값을 더해서 key 값으로 하는지 궁금한 독자가 있을것 같아 설명 합니다. 과목별 성적만 더해서 key 값으로 해도 이번 프로그램은 문제 없습니다. 하지만 만약 성적이 동일한 학생이 있다면 어떻게 되나요? Key가 중복되므로 저 장되지 못하고 없어져 버립니다. 이와 같은 에러는 로직 에러라고 하는데, 이런

경우 다행이 성적이 같은 학생이 없으면 정상 작동합니다. 그리고 1,2년 후 성적이 같은 학생이 생기면 그때서야 한 명이 없어진 것을 알게 됩니다. 그러면 실제이 프로그램을 사용하는 사용자는 상당한 혼선이 옵니다. 프로그래머가 에러를 수정하기 전까지는 업무가 중지되는 현상이 일어날지도 모르는 일입니다. 그러므로 TreeMap을 사용할 때는 Key 값이 중복되는 경우가 있는지 분명히 집고 넘어가야 합니다. 물론 중복되면 저장하지 말아야할 data도 있을 수 있습니다. 상황에 맞게 중복 관련 data 처리될 수 있도록 프로그램 작성해야 합니다. 이것이 프로그램 명령 하나 더 아는 것보다 중요합니다.

▶ 18~21번째 줄:TreeMap object에 있는 원소 data를 순서적으로 꺼내는 방법은 여러 가지가 있습니다. 그 중 편리한 방법 중 하나가 entrySet() method를 호출하면 Set⟨Map.Entry⟨K, V⟩⟩의 object를 반환해 주는데, 이것은 오름차순으로 정렬된 Key와 Value로 구성된 Map.Entry object입니다. Map.Entry object에서 getKey()를 호출하면 key 값이 나오고, getValue()를 호출하면 Value object가 나옵니다. 우리는 key는 정렬하는데만 사용하므로 value만 얻어내면 되므로 getValue() method로 Student object를 얻어 냅니다. 그런데 내림차순으로 하기 위해서는 entrySet() method전에 descendingMap() method를 호출하고 entrySet()을 호출하면 됩니다.

문제 | Ex02235A

다음 프로그램은 Ex02235 프로그램을 수정하여 학생 이름순으로 정렬하는 프로그램을 아래와 같이 출력되도록 작성하세요.

```
D:₩IntaeJava>java Ex02235A
 *** Score Table by Student name ***
Name      Eng   Mat   Sci   Soc   Tot   Ave
Barry     97    99    95    98    389   97.3
Chris     88    68    76    89    321   80.3
James     94    84    67    60    305   76.3
Jason     78    96    95    81    350   87.5
Paul      86    78    67    93    324   81.0
Tom       90    56    81    76    303   75.8

D:₩IntaeJava>
```

문제 | Ex02235B

도전해 보세요 다음 프로그램은 Ex02235 프로그램과 Ex02235A 프로그램의 출력 결과를 동시에 볼 수 있는 프로그램으로 학생 이름순과 성적순으로 정렬하는 프로그램을 아래와 같이 출력되도록 작성하세요.

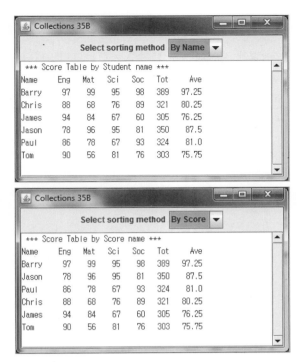

주의 사항 | Font를 동일한 글자 크기로 맞추지 않으면 아래와 같은 출력결과가 나옵니다.(Font는 18.5.2절 'Font class' 참조)

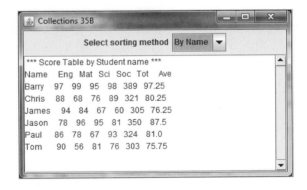

22.4.4 Properties class

Properties class는 대형 System에서 System의 환경변수를 설정하는데 유용하게 사용되기 때문에 자바가 처음 출시되었 때인 자바 1.0부터 존재한 class입니다. 그만큼 실무에 많이 필요한 class라는 것이지요. Properties class는 Map interface를 implements한 HashMap과 유사하지만 Map interface가 자바 1.2부터 시작되었기 때문에 Map과 같은 기능은 하지만 Map Interface를 사용하지는 않습니다. Properties class는 HashMap⟨K, V⟩ class에서 K, V가 모두 String class를 사용하고 있는 HashMap class라고 생각하면 이해하기 쉽습니다.

예제 | Ex02236

아래 프로그램은 Properties class를 어떻게 사용하는지 보여주는 프로그램입니다.

- 아래 프로그램은 고객이 특별히 별도의 주문을 하지 않으면 자동차를 생산하는 기본 값으로 color는 "White", 연료는 50 리터만큼 기본적으로 채워주도록 하고 있습니다.

```java
1: import java.util.*;
2: import java.io.*;
3: class Ex02236 {
4:    public static void main(String[] args) {
5:        Properties systemVar = new Properties();
6:        systemVar.setProperty("basicColor","White");
7:        systemVar.setProperty("basicFuelTank","50");
8:
9:        String bColor = systemVar.getProperty("basicColor");
10:        String bFuelTank = systemVar.getProperty("basicFuelTank");
11:
12:        Console console = System.console();
13:        while ( true ) {
14:            String iColor = console.readLine("Input color("+bColor+"):");
15:            if ( iColor.equals("exit") ) break;
16:    String iFuelTank=console.readLine("Input fuelTank("+bFuelTank+"):");
17:            String color = ( iColor.equals("") ) ? bColor : iColor;
18:            String fuelTank = ( iFuelTank.equals("") ) ? bFuelTank : iFuelTank;
19:            Car car = new Car(color, fuelTank);
20:            car.showCarInfo();
21:        }
22:    }
23: }
24: class Car {
25:    static int nextLicenseNo = 1001;
26:    int licenseNo;
27:    String color;
28:    int fuelTank;
29:    Car(String c, String ft) {
30:        licenseNo = nextLicenseNo++;
31:        color = c;
32:        fuelTank = Integer.parseInt(ft);
33:    }
34:    void showCarInfo() {
35:        System.out.println("licenseNo="+licenseNo+", color="+color+", fuelTank="+fuelTank);
36:    }
37: }
```

```
D:\IntaeJava>java Ex02236
Input color(White):Red
Input fuelTank(50):60
licenseNo=1001, color=Red, fuelTank=60
Input color(White):
Input fuelTank(50):
licenseNo=1002, color=White, fuelTank=50
Input color(White):exit

D:\IntaeJava>
```

프로그램 설명

▶ 5번째 줄:Properties object를 생성합니다. Key 값도 String이고 Value 값도 String으로 고정되어 있는 Properties class는 Generic 을 사용하는 class는 아닙니다.

▶ 6,7번째 줄:원소를 추가하는 method는 put() method가 아니라 setProperty() method입니다.

▶ 9,10번째 줄:key 값으로 value 값을 찾아오는 method는 get() method가 아니라 getProperty() method입니다.

▶ 14,16번째 줄에서 고객이 특별히 요청하는 값이 입력되지 않으면 color는 "White"가 연료는 50만큼 채워진 자동차를 생산합니다.

▶ 위 프로그램에서 5,6,7,번째 줄의 자동차를 생산하는 기본 값들은 제3의 프로그램에서 설정한 것을 이용합니다. 이번 프로그램에서는 편의상 하나의 프로그램에서 두 가지 역할을 모두하게 했습니다.

예제 | Ex02237

다음 프로그램은 Java System의 속성 값을 알아내는 프로그램입니다.

• Java도 대형 System 중의 하나이므로 자바로 프로그램하는 프로그래머를 위해 JVM이 Java설정 값을 만들어 놓았습니다. 프로그래머는 아래 설정 값을 필요 따라 이용만 하면 됩니다.

```
1: class Ex02237 {
2:   public static void main(String[] args) {
3:       String userHome = System.getProperty("user.home");
4:       String userDir = System.getProperty("user.dir");
5:       String userName = System.getProperty("user.name");
6:       String fileSeparator = System.getProperty("file.separator");
7:       String fileSeparater = System.getProperty("file.separater");
8:
9:       System.out.println("user home="+userHome);
10:      System.out.println("user dir="+userDir);
11:      System.out.println("user name="+userName);
12:      System.out.println("file separator="+fileSeparator);
13:      System.out.println("file separater="+fileSeparater);
```

```
14:    }
15: }
```

```
D:₩IntaeJava>java Ex02237
user home=C:₩Users₩Intae
user dir=D:₩IntaeJava
user name=Intae
file separator=₩
file separater=null

D:₩IntaeJava>
```

프로그램 설명

▶ 3번째 줄:System의 key 값 "user.home"은 DOS창을 처음 열었을 때 나오는 기본 폴더의 위치입니다.

▶ 4번째 줄:System의 key 값 "user.dir"은 프로그램이 사용하는 현재 작업 폴더의 위치입니다.

▶ 5번째 줄:System의 key 값 "user.name"은 현재 컴퓨터를 로그인하여 사용하는 사용자 이름입니다.

▶ 6번째 줄:System의 key 값 "file.separator"은 OS마다 폴더의 위치까지를 포함하는 파일 이름을 나타낼 때 사용하는 특수문자 말합니다. 즉 Windows에서는 "₩"문자, UNIX는 Mac 컴퓨터에서는 "/"를 말합니다.

▶ 7번째 줄:System의 key 값 "file.separater"은 없는 잘못된 key값입니다. 잘못된 key 값을 입력했을 때는 반환되는 value는 null이 됩니다.

위 프로그램 Ex02236과 Ex02237에서 설명한 Properties class는 파일의 저장과 읽어들임에 대한 소개를 하지 않은 상태이므로 현재로서는 충분한 설명을 하지 못했습니다. chapter 24 'I/O Stream'에서 다시 한번 설명합니다.

22.5 Stream

Stream은 Lambda 표현과 method reference에 대해 잘 알고 있어야 이해하기 쉽습니다. Lambda 표현은 17.5절 'Lambda 표현'에서 설명을 했으므로 아직 익숙치 않은 독자는 다시 한번 읽어 보기 바랍니다.

22.5.1 Stream 이해하기

Java에서 Stream이라는 용어는 두 번 나옵니다. Collections Framework와 24장에서 설명하게될 I/O Stream입니다. 두 개 모두 개념적으로는 같지만 활용하는 측면에서는 완전히 다르게 활용되고 있습니다. Stream은 유체가 "흐르다"의 뜻이 있습니다. Java에서는 data가 흐르듯이 A에서 B로 이동하는 개념입니다. I/O Stream은 chapter 24에서 설명하기로 하고 여기서는 Collections Framework에서의 Stream에 대해서 설명합니다.

Collections Framework에서 Stream이 나온 목적은 List 그룹 class, Set 그룹 class, Map 그룹 class에서 예제를 통해 확인한 사항이지만 각각의 List 그룹들의 class와 같이 Collection object에는 많은 양의 data가 들어 있습니다. Collection object에 data를 저장하는 것은 data를 보관하기 위해 저장하는 것이 아니라 무언가 data를 가공할 목적으로 Collection object에 data를 저장합니다. data가 Collection object에 들어 있다면 그 다음은 가공하기 위해 그 data를 하나씩 꺼내 연산을 한 후 연산이 완료된 data를 다시 제3의 Collection object에 저장하거나 그 연산 결과를 출력합니다. 여기에 개선해야 할 문제가 있습니다. Data가 적을 때는 어떻게 계산하든 큰 문제가 안되지만 data가 많을 경우에는 더 효율적으로 빠르게 처리할 수 있는 방법을 요구하게 됩니다. Collection object가 이미 속도적인 측면에서 많은 개선을 해왔지만 Java 8에서 더 효율적인 방법, 즉 Stream이라는 개념을 도입하여 속도를 더 빠르게 할 수 있는 package를 내놓았습니다. 즉 data 가공을 Collection object만 하는 것이 아니라 Collection object 내부에서 할 수 있는 방안을 제시하고 있는 것입니다. 그러면 Collection object 밖에서 가공하는 것과 내부에서 하는 것이 어떻게 다른지 프로그램을 통해 알아 보도록 합시다.

예제 | Ex02241

다음 프로그램은 1부터 10까지 ArrayList에 저장한 후 ArrayList 각각의 원소에 있는 값을 3으로 곱한 후 출력하는 프로그램으로 외부 연산 방법과, 내부 연산 방법을 보여주고 있습니다. 아직 Stream에 대해서는 소개하지 않았으므로 내부 연산에 대해서는 대략적인 생긴 모양새만 눈에 익히기 바랍니다.

```
1: import java.util.*;
2: import java.util.stream.*;
3: class Ex02241 {
4:    public static void main(String[] args) {
5:        ArrayList<Integer> aListData1 = new ArrayList<Integer>();
6:        for ( int i=0 ; i<10 ; i++ ) {
7:            aListData1.add(i+1);
8:        }
9:        for ( int i=0 ; i<10 ; i++ ) {
10:           System.out.print(aListData1.get(i)+" ");
11:        }
12:        System.out.println();
13:
```

```
14:        for ( int i=0 ; i<10 ; i++ ) {
15:            Integer intObj = aListData1.get(i);
16:            System.out.print((aListData1.get(i)*3)+" ");
17:        }
18:        System.out.println();
19:
20:        aListData1.stream()
21:                  .map(i -> (i * 3)+" ")
22:                  .forEach(System.out::print);
23:        System.out.println();
24:    }
25: }
```

```
D:\IntaeJava>java Ex02241
1 2 3 4 5 6 7 8 9 10
3 6 9 12 15 18 21 24 27 30
3 6 9 12 15 18 21 24 27 30

D:\IntaeJava>
```

프로그램 설명

▶ 14~17번째 줄:ArrayList object에 있는 원소를 외부 반복 명령을 사용하여 하나
씩 꺼내 각각의 원소에 3을 곱하는 연산한 후 출력합니다.

▶ 20,21,22번째 줄:ArrayList object에 있는 원소를 내부 반복 명령을 통해 각각
의 원소에 3을 곱하는 연산한 후 출력합니다.

• 20번째 줄에서 ArrayList aListData1 object로부터 Stream object를 생성
하고,

• 21번째 줄에서 중간(Intermediate)연산 중의 하나인 Map연산을 한 후,(중간연
산을 하면 별도의 Stream object를 생성합니다.)

• 22번째 줄에서 연산이 완료된 Stream object는 단말(Terminal)연산 중의 하나
인 forEach() method을 통해 Stream object의 원소를 모두 출력합니다.

Stream 연산은 자바에서 설명했던 method를 호출하는 연산과는 개념이 다른 연산
을 합니다. Stream은 기존에 생각하던 프로그램 흐름과는 전혀 다르게 연산을 하
므로 기존 프로그램의 흐름에 익숙해 있는 고정관념을 버리고 아래 사항을 하나씩
소화해 나가기 바랍니다.

■ Stream에서 사용하는 3가지 부류의 연산 ■

① Stream object 생성

② 중간(Intermediate) 연산

③ 단말(Terminal) 연산

Stream연산을 하기 위해서는 Collection object로부터 Stream object를 생성해

야 합니다. Stream object의 생긴 모양은 아래 그림처럼 물 흘러가듯 data가 흘러가는 느낌으로 data가 한 줄로 이어지는 느낌으로 만들어진 object입니다. 그러므로 Stream object가 연산된다는 것은 data가 하나씩 연산 박스를 통과하면서 data가 변경되는 것을 의미합니다. 아래 첫 번째 그림은 소문자를 대문자로 바꾸는 map 연산이고, 두 번째 그림은 첫 문자가 "A'인 문자만 filter 연산 과정을 통과하는 그림입니다.

그러므로 하나의 연산이 끝나면 물이 왼쪽에서 흘러 오른쪽으로 이동하는 개념이기 때문에 왼쪽에는 data가 남아있지 않습니다. 즉 Stream object는 한 번 사용하면 data가 없어지기 때문에 재사용할 수 없습니다. 그러므로 Collection object로부터 원하는 결과 값을 얻은 후에 다른 출력 값을 원할 때에는 처음부터 다시 Stream object를 생성하여 원하는 연산을 한 후 출력 값을 얻어야 합니다.

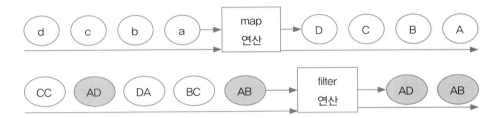

Stream에서 사용하는 3가지 부류의 연산 중 Stream 생성 연산과 단말(Terminal) 연산은 반드시 있어야 Stream 연산이 이루어집니다. 중간(Intermediate)연산은 필요에 따라 여러 번 있어도 되고 한 번도 없어도 됩니다.

Stream 연산에서 method의 argument로 사용하는 것은 익명 class, Lambda 표현과 Method Reference를 사용할 수 있지만 일반적으로는 Lambda 표현과 Method reference를 주로 사용합니다.

예제 | Ex02241A

아래 프로그램은 익명 class의 사용 시 불편한 점을 보여주는 프로그램입니다.

```
1: import java.util.*;
2: import java.util.stream.*;
3: import java.util.function.*;
4: class Ex02241A {
5:     public static void main(String[] args) {
6:         ArrayList<Integer> aListData1 = new ArrayList<Integer>();
7:         for ( int i=0 ; i<10 ; i++ ) {
8:             aListData1.add(i+1);
9:         }
```

```
10:
11:        aListData1.stream()
12:                .map(i -> (i * 3)+" ")
13:                .forEach(System.out::print);
14:        System.out.println();
15:
16:        aListData1.stream()
17:                .map(new Function<Integer, String>() {
18:                    public String apply(Integer i) {
19:                        return (i * 3)+" ";
20:                    }
21:                } )
22:                .forEach(System.out::print);
23:        System.out.println();
24:    }
25: }
```

```
D:\IntaeJava>java Ex02241A
3 6 9 12 15 18 21 24 27 30
3 6 9 12 15 18 21 24 27 30

D:\IntaeJava>
```

프로그램 설명

▶ 12번째 줄의 Lambda 표현을 17~21번째 줄과 같이 익명 class를 사용해도 됩니다. 익명 class를 사용하면 위 프로그램에서 보는 바와 같이 프로그램이 길어지고 보기도 불편하므로 Stream에서 익명 class는 잘 사용하지 않습니다.

■ functional interface ■

앞으로 설명하게될 stream의 연산은 위 Ex02241 프로그램에서 보여주었듯이 특정 interface를 기반으로 Lambda 표현을 사용하고 있습니다. 이러한 interface를 "functional interface"라고 하는데, 자바 API를 보면 stream 연산을 하는 method는 이 functional interface의 object를 argument로 받는 것으로 표현되어 있습니다. 따라서 어떤 functional interface가 어떻게 Lambda 표현으로 설명하는지 앞으로 설명되는 예제를 보고 이해하면 됩니다. 앞으로 여러분이 개발하는 프로그램이 이 책에서 설명하지 않은 새로운 stream연산 method를 사용해야 할 경우가 생기면 API의 functional interface를 보고 각자 Lamda 표현으로 만들 수 있는 능력을 키우기 바랍니다.

아래 list는 많이 사용하는 functional interface와 stream 연산의 method를 사용 예와 함께 나열시킨 것입니다.

① Map 연산:

- 형식:map(Function⟨Integer, String⟩ mapper)

`<R> Stream<R>`	`map(Function<? super T,? extends R> mapper)` Returns a stream consisting of the results of applying the given function to the elements of this stream.

- interface Function⟨T, R⟩ method

`R`	`apply(T t)` Applies this function to the given argument.

- 사용 예:map(i –⟩ i * 3 + " "):i가 t에 해당하고, i * 3 + " "이 R에 해당되어 return되는 값입니다.

② Filter 연산
- 형식:filter(Predicate⟨String⟩ predicate)

`Stream<T>`	`filter(Predicate<? super T> predicate)` Returns a stream consisting of the elements of this stream that match the given predicate.

- interface Predicate⟨T⟩ method

`boolean`	`test(T t)` Evaluates this predicate on the given argument.

- 사용 예:filter(s –⟩ s.startsWith("c")):s가 t에 해당하고, s.startWith("c")가 true 아니면 false로 결과가 나옵니다.

③ forEach 연산
- 형식:forEach(Consumer⟨String⟩ action)

`void`	`forEach(Consumer<? super T> action)` Performs an action for each element of this stream.

- interface Consumer⟨T⟩ method

`void`	`accept(T t)` Performs this operation on the given argument.

- 사용 예:forEach(s –⟩ System.out.println(s)):s가 t에 해당되고 System.out.println(s) 명령만 수행되고 return되는 값은 없습니다.

④ generate 연산
- 형식: generate(Supplier⟨String⟩ s)

`static <T> Stream<T>`	`generate(Supplier<T> s)` Returns an infinite sequential unordered stream where each element is generated by the provided Supplier.

- interface Supplier⟨T⟩ method

T	**get()**
	Gets a result.

- 사용 예:generate(() -> { return "a"; }) 혹은 generate(() -> "a"):"a"가 T 에 해당되어 return됩니다. argument로 넣어주는 값은 없고, return되어 나오는 값만 있는 method입니다.

위 functional interface를 앞으로 설명하는 Stream연산 method와 비교하여 functional interface에 익숙해지기 바랍니다.

22.5.2 중간(Intermediate)연산

중간 연산은 Stream object를 입력을 받아, 연산 결과를 Stream object로 출력합니다. 그러므로 중간 연산이 여러 번 있어도 되고 한 번도 없어도 됩니다.

■ Map 연산 ■

Map연산에서 Map이라는 의미는 Map interface와 같은 개념이지만 Map 연산은 Map interface와 다른 것입니다. Map 연산은 하나의 원소가 Map 연산이 끝난 후 하나의 다른 원소로 변경되는 연산입니다.

예제 | Ex02242

아래 프로그램을 통해 Map 연산이 어떻게 연산되는지 확인해 봅시다.

```
 1: import java.util.*;
 2: import java.util.stream.*;
 3: class Ex02242 {
 4:    public static void main(String[] args) {
 5:       ArrayList<Integer> aListData1 = new ArrayList<Integer>();
 6:       for ( int i=0 ; i<10 ; i++ ) {
 7:          aListData1.add(i+1);
 8:       }
 9:       for ( int i=0 ; i<10 ; i++ ) {
10:          System.out.print(aListData1.get(i)+" ");
11:       }
12:       System.out.println();
13:
14:       aListData1.stream()
15:                .forEach(a -> System.out.print(a+" "));
16:       System.out.println();
17:
18:       aListData1.stream()
```

```
19:                          .map(i -> i * 3)
20:                          .map(i -> (i + 1) + " ")
21:                          .forEach(System.out::print);
22:          System.out.println();
23:       }
24: }
```

```
D:\IntaeJava>java Ex02242
1 2 3 4 5 6 7 8 9 10
1 2 3 4 5 6 7 8 9 10
4 7 10 13 16 19 22 25 28 31

D:\IntaeJava>
```

프로그램 설명

▶ 14번째 줄:ArrayList aListData를 Stream object로 만듭니다.

▶ 15번째 줄:각각의 Stream data를 출력합니다.

▶ 18번째 줄:ArrayList aListData를 Stream object로 만듭니다.(14번째 줄에서 만든 Stream object는 재사용할 수 없습니다.)

▶ 19번째 줄:각각의 Stream data에 3을 곱합니다.

▶ 20번째 줄:각각의 Stream data에 1을 더한 후 blank 문자 하나를 더해서 숫자를 문자로 변경합니다.

▶ 21번째 줄:각각의 원소를 출력합니다.

▶ Stream object가 Map 연산이나 forEach 연산을 할 때 각각의 원소는 선언된 변수에 하나씩 대응됩니다. 즉 15번째 줄 변수 a에는 원소 1, 2, 3, …, 10이 하나씩 들어 갑니다. 또 19번째 줄에서도 1, 2, 3, …, 10이 하나씩 변수 i에 들어갑니다. 20번째 줄에서는 19번째 줄에서 Map 연산이 완료된 stream object 원소, 3, 6, 9, …, 30이 하나씩 변수 i에 들어갑니다.

15번째 줄 변수 a와 19,20번째 줄에서 변수 i는 프로그래머가 임의로 정할 수 있는 변수이고, 서로 아무 관련성이 없는 변수이므로 변수 이름은 서로 같아도 되고, 각각 다른 변수 이름을 사용해도 됩니다.

예제 | Ex02242A

다음 프로그램은 Map 연산을 통해 문자열을 변경시키는 예입니다.

```
1: import java.util.*;
2: import java.util.stream.*;
3: class Ex02242A {
4:    public static void main(String[] args) {
5:       ArrayList<String> aListData2 = new ArrayList<String>();
```

```
 6:        aListData2.add("aa1");
 7:        aListData2.add("aa2");
 8:        aListData2.add("bb1");
 9:        aListData2.add("cc1");
10:        aListData2.stream()
11:                .map(s -> s.toUpperCase()+" ")
12:                .forEach(System.out::print);
13:        System.out.println();
14:
15:        for ( int i=0 ; i<aListData2.size() ; i++ ) {
16:            System.out.print(aListData2.get(i)+" ");
17:        }
18:        System.out.println();
19:
20:        aListData2.add("cc2");
21:        aListData2.stream()
22:                .map(String::toUpperCase)
23:                .forEach(a -> System.out.print(a+" "));
24:        System.out.println();
25:
26:        aListData2.add("dd1");
27:        aListData2.stream()
28:                .map(String::toUpperCase)
29:                .map(s -> s+" ")
30:                .forEach(System.out::print);
31:        System.out.println();
32:    }
33: }
```

```
D:\IntaeJava>java Ex02242A
AA1 AA2 BB1 CC1
aa1 aa2 bb1 cc1
AA1 AA2 BB1 CC1 CC2
AA1 AA2 BB1 CC1 CC2 DD1

D:\IntaeJava>
```

프로그램 설명

▶ 11번째 줄:각각의 Stream data를 대문자로 변경하고 blank문자 하나를 추가한 후,

▶ 21번째 줄:각각의 원소를 출력합니다.

▶ 15,16,17번째 줄:10,11,12번째 줄에서 ArrayList aListData2 object를 Stream object로 만든 후 각각의 Stream data를 대문자로 변경하고 blank 문자 하나를 추가했지만 원래의 aListData2의 원소 data의 내용은 변경되지 않았음을 보여주는 출력입니다.

▶ 10,11,12번째 줄, 21,22,23번째 줄, 27~30번째 줄 3개의 표현은 모두 동일한 출력 결과가 나오는 표현입니다. 즉 Lambda 표현, Method reference 표현 중 어

느 것을 사용해도 됩니다.

■ Filter 연산 ■

Filter 연산은 말 그대로 걸러내는 연산입니다. 즉 해당 조건을 만족하면 Filter 연산 박스를 통과하지만 만족하지 못하는 원소는 Filter 연산 박스를 통과하지 못하고 없어 집니다.

예제 | Ex02243

아래 프로그램을 통해 Filter 연산이 어떻게 연산되는지 확인해 봅시다.

```
 1: import java.util.*;
 2: import java.util.stream.*;
 3: class Ex02243 {
 4:    public static void main(String[] args) {
 5:       ArrayList<String> aListData2 = new ArrayList<String>();
 6:       aListData2.add("aa1");
 7:       aListData2.add("aa2");
 8:       aListData2.add("bb1");
 9:       aListData2.add("cc1");
10:       aListData2.add("cc2");
11:       aListData2.add("dd1");
12:       aListData2.stream()
13:                 .filter(s -> s.startsWith("c"))
14:                 .forEach(a -> System.out.print(a+" "));
15:       System.out.println();
16:
17:       aListData2.stream()
18:                 .filter(s -> s.compareTo("c") < 0)
19:                 .map(String::toUpperCase)
20:                 .forEach(s-> System.out.print(s + " "));
21:       System.out.println();
22:    }
23: }
```

```
D:\IntaeJava>java Ex02243
cc1 cc2
AA1 AA2 BB1

D:\IntaeJava>
```

프로그램 설명

▶ 13번째 줄:원소가 "c"로 시작하는 것만 통과 시킵니다.

▶ 18번째 줄:원소가 "c"보다 작은 원소, 즉 "a", "b"문자로 시작하는 것만 통과 시킵니다.

▶ 19번째 줄:18번째 줄에서 통과된 원소들을 대문자로 변환합니다.

예제 | Ex02243A

다음 프로그램은 사용자가 만든 Car class의 원소들은 어떻게 filter 연산을 적용시키는지를 보여주는 프로그램입니다.

```
1: import java.util.*;
2: class Ex02243A {
3:     public static void main(String[] args) {
4:         ArrayList<Car> carList = new ArrayList<Car>();
5:         int nextLicenseNo = 1000;
6:         String[] colors = {"White", "Red", "Blue", "Black" };
7:         String[] models = {"A", "B"};
8:         int[] msqn = new int[models.length];
9:         Random random = new Random();
10:        for ( int i=0 ; i<3 ; i++ ) {
11:            for ( int j=0 ; j<models.length ; j++ ) {
12:                nextLicenseNo++;
13:                msqn[j]++;
14:                int crn = random.nextInt(colors.length);
15:                 Car car = new Car(nextLicenseNo, colors[crn], models[j],
msqn[j]);
16:                carList.add(car);
17:                car.showCarInfo();
18:            }
19:        }
20:
21:        System.out.println("=== White Car List ===");
22:        carList.stream()
23:                .filter(car -> car.color.equals("White"))
24:                .forEach(car -> car.showCarInfo());
25:                //.forEach(Car::showCarInfo);
26:    }
27: }
28: class Car {
29:     int licenseNo;
30:     String color;
31:     String modelNo;
32:     int seqNo;
33:     Car(int ln, String c, String mn, int sn) {
34:         licenseNo = ln;
35:         color = c;
36:         modelNo = mn;
37:         seqNo = sn;
38:     }
39:     void showCarInfo() {
40:         System.out.println("licenseNo="+licenseNo+", color="+color+",
modelNo="+modelNo+", seqNo="+seqNo);
41:     }
42: }
```

```
D:\IntaeJava>java Ex02243A
licenseNo=1001, color=Blue, modelNo=A, seqNo=1
licenseNo=1002, color=Red, modelNo=B, seqNo=1
licenseNo=1003, color=Blue, modelNo=A, seqNo=2
licenseNo=1004, color=White, modelNo=B, seqNo=2
licenseNo=1005, color=White, modelNo=A, seqNo=3
licenseNo=1006, color=Black, modelNo=B, seqNo=3
=== White Car List ===
licenseNo=1004, color=White, modelNo=B, seqNo=2
licenseNo=1005, color=White, modelNo=A, seqNo=3

D:\IntaeJava>
```

프로그램 설명

▶ 22번째 줄:ArrayList carList로 Stream object를 생성합니다.

▶ 23번째 줄:Stream object의 원소(Car object) 중에 color가 "White"인 것들만 filter연산을 통과시킵니다.

▶ 24번째 줄:Stream object의 원소(Car object)중에서 showCarInfo() method를 수행시킵니다.

▶ 25번째 줄:24번째 줄의 Lambda 표현 대신 임의의 object method reference를 사용해도 결과는 동일하게 나옵니다.

■ sorted 연산 ■

sorted 연산은 말 그대로 정렬하는 연산입니다. 즉 두 원소를 비교하여 sorted() method에 argument로 전달한 Lambda 표현에서 정의한 순서대로 정렬됩니다.

예제 | Ex02243B

아래 프로그램을 통해 sorted 연산이 어떻게 연산되는지 확인해 봅시다.

```
 1: import java.util.*;
 2: import java.util.stream.*;
 3: class Ex02243B {
 4:     public static void main(String[] args) {
 5:         ArrayList<String> aListData2 = new ArrayList<String>();
 6:         aListData2.add("cc2");
 7:         aListData2.add("aa2");
 8:         aListData2.add("bb1");
 9:         aListData2.add("cc1");
10:         aListData2.add("aa1");
11:         aListData2.add("bb2");
12:         aListData2.stream()
13:                 .sorted((s1,s2) -> s1.compareTo(s2))
14:                 .forEach(a -> System.out.print(a+" "));
15:         System.out.println();
16:
17:         ArrayList<Car> carList = new ArrayList<Car>();
18:         int nextLicenseNo = 1000;
```

```
19:        String[] colors = {"White", "Red", "Blue", "Black" };
20:        Random random = new Random();
21:        for ( int i=0 ; i<6 ; i++ ) {
22:            nextLicenseNo++;
23:            int crn = random.nextInt(colors.length);
24:            Car car = new Car(nextLicenseNo, colors[crn]);
25:            carList.add(car);
26:            car.showCarInfo();
27:        }
28:
29:        System.out.println("=== White Car List ===");
30:        carList.stream()
31:            .sorted( (car1, car2) -> car1.color.compareTo(car2.color))
32:                //.forEach(car -> car.showCarInfo());
33:            .forEach(Car::showCarInfo);
34:    }
35: }
36: class Car {
37:     int licenseNo;
38:     String color;
39:     Car(int ln, String c) {
40:         licenseNo = ln;
41:         color = c;
42:     }
43:     void showCarInfo() {
44:         System.out.println("licenseNo="+licenseNo+", color="+color);
45:     }
46: }
```

```
D:\IntaeJava>java Ex02243B
aa1 aa2 bb1 bb2 cc1 cc2
licenseNo=1001, color=Black
licenseNo=1002, color=White
licenseNo=1003, color=Red
licenseNo=1004, color=Red
licenseNo=1005, color=Black
licenseNo=1006, color=Blue
=== White Car List ===
licenseNo=1001, color=Black
licenseNo=1005, color=Black
licenseNo=1006, color=Blue
licenseNo=1003, color=Red
licenseNo=1004, color=Red
licenseNo=1002, color=White

D:\IntaeJava>
```

프로그램 설명

▶ 31번째 줄:두 Car object의 color를 비교하여 color문자의 알파벳 순서가 빠른 Car object 순서대로 정렬합니다.

22.5.3 Stream 생성

Stream 연산을 시작하기 위해서는 Stream object를 한 번은 반드시 생성해야 합니다. Stream object 생성은 배열이나 collections로부터 생성합니다. 지금까지 사용한 steam() method는 ArrayList object로부터 Stream object를 생성하는 방법입니다.

■ Stream interface로 생성 ■

Stream interface에는 data를 받아 Stream object를 생성하는 of() method가 있습니다

예제 | Ex02244

```
 1: import java.util.*;
 2: import java.util.stream.*;
 3: class Ex02244 {
 4:    public static void main(String[] args) {
 5:      Stream<Integer> stream1 = Stream.of(1, 2, 3, 4, 5, 6, 7, 8, 9, 10);
 6:      stream1.filter(i -> i / 2 * 2 == i)
 7:             .forEach(a -> System.out.print(a+" "));
 8:      System.out.println();
 9:
10:      Stream<Integer> stream2 = Stream.of(new Integer[]{1, 2, 3, 4, 5,
6, 7, 8, 9, 10});
11:      stream2.filter(i -> i / 2 * 2 == i)
12:             .forEach(a -> System.out.print(a+" "));
13:      System.out.println();
14:
15:      //Stream<Integer> stream3 = Stream.of(new int[]{1, 2, 3, 4, 5, 6,
7, 8, 9, 10});
16:      //stream3.filter(i -> i / 2 * 2 == i)
17:      //       .forEach(a -> System.out.print(a+" "));
18:      //System.out.println();
19:    }
20: }
```

```
D:\IntaeJava>java Ex02244
2 4 6 8 10
2 4 6 8 10

D:\IntaeJava>
```

프로그램 설명

▶ 5번째 줄:Stream.of() method를 사용하여 integer배열로부터 Stream object를 생성합니다. Stream.of() method의 argument에 들어가는 int 값은 자동으로 Integer object로 변경됩니다.

▶ 10번째 줄:Stream.of() method를 사용하여 integer배열로부터 Stream object를 생성합니다. 5번째 줄이 int 값을 자동 변경시켜서 Integer object로 만들었

다면 10번째 줄은 처음부터 Integer object의 배열로 Stream object를 생성하는 것입니다.

▶ 15번째 줄:Stream.of() method를 사용하여 primitive type인 int배열로부터는 Stream object를 생성할 수 없습니다. 15번째 줄의 //comment를 지우고 compile하면 아래와 같은 에러 메세지가 나옵니다.

```
D:\IntaeJava>javac Ex02244.java
Ex02244.java:15: error: incompatible types: inference variable T has incompatibl
e bounds
        Stream<Integer> stream3 = Stream.of(new int[]{1, 2, 3, 4, 5, 6, 7, 8, 9, 1
0});
                                            ^
    equality constraints: Integer
    lower bounds: int[]
  where T is a type-variable:
    T extends Object declared in method <T>of(T)
1 error

D:\IntaeJava>
```

예제 | Ex02244A

다음 프로그램은 Collection object(Vector, ArrayList, LinkedList, HashMap, HashSet)로부터 Stream object를 생성하는 것을 보여주는 프로그램입니다.

```
 1: import java.util.*;
 2: import java.util.stream.*;
 3: class Ex02244A {
 4:    public static void main(String[] args) {
 5:        Vector<String> vData = new Vector<String>();
 6:        vData.add("V1");
 7:        vData.add("V2");
 8:        vData.add("V3");
 9:        vData.add("V4");
10:        vData.stream()
11:            .forEach(a -> System.out.print(a+" "));
12:        System.out.println();
13:
14:        ArrayList<String> aListData = new ArrayList<String>();
15:        aListData.add("AL1");
16:        aListData.add("AL2");
17:        aListData.add("AL3");
18:        aListData.add("AL4");
19:        aListData.stream()
20:            .forEach(a -> System.out.print(a+" "));
21:        System.out.println();
22:
23:        LinkedList<String> lListData = new LinkedList<String>();
24:        lListData.add("LL1");
25:        lListData.add("LL2");
26:        lListData.add("LL3");
27:        lListData.add("LL4");
```

```
28:        lListData.stream()
29:            .forEach(a -> System.out.print(a+" "));
30:        System.out.println();
31:
32:        HashSet<String> hSetData = new HashSet<String>();
33:        hSetData.add("HS1");
34:        hSetData.add("HS2");
35:        hSetData.add("HS3");
36:        hSetData.add("HS4");
37:        hSetData.stream()
38:            .forEach(a -> System.out.print(a+" "));
39:        System.out.println();
40:
41:        TreeSet<String> tSetData = new TreeSet<String>();
42:        tSetData.add("TS2");
43:        tSetData.add("TS4");
44:        tSetData.add("TS3");
45:        tSetData.add("TS1");
46:        tSetData.stream()
47:            .forEach(a -> System.out.print(a+" "));
48:        System.out.println();
49:    }
50: }
```

```
D:\IntaeJava>java Ex02244A
V1 V2 V3 V4
AL1 AL2 AL3 AL4
LL1 LL2 LL3 LL4
HS2 HS1 HS4 HS3
TS1 TS2 TS3 TS4

D:\IntaeJava>
```

프로그램 설명

▶ Vector(10번째 줄), ArrayList(19번째 줄), LinkedList(28번째 줄), HashSet(37번째 줄), TreeSet(46번째 줄)로부터 Stream object를 생성하는 것은 모두 stream() method입니다.

예제 | Ex02244B

다음 프로그램은 Stream.generate() method를 사용하여 Stream object를 생성하는 것을 보여주는 프로그램입니다. Stream.generate() method는 무한 반복하여 Stream object의 원소를 생성하므로 limit() method를 사용하여 일정 개수의 원소만 생성하도록 제한을 해야 프로그램을 종료할 수 있습니다.

```
1: import java.util.*;
2: import java.util.stream.*;
```

```
 3: class Ex02244B {
 4:    public static void main(String[] args) {
 5:        Stream.generate( () -> { return "a"; } ) // == Stream.generate(
() -> "a" )
 6:                .limit(10)
 7:                .forEach(a -> System.out.print(a+" "));
 8:        System.out.println();
 9:
10:        Stream.generate( () -> {
11:                a = new Integer(a + 1);
12:                return a;
13:            } )
14:            .limit(20)
15:            .forEach(a -> System.out.print(a+" "));
16:        System.out.println();
17:
18:        Stream.generate( () -> {
19:                String ch = c+"";
20:                c = (char)(c+1);
21:                return ch;
22:            } )
23:            .limit(20)
24:            .forEach(a -> System.out.print(a+" "));
25:        System.out.println();
26:
27:        Stream.generate( Math::random )
28:                .limit(3)
29:                .forEach(System.out::println);
30:
31:        Stream.generate( Car::new )
32:                .limit(3)
33:                .forEach(a -> a.showCarInfo());
34:        System.out.println();
35:
36:        Stream.generate( () -> {
37:                int rmNo = ((int)(Math.random() * 10 ))%5';
38:                return new Car(nextLicenseNo++, colorNames[rmNo]);
39:            } )
40:                .limit(3)
41:                .forEach(a -> a.showCarInfo());
42:    }
43:    static Integer a = new Integer(0);
44:    static char c = 'A';
45:    static int nextLicenseNo = 2001;
46:    static String[] colorNames = { "White", "Red", "Green", "Blue",
"Black" };
47: }
48: class Car {
49:    static int nextLicenseNo = 1001;
50:    int licenseNo;
```

```
51:     String color;
52:     Car() {
53:         licenseNo = nextLicenseNo++;
54:         color = "White";
55:     }
56:     Car(int ln, String c) {
57:         licenseNo = ln;
58:         color = c;
59:     }
60:     void showCarInfo() {
61:         System.out.println("Car licenseNo="+licenseNo+", color="+color);
62:     }
63: }
```

```
D:\IntaeJava>java Ex02244B
a a a a a a a a a a
1 2 3 4 5 6 7 8 9 10 11 12 13 14 15 16 17 18 19 20
A B C D E F G H I J K L M N O P Q R S T
0.49184893049664835
0.15358315415447887
0.7097873463697171
Car licenseNo=1001, color=White
Car licenseNo=1002, color=White
Car licenseNo=1003, color=White

Car licenseNo=2001, color=White
Car licenseNo=2002, color=White
Car licenseNo=2003, color=Black

D:\IntaeJava>
```

프로그램 설명

▶ 5번째 줄:generate() method 내에 return되는 값이 문자 "a"이므로 반복적으로 "a"만 무한하게 return합니다.

Lambda 표현 generate((()-〉{ return "a"; })"을((() -〉 "a")로 간략히 작성해도 됩니다.

▶ 10~13번째 줄:generate() method는 외부로부터 받아들이는 값 자체적으로 data를 만들어 무한히 return되게 합니다. 자체적으로 data를 만들 때 외부 기억장소를 사용하면 동일한 data가 아니라 매번 만들어지는 data가 다른 값을 가진 data를 만들어낼 수 있습니다. 11번째 줄에서 사용하는 변수 a의 초깃값은 43번째 줄에 0으로 설정했습니다. 그러므로 1부터 1씩 증가하면서 무한히 Integer object를 만들어내고 있습니다.

주의 사항 | Stram.generate() method내에 있는 Lambda식은 익명 class의 method 내에서 사용하는 자바명령과 같은 명령입니다. 그러므로 Lambda 표현에서 사용하는 변수도 익명 class의 method 내에서 사용하는 변수의 변수 접근 범위를 가지고 있습니다. 익명 class의 method 내에서 외부 변수 사용하는 법은 17.4절 "Anonymous class(익명class)"를 참조하세요.

▶ 18~21번째 줄:44번째 줄에 char 'A'를 변수 c에 초깃값으로 저장한 data를 활용하여 "A"부터 "T"까지 20개의 문자 object를 만들어냅니다.

주의 사항 | Stream object 내에 저장된 원소 data는 object이어야 합니다. 그러므로 19번째 줄 String ch = c + ""; 명령으로 primitive type char c를 문자열 object ch로 만든 것입니다.

▶ 27번째 줄:Math class의 random()는 외부로부터 받아들이는 값 없이 자체적으로 매번 다른 값을 return해줌으로써 Math::random method reference을 사용하여 난수를 반환하도록 합니다. 난수는 Double object로 만들어져 Stream object의 원소가 됩니다.

▶ 31번째 줄: Car object도 생성자 reference를 사용하여 반복적으로 object를 만듭니다. Car object는 52~55번째 줄에서 생성자에 전달되는 argument가 없으므로 licenseNo는 nextLicenseNo로 1씩 증가하면서 만들고 차량색은 "White"로 고정했습니다.

▶ 36~39번째 줄:Car object를 생성할 때 외부 data를 받아서 생성하는 방법을 보여주는 로직으로 45번째 줄 변수 nextLicenseNo과 46번째 줄의 변수 colorNames를 이용해서 licenseNo와 color 값을 매번 다르게 설정할 수 있습니다.

예제 | Ex02244C

다음 프로그램은 Stream.iterate() method를 사용하여 Stream object를 생성하는 것을 보여주는 프로그램입니다. Stream.iterate() method는 무한하게 반복하여 Stream object의 원소를 생성하는 것은 generate() method와 동일하나 초기 설정 값을 줄 수 있는 기능이 하나 더 있습니다.

```
1: import java.util.*;
2: import java.util.stream.*;
3: class Ex02244C {
4:    public static void main(String[] args) {
5:       Stream.iterate(0, n -> n + 3)
6:             .limit(10)
7:             .forEach(a -> System.out.print(a+" "));
8:       System.out.println();
9:
10:      Stream.iterate( "A", c -> {
11:             c = (char)(c.charAt(0)+1)+"";
12:             return c;
13:          })
14:          .limit(10)
15:          .forEach(a -> System.out.print(a+" "));
16:      System.out.println();
```

```
17:
18:        Stream.iterate( new Car(1001, "White"), car -> {
19:               int licenseNo = car.licenseNo+1 ;
20:               int colorNo = -1;
21:               for ( int i=0 ; i<colorNames.length && colorNo == -1 ;
i++ ) {
22:                   if ( colorNames[i].equals(car.color) ) colorNo = ( i
+ 1 ) % colorNames.length;
23:               }
24:               if (colorNo == -1) colorNo = 0;
25:               return new Car(licenseNo, colorNames[colorNo]);
26:            } )
27:            .limit(3)
28:            .forEach(a -> a.showCarInfo());
29:    }
30:    static String[] colorNames = { "White", "Red", "Green", "Blue",
"Black" };
31: }
32: class Car {
33:    int licenseNo;
34:    String color;
35:    Car(int ln, String c) {
36:       licenseNo = ln;
37:       color = c;
38:    }
39:    void showCarInfo() {
40:       System.out.println("Car licenseNo="+licenseNo+", color="+color);
41:    }
42: }
```

```
D:\IntaeJava>java Ex02244C
0  3  6  9  12  15  18  21  24  27
A  B  C  D  E  F  G  H  I  J
Car licenseNo=1001, color=White
Car licenseNo=1002, color=Red
Car licenseNo=1003, color=Green

D:\IntaeJava>
```

프로그램 설명

▶ 5번째 줄:초깃값 0 부터 시작해서 3씩 증가하면서 반복적으로 Stream object의
원소를 만들어 냅니다. Stream object의 원소는 Integer object입니다.

▶ 10~13번째 줄:초깃값 "A"부터 시작해서 "J"까지 10개의 문자를 만들어 냅니다.

▶ 18부터 26번째 줄:초깃값 new Car(1001, "White")부터 차량 3대를 만들어 냅
니다.

22.5.4 단말(Terminal) 연산

Stream object를 생성하고, 중간(Intermidiate)연산으로 data를 처리, 가공했다

면, data를 출력하거나 Stream object으로부터 필요로 하는 형태의 Object data 나 primitive data로 변환하는 연산을 단말(Terminal)연산이라고 합니다. 대표적인 단말 연산은 지금까지 사용한 forEach()입니다. forEach()는 많은 예제를 통해 충분히 이해가 되었으므로 그 이외의 단말 연산에 대해서만 설명합니다.

■ count 연산 ■

예제 | Ex02245

```
 1: import java.util.*;
 2: import java.util.stream.*;
 3: class Ex02245 {
 4:    public static void main(String[] args) {
 5:        Stream<Integer> stream1 = Stream.of(1,2,3,4,5,6,7,8,9,10)
 6:                                         .filter( a -> a % 3 == 0 );
 7:        long cnt = stream1.count();
 8:        System.out.println("stream1 count="+cnt);
 9:    }
10: }
```

```
D:\IntaeJava>java Ex02245
stream1 count=3

D:\IntaeJava>
```

프로그램 설명

▶ 7번째 줄 count 연산은 Stream object 내에 있는 원소의 개수를 센 후 그 결과 값을 long type으로 반환합니다. count 연산은 Stream object를 long type primitive data로 변환하는 연산이므로 count()연산 후에는 더이상 Stream연산을 할 수 없습니다.

■ reduce 연산 ■

Reduce 연산에는 3가지 reduce 연산이 있습니다.

아래 프로그램은 두 개의 object를 연산하여 하나의 object로 만들면서 최종적으로는 하나의 object만 남게하는 reduce 연산입니다.

예제 | Ex02245A

```
 1: import java.util.*;
 2: import java.util.stream.*;
 3: class Ex02245A {
```

```
 4:    public static void main(String[] args) {
 5:        Stream<Integer> stream2 = Stream.of(1,2,3,4,5,6,7,8,9,10);
 6:        Optional<Integer> sumOpt = stream2.reduce((a, b)-> a+b );
 7:        Integer sumInt = sumOpt.get();
 8:        System.out.println("stream2 sum="+sumInt);
 9:
10:        Stream<Car> carStream =Stream.iterate( new Car(1001, (int)(Math.
random() * 100) ), car -> {
11:                int licenseNo = car.licenseNo+1;
12:                int rmFt = (int)(Math.random() * 100) ;
13:                return new Car(licenseNo, rmFt);
14:            } )
15:            .limit(5);
16:        Optional<Car> selectCarOpt = carStream.reduce((car1, car2)-> {
17:            if ( car1.fuelTank < car2.fuelTank ) {
18:                return car1;
19:            } else {
20:                return car2;
21:            }
22:        } );
23:        Car selectedCar = selectCarOpt.get();
24:        System.out.println("selected min. fuelTank=");
25:        selectedCar.showCarInfo();
26:    }
27: }
28: class Car {
29:    int licenseNo;
30:    int fuelTank;
31:    Car(int ln, int ft) {
32:        licenseNo = ln;
33:        fuelTank = ft;
34:        showCarInfo();
35:    }
36:    void showCarInfo() {
37:            System.out.println("Car  licenseNo="+licenseNo+",  fuel
Tank="+fuelTank);
38:    }
39: }
```

```
D:\IntaeJava>java Ex02245A
stream2 sum=55
Car licenseNo=1001, fuel Tank=52
Car licenseNo=1002, fuel Tank=25
Car licenseNo=1003, fuel Tank=37
Car licenseNo=1004, fuel Tank=26
Car licenseNo=1005, fuel Tank=54
selected min. fuelTank Car =
Car licenseNo=1002, fuel Tank=25

D:\IntaeJava>
```

프로그램 설명

▶ 16~22번째 줄:두 개의 Car object에서 연료가 적게 남아있는 Car를 반환합니다. 이렇게 연산을 마지막 Car가 남아 있을때까지 연산을 하고 그 결과를 Optional⟨Car⟩ selectCarOpt에 반환합니다.

▶ 23,24,25번째 줄:Optional⟨Car⟩ selectCarOpt object에는 하나의 Car만 남아 있으므로 get() method로 Car object를 꺼내 그 Car object의 정보를 출력합니다.

예제 | Ex02245B

아래 프로그램은 두 번째 reduce 연산의 방법으로 초기 object를 바탕으로 두 개의 object를 연산하여 하나의 object로 만들면서 최종적으로는 초기 object에 다른 object의 모든 정보를 누적하는 reduce 연산입니다.

```java
1: import java.util.*;
2: import java.util.stream.*;
3: class Ex02245B {
4:    public static void main(String[] args) {
5:        Car initCar = new Car(0, 0);
6:        Stream<Car> carStream =Stream.iterate( new Car(1001, (int)(Math.
random() * 100) ), car -> {
7:                int licenseNo = car.licenseNo+1 ;
8:                int rmFt = (int)(Math.random() * 100) ;
9:                return new Car(licenseNo, rmFt);
10:            } )
11:            .limit(5);
12:        Car sumCar = carStream.reduce(initCar, (car1, car2)-> {
13:          car1.fuelTank += car2.fuelTank;
14:          return car1;
15:        } );
16:        System.out.println("sum of all Car fuelTank =");
17:        sumCar.showCarInfo();
18:    }
19: }
20: class Car {
21:    int licenseNo;
22:    int fuelTank;
23:    Car(int ln, int ft) {
24:        licenseNo = ln;
25:        fuelTank = ft;
26:        showCarInfo();
27:    }
28:    void showCarInfo() {
29:                System.out.println("Car  licenseNo="+licenseNo+",  fuel
Tank="+fuelTank);
```

```
30:     }
31: }
```

```
D:\IntaeJava>java Ex02245B
Car licenseNo=0, fuel Tank=0
Car licenseNo=1001, fuel Tank=9
Car licenseNo=1002, fuel Tank=40
Car licenseNo=1003, fuel Tank=29
Car licenseNo=1004, fuel Tank=75
Car licenseNo=1005, fuel Tank=77
sum of all Car fuelTank =
Car licenseNo=0, fuel Tank=230

D:\IntaeJava>
```

프로그램 설명

▶ 이번 프로그램의 reduce 연산은 Ex02245A 프로그램의 reduce 연산과 동일합니다. 단지 Ex02245A 프로그램의 reduce 연산에서는 초기 object가 없지만, 이 프로그램에서는 초기 object가 있는 것이 다릅니다.

▶ Ex02245A 프로그램의 reduce 연산은 Stream 속에 있는 특정 object를 찾아내는데 많이 사용하고, 이번 프로그램의 reduce 연산은 모든 object의 data 값을 초기 object에 누적하는데 많이 사용합니다.

▶ 12번째 줄:초기 object로 initCar를 설정하고, 두 Car object의 연료량을 누적해서 첫 번째 Car object, 여기서는 초기 object initCar에 저장합니다.

예제 | Ex02245C

아래 프로그램은 세 번째 reduce 연산의 방법으로 초깃값 object를 바탕으로 초기 object와 Stream object의 원소 object를 연산하여 초기 object에 누적하는 reduce연산입니다. 3번째 누적 argument는 Parallel Stream일 경우에만 적용되는 argument로 Parallel Stream에서 다시 설명합니다.

```
1: import java.util.*;
2: import java.util.stream.*;
3: class Ex02245C {
4:    public static void main(String[] args) {
5:        Stream<Car> carStream =Stream.iterate( new Car(1001, (int)(Math.
random() * 100) ), car -> {
6:                int licenseNo = car.licenseNo+1 ;
7:                int rmFt = (int)(Math.random() * 100) ;
8:                return new Car(licenseNo, rmFt);
9:            } )
10:           .limit(5);
11:       Integer sumFuelInt = carStream.reduce(0,
12:          (sum, car)-> {
13:             sum += car.fuelTank;
14:             return sum;
```

```
15:         },
16:         (sum1, sum2) -> {
17:             return ( sum1+sum2 );
18:         }
19:     );
20:     //Integer sumFuelInt = carStream.reduce(0, (sum, car)-> sum +=
car.fuelTank, (sum1, sum2) -> sum1+sum2 );
21:     System.out.println("sum of all Car fuelTank ="+sumFuelInt);
22:     }
23: }
24: class Car {
25:     int licenseNo;
26:     int fuelTank;
27:     Car(int ln, int ft) {
28:         licenseNo = ln;
29:         fuelTank = ft;
30:         showCarInfo();
31:     }
32:     void showCarInfo() {
33:             System.out.println("Car  licenseNo="+licenseNo+",  fuel
Tank="+fuelTank);
34:     }
35: }
```

```
D:\IntaeJava>java Ex02245C
Car licenseNo=1001, fuel Tank=51
Car licenseNo=1002, fuel Tank=93
Car licenseNo=1003, fuel Tank=57
Car licenseNo=1004, fuel Tank=32
Car licenseNo=1005, fuel Tank=43
sum of all Car fuelTank =276

D:\IntaeJava>
```

프로그램 설명

▶ 이번 프로그램은 Ex02245B 프로그램을 개선한 것으로 총 연료의 합만 구하면 되는데, 굳이 누적을 위한 새로운 Car object 생성하지 않고, integer object에 연료를 계속 누적하는 프로그램입니다.

▶ 11~19번째줄:parameter가 3개가 있는 reduce() 연산을 합니다.

• 첫 번째 parameter는 연료의 총합을 구하기 위해 초기 object를 Integer object로하고 그 Integer object값은 0으로 설정합니다.

• 두 번째 paramter는 그 초기 object(sum)에 car.fuelTank를 더해서 다시 초기 object(sum)을 생성합니다.

• 세 번째 paramter는 parallel stream일 경우 다른 stream에서 누적한 sum (sum1) 과 이번 stream에서 누적한 sum(sum2)을 모두 더하면 모든 합계는 완료됩니다.(parallel stream에 대해서는 뒤에 다시 설명합니다. 여기서는 parallel 연산은 안 하므로 세 번째 parameter는 작성은 되어 있으되 작동은 되지 않습니다.)

▶ 20번째 줄:11~19번째 줄을 한 줄로 줄이면 20번째 줄이 됩니다.

■ match 연산 ■

예제 | Ex02245D

아래 프로그램은 match 연산으로 3가지 method의 사용 예를 보여주는 프로그램
입니다.

```
 1: import java.util.*;
 2: import java.util.stream.*;
 3: class Ex02245D {
 4:    public static void main(String[] args) {
 5:        Stream<Integer> stream1 = Stream.of(1,2,3,4,5,6,7,8,9,10);
 6:        boolean isMatch1 = stream1.anyMatch( n -> n > 8 );
 7:        System.out.println("anyMatch for more than 8 = "+isMatch1);
 8:
 9:        //isMatch1 = stream1.anyMatch( n -> n > 10 );
10:
11:        Stream<Integer> stream2 = Stream.of(1,2,3,4,5,6,7,8,9,10);
12:        boolean isMatch2 = stream2.allMatch( n -> n < 11 );
13:        System.out.println("allMatch for less than 11 = "+isMatch2);
14:
15:        Stream<Integer> stream3 = Stream.of(1,2,3,4,5,6,7,8,9,10);
16:        boolean isMatch3 = stream3.noneMatch( n -> n > 10 );
17:        System.out.println("noneMatch for more than 10 = "+isMatch3);
18:
19:        Stream<Car> stream4 = Stream.generate( () -> {
20:                int rmNo = ((int)(Math.random() * 10 ))%5 ;
21:                return new Car(nextLicenseNo++, colorNames[rmNo]);
22:            } )
23:            .limit(5);
24:      boolean isMatch4 = stream4.anyMatch( car -> car.color.equals("Red")
);
25:        System.out.println("anyMatch for car color Red = "+isMatch4);
26:    }
27:    static int nextLicenseNo = 1001;
28:     static String[] colorNames = { "White", "Red", "Green", "Blue",
"Black" };
29: }
30: class Car {
31:    int licenseNo;
32:    String color;
33:    Car(int ln, String c) {
34:        licenseNo = ln;
35:        color = c;
36:        showCarInfo();
37:    }
38:    void showCarInfo() {
39:        System.out.println("Car licenseNo="+licenseNo+", color="+color);
40:    }
41: }
```

```
D:\IntaeJava>java Ex02245D
anyMatch for more than 8 = true
allMatch for less than 11 = true
noneMatch for more than 10 = true
Car licenseNo=1001, color=White
Car licenseNo=1002, color=Red
anyMatch for car color Red = true

D:\IntaeJava>_
```

```
D:\IntaeJava>java Ex02245D
anyMatch for more than 8 = true
allMatch for less than 11 = true
noneMatch for more than 10 = true
Car licenseNo=1001, color=Blue
Car licenseNo=1002, color=Green
Car licenseNo=1003, color=White
Car licenseNo=1004, color=Blue
Car licenseNo=1005, color=Green
anyMatch for car color Red = false

D:\IntaeJava>
```

프로그램 설명

▶ 6번째 줄:anyMatch() 연산은 Stream object의 원소 중 어느 한 원소라도 주어진 조건에 만족하면 true, 그렇지 못 하면 false를 반환합니다.

▶ 9번째 줄://comment를 지우고, anyMatch() 연산을 6번째 줄에서 완료한 후 5번째 줄에서 생성한 Stream object stream1으로 anyMatch(n -> n > 10)연산을 다시 한 번 시도하면 runtime 에러가 아래와 같이 발생합니다. 즉 Stream object는 한 번 단말(Terminal)연산을 완료하고 나면 다시 사용할 수 없습니다. 즉 탱크에 있는 유체가 한 번 흘러서 빠져나가고 나면 다시 사용할 수 없는 것과 같은 원리입니다. 만약 다시 동일한 이름의 Stream object 변수를 다시 사용하고자할 경우에는 Stream object를 다시 생성해서 동일한 이름의 Stream object 변수에 저장해야 합니다. 즉 같은 탱크에 유체를 다시 저장하고 난 후에는 다시 사용 가능한 것과 같은 원리입니다.

주의 사항 | Stream object가 한 번 단말(Terminal)연산을 완료하고 나면 재사용할 수 없는 것은 일반 object와 다른 점 중 하나입니다.

```
D:\IntaeJava>
D:\IntaeJava>javac Ex02245D.java

D:\IntaeJava>java Ex02245D
anyMatch for more than 8 = true
Exception in thread "main" java.lang.IllegalStateException: stream has already b
een operated upon or closed
        at java.util.stream.AbstractPipeline.evaluate(Unknown Source)
        at java.util.stream.ReferencePipeline.anyMatch(Unknown Source)
        at Ex02245D.main(Ex02245D.java:9)

D:\IntaeJava>_
```

▶ 12번째 줄:allMatch() 연산은 Stream object의 원소 모두가 주어진 조건에 만족하면 true, 그렇치 못하면 false를 반환합니다.

▶ 16번째 줄:noneMatch() 연산은 Stream object의 원소 모든 원소가 주어진 조건에 만족하지 않으면 true, 만족하는 것이 한 원소라도 있으면 false를 반환합니다.

▶ 24번째 줄:anyMatch() 연산으로 Stream object의 원소 car의 color가 "Red"가 있으면 true, "Red"가 없으면 false를 반환합니다. 위 출력 결과에서 첫 번째 출력 결과는 "Red"가 없으므로 false를 반환하였습니다. 그런데 두 번째 출력 화면은 "Red"가 있어서 true가 나온 것은 맞는데, 원소가 5개 모두 출력되지 않고 "Red"가 있는 Car object에서 멈추고 말았습니다. 다음 절 'Stream data의 처리 순서'에서 설명합니다.

22.5.5 Stream data의 처리순서

Stream object에서는 Stream method를 수행할 때, 하나의 method에서 모든 data를 처리하고 다음 method를 수행하는 일반 object의 method 처리 방식대로 처리하지 않습니다. 이것이 일반 object와 다른점 중 하나입니다.

예제 | Ex02246

다음 프로그램은 단말(Terminal) 연산이 없을 경우 Stream 연산이 어떻게 처리되는지를 보여주는 프로그램입니다.

```
1: import java.util.*;
2: import java.util.stream.*;
3: class Ex02246 {
4:    public static void main(String[] args) {
5:       System.out.println("Stream starts");
6:       Stream<Integer> stream1 = Stream.of(1, 2, 3, 4, 5);
7:       stream1.filter(i -> {
8:                   System.out.println("filter i = "+i);
9:                   return (i / 2 * 2 == i);
10:               } );
11:       System.out.println("Stream ends");
12:    }
13: }
```

```
D:\IntaeJava>java Ex02246
Stream starts
Stream ends

D:\IntaeJava>
```

프로그램 설명

▶ 5번째 줄과 11번째 줄의 문자는 출력되었지만 8번째 줄은 출력되지 않았습니다. 즉 단말 연산이 없으면 Stream 연산은 하지 않습니다. 마치 유체가 채워져 있는 탱크에 파이프가 계량기를 지나 수도꼭지까지 연결되어있어도 제일 마지막에 수도꼭지가 잠겨져 있으면 유체는 중간에 있는 계량기도 통과하지 않는 개념과 같습니다.

예제 | Ex02246A

다음 프로그램은 단말 연산이 있을 경우 Stream 연산이 어떻게 처리되는지를 보여주는 프로그램입니다.

```
1: import java.util.*;
2: import java.util.stream.*;
3: class Ex02246A {
4:    public static void main(String[] args) {
5:        System.out.println("Stream starts");
6:        Stream<Integer> stream1 = Stream.of(1, 2, 3, 4, 5);
7:        stream1.filter(i -> {
8:                    System.out.println("filter i = "+i);
9:                    return (i / 2 * 2 == i);
10:               } )
11:              .forEach(a -> System.out.println("forEach a = "+a));
12:        System.out.println("Stream ends");
13:    }
14: }
```

```
D:\IntaeJava>java Ex02246A
Stream starts
filter i = 1
filter i = 2
forEach a = 2
filter i = 3
filter i = 4
forEach a = 4
filter i = 5
Stream ends

D:\IntaeJava>
```

프로그램 설명

▶ 11번째 줄의 단말 연산이 있으므로 정상적으로 7번째 줄 filter 연산도 수행된 것을 알 수 있습니다.

▶ 그런데 위 출력 결과를 보면 filter 연산을 모두 완료한 후 단말 연산을 한 것이 아니라 data 하나를 기준으로 filter 연산을 하고 단말 연산을 합니다. 그리고 다음 data가 filter 연산을 하고 단말 연산을 합니다. 즉 Tank에서 유체가 계량기를 통과하여 수도꼭지로 빠져 나오면 다음 유체가 계량기를 통과하여 수도꼭지를 빠져나오는 것과 같은 개념입니다.

▶ stream1 object의 원소 1,2,3,4,5가 있을 때, 원소 1이 filter 연산을 하면 2의 배수가 아니므로 filter 연산을 통과하지 못합니다. 원소 2는 filter 연산을 통과하고, 단말 연산까지 처리하여 2를 출력합니다. 2의 단말 연산이 끝나면 3이 filter 연산을 시작합니다. 3은 2의 배수가 아니므로 filter 연산을 통과하지 못 합니다. 원소 4는 filter 연산을 통과하고, 단말 연산까지 처리하여 4를 출력합니다. 4의 단말 연산이 끝나면 5가 filter 연산을 시작합니다. 5는 3의 배수가 아니므로

filter 연산을 통과하지 못 합니다. 원소 5까지 모든 stream 연산이 끝나면 다음 명령을 수행합니다.

예제 | Ex02246B

다음 프로그램은 sorted() 연산이 있는 경우 Stream 연산이 어떻게 처리되는지를 보여주는 프로그램입니다.

```java
 1: import java.util.*;
 2: import java.util.stream.*;
 3: class Ex02246B {
 4:    public static void main(String[] args) {
 5:       ArrayList<String> aListData2 = new ArrayList<String>();
 6:       aListData2.add("aa2");
 7:       aListData2.add("bb1");
 8:       aListData2.add("aa1");
 9:       aListData2.add("bb2");
10:       aListData2.stream()
11:                .map(s1 -> {
12:                   System.out.println("map s1="+s1);
13:                   return s1.toUpperCase();
14:                })
15:                .sorted((s1,s2) -> {
16:                   System.out.println("sorted s1="+s1+", s2="+s2);
17:                   return s1.compareTo(s2);
18:                })
19:                .filter( s1 -> {
20:                   System.out.println("filter s1="+s1);
21:                   return s1.startsWith("B");
22:                })
23:                .forEach(a -> System.out.println("forEach a="+a));
24:    }
25: }
```

```
D:\IntaeJava>java Ex02246B
map s1=aa2
map s1=bb1
map s1=aa1
map s1=bb2
sorted s1=BB1, s2=AA2
sorted s1=AA1, s2=BB1
sorted s1=AA1, s2=BB1
sorted s1=AA1, s2=AA2
sorted s1=BB2, s2=AA2
sorted s1=BB2, s2=BB1
filter s1=AA1
filter s1=AA2
filter s1=BB1
forEach a=BB1
filter s1=BB2
forEach a=BB2

D:\IntaeJava>
```

프로그램 설명

▶ sorted 연산이 있는 경우에는 모든 원소를 모아서 정렬을 하기 때문에 sorted

연산에서는 모든 원소를 모아서 처리합니다. sorted 연산이 완료된 후에는 다시 data하나를 기준으로 filter 연산을 하고, forEach 연산을 합니다.

예제 | Ex02246C

다음 프로그램은 filter() 연산의 순서를 제일 앞쪽으로 옮겨 놓은 경우로 Stream 연산이 어떻게 처리되는지를 보여주는 프로그램입니다.

```java
 1: import java.util.*;
 2: import java.util.stream.*;
 3: class Ex02246C {
 4:    public static void main(String[] args) {
 5:        ArrayList<String> aListData2 = new ArrayList<String>();
 6:        aListData2.add("aa2");
 7:        aListData2.add("bb1");
 8:        aListData2.add("aa1");
 9:        aListData2.add("bb2");
10:        aListData2.stream()
11:                .filter( s1 -> {
12:                    System.out.println("filter s1="+s1);
13:                    return s1.startsWith("b");
14:                })
15:                .map(s1 -> {
16:                    System.out.println("map s1="+s1);
17:                    return s1.toUpperCase();
18:                })
19:                .sorted((s1,s2) -> {
20:                    System.out.println("sorted s1="+s1+", s2="+s2);
21:                    return s1.compareTo(s2);
22:                })
23:                .forEach(a -> System.out.println("forEach a="+a));
24:    }
25: }
```

```
D:\IntaeJava>java Ex02246C
filter s1=aa2
filter s1=bb1
map s1=bb1
filter s1=aa1
filter s1=bb2
map s1=bb2
sorted s1=BB2, s2=BB1
forEach a=BB1
forEach a=BB2

D:\IntaeJava>
```

프로그램 설명

▶ 위 프로그램 출력 결과에서 반드시 filter 연산을 제일 먼저하면 다음 stream의 원소의 개수를 줄일 수 있으므로 효율적인 프로그램이라 할 수 있습니다. 그러므로 stream의 연산을할 때는 연산의 특성을 고려하여 우선 순위를 잘 결정해

야 합니다.

22.5.6 primitive Stream

Stream object의 원소는 모두 object로 되어 있습니다. 하지만 primitive type data로 우리가 많이 사용하므로 primitive data로 처리 가능한 Stream도 있습니다. 이러한 primitive data를 처리할 수 있는 Stream을 primitive Stream이라고 합니다. Primitive type stream은 해당되는 primitive type data만 처리 가능합니다. 예를 들면 IntStream은 int data만 처리 가능하고, DoubleStream은 double data만 처리 가능합니다.

Primitive Stream은 object stream과 동일한 기능을 가지고 있으며, 추가로 primitive 만이 할 수 있는 기능이 더 있습니다.

예제 | Ex02247

다음 프로그램은 IntStream과 DoubleStream의 object생성을 보여주는 예입니다.

```
 1: import java.util.*;
 2: import java.util.stream.*;
 3: class Ex02247 {
 4:    public static void main(String[] args) {
 5:        IntStream.of(4, 1, 3, 5, 5)
 6:                .forEach(a-> System.out.print(a+ " "));
 7:        System.out.println();
 8:
 9:        Arrays.stream(new int[] {2, 2, 1, 1, 3})
10:            .forEach(a-> System.out.print(a+ " "));
11:        System.out.println();
12:
13:        IntStream.range(1,5)
14:                .forEach(a-> System.out.print(a+ " "));
15:        System.out.println();
16:
17:        DoubleStream.of( 4.1, 1.1, 3.1, 5.1, 5.1)
18:                .forEach(a-> System.out.print(a+ " "));
19:        System.out.println();
20:
21:        Arrays.stream(new double[] {2.2, 2.3, 1.2, 1.3, 3.3})
22:                .forEach(a-> System.out.print(a+ " "));
23:        System.out.println();
24:    }
25: }
```

```
D:₩IntaeJava>java Ex02247
4 1 3 5 5
2 2 1 1 3
1 2 3 4
4.1 1.1 3.1 5.1 5.1
2.2 2.3 1.2 1.3 3.3

D:₩IntaeJava>
```

프로그램 설명

▶ 5번째 줄:IntStream.of() method에 int type 값을 넣어주면 IntStream object 를 생성합니다.

▶ 9번째 줄:Arrays.stream() method에 int type 배열 object를 넣어주면 IntStream object를 생성합니다.

▶ 13번째 줄:int type primitive data를 처리하는 IntStream에 range(int s, int e) method는 's'부터 시작하는 int 값부터 1씩 증가해서 'e' 전까지 값을 stream 원소로 만들어 냅니다. 즉 IntStream.range(1,5)라고 했다면 1, 2, 3, 4까지, 즉 5전까지 만들어 냅니다.

▶ 17번째 줄:DoubleStream.of() method에 double type 값을 넣어주면 Double Stream object를 생성합니다.

▶ 21번째 줄:Arrays.stream() method에 double type 배열 object를 넣어주면 DoubleStream object를 생성합니다.

▶ DoubleStream에서 range() method를 사용하여 DoubleStream을 생성하는 method는 없습니다.

예제 | Ex02247A

다음 프로그램은 IntStream과 DoubleStream에서 object stream과 마찬가지로 filter, map, sorted 연산의 기능이 있음을 보여주는 프로그램입니다.

```java
1: import java.util.*;
2: import java.util.stream.*;
3: class Ex02247A {
4:    public static void main(String[] args) {
5:        IntStream.range(1,10)
6:                .filter( i -> i / 2 * 2 == i )
7:                .map( i -> i * 10 )
8:                .forEach(a-> System.out.print(a+ " "));
9:        System.out.println();
10:
11:        IntStream.of( 4, 1, 3, 5, 5)
12:                .sorted()
13:                .forEach(a-> System.out.print(a+ " "));
14:        System.out.println();
```

```
15:
16:        DoubleStream.of( 4.1, 1.1, 3.1, 5.1, 5.1)
17:                .filter( a-> a > 4.0 )
18:                .map( a-> a * 10 )
19:                .forEach(a-> System.out.print(a+ " "));
20:        System.out.println();
21:
22:        DoubleStream.of( 4.1, 1.1, 3.1, 5.1, 5.1)
23:                .sorted()
24:                .forEach(a-> System.out.print(a+ " "));
25:        System.out.println();
26:    }
27: }
```

```
D:\IntaeJava>java Ex02247A
20 40 60 80
1 3 4 5 5
41.0 51.0 51.0
1.1 3.1 4.1 5.1 5.1

D:\IntaeJava>_
```

프로그램 설명

▶ IntStream과 DoubleStream도 object Stream과 같이 filter 연산, map 연산, sorted 연산의 기능을 가지고 있습니다.

▶ sorted 연산과 관련하여 sorted() method 내에 object Stream에서는 Comparator interface type의 object를 넘겨주었지만 IntStream과 DoubleStream에서는 data자체에 크기를 가지고 있으므로 argument를 넘겨줄 필요가 없습니다.

예제 | Ex02247B

다음 프로그램은 primitive type Stream에서 추가적으로 가능한 기능을 보여주는 프로그램입니다.

```
1: import java.util.*;
2: import java.util.stream.*;
3: class Ex02247B {
4:    public static void main(String[] args) {
5:        int sum1 = IntStream.range(1,11)
6:                .sum();
7:        System.out.println("range(1,11).sum() = "+sum1 );
8:
9:        OptionalDouble aveOpt1 = IntStream.of( 4, 1, 3, 5, 5)
10:                                        .average();
11:        double ave1 = aveOpt1.getAsDouble();
12:        System.out.println("IntStream.of( 4, 1, 3, 5, 5) average="+ave1);
13:        System.out.println();
```

```
14:
15:        double sum2 = DoubleStream.of( 4.1, 1.1, 3.1, 5.1, 5.1)
16:                              .sum();
17:        System.out.println("DoubleStream.of(4.1, 1.1, 3.1, 5.1, 5.1) =
"+sum2 );
18:
19:        OptionalDouble aveOpt2 = DoubleStream.of( 4.1, 1.1, 3.1, 5.1, 5.1)
20:                                    .average();
21:        double ave2 = aveOpt2.getAsDouble();
22:         System.out.println("DoubleStream.of( 4.1, 1.1, 3.1, 5.1, 5.1)
average="+ave2);
23:    }
24: }
```

```
D:\IntaeJava>java Ex02247B
range(1,11).sum() = 55
IntStream.of( 4, 1, 3, 5, 5) average=3.6

DoubleStream.of(4.1, 1.1, 3.1, 5.1, 5.1) = 18.5
DoubleStream.of( 4.1, 1.1, 3.1, 5.1, 5.1) average=3.7

D:\IntaeJava>
```

프로그램 설명

▶ primitive type Stream에는 합계(sum)내는 기능, 평균(average)내는 기능이 추가적으로 있습니다.

▶ 합계내는 기능은 해당되는 type으로 결과가 나오지만 평균은 OptionalDouble이라는 object type으로 결과가 나옵니다.

▶ OptionalDouble object에서 object에 저장된 값(여기서는 평균)을 얻어내기 위해서는 getAsDouble() method를 호출하여 얻어 냅니다.

예제 | Ex02247C

다음 프로그램은 primitive type Stream을 object Stream으로, object Stream을 primitive type Stream으로 변환하는 프로그램입니다.

```
1: import java.util.*;
2: import java.util.stream.*;
3: class Ex02247C {
4:    public static void main(String[] args) {
5:        DoubleStream.of( 4.1, 1.1, 3.1, 5.1, 5.1)
6:                    .mapToObj(a -> "record : "+a)
7:                    .forEach(System.out::println);
8:
9:        Stream<Car> carStream =Stream.iterate( new Car(1001, (int)(Math.
random() * 100) ), car -> {
10:                int licenseNo = car.licenseNo+1 ;
```

```
11:              int rmFt = (int)(Math.random() * 100) ;
12:              return new Car(licenseNo, rmFt);
13:         } )
14:         .limit(3);
15:     double sum = carStream.mapToInt( c -> c.fuelTank )
16:         .sum();
17:     System.out.println("Sum of fuelTank for all cars = " + sum);
18:    }
19: }
20: class Car {
21:    int licenseNo;
22:    int fuelTank;
23:    Car(int ln, int ft) {
24:        licenseNo = ln;
25:        fuelTank = ft;
26:        showCarInfo();
27:    }
28:    void showCarInfo() {
29:            System.out.println("Car  licenseNo="+licenseNo+",  fuel
Tank="+fuelTank);
30:    }
31: }
```

```
D:\IntaeJava>java Ex02247C
record : 4.1
record : 1.1
record : 3.1
record : 5.1
record : 5.1
Car licenseNo=1001, fuel Tank=77
Car licenseNo=1002, fuel Tank=56
Car licenseNo=1003, fuel Tank=79
Sum of fuelTank for all cars = 212.0

D:\IntaeJava>
```

프로그램 설명

▶ 6번째 줄:mapToObj() 연산은 int primitive Stream을 object Stream으로 변환합니다.

▶ 15번째 줄:mapToInt() 연산은 Object Stream을 int primitive Stream으로 변환합니다. Primitive Stream으로 변환하면 primitive type에서만 가능한 추가 기능인 sum() 연산을 할 수 있습니다.

예제 | Ex02247D

다음 프로그램은 object Stream을 int type primitive stream으로 변환한 후 다시 object Stream으로 변환하는 예를 보여주는 프로그램입니다.

```
1: import java.util.*;
```

```
 2: import java.util.stream.*;
 3: class Ex02247D {
 4:   public static void main(String[] args) {
 5:     Stream<String> stream1 = Stream.of("a1", "a2", "a3", "a4", "a5",
"a6", "a7", "a8", "a9", "a10");
 6:     stream1.map(b -> b.substring(1))
 7:            .mapToInt(Integer::parseInt)
 8:            .map(b -> b * 2)
 9:            .mapToObj( c -> "b"+c )
10:            .forEach(d -> System.out.print(d+" "));
11:     System.out.println();
12:   }
13: }
```

```
D:\IntaeJava>java Ex02247D
b2 b4 b6 b8 b10 b12 b14 b16 b18 b20

D:\IntaeJava>_
```

프로그램 설명

▶ 7번째 줄:mapToInt() 연산은 Object Stream을 int type primitive Stream으로 변환합니다.

▶ 9번째 줄:mapToObj() 연산은 int type primitive Stream을 Object Stream으로 다시 변환합니다.

22.5.7 Advanced 연산

Stream 연산에는 많은 종류의 연산이 있습니다. 그중 중요한 연산 몇 가지를 더 설명합니다.

■ collect 연산 ■

collect 연산은 단말 연산의 일종으로 Stream object로부터 List, Set, Map과 같은 collection object를 생성해주는 연산입니다. collect 연산은 Collector interface type object를 argument로 받아들입니다. Collector interface는 supplier(), accumulator(), combiner(), finisher() method를 가지고 있습니다. 모르는 interface 이름이나 method 이름이 한 번에 많이 나와서 어렵고 복잡할 것 같은데, Collectors라는 class에 적절한 static method를 호출해주면 Collector object를 만들어 넘겨주므로 collect() method에 argument로 넣어주면 됩니다. 즉 Collectors class의 static method 이름만 알면됩니다.

예제 | Ex02248

다음 프로그램은 collect연산을 어떻게 하는지 보여주는 프로그램입니다.

```
 1: import java.util.*;
 2: import java.util.stream.*;
 3: class Ex02248 {
 4:    public static void main(String[] args) {
 5:        Stream<String> stream1 = Stream.of("Intae", "Jason", "Lina",
"Sean", "Brandon");
 6:        List<String> names1 = stream1.filter(s -> s.length() > 4 )
 7:                          .collect(Collectors.toList());
 8:        System.out.println(names1);
 9:        System.out.println(names1.getClass());
10:
11:        Stream<String> stream2 = Stream.of("Intae", "Jason", "Lina",
"Sean", "Brandon");
12:        Set<String> names2 = stream2.filter(s -> s.length() > 4 )
13:                          .collect(Collectors.toSet());
14:        System.out.println(names2);
15:        System.out.println(names2.getClass());
16:    }
17: }
```

```
D:\IntaeJava>java Ex02248
[Intae, Jason, Brandon]
class java.util.ArrayList
[Brandon, Intae, Jason]
class java.util.HashSet

D:\IntaeJava>
```

프로그램 설명

▶ 7번째 줄:collect() 연산에 argument로 Collectors.toList() method를 호출하여 생성한 Collector object를 넘겨주면 Stream의 각각의 원소를 List object로 만들어 줍니다.

▶ 13번째 줄:collect() 연산에 argument로 Collectors.toSet() method를 호출하여 생성한 Collector object를 넘겨주면 Stream의 각각의 원소를 Set object로 만들어 줍니다.

예제 | Ex02248A

다음 프로그램은 collect 연산에서 Collectors.groupingBy() method를 사용한 프로그램입니다

```
 1: import java.util.*;
 2: import java.util.stream.*;
 3: class Ex02248A {
 4:     public static void main(String[] args) {
 5:         Map<String, List<Car>> carByColor = Stream.iterate( new Car(1001,
"White"), car -> {
 6:                 int licenseNo = car.licenseNo+1 ;
 7:                 int colorNo = -1;
 8:                  for ( int i=0 ; i<colorNames.length && colorNo == -1 ;
i++ ) {
 9:                     if ( colorNames[i].equals(car.color) ) colorNo = ( i
+ 1 ) % colorNames.length;
10:                 }
11:                 if (colorNo == -1) colorNo = 0;
12:                 return new Car(licenseNo, colorNames[colorNo]);
13:             } )
14:             .limit(6)
15:             .collect(Collectors.groupingBy(car -> car.color));
16:             //.collect(Collectors.groupingBy(Car::getColor));
17:         carByColor.forEach((color, car) -> System.out.printf("color %s :
%s \n", color, car));
18:     }
19:     static String[] colorNames = { "White", "Red", "Green", "Blue"};
20: }
21: class Car {
22:     int licenseNo;
23:     String color;
24:     Car(int ln, String c) {
25:         licenseNo = ln;
26:         color = c;
27:         showCarInfo();
28:     }
29:     void showCarInfo() {
30:         System.out.println("Car licenseNo="+licenseNo+", color="+color);
31:     }
32:     public String toString() {
33:         return "Car:"+licenseNo+":"+color;
34:     }
35:     String getColor() {
36:         return color;
37:     }
38: }
```

```
D:\IntaeJava>java Ex02248A
Car licenseNo=1001, color=White
Car licenseNo=1002, color=Red
Car licenseNo=1003, color=Green
Car licenseNo=1004, color=Blue
Car licenseNo=1005, color=White
Car licenseNo=1006, color=Red
color Red : [Car:1002:Red, Car:1006:Red]
color White : [Car:1001:White, Car:1005:White]
color Blue : [Car:1004:Blue]
color Green : [Car:1003:Green]

D:\IntaeJava>
```

프로그램 설명

▶ 15번째 줄:collect(Collectors.groupingBy(car -> car.color)) 연산은 Stream object에 있는 원소를 자동차의 color를 기준으로 grouping하여 각 color마다 Car object를 원소로하는 List object를 만든 후 color object와 color에 해당하는 List object를 가지고 HashMap object를 만들어 줍니다.

▶ 16번째 줄:Car::getColor의 Method reference를 사용해도 15번째 줄과 동일한 기능을 합니다.

▶ 17번째 줄:carByColor Map object에 있는 내용을 forEach() method를 사용하여 출력합니다. 17번째 줄의 forEach() method는 Map object에 있는 forEach() method로 Stream object의 forEach() 연산과 동일한 기능을 합니다.

예제 | Ex02248B

다음 프로그램은 collect 연산에서 Collectors.groupingBy() method를 사용하여 color별 차량 licenseNo List를 만드는 프로그램입니다.

```
 1: import java.util.*;
 2: import java.util.stream.*;
 3: class Ex02248B {
 4:    public static void main(String[] args) {
 5:         Map<String, List<Integer>> carByColor = Stream.iterate( new
Car(1001, "White"), car -> {
 6:              int licenseNo = car.licenseNo+1 ;
 7:              int colorNo = -1;
 8:               for ( int i=0 ; i<colorNames.length && colorNo == -1 ;
i++ ) {
 9:                    if ( colorNames[i].equals(car.color) ) colorNo = ( i
+ 1 ) % colorNames.length;
10:                }
11:              if (colorNo == -1) colorNo = 0;
12:              return new Car(licenseNo, colorNames[colorNo]);
13:           } )
14:          .limit(6)
15:         .collect(Collectors.groupingBy(car -> car.color, Collectors.
mapping(car -> car.licenseNo, Collectors.toList())));
16:            //.collect(Collectors.groupingBy(Car::getColor, Collectors.
mapping(Car::getLicenseNo, Collectors.toList())));
17:       carByColor.forEach((color, ln) -> System.out.printf("color %s :
%s \n", color, ln));
18:    }
19:    static String[] colorNames = { "White", "Red", "Green", "Blue"};
20: }
21: class Car {
22:    int licenseNo;
```

```
23:     String color;
24:     Car(int ln, String c) {
25:         licenseNo = ln;
26:         color = c;
27:         showCarInfo();
28:     }
29:     void showCarInfo() {
30:         System.out.println("Car licenseNo="+licenseNo+", color="+color);
31:     }
32:     int getLicenseNo() {
33:         return licenseNo;
34:     }
35:     String getColor() {
36:         return color;
37:     }
38: }
```

```
D:₩IntaeJava>java Ex02248B
Car licenseNo=1001, color=White
Car licenseNo=1002, color=Red
Car licenseNo=1003, color=Green
Car licenseNo=1004, color=Blue
Car licenseNo=1005, color=White
Car licenseNo=1006, color=Red
color Red : [1002, 1006]
color White : [1001, 1005]
color Blue : [1004]
color Green : [1003]

D:₩IntaeJava>
```

프로그램 설명

▶ 15번째 줄:collect(Collectors.groupingBy(car → car.color, Collectors. mapping(car → car.licenseNo, Collectors.toList()))); 연산은 Stream object에 있는 원소를 자동차의 color를 기준으로 grouping하여 각 color마다 licenseNo를 원소로하는 List object를 만든 후 color object와 color에 해당하는 List object를 가지고 HashMap object를 만들어 줍니다.

▶ 16번째 줄:Car::getColor의 Method reference를 사용해도 15번째 줄과 동일한 기능을 합니다.

▶ 17번째 줄:carByColor Map object에 있는 내용을 forEach() method를 사용하여 출력합니다.

예제 | Ex02248C

다음 프로그램은 collect 연산에서 Collectors.averagingInt() method를 사용하여 모든 차량이 보유하고 있는 연료의 평균과 color별 차량이 보유하고 있는 연료의 평균을 산출하는 프로그램입니다.

```
 1: import java.util.*;
 2: import java.util.stream.*;
 3: class Ex02248C {
 4:     public static void main(String[] args) {
 5:       List<Car> carList = Stream.iterate( new Car(1001, colorNames[colorNo],
(int)(Math.random() * 100) ), car -> {
 6:                 int licenseNo = car.licenseNo+1 ;
 7:                 colorNo = ( colorNo + 1 ) % colorNames.length;
 8:                 int rmFt = (int)(Math.random() * 100) ;
 9:                 return new Car(licenseNo, colorNames[colorNo], rmFt);
10:                 } )
11:                 .limit(6)
12:                 .collect(Collectors.toList());
13:         Double aveCarFuel = carList.stream()
14:                 .collect(Collectors.averagingInt(Car::getFuelTank));
15:         System.out.println("Whole Car Ave fuel = "+aveCarFuel);
16:         System.out.println();
17:
18:         Map<String, Double> carByColor = carList.stream()
19:                 .collect(Collectors.groupingBy(Car::getColor, Collectors.av
eragingInt(Car::getFuelTank)));
20:           carByColor.forEach((color, aveFuel) -> System.out.printf("color
%s : ave fuel = %s \n", color, aveFuel));
21:     }
22:     static int colorNo = 0;
23:     static String[] colorNames = { "White", "Red", "Green", "Blue"};
24: }
25: class Car {
26:     int licenseNo;
27:     String color;
28:     int fuelTank;
29:     Car(int ln, String c, int ft) {
30:         licenseNo = ln;
31:         color = c;
32:         fuelTank = ft;
33:         showCarInfo();
34:     }
35:     void showCarInfo() {
36:         System.out.println("Car licenseNo="+licenseNo+", color="+color+",
fuel Tank="+fuelTank);
37:     }
38:     String getColor() {
39:         return color;
40:     }
41:     int getFuelTank() {
42:         return fuelTank;
43:     }
44: }
```

```
D:\IntaeJava>java Ex02248C
Car licenseNo=1001, color=White, fuel Tank=83
Car licenseNo=1002, color=Red, fuel Tank=21
Car licenseNo=1003, color=Green, fuel Tank=91
Car licenseNo=1004, color=Blue, fuel Tank=55
Car licenseNo=1005, color=White, fuel Tank=36
Car licenseNo=1006, color=Red, fuel Tank=27
Whole Car Ave fuel = 52.166666666666664

color Red : ave fuel = 24.0
color White : ave fuel = 59.5
color Blue : ave fuel = 55.0
color Green : ave fuel = 91.0

D:\IntaeJava>
```

프로그램 설명

▶ 14번째 줄:collect() 연산에서 Collectors.averagingInt()를 사용하여 모든 차량
의 fuelTank 평균을 산출합니다.

▶ 19번째 줄:collect() 연산에서 Collectors.groupingBy()사용하여 color별 grouping
을 한 후 다시 downstream Collectors.averagingInt()를 사용하여 color별 차
량의 fuelTank 평균을 산출합니다.

예제 | Ex02248D

다음 프로그램은 collect 연산에서 Collectors.summarizingInt() method를 사용
하여 모든 차량이 보유하고 있는 연료의 통계와 color별 차량이 보유하고 있는 연료
의 통계를 산출하는 프로그램입니다.

```java
1: import java.util.*;
2: import java.util.stream.*;
3: class Ex02248D {
4:    public static void main(String[] args) {
5:     List<Car> carList = Stream.iterate( new Car(1001, colorNames[colorNo],
(int)(Math.random() * 100) ), car -> {
6:              int licenseNo = car.licenseNo+1 ;
7:              colorNo = ( colorNo + 1 ) % colorNames.length;
8:              int rmFt = (int)(Math.random() * 100) ;
9:              return new Car(licenseNo, colorNames[colorNo], rmFt);
10:          } )
11:          .limit(10)
12:          .collect(Collectors.toList());
13:     IntSummaryStatistics sumStatCarFuel = carList.stream()
14:          .collect(Collectors.summarizingInt(Car::getFuelTank));
15:     System.out.println("Whole Car fuel="+sumStatCarFuel);
16:     System.out.println();
17:
18:     Map<String, IntSummaryStatistics> carByColor = carList.stream()
19:          .collect(Collectors.groupingBy(Car::getColor, Collectors.su
mmarizingInt(Car::getFuelTank)));
20:      carByColor.forEach((color, aveFuel) -> System.out.printf("%s=%s\n",
```

```
color, aveFuel));
21:     }
22:     static int colorNo = 0;
23:     static String[] colorNames = { "White", "Red", "Green", "Blue"};
24: }
25: class Car {
26:     int licenseNo;
27:     String color;
28:     int fuelTank;
29:     Car(int ln, String c, int ft) {
30:         licenseNo = ln;
31:         color = c;
32:         fuelTank = ft;
33:         showCarInfo();
34:     }
35:     void showCarInfo() {
36:         System.out.println("Car licenseNo="+licenseNo+", color="+color+",
fuel Tank="+fuelTank);
37:     }
38:     String getColor() {
39:         return color;
40:     }
41:     int getFuelTank() {
42:         return fuelTank;
43:     }
44: }
```

```
D:\IntaeJava>java Ex02248D
Car licenseNo=1001, color=White, fuel Tank=55
Car licenseNo=1002, color=Red, fuel Tank=19
Car licenseNo=1003, color=Green, fuel Tank=45
Car licenseNo=1004, color=Blue, fuel Tank=32
Car licenseNo=1005, color=White, fuel Tank=96
Car licenseNo=1006, color=Red, fuel Tank=19
Car licenseNo=1007, color=Green, fuel Tank=20
Car licenseNo=1008, color=Blue, fuel Tank=52
Car licenseNo=1009, color=White, fuel Tank=63
Car licenseNo=1010, color=Red, fuel Tank=18
Whole Car fuel=IntSummaryStatistics(count=10, sum=419, min=18, average=41.900000
, max=96)

Red=IntSummaryStatistics(count=3, sum=56, min=18, average=18.666667, max=19)
White=IntSummaryStatistics(count=3, sum=214, min=55, average=71.333333, max=96)
Blue=IntSummaryStatistics(count=2, sum=84, min=32, average=42.000000, max=52)
Green=IntSummaryStatistics(count=2, sum=65, min=20, average=32.500000, max=45)

D:\IntaeJava>
```

프로그램 설명

▶ 14번째 줄:collect() 연산에서 Collectors. summarizingInt()를 사용하여 모든
차량의 fuelTank 통계를 산출합니다.

▶ 19번째 줄:collect() 연산에서 Collectors.groupingBy() 사용하여 color별 grouping
을 한 후 다시 downstream Collectors.summarizingInt()를 사용하여 color에 따라
차량의 fuelTank 통계를 산출합니다.

예제 | Ex02248E

다음 프로그램은 collect 연산에서 사용자가 정의한 CarSummary class를 사용하여 모든 차량이 보유하고 있는 licenseNo와 연료의 합계를 산출하는 프로그램입니다.

```
 1: import java.util.*;
 2: import java.util.stream.*;
 3: class Ex02248E {
 4:    public static void main(String[] args) {
 5:       List<Car> carList = Stream.iterate( new Car(1001, colorNames[colorNo],
(int)(Math.random() * 100) ), car -> {
 6:                   int licenseNo = car.licenseNo+1 ;
 7:                   colorNo = ( colorNo + 1 ) % colorNames.length;
 8:                   int rmFt = (int)(Math.random() * 100) ;
 9:                   return new Car(licenseNo, colorNames[colorNo], rmFt);
10:               } )
11:               .limit(5)
12:               .collect(Collectors.toList());
13:       CarSummary carSum = carList.stream()
14:                   .collect(CarSummary::new, CarSummary::accumulate,
CarSummary::combine);
15:       System.out.println("CarSummary Sum="+carSum.licenseNoSum);
16:          System.out.println("CarSummary Fuel Tank Total="+carSum.
fuelTankTotal);
17:    }
18:    static int colorNo = 0;
19:    static String[] colorNames = { "White", "Red", "Green", "Blue"};
20: }
21: class Car {
22:    int licenseNo;
23:    String color;
24:    int fuelTank;
25:    Car(int ln, String c, int ft) {
26:       licenseNo = ln;
27:       color = c;
28:       fuelTank = ft;
29:       showCarInfo();
30:    }
31:    void showCarInfo() {
32:       System.out.println("Car licenseNo="+licenseNo+", color="+color+",
fuel Tank="+fuelTank);
33:    }
34: }
35: class CarSummary {
36:    String licenseNoSum;
37:    int fuelTankTotal;
38:    CarSummary() {
39:       licenseNoSum = "License No";
40:       fuelTankTotal = 0;
```

```
41:    }
42:    void accumulate(Car car) {
43:       licenseNoSum = licenseNoSum+":"+car.licenseNo;
44:       fuelTankTotal += car.fuelTank;
45:    }
46:    void combine(CarSummary carSum) {
47:       licenseNoSum = licenseNoSum+"+"+carSum.licenseNoSum;
48:       fuelTankTotal += carSum.fuelTankTotal;
49:    }
50: }
```

```
D:\IntaeJava>java Ex02248E
Car licenseNo=1001, color=White, fuel Tank=79
Car licenseNo=1002, color=Red, fuel Tank=33
Car licenseNo=1003, color=Green, fuel Tank=4
Car licenseNo=1004, color=Blue, fuel Tank=13
Car licenseNo=1005, color=White, fuel Tank=68
CarSummary Sum=License No:1001:1002:1003:1004:1005
CarSummary Fuel Tank Total=197

D:\IntaeJava>
```

프로그램 설명

▶ 14번째 줄:collect() 연산에서 아래의 collect() method를 사용합니다.

\<R\> R	**collect(Supplier\<R\>** supplier, **BiConsumer\<R,?** super T\> accumulator, **BiConsumer\<R,R\>** combiner) Performs a **mutable reduction** operation on the elements of this stream.

• supplier는 38번째 줄에서 정의한 생성자를 사용합니다.

• accumulator는 42번째 줄에서 정의한 accumulator() method를 사용합니다.

• combiner는 46번째 줄에서 정의한 combiner() method를 사용합니다.

위 내용을 다시 종합하면 CarSummary object를 하나 생성하고, 5번째에서 생성한 carList의 원소 Car object를 accumulator를 사용하여 최종적으로는 CarSummary object에 모든 정보를 누적하는 연산입니다. 그리고 최종 결과는 CarSummary object를 return해줍니다. Combiner는 parallel Stream에 사용하는 interface object이므로 이번 프로그램에서는 사용하지 않습니다. Parallel Stream은 22.5.8절 'Parallel Stream'에서 설명합니다.

예제 | Ex02248F

다음 프로그램은 collect 연산에서 사용자가 정의한 CarSummary class를 사용하여 모든 차량이 보유하고 있는 licenseNo, 색깔의 종류(알파벳순), 연료의 평균을 산출하여 아래와 같이 출력되도록 프로그램을 작성하세요.

힌트 | 중복되는 color는 출력하지 않도록 TreeSet을 사용하세요.

```
D:\IntaeJava>java Ex02248F
Car licenseNo=1001, color=White, fuel Tank=28
Car licenseNo=1002, color=Red, fuel Tank=46
Car licenseNo=1003, color=Green, fuel Tank=69
Car licenseNo=1004, color=Blue, fuel Tank=97
Car licenseNo=1005, color=White, fuel Tank=21
Car licenseNo=1006, color=Red, fuel Tank=75
CarSummary Sum-License No:1001:1002:1003:1004:1005:1006
CarSummary Color=[Blue, Green, Red, White]
CarSummary Fuel Tank average=56.0

D:\IntaeJava>
```

■ flatMap 연산 ■

flatMap 연산은 Collection object의 원소가 Collection object인 경우 하나의 통합된 Collection object로 만드는 연산입니다. 예를 들면 어느 회사 조직을 생각해봅시다. 회사에는 여러 부서가 있고 각각의 부서에는 부서원이 있습니다. 회사 전체에서 각각의 부서 직원 list를 통합하여 하나의 회사직원의 list를 만드는 과정이 바로 FlatMap 연산으로 할 수 있습니다.

예제 | Ex02249

다음 프로그램은 flatMap 연산을 어떻게 하는지 보여주는 프로그램입니다.

```
 1: import java.util.*;
 2: import java.util.stream.*;
 3: class Ex02249 {
 4:    public static void main(String[] args) {
 5:        List<String> dept1 = Arrays.asList("Intae", "Jason", "Lina");
 6:        List<String> dept2 = Arrays.asList("Tina",  "Chris", "Peter");
 7:        List<String> dept3 = Arrays.asList("Sean", "Brandon");
 8:        List<List<String>> companyList1 = Arrays.asList(dept1, dept2, dept3);
 9:        companyList1.stream()
10:                .flatMap(deptList -> deptList.stream() )
11:                .forEach( n -> System.out.print(n + " "));
12:        System.out.println();
13:
14:        List<String> companyList2 = companyList1.stream()
15:            .flatMap(deptList -> deptList.stream() )
16:            .sorted()
17:            .collect(Collectors.toList());
18:        System.out.println(companyList2);
19:
20:        List<String> companyList3 = new ArrayList<String>();
21:        for ( List<String> deptList : companyList1 ) {
22:            companyList3.addAll(deptList);
23:        }
24:        System.out.println(companyList3);
25:    }
26: }
```

```
D:\IntaeJava>java Ex02249
Intae Jason Lina Tina Chris Peter Sean Brandon
[Brandon, Chris, Intae, Jason, Lina, Peter, Sean, Tina]
[Intae, Jason, Lina, Tina, Chris, Peter, Sean, Brandon]

D:\IntaeJava>
```

프로그램 설명

▶ 10번째 줄:companyList1 Stream object의 원소인 List〈String〉 object를 Stream object로 변환하면서 전체 Stream object의 원소를 모두 String object 로 만들어줍니다.

▶ 20~23번째 줄:flatMap() 연산을 사용하지 않고 List interface에 있는 addAll() method를 사용하여 하나의 List object로 만드는 방법을 보여주고 있습니다.

예제 | Ex02249A

다음 프로그램은 차량번호 1000번대와 2000번대가 분리된 ArrayList에 저장되고, 1000번대 list와 2000번대 list가 모든 차량 list의 원소로 저장된 후 flatMap 연산 을 하여 통합된 Stream을 만들고, color로 sort한 후 모든 차량을 출력하는 프로 그램입니다.

```
 1: import java.util.*;
 2: import java.util.stream.*;
 3: class Ex02249A {
 4:    public static void main(String[] args) {
 5:  ArrayList<ArrayList<Car>> carListList = new ArrayList<ArrayList<Car>>();
 6:       for ( int k=1 ; k<=2 ; k++ ) {
 7:          ArrayList<Car> carList = new ArrayList<Car>();
 8:          for ( int n=1 ; n<=3; n++ ) {
 9:              int licenseNo = k*1000+n ;
10:              colorNo = ( colorNo + 1 ) % colorNames.length;
11:              carList.add(new Car(licenseNo, colorNames[colorNo]));
12:          }
13:          carListList.add(carList);
14:       }
15:       System.out.println();
16:
17:       List<Car> allCarList = carListList.stream()
18:                                  .flatMap(carList -> carList.stream())
19:                                  .sorted((car1, car2) -> car1.color.
compareTo(car2.color))
20:                                  .collect(Collectors.toList());
21:       for ( Car car : allCarList ) {
22:          car.showCarInfo();
23:       }
24:    }
```

```
25:     static int colorNo = -1;
26:     static String[] colorNames = { "White", "Red", "Green", "Blue"};
27: }
28: class Car {
29:     int licenseNo;
30:     String color;
31:     Car(int ln, String c) {
32:         licenseNo = ln;
33:         color = c;
34:         showCarInfo();
35:     }
36:     void showCarInfo() {
37:         System.out.println("Car licenseNo="+licenseNo+", color="+color);
38:     }
39: }
```

```
D:\IntaeJava>java Ex02249A
Car licenseNo=1001, color=White
Car licenseNo=1002, color=Red
Car licenseNo=1003, color=Green
Car licenseNo=2001, color=Blue
Car licenseNo=2002, color=White
Car licenseNo=2003, color=Red

Car licenseNo=2001, color=Blue
Car licenseNo=1003, color=Green
Car licenseNo=1002, color=Red
Car licenseNo=2003, color=Red
Car licenseNo=1001, color=White
Car licenseNo=2002, color=White

D:\IntaeJava>
```

프로그램 설명

▶ 18번째 줄:carListList Stream object의 원소인 carList object를 Stream object 로 변환하면서 전체 Stream object의 원소를 모두 Car object로 만들어 줍니다.

문제 | Ex02249B

Ex02248A 프로그램에서 Collectors.groupingBy()를 사용하여 color별 차량 List를 만들어 Map⟨String, List⟨Car⟩⟩에 저장합니다. 이번 프로그램에서는 Ex02248A 프로그램에서 만든 Map⟨String, List⟨Car⟩⟩ object를 flatMap 연산을 하여 List ⟨Car⟩ object를 생성하여 아래와 같이 출력되도록 프로그램을 작성하세요.

```
1: import java.util.*;
2: import java.util.stream.*;
3: class Ex02249B {
4:     public static void main(String[] args) {
5:         Map<String, List<Car>> carByColor = Stream.iterate( new Car(1001,
"White"), car -> {
6:                 int licenseNo = car.licenseNo+1 ;
7:                 int colorNo = -1;
```

```
 8:                     for ( int i=0 ; i<colorNames.length && colorNo == -1 ;
i++ ) {
 9:                         if ( colorNames[i].equals(car.color) ) colorNo = ( i
+ 1 ) % colorNames.length;
10:                     }
11:                     if (colorNo == -1) colorNo = 0;
12:                     return new Car(licenseNo, colorNames[colorNo]);
13:                 } )
14:                 .limit(6)
15:                 .collect(Collectors.groupingBy(Car::getColor));
16:         carByColor.forEach((color, car) -> System.out.printf("color %s :
%s \n", color, car));
17:
                // 여기에 carList object가 나오도록 프로그램을 작성하세요
X1:     for ( Car car : carList ) {
X2:         car.showCarInfo();
X3:     }
X4:   }
X5:   static String[] colorNames = { "White", "Red", "Green", "Blue"};
X6: }
X7: class Car {
X8:     int licenseNo;
X9:     String color;
Y0:     Car(int ln, String c) {
Y1:         licenseNo = ln;
Y2:         color = c;
Y3:         showCarInfo();
Y4:     }
Y5:     void showCarInfo() {
Y6:         System.out.println("Car licenseNo="+licenseNo+", color="+color);
Y7:     }
Y8:     public String toString() {
Y9:         return "Car:"+licenseNo+":"+color;
Z0:     }
Z1:     String getColor() {
Z2:         return color;
Z3:     }
Z4: }
```

```
D:\IntaeJava>java Ex02249B
Car licenseNo=1001, color=White
Car licenseNo=1002, color=Red
Car licenseNo=1003, color=Green
Car licenseNo=1004, color=Blue
Car licenseNo=1005, color=White
Car licenseNo=1006, color=Red
color Red : [Car:1002:Red, Car:1006:Red]
color White : [Car:1001:White, Car:1005:White]
color Blue : [Car:1004:Blue]
color Green : [Car:1003:Green]
Car licenseNo=1002, color=Red
Car licenseNo=1006, color=Red
Car licenseNo=1001, color=White
Car licenseNo=1005, color=White
Car licenseNo=1004, color=Blue
Car licenseNo=1003, color=Green

D:\IntaeJava>
```

22.5.8 Parallel Stream

지금까지 사용한 Stream은 Sequential Stream입니다. Collection은 많은 data를 포함하고 있는 경우가 많이 있습니다. 따라서 이렇게 많은 data를 처리하기 위해서는 하나의 Thread를 사용하는 것보다 여러 개의 Thread를 사용하여 동시에 실행하면 결과를 얻어내는 것이 시간을 단축할 수 있습니다. 특히 컴퓨터가 두 개 이상의 CPU를 가지고 있는 컴퓨터에서는 더욱 효과를 발휘합니다. Thread에 대한 자세한 사항은 chapter 25 'MultiThread'에서 다시 설명합니다. 여기서는 이렇게 가정합시다. 하나의 프로그램 작업량이 2시간이고 CPU가 두개 있는 컴퓨터에서 반반씩 나누어 일을 하게 하는 기능이 있다면 하나의 프로그램에서 두 개의 Thread를 만들어 각각의 Thread가 반반씩 처리하게 합니다.

Parallel Stream의 사용 방법은 Sequential Stream과 동일합니다. 단지 stream() method 대신 parallelStream()이라고 선언하는 것만 다릅니다. 나머지는 JVM이 알아서 여러 개의 Thread를 만들어 작업을 분산시켜 줍니다.

예제 | Ex02251

다음 프로그램은 Parallel Stream이 어떻게 작동하는지를 보여주는 프로그램입니다.

```
 1: import java.util.*;
 2: import java.util.stream.*;
 3: class Ex02251 {
 4:    public static void main(String[] args) {
 5:       List<String> strList = Arrays.asList("aa1", "bb1", "cc1", "aa2",
"bb2", "bb3");
 6:       strList.parallelStream()
 7:             .map(s -> {
 8:                   System.out.println("Map 1    : "+s+", "+Thread.
currentThread().getName() );
 9:                String s2 = s.substring(1,2).toUpperCase();
10:                return s.substring(0,1)+s2+s.substring(2,3);
11:             })
12:             .map(s -> {
13:                   System.out.println("Map 2    : "+s+", "+Thread.
currentThread().getName() );
14:                String s1 = s.substring(0,1).toUpperCase();
15:                return s1+s.substring(1);
16:             })
17:           .forEach(a -> System.out.println("forEach : "+a+", "+Thread.
currentThread().getName()));
18:    }
19: }
```

```
D:\IntaeJava>java Ex02251
Map 1   : bb1, ForkJoinPool.commonPool-worker-1
Map 1   : bb3, ForkJoinPool.commonPool-worker-2
Map 1   : bb2, ForkJoinPool.commonPool-worker-3
Map 1   : aa2, main
Map 2   : bB2, ForkJoinPool.commonPool-worker-3
Map 2   : bB3, ForkJoinPool.commonPool-worker-2
Map 2   : bB1, ForkJoinPool.commonPool-worker-1
forEach : BB3, ForkJoinPool.commonPool-worker-2
forEach : BB1, ForkJoinPool.commonPool-worker-1
forEach : BB2, ForkJoinPool.commonPool-worker-3
Map 2   : aA2, main
forEach : AA2, main
Map 1   : cc1, ForkJoinPool.commonPool-worker-1
Map 1   : aa1, ForkJoinPool.commonPool-worker-2
Map 2   : cC1, ForkJoinPool.commonPool-worker-1
Map 2   : aA1, ForkJoinPool.commonPool-worker-2
forEach : CC1, ForkJoinPool.commonPool-worker-1
forEach : AA1, ForkJoinPool.commonPool-worker-2

D:\IntaeJava>
```

프로그램 설명

▶ 위 프로그램은 6번째 줄에 parallelStream()이라고 한 것 이외에는 새로운 것이 없습니다.

▶ JVM이 4개의 Thread를 만들어 작업을 분산한 것을 알 수 있습니다. 즉 main, work-1, work-2, work-3 Thread 4개입니다.

▶ 출력된 결과를 보면 순서가 없습니다. 즉 각각의 Thread는 어느 Thread가 먼저 수행될지 알 수 없기 때문입니다. 하지만 같은 Thread 내에서는 순서적으로 나옵니다. 즉 main Thread의 예를 보면 aa2, aA2, AA2로 출력된 것을 알 수 있습니다.

예제 | Ex02251A

다음 프로그램은 Parallel Stream에서의 sort는 어떻게 작동하는지를 보여주는 프로그램입니다.

```
1: import java.util.*;
2: import java.util.stream.*;
3: class Ex02251A {
4:    public static void main(String[] args) {
5:       List<String> strList = Arrays.asList("aa1", "bb1", "cc1", "aa2",
"bb2", "bb3");
6:       strList.parallelStream()
7:             .map(s -> {
8:                   System.out.println("Map 1    : "+s+", "+Thread.
currentThread().getName() );
9:                   String s2 = s.substring(1,2).toUpperCase();
10:                  return s.substring(0,1)+s2+s.substring(2,3);
11:             })
12:            .map(s -> {
13:                  System.out.println("Map 2    : "+s+", "+Thread.
currentThread().getName() );
```

```
14:                    String s1 = s.substring(0,1).toUpperCase();
15:                    return s1+s.substring(1);
16:                })
17:                .sorted((s1, s2) -> {
18:                    System.out.println("Sorted  : "+s1+" "+s2+", "+Thread.
currentThread().getName() );
19:                    return s1.compareTo(s2);
20:                })
21:                .forEach(a -> System.out.println("forEach : "+a+", "+Thread.
currentThread().getName()));
22:        }
23: }
```

```
D:\IntaeJava>java Ex02251A
Map 1   : cc1, ForkJoinPool.commonPool-worker-1
Map 1   : bb2, ForkJoinPool.commonPool-worker-3
Map 1   : aa2, ForkJoinPool.commonPool-worker-2
Map 1   : bb3, main
Map 2   : aA2, ForkJoinPool.commonPool-worker-2
Map 2   : bB2, ForkJoinPool.commonPool-worker-3
Map 2   : cC1, ForkJoinPool.commonPool-worker-1
Map 1   : bb1, ForkJoinPool.commonPool-worker-2
Map 1   : aa1, ForkJoinPool.commonPool-worker-2
Map 2   : bB3, main
Map 2   : aA1, ForkJoinPool.commonPool-worker-2
Map 2   : bB1, ForkJoinPool.commonPool-worker-3
Sorted  : BB1 AA1, main
Sorted  : CC1 BB1, main
Sorted  : AA2 CC1, main
Sorted  : AA2 BB1, main
Sorted  : AA2 AA1, main
Sorted  : BB2 BB1, main
Sorted  : BB2 CC1, main
Sorted  : BB3 BB1, main
Sorted  : BB3 CC1, main
Sorted  : BB3 BB2, main
forEach : BB2, main
forEach : BB1, ForkJoinPool.commonPool-worker-2
forEach : AA1, ForkJoinPool.commonPool-worker-1
forEach : AA2, ForkJoinPool.commonPool-worker-3
forEach : BB3, ForkJoinPool.commonPool-worker-2
forEach : CC1, main

D:\IntaeJava>
```

프로그램 설명

▶ 위 프로그램 출력 결과에서 보듯이 sort는 main Thread에서 하여 순서적으로 정렬합니다. 그러나 forEach() 연산은 parallel Stream으로 하기 때문에 다시 순서 없이 출력되고 있습니다.

예제 | Ex02251B

다음 프로그램은 Parallel Stream에서 sort한 후 List object로 받아내는 것을 보여주는 프로그램입니다. 즉 sort 후 순서를 유지할 필요가 있을 경우에는 순서를 유지하는 Collection object로 받아내야 합니다.

```
1: import java.util.*;
2: import java.util.stream.*;
3: class Ex02251B {
```

```
 4:    public static void main(String[] args) {
 5:       List<String> strList1 = Arrays.asList("aa1", "bb1", "cc1", "aa2",
"bb2", "bb3");
 6:       List<String> strList2 = strList1.parallelStream()
 7:           .map(s -> {
 8:               System.out.println("Map 1    : "+s+", "+Thread.
currentThread().getName() );
 9:               String s2 = s.substring(1,2).toUpperCase();
10:               return s.substring(0,1)+s2+s.substring(2,3);
11:           })
12:           .map(s -> {
13:               System.out.println("Map 2    : "+s+", "+Thread.
currentThread().getName() );
14:               String s1 = s.substring(0,1).toUpperCase();
15:               return s1+s.substring(1);
16:           })
17:           .sorted((s1, s2) -> {
18:               System.out.println("Sorted  : "+s1+" "+s2+", "+Thread.
currentThread().getName() );
19:               return s1.compareTo(s2);
20:           })
21:           .collect(Collectors.toList());
22:       System.out.println("strList2 = "+strList2);
23:    }
24: }
```

```
D:\IntaeJava>java Ex02251B
Map 1    : cc1, ForkJoinPool.commonPool-worker-1
Map 1    : bb3, main
Map 1    : bb2, ForkJoinPool.commonPool-worker-3
Map 1    : aa2, ForkJoinPool.commonPool-worker-2
Map 2    : bB2, ForkJoinPool.commonPool-worker-3
Map 2    : bB3, main
Map 2    : cC1, ForkJoinPool.commonPool-worker-1
Map 1    : bb1, main
Map 1    : aa1, ForkJoinPool.commonPool-worker-3
Map 2    : aA2, ForkJoinPool.commonPool-worker-2
Map 2    : aA1, ForkJoinPool.commonPool-worker-3
Map 2    : bB1, main
Sorted  : BB1 AA1, main
Sorted  : CC1 BB1, main
Sorted  : AA2 CC1, main
Sorted  : AA2 BB1, main
Sorted  : AA2 AA1, main
Sorted  : BB2 BB1, main
Sorted  : BB2 CC1, main
Sorted  : BB3 BB1, main
Sorted  : BB3 CC1, main
Sorted  : BB3 BB2, main
strList2 = [AA1, AA2, BB1, BB2, BB3, CC1]

D:\IntaeJava>
```

프로그램 설명

▶ 21번째 줄에서 sort가 완료된 후 List object를 생성하여 순서를 유지하게 합니다.

예제 | Ex02252

다음 프로그램은 Ex02248E 프로그램과 동일한 프로그램입니다. collect 연산에서 사용자가 정의한 CarSummary class를 사용하여 모든 차량이 보유하고 있는 licenseNo와 연료의 합계를 산출하는 프로그램입니다.

- Ex02248E 프로그램과 다른 점은 11번째 줄 limit(5)를 limit(6), 45,50번째 줄 에서accumulate() method와 combine() method가 수행되는 과정을 어느 Thread에서 실행되는 걸 보기 위해 출력하는 명령을 추가한 것 뿐입니다.

```
1: import java.util.*;
2: import java.util.stream.*;
3: class Ex02252 {
4:     public static void main(String[] args) {
5:     List<Car> carList = Stream.iterate( new Car(1001, colorNames[colorNo],
(int)(Math.random() * 100) ), car -> {
6:                 int licenseNo = car.licenseNo+1 ;
7:                 colorNo = ( colorNo + 1 ) % colorNames.length;
8:                 int rmFt = (int)(Math.random() * 100) ;
9:                 return new Car(licenseNo, colorNames[colorNo], rmFt);
10:             } )
11:             .limit(6)
12:             .collect(Collectors.toList());
13:     CarSummary carSum = carList.stream()
14:                 .collect(CarSummary::new, CarSummary::accumulate,
CarSummary::combine);
15:     System.out.println("CarSummary Sum="+carSum.licenseNoSum);
16:         System.out.println("CarSummary Fuel Tank Total="+carSum.
fuelTankTotal);
17:     }
18:     static int colorNo = 0;
19:     static String[] colorNames = { "White", "Red", "Green", "Blue"};
20: }
21: class Car {
22:     int licenseNo;
23:     String color;
24:     int fuelTank;
25:     Car(int ln, String c, int ft) {
26:         licenseNo = ln;
27:         color = c;
28:         fuelTank = ft;
29:         showCarInfo();
30:     }
31:     void showCarInfo() {
32:         System.out.println("Car licenseNo="+licenseNo+", color="+color+",
fuel Tank="+fuelTank);
33:     }
34: }
35: class CarSummary {
36:     String licenseNoSum;
37:     int fuelTankTotal;
38:     CarSummary() {
```

```
39:          licenseNoSum = "License No";
40:          fuelTankTotal = 0;
41:     }
42:     void accumulate(Car car) {
43:          licenseNoSum = licenseNoSum+":"+car.licenseNo;
44:          fuelTankTotal += car.fuelTank;
45:               System.out.println("accumulate, "+licenseNoSum+", "+Thread.
currentThread().getName() );
46:     }
47:     void combine(CarSummary carSum) {
48:          licenseNoSum = licenseNoSum+"+"+carSum.licenseNoSum;
49:          fuelTankTotal += carSum.fuelTankTotal;
50:               System.out.println("combine, "+licenseNoSum+", "+Thread.
currentThread().getName() );
51:     }
52: }
```

```
D:\IntaeJava>java Ex02252
Car licenseNo=1001, color=White, fuel Tank=94
Car licenseNo=1002, color=Red, fuel Tank=27
Car licenseNo=1003, color=Green, fuel Tank=79
Car licenseNo=1004, color=Blue, fuel Tank=72
Car licenseNo=1005, color=White, fuel Tank=0
Car licenseNo=1006, color=Red, fuel Tank=11
accumulate, License No:1001, main
accumulate, License No:1001:1002, main
accumulate, License No:1001:1002:1003, main
accumulate, License No:1001:1002:1003:1004, main
accumulate, License No:1001:1002:1003:1004:1005, main
accumulate, License No:1001:1002:1003:1004:1005:1006, main
CarSummary Sum=License No:1001:1002:1003:1004:1005:1006
CarSummary Fuel Tank Total=283

D:\IntaeJava>
```

프로그램 설명

▶ 위 프로그램은 sequential Stream이기 때문에 main Thread한 곳에서만 accumulate
() method를 수행합니다. 즉 combine() method는 수행되지도 수행할 필요도
없습니다. 즉 두 Thead 이상으로 accumulate()를 해야 accumulate된 결과가
각각 나오므로 combine할 필요가 있지만, 위 예제는 하나 의 accumulate() 결
과만 있으니 그 결과가 곧 최종 결과인 것입니다.

예제 | Ex02252A

다음 프로그램은 Ex02252 프로그램의 13번째 줄 stream() 연산을 parallelStream()
으로만 바꾼 프로그램입니다.

```
1: import java.util.*;
2: import java.util.stream.*;
3: class Ex02252A {
4:    public static void main(String[] args) {
             // Ex02252 프로그램의 5번째 줄부터 12번째 줄과 동일합니다.
```

```
13:        CarSummary carSum = carList.parallelStream()
            // Ex02252 프로그램의 14번째 줄부터 51번째 줄과 동일합니다.
52: }
```

```
D:\IntaeJava>java Ex02252A
Car licenseNo=1001, color=White, fuel Tank=97
Car licenseNo=1002, color=Red, fuel Tank=79
Car licenseNo=1003, color=Green, fuel Tank=18
Car licenseNo=1004, color=Blue, fuel Tank=2
Car licenseNo=1005, color=White, fuel Tank=7
Car licenseNo=1006, color=Red, fuel Tank=88
accumulate, License No:1002, ForkJoinPool.commonPool-worker-1
accumulate, License No:1006, ForkJoinPool.commonPool-worker-2
accumulate, License No:1004, main
accumulate, License No:1001, ForkJoinPool.commonPool-worker-2
accumulate, License No:1003, ForkJoinPool.commonPool-worker-1
accumulate, License No:1005, ForkJoinPool.commonPool-worker-3
combine, License No:1002+License No:1003, ForkJoinPool.commonPool-worker-1
combine, License No:1005+License No:1006, ForkJoinPool.commonPool-worker-3
combine, License No:1001+License No:1002+License No:1003, ForkJoinPoo
l-worker-1
combine, License No:1004+License No:1005+License No:1006, ForkJoinPoo
l-worker-3
combine, License No:1001+License No:1002+License No:1003+License No:1004+License
 No:1005+License No:1006, ForkJoinPool.commonPool-worker-3
CarSummary Sum=License No:1001+License No:1002+License No:1003+License No:1004+L
icense No:1005+License No:1006
CarSummary Fuel Tank Total=291

D:\IntaeJava>
```

프로그램 설명

▶ 위 프로그램은 Parallel Stream이기 때문에 여러 개의 Thread를 생성하여 accumulate() method를 수행합니다. 각각의 Thread에서 나온 accumulate()의 결과는 CarSummary object가 됩니다. 각각의 Thread에서 나온 CarSummary object를 서로 combine하여 최종적으로 하나의 CarSummary object가 만들어집니다.

▶ 위 프로그램의 출력 결과는 각각 Thread에서 나온 CarSummary object가 combine() method에 의해 합해지는 것을 보여주고 있습니다.

예제 | Ex02253

Ex02251B 프로그램에서 sorted() 연산은 하나로 통합되어야 정렬되기 때문에 main Thread에서 sorted()연산이 이루어진다고 했습니다. 하지만 parallel Stream에서 내부적으로는 여러 개의 Thread에서 sort 연산을 하고 최종적인 것만 combine해서 sort합니다. 그 증거로 아래 프로그램을 제시합니다.

• 아래 프로그램은 100만 개의 난수를 발생해서 String 문자열로 만든 후 sequential stream으로 sort하는 것과 parallel Stream으로 sort하는 것을 보여주는 프로그램입니다.

```
1: import java.util.*;
2: import java.util.concurrent.*;
```

```
3: import java.util.stream.*;
4: class Ex02253 {
5:    public static void main(String[] args) {
6:        int capacity = 1000 * 1000;
7:        Random random = new Random();
8:        ArrayList<String> alist = new ArrayList<>(capacity);
9:        for ( int i = 0 ; i<capacity ; i++ ) {
10:          String randomStr = Math.random()+":"+Math.random();
11:          alist.add(randomStr);
12:        }
13:        long t1 = System.nanoTime();
14:      List<String> listStr1 = alist.stream().sorted().collect(Collectors.
toList());
15:        long t2 = System.nanoTime();
16:        long m1 = TimeUnit.NANOSECONDS.toMillis(t2 - t1);
17:          System.out.println("Sequential  Stream  period ="+m1+" milli
Second");
18:
19:        t1 = System.nanoTime();
20:          List<String> listStr2 = alist.parallelStream().sorted().
collect(Collectors.toList());
21:        t2 = System.nanoTime();
22:        long m2 = TimeUnit.NANOSECONDS.toMillis(t2 - t1);
23:      System.out.println("Parallel Stream period ="+m2+" milli Second");
24:    }
25:    static int colorNo = 0;
26:    static String[] colorNames = { "White", "Red", "Green", "Blue"};
27: }
```

```
D:\IntaeJava>java Ex02253
Sequential Stream period =2399 milli Second
Parallel Stream period =1232 milli Second

D:\IntaeJava>java Ex02253
Sequential Stream period =2368 milli Second
Parallel Stream period =1213 milli Second

D:\IntaeJava>
```

프로그램 설명

▶ 위 프로그램은 필자의 노트북에서 수행시킨 시간입니다. 대략 parallel Stream
이 sequential Stream보다 50%정도 빠른 것을 알 수 있습니다.

▶ data양이 많은 처리는 parallel Stream을 사용하는 것이 효과적임을 알 수 있
습니다.

Memo

23

예외(Exception) 처리

예외(Exception) 처리 23

23.1 예외(Exception) 이해하기

자바에서 예외(Exception)라는 단어는 예외적인 사건을 줄여서 사용하는 단어로 프로그램 수행 도중 어떤 상황이 발생하여 정상적인 프로그램 수행 순서대로 진행하지 못하게 하는 사건을 말합니다.

이러한 예외에는 다음과 같이 3가지가 있습니다.

① 예상된 예외(checked Exception):예외적인 상황을 사전에 예상하고 있다가 예외적인 상황이 발생하면 그 예외적인 상황에 맞게 적절히 프로그램으로 처리해 놓은 예외적인 사건입니다. 예를 들면 파일 이름을 입력받아 그 파일을 open하여 data를 읽고자 합니다. 이때 사용자가 잘못된 파일 이름을 입력하여 파일을 정상적으로 open할 수가 없는 상태라면 프로그램에서 파일 이름이 잘못 입력될 경우를 미리 예상하고, 사용자에게는 에러 메세지를 보내주고 다시 입력받도록 프로그램을 해 놓는 경우가 예상된 예외입니다.

② 에러:예상하지 못한 예외로 프로그램 외적인 문제로 프로그램에서 처리할 수 없는 예외적인 사건을 말합니다. 예를 들면 파일에서 data를 읽다가 파일이 손상되어 읽을 수 없는 경우입니다.

③ Runtime 예외:예상하지 못한 에러로 일종의 프로그램 버그(bug)이며, 로직 에러에 해당됩니다. 프로그램 수행 중에 처리할 수 없는 에러는 아니지만 프로그램을 처음부터 잘 개발하면 없앨 수 있는 에러를 말합니다.

아래 프로그램은 시간당 급여가 5000원일 때 일한 시간을 정수(integer)를 입력 받아 지급액을 계산하는 프로그램입니다. 첫 번째는 정상적인 정숫값을 입력한 후 얻은 출력 결과이고, 두 번째는 정수 대신 문자를 입력한 경우 정상적인 계산을 하지 못하고 에러를 발생시킨 출력 결과입니다.

• 아래 프로그램은 Console class를 사용하므로 import java.io.*;를 해야 합니다. Console class는 10.6.2절 'Console class'를 참조하세요.

예제 | Ex02301

```
1: import java.io.*;
2: class Ex02301 {
```

```
 3:      public static void main(String[] args) {
 4:          int hourlyWage = 8000;
 5:          Console console = System.console();
 6:           String workingHrsStr = console.readLine("Please input working
hours : ");
 7:          int workingHrs = Integer.parseInt(workingHrsStr);
 8:        System.out.println("Hourly Wage:"+ hourlyWage+" * Working Hours:"
+ workingHrs + " = Payment:" + (hourlyWage * workingHrs) );
 9:      }
10: }
```

```
D:\IntaeJava>java Ex02301
Please input working hours : 7
Hourly Wage:8000 * Working Hours:7 = Payment:56000

D:\IntaeJava>
```

```
D:\IntaeJava>java Ex02301
Please input working hours : a
Exception in thread "main" java.lang.NumberFormatException: For input string: "a
"
        at java.lang.NumberFormatException.forInputString(Unknown Source)
        at java.lang.Integer.parseInt(Unknown Source)
        at java.lang.Integer.parseInt(Unknown Source)
        at Ex02301.main(Ex02301.java:7)

D:\IntaeJava>
```

프로그램 설명

▶ 두 번째 출력 화면을 보면 예외 사항의 설명이 나와 있습니다. 즉 NumberFormat Exception이 문자 "a"로 인해 발생하였고, Exception이 발생한 위치는 Ex02301 .java 프로그램의 7번째 줄이라고 나와 있습니다.

▶ 결론적으로 숫자를 입력해야 Integer.parseInt() method를 사용해서 숫자문자를 int 숫자로 바꾸는데 "a"문자가 입력되었으므로 Integer.parseInt() method로는 바꿀 수 없기 때문에 에러를 발생시킨 것입니다.

▶ 에러는 사용자가 잘못해서 발생한 것이지만 이런 잘못은 흔히 있는 일이므로 프로그램에서 이런 예상되는 잘못은 data가 잘못 입력되었으니 다시 입력하도록 처리해주어야 합니다.

■ try { … } catch() { … } 문 ■

예외를 잡아내는 자바의 명령문은 두 개의 블록({…})으로 이루어져 있습니다. try { … } 블록과, catch() { … } 블록입니다.

Try { … } 블록은 정상적인 프로그램 수행 블록이고, catch() { … } 블록은 예외가 발생하면 수행하는 블록입니다. 그러므로 예외가 발생하지 않으면, try { … } 블록만 수행되고, catch() { … } 블록은 수행되지 않습니다. 예외가 발생했다라는 것은 try { … } 블록의 자바 명령을 수행하다가 예외가 발생했다라는 것이기 때문에 try

{ … } 블록에서 예외가 발생한 자바 명령전까지의 자바명령은 수행된 것이며, 예외가 발생한 자바명령 이후의 자바명령은 수행되지 않고, catch() { … } 블록의 첫 번째 명령부터 수행합니다.

예제 | Ex02301A

아래 프로그램은 Ex02301 프로그램에 try { … } catch() { … }문을 삽입하여 개선한 프로그램입니다.

```
1: import java.io.*;
2: class Ex02301A {
3:     public static void main(String[] args) {
4:         int hourlyWage = 5000;
5:         Console console = System.console();
6:         String workingHrsStr = console.readLine("Please input working
hours : ");
7:         try {
8:             int workingHrs = Integer.parseInt(workingHrsStr);
9:             System.out.println("Hourly Wage:"+ hourlyWage +" * Working
Hours:" + workingHrs + " = Payment:" + (hourlyWage * workingHrs) );
10:         } catch ( Exception e ) {
11:             System.out.println("Exception occurred. \nPlease check input
data : " + workingHrsStr );
12:         }
13:     }
14: }
```

```
D:\IntaeJava>java Ex02301A
Please input working hours : 7
Hourly Wage:8000 * Working Hours:7 = Payment:56000

D:\IntaeJava>
```

```
D:\IntaeJava>java Ex02301A
Please input working hours : a
Exception occurred.
Please check input data : a

D:\IntaeJava>
```

프로그램 설명

▶ 첫 번째 화면은 data를 정상적인 숫자를 입력한 화면입니다.

▶ 두 번째 화면은 6번째 줄에서 숫자가 아닌 문자열 "a"를 workingHrsStr에 입력합니다. 문제는 8번째 줄에서 발생합니다. 8번째 줄에서 Integer.parseInt() method를 사용하여 workingHrsStr에 저장된 "a"를 int 숫자로 전환하려고 하지만 전환할 수 없는 예외 상황이 발생합니다. 예외 상황이 발생했으므로 8번째 줄의 수행을 중지하고, 10,11번째 줄의 catch 블록을 수행하게 됩니다.

문제 | Ex02301B

while 문을 사용하여 정상적인 data가 들어 올 때까지 data를 반복적으로 받을 수 있는 프로그램을 작성해보세요.

● 아래 출력 결과는 정상적인 data를 입력한 경우의 출력 화면입니다.

```
D:\IntaeJava>java Ex02301B
Please input working hours : 7
Hourly Amount:8000 * Working Hours:7 = Payment:56000

D:\IntaeJava>
```

● 아래 출력 결과는 두 번을 반복적으로 data를 잘못 입력한 후, 3번째 정상적인 data를 입력한 경우의 출력 화면입니다.

```
D:\IntaeJava>java Ex02301B
Please input working hours : a
=== Exception occurred. ===
Please check input data : a
Please input working hours again : b
=== Exception occurred. ===
Please check input data : b
Please input working hours again : 7
Hourly Amount:8000 * Working Hours:7 = Payment:56000

D:\IntaeJava>
```

23.2 try, catch, finally

23.2.1 try 블록

예외가 예상되는 곳에 try 블록({ … })을 삽입할 수 있습니다. try 블록은 예외가 예상되는 line마다 try 블록을 삽입해도 되고 하나의 try 블록에 예외가 예상되는 여러 명령을 넣을 수도 있습니다.

예제 | Ex02311

다음은 시급과 일한 시간을 각각 입력받아 처리하는 프로그램으로 하나의 try 블록으로 예외를 모두 처리한 프로그램입니다.

```
1: import java.io.*;
2: class Ex02311 {
3:     public static void main(String[] args) {
4:         Console console = System.console();
5:         String hourlyWageStr = "";
6:         String workingHrsStr = "";
7:         try {
8:             hourlyWageStr = console.readLine("Please input hourly wage
: ");
```

```
 9:              int hourlyWage = Integer.parseInt(hourlyWageStr);
10:              workingHrsStr = console.readLine("Please input working hours
: ");
11:              int workingHrs = Integer.parseInt(workingHrsStr);
12:              System.out.println("Hourly Wage:"+ hourlyWage +" * Working
Hours:" + workingHrs + " = Payment:" + (hourlyWage * workingHrs) );
13:          } catch ( Exception e ) {
14:              System.out.println("=== Exception occurred. ===\nPlease check
input data : " + hourlyWageStr + ", " + workingHrsStr );
15:          }
16:      }
17: }
```

```
D:\IntaeJava>java Ex02311
Please input hourly wage : 8000
Please input working hours : 7
Hourly Wage:8000 * Working Hours:7 = Payment:56000

D:\IntaeJava>
```

```
D:\IntaeJava>java Ex02311
Please input hourly wage : 8aaa
=== Exception occurred. ===
Please check input data : 8aaa,

D:\IntaeJava>_
```

```
D:\IntaeJava>java Ex02311
Please input hourly wage : 8000
Please input working hours : b
=== Exception occurred. ===
Please check input data : 8000, b

D:\IntaeJava>_
```

프로그램 설명

▶ 첫 번째 화면은 정상적인 data를 입력한 경우로 예외가 발생하지 않았으므로 13,14번째 줄은 수행하지 않습니다.

▶ 두 번째 화면은 첫 번째 입력 data를 숫자가 아닌 문자를 입력한 경우로, 9번째 줄에서 integer로 변환하는 과정에서 Exception이 발생하여 10,11,12번째 줄은 수행하지 않고, 13,14번째 줄의 catch 블록의 명령을 수행합니다.

▶ 세 번째 화면은 두 번째 입력 data를 숫자가 아닌 문자를 입력한 경우로, 11번째 줄에서 integer로 변환하는 과정에서 Exception이 발생하여 12번째 줄은 수행하지 않고, 13,14번째 줄의 catch 블록의 명령을 수행합니다.

예제 | Ex02311A

다음은 시급과 일한 시간을 각각 입력받아 처리하는 프로그램으로 Ex02311 프로그램이 하나의 try 블록으로 예외를 모두 처리했다면 아래 프로그램은 2개의 try 블록으로 예외를 처리한 예입니다.

```
1: import java.io.*;
2: class Ex02311A {
3:     public static void main(String[] args) {
4:         Console console = System.console();
5:         String hourlyWageStr = "";
6:         String workingHrsStr = "";
7:         int hourlyWage = 0;
8:         int workingHrs = 0;
9:         boolean isDataCorrect = true;
10:        try {
11:                hourlyWageStr = console.readLine("Please input hourly
wage : ");
12:               hourlyWage = Integer.parseInt(hourlyWageStr);
13:           } catch ( Exception e ) {
14:               System.out.println("=== Exception occurred. ===\nPlease
check 1st input data : " + hourlyWageStr );
15:               isDataCorrect = false;
16:           }
17:        if ( isDataCorrect ) {
18:           try {
19:                workingHrsStr = console.readLine("Please input working
hours : ");
20:                workingHrs = Integer.parseInt(workingHrsStr);
21:                System.out.println("Hourly Wage:"+ hourlyWage +" * Working
Hours:" + workingHrs + " = Payment:" + (hourlyWage * workingHrs) );
22:            } catch ( Exception e ) {
23:                System.out.println("=== Exception occurred. ===\nPlease
check input 2nd data : " + workingHrsStr );
24:            }
25:         }
26:     }
27: }
```

```
D:\IntaeJava>java Ex02311A
Please input hourly wage : 8000
Please input working hours : 7
Hourly Wage:8000 * Working Hours:7 = Payment:56000

D:\IntaeJava>
```

```
D:\IntaeJava>java Ex02311A
Please input hourly wage : 8aaa
=== Exception occurred. ===
Please check 1st input data : 8aaa

D:\IntaeJava>
```

```
D:\IntaeJava>java Ex02311A
Please input hourly wage : 8000
Please input working hours : b
=== Exception occurred. ===
Please check input 2nd data : b

D:\IntaeJava>
```

프로그램 설명

▶ 위 프로그램은 12번째 줄에서 예외가 발생하면 18번째 줄의 try 블록은 수행되지 않습니다.

▶ 20번째 줄에서 예외가 발생하면 22번째 줄로 건너뛰기 때문에 21번째 줄은 수행되지 않습니다.

▶ 위 프로그램처럼 try 블록은 예외가 예상되는 각각의 자바 명령에 삽입할 수 있습니다.

문제 | Ex02311B

아래 출력 결과처럼 출력이 되도록 data가 잘못 입력되면 반복적으로 받을 수 있도록 Ex02311 프로그램을 while문을 사용하여 수정하세요.

● 아래 출력 결과는 정상적인 data를 입력한 경우의 출력 화면입니다.

```
D:\IntaeJava>java Ex02311B
Please input hourly wage : 8000
Please input working hours : 7
Hourly Wage:8000 * Working Hours:7 = Payment:56000

D:\IntaeJava>
```

● 아래 출력 화면은 첫 번째 숫자와 두 번째 숫자가 각각 한 번씩 잘못 입력된 경우의 출력 화면입니다.

```
D:\IntaeJava>java Ex02311B
Please input hourly wage : 8aaa
=== Exception occurred. ===
Please check input 1st data : 8aaa
Please input hourly wage : 8000
Please input working hours : b
=== Exception occurred. ===
Please check input 2nd data : b
Please input working hours : 7
Hourly Wage:8000 * Working Hours:7 = Payment:56000

D:\IntaeJava>
```

예제 | Ex02311

Ex02311A 프로그램이 두 개의 try 블록을 연속해서 예외를 모두 처리했다면 아래 프로그램은 2개의 try 블록을 try 블록 속에 try 블록으로 예외를 처리한 예입니다.

```
 1: import java.io.*;
 2: class Ex02311C {
 3:     public static void main(String[] args) {
 4:         Console console = System.console();
 5:         String hourlyWageStr = "";
 6:         String workingHrsStr = "";
 7:         try {
 8:             hourlyWageStr = console.readLine("Please input hourly wage
```

```
                    : ");
  9:              int hourlyWage = Integer.parseInt(hourlyWageStr);
 10:           try {
 11:              workingHrsStr = console.readLine("Please input working
hours : ");
 12:              int workingHrs = Integer.parseInt(workingHrsStr);
 13:            System.out.println("Hourly Wage:"+ hourlyWage +" * Working
Hours:" + workingHrs + " = Payment:" + (hourlyWage * workingHrs) );
 14:           } catch ( Exception e ) {
 15:              System.out.println("=== Exception occurred. ===\nPlease
check input 2nd data : " + workingHrsStr );
 16:           }
 17:        } catch ( Exception e ) {
 18:           System.out.println("=== Exception occurred. ===\nPlease check
1st input data : " + hourlyWageStr );
 19:        }
 20:     }
 21: }
```

```
D:\IntaeJava>java Ex02311C
Please input hourly wage : 8000
Please input working hours : 7
Hourly Wage:8000 * Working Hours:7 = Payment:56000

D:\IntaeJava>
```

```
D:\IntaeJava>java Ex02311C
Please input hourly wage : 8aaa
=== Exception occurred. ===
Please check 1st input data : 8aaa

D:\IntaeJava>
```

```
D:\IntaeJava>java Ex02311C
Please input hourly wage : 8000
Please input working hours : b
=== Exception occurred. ===
Please check input 2nd data : b

D:\IntaeJava>
```

프로그램 설명

▶ 9번째 줄에서 예외 없이 처리가 되었다면 10번째 줄 try 블록을 수행하지만 9번
째 줄에서 예외가 발생하면 17번째 줄을 수행하므로 10번째 줄은 수행되지 않습
니다.

23.2.2 catch 블록

하나의 try 블록({ … }) 다음에는 하나 이상의 catch 블록({ …})을 삽입할 수 있습니
다. try 블록과 catch 블록 사이에는 다른 명령은 올 수 없습니다. 즉 try catch문
은 하나의 명령이므로 try 블록 다음에는 바로 catch 블록이 와야 합니다

try catch문 형식

```
try {
    // 자바 명령어
} catch (ExceptionType1 name1) {
    // 자바명령어
} catch (ExceptionType2 name2) {
    // 자바 명령어
}
```

각각의 catch 블록은 예외가 발생하면 처리해야 할 자바 명령을 삽입합니다. Exception Type1은 argument type으로 예외의 type을 선언해야 하며, 예외의 type은 Throwable class를 상속받은 class 이름이어야 합니다.

예외 사건은 JVM(Java Virtual Machine)이 직접 관장하는 프로그램입니다. 그러므로 JVM이 java프로그램을 우리가 개발한 프로그램을 수행시키다가 수행시킬 수 없는 상황이 발생하면, 즉 예외가 발생하면 아래 순서대로 진행합니다.

① 예외가 발생한 위치, 발생 원인 등의 정보를 모아서 예외의 종류에 맞는 Exception Object를 생성하고, 그 Exception object에 예외 발생 위치, 발생 원인 등의 정보를 저장합니다.

② 예외가 발생한 명령이 try 블록 내에 있지 않으면 예외의 내용을 화면에 출력하고 프로그램을 중지합니다.

③ 예외가 발생한 명령이 try 블록 내에 있으면 첫 번째 catch 블록에 선언된 Exception type과 JVM이 생성한 Exception object의 type과 일치 여부를 비교한 후 일치하지 않으면 다음 catch 블록으로 이동하여 일치여부를 확인 합니다. 이런 식으로 모든 catch 블록에 선언된 Exception type과 일치 여부를 확인한후 일치되는 것이 없으면 예외의 내용을 출력하고 프로그램을 중지합니다.

④ catch 블록에 선언된 Exception type과 JVM이 생성한 Exception type이 일치하면 catch 블록문을 수행하고 try catch문 다음 명령을 수행합니다.

- Exception type의 종류, 즉 Exception class는 어떤 class가 있는지 알아 봅시다. Exception class는 Throwable을 상속받은 class로 여러 종류가 있지만 우선 당장 필요한 아래 3가지만 기억합시다.

- NumberFormatException class:숫자 문자가 아닌 문자를 숫자로 변환하려고 할 때 예외 사항 처리를 위한 class입니다.

- ArithmeticException class:산술 연산 시 발생한 예외로 주로 0으로 나눗셈을 할 때 발생한 예외 사항 처리를 위한 class입니다.

- Exception class : 모든 Exception의 super class로 NumberFormatException class나 ArithmeticException class도 Exception class를 상속받은 class입니다.

- catch 블록의 argument type은 Exception의 subclass type부터 선언해야 하며 super class는 subclass보다 나중에 선언해야 합니다. Super class를 먼저 선언하고 subclass를 뒤에 선언하는 것은 subclass Exception object가 super class type과 일치 여부를 확인 시 일치됩니다. 따라서 뒤에 있는 subclass의 Exception type과는 일치 여부를 확인할 기회조자 생기지 않습니다. 그래서 super class의 Excepton을 먼저 선언하면 compile에러가 발생합니다.

예제 | Ex02312

아래 프로그램은 Ex02301A 프로그램에 NumberFormatException type을 위한 catch 블록을 삽입한 프로그램입니다.

```
 1: import java.io.*;
 2: class Ex02312 {
 3:     public static void main(String[] args) {
 4:         int hourlyWage = 8000;
 5:         Console console = System.console();
 6:         String workingHrsStr = console.readLine("Please input working
hours : ");
 7:         try {
 8:             int workingHrs = Integer.parseInt(workingHrsStr);
 9:             System.out.println("Hourly Wage:"+ hourlyWage +" * Working
Hours:" + workingHrs + " = Payment:" + (hourlyWage * workingHrs) );
10:         } catch ( NumberFormatException e ) {
11:             System.out.println("=== NumberFormatException occurred.
==\nInput data is not a Number. \nPlease check 1st input data : " +
workingHrsStr );
12:         } catch ( Exception e ) {
13:             System.out.println("=== Exception occurred. ===\nPlease check
1st input data : " + workingHrsStr );
14:         }
15:     }
16: }
```

```
D:\IntaeJava>java Ex02312
Please input working hours : 7
Hourly Wage:8000 * Working Hours:7 = Payment:56000

D:\IntaeJava>
```

```
D:\IntaeJava>java Ex02312
Please input working hours : b
=== NumberFormatException occurred. ==
Input data is not a Number.
Please check 1st input data : b

D:\IntaeJava>
```

프로그램 설명

▶ 첫 번째 출력 화면은 정상적인 data를 입력한 경우입니다.

▶ 두 번째 출력 화면은 문자를 입력한 경우로 10번째 줄에서 Exception을 정확히 잡아냄을 알 수 있습니다. 10번째 줄에서 Exception을 잡아냈으므로 try catch 문은 완료되어 12번째 줄은 수행되지 않습니다.

예제 | Ex02312A

아래 프로그램은 어느 사과 농장에서 하루에 수확하는 300상자의 사과를 작업자가 크기와 품질에 따라 분리를 합니다. 이때 한 사람의 작업자가 하루 처리해야할 사과 상자 수를 계산하는 프로그램으로 NumberFormatException type을 위한 catch 블록을 삽입한 프로그램입니다.

```
 1: import java.io.*;
 2: class Ex02312A {
 3:     public static void main(String[] args) {
 4:         int appleBoxQty = 300;
 5:         Console console = System.console();
 6:         String noOfWorkerStr = console.readLine("Please input No of
worker : ");
 7:         try {
 8:             int noOfWorker = Integer.parseInt(noOfWorkerStr);
 9:             int appleBoxQtyPerWorker = appleBoxQty / noOfWorker;
10:             System.out.println("Apple Box Q'ty:"+appleBoxQty+" / No of
worker:" + noOfWorker + " = apple Box Qty Per Worker:" + appleBoxQtyPerWorker
);
11:         } catch ( NumberFormatException e ) {
12:             System.out.println("=== NumberFormatException occurred.
===\nInput data is not a Number. \nPlease check 1st input data : " +
noOfWorkerStr );
13:             System.out.println("Exception Message : "+e.getMessage() );
14:             System.out.println("Exception : "+e.toString() );
15:         } catch ( ArithmeticException e ) {
16:             System.out.println("=== NArithmeticException occurred. ===\
nInput data is 0(Zero). \nPlease check 1st input data : " + noOfWorkerStr );
17:             System.out.println("Exception Message : "+e.getMessage() );
18:             System.out.println("Exception : "+e.toString() );
19:         } catch ( Exception e ) {
20:             System.out.println("=== Exception occurred. ===\nPlease check
1st input data : " + noOfWorkerStr );
21:         }
22:     }
23: }
```

```
D:\IntaeJava>java Ex02312A
Please input No of worker : 15
Apple Box Q'ty:300 / No of worker:15 = apple Box Qty Per Worker:20

D:\IntaeJava>
```

```
D:\IntaeJava>java Ex02312A
Please input No of worker : a
=== NumberFormatException occurred. ===
Input data is not a Number.
Please check 1st input data : a
Exception Message : For input string: "a"
Exception : java.lang.NumberFormatException: For input string: "a"

D:\IntaeJava>
```

```
D:\IntaeJava>java Ex02312A
Please input No of worker : 0
=== NArithmeticException occurred. ===
Input data is 0<Zero>.
Please check 1st input data : 0
Exception Message : / by zero
Exception : java.lang.ArithmeticException: / by zero

D:\IntaeJava>
```

프로그램 설명

▶ 11번째 줄:문자로 입력된 잘못된 data를 NumberFormatException으로 잡아내고 있음을 알 수 있습니다.

▶ 15번째 줄:작업자가 한 명도 출근하지 않은 날 작업자 수를 0으로 입력한 경우 ArithmeticException(0으로 나눗셈을 할 때 발생하는 예외)을 잡아내고 있음을 알 수 있습니다.

▶ 13,14,17,18번째 줄:Exception object의 getMessage() method는 Exception의 원인을 문자열로 반환해 주는 method입니다. toString() method는 Exception의 종류와 원인을 반환해 주는 method입니다.

▶ 아래 화면은 15~18번째 줄을 //로 comment처리한 후 즉 Arithmetic Exception을 처리하는 catch 블록을 //로 comment처리한 후 입력 data를 0으로 입력했을 때 출력되는 화면입니다.

• 15~18번째 줄이 없다면 19번째 줄에서 ArithmeticException을 잡아내고 있음을 알 수 있습니다.

• ArithmeticException을 잡아내는 catch 블록이 없어 ArithmeticException을 잡아내지 않으면 상위 class인 Exception catch 블록에서 잡아내고 있음을 알 수 있습니다.

```
D:\IntaeJava>java Ex02312A
Please input No of worker : 0
=== Exception occurred. ===
Please check 1st input data : 0

D:\IntaeJava>
```

■ 하나의 catch 블록에 여러 개의 예외 처리하기 ■

자바 7.0 이전에는 하나의 catch 블록은 하나의 예외만 처리 가능했지만 7.0 이후부터 하나의 catch블록에 여러 개의 예외를 처리 가능하도록 하였습니다.

예제 | Ex02312B

다음 프로그램은 Ex02312의 NumberFormatException과 ArithmeticException 을 |(or 심볼)를 사용하여 하나의 catch 블록으로 만든 예입니다.

```java
 1: import java.io.*;
 2: class Ex02312B {
 3:     public static void main(String[] args) {
 4:         int appleBoxQty = 300;
 5:         Console console = System.console();
 6:         String noOfWorkerStr = console.readLine("Please input No of worker : ");
 7:         try {
 8:             int noOfWorker = Integer.parseInt(noOfWorkerStr);
 9:             int appleBoxQtyPerWorker = appleBoxQty / noOfWorker;
10:             System.out.println("Apple Box Q'ty:"+appleBoxQty+" / No of worker:" + noOfWorker + " = apple Box Qty Per Worker:" + appleBoxQtyPerWorker );
11:         } catch ( NumberFormatException | ArithmeticException e ) {
12:             System.out.println("=== NumberFormatException or ArithmeticException occurred. ===\nInput data is not a Number or devided by 0(zero). \nPlease check input data : " + noOfWorkerStr );
13:             System.out.println("Exception Message : "+e.getMessage() );
14:             System.out.println("Exception : "+e.toString() );
15:         } catch ( Exception e ) {
16:             System.out.println("=== Exception occurred. ===\nPlease check 1st input data : " + noOfWorkerStr );
17:         }
18:     }
19: }
```

```
D:\IntaeJava>java Ex02312B
Please input No of worker : 15
Apple Box Q'ty:300 / No of worker:15 = apple Box Qty Per Worker:20

D:\IntaeJava>
```

```
D:\IntaeJava>java Ex02312B
Please input No of worker : a
=== NumberFormatException or ArithmeticException occurred. ===
Input data is not a Number or devided by 0(zero).
Please check input data : a
Exception Message : For input string: "a"
Exception : java.lang.NumberFormatException: For input string: "a"

D:\IntaeJava>
```

```
D:\IntaeJava>java Ex02312B
Please input No of worker : 0
=== NumberFormatException or ArithmeticException occurred. ===
Input data is not a Number or devided by 0(zero).
Please check input data : 0
Exception Message : / by zero
Exception : java.lang.ArithmeticException: / by zero

D:\IntaeJava>
```

프로그램 설명

▶ 11번째 줄 : 위 출력 결과를 보면 NumberFormatException과 Arithmetic Exception 두 Exception을 잡아내고 있음을 알 수 있습니다.

▶ 13번째 줄 : Exception object의 getMessage() method는 Exception의 원인을 알아내기 위한 method입니다.

▶ 14번째 줄 : Exception object의 toString() method는 Exception의 종류와 원인을 알아내기 위한 method입니다.

문제 | Ex02312C

도전해 보세요 아래와 같이 출력 결과가 나오도록 프로그램을 작성하세요

- 아래의 component는 Swing component입니다.
- JRadionButton을 사용하여 사칙연산 중 하나를 선택하게 합니다.
- "New Excercise" button을 누르면 Random object로부터 int 값 1과 10 사이 의 수를 받아 왼쪽과 같이 사칙연산식을 만듭니다.
- "Check Answer" button을 누르면 입력된 값과 컴퓨터로 계산된 값을 비교하 여 맞으면 "Correct", 틀리면 "Wrong"과 계산된 값을 출력하고 입력된 내용이 없으면 "No Answer", 입력된 값이 숫자가 아니면 "Check input data"와 입력 된 값을 출력합니다.
- 입력된 값이 숫자가 아니면, try catch문을 사용하세요.
- 나눗셈은 int 나누기 int한 결과 값을 출력합니다. 즉 int 값으로 출력합니다.

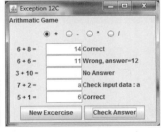

23.2.3 finally 블록

하나의 try 블록({ … }) 다음에는 하나 이상의 catch 블록({ …})을 삽입할 수 있고, 추가적으로 finally 블록도 삽입할 수 있습니다. try 블록과 catch 블록 사이에는 다 른 자바 명령이 올 수 없었던 것과 같이 catch 블록과 finally 블록 사이에도 자바명 령은 올 수 없습니다. 즉 try/catch/finally문은 하나의 명령으로 취급해야 합니다.

try/catch/finally문 형식

```
try {
   // 자바 명령어
} catch (ExceptionType1 name1) {
   // 자바 명령어
} catch (ExceptionType2 name2) {
   // 자바 명령어
} finally {
   // 자바 명령어
}
```

finally 블록은 하나의 블록만 선언할 수 있으며 예외가 발생하던, 안 하던 항상 수행되는 블록입니다. Finally 블록은 return, continue, break과 같은 명령으로 try문이 중간에 jump한다 하더라도 finally 블록은 수행됩니다. 하지만 chapter 25에서 배울 thread에서 해당 thread가 없어지면(killed) finally 블록은 수행 안될 수도 있습니다.

예제 | Ex02313

아래 프로그램은 Ex02301A 프로그램에 finally 블록을 삽입한 프로그램입니다.

```
 1: import java.io.*;
 2: class Ex02313 {
 3:     public static void main(String[] args) {
 4:         int hourlyWage = 8000;
 5:         Console console = System.console();
 6:          String workingHrsStr = console.readLine("Please input working
hours : ");
 7:         try {
 8:             int workingHrs = Integer.parseInt(workingHrsStr);
 9:             System.out.println("Hourly Wage:"+ hourlyWage+" * working
Hour:" + workingHrs + " = pay:" + (hourlyWage * workingHrs) );
10:         } catch (NumberFormatException e ) {
11:            System.out.println("Exception occurred. \nPlease check input
data : " + workingHrsStr );
12:         } finally {
13:             System.out.println("=== finally block ====");
14:         }
15:     }
16: }
```

```
D:\IntaeJava>java Ex02313
Please input working hours : 7
Hourly Wage:8000 * working Hour:7 = Payment:56000
=== finally block ====

D:\IntaeJava>
```

```
D:\IntaeJava>java Ex02313
Please input working hours : b
Exception occurred.
Please check input data : b
=== finally block ====

D:\IntaeJava>
```

프로그램 설명

▶ 위 출력 결과를 보면 finally block은 예외가 발생하던 안 하던 수행되는 것을 알
수 있습니다.

예제 | Ex02313A

아래 프로그램은 try 블록에 return 명령이 있어도 finally 블록을 수행하고 return
하고 있음을 보여주는 프로그램입니다.

```
1: import java.io.*;
2: class Ex02313A {
3:     public static void main(String[] args) {
4:         int hourlyWage = inputHourlyWage ();
5:         int workingHrs = inputWorkingHour();
6:         if ( hourlyWage != -1 && workingHrs != -1 ) {
7:             System.out.println("Hourly Wage:"+ hourlyWage+" * working
Hour:" + workingHrs + " = pay:" + (hourlyWage * workingHrs) );
8:         }
9:     }
10:    static int inputHourlyWage() {
11:        int hourlyWage = -1;
12:        Console console = System.console();
13:         String hourlyWageStr = console.readLine("Please input Hourly
Wage: ");
14:        try {
15:            hourlyWage = Integer.parseInt(hourlyWageStr);
16:            return hourlyWage;
17:        } catch (NumberFormatException e ) {
18:            System.out.println("Exception occurred. \nPlease check input
data : " + hourlyWageStr );
19:        } finally {
20:            System.out.println("=== inputHourlyWage() : finally block
====");
21:        }
22:        return hourlyWage;
23:    }
24:    static int inputWorkingHour() {
```

```
25:          int workingHrs = -1;
26:          Console console = System.console();
27:           String workingHrsStr = console.readLine("Please input working
hours : ");
28:          try {
29:              workingHrs = Integer.parseInt(workingHrsStr);
30:              return workingHrs;
31:          } catch (NumberFormatException e ) {
32:              System.out.println("Exception occurred. \nPlease check input
data : " + workingHrsStr );
33:          } finally {
34:              System.out.println("=== inputWorkingHour() : finally block
====");
35:          }
36:          return workingHrs;
37:      }
38: }
```

```
D:\IntaeJava>java Ex02313A
Please input Hourly Wage : 8000
=== inputHourlyWage() : finally block ====
Please input working hours : 7
=== inputWorkingHour() : finally block ====
Hourly Wage:8000 * working Hour:7 = pay:56000

D:\IntaeJava>
```

```
D:\IntaeJava>java Ex02313A
Please input Hourly Wage : 8aaa
Exception occurred.
Please check input data : 8aaa
=== inputHourlyWage() : finally block ====
Please input working hours : b
Exception occurred.
Please check input data : b
=== inputWorkingHour() : finally block ====

D:\IntaeJava>
```

프로그램 설명

▶ 16,30번째 줄:정상적인 data가 입력되어 예외 사항이 발생하지 않아 return 명령을 만나도 finally 블록은 수행하고 return되고 있음을 알 수 있습니다.

23.2.4 try-with-resource문

Try-with-resource문은 I/O stream 관련된 명령문입니다. Try-with-resource문은 chapter 24 I/O Stream에서 설명합니다.

23.3 Exception class

23.3.1 throws key word

일반적으로 예외는 예외가 발생한 method 내에서 처리해줍니다. 하지만 예외가 발생한 method에서 처리하는 것 보다 예외가 발생한 method를 부른 곳에서 처리하는 것이 더 효과적인 경우가 있습니다. 예를 들면 특정 기능을 하는 프로그램(일반적으로 package)을 만든다고 합시다. 이 특정 프로그램을 여러 사람들이 불러다 사용할 경우 동일한 예외가 발생했다고 하더라도 불러다 사용하는 사람마다 처리하는 방법은 다를 수 있습니다. 이럴 경우에는 예외 처리를 예외가 발생한 method에서 하는 것보다는 이 method를 불러다 사용하는 각각의 사용자에게 예외 처리를 맡기는 편이 더 효과적일 수 있습니다.

예외가 발생한 method에서 예외를 처리하지 않고 예외가 발생한 method를 호출한 method로 예외 처리를 넘기는 방법은 다음과 같습니다.

```
methodName() throws ExceptionObject {

    // method body

}
```

아래 프로그램은 예외가 발생한 method에서 예외를 처리하지 않고 예외가 발생한 method를 호출한 곳에서 예외를 처리하는 프로그램입니다.

```
 1: import java.io.*;
 2: class Ex02321 {
 3:     public static void main(String[] args) {
 4:         try {
 5:             int hourlyWage = 8000;
 6:             int workingHrs = inputWorkingHour();
 7:             System.out.println("Hourly Wage:"+ hourlyWage+" * working
Hour:" + workingHrs + " = pay:" + (hourlyWage * workingHrs) );
 8:         } catch ( NumberFormatException e ) {
 9:             System.out.println("NumberFormatException : "+e );
10:         }
11:     }
12:     static int inputWorkingHour() throws NumberFormatException {
13:         Console console = System.console();
14:         String workingHrsStr = console.readLine("Please input working
hours : ");
15:         int workingHrs = Integer.parseInt(workingHrsStr);
16:         return workingHrs;
17:     }
18: }
```

```
D:₩IntaeJava>java Ex02321
Please input working hours : 7
Hourly Wage:8000 * working Hour:7 = pay:56000

D:₩IntaeJava>
```

```
D:₩IntaeJava>java Ex02321
Please input working hours : b
NumberFormatException : java.lang.NumberFormatException: For input string: "b"

D:₩IntaeJava>
```

프로그램 설명

▶ 15번째 줄에서 NumberFormatException예외가 발생하면 예외를 처리하는 try catch문은 사용하지 않고 12번째 줄 throws NumberFormatException을 사용하여 inputWorkingHour() method를 호출한 method로 예외를 넘깁니다. 그러므로 4,8,9,10번째 줄에서 try catch문으로 예외를 처리하고 있습니다.

▶ 위 두 번째 출력 화면을 보면 15번째 줄에서 NumberFormatException 예외가 발생하면 12번째 줄 throws NumberFormatException을 사용하여 main() method에서 예외를 처리하고 있음을 알 수 있습니다.

23.3.2 Exception 발생시키기

어떤 예외 상황이 발생하면 예외 object를 생성해서 throw key word를 사용하여 Exception을 던짐으로써 예외 상황을 프로그램에 알립니다.

Exception을 던지는 형식은 다음과 같습니다.

```
throw ExceptionObject
```

예제 | Ex02322

아래 프로그램은 작업시간을 입력받아 작업시간이 12시간 이상 입력되거나 음수로 입력되었을 때 Exception을 발생시켜 처리하는 프로그램입니다.

```
1: import java.io.*;
2: class Ex02322 {
3:     public static void main(String[] args) {
4:         int hourlyWage = 8000;
5:         Console console = System.console();
6:         String workingHrsStr = console.readLine("Please input working
hours : ");
7:         try {
8:             int workingHrs = Integer.parseInt(workingHrsStr);
9:             if ( workingHrs > 12 ) {
10:                 Exception ex = new Exception();
11:                 throw ex;
```

```
12:                // throw new Exception();
13:            }
14:            if ( workingHrs < 0 ) {
15:                //Exception ex = new Exception();
16:                //throw ex;
17:                throw new Exception();
18:            }
19:            System.out.println("Hourly Wage:"+hourlyWage+" * working Hour:"
     + workingHrs + " = Payment:" + (hourlyWage * workingHrs) );
20:        } catch ( NumberFormatException e ) {
21:            System.out.println("NumberFormatException : Please check
     inputdata : "+workingHrsStr );
22:        } catch ( Exception e ) {
23:            System.out.println("Exception : Please check inputdata :
     "+workingHrsStr );
24:        }
25:    }
26: }
```

```
D:\IntaeJava>java Ex02322
Please input working hours : 7
Hourly Wage:8000 * working Hour:7 = Payment:56000

D:\IntaeJava>
```

```
D:\IntaeJava>java Ex02322
Please input working hours : b
NumberFormatException : Please check input data : b

D:\IntaeJava>
```

```
D:\IntaeJava>java Ex02322
Please input working hours : 13
Exception : Please check input data : 13

D:\IntaeJava>
```

```
D:\IntaeJava>java Ex02322
Please input working hours : -1
Exception : Please check input data : -1

D:\IntaeJava>
```

프로그램 설명

▶ 위 프로그램은 아래와 같이 3지점에서 예외가 발생합니다.

• 숫자가 아닌 문자가 입력되었을 때 8번째 줄, 두 번째 출력 화면

• 작업시간이 12시간을 초과하였을 때 11번째 줄, 세 번째 출력 화면

• 작업시간이 음수가 입력되었을 때 17번째 줄, 네 번째 출력 화면

▶ 8번째 줄에서 발생하는 예외는 Integer.parseInt() method 내에서 던진 Exception 입니다.

▶ 10번째 줄에서 Exception object를 생성해서 11번째 줄에서 throw key word를 사용하여 예외를 발생시킵니다. 12번째 줄은 10,11번째 줄을 합쳐 놓은 것과 동

일한 기능을 합니다.

▶ 17번째 줄에서 생성과 동시에 throw key word를 사용하여 예외를 발생시킵니다. 17번째 줄은 15,16번째 줄을 합쳐 놓은 것과 동일한 기능을 합니다.

▶ 20번째 중:8번째 줄에서 발생한 NumberFormatException을 catch하여 처리합니다.

▶ 22번째 중:11,17번째 줄에서 발생한 Exception을 catch하여 처리합니다.

▶ 이번 프로그램의 문제점은 11,17번째 줄에서 다른 종류의 예외이지만 22번째 줄에서 함께 처리되기 때문에, 예외 메세지만 보면 정확히 어디에서 무엇 때문에 예외가 발생했는지 알기가 어렵습니다.

23.3.3 사용자 Exception class 정의

Excepion class를 상속받은 NumberFormatException, ArithmeticException 등과 같이 사용자도 Exception class를 상속받아 사용자 Exception class를 정의할 수 있습니다.

예제 | Ex02323

다음 프로그램은 Exception class를 상속받아 TooManyHoursException class와 NegativeHoursException class을 정의하여 활용한 예로 하루 12시간을 넘게 근무하는 것은 규정을 위반한 것으로 예외 처리하고, 음수로 일한 시간이 입력되는 것은 있을 수 없는 일한 시간이므로 예외 처리하는 프로그램입니다.

```java
1: import java.io.*;
2: class Ex02323 {
3:     public static void main(String[] args) {
4:         int hourlyWage = 8000;
5:         Console console = System.console();
6:         String workingHrsStr = console.readLine("Please input working
hours : ");
7:         try {
8:             int workingHrs = Integer.parseInt(workingHrsStr);
9:             if ( workingHrs > 12 ) {
10:                 throw new TooManyHoursException();
11:             }
12:             if ( workingHrs < 0 ) {
13:                 throw new NegativeHoursException();
14:             }
15:         System.out.println("Hourly Wage:"+hourlyWage+" * working Hour:"
+ workingHrs + " = Payment:" + (hourlyWage * workingHrs) );
16:         } catch ( NumberFormatException e ) {
17:             System.out.println("NumberFormatException : Please check input
```

```
data : "+workingHrsStr );
18:        } catch ( TooManyHoursException e ) {
19:          System.out.println("TooManyHoursException : Please check input
data : "+workingHrsStr );
20:        } catch ( NegativeHoursException e ) {
21:          System.out.println("NegativeHoursException : Please check input
data : "+workingHrsStr );
22:        }
23:      }
24: }
25: class TooManyHoursException extends Exception {
26:    // define something depending on user's requirement
27: }
28: class NegativeHoursException extends Exception {
29:    // define something depending on user's requirement
30: }
```

```
D:\IntaeJava>java Ex02323
Please input working hours : 7
Hourly Wage:8000 * working Hour:7 = Payment:56000

D:\IntaeJava>
```

```
D:\IntaeJava>java Ex02323
Please input working hours : b
NumberFormatException : Please check input data : b

D:\IntaeJava>_
```

```
D:\IntaeJava>java Ex02323
Please input working hours : 13
TooManyHoursException : Please check input data : 13

D:\IntaeJava>
```

```
D:\IntaeJava>java Ex02323
Please input working hours : -1
NegativeHoursException : Please check input data : -1

D:\IntaeJava>
```

프로그램 설명

▶ Ex02322 프로그램의 문제점은 다른 종류의 예외이지만 같은 Exception으로 함께 처리되어 정확한 예외의 메세지를 보내지 못했습니다. 이번 프로그램은 Exception class를 상속받아 사용자 Exception class를 정의하고 예외를 발생 시키므로 정확한 예외 메세지를 보여주고 있습니다..

▶ 25,26,27번째 줄:Exception class를 상속받아 TooManyHoursException class 를 정의합니다. 사용자 정의 Exception은 Exception class를 상속받아 정의하는 것 이외에는 다른 class를 정의하는 것과 동일하게 정의합니다.

▶ 28,29,30번째 줄:Exception class를 상속받아 NegativeHoursException class 를 정의합니다.

예제 | Ex02323A

다음 프로그램은 Exception class를 상속받아 TooManyHoursException class와 NegativeHoursException class을 정의하여 활용한 예로 각각의 Exception class 에 생성자, attribute를 정의하여 활용한 예제 프로그램입니다.

```
1: import java.io.*;
2: class Ex02323A {
3:     public static void main(String[] args) {
4:         int hourlyWage = 8000;
5:         Console console = System.console();
6:          String workingHrsStr = console.readLine("Please input working
hours : ");
7:         try {
8:             int workingHrs = Integer.parseInt(workingHrsStr);
9:             if ( workingHrs > 12 ) {
10:                throw new TooManyHoursException(workingHrs - 12);
11:            }
12:            if ( workingHrs < 0 ) {
13:            throw new NegativeHoursException("Negative data("+workingHrs+")
is not valid.");
14:             }
15:         System.out.println("Hourly Wage:"+hourlyWage+" * working Hour:"
+ workingHrs + " = Payment:" + (hourlyWage * workingHrs) );
16:         } catch ( NumberFormatException e ) {
17:          System.out.println("NumberFormatException : Please check input
data : "+workingHrsStr );
18:         } catch ( TooManyHoursException e ) {
19:          System.out.println("TooManyHoursException : Please check input
data : "+workingHrsStr + ", exceeded hours="+e.exceededHours);
20:         } catch ( NegativeHoursException e ) {
21:          System.out.println("NegativeHoursException : Please check input
data : "+workingHrsStr + ", "+e.message );
22:         }
23:     }
24: }
25: class TooManyHoursException extends Exception {
26:     int exceededHours;
27:     TooManyHoursException(int eHrs) {
28:         exceededHours = eHrs;
29:     }
30: }
31: class NegativeHoursException extends Exception {
32:     String message;
33:     NegativeHoursException(String mssg) {
34:         message = mssg;
35:     }
36: }
```

```
D:\IntaeJava>java Ex02323A
Please input working hours : 7
Hourly Wage:8000 * working Hour:7 = Payment:56000

D:\IntaeJava>
```

```
D:\IntaeJava>java Ex02323A
Please input working hours : 13
TooManyHoursException : Please check input data : 13, exceeded hours=1

D:\IntaeJava>
```

```
D:\IntaeJava>java Ex02323A
Please input working hours : -1
NegativeHoursException : Please check input data : -1, Negative data(-1) is not
valid.

D:\IntaeJava>
```

프로그램 설명

▶ 이번 프로그램은 새로운 내용은 없습니다. 단지 사용자가 정의한 Exception도 일반적인 class의 하나이므로 필요에 따라 attribute나 method를 정의하여 적절히 사용하면 됩니다.

23.3.4 Exception class의 상속관계

23.1절 '예외 이해하기'에서 예외의 종류 3가지를 설명했습니다. 예외 종류 3가지를 아래 상속관계를 통해서 좀 더 자세하게 설명합니다.

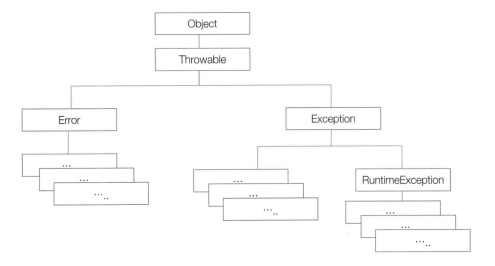

위 예외 class의 상속관계에서 보여주는 것과 같이 예외는 3가지로 나눕니다. Error, RuntimeException, RuntimeException이 아닌 Exception입니다. 23.1절 '예외 이해하기'에서도 설명한 바와 같이 ①예상된 예외(checked Exception)는 RuntimeException이 아닌 Exception이며, ②에러는 Error class를 상속받아 만들어진 Error이고, ③Runtime예외는 RuntimeException을 상속받아 만들어지는 Exception입니다.

에러는 JVM이 프로그램 수행 중 발생한 에러를 Error object로 만들어 던져지기 때문에 프로그램으로 처리할 수 있는 예외가 아니므로 논외로 하고, 예상된 예외 (checked Exception)와 Runtime 예외에 대해서만 차이점을 설명합니다. 차이점 은 예외와 관련하여 compile 시 compile 에러가 발생하느냐 안 하느냐의 차이점입 니다. 예상된 예외(Checked Exception)은 말 그대로 예외가 예상되니 try catch 문으로 처리 하라는 예외이므로 ❶ try catch문을 사용하지 않거나 ❷ throws key word를 사용하여 상위 method에 Exception을 던지지 않으면 compile 에러를 발 생시킵니다.

아래 프로그램은 Exception class를 상속받은 TooManyHoursException와 Runtime Exception class를 상속받은 NegativeHoursException를 try catch문을 사용하 지 않고 작성한 프로그램입니다.

```
1: import java.io.*;
2: class Ex02324 {
3:     public static void main(String[] args) {
4:         int hourlyWage = 8000;
5:         Console console = System.console();
6:          String workingHrsStr = console.readLine("Please input working hours : ");
7:         int workingHrs = Integer.parseInt(workingHrsStr);
8:         if ( workingHrs > 12 ) {
9:            throw new TooManyHoursException();
10:        }
11:        if ( workingHrs < 0 ) {
12:            throw new NegativeHoursException();
13:        }
14:        System.out.println("Hourly Wage:"+hourlyWage+" * working Hour:" + workingHrs + " = Payment:" + (hourlyWage * workingHrs) );
15:     }
16: }
17: class TooManyHoursException extends Exception {
18:    // define something depending on user's requirement
19: }
20: class NegativeHoursException extends RuntimeException {
21:    // define something depending on user's requirement
22: }
```

프로그램 설명

▶ 위 프로그램을 compile하면 아래와 같은 에러 메세지가 나옵니다. 즉 9번째 줄 Exception class를 상속받은 TooManyHoursException object를 throw할 때

는 compile 에러가 발생하지만, 12번째 줄 RuntimeException class를 상속
받은 NegativeHoursException object는 compile 에러가 발생하지 않습니다.

```
D:\IntaeJava>javac Ex02324.java
Ex02324.java:9: error: unreported exception TooManyHoursException; must be caugh
t or declared to be thrown
            throw new TooManyHoursException();
            ^
1 error

D:\IntaeJava>
```

예제 | Ex02324A

아래 프로그램은 Exception class를 상속받은 TooManyHoursException를 try
catch문을 사용하여 예외 처리를 한 프로그램입니다.

```
 1: import java.io.*;
 2: class Ex02324A {
 3:     public static void main(String[] args) {
 4:         int hourlyWage = 8000;
 5:         Console console = System.console();
 6:         String workingHrsStr = console.readLine("Please input working
hours : ");
 7:         int workingHrs = Integer.parseInt(workingHrsStr);
 8:         try {
 9:             if ( workingHrs > 12 ) {
10:                 throw new TooManyHoursException();
11:             }
12:         } catch ( TooManyHoursException e ) {
13:             System.out.println("TooManyHoursException : Please check input
data : "+workingHrsStr );
14:             return;
15:         }
16:         if ( workingHrs < 0 ) {
17:             throw new NegativeHoursException();
18:         }
19:         System.out.println("Hourly Wage:"+hourlyWage+" * working Hour:"
+ workingHrs + " = Payment:" + (hourlyWage * workingHrs) );
20:     }
21: }
22: class TooManyHoursException extends Exception {
23:     // define something depending on user's requirement
24: }
25: class NegativeHoursException extends RuntimeException {
26:     // define something depending on user's requirement
27: }
```

```
D:\IntaeJava>java Ex02324A
Please input working hours : 7
Hourly Wage:8000 * working Hour:7 = Payment:56000

D:\IntaeJava>
```

```
D:\IntaeJava>java Ex02324A
Please input working hours : 13
TooManyHoursException : Please check input data : 13

D:\IntaeJava>
```

```
D:\IntaeJava>java Ex02324A
Please input working hours : b
Exception in thread "main" java.lang.NumberFormatException: For input string: "b
"
        at java.lang.NumberFormatException.forInputString(NumberFormatException.
java:65)
        at java.lang.Integer.parseInt(Integer.java:580)
        at java.lang.Integer.parseInt(Integer.java:615)
        at Ex02324A.main(Ex02324A.java:7)

D:\IntaeJava>
```

```
D:\IntaeJava>java Ex02324A
Please input working hours : -1
Exception in thread "main" NegativeHoursException
        at Ex02324A.main(Ex02324A.java:17)

D:\IntaeJava>
```

프로그램 설명

▶ 예외 처리를 한 TooManyHoursException은 예외 처리한 후 정상적으로 프로그램
  을 종료하지만, 예외 처리를 하지 않은 NumberFormatException과 Negative
  HoursException은 비정상 종료되는 것을 알 수 있습니다.

예제 | Ex02324B

아래 프로그램은 Exception class를 상속받은 TooManyHoursException를 try
catch문으로 예외 처리 하지 않고 throws key word를 상위의 method로 예외를
던지는 프로그램입니다.

```java
 1: import java.io.*;
 2: class Ex02324B {
 3:     public static void main(String[] args) throws TooManyHoursException
 {
 4:         int hourlyWage = 8000;
 5:         Console console = System.console();
 6:         String workingHrsStr = console.readLine("Please input working
 hours : ");
 7:         int workingHrs = Integer.parseInt(workingHrsStr);
 8:         if ( workingHrs > 12 ) {
 9:             throw new TooManyHoursException();
10:         }
11:         if ( workingHrs < 0 ) {
12:             throw new NegativeHoursException();
13:         }
14:         System.out.println("Hourly Wage:"+hourlyWage+" * working Hour:"
```

```
    + workingHrs + " = Payment:" + (hourlyWage * workingHrs) );
15:      }
16: }
17: class TooManyHoursException extends Exception {
18:     // define something depending on user's requirement
19: }
20: class NegativeHoursException extends RuntimeException {
21:     // define something depending on user's requirement
22: }
```

```
D:\IntaeJava>java Ex02324B
Please input working hours : 7
Hourly Wage:8000 * working Hour:7 = Payment:56000

D:\IntaeJava>
```

```
D:\IntaeJava>java Ex02324B
Please input working hours : 13
Exception in thread "main" TooManyHoursException
        at Ex02324B.main(Ex02324B.java:9)

D:\IntaeJava>
```

프로그램 설명

▶ 3,9,17번째 줄 Exception class를 상속받은 TooManyHoursException은 checked Exception이기 때문에 try catch문으로 처리를 해주어야 하나, 3번째 줄에서 throws TooManyHoursException으로 Exception을 던지면 9번째 줄에서 발생시킨 TooManyHoursException을 try catch문으로 처리 안 해주어도 compile 에러가 발생하지 않습니다.

▶ 위 프로그램 두 번째 출력 결과에서 13을 입력하면 try catch문으로 처리하지 않았기 때문에 비정상 종료되고 있음을 보여주고 있습니다.

23.4 예외의 추적

프로그램 에러는 아무리 잘 작성한 프로그램 속에서도 에러는 숨어 있습니다. 인간이 완벽할 수 없으므로 프로그램을 개발한 프로그래머도 완벽할 수 없습니다. 문제는 에러가 발생하면 에러를 찾아 그 에러를 수정해야 합니다. 그러려면 무슨 에러가 어디에서 발생했는지 찾을 수 있도록 정보가 제공되어야 합니다.

예제 | Ex02325

아래 프로그램은 예외가 발생하면 getStackTrace() method를 사용하여 어디서 에러가 나왔는지 출력해주는 프로그램입니다.

```
1: import java.io.*;
2: class Ex02325 {
3:     public static void main(String[] args) {
4:         int hourlyWage = 8000;
5:         Console console = System.console();
6:         String workingHrsStr = console.readLine("Please input working
hours : ");
7:         try {
8:             int workingHrs = Integer.parseInt(workingHrsStr);
9:             System.out.println("Hourly Wage:"+hourlyWage+" * Working
Hours:" + workingHrs + " = Payment:" + (hourlyWage * workingHrs) );
10:         } catch ( Exception e ) {
11:             System.out.println("Exception occurred. \nPlease check input
data : " + workingHrsStr );
12:             System.out.println();
13:             StackTraceElement[] ste = e.getStackTrace();
14:             for ( int i=0; i<ste.length ; i++ ) {
15:                 System.out.println(ste[i].getFileName()+":"+ste[i].
getLineNumber()+":"+ste[i].getMethodName()+"()");
16:             }
17:         }
18:     }
19: }
```

```
D:\IntaeJava>java Ex02325
Please input working hours : b
Exception occurred.
Please check input data : b

NumberFormatException.java:65:forInputString()
Integer.java:580:parseInt()
Integer.java:615:parseInt()
Ex02325.java:8:main()

D:\IntaeJava>_
```

참고 | 위 출력결과는 필자가 자바 version Java 8u11에서 출력한 결과입니다. 필자가 자바 버전을 확인해 보니 Java 8u25,Java 8u31에서는 아래와 같은 메세지가 나옵니다.

```
D:\IntaeJava>java Ex02325
Please input working hours : b
Exception occurred.
Please check input data : b

null:-1:forInputString()
null:-1:parseInt()
null:-1:parseInt()
Ex02325.java:8:main()

D:\IntaeJava>_
```

위 출력 결과는 자바의 버그라고 생각됩니다. 즉 Exception이 발생한 부분의 class 이름과 줄 번호가 나오고 있지 않습니다. 새롭게 출시되는 자바 버전에서는 버그가 수정되어 java 8u11과 같은 출력 결과가 나오기를 기대합니다.

예제 | Ex02325A

아래 프로그램은 예외가 발생하면 JVM이 출력하는 메세지를 printStackTrace() method를 사용하여 출력하고 프로그램을 계속 진행할 수 있게 해주는 프로그램입니다.

```
1: import java.io.*;
2: class Ex02325A {
3:     public static void main(String[] args) {
4:         int hourlyWage = 8000;
5:         Console console = System.console();
6:         while ( true ) {
7:             String workingHrsStr = console.readLine("Please input working hours : ");
8:             try {
9:                 int workingHrs = Integer.parseInt(workingHrsStr);
10:                System.out.println("Hourly Wage:"+hourlyWage+" * Working Hours:" + workingHrs + " = Payment:" + (hourlyWage * workingHrs) );
11:                break;
12:            } catch ( NumberFormatException e ) {
13:                System.out.println("Exception occurred. \nPlease check input data : " + workingHrsStr );
14:                System.out.println();
15:                e.printStackTrace();
16:            }
17:        }
18:    }
19: }
```

```
D:\IntaeJava>java Ex02325A
Please input working hours : b
Exception occurred.
Please check input data : b

java.lang.NumberFormatException: For input string: "b"
        at java.lang.NumberFormatException.forInputString(NumberFormatException.java:65)
        at java.lang.Integer.parseInt(Integer.java:580)
        at java.lang.Integer.parseInt(Integer.java:615)
        at Ex02325A.main(Ex02325A.java:9)
Please input working hours : 7
Hourly Wage:8000 * Working Hours:7 = Payment:56000

D:\IntaeJava>
```

참고 | 위 출력 결과는 필자가 자바 버전 Java 8u11에서 출력한 결과입니다.

필자가 자바 버전 확인해보니 Java 8u25,Java 8u31에서는 아래와 같은 메세지가 나옵니다.

```
D:\IntaeJava>java Ex02325A
Please input working hours : b
Exception occurred.
Please check input data : b

java.lang.NumberFormatException: For input string: "b"
        at java.lang.NumberFormatException.forInputString(Unknown Source)
        at java.lang.Integer.parseInt(Unknown Source)
        at java.lang.Integer.parseInt(Unknown Source)
        at Ex02325A.main(Ex02325A.java:9)
Please input working hours : 8
Hourly Wage:8000 * Working Hours:8 = Payment:64000

D:\IntaeJava>
```

위 출 결과는 자바의 버그라고 생각됩니다. 즉 Exception이 발생한 부분의 class이 름과 줄 번호가 나오고 있지 않습니다. 새롭게 출시되는 자바 버전에서는 버그가 수 정되어 java 8u11과 같은 출력 결과가 나오기를 기대합니다.

프로그램 설명

▶ 위 프로그램은 input data로 숫자가 아닌 문자를 입력했을 경우 Number FormatException이 발생합니다. 이때 JVM이 출력하는 모든 에러 메세지를 출 력한 후 비정상 종료하지 않고 프로그램을 계속 진행합니다.

예제 | Ex02325B

도전해 보세요 예외가 발생하면 getStackTrace() method를 사용하여 어디서 에러가 났는지 아래 화면에 출력해주는 프로그램을 작성하세요.

- 아래 프로그램은 Ex02312C 프로그램에 JTextArea을 추가합니다.
- JTextArea는 setRow(7) method를 사용하여 7줄을 나타나도록 설정합니다.

- 아래처럼 입력하고 "Check Answer" 버튼을 클릭하면 아래와 같이 TextArea에 에러 메세지가 출력되어야 합니다.
- 아래 5번째 줄의 에러 메시지를 하이라이트시킨 것은 Ex02325B 프로그램의 108 번째 줄에서 예외가 발생된 것을 보이기 위해 필자가 한 것입니다.

참고 | 위 출력결과는 필자가 자바 version Java 8u11에서 출력한 결과입니다. 필자가 자바 버전을 확인해보니 Java 8u25,Java 8u31에서는 아래와 같은 메세지가 나옵니다.

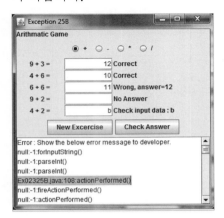

위 출력 결과는 자바의 버그라고 생각됩니다. 즉 Exception이 발생한 부분의 class 이름과 줄 번호가 나오고 있지 않습니다. 새롭게 출시되는 자바 버전에서는 버그가 수정되어 java 8u11과 같은 출력 결과가 나오기를 기대합니다.

Memo

I/O Stream

I/O Stream

24.1 I/O Stream 이해하기

컴퓨터에서 자료를 가공 처리하기 위해서는 기본적인 data가 컴퓨터로 입력(Input)이 되어져야 합니다. 또한 입력된 data를 원하는 자료로 편집, 집계되었다면 그 결과를 적절히 출력(Output)되어져서 보관될 수도 있고 network를 통해 다른 컴퓨터로 전달될 수도 있습니다.

지금까지 설명한 입출력(Input/Output, 줄여서 I/O)에 대해서 정리해 보면, 입력은 10.6절 'Scanner class와 Console class'에서 배운 Scanner class와 Console class로부터의 입력을 생각할 수 있습니다. 또 9.3.3절 'main(String[] args) method'에서도 자바 프로그램을 수행시킬 때 프로그램 이름과 동시에 data도 입력할 수 있었습니다. 출력은 대표적인 것이 System.out.println(), System.out.print(), System.out.printf()를 들을 수 있으며, Console class에서도 입력받기 전 메세지를 출력할 수 있었습니다. 지금까지 설명한 입출력을 하드웨어적으로 잘 살펴보면, 입력은 키보드, 출력은 컴퓨터 화면인 것을 알 수 있습니다. 즉 입력 장치(키보드)는 입력만 하고, 출력 장치(컴퓨터 화면)는 출력만 담당하고 있음을 알 수 있습니다.

chapter 22 Collections Framework의 22.5.1절 'Stream 이해하기'에서 설명했지만 "Stream"은 유체가 흘러가는 파이프를 연상하면 이해하기 쉽습니다. 입력을 담당하는 파이프에 data가 입력되면 입력된 순서대로 컴퓨터로 전달되며, 출력을 담당하는 파이프에 data을 출력하면 출력한 순서대로 출력되어 화면에 나타납니다. 중간에 순서가 절대 바뀌지 않으며, 하나의 파이프로 동시에 유체가 흘러 들어가고 흘러나오는 일이 없듯이, 하나의 Stream으로 입력과 출력을 동시에 사용할 수 없습니다. 이것은 입력 출력을 동시에 담당하는 장치인 하드 디스크에 입출력을 할 경우에도 적용되는 개념입니다. 즉 하드 디스크로 연결되는 두 개의 파이프를 만들고 하나는 하드 디스크로부터 입력만 받는 파이프, 다른 하나는 하드 디스크로 출력만 하는 파이프로 사용해야 합니다.

모든 컴퓨터는 키보드와 컴퓨터 화면은 기본장치로 붙어 있습니다. 키보드에는 입력 파이프 혹은 입력 Stream, 컴퓨터 화면에는 출력 파이프 혹은 출력 Stream이 기본적으로 하나씩 이미 준비가 되어있었기 때문에 입출력을 위한 Stream선언은 하지 않았습니다. 하지만 하드 디스크에는 입출력 Stream 혹은 입출력 파이프를 준비해 놓아야 컴퓨터에서 그 파이프 혹은 Stream을 통해 data를 읽어오거나 출력할 수 있습니다. 앞으로 "파이프"라는 용어대신 자바에서 사용하는 Stream이라는 용어만 사용하겠습니다.

예제 | Ex02401

아래 프로그램은 컴퓨터 하드 디스크에 출력하는 프로그램으로 어떻게 출력 Stream을 정의하는지를 보여주는 프로그램입니다.

```
 1: import java.io.*;
 2: class Ex02401 {
 3:    public static void main(String[] args) {
 4:        String dataStr = "Hello, Intae";
 5:        byte[] dataByte = dataStr.getBytes();
 6:            System.out.println("dataStr.length()="+dataStr.length()+",
dataByte.length="+dataByte.length);
 7:        try {
 8:          FileOutputStream out = new FileOutputStream("Ex02401.out");
 9:          out.write(dataByte);
10:          out.close();
11:        } catch ( Exception e ) {
12:            System.out.println("Exception : "+e);
13:        }
14:    }
15: }
```

```
D:\IntaeJava>java Ex02401
dataStr.length()=12, dataByte.length=12

D:\IntaeJava>type Ex02401.out
Hello, Intae
D:\IntaeJava>_
```

프로그램 설명

▶ 8번째 줄:출력 Stream을 위해 FileOutputStream object를 생성해야 합니다. FileOutputStream object를 생성할 때는 출력되는 data가 어느 파일에 저장될 것인지 파일 이름을 argument로 넣어주어야 합니다.

▶ 9번째 줄:FileOutputStream object인 out이라는 파이프가 만들어 졌으니, out. write() method를 사용하여 문자를 출력합니다. write() method의 argument로 출력하고자 하는 문자를 넣어주면 되는데, FileOutputStream은 file에 한byte씩 출력하는 Stream이므로 String문자열을 byte 배열 object로 변환합니다. 그후 변환된 byte배열 object를write() method의 argument로 넣어 주어야 합니다.

▶ 10번째 줄:9번째 줄에서 모든 문자를 출력했기 때문에 out.close() method는 호출 안 해도 이번 프로그램에서는 문제 없습니다. 하지만 8번째 줄에서 생성한 Stream object는 컴퓨터 내에 하나의 파이프를 설치한 것이기 때문에 컴퓨터의

자원(resource)을 많이 차지합니다. 이번 프로그램은 출력을 하고 바로 프로그램이 종료되기 때문에 별 문제 없습니다. 하지만 data를 출력하고 다른 작업을 계속 수행할 경우에는 사용하지 않는 자원을 계속 잡고 있으면 프로그램 성능 저하의 원인이 됩니다. 그러므로 close() method를 호출하여 FileOutputStream object가 차지한 자원을 되돌려주어야 합니다.

▶ 입출력 Stream에 관련된 명령은 try catch문으로 예외가 발생하면 처리하는 부분을 반드시 삽입해주어야 합니다. 예를 들어 출력 파일 이름을 잘 못 작성해 주었다면 compile 단계에서는 잘못된 파일 이름까지 확인하지 않으므로 문제없이 compile됩니다. 하지만 프로그램 수행 도중 출력 파일 이름이 잘못되어 출력 Stream을 만들 수 없는 상황을 대비하여야 합니다. 만약 7,11,12,13번째 줄을 //로 comment처리하고 compile하면 아래와 같은 에러 메세지가 발생합니다.

```
D:\IntaeJava>javac Ex02401.java
Ex02401.java:8: error: unreported exception FileNotFoundException; must be caugh
t or declared to be thrown
            FileOutputStream out = new FileOutputStream("Ex02401.out");
                                   ^
Ex02401.java:9: error: unreported exception IOException; must be caught or decla
red to be thrown
            out.write(dataByte);
               ^
Ex02401.java:10: error: unreported exception IOException; must be caught or decl
ared to be thrown
            out.close();
               ^
3 errors

D:\IntaeJava>
```

▶ 4,5,6번째 줄:String object의 getBytes() method는 "Hello, Intae"문자열을 byte배열 object로 변환합니다. 이때 "Hello, Intae"문자열은 모두 ASCII code 로 표현 가능한 문자이기 때문에 한 문자는 한 byte로 변환하여 줍니다.

▶ 출력파일 이름으로 8번째 줄에서 "Ex02401.out"로 정의했습니다. 그러면 위 프로그램이 완료된 후 "Ex02401.out" 파일을 열어보면 "Hello, Intae"라는 data가 저장되어 있을 것입니다. 위 출력화면에서 두 번째 DOS 명령 "Type Ex02401.out"를 하면 "Hello, Intae"라는 data를 화면에 출력됨을 알 수 있습니다.

24.2 I/O Stream의 종류

Ex02401 프로그램의 FileOutputStream은 Byte Stream입니다. 모든 data는 byte를 기본 단위로 하기 때문에 byte 단위로 기본 Stream을 구성하는 것은 당연한 것입니다. 하지만 byte 단위로만 처리하면 불편한 점이 많이 있기 때문에, 상황에 따라 편리한 여러 종류의 Stream class를 다음과 같이 적절히 이용하면 됩니다.

Byte Stream	FileInputStream/FileOutputStream
Character Stream	FileReader/FileWriter
Buffered Stream	BufferedReader/BufferedWriter
Data Stream	DataInputStream/DataOutputStream
Object Stream	ObjectInputStream/ObjectOutputStream

24.2.1 Byte Stream

Byte Stream은 한 byte씩 읽거나 쓸 수 있는 Stream이므로 모든 형태의 data를 읽거나 쓸 수 있습니다. 즉 ASCII code의 문자 파일, 색(color)으로 구성된 image 파일, 동영상이나, 음성 파일 등 제약이 없습니다.

예제 | Ex02410

아래 프로그램은 Ex02401 프로그램에서 생성한 "Ex02401.out" 파일의 data를 읽어 와서 화면에 출력하는 프로그램입니다.

```
1: import java.io.*;
2: class Ex02410 {
3:    public static void main(String[] args) {
4:       try {
5:          FileInputStream inStream = new FileInputStream("Ex02401.out");
6:          System.out.println("=== File read starts ===");
7:          int data = 0;
8:          while ( true ) {
9:             data = inStream.read();
10:            if ( data == -1 ) {
11:               break;
12:            }
13:            char chData = (char)data;
14:            System.out.print(chData);
15:         }
16:         System.out.println("\n=== File read ends ===");
17:         inStream.close();
18:      } catch ( Exception e ) {
19:         System.out.println("Exception : "+e);
20:      }
21:   }
22: }
```

```
D:\IntaeJava>java Ex02410
=== File read starts ===
Hello, Intae
=== File read ends ===

D:\IntaeJava>
```

프로그램 설명

▶ 5번째 줄:입력 Stream을 위해 FileInputStream object를 생성해야 합니다. FileInputStream object를 생성할 때는 입력되는 data가 어느 파일에 입력될 것인지 파일 이름을 argument로 넣어주어야 합니다.

▶ 9번째 줄:FileInputStream의 read() method는 한 번에 한 byte씩 읽어서 int type 기억장소에 저장합니다. 한 byte씩 읽어서 byte type 기억장소에 저장된다면 설명할 필요도 없지만 int type 기억장소에 저장되는 이유가 있습니다. 물론 자바 API에 int type으로 반환되기 때문이기도 하지만, 요즘 컴퓨터는 4byte를 하나의 처리 단위로 사용하기 때문에 byte 단위로 읽어와도 처리되는 저장 단위는 4byte에 저장됩니다. 따라서 int type 기억장소에 저장되고 있는 것입니다. 한 byte로 read하여 4byte에 저장되면 앞 3byte의 bit는 모두 '0'으로 채워집니다.

▶ 10번째 줄:만약 9번째 줄에서 read() method를 수행하다가 더 이상 data가 없어 read할 수 없는 상태가 되면 기억장소 data에는 −1이 저장됩니다. 그러므로 매 byte마다 읽어보고 data 기억장소에 −1이 저장되어 있으면 모든 data를 읽은 것이므로 while문을 빠져나와야 합니다.

▶ 13,14번째 줄:한 byte로 읽은 data 기억장소가 int type 기억장소이므로 char type으로 변환하여 화면에 출력해야 제대로된 문자가 출력됩니다.

예제 | Ex02411

아래 프로그램은 Ex02410 프로그램를 개선한 프로그램으로 Ex02410 프로그램이 while문의 조건절을 true로 하였다면 다음 프로그램은 while문의 조건절에 read() method로 data을 읽은 후 읽은 data가 −1인지 확인하는 것으로 한 프로그램입니다.

```java
 1: import java.io.*;
 2: class Ex02411 {
 3:    public static void main(String[] args) {
 4:       try {
 5:          FileInputStream inStream = new FileInputStream("Ex02401.out");
 6:          System.out.println("=== File read starts ===");
 7:          int data = 0;
 8:          while ( ( data = inStream.read()) != -1 ) {
 9:             char chData = (char)data;
10:             System.out.print(chData);
11:          }
12:          System.out.println("\n=== File read ends ===");
13:          inStream.close();
```

```
14:            } catch ( Exception e ) {
15:                System.out.println("Exception : "+e);
16:            }
17:        }
18: }
```

```
D:\IntaeJava>java Ex02411
=== File read starts ===
Hello, Intae
=== File read ends ===

D:\IntaeJava>
```

프로그램 설명

▶ 8번째 줄:"while ((data = inStream.read()) != −1)" 문은 "data = inStream. read()"문과 "while (data != −1)"문이 함께 있는 문장입니다.

예제 | Ex02411A

아래 프로그램은 Ex02411 프로그램를 개선한 프로그램으로 Ex02411 프로그램이 하나의 read() method를 파일의 내용을 읽었다면 다음 프로그램은 read() method 를 두 번 사용하여 읽고 있는 프로그램입니다.

```
1: import java.io.*;
2: class Ex02411A {
3:    public static void main(String[] args) {
4:        try {
5:           FileInputStream inStream = new FileInputStream("Ex02401.out");
6:            System.out.println("=== File read starts ===");
7:            int data = inStream.read();
8:            while ( data != -1 ) {
9:                char chData = (char)data;
10:                System.out.print(chData);
11:                data = inStream.read();
12:            }
13:            System.out.println("\n=== File read ends ===");
14:            inStream.close();
15:        } catch ( Exception e ) {
16:            System.out.println("Exception : "+e);
17:        }
18:    }
19: }
```

```
D:\IntaeJava>java Ex02411A
=== File read starts ===
Hello, Intae
=== File read ends ===

D:\IntaeJava>
```

프로그램 설명

▶ 7, 11번째 줄에 read() method를 두 번 사용하지만 if문이나 while문 속에 두 문장을 사용하지 않습니다. Ex02411 프로그램과 Ex02411A 프로그램을 비교하면 각각의 장단점이 있기 때문에 어느 것이 더 낫다라고 단정하기는 어렵습니다. 하지만 필자는 read() method를 두 번 사용하는 것을 선호합니다. 앞으로의 예제도 두 번 read하는 방식을 사용할 예정입니다.

예제 | Ex02411B

아래 프로그램은 Ex02411A 프로그램를 try catch finally문과 throws문을 실용성 있게 사용한 프로그램입니다.

```
1: import java.io.*;
2: class Ex02411B {
3:     public static void main(String[] args) throws IOException {
4:         FileInputStream inStream = null;
5:         try {
6:             inStream = new FileInputStream("Ex02401.out");
7:             System.out.println("=== File read starts ===");
8:             int data = inStream.read();
9:             while ( data != -1 ) {
10:                 char chData = (char)data;
11:                 System.out.print(chData);
12:                 data = inStream.read();
13:             }
14:             System.out.println("\n=== File read ends ===");
15:         } catch ( IOException e ) {
16:             System.out.println("IOException : "+e);
17:         } finally {
18:             if ( inStream != null ) {
19:                 inStream.close();
20:             }
21:         }
22:     }
23: }
```

```
D:\IntaeJava>java Ex02411B
=== File read starts ===
Hello, Intae
=== File read ends ===

D:\IntaeJava>
```

프로그램 설명

▶ 위 프로그램은 chapter 23 '예외(Exception) 처리'에 해당되는 내용입니다. chapter 23에서 I/O Stream에 대한 설명이 없는 상태에서 try catch finally문과 throws

문에 대해 정확히 설명하지 못했기 때문에 이번 프로그램에서 보강 설명합니다.

▶ 4번째 줄:FileInputStream의 object변수 inStream을 선언하는 것은 예외가 발생할 일이 없으므로 try밖에 선언합니다. 또한 19번째 줄 finally 블록에서 inStream을 사용하기 위해서는 try문만 inStream이 선언되어 있어야 변수 선언의 유효범위에 들어 올 수 있습니다.

▶ 6번째 줄:new FileInputStream("Ex02401.out");에서 "Ex02401.out" 파일이 없어 FileInputStream object를 생성할 수 없는 예외가 발생할 수 있습니다. 아래 출력 메세지는 Ex02401 프로그램에서 생성한 Ex02401.out 파일을 삭제하고 프로그램을 수행시키면 나타나는 메세지입니다.

```
D:\IntaeJava>del *.out

D:\IntaeJava>java Ex02411B
IOException : java.io.FileNotFoundException: Ex02401.out (The system cannot find
 the file specified)

D:\IntaeJava>
```

▶ 8,12번째 줄:hard disk에 저장된 파일의 손상 등으로 읽을 수 없을 때 예외가 발생할 수 있습니다.

▶ 15,16번째 줄:6,8,12번째 줄에서 발생한 예외는 IOException에 해당하므로 catch 블록에서 IOException argument로 예외를 잡아내고, 예외 정보를 출력해 줍니다.

▶ 17~21번째 줄:Ex02401 프로그램의 FileOutputStream object의 close() method에서 설명한 내용과 동일한 설명입니다. FileInputStream object는 컴퓨터의 자원(resource)을 많이 차지하기 때문에 입력이 완료되면 바로 close() method를 호출하여 FileInputStream object가 차지한 자원을 되돌려주어야 합니다. 예외가 발생하든 안 하든 더 이상 FileInputStream object을 사용하지 않으면 자원을 되돌려주기 위해서는 finally 블록에 close() method를 정의하는 것이 올바른 선언입니다. 6번째 줄에서 "Ex02401.out" 파일이 없어 FileInputStream object를 생성할 수 없는 예외가 발생한 경우에는 inStream에 되돌려줄 object가 없기 때문에 즉 inStream이 null인 경우를 제외하고는 close() method를 호출해야 합니다.

▶ 3번째 줄의 throws IOException은 19번째 줄 inStream.close() method를 수행하다가도 예외가 발생할 수 있습니다. 그런데 그 예외를 처리해 주는 try catch문이 없기 때문에 main method밖으로 예외를 던지는 throws문을 사용해야 합니다. 아니면 19번째 줄 close() method의 예외를 잡아주는 try catch문을 finally block 내에 중첩으로 선언해주어야 합니다.

예제 | Ex02411C

아래 프로그램은 Ex02411B 프로그램의 finally 블록에서 사용한 close()호출을 try-with-resources 문으로 사용한 프로그램입니다.

```
 1: import java.io.*;
 2: class Ex02411C {
 3:    public static void main(String[] args) {
 4:        try (FileInputStream inStream = new FileInputStream("Ex02401.
out") ) {
 5:            System.out.println("=== File read starts ===");
 6:            int data = inStream.read();
 7:            while ( data != -1 ) {
 8:                char chData = (char)data;
 9:                System.out.print(chData);
10:                data = inStream.read();
11:            }
12:            System.out.println("\n=== File read ends ===");
13:        } catch ( IOException e ) {
14:            System.out.println("IOException : "+e);
15:        }
16:    }
17: }
```

```
D:\IntaeJava>java Ex02411C
=== File read starts ===
Hello, Intae
=== File read ends ===

D:\IntaeJava>
```

프로그램 설명

▶ 위 프로그램은 chapter 23 '예외(Exception) 처리'에 해당되는 내용입니다. chapter 23에서 I/O Stream에 대한 설명이 없는 상태에서 try-with-resources 문에 대해 설명하지 못했기 때문에 이번 프로그램에서 보강 설명합니다.

▶ 4번째 줄:try key word 다음의 괄호 속에 I/O Stream의 자원(resource)를 사용하여 생성한 object는 try문이 끝남과 동시에 자동으로 모든 자원을 되돌려줍니다. 그러므로 finally 블록에 close() method를 호출하는 명령을 사용할 필요가 없습니다. 참고로 try key word 다음의 괄호 속에 I/O Stream의 자원(resource)를 사용하여 생성한 object는 AutoCloseable interface가 implements되어 있습니다. 필자의 경험에 의하면 거의 모든 I/O Stream의 자원(resource)를 사용하는 class는 AutoCloseable interface가 implements되어 있습니다.

▶ 결론적으로 Ex02411B 프로그램이나 Ex02411C 프로그램은 예외를 처리하는데 있어 같은 기능을 하지만 Ex02411C가 자바7부터 개선된 기능입니다.

■ Byte stream에서 한글관련 사항 ■

아래 두 프로그램(Ex02411D, Ex02411E)은 한글 Unicode에 대해 알고 있어야 됩니다. 2.8.3절 'Unicode'를 참조하세요

예제 | Ex02411D

아래 프로그램은 Byte Stream이 어떻게 작동되는지 좀 더 깊이 있게 알아보기 위한 프로그램입니다.

```
 1: import java.io.*;
 2: class Ex02411D {
 3:    public static void main(String[] args) {
 4:       String dataStr = "Hello, Intae 안녕 인태";
 5:       byte[] dataByte = dataStr.getBytes();
 6:          System.out.println("dataStr.length()="+dataStr.length()+",
dataByte.length="+dataByte.length);
 7:       char lineFeed = '\n';
 8:       char spaceChar = ' ';
 9:      try ( FileOutputStream outStream = new FileOutputStream("Ex02411D.
out") ) {
10:          for ( int i=0 ; i<dataByte.length ; i++ ) {
11:             outStream.write(dataByte[i]);
12:          }
13:          outStream.write(lineFeed);
14:          for ( int i=0 ; i<dataByte.length ; i++ ) {
15:             outStream.write(dataByte[i]);
16:             outStream.write(spaceChar);
17:          }
18:       } catch ( IOException e ) {
19:          System.out.println("IOException : "+e);
20:       }
21:    }
22: }
```

```
D:\IntaeJava>java Ex02411D
dataStr.length()=18, dataByte.length=22

D:\IntaeJava>type Ex02411D.out
Hello, Intae 안녕 인태
H e l l o ,   I n t a e   ????  ????
D:\IntaeJava>
```

프로그램 설명

▶ 4번째 줄:String문자열로 표현될 때는 모든 문자는 Unicode로 표현하므로"Hello, Intae"나" 안녕 인태" 모두 2byte로 표현하지만 String class의 getBytes() method로 byte배열로 변환시킵니다. "Hello, Intae"는 모두 영문자 이므로 ASCII로 표현 가능하므로 1byte 차지하고, "안녕 인태"는 Unicode로 밖에 표현할 수 없으므로 2byte차지 합니다. 그러므로 String 문자열일 경우에는 길이

가 18이지만, byte로 변경한 후에는 4byte가 추가되어 전체 byte 수는 22byte
가 됩니다.

▶ 11번째 줄:22byte의 문자를 있는그대로 파일에 출력합니다.

▶ 15,16번째 줄:22byte의 문자를 한 byte 출력 후 space 문자를 한 파일에 출력
합니다.

▶ 프로그램이 완료되고 파일에 저장된 내용을 위 두 번째 출력 화면처럼 확인해보
면 첫 번째 줄은 문자열 그대로 저장된 것을 알 수 있지만 두 번째 줄은 한글이 깨
져서 보입니다. 정확히는 한글 한 글자는 두 byte로 되어 있는데 2byte가 연속으
로 되어 있을 때는 한글 구성이 되지만, 중간에 space문자가 들어가면 본래의 한
글 구성이 안되므로 "?"문자로 표현할 수 없는 글자라고 알려줍니다.

예제 | Ex02411E

아래 프로그램은 Ex02411D 프로그램에서 출력한 Ex02411D.out 파일의 내용을 읽
어 화면에 출력하는 프로그램입니다.

```
1: import java.io.*;
2: class Ex02411E {
3:    public static void main(String[] args) {
4:        try ( FileInputStream inStream = new FileInputStream("Ex02411D.
out") ) {
5:            System.out.println("=== File read starts ===");
6:            int data = inStream.read();
7:            while ( data != -1 ) {
8:                char chData = (char)data;
9:                System.out.print(chData);
10:               data = inStream.read();
11:           }
12:           System.out.println("\n=== File read ends ===");
13:       } catch ( IOException e ) {
14:           System.out.println("IOException : "+e);
15:       }
16:   }
17: }
```

```
D:\IntaeJava>java Ex02411E
=== File read starts ===
Hello, Intae ¾?³ ? ????
H e l l o ,   I n t a e   ¾ ? ³  ?  ? ? ? ?
=== File read ends ===

D:\IntaeJava>
```

프로그램 설명

▶ 8,9번째 줄:파일에서 문자를 읽을 때는 한 byte씩 읽어내고, 저장할 때는 2byte

char 기억장소에 저장합니다. 영문자는 1byte로 저장되어 있기 때문에 파일에서 읽어서 2byte char 기억장소에 저장할 때 앞쪽 1byte는 모두 0bit로 채우면 Unicode가 되므로 문제가 없습니다. 문제는 한글은 본래 2byte로 저장되어 있는 것을 1byte씩 읽어서 앞 1byte를 모두 0으로 채우면 한글은 깨집니다. 한 byte씩 읽어낸 후 2byte를 합쳐서 2byte 한글로 다시 만들어야 합니다. 하지만 위 프로그램은 한 byte씩 읽어서 한 char문자를 만들어서 파일에 저장하니, 처음 파일에 제대로 저장된 한글 문자를 읽어 오면서 원래대로 조합되지 못하고 분리되므로 위 출력 화면과 같은 결과가 나오는 것입니다.

▶ 위와 같은 문제점으로 Byte Stream은 1byte ASCII code로는 표현할 수 없는 2byte Unicode로 구성된 문자를 Handling하는데는 적합하지 않습니다.

24.2.2 Character Stream

Byte Stream은 1byte씩 읽거나 쓸 수 있는 Stream이라면 Character Stream은 한 문자씩 읽거나 쓸 수 있습니다. 파일에 저장된 data가 ASCII code 형태의 1byte로 저장되어 있다면 1byte만 읽어서 한 문자를 만들고, 한글처럼 2byte가 한문자로 저장되어 있다면 2byte를 읽어서 한 문자로 만듭니다.

예제 | Ex02412

아래 프로그램은 Ex02411D 프로그램에서 생성한 "Ex02411.out"파일의 data를 Character Stream으로 읽어와서 화면에 출력하는 프로그램입니다

```
1: import java.io.*;
2: class Ex02412 {
3:    public static void main(String[] args) {
4:       try ( FileReader reader = new FileReader("Ex02411D.out") ) {
5:          System.out.println("=== File read starts ===");
6:          int data = reader.read();
7:          while ( data != -1 ) {
8:             char chData = (char)data;
9:             System.out.print(chData);
10:            data = reader.read();
11:         }
12:         System.out.println("\n=== File read ends ===");
13:      } catch ( IOException e ) {
14:         System.out.println("IOException : "+e);
15:      }
16:   }
17: }
```

```
D:\IntaeJava>java Ex02412
=== File read starts ===
Hello, Intae 안녕 인태
H e l l o ,   I n t a e   ? ? ? ?   ? ? ? ?
=== File read ends ===

D:\IntaeJava>
```

프로그램 설명

▶ 4번째 줄:FileReader class로 Character Stream 입력 object를 생성합니다.

▶ 6,10번째 줄:read() method로 한 문자를 읽어 옵니다. 글자에 따라 1byte 문자 일수도 있고, 2byte 문자일 수도 있습니다.

▶ 8번째 줄:읽어온 문자가 int type으로 반환되므로 char type으로 casting합 니다.

▶ Character Stream은 파일에 저장된 문자를 문자 그대로 읽어오므로 2byte를 차 지하는 한글도 문제 없이 처리되고 있음을 알 수 있습니다.

예제 | Ex02412A

아래 프로그램은 Character Stream을 이용하여 한글 문자를 파일로 출력하는 프 로그램입니다

```
 1: import java.io.*;
 2: class Ex02412A {
 3:    public static void main(String[] args) {
 4:        String dataStr = "Hello, Intae 안녕 인태";
 5:        char[] dataChar = dataStr.toCharArray();
 6:           System.out.println("dataStr.length()="+dataStr.length()+",
dataChar.length="+dataChar.length);
 7:        char lineFeed = '\n';
 8:        char spaceChar = ' ';
 9:        try ( FileWriter outStream = new FileWriter("Ex02412A.out") ) {
10:            for ( int i=0 ; i<dataChar.length ; i++ ) {
11:                outStream.write(dataChar[i]);
12:            }
13:            outStream.write(lineFeed);
14:            for ( int i=0 ; i<dataChar.length ; i++ ) {
15:                outStream.write(dataChar[i]);
16:                outStream.write(spaceChar);
17:            }
18:        } catch ( IOException e ) {
19:            System.out.println("IOException : "+e);
20:        }
21:    }
22: }
```

```
D:\IntaeJava>java Ex02412A
dataStr.length()=18, dataChar.length=18

D:\IntaeJava>type Ex02412A.out
Hello, Intae 안녕 인태
H e l l o ,   I n t a e   안 녕   인 태
D:\IntaeJava>
```

프로그램 설명

▶ 5번째 줄 : String 문자열을 toChaArray() method를 사용하여 char 배열 object 를 생성합니다.

▶ 6번째 줄 : 위 프로그램 수행 후 출력된 결과를 보면 문자열의 길이도 18, 배열의 크기도 18이므로 영문 문자든 한글 문자든 모두 동일하게 한 개의 char 배열 원소에 저장된 것을 알수 있습니다.

▶ 9번째 줄 : FileWriter class로 Character Stream 출력 object를 생성합니다.

▶ 10,11,12번째 줄 : FileWriter object의 write() method를 사용하여 배열로 저장된 문자를 모두 파일에 출력합니다.

▶ 13번째 줄 : 줄바꿈 문자 '\n'도 하나의 문자이므로 파일에 출력 시 줄바꿈이 필요할 경우에는 FileWriter object의 write() method를 사용하여 줄바꿈 문자 '\n'도 출력합니다. 줄바꿈 문자를 출력하지 않으면 파일을 text editor로 열어보거나 DOS 명령 'type'으로 파일의 내용을 볼 경우 한줄로 화면에 나타납니다.

▶ 14~17번째 줄 : FileWriter object의 write() method를 사용하여 배열로 저장된 문자를 space문자를 문자마다 삽입하여 파일에 출력합니다.

▶ 프로그램이 완료된 후 파일에 저장된 내용을 위 두 번째 화면처럼 확인해보면 한글 문자도 그대로 저장되어 있는 것을 알 수 있습니다.

예제 | Ex02412B

아래 프로그램은 Ex02412A 프로그램에서 생성한 "Ex02412A.out" 파일의 data를 Character Stream으로 다시 읽어와서 각 줄마다 그 줄에 해당되는 글자 수를 화면에 출력하는 프로그램입니다

```java
1: import java.io.*;
2: class Ex02412B {
3:    public static void main(String[] args) {
4:       try ( FileReader reader = new FileReader("Ex02412A.out") ) {
5:          System.out.println("=== File read starts ===");
6:          StringBuilder oneLine = new StringBuilder();
7:          int data = reader.read();
8:          while ( data != -1 ) {
9:             char chData = (char)data;
10:            if ( chData == '\n' ) {
```

```
11:                System.out.println(oneLine.toString()+", length="+oneLine.
length());
12:                    oneLine = new StringBuilder();
13:                } else {
14:                    oneLine.append(chData);
15:                }
16:                data = reader.read();
17:            }
18:                System.out.println(oneLine.toString()+", length="+oneLine.
length());
19:            System.out.println("=== File read ends ===");
20:        } catch ( IOException e ) {
21:            System.out.println("IOException : "+e);
22:        }
23:    }
24: }
```

```
D:\IntaeJava>java Ex02412B
=== File read starts ===
Hello, Intae 안녕 인태, length=18
H e l l o ,   I n t a e    안 녕  인 태 , length=36
=== File read ends ===

D:\IntaeJava>
```

프로그램 설명

▶ 파일 속에는 모든 문자는 한 줄로 들어가 있습니다. 단지 중간 중간에 줄바꿈 문자 '\n'이 들어가 있어서 컴퓨터 화면에 보여줄 경우에는 줄바꿈 문자가 다음 줄에 보여주도록 하고 있는 것입니다.

▶ 각 줄에 있는 문자 수를 각 줄의 끝에 추가하기 위해서는 파일 속에 있는 줄바꿈 문자가 어디에 있는지 알아내야 합니다. 즉 줄바꿈 문자와 줄바꿈 문자 사이가 한 줄이 되는 셈입니다.

▶ 6번째 줄: StringBuilder oneLine에 읽어들인 문자를 한 줄의 문자를 저장하기 위해 빈 문자 StringBuilder object를 생성합니다.

▶ 10~13번째 줄: 줄바꿈 문자가 발견되면 그 동안 StringBuilder oneLine에 저장한 글자 수를 oneLine.length()를 사용하여 한 줄의 글자 수를 StringBuilder oneLine의 내용과 함께 출력합니다. 다음 줄의 저장을 위하여 StringBuilder oneLine을 빈 문자 StringBuilder object로 만들어 줍니다.

▶ 14번째 줄: 읽어들인 문자가 줄바꿈 문자가 아니면 StringBuilder oneLine에 저장합니다.

▶ 18번째 줄: 파일의 내용을 모두 읽으면 마지막 줄을 읽은 것이므로 그 동안 StringBuilder oneLine에 저장한 글자 수를 oneLine.length()를 사용하여 한 줄의 글자 수를 StringBuilder oneLine의 내용과 함께 출력합니다.

24.2.3 Buffered Stream

지금까지 설명한 Byte Stream이나 Character Stream은 한 byte 혹은 한 문자씩 파일에서 읽거나 쓰도록 OS에 요청하는 명령입니다. 이런 명령은 많은 양의 data을 읽거나 쓸 때 OS에 상당한 부담을 주어 효율적이지 못합니다. 일정 크기(일반적으로 8kbyte, 8kbyte는 영문자를 기준으로 8000자입니다)의 기억장소를 마련하여 OS에 요청할 때는 한번에 일정 크기만큼의 data를 읽어서 마련된 기억장소에 저장합니다. 또 일정 크기의 기억장소에 출력할 양이 채워지면 한 번에 쓰게 하는 방법이 있는데 이것을 Buffered Stream이라고 합니다. 즉 일정크기가 8kbyte라면 한 번에 8kbyte를 읽거나 출력합니다. Buffer는 "완충기"라는 의미로 중간에 data를 일시 보관하는 완충기 역할을 하는 것입니다. Buffered Stream은 Data를 내부적으로 완충기 기억장소에 보관하는 것이므로 프로그래머의 입장에서는 완충기 기억장소를 직접 access하는 일은 없습니다. 단지 Buffered Stream에 이런 완충기 기억장소가 있다보니 몇 가지 편리한 method가 추가적으로 있습니다. 예를 들면 Character Stream의 완충기 역할을 하는 BufferedReader class에는 한 줄을 읽을 수 있는 readLine() method가 있습니다. BufferedReader class의 readLine() method는 BufferedReader object 내에서 줄바꿈 문자를 인식해서 한 줄씩 문자열을 반환해 주므로, 프로그래머는 줄바꿈 문자를 체크할 필요가 없습니다.

예제 | Ex02413

다음 프로그램은 BufferedReader class의 readLine() method를 사용한 예입니다.

```
 1: import java.io.*;
 2: class Ex02413 {
 3:    public static void main(String[] args) {
 4:       try ( BufferedReader reader = new BufferedReader(new
FileReader("Ex02412A.out")) ) {
 5:          System.out.println("=== File read starts ===");
 6:          String data = reader.readLine();
 7:          while ( data != null ) {
 8:             System.out.println(data+", length="+data.length());
 9:             data = reader.readLine();
10:          }
11:          System.out.println("=== File read ends ===");
12:       } catch ( IOException e ) {
13:          System.out.println("IOException : "+e);
14:       }
15:    }
16: }
```

```
D:\IntaeJava>java Ex02413
=== File read starts ===
Hello, Intae 안녕 인태, length=18
H e l l o ,  I n t a e  안 녕  인 태 , length=36
=== File read ends ===

D:\IntaeJava>
```

프로그램 설명

▶ 4번째 줄:BufferedReader object는 Character Stream인 FileReader를 생성자 argument로 받아 생성합니다. 즉 Buffer만 추가로 있을 뿐 파일에서 읽어오는 방식은 FileReader의 형식을 따른다는 의미가 담겨있습니다.

▶ 6,9번째 줄:readLine() method는 buffer에 저장된 data의 한 줄을 읽어서 반환합니다. 파일에서 Buffer로 data를 읽어오는 것은 Buffer가 비어 있으면 JVM이 OS에 신호를 보내 Buffer의 크기만큼 한 번에 읽어와 채워 놓습니다. 그러므로 프로그래머는 프로그램에서 이 부분은 신경을 안 써도 됩니다.

▶ 7번째 줄:readLine() method로 읽을 때 파일에 더 이상 읽을 data가 없을 경우에는 null 값을 반환합니다.

▶ Character Stream인 FileReader object를 사용한 Ex02412B 프로그램과 비교하면 이 프로그램이 한결 간결해진 것을 알 수 있습니다.

예제 | Ex02413A

다음 프로그램은 BufferedWriter class의 write() method와 newline() method를 사용한 예입니다.

```
 1: import java.io.*;
 2: class Ex02413A {
 3:    public static void main(String[] args) {
 4:        String dataStr1 = "Hello, Intae 안녕 인태";
 5:        String dataStr2 = "Good morning, Intae 좋은 아침 인태";
 6:          try ( BufferedWriter outStream = new BufferedWriter(new
FileWriter("Ex02413A.out")) ) {
 7:            outStream.write(dataStr1);
 8:            outStream.newLine();
 9:            outStream.write(dataStr2);
10:        } catch ( IOException e ) {
11:            System.out.println("IOException : "+e);
12:        }
13:    }
14: }
```

```
D:\IntaeJava>java Ex02413A

D:\IntaeJava>type Ex02413A.out
Hello, Intae 안녕 인태
Good morning, Intae 좋은 아침 인태
D:\IntaeJava>
```

프로그램 설명

▶ 6번째 줄:BufferedWrite object는 Character Stream인 FileWriter를 생성자 argument로 받아 생성합니다. 즉 Buffer만 추가로 있을 뿐으로 파일에서 기록하는 방식은 FileWriter의 형식을 따른다는 의미가 담겨있습니다.

▶ 7,9번째 줄:write() method는 String문자열을 argument로 받아 파일에 출력합니다. 정확히 말하면 Buffer에 출력합니다. Buffer가 꽉차서 더 이상 저장할 공간이 없으면 JVM이 OS에 신호를 보내 Buffer의 내용을 파일에 저장합니다.

▶ Character Stream인 FileWriter object를 사용한 Ex02412A 프로그램과 비교하면 이 프로그램이 한결 간결해진 것을 알 수 있습니다.

24.2.4 Data Stream

Data Stream은 primitive type data와 String문자열을 파일에서 읽거나 출력하기 위해 사용하는 Stream입니다. 출력하는 data의 형태는 primitive data일 경우는 binary 즉 memory에 표현되어 있는 bit 그대로 출력합니다. 그러므로 int type은 4byte, long type은 8byte, double type은 8byte를 차지하며 저장합니다. String 문자열을 writeUTF() method를 사용하여 출력할 경우, 총 문자열이 차지하는 길이 +2byte를 차지하며 저장됩니다. 앞의 2byte는 문자열이 차지하는 byte의 길이를 저장하는 2byte이고, 그 뒤를 이어 String 문자열이 수정된 UTF-8 format으로 변경되어 저장됩니다. Unicode의 경우 ASCII로 표현되는 문자도 2byte를 사용하는 반면, 수정된 UTF-8 format은 문자열이 ASCII로 표현할 수 있는 문자일 경우는 1byte를 차지합니다. 수정된 UTF-8 문자는 1byte 문자, 2byte 문자, 3byte 문자가 있습니다. 그러므로 문자열 앞 2byte에 저장되는 값은 최소 문자열의 길이 +2, 최대 문자열 길이 * 3 + 2가 됩니다.

파일에서 data를 읽어들이는 방식은 출력한 data의 type과 순서 그대로 읽어들여야 합니다. 또 다른 주의 사항으로는 다른 입력 Stream에서 더 이상 입력할 것이 없으면 -1이나 null 값을 반환했지만 DataInputStream에서는 더 이상 입력할 것이 없으면 EOFExecption이 발생합니다. 그러므로 EOFException을 try catch문으로 처리해주어야 합니다.

Data Stream의 장점은 primitive data를 다른 data형(주로 String)으로 변환하지 않고 바로 출력과 입력으로 받을 수 있는 장점이 있습니다. 단점으로는 파일을 텍스트 에디터로 열어보면 글자가 깨져있는 것 같은 모습으로 나타나므로 Data Input Stream으로 읽어 화면으로 출력하여 보지 않은 한 어떤 data가 저장되어 있는지 알 수가 없습니다.

예제 | Ex02414

다음 프로그램은 DataOutputStream class의 method 를 사용하여 String 문자열, int type, double type data를 출력하는 프로그램입니다.

```
1: import java.io.*;
2: class Ex02414 {
3:    public static void main(String[] args) {
4:        String[] name = {"Intae", "Jason", "인태"};
5:        int[] age = { 55, 23, 47 };
6:        double[] weight = { 71.4, 67,9, 58.6 };
7:          try ( DataOutputStream outStream = new DataOutputStream(new
FileOutputStream("Ex02414.out")) ) {
8:            for ( int i=0; i< name.length ; i++ ) {
9:                outStream.writeUTF(name[i]);
10:               outStream.writeInt(age[i]);
11:               outStream.writeDouble(weight[i]);
12:           }
13:       } catch ( IOException e ) {
14:           System.out.println("IOException : "+e);
15:       }
16:    }
17: }
```

```
D:\IntaeJava>java Ex02414

D:\IntaeJava>type Ex02414.out
|Intae   7@Q?숗숦 |Jason   ┤@P?     -?명꺴   /@"
D:\IntaeJava>_
```

프로그램 설명

▶ 7번째 줄:DataOutputStream object는 Byte Stream인 FileOutputStream를 생성자 argument로 받아 생성합니다.

▶ 9,10,11번째 줄:String 문자열은 writeUTF() method, int type data는 writeInt() method, double type data는 writeDouble() method를 사용하여 파일에 출력합니다.

▶ 모든 data의 출력을 완료한 후 출력 파일을 type command로 위 화면처럼 열어보면 영문 문자열은 ASCII code를 사용하므로 data를 읽을 수 있지만 다른 data는 읽을 수 없는 문자로 나타납니다.

예제 | Ex02414A

다음 프로그램은 Ex02414 프로그램에서 출력한 data를 DataInputStream class의 method 를 사용하여 String 문자열, int type, double type data를 읽어들이는 프로그램입니다.

```
 1: import java.io.*;
 2: class Ex02414A {
 3:    public static void main(String[] args) {
 4:            try ( DataInputStream reader = new DataInputStream(new
FileInputStream("Ex02414.out")) ) {
 5:            System.out.println("=== File read starts ===");
 6:            while ( true ) {
 7:                String name = reader.readUTF();
 8:                int age = reader.readInt();
 9:                double weight = reader.readDouble();
10:        System.out.println("Name="+name+", age="+age+", weight="+weight);
11:            }
12:        } catch ( EOFException e ) {
13:            System.out.println("EOFException : "+e);
14:            System.out.println("=== File read ends ===");
15:        } catch ( IOException e ) {
16:            System.out.println("IOException : "+e);
17:        }
18:    }
19: }
```

```
D:\IntaeJava>java Ex02414A
=== File read starts ===
Name=Intae, age=55, weight=71.4
Name=Jason, age=23, weight=67.0
Name=인태, age=47, weight=9.0
EOFException : java.io.EOFException
=== File read ends ===

D:\IntaeJava>
```

프로그램 설명

▶ 4번째 줄:DataInputStream object는 Byte Stream인 FileInputStream를 생성자 argument로 받아 생성합니다.

▶ 7,8,9번째 줄:Ex02414 프로그램에서 출력한 String 문자열은 readUTF() method, int type data는 readDouble() method를 사용하여 파일로부터 읽어들입니다. 읽어들이는 순서와 data type은 Ex02414 프로그램에서 출력한 것과 동일한 순서와 type으로 읽어 들여야 합니다.

▶ 입력이 완료되면 EOFException 예외가 발생하므로 12번째 줄에서 catch 블록으로 예외를 잡아 입력 완료 처리를 해줍니다.

24.2.5 Object Stream

Object Stream은 object type data를 파일에서 읽거나 출력하기 위해 사용하는 Stream입니다. Data Stream이 primitive data를 memory에 저장되어 있는 bit 상태 그대로 출력할 수 있다면, Object Stream은 object를 memory에 저장되어 있

는 상태 그대로 출력합니다. 입출력하는 부분에서 개념적으로는 Data Stream과 Object Stream은 비슷합니다. 즉 입력하는 object data의 방법은 출력한 object type과 순서 그대로 읽어들여야 합니다. 또 다른 주의 사항으로도 다른 입력 Stream 에서 더 이상 입력할 것이 없으면 −1이나 null 값을 반환했지만 ObectInputStream 에서는 더 이상 입력할 것이 없으면 EOFExecption이 발생하므로 EOFException 을 try catch문으로 처리해주어야 합니다.

예제 | Ex02415

다음 프로그램은 ObjectOutputStream class의 writeObject() method를 사용하여 배열 object를 출력하는 프로그램입니다.

```
 1: import java.io.*;
 2: class Ex02415 {
 3:    public static void main(String[] args) {
 4:        String[] name = {"Intae", "Jason", "인태"};
 5:        int[] age = { 55, 23, 47 };
 6:        double[] weight = { 71.4, 67,9, 58.6 };
 7:         try ( ObjectOutputStream outStream = new ObjectOutputStream(new
FileOutputStream("Ex02415.out")) ) {
 8:            outStream.writeObject(name);
 9:            outStream.writeObject(age);
10:            outStream.writeObject(weight);
11:        } catch ( IOException e ) {
12:            System.out.println("IOException : "+e);
13:        }
14:    }
15: }
```

```
D:\IntaeJava>java Ex02415

D:\IntaeJava>type Ex02415.out
bl |ur ‼[Ljava.lang.String;?U五┉{G┐  xp   Lt |Intaet |Jasont −?명꺍ur ┐[IM?&υ寃?
 xp  L  ?  ┤  /ur ┐[D>팩쀖췍Z▲┐  xp   JθQ?숗숚θP?   θ"    θML徽微?
D:\IntaeJava>
```

프로그램 설명

▶ 7번째 줄:ObjectOutputStream object는 Byte Stream인 FileOutputStream 를 생성자 argument로 받아 생성합니다.

▶ 8,9,10번째 줄:배열 object를 writeObject() method를 사용하여 파일에 출력 합니다.

▶ 모든 data의 출력을 완료한 후 출력 파일을 type command로 위 화면처럼 열어 잘 확인해 보면 class 이름, 영문 문자열은 data를 읽을 수 있지만 다른 data는 읽을 수 없는 문자로 나타납니다.

예제 | Ex02415A

다음 프로그램은 Ex02415 프로그램에서 출력한 data를 ObjectInputStream class
의 method를 사용하여 object type data를 읽어들이는 프로그램입니다.

```
1: import java.io.*;
2: class Ex02415A {
3:    public static void main(String[] args) {
4:       try ( ObjectInputStream reader = new ObjectInputStream(new
FileInputStream("Ex02415.out")) ) {
5:          System.out.println("=== File read starts ===");
6:          while ( true ) {
7:             String[] name = (String[])reader.readObject();
8:             int[] age = (int[])reader.readObject();
9:             double[] weight = (double[])reader.readObject();
10:            for ( int i=0; i<name.length ; i++ ) {
11:               System.out.println("Name="+name[i]+", age="+age[i]+",
weight="+weight[i]);
12:            }
13:         }
14:      } catch ( EOFException e ) {
15:         System.out.println("EOFException : "+e);
16:         System.out.println("=== File read ends ===");
17:      } catch ( ClassNotFoundException e ) {
18:         System.out.println("ClassNotFoundException : "+e);
19:         System.out.println("The object being read is not the instance
of the class defined in the program.");
20:      } catch ( IOException e ) {
21:         System.out.println("IOException : "+e);
22:      }
23:   }
24: }
```

```
D:\IntaeJava>java Ex02415A
=== File read starts ===
Name=Intae, age=55, weight=71.4
Name=Jason, age=23, weight=67.0
Name=인태, age=47, weight=9.0
EOFException : java.io.EOFException
=== File read ends ===

D:\IntaeJava>
```

프로그램 설명

▶ 4번째 줄:ObjectInputStream object는 Byte Stream인 FileInputStream를 생
성자 argument로 받아 생성합니다.

▶ 7,8,9번째 줄:Ex02415 프로그램에서 출력한 object은 readObject method를
사용하여 파일로부터 읽어들입니다. 읽어들이는 순서와 data type은 Ex02414
프로그램에서 출력한 것과 동일한 순서와 type으로 읽어들여야 합니다.

▶ 17번째 줄:7,8,9번째 줄에서 object를 읽어들이기는 했는데, 예상했던 class의 object가 아닐 수 있습니다. 그러면 ClassNotFoundException의 예외가 발생하므로 ClassNotFoundException을 catch 블록으로 잡아주어야 합니다.

▶ 입력이 완료되면 EOFException 예외가 발생하므로 12번째 줄에서 catch 블록으로 예외를 잡아 입력 완료 처리를 해줍니다.

예제 | Ex02415B

다음 프로그램은 Ex02415A 프로그램을 개선한 프로그램입니다.

```
 1: import java.io.*;
 2: class Ex02415B {
 3:    public static void main(String[] args) {
 4:         try ( ObjectInputStream reader = new ObjectInputStream(new
FileInputStream("Ex02415.out")) ) {
 5:             System.out.println("=== File read starts ===");
 6:             String[] name = (String[])reader.readObject();
 7:             int[] age = (int[])reader.readObject();
 8:             double[] weight = (double[])reader.readObject();
 9:             for ( int i=0; i<name.length ; i++ ) {
10:                 System.out.println("Name="+name[i]+", age="+age[i]+",
weight="+weight[i]);
11:             }
12:             System.out.println("=== File read ends ===");
13:         } catch ( ClassNotFoundException e ) {
14:             System.out.println("ClassNotFoundException : "+e);
15:             System.out.println("The object being read is not the instance
of the class defined in the program.");
16:         } catch ( IOException e ) {
17:             System.out.println("IOException : "+e);
18:         }
19:     }
20: }
```

```
D:\IntaeJava>java Ex02415B
=== File read starts ===
Name=Intae, age=55, weight=71.4
Name=Jason, age=23, weight=67.0
Name=인태, age=47, weight=9.0
=== File read ends ===

D:\IntaeJava>
```

프로그램 설명

▶ 위 프로그램은 Ex02415A 프로그램에서 while(true) 명령과, EOFException catch 블록을 삭제한 프로그램입니다. Data Stream에서는 한 사람에 대한 정보 (이름, 나이, 몸무게)를 기준으로 반복적으로 저장됩니다. 몇 번이 반복될지는 몇 사람이 저장되어 있는지 알아야 합니다. 그러므로 사람의 숫자가 자꾸 바뀔 경우

에는 프로그램 내에 몇 번을 읽을지 정할 수 없으므로 data를 계속적으로 읽다
가 EOF(End Of File)를 만나게 되면 예외를 발생시켜서 data를 읽어들이는 것
을 멈추게 합니다. 그러나 Object Stream의 경우에는 3개의 배열 object에 모
든 사람의 정보를 저장해 놓았기 때문에 3개의 Object만 저장하면 됩니다. 사람
의 숫자가 바뀌어도 3개의 object를 저장하는 것은 동일합니다. 그러므로 일반
적으로는 Object Stream에서는 몇 개의 object를 읽어들일지 알 수 있고, 이 개
수는 data가 바뀌어도 변함이 없으므로 EOFException catch 블록을 잘 사용
하지 않습니다.

예제 | Ex02415C

아래 프로그램은 한 회사에 입사한 직원들의 이름과 입사 날짜를 TreeMap에 저장
하고 그 TreeMap object를 출력하는 프로그램입니다.

```
1: import java.io.*;
2: import java.util.*;
3: class Ex02415C {
4:    public static void main(String[] args) {
5:      TreeMap<String, GregorianCalendar> hiredDateList = new TreeMap<>();
6:       GregorianCalendar employ1Date = new GregorianCalendar(2002, 5-1,
6);
7:         GregorianCalendar employ2Date = new GregorianCalendar(2009,
4-1,30);
8:       GregorianCalendar employ3Date = new GregorianCalendar(2011,10-1,
7);
9:       hiredDateList.put("Intae", employ1Date);
10:      hiredDateList.put("Jason", employ2Date);
11:      hiredDateList.put("Lina", employ3Date);
12:       try ( ObjectOutputStream outStream = new ObjectOutputStream(new
FileOutputStream("Ex02415C.out")) ) {
13:         outStream.writeObject(hiredDateList);
14:      } catch ( IOException e ) {
15:        System.out.println("IOException : "+e);
16:      }
17:      System.out.println("=== End of Program Ex02415C ===");
18:   }
19: }
```

```
D:\IntaeJava>java Ex02415C
=== End of Program Ex02415C ===

D:\IntaeJava>
```

프로그램 설명

▶ 위 프로그램은 새로운 내용은 없습니다. 단지 하나의 object를 출력하면 관련된

object들이 모두 따라서 출력되는 것을 보여주는 프로그램입니다.

▶ Ex02415C.out 출력 파일을 type command로 열어보면 data를 읽을 수 없는 문자로 구성되어 있기 때문에 화면 캡쳐는 하지 않았습니다.

예제 | Ex02415D

아래 프로그램은 Ex02415C 프로그램에서 출력한 파일을 ObjectInputStream을 사용하여 읽어내는 프로그램입니다.

```
 1: import java.io.*;
 2: import java.util.*;
 3: class Ex02415D {
 4:    public static void main(String[] args) {
 5:        try ( ObjectInputStream reader = new ObjectInputStream(new
FileInputStream("Ex02415C.out")) ) {
 6:        TreeMap<String, GregorianCalendar> hiredDateList = (TreeMap<String,
GregorianCalendar>)reader.readObject();
 7:            Set<Map.Entry<String, GregorianCalendar>> mapEntrySet =
hiredDateList.entrySet();
 8:            for ( Map.Entry<String, GregorianCalendar> entry : mapEntrySet
) {
 9:               GregorianCalendar hiredDate = entry.getValue();
10:               int yy = hiredDate.get(Calendar.YEAR);
11:               int mm = hiredDate.get(Calendar.MONTH)+1;
12:               int dd = hiredDate.get(Calendar.DATE);
13:               System.out.println("Name="+entry.getKey()+", HiredDate="+(
yy+"."+mm+"."+dd));
14:            }
15:        } catch ( ClassNotFoundException e ) {
16:            System.out.println("ClassNotFoundException : "+e);
17:            System.out.println("The object being read is not the instance
of the class defined in the program.");
18:        } catch ( IOException e ) {
19:            System.out.println("IOException : "+e);
20:        }
21:    }
22: }
```

```
D:\IntaeJava>java Ex02415D
Name=Intae, HiredDate=2002.5.6
Name=Jason, HiredDate=2009.4.30
Name=Lina, HiredDate=2011.10.7

D:\IntaeJava>
```

프로그램 설명

▶ 위 프로그램도 새로운 내용은 없습니다. Ex02415C에서 출력한 TreeMap object 하나를 읽어들이면 관련된 object들도 모두 따라서 입력되는 것을 보여주는 프

로그램입니다.

■ **Serializable interface** ■

Ex02415C, Ex02415D 프로그램에서 보았듯이 Object Stream을 파일에 읽고 쓰는 것은 의외로 간단합니다. Data양이 몇 Mbyte (메가 바이트), 몇 Gbyte(기가 바이트)라하더라도 object 한두개 혹은 서너 개로 모든 data를 읽고 쓸 수 있습니다. 그런데 한 가지 주의할 사항이 있습니다. Object Stream으로 읽거나 쓰는 모든 class는 Serializable interface가 implements 되어 있어야 합니다. Ex02415C, Ex02415D 프로그램에서 사용한 TreeMap, String, GregorianCalendar class도 자바 API를 보면 모두 Serializable interface가 implements 되어 있습니다

Serializable interface를 implements를 해야 하는 이유는 자바에서 그렇게 하도록 만들어져 있으니까 하는 것이지만 자바에서는 그렇게 하도록 만든 이유가 있습니다. Interface를 사용하는 이유가 15.3절 'interface개념'에서 설명한 것과 동일한 이유입니다. JVM에서 object를 받아 파일에 출력할 때 프로그래머가 만든 class 이름은 무엇이든지 관계없습니다. Serializable interface type으로 object의 reference를 받아낼 수 있으면, 즉 주소를 알아낸 후 그 주소에 있는 object를 파일에 출력하기 위해서입니다. 그러므로 Serializable interface에는 method도 없고 상수도 없고, 오직 interface 이름만 있습니다. "Serializable"이라고 이름 붙인 것은 파일에 저장하거나 읽어올 때, 또는 네트워크로 object를 전송하거나 전송 받을 때, 한 줄로 data가 기록되거나 이동되는 것이므로 이름을 Serializable이라고 붙인 것입니다. Integer class, Double class, GregorianCalendar class 등과 같이 class 이름만 가지고도 이 class가 대충 무엇을 하는 class일 것이다라고 알 수 있는 것과 같이, Serializable interface하면 object를 Stream으로 입출력할 수 있도록 만든 interface라고 떠오르게 한 것입니다.

예제 | Ex02415E

아래 프로그램은 ArrayList에 Car object를 저장한 후 Object Stream으로 파일에 출력하는 예입니다.

```
1: import java.io.*;
2: import java.util.*;
3: class Ex02415E {
4:    public static void main(String[] args) {
5:        ArrayList<Car> carList = new ArrayList<Car>();
6:        for ( int n=1 ; n<=3; n++ ) {
7:            int licenseNo = 1000+n ;
8:            colorNo = ( colorNo + 1 ) % colorNames.length;
9:            carList.add(new Car(licenseNo, colorNames[colorNo]));
10:       }
11:       try ( ObjectOutputStream outStream = new ObjectOutputStream(new
FileOutputStream("Ex02415E.out")) ) {
12:           outStream.writeObject(carList);
13:       } catch ( IOException e ) {
14:           System.out.println("IOException : "+e);
15:       }
16:       System.out.println("=== End of Program Ex02415E ===");
17:    }
18:    static int colorNo = -1;
19:    static String[] colorNames = { "White", "Red", "Green", "Blue"};
20: }
21: //class Car {
22: class Car implements Serializable {
23:    int licenseNo;
24:    String color;
25:    Car(int ln, String c) {
26:        licenseNo = ln;
27:        color = c;
28:        showCarInfo();
29:    }
30:    void showCarInfo() {
31:        System.out.println("Car licenseNo="+licenseNo+", color="+color);
32:    }
33: }
```

```
D:\IntaeJava>java Ex02415E
Car licenseNo=1001, color=White
Car licenseNo=1002, color=Red
Car licenseNo=1003, color=Green
=== End of Program Ex02415E ===

D:\IntaeJava>
```

프로그램 설명

▶ 12번째 줄:Car object가 들어있는 ArrayList를 파일에 출력합니다.

▶ 22번째 줄:Car class를 Serializable interface를 implements하고 있습니다.

▶ 22번째 줄을 // comment처리하고 21번째 줄의 // comment를 없애고, 즉 Car class의 Serializable interface를 삭제하고 compile한 후 프로그램을 수행시키면 아래와 같은 runtime 에러 메세지가 나오면서 object data는 출력되지 않습니다.

```
D:\IntaeJava>java Ex02415E
Car licenseNo=1001, color=White
Car licenseNo=1002, color=Red
Car licenseNo=1003, color=Green
IOException : java.io.NotSerializableException: Car
=== End of Program Ex02415E ===

D:\IntaeJava>
```

예제 | Ex02415F

아래 프로그램은 Ex02415E 프로그램에서 출력한 ArrayList를 Object Stream으로 읽어드리는 프로그램입니다.

```java
 1: import java.io.*;
 2: import java.util.*;
 3: class Ex02415F {
 4:     public static void main(String[] args) {
 5:             try ( ObjectInputStream reader = new ObjectInputStream(new
FileInputStream("Ex02415E.out")) ) {
 6:             ArrayList<Car> carList = (ArrayList<Car>)reader.readObject();
 7:             for ( Car car : carList ) {
 8:                 car.showCarInfo();
 9:             }
10:         } catch ( ClassNotFoundException e ) {
11:             System.out.println("ClassNotFoundException : "+e);
12:             System.out.println("The object being read is not the instance
of the class defined in the program.");
13:         } catch ( IOException e ) {
14:             System.out.println("IOException : "+e);
15:         }
16:     }
17: }
18: class Car implements Serializable {
19:     int licenseNo;
20:     String color;
21:     Car(int ln, String c) {
22:         licenseNo = ln;
23:         color = c;
24:         showCarInfo();
25:     }
26:     void showCarInfo() {
27:         System.out.println("Car licenseNo="+licenseNo+", color="+color);
28:     }
29: }
```

```
D:\IntaeJava>java Ex02415F
Car licenseNo=1001, color=White
Car licenseNo=1002, color=Red
Car licenseNo=1003, color=Green

D:\IntaeJava>
```

프로그램 설명

▶ 위 프로그램은 ArrayList의 원소가 Car인 Object를 파일에서 읽어드리는 것으로 앞서 설명한 프로그램과 비교하여 새로운 것은 없습니다.

예제 | Ex02415G

아래 프로그램은 ClassNotFoundException이 언제 발생하는지를 보여주는 프로그램입니다.

```
1: import java.io.*;
2: import java.util.*;
3: class Ex02415G {
4:    public static void main(String[] args) {
5:          try ( ObjectInputStream reader = new ObjectInputStream(new
FileInputStream("Ex02415E.out")) ) {
6:          //ArrayList<Car> carList = (ArrayList<Car>)reader.readObject();
7:          ArrayList objList = (ArrayList)reader.readObject();
8:          for ( Object obj : objList ) {
9:             System.out.println("Object : "+obj);
10:          }
11:       } catch ( ClassNotFoundException e ) {
12:          System.out.println("ClassNotFoundException : "+e);
13:          System.out.println("The object being read is not the instance
of the class defined in the program.");
14:       } catch ( IOException e ) {
15:          System.out.println("IOException : "+e);
16:       }
17:    }
18: }
19: /*
20: class Car implements Serializable {
21:    int licenseNo;
22:    String color;
23:    Car(int ln, String c) {
24:       licenseNo = ln;
25:       color = c;
26:       showCarInfo();
27:    }
28:    void showCarInfo() {
29:       System.out.println("Car licenseNo="+licenseNo+", color="+color);
30:    }
31: }
32: */
```

프로그램 설명

▶ 위 프로그램은 Ex02415F에서 Car class에 관련 사항을 모두 지우고 Car Object 가 원소로 들어있는 ArrayList를 파일에서 읽어들이려고 시도한 프로그램입니다

▶ 위 프로그램을 compile하여 프로그램을 수행시키면 ClassNotFoundException 이 발생합니다. 그런데 문제는 Ex02415E 프로그램이나 Ex02415F 프로그램에 서 Car class를 정의했기 때문에 이미 Car.class 파일이 아래와 같이 생겨있습니 다. 그러므로 아래와 같이 del Car.class 파일을 삭제하고 Ex02415 프로그램을 수행시켜야 ClassNotFoundException이 발생합니다.

```
D:\IntaeJava>dir Car.class
 Volume in drive D is New Volume
 Volume Serial Number is 88B3-AF8C

 Directory of D:\IntaeJava

01/18/2015  07:32 PM                807 Car.class
               1 File(s)            807 bytes
               0 Dir(s)  412,530,741,248 bytes free

D:\IntaeJava>del Car.class

D:\IntaeJava>java Ex02415G
ClassNotFoundException : java.lang.ClassNotFoundException: Car
The object being read is not the instance of the class defined in the program.

D:\IntaeJava>
```

■ transient key word ■

Object를 파일에 출력하기 위해서는 Serializable을 interface를 해야 한다고 설 명했습니다. 그런데 프로그래머가 개발한 class가 아니라 제 3자가 개발한 class에 Serializable interface가 안 되어 있다면, 그리고 password나 대외비와 같은, 특정 data를 Object Stream에 출력하고 싶지 않다면 transient를 선언하여 해당 자료를 Object Stream에 출력하는데서 제외할 수 있습니다.

예제 | Ex02416

다음 프로그램은 transient key word를 사용한 attribute가 Object write에서 제외 된 것을 보여주는 프로그램입니다.

```
1: import java.io.*;
2: import java.util.*;
3: class Ex02416 {
4:    public static void main(String[] args) {
5:       ArrayList<Car> carList1 = new ArrayList<Car>();
6:       Owner ow1 = new Owner("Intae", "403-669-1234");
7:       Owner ow2 = new Owner("Jason", "403-860-4321");
8:       carList1.add(new Car(1001, "White", ow1, 32000));
9:       carList1.add(new Car(1001, "White", ow2, 43000));
10:       try ( ObjectOutputStream outStream = new ObjectOutputStream(new
FileOutputStream("Ex02416.out")) ) {
```

```
11:            outStream.writeObject(carList1);
12:        } catch ( IOException e ) {
13:            System.out.println("IOException : "+e);
14:        }
15:        System.out.println("=== End of Object write ===");
16:
17:        try ( ObjectInputStream reader = new ObjectInputStream(new
FileInputStream("Ex02416.out")) ) {
18:            ArrayList<Car> carList2 = (ArrayList<Car>)reader.readObject();
19:            for ( Car car : carList2 ) {
20:                car.showCarInfo();
21:            }
22:        } catch ( ClassNotFoundException e ) {
23:            System.out.println("ClassNotFoundException : "+e);
24:            System.out.println("The object being read is not the instance
of the class defined in the program.");
25:        } catch ( IOException e ) {
26:            System.out.println("IOException : "+e);
27:        }
28:        System.out.println("=== End of Object read ===");
29:    }
30: }
31: class Car implements Serializable {
32:     int licenseNo;
33:     String color;
34:     transient Owner owner;
35:     transient int price;
36:     Car(int ln, String c, Owner o, int p) {
37:         licenseNo = ln;
38:         color = c;
39:         owner = o;
40:         price = p;
41:         showCarInfo();
42:     }
43:     void showCarInfo() {
44:         System.out.println("Car licenseNo="+licenseNo+", color="+color+",
owner Name="+(owner == null ? "no name":owner.name)+", price="+price);
45:     }
46: }
47: class Owner {
48:     String name;
49:     String phoneNo;
50:     Owner(String n, String p) {
51:         name = n;
52:         phoneNo = p;
53:     }
54: }
```

```
D:₩IntaeJava>java Ex02416
Car licenseNo=1001, color=White, owner Name=Intae, price=32000
Car licenseNo=1001, color=White, owner Name=Jason, price=43000
=== End of Object write ===
Car licenseNo=1001, color=White, owner Name=no name, price=0
Car licenseNo=1001, color=White, owner Name=no name, price=0
=== End of Object read ===

D:₩IntaeJava>
```

프로그램 설명

▶ 34번째 줄:Object instance변수 앞에 transient key word가 붙어 있습니다. 즉 Owner object는 Car Object write할 때 제외됩니다.

▶ 35번째 줄:primitive instance변수 앞에 transient key word가 붙어 있습니다. 즉 int price는 Car Object write할 때 제외됩니다.

▶ 위 출력 결과에서 보듯이 Owner object와 int price는 Car object 출력 시 제외됩니다. 그리고 Car object를 read할 때 Owner object가 없기 때문에 null로, price는 값이 없기 때문에 0으로 설정됩니다.

24.3 RandomAccessFile class

RandomAccessFile class는 지금까지의 파일 Stream과는 다른 개념의 파일입니다. 지금까지의 파일은 순서대로 읽기만 하던가, 혹은 쓰기만 하는 파일이었다면, RandomAccessFile class는 class 이름에서 보듯이 임의로 읽고 쓸 수 있는 파일입니다. 즉 ①하나의 파일 object를 만든 후 읽기 쓰기를 모두 할 수 있습니다. ②순서적으로 읽거나 쓰지않고 포인터를 사용하여 임의의 위치로 포인터를 옮긴 후 그 위치에서 읽거나 쓰기를 할 수 있습니다. Data를 읽거나 쓰는 기본 단위는 byte입니다. Int type data를 읽거나 저장하면 포인터는 4byte 이동하며, double type data를 읽거나 저장하면 8byte 이동합니다, String 문자열을 읽거나 저장하면 String 문자열의 byte 크기만큼 이동합니다. 지금까지 설명을 다른 말로 표현해 보면 RandomAccessFile은 파일에 byte 배열이 있는 것처럼 생각하면 이해하기 쉽습니다.

RandomAccessFile을 사용할 경우 꼭 기억해야 할 것은 data를 저장해 놓았으면 어디에 어떤 data를 저장해 놓았는지 알아야 다시 읽어 올 수 있습니다.

예제 | Ex02419

다음 프로그램은 RandomAccessFile에 data를 어떻게 쓰고 읽는지 보여주는 프로그램입니다.

```
 1: import java.io.*;
 2: class Ex02419 {
 3:    public static void main(String[] args) {
 4:        String name1 = "Intae";
 5:        int age1 = 55;
 6:        double weight1 = 71.4;
 7:        try ( RandomAccessFile randomFile = new RandomAccessFile("Ex02419.
out", "rw") ) {
 8:            System.out.println("start point          : File Pointer
Location="+randomFile.getFilePointer());
 9:            randomFile.writeUTF(name1);
10:            System.out.println("After String name1    : File Pointer
Location="+randomFile.getFilePointer()+", name1="+name1);
11:            randomFile.writeInt(age1);
12:            System.out.println("After int age1        : File Pointer
Location="+randomFile.getFilePointer()+", age1="+age1);
13:            randomFile.writeDouble(weight1);
14:            System.out.println("After double weight1 : File Pointer
Location="+randomFile.getFilePointer()+", weight1="+weight1);
15:            System.out.println();
16:
17:            randomFile.seek(0);
18:            System.out.println("After seek(0)         : File Pointer
Location="+randomFile.getFilePointer());
19:            String name2 = randomFile.readUTF();
20:            System.out.println("After String name2    : File Pointer
Location="+randomFile.getFilePointer()+", name2="+name2);
21:            int age2 = randomFile.readInt();
22:            System.out.println("After int age2        : File Pointer
Location="+randomFile.getFilePointer()+", age2="+age2);
23:            double weight2 = randomFile.readDouble();
24:            System.out.println("After double weight2 : File Pointer
Location="+randomFile.getFilePointer()+", weight2="+weight2);
25:        } catch ( IOException e ) {
26:            System.out.println("IOException : "+e);
27:        }
28:    }
29: }
```

```
D:\IntaeJava>java Ex02419
start point          : File Pointer Location=0
After String name1    : File Pointer Location=7, name1=Intae
After int age1        : File Pointer Location=11, age1=55
After double weight1 : File Pointer Location=19, weight1=71.4

After seek(0)         : File Pointer Location=0
After String name2    : File Pointer Location=7, name2=Intae
After int age2        : File Pointer Location=11, age2=55
After double weight2 : File Pointer Location=19, weight2=71.4

D:\IntaeJava>
```

프로그램 설명

▶ 7번째 줄:RandomAccessFile의 object를 생성할 때 "rw" 혹은 "r" 생성자에 넘겨줍니다. "rw"는 read/write의 약자로 읽거나 쓰기가 가능하고 RandomAccessFile의 object를 생성할 때 파일이 없으면 RandomAccessFile을 생성하고 있으면 기존 파일을 사용합니다. "r"은 읽기만 가능하므로 RandomAccessFile의 object를 생성할 때 반드시 파일이 존재해야 합니다.

▶ 8번째 줄:randomFile.getFilePointer() method는 현재 포인터의 위치를 반환합니다. 방금 전에 파일 object를 생성했으므로 포인터는 0입니다.

▶ 9,10번째 줄: randomFile.writeUTF(name1) method는 String 문자열을 출력합니다. 포인터의 위치는 문자열의 크기 + 2 만큼 이동합니다. "Intae" 문자열의 크기는 5와 2를 더한 7만큼 포인터는 이동합니다.UTF 문자열에 대해서는 24.2.4절 'Data Stream'을 참조하세요.

▶ 11,12번째 줄: randomFile.writeInt(age1) method는 int type data을 출력합니다. 포인터의 위치는 4만큼 이동합니다. 그러므로 포인터의 위치는 11 (= 7 + 4)가 됩니다.

▶ 13,14번째 줄: randomFile.writeDouble(weight1) method는 double type data을 출력합니다. 포인터의 위치는 8만큼 이동합니다. 그러므로 포인터의 위치는 19 (= 11 + 8)가 됩니다.

▶ 17,18번째 줄:randomFile.seek(0) method는 현재 포인터의 위치를 주어진 지점으로 이동시킵니다. 그러므로 포인터의 위치는 0입니다.

▶ 19,20번째 줄: randomFile.readUTF() method는 UTF로 출력된 String 문자열을 읽어들입니다. 포인터의 위치는 문자열의 크기 + 2 만큼 이동합니다. "Intae" 문자열의 크기는 5와 2를 더한 7만큼 포인터는 이동합니다.

▶ 21,22번째 줄: randomFile.readInt() method는 int type data을 읽어들입니다. 포인터의 위치는 4만큼 이동합니다. 그러므로 포인터의 위치는 11 (= 7 + 4)가 됩니다.

▶ 23,24번째 줄: randomFile.readDouble() method는 double type data을 읽어들입니다. 포인터의 위치는 8만큼 이동합니다. 그러므로 포인터의 위치는 19 (= 11 + 8)가 됩니다.

예제 | Ex02419A

다음 프로그램은 Ex02419 프로그램에서 data는 동일한 data이며 data를 출력하는 위치만 0, 100, 200으로 변경한 프로그램입니다.

```
 1: import java.io.*;
 2: class Ex02419A {
 3:     public static void main(String[] args) {
 4:         String name1 = "Intae";
 5:         int age1 = 55;
 6:         double weight1 = 71.4;
 7:        try ( RandomAccessFile randomFile = new RandomAccessFile("Ex02419A.
out", "rw") ) {
 8:             System.out.println("start point          : File Pointer
Location="+randomFile.getFilePointer());
 9:            randomFile.writeUTF(name1);
10:             System.out.println("After String name1   : File Pointer
Location="+randomFile.getFilePointer()+", name1="+name1);
11:            randomFile.seek(100);
12:            randomFile.writeInt(age1);
13:             System.out.println("After int age1       : File Pointer
Location="+randomFile.getFilePointer()+", age1="+age1);
14:            randomFile.seek(200);
15:            randomFile.writeDouble(weight1);
16:             System.out.println("After double weight1 : File Pointer
Location="+randomFile.getFilePointer()+", weight1="+weight1);
17:            System.out.println();
18:
19:            randomFile.seek(100);
20:            int age2 = randomFile.readInt();
21:             System.out.println("After int age2       : File Pointer
Location="+randomFile.getFilePointer()+", age2="+age2);
22:            randomFile.seek(0);
23:             System.out.println("After seek(0)        : File Pointer
Location="+randomFile.getFilePointer());
24:            String name2 = randomFile.readUTF();
25:             System.out.println("After String name2   : File Pointer
Location="+randomFile.getFilePointer()+", name2="+name2);
26:            randomFile.seek(200);
27:            double weight2 = randomFile.readDouble();
28:             System.out.println("After double weight2 : File Pointer
Location="+randomFile.getFilePointer()+", weight2="+weight2);
29:        } catch ( IOException e ) {
30:            System.out.println("IOException : "+e);
31:        }
32:    }
33: }
```

```
D:\IntaeJava>java Ex02419A
start point          : File Pointer Location=0
After String name1   : File Pointer Location=7, name1=Intae
After int age1       : File Pointer Location=104, age1=55
After double weight1 : File Pointer Location=208, weight1=71.4

After int age2       : File Pointer Location=104, age2=55
After seek(0)        : File Pointer Location=0
After String name2   : File Pointer Location=7, name2=Intae
After double weight2 : File Pointer Location=208, weight2=71.4

D:\IntaeJava>
```

프로그램 설명

▶ 위 프로그램은 Ex02419 프로그램에서 data의 내용은 동일하지만 data의 저장되는 위치만 다릅니다. 그런데 아래와 같이 Ex02419.out 파일과 Ex02419A.out 파일의 크기를 비교해 보니 Ex02419A.out 파일의 크기가 10배가 더 큽니다. 파일의 크기를 자세히 보니 프로그램에서 마지막 data를 출력한 후의 포이터의 위치와 동일합니다. 그러므로 프로그램에서 출력하지 않은 부분도 RandomAccessFile에서는 자리를 차지하고 있음을 알 수 있습니다.

```
D:\IntaeJava>dir Ex02419*.out
 Volume in drive D is New Volume
 Volume Serial Number is 88B3-AF8C

 Directory of D:\IntaeJava

01/02/2015  10:18 PM                19 Ex02419.out
01/02/2015  10:55 PM               208 Ex02419A.out
               2 File(s)            227 bytes
               0 Dir(s)  412,987,355,136 bytes free

D:\IntaeJava>
```

예제 | Ex02419B

다음 프로그램은 Ex02419A 프로그램에서 출력한 data를 출력한 format으로 읽지 않고 다른 format으로 읽어 출력한 프로그램입니다.

```
1: import java.io.*;
2: class Ex02419B {
3:   public static void main(String[] args) {
4:     try ( RandomAccessFile randomFile = new RandomAccessFile("Ex02419A.out", "r") ) {
5:         randomFile.seek(100);
6:         int age2 = randomFile.readInt();
7:         System.out.println("After int age2        : File Pointer Location="+randomFile.getFilePointer()+", age2="+age2);
8:         randomFile.seek(100);
9:         short s1 = randomFile.readShort();
10:         System.out.println("After short s1        : File Pointer Location="+randomFile.getFilePointer()+", s1="+s1);
11:         //randomFile.seek(102);
12:         short s2 = randomFile.readShort();
13:         System.out.println("After short s2        : File Pointer Location="+randomFile.getFilePointer()+", s2="+s2);
14:         System.out.println();
15:
16:         randomFile.seek(0);
17:         System.out.println("After seek(0)         : File Pointer Location="+randomFile.getFilePointer());
18:         String name2 = randomFile.readUTF();
19:         System.out.println("After String name2    : File Pointer Location="+randomFile.getFilePointer()+", name2="+name2);
```

```
20:              randomFile.seek(0);
21:              short s3 = randomFile.readShort();
22:                 System.out.println("After short s3        : File Pointer
Location="+randomFile.getFilePointer()+", s3="+s3);
23:              System.out.print("Read by byte : ");
24:              for ( int i=0; i<s3 ; i++ ) {
25:                 char c1 = (char)randomFile.readByte();
26:                 System.out.print(c1+ " ");
27:              }
28:              System.out.println();
29:
30:              randomFile.seek(50);
31:              int int50 = randomFile.readInt();
32:                 System.out.println("After int int50        : File Pointer
Location="+randomFile.getFilePointer()+", int50="+int50);
33:           } catch ( IOException e ) {
34:              System.out.println("IOException : "+e);
35:           }
36:      }
37: }
```

```
D:\IntaeJava>java Ex02419B
After int age2        : File Pointer Location=104, age2=55
After short s1        : File Pointer Location=102, s1=0
After short s2        : File Pointer Location=104, s2=55

After seek(0)         : File Pointer Location=0
After String name2    : File Pointer Location=7, name2=Intae
After short s3         : File Pointer Location=2, s3=5
Read by byte : I n t a e
After int int50        : File Pointer Location=54, int50=0

D:\IntaeJava>
```

프로그램 설명

▶ 5,6,7 번째 줄:Ex02419A에서 출력한 포인터 위치 100에서 int type age를 읽어
드립니다. age는 55로 Ex02419A에서 출력한 값입니다.

▶ 8,9,10번째 줄:Ex02419A에서 출력한 포인터 위치 100에서 short type 으로 읽
어 드립니다. 즉 int type age의 앞쪽 2byte만 읽어드립니다. int type age의 앞
쪽 2byte 16bit는 모두 '0'으로 채워져 있으므로 s1 값은 0이 나오고 있음을 알수
있습니다. int type data가 어떻게 저장되어 있는지는 2.6절 'data type의 크기'
와 2.9절 '숫자와 문자 표기'를 참조하세요.

▶ 11,12,13번째 줄:Ex02419A에서 출력한 포인터 위치 102에서 short type으로 읽
어드립니다. 즉 int type age의 뒤쪽 2byte만 읽어드립니다. int type age의 뒤
쪽 2byte는 55입니다. 즉 int type data와 short type data는 숫자가 32767보
다 작을 때는 뒤 2byte의 bit 상태는 동일합니다.

▶ 20,21,22번째 줄:Ex02419A에서 출력한 포인터 위치 0에는 UTF format으로 문
자 "Intae"가 저장되어 있습니다. UTF-8 type 문자는 저장의 foramt은 앞자리
2자리는 저장된 문자의 길이가 저장되어 있습니다. 그러므로 "Intae"의 길이는

5 이므로 s3=5를 출력하고 있습니다. UTF 문자열에 대해서는 24.2.4절 'Data Stream'을 참조하세요.

▶ 24~27번째 줄:포인터 위치 2부터는 "Intae"가 ASCII code 값으로 각각 1 byte 씩 저장되어 있으므로 randomFile.readByte() method를 사용하여 읽어내어 출력합니다.

▶ 30,31,32번째 줄:포인터의 위치 50에는 Ex02419A에서 아무 data도 출력하지 않았습니다. 그러나 RandomAccessFile에서는 중간에 data를 출력하지 않은 자 리는 모두 '0' bit로 채우므로 포인트의 위치 50을 int type 값으로 읽어드리면 모 든 bit가 '0'이므로 int type data도 0이 됩니다.

24.4 File class

File class는 파일에 대한 정보만 제공합니다. 파일에 대한 내용을 읽거나 쓰기 위해 서는 앞 절에서 설명한 I/O Stram을 사용해야 합니다.

예제 | Ex02421

다음 프로그램은 File class를 사용하여 파일에 대한 정보를 알아내는 프로그램입 니다.

```
 1 : import java.io.*;
 2: class Ex02421 {
 3:    public static void main(String[] args)  {
 4:       File file1 = new File("Ex02421.java");
 5:       System.out.println("file1 name = "+file1.getName());
 6:       System.out.println("file1 exists ? = "+file1.exists());
 7:       System.out.println("file1 path = "+file1.getAbsolutePath());
 8:       System.out.println("Is file1 file ? = "+file1.isFile());
 9:       System.out.println("Is file1 dir ? = "+file1.isDirectory());
10:       int dirPos = file1.getAbsolutePath().lastIndexOf("\\");
11:       String dirName = file1.getAbsolutePath().substring(0,dirPos);
12:       System.out.println("dir name = "+dirName);
13:       File file2 = new File(dirName);
14:       System.out.println("Is file2 file ? = "+file2.isFile());
15:       System.out.println("Is file2 dir ? = "+file2.isDirectory());
16:       System.out.println("file2 name = "+file2.getName());
17:       System.out.println("file2 exists ? = "+file2.exists());
18:       System.out.println("file2 path = "+file2.getAbsolutePath());
19:    }
20: }
```

```
D:\IntaeJava>java Ex02421
file1 name = Ex02421.java
file1 exists ? = true
file1 path = D:\IntaeJava\Ex02421.java
Is file1 file ? = true
Is file1 dir ? = false
dir name = D:\IntaeJava
Is file2 file ? = false
Is file2 dir ? = true
file2 name = IntaeJava
file2 exists ? = true
file2 path = D:\IntaeJava

D:\IntaeJava>
```

프로그램 설명

▶ File class는 파일과 폴더에 관련된 File object를 생성합니다. 4번째 줄에서 생성한 file1 object는 파일에 관련된 object입니다. 13번째 줄에서 생성된 file2 object는 폴더에 관련된 object입니다.

▶ File object가 파일에 관련된 object인지 검사하기 위해서는 8,14번째 줄과 같이 isFile() method를 사용하여 확인하고, 폴더에 관련된 object인지 알기 위해서는 9,15번째 줄과 같이 isDirectory() method로 확인합니다.

▶ File object의 파일 혹은 폴더가 존재하는지 확인하기 위해서는 6,17번째 줄과 같이 isExists() method를 사용하여 확인합니다.

▶ File object의 파일 혹은 폴더의 절대 경로는 7,18번째 줄과 같이 getAbsolutePath() method를 사용하여 알아냅니다.

예제 | Ex02421A

아래 프로그램은 새로운 폴더를 생성하는 프로그램입니다.

```
 1: import java.io.*;
 2: class Ex02421A {
 3:    public static void main(String[] args)  {
 4:       File file1 = new File("Ex02421");
 5:       System.out.println("file1 name = "+file1.getName());
 6:       System.out.println("file1 exists ? = "+file1.exists());
 7:       System.out.println("file1 path = "+file1.getAbsolutePath());
 8:       System.out.println("Is file1 file ? = "+file1.isFile());
 9:       System.out.println("Is file1 dir ? = "+file1.isDirectory());
10:       if ( ! file1.exists() ) {
11:          boolean isDirCreated = file1.mkdir();
12:          System.out.println("Is dir created ? = "+isDirCreated);
13:          System.out.println("Is file1 dir ? = "+file1.isDirectory());
14:       } else {
15:          System.out.println(file1.getName()+" folder alread exists ");
16:       }
17:    }
18: }
```

```
D:₩IntaeJava>java Ex02421A
file1 name = Ex02421
file1 exists ? = true
file1 path = D:₩IntaeJava₩Ex02421
Is file1 file ? = false
Is file1 dir ? = true
Ex02421 folder alread exists

D:₩IntaeJava>
```

프로그램 설명

▶ 위 프로그램은 새로운 폴더 "Ex02421"를 생성하는 프로그램입니다.

▶ 4번째 줄:String 문자열 "Ex02421"을 가지고 File object file1를 생성합니다.

▶ 8,9번째 줄:file1 object가 isFile() method와 isDirectory() method로 확인해 본 결과 파일도 아니고, 폴더도 아닙니다.

▶ 10,11,12번째 줄:10번째 줄에서 file1.exists() method를 사용하여 폴더가 존재 하지 않으므로 11번째 줄에서 mkdir() method를 사용하여 폴더를 생성합니다. 참고로 mkdir은 make directory의 준말입니다. mkdir() method를 수행하여 폴더가 생성되면 true를 생성이 안 되었으면 false를 반환합니다. 12번째 줄에서 폴더 생성 후 isDirectory() method로 확인해 보면 9번째 줄에서는 폴더가 아 니었는데, 12번째 줄에서는 폴더인 것을 확인할 수 있습니다.

▶ 아래 화면은 폴더가 실제 만들어졌는지 DOS명령으로 다시 한번 확인하는 화면 입니다.

```
12/31/2014  11:12 PM    <DIR>          Ex02421
12/31/2014  10:58 PM         1,538 Ex02421.class
12/31/2014  10:58 PM         1,022 Ex02421.java
12/31/2014  11:14 PM         1,222 Ex02421A.class
12/31/2014  11:14 PM           701 Ex02421A.java
              4 File(s)         4,483 bytes
              1 Dir(s)  412,986,015,744 bytes free

D:₩IntaeJava>_
```

▶ 위 프로그램에서 폴더를 생성한 후 다시 프로그램을 수행하면 아래와 같이 폴더 가 생성되었다는 메세지를 출력합니다.

```
D:₩IntaeJava>java Ex02421A
file1 name = Ex02421
file1 exists ? = true
file1 path = D:₩IntaeJava₩Ex02421
Is file1 file ? = false
Is file1 dir ? = true
Ex02421 folder alread exists

D:₩IntaeJava>
```

예제 | Ex02421B

아래 프로그램은 Ex02421A에서 생성한 폴더에 파일을 copy해 넣는 프로그램입 니다.

```
 1: import java.io.*;
 2: class Ex02421B {
 3:    public static void main(String[] args) {
 4:        String[] fileName = { "Ex02421.java", "NotFile.dat","Ex02421A.
java"};
 5:        File dir1 = new File("Ex02421");
 6:        for ( int i=0 ; i< fileName.length ; i++ ) {
 7:           File file1 = new File(fileName[i]);
 8:           File file2 = new File(dir1, fileName[i]);
 9:           if ( file1.exists() ) {
10:               byte[] buffer = new byte[(int)file1.length()];
11:               try ( BufferedInputStream reader = new BufferedInputStream(new
FileInputStream(file1));
12:                   BufferedOutputStream writer = new BufferedOutputStream(new
FileOutputStream(file2)) ) {
13:                   reader.read(buffer, 0, (int)file1.length());
14:                   writer.write(buffer, 0, (int)file1.length());
15:                   System.out.println(file1.getName() + " file copy completed
sucessfully as below.");
16:                   System.out.println("from "+file1.getAbsolutePath());
17:                   System.out.println("to   "+file2.getAbsolutePath());
18:               } catch ( IOException e ) {
19:                   System.out.println("IOException "+e);
20:               }
21:           } else {
22:               System.out.println("'"+file1.getName()+"' file does not exists
");
23:           }
24:    System.out.println("===============================================");
25:        }
26:     }
27: }
```

```
D:\IntaeJava>java Ex02421B
Ex02421.java file copy completed sucessfully as below.
from D:\IntaeJava\Ex02421.java
to   D:\IntaeJava\Ex02421\Ex02421.java
===============================================
'NotFile.dat' file does not exists
===============================================
Ex02421A.java file copy completed sucessfully as below.
from D:\IntaeJava\Ex02421A.java
to   D:\IntaeJava\Ex02421\Ex02421A.java
===============================================

D:\IntaeJava>
```

프로그램 설명

▶ 8번째 줄:File class의 생성자는 7번째 줄에서와 같이 파일 이름으로 하는 방법과
폴더 이름과 파일 이름으로 생성하는 방법도 있으니 기억바랍니다.

▶ 10번째 줄:file1.length() method는 파일에 저장된 data의 byte 수를 반환합니
다. file1.length() method로 반환되는 type은 long type이고 배열 생성은 int

type으로 생성하여야 하므로 (int)로 casting해야 합니다.

▶ 13,14번째 줄:reader.read(buffer, 0, (int)file1.length()) method로 한 번에 읽어서 writer.write(buffer, 0, (int)file1.length()) method로 한 번에 출력합니다.

▶ 아래 화면은 파일이 실제 복사되어졌는지 DOS 명령으로 다시 한 번 확인하는 화면입니다.

```
D:\IntaeJava>dir Ex02421\
Volume in drive D is New Volume
Volume Serial Number is 88B3-AF8C

Directory of  D:\IntaeJava\Ex02421

01/01/2015  12:46 PM    <DIR>          .
01/01/2015  12:46 PM    <DIR>          ..
01/01/2015  12:51 PM             1,003 Ex02421.java
01/01/2015  12:51 PM               770 Ex02421A.java
               2 File(s)          1,773 bytes
               2 Dir(s)  412,988,592,128 bytes free

D:\IntaeJava>
```

예제 | Ex02421C

아래 프로그램은 "Ex02421" 폴더에 있는 모든 파일과 폴더를 삭제하는 프로그램입니다.

```
1: import java.io.*;
2: class Ex02421C {
3:     public static void main(String[] args) {
4:         File file1 = new File("Ex02421");
5:         if ( file1.exists() ) {
6:             File[] files = file1.listFiles();
7:             for ( int i=0 ; i< files.length ; i++ ) {
8:                 System.out.println(i+": file = "+files[i].getAbsolutePath());
9:             }
10:            boolean isDeleted = file1.delete();
11:            if ( isDeleted ) {
12:                System.out.println(file1.getName()+" folder is deleted.");
13:            } else {
14:                System.out.println(file1.getName()+" folder is not deleted.");
15:            }
16:            for ( int i=0 ; i< files.length ; i++ ) {
17:                isDeleted = files[i].delete();
18:                if ( isDeleted ) {
19:                    System.out.println(i+": "+files[i].getName()+" file is
deleted.");
20:                } else {
21:                    System.out.println(i+": "+files[i].getName()+" file is not
deleted.");
22:                }
```

```
23:          }
24:          isDeleted = file1.delete();
25:          if ( isDeleted ) {
26:             System.out.println(file1.getName()+" folder is deleted.");
27:          } else {
28:            System.out.println(file1.getName()+" folder is not deleted.");
29:          }
30:       } else {
31:          System.out.println(file1.getName()+" folder does not exist. ");
32:       }
33:    }
34: }
```

```
D:\IntaeJava>java Ex02421C
0: file = D:\IntaeJava\Ex02421\Ex02421.java
1: file = D:\IntaeJava\Ex02421\Ex02421A.java
0: Ex02421.java file is deleted.
1: Ex02421A.java file is deleted.
Ex02421 folder is deleted.

D:\IntaeJava>
```

프로그램 설명

▶ 6번째 줄:file1.listFiles() method는 file1 폴더 안에 있는 모든 서브 폴더와 모든 파일을 File[] 배열 object를 생성하여 files에 저장합니다.

▶ 10, 17,24번째 줄: delete() method는 폴더 포함 파일을 삭제하는 method입니다. 삭제되면 true를 어떤 이유로 삭제가 실패하면 false를 반환합니다. 10번째 줄에서 폴더 삭제는 폴더 내에 파일이 있기 때문에 실패합니다. 24번째 줄에서 폴더 삭제는 폴더 내에 파일이 없기 때문에 성공합니다.

24.5 I/O Stream 응용

지금까지 설명한 I/O Stream과 chapter 18,19,20에서 설명한 GUI를 서로 연결하는 프로그램을 만들어 보도록 합시다.

예제 | Ex02431

다음 프로그램은 18.4.5절 'FileDialog class'에서 설명한 Ex01835 프로그램을 응용하여 파일에서 data를 읽어 화면에 보여주는 프로그램입니다.

```
1: import java.awt.*;
2: import java.awt.event.*;
3: import java.io.*;
```

```
 4: class Ex02431 {
 5:    public static void main(String[] args) {
 6:        AWTFrame f = new AWTFrame("File Stream 31");
 7:    }
 8: }
 9: class AWTFrame extends Frame {
10:    TextArea ta;
11:    AWTFrame(String title) {
12:        super(title);
13:        ta = new TextArea("This is a TextArea.");
14:        add(ta, BorderLayout.CENTER);
15:        Panel ps = new Panel(new FlowLayout());
16:        Button b1 = new Button("Open file");
17:        b1.addActionListener(new ActionHandler());
18:        Button b2 = new Button("Cancel");
19:        ps.add(b1);
20:        ps.add(b2);
21:        add(ps, BorderLayout.SOUTH);
22:        setSize(400,250);
23:        setVisible(true);
24:    }
25:    class ActionHandler implements ActionListener {
26:        public void actionPerformed(ActionEvent e) {
27:            FileDialog fileDialog = new FileDialog(AWTFrame.this, "File
Open", FileDialog.LOAD);
28:            fileDialog.setDirectory("d:\\IntaeJava");
29:            fileDialog.setVisible(true);
30:            String folderName = fileDialog.getDirectory();
31:            String fileName = fileDialog.getFile();
32:            File file1 = new File(folderName, fileName);
33:            String fileContents = "no data";
34:            if ( file1.isFile() && file1.exists() ) {
35:                byte[] buffer = new byte[(int)file1.length()];
36:                try ( BufferedInputStream reader = new BufferedInputStream(new
FileInputStream(file1)) ) {
37:                    reader.read(buffer, 0, (int)file1.length());
38:                    System.out.println(file1.getName() + " file read completed
sucessfully.");
39:                    fileContents = new String(buffer);
40:                    fileContents = "=================== file  contents
=====================\n"+fileContents;
41:                } catch ( IOException ex ) {
42:                    System.out.println("IOException "+ex);
43:                }
44:            } else {
45:                fileContents = "'"+file1.getName()+"' is NOT a file.";
46:            }
47:            ta.setText("Folder Name : "+folderName+"\n"+"File Name :
"+fileName+"\n"+fileContents);
48:        }
```

```
49:     }
50: }
```

프로그램 설명

▶ 27~31번째 줄에 대한 설명은 Ex01835 프로그램을 참조하세요. 27번째 줄의 AWTFrame.this는 Inner class에서 outer class의 object를 나타내는 것입니다. 자세한 사항은 17.2절 'Member class'의 Ex01702B 프로그램 설명 (□바깥 class의 attribute 이름과, inner class의 attribute 이름, inner class method 내의 local variable 이름이 같은 경우□)를 참조하세요.

▶ 28번째 줄:fileDialog.setDirectory("d:\\IntaeJava");에서 "d:\\IntaeJava"는 필자의 컴퓨터에 설정된 폴더 이름입니다. 이 책을 읽는 독자는 각자의 폴더 이름으로 설정하세요. "d:\\IntaeJava"에서 "\\"로 "\"가 두개 있는 이유는 6.4절 '제어문자'를 참조하세요.

▶ 30,31 에서 알아낸 폴더 이름과 파일 이름으로 File object를 생성합니다.

▶ 아래 화면은 "Open file" 버튼을 클릭하면 아래와 같은 화면이 나옵니다.

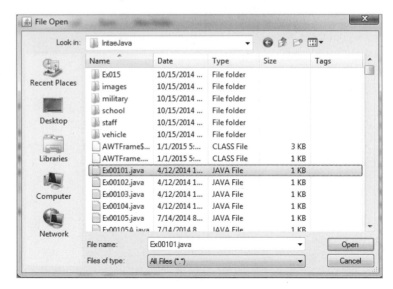

▶ 위 화면에서 Ex00101.java 파일을 선택하고 "Open" 버튼을 클릭하면 아래와 같
은 화면이 나옵니다.

예제 | Ex02431A

다음 프로그램은 Ex02431 프로그램을 Swing component로만 변경한 프로그램입
니다.

```java
 1: import java.awt.*;
 2: import java.awt.event.*;
 3: import javax.swing.*;
 4: import java.io.*;
 5: class Ex02431A {
 6:    public static void main(String[] args) {
 7:       AWTFrame f = new AWTFrame("File Stream 31A");
 8:    }
 9: }
10: class AWTFrame extends JFrame {
11:    JTextArea ta;
12:    AWTFrame(String title) {
13:       super(title);
14:       ta = new JTextArea("This is a TextArea.");
15:       JScrollPane scrollPane = new JScrollPane(ta);
16:       add(scrollPane, BorderLayout.CENTER);
17:       JPanel ps = new JPanel(new FlowLayout());
18:       JButton b1 = new JButton("Open file");
19:       b1.addActionListener(new ActionHandler());
20:       JButton b2 = new JButton("Cancel");
21:       ps.add(b1);
22:       ps.add(b2);
23:       add(ps, BorderLayout.SOUTH);
24:       setSize(400,200);
25:       setVisible(true);
26:    }
27:    class ActionHandler implements ActionListener {
28:       public void actionPerformed(ActionEvent e) {
29:          JFileChooser fileDialog = new JFileChooser("d:\\IntaeJava");
30:          int returnVal = fileDialog.showOpenDialog(AWTFrame.this);
31:          if (returnVal != JFileChooser.APPROVE_OPTION) {
32:             return;
```

```
33:         }
34:         File file1 = fileDialog.getSelectedFile();
35:         String fileContents = "no data";
36:         if ( file1.isFile() && file1.exists() ) {
37:             byte[] buffer = new byte[(int)file1.length()];
38:             try ( BufferedInputStream reader = new BufferedInputStream(new
FileInputStream(file1)) ) {
39:                 reader.read(buffer, 0, (int)file1.length());
40:                 System.out.println(file1.getName() + " file read completed
sucessfully.");
41:                 fileContents = new String(buffer);
42:                 fileContents = "================== file contents
====================\n"+fileContents;
43:             } catch ( IOException ex ) {
44:                 System.out.println("IOException "+ex);
45:             }
46:         } else {
47:             fileContents = "'"+file1.getName()+"' is NOT a file.";
48:         }
49:         String pathName = file1.getAbsolutePath();
50:         int pos = pathName.lastIndexOf('\\');
51:         String folderName = pathName.substring(0,pos);
52:         String fileName = file1.getName();
53:         ta.setText("Folder Name : "+folderName+"\n"+"File Name :
"+fileName+"\n"+fileContents);
54:     }
55:   }
56: }
```

프로그램 설명

▶ 29번째 줄:AWT의 FileDialog class는 Swing에서는 JFileChooser class를 사용합니다. JFileChooser의 생성자에 JFileChooser 화면이 나타날 때 보여주는 폴더를 String문자열로 넣어줍니다.

▶ 30번째 줄:fileDialog.showOpenDialog(AWTFrame.this) method를 사용하여 JFileChooser 화면을 보여줍니다.

▶ 31번째 줄:JFileChooser 화면에서 "Open" 버튼을 클릭했는지 JFileChooser. APPROVE_OPTION을 사용하여 확인합니다.

참고로 "Cancel" 버튼을 클릭했는지 확인은 JFileChooser.CANCEL_OPTION 로 확인합니다.

▶ 34번째 줄 : 31번째 줄에서 "Open" 버튼을 클릭했다면 fileDialog.getSelectedFile() method를 사용하여 선택된 파일의 File object를 얻어냅니다.

▶ 아래 화면은 최초 화면에서 "Open file" 버튼을 클릭하면 아래와 같은 화면이 나옵니다.

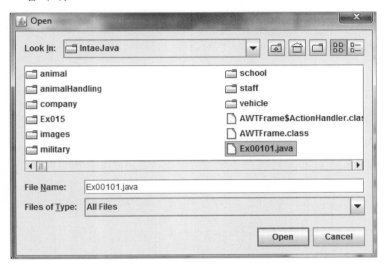

▶ 위 화면에서 Ex00101.java 파일을 선택하고 "Open" 버튼을 클릭하면 아래와 같은 화면이 나옵니다.

다음 아래와 같은 Data를 파일에 저장하는 프로그램입니다.

이름	영어	수학	과학	사회
Intae	94	84	67	100
Chris	88	68	76	89
Tom	90	56	81	76
Jason	78	96	95	81
Barry	97	99	95	98
Paul	86	78	67	93

- BufferedWriter class를 사용하여 data를 출력합니다.
- FileWriter object를 생성할 때 파일에 data를 append(추가)할 것인지 새롭게 파일을 만들것인지 option을 사용합니다.

예제 | Ex02432

```
1: import java.io.*;
2: class Ex02432 {
3:    public static void main(String[] args) {
4:        String[] name = { "Intae", "Chris", "Tom", "Jason", "Barry", "Paul" };
5:        int[][] score = { {94, 84, 67, 100}, {88, 68, 76, 89}, {90, 56, 81, 76}, {78, 96, 95, 81}, {97, 99, 95, 98}, {86, 78, 67, 93} };
6:        File dir1 = new File("Ex02432");
7:        if ( ! dir1.exists() ) {
8:            boolean isDirCreated = dir1.mkdir();
9:        }
10:        boolean isAppend = false;
11:        File file1 = new File(dir1, "Ex02432.dat");
12:        try ( BufferedWriter outStream = new BufferedWriter(new FileWriter(file1, isAppend)) ) {
13:            for ( int i=0 ; i<name.length ; i++ ) {
14:            StringBuffer strBuffer = new StringBuffer("                ");
15:                strBuffer.replace(0,name[i].length(), name[i]);
16:                for ( int j =0 ; j<score[i].length ; j++ ) {
17:                    String scoreStr = Integer.toString(score[i][j]); // = score[i][j]+"";
18:                    int col = 15 + j * 5;
19:                    strBuffer.replace(col-scoreStr.length(), col, scoreStr);
20:                }
21:                outStream.write(strBuffer.toString());
22:                outStream.newLine();
23:
24:                System.out.println(strBuffer.toString());
25:            }
26:        } catch ( IOException e ) {
27:            System.out.println("IOException "+e);
28:        }
29:    }
30: }
```

```
D:\IntaeJava>java Ex02432
Intae         94   84   67  100
Chris         88   68   76   89
Tom           90   56   81   76
Jason         78   96   95   81
Barry         97   99   95   98
Paul          86   78   67   93

D:\IntaeJava>
```

프로그램 설명

▶ 7,8,9번째 줄:"Ex02432" 폴더가 있는지 확인하여 없으면 "Ex02432"폴더를 생성합니다.

▶ 10,12번째 줄:isAppend 가 true이면 "new FileWriter(file1, isAppend)" 명령으로 data를 추가할 수 있는 FileWriter object로 생성합니다. 만약 기존 파일이 없으면 새로운 파일을 만듭니다. 즉 기존 파일이 없으면 isAppend가 true 이든 false이든 동일한 기능을 합니다.

▶ 14~20번째 줄:StringBuffer object를 사용하여 문자는 앞자리 정렬하고 숫자는 뒷자리 정렬을 합니다. 앞자리 정렬, 뒷자리 정렬의 주의 사항에 대해서는 10.1.1절 'StringBuffer class'의 Ex01001A 프로그램을 참조하세요.

▶ 17번째 줄:Integer.toString(score[i][j]) method는 int type 숫자를 String 문자열로 변경하는 명령입니다. score[i][j]+""과 동일한 명령입니다.

▶ 위 프로그램을 수행하고 DOS명령 type을 사용하여 아래와 같이 파일에 저장된 내용을 확인할 수 있습니다.

```
D:\IntaeJava>type  Ex02432\Ex02432.dat
Intae     94    84    67    100
Chris     88    68    76    89
Tom       90    56    81    76
Jason     78    96    95    81
Barry     97    99    95    98
Paul      86    78    67    93

D:\IntaeJava>
```

▶ 위 프로그램에서 10번째 줄 isAppend를 true로 설정하고 compile해서 다시 프로그램을 한 번 더 수행 후 DOS명령 type을 사용하여 아래와 같이 파일에 저장된 내용을 확인하면 두 번째 write된 data가 추가된 것을 알 수 있습니다.

```
D:\IntaeJava>type Ex02432\Ex02432.dat
Intae     94    84    67    100
Chris     88    68    76    89
Tom       90    56    81    76
Jason     78    96    95    81
Barry     97    99    95    98
Paul      86    78    67    93
Intae     94    84    67    100
Chris     88    68    76    89
Tom       90    56    81    76
Jason     78    96    95    81
Barry     97    99    95    98
Paul      86    78    67    93

D:\IntaeJava>
```

▶ 위 프로그램에서 10번째 줄 isAppend를 false로 다시 설정하고 compile해서 다시 프로그램을 수행 후 DOS 명령 type을 사용하여 파일에 저장된 내용을 확인하면 기존에 저장된 data는 없어지고 이번에 write한 data만 있는 것을 알 수 있습니다. 즉 위 첫 번째 수행했을 때의 파일 내용과 동일합니다.

문제 | Ex02432A

Ex02432 프로그램에서 파일에 저장한 data를 읽어서 아래와 같은 출력 결과가 나오도록 프로그램을 작성하세요.

- one read 방식으로 작성하세요.
- **힌트 |** 9.2.5절 '2차원 배열의 활용'에 있는 예제 Ex00917D와 거의 동일한 로직입니다. 단지 배열에서 읽어서 총점과 평균을 구하는 것 대신 파일에서 data를 읽어서 총점과 평균을 구하는 것이 다릅니다.

```
D:\IntaeJava>java Ex02432A
        *** Score Table ***
Name      Eng  Mat  Sci  Soc  Tot   Ave
Intae      94   84   67  100  345  86.3
Chris      88   68   76   89  321  80.3
Tom        90   56   81   76  303  75.8
Jason      78   96   95   81  350  87.5
Barry      97   99   95   98  389  97.3
Paul       86   78   67   93  324  81.0
Total     533  481  481  537
Average  88.8 80.2 80.2 89.5       84.7

D:\IntaeJava>
```

문제 | Ex02432A1

Ex02432A 프로그램의 one read 방식을 two read 방식으로 만든 프로그램을 작성하세요.

```
D:\IntaeJava>java Ex02432B
        *** Score Table ***
Name      Eng  Mat  Sci  Soc  Tot   Ave
Intae      94   84   67  100  345  86.3
Chris      88   68   76   89  321  80.3
Tom        90   56   81   76  303  75.8
Jason      78   96   95   81  350  87.5
Barry      97   99   95   98  389  97.3
Paul       86   78   67   93  324  81.0
Total     533  481  481  537
Average  88.8 80.2 80.2 89.5       84.7

D:\IntaeJava>_
```

문제 | Ex02433

다음 아래와 같은 Data를 파일에 저장하는 프로그램을 작성하세요.

- 저장하는 폴더 이름은 "Ex02433"으로 폴더가 없으면 프로그램에서 생성하세요.
- 저장하는 파일 이름은 "Ex02433.dat"로 생성하세요.

```
D:\IntaeJava>java Ex02432B
        *** Score Table ***
Name      Eng  Mat  Sci  Soc  Tot   Ave
Intae      94   84   67  100  345  86.3
Chris      88   68   76   89  321  80.3
Tom        90   56   81   76  303  75.8
Jason      78   96   95   81  350  87.5
Barry      97   99   95   98  389  97.3
Paul       86   78   67   93  324  81.0
Total     533  481  481  537
Average  88.8 80.2 80.2 89.5       84.7

D:\IntaeJava>_
```

Teacher:Mr. Smith

이름	영어	수학	과학	사회
James	94	84	67	100
Chris	88	68	76	89
Tom	90	56	81	76

Teacher:Mr. Bond

이름	영어	수학	과학	사회
Jason	78	96	95	81
Barry	97	99	95	98
Paul	86	78	67	93

Teacher:Ms. Ryu

이름	영어	수학	과학	사회
Intae	95	83	68	61
Lina	89	69	77	88
Rachel	91	76	82	78
David	79	95	94	82

- 프로그램을 수행하면 저장되는 내용을 아래와 같이 출력되도록 프로그램을 작성하세요.

```
D:\IntaeJava>java Ex02433
Mr.Smith    James      94   84   67  100
Mr.Smith    Chris      88   68   76   89
Mr.Smith    Tom        90   56   81   76
Mr.Bond     Jason      78   96   95   81
Mr.Bond     Barry      97   99   95   98
Mr.Bond     Paul       86   78   67   93
Ms.Ryu      Intae      95   83   68   61
Ms.Ryu      Lina       89   69   77   88
Ms.Ryu      Rachel     91   76   82   78
Ms.Ryu      David      79   95   94   82

D:\IntaeJava>
```

- 프로그램을 수행 후 저장된 data의 내용을 아래와 같이 DOS type command로 확인 가능해야 합니다.

```
D:\IntaeJava>type Ex02433\Ex02433.dat
Mr.Smith    James      94   84   67  100
Mr.Smith    Chris      88   68   76   89
Mr.Smith    Tom        90   56   81   76
Mr.Bond     Jason      78   96   95   81
Mr.Bond     Barry      97   99   95   98
Mr.Bond     Paul       86   78   67   93
Ms.Ryu      Intae      95   83   68   61
Ms.Ryu      Lina       89   69   77   88
Ms.Ryu      Rachel     91   76   82   78
Ms.Ryu      David      79   95   94   82

D:\IntaeJava>
```

```
1: import java.io.*;
2: class Ex02433 {
3:    public static void main(String[] args) {
4:        String[] teacherName = { "Mr.Smith", "Mr.Bond", "Ms.Ryu" };
5:        String[][] studentName = { {"James", "Chris", "Tom"}, {"Jason",
"Barry", "Paul"}, {"Intae", "Lina", "Rachel", "David"} };
6:        int[][][] score = new int[3][][];
7:        score[0] = new int[][]{ {94, 84, 67,100}, {88, 68, 76, 89}, {90,
56, 81, 76} };
8:        score[1] = new int[][]{ {78, 96, 95, 81}, {97, 99, 95, 98}, {86,
78, 67, 93} };
9:        score[2] = new int[][]{ {95, 83, 68, 61}, {89, 69, 77, 88}, {91,
76, 82, 78}, {79, 95, 94, 82} };
            // 여기에 프로그램을 작성하세요
x1:    }
x2: }
```

문제 | Ex02433A

도전해 보세요 Ex02433 프로그램에서 파일에 저장한 data를 읽어서 아래와 같은 출력 결과가 나오도록 프로그램을 작성하세요.

- one read 방식으로 작성하세요.
- **힌트 |** 9.3.1절 '3차원 이상의 다차원 배열'에 있는 예제 Ex00921D와 거의 동일한 로직입니다. 단지 배열에서 읽어서 총점과 평균을 구하는 것 대신 파일에서 data를 읽어서 총점과 평균을 구하는 것이 다릅니다.

```
D:\IntaeJava>java Ex02433A
 *** Score Table : Mr.Smith class ***
Name     Eng   Mat   Sci   Soc   Tot    Ave
James     94    84    67   100   345   86.3
Chris     88    68    76    89   321   80.3
Tom       90    56    81    76   303   75.8
Average 90.7  69.3  74.7  88.3         80.8
 *** Score Table : Mr.Bond class ***
Name     Eng   Mat   Sci   Soc   Tot    Ave
Jason     78    96    95    81   350   87.5
Barry     97    99    95    98   389   97.3
Paul      86    78    67    93   324   81.0
Average 87.0  91.0  85.7  90.7         88.6
 *** Score Table : Ms.Ryu class ***
Name     Eng   Mat   Sci   Soc   Tot    Ave
Intae     95    83    68    61   307   76.8
Lina      89    69    77    88   323   80.8
Rachel    91    76    82    78   327   81.8
David     79    95    94    82   350   87.5
Average 88.5  80.8  80.3  77.3         81.7
Grand.Av 88.7 80.4  80.2  84.6         83.5

D:\IntaeJava>
```

문제 | Ex02433B

도전해 보세요 Ex02433A 프로그램의 one read 방식 대신에 two read 방식으로 아래와 같은 출력 결과가 나오도록 프로그램을 작성하세요.

```
D:₩IntaeJava>java Ex02433B
    *** Grade 3 Score Table ***
  *** Score Table : Mr.Smith class ***
Name      Eng   Mat  Sci  Soc  Tot   Ave
James      94    84   67  100  345  86.3
Chris      88    68   76   89  321  80.3
Tom        90    56   81   76  303  75.8
Average  90.7 69.3 74.7 88.3       80.8
  *** Score Table : Mr.Bond class ***
Name      Eng   Mat  Sci  Soc  Tot   Ave
Jason      78    96   95   81  350  87.5
Barry      97    99   95   98  389  97.3
Paul       86    78   67   93  324  81.0
Average  87.0 91.0 85.7 90.7       88.6
  *** Score Table : Ms.Ryu class ***
Name      Eng   Mat  Sci  Soc  Tot   Ave
Intae      95    83   68   61  307  76.8
Lina       89    69   77   88  323  80.8
Rachel     91    76   82   78  327  81.8
David      79    95   94   82  350  87.5
Average  88.5 80.8 80.3 77.3       81.7
Grand.Av 88.7 80.4 80.2 84.6       83.5

D:₩IntaeJava>
```

문제 | Ex02433C

도전해 보세요 Ex02433 프로그램에서 파일에 저장한 data를 읽어서 아래와 같은 출력 결과가 나오도록 프로그램을 작성하세요.

- 20.3.1절 'JTable class'의 Ex02022 프로그램을 응용하여 Vector dataList object를 생성한 후 data는 파일에서 읽어서 Vector dataList의 원소로 추가하세요.

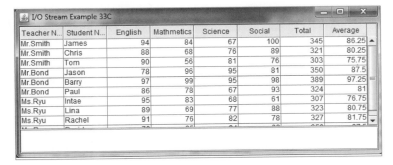

Teacher N...	Student N...	English	Mathmetics	Science	Social	Total	Average
Mr.Smith	James	94	84	67	100	345	86.25
Mr.Smith	Chris	88	68	76	89	321	80.25
Mr.Smith	Tom	90	56	81	76	303	75.75
Mr.Bond	Jason	78	96	95	81	350	87.5
Mr.Bond	Barry	97	99	95	98	389	97.25
Mr.Bond	Paul	86	78	67	93	324	81
Ms.Ryu	Intae	95	83	68	61	307	76.75
Ms.Ryu	Lina	89	69	77	88	323	80.75
Ms.Ryu	Rachel	91	76	82	78	327	81.75

24.6 Properties class와 I/O Stream

지금까지는 I/O Stream의 method를 사용하여 data를 파일에 출력했지만, Properties class는 Properties class의 method를 사용하여 Properties의 data를 저장합니다. Properties class는 22.4.4절 'Propetries class'에서 설명하였으므로 이번 절에서는 Properties class의 data의 저장과 읽어들임에 대해서 설명합니다.

예제 | Ex02441

아래 프로그램은 Properties object의 data를 파일에 저장하는 프로그램입니다.

```
 1: import java.util.*;
 2: import java.io.*;
 3: class Ex02441 {
 4:    public static void main(String[] args) {
 5:       Properties systemVar = new Properties();
 6:       systemVar.setProperty("basicColor","White");
 7:       systemVar.setProperty("basicFuelTank","50");
 8:       systemVar.setProperty("basicTire","사계절");
 9:
10:         //try (FileOutputStream fos = new FileOutputStream("Ex02441.
prop") ) {
11:       try (FileWriter fos = new FileWriter("Ex02441.prop") ) {
12:         systemVar.store(fos,"Car Baisc Properties");
13:       } catch(IOException ex) {
14:         System.out.println("IOException : "+ex);
15:       }
16:       System.out.println("=== End of Ex02441 === ");
17:    }
18: }
```

```
D:\IntaeJava>type Ex02441.Prop
#Car Baisc Properties
#Sat Jan 10 14:58:14 MST 2015
basicTire=사계절
basicFuelTank=50
basicColor=White

D:\IntaeJava>
```

프로그램 설명

▶ 5~8번째 줄:Properties class에 대해서는 22.4.4절 'Propetries class'를 참조
하세요.

▶ 10,11번째 줄:FileOutputStream object는 Byte Stream이므로 한글을 저장할 수
없습니다. 그러므로 한글을 저장하기 위해서는 Character Stream인 FileWriter
object를 사용해야 합니다.

▶ 12번째 줄:Properties object의 data를 저장하기 위해서는 Properties class의
store() method를 사용합니다. Propeties object는 파일에 저장되는 format이
정해져 있습니다. 즉

① text file로 저장됩니다.

② "key"="value"와 같은 형식으로 한 줄에 하나의 key 값과 value 값으로 저장됩니다.

③ store(fos,"Car Baisc Properties") method의 두 번째 method는 파일에 저장
되는 data의 내용이 무엇인지 설명을 String 문자열로 저장합니다. 그러므로 파
일속에는 "#"으로 시작하는 문자열로 저장됩니다.

④ Properties data로 저장된 파일 속에서 "#"으로 시작하는 줄은 comment입니

다. Store() method로 저장할 경우 첫 번째 줄은 comment가 저장되고, 두 번째 줄은 날짜와 시간이 저장됩니다.

▶ 위 프로그램을 수행한 후 DOS command인 type을 사용하여 출력된 내용을 확인할 수 있습니다.

▶ Ex02441.prop파일은 텍스트 파일이므로 텍스트 에디터로 열어서 data를 같은 형식으로 추가하거나 삭제할 수 있습니다.

예제 | Ex02442

아래 프로그램은 Ex02441 프로그램에서 출력한 Properties object의 data를 파일에서 읽어들이는 프로그램입니다.

```
1: import java.util.*;
2: import java.io.*;
3: class Ex02442 {
4:    public static void main(String[] args) {
5:        Properties systemVar = new Properties();
6:    //try (FileInputStream fis = new FileInputStream("Ex02441.prop") ) {
7:        try (FileReader fis = new FileReader("Ex02441.prop") ) {
8:          systemVar.load(fis);
9:        } catch(IOException ex) {
10:          System.out.println("IOException : "+ex);
11:        }
12:
13:        String bColor = systemVar.getProperty("basicColor");
14:        String bFuelTank = systemVar.getProperty("basicFuelTank");
15:        String bTire = systemVar.getProperty("basicTire");
16:
17:        Console console = System.console();
18:        while ( true ) {
19:          String iColor = console.readLine("Input color("+bColor+"):");
20:          if ( iColor.equals("exit") ) break;
21:    String iFuelTank=console.readLine("Input fuelTank("+bFuelTank+"):");
22:          String iTire = console.readLine("Input Tire("+bTire+"):");
23:          String color = ( iColor.equals("") ) ? bColor : iColor;
24:            String fuelTank = ( iFuelTank.equals("") ) ? bFuelTank :
iFuelTank;
25:          String tire = ( iTire.equals("") ) ? bTire : iTire;
26:          Car car = new Car(color, fuelTank, tire);
27:          car.showCarInfo();
28:        }
29:    }
30: }
31: class Car {
32:    static int nextLicenseNo = 1001;
33:    int licenseNo;
```

```
34:     String color;
35:     int fuelTank;
36:     String tire;
37:     Car(String c, String ft, String t) {
38:         licenseNo = nextLicenseNo++;
39:         color = c;
40:         fuelTank = Integer.parseInt(ft);
41:         tire = t;
42:     }
43:     void showCarInfo() {
44:             System.out.println("licenseNo="+licenseNo+", color="+color+",
fuelTank="+fuelTank+", tire="+tire);
45:     }
46: }
```

```
D:\IntaeJava>java Ex02442
Input color<White>:Red
Input fuelTank<50>:55
Input Tire<사계절>:스포츠
licenseNo=1001, color=Red, fuelTank=55, tire=스포츠
Input color<White>:
Input fuelTank<50>:
Input Tire<사계절>:
licenseNo=1002, color=White, fuelTank=50, tire=사계절
Input color<White>:exit

D:\IntaeJava>
```

프로그램 설명

▶ 5번째 줄:Properties data파일에서 data를 읽어들이기 전에 Properties object 를 생성해놓아야 합니다.

▶ 6,7번째 줄:FileInputStream object는 Byte Stream이므로 한글을 읽어들일 수 없습니다. 그러므로 한글을 읽어들이기 위해서는 Character Stream인 FileReader object를 사용해야 합니다.

▶ 8번째 줄:Properties object의 data를 읽어들이기 위해서는 Properties class 의 load() method를 사용합니다.

문제 | Ex02443

아래와 같이 화면 구성이 되도록 프로그램을 작성하세요.

• Propeties data파일은 아래와 같이 Ex02441 프로그램에서 생성한 Ex02441. prop을 사용합니다.

```
D:\IntaeJava>type Ex02441.Prop
#Car Baisc Properties
#Sat Jan 10 14:58:14 MST 2015
basicTire=사계절
basicFuelTank=50
basicColor=White

D:\IntaeJava>
```

- Ex02441.prop 파일에서 설정되어 있는 것과 동일하게 화면이 출력되도록 프로 그램을 작성하세요.

- 위 화면에서 차량색은 "Blue", Fuel Tank는 "55", 타이어는 "스포츠 타이어"를 선택한 후 "Save" 버튼을 클릭하면 변경된 data가 Properties data 파일에 아래 와 같이 저장되도록 합니다. 프로그램을 DOS창에서 "Control + C"를 눌러 종료 하고 type command로 data를 확인합니다.

- Ex02443 프로그램을 다시 수행시키면 이전에 저장된 Properties data로 화면 이 아래와 같이 설정되도록 프로그램을 작성하세요.

문제 | Ex02443A

Ex02443 프로그램을 아래와 같이 조금 더 개선하세요.

- Properties data 파일 Ex02441.Prop을 사용하지 않고, 새로운 파일 Ex02443A. Prop을 사용하세요.
- 새로운 파일 Ex02443A.Prop는 data도 없을 뿐 아니라 파일 자체도 없습니다. 파 일이 없는 것은 Exception으로 처리하기 때문에 프로그램이 중지하지 않습니다.
- Properties data 파일이 없기 때문에 Propeties object에는 읽어들인 data가 없 습니다. 그러므로 "basicColor" key로 value 값을 얻으려고 하면 null 값이 반

환됩니다. Value값이 null이 반환된 것을 if문으로 물어보는 것보다 아래와 같은 방법을 사용하면 key에 해당하는 value 값을 기본 값으로 받아올 수 있습니다.

```
String color = systemVar.getProperty("basicColor", "White");
String fuelTank = systemVar.getProperty("basicFuelTank", "50");
String tire = systemVar.getProperty("basicTire", "사계절");
```

위 systemVar.getProperty("basicColor", "White")명령에서 "basicColor"가 Properties에 없을 경우에는 null 값을 반환하는 것이 아니라 "White"를 반환하게 됩니다.

- "Save"을 눌러 위에 입력된 data를 Ex02443A.Prop에 저장합니다.
- 두 번째 프로그램 수행 시부터는 Ex02443A.Prop 파일 생성되었으므로 위와 같은 문제는 발생하지 않습니다.

- systemVar.getProperty("basicColor", "White") method와 같이 두 번째 argument 는 defaultValue로 사용되기 때문에 Properties data 파일이 없거나, 새로운 key 값이 생겼을 경우 유용하게 사용할 수 있습니다.

MultiThread

MultiThread

25.1 MultiThread 이해하기

컴퓨터를 사용하는 사용자는 이미 한 순간에 두 가지 이상의 일을 컴퓨터에 작동 시켜 사용한 적이 있을 것입니다. 예를 들면 컴퓨터에서 흘러 나오는 노래를 들으 며 워드 작업을 한다든지, 인터넷에서 파일을 다운로드 받으며 다른 인터넷 사이트 를 서핑을 한다든지, 우리는 컴퓨터를 동시에 사용하는것에 이미 익숙해져 있습니 다. 이렇게 컴퓨터 OS가 동시에 여러 작업을 할 수 있는 것을 가리켜 멀티태스킹 (MultiTasking)이라고 합니다.

컴퓨터에서 여러 프로그램을 동시에 수행하는 것도 가능하지만 한 프로그램 내에서 동시에 두 가지 작업도 가능합니다. 예를 들면 동영상이 플레이되면서 소리가 함께 나오는 것은 화면 작업과, 소리에 관련된 작업이 동시에 이루어지고 있는것 입니다. 자바에서도 이처럼 동시에 작업할 수 있는 환경의 프로그램 툴을 제공하고 있는데 이것이 바로 MultiThread입니다.

동시에 작업할 수 있는 환경에서 사용하는 용어가 두 가지 있습니다. 프로세스(Preocess) 와 쓰레드(Thread)입니다.

프로세스(Process)는 하나의 프로그램이 컴퓨터에서 수행되고 있을 때 컴퓨터 내에 차지하고 있는 모든 자원과 환경을 말합니다. 따라서 하나의 응용 프로그램은 그 프 로그램이 수행되기 시작할 때 하나의 프로세스를 형성했다가 프로그램 수행이 끝나 면 프로세스도 종료되어 없어집니다.

쓰레드(Thread)는 프로세스 내에서 독립적인 수행 환경과 자원을 가지고 있는 소 규모 프로세스를 말합니다. 그러므로 쓰레드는 같은 프로세스 내에 있는 자원을 공 동으로 사용하는 부분도 있고 쓰레드만 독립적으로 사용하는 자원도 존재합니다. 쓰레드를 하나 만들 때마다 독립적으로 사용하는 자원은 추가되므로 쓰레드 전체를 품고 있는 프로세스 입장에서 보면 프로세스의 자원의 크기는 이론적으로 점점 커 가는 단점이 있습니다. 필자가 "이론적"이라는 단어를 사용한 이유는 쓰레드를 만 들때마다 프로세스가 사용하는 자원은 실제로 점점 커져가지만 거의 무시할 정도의 자원이므로 일반 프로그래머는 신경 안써도 된다는 것을 강조하기 위해 "이론적" 이라고 한 것입니다.

자바에서 모든 프로그램은 최소 하나 이상의 쓰레드를 사용하며, 지금까지 독자 여 러분 사용한 프로그램은 main 쓰레드입니다.

자바에서 쓰레드를 생성하는 방법은 쓰레드 object를 만든 후 start() method를 호출하면 됩니다. 쓰레드 object를 만드는 방법은 아래와 같이 두 가지 방법이 있습니다.
① Thread class를 상속받아 Thread object를 만드는 방법
② Runnable interface를 implements하여 class를 정의한 후 Thread object를 생성할 때 argument로 넘겨주어 Thread object 만드는 방법

예제 | Ex02501

```
 1: class Ex02501 {
 2:    public static void main(String[] args) {
 3:        ExampleThread thread1 = new ExampleThread();
 4:        thread1.start();
 5:
 6:        ExampleRunnable runnable2 = new ExampleRunnable();
 7:        Thread thread2 = new Thread(runnable2);
 8:        thread2.start();
 9:    }
10: }
11: class ExampleThread extends Thread {
12:    public void run() {
13:      System.out.println("Hello by Thread");
14:    }
15: }
16:
17: class ExampleRunnable implements Runnable {
18:    public void run() {
19:      System.out.println("Hello by Runnable");
20:    }
21: }
```

```
D:\IntaeJava>java Ex02501
Hello by Thread
Hello by Runnable

D:\IntaeJava>
```

프로그램 설명

▶ 위 프로그램은 Thread object 두 개를 만들고 start() method 호출하여 쓰레드를 생성시킨 후 각각의 쓰레드에서 "Hello by Thread"와 "Hello by Runnable" 문자열을 출력시킵니다.

▶ 위 프로그램에서는 쓰레드를 만들어 수행시켰다라는 것 이외에는 쓰레드가 아닌 프로그램과의 차이점은 느낄 수 없는 프로그램입니다.

위 쓰레드를 만드는 두 가지 방법에서 어느 것을 사용해도 상관없습니다. 하지만 일반적으로 두 번째 방법인 Runnable을 interface해서 만드는 방법을 사용합니다.

Thread를 상속받아 사용하는 쓰레드의 단점 중에 하나는 Thread를 상속받아 class를 정의하면 다른 class를 상속받을 수 없습니다.

다음은 위 프로그램에서 쓰레드를 생성하는 것은 run()를 호출하는 것이 아니라 start() method를 호출하는 것입니다. Thread object의 start() method를 호출하면 JVM이 쓰레드에서 필요로 하는 자원을 마련한 후 새로운 쓰레드를 생성해줍니다. 쓰레드가 생성되면 수행대기 상태에 있다가 쓰레드 스케줄러에 의해 순서가 되면 run() method가 수행되기 시작합니다.

예제 | Ex02502

아래 프로그램은 쓰레드가 각각 별도로 수행되는 것을 느낄 수 있도록 Thread. sleep() method를 사용한 프로그램입니다.

```
 1: class Ex02502 {
 2:    public static void main(String[] args) {
 3:       Runnable1 runnable1 = new Runnable1();
 4:       Thread thread1 = new Thread(runnable1);
 5:       thread1.start();
 6:
 7:       Runnable2 runnable2 = new Runnable2();
 8:       Thread thread2 = new Thread(runnable2);
 9:       thread2.start();
10:       System.out.println("main finished.");
11:    }
12: }
13: class Runnable1 implements Runnable {
14:    public void run() {
15:      for ( int i=0 ; i < 5 ; i++ ) {
16:        System.out.println(i+" Hello by Runnable1");
17:        try {
18:           Thread.sleep(100);
19:        } catch (InterruptedException e) {
20:           System.out.println("InterruptedException : "+e);
21:        }
22:      }
23:      System.out.println("Runnable1 finished.");
24:    }
25: }
26: class Runnable2 implements Runnable {
27:    public void run() {
28:      for ( int i=0 ; i < 5 ; i++ ) {
29:        System.out.println(i+" Hello by Runnable2");
30:        try {
31:           Thread.sleep(50);
32:        } catch (InterruptedException e) {
```

```
33:              System.out.println("InterruptedException : "+e);
34:          }
35:      }
36:      System.out.println("Runnable2 finished.");
37:  }
38: }
```

```
D:\IntaeJava>java Ex02502
0 Hello by Runnable1
0 Hello by Runnable2
main finished.
1 Hello by Runnable2
2 Hello by Runnable2
1 Hello by Runnable1
3 Hello by Runnable2
4 Hello by Runnable2
2 Hello by Runnable1
Runnable2 finished.
3 Hello by Runnable1
4 Hello by Runnable1
Runnable1 finished.

D:\IntaeJava>
```

프로그램 설명

▶ 위 프로그램에서 출력 결과를 보면 main 쓰레드가 제일 먼저 종료합니다. 다음
은 Runnable2 쓰레드가 종료하고, Runnable1이 종료됩니다.

▶ 18,31번째 줄:Thread.sleep() method는 1/1000초만큼 해당 쓰레드를 일시적으
로 멈추게 합니다. 그러므로 Runnable1은 0.1초, Runnable2는 0.05초 멈추었
다가 다시 수행됩니다.

▶ 19,32번째 줄:18,31번째 줄의 Thread.sleep() method는 주어진 시간만큼 일시
적으로 멈추지만 외부의 interrupt에 의해 주어진 시간을 다 채우지 못하고 깨
어날 수 있습니다. 그럴 경우 catch (InterruptedException e) 블록에서 처리
해 줍니다.

▶ 위 프로그램을 보면 세개의 쓰레드, main, Runnable1, Runnable2 쓰레드가
각각 별도로 수행되고 있는 것을 알 수 있습니다. 즉 main 쓰레드는 thread1,
thread2 object를 start시키고 수행을 종료합니다. Runnable1 쓰레드는 0.1초
멈추어야 하므로 0.05초 멈추었다가 수행하는 Runnable2 쓰레드보다 나중에
종료됩니다.

25.2 Thread class

Thread class에는 유용한 method가 많이 있습니다. 그 중요한 몇 가지를 설명합
니다.

- threadObj.join():호출하는 프로그램에서는 threadObj 쓰레드가 종료될 때까지 기다립니다.
- threadObj.join(long milis):호출하는 프로그램에서는 threadObj 쓰레드가 종료될 때까지 혹은 종료가 안되면 주어진 시간만큼 기다립니다.
- threadObj.isAlive():threadObj 쓰레드가 start되고 아직 TERMINATED되지 않았는지 확인하여 살아 있으면 true 아니면 false를 반환합니다.
- threadObj.interrupt():threadObj가 sleep하고 있으면, 깨우는 method입니다. 만약 sleep하지 않고 수행 중이면 threadObj 쓰레드의 interrupt flag에 setting만 해놓습니다. threadObj 쓰레드에서 interrupt flag를 확인하여 필요한 조치를 하고 안하고는 threadObj 쓰레드에 프로그램 해놓기에 달려 있습니다.
- Thread.interrupted():수행되는 쓰레드에 interrupt flag가 true 인지 아닌지 확인한 후 interrupt flag가 true이면 true를 반환하고 아니면 false를 반환 합니다. 그리고 interrupt flag가 true이면 false로 설정, interrupt flag를 clear 합니다.

  주의 사항 | Thread.interrupted() method는 static method입니다. 그러므로 Thread class 이름으로 호출해도 됩니다.

- threadObj.isInterrupted():threadObj에 interrupt flag가 true인지 아닌지 확인한 후 interrupt flag가 true이면 true를 반환하고 아니면 false를 반환합니다. 그리고 Thread.interrupted() method와는 달리 interrupt flag를 clear 하지 않습니다.
- Thread.currentThread().getName():현재 실행 중인 Thread 이름을 String 문자열로 반환합니다.

예제 | Ex02511

아래 프로그램은 join() method를 사용하여 main쓰레드가 Runnable1 쓰레드가 끝나기를 기다리고, Runnable1 쓰레드는 Runnable2 쓰레드가 끝나기를 기다리는 프로그램으로 Runnable2, Runnable1 , main 쓰레드 순으로 종료되는 프로그램입니다.

```
1: class Ex02511 {
2:    public static void main(String[] args) {
3:        Runnable1 runnable1 = new Runnable1();
4:        Thread thread1 = new Thread(runnable1);
5:
6:        Runnable2 runnable2 = new Runnable2();
```

```
 7:         Thread thread2 = new Thread(runnable2);
 8:
 9:         runnable1.setOtherThread(thread2);
10:
11:         thread1.start();
12:         thread2.start();
13:
14:         try {
15:             thread1.join();
16:         } catch (InterruptedException e) {
17:             System.out.println("InterruptedException : "+e);
18:         }
19:         System.out.println("main finished.");
20:     }
21: }
22: class Runnable1 implements Runnable {
23:     Thread otherThread;
24:     void setOtherThread(Thread ot) {
25:         otherThread = ot;
26:     }
27:     public void run() {
28:         for ( int i=0 ; i < 5 ; i++ ) {
29:             System.out.println(i+" Hello by Runnable1");
30:             try {
31:                 Thread.sleep(50);
32:             } catch (InterruptedException e) {
33:                 System.out.println("InterruptedException : "+e);
34:             }
35:         }
36:         try {
37:             otherThread.join();
38:         } catch (InterruptedException e) {
39:             System.out.println("InterruptedException : "+e);
40:         }
41:         System.out.println("Runnable1 finished.");
42:     }
43: }
44: class Runnable2 implements Runnable {
45:     public void run() {
46:         for ( int i=0 ; i < 5 ; i++ ) {
47:             System.out.println(i+" Hello by Runnable2");
48:             try {
49:                 Thread.sleep(100);
50:             } catch (InterruptedException e) {
51:                 System.out.println("InterruptedException : "+e);
52:             }
53:         }
54:         System.out.println("Runnable2 finished.");
55:     }
56: }
```

```
D:₩IntaeJava>java Ex02511
0 Hello by Runnable2
0 Hello by Runnable1
1 Hello by Runnable1
1 Hello by Runnable2
2 Hello by Runnable1
3 Hello by Runnable1
2 Hello by Runnable2
4 Hello by Runnable1
3 Hello by Runnable2
4 Hello by Runnable2
Runnable2 finished.
Runnable1 finished.
main finished.

D:₩IntaeJava>
```

프로그램 설명

▶ 9번째 줄:Runnable1 쓰레드에서 Runnable2 쓰레드가 끝나기를 기다리기 위해서는 thread2 object의 주소를 가지고 있어야 하므로 thread2 object를 Runnable1 object에 주소를 저장합니다.

▶ 37번째 줄:otherThread.join()에서 otherThread object는 Runnable2 쓰레드 이므로 Runnable2 쓰레드가 끝나기를 기다립니다.

▶ 15번째 줄:main method의 thread1.join()에서 thread1 object는 Runnable1 쓰레드이므로 Runnable1 쓰레드가 끝나기를 기다립니다.

▶ 위 프로그램에서 주의 깊게 보아야 할 사항은 Runnable class를 정의할 때 다른 Runnable object와 관계가 있는 수행을 할 경우에는 다른 Runnable object의 주소를 저장할 수 있도록 정의해주어야 합니다.

예제 | Ex02512

아래 프로그램은 interrupt() method 사용하여 멈추어 있는 쓰레드를 깨우는 프로그램입니다.

```
 1: class Ex02512 {
 2:    public static void main(String[] args) {
 3:       Runnable1 runnable1 = new Runnable1();
 4:       Thread thread1 = new Thread(runnable1);
 5:       thread1.start();
 6:
 7:       while ( thread1.isAlive() ) {
 8:         try {
 9:            thread1.join(1000);
10:            if ( thread1.isAlive() ) {
11:               thread1.interrupt();
12:            }
13:         } catch (InterruptedException e) {
14:            System.out.println("InterruptedException : "+e);
15:         }
```

```
16:        }
17:        System.out.println("main finished.");
18:    }
19: }
20: class Runnable1 implements Runnable {
21:    public void run() {
22:      for ( int i=0 ; i < 5 ; i++ ) {
23:        System.out.println(i+" Hello by Runnable1");
24:        try {
25:            Thread.sleep(5000);
26:        } catch (InterruptedException e) {
27:            System.out.println("InterruptedException : "+e);
28:        }
29:      }
30:      System.out.println("Runnable1 finished.");
31:    }
32: }
```

```
D:\IntaeJava>java Ex02512
0 Hello by Runnable1
InterruptedException : java.lang.InterruptedException: sleep interrupted
1 Hello by Runnable1
InterruptedException : java.lang.InterruptedException: sleep interrupted
2 Hello by Runnable1
InterruptedException : java.lang.InterruptedException: sleep interrupted
3 Hello by Runnable1
InterruptedException : java.lang.InterruptedException: sleep interrupted
4 Hello by Runnable1
InterruptedException : java.lang.InterruptedException: sleep interrupted
Runnable1 finished.
main finished.

D:\IntaeJava>
```

프로그램 설명

▶ 7번째 줄:thread1.isAlive()은 thread1 쓰레드가 살아 있으면 16번째 줄까지의 명령을 반복하며 수행합니다.

▶ 9번째 줄:thread1.join(1000)은 thread1 쓰레드가 1000 밀리 초, 즉 1초안에 수행이 완료되기를 기다립니다. thread1 쓰레드가 수행이 1초안에 완료 안되면 main 쓰레드는 다시 Running 상태가 되어 수행합니다.

▶ 10,11번째 줄:1초를 기다린 후 다시 thread1 쓰레드가 살아있는지 확인한 후 살아 있으면 thread1.interrupt() method를 호출하여 thread1 쓰레드를 잠에서 깨웁니다.

▶ 26번째 줄:25번째 줄에서 5초 동안 자고 있는데 5초 전에 main 쓰레드의 11번째 줄에서 interrupt()를 호출하여 interrupt를 걸면 InterruptedException이 발생된 것이므로 sleep에서 강제로 깨어나서 catch 블록을 수행합니다.

▶ 위 프로그램은 Runnable1 쓰레드가 너무 오래(5초) 자고 있어서 main 쓰레드에서 1초가 지나면 깨우는 프로그램입니다.

예제 | Ex02512A

아래 프로그램은 interrupt() method 사용하여 수행 중에 있는 쓰레드의 interrupt flag를 setting하는 프로그램입니다.

```
1: class Ex02512A {
2:    public static void main(String[] args) {
3:        Runnable1 runnable1 = new Runnable1();
4:        Thread thread1 = new Thread(runnable1);
5:        thread1.start();
6:
7:        int sec = 0;
8:        while ( thread1.isAlive() ) {
9:           try {
10:               thread1.join(2000);
11:               if ( thread1.isAlive() ) {
12:                   thread1.interrupt();
13:               }
14:               System.out.println("waited :"+(sec+=2)+" second");
15:           } catch (InterruptedException e) {
16:               System.out.println("InterruptedException : "+e);
17:           }
18:        }
19:        System.out.println("main finished.");
20:    }
21: }
22: class Runnable1 implements Runnable {
23:    public void run() {
24:       for ( int i=0 ; i < 5 ; i++ ) {
25:          System.out.println(i+" Hello by Runnable1");
26:          int n=0;
27:          loop1:
28:          for ( int j=0 ; j < 5000 ; j++ ) {
29:             if ( Thread.interrupted() ) {
30:                 System.out.println("break loop1");
31:                 break loop1;
32:             }
33:             for ( int k=0 ; k < 50000 ; k++ ) {
34:                 int m = ++n * 3 / 7;
35:             }
36:          }
37:       }
38:       System.out.println("Runnable1 finished.");
39:    }
40: }
```

```
D:\IntaeJava>java Ex02512A
0 Hello by Runnable1
1 Hello by Runnable1
waited :2 second
break loop1, j=1112
2 Hello by Runnable1
3 Hello by Runnable1
waited :4 second
break loop1, j=1156
4 Hello by Runnable1
Runnable1 finished.
waited :6 second
main finished.

D:\IntaeJava>
```

프로그램 설명

▶ 12번째 줄:2초를 기다린 후 thread1 쓰레드가 살아있는지 확인한 다음에, 살아있으면 thread1.interrupt() method를 호출하는 것은 Ex02512 프로그램과 동일합니다. Ex02512 프로그램에서 thread1 쓰레드가 잠을 자고 있었지만 이번 프로그램에서는 thread1 쓰레드가 잠을 자고 있지 않고 무언가 수행하고 있습니다. 그러므로 thread1.interrupt() method를 호출하면 thread1 쓰레드의 interrupt flag를 setting합니다.

▶ 29번째 줄:Thread.interrupted() method를 호출하여 interrupt flag가 setting되었는지 확인합니다. interrupt flag가 setting되면 loop1을 빠져나와 첫 번재 loop의 다음 i 값에 해당하는 작업을 시작합니다.

▶ 34번째 줄:int m = ++n * 3 / 7식은 필자가 컴퓨터에 무언가 계산을 하여 시간을 쓰도록 하기 위해 임의로 삽입한 계산식입니다.

▶ 위 프로그램에서 main 쓰레드에서 2초마다 thread1 쓰레드에 interrupt를 걸고, thread1 쓰레드에서는 interrupt가 걸리면 수행하던 첨자 j인 loop를 5000번 다 하지 못하고 빠져나오는 것을 알 수 있습니다.

예제 | Ex02512B

아래 프로그램은 interrupt() method와 myThread.isInterrupted() method간의 관계를 나타내는 프로그램입니다.

```
1: class Ex02512B {
2:     public static void main(String[] args) {
3:         Runnable1 runnable1 = new Runnable1();
4:         Thread thread1 = new Thread(runnable1);
5:         runnable1.setMyThread(thread1);
6:         thread1.start();
7:
8:         try {
9:             thread1.join(2000);
10:            if ( thread1.isAlive() ) {
```

```
11:                thread1.interrupt();
12:            }
13:            System.out.println("waited once : 2 second");
14:        } catch (InterruptedException e) {
15:            System.out.println("InterruptedException : "+e);
16:        }
17:        System.out.println("main finished.");
18:    }
19: }
20: class Runnable1 implements Runnable {
21:    Thread myThread;
22:    void setMyThread(Thread mt) {
23:        myThread = mt;
24:    }
25:    public void run() {
26:      for ( int i=0 ; i < 5 ; i++ ) {
27:        System.out.println(i+" Hello by Runnable1");
28:        int n=0;
29:        loop1:
30:        for ( int j=0 ; j < 5000 ; j++ ) {
31:          if ( myThread.isInterrupted() ) {
32:              System.out.println("break loop1, j="+j);
33:              break loop1;
34:          }
35:          for ( int k=0 ; k < 50000 ; k++ ) {
36:              int n1 = ++n * 3 / 7;
37:          }
38:        }
39:      }
40:      System.out.println("Runnable1 finished.");
41:    }
42: }
```

```
D:\IntaeJava>java Ex02512B
0 Hello by Runnable1
1 Hello by Runnable1
waited once : 2 second
break loop1, j=1107
main finished.
2 Hello by Runnable1
break loop1, j=0
3 Hello by Runnable1
break loop1, j=0
4 Hello by Runnable1
break loop1, j=0
Runnable1 finished.

D:\IntaeJava>
```

프로그램 설명

▶ 9~12번째 줄:2초를 기다린 후 thread1 쓰레드가 살아있는지 확인한 후 살아 있
   으면 thread1.interrupt() method를 호출하는 것은 Ex02512, Ex02512A 프로
   그램과 동일합니다. Ex02512, Ex02512A 프로그램은 thread1 쓰레드가 살아 있

는 동안 계속 looping돌면서 확인하지만 이번 프로그램은 한 번만 interrupt한 후 main 쓰레드는 종료합니다.

▶ 31번째 줄:Ex02512A 프로그램에서 thread1 쓰레드가 잠을 자고 있지 않고 무언가 수행하고 있는 것은 동일합니다. 다른 점은 Ex02512A 프로그램에서는 Thread.interrupted() method를 사용하여 interrupt flag에 setting되어 있는 것을 확인한 후 interrupt flag를 clear(false로 setting함)하지만, 이번 프로그램에서는 myThread.isInterrupted() method를 사용하여 interrupt flag를 확인만 하고 clear는 하지 않습니다.

▶ 이번 프로그램은 main 쓰레드에서 interrupt를 걸기 전까지는 thread1 쓰레드가 27번째 줄의 "Hello by Runnable1"을 출력하고 많은 계산 작업 (즉 30부터 38번째 줄, 36번째 줄은 2억 5천만 번)을 합니다. 하지만 interrupt를 걸고 난 후에는 thread1 쓰레드가 27번째 줄의 "Hello by Runnable1"을 출력합니다. 그리고 31번째 줄에서 myThread.isInterrupted()을 체크해보니 interrupt flag가 설정되어 있어 loop1을 빠져나가므로 계산하는 작업을 skip하여 하지 않습니다.

25.3 동기화(Synchronization)

MultiThread를 사용하는 목적은 컴퓨터를 보다 효율적으로 사용하기 위함입니다. 예를 들어서 한 가지 작업이 끝나고 다음 작업을 하는 순차적 일 처리하는 측면에서는 순서적으로 일을 처리하므로 헷갈리지도 않고 일하기는 편합니다. 하지만 일을 처리되는 입장에서 보면, 급한 일이 생겨도, 순서를 기다려야됩니다. 또 1,2분 만에 처리 가능한 일도 앞 사람이 2,3시간 해야 끝나는 일이 있다면 그 시간 만큼 기다려야 되고, 불편함이 많이 있을 것입니다. 그럼 일이 잘 처리되는 일처리 입장에서 보면, 하던 일을 멈추고, 다른 일을 처리해야 하므로 지금 하던 일을 어딘가에 잘 보관해야 됩니다. 또 다시 그 일을 재개할 때는 무슨 일을 어디까지 했었나 생각도 해야 되고, 순서적으로 처리했다면 하지 않아도 될 일들을 해야하는 경우가 발생합니다. 동기화 문제도 이와 비슷하게 쓰레드가 하나였다면 벌어지지 않을 문제들이지만 쓰레드가 둘 이상되면 벌어지는 문제가 있습니다.

쓰레드가 둘 이상되었을 때 벌어지는 일 중에 같은 data를 두 개 이상의 쓰레드가 동시에 수정할 때 문제가 발생합니다. 예를 들어 어떤 상점에서 상품의 수량 관리 (재고 관리)를 컴퓨터로 처리한다고 합시다. A라는 상품에 대해 고객으로부터 상품을 주문을 받아 상품을 반출하는 동안 동시에 납품 업체는 A라는 상품을 납품하여 입고 받는다고 해 봅시다. 현재 상품 잔고가 100개이고 고객이 A상품을 10만큼 출고하기 위해 상품의 재고 data 100를 연산장치로 가져와 100 – 10을 한 90을 재고 data에 보관하기 바로 직전에 해당되는 쓰레드의 OS 사용 시간이 완료되어 대기 상태가 됩니다. 이때 납품 업체가 20을 납품하여 입고시키기 위해 잔고 data 100(고객 출고 처리가 아직 완료 안 되었으므로 재고 data는 100임)을 꺼내와 20을 더한 120을 재고 data에 보관합니다. 그리고 두 번째 쓰레드는 종료합니다. 다음 첫 번째 쓰레드가 작업을 다시 시작하여 계산이 끝난 90을 재고 data에 보관합니다. 최종적으로 창고 재고 data에는 90이 저장되어 있는 상황이 됩니다.

위와 같은 상황을 방지하는 기법이 바로 동기화(Synchronization)입니다. 동기화는 두 개 이상의 쓰레드가 동일한 자원을 사용하기 위해 요청이 들어오는 경우에 자원 사용의 순서를 정해주는 기법입니다.

동기화에서 순서를 정해준다라는 개념은 의외로 간단합니다. 먼저 자원을 요청한 쓰레드가 먼저 사용하고 나중에 자원을 요청한 쓰레드는 먼저 요청한 쓰레드가 사용을 완료할 때까지 기다리게 하는 것입니다. 즉 data, 혹은 object의 method를 먼저 차지한 쓰레드가 해당되는 data, 혹은 object의 method를 수행 완료할 때까지 다른 쓰레드는 access하지 못하도록 해놓는 것을 말합니다.

여기서 컴퓨터 용어 하나 알고 갑시다. 자원을 먼저 차지한 쓰레드가 그 자원에 Intrinsic lock(본질적인 잠금) 혹은 Monitor lock(감시 잠금) 을 걸어 놓는다고 합니다. Monitor lock는 줄여서 Monitor라고 표현하기도 합니다.

예제 | Ex02521

다음 프로그램은 동기화가 안된 프로그램입니다. 즉 위에서 예를 들은 상품 입출고에서 동시에 상품 출고과 입고를 할 때의 문제점을 보여주는 프로그램입니다.

```
 1: import java.io.*;
 2: class Ex02521 {
 3:    public static void main(String[] args) {
 4:        ProductAccount p1 = new ProductAccount ("10-001", 100);
 5:        WarehouseOutProcess wop = new WarehouseOutProcess(p1);
 6:        Thread thread0 = new Thread(wop);
 7:        thread0.start();
 8:
 9:        WarehouseInProcess wip = new WarehouseInProcess(p1);
10:        Thread thread1 = new Thread(wip);
11:        thread1.start();
12:        try {
13:           thread0.join();
14:           thread1.join();
15:        } catch (InterruptedException e) {
16:           System.out.println("InterruptedException : "+e);
```

```
17:        }
18:         System.out.println("Main : Product Balance="+p1.getBalance()+",
"+Thread.currentThread().getName());
19:     }
20: }
21: class WarehouseOutProcess implements Runnable {
22:     ProductAccount productAccount;
23:     WarehouseOutProcess(ProductAccount pa) {
24:         productAccount = pa;
25:     }
26:     public void run() {
27:         productAccount.takeOut(10);
28:     }
29: }
30: class WarehouseInProcess implements Runnable {
31:     ProductAccount productAccount;
32:     WarehouseInProcess(ProductAccount pa) {
33:         productAccount = pa;
34:     }
35:     public void run() {
36:         productAccount.stockIn(20);
37:     }
38: }
39: class ProductAccount {
40:     private String productNo;
41:     private int balance = 0;
42:     ProductAccount(String pn, int initBal) {
43:         productNo = pn;
44:         balance = initBal;
45:     }
46:     String getProductNo() {
47:         return productNo;
48:     }
49:     int getBalance() {
50:       return balance;
51:     }
52:     void takeOut(int qty) {
53:           System.out.println("TakeOut  start  Balance="+getBalance()+",
"+Thread.currentThread().getName());
54:         int bal = balance - qty;
55:         try {
56:            Thread.sleep(1000);
57:         } catch (InterruptedException e) {
58:            System.out.println("InterruptedException : "+e);
59:         }
60:         balance = bal;
61:      System.out.println("TakeOut end Balance="+getBalance()+", "+Thread.
currentThread().getName());
62:     }
```

```
63:    void stockIn(int qty) {
64:        System.out.println("StockIn  start  Balance="+getBalance()+",
   "+Thread.currentThread().getName());
65:        int bal = balance + qty;
66:        try {
67:            Thread.sleep(10);
68:        } catch (InterruptedException e) {
69:            System.out.println("InterruptedException : "+e);
70:        }
71:        balance = bal;
72:    System.out.println("StockIn end Balance="+getBalance()+", "+Thread.
   currentThread().getName());
73:    }
74: }
```

```
D:\IntaeJava>java Ex02521
TakeOut start Balance=100, Thread-0
StockIn start Balance=100, Thread-1
StockIn end Balance=120, Thread-1
TakeOut end Balance=90, Thread-0
Main : Product Balance=90, main

D:\IntaeJava>
```

프로그램 설명

▶ 4번째 줄:상품 재고가 100인 상품 계정을 하나 생성합니다.

▶ 5,6,7번째 줄에서 생성한 Thread0는 재고 100에서 10만큼 출고합니다. 출고하는 과정 중간에 1초 동안 수행을 멈춥니다. 이때 중간단계의 계산된 잔고는 90, 상품재고는 그대로 100입니다. Thread0가 1초간 멈추어 있는 동안 9,10,11번째 줄에서 생성한 Thread1은 20을 입금합니다. 입고 처리는 상품 재고 100에 20을 더한 120으로 상품 재고를 수정해 놓습니다. 그리고 Thread1의 모든 처리가 끝났으므로 Thread1을 종료시킵니다. 이 과정은 Thread0가 멈춘 1초 동안에 모두 이루어 집니다. 1초가 지난 후 상품 재고는 120이지만 Thread0는 멈추기 전 처리하지 못한 계산된 재고 90을 상품 재고 기억장소에 저장합니다. 그러므로 최종적으로 저장된 상품 재고는 90이 됩니다.

▶ 위 프로그램은 동기화가 되지 않은 멀티쓰레드의 전형적인 문제점입니다.

예제 | Ex02521A

다음 프로그램은 동기화가 되어 Ex02521 프로그램의 문제점이 해결된 프로그램입니다.

```
1: import java.io.*;
2: class Ex02521A {
```

```
 3:    public static void main(String[] args) {
          // Ex02521 프로그램의 4번부터 18번째 줄과 동일한 내용입니다.
19:    }
20: }
21: class WarehouseOutProcess implements Runnable {
          // Ex02521 프로그램의 22번부터 28번째 줄과 동일한 내용입니다.
29: }
30: class WarehouseInProcess implements Runnable {
          // Ex02521 프로그램의 31번부터 37번째 줄과 동일한 내용입니다.
38: }
39: class ProductAccount {
          // Ex02521 프로그램의 40번부터 51번째 줄과 동일한 내용입니다.
52:    synchronized void takeOut(int qty) {
          // Ex02521 프로그램의 53번부터 61번째 줄과 동일한 내용입니다.
62:    }
63:    synchronized void stockIn(int qty) {
          // Ex02521 프로그램의 64번부터 72번째 줄과 동일한 내용입니다.
73:    }
74: }
```

```
D:\IntaeJava>java Ex02521A
TakeOut start Balance=100, Thread-0
TakeOut end Balance=90, Thread-0
StockIn start Balance=90, Thread-1
StockIn end Balance=110, Thread-1
Main : Product Balance=110, main

D:\IntaeJava>
```

프로그램 설명

▶ 위 프로그램은 52,63번째 줄의 method 이름 앞에 synchronized key word가 붙은 것을 제외하고는 Ex02521과 동일합니다.

▶ 4번째 줄:상품 재고가 100인 상품 계정을 하나 생성합니다.

▶ 5,6,7번째 줄에서 생성한 Thread0는 잔고 100에서 10만큼 출고를 합니다. 출고 하는 과정 중간에 1초 동안 수행을 멈춥니다. Thread0가 1초간 멈추어있는 동안 9,10,11번째 줄에서 생성한 Thread1이 시작되어 실행됩니다. 이때 36번째 줄에서 productAccount.deposit(20) method를 수행하려고 하지만 productAccount object는 Thread0가 사용 중입니다. 그러므로 productAccount.stockIn(20) method를 수행하지 못하고 BLOCKED 상태로 들어갑니다.

즉 Thread0가 productAccount의 takeOut() method 수행을 끝날 때까지 기 다립니다. 그러므로 Thread0가 모든 처리가 완료되면 상품재고는 90이되고, Thread1의 productAccount.stockIn(20) method를 수행하여 상품 재고 90에 20을 더한 110을 상품 재고에 저장하고 Thread1의 수행도 완료됩니다.

▶ 위 프로그램은 동기화가 되어 순서적으로 처리하므로 멀티쓰레드의 문제점을 해

결한 프로그램입니다.

▶ 위 프로그램에서 한 가지 꼭 알아야 할 것은 Thread0는 takeOut() method를 수행 중이고, Thread1은 stockIn() method를 수행하려고 하는데도, 즉 method가 다름에도 불구하고 synchronized로 묶여 있으면 access할 수 없습니다. 즉 synchronized는 method 단위로 묶는 것이 아니고 object단위로 묶여있음을 알아야 합니다.

예제 | Ex02521B

다음 프로그램은 동기화가 되어있는 것은 Ex02521A와 동일하나 입고와 출고를 상품계정이 다른 두 개의 Object에서 각각 하는 프로그램입니다.

```
1: import java.io.*;
2: class Ex02521B {
3:    public static void main(String[] args) {
4:        ProductAccount ba0 = new ProductAccount("10-001", 100);
5:        ProductAccount ba1 = new ProductAccount("10-002", 100);
6:        WarehouseOutProcess bp0 = new WarehouseOutProcess(ba0);
7:        Thread thread0 = new Thread(bp0);
8:        thread0.start();
9:
10:        WarehouseInProcess bp1 = new WarehouseInProcess(ba1);
11:        Thread thread1 = new Thread(bp1);
12:        thread1.start();
13:        try {
14:           thread0.join();
15:           thread1.join();
16:        } catch (InterruptedException e) {
17:           System.out.println("InterruptedException : "+e);
18:        }
19:        System.out.println("Main "+ba0.getProductNo()+" Balance="+ba0.getBalance());
20:        System.out.println("Main "+ba1.getProductNo()+" Balance="+ba1.getBalance());
21:    }
22: }
23: class WarehouseOutProcess implements Runnable {
         // Ex02521A 프로그램의 22번부터 73번째 줄과 동일한 내용입니다.
76: }
```

```
D:\IntaeJava>java Ex02521B
TakeOut start Balance=100, Thread-0
StockIn start Balance=100, Thread-1
StockIn end Balance=120, Thread-1
TakeOut end Balance=90, Thread-0
Main 10-001 Balance=90
Main 10-002 Balance=120

D:\IntaeJava>
```

프로그램 설명

▶ 위 프로그램은 main method 내만 Ex02521A와 다르고 그 외의 부분은 Ex02521A
과 동일합니다.

▶ 4번째 줄:상품 재고가 100인 상품 계정을 계정 번호 10-001로 생성합니다.

▶ 5번째 줄:상품 재고가 100인 상품 계정을 계정 번호 10-002로 생성합니다.

▶ 6,7,8번째 줄에서 생성한 Thread0는 계정번호 10-001인 잔고 100에서 10만큼 출
고를 합니다. 출고하는 과정 중간에 1초 동안 수행을 멈춥니다. Thread0가 1초간
멈추어 있는 동안 10,11,12번째 줄에서 생성한 Thread1이 시작되어 실행됩니다.
계정번호 10-002인 잔고 100에서 20만큼 입고을 하여 상품재고 120이 됩니다.
Thread1이 완료된 후 Thread0가 멈춘 1초가 지나 다시 수행을 재개합니다. 계
산된 재고 90을 상품 재고에 저장하고 Thread0도 수행을 종료합니다. Thread0,
Thread1는 각기 다른 계정 번호의 object를 처리하므로 synchronized key word
가 붙어있다 할지라도 Thread1은 Thread0가 멈추어선 시간에 모든 것을 처리하
고 종료합니다.

▶ 위 프로그램에서 synchronized로 묶여있다 하더라도 다른 object를 수행할 경
우에는 synchronized가 없는 것과 같이 처리되는 것을 보여주고 있습니다. 즉
synchronized는 object 단위로 묶여있기 때문에, 같은 object가 아니면 상관없
이 수행되는 것을 알아야 합니다.

예제 | Ex02521C

다음 프로그램은 Ex02521A와 동일한 기능을 합니다. 단지 동기화 시키는 방법이
method를 synchronized 시키는 방법을 사용한 것이 아니라 synchronized 문장
을 사용하여 동기화 시키는 방법을 사용한 것입니다.

```
 1: import java.io.*;
 2: class Ex02521C {
 3:    public static void main(String[] args) {
           // Ex02521 프로그램의 4번부터 18번째 줄과 동일한 내용입니다.
19:    }
20: }
21: class BankProcess0 implements Runnable {
           // Ex02521 프로그램의 22번부터 28번째 줄과 동일한 내용입니다.
29: }
30: class BankProcess1 implements Runnable {
           // Ex02521 프로그램의 31번부터 37번째 줄과 동일한 내용입니다.
38: }
39: class BankAccount {
           // Ex02521 프로그램의 40번부터 51번째 줄과 동일한 내용입니다.
52:    void takeOut(int qty) {
```

```
53:        synchronized(this) {
54:            System.out.println("TakeOut start Balance="+getBalance()+",
"+Thread.currentThread().getName());
55:            int bal = balance - qty;
56:            try {
57:                Thread.sleep(1000);
58:            } catch (InterruptedException e) {
59:                System.out.println("InterruptedException : "+e);
60:            }
61:            balance = bal;
62:            System.out.println("TakeOut end Balance="+getBalance()+",
"+Thread.currentThread().getName());
63:        }
64:    }
65:    void stockIn(int qty) {
66:        synchronized(this) {
67:            System.out.println("StockIn start Balance="+getBalance()+",
"+Thread.currentThread().getName());
68:            int bal = balance + qty;
69:            try {
70:                Thread.sleep(10);
71:            } catch (InterruptedException e) {
72:                System.out.println("InterruptedException : "+e);
73:            }
74:            balance = bal;
75:            System.out.println("StockIn end Balance="+getBalance()+",
"+Thread.currentThread().getName());
76:        }
77:    }
78: }
```

```
D:\IntaeJava>java Ex02521C
TakeOut start Balance=100, Thread-0
TakeOut end Balance=90, Thread-0
StockIn start Balance=90, Thread-1
StockIn end Balance=110, Thread-1
Main : Product Balance=110, main

D:\IntaeJava>
```

프로그램 설명

▶ 위 프로그램의 수행 방법과 결과는 Ex02521A와 동일합니다. 단지 synchronized method를 사용하는 것 대신 synchronized 문장을 사용한 차이만 있을 뿐입니다.

▶ 53,66번째 줄:synchronized는 object 단위로 synchronized 시키므로 synchronized 시키는 형식은 아래와 같습니다.

```
synchronized(objectName) { /* 자바 명령 */ }
```

위에서 objectName은 동기화되어지는 object입니다. 즉 하나의 Thread가 특정 object를 사용중일 때는 다른 Thread는 그 object를 접근할 수 없도록 만들기 위함입니다. 그러므로 53,66번째 줄에서는 현재 수행 중인 object는 그 method를 수행 중인 object이므로 this object에 해당됩니다.

▶ synchronized 문장을 사용하는 장점은 synchronized method는 method 내에 있는 문장 전체의 수행이 완료되기 전까지 해당 object는 BLOCKED됩니다. 만약 synchronized method 내에 일부분에만 동기화가 필요한데, Method 전체를 동기화 해 버리면 프로그램 수행 성능을 떨어트릴 가능성이 있습니다. 이때 synchronized 문장을 사용하여 꼭 필요한 부분에만 동기화를 함으로써 프로그램 성능을 높일 수 있습니다.

예제 | Ex02522

다음 프로그램은 Ex02521C 프로그램을 개선한 프로그램입니다.

- 개선 사항:상품의 입고와 출고만으로는 판매한 상품이 불량품이 있어 반납이 되거나, 입고시킨 상품이 파손이 되어 생산자에게 반품을 할 경우 처리가 안되어서, 입고 수량 field와 판매 수량 field를 별도로 만들어 관리하기로 했습니다. 재고 수량은 입고 수량 – 판매 수량으로 계산하면 됩니다.

- 아래 프로그램은 언뜻보면 문제가 없어 보입니다. 하지만 잘 살펴보면 개선해야 할 부분이 있습니다. 한 번 찾아보세요.

```java
1: import java.io.*;
2: import java.util.concurrent.*;
3: class Ex02522 {
4:     public static void main(String[] args) {
5:         long t1 = System.nanoTime();
6:         ProductAccount p1 = new ProductAccount("10-001", 100);
7:         WarehouseProcess wop = new WarehouseProcess(p1, 0);
8:         Thread thread0 = new Thread(wop);
9:         thread0.start();
10:
11:         WarehouseProcess wip = new WarehouseProcess(p1, 1);
12:         Thread thread1 = new Thread(wip);
13:         thread1.start();
14:
15:         WarehouseProcess wocp = new WarehouseProcess(p1, 2);
16:         Thread thread2 = new Thread(wocp);
17:         thread2.start();
18:
19:         WarehouseProcess wicp = new WarehouseProcess(p1, 3);
20:         Thread thread3 = new Thread(wicp);
21:         thread3.start();
22:         try {
23:             thread0.join();
```

```
24:            thread1.join();
25:            thread2.join();
26:            thread3.join();
27:         } catch (InterruptedException e) {
28:            System.out.println("InterruptedException : "+e);
29:         }
30:         long t2 = System.nanoTime();
31:         long m1 = TimeUnit.NANOSECONDS.toMillis(t2 - t1);
32:         System.out.println("Main : period="+m1+", Product Info="+p1.
getInfo());
33:     }
34: }
35: class WarehouseProcess implements Runnable {
36:     ProductAccount productAccount;
37:     int option = -1;
38:     WarehouseProcess(ProductAccount pa, int optn) {
39:         productAccount = pa;
40:         option = optn;
41:     }
42:     public void run() {
43:         switch(option) {
44:           case 0: productAccount.takeOut(10); break;
45:           case 1: productAccount.stockIn(20); break;
46:           case 2: productAccount.takeOutCancel(2); break;
47:           case 3: productAccount.stockInCancel(3); break;
48:           default : System.out.println("Option error = "+option);
49:         }
50:     }
51: }
52: class ProductAccount {
53:     private String productNo;
54:     private int stockInQty = 0;
55:     private int takeOutQty = 0;
56:     ProductAccount(String pn, int initBal) {
57:         productNo = pn;
58:         stockInQty = initBal;
59:     }
60:     String getProductNo() {
61:         return productNo;
62:     }
63:     int getStockInQty() {
64:         return stockInQty;
65:     }
66:     int getTakeOutQty() {
67:         return takeOutQty;
68:     }
69:     String getInfo() {
70:         return "StockInQty="+stockInQty+", takeOutQty="+takeOutQty+",
balance="+(stockInQty - takeOutQty);
71:     }
```

```
72:    void takeOut(int qty) {
73:        synchronized(this) {
74:        System.out.println("TakeOut start TakeOutQty="+getTakeOutQty()+",
"+Thread.currentThread().getName());
75:            int bal = takeOutQty + qty;
76:            try {
77:                Thread.sleep(1000);
78:            } catch (InterruptedException e) {
79:                System.out.println("InterruptedException : "+e);
80:            }
81:            takeOutQty = bal;
82:        System.out.println("TakeOut end TakeOutQty="+getTakeOutQty()+",
"+Thread.currentThread().getName());
83:        }
84:    }
85:    void takeOutCancel(int qty) {
86:        synchronized(this) {
87:                        System.out.println("TakeOut    Cancel    start
TakeOutQty="+getTakeOutQty()+", "+Thread.currentThread().getName());
88:            int bal = takeOutQty - qty;
89:            try {
90:                Thread.sleep(10);
91:            } catch (InterruptedException e) {
92:                System.out.println("InterruptedException : "+e);
93:            }
94:            takeOutQty = bal;
95:    System.out.println("TakeOut Cancel end TakeOutQty="+getTakeOutQty()+",
"+Thread.currentThread().getName());
96:        }
97:    }
98:    void stockIn(int qty) {
99:        synchronized(this) {
100:        System.out.println("StockIn start StockInQty="+getStockInQty()+",
"+Thread.currentThread().getName());
101:            int bal = stockInQty + qty;
102:            try {
103:                Thread.sleep(1000);
104:            } catch (InterruptedException e) {
105:                System.out.println("InterruptedException : "+e);
106:            }
107:            stockInQty = bal;
108:        System.out.println("StockIn end StockInQty="+getStockInQty()+",
"+Thread.currentThread().getName());
109:        }
110:    }
111:    void stockInCancel(int qty) {
112:        synchronized(this) {
113:                        System.out.println("StockIn    Cancel    start
StockInQty="+getStockInQty()+", "+Thread.currentThread().getName());
114:            int bal = stockInQty - qty;
```

```
115:          try {
116:              Thread.sleep(10);
117:          } catch (InterruptedException e) {
118:              System.out.println("InterruptedException : "+e);
119:          }
120:          stockInQty = bal;
121:   System.out.println("StockInCancel endStockInQty="+getStockInQty()+",
"+Thread.currentThread().getName());
122:          }
123:      }
124: }
```

```
D:\IntaeJava>java Ex02522
TakeOut start TakeOutQty=0, Thread-0
TakeOut end TakeOutQty=10, Thread-0
StockIn Cancel start StockInQty=100, Thread-3
StockIn Cancel end StockInQty=97, Thread-3
TakeOut Cancel start TakeOutQty=10, Thread-2
TakeOut Cancel end TakeOutQty=8, Thread-2
StockIn start StockInQty=97, Thread-1
StockIn end StockInQty=117, Thread-1
Main : period=2026, Product Info=StockInQty=117, takeOutQty=8, balance=109

D:\IntaeJava>
```

프로그램 설명

▶ 72번째 줄의 takeOut(int qty) method와 85번째 줄 takeOutCancel(int qty) method는 takeOutQty를 변경합니다.

▶ 98번째 줄의 stockIn(int qty) method와 111번째 줄 stockInCancel(int qty) method는 stockInQty를 변경합니다.

▶ 그러므로 takeOut(int qty)를 수행하는 동안 stockIn(int qty)나 stockInCancel (int qty) method에서stockInQty를 변경해도 아무 문제가 없습니다.

▶ 반대로 stockIn(int qty)를 수행하는 동안 takeOut(int qty)나 takeOutCancel (int qty) method에서 takeOutQty을 변경해도 아무 문제가 없습니다.

▶ 단지 takeOut(int qty) method를 수행하는 동안 takeOutCancel(int qty) method에서 takeOutQty를 변경하는 것은 문제가 될 수 있으므로 서로 동기화가 되어 있어야 합니다.

▶ 또 stockIn(int qty) method를 수행하는 동안 stockInCancel(int qty) method 에서 stockInQty를 변경하는 것은 문제가 될 수 있으므로 서로 동기화가 되어 있어야 합니다.

▶ 하지만 Object 단위로 동기화를 해야 되기 때문에 위와 같이 할 수 밖에 없습니다.

▶ 다음 프로그램이 위와 같은 문제점을 개선한 프로그램입니다.

예제 | Ex02522A

다음 프로그램은 Ex02522 프로그램을 개선한 프로그램입니다.

- 개선 사항:ProductAccount object를 통째로 동기화하지 않고 Object 두 개를
  생성하여 stockInQty에 대한 동기화 object, takeOutQty에 대한 동기화 object
  를 각각 생성하여 별개로 동기화합니다.

```java
 1: import java.io.*;
 2: import java.util.concurrent.*;
 3: class Ex02522A {
 4:    public static void main(String[] args) {
          // Ex02522 프로그램의 5번부터 32번째 줄과 동일한 내용입니다.
33:    }
34: }
35: class WarehouseProcess implements Runnable {
          // Ex02522 프로그램의 36번부터 50번째 줄과 동일한 내용입니다.
51: }
52: class ProductAccount {
53:    private String productNo;
54:    private int stockInQty = 0;
55:    private int takeOutQty = 0;
56:    Object lock1 = new Object(); // added
57:    Object lock2 = new Object(); // added
          // Ex02522 프로그램의 56번부터 71번째 줄과 동일한 내용입니다.
74:    void takeOut(int qty) {
75:       synchronized(lock1) {
             // Ex02522 프로그램의 74번부터 82번째 줄과 동일한 내용입니다.
85:       }
86:    }
87:    void takeOutCancel(int qty) {
88:       synchronized(lock1) {
             // Ex02522 프로그램의 87번부터 95번째 줄과 동일한 내용입니다.
98:       }
99:    }
100:    void stockIn(int qty) {
101:       synchronized(lock2) {
             // Ex02522 프로그램의 100번부터 108번째 줄과 동일한 내용입니다.
111:       }
112:    }
113:    void stockInCancel(int qty) {
114:       synchronized(lock2) {
             // Ex02522 프로그램의 113번부터 121번째 줄과 동일한 내용입니다.
124:       }
125:    }
126: }
```

```
D:\IntaeJava>java Ex02522A
TakeOut start TakeOutQty=0, Thread-0
StockIn start StockInQty=100, Thread-1
TakeOut end TakeOutQty=10, Thread-0
TakeOut Cancel start TakeOutQty=10, Thread-2
StockIn end StockInQty=120, Thread-1
StockIn Cancel start StockInQty=120, Thread-3
TakeOut Cancel end TakeOutQty=8, Thread-2
StockIn Cancel end StockInQty=117, Thread-3
Main : period=1014, Product Info=StockInQty=117, takeOutQty=8, balance=109

D:\IntaeJava>
```

프로그램 설명

▶ 55,56번째 줄:동기화를 위한 Object lock1과 lock2를 생성합니다. lock1은 takeOutQty을 위한 동기화 object이고, lock2는 stockInQty을 위한 동기화 object입니다.

▶ 75,88번째 줄:synchronized 문을 사용할 때 this object가 아니고 lock1 object 를 동기화 하고 있습니다.

▶ 101,114번째 줄:synchronized 문을 사용할 때 this object가 아니고 lock2 object를 동기화하고 있습니다.

▶ 위 프로그램은 불필요한 동기화를 최대한 줄임으로써 프로그램의 수행 성능을 향상킬 수 있습니다. Ex02522A 프로그램은 동기화 lock object만을 추가함으로써 Ex02522 프로그램보다 50% 속도를 향상시켰습니다. Ex02522A에서의 속도 향상은 sleep() method 내에 주어진 시간에 기반을 한 것이기 때문에 lock object 가 있는 것이 없는 것보다 모든 프로그램에서 50%정도 빠르다고 할 수는 없습니다. 단지 불필요한 동기화를 최대한 줄일 수 있어 속도 향상을 가져올 수 있다라는 것을 강조하기 하기 위함입니다.

■ wait(), notify(), notifyAll() method ■

wait(), notify(), notifyAll() method는 모두 Object class에 있는 method입니다. 그러므로 모든 class는 Object class를 묵시적으로 상속받으므로 모든 class에는 wait(), notify(), notifyAll() method가 모두 있습니다.

wait() method는 동기화 문제에서 다른 쓰레드가 준비해 주어야할 data가 아직 준비되지 않아 작업을 진행할수 없을 때 기다리라는 명령입니다. 기다리고 있는 쓰레드는 다른 쓰레드로부터 notify(), notifyAll() method가 호출되면, 기다림이 끝나 작업을 재개할 수 있습니다. 이때 꼭 알아야 할 사항 한 가지, 쓰레드가 wait() 할때는 가지고있던 동기화를 일시 해제합니다. 왜냐하면 동기화된 object를 해제하지 않으면 다른 쓰레드가 data를 준비해줄 수가 없기 때문입니다.

예제 | Ex025223

다음 프로그램은 Ex02521C 프로그램의 또 다른 문제를 개선한 프로그램입니다.

- Ex02521C 프로그램의 문제점 : Ex02521C 프로그램에서 초기 재고 수량이 100이 니까 문제 없는 것처럼 보이지만 초기 재고 수량이 0이라면 고객으로부터 상품 주문이 들어와도 상품 출고할 수 없는 상태가 됩니다.

- 개선 방안 : 초기 상품 수량은 0으로 하고, 고객으로부터 들어온 주문 10개는 상품 재고가 0이므로 상품이 들어올 때까지 기다린 후 상품이 입고되면 출고할 수 있 도록 프로그램으로 개선합니다.

```
 1: class Ex02523 {
 2:   public static void main(String[] args) {
 3:       ProductAccount p1 = new ProductAccount("10-001", 0);
 4:       WarehouseProcess wop = new WarehouseProcess(p1, 0);
 5:       Thread thread0 = new Thread(wop);
 6:       thread0.start();
 7:
 8:       WarehouseProcess wip = new WarehouseProcess(p1, 1);
 9:       Thread thread1 = new Thread(wip);
10:       thread1.start();
11:
12:       try {
13:          thread0.join();
14:          thread1.join();
15:       } catch (InterruptedException e) {
16:          System.out.println("InterruptedException : "+e);
17:       }
18:       System.out.println("Main : Product Balance="+p1.getBalance());
19:   }
20: }
21: class WarehouseProcess implements Runnable {
22:    ProductAccount productAccount;
23:    int option = -1;
24:    WarehouseProcess(ProductAccount pa, int optn) {
25:       productAccount = pa;
26:       option = optn;
27:    }
28:    public void run() {
29:       switch(option) {
30:         case 0: productAccount.takeOut(10); break;
31:         case 1: productAccount.stockIn(20); break;
32:         default : System.out.println("Option error = "+option);
33:       }
34:    }
35: }
36: class ProductAccount {
37:    private String productNo;
```

```
38:     private int balance = 0;
39:     ProductAccount(String pn, int initBal) {
40:         productNo = pn;
41:         balance = initBal;
42:     }
43:     String getProductNo() {
44:         return productNo;
45:     }
46:     int getBalance() {
47:         return balance;
48:     }
49:     void takeOut(int qty) {
50:         synchronized(this) {
51:             System.out.println("TakeOut start Balance="+getBalance()+",
"+Thread.currentThread().getName());
52:             while ( balance - qty  < 0 ) {
53:                 try {
54:                     System.out.println("TakeOut wait() : not enough stock :
"+balance + ", request : "+qty);
55:                     wait();
56:                 } catch (InterruptedException e) {
57:                     System.out.println("TakeOut wait() : InterruptedException
: "+e);
58:                 }
59:             }
60:             balance -= qty;
61:             System.out.println("TakeOut end Balance="+getBalance()+",
"+Thread.currentThread().getName());
62:         }
63:     }
64:     void stockIn(int qty) {
65:         try {
66:             Thread.sleep(1000);
67:         } catch (InterruptedException e) {
68:             System.out.println("InterruptedException : "+e);
69:         }
70:         synchronized(this) {
71:             System.out.println("StockIn start Balance="+getBalance()+",
qty="+qty+", "+Thread.currentThread().getName());
72:             balance += qty;
73:             System.out.println("StockIn notify() : Stock : "+balance );
74:             notify();
75:             System.out.println("StockIn end Balance="+getBalance()+",
"+Thread.currentThread().getName());
76:         }
77:     }
78: }
```

```
D:\IntaeJava>java Ex02523
TakeOut start Balance=0, Thread-0
TakeOut wait() : not enough stock : 0, request : 10
StockIn start Balance=0, qty=20, Thread-1
StockIn notify() : Stock : 20
StockIn end Balance=20, Thread-1
TakeOut end Balance=10, Thread-0
Main : Product Balance=10

D:\IntaeJava>
```

프로그램 설명

▶ 52,55번째 줄:52번째 줄 while (balance – qty 〈 0)문과 같이 재고 수량이 출고 수량보다 적을 경우, 55번줄에서 기다립니다.

▶ 74번째 줄:상품을 납품받아 재고량을 늘린 후 잠자고 있는 쓰레드를 위해 notify() method를 호출하여 깨웁니다.

예제 | Ex02523A

다음과 같은 조건으로 프로그램을 작성하세요.

• 하나의 쓰레드에서 상품 출고는 sleep() 없이 4번에 걸쳐 출고합니다. For loop 를 사용하세요.

• 또 다른 쓰레드에서 상품 입고는 2번 입고를 각각 sleep(1000)을 한 후에 입고 시킵니다. For loop를 사용하세요.

• 입고와 출고되는 상품 수량은 Random class를 사용하여 1-10사이의 숫자만큼 입고 혹은 출고시킵니다.

• 상품 출고는 재고량이 출고 수량보다 같거나 많을 경우에만 수행되며 그렇치 못 할 경우에는 wait()합니다.

• 단 상품 입고하는 쓰레드가 작업을 종료했을 경우에는 상품 출고는 쓰레드는 wait()하지 않습니다.

• 상품 입고하는 쓰레드가 작업을 종료하여 상품 출고는 쓰레드가 wait()하지 않을 경우, 출고량이 재고량보다 많은 수가 나왔을 경우에는 재고량만큼만 출고하고 상품 출고하는 쓰레드 4번을 모두 수행하지 못했다 하더라도 종료합니다.

• 출력 결과는 아래와 같이 재고량 = 이전 재고 – 출고량, 또는 재고량 = 이전 재 고+입고량으로 나와야 합니다.

• 아래 출력 결과는 임의의 수를 사용했기 때문에 수행 시마다 다를 수 있으나 아 래 두 출력 결과와 같은 유형으로 나와야 합니다.

```
D:\IntaeJava>java Ex02523A
TakeOut wait() : not enough stock : 0, request : 3
StockIn notify() : Stock : 7=0+7, Thread-1
TakeOut end Stock :4=7-3, Thread-0
TakeOut end Stock :0=4-4, Thread-0
TakeOut wait() : not enough stock : 0, request : 3
StockIn notify() : Stock : 4=0+4, Thread-1
TakeOut end Stock :1=4-3, Thread-0
TakeOut end Stock :0=1-1, Thread-0
Main : Product Balance=0

D:\IntaeJava>
```

```
D:\IntaeJava>java Ex02523A
TakeOut wait() : not enough stock : 0, request : 10
StockIn notify() : Stock : 6=0+6, Thread-1
TakeOut wait() : not enough stock : 6, request : 10
StockIn notify() : Stock : 14=6+8, Thread-1
TakeOut end Stock :4=14-10, Thread-0
TakeOut end Stock :2=4-2, Thread-0
TakeOut end Stock :0=2-2, Thread-0
Main : Product Balance=0

D:\IntaeJava>
```

지금까지 설명한 쓰레드의 상태, 즉 life cycle에 대해 좀더 구체적으로 설명합니다. 쓰레드는 어느 일순간에는 아래와 같은 6개 상태 중의 하나가 됩니다.

① NEW 상태:Thread object는 만들어졌지만 아직 start() method가 호출되지 않은 상태입니다.

② Runnable 상태:start() method가 호출되어 수행 가능 상태입니다. 수행 가능 상태는 다시 두 가지 상태 중의 하나가 됩니다. 하나는 OS에서 수행 중인 상태와 OS의 수행을 기다리는 상태, 즉 OS 수행 대기 상태입니다.

③ BLOCKED 상태:하나의 자원을 두 개 이상의 쓰레드가 사용할 때 하나의 쓰레드가 사용하고 있으면 다른 쓰레드는 사용 중인 쓰레드가 해당 자원을 풀어줄 때까지 기다려야 합니다. 이때 자원 사용이 풀릴 때까지 기다리는 쓰레드의 상태를 Blocked 상태라고 합니다.

④ WAITING 상태:쓰레드 스스로 기다리기를 자초한 상태, 예를 들면 A라는 쓰레드가 일이 끝난 결과를 가지고 B 쓰레드의 일을 시작할 수 있다면 B 쓰레드는 A 쓰레드가 끝날 때까지 스스로 Waiting 상태로 들어갑니다.

⑤ TIMED_WAITING 상태:위 프로그램 Ex02502처럼 일정 시간 동안만 기다리는 상태

⑥ TERMINATED 상태:쓰레드의 수행이 완료된 상태

위 설명을 그림으로 나타내면 아래와 같습니다.

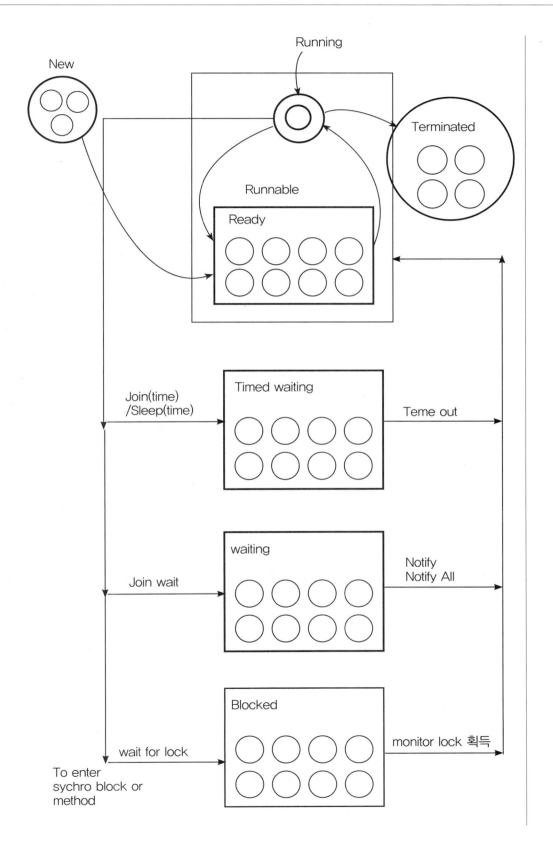

25.4 Lock object

동기화를 하게되면 주의해야 할 사항이 있습니다. 그 중 주의해야 할 것 중에 하나가 프로그램이 교착 상태(dead lock)상태에 빠지지 않도록 프로그램을 작성하는 일입니다. 교착 상태(dead lock)란 두 개 이상의 쓰레드가 두 개 이상의 object를 공유하면서 작업을 하때, 하나의 쓰레드(A 쓰레드)가 하나의 자원(a1 object)의 lock을 먼저 획득합니다. 그리고 다른 쓰레드(B 쓰레드)가 다른 자원(b1 object)의 lock을 획득합니다. 여기까지는 문제가 없습니다. 그런데 공교롭게도 A 쓰레드가 b1 object를 사용하여야 종료할 수 있기 때문에 B 쓰레드가 b1 object의 lock을 풀어 줄 때까지 기다립니다. 그런데 B 쓰레드에서는 a1 object를 필요로 합니다. 그래서 B 쓰레드도 A 쓰레드가 a1 object의 lock 풀어줄 때까지 기다립니다. 이 두 관계는 영원히 끝나지 않는 관계가 됩니다.

예제 | Ex02531

아래 프로그램은 교착 상태에 빠질 가능성이 있는 프로그램입니다. 하지만 쓰레드가 수행 시간 간격을 충분히 주어 교착 상태까지 가지 않는 프로그램입니다.

```
 1: class Ex02531 {
 2:   public static void main(String[] args) {
 3:     Friend f1 = new Friend("Intae");
 4:     Friend f2 = new Friend("Jason");
 5:     FriendRelation fr1 = new FriendRelation(f1, f2);
 6:     Thread thread0 = new Thread(fr1);
 7:     thread0.start();
 8:
 9:     try {
10:       Thread.sleep(1000);
11:       System.out.println("Main : sleep(1000)");
12:     } catch (InterruptedException e) {
13:       System.out.println("InterruptedException : "+e);
14:     }
15:
16:     FriendRelation fr2 = new FriendRelation(f2, f1);
17:     Thread thread1 = new Thread(fr2);
18:     thread1.start();
19:   }
20: }
21: class FriendRelation implements Runnable {
22:   Friend me;
23:   Friend friend;
24:   FriendRelation(Friend b1, Friend b2) {
25:     me = b1;
```

```
26:        friend = b2;
27:    }
28:    public void run() {
29:        me.give(friend);
30:    }
31: }
32: class Friend {
33:    private String name;
34:    Friend(String n) {
35:        name = n;
36:    }
37:    synchronized void give(Friend friend) {
38:      System.out.println(this.name + " : I gave a ball to "+friend.name);
39:        friend.giveBack(this);
40:    }
41:    synchronized void giveBack(Friend friend) {
42:      System.out.println(this.name+ " : I gave the ball back to "+friend.
name);
43:    }
44: }
```

```
D:\IntaeJava>java Ex02531
Intae : I gave a ball to Jason
Jason : I gave the ball back to Intae
Main : sleep(1000)
Jason : I gave a ball to Intae
Intae : I gave the ball back to Jason

D:\IntaeJava>
```

프로그램 설명

▶ 위 프로그램은 친구 둘이서 공놀이를 하는 프로그램으로 한 명이 공을 다른 사람에게 주면 그 공을 받아 바로 공을 되돌려 주는 프로그램입니다.

▶ 위 프로그램은 thread0에서 공을 주고 받고 충분한 시간(1초)이 흐른 후 thread1에서 공을 주고 받으므로 문제 없이 프로그램이 종료합니다.

예제 | Ex02531A

아래 프로그램은 Ex02531 프로그램을 시간 관련된 부분만 수정하여 교착 상태에 빠트린 프로그램으로 영원히 끝나지 않는 프로그램입니다.

```
1: class Ex02531A {
2:    public static void main(String[] args) {
3:        Friend f1 = new Friend("Intae");
4:        Friend f2 = new Friend("Jason");
5:        FriendRelation fr1 = new FriendRelation(f1, f2);
6:        Thread thread0 = new Thread(fr1);
```

```
 7:        thread0.start();
 8:
 9:        FriendRelation fr2 = new FriendRelation(f2, f1);
10:        Thread thread1 = new Thread(fr2);
11:        thread1.start();
12:    }
13: }
14: class FriendRelation implements Runnable {
15:    Friend me;
16:    Friend friend;
17:    FriendRelation(Friend b1, Friend b2) {
18:       me = b1;
19:       friend = b2;
20:    }
21:    public void run() {
22:        me.give(friend);
23:    }
24: }
25: class Friend {
26:    private String name;
27:    Friend(String n) {
28:       name = n;
29:    }
30:    synchronized void give(Friend friend) {
31:      System.out.println(this.name + " : I gave a ball to "+friend.name);
32:       try {
33:          Thread.sleep(1000);
34:       System.out.println("Friend: "+this.name+" sleep(1000) finished.");
35:       } catch (InterruptedException e) {
36:          System.out.println("InterruptedException : "+e);
37:       }
38:       friend.giveBack(this);
39:    }
40:    synchronized void giveBack(Friend friend) {
41:      System.out.println(this.name+ " : I gave the ball back to "+friend.
name);
42:    }
43: }
```

```
D:\IntaeJava>java Ex02531A
Intae : I gave a ball to Jason
Jason : I gave a ball to Intae
Friend: Intae sleep(1000) finished.
Friend: Jason sleep(1000) finished.
```

프로그램 설명

▶ 위 프로그램은 thread0에서 공을 던져 주고 공을 받기 전 충분한 시간(1초)이
흐른후 thread1에서 공을 던지고 충분한 시간(1초)이 흐른 후 thread0에서 던
진 공을 38번째 줄에서 친구에게 던진 공을 던지라고 요청(friend.giveBack()

method)하기 위해 친구가 하는 일이 끝나기를 기다립니다. 친구 또한 같은 상황으로 38번째 줄에서 friend.giveBack() method를 수행하기 위해 기다립니다.

■ ReentrantLock class ■

위와 같은 교착 상태는 ReentrantLock class를 사용하여 해결할 수 있습니다. ReentrantLock class로부터 Lock interface의 object를 생성합니다. Lock object를 사용하여 관련되는 object들의 사용권을 미리 확보할 수 있으므로 교착 상태에 빠지는 것을 미리 방지할 수 있습니다. 즉 지금 당장은 사용 안 하더라도 앞으로 사용할 object를 method를 시작할 때 모두 lock을 걸어 놓는 것입니다.

예제 | Ex02532

다음 프로그램은 Ex2531A 프로그램을 ReentrantLock class를 사용하여 사전에 필요한 object의 lock을 걸어 교착 상태를 해결한 프로그램입니다.

```
 1: import java.util.concurrent.locks.*;
 2: class Ex02532 {
 3:    public static void main(String[] args) {
 4:        Friend f1 = new Friend("Intae");
 5:        Friend f2 = new Friend("Jason");
 6:        FriendRelation fr1 = new FriendRelation(f1, f2);
 7:        Thread thread0 = new Thread(fr1);
 8:        thread0.start();
 9:
10:        FriendRelation fr2 = new FriendRelation(f2, f1);
11:        Thread thread1 = new Thread(fr2);
12:        thread1.start();
13:    }
14: }
15: class FriendRelation implements Runnable {
16:    Friend me;
17:    Friend friend;
18:    FriendRelation(Friend b1, Friend b2) {
19:        me = b1;
20:        friend = b2;
21:    }
22:    public void run() {
23:        for ( int i=0 ; i < 2 ; i++ ) {
24:            try {
25:                Thread.sleep(100);
26:            } catch (InterruptedException e) {
27:                System.out.println("InterruptedException : "+e);
28:            }
29:            me.give(friend);
30:        }
```

```
31:      }
32: }
33: class Friend {
34:     private String name;
35:     Lock lock = new ReentrantLock();
36:     Friend(String n) {
37:         name = n;
38:     }
39:     boolean isLockFree(Friend friend) {
40:         boolean myLock = false;
41:         boolean friendLock = false;
42:         try {
43:           myLock = lock.tryLock();
44:           friendLock = friend.lock.tryLock();
45:         } finally {
46:            if ( !(myLock && friendLock) ) {
47:               if ( myLock ) lock.unlock();
48:               if (friendLock ) friend.lock.unlock();
49:            }
50:         }
51:      System.out.println("isLockFree : "+this.name+", myLock="+myLock+",
friendLock="+friendLock);
52:         return myLock && friendLock;
53:     }
54:     void give(Friend friend) {
55:         System.out.println(this.name + " : give() method started for
"+friend.name);
56:         if ( isLockFree(friend) ) {
57:            try {
58:             System.out.println(this.name + " : I gave a ball to "+friend.
name);
59:              friend.giveBack(this);
60:            } finally {
61:              lock.unlock();
62:              friend.lock.unlock();
63:            }
64:         } else {
65:             System.out.println(this.name + " : "+friend.name+" already
started to give me a ball. I started too, but I gave up.");
66:         }
67:     }
68:     void giveBack(Friend friend) {
69:      System.out.println(this.name+ " : I gave the ball back to "+friend.
name);
70:     }
71: }
```

```
D:\IntaeJava>java Ex02532
Intae : give() method started for Jason
isLockFree : Intae, myLock=true, friendLock=true
Jason : give() method started for Intae
Intae : I gave a ball to Jason
isLockFree : Jason, myLock=false, friendLock=false
Jason : Intae already started to give me a ball. I started too, but I gave up.
Jason : I gave the ball back to Intae
Jason : give() method started for Intae
isLockFree : Jason, myLock=true, friendLock=true
Jason : I gave a ball to Intae
Intae : I gave the ball back to Jason
Intae : give() method started for Jason
isLockFree : Intae, myLock=true, friendLock=true
Intae : I gave a ball to Jason
Jason : I gave the ball back to Intae

D:\IntaeJava>
```

프로그램 설명

▶ 35번째 줄:Lock lock = new ReentrantLock();를 사용하여 lock object를 생성합니다. ReentrantLock lock = new ReentrantLock();라고 선언해도 됩니다. 단지 아래 사용하는 method들이 Lock interface method이기 때문에 Lock interface method를 사용하고 있다라는 것을 알리기 위해 Lock interface object로 받은 것 뿐입니다.

▶ 43,44번째 줄:tryLock() method를 사용하여 본인 object와 앞으로 사용할 친구 object도 lock을 설정합니다. 이때 이미 다른 쓰레드에 의해서 lock이 걸려있으면 false를 return합니다.

▶ 46~49번째 줄:본인과 친구 object가 아무도 lock을 걸지 않은 상태이면 둘다 true가 반환되어 47,48을 수행하지 않지만, 하나라도 이미 lock이 걸려 있으면 본래 의도한 method를 수행할 수 없으므로 43,44에서 걸은 lock을 해제시켜 줍니다.

▶ 56번째 줄:isLockFree(friend) method를 호출하여 필요로 하는 object들이 사용 가능한지 확인합니다. 모두 사용 가능하면 57부터 63까지 명령을 수행합니다. 사용 가능하지 않으면 65번째 줄을 수행하여 본래의 하던 일을 포기합니다.

예제 | Ex02533

다음 프로그램은 Ex2523 프로그램의 ReentrantLock class를 사용하는 것으로 변경한 프로그램입니다.

• 아래 프로그램은 synchronized key word를 사용한 것을 Lock object를 사용하는 것으로 변경한 사항으로 모든 기능은 Ex02523과 동일합니다.

```
1: import java.util.concurrent.locks.*;
2: class Ex02533 {
3:    public static void main(String[] args) {
          // Ex02523프로그램의 3부터 18번째 줄까지 동일합니다.
```

```
20:     }
21: }
22: class WarehouseProcess implements Runnable {
                        // Ex02523프로그램의 22부터 34번째 줄까지 동일합니다.
36: }
37: class ProductAccount {
38:     private String productNo;
39:     private int balance = 0;
40:     Lock lock = new ReentrantLock();
41:     Condition cond = lock.newCondition();
42:     ProductAccount(String pn, int initBal) {
43:         productNo = pn;
44:         balance = initBal;
45:     }
46:     String getProductNo() {
47:         return productNo;
48:     }
49:     int getBalance() {
50:         return balance;
51:     }
52:     void takeOut(int qty) {
53:         //synchronized(this) {
54:         lock.lock();
55:         try {
56:             System.out.println("TakeOut start Balance="+getBalance()+",
"+Thread.currentThread().getName());
57:             while ( balance - qty  < 0 ) {
58:                 try {
59:                     System.out.println("TakeOut await() : not enough stock :
"+balance + ", request : "+qty);
60:                     cond.await();
61:                 } catch (InterruptedException e) {
62:                     System.out.println("TakeOut await() : InterruptedException
: "+e);
63:                 }
64:             }
65:             balance -= qty;
66:             System.out.println("TakeOut end Balance="+getBalance()+",
"+Thread.currentThread().getName());
67:         } finally {
68:             lock.unlock();
69:         }
70:     }
71:     void stockIn(int qty) {
72:         try {
73:             Thread.sleep(1000);
74:         } catch (InterruptedException e) {
75:             System.out.println("InterruptedException : "+e);
76:         }
77:         //synchronized(this) {
78:         lock.lock();
```

```
79:        try {
80:            System.out.println("StockIn start Balance="+getBalance()+",
qty="+qty+", "+Thread.currentThread().getName());
81:            balance += qty;
82:            System.out.println("StockIn signal() : Stock : "+balance );
83:            cond.signal();
84:            System.out.println("StockIn end Balance="+getBalance()+",
"+Thread.currentThread().getName());
85:        } finally {
86:            lock.unlock();
87:        }
88:    }
89: }
```

```
D:\IntaeJava>java Ex02533
TakeOut start Balance=0, Thread-0
TakeOut await() : not enough stock : 0, request : 10
StockIn start Balance=0, qty=20, Thread-1
StockIn signal() : Stock : 20
StockIn end Balance=20, Thread-1
TakeOut end Balance=10, Thread-0
Main : Product Balance=10

D:\IntaeJava>
```

프로그램 설명

▶ 40번째 줄:Lock lock = new ReentrantLock(); lock object를 생성합니다.

▶ 41번째 줄:lock object로부터 Condition object를 생성합니다.

▶ 54번째 줄:lock.lock() method를 호출하여 다른 쓰레드가 lock object를 사용할 수 없도록 합니다.

▶ 60번째 줄:cond.await() method를 사용하여 lock을 일시적으로 해제하고 다른 프로그램에서 신호가 올 때까지 프로그램을 대기 상태로 들어갑니다.

▶ 68번째 줄:lock.unlock() method를 호출하여 54번째 줄에서 lock걸은 것을 해제시킵니다. 이때 프로그램 수행 중 에러가 발생할 경우를 대비하여 에러가 발생하더라도 수행할 수 있는 finally 블록에 선언해줍니다.

▶ 78번째 줄:lock.lock() method를 호출하여 다른 쓰레드가 lock object를 사용할 수 없도록 합니다.

▶ 83번째 줄:cond.signal(); method를 호출하여 대기 상태에 있는 쓰레드에게 신호를 보내 프로그램을 재개합니다.

▶ 86번째 줄:lock.unlock() method를 호출하여 78번째 줄에서 lock걸은 것을 해제시킵니다. 이때 프로그램 수행 중 에러가 발생할 경우를 대비하여 에러가 발생하더라도 수행할수 있는 finally 블록에 선언해 줍니다.

■ ReentrantLock class와 Condition interface 정리 ■

ReentrantLock의 lock(), unlock() method는 동기화(synchronized)한 것과 동일한 효과를 가져옵니다.

Condition interface object의 아래 method는 Object class의 method와 아래와 같이 대응됩니다.

- await(): wait():대기 상태로 들어갑니다.
- signal(): notify():대기 상태에 있는 하나의 쓰레드에게 신호를 주어 await()를 해제시킵니다.
- signalAll(): notifyAll():대기 상태에 있는 모든 쓰레드에게 신호를 주어 await()를 해제시킵니다

부록

A. Mac에서 자바설치

아래 설명은 MAC OS를 위한 자바 설치 방법이지만 LINUX OS 기반의 플랫폼도 아주 흡사한 방법으로 설치합니다.

A.1 Java download,설치 및 실행 (For Mac)

A.1.1 Java JDK download

아래 웹 사이트 화면은 Oracle회사에서 제공하는 Java SE를 download받기 위한 화면입니다. Oracle회사의 사이트 개편에 따라 아래의 화면은 달라질 수 있으니 착오 없으시기 바랍니다.

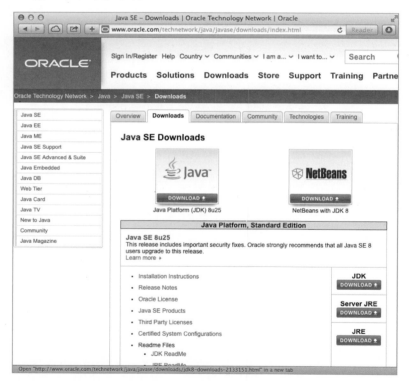

윗 화면에서 커피잔이 그려진 Java 아이콘을 클릭하면 아래와 같이 화면이 나옵니다.

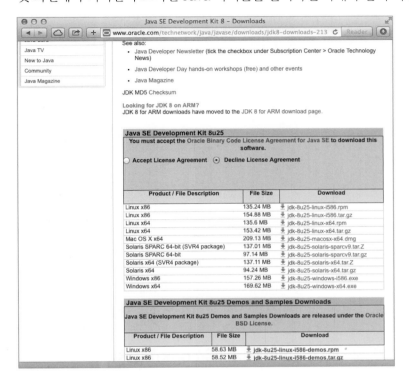

위 화면에서 "Accept License Agreement" 선택하면 아래와 같은 화면으로 바뀝니다.

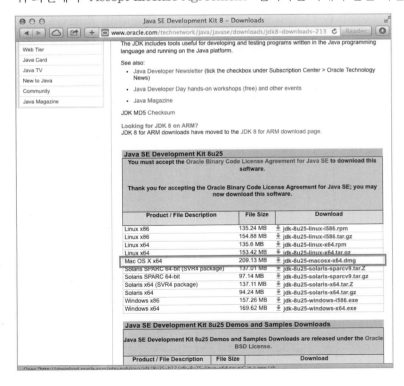

위 화면에서 Mac OS X x64용 jdf−8u25−macosx−x64.dmg를 download 하시기 바랍니다. 윗 화면에서는 java version 8u25를 나타낸 것이지만 여러분이 윗 사이트를 방문했을 경우는 최소한 8u25이거나 그 상위 버전이 있을 것입니다.

만약 현재 사용하는 컴퓨터 hard disk의 Downloads라는 folder에 download하였다면 다음과 같은 파일이 존재합니다.

위와 같은 파일이 존재한다면 download는 이상없이 완료된 것입니다. 단 java version은 계속 새로운 version이 나오므로 파일 이름은 조금 다를 수 있습니다.

A.1.2 Java JDK(jdf−8u25−macosx−x64.dmg) 설치

jdf−8u25−macosx−x64.dmg를 더블 클릭하여 설치를 시작하여 일반적인 설치하는 방법에 따라 "Continue" 버튼을 눌러 아래와 같은 화면이 나오면 설치가 완료된 것입니다. "Close" button을 눌러서 설치를 완료합니다.

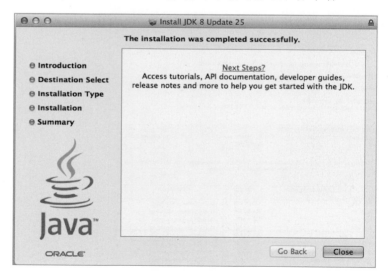

A.1.3 환경 변수 설정(path 설정)

초보자에게는 환경변수 설정이 어려울 수 있습니다. 잘 따라해 주시기 바랍니다. 우선 자바가 설치된 폴더 이름을 알아야 합니다. Java를 특별히 다른 폴더에 설치하지 않았다면 자바는 아래 경로의 폴더에 만들어져 있을 것입니다.

```
/usr/bin/javac
```

설치가 잘 이루어 졌는지 확인을 하기 위해서는 우선 터미널(Terminal)을 실행 시켜야 합니다. 맥 키보드에서 Command키와 Space Bar를 동시에 눌러 Spotlight 를 뛰우고 "ter"라고 타입합니다.(아래는 스크린 캡쳐 화면입니다).

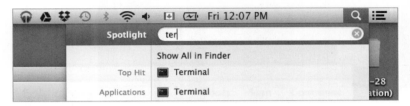

Terminal 아이콘이 윗 캡쳐 화면처럼 보이면 마우스 클릭으로 Terminal 프로그램을 실행시킵니다. Terminal 프로그램이 실행되면은 아래와 같이 "whereis javac" 라고 타입하고 Enter키를 누릅니다.

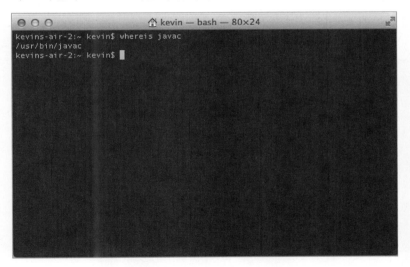

다음은 환경변수가 제대로 설정되어 있는지 확인하는 절차 입니다. 터미널에서 "echo $PATH" 라고 명령을 줍니다.(PATH는 대문자입니다)

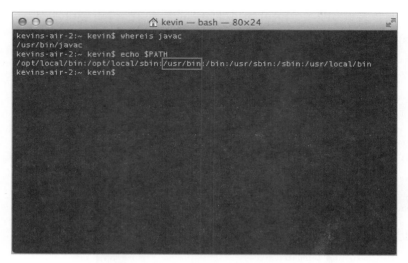

윗 화면과 같이 "/usr/bin" 경로가 PATH에 속해 있으면 환경변수는 제대로 설정되어 있는 것입니다. 하지만 javac가 위치해 있는 곳이 (윗 화면에서는 /usr/bin에 위치함) PATH에 나열되어 있지 않을 경우 터미널 안에서 "export PATH=/usr/bin:$PATH"라고 명령을 내리면 환경변수는 설정이 됩니다.

재확인을 위해서 아래 화면과 같이 "javac - version"이라고 명령을 줍니다.

위와 같이 javac 버전이 보이면은 자바 프로그램은 문제없이 설치된 것입니다.

A.1.4 Java Source Program File(Ex00101.java) 작성

프로그램 작성은 text editor의 기능을 하는 프로그램이 있어야 합니다. 모든 Mac 에는 TextEdit이라는 프로그램이 설치되어 있으니 이것을 우선 이용해 보겠습니다.

TextEdit 프로그램을 실행 시키기 위해서는 우선 Command키와 Spacebar를 동시에 눌러 Spotlight를 띄우고 "text"라고 칩니다.

위와 같이 TextEdit 아이콘이 보이면 마우스로 클릭하여 프로그램을 실행 시킵니다. 여기서 한가지 알아 두셔야 할점은 Mac은 TextEdit 프로그램을 Rich text 모드로 실행 시킵니다. 프로그램을 작성하려면 Plain text모드로 바꾸어서 사용하여야 하니 Preferences에서 변경합니다. (Command Key + ".").

Preference창을 띄운 후 Format그룹 아래에서 "Plain Text"를 선택합니다.

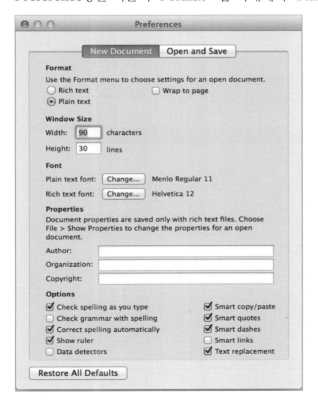

Plaint Text"로 변경하신 후에 Preference창 왼쪽 상단에 있는 빨간색 X를 누릅니다. Plain Text모드로 상용하려면 창을 껐다 켜야 합니다. Command Key + "W"를 누른후 다시 Command Key + "N"를 눌러서 다시 새창을 뛰웁니다.

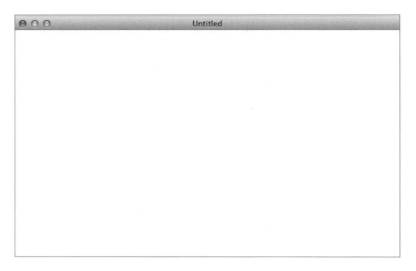

TextEdit창이 위와 같이 나타나면 아래와 같이 프로그램을 글자 하나 틀리지않도록 입력 합니다.

```
class Ex00101 {
    public static void main(String[] args) {
        System.out.println("Hello, Java...");
```

윗 프로그램을 저장하기 버튼을 누르면 아래와 같이 위 프로그램을 저장할 Folder 지정하는 창이 보입니다. 여기에서는 /Users/kevin/IntaeJava/Ex001에 저장하 겠습니다. 이 책을 읽는 독자는 각각 본인의 이름이나 적당한 folder 이름을 만들어 저장하기 바랍니다.

위 프로그램의 파일이름은 Ex00101.java로 저장해야 합니다. 파일 이름은 class이 름(위 예제에서 Ex00101)과 동일해야 하므로 반드시 Ex00101.java로 저장해야 제 대로 작동합니다. class에 대한 자세한 내용은 1.2 절 Java 프로그램 구조와 3장 class와 object에서 자세히 설명됩니다.

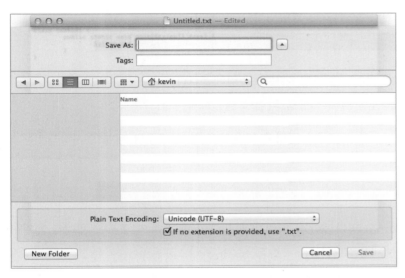

다음은 저장이 정상적으로 되어 있음을 확인하는 절차입니다.

Terminal창을 띄운후 아래와 같이 방금 저장한 folder이름으로 이동합니다.

```
kevins-air-2:~ kevin$ cd IntaeJava/
kevins-air-2:IntaeJava kevin$ cd Ex001/
kevins-air-2:Ex001 kevin$
```

■ **Terminal 명령어 연습** ■

● cd:change directory명령으로 현재 folder의 위치를 다른 folder이름으로 이동 하고자 할 때 사용됩니다.

예1) cd /:현재의 folder가 어디에 있든지 hard drive의 제일 상위 folder(최상위 folder 또는 Root이라고도 함)로 이동

```
Kevins-MacBook-Air-2:~ kevin$ cd /
Kevins-MacBook-Air-2:/ kevin$
```

노트 | Windows에서는 ₩ (backslash)를 사용하는 반면 Mac에서는 /(Slash)를 사 용합니다.

예2) cd folder 이름 : 현 folder보다 하위에 있는 해당folder 로 이동

```
Kevins-MacBook-Air-2:/ kevin$ cd Users/
Kevins-MacBook-Air-2:Users kevin$
```

예3) cd .. : 현재의 folder에서 상위 folder로 이동

```
Kevins-MacBook-Air-2:~ kevin$ cd ..
Kevins-MacBook-Air-2:Users kevin$
```

예4) cd : Home 폴더로 이동합니다. Home 폴더는 ~ (Tilde) 문자로 표기 됩니다.

```
Kevins-MacBook-Air-2:Users kevin$ cd
Kevins-MacBook-Air-2:~ kevin$
```

● 현재 폴더 위치를 알아 보는 명령입니다.

```
Kevins-MacBook-Air-2:Users kevin$ pwd
/Users
```

● ls : 현재의 folder에 있는 파일 이름을 출력해줍니다.
● cat 파일 이름 : 파일 속의 내용을 화면에 출력해줍니다.

다음은 위 Terminal 명령 중 ls명령을 이용하여 파일 이름이 제대로 저장되었는지 확인한 것입니다.

```
kevins-air-2:Ex001 kevin$ ls
Ex00101.java
```

다음은 위 Terminal 명령 중 cat 명령을 이용하여 파일 속의 내용이 제대로 저장되었는지 확인하는 내용입니다.

```
kevins-air-2:Ex001 kevin$ cat Ex00101.java
class Ex00101 {
        public static void main(String[] args) {
                System.out.println("Hello, java...");
        }
}kevins-air-2:Ex001 kevin$
```

위와 같이 TextEdit에서 입력한 사항이 동일하게 출력되면 프로그램 저장은 문제없이 입력 및 저장된 것입니다.

■ 도움이 되는 Text Editor ■

● Internet에서 Text Editor을 찾아보면 TextEdit보다 훨씬 편리한 많은 Text Editor가 있습니다. 대부분이 무료로 download받아 사용할 수 있습니다. 필자가 찾아본 바로는 xCode, jEdit, TextWrangler이 추천할만 합니다.
● Java 프로그램 개발자들이 eclipse를 많이 사용하고 있습니다. 하지만 eclipse가 자동으로 해주는 부분이 많아 편리한 면은 있지만, 초보자에게 자바의 개념을 이해하는 면에서는 위에서 추천한 일반 text editor가 훨씬 효과적입니다.
● 한 예로 아래 Text Editor는 TextWrangler를 실행한 화면입니다.

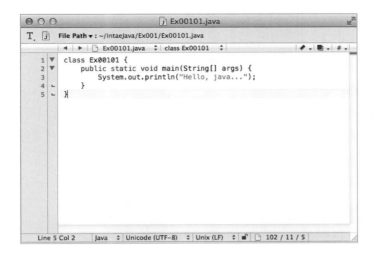

A.1.5 Java program file(Ex00101.java) compile

Compile이란 컴퓨터 프로그램을 하는데 사용되는 용어중 하나입니다. 현재까지 작성한 Ex00101.java 프로그램은 컴퓨터에서 바로 실행시킬 수 있는 명령어가 아닙니다. 자바 프로그램은 단지 컴퓨터의 사고방식에 맞춰진, 사람이 알아 볼 수 있는 형식의 명령으로, 사람의 명령을 컴퓨터가 알아들을 수 있는 명령으로 변환해 주기 위해서는 일종의 번역기가 필요합니다. 이런 번역기 역할을 하는 것을 compiler라고 하고, 사람이 알아 볼 수 있는 명령(자바 프로그램)을 컴퓨터가 실행할 수 있는 명령(실행 프로그램)으로 변환하는 작업을 'compile한다'라고 합니다.

Compile은 아래 명령어 처럼 javac 다음에 자바 프로그램 파일명을 terminal명령 입력방식과 같은 방법으로 입력해줍니다.

```
> javac Ex00101.java
```

```
kevins-air-2:Ex001 kevin$ javac Ex00101.java
kevins-air-2:Ex001 kevin$
```

만약 에러가 있다면 에러 메세지가 출력됩니다. 메세지를 보면 에러의 위치가 나오는데, 초보자는 에러의 위치를 정확히 찾는데 어려움이 있을 수 있습니다. 프로그램이 길지 않으니 글자(대문자, 소문자까지 동일해야함)가 한 글자라도 틀리지 않았나 잘 확인해보시기 바랍니다. 에러가 있다면 1.5.1 compile error(Syntax)를 먼저 읽어 보세요. 에러가 없다면 위와 같이 출력되는 내용은 없습니다. 이는 Compile이 이상없이 완료 되었다는 의미이며 새로운 파일 Ex00101.class가 만들어 졌음을 의미합니다. Ex00101.class가 정말로 만들어져 있는지 Terminal 명령 ls를 사용하여 확인해 보겠습니다.

```
Kevins-MacBook-Air-2:Ex001 kevin$ ls
Ex00101.class   Ex00101.java
```

위와 같이 화면에 나타났다면 이상없이 compile이 완료되어 Ex00101.class파일이 만들어 졌음을 알 수 있습니다.

A.1.6 Java Program 수행

이제 컴퓨터가 실행할수 있는 파일을 사용하여 자바 프로그램을 실행해 보겠습니다. 자바 실행 파일을 실행할 경우에는 파일 이름을 전부 입력하는 것이 아니라 아래와 같이 java 다음에 파일 type이 없는 이름만 입력합니다.

```
> Java Ex00101
```

```
kevins-air-2:Ex001 kevin$ java Ex00101
Hello, java...
kevins-air-2:Ex001 kevin$
```

위와 같이 출력되면 이상없이 자바 프로그램이 수행된 것입니다. 자바 프로그램이 수행되었다는 것은 첫째 자바 software 설치도 이상없이 완료된 것이고, 둘째 환경 변수 path도 이상없이 설정된 것이고, 셋째 자바 프로그램도 철자 하나 틀림없이 작성되었으므로 이상없이 compile이 되어 실행파일이 만들어진 것을 의미합니다. 초보자가 여기까지 오는데는 많은 어려움이 있을 수 있습니다. 위 세가지 중 하나라도 안되어 있으면 자바프로그램은 실행되지 않습니다.

이제 프로그램이 이상없이 작동되었으니 프로그램 설명을 해보겠습니다. 프로그래밍 명령은 크게 두가지 부류중의 하나에 속합니다.

■ **프로그램 명령의 분류** ■

- 하나는 덧셈, 뺄셈 등 계산을 한다든가, 계산된 결과 값을 memory의 어딘가에 저장한다든가, 화면에 저장된 어떤 값을 출력한다든가 하는 행동(Action)을 하는 명령입니다.
- 두 번째는 행동하는 명령을 도와주는 명령으로, 즉 행동하는 명령이 순차적으로 또는 합리적으로 이루어질 수 있도록 도와주는 명령입니다. 예를 들면, 지금부터 실행하는 프로그램 이름은 무엇이다라고 알려주는 명령, 즉 어떤 행동을 하는 것이 아니라 행동할 수 있도록 도와주는 명령입니다.

아래 프로그램도 1,2,4,5번째 줄은 도와주는 명령이고, 실제 행동하는 명령은 3번째 줄뿐입니다.

```
1: class Ex00101 {
2:     public static void main(String[] args) {
3:         System.out.println("Hello, Java...");
4:     }
5: }
```

- 1번째 줄 – 모든 프로그램은 class로부터 시작합니다. 즉 모든 프로그램은 class 라는 단어(java에서는 key word라고 부름)와 className(일종의 프로그램 이름, 여기에서는 Ex00101)을 가지고 있습니다. 그리고 여는 중괄호, {,와 닫는 중괄호, },(닫는 중괄호는 5번째 줄에)로 이루어져 있습니다.

- 2번째 줄 – public static void main(String[] args) {는 프로그램이 실제 작동 하는 시작점, 즉 컴퓨터의 작동 명령(=행동 명령)이 시작을 나타내는 부분입니다. 두번째 줄 다음 줄부터 행동하는 명령이 올 것이라고 알려주는 역할을 합니다.

- 3번째 줄 – System.out.println("Hello, Java...");는 큰따옴표 안에 있는 내용 을 컴퓨턴 화면에 출력 하라는 행동 명령입니다.

- 4번째 줄 – 첫번째 닫는 중괄호, },는 2번째 줄에서 실제 작동이 시작된다면 4번 째줄에서 모든 작동 명령이 끝남을 나타냅니다.

- 5번째 줄 – 두번째 닫는 중괄호, },는 1번째 줄에서 프로그램 시작을 알렸다면, 5 번째 줄에서는 프로그램의 마감을 알리는 역할을 합니다.

Ex00101 프로그램은 첫번째 프로그램이므로, 모든 내용을 전부 이해하기란 쉽지 않습니다. Ex00101 프로그램에서는 Ex00101은 프로그램 이름이니까 두번째 프로 그램 이름은 이름 부분을 바꿀 수 있다는 것과, 3번째 줄에서 큰따옴표 안에 입력한 것은 컴퓨터 화면에 출력된다 라고만 알고, 나머지는 현재 있는 부분을 그대로 써야 프로그램을 할수 있다 라고만 알고 다음으로 넘어가겠습니다.

초보자로서 여기까지 이상없이 따라 왔다면 초반전 어려운 부분은 넘은 것 입니다. 하지만 지금까지 설명한 사항이 명확하게 이해되었다기 보다는 질문 사항이 더 많이 있을 수 있다고 생각합니다. 현재로서는 한번에 모든 설명을 다 할 수가 없습니다. 혹시 있을 질문사항은 뒤에 있는 단원에서 하나하나 설명되겠습니다.

여기까지가 MAC OS 환경에서 자바 Developer 환경을 설치 및 설정하는 과정이 었습니다.

D-15-06

Since 1999

www.digitalbooks.co.kr

저자 협의
인지 생략

늪비부터 실무까지 자바

1판 1쇄 인쇄 2015년 3월 25일
1판 1쇄 발행 2015년 3월 30일

———

지 은 이 유인태
발 행 인 이미옥
발 행 처 디지털북스
정　　가 32,000원
등 록 일 1999년 9월 3일
등록번호 220-90-18139
주　　소 (143-849)서울 광진구 능동로 32길 159
　　　　 (구 주소 : 서울 광진구 능동 253-21)
전화번호 (02)447-3157~8
팩스번호 (02)447-3159

ISBN 978-89-6088-157-0 (93560)
D-15-06
Copyright ⓒ 2015 Digital Books Publishing Co,. Ltd